305 CIRCUITS

première édition
première impression
sept 1997

Rédaction des articles : GUY RAEDERSDORF (assisté de GUILLAUME DOLS) (Révision : MARCEL DÜSSELDORF)

P.A.O : VINCE TEREMYN

Couverture : TON GULIKERS

Illustrations : LE BUREAU DE DESSIN D'ELEKTOR (DIR. LAURENT MARTIN)

Photocomposition : ISHRAD V. PÆLHI KHÅN & AKKURAAT

Réalisation et coordination : DENIS MEYER

ISBN 2-86661-067-9 Catalogue : 023964

Imprimé aux Pays-Bas par Giethoorn NND

UNE SÉLECTION DES MEILLEURS CIRCUITS D'ELEKTOR

Tous les circuits présentés dans ce livre
ont été conçus et vérifiés
au laboratoire d'Elektor
par Hans Bonekamp, Ton Giesberts,
Luc Lemmens, Léon Pijpers et Albert Rietjens,
sous la direction de
Karel Walraven.
Lorsqu'un nom est mentionné à la fin d'un article,
il s'agit du lecteur qui nous a proposé
le circuit correspondant.

PUBLITRONIC / ELEKTOR

Table des matières thématique

• Auto, moto, vélo

• Audio, vidéo, photo et musique

• Circuits HF & radio

• Divers

• Domestique

• Expérimentation

nº page

• Jeux & modélisme

• Micro-informatique

Remarque : L'index numérique des 305 circuits se trouve à la page 393.

001 INDICATEUR DE TOUCHE POUR PÊCHEUR À LA LIGNE

Un grand nombre de nos compatriotes pratique la pêche à la ligne. Si vous n'êtes pas pêcheur vous-même, vous en connaissez sans doute l'un ou l'autre, et vous pourrez lui faire plaisir en lui proposant cet indicateur de touche « *High Tech* ». Normalement, c'est-à-dire en l'absence de poisson pris à l'hameçon, le détecteur de touche est ouvert de sorte que les deux LED sont éteintes. On peut également prévoir la connexion d'un résonateur au circuit pour une signalisation acoustique de touche. En cas de déclenchement du circuit par un poisson, le capteur ferme le circuit : les LED s'allument. La LED D2 reste allumée même si le détecteur de traction s'est à nouveau ouvert et cela tant que le capteur interrompt le courant de maintien du thyristor. Dans ces conditions, chaque contact avec l'hameçon se traduit par l'illumination de la LED D1 qui reste allumée. La consommation de courant du circuit varie, en fonction du nombre de LED allumées, entre 20 et 40 mA et peut atteindre 60 mA si l'on a mis un résonateur dans le circuit.

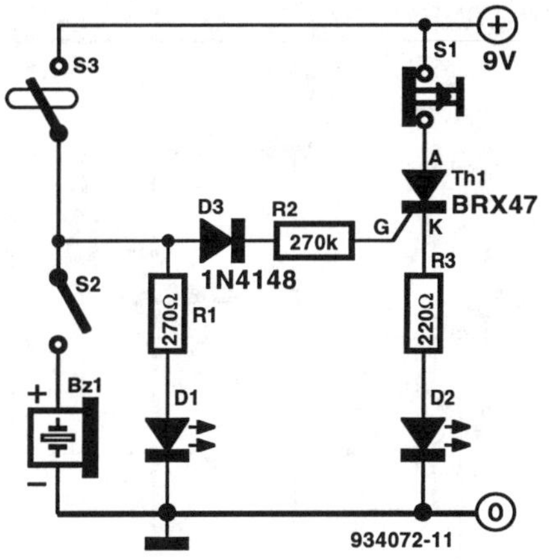

La capteur est en fait un contact à bille de mercure, un demi-mètre de fil de câblage souple ainsi qu'un jack monophonique de 3,5 mm. Le montage sera placé sur le fil directement en aval du moulinet. Dès que le fil de la ligne se tend, l'indicateur est activé.

F. Roth

002 TPV ULTRA-SIMPLE

TPV est l'abréviation de **T**emporisateur de **P**lafonnier de **V**oiture. Le temporisateur de plafonnier pour voiture fait en sorte que la lumière de

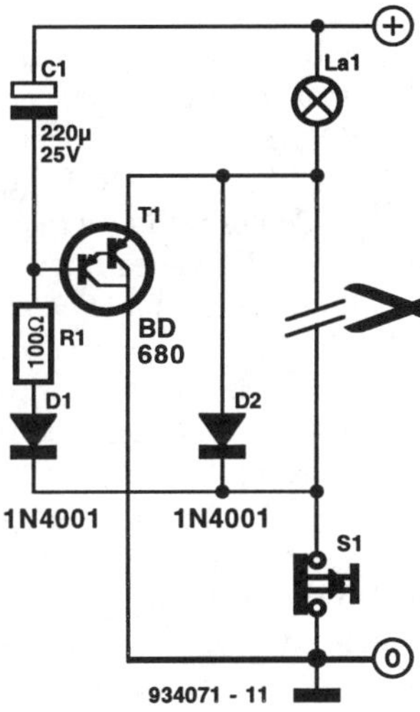

l'éclairage intérieur reste allumée durant 5 s après la fermeture des portières. Ceci permet de trouver facilement le trou de la serrure pour y mettre la clé de contact, sans avoir ni a maintenir la portière ouverte ni à la rouvrir. Certains modèles de voitures de haut de gamme ont un éclairage spécial à proximité de la serrure. Lors de l'ouverture de l'une des portières, l'un des contacts de portière se ferme; il est représenté ici par le bouton-poussoir à contact repos (ouvert lorsque la portière est fermée). Il peut alors, via S1 et D2, circuler un courant à travers l'ampoule du « plafonnier » (La1). Entre temps, le condensateur C1 se charge rapidement via R1, D1 et S1. La fermeture de la portière produit l'ouverture du contact S1. À cet instant c'est T1 qui entre en conduction, forcé par la présence d'un niveau bas au pôle négatif de C1. Après un certain délai – fonction de la capacité de C1 et du courant de base de T1 – la tension de base de ce transistor a atteint une valeur telle qu'elle entraîne le blocage du transistor, en conséquence de quoi l'ampoule s'éteint.

003 CONVERTISSEUR-ABAISSEUR DE FRÉQUENCE (DE LA CB VERS LA BL)

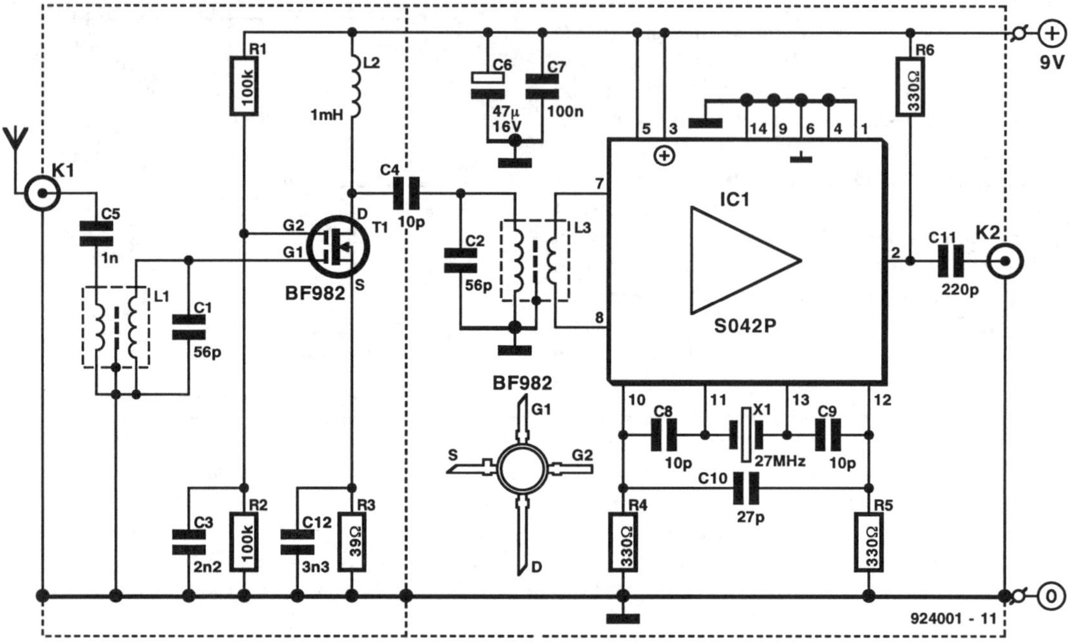

Le convertisseur décrit dans cet article permet la réception DX (longue distance) de stations trafiquant en modulation d'amplitude (AM) ou en BLU (bande latérale unique = SSB pour *Single Side **Band***) sur la bande CB (***Citizen's Band***) des 27 MHz à l'aide d'un récepteur ondes courtes ou moyennes. *Remarquons au passage qu'un certain nombre de pays ne permettent plus l'utilisation de la modulation AM ou BLU dans la bande des 27 MHz.* Le convertisseur comporte deux sous-ensembles : un étage d'entrée centrée sur T1 et un oscillateur/mélangeur constitué par IC1 et les composants connexes. Le signal d'antenne arrive, par couplage inductif, à la grille du MOSFET à double grille (*dual gate*) T1, via le circuit accordé L1/C1 dont le comportement est celui d'un filtre d'entrée 27 MHz. Le point de fonctionnement du MOSFET est défini par la paire de résistances R1/R2 prise dans la ligne de la grille 2 du transistor à effet de champ. Le signal amplifié est envoyé à l'amplificateur mélangeur par l'intermédiaire d'un second condensateur de couplage et d'un second circuit accordé, L3/C2. L'oscillateur intégré dans le S042P travaille de concert avec un quartz. On choisira, pour ce quartz, une fréquence telle que la fréquence de différence produite par le mélangeur, lui aussi embarqué sur le S042P, se trouve dans la plage d'accord du récepteur auquel est branché ce convertisseur. Supposons, par exemple, que nous utilisions un quartz courant de 26,800 MHz; dans ce cas-là, la fréquence de la station 27 MHz f_{ent} sera :

$f_{ent} = 26{,}800 \pm f_{acc}$

où f_{acc} est la fréquence lue sur l'indicateur de fréquence du récepteur (dont on se sert pour rechercher une station); dans le cas présent, la station captée se situera dans la bande des ondes moyennes (ou PO, Petites Ondes). On pourra utiliser des quartz oscillant à d'autres fréquences, telles que 10 MHz, qui transposera lui la bande CB dans la gamme des Ondes Courtes (17 MHz). L'utilisation du dessin de circuit imprimé proposé ici devrait ramener l'étape de réalisation de ce projet à une opération sans douleur. Les composants représentés en pointillés sur la sérigraphie seront implantés côté pistes du circuit. Le convertisseur sera implanté dans un enclos de blindage fermé de toutes parts pour éviter tout rayonnement intempestif. La meilleure solution pour brancher l'antenne et le câble allant à la sortie de fréquence

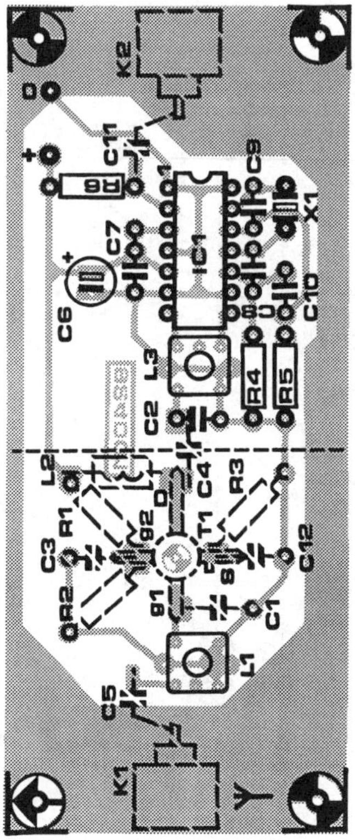

Liste des composants

Résistances :
R1,R2 = 100 kΩ
R3 = 39 Ω
R4 à R6 = 330 Ω

Condensateurs :
C1, C2 = 56 pF céramique
C3 = 2nF2 céramique
C4,C8,C9 = 10 pF céramique
C5 = 1 nF céramique
C6 = 47 μF/16 V radial
C7 = 100 nF céramique
C10 = 27 pF céramique
C11 = 220 pF céramique
C12 = 3nF3 céramique

Semi-conducteurs :
T1 = BF982
IC1 = S042P (Siemens)

Bobines :
L1,L3 = 113CN2K50989189ADZ (Toko)
L2 = self 1 mH
K1,K2 = embase BNC
X1 = voir texte

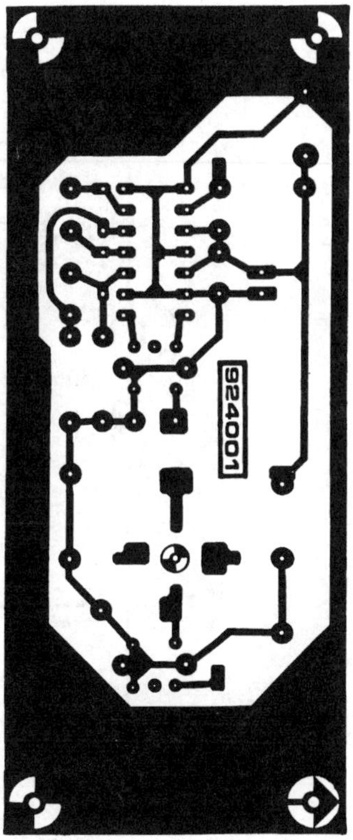

intermédiaire consiste à faire appel à deux embases pour câble coaxial (SO239 ou BNC). L'étalonnage du convertisseur se résume à peu de choses : on joue tout simplement sur les deux inductances L1 et L3 jusqu'à obtenir la meilleure réception possible. L'alimentation du convertisseur pourra se faire, soit par l'intermédiaire d'un module d'alimentation secteur fournissant une tension de 9 V régulée, soit par le récepteur auquel il est connecté si tant est que celui-ci soit capable de fournir les quelques dizaines de milliampères nécessaires au circuit.

U. Kunz

004 COMPENSATION DE POLARISATION POUR AMPLI-OP BIPOLAIRE

Les amplificateurs opérationnels bipolaires ont l'avantage d'avoir un bruit d'entrée sensiblement plus faible que celui que connaissent les amplificateurs opérationnels à FET. Lors de l'utilisation d'un amplificateur opérationnel bipolaire dans une configuration à haute impédance nous sommes souvent confrontés au problème que constitue le courant de polarisation de leurs entrées. Dans le cas du fameux amplificateur opérationnel NE5534, le courant de polarisation typique est de 0,5 μA avec une variation de 5 nA/°C environ. Une fluctuation de température de ±10°C se traduit donc par une dérive de 10% environ ; il s'avère impossible dans ces conditions de maintenir la sortie de l'amplificateur opérationnel à une tension continue de 0 V, en dépit de variations de la température. Le circuit que nous allons décrire dans cet article fait appel à une source de courant pour la compensation du courant de polarisation. La conception du circuit garantit une impédance d'entrée élevée. Dans la pratique, la source de courant additionnelle ne sera pas parfaitement stable face aux variations de la température mais le fait d'intégrer la source de courant dans la boucle de régulation

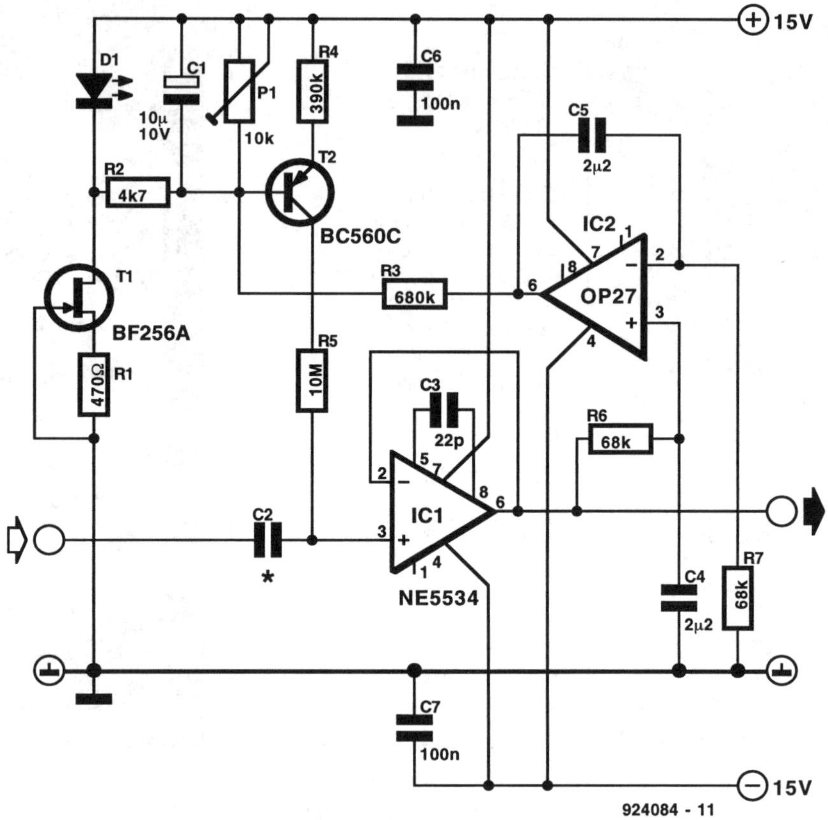

introduit une compensation partielle de ce phénomène gênant. Nous avons pris comme exemple un tampon non-inverseur, IC1. Une source de courant est connectée, à travers une résistance de 10 MΩ, à l'entrée non-inverseuse de IC1. La source de courant se compose du transistor T2 et des composants connexes. On génère, à l'aide de la LED et d'une source de courant de 2 mA (T1), une tension de référence pour T2. Cette technique réduit au strict minimum l'influence sur le circuit d'éventuelles distorsions véhiculées par la tension d'alimentation. De façon à limiter le plus que possible le bruit de la source de courant T2, le diviseur de tension ajustable (R2/P1) divise la tension de référence de la LED. L'amplificateur opérationnel IC2 mesure la tension continue présente sur la sortie de IC1 et accorde, via R3, la source de courant de façon à ce que la sortie de IC1 ne présente pas de composante en tension continue. (On notera qu'il n'est plus possible d'utiliser le circuit intégré comme amplificateur de tension continue). Il faudra placer un condensateur à l'entrée, pour garantir que ni la résistance de sortie ni la tension de décalage de sortie de l'étage précédente n'aient d'influence négative sur la compensation de polarisation. L'impédance d'entrée extrêmement élevée pourrait vous inciter à utiliser un condensateur de faible capacité. Pour une fréquence de coupure de 20 Hz à une impédance d'entrée de 25 MΩ un condensateur de 330 pF devrait être suffisant. Sachant que l'impédance élevée du condensateur produit à coup sûr un bruit monstrueux (640 nV/√Hz environ !), cette solution est impraticable. Il faudra donc procéder à une adaptation de la capacité du condensateur C2 à l'impédance de sortie de la source de signal précédente. On réglera l'ajustable P1 de façon à ce que la tension de sortie de IC2 soit pratiquement de 0 V et ceci à une température ambiante située approximativement au milieu de la plage de températures dans laquelle le circuit doit effectuer la compensation requise.

La consommation du circuit se situe aux environs de 11 mA.

005 PONT DE WIEN

À ALIMENTATION ASYMÉTRIQUE

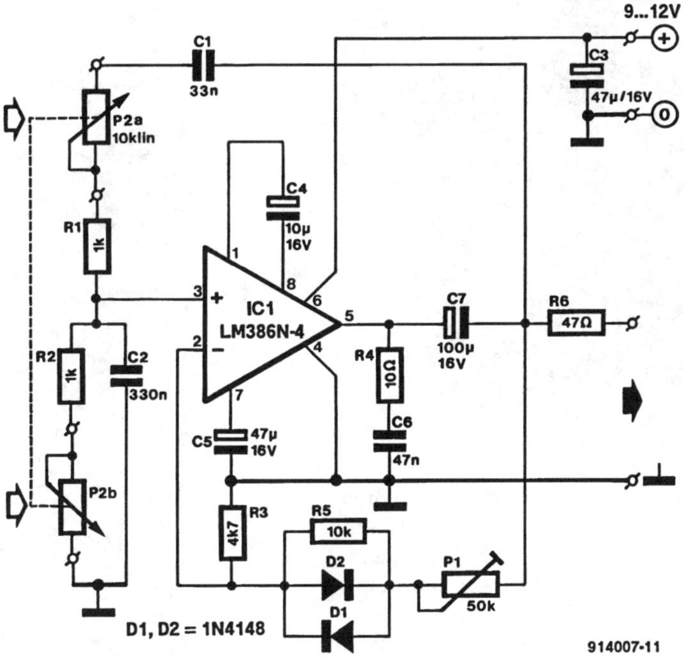

La réalisation de l'oscillateur de pont de Wien de la **figure 1** fait appel à un amplificateur opérationnel de puissance disponible partout dans le commerce: un LM 386. Enfin un montage "intéressant !" diront certains d'entre nos lecteurs quelquefois las de l'esprit "innovateur" emportant leur revue préférée. Ce semi-conducteur se contente d'une seule tension d'alimentation. Un oscillateur de pont de Wien se compose en règle générale de deux condensateurs identiques et de deux résistances –éventuellement ajustables– identiques (potentiomètre double). Dans ces conditions, le rapport de transfert du pont est, à cette fréquence de l'oscillateur, de 1/3 très exactement. Un exemple: une amplitude de sortie de 3 V se traduit alors par la présence d'une tension de 1 V à l'entrée non-inverseuse de l'amplificateur opérationnel. Pour éviter que la tension d'entrée absolue de IC1 ne dépasse 0,4 V, un rapport de transfert de 1/3 est encore trop élevé.

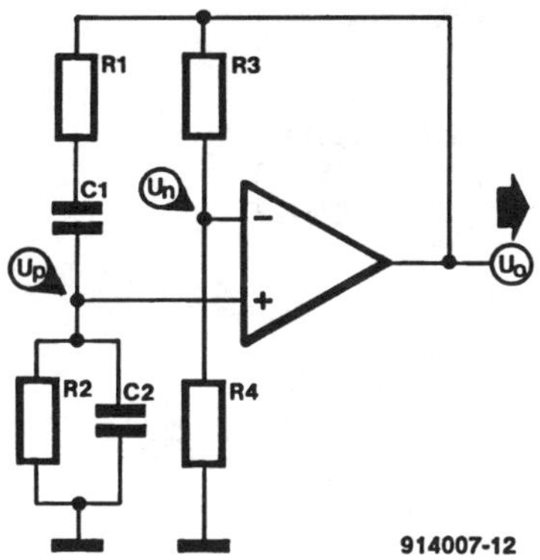

Dans le cas d'un oscillateur à pont de Wien classique, tel celui de la **figure 2**, ce rapport est défini par la formule suivante :

$$\frac{U_p}{U_o} = \frac{1}{1 + R1/R2 + C2/C1}$$

Le rapport de transfert diminue au fur et à mesure qu'augmente la valeur de la résistance R1 et/ou celle du condensateur C2. Pour faire varier la fréquence, il faudra changer simultanément la valeur des deux résistances ou bien celle des deux condensateurs. Il devient possible ainsi de modifier

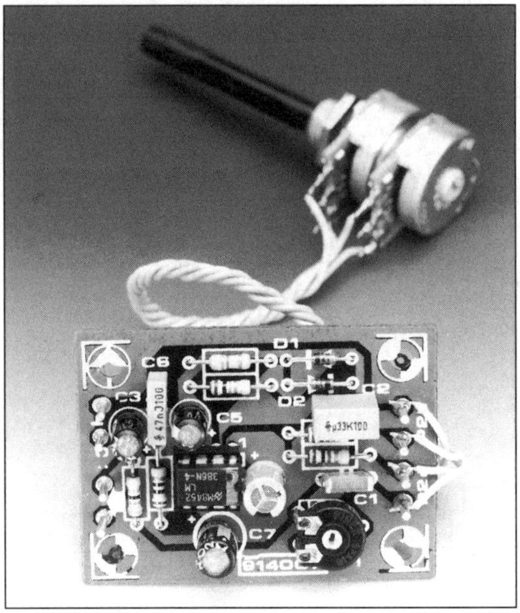

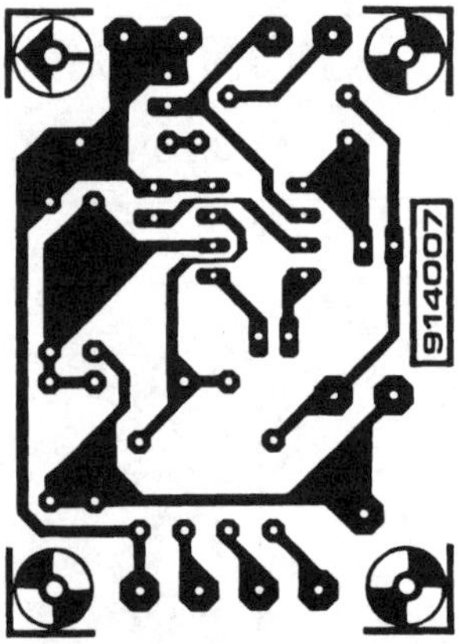

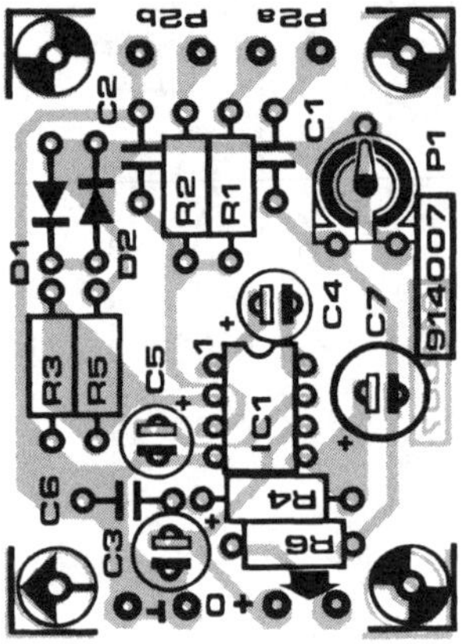

celle des deux condensateurs. Il devient possible ainsi de modifier la fréquence à l'aide d'un seul potentiomètre double. Comme les deux résistances du potentiomètre double ont toujours presque la même valeur, le rapport Up/Uo prend, lorsque $C2 = 10 \cdot C1$, une valeur de 1/12 seulement. Afin de disposer de la réaction positive adéquate nécessaire pour l'entrée en oscillation de l'oscillateur, l'amplificateur doit fournir un gain de 12, ce que l'on obtient par le dimensionnement correct des résistances R3, P1 et R5. Le respect des valeurs du schéma donne un gain:

$A = 1 + (R5 + P1) / R3$, soit 13,8.

La stabilisation de la tension de sortie est on ne peut plus classique: elle fait appel à deux diodes prises en tête-bêche dans la boucle de contre-réaction. On effectuera le réglage de P1 de façon à ce que la tension de sortie sinusoïdale ne soit tout juste pas encore limitée par la tension d'alimentation. L'ajustable P2 permet de régler la fréquence de sortie à une valeur comprise entre 150 et 1 500 Hz. Il faudra, si l'on veut obtenir une fréquence plus élevée, modifier la valeur des condensateurs C1 et C2. Il est indispensable que la tension d'alimentation, qui peut être comprise entre 9 et 12 V, soit bien régulée. Notons, pour finir, que la consommation du circuit au repos ne dépasse pas 6 mA.

Liste des composants

Résistances :
R1,R2 = 1 kΩ
R3 = 4kΩ7
R4 = 10 Ω
R5 = 10 kΩ
R6 = 47 Ω
P1 = 50 kΩ ajust.
P2 = 10 kΩ lin. stéréo

Semi-conducteurs :
D1,D2 = 1N4148
IC1 = LM386N-4

Condensateurs :
C1 = 33 nF
C2 = 330 nF
C3,C5 = 47 µF/16 V radial
C6 = 47 nF
C7 = 100 µF/16 V radial

006 SUPER-STARTER

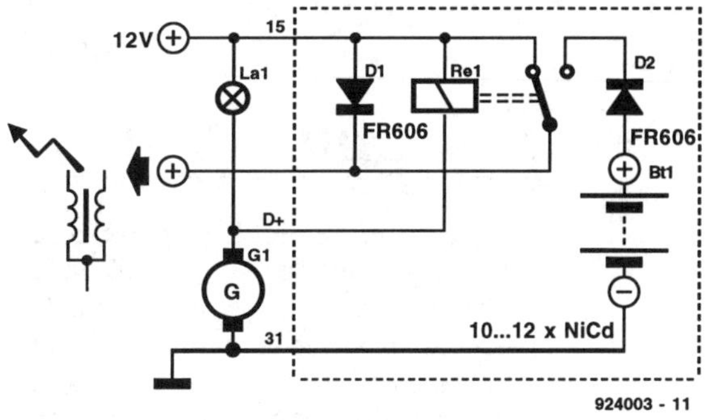

Le super-starter est un circuit qui permet de démarrer une voiture (à moteur à essence !) à la batterie fatiguée et ce même dans les conditions les plus froides. Il se peut que, lors d'un démarrage « prolongé », la bobine ne reçoive plus une tension suffisante lui permettant de fournir les étincelles nécessaires à l'allumage du moteur puisque, comme tout le monde le sait, dans les conditions de températures très basses, une batterie au plomb, quelle qu'elle soit, devient incapable de fournir sa puissance maximale. Les conséquences de cette situation pénible sont rapidement évidentes : le moteur ne démarre pas et la batterie est rapidement « sur les genoux ». Une fois installé dans la voiture concernée ce super-starter se charge d'alimenter la bobine à l'aide d'une série d'accus CdNi, et ceci uniquement le temps du démarrage du moteur. De bons accumulateurs au cadmium-nickel de taille LR 06 sont capables d'alimenter la bobine pendant une dizaine de minutes. Dès que le moteur tourne et que la tension de la génératrice a pris sa valeur nominale, la bobine est à nouveau alimentée par la batterie de la voiture. Le circuit utilise la borne positive (D+) du témoin du courant de charge (La1) pour la détection de la rotation du moteur. Cette borne présente la tension produite par la génératrice. Tant que le moteur ne tourne pas assez rapidement –et que la génératrice ne fournit pas de tension– le relais Re1 reçoit la tension de +12 V (à travers le contact) et applique de ce fait la tension des accumulateurs CdNi à la bobine. La seconde borne de la bobine du relais est reliée à la masse à travers l'enroulement (à très faible impédance pour le moment) de la génératrice. La bobine du système d'allumage de la voiture reçoit de ce fait une tension adéquate, quelle que soit la condition de la batterie au plomb du véhicule. Dès l'instant où le moteur tourne, les bornes de la génératrice présentent une tension. Il n'existe plus de ce fait de différence de tension aux bornes du relais et celui-ci est relâché. La bobine d'allumage reçoit, à partir de ce moment, la tension de la batterie de la voiture (ou de la génératrice). La diode D1 a une double fonction de protection. Elle évite primo que le relais n'interrompe le courant qui va vers la bobine lorsque l'on tourne la clef de contact. Une telle interruption se traduirait par une impulsion d'allumage à un moment importun. D1 sert donc à l'alimentation de la bobine pendant que l'on tourne le contact. Le fait que la diode introduise une chute de tension de quelque 2 V est sans la moindre importance. La diode D1 garantit, secundo, la possibilité de démarrer le moteur même si les accumulateurs CdNi sont épuisés, voire absents (l'été par exemple). Il est de ce fait très facile de sortir les accumulateurs de la voiture pour les recharger chez soi. La seconde diode, D2, protège les accumulateurs (épuisés) contre un courant de charge trop important fourni par la batterie de la voiture. En absence de cette diode, les accumulateurs CdNi seraient rechargés directement par la batterie de voiture sans qu'il n'y ait la moindre limitation du courant de charge ! Si l'on envisage de recharger automatiquement les accumulateurs CdNi, il est possible, par l'intermédiaire d'une résistance de valeur adéquate, de les relier à la borne positive de la batterie du véhicule. Il est recommandé pourtant de placer les accumulateurs dans un coupleur d'accus, permettant de les sortir aisément de la voiture pour les recharger (chez soi) à l'aide d'un chargeur de bonne qualité. Il est important que le relais soit capable de traiter des courants de 8 A au minimum. Bien que les relais pour automobiles à contacts alternés (repos/travail) ne soient pas disponibles partout, on en trouvera toujours dans une Citroën CX mise à la casse. Les diodes mentionnées dans le schéma (FR606) peuvent être remplacées par des BYW29-100, qui, elles aussi, supportent un courant de commutation de 6 A. Ces diodes se caractérisent en outre par une tension inverse suffisamment élevée pour résister aux crêtes d'induction de la bobine. Tous les points de connexion externes du circuit se trouvent derrière le tableau de bord de la voiture. Le point D+ est la borne du témoin de courant de charge qui présente 0 V lorsque le moteur ne tourne pas (clef de contact tournée cependant). L'une des connexions du contact est celle (15) qui va directement vers la bobine (ou l'allumage électronique). Déconnectez ce câble du contact pour le relier à la sortie (indiquée par la flèche) du super-starter. La connexion libre du contact est connecté à l'entrée +12 V du circuit. Connectez la borne négative du paquet d'accumulateurs CdNi à la masse de l'automobile et le super-starter est prêt à l'emploi.

J. Vaessen

007 INVERSEUR DE TENSION À CIRCUIT HC

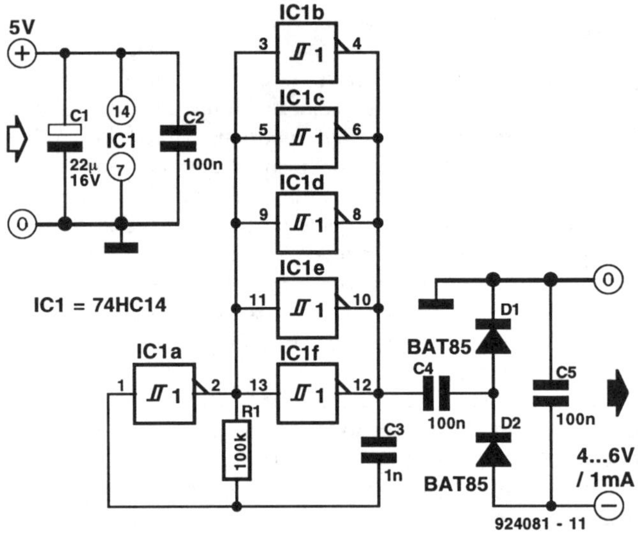

Vous pouvez bien évidemment faire appel, lorsque vous avez besoin d'une tension d'alimentation négative, à un circuit inverseur de tension spécialement conçu à cet effet. Cependant, si tant que la consommation du circuit n'est pas trop importante, vous pouvez également fort bien vous en sortir en mettant à l'oeuvre un circuit intégré HC de technologie MOS.

L'avantage majeur de cette approche est que le dit circuit est beaucoup plus facile à trouver qu'un LTXXXX ou autre MC spécialisé. Notre circuit fait appel à un 74HC14, circuit qui n'intègre pas moins de six inverseurs à trigger de Schmitt. S'agissant d'un composant de la famille HC, ces inverseurs sont capables de fournir un courant de sortie relativement important et étant à trigger de Schmitt, le circuit est relativement facile à mettre en oscillation. Le seul problème que posent les portes à trigger de Schmitt est leur mise en parallèle. À l'inverse des inverseurs ou tampons, des triggers de Schmitt peuvent, même s'ils sont intégrés dans un même boîtier, commuter de façon asynchrone, avec tous les inconvénients que cela sous-entend. Ce problème ne se pose en fait qu'avec des signaux d'entrée lents. Pour cette raison, la commande des entrées mises en parallèle se fait par l'intermédiaire d'une porte qui n'est pas prise dans le montage en parallèle. Sachant que cette porte est elle aussi à trigger de Schmitt, on dispose à la sortie d'un signal aux flancs raides (et rapides). On peut supposer dans ces conditions que la commutation de toutes les portes prises en parallèle se fait, pratiquement, simultanément. Associées à IC1a, les portes montées en parallèle constituent un générateur de signal rectangulaire RC. La fréquence du signal de sortie est de l'ordre de 125 kHz. Ce signal est ensuite converti, par l'intermédiaire d'une « pompe de charge », en une tension d'alimentation négative. Les diodes utilisées ici sont des diodes Schottky qui, en raison de leur tension de seuil plus faible, laissent une tension plus importante à la charge que leurs homologues au silicium. On dispose, hors-charge, d'une tension de l'ordre de 6 V en sortie, sachant que le circuit possède un courant de repos de 100 µA environ. À un courant de sortie de 1 mA, la tension de sortie chute à 4 V. S'il n'y a pas d'inconvénient à ce que la tension de sortie chute encore un peu plus, on pourra tirer un courant allant jusqu'à 10 mA. La tension chutera dans ce cas-là jusqu'à une valeur égale à la moitié environ de la tension d'alimentation.

Il ne saurait être question d'obtenir un courant plus important ou une chute de tension moindre en augmentant la capacité des condensateurs de la pompe de charge. IC1 n'est en effet pas en mesure, de toutes façons, de fournir la charge additionnelle.

Le circuit n'est pas protégé contre les courts-circuits de sorte que, confronté à une telle situation, IC1 ne trépassera pas sur le champ, mais il ne mettra pas longtemps à rendre l'âme.

008 HUMIDIMÈTRE POUR PLANTES : LE CAPTEUR

L'humidimètre pour plantes, un moniteur de l'humidité de terreau et autres milieux nutriciers pour vos plantes, est sans doute l'une des réalisations les plus intéressantes pour tous nos lecteurs phyllophiles – textuellement amateurs de feuilles ; il est plus particulièrement destiné à ceux d'entre nos lecteurs qui oublient d'arroser, de temps à autre, leurs plantes d'appartement. À partir de demain, plus aucune de vos plantes ne mourra pour avoir été exposée, trop longtemps, à un régime « atacamaien » (il n'a pas plu de 400 à 1971 dans le désert d'Atacama).

L'humidimètre pour plantes se compose d'une bonne poignée de composants peu coûteux et fournit, néanmoins, une indication fiable quant à l'humidité du terreau dans lequel se trouvent vos plantes. Dans ce montage, le circuit intégré IC1, un 4047, fait office d'oscillateur, fournissant deux signaux de commutation complémentaires, Q et $\overline{Q}$, à une fréquence de 58 Hz environ. Théoriquement les signaux Q et $\overline{Q}$ ne sont jamais actifs simultanément et ils constituent donc une source de courant alternatif parfaite, évitant tout phénomène d'électrolyse des électrodes connectées aux points A et B du circuit. La tension présente sur le curseur de l'ajustable P1 dépend de la résistance des électrodes (R_{A-B}), et donc de l'humidité du sol dans lequel elles sont enfichées. En comparant cette tension à une tension de référence, IC2 est capable de déterminer si l'humidité du terreau est devenue inférieure à une valeur donnée et donc s'il faut penser à arroser les plantes.

Le circuit dérive sa tension de référence du courant d'électrode symétrique, c'est-à-dire du point nodal entre R2 et R3. Ce point présente une tension constante de 2,5 V par rapport à la masse.

En dépit de l'existence du courant d'électrode, qui est en fait une grandeur alternative, le fonctionnement du comparateur est relativement simple. Il nous est impossible pourtant de faire appel ici à un simple comparateur de tensions continues.

Si Q = 0 V et $\overline{Q}$ = +5 V, le curseur de P1 présente une tension de U1 par rapport à la masse. Dans le cas d'un courant d'électrode inverse (Q = +5 V et $\overline{Q}$ = 0 V) le curseur se trouve à 5 V – U1. Si maintenant, dans la première situation (Q = 0 V et $\overline{Q}$ = +5 V) la tension au curseur est supérieure à la tension de référence, il est logique que, dans le cas contraire (Q = +5 V et $\overline{Q}$ = 0 V) la tension au curseur soit inférieure à la tension de référence.

Pour garantir l'activation de la sortie du comparateur dans les deux cas, les signaux d'entrée sont convertis par les sorties Q et $\overline{Q}$ de IC1. Ceci est fait à l'aide des quatre interrupteurs électroniques intégrés dans IC3. La LED rouge, D2, s'allume si le terreau est trop sec. Dans cette situation la ten-

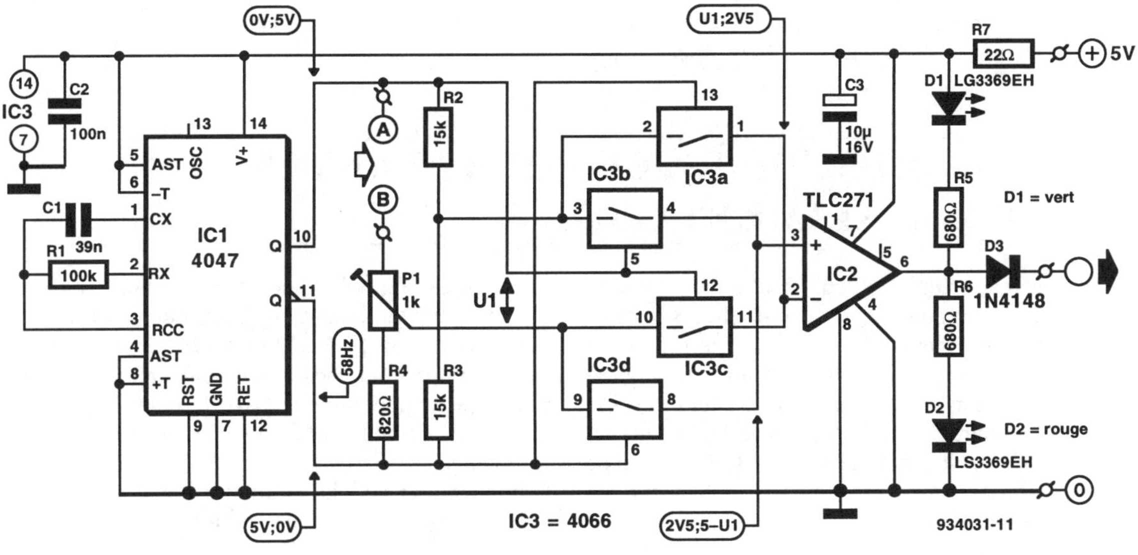

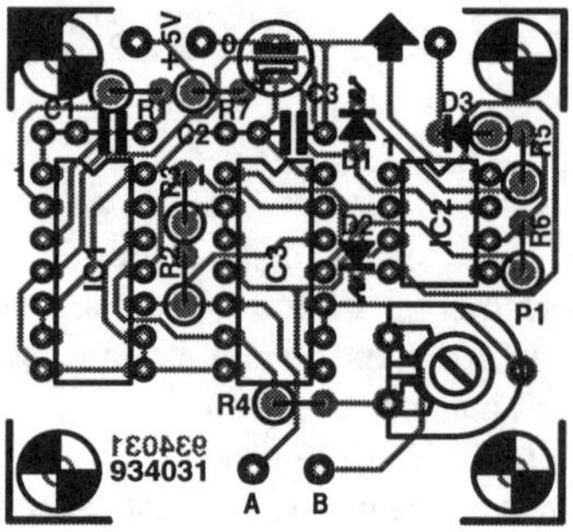

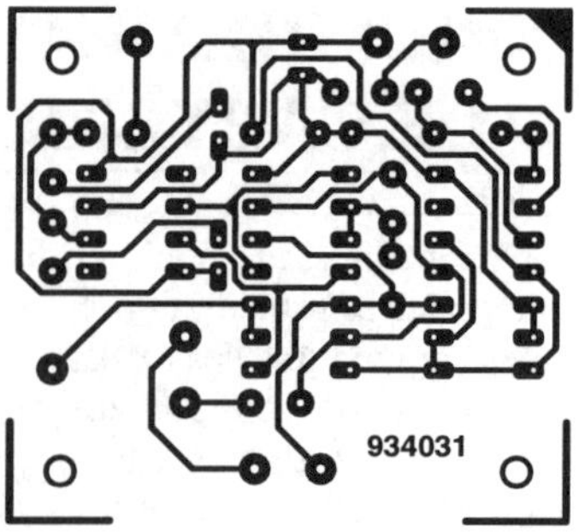

Liste des composants

Résistances :	*Condensateurs :*	*Semi-conducteurs :*	*Divers :*
R1 = 100 kΩ	C1 = 39 nF	D1 = LED verte 3 mm à faible courant (LG3369EH Siemens)	boîtier de 65 x 50 x 30 mm (tel que Bopla EG406)
R2,R3 = 15 kΩ	C2 = 100 nF	D2 = LED rouge 3 mm à faible courant (LS3369EH Siemens)	
R4 = 820 Ω	C3 = 10 µF/16 V radial	D1 = 1N4148	
R5,R6 = 680 Ω		IC1 = 4047	
R7 = 22 Ω		IC2 = TLC271	
P1 = 1 kΩ ajustable		IC3 = 4066	

sion U1 est supérieure à 2,5 V. En fonction de la position du curseur de P1 ceci correspond à une résistance de terreau (inter-électrode) comprise entre 0 et 1kΩ82.

Plus on tourne le curseur de P1 vers les connexions des électrodes, plus la résistance de terreau nécessaire à l'extinction de la LED verte et à l'illumination de la LED rouge (sol trop sec donc) devient importante. Il est intéressant de noter que la capacité du terreau peut entraîner l'illumination simultanée des LED, indiquant ainsi un équilibre entre « sec » et « humide ». Il est recommandé, pour la fabrication des électrodes, de faire appel à des barres de graphite (les électrodes d'une pile charbon-zinc par exemple). Il s'agit d'une solution peu coûteuse qui, simultanément, évite tout risque de corrosion. On implantera les électrodes dans le terreau en respectant un espacement de quelque 4 cm entre elles. Le positionnement exact du curseur de P1 dépend (c'est logique, il est en effet difficile de comparer une phalénopsis à un syndapsis) de la variété de la plante que l'on envisage de « monitorer » et devra être déterminé expérimentalement. On obtient, en règle générale, de bons résultats en mettant P1 en position médiane.

009 HUMIDIMÈTRE POUR PLANTES: L'ALIMENTATION

Le schéma montre le circuit de l'alimentation de l'humidimètre pour plantes décrit ailleurs dans ce numéro. Le capteur nécessitant une alimentation de 5 V constante on peut utiliser un petit module d'alimentation-secteur fournissant une tension comprise entre 8 et 12 V. Le circuit décrit dans cet article sert au « nettoyage » et à la stabilisation de la tension de sortie du module utilisé. Sachant que la consommation du capteur se limite à 5 mA environ il est possible d'alimenter un bon nombre de circuits moniteur à l'aide de l'alimentation décrite ci-dessus et l'on pourra envisager de relier plusieurs capteurs enfichés chacun dans leur propre pot et ajustés pour répondre aux désirs de la plante qu'ils « monitorent » à cette alimentation commune.

L'alimentation de l'humidimètre fait également office de (télé-)indicateur central. La LED D2

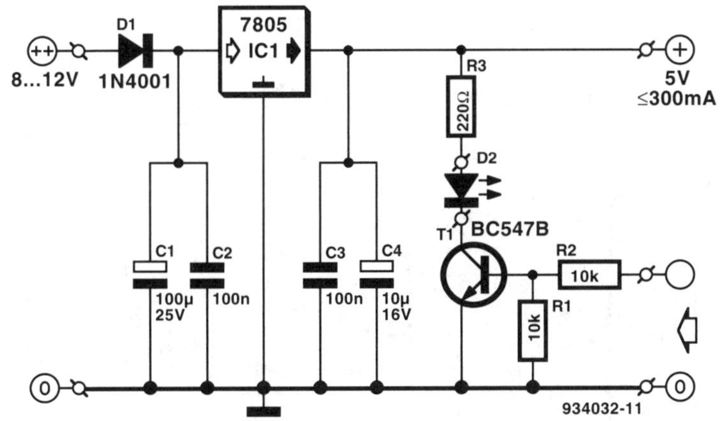

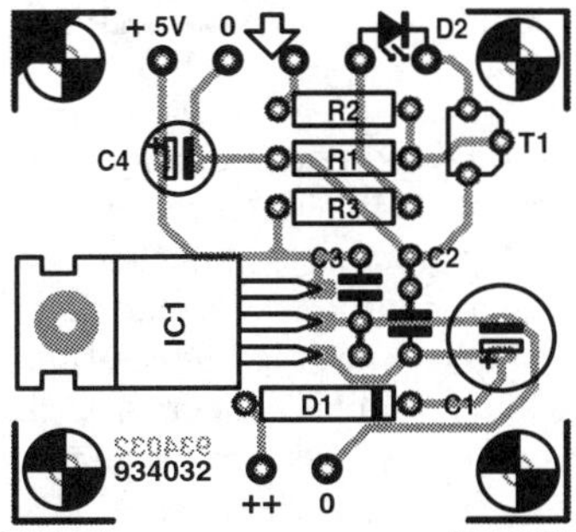

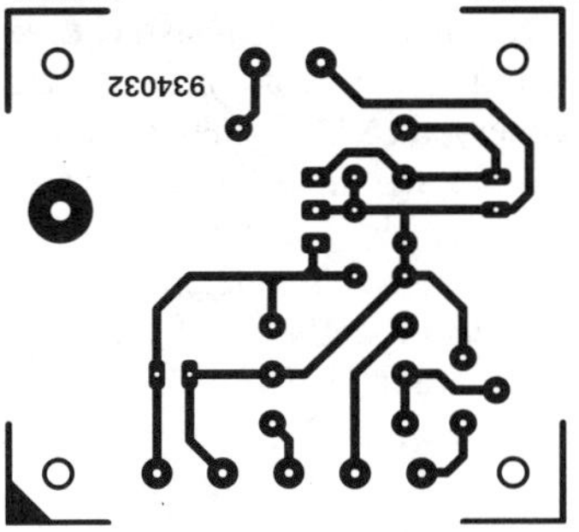

s'illumine dès que l'un des capteurs connectés détecte un sol « aride ».

Si aucun des capteurs ne détecte de sol trop sec, mais si l'un (ou plusieurs) d'entre eux indique l'équilibre entre « sec » et « humide » (voir HUMIDIMÈTRE POUR PLANTES : LE CAPTEUR) la LED s'illumine à une intensité plus faible. Ceci s'explique par le fait que la tension appliquée à l'entrée de commande de la LED est comprise entre 2 et 3 V.

Il va sans dire qu'il est nécessaire, pour tirer profit de cette option de visualisation centrale, de connecter la sortie de tous les capteurs à l'entrée de commande de LED sur le circuit de l'alimentation (avec sa configuration de porte OU en logique câblée).

Liste des composants

Résistances :
R1,R2 = 10 kΩ
R3 = 220 Ω

Condensateurs :
C1 = 100 µF/25 V radial
C2,C3 = 100 nF
C4 = 10 µF/16 V radial

Semi-conducteurs :
D1 = 1N4001
D2 = LED rouge 5 mm
T1 = BC547B
IC1 = 7805

Divers :
boîtier de 65 x 50 x 30 mm
(Bopla EG406 par exemple)

010 RELAIS DE SÉCURITÉ ÉLECTRONIQUE

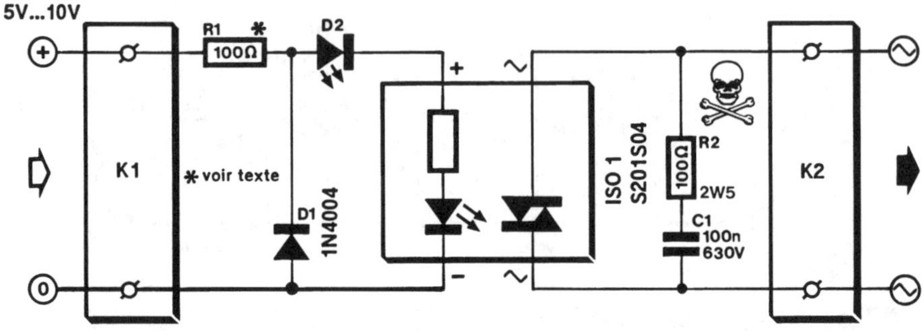

Bien que le S202DS2, un relais à semi-conducteur (*solid state relay*, SSR) de Sharp soit un composant électronique fort intéressant, sachant qu'il remplace à lui tout seul une bonne dizaine de composants, il ne répond pas aux exigences minimales de sécurité posées par de nombreux pays où la tension du secteur est de 22 ou 2400 V. Les raisons majeures de carence sont une tension disruptive trop faible de l'opto-coupleur intégré dans le S202DS et un espacement trop faible des broches du dit composant. Sharp a développé un autre relais à semi-conducteur (SSR) pour les nombreuses applications où la sécurité est une considération primordiale, le S201S04. Le mince boîtier SIL (*Single In Line*), dont on retrouve le dessin dans la figure illustrant cet article, intègre un opto-coupleur, une série de résistances, un commutateur au passage par zéro et un triac de puissance. La présence du commutateur au passage par zéro implique que le relais à semi-conducteur peut uniquement être utilisé avec des charges non-réactives, c'est-à-dire purement ohmiques. Comme, en outre, la valeur de la résistance-série est de 130 Ω seulement, de nombreuses applications requéreront une résistance additionnelle externe pour éviter que le courant traversant la LED de l'opto-coupleur intégré n'atteigne une valeur trop importante. L'utilisation du dessin de circuit imprimé proposé ici répond à toutes les exigences posées par la sécurité. La valeur de la résistance externe R1 dépend de la tension de commande et du courant de déclenchement. Ce dernier dépend, dans une certaine mesure de l'importance du courant à commuter et aura, en règle générale, une valeur comprise entre 5 et 20 mA. On déterminera expérimentalement la valeur optimale en veillant à ne pas dépasser un courant de 40 mA. La valeur minimale de la résistance-série $R1_{min}$, répond à la formule suivante:

$R1_{min} = 25\,(Us - 2{,}4) - 130$ [Ω]

formule dans laquelle Us représente la tension de commande appliquée au connecteur K1. La diode

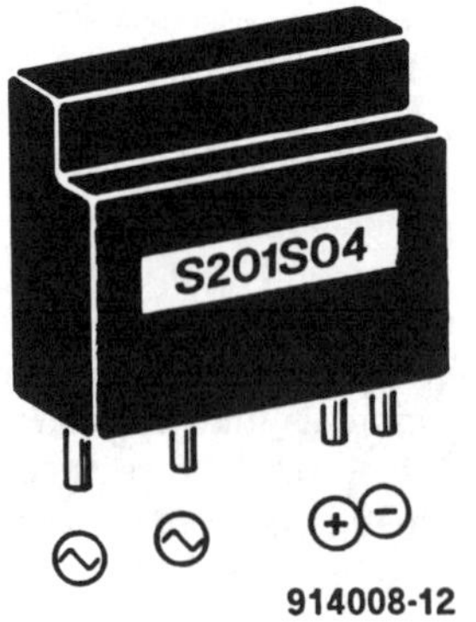

914008-12

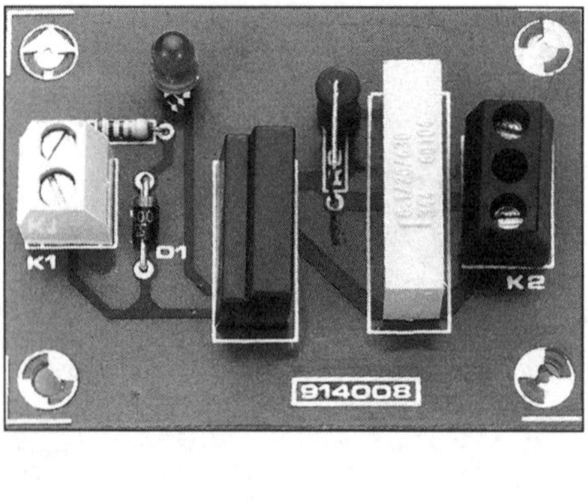

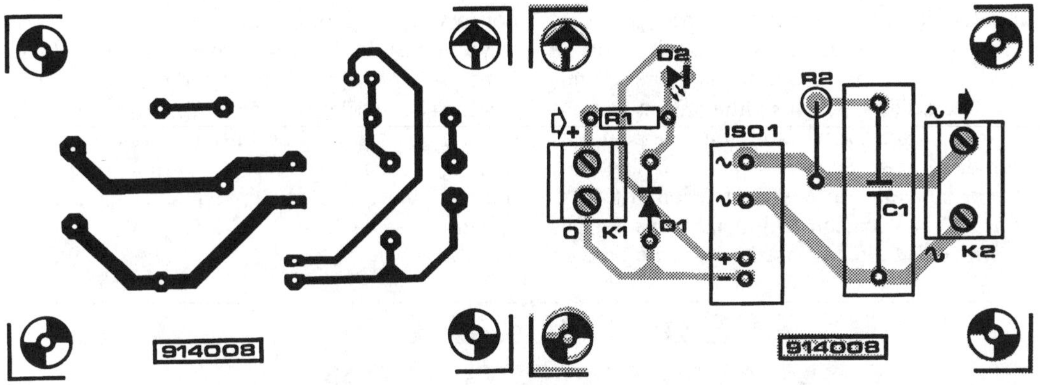

Liste des composants :

Résistances :
R1 = 100 Ω (*voir texte)
R2 = 100 Ω/2W5

Condensateurs :
C1 = 100 nF/630 V

Semi-conducteurs :
D1 = 1N4001
D2 = LED 5 mm
ISO1 = S201S04 (Sharp)

Divers :
K1 = bornier encartable double au pas de 5 mm
K2 = bornier encartable double au pas de 10 mm

D1 protège le relais contre des tensions de commande inverses, la LED D2 indiquant l'application d'un courant de commande au relais. Le réseau RC R2/C1 pris à la sortie du relais sert à protéger le composant contre des crêtes de tension véhiculées par le secteur. Lorsqu'il est relié au secteur fournissant 220 ou 240 V, le circuit peut commander des charges non-réactives de puissance inférieure ou égale à 330 W, ce qui correspond approximativement au courant de charge maximal admissible, à savoir 1,5 A. ATTENTION. Il est essentiel, en raison de la présence en divers endroits du circuit de la tension du secteur, de veiller à une isolation électrique adéquate. Il ne saurait être question d'intervenir sur le circuit tant que celui-ci est relié au secteur. On veillera à ce qu'il soit impossible d'entrer en contact avec une partie quelconque du montage lorsqu'il est utilisé (et donc relié au secteur).

011 INTERRUPTEUR BISTABLE À ILS

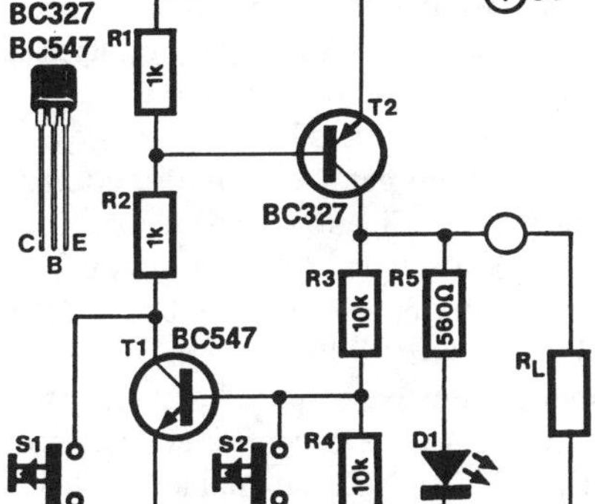

Ce circuit en cascade permet la mise sous tension d'une charge avec un bouton-poussoir à contact travail, et la mise hors-tension de cette même charge à l'aide d'un deuxième contact fugitif. C'est S1 qui permet la mise sous tension de la charge. T2 est un transistor de puissance fonctionnant en interrupteur. Une action sur S1 produit la mise en conduction de T2. Ce faisant, il circule un courant dans la charge et la base de T1 est attaquée, entraînant la mise en conduction de ce second transistor. Ce dernier s'est substitué au contact de S1 puisque celui-ci a retrouvé sa position de repos. Ce nouvel état stable, ce qui justifie le nom de bistable de ce montage, va se prolonger jusqu'à ce qu'une action sur le contact S2 provoque le blocage successivement de T1, T2 et le retour à l'état initial.

En effet, la charge reste alimentée jusqu'à ce qu'ait lieu une action sur le bouton-poussoir S2, à contact travail lui aussi. Une telle action produit la mise à la masse de la base de T1 qui bloque alors. Ce faisant, la base de T2 n'est plus alimentée et ce transistor bloque à son tour de sorte qu'il ne peut plus circuler de courant dans la charge. Si l'on veut avoir une nouvelle mise sous tension il faudra actionner S1. La tension d'alimentation n'est pas critique, pouvant aller de 5 à 20 volts. Le type de transistor à utiliser pour T2 dépend du courant qu'il doit pouvoir supporter: il pourra passer 100 mA à travers un BC 327, alors qu'un BD140 pourra véhiculer jusqu'à 500 mA. La consommation de l'électronique est nulle au repos –si l'on ne tient pas compte des courants de fuite des transistors ; on peut également envisager de s'en servir pour la mise en marche d'un appareil étanche avec un aimant.

O. Bailleux

012 SOURCE DE COURANT COMMANDÉE EN TENSION

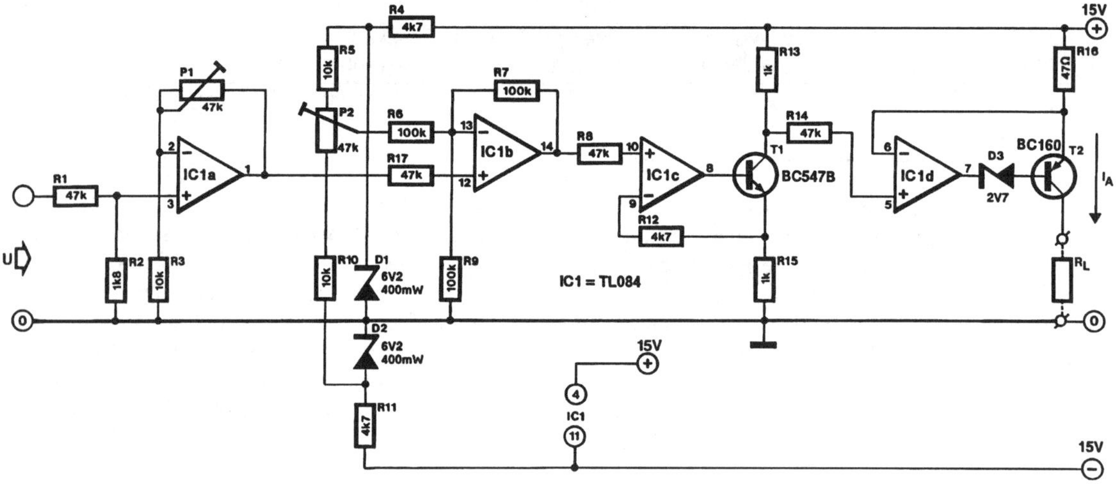

914013-11

La source de courant commandée en tension, sujet de cet article, sert à convertir un signal d'entrée de 0 à 5 V, tension mesurée par rapport à la masse, en un courant de sortie d'intensité comprise entre 0 et 20 mA, référencé à la masse lui aussi. Un tel circuit est utilisé par exemple pour le transfert de données de mesure sur des câbles de très grande longueur. Puisque les résistances du câble sont comprises dans la boucle de courant, elles n'ont plus d'influence et ne peuvent pas fausser le résultat de la mesure. Le coeur du circuit est un quadruple amplificateur opérationnel du type TL084. Le premier amplificateur amplifie la tension d'entrée, dans le second, on effectue un ajustement de la composante en tension continue à l'aide de P2. Il est possible ainsi qu'un courant de sortie de 4 mA corresponde à une tension d'entrée de 0 V. Dans ces conditions, la plage du courant de sortie balaie de 4 à 20 mA. Le troisième des amplificateurs opérationnels, associé au transistor T1, introduit une conversion du potentiel de référence de la tension, en provenance du second amplificateur, le faisant passer de la masse à +15 V. Grâce à ce processus, le dernier des amplificateurs opérationnels, associé au transistor T2, travaille en convertisseur tension/courant, permettant au courant de circuler vers la masse, à travers la résistance de charge RL. Le gain introduit par le circuit peut être adapté aux besoins par modification des valeurs de la résistance R2 et de l'ajustable P1. Le circuit peut également travailler en convertisseur température/courant. Pour ce faire, il faudra connecter à l'entrée un diviseur de tension composé d'une résistance fixe et d'une résistance à coefficient de température négatif (CTN ou NTC en anglais). Si le cahier des charges l'exige, on dotera les deux diodes zener d'un circuit de compensation en température.

E. Kunz

013 STARTER POUR MODÈLE RÉDUIT D'AVION À MOTEUR ÉLECTRIQUE

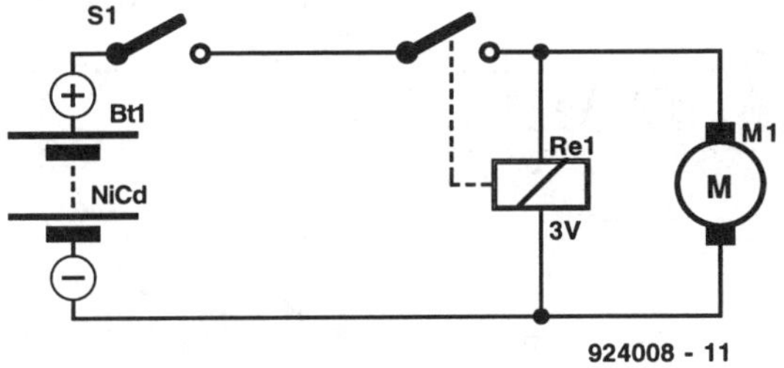

Les vrais mordus d'aéromodélisme qui pilotent leur avion miniature à moteur électrique constatent indubitablement un certain manque de réalisme de leur modèle réduit. Il suffit en effet d'une action sur un interrupteur et voilà ... le moteur tourne. Dans le cas d'un vrai « zinc » les choses sont loin d'être aussi faciles que cela ! Les modèles réduits, dotés d'un moteur à explosion, se caractérisent par un comportement déjà sensiblement plus proche de la réalité quotidienne : il faut démarrer le moteur à la main (attention aux doigts) ou à l'aide d'un starter électrique extérieur. Dans cet article, nous proposons, à l'intention de tous ceux d'entre nos lecteurs « aviateurs » qui pestent intérieurement depuis si longtemps contre cette absence de réalisme de leur modèle à moteur électrique et jalousent quelque peu leurs collègues, heureux possesseurs d'un avion à moteur à combustion, deux solutions potentielles à leur poignant problème. Une fois l'avion à moteur électrique doté de l'un des petits circuits proposés ici, il vous faudra démarrer le moteur comme le faisaient autrefois les pionniers de l'aviation ... La solution numéro 1 associe élégance et simplicité. On prendra un relais de 3 V en série entre l'interrupteur de mise en service et le moteur électrique et ceci en respectant la disposition astucieuse illustrée dans le schéma du haut. Une fois les contacts de l'interrupteur S1 fermés, il ne se passe... rien ! Il faut maintenant faire tourner l'hélice –à la main bien entendu– pour que le moteur fournisse la tension nécessaire provoquant la fermeture des contacts du relais et ... partant le démarrage du moteur. Lors d'une rotation de l'hélice, le moteur fonctionne en générateur et, à condition que la tension générée soit suffisamment élevée, on aura activation du relais. L'avantage principal de cette solution est qu'elle se caractérise par un fonctionnement presque uniquement mécanique. Elle est de ce fait relativement fiable. Elle présente cependant un inconvénient : on utilise ici un relais de 3 V qui, une fois ses contacts fermés, se voit alimenté en 6 V. Sachant qu'un relais de 3 V a une impédance relativement basse, une certaine quantité d'énergie –qui est loin d'être négligeable– est dissipée ... inutilement ! La seconde solution que nous vous proposons (schéma du bas) est à la fois plus économe et plus sensible lors du démarrage. Nous faisons appel ici à un relais de 6 V qui ne consomme que 25% de l'énergie dissipée par un relais de 3 V alimenté en 6 V. Il est évident qu'avec cette solution, notablement plus « électronique », on fait également appel au fait qu'un moteur électrique (hors-tension) génère une certaine tension lorsqu'on le fait tourner. La tension générée par les mouvements de l'hélice attaque, à travers la résistance R2, la base du transistor T1. Si cette tension est suffisamment élevée, le transistor devient passant. Le relais, alimenté par l'accumulateur Bt1, colle et démarre le moteur. L'ajustable P1 permet de définir très exactement à quelle valeur de tension (générée par le moteur) le

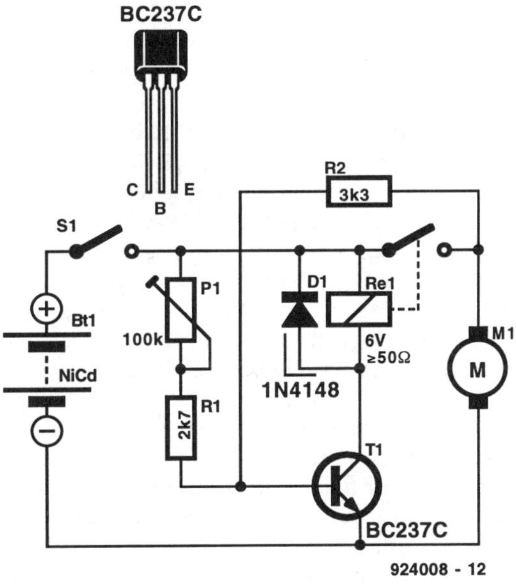

transistor devient conducteur. On peut ajuster à son goût « les difficultés » que pouvait avoir, dans le temps, un vrai pilote à démarrer le moteur de son aéronef – il est vrai qu'aujourd'hui, avec les démarreurs électriques ce problème n'existe plus. Voici donc de quoi faire une surprise à vos amis pilotes de modèles réduits : demandez tout simplement au pilote le plus expérimenté de bien vouloir démarrer votre avion (équipé de l'un de nos petits circuits bien entendu)... et vous le verrez bondir de surprise.

G. Bartelt

014 TESTEUR (DE CÂBLE) MIDI

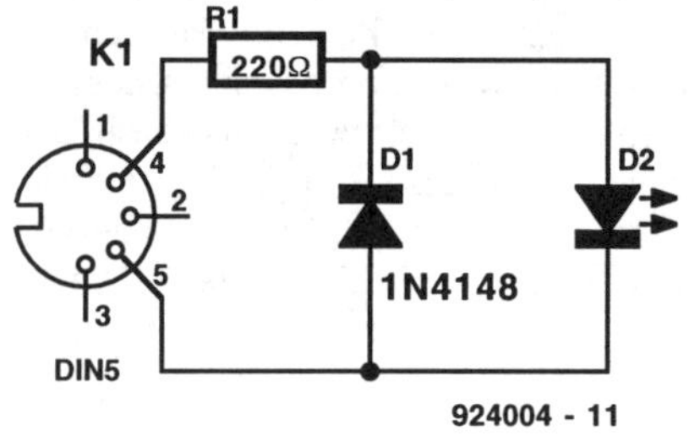

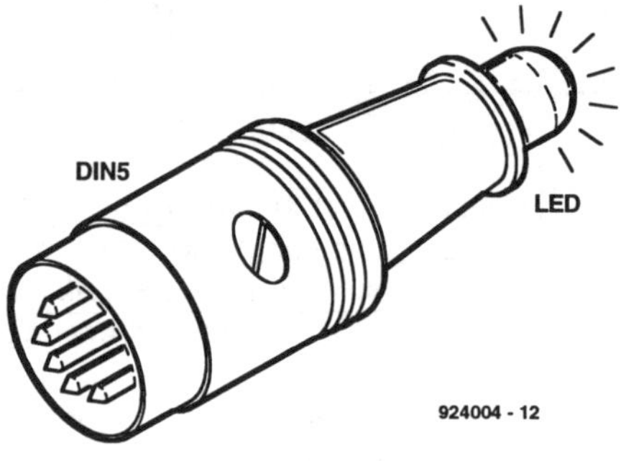

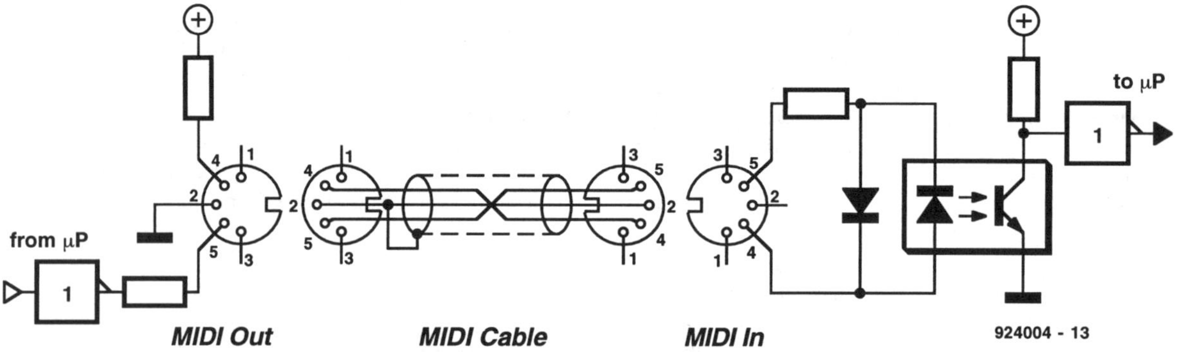

Ce testeur de connecteurs et de liaisons MIDI se particularise par son extrême simplicité. Il ne comporte en effet pas plus de trois composants, auxquels il faut ajouter la prise DIN elle-même. La LED qu'il intègre permet de vérifier que les données MIDI arrivent bien jusqu'à l'endroit où est enfiché le testeur. Sachant que les impulsions concernées n'ont qu'une durée très brève, il est impératif d'utiliser des LED à haute luminosité. Dans ce cas-là, la lumière produite par la LED est d'une intensité suffisante pour que l'on puisse observer son illumination. Il va falloir, pour pouvoir procéder à tous les tests imaginables, c'est-à-dire tant ceux des sorties que ceux des câbles de liaison, réaliser ce testeur en deux versions : l'une dotée d'une prise mâle et l'autre dotée d'une prise femelle. La **figure 2** vous permet de vous faire une idée de l'aspect extérieur de cette réalisation. On utilisera de préférence des prises DIN à corps métallique. La LED pourra dans ce cas prendre place à l'extrémité de l'embout de caoutchouc que comporte ce type de prise. Il faudra veiller à ce que les deux conducteurs aboutissant à la LED soient parfaitement isolés pour éviter tout court-circuit entre eux suite à un entortillement ou tout autre effort mécanique. La **figure 3** vous propose, pour finir, les schémas des entrée, sortie et liaison MIDI. S'agissant d'une interconnexion broche à broche, les prises audio DIN à 5 broches constituent une solution idéale.

R. Swusten

015 «CONDITIONNEUR» POUR BATTERIE AU PLOMB

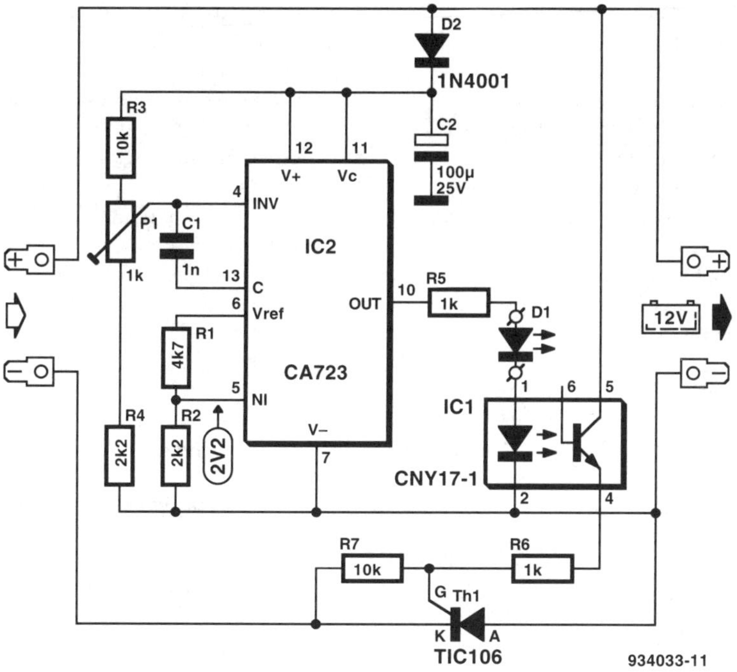

Pour être certain qu'une batterie (accu au plomb, peu importe qu'il soit à bouchons ou du type « sans entretien ») soit toujours « gonflée » (chargée à 100%), il est recommandé de la connecter en permanence à une tension constante.

Les chargeurs qui surveillent l'état d'une batterie et qui commencent le processus de recharge à l'instant où celle-ci est (pratiquement) « vide » ne garantissent pas que la batterie en question soit, à tout moment, au summum de sa capacité. On risque donc de se retrouver avec une batterie « à plat » à l'instant précis où on en a le plus besoin.

Le « conditionneur » décrit dans les paragraphes à venir surveille en permanence la tension de la batterie à laquelle il est branché pour la recharger brièvement si nécessaire. Un tel système se caractérise -comme n'importe quel système de (re)charge de batteries- par certains avantages et (presque autant) d'inconvénients. La batterie est toujours « chargée », mais elle devient légèrement « paresseuse » : la recharge se fait de plus en plus difficilement. Cet effet disparaît pourtant après un nombre de décharges et recharges normales.

Si l'on opte pour une tension de batterie qui ne soit pas trop importante (inférieure à 13,8 V), on aura une batterie « gonflée » en permanence et à la durée de vie très longue. Il faudra éviter de connecter une batterie au plomb à une source de tension trop élevée (de 14,4 V par exemple). Ceci n'a pas de sens puisqu'elle reste « plein » à une

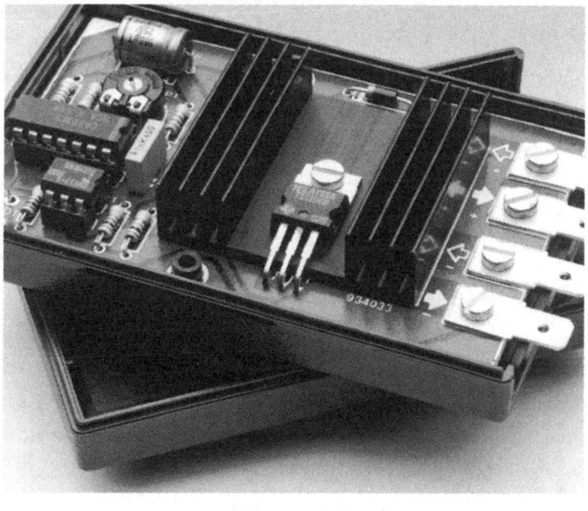

tension de 13,8 V déjà. La seule raison valable pour connecter (provisoirement) une batterie à une tension plus élevée est le fait qu'une batterie fortement déchargé se recharge, dans ces conditions, plus rapidement.

Il faudra utiliser le « condition-neur » avec un chargeur de batterie vendu dans le commerce. Un tel appareil, relativement peu onéreux, répond (ou devrait répondre) à toutes les exigences de sécurité. Pour recharger une batterie partiellement déchargée, on la branche directement au chargeur. Sachant qu'un chargeur de batteries fournit en général une tension relativement élevée, il est recommandé, une fois la batterie rechargée, de la déconnecter le plus vite possible du chargeur. Il est temps maintenant de prendre notre « conditionneur » entre le chargeur et la batterie.

L'ajustable P1 permet de définir à quel niveau de tension on veut voir le processus de recharge s'arrêter. On tourne P1 dans le sens anti-horaire et l'on connecte un voltmètre aux bornes de la batterie. La LED D1 est éteinte. On tourne ensuite P1 dans le sens horaire jusqu'à ce que la LED s'illumine. Dans ces conditions on a recharge de la batterie. Dès que la tension aux bornes de la batterie a atteint le niveau requis il faudra tourner P1 dans le sens anti-horaire jusqu'au point où la LED s'éteint. L'extinction de la LED se fait très progressivement et il est recommandé d'effectuer ce réglage dans des conditions de lumière ambiante faible.

Intéressons-nous maintenant au fonctionnement du circuit. Via la diode D2 le 723 tire sa tension d'alimentation de la batterie connectée (consommation de 10 mA environ). Les résistances R1 et R2 ser-

Liste des composants

Résistances :
R1 = 4kΩ7
R2,R4 = 2kΩ2
R3,R7 = 10 kΩ
R5,R6 = 1 kΩ
P1 = 1 kΩ ajustable

Condensateurs :
C1 = 1 nF
C2 = 100 µF/25 V

Semi-conducteurs :
D1 = LED rouge 3 mm
D2 = 1N4001
Th1 = TIC106
IC1 = CNY17-1
IC2 = CA723

Divers :
1 radiateur pour Th1 (SH59 Fischer)
4 cosses de masse mâles, type « automobile » avec orifice de 3 mm
1 boîtier de 95 x 60 x 24 mm

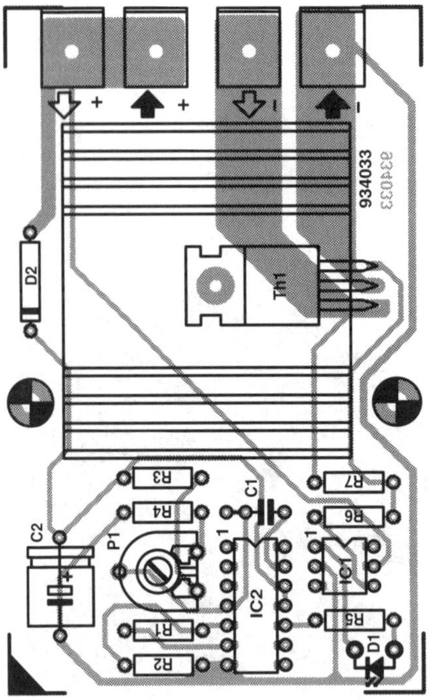

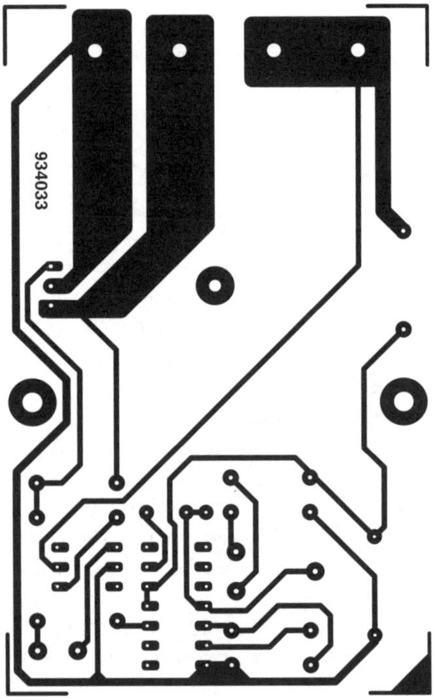

vent à la réduction à quelque 2,2 V de la tension de référence interne. Le 723 compare cette tension de référence à la tension de batterie présente, après division, sur le curseur de l'ajustable P1. Si cette dernière tension est inférieure à la tension de référence, la sortie de IC2 (broche 10) passe au niveau haut. La LED D1 ainsi que la LED comprise dans l'opto-coupleur IC1 s'illuminent et le photo-transistor dans IC1 devient passant. On a de ce fait un flux de courant à travers le photo-transistor qui « amorce » le thyristor Th1. Ce dernier applique la tension du chargeur à la batterie et l'on a donc un flux de courant dont l'intensité dépend des caractéristiques du chargeur utilisé. Comme le chargeur fournit une tension redressée mais non filtrée, le thyristor se désamorce à chaque passage par zéro de la tension. Tant que la tension de batterie n'a pas atteint le niveau requis, le thyristor est « réamorcé » aussitôt.

Lors du processus de recharge on peut laisser le « conditionneur » entre le chargeur et la batterie. Le seul inconvénient est que la recharge se fait moins vite puisqu'il se produit une chute de tension de 1 V environ aux bornes du thyristor. La recharge prendra donc quelques minutes supplémentaires.

Si le courant à travers le thyristor dépasse 1 A il est requis de doter ce composant d'un radiateur. Il faudra veiller à ce que le courant maximal ne dépasse jamais 5 A.

Nous avons conçu, pour ce montage, un petit circuit imprimé dont la plus majeure partie est occupée par le radiateur pour Th1. La mise en place des quelques composants nécessaires ne devrait pas poser de problème. Pour les connexions externes il faudra utiliser (comme l'illustre le schéma d'ailleurs) des cosses de masse mâles du type « automobile » que l'on fixe d'abord à l'aide de vis de 3 mm et ensuite avec une bonne quantité de soudure. L'ensemble peut être monté dans un petit boîtier dont on découpe l'une des faces latérales (accès aux cosses de connexion).

016 TESTEUR DE CONTINUITÉ SONORE

Quel que soit le dernier cri dans le domaine des multimètres numériques, aucun laboratoire d'électronique n'est complet s'il lui manque un testeur de continuité, instrument précieux permettant de vérifier rapidement, et ce de façon fiable, différentes connexions, composants et autres pistes de circuits imprimés.

Le petit instrument, objet de cette description, est un testeur de continuité sonore; la fréquence du signal qu'il génère, et donc sa hauteur, est fonction de la résistance mesurée. Les dimensions très réduites de cet instrument, sa simplicité d'emploi et le fait qu'il fournisse une indication audible vous permettent de vous concentrer totalement aux connexions à vérifier. Il n'est pas nécessaire de regarder une LED ou autre affichage pour savoir si l'une ou l'autre connexion est bonne. Vous avez donc maintenant la possibilité de déterminer la qualité de l'une ou l'autre connexion tout simplement ... en l'« écoutant » ! Le schéma montre un oscillateur réalisé à l'aide de deux transistors. La fréquence du signal de sortie de cet oscillateur dépend de la résistance mesurée entre les deux entrées, A et B. L'élément de réinjection de l'oscil-

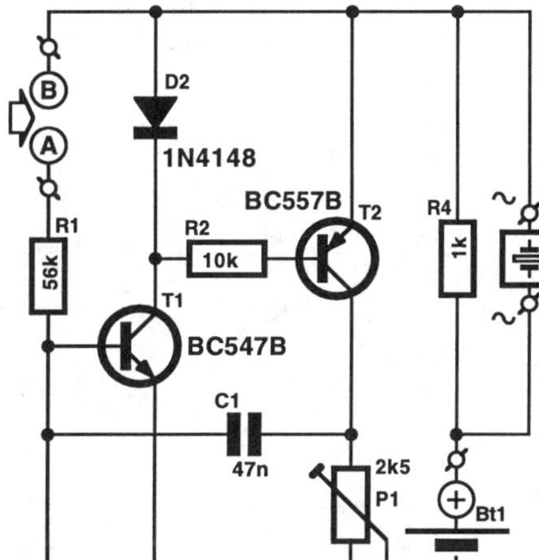

lateur prend la forme du condensateur C1. La diode D1 et la diode de la jonction base/émetteur du transistor T1 garantissent une commutation « douce » de la charge de C1, sans constituer de diviseur de tension avec la résistance de base R1.

La résistance du collecteur de T1 prend la forme de la diode D2 qui garantit un gain stable et ceci en dépit d'une tension de pile en diminution. La distorsion due à cette approche est sans la moindre conséquence : le signal de sortie n'étant, de toute

Liste des composants

Résistances :
R1 = 56 kΩ
R2 = 10 kΩ
R3 = 100 Ω
R4 = 1 kΩ
P1 = 2kΩ5 ajustable

Condensateurs :
C1 = 47 nF

Semi-conducteurs :
D1,D2 = 1N4148
T1 = BC547B
T2 = BC557B

Divers :
Bz1 = résonateur piézo-céramique passif
Bt1 = pile 9 V avec son clip de connexion
1 boîtier du type « sonde »
(tel que, par exemple, Conrad 52.68.86-66)

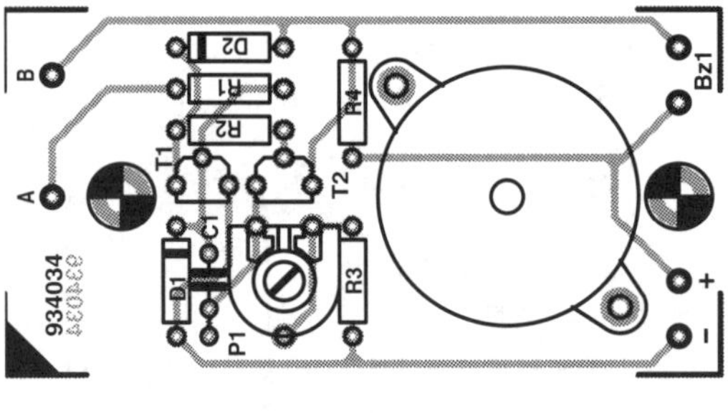

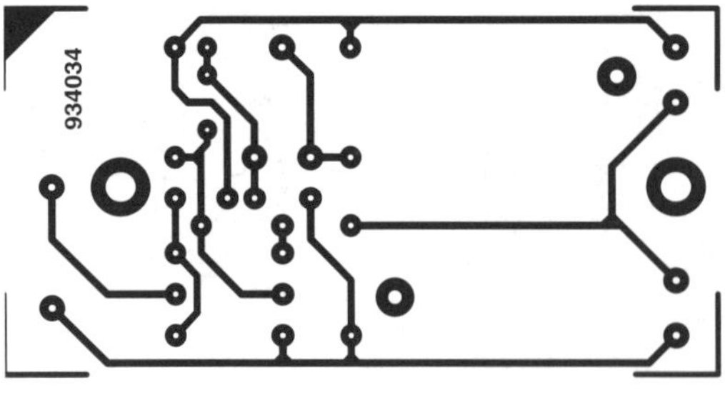

façon, pas purement sinusoïdal. Les transistors « tirent » la quasi-totalité de leur courant d'alimentation à travers le résonateur piézo passif et « génèrent » ainsi un son audible.

La combinaison d'un transistor NPN avec l'un des ses homologues PNP fait qu'en absence de connexion entre les points A et B il n'y ait pas la moindre consommation de courant. Un interrupteur marche/arrêt est de ce fait parfaitement inutile.

La consommation totale du circuit se limite, en fonction de la position du curseur de l'ajustable P1, à une valeur très modeste comprise entre 3 et 5 mA.

On remarquera que la fréquence du signal sonore diminue lorsque la résistance entre les points A et B augmente. La différence de potentiel entre les entrées du circuit étant de 8 V environ et le courant maximal se limitant à quelque 50 µA, il est quasiment exclu d'endommager un composant quelconque avec cet instrument de test.

Il faudra régler l'ajustable P1 de façon à obtenir un son « agréable » lorsque les points A et B sont court-circuités. On connecte ensuite une résistance de 22 kΩ entre ces deux points. Cette action doit se traduire par une chute importante de la fréquence du signal sonore.

Il est recommandé de monter l'ensemble dans un petit boîtier à compartiment pour pile 9 V. Le point A peut être relié à une pointe de touche que l'on fixe dans l'une des faces latérales du boîtier. Pour terminer la réalisation de cet instrument de test simple mais pratique, on connecte l'entrée B à un morceau de fil de câblage souple, doté d'une petite pince crocodile.

F. Hueber

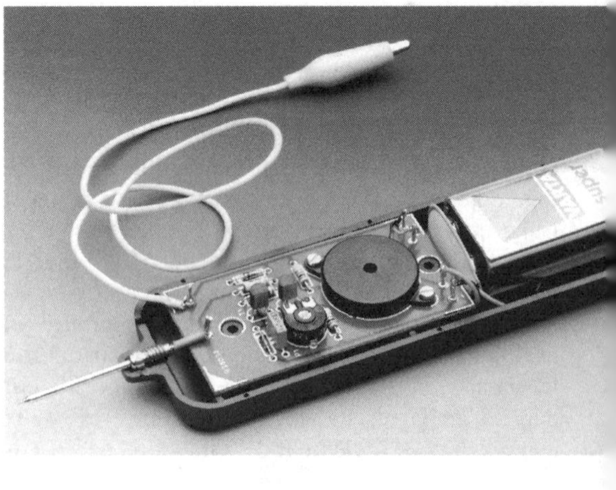

017 CONVERTISSEUR CC/CC SIMPLE

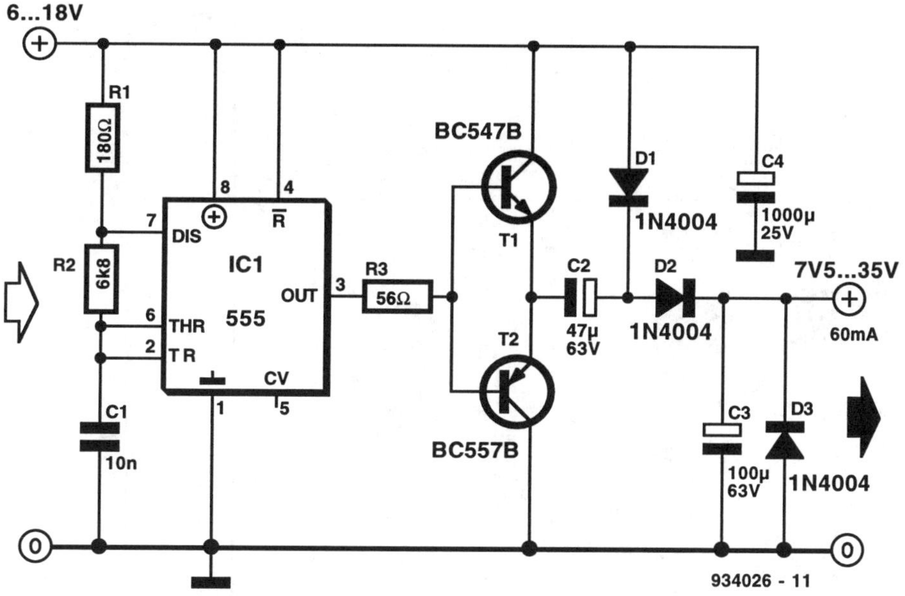

Le convertisseur CC/CC décrit ici se caractérise par un concept relativement simple. Une conséquence directe de cette « simplicité » est un rendement de 60 à 70% au maximum. Pour faciliter au maximum la réalisation de ce convertisseur nous avons fait en sorte qu'il ne comporte pas de réglage. Le niveau de la tension de sortie dépend de ce fait, dans une certaine mesure, pas trop cependant, de la taille de la charge connectée en sortie. Théoriquement, le niveau de sortie est égal au double de la tension d'entrée. Les pertes se produisant dans l'électronique abaissent le niveau réel au pourcentage mentionné plus haut. La quasi-totalité des pertes est due aux quatre jonctions semi-conductrices : deux dans les transistors et deux dans les diodes de redressement.
Comme la chute de tension à ces points connaît une valeur constante de 0,6 V environ, les pertes sont proportionnellement plus grandes dans le cas d'une tension d'entrée de 6 V qu'en cas d'utilisation d'une tension d'entrée de 18 V.
Un générateur de signaux rectangulaires, réalisé à l'aide de l'archi-connu 555, fournit une fréquence de quelque 10 kHz. Selon le niveau de sortie de IC1, le transistor T1 ou T2 devient conducteur. Pendant une demi-période on a donc charge du condensateur C2, lors de la demi-période suivante l'énergie stockée dans C2 est transférée dans le condensateur C3. On dispose de ce fait, à la sortie du circuit, d'une tension égale au double de la tension d'entrée diminuée des pertes mentionnées plus haut.
Le circuit ne comporte aucune section « critique » et l'on peut donc utiliser n'importe quel type de 555, qu'il soit bipolaire ou réalisé en technologie CMOS. Il est également possible de remplacer les transistors par des types LF sensiblement moins chers. Bien que le schéma comporte des diodes du type 1N4004, il n'y a pas le moindre risque à faire appel ici à des 1N4001. Bien que la fréquence de commutation se situe à 10 kHz environ, cette fréquence ne pose pas le moindre problème aux diodes prévues, utilisées, en général, à des fréquences sensiblement moins élevées. On notera ici que les tensions et les courants dans notre montage sont relativement faibles.
La consommation totale du circuit est de quelque 5 mA pour le 555, intensité à laquelle il faudra ajouter le double du courant de sortie.

A.B. Tiwana

018 INTERRUPTEUR CRÉPUSCULAIRE

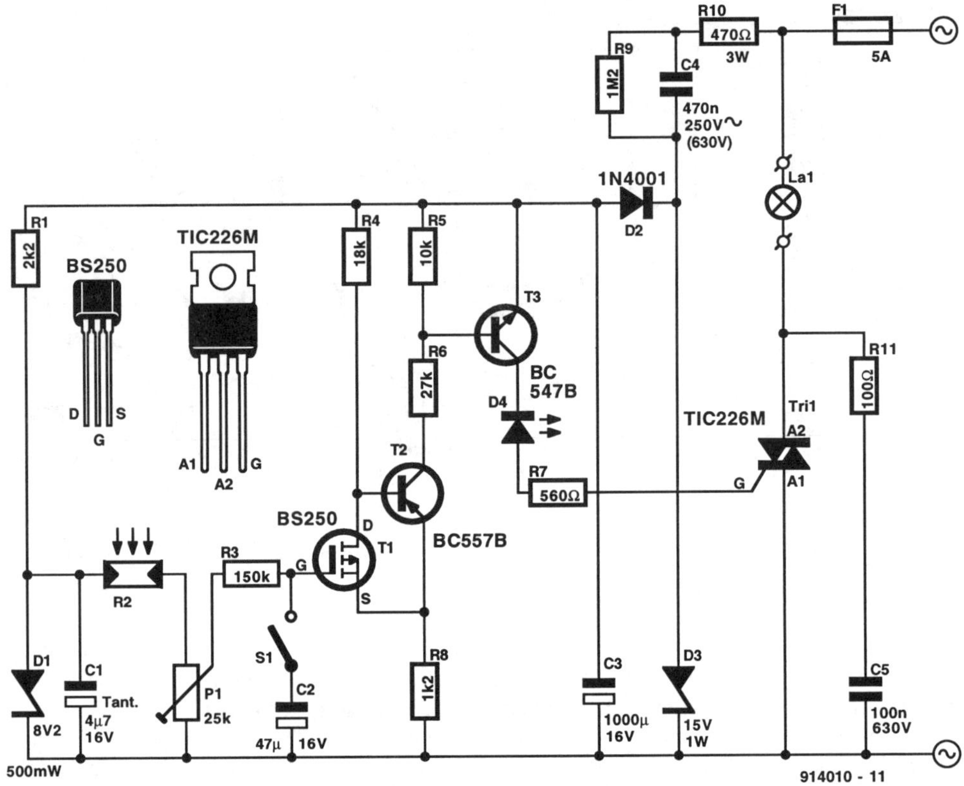

Cet interrupteur électronique est destiné à être connecté directement au secteur ce qui élimine tout besoin de circuit d'alimentation, réduisant ainsi le coût et les dimensions du montage. Lorsqu'il fait noir, le circuit applique la tension d'alimentation à une ampoule et la coupe dès que la lumière réapparaît. Les commutations se font sans relais, évitant ainsi des problèmes dûs aux étincelles ainsi que la pollution du secteur entraînée par les contacts et la bobine d'un relais. L'alimentation du circuit se fait directement à partir du secteur, à travers la résistance R10, les condensateurs C3 et C4 et les diodes D2 et D3. La diode-zener D1 fournit une tension de référence de 8,2 V à un réseau de mesure d'intensité de lumière réalisé à l'aide de l'ajustable P1 et de la photo-résistance R2 (*LDR = Light Dependent* ***R****esistor*). Lorsque l'intensité de la lumière captée par R2 diminue, ce composant voit sa résistance augmenter. De ce fait, la tension aux bornes de P1 diminue; il en va de même pour la tension grille-source du transistor FET, T1. Si l'interrupteur S1 est fermé, la constante de temps R3/C2 entraîne une variation de la tension de grille du transistor T1 beaucoup plus lente que celle présentée par la tension aux bornes de la photo-résistance R2. Cette différence est indispensable pour éviter que le circuit ne réagisse trop rapidement à la moindre fluctuation de l'intensité de la lumière ambiante. Les composants T1, T2, R4, R5, R6 et R8 constituent un trigger de Schmitt. Dans des conditions normales, le transistor T1 est conducteur et, de ce fait, T2 bloque. Si maintenant la tension de grille du FET tombe en-dessous d'une certaine valeur, T2 devient passant, le transistor T3 passe également à l'état conducteur, et fournit alors au triac Tri1 le courant de gâchette nécessaire au déclenchement de ce dernier. Si l'intensité de la lumière ambiante augmente et dépasse le niveau fixé à l'aide de l'ajustable P1, le transistor T1 redevient passant entraînant ainsi la désactivation du triac suite au blocage des transistors en amont: l'ampoule (La1) connectée au système s'éteint.

L'interrupteur S1 permet de mettre la constante de temps hors-service, possibilité qui facilite le réglage du circuit sachant qu'il réagit presque instantanément. La résistance R9 sert à décharger le condensateur C4 une fois le circuit déconnecté du secteur.

ATTENTION: Comme l'ensemble du circuit véhicule la tension secteur, il est vital de veiller à une isolation parfaite. Il ne saurait être question d'effectuer la moindre intervention sur ce circuit tant qu'il est connecté au secteur. Il est essentiel, pour finir, d'implanter ce montage dans son boîtier plastique de façon à ce qu'il soit impossible d'entrer en contact avec le circuit lorsqu'il est relié au secteur. On pensera à le déconnecter lors de son réglage.

R. Lalic

019 RÉSEAU TÉLÉPHONIQUE RUDIMENTAIRE

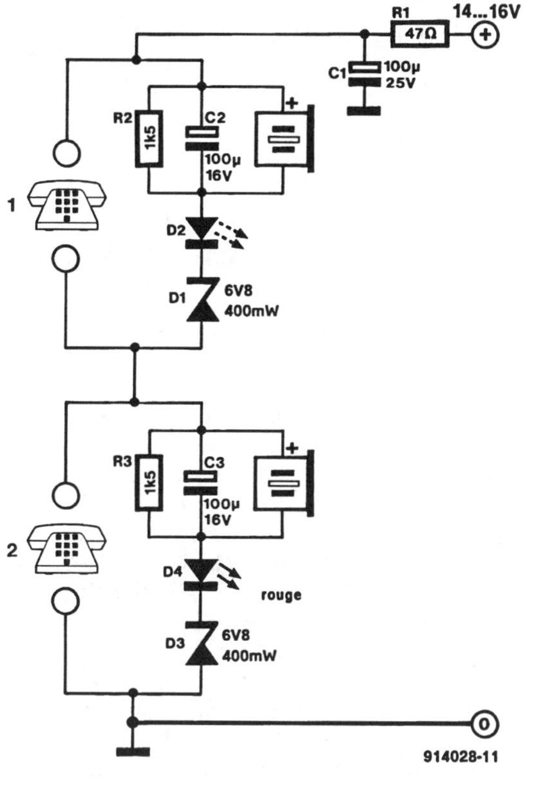

À l'aide de deux téléphones d'appartement identiques et bon marché –modèle "Hong-Kong" non-homologué P&T par exemple– et d'une bonne poignée de composants, il est possible de réaliser un système d'interphone simple. La caractéristique intéressante de la solution proposée ici est, en fait, la symétrie parfaite des postes. Comme les deux téléphones sont montés en série, chacun d'entre eux se voit appliquer la moitié de la tension d'alimentation. Puisque cette tension ne dépasse pas la tension de seuil des diodes zener (D1 et D3), les résonateurs piézo-électriques restent muets et les LED (D2 et D4) éteintes. Si maintenant on décroche le téléphone 2 par exemple, il se produit, pratiquement, un court-circuit, de sorte que la tension d'alimentation présente aux bornes de l'appareil 1 augmente sensiblement. Cette tension dépasse largement la tension de seuil de la diode zener, situation qui se traduit par l'entrée en fonction du résonateur et l'illumination de la LED. Dès que le téléphone 1 est décroché, lui aussi, la symétrie du circuit est rétablie, le résonateur se tait et la LED s'éteint. Chacun des deux appareils dispose maintenant de la moitié de la tension d'alimentation pour la communication. Dans ce circuit on peut utiliser n'importe quel résonateur piézo avec oscillateur. Il en existe même certains qui génèrent un signal intermittent. Les LED à intégrer dans chacun des téléphones peuvent être aussi bien des LED classiques que des LES clignotantes. La source de la tension d'alimentation pourra prendre la forme d'un petit module d'alimentation-secteur. Il suffit, en règle générale, d'un bloc secteur fournissant une tension de 12 V. Dans ces conditions, la tension à vide est toujours supérieure à 14 V. Cependant, si la tension d'alimentation est trop élevée, il existe un risque de "voir" les résonateurs entrer en fonction même une fois le second téléphone décroché lui aussi. Si l'on envisage d'utiliser deux appareils de type différent, il pourra être nécessaire d'adapter la tension de seuil soit par l'utilisation d'une diode zener de caractéristiques différentes, soit par l'adjonction d'une ou plusieurs diodes universelles (1N4148).

A. Jödicke

020 GAL DE DÉCODAGE D'AFFICHAGE OCTET➞HEXADÉCIMAL

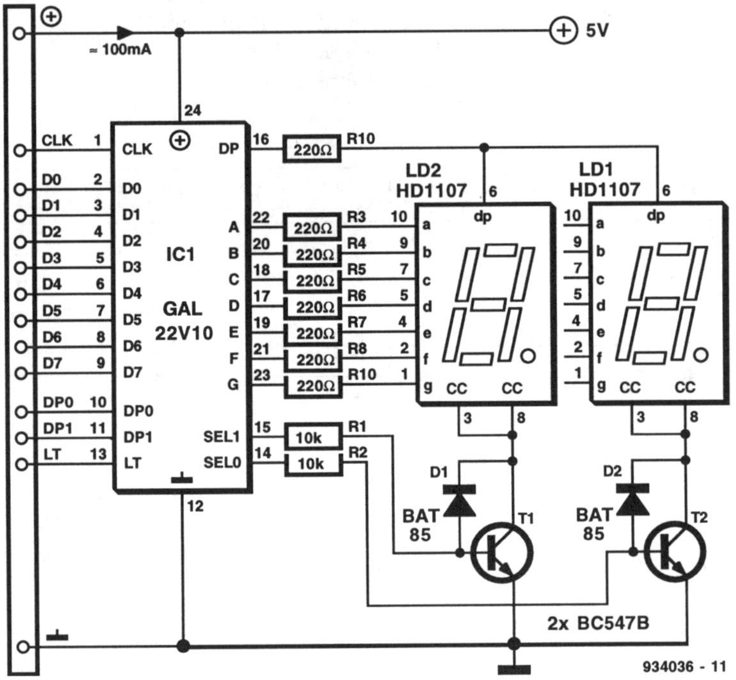

Nous avons conçu ce décodeur d'affichage octet ➞ hexadécimal (*byte-to-hex*) pour la simple et bonne raison qu'il n'existe plus de décodeurs quartet ➞ hexadécimal (*nibble-to-hex*). Il n'est pas difficile, en principe, de décoder un quartet, mais il est plus pratique, efficace et facile (quant au nombre de composants nécessaires) d'effectuer un décodage octet➞ HEX. Nous faisons appel, dans ce montage, à une GAL du type 22V10. Ce type de GAL comporte un nombre suffisant d'entrées et de sorties, et elle peut être programmée à l'aide du programmateur de GAL (+ extension) décrit en référence [1] de la bibliographie. C'est pour cette raison que nous fournissons avec cet article un listing avec les données de programmation. Le listing, écrit dans un format compréhensible pour le logiciel de National Semiconductor, peut être converti en fichier JEDDIC à l'aide de l'option **EQN2JED**. Lors de cette conversion le programme génère un message d'avertissement signalant l'utilisation dans les instructions de définition d'un terme-OR (OU). Ne vous en formalisez pas. C'est une fausse alerte puisque nous définissons un total de 8 termes-OR. Le seul inconvénient de ce circuit est le fait qu'il requiert l'application d'un signal d'horloge externe. Très souvent on aura pourtant la possibilité de dériver un signal convenable du circuit dans lequel on veut intégrer le décodeur. Un signal d'horloge d'une fréquence comprise entre 100 Hz et 100 kHz convient à ce montage. Outre la synchronisation des bascules bistables en aval de la GAL, le signal d'horloge assure aussi le multiplexage des deux afficheurs. Les diodes Schottky assurent une commutation rapide – en particulier un passage très rapide de l'état conducteur à l'état bloquant – des transistors T1 et T2, ce qui garantit que ces 2 transistors ne conduisent que successivement c'est-à-dire sans le moindre recoupement. Ceci évite l'apparition, à des fréquences d'horloge supérieures à 1 kHz, de segments « fantômes ». La ligne « LT » (*Lamp Test*, broche 13 de la GAL) est une entrée de test « ampoules ». L'application d'un niveau haut à cette ligne se traduit par l'illumination de tous les segments des afficheurs. La présence d'un niveau haut sur la ligne « DP0 » ou « DP1 » entraîne l'illumination du point décimal de l'afficheur LD1 ou LD2 respectivement.

Le décodeur décrit dans cet article peut également servir de « gabarit de concept » lorsque vous aurez à concevoir votre propre décodeur qui, pour l'une ou l'autre application, nécessitera une conversion différente. Nous vous laissons le plaisir d'expérimenter...

Bibliographie :

[1] extension pour le programmateur de GAL(r), Elektor n°180, juin 1993, page... et suivantes

```
GAL file for OPAL Junior

CHIP hex_7seg gal22v10

clk d0   d1   d2 d3 d4 d5 d6 d7 dp0 dp1 gnd
lt  sel0 sel1 dp d  c  e  b  f  a   g   vcc

;define product terms for each value and each display

        @define zero      "/d7*/d6*/d5*/d4*/lt*sel0+/d3*/d2*/d1*/d0*/lt*sel1"
        @define one       "/d7*/d6*/d5* d4*/lt*sel0+/d3*/d2*/d1* d0*/lt*sel1"
        @define two       "/d7*/d6* d5*/d4*/lt*sel0+/d3*/d2* d1*/d0*/lt*sel1"
        @define three     "/d7*/d6* d5* d4*/lt*sel0+/d3*/d2* d1* d0*/lt*sel1"
        @define four      "/d7* d6*/d5*/d4*/lt*sel0+/d3* d2*/d1*/d0*/lt*sel1"
        @define five      "/d7* d6*/d5* d4*/lt*sel0+/d3* d2*/d1* d0*/lt*sel1"
        @define six       "/d7* d6* d5*/d4*/lt*sel0+/d3* d2* d1*/d0*/lt*sel1"
        @define seven     "/d7* d6* d5* d4*/lt*sel0+/d3* d2* d1* d0*/lt*sel1"
        @define eight     " d7*/d6*/d5*/d4*/lt*sel0+ d3*/d2*/d1*/d0*/lt*sel1"
        @define nine      " d7*/d6*/d5* d4*/lt*sel0+ d3*/d2*/d1* d0*/lt*sel1"
        @define ten       " d7*/d6* d5*/d4*/lt*sel0+ d3*/d2* d1*/d0*/lt*sel1"
        @define eleven    " d7*/d6* d5* d4*/lt*sel0+ d3*/d2* d1* d0*/lt*sel1"
        @define twelve    " d7* d6*/d5*/d4*/lt*sel0+ d3* d2*/d1*/d0*/lt*sel1"
        @define thirteen  " d7* d6*/d5* d4*/lt*sel0+ d3* d2*/d1* d0*/lt*sel1"
        @define fourteen  " d7* d6* d5*/d4*/lt*sel0+ d3* d2* d1*/d0*/lt*sel1"
        @define fifteen   " d7* d6* d5* d4*/lt*sel0+ d3* d2* d1* d0*/lt*sel1"

;define combined productterms to minimize the total number of terms

        @define or14or15  " d7* d6* d5*/lt*sel0+ d3* d2* d1*/lt*sel1"
        @define or11or15  " d7* d5* d4*/lt*sel0+ d3* d1* d0*/lt*sel1"
        @define or12or14  " d7* d6*/d4*/lt*sel0+ d3* d2*/d0*/lt*sel1"
        @define or2or3    "/d7*/d6* d5*/lt*sel0+/d3*/d2* d1*/lt*sel1"
        @define or4or5    "/d7* d6*/d5*/lt*sel0+/d3* d2*/d1*/lt*sel1"
        @define or7or15   " d6* d5* d4*/lt*sel0+ d2* d1* d0*/lt*sel1"
        @define or1or9    "/d6*/d5* d4*/lt*sel0+/d2*/d1* d0*/lt*sel1"
```

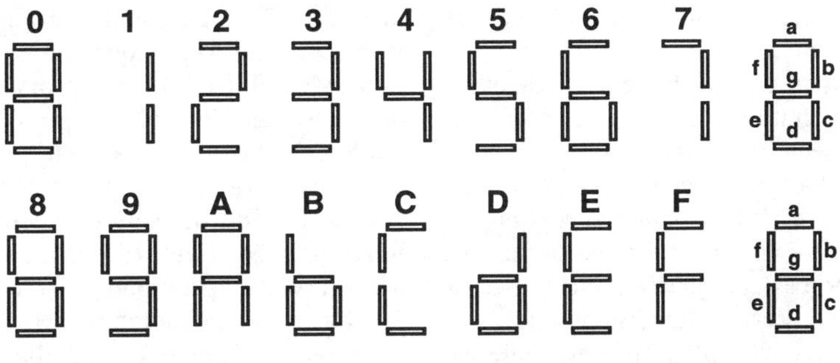


```
        EQUATIONS

;To minimize product terms the segment selection is done by using
;the one's that are off, and several options, like 'one+nine', are combined
;into one product term, resulting in one term 'or1or9'.
;All outputs are registered and the multiplex frequency is determined by
;the supllied clock frequency

/a:= one     + four   + eleven   + thirteen
/b:= five    + six    + or11or15 + or12or14
/c:= two     + twelve + or14or15
/d:= four    + one    + ten      + or7or15
/e:= or1or9  + three  + or4or5   + seven
/f:= one     + or2or3 + seven    + thirteen
/g:= zero    + one    + seven    + twelve

sel0 := sel1
sel1 := /sel1

dp:= dp0*sel1 + dp1*sel0
```

021 INDICATEUR "C-D-É" POUR BATTERIE DE VOITURE

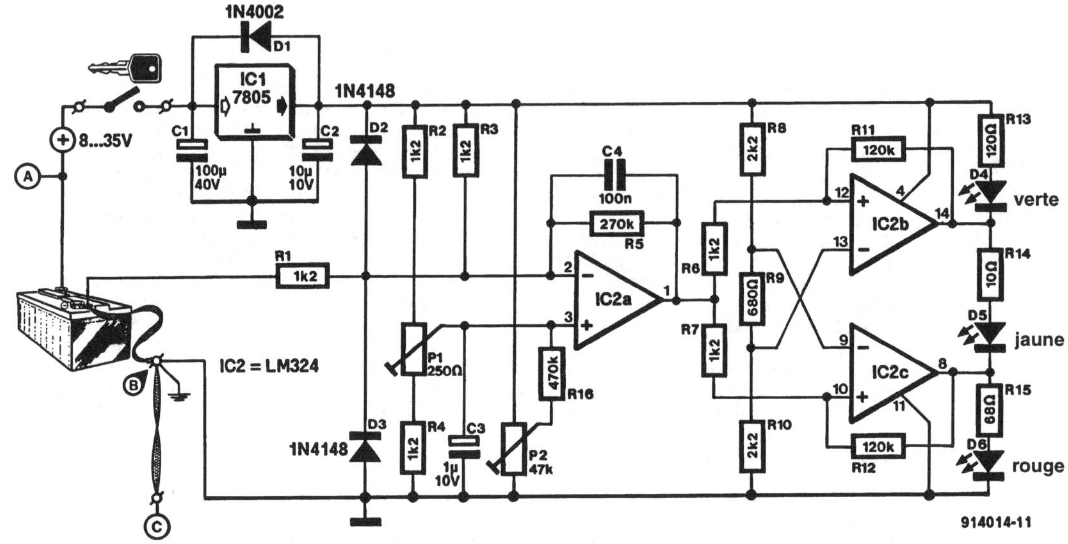

L'indicateur d'état de **C**harge, de **D**écharge et d'**É**quilibre décrit dans cet article, convient à tout véhicule équipé d'une batterie 12 ou 24 V au pôle négatif (point B du schéma) relié au châssis. L'intensité du courant pris à la batterie est déterminée à l'aide de la chute de tension qui se produit dans le câble (de section très importante) reliant le pôle négatif de la batterie au châssis de la voiture. En règle générale, ce câble est allongé et connecté également au moteur (point C). La borne du pôle positif de la batterie est, en général, dotée de deux câbles: le premier de section très importante va au démarreur et le second, plus fin, est relié au contact. Les deux premières LED, montées dans ou sur le tableau de bord de la voiture, indiquent si la batterie est chargée ou déchargée –à un courant important– visualisant ainsi de façon fiable le bon fonctionnement de la génératrice (ou de l'alternateur). Une 3e LED s'illumine lorsque l'on se trouve dans un état de quasi-équilibre dans lequel la charge ou la décharge de la batterie est négligeable. Le circuit est, en principe, un comparateur à fenêtre, basé sur des amplificateurs opérationnels. La chute de tension produite dans le câble de masse de la batterie est appliquée à la résistance R1 qui fait partie d'un pont de mesure réalisé à l'aide des résistances R1 à R4 et de l'ajustable P1. Cette faible tension produit un déséquilibre dans ce pont de mesure et subit un gain de 100 dans l'amplificateur opérationnel IC2a, monté en amplificateur non-inverseur. Dans la pratique, même des tensions très faibles, comprises entre +2,5 mV et –2,5 mV, sont détectées sans le moindre problème par le pont parfaitement équilibré (symétrique). La tension de sortie de IC2a attaque un comparateur à fenêtre réalisé à l'aide des amplificateurs opérationnels IC2b et IC2c. Les LED reliées aux sorties des amplificateurs opérationnels indiquent si la batterie est chargée (illumination de D4) ou bien si elle est déchargée (D6) ou encore si elle se trouve en état "d'équilibre" (D5). Les deux réseaux de réinjection associés à IC2b et IC2c sont découplés à la sortie de IC2a par les résistances R6 et R7. Ceci est nécessaire pour éviter que l'hystérésis du comparateur de fenêtre n'influence les tensions de référence définies par les résistances R8 à R10. Si l'on veut restreindre la largeur de la plage "d'équilibre" du circuit on pourra diminuer la valeur de la résistance R9. Il est recommandé d'utiliser, pour les résistances fixes du pont de mesure, des résistances à faible tolérance. Il est essentiel ensuite de les monter de façon à ce qu'il existe un couplage thermique entre elles (les monter sur une plaquette métallique par exemple). Le circuit tire son ali-

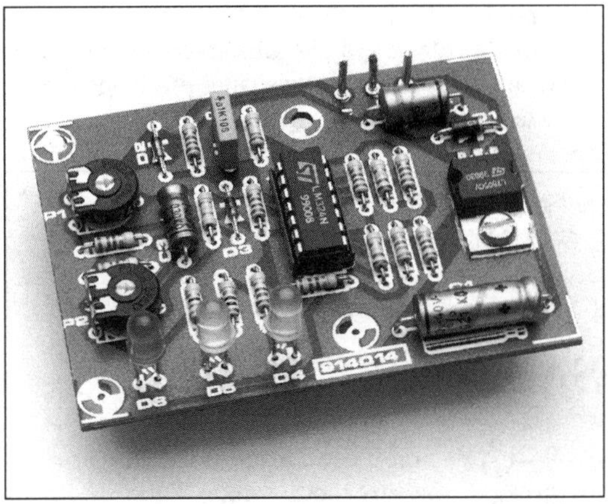

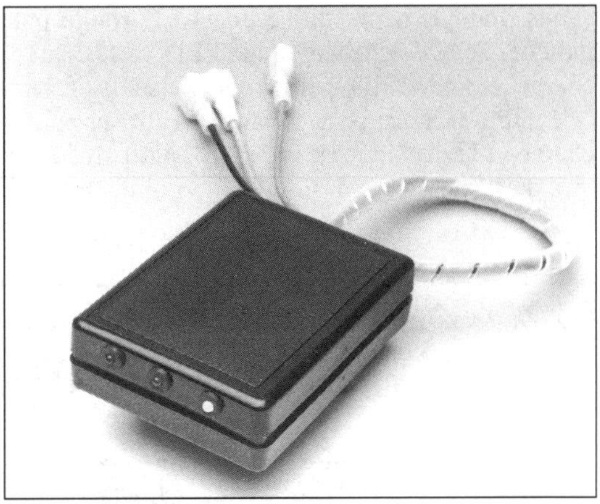

mentation d'un 7805, régulateur de tension tripode universel que nous ne vous ferons pas l'injure de vous présenter. Ce composant ne nécessite de radiateur que lorsque la tension de la batterie du véhicule concerné dépasse 12 V. L'étalonnage du circuit ne devrait pas poser de problème particulier. Après avoir relié le circuit aux différents points du réseau électrique de la voiture, on démarre le moteur pour le faire tourner au ralenti. On mettra le curseur de l'ajustable P2 en position médiane pour jouer ensuite doucement sur P1 jusqu'à obtenir l'illumination de la LED "équilibre". Ensuite, on joue sur la position de P2 jusqu'à disposer à la sortie de IC2a d'une tension de 2,5 V. Appuyez ensuite sur l'accélérateur pour vérifier que la LED "charge" s'illumine. Le dimensionnement du circuit est tel qu'il visualise une "charge" ou "décharge" dès que le courant dépasse 1,5 A. Cette valeur correspond à une puissanace de quelque 18 W dans le cas d'une batterie de 12 V. Sur le prototype, nous

Liste des composants

Résistances :

R1 à R4,R6,R7 = 1kΩ2
R5 = 270 kΩ
R8,R10 = 2kΩ2
R9 = 680 Ω
R11,R12 = 120 kΩ
R13 = 120 Ω
R14 = 10 Ω
R15 = 68 Ω
R16 = 470 kΩ
P1 = 250 Ω ajustable
P2 = 47 kΩ ajustable

Condensateurs :

C1 = 100 µF/40 V
C2 = 10 µF/10 V
C3 = 1 µF/10 V
C4 = 100 nF

Semi-conducteurs :

D1 = 1N4002
D2,D3 = 1N4148
D4 = LED verte
D5 = LED jaune
D6 = LED rouge
IC1 = 7805
IC2 = LM324

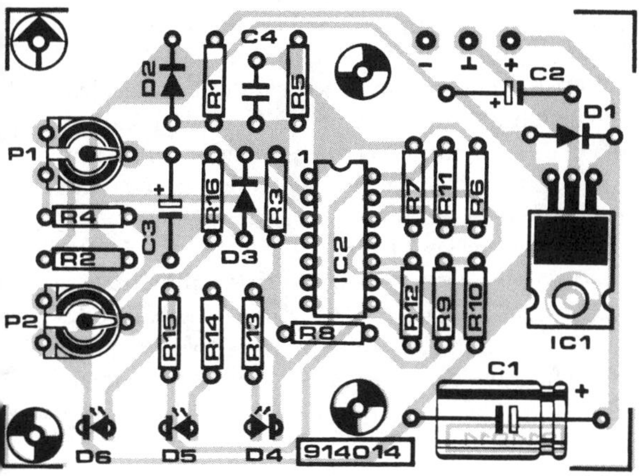

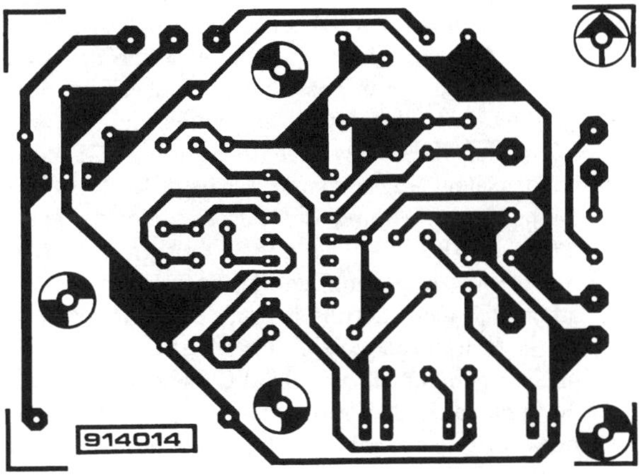

avons, logiquement, utilisé une LED rouge pour indiquer l'état de décharge, une LED verte celui de charge et une LED jaune pour visualiser l'état "d'équilibre". Il est possible aussi, d'utiliser pour la charge et la décharge des LED triangulaires montées de façon à obtenir une flèche pointant vers le haut pour la charge et vers le bas pour la décharge. La LED "neutre" sera une LED rectangulaire intercalée entre les deux flèches. Indiquons, pour finir, que la consommation du circuit, connecté au réseau électrique 12 V d'un véhicule, est de 30 mA.

R. Lalic

022 CAPACIMÈTRE POUR «GROS» CONDENSATEURS

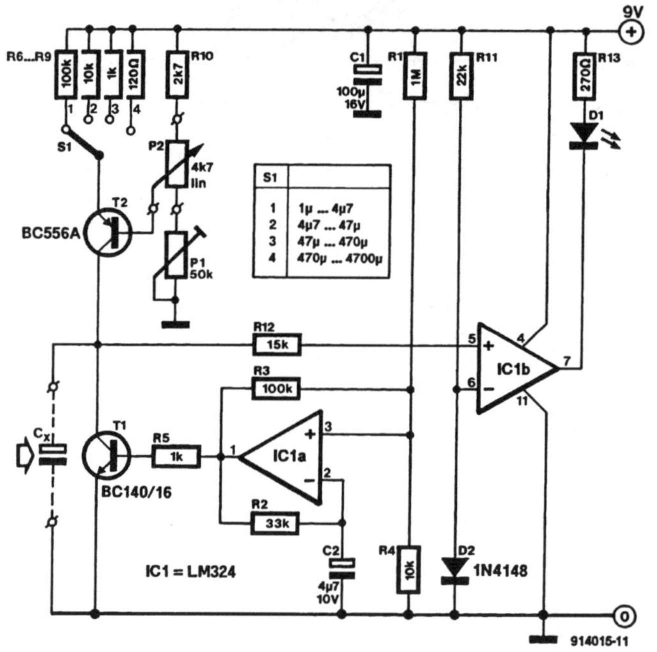

La plupart des capacimètres ne possèdent pas de calibre pour la mesure de condensateurs électrolytiques de capacité élevée. L' «instrument» de mesure simple proposé ici a été conçu spécialement pour déterminer la capacité exacte des gros condensateurs chimiques aux tolérances si fortes. Le circuit est divisé en trois parties, dont la première est un multivibrateur astable, IC1a. Le condensateur C2 se charge à travers la résistance R2 pendant une durée définie par la constante de temps [t] = R2 · C2. Dès que la tension à l'entrée inverseuse de l'amplificateur opérationnel IC1a atteint la valeur définie à l'entrée non-inverseuse par le diviseur de tension R1, R3 et R4, l'amplificateur opérationnel bascule et C2 se décharge jusqu'au niveau de la nouvelle tension présente à l'entrée non-inverseuse (+). La seconde partie du circuit se compose d'un pont de mesure comprenant l'une des résistances R6 à R9, la résistance R10, l'ajustable P1 et le potentiomètre P2. Le commutateur S1 associé aux résistances R6 à R9 fait de ce pont un pont de mesure variable. À travers le transistor T2, le condensateur à tester subit une charge bien définie pour être ensuite déchargé rapidement à travers T1 et ceci à la fréquence imposée par le multivibrateur. En aval du pont de mesure on trouve un comparateur réalisé à l'aide de IC1b. Il compare la tension de 0,65 V présente à l'entrée non-inverseuse avec la tension directe de la diode D2 utilisée comme tension de référence. Si l'on connecte le condensateur inconnu, Cx, aux entrées prévues à cet effet, on peut jouer sur P2 pour régler le comparateur de façon à ce que la LED D1 s'illumine tout juste. On peut alors lire la valeur (approximative) de Cx sur l'échelle dont on aura doté P2. Pour bien étalonner les quatre calibres du capacimètre –de 1 µF à 4µF7, de 4µF7 à 47 µF, de 47 µF à 470 µF et de 470 µF à 4 700 µF– il est recommandé d'utiliser un condensateur mesuré préalablement à l'aide d'un capacimètre de référence. Comme le pont de mesure n'est pas parfaitement linéaire, il faudra trouver une valeur convenable pour l'ajustable P1 et, si nécessaire, modifier les valeurs des résistances R6 à R9. Il est de plus nécessaire de doter le calibre le plus faible, celui de 1 µF à 4µF7, d'une échelle distincte. C'est surtout dans cette plage de mesure que la non-linéarité du pont de mesure se fait remarquer.

P. Essek

023 SILENCIEUX POUR VENTILATEUR DE PC

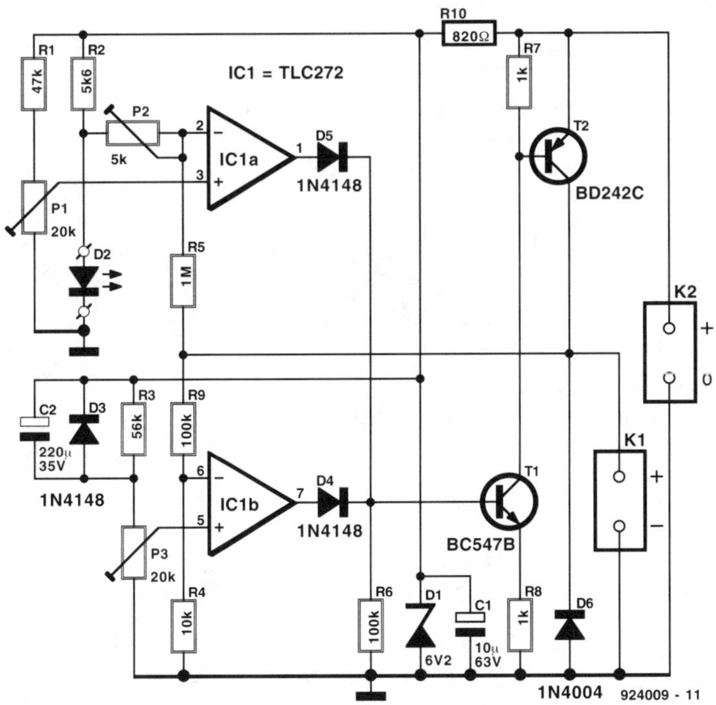

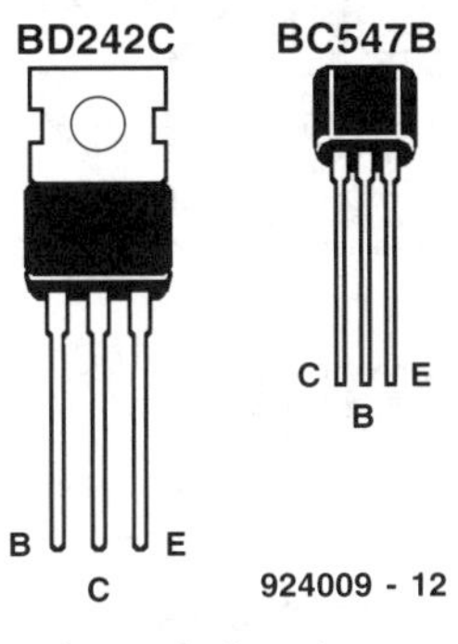

Le système de ventilation de la plupart des alimentations pour PC (les modèles anciens surtout) est surdimensionné, bruyant, tournant à une vitesse tout à la fois constante et trop élevée. Les auteurs de ce montage ont pu vérifier qu'un PC peut fort bien continuer de fonctionner parfaitement avec un ventilateur qui tourne bien plus lentement. Le contrôleur de régime du ventilateur se décompose en deux sous-ensembles : le premier, le capteur de température, prend ici la forme d'une LED, le second est un régulateur de vitesse de ralenti. L'association d'un moniteur de température et d'un régulateur de vitesse de ralenti se traduit par une relation linéaire entre la température et le régime du ventilateur. En d'autres termes, le ventilateur ne tourne jamais plus vite qu'il n'est strictement nécessaire. De par l'existence de deux circuits de régulation distincts, il n'y a pas d'interaction entre le ralenti et la régulation de température, comme cela est le cas sur de nombreux systèmes concurrents (moins sophistiqués) présents sur le marché. Le résultat de cette approche est un régime de ventilateur faible (peu de bruit) aux températures peu élevées ainsi qu'une ventilation efficace et un bon démarrage en toutes circonstances. Lorsque la température augmente à l'intérieur du PC, la chute de tension observée aux bornes de la LED D2 varie avec un gradient de l'ordre de –2 mV/K, ce qui se traduit par une tension plus élevée à la sortie de l'amplificateur opérationnel IC1a. L'ajustable P1 sert à définir le niveau de départ, l'ajustable P2 servant lui à définir la pente de la caractéristique du régulateur. La plage de réglage disponible entre le ralenti et le régime « plein pot » va de 2 à 30 °C environ. On règle le ralenti à la valeur requise par action sur l'ajustable P3. Le condensateur C2 garantit une période de fonctionnement à plein régime pendant les quatre premières secondes suivant la mise sous tension de l'ordinateur, la diode D3 relançant le ventilateur après une courte interruption de la tension du sec-

Liste des composants

Résistances :
R1 = 47 kΩ
R2 = 5KΩ6
R3 = 56 KΩ
R6,R9 = 100 kΩ
R10 = 820 Ω
P1,P3 = ajust. 20 kΩ multitour
P2 = ajust. 5 kΩ multitour

Condensateurs :
C1 = 10 µF/63 V radial
C2 = 220 µF/25 V radial

Semi-conducteurs :
D1 = diode zener 6V2/400 mW
D2 = LED 5 mm rouge
D3 à D5 = 1N4148
D6 = 1N4004
T1 = BC547B
T2 = BD242C
IC1 = TLC272 (Texas Instruments)

Divers :
K1,K2 = bornier encartable à 2 contacts au pas de 5 mm

teur. Les sorties du moniteur de température et du régulateur de ralenti sont interconnectées à la base du transistor T1 par l'intermédiaire de deux diodes, D4 et D5. La stabilisation du régulateur est obtenue par réinjection d'une faible partie de la tension du ventilateur aux entrées inverseuses (–) des amplificateurs opérationnels. L'électronique prend place sur un petit circuit imprimé dont nous vous proposons le dessin ci-contre. Il ne devrait pas y avoir de problème pour lui trouver une place dans le boîtier de l'alimentation. Il nous semble préférable de ne pas implanter la LED directement sur la platine, mais de la placer en un endroit où les variations de température sont détectées plus facilement, endroit d'où on la connectera aux points prévus sur la platine à l'aide de deux fils de câblage souple ; nous pensons par exemple à un positionnement à proximité immédiate de la CPU.

L. Svenkerud & A. Kristiansen

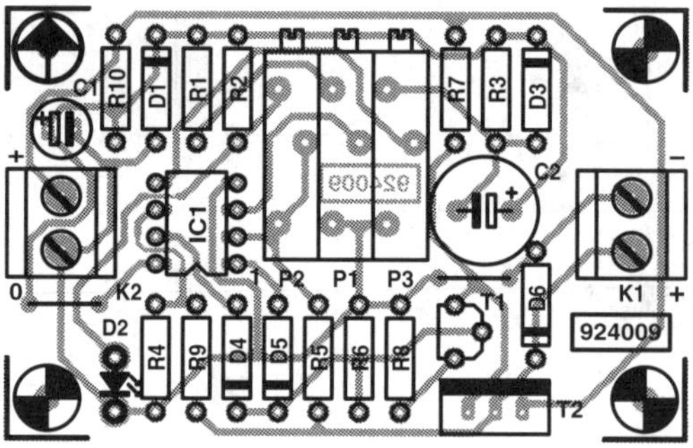

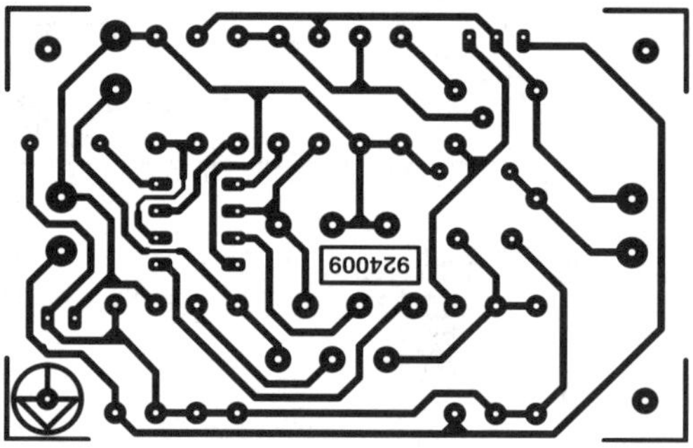

024 COMPTEUR/DÉCOMPTEUR OPTIQUE À 6 BITS

La pratique aura vite fait de vous convaincre de l'avantage principal d'un compteur/décompteur optique : une absence presque totale d'usure. Le générateur d'impulsions utilisé ici est un "encodeur rotatif optique" de Bourns, composant qui intègre la logique nécessaire à la détection du sens de rotation. Associé à un encodeur optique de ce genre, le circuit que nous vous proposons devient un compteur/décompteur optique à sortie numérique présentant une résolution de 6 bits. Si on le combine, à son tour, avec le réseau en échelle logarithmique décrit ailleurs dans ce livre, on se trouve en présence d'une commande de volume numérique permettant une atténuation du signal en 64 pas. Ces 64 pas correspondent au nombre d'impulsions produites lors d'un tout complet de l'encodeur préconisé (ENA1J-B28-L00064). À l'image de ce qui se passe dans le cas d'une commande de volume classique, un seul tour (corresponant à une de rotation de 270° à 300° sur un potentiomètre standard) permet là aussi de faire passer le signal de zéro au volume maximum. Les deux signaux de sortie fournis par l'encodeur optique attaquent la bascule-D IC3a et la porte NAND IC4a. À chaque apparition d'une impulsion d'horloge sur la broche B, le niveau présent à la broche A est stocké dans la bas-

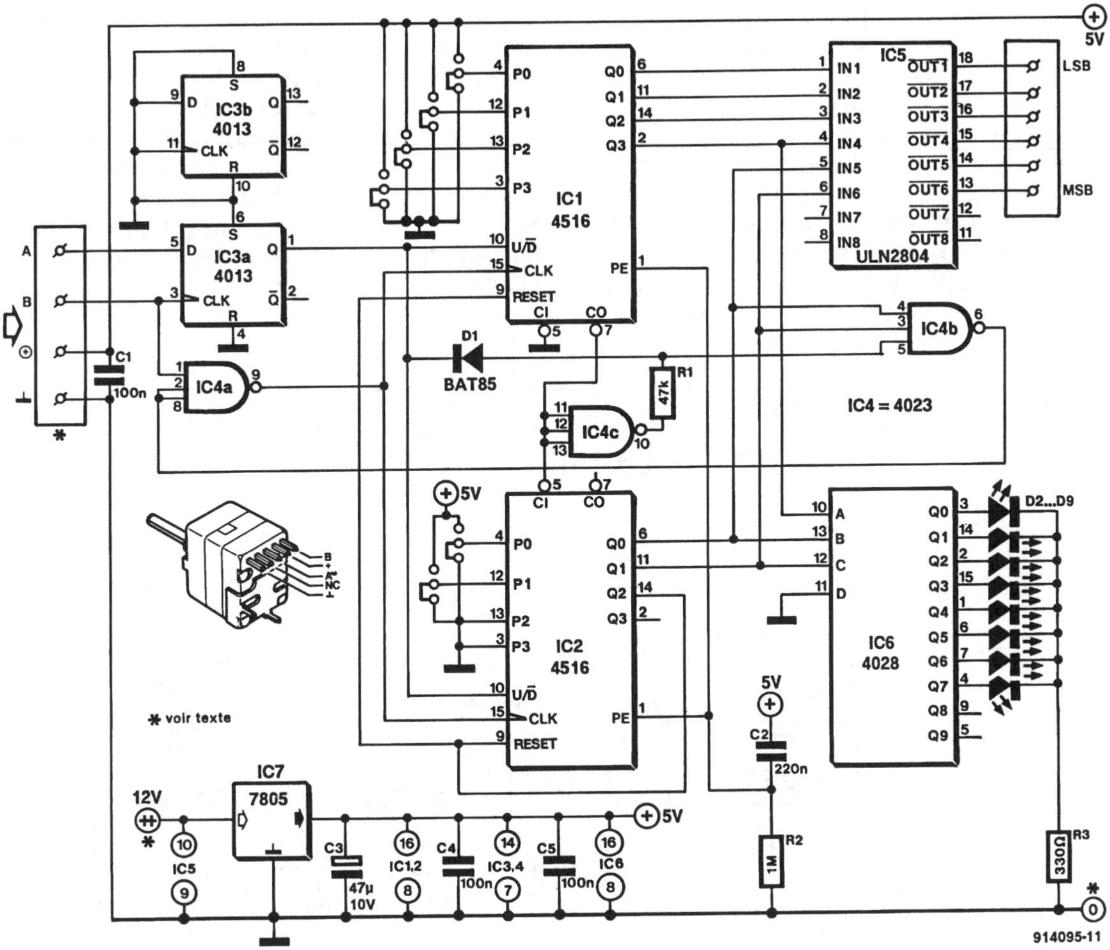

cule. Le niveau de sortie de IC3a attaque l'entrée U/$\overline{D}$ (UP/$\overline{DOWN}$ = comptage/décomptage) de deux compteurs, IC1 et IC2. C'est ainsi que l'on convertit le sens de rotation de l'encodeur en un comptage, ou en un décomptage, des compteurs. La **figure 2** montre la relation de phase entre les deux signaux de sortie. Dès que le compteur a atteint sa valeur maximale –tous les 6 bits sont au niveau haut– tout comptage est arrêté par les portes IC4c et IC4d qui bloquent alors, via la porte IC4a, le train d'impulsions d'horloge. En cas de dépassement de la limite inférieure (tous les bits sont à "0"), les deux compteurs sont remis à zéro, via la sortie Q2 de IC2 (en fait toutes les 8 sorties passent un court instant au niveau haut). Cette construction se traduit en outre par une élimination automatique d'un état indéfini dû par exemple à une impulsion parasite. Comme, après une remise à zéro, le contenu des compteurs est nul, la "dernière position" n'est pas –contrairement à ce qui se passe dans le cas d'un potentiomètre de volume– mémorisée. Ceci explique la présence d'une fonction de prépositionnement (**preset**). Si toutes les entrées P des compteurs IC1 et IC2 sont reliées à la masse, le compteur se met à compter à partir de zéro. L'utilisateur pourra choisir toute autre combinaison pour les entrées de prédéfinition ; il suffit pour cela de connecter une (ou plusieurs) entrée(s) à la

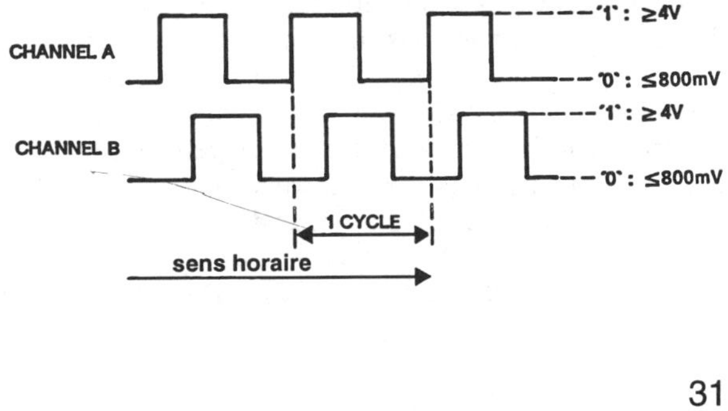

ligne positive de l'alimentation. On pourra faire appel pour remplir cette fonction à six interrupteurs DIL par exemple. Le circuit comporte un dernier dispositif fort intéressant : les LED D2 à D9 connectées aux sorties de IC6. Ces huit LED servent à visualiser grossièrement la combinaison de bits présente aux sorties. Les LED se substituent ainsi en quelque sorte à l'échelle graduée que comporte une commande de volume classique. Les sorties numériques servent, via un étage-tampon, IC5, à la commande de six relais. Il est important de veiller à ce que les courants d'activation des relais n'aient pas d'effet négatif sur la logique ; il faudra donc, lors du dessin du circuit imprimé, faire en sorte que les pistes véhiculant les courants d'activation de relais ne passent pas trop près de la logique. La consommation du circuit est comprise entre 20 et 30 mA –si l'on ne tient pas compte des courants d'activation. IC7 fournit la tension régulée de 5 V nécessaire à la logique numérique. IC5 est alimenté en 12 V, les relais étant eux pris entre le +12 V et les sorties de IC5.

025 ANTENNE TÉLESCOPIQUE ACTIVE À LARGE BANDE

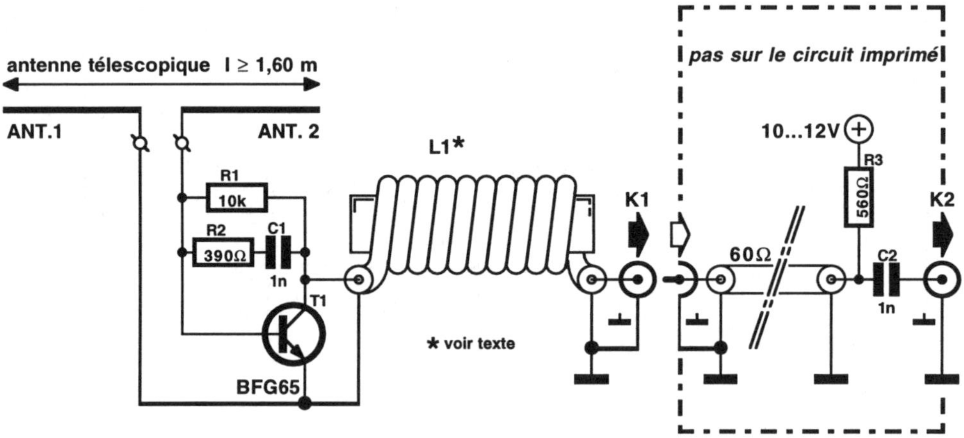

La plupart des amplificateurs VHF/UHF utilisés avec une antenne symétrique (tel qu'un dipôle ouvert ou fermé) possèdent une entrée « BALUN ». Un « BALUN » (***BALanced** to **UN**balanced* = symétrique vers asymétrique) est un dispositif inductif destiné à la conversion d'un signal HF symétrique en un signal asymétrique de manière à ce que l'on puisse l'appliquer à la base d'un transistor. Les « BALUNs » se caractérisent malheureusement par un perte intrinsèque de 2 à 3 dB. La quasi-totalité des transistors d'entrée (un BFR91 ou équivalent) possèdent une caractéristique de bruit de 2 dB au mieux. Ceci explique pourquoi l'utilisation de ce genre d'étage d'entrée résulte en une modeste caractéristique de bruit comprise entre 4 et 5 dB. Le circuit décrit dans cet article –sans « BALUN » et faisant appel à un transistor à faible bruit du type BFG65 pour obtenir le gain requis– permet d'arriver à une caractéristique de bruit notablement plus favorable. La combinaison d'une antenne télescopique et d'un amplificateur HF large bande à faible bruit s'appelle "antenne active" et offre deux utilisations pratiques possibles : Utilisé avec une antenne existante, ce circuit garantit un rapport signal/bruit sensiblement plus favorable à l'entrée du récepteur. Ce circuit permet d'obtenir le rapport signal/bruit identique à celui que donnerait une antenne de haut niveau, tout en permettant l'utilisation d'une antenne moins performante. L'antenne proprement dite est un dipôle ouvert d'une longueur totale de 1,6 m fonctionnant, soit comme un dipôle 0,5 λ (demi-onde) dans un domaine de 60 MHz à 187 MHz environ, soit comme un dipôle en V multi-lambda jusqu'à quelque 900 MHz. La conversion symétrique–asymétrique, effectuée à la sortie de l'amplificateur,

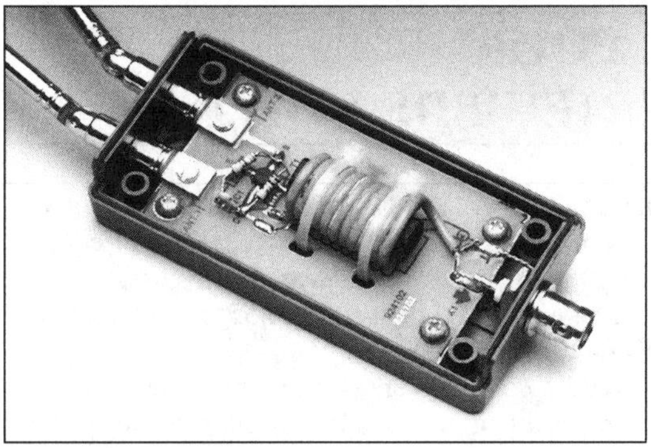

fait appel à une technique peu courante : elle est effectuée à l'aide d'un morceau de câble coaxial fonctionnant comme une sorte de self. La « construction » de l'amplificateur sur le circuit imprimé (voir **figure 2**) et son comportement électrique font que l'antenne « voit » une charge symétrique. Les deux antennes télescopiques doivent être soudées directement sur les pastilles du circuit imprimé prévues à cet effet et identifiées par les dénominations « **ANT.1** » et « **ANT.2** ». En règle générale, les antennes télescopiques sont dotées à leur base d'une articulation permettant de modifier l'orientation de l'antenne. Il faudra trouver une technique de fixation pour conserver cette option très pratique dans l'application décrite ici. L'inductance de sortie, L1, comporte 10 spires de câble coaxial de 60 Ω de faible section (2,5 mm) effectuées sur un bâton en ferrite de 10 cm de long et de 10 mm de diamètre.

L'électronique de l'alimentation « fantôme » pour l'amplificateur ne se trouve pas sur le circuit imprimé. Comme ce sous-ensemble ne comporte qu'une résistance et qu'un condensateur, il reste facile à réaliser et à installer dans le récepteur (à proximité de l'entrée à utiliser bien entendu). Il faudra, si la distance entre le récepteur et l'antenne est supérieure à 2 m environ, utiliser un morceau de câble coaxial standard –du type RG58 par exemple– connecté à l'embase K1 pour établir la liaison.

On pourra diminuer le facteur de bruit du BFG65 par une augmentation de la valeur de la résistance R3, à condition pourtant que l'antenne soit mise en oeuvre dans une région présentant des forces de champs locaux relativement faibles. Il ne faudra en aucun cas procéder à cette modification en présence de signaux ambiants à force de champ élevée. Ceci augmente sensiblement le risque d'être confronté à une modulation transverse. Étant donnée la valeur de R3, 560 Ω, la consommation de ce petit circuit est de quelque 20 mA. Le gain du signal du dipôle est de 12 dB avec un taux de bruit de 1 dB environ. Si tant est qu'il n'y ait pas de problème de réflexions de signal et ni de réception « multipath », les performances de cette antenne télescopique active peuvent être comparées à celles d'une antenne beaucoup plus grande (de type Yagi).

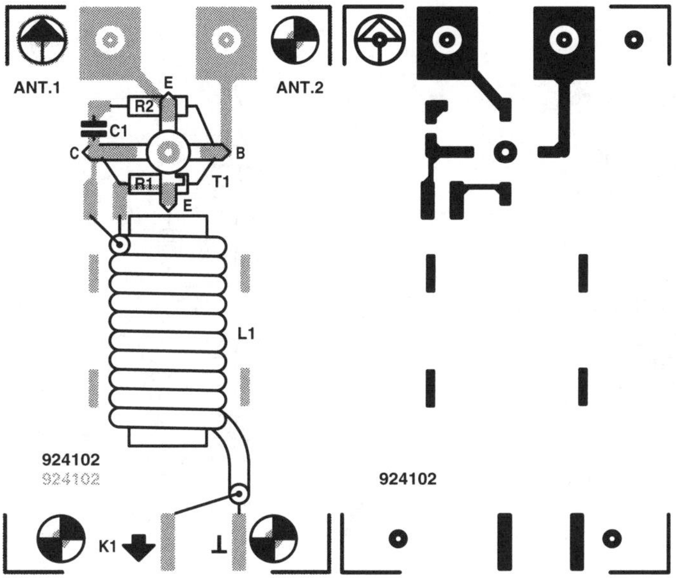

Liste des composants

Résistances :
R1 = 10 kΩ
R2 = 390 Ω
R3 = 560 Ω (voir texte)

Condensateurs :
C1,C2 = 1 nF céramique

Semi-conducteurs :
T1 = BFG65

Selfs :
L1 = 10 spires de câble coaxial (60 Ω, 2,5 mm) sur bâton ferrite (10 cm, 10 mm)

Divers :
ANT.1, ANT.2 = antenne télescopique à fixation sur C.I., longueur min.80 cm
K1 = embase BNC

026 TEMPORISATEUR POUR ÉCLAIRAGE INTÉRIEUR DE VOITURE

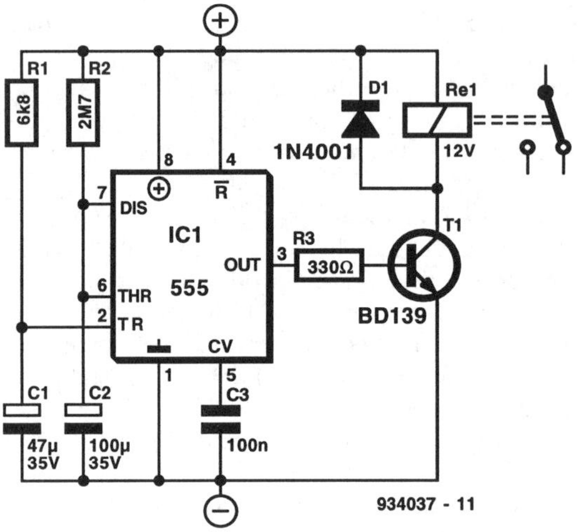

De nos jours, un plafonnier qui s'allume automatiquement dès que l'on ouvre une portière fait partie des accessoires standard de toute voiture (digne de ce nom). Ce gadget pratique a pourtant un petit inconvénient : si l'on oublie de bien fermer l'une des portières de sa voiture, l'éclairage intérieur reste allumé et l'accu se décharge lentement.

Pour peu que l'on ait la malchance que la voiture (au plafonnier – encore que cet éclairage ne se trouve pas toujours dans le plafond du véhicule – allumé) reste quelques jours dans le garage, il est probable que l'on se retrouve confronté à une batterie « à plat ».

L'un de nos lecteurs a trouvé une solution, relativement simple à mettre en oeuvre, supprimant cette petite imperfection de nos automobiles modernes.

Le petit montage se charge de toute opération de mise en et hors-fonction de l'éclairage intérieur de la voiture. L'électronique, centrée sur un 555, un 7555 ou un 555C, se comporte comme un multivibrateur monostable qui, en cas d'application d'une tension de 12 V, active l'éclairage pendant 4 minutes environ. Il est possible d'adapter à vos besoins personnels cette durée d'activation. Il suffit, pour cela, de modifier la valeur de la résistance R2 et du condensateur C2. Le réseau R1/C1 assure l'activation du circuit intégré dès l'application d'une tension. Via le transistor T1 la sortie de IC1 attaque le relais Re1. Il faudra utiliser ici un relais ayant comme caractéristiques une tension de bobine de 12 V et un courant d'excitation inférieur à 220 mA. Dès que le temporisateur éteint l'éclairage intérieur la consommation du circuit descend à une valeur de 6 mA avec un 555 ou de 0,5 mA si l'on utilise un 555C.

Il faudra commencer, avant de procéder à la mise en place du circuit dans la voiture, par voir quel est le type de fonctionnement des interrupteurs de portière. On notera que le qualificatif « interrupteur » est plutôt optimiste. Il s'agit en règle générale d'une petite lame métallique activée par une broche prise dans le jambage de la portière. Si cet interrupteur est pris dans la ligne +12 V il faudra connecter le circuit selon la variante **a**. Si par contre l'interrupteur est pris dans la ligne de masse on connectera le circuit selon la variante **b**.

Pour garantir que le montage fonctionne avec les deux portières avant de la voiture il faudra connecter le circuit à l'endroit où les câbles des deux portières se rejoignent. Si l'on envisage de connecter également les autres portières de votre voiture, si tant est que ces portières arrières aient une influence quelconque sur la mise en fonction de l'éclairage intérieur, il suffit de rallonger (le cas échéant) les câbles venant de ces interrupteurs pour les connecter au circuit du temporisateur.

B. Klein

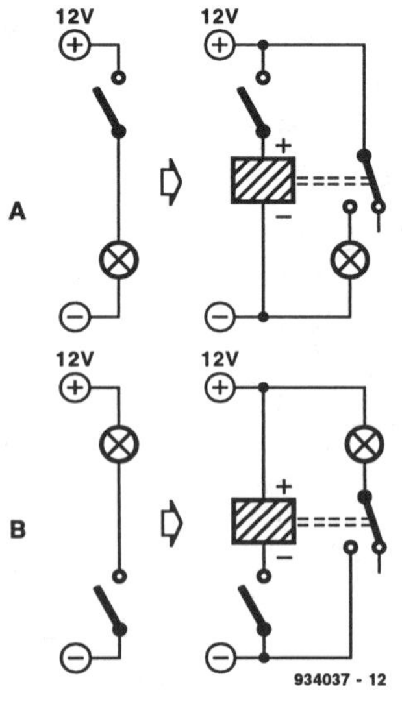

027 CARTE DE SIGNALISATION POUR CENTRAL D'ALARME

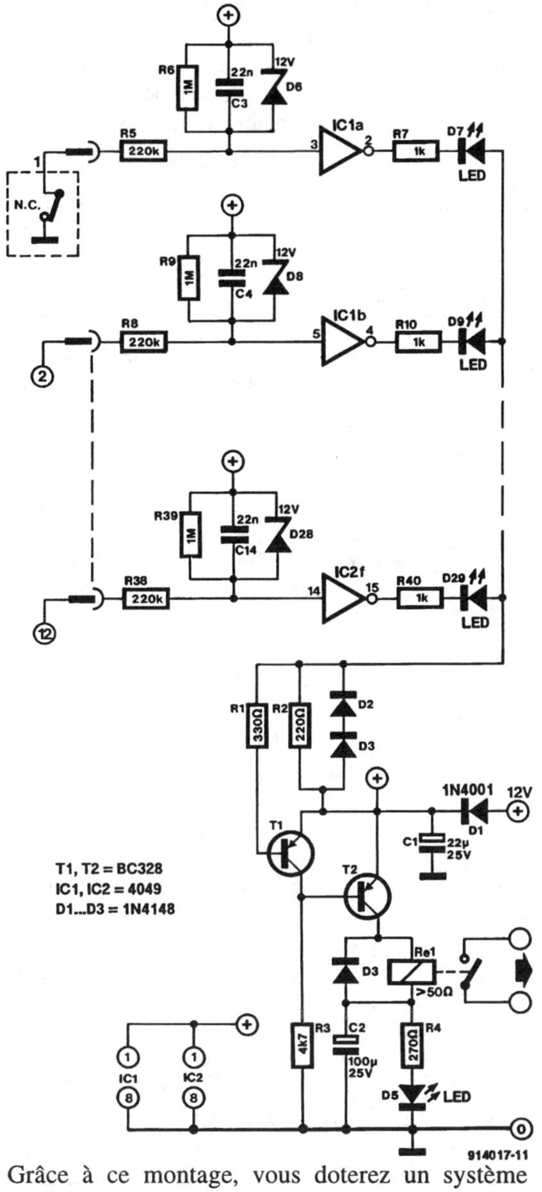

Grâce à ce montage, vous doterez un système d'alarme existant d'une douzaine de capteurs supplémentaires avec chacun sa signalisation propre. Cette carte permet la connexion de toute la gamme de capteurs disponibles dans le commerce, tels que, par exemple, détecteurs de gaz ou de fumée, contacts de porte ou de fenêtre et autres détecteurs à IR. Au repos, toutes les entrées du circuit, 1 à 12, doivent être reliées à la masse (0 V). Si le capteur connecté fournit un signal d'alerte (supposons que l'entrée 1 ne soit plus reliée à la masse), un potentiel haut est appliqué, à travers la résistance R6, à l'entrée 3 de IC1A. Puisqu'il s'agit ici d'un inverseur, le potentiel à sa broche 2 –et de ce fait celui à la cathode de la LED D7– passe à 0 V. Étant donné que l'autre broche de la LED est reliée à la ligne de +12 V, elle s'illumine donnant ainsi l'alerte. Il se produit alors aux bornes des diodes D2 et D3 une chute de tension de 1,2 V environ, chute de tension qui fait passer le transistor T1 à l'état conducteur, tandis que T2 bloque. Le relais de signalisation Re1 est désactivé, ses contacts reliés au central d'alarme s'ouvrant. Comme, en veille, les contacts du relais sont fermés, une disparition de la tension d'alimentation se traduit elle aussi par l'entrée en fonction de l'alarme (ceci à condition pourtant que le central d'alarme en question soit doté d'une batterie de secours). Une fois la cause de l'alarme supprimée, toutes les entrées se trouvent à nouveau à 0 V, le transistor T1 bloque, T2 devient passant et le relais referme ses contacts. Par son illumination, la LED D5 indique que l'installation a retrouvé son état de veille. Pour décharger le relais et réduire la consommation de courant, la résistance R4 et la LED D5 sont prises en série sur la bobine du relais. Le condensateur C2 fait en sorte, qu'au moment du relâchement des contacts du relais (alarme !), la résistance R4 et la LED D5 sont court-circuitées, afin que, plus tard, le relais puisse être réactivé (fermeture des contacts) sans problème. Ceux d'entre nos lecteurs désirant réduire la consommation de courant du montage peuvent utiliser des LED à faible consommation "*LOW CURRENT*" disent les Anglais. Il faudra, dans ce cas-là, faire passer à 8kΩ2 la valeur des résistances-série. Les condensateurs C3 à C14, associés aux résistances de 220 kΩ, constituent des filtres passe-bas qui améliorent le rapport signal/bruit. Il ne faudra pas oublier que la ligne reliant le capteur à ce montage peut prendre une longueur considérable. Les diodes zener D6 à D28 protègent le circuit contre les crêtes de tension. Il est possible, de ce fait, d'y appliquer une tension d'alimentation supérieure à 12 V. En règle générale, les tensions utilisées dans de tels circuits ne dépassent jamais 42 V. La diode

D1 fait office de protection contre les erreurs de polarité, le condensateur C1 assurant un découplage de la tension d'alimentation. La consommation totale du circuit est –en fonction du relais utilisé bien sûr– de quelque 200 mA. Le circuit fonctionne, comme le montre la figure, avec des capteurs dont les contacts sont normalement fermés (N.C. = *Normally Closed*). Si l'on remplace les circuits intégrés 4049 par des 4050, version dotée de portes non-inverseuses, on a inversion des signaux. Dans ces conditions, il faudra faire appel à des capteurs avec des contacts normalement ouverts (N.O. = *Normally Open*). Dans le cas d'une alerte, ces contacts se ferment, l'entrée en question est reliée à la masse, la LED s'illumine et les contacts du relais sont relâchés. On se retrouve dans la situation précédente. Il est également possible de réaliser une carte de signalisation mixte en utilisant **et** un 4049 **et** un 4050, ce qui permet de réaliser une boucle d'alarme à contacts normalement fermés (entrées 1 à 6) et une boucle d'alarme à contacts normalement ouverts (entrées 7 à 12).

M. Haas

028 SÉLECTEUR DE CLAVIER

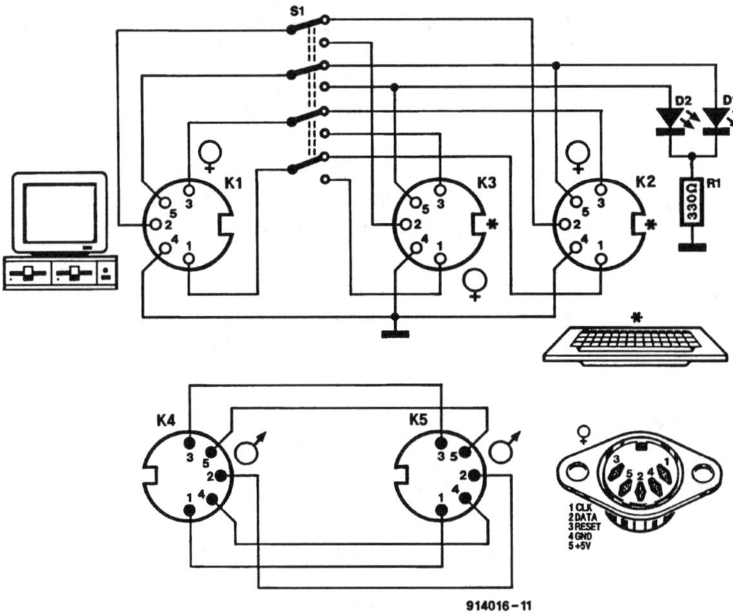

IBM dont le connecteur de clavier présente un brochage différent, tant physiquement que logiquement. La connexion du sélecteur à l'ordinateur pourra se faire à l'aide d'un cordon de liaison stéréo blindé (quatre conducteurs + blindage) disponible dans le commerce. Il va sans dire qu'il est également possible d'en fabriquer un soi-même à l'aide d'un morceau de câble blindé rond (à quatre conducteurs + blindage) et de deux fiches DIN mâles à 5 broches 180°. Outre les embases DIN, le composant le plus important du circuit est un inverseur quadripolaire. Il en existe différentes versions: à rotation, à levier (bascule) ou à glissière. Le second clavier ne constitue pas une charge additionnelle pour l'ordinateur sachant que la ligne d'alimentation est, elle aussi, basculée lors de la commutation. Seule une paire de LED et leur résistance de limitation commune, constituent, à proprement parler, une charge supplémentaire pour l'alimentation de l'ordinateur. La consommation est de 10mA seulement. Après en avoir terminé avec le côté matériel du commutateur pour clavier, il nous faut nous intéresser au logiciel. La connexion d'un clavier QWERTY à la place d'un AZERTY est sans la moindre influence sur les caractères affichés. Rien n'a changé, si ce ne sont les inscriptions sur les touches. Il est cependant possible de modifier la disposition des touches de n'importe quel clavier. Pour cela il faudra faire appel à un utilitaire.

Le plan de câblage (il est difficile de parler de circuit) proposé ici permet de brancher deux claviers sur le même ordinateur, un modèle AZERTY par exemple et un modèle QWERTY ou QWERTZ. Une simple action sur S1 permet alors de choisir le clavier que l'on veut utiliser. L'embase DIN à cinq broches K1, assure la connexion du sélecteur à l'ordinateur. Les deux autres embases, K2 et K3, servent à relier les deux claviers à ce circuit de commutation. Avant de procéder à la réalisation de ce montage simple, il est recommandé de bien vérifier le brochage du connecteur pour clavier de votre ordinateur: il existe en effet des compatibles

029 RÉGULATEUR DE BATTERIE POUR SYSTÈMES À ÉNERGIE SOLAIRE

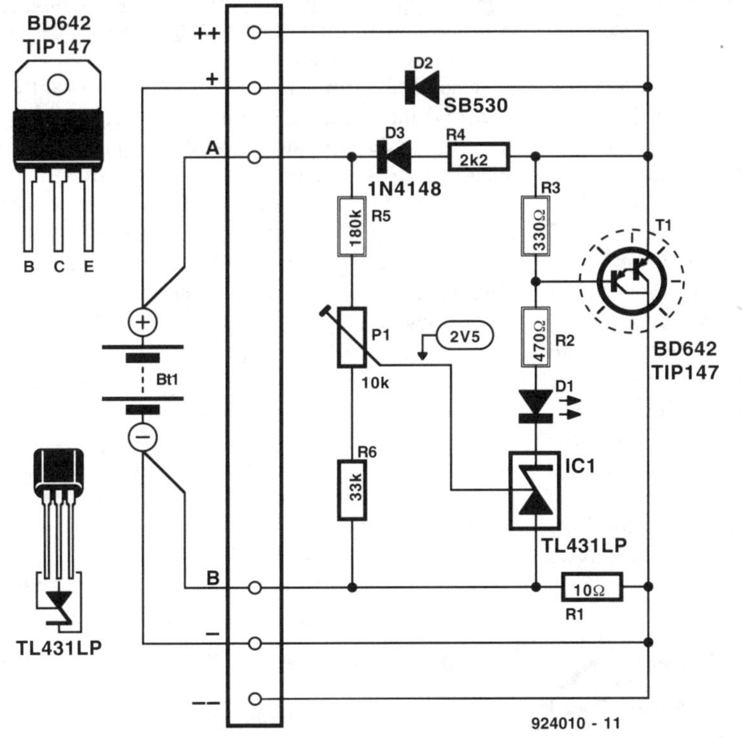

Bien que de nouveaux types de cellules solaires aient fait récemment leur apparition, les cellules solaires amorphes continueront, en raison de leur coût de fabrication (relativement) faible, de faire partie de notre univers et ceci pendant un certain temps encore. La plupart des cellules solaires basées sur la technologie amorphe présentent une résistance interne relativement élevée, qui se traduit par une différence importante entre les tensions de sortie à vide et en charge. Dans les installations où l'on utilise une batterie rechargeable comme dispositif de stockage d'énergie, on aura intérêt à prévoir un circuit de régulation de la tension chargeant la batterie (ou l'accu) lorsque la tension de sortie fournie par les cellules est élevée et qui, en outre, constitue une charge minimale lorsque cette tension est devenue faible. Dans le cas d'installations solaires de puissance relativement faible, le régulateur parallèle (ou *shunt*) constitue une alternative viable. Exception faite d'une unique diode (Schottky) aucun composant n'est pris entre le panneau solaire et la batterie, car c'est bien souvent cela le dispositif utilisé pour le stockage d'énergie. La tension d'alimentation étant fournie par le panneau solaire, le régulateur est alimenté en permanence, même si l'accu est totalement déchargé, voire purement et simplement non connecté au système. C'est l'approche garantissant la meilleure protection contre les surtensions de tous les circuits alimentés par la (ou la série de) cellule(s) solaire(s). Le coeur du régulateur shunt proposé ici prend l'aspect d'un régulateur de tension de précision du type TL431LP de National Semiconductor. Lorsque la tension de sortie de la cellule solaire dépasse un niveau prédéfini à l'aide de l'ajustable P1, on a mise en circulation d'un courant à travers la triplette R3, R2 et D1. Dès que ce courant atteint de l'ordre de 5 mA, le transistor T1 se met à conduire. On pourra, pour T1, un BD642 ici, utiliser tout transistor darlington de puissance de caractéristiques convenables tel que le TIP147 par exemple. Le BD642 a l'avantage d'avoir son collecteur relié à la masse ce qui signifie que l'on pourra le fixer tel quel sur un radiateur. Le régulateur étant capable de shunter des intensi

tés de courant relativement importantes, il comporte des entrées de détection distinctes, « **A** » et « **B** » pour « surveiller » la tension de la batterie. La cellule solaire est reliée aux bornes « ++ » et « –– ». La résistance R4 limite le courant à travers la diode D3 s'il devait arriver que la diode série de forte puissance, D2, trépasse inopinément. Le circuit ne comporte pas les fusibles qu'il faut prendre, pour garantir un niveau de sécurité suffisant, en série avec la batterie et la (les) charge(s). Il ne faudra pas oublier non plus de monter un parasurtenseur (*surge arrester*) en parallèle avec la cellule solaire. La diode Schottky utilisée ici, une SB530 de Conrad, est capable de supporter jusqu'à 5 A. On pourra, pour les panneaux fournissant des courants de sortie allant jusqu'à 3 A, la remplacer par une diode plus courante, la 1N5401 (qui présente malheureusement une caractéristique de chute de tension un sens direct légèrement plus élevée). Puisque nous parlons de caractéristiques techniques, ajoutons que le radiateur auquel sera fixé le transistor de puissance devra avoir une résistance thermique de 1,5 K/W voire moins ; il est possible, dans ces conditions, d'arriver à des dissipations de 40 W sans le moindre problème. On pourra, pour les applications ayant trait à des puissances notablement plus élevées, monter un certain nombre de darlingtons de puissance en parallèle et interconnecter leurs émetteurs à l'aide de résistances de répartition de courant de 0Ω22. Il va sans dire qu'il faudra, pour pouvoir faire face à la puissance accrue à laquelle on a affaire, augmenter en conséquence la taille du radiateur. Voyons comment régler ce circuit ; le réglage de la tension de sortie se fait sans avoir connecté de batterie au système, car sinon ce serait cette source de tension à résistance très faible qui déterminerait la tension de sortie et non pas, comme il se doit, le régulateur. Le point **A** est relié au « + » et le point **B** au « – ». On connecte aux points « ++ » et « –– » une source de tension à résistance élevée (une alimentation de laboratoire dotée d'une résistance-série par exemple) fournissant, hors-charge, une tension supérieure à la tension de sortie requise du régulateur (on pourra bien évidemment utiliser aussi le panneau solaire mis en plein soleil). La valeur de la résistance-série sera telle, qu'à un courant de l'ordre d'une centaine de milliampères, la tension aux bornes du régulateur ait chuté à la valeur de tension requise (attention à la dissipation de la résistance). On ajuste ensuite, après avoir pris un voltmètre entre les points **A** et **B**, la tension de sortie à la valeur voulue (13,8 V pour des accus au plomb par exemple). Avec les composants du schéma, la plage de réglage de la tension de la batterie va de 13,4 à 17,6 V, ce qui est sur le bord trop élevé pour la plupart des batteries (acide-plomb ou à gel) qui n'apprécient guère des tensions de charge dépassant 13,8 V. On pourra modifier le circuit pour qu'il ait une plage de tension de sortie allant de 11 à 16 V en donnant les valeurs indiquées aux composants suivants :

R5 = 220 kΩ, R5 = 47 kΩ, P1 = 25 kΩ.

K. Schonhoff

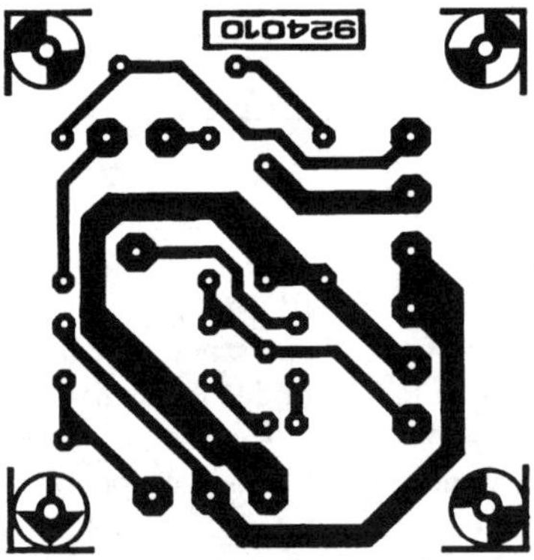

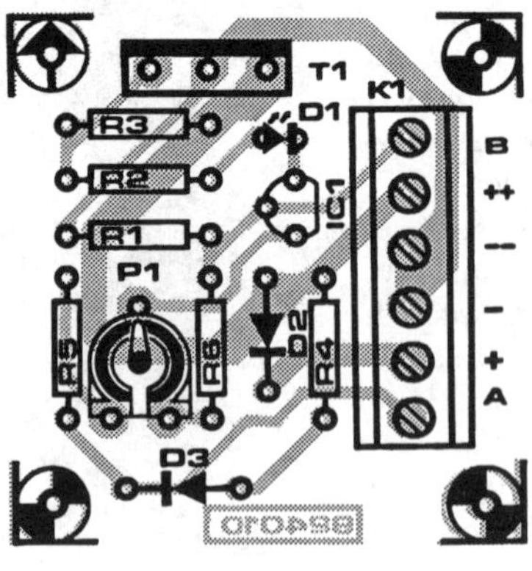

Liste des composants

Résistances :

R1 = 10 kΩ
R2 = 470 Ω
R3 = 330 Ω
R4 = 2kΩ2
R5 = 180 kΩ
R6 = 33 kΩ
P1 = ajust. 10 kΩ horizontal

Semi-conducteurs :

T1 = TIP147 ou BD642
D1 = LED
D2 = SB530 (Conrad)
D3 = 1N4148
IC1 = TL431LP (National Semiconductor)

Divers :

K1 = bornier encartable à 6 contacts au pas de 5 mm

030 TÊTE DE BORNE SCSI ACTIVE

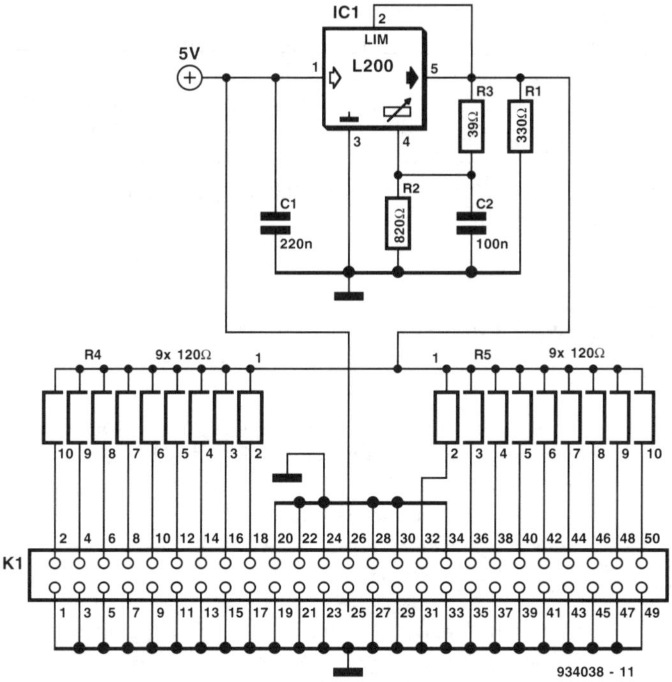

Le bus SCSI (***S**mall **C**omputer **S**ystems **I**nterface*) est une interface parallèle bidirectionnelle très rapide, utilisée en général pour la connexion de périphériques « intelligents » à l'unité centrale (*CPU*). Ce bus constitue le standard *de facto* de l'environnement des ordinateurs Apple dans lequel il sert à l'interconnexion d'appareils tels que les lecteurs de CD-ROM, les scanners, les lecteurs de disquettes internes et autres disques durs. Le bus SCSI s'est fait sa place dans le monde des ordinateurs hautes performances et commence à percer dans celui des compatibles PC. L'application type dans cet environnement est la connexion de disques durs de capacité importante. Un disque dur SCSI se caractérise par une identification de type par logiciel et requiert un circuit de commande de disque dur approprié et le logiciel correspondant. Un réseau SCSI devrait ne comporter qu'une seule tête (terminal ou terminateur) de ligne de bus. En règle générale, un tel « appareil » est fourni avec le PC ou le périphérique SCSI et comporte uniquement un certain nombre de résistances, prises entre la ligne TERMPWR (+5 V), les lignes de transfert (de signal) et la terre (les circuits de commande SCSI sont des types à collecteur ouvert). La résistance de tête, « vue »

Liste des composants

Résistances :
R1 = 330 Ω
R2 = 820 Ω
R3 = 39 Ω
R4,R5 = réseau résistif 9 x 120 Ω

Condensateurs :
C1 = 220 nF
C2 = 100 nF

Semi-conducteurs :
IC1 = L200

Divers :
K1 = connecteur HE10 mâle encartable, 2 x 25 contacts coudés
1 connecteur IDC à 50 broches

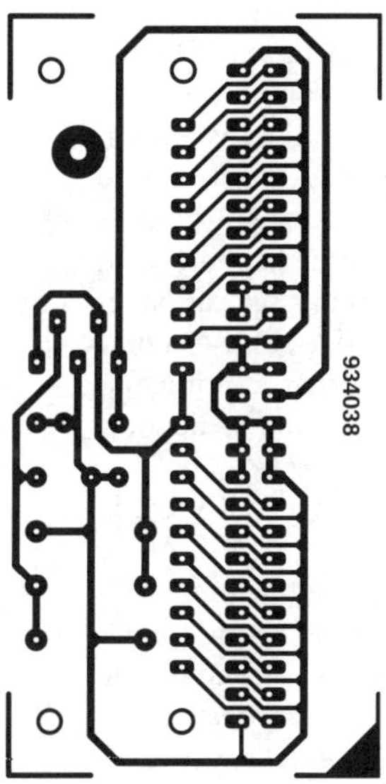

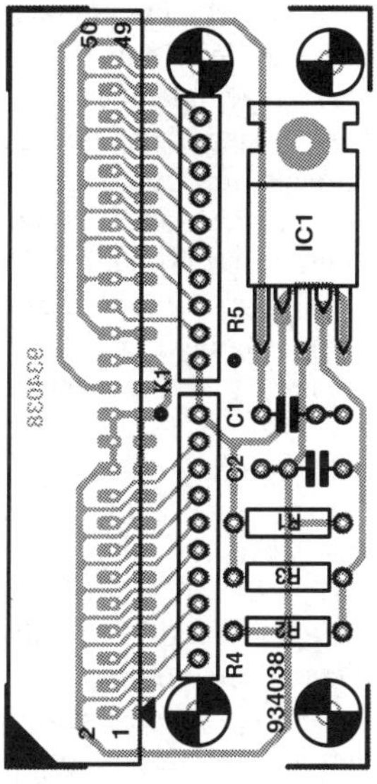

sur chaque ligne de signal, est déterminante pour obtenir la vitesse maximale de transfert de données sur le réseau. Le circuit proposé dans ces paragraphes est en fait une tête de ligne active, remplaçant les résistances de 220 Ω et de 330 Ω, requises pour chaque ligne de signal, par une circuiterie de tête passive. Cette approche réduit sensiblement la dissipation continue de l'énergie du système. Le régulateur de tension L200, pris en série sur des résistances de 120 Ω, correspond exactement à l'impédance de la ligne de transfert et élimine toute réflexion. Dans cette application le L200 fournit une tension fixe de quelque 2,75 V aux bornes de la résistance R1.La tête de borne SCSI active peut remplacer l'unique circuit de « terminal » passif dont est équipé tout réseau SCSI. La réalisation pratique du circuit ne devrait pas poser de problème, surtout si l'on fait appel au dessin de circuit imprimé fourni dans nos pages SERVICE. Il n'est pas nécessaire de doter le régulateur de tension d'un radiateur. On peut le fixer directement sur la platine.

T. Scherer

031 TESTEUR DE CONTINUITÉ

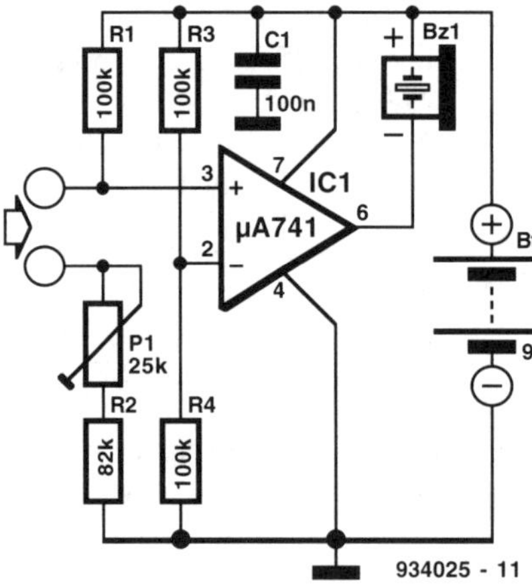

Tout électronicien connaît le µA741. Autrefois le 741 était le circuit intégré « à tout faire ». De nos jours, il semble que ce petit composant ne soit plus bon à grand-chose pour ne pas dire rien (exception faite de son brochage repris par la quasi-totalité des amplificateurs opérationnels actuels). Pour le montage proposé ici, le 741 constitue le composant idéal. On utilise l'amplificateur opérationnel comme comparateur; via sa sortie, celui-ci commande un petit résonateur à courant continu (du type 5 ou 6 V), un « buzzer », comme le dénomment si joliment les anglophones.
On applique, via le diviseur de tension R3/R4, la moitié de la tension d'alimentation à l'entrée inverseuse du 741. Si maintenant la tension appliquée à son entrée non-inverseuse (+) est inférieure à la tension présente sur l'entrée « – » (ce qui est le cas lorsque la résistance existant entre les deux entrées, c'est-à-dire les pointes de touche, est suffisamment faible), le résonateur entre en fonction. Les valeurs des résistances R1 et R2 et celle de l'ajustable P1 donnent une sensibilité de 1 kΩ environ. L'étalonnage du circuit à cette valeur est relativement simple : on prend une résistance de 1 kΩ entre les deux entrées et l'on joue sur P1 de façon à ce que le résonateur soit sur le point d'entrer en fonction. Si vous trouvez qu'une sensibilité de 1 kΩ est un peu trop faible, il vous suffit de réduire les valeurs de R1, R2 et P1 d'un facteur 10, pour étalonner le circuit ensuite à une sensibilité de 100 Ω. Dans ces conditions, la consommation du circuit (quelques mA au repos) augmente de 0,5 mA environ.

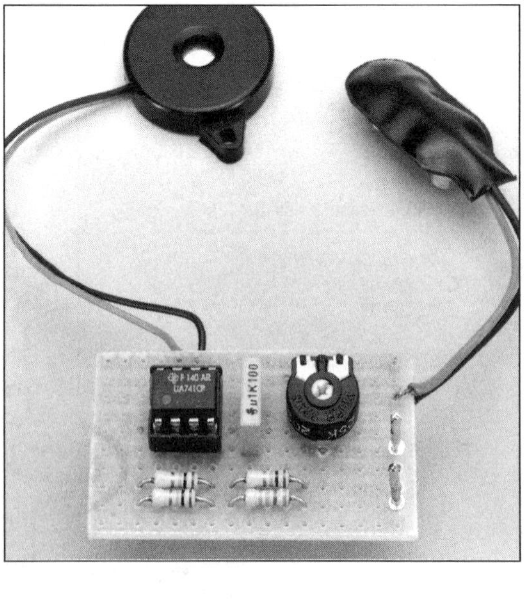

032 RÉGULATEUR DE TENSION SHUNT

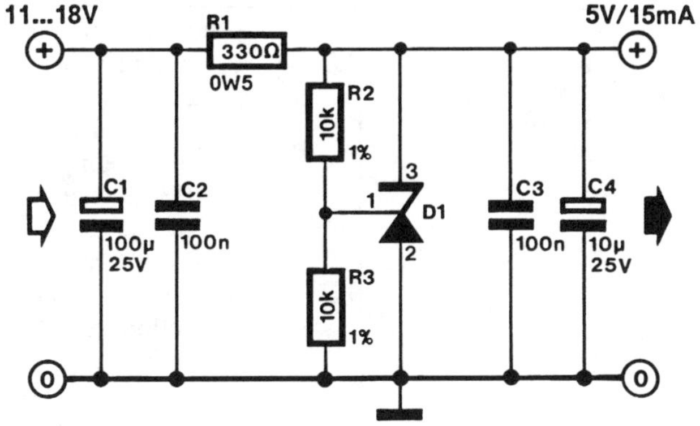

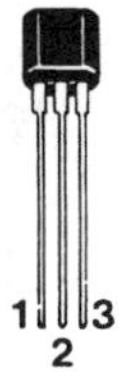

En fonction de l'emplacement de leur dispositif de régulation, les régulateurs de tension linéaires se subdivisent en deux groupes : les régulateurs-parallèle et les régulateurs-série. Le régulateur shunt ou parallèle le plus connu est sans la doute la diode zener. Sachant que leur principe de fonctionnement convient mieux à la stabilisation d'une tension associée à un courant de sortie de valeur intéressante, ce sont les régulateurs-série que l'on rencontre le plus souvent. Les régulateurs-série les plus classiques sont sans aucun doute les régulateurs intégrés de la famille 78XX. L'existence du TL431 de Texas Instruments prouve que le développement des régulateurs shunt est loin d'être terminé. La version commerciale de ce régulateur shunt de haute précision, le TL431C, est un composant exceptionnel qui se caractérise par une superbe stabilité en température (voir tableau) et une résistance dynamique très faible. Le TL431 est sans doute digne du titre "l'ultime diode zener". Outre les caractéristiques dénommées ci-dessus, le TL431, comporte, si on le compare à une diode zener, un dispositif additionnel très intéressant.

Il est possible, à l'aide de deux résistances, de régler sa "tension zener" à n'importe quelle valeur comprise entre 2,5 et 36 V. Pour garantir un fonctionnement impeccable du composant, il est indispensable qu'un courant de cathode de 1 mA au minimum traverse le circuit intégré. La tension aux bornes du régulateur est de :

$U_{ca} = 2,5 \cdot (1 + R2/R3)$.

Caractéristiques techniques :

tension de cathode	2,5 à 36 V
courant de cathode	150 mA (1 mA au minimum)
dissipation (à 25°C)	775 mW
résistance dynamique	0,5 Ω (0,2 Ω typ.)
cœfficient de température	30 ppm/K

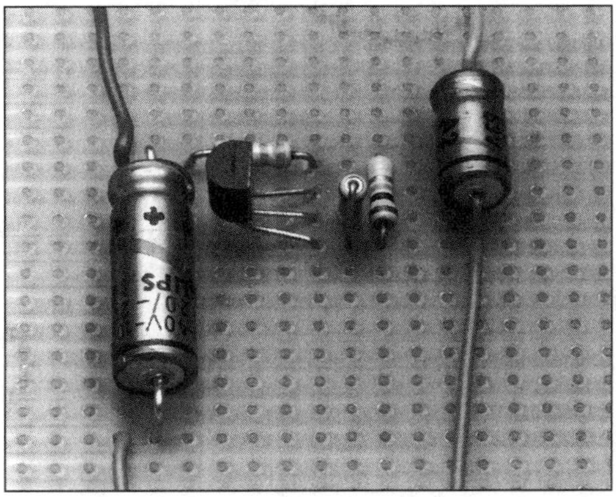

Si l'on donne aux résistances R2 et R3 une valeur pas trop importante, le courant à travers la broche de référence (4 µA au maximum) est négligeable. Le schéma donne une application typique pour le TL431C : un module d'alimentation 5 V compact.

033 RETARDATEUR DE MISE SOUS TENSION POUR ATARI ST

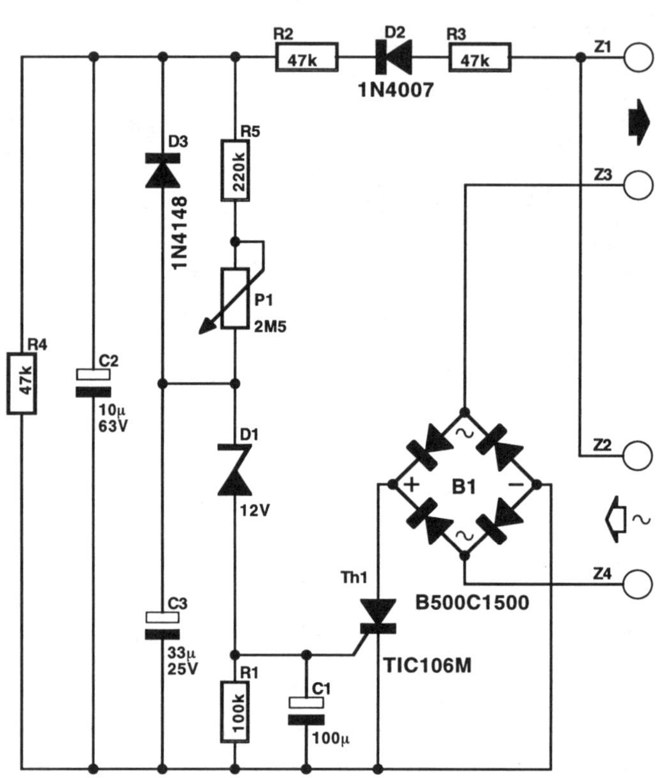

924017 - 11

Lorsqu'un Atari ST est doté d'un disque dur externe, il faut réinitialiser l'ordinateur une quinzaine de secondes après sa mise sous tension, sous peine de voir l'ordinateur ne pas reconnaître le disque dur. Le retardateur supprime cet inconvénient mineur et fait en sorte que l'ordinateur ne reçoive sa tension d'alimentation qu'après écoulement d'une certaine durée (ajustable). Les possesseurs d'une combinaison PC + imprimante HP DeskJet pourront également utiliser ce retardateur. Il n'est pas rare que l'on ait des problèmes avec certains ordinateurs et il est préférable, pour les éviter, de ne mettre l'imprimante sous tension qu'une fois que l'ordinateur est mis en route lui-même. Si l'on associe ce type d'imprimante à un Atari ST il faudra au contraire commencer par alimenter l'imprimante avant de mettre l'ordinateur en fonction. Il existe bien d'autres occasions où le retardateur proposé ici pourra rendre d'éminents services. Le fonctionnement du circuit est simple. Une fois la tension secteur appliquée, le condensateur C3 se charge via la résistance R5 et le potentiomètre P1. Lorsqu'après un certain temps ajustable entre 5 et 60 s par action sur P1, la tension aux bornes de C3 atteint 12 V, la diode zener D1 devient conductrice entraînant l'amorçage du thyristor. Le thyristor met le pont de diodes B1 en demeure d'établir une connexion en tension alternative entre l'entrée de la tension secteur et sa sortie. Lorsque le thyristor est passant sa tension de gâchette augmente quelque peu en raison du courant anode-cathode. Le condensateur C1 voit de ce fait sa charge augmenter encore légèrement faisant office ainsi de tampon pour le courant de gâchette aidant le thyristor à passer au-delà des passages par zéro de la tension du secteur; une fois amorcé, le thyristor reste conducteur. La solution offrant les garanties de sécurité les meilleures consiste à placer le montage dans un boîtier en plastique à prise et fiche secteur incorporées. On enfiche ensuite le dit boîtier dans une prise multiple dotée d'un interrupteur général. On peut ainsi connecter plusieurs appareils à la prise multiple, la fiche de l'appareil dont on veut retarder la mise en fonction étant elle enfichée dans la prise du boîtier du retardateur. L'interrupteur marche/arrêt de la prise multiple fait alors office d'interrupteur général (les interrupteurs secteur des différents appareils restant en permanence sur marche). On pourra utiliser un petit morceau de platine d'expérimentation à pastilles pour l'implantation des composants. Il ne faudra pas oublier cependant que le circuit est en liaison directe avec la tension du secteur. Ceci implique qu'il faudra veiller à ce que l'écart entre les pistes véhiculant la tension du secteur soit de 3 mm au minimum. Il suffit de supprimer une série de pastilles intermédiaires pour se mettre à l'abri de toute mauvaise surprise. On adoptera un espace de 6 mm entre les pistes et les composants reliés aux 230 V et toute pièce conductrice accessible de l'extérieur.

R. Lucassen

034 «SCANNER» POUR LE CENTRAL DE COMMUTATION AUDIO

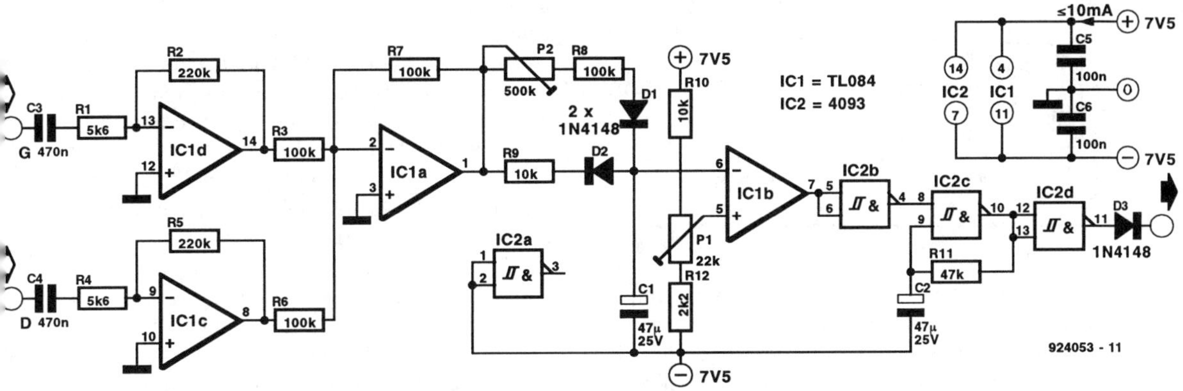

Cette extension destinée au **central de commutation audio** décrit dans les n°137 et 138 d'Elektor (novembre et décembre 1989) balaie automatiquement toutes les entrées du préamplificateur pour voir si l'une d'entre elle présente un signal audio. L'entrée concernée reste alors sélectée. Si, pendant un certain temps il n'est plus détecté de signal, le système repart à la recherche d'un signal audio sur les autres entrées. Le balayage automatique de toutes les entrées se fait à l'aide d'un oscillateur tout ce qu'il y a de plus simple, basé sur la porte NAND (ET-NON) à trigger de Schmitt IC2c. Le signal rectangulaire atterrit, via la porte IC2d montée en inverseur-tampon et la diode D3, sur l'une des boutons-poussoirs de sélection du signal d'entrée. La diode évite le blocage de la touche concernée lorsque l'oscillateur est arrêté. L'oscillateur peut être mis en et hors-fonction par l'intermédiaire de la porte IC2b commandée elle par l'amplificateur opérationnel IC1b. Cet amplificateur opérationnel est monté en comparateur dont on peut définir la tension de seuil de commutation à l'aide de l'ajustable P1. Les entrées du circuit de balayage sont reliées aux entrées audio de la platine de volume du **central de commutation audio**. IC1c et IC1d commencent par amplifier copieusement (pas moins de 40 fois) les signaux disponibles, l'amplificateur de sommation additionnant ensuite les signaux des canaux gauche et droit. Dès l'arrivée d'un signal de musique ou de parole, on aura une décharge partielle assez rapide du condensateur C1 (dont l'un des pôles est relié à la ligne d'alimentation négative). Dès que la tension tombe en-dessous de la valeur fixée à l'aide de l'ajustable P1, IC1b bloque l'oscillateur via la porte IC2b de sorte que l'entrée sélectée à cet instant précis reste active. Tant que dure la présence du signal IC1a draine une partie de la charge de C1. En l'absence de signal, le condensateur électrochimique a le temps de se recharger progressivement via P2, R8 et D1. Lorsque la tension dépasse la tension de seuil du comparateur, IC1b libère l'oscillateur de sorte que le processus de balayage des entrées reprend. L'ajustable P2 permet de fixer entre trois et deux secondes la durée d'absence de signal avant reprise du balayage. La durée d'un processus de balayage de toutes les entrées, définie par la constante RC de la paire R11/C2), est de quelque 3 s. P1 permet de jouer sur la sensibilité d'entrée; on pourra la choisir entre 10 mV et 4 V. La consommation du circuit est inférieure à 10 mA.

L. Soete

MINI INTERRUPTEUR CRÉPUSCULAIRE

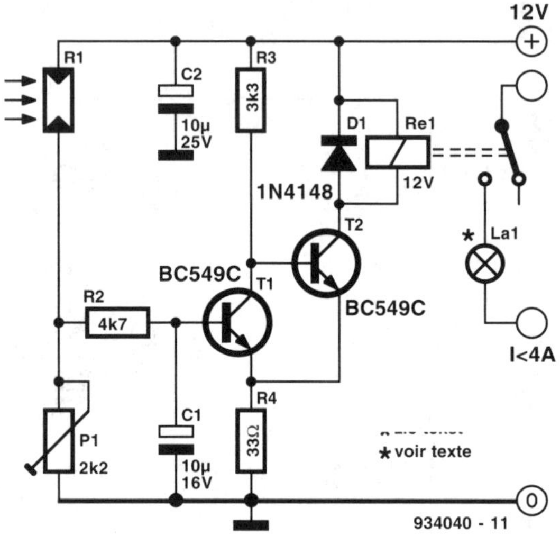

Voici l'interrupteur crépusculaire le plus simple jamais décrit dans Elektor. Le circuit ne comporte que des composants discrets standard. Plus la lumière captée par la photorésistance (LDR = ***L**ight **D**ependent **R**esistor*) diminue, plus l'impédance de cette résistance augmente. Ceci se traduit, à un certain moment, par le blocage du transistor T1. Via la résistance R3, le transistor T2 devient alors conducteur et excite le relais Re1. Aux bornes de la résistance R4 règne une tension de 1 V environ qui introduit une certaine hystérésis dans le circuit de l'interrupteur crépusculaire.

Le condensateur C1 évite que le circuit ne réagisse à des variations brusques mais brèves de la lumière ambiante. Le circuit ne réagit donc pas à un éclairage produit par les phares d'une voiture passant dans la rue. Le type de transistors à utiliser dans ce montage n'est pas critique, dès lors qu'ils garantissent un gain de courant suffisant. Il est recommandé (en raison du gain requis) de faire appel ici à des variantes de type C. Nous utilisons ici – pour la première fois – un nouveau type de LDR de chez Piher. Cette LDR ne comporte plus de cadmium et elle est très compacte. La photo ci-contre montre cette LDR à côté d'une allumette. Elle pourra être logée aisément dans un tout petit boîtier. Dans des conditions « crépusculaires » l'impédance de la LDR doit être de quelque 10 kΩ ; exposée à la lumière du jour sa résistance n'est plus que de quelques centaines d'ohm. Si vous envisagez de faire appel à un autre type de LDR, il suffit, pour adapter le circuit aux caractéristiques de cette résistance, de remplacer l'ajustable P1 par un exemplaire ayant une autre valeur. Il est recommandé, lors des expérimentations et réglages nécessaires, de déconnecter le condensateur C1. En l'absence de C1, le circuit réagit très rapidement aux variations de l'éclairage de R1. On peut faire appel, pour Re1, à n'importe quel relais 12 V capable de « commuter » la charge connectée. On notera cependant que le courant d'excitation maximal que peut fournir ce circuit est de 50 mA environ. La quasi-totalité des relais encartables répond à ces exigences. Il est recommandé, lors de la réalisation de ce montage, de respecter un espacement de 3 mm au minimum entre tous les points ou pistes cuivrées où règne la tension du secteur. Bien qu'un relais 12 V encartable puisse, en règle générale, « traiter » des courants de jusqu'à 8 A, il faudra limiter la charge connectée aux contacts du relais à 4 A. Au moment de leur mise en fonction (la fermeture des contacts du relais), la quasi-totalité des ampoules (et plus spécialement les ampoules halogène) demande un courant initial très important. Ce n'est qu'en limitant le courant de charge nominal à 4 A environ que l'on obtient une bonne durée de vie des contacts du relais.

La consommation du circuit est de 5 mA environ, valeur à laquelle il faudra ajouter le courant d'excitation du relais utilisé.

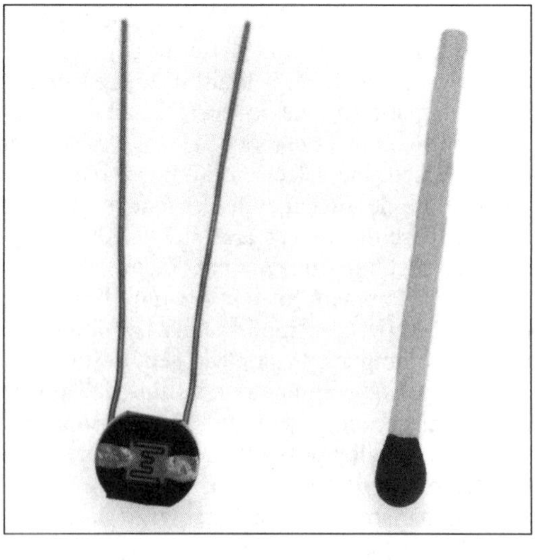

036 ENREGISTREMENT À COMMANDE VOCALE

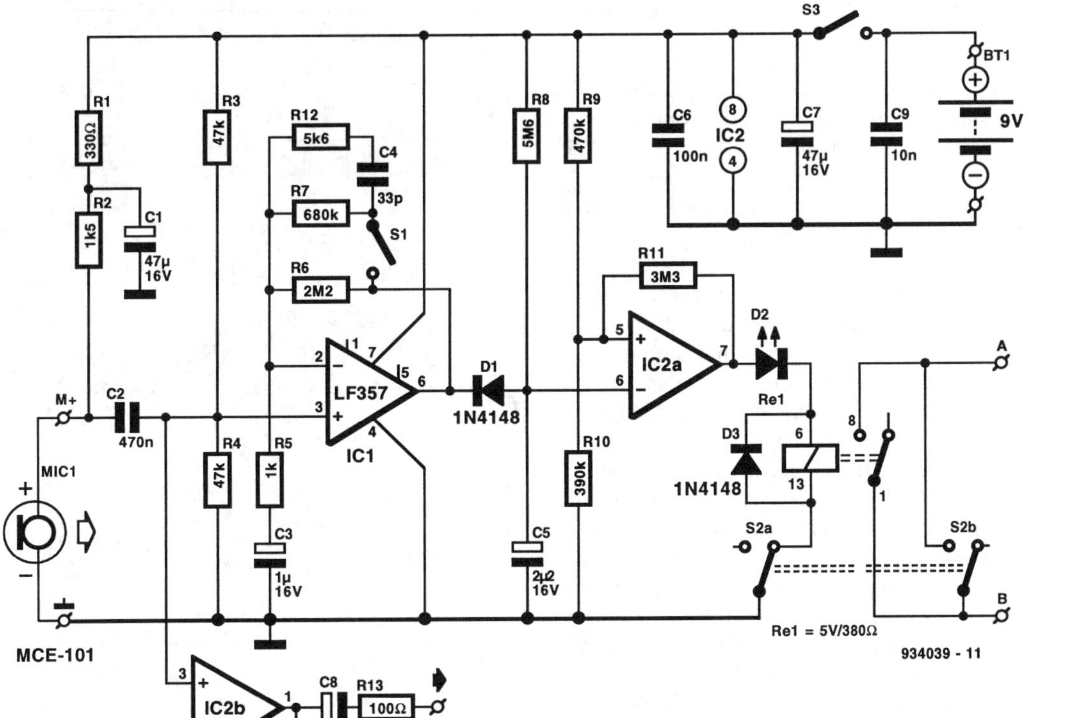

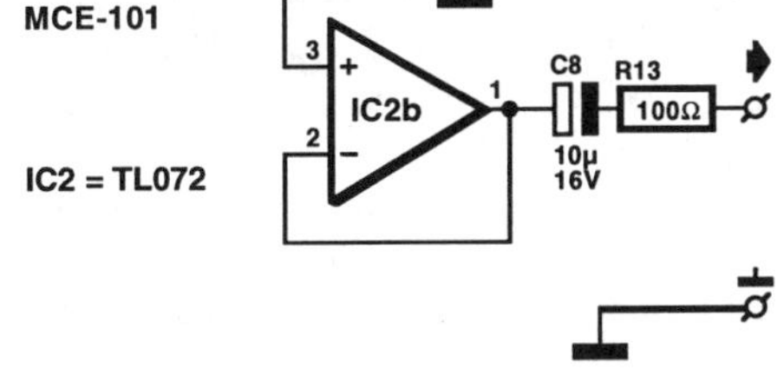

L'enregistrement à commande vocale (VOR = *Voice Operated Recording*) est un gadget que l'on trouve sur la quasi-totalité des petits magnétophones de type « mémo ».
La fonction de l'option VOR consiste à démarrer l'enregistrement dès qu'il y a détection d'un signal vocal. L'utilisateur n'a plus besoin d'activer la touche d'enregistrement (*record*). Nous pourrions dire que le P.D.G. super-énergique, le détective privé tentant de résoudre un meurtre en se parlant à lui-même au volant de sa voiture de sport sont quelques-uns des utilisateurs typiques de ce genre de magnétophones miniatures.
Le circuit que nous vous proposons dans cet article permet d'équiper n'importe quel lecteur de cassettes audio de l'option d'enregistrement à commande vocale, à condition cependant, parce qu'il y a bien évidemment toujours une condition, que l'appareil soit doté d'une entrée pour télécommande. Il est également possible de faire appel à ce circuit soit pour la mise en fonction automatique (*Voice Operated Recording*) d'un émetteur, soit comme détecteur de bruits sensible dans un système d'alarme.
En fonction de la position de l'interrupteur S1, le signal de sortie du microphone électret (5 mV environ) subit un gain de 520 ou 2 200, introduit par l'amplificateur opérationnel IC1. Le LF357 (IC1) fait également office d'un filtre actif doté d'une bande passante (vocale) allant de 160 Hz à 9 kHz environ. Les composants D1, C5 et R8 transforment le signal audio amplifié en une tension continue, appliquée à l'entrée inverseuse du comparateur IC2a.
Si le son capté par le microphone est suffisamment fort, la tension présente sur l'entrée inverseuse devient inférieure à celle présente sur l'entrée non-inverseuse et le comparateur bascule. Le niveau haut sur la broche 7 de IC2a résultant de ce changement excite le relais Re1 qui, logiquement,

ferme ses contacts. Si dans ces conditions les contacts du relais sont reliés à l'entrée de télécommande d'un magnétophone, celui-ci démarre l'enregistrement. Ce processus est visualisé par l'illumination de la LED D2.

L'interrupteur S3 fait office d'interrupteur marche/arrêt, reliant ou coupant la tension d'alimentation du circuit et donc du microphone. Le commutateur S2 sert à la mise hors fonction de la commande vocale automatique et l'interrupteur S3 sert à choisir la sensibilité désirée.

Le produit gain-bande passante du LF357 étant de 20 MHz environ, l'amplificateur opérationnel aura une bande passante de 9 kHz environ si le gain a été défini à 2 200. La fermeture des contacts de S1 se traduit par une réduction du gain à 520, situation qui donnerait une bande passante effective de 38,5 kHz. Comme cette valeur est, des signaux vocaux, ni pratique, ni même désirable, le condensateur C4 est pris dans la boucle de réaction, réduisant, même à ce gain faible, la bande passante à 9 kHz. La résistance R12, définissant un gain minimal de 5, évite l'entrée en oscillation de l'amplificateur opérationnel. En cas d'excitation du relais Re1, la consommation du circuit est de 18 mA environ. Dans le cas contraire (relais à l'état de repos) cette consommation est de quelque 9 mA. La tension minimale requise pour assurer le bon fonctionnement du circuit est de 6,8 V environ.

Il s'agit ici d'une électronique très sensible et il est recommandé, pour éviter toute erreur de fonctionnement due à des signaux HF forts, de faire appel au dessin de circuit imprimé conçu pour ce montage.

Les dimensions de la platine permettent de monter l'ensemble dans un petit boîtier à compartiment pour pile 9 V. Le dessin d'une face avant vous permettra de donner une finition professionnelle à ce montage fort intéressant. On notera que toutes les entrées et les sorties du circuit sont placées sur l'un des côtés de la platine.

Cette disposition évite tout risque de distorsion introduite par des signaux en mode commun de provenance de câbles « croisant » l'électronique sur le circuit imprimé. Toutes les broches des composants à relier à la masse sont soudées sur une large piste cuivrée qui présente ainsi une impédance très faible. Le condensateur C5 constitue pourtant une exception à cette technique de montage : pour éviter que les courants de décharge ne nuisent au signal du microphone il est inadmissible de les faire passer par le plan de masse

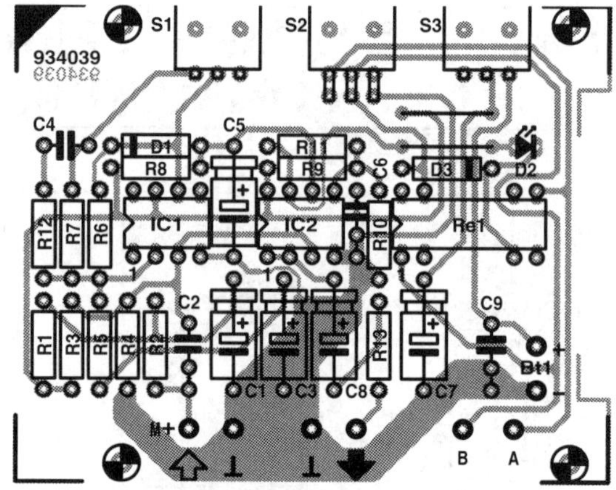

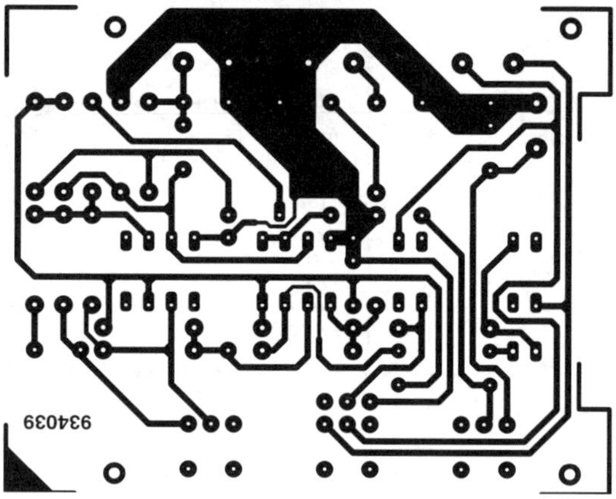

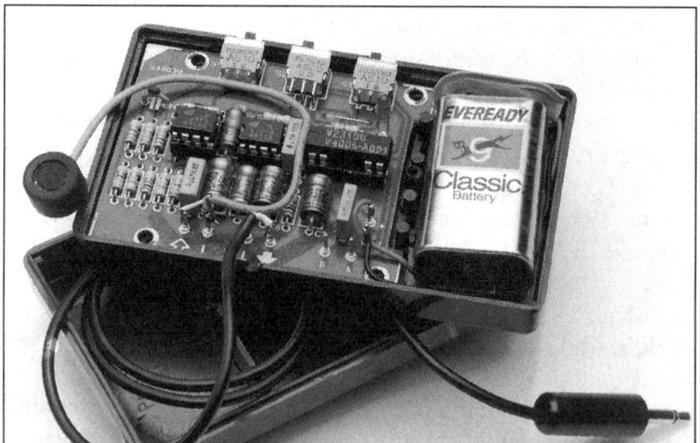

Liste des composants

Résistances :

R1 = 330 Ω
R2 = 1kΩ5
R3,R4 = 47 kΩ
R5 = 1 kΩ
R6 = 2MΩ2
R7 = 680 kΩ
R8 = 5MΩ6
R9 = 470 kΩ
R10 = 390 kΩ
R11 = 3MΩ3
R12 = 5kΩ6
R13 = 100 Ω

Condensateurs :

C1,C7 = 47 µF/16 V
C2 = 470 nF
C3 = 1 µF/16 V
C4 = 33 pF
C5 = 2µF2/16 V
C6 = 100 nF
C8 = 10 µF/16 V
C9 = 10 nF

Semi-conducteurs :

D1,D3 = 1N4148
D2 = LED rouge 3 mm
IC1 = LF357
IC2 = TL072

Divers :

S1,S3 = interrupteur simple à glissière encartable, contacts coudés (AS1D-5M Fujisoko)
S2 = commutateur à glissière encartable, 1 circuit, 2 positions, contacts coudés (AS2D-5M Fujisoko)
X1 = microphone électret (Monacor MCE-101)
Re1 = relais 5 V/380 Ω encartable (Siemens V23100-V4005-A001)
1 boîtier à compartiment pour pile 9 V, 61 x 97 x 26 mm (PacTec type HM-kit)

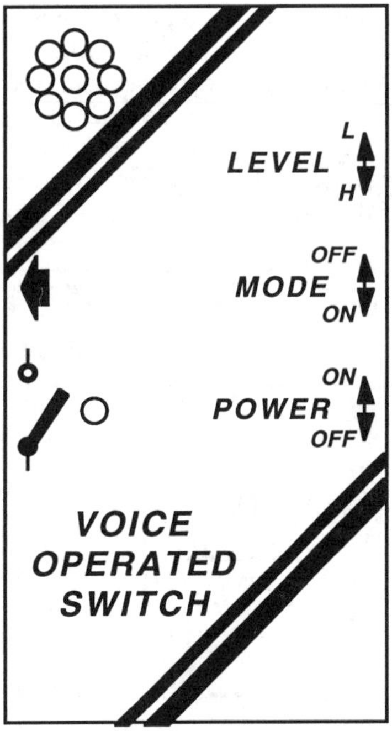

037 INDICATEUR DE NIVEAU DE CRÊTE

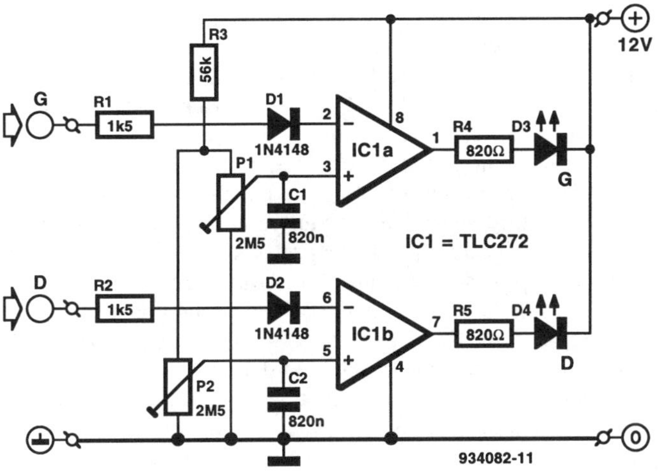

Un double amplificateur opérationnel entouré de quelques composants passifs. Il n'en faut pas plus pour réaliser un détecteur de crête à utiliser avec des applications audio. Cet indicateur signale, pour chacune des voies, le dépassement, par le signal, d'une valeur donnée définie à l'aide d'une résistance ajustable. Les amplificateurs IC1a et IC1b sont montés ici en comparateurs. Les ajustables P1 et P2 permettent d'appliquer à chacune des entrées non-inverseuses une tension de référence comprise entre 0 et 11 V. La résistance R3 interdit le choix d'une tension de référence trop élevée au point de sortir du domaine de mode commun des amplificateurs opérationnels. Après un redressement mono-alternance des signaux audio gauche et droite effectué à l'aide d'une résistance et d'une diode, R1/D1 et R2/D2 respectivement, ceux-ci sont appliqués aux entrées inverseuses des amplificateurs opérationnels auxquels leurs entrées à FET confèrent une impédance d'entrée très élevée ; ainsi la chute de tension introduite par les diodes reste relativement limitée (de 0,2 à 0,3 V). La résistance en amont de chacune des diodes a pour unique fonction de limiter le courant d'entrée en cas de surmodulation importante (au-delà du domaine de mode commun). Si la valeur de crête de la tension d'entrée dépasse la tension de référence (diminuée de la tension aux bornes de la diode), la sortie de l'amplificateur opérationnel concerné bascule, produisant l'illumination de la LED correspondante. Le circuit fonctionne sans problème avec des signaux jusqu'à 20 kHz (la dérive ne dépasse pas 0,25 dB). La consommation de courant est, tant que les LED sont éteintes, faible, puisqu'elle atteint alors 0,25 mA, et 24 mA lorsque celles-ci sont allumées. L'utilisation de LED à haut rendement permet de faire chuter le courant de LED à 2 ou 3 mA – faire passer à 3kΩ3 la valeur des résistances R4 et R5 – permet de réduire très notablement la consommation de courant.

Amrit Bit Tiwana

038 COMMUTATEUR À COMMANDE PAR FRÉQUENCE

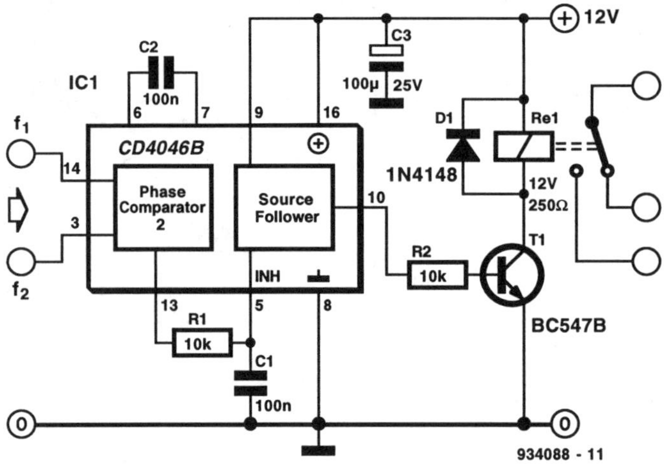

Ce montage est un commutateur commandé, avec une précision relativement grande, par une fréquence appliquée à son entrée. L'utilisation d'un circuit intégré du type 4046 rend le montage relativement simple. En règle générale on s'attend, dans le cas d'un circuit de cette famille, à trouver de l'électronique logique. Et pourtant, le 4046 est une PLL (***Phase Locked Loop*** = boucle à verrouillage de phase) dont la structure interne est quasi-totalement numérique. Intéressons-nous au fonctionnement du montage. Les deux fréquences à comparer entrent via les broches 3 et 14 respectivement. Il faut que ces fréquences soient des signaux rectangulaires et présentent une amplitude égale à la tension d'alimentation (3 à 15 V). Du fait que le circuit intégré à PLL ne réagit qu'aux flancs montants, le rapport cyclique des signaux d'entrée est sans importance. Si la valeur de la fréquence f1 est supérieure à celle de la fréquence f2, la broche 13 passe au niveau haut. Dans le cas contraire (f1 < f2) cette broche présente un niveau bas. Au cas où les deux fréquences sont identiques, on a présence sur la broche 13 d'un signal rectangulaire dont le rapport cyclique est stable et dépend du déphasage qui existe entre les deux signaux d'entrée. Ceci explique pourquoi le circuit peut servir de boucle à verrouillage de phase. La résistance R1 et le condensateur C1 transforment ce signal rectangulaire en une tension continue moyennée qui, via le suiveur de source (*source follower*), commande le transistor de commutation T1, ce qui se traduit par l'excitation du relais. Théoriquement la précision du circuit est infiniment grande. Dans la pratique il faudra cependant s'attendre à une précision de quelque 0,1%. La constante RC du réseau R1/C1 doit avoir une durée au moins dix fois supérieure aux fréquences appliquées à l'entrée. Une valeur plus élevée se traduit par une durée de réaction sensiblement plus longue. Si les fréquences sont quasiment identiques, il peut arriver, dans le pire des cas, que l'on ait une inertie de réaction (retard avant l'activation du circuit donc) égale à la durée d'une période de la fréquence **différentielle** (de différence entre les deux signaux). Le circuit fonctionne avec une tension d'alimentation comprise entre 3 et 15 V. Il va sans dire qu'il faudra utiliser un relais dont la tension de bobine a la même valeur que la tension d'alimentation. Le transistor T1 est en mesure de commuter un courant de 100 mA au maximum. La consommation du circuit est très faible : inférieure à 0,5 mA, si l'on ne tient pas compte du courant d'excitation du relais.

M. Nagaraj

039 TESTEUR DE TRANSISTORS ACOUSTIQUE

Le testeur de transistors acoustique pour transistors bipolaires et FET ne consomme pas, au repos, c'est-à-dire lorsqu'il est silencieux, de courant; il a un autre avantage, celui de ne pas nécessiter d'organe de commande. Il ne comporte ni bouton marche/arrêt ni bouton-poussoir de test, de sorte que l'on garde, lors des mesures, les deux mains libres. L'électronique se compose de trois oscillateurs, qui attaquent, via un étage tampon et après avoir subi une fonction OU logique, le même haut-parleur. Chaque oscillateur prend la forme d'un transistor fixe associé au transistor à tester (TAT). La fréquence d'oscillation dépend de la constante de temps d'un réseau RC (C2/R5, C4/R11 et C5/R15) et du gain en courant du TAT.

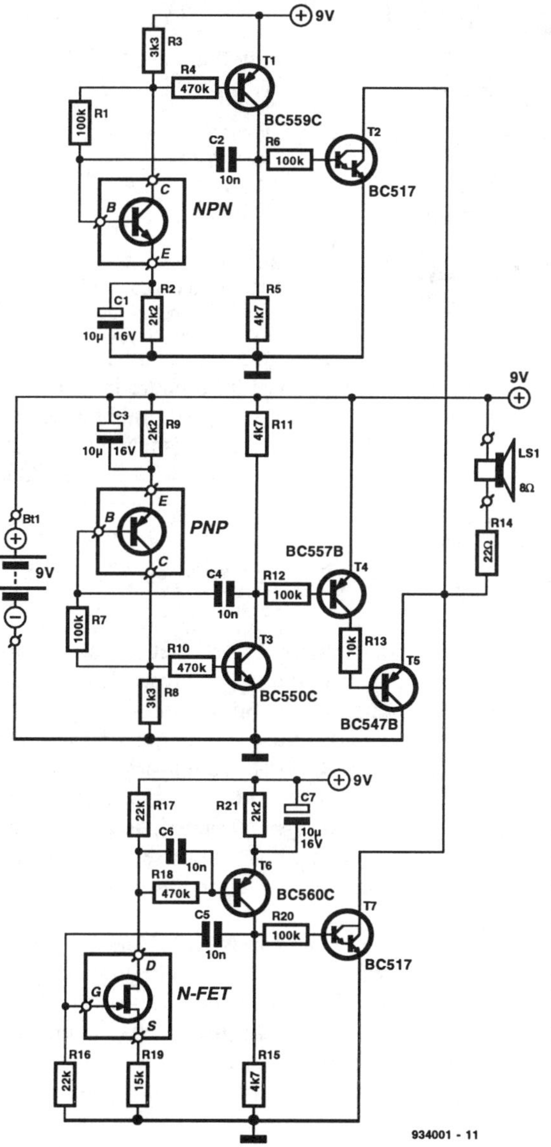

Les circuits de test des transistors bipolaires NPN et PNP sont pratiquement identiques tant du point de vue de la disposition que de leur dimensionnement, à la seule différence près d'un inversion de la polarité de l'alimentation. L'étage tampon est quelque peu différent lui de manière à ne pas avoir d'inversion de polarité pour le haut-parleur. Le circuit de test des transistors FET (*Field Effect Transistor* = transistor à effet de champ) à canal N, en raccourci N-FET, présente une disposition et une structure dérivées du circuit de test de transistors NPN, où il faut effectuer une prépolarisation négative de la grille par rapport à la source. Les transistors T1, T3 et T6 doivent posséder un gain en courant important car sinon on risque de classer les TAT à faible ß (bêta = gain en courant) dans la catégorie des transistors défectueux. Le testeur de transistors acoustique permet également de tester un transistor au brochage inconnu sans risque de l'endommager. La succession des broches d'un transistor bipolaire peut être tant EBC que BCE (Emetteur, Base, Collecteur). Il est donc judicieux de prévoir une embase EBCE, et ce tant du côté transistor PNP que NPN. On enfiche les trois broches du transistor dans trois des orifices de l'embase jusqu'à ce que l'on entende un signal sonore. On voit ainsi immédiatement de quel type, NPN ou PNP, de transistor il s'agit. On a aussi simultanément une identification de la base du transistor. La hauteur du signal acoustique indique si l'on a bien identifié l'émetteur et le collecteur du transistor. En cas d'inversion de ces deux pattes du transistor (E et C) le gain est pratiquement unitaire de sorte que l'oscillateur travaille à une fréquence élevée. Si l'on effectue alors une rotation de 180° des dites broches autour de celle de la base, le gain est notablement plus important de sorte que la hauteur du signal acoustique baisse très sensiblement. Pour faciliter la rotation autour de la connexion de base du transistor sans problème ou sans avoir à plier cette connexion, il est préférable de prévoir un contact supplémentaire pour les embases de test PNP et NPN. La succession des connexions devient alors, pour ces deux embases, CEBCE. Dans le cas des FET à canal N il est impossible, de

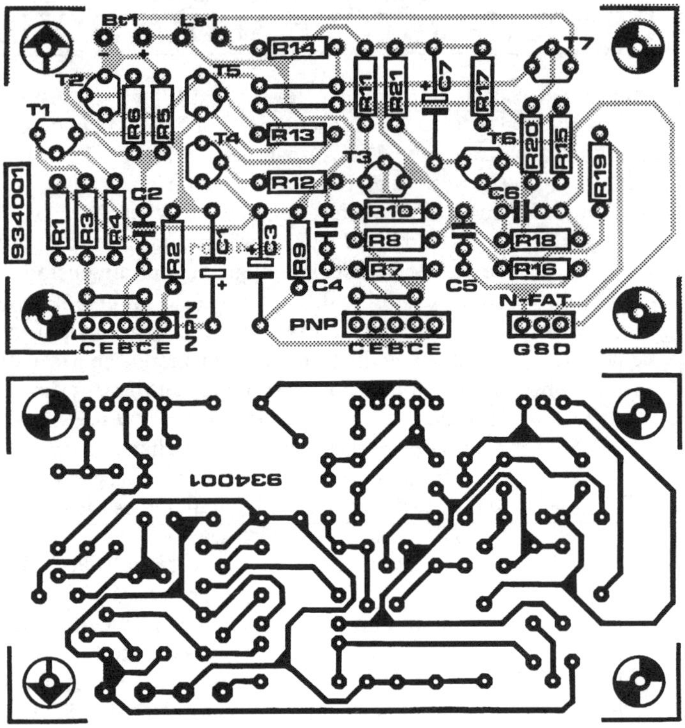

Liste des composants

Résistances :
R1,R6,R7,R12,R20 = 100 kΩ
R2,R9,R21 = 2kΩ2
R3,R8 = 3kΩ3
R4,R10,R18 = 470 kΩ
R5,R11,R15 = 4kΩ7
R13 = 10 kΩ
R14 = 22 Ω
R16,R17 = 22 kΩ
K19 = 15 kΩ

Condensateurs :
C1,C3,C7 = 10 µF/16 V

C2,C4 à C6 = 10 nF

Semi-conducteurs :
T1 = BC559C
T2,T7 = BC517
T3 = BC590C
T4 = BC557B
T5 = BC547B
T6 = BC560C

Divers :
LS1 = mini-haut-parleur 0,5 à 2 W
Bt1 = pile compacte 9 V avec connecteur à boutons-pression

par la symétrie, de faire la différence entre la source et le drain. Un signal acoustique signifie alors que l'on a identifié la connexion de la grille. Les embases de test pourront prendre la forme de cordons de test dotés de grip-fils miniatures ou encore des rails à contacts auto-coinçants.

R. Radius

040 PRÉAMPLIFICATEUR À TRÈS FAIBLE BRUIT POUR MICRO

Grâce à l'arrivée sur le marché de paires de transistors appariés intégrés dans un seul boîtier, nous pouvons vous proposer un montage basé sur le MAT02 (PMI) pour réaliser ce préamplificateur à très faible bruit. Il est facile d'adapter le préamplificateur à une large plage d'impédances de microphone. Le montage permet de choisir, à l'aide d'un commutateur, un gain de tension de 10 ou 15 (20 dB ou 23,5 dB). Le préamplificateur se caractérise par un double étage, un couplage direct, un couplage à réaction et un étage d'entrée fonctionnant à un très faible courant de collecteur minimisant sa contribution propre au bruit total produit par le montage. Son impédance de sortie est de quelque 70 Ω à un gain de 15. Le préamplificateur est construit sur un petit circuit imprimé. Sa faible consommation (2,5 mA environ) et son alimentation par pile de 9 V, font de ce préampli le circuit idéal pour une utilisation « mobile » avec un microphone dynamique de haute qualité. Sachant que la résistance R3 est le composant qui définit l'impédance d'entrée du préamplificateur et quelques autres de ses caractéristiques importantes, nous allons nous intéresser à quelques résultats de mesures obtenus avec différentes valeurs de R3. L'attribution d'une valeur de 220 kΩ à R3 se traduit par une impédance d'entrée de 30 kΩ environ. Avec cette configuration nous avons mesuré un taux de THD+N (*Total Harmonic Distorsion plus Noise* = distorsion harmonique totale plus bruit) de 0,045%, valeur due dans sa quasi-totalité au bruit à –65 dB, mesuré à

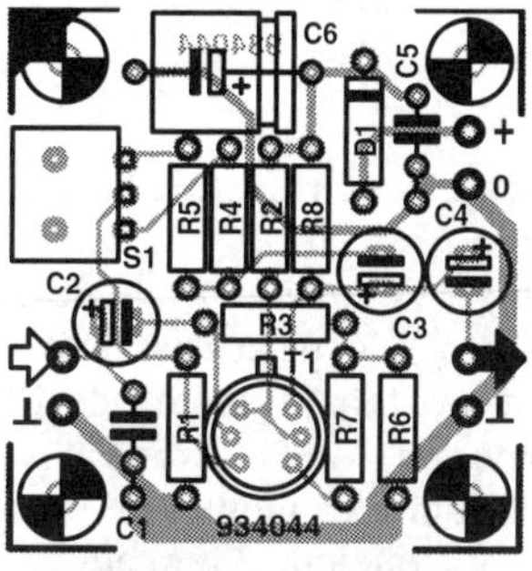

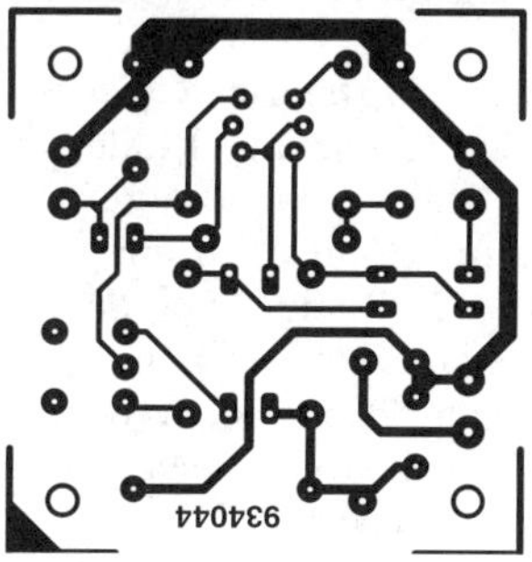

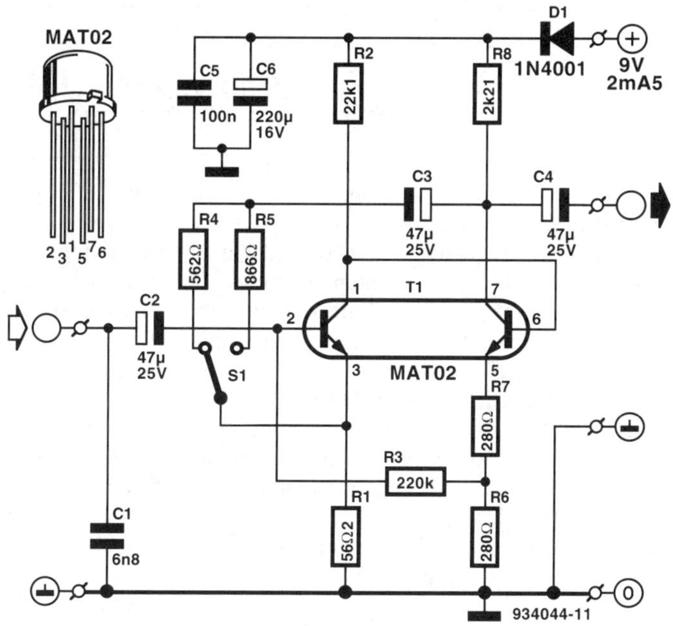

Liste des composants

Résistances :

Toutes les résistances font partie, exception faite de R3, de la série E96 et sont du type à film métallique à tolérance de 1%

R1 = 56Ω2
R2 = 22kΩ1
R3 = 220 kΩ
R4 = 562 Ω
R5 = 866 Ω
R6,R7 = 280 Ω
R8 = 2kΩ21

Condensateurs :

C1 = 6nF8
C2 à C4 = 47 µF/25 V radial
C5 = 100 nF
C6 = 220 µF/16 V

Semi-conducteurs :

D1 = 1N4001
T1 = MAT02 (PMI ou Analog Devices)

Divers :

S1 = commutateur à glissière encartable, 1 circuit, 2 positions (AS1D-5M Fujisoku)

une bande passante de 22 kHz à une tension de sortie de 15 mV. Avec un analyseur de spectre, nous avons mesuré une distorsion de –92 dB. L'impédance de source et le gain total n'avaient qu'une influence négligeable sur ces valeurs. En donnant à R3 une valeur de 6kΩ8 nous avons mesuré un taux THD+N de 0,042% à une tension d'entrée de 1 mV et un taux de bruit de –65 dB. Cette valeur de R3 fait descendre l'impédance d'entrée à quelque 1 kΩ. Avec une impédance de source de 600 Ω environ, le taux de THD est inférieur à –95 dB (« *noise floor* » = minimum absolu de bruit). Cette impédance d'entrée plus faible a pour résultat un gain total moindre de 4 dB environ. Nous avons, finalement, trouvé qu'une impédance encore plus faible, de 25 Ω seulement, entraîne un taux de THD de –94 dB.

W. Zeiller

041 RÉCEPTEUR UHF POUR TÉLÉCOMMANDE

Le récepteur UHF, objet de cet article, va de pair avec l'émetteur UHF pour télécommande, décrit ailleurs dans ce livre. Le récepteur est du type superréactif à pré-étage d'entrée actif. Via une embase BNC, K1, le signal d'antenne arrive sur l'inductance d'entrée. L'étage d'entrée peut être accordé par l'intermédiaire du condensateur ajustable C4. Le signal HF arrive ensuite sur l'entrée d'un étage superréactif centré sur le transistor T2. Bien que l'oscillateur ne soit pas accordé, au sens strict du mot, il verrouille cependant bien sur le signal HF qui lui arrive via le condensateur de couplage C7. Un filtre R/C passe-bas, R6, C11, R7, C12, R8 et C13, procède à l'extraction, du signal de l'oscillateur, de la composante en modulation basse fréquence (BF). Le niveau du signal de sortie du démodulateur étant compris entre 50 mV_{cc} et 800 mV_{cc} il est nécessaire de procéder à l'amplification de ce signal avant qu'il ne puisse être appliqué à une entrée numérique.
Les inductances utilisées dans ce montage sont de fabrication personnelle. Les selfs d'entrée et de sortie de l'étage d'entrée sont constituées d'un morceau de fil de cuivre argenté de 1 mm de section. La longueur de ces inductances est représentée très précisément sur la sérigraphie de l'implantation des composants de la platine conçue pour ce montage. Il faudra les monter de façon à ce qu'elles se trouvent à quelque 3 mm au-dessus du circuit imprimé.
On notera que la broche du stator de C4 est pliée vers le haut et soudée directement à l'inductance d'entrée. Il en va de même pour le point nodal entre des condensateurs C6 et C7 d'une part et l'extrémité « chaude » de l'inductance de sortie de l'autre, point nodal qui se trouve « en l'air ».
La bobine L1 consiste en 12 spires de fil de cuivre émaillé de 0,6 mm de section. Son diamètre intérieur est de 3 mm. Les selfs de choc L2 et L3 comportent, chacune, 4 spires de fil de cuivre émaillé de 0,2 mm de section effectuées sur une perle de ferrite de 3 mm de longueur.
Le condensateur C8 est du type CMS et doit être soudé « côté pistes » de la platine; il en va de même pour les transistors T1 et T2, un BF980 et BFG65 respectivement. Il faudra mettre en place

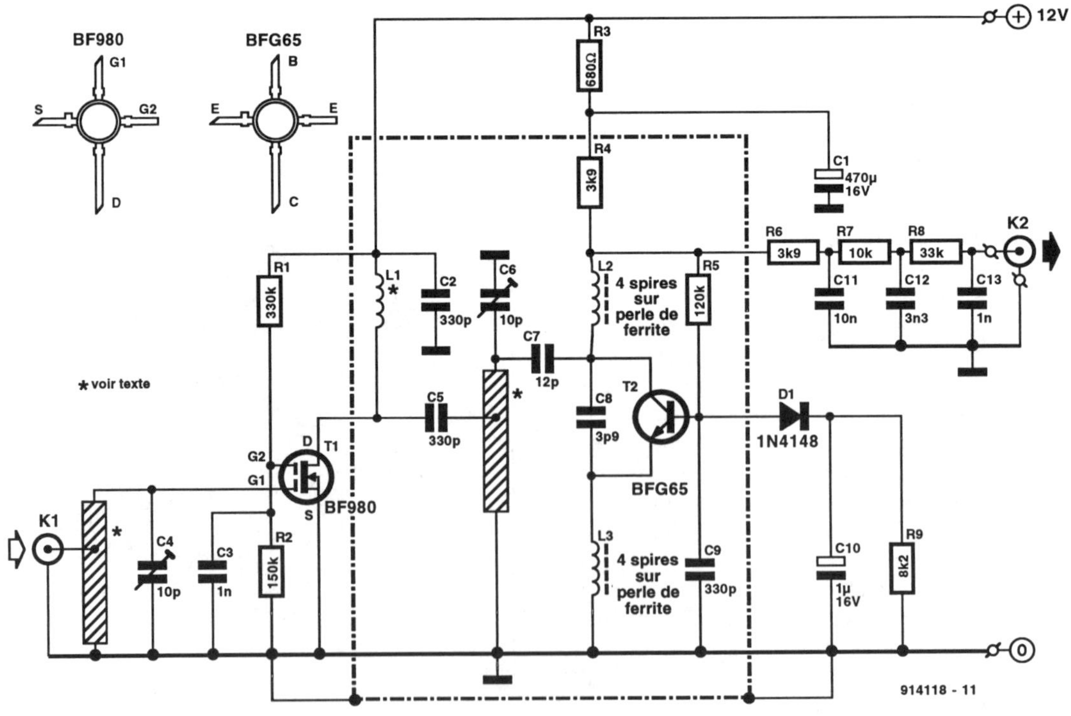

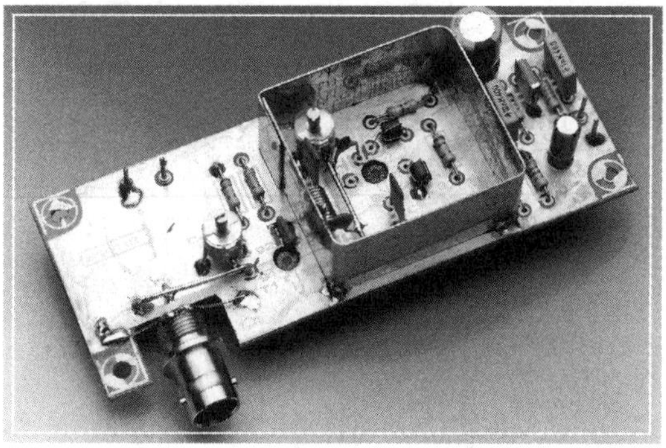

ces transistors de façon à ce que l'on puisse lire ce qui est écrit dessus depuis le « côté composants » du circuit imprimé.
Comme l'indique la ligne pointillée de la sérigraphie de l'implantation des composants, il faudra doter l'étage superréactif du récepteur d'un blindage. Pour ce faire il est recommandé de construire une petite boîte en tôle de quelque 20 mm de hauteur que l'on soude directement sur le plan de masse cuivré de la platine.

Liste des composants

Résistances :

R1 = 330 kΩ R2 = 150 kΩ R3 = 680 Ω
R4,R6 = 3kΩ9 R5 = 120 kΩ R7 = 10 kΩ
R8 = 33 kΩ R9 = 8kΩ2

Condensateurs :

C1 = 470 µF/16 V rad. C2,C5,C9 = 330 pF cér.
C3 = 1 nF cér. trapézoïdal sans broches
C4,C6 = 10 pF aj. C7 = 12 pF cér.
C8 = 3pF9 CMS C10 = 1 µF/16 V radial
C11 = 10 nF C12 = 3nF3 C13 = 1 nF

Semi-conducteurs :

T1 = BF980 ou BF966 T2 = BFG65
D1 = 1N4148

Inductances :

(Les détails de construction sont donnés dans le texte)
2 perles de ferrite de 3 mm
fil de cuivre émaillé de 0,6 mm de section
fil de cuivre émaillé de 0,2 mm de section
fil de cuivre argenté de 1 mm de section

Divers:

K1,K2 = embase BNC

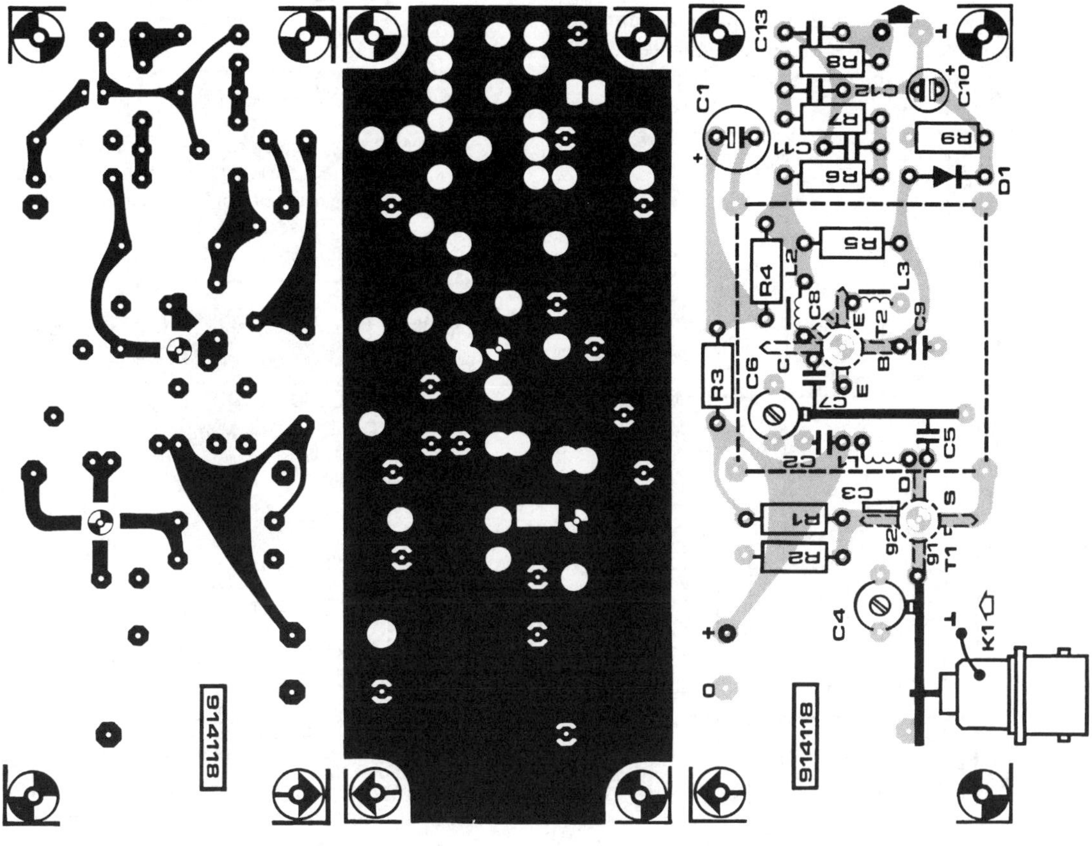

042 CIRCUIT IMPRIMÉ UNIVERSEL POUR TRANSFORMATEUR

Le « schéma » proprement dit de ce montage ne demande vraiment pas que l'on entre dans son détail. Il donne tout simplement les deux types de connexions que l'on peut faire avec le circuit imprimé dessiné pour ce montage. Les pistes cuivrées ont été disposées de façon à ce que l'on puisse utiliser deux types de transformateurs différents : des modèles à enroulement secondaire unique et des versions à enroulement secondaire double. En ce qui concerne la tension et la puissance des transformateurs encartables, vous avez le choix dans une gamme très impressionnante. Les dimensions de la platine ont été adaptées de façon à pouvoir s'accommoder du plus grand et du plus petit des transformateurs mentionnés dans les trois tableaux. En cas d'utilisation du plus petit de ces transformateurs, le circuit imprimé pourra sembler surdimensionné. Rien ne vous empêche cependant de raccourcir la platine en supprimant la partie comportant la sérigraphie des connecteurs K2 à K4. Il suffit ensuite de souder les borniers à la La

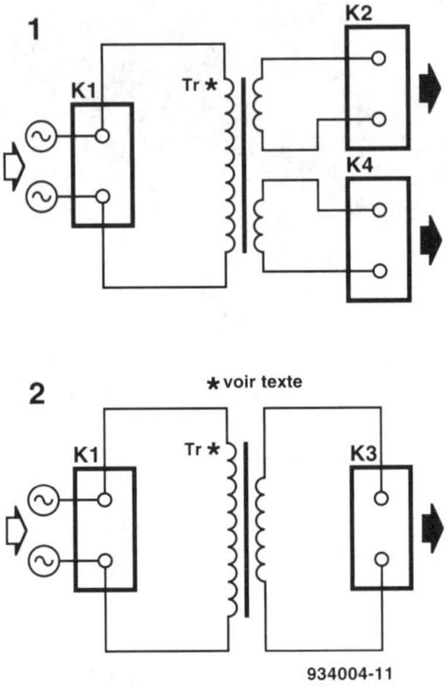

Tableau 1. Transformateurs MONACOR

référence	puissance [VA]	tension [V]	protection anti-court-circuit
VTR-11xx	1,5	1 x 06/09/12/15/18/24	oui
VTR-31xx	3,3		
VTR-41xx	4,5		non
VTR-81xx	8,0		
VTR-121xx	12,0		
VTR-12xx	1,5	2 x 03/06/09/12/15	oui
VTR-32xx	3,3		
VTR-42xx	4,5		non
VTR-82xx	8,0		
VTR-122xx	12,0		

xx = tension secondaire comme indiquée dans la colonne tension [V]

Liste des composants

K1 = bornier encartable à 2 contacts au pas de 7,5 mm
K2 à K4 = bornier encartable à 2 contacts au pas de 5 mm
Tr1 = transformateur secteur à 1 ou 2 enroulement(s) secondaire(s)

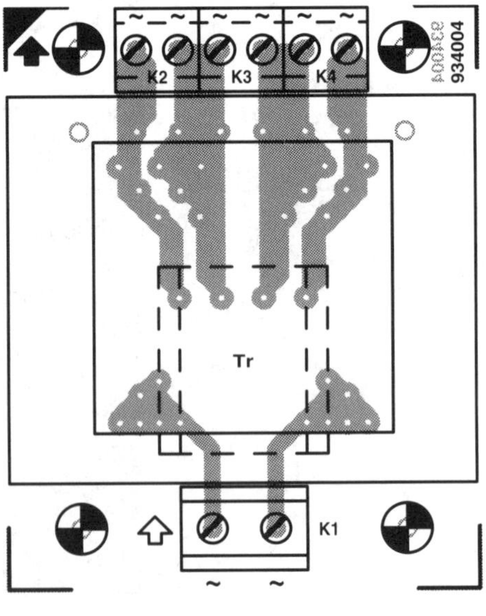

Tableau 2. Transformateurs BLOCK			
référence	puissance [VA]	tension [V]	protection anti-court-circuit
VR11xx	1,5	1 x 06/09/12/15/18/24	oui
VR31xx	3,3		
VR4,5/1/xx	4,5	1 x 06/09/12/15/18/24	non
VR7,5/1/xx	7,5		
VR13/1/xx	13		
PT4,5/1/xx	4,5		oui
PT7,5/1/xx	7,5		
PT13/1/xx	13		
VR12xx	1,5	2 x 06/09/12/15	oui
VR32xx	3,3	2 x 06/09/12/15/18	oui
VR4,5/2/xx	4,5	2 x 06/08/09/12/15/18	non
VR7,5/2/xx	7,5		
VR13/2/xx	13		
PT4,5/2/xx	4,5		oui
PT7,5/2/xx	7,5		
PT13/2/xx	13		
xx = tension secondaire comme indiquée dans la colonne tension [V]			

position correspondant à celle qu'ils avaient sur la partie de circuit imprimé que l'on vient d'« amputer ».

Si l'on utilise un transformateur non doté d'une protection contre les court-circuits, il est requis de prendre un fusible dans la ligne de l'enroulement du secteur. On pourrait, dans ces conditions, envisager de faire appel à une entrée secteur du type CEE à porte-fusible intégré. Les trois tableaux donnent les références d'un nombre de transformateurs, fréquemment utilisés dans les montages d'Elektor. Les exemplaires les plus petits viennent de la série BV20 de Hahn : leurs dimensions ne sont que de 22 x 23 x 15 mm.

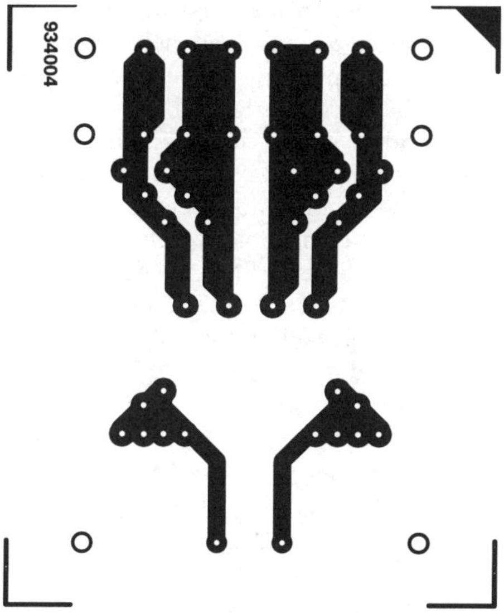

Tableau 3. Transformateurs HAHN			
série	puissance [VA]	tension [V]	protection anti-court-circuit
BV 20	0,4	1 x 06/09/12/15/18/24 2 x 06/09/12	oui
BV EI	1	1 x 6	oui
	1,2	1 x 06/09/12/15/18/24 1 x 06/09/12/15/18	oui
	1,5		
	1,8		
	2,4		
	2,8		
	1,7	2 x 12	oui

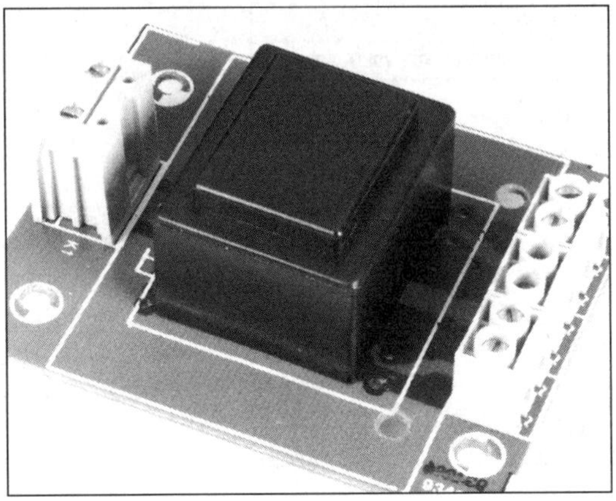

La société Block fournit des transformateurs 8 V, conçus spécialement pour les alimentations comportant un régulateur de tension 5 V. On notera que la protection thermique des transformateurs de la série PT de Block ne se rétablit qu'après la suppression de la surcharge, après un refroidissement du transformateur et après coupure de la tension secteur. Il n'est donc pas étonnant que ce type de transformateur refuse obstinément de rentrer en fonction immédiatement après qu'il se soit posé une situation « problématique ».

043 ASTUCE POUR LE BUS I²C

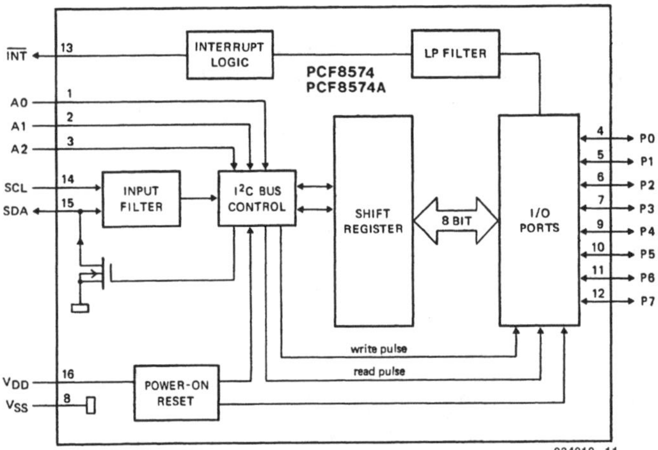

934019 - 11

Le bus I²C de notre ordinateur devient de plus en plus chargé. Il semble que le circuit intégré d'E/S à 8 bits, le PCF8574, soit fréquemment utilisé.

Il est vrai que ce composant figure sur les listes des composants d'un bon nombre de montages I²C d'Elektor, tel que le module d'E/S A/N-N/A, la carte à opto-coupleurs et/ou relais et l'afficheur à cristaux liquides. Sachant que, très souvent, il est question de connecter plusieurs « modules à 8574 » sur le bus I²C il est possible d'attribuer, par l'intermédiaire des entrées A0 à A2, une adresse distincte à chacun des circuits intégrés.

Ainsi, comme on ne dispose que de 8 adresses, on pourrait penser que c'est aussi le nombre maximal de cartes que l'on puisse connecter au bus.

Cependant, comme il existe deux variantes du PCF8574, possédant chacun sa propre adresse de base, nous pouvons connecter jusqu'à 16 exemplaires de ce circuit intégré sur le bus I²C.

Le PCF8574 « standard » possède, vous le savez sans doute depuis que nous le répétons, l'adresse de base 40_{HEX}.

Sa variante, le PCF8574**A** a comme adresse de base l'adresse 70_{HEX}. Hormis leur adresse de base, ces deux variantes sont complètement identiques et – est-il nécessaire de le préciser – compatibles broche-à-broche.

Il est donc parfaitement imaginable de remplacer, sur l'une ou l'autre carte, le PCF8574 « standard » par son homologue à l'adresse 70_{HEX}.

Si l'on utilise donc 8 exemplaires « standard » et 8 exemplaires à suffixe « A », il n'existe plus le moindre problème s'opposant à la connexion de 16 cartes I²C sur un seul bus.

934019 - 12

044 RÉCEPTEUR AUDIO À INFRAROUGE

Ce montage est le récepteur/-décodeur pour l'**émetteur audio à infrarouge** décrit dans ce livre. L'amplificateur (IC1), chargé de traiter le signal capté par la photo-diode IR (D1), est le SL486. La photo-diode utilisée est une BPW41N dont la sensibilité est parfaitement adaptée aux LED IR utilisées dans l'émetteur et qui est, de plus, relativement rapide (≈ 200 ns). Le signal capté quitte, avec un certain gain, le circuit intégré IC1 par sa broche 9. Le comparateur IC2 sert à faire la distinction entre les impulsions captées et la lumière ambiante. Pour ce faire, la composante continue du signal de sortie de IC1 est stockée dans le condensateur C9 et sert de référence pour le comparateur. Cette technique produit donc une série d'impulsions franches à la sortie de IC2. Un simple diviseur par 2 (IC3a) suffit au décodage du signal de l'émetteur. On a, après chaque impulsion, changement du niveau à la sortie de la bascule D de sorte que le signal de sortie de IC3a correspond à nouveau au signal à modulation de durée d'impulsion d'origine. Il suffit finalement d'un filtre très simple (R7 et C11) et d'un découplage de la composante en tension continue par C12 pour transformer ce signal en un signal BF capable d'attaquer un casque d'écoute à haute impédance. On notera que le diviseur par 2, IC3a, est doté d'un réseau de retard (R6 et C10) qui évite une synchronisation erronée du diviseur suite à du bruit dans le signal. De par la présence de ce réseau, le niveau précédent persiste sur l'entrée de données D pendant une très brève durée (une petite µs). L'état de l'entrée d'horloge est de ce fait, pendant un court instant, sans la moindre importance. Pour améliorer le signal de sortie, ajoutez un filtre passe-bas actif (de 3e ordre ou plus) de 10 à 12 kHz qui fera simultanément office de tampon. Si on le combine avec l'émetteur audio à infrarouge, le récepteur audio à infrarouge ne produira pas, à condition que le réglage de l'ensemble ait été fait correctement, de distorsion significative dans le domaine BF (nous n'avons donc pas pris en compte le résidu des ondes porteuses HF). Le rapport signal/bruit est de – 50 dB environ (dans le cas d'une distance entre l'émetteur et le récepteur de ≈ 1 m et d'une modulation de 30% environ). Ces valeurs résultent en une qualité suffisante. Le dimensionnement des différents composants permet une réception sans distorsion jusqu'à une distance de quelque 5 m. À cette distance, il y a certain bruit dû à la lumière ambiante. Pour faire face à la consommation de 15 mA, il est recommandé de faire appel, pour l'alimentation du récepteur, à un accu (CdNi) rechargeable.

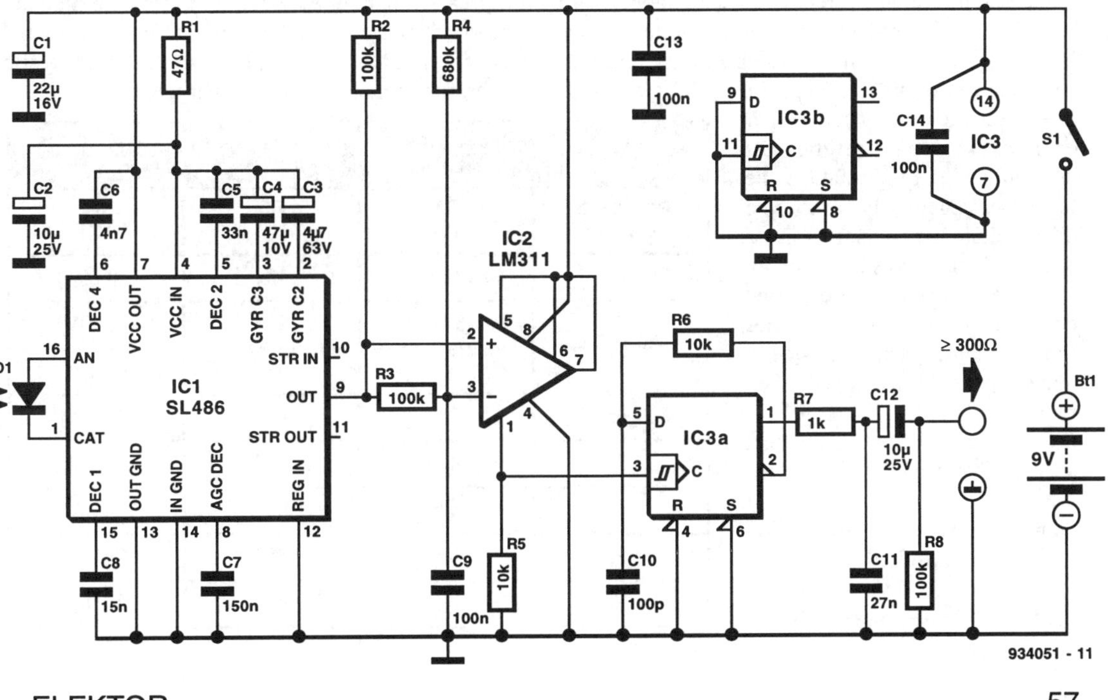

045 DÉCHARGEUR D'ACCU

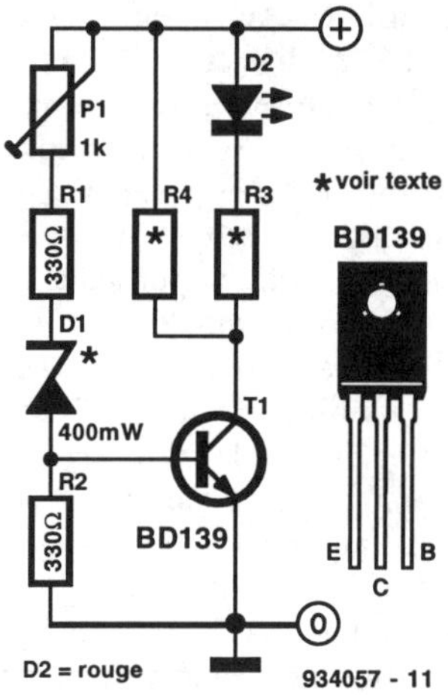

Lorsque l'on procède à la recharge rapide d'un accu – qui comporte un certain nombre de cellules mises en série – le fabricant conseille en règle générale d'effectuer, toutes les 5 (re)charges, un « nivellement » de façon à disposer de cellules aux caractéristiques aussi semblables que possible.
Il suffit, pour ce faire, de charger l'accu, pendant 14 heures, à un courant d'intensité égale au dixième de la capacité nominale de l'accu (0,1C). Il est requis, pour obtenir l'effet de « nivellement », que cet accu soit totalement déchargé avant de débuter le processus de recharge. Il faudra éviter pourtant de pousser trop loin la décharge des différentes cellules constituant l'accu. Si par exemple l'une des cellules est déjà vide alors que les autres ne le sont pas encore, la polarité de cette cellule est inversée (situation qu'il faut éviter à tout prix). La règle approximative est donc de décharger un set de cellules (un accu donc) jusqu'à ce que la tension par cellule soit de 1 V en moyenne.
Le montage décrit dans cet article convient à la décharge d'accus de type CdNi et Ni hybride. Le circuit se caractérise par une simplicité exemplaire et un prix de revient que l'on peut qualifier de modeste. Il faudra cependant adapter les valeurs de certains composants en fonction du nombre de cellules à décharger (simultanément bien entendu).
Tant que la LED D2 est illuminée, on a décharge de l'accu via la résistance R4 et le transistor T1. Lorsque la tension de l'accu tombe en-dessous d'une certaine valeur – prédéfinie au préalable à l'aide de l'ajustable P1 – le transistor T1 se voir privé de courant de base. La LED s'éteint et on pourra déconnecter l'accu du circuit pour le connecter ensuite au chargeur utilisé. On pourra faire appel, pour tester le bon fonctionnement du circuit, à une alimentation réglable dotée d'une limitation de courant. On connecte le déchargeur directement à cette alimentation. Dans cette disposition de test on pourra éventuellement supprimer la résistance R4. On règle ensuite la valeur de la tension de sortie de l'alimentation au niveau auquel devrait se produire le blocage du transistor du déchargeur. Il ne vous reste maintenant qu'à jouer sur l'ajustable P1 jusqu'à ce que la LED s'illumine très faiblement. Vous avez ainsi défini le niveau de la tension résiduelle de l'accu, tension à laquelle le processus de décharge s'arrête.
Comme le gain du circuit n'est pas très élevé (le circuit ne comporte qu'un seul transistor) il existe un certain domaine dans lequel la LED s'éteint progressivement et dans lequel l'intensité du courant de décharge diminue aussi progressivement. Cet effet n'a heureusement pas d'effet néfaste sur le bon fonctionnement du déchargeur.

Tableau des valeurs des composants pour une mise en série de 3 à 10 cellules.

Nombre de cellules	D1 [V]	R3 [Ω]	R4 [Ω]
3	1,2 (2 diodes)	150	6,8 (5W)
4	2,4 (3 diodes)	270	10 (5W)
5	3,3	330	12 (5W)
6	3,9	470	15 (5W)
7	4,7	560	15 (10W)
8	5,6	680	18 (10W)
9	6,8	680	22 (10W)
10	8,2	820	22 (10W)

Si la plage de réglage du circuit n'est pas suffisamment large, il faudra faire appel à une diode zener (D1) de valeur plus ou moins élevée. Les valeurs pour R4, données dans le tableau, ont été calculées pour un courant de décharge de 0,5 A environ. On notera que ces valeurs ne sont pas critiques. En remplacement de la valeur calculée de 6Ω8 – difficile à trouver dans le commerce – on pourra également prendre une résistance de 4Ω7 ou 10 Ω. Le courant de décharge n'est pas régulé, mais vu que le circuit surveille la tension des cellules, cela n'est pas nécessaire.

046 MINI-CONVERTISSEUR DE TENSION

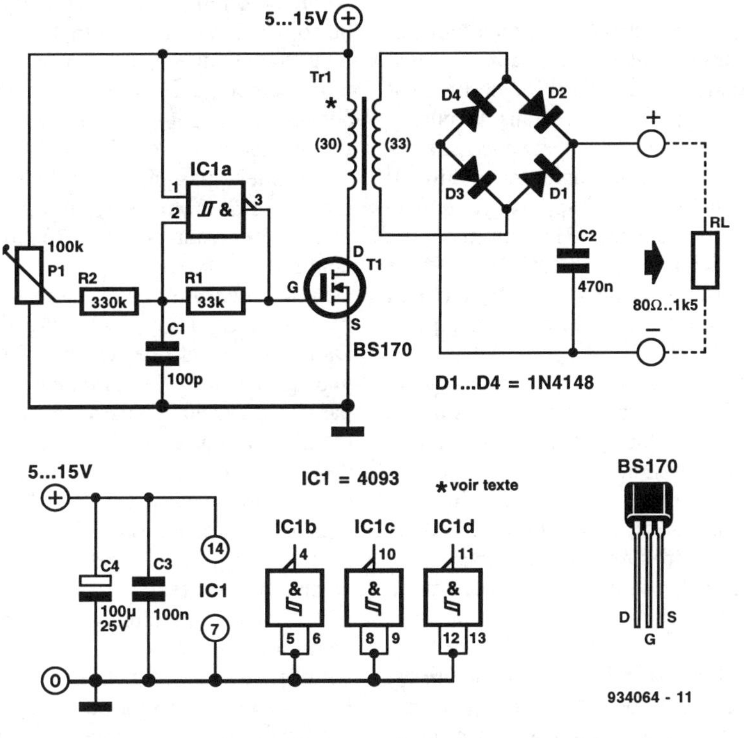

Ce circuit permet la génération d'une tension d'alimentation supplémentaire à partir d'une tension d'alimentation existante. Comme il a été prévu une isolation galvanique entre la tension d'entrée et la tension de sortie, toutes les possibilités sont envisageables. On peut donc, augmenter, diminuer la tension d'alimentation disponible voire même la transformer en une tension négative. L'isolation galvanique est réalisée à l'aide d'un petit transformateur à noyau torique de fabrication-maison.

Nous avons utilisé ce tore (type G2-3FT12) dans plusieurs de nos réalisations et pensons qu'il ne devrait pas être difficile à trouver. Le primaire comporte 30 spires de fil de cuivre émaillé d'une section comprise de 0,3 mm. Le nombre de spires de l'enroulement du secondaire (N) dépend de la tension de sortie requise et répond à la formule suivante :

$$N = 30 \cdot U_{sor} / U_{ent}.$$

On ajoute entre 10 et 20% au nombre obtenu, de, manière à compenser les pertes. Il vaut mieux avoir une tension de sortie un peu trop forte que l'inverse vu qu'il est possible, par action sur la résistance ajustable P1, de l'abaisser quelque peu.

Les deux enroulements font appel à du fil de cuivre émaillé de 0,3 mm de section. Il faudra veiller à ce que les deux séries de spires soient bien réparties sur l'ensemble du tore sous peine de se retrouver avec un facteur de couplage entre les deux enroulements trop faible.

Le transformateur est attaqué par une porte NON-ET (NAND) à trigger de Schmitt CMOS dont on a fait, à l'aide de R1 et C1 un générateur de signal rectangulaire. le transistor FETMOS T1 fait office d'étage de sortie. On envoie, via P1 et R2 un courant de charge additionnel grâce auquel il est possible d'influencer le rapport cyclique du signal rectangulaire. Ce signal possède une fréquence de l'ordre de 220 kHz et son rapport cyclique doit être inférieur à 50%. De ce fait la résistance ajustable P1 doit se trouver dans la première moitié de sa plage de réglage.

Lors de l'entrée en conduction de T1 on a transfert d'une certaine énergie dans le secondaire du transformateur Tr1, mais on a aussi au même moment stockage d'une certaine énergie dans le champ magnétique. Dès que T1 bloque, cette énergie stockée est transmise à l'enroulement secondaire. Il s'agit maintenant de réduire le rapport cyclique de l'oscillateur suffisamment (par P1) pour que toute l'énergie stockée dans le noyau torique ait eu le temps d'être transférée avant que le FET (***Field Effect Transistor*** = transistor à effet de champ) ne redevienne passant.

On courrait le risque sinon de voir le champ magnétique résiduel – dans lequel est stockée l'énergie – ne cesser d'augmenter pour, finalement, entraîner la saturation du noyau – ce qui se traduit par une chute du rendement. De plus cela aurait pour effet, en raison de la diminution de la self-induction de l'enroulement du primaire, de produire une augmentation explosive du courant à travers T1 qui ne tardera pas à rendre l'âme.

On aura également un courant trop important à travers T1 lorsque la charge reliée au secondaire est elle aussi importante. On peut supposer, pour calculer la charge maximale admissible, la circulation, dans l'enroulement primaire, d'un courant moyen de 150 mA (le courant de crête peut être un certain nombre de fois plus important !). On peut déterminer, à partir du rapport de conversion introduit par le transformateur, quel courant le secondaire peut fournir à la charge.

Avec le rapport de conversion est de 1:1 (le secondaire comportant 10% de spires supplémentaires pour les raisons mentionnées plus haut) du schéma, la charge maximale est de l'ordre de 80 Ω.

Ce n'est pas uniquement l'application d'une charge trop élevée qui pose des problèmes au convertisseur de tension, il n'apprécie pas non plus de devoir travailler hors-charge.

Dans ce cas-là en effet l'énergie stockée dans le champ magnétique ne peut, lors du blocage de T1, que « déménager » vers le condensateur C2 où se fait le stockage de la dite énergie. La charge de C2 – et partant la tension à ses bornes – augmente (le rapport de conversion entre en jeu lui aussi). Cette surtension peut avoir des effets désastreux en cas de connexion d'un circuit électronique à la sortie. On peut admettre, en principe, que – comme dans le cas de la charge maximale, la résistance de 1kΩ5 donnée dans le schéma augmente ou diminue proportionnellement au rapport de conversion du transformateur.

Nous avons fait appel, pour les diodes du pont de redressement, à des 1N4148, sachant qu'elles sont suffisamment rapides pour redresser un signal d'une fréquence de 220 kHz (les 1N400X ne conviennent pas pour une telle fréquence). Les diodes en question peuvent supporter un courant maximal permanent de 200 mA (400 mA en continu).

Le rendement du convertisseur atteint, à une alimentation de 15 V, de l'ordre de 65% typique. Dans le cas d'une charge faible (1kΩ5 par exemple), cette valeur tombe à ≈50%, ce qui n'est pas très grave vu la puissance concernée. Le rendement chute également quelque peu aux tensions d'alimentation plus faibles. La tension d'alimentation maximale admissible est de 15 V vu que ni la tension d'alimentation de IC1 ni la tension grille-source (U_{GS}) de T1 ne doivent dépasser cette valeur. À cette tension de 15 V et une charge de 80 Ω, la consommation de courant est de 165 mA environ.

Notre prototype a fonctionné à notre pleine satisfaction avec le curseur de P1 tourné en butée vers le plus (on peut envisager, si nécessaire, de diminuer quelque peu la valeur de R2). On pourra, le cas échéant, augmenter légèrement le rapport cyclique du signal rectangulaire en modifiant la position de P1. Il faudra, lors de ce réglage, bien garder à l'oeil le courant à travers le FET, avec un oscilloscope de préférence.

Si le courant augmente brutalement plus que ne le justifierait la rotation de P1, c'est que le noyau torique commence à saturer; il faudra donc revenir légèrement en arrière avec P1. Il ne faudra pas oublier cependant que si l'on a donné à P1 une position trop critique on court le risque de saturation du noyau dans le cas de la connexion au convertisseur d'une charge plus faible que celle ayant servi aux essais.

047 SONDE DE TEST NUMÉRIQUE UNIVERSELLE

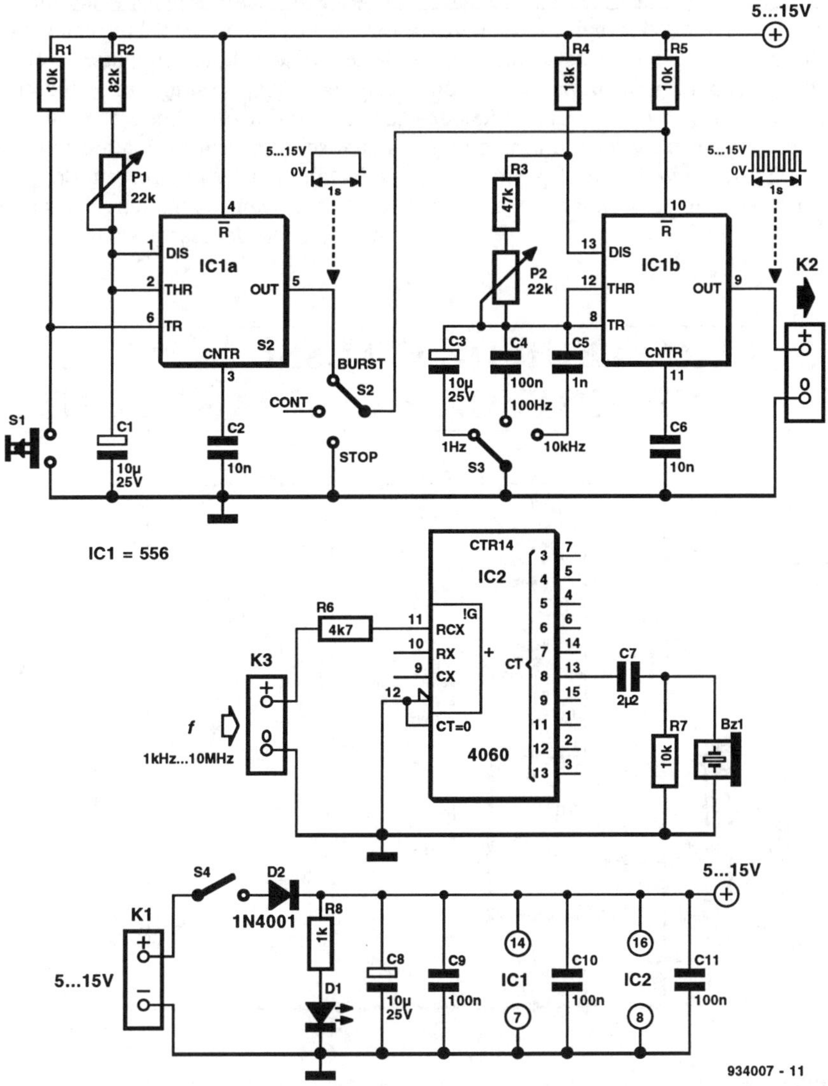

La sonde de test numérique universelle, décrite dans cet article, sert tout à la fois à la génération de signaux rectangulaires de test et à leur détection. Le circuit peut, au choix de l'utilisateur, fournir ces signaux soit continûment, soit pendant une durée réglable.

La section de détection du circuit se caractérise par un concept relativement simple. Le signal d'entrée doit être appliqué au connecteur K3.

Avant d'arriver au résonateur Bz1, le signal subit une division par 1024, effectuée par IC2, un compteur binaire à 14 étages du type 4060. Ce facteur de division permet au résonateur de rendre audible tout signal de fréquence comprise entre 1 kHz et 10 MHz, vu que le signal présente alors une nouvelle fréquence comprise entre 1 Hz à 10 kHz. (L'« audibilité » du signal dépend bien entendu et de sa fréquence et du résultat de votre audiogramme, tout le monde n'entend plus 10 kHz !). La partie supérieure du circuit est centrée sur un double temporisateur du type 556 et comporte, en outre, un multivibrateur monostable (IC1a) et un oscillateur à fréquence réglable (IC1b). Le potentiomètre P1 permet de régler la durée d'impulsion du multivibrateur monostable à une valeur de 1 s au maximum. On démarre ce multivibrateur par une action sur le bouton-poussoir S1. Avec le commutateur rotatif S2 on peut choisir un signal continu ou un signal de durée limitée (*burst*). La 3e position du commutateur met purement et simplement la sortie hors-fonction (*stop*). L'oscillateur se caractérise par trois plages de fréquences (1 Hz, 100 Hz et 10 kHz) sélectables à l'aide du commutateur S3. Après avoir sélectionné la plage de fréquences requise, il faudra jouer sur le potentiomètre P2 pour définir la fréquence exacte. Le connecteur K2 présente ensuite le signal de test requis. Pour alimenter le circuit, une pile convient, tout comme une source de tension externe, fournissant entre 5 et 15 V. La LED D1 visualise la présence de la tension d'alimentation et S4 fait office d'interrupteur de mise en et hors-fonction. La consommation de la sonde numérique universelle ne dépasse pas quelque 50 mA.

A.B. Tiwana

048 VARIATEUR DE VITESSE POUR MOTEUR À COURANT CONTINU

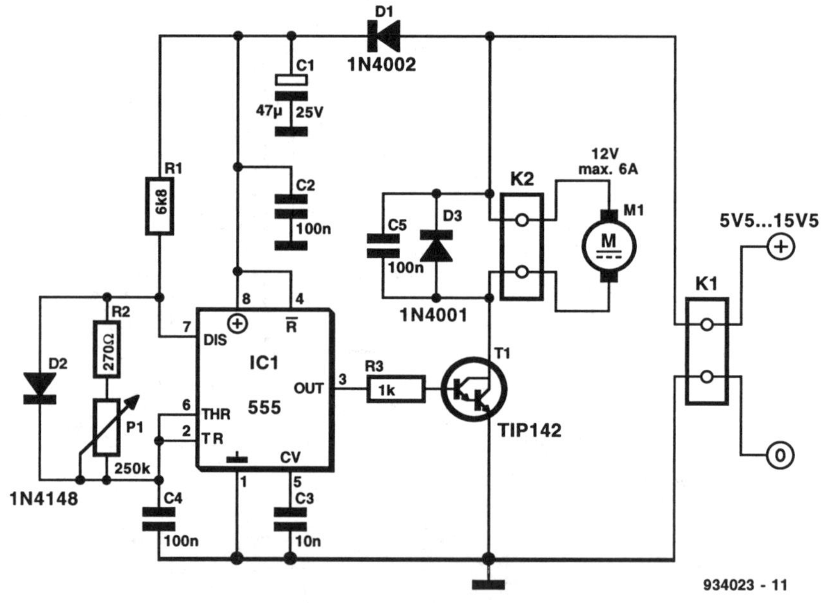

Ce petit montage permet de régler, sur une plage relativement large, le régime auquel tourne un moteur à courant continu. On fait appel à une régulation à modulation de largeur d'impulsion, ou plutôt modulation de largeur de pause : le générateur rectangulaire IC1 active à chaque fois le moteur pendant une durée invariable de 0,5 ms (définie à l'aide de la résistance R1 et du condensateur C4). Cette valeur suffit à faire démarrer « tout juste » la quasi-totalité des moteurs. C'est en fait la vitesse à laquelle se suivent les impulsions qui définit le régime auquel tourne le moteur. L'ensemble constitué par la résistance R2 et l'ajustable P1 permet de faire varier, de 1 µs à 14 ms, la durée de la pause entre les impulsions (la durée de décharge du condensateur C4 pour être plus précis). Ces valeurs correspondent à une fréquence d'impulsion de 14 kHz à 70 Hz. Si l'on envisage de commander, via le transistor T1, des moteurs dont la consommation atteint la valeur maximale de 6 A, il est requis de monter ce composant sur un radiateur d'une résistance thermique de 20 K/W ou moins.

049 CONVERTISSEUR CC/CC POUR INSTALLATIONS SOLAIRES

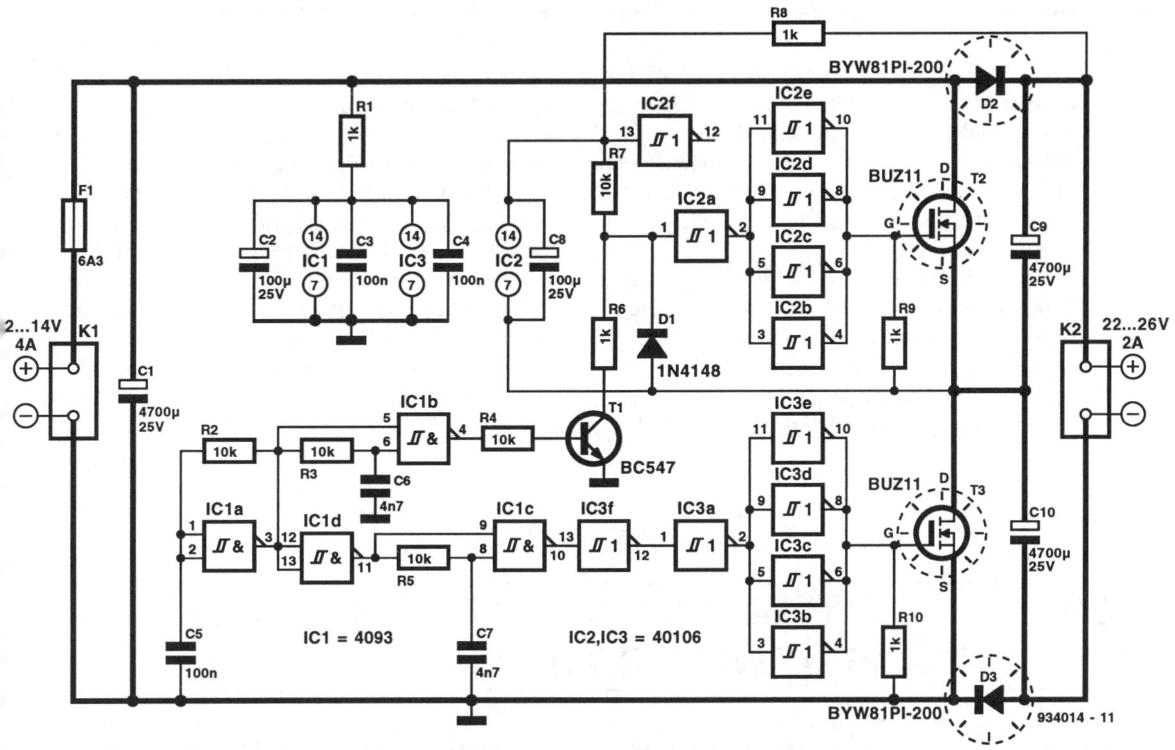

Ce montage est capable, quasiment, de doubler la valeur d'une tension continue. L'une des applications typiques de ce circuit est de ce fait l'augmentation de la tension fournie par une installation solaire en vue de l'utiliser pour l'alimentation d'un chargeur d'accus fonctionnant à une tension nominale plus forte. Le montage se caractérise en outre par un courant de crête de quelque 3 A (le tableau montre les valeurs obtenues avec un courant de 2 A). En l'absence de charge, la tension de sortie dépasse les valeurs indiquées de 1 à 1,5 V.

Intéressons-nous au fonctionnement du circuit dans le cas d'une tension d'entrée de 12 V et d'une tension de sortie de 22 V. L'ensemble du circuit intégré IC1a, de la résistance R2 et du condensateur C5 constitue un oscillateur générant un signal rectangulaire. En aval de IC1d ce même signal est disponible également sous forme inversée. La résistance R3 et le condensateur C6 introduisant un retard dans ce signal rectangulaire ceci explique la présence, à la sortie de la porte NON-ET à trigger de Schmitt, d'un signal rectangulaire avec un rapport cyclique supérieur à 0,5 (la partie négative étant plus courte que la partie positive). Le même processus a lieu dans la partie du circuit centrée sur IC1c, R5 et C7. En aval de IC1c, on aura même une triple inversion et un tamponnage du signal, effectués respectivement par les inverseurs à trigger de Schmitt IC3f et IC3a et la prise en parallèle de IC3b à IC3e; ce signal attaque ensuite le FET de puissance, T3.

L'autre branche est pratiquement identique : ici, le signal rectangulaire commande le transistor de faible puissance T1. Si ce transistor devenait passant, on aurait, en l'absence de la diode D1, une tension de 2 V au point nodal des résistances R6 et R7. Du fait que la tension d'alimentation de l'inverseur IC2a (comme pour les 4 inverseurs suivants) est dérivée, à l'image d'ailleurs de la tension de collecteur de T1, de la tension de sortie double et que la tension négative à appliquer à cet inverseur correspond donc à la tension d'alimentation positive, ce composant demande de ce fait des signaux d'entrée d'un niveau compris entre 11 V

et 22 V. La diode D1 évite ainsi que la tension à l'entrée de IC2a ne devienne jamais inférieure à 10,5 V. Les transistors T2 et T3 sont alternativement conducteurs. Si T2 est conducteur, le condensateur C10 peut, via le FET et la diode D3, se charger au niveau de la tension d'entrée. Si T2 bloque et T3 est conducteur la même chose se passe avec le condensateur C9. Sachant que, pendant ce temps-là, la diode D3 évite une décharge, C10 maintient sa charge. Comme les 2 condensateurs C9 et C10 sont pris en série, on a donc, à la sortie, une tension dont la valeur est le double de celle de la tension d'entrée.
En raison de la totale inversion des 2 signaux, en aval des réseaux de retard, il naît une sorte de « temps mort» qui évite que les transistors T2 et T3 ne soient conducteurs simultanément.
Le condensateur électrolytique C1 sert de tampon pour la tension d'alimentation et garantit donc, malgré la consommation variable du circuit, une charge relativement constante. Il est recommandé de bien refroidir les diodes D2 et D3 ainsi que les transistors T2 et T3. On peut, pour ce faire, monter ces composants, après avoir, bien entendu, doté chacun d'entre eux de son ensemble d'isolation, sur un radiateur commun. Il faudra limiter au strict minimum la longueur des connexions représentées en gras et utiliser pour leur réalisation du câble de forte section (voire renforcer les pistes cuivrées de la platine). Ces lignes véhiculent des courants pouvant aller jusqu'à 6 A ! Il faudra également utiliser, des câbles de section convenable pour ceux d'entre eux qui relient le circuit aux panneaux solaires et aux charges (consommateurs de courant). Dans la pratique, une réalisation bien pensée de ce montage pourra, sans aucun doute, se traduire par un rendement de quelque 94% (sous 22,2 V/1,8 A).

U. Kardel

050 GÉNÉRATEUR DE SIGNAUX CARRÉS À PHASES MULTIPLES

Ce circuit se compose en fait de deux sous-ensembles. IC1 est le coeur d'un circuit générateur de 2 signaux au déphasage ajustable entre 0 et 360°. IC2 constitue lui le coeur d'un circuit générant pas moins de 8 signaux décalés de 45° l'un par rapport à l'autre. Le générateur de signal rectangulaire proprement dit est en fait IC1a qui fournit une fréquence de sortie de quelque 1 kHz à une tension d'alimentation de 5 V, fréquence qui grimpe à 1,4 kHz environ dans le cas d'une tension d'alimentation de 12 V. Les réseaux RC constitués par les combinaisons P1a/R9/C2 et P1b/R10/C3 permettent un déphasage compris entre 50 et 250° du signal produit par IC1a. Ce même signal au déphasage de 0° pouvant aussi être inversé par l'intermédiaire de la porte NAND à trigger de Schmitt IC1d associée à l'inverseur S2 – ce qui ressemble fort à un déphasage de 180° – il nous est possible, à l'aide du potentiomètre P1, de balayer également le domaine allant de 240 à 80° (en passant bien entendu par 0°). Attention à ne pas faire de confusion entre la sortie 0° en aval de R14 et les sorties 0° positionnées après les résistances R23 et R24. Les signaux disponibles à ces deux dernières sorties ont, de par la présence de IC2, un compteur/diviseur octal (par 8), une fréquence huit fois plus faible.
IC2, notre compteur/diviseur par 8, rend chacun de ses contenus par la mise au niveau logique haut de l'une de ses 8 sorties. Si nous nous imaginons chaque cycle de comptage comme étant un cercle de 360°, chaque pas du compteur correspond à un arc d'angle de 45°. On obtient les 8 signaux de sortie en associant, un pas plus loin dans le cycle de comptage, 4 sorties (après la sortie 7 on poursuit le comptage avec la sortie 0) via une fonction logique OU (réalisée à l'aide de 4 diodes) que l'on relie ensuite à la sortie concernée. On fabrique ainsi un signal carré parfaitement symétrique (rapport cyclique de 50%). Comme nous l'évoquions plus haut, les fonctions OU sont réalisées en technologie discrète et prennent à chaque fois la forme d'un quarteron de diodes parmi les diodes D1 à D28. La génération du signal à déphasage nul (0°) ne nécessite pas de fonction OU, vu qu'il existe déjà sur l'une des broches de sortie de IC2, à

savoir la sortie de retenue (CT ≥ 4), qui n'est active, c'est-à-dire présente un niveau logique haut, que lorsque le contenu du compteur est supérieur ou égal à 4.

Nous avons prévu, pour « universaliser » du mieux possible ce circuit, une alimentation à deux tensions. Un basculement de l'inverseur S1, il n'en faut pas plus pour passer de 5 à 12 V et inversement. La consommation de courant du circuit est de l'ordre de 25 mA.

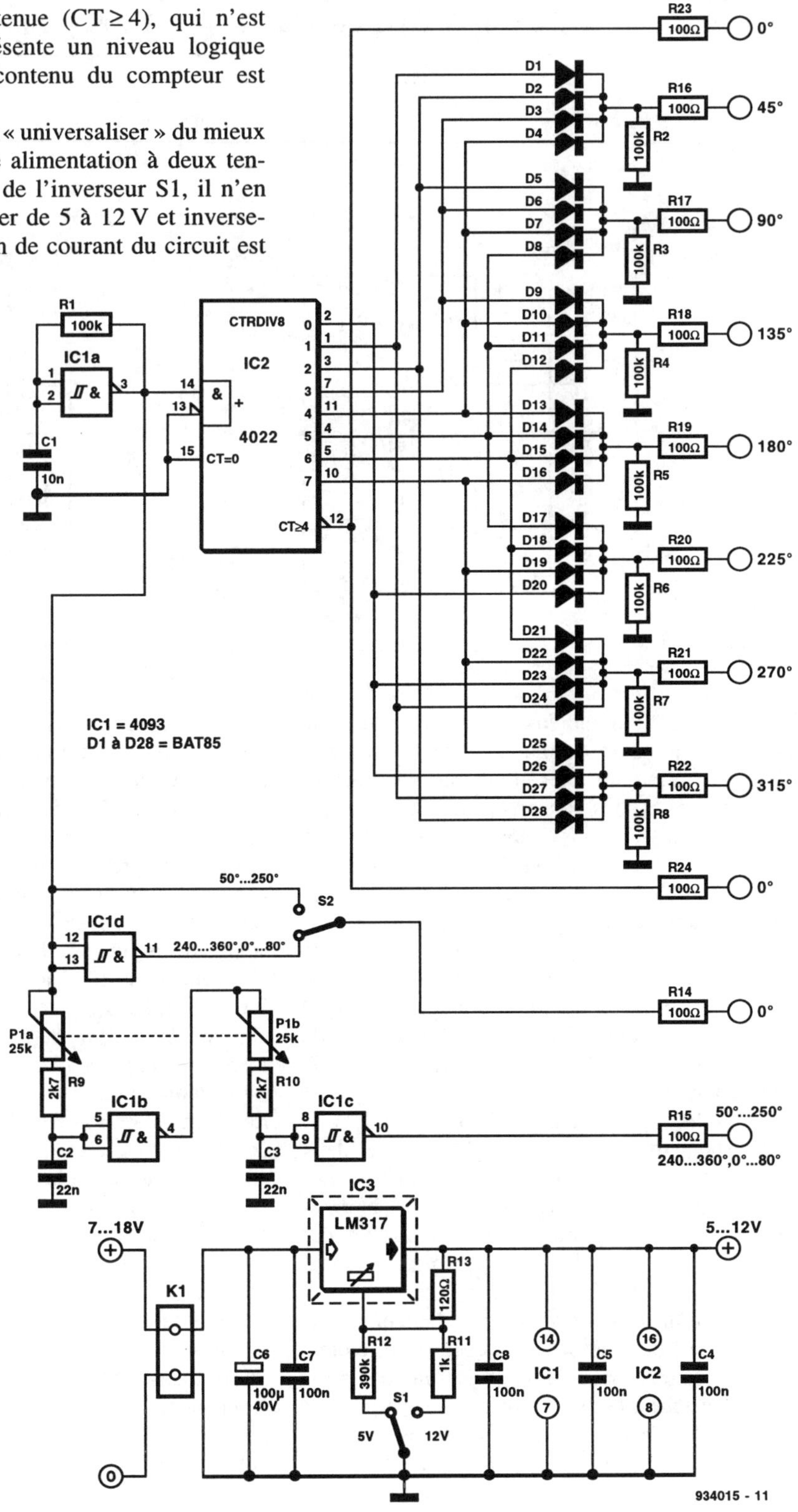

051 CONVERTISSEUR DE MANCHE POUR PC

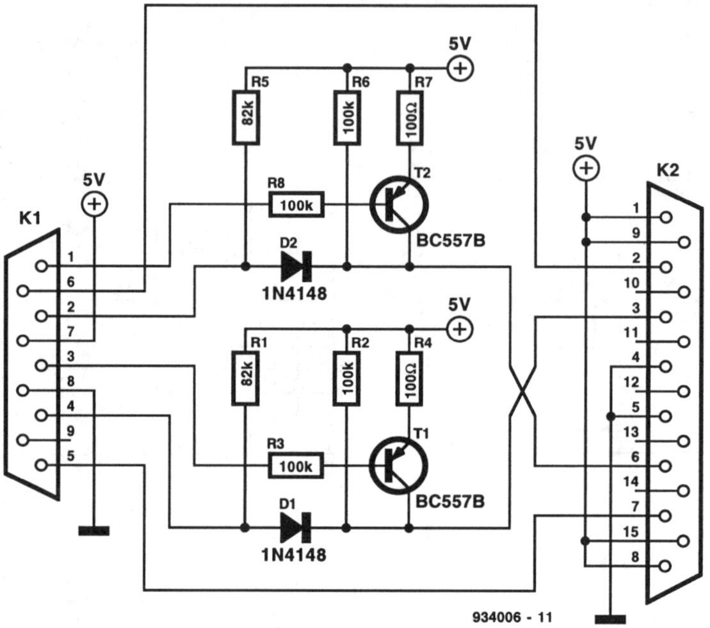

Bien qu'ils soient nombreux, ceux qui pensent que les jeux pour micro-ordinateur sont un mal aux effets de drogue ne présentant pas le moindre aspect éducatif, nous pensons pour notre part que ce genre de passe-temps **occasionnel** peut être, de temps à autre, très distrayant. Le petit circuit décrit dans cet article vous permettra de connecter un manche numérique (doté d'interrupteurs miniatures) aux entrées analogiques d'une carte d'interface pour jeux (*Game Control Adapter*) dont sont équipés de très nombreux ordinateurs du type IBM-PC/AT et compatibles depuis l'arrivée sur le marché des cartes d'E/S combinées (*Combined I/O Card*) à port de jeux.

Une interface pour manche de commande (*joy stick*) standard consiste, en général, de deux entrées connectées aux deux potentiomètres présents dans l'électronique du manche. Normalement, la résistance constituée par chacun des potentiomètres sert à la recharge d'un condensateur. Lorsque la tension aux bornes du condensateur atteint un certain niveau on a changement de niveau d'une bascule bistable. Cela signifie donc que la durée de charge est une fonction de la position du curseur du potentiomètre connecté. L'état de sortie des 4 bascules bistables et les 4 entrées numériques constituent un patron de bits disponible à l'adresse 201_{HEX}. Un compteur logiciel transmet alors au système le temps nécessaire avant que n'ait lieu un changement de niveau d'un bit du bistable. Une telle interface fonctionne fort bien dans un système fermé, que l'on ne modifie plus. La progression énorme faite ces temps derniers par la vitesse à laquelle fonctionnent les processeurs de nos ordinateurs est malheureusement la source de grands problèmes de compatibilité en ce qui concerne l'utilisation d'entrées de manche analogiques. La cause de ce problème est relativement simple : la routine de lecture de la position du manche donne des résultats très différents sur des ordinateurs travaillant à des fréquences aussi différentes que 8 et 66 MHz. La gêne occasionnée par ces différentes fréquences peut, dans certains cas, être compensé à l'aide d'un interrupteur (quel qu'il soit) permettant de faire varier la durée. Dans ces conditions le programme peut lire (... approximativement) la valeur requise. La majorité des manches analogiques comporte une possibilité de réglage de la position du neutre (centrale). Il est malheureusement possible d'activer cette option importunément (au cours d'un combat aérien passionnant sur F16 Fighting Falcon dans Falcon 3.0 par exemple), le programme (le jeu) ne réagit plus correctement aux commandes données par le

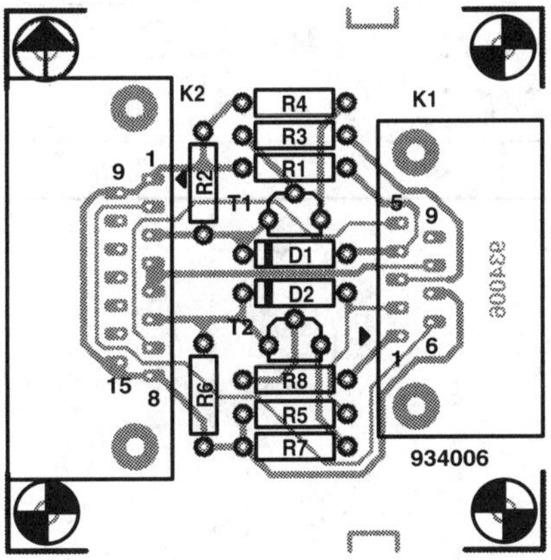

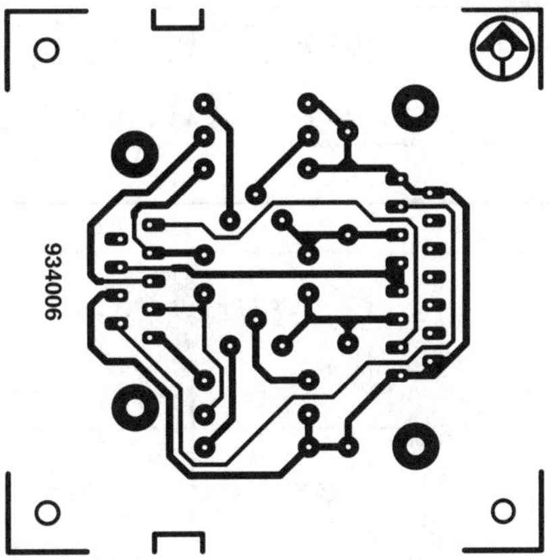

Liste des composants

Résistances :
R1,R5 = 82 kΩ
R2,R3,R6,R8 = 100 kΩ
R4,R7 = 100 Ω

Semi-conducteurs :
D1,D2 = 1N4148
T1,T2 = BC557B

Divers :
K1 = connecteur encartable sub-D mâle, 9 contacts coudés
K2 = connecteur encartable sub-D mâle, 15 contacts coudés

manche et il vous sera impossible de vous surpasser pour obtenir le score maximal. On notera que de nombreux programmes se caractérisent par une marge importante autour du neutre, de sorte qu'un faible dérapage restera sans conséquence grave. Ce genre de logiciel ne fonctionne cependant pas selon le principe décrit plus haut. Au lieu de lire la position du manche pour la transformer en une valeur proportionnelle, un tel programme « lit » uniquement un sens de déplacement « droite », « gauche », « bas », « haut » et pas la moindre valeur proportionnelle. Le montage décrit ici fait appel à ces conditions d'évaluation relativement rudimentaires. Si l'on n'utilise pas les possibilités offertes par la « conversion » proportionnelle d'un mouvement, à quoi bon donc les potentiomètres. On pourra les remplacer tout simplement par des interrupteurs, tout en utilisant toujours l'entrée analogique du PC. Heureusement, ce genre de manche existe dans le commerce sous le nom de « manche numérique ». Regardons le schéma de notre interface. Si le manche se trouve dans sa position centrale (« position neutre » au repos quoi) aucun des 4 interrupteurs n'est fermé. Cela veut dire que l'ordinateur « voit » la résistance constituée par R2//(R1 + D1). La valeur de R1 a été calculée de façon à ce que l'interface CGA sente une résistance de manche de quelque 50 kΩ et ceci en dépit de la présence de la diode. Si l'on bouge le manche vers la droite, la broche 4 du connecteur K4 est forcée au niveau de la masse, la diode D1 bloque et l'ordinateur ne « voit » que R2 (100 kΩ). Un mouvement vers la gauche résulte en un niveau bas sur la broche 3 de K1. Ce fait se traduit par la commande du transistor T1 via R3 et l'ordinateur « voit » une résistance de manche de 100 Ω environ. Il est clair maintenant que les signaux d'entrée du manche sont traduits en valeurs de résistance de 100 Ω, 50 kΩ et 100 kΩ (mouvement vers la gauche, repos et mouvement vers la droite respectivement). Ce principe s'applique à la section centrée sur le transistor T2 qui traite les mouvements verticaux. L'ordinateur « lit » l'état du bouton « feu » directement via la broche 6 de K1 (reliée à la broche 2 de K2). Si votre manche est doté d'un second bouton de tir, celui sera évalué par l'intermédiaire de la broche 5 de K1. On notera également la présence sur les broches 8 et 15 de K2 (côté ordinateur) de la tension d'alimentation de +5 V, destinée à l'utilisation d'un manche inductif, voire d'un manche doté de boutons de tir du type « *autofire* » (à répétition automatique). Il nous reste à signaler que la résistance R1 (R5) peut être remplacée par la mise en série d'une résistance fixe de 68 kΩ et d'un ajustable de 50 kΩ. Cette option vous permettra d'ajuster la position centrale du manche et donc de vous amuser avec des jeux un peu « démodés » qui ne possèdent pas de routine d'initialisation moderne.

R. Zandbergen

052 ÉMETTEUR FM BANDE ÉTROITE DE FAIBLE PUISSANCE

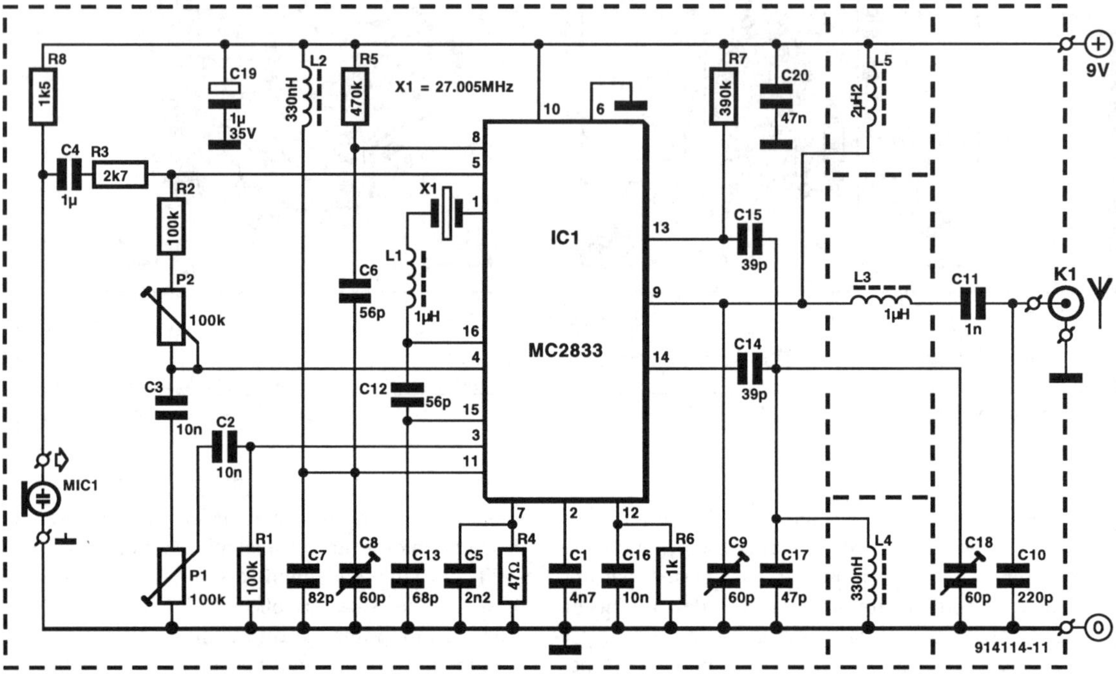

Il s'agit ici d'un émetteur FM bande étroite (FMBE) pour la bande des 27 MHz*, à un circuit intégré, alimenté par pile et piloté par quartz, pouvant remplir une fonction de microphone sans fil. Il est assez surprenant qu'il ait été possible de respecter un tel cahier des charges avec un circuit imprimé de dimensions aussi compactes.

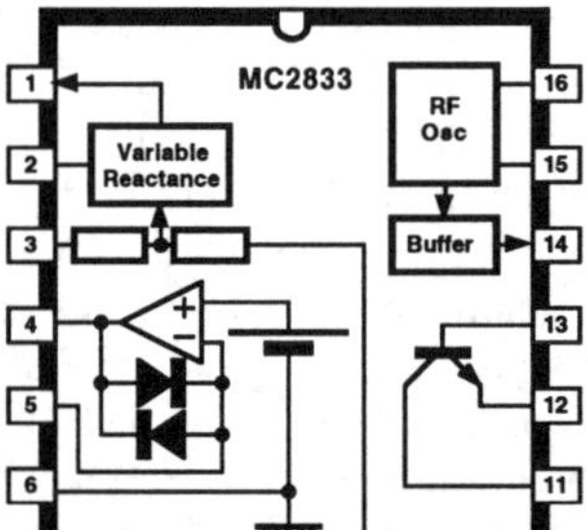

Ce montage est en fait une application du circuit intégré MC2833 de Motorola, permettant la réalisation d'un émetteur FM VHF bande étroite mono-circuit, adapté pour travailler dans la bande des 27 MHz. La puissance de sortie de l'émetteur est de l'ordre de +10 dBm (10 mW), ce qui, vu le rendement relativement faible de l'antenne utilisée, résultera en une puissance typique efficace de rayonnement de moins de 1 mW. Le rayon d'action de cet émetteur est donc limité à quelques dizaines de mètres.

Le MC2833 intègre un amplificateur pour micro, un VCO, (*Voltage Controlled Oscillator* = oscillateur commandé en tension) et deux transistors additionnels utilisés pour la multiplication de fréquence ou l'amplification HF, en fonction de la puissance de sortie requise de l'émetteur. La résistance ajustable P1 sert à régler le gain du microphone, l'ajustable P2 servant lui à ajuster l'excursion. Rappelez-vous, l'émetteur ne produit que de la FMBE, ce signal présentant une excursion typique maximale de 5 kHz. Ceci implique qu'il faudra, côté récepteur, disposer d'un récepteur bande étroite (tel qu'un récepteur CB 27 MHz classique) si l'on veut avoir un niveau audio suffisant. Le quartz, X1, oscille en mode fondamental (9 MHz dans le cas présent), calibré pour une résonance parallèle avec une charge de 32 pF. La fréquence

**Dans l'Hexagone, cet émetteur n'est pas homologuable comme micro sans fil.*

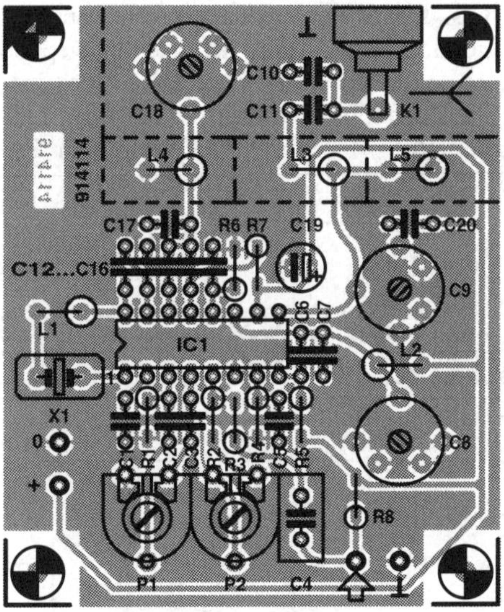

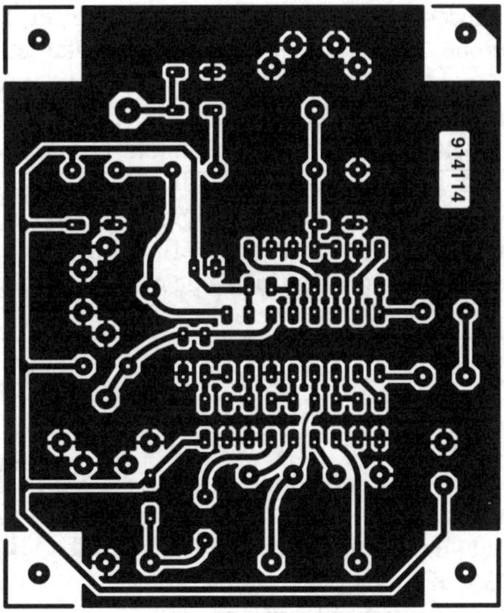

de sortie effective est obtenue par multiplication de fréquence (trois fois dans le cas présent) à l'intérieur du MC2833. La réalisation de l'émetteur se fait en respectant les impératifs classiques de la HF : limiter au strict minimum la longueur des connexions, placer le blindage à l'endroit prévu et ne pas utiliser de support pour IC1. Le réglage de l'émetteur ne nécessite pas d'appareillage de mesure complexe, on peut même se passer d'oscilloscope. On commence par mettre les trois condensateurs ajustables C8, C9 et C18 dans la position qui se traduit par la puissance de sortie maximale appliquée à une charge fictive (*dummy load*) de 50 Ω. Si l'on dispose d'un oscilloscope on pourra procéder différemment: on connecte une antenne et

Liste des composants

Résistances :

R1,R2 = 100kΩ	R6 = 1kΩ
R3 = 2kΩ7	R7 = 390kΩ
R4 = 47Ω	R8 = 1kΩ5
R5 = 470kΩ horizontal	P1,P2 = ajustable 100kΩ

Condensateurs :

Tous les condensateurs fixes sont, sauf indication contraire, du type céramique

C1 = 4nF7	C6,C12 = 56pF
C2,C3,C16 = 10nF	C7 = 82pF
C4 = 1µF MKT	C8,C9,C18 = ajustable 60pF
C5 = 2nF2	C10 = 220pF
C11 = 1 nF	C13 = 68pF
C14,C15 = 39 pF	C17 = 47pF
C19 = 1 µF/35V tant.	C20 = 47nF

Bobines :

L1,L3 = 1 µH	L2, L4 = 330 nH
L5 = 2µH2	

Semi-conducteurs :

IC1 = MC2833P (Motorola)

Divers :

X1 = quartz 27,005MHz
MIC1 = micro à électret
K1 = embase BNC

l'oscilloscope à la sortie de l'émetteur et l'on recherche pour les condensateurs ajustables la position donnant la puissance HF de sortie maximale. On se met ensuite à l'écoute du signal de l'émetteur à l'aide d'un récepteur CB 27 MHz et l'on ajuste la position des deux résistances ajustables jusqu'à avoir trouvé la meilleure modulation possible. Attention à ne pas définir un gain trop élevé pour le micro sous peine de risquer de l'écrêtage du signal. Si l'on envisageait d'utiliser l'émetteur comme micro sans fil l'antenne pourrait prendre la forme d'un morceau de conducteur flexible d'une longueur approximative de 1 m. La consommation de courant de l'émetteur est de l'ordre de 7 mA, de sorte qu'il faudra garder un œil sur la capacité de la pile utilisée.

J. Barendrecht

053 SUIVI DE TEMPÉRATURE AVEC ALARME

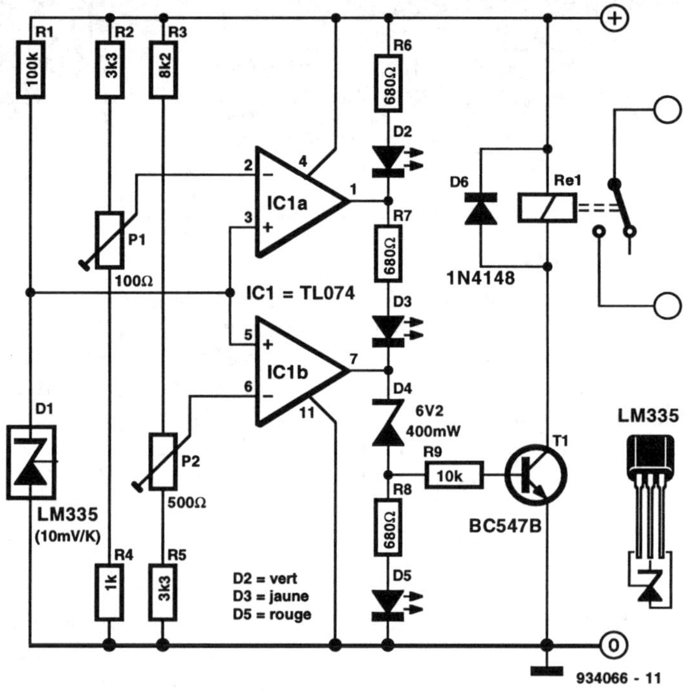

Ce circuit permet une visualisation aisée de la température d'un local à l'aide de trois LED. Le capteur de température est un LM335 de National Semiconductor. Ce capteur délivre une tension de sortie de 10 mV/°C (10 mV par degré centigrade). La tension qu'il fournit est comparée à l'aide de deux comparateurs, IC1a et IC1b, à deux tensions de référence. L'ajustage de l'une de ces tensions fait appel à la résistance ajustable P1, celui de la seconde se fait par l'intermédiaire de P2. Les sorties des comparateurs servent à la commande des LED D2, D3 et D5. Si la tension produite par le capteur D1 est inférieure à chacune des tensions de référence les sorties des amplificateurs IC1a et IC1b sont toutes deux au niveau bas. La LED D2 s'allume. En cas d'augmentation de la température ambiante la tension continue présente à la sortie de D1 augmente proportionnellement. Si le niveau de la tension qu'elle produit se situe à l'intérieur du domaine défini par les deux tensions de référence la sortie de IC1a est haute alors que celle de IC1b est basse. La LED jaune D3 s'allume, et signale que l'on se trouve dans le domaine de température critique. Pour des températures ambiantes encore plus élevées, la sortie de IC1b bascule au niveau haut : la LED rouge D5 s'allume ; les deux autres LED sont alors éteintes. Le relais Re1 est activé via le transistor T1, et met en fonction une charge extérieure : alarme, ventilateur, ou tout autre dispositif utile. La diode zener D4 empêche le transistor T1 de conduire lorsque la LED D3 s'allume ; en effet à cet instant crucial, la tension de sortie de IC1b augmente quelque peu vu le courant que doit supporter le circuit. Le reste de l'électronique n'appelle pas de commentaire particulier. Le réglage du niveau de température auquel doit se produire l'illumination des différentes LED se fait par l'intermédiaire des résistances ajustables P1 et P2. Il ne faudra pas oublier cependant que ce circuit est prévu pour le suivi de températures « normales » qui devraient, en pratique se situer dans une plage comprise entre 50 et 100°C. Le circuit consomme de 20 mA ; lors de l'activation du relais cette consommation passe à 50 mA environ.

M. Stehouwer

054 DÉCODEUR D'AFFICHAGE UNIVERSEL

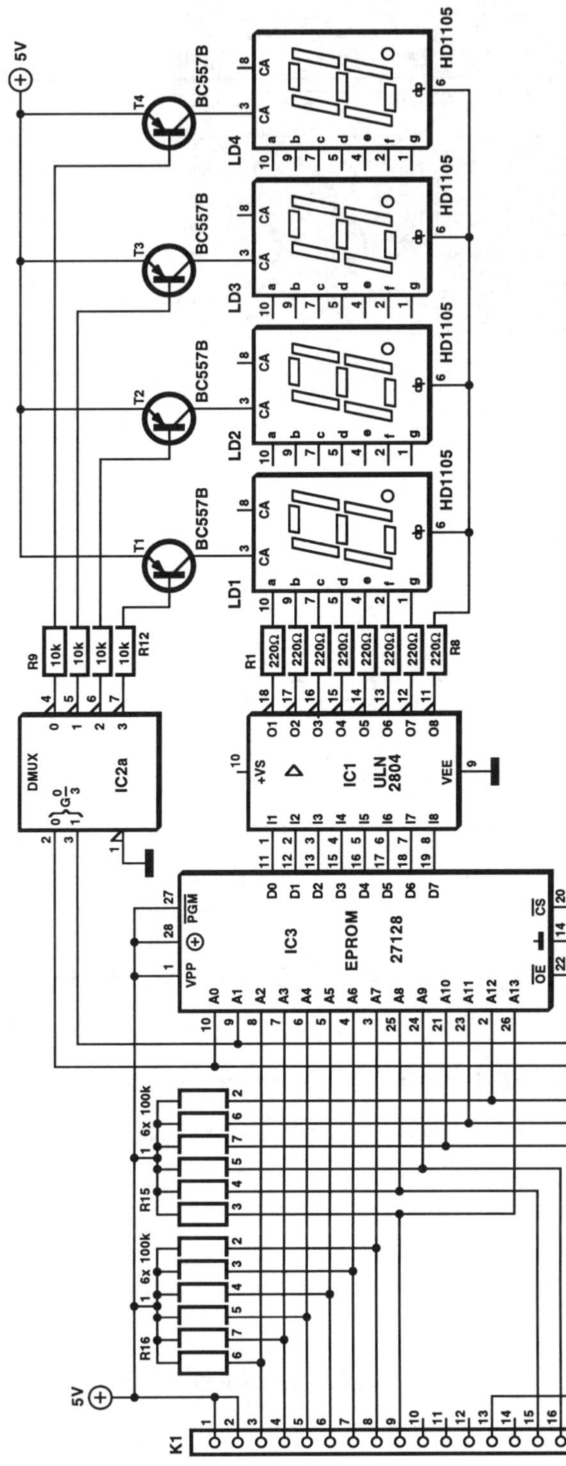

La conception d'un circuit à afficheurs 7 segments à LED pour une application spécifique peut être une tâche pénible et de longue haleine. C'est, dans bien des cas, la réalisation du décodeur adéquat, pris entre le circuit de l'application et les afficheurs proprement dits, qui prend le plus de temps et demande le plus d'efforts. L'avantage principal du montage décrit ici est le fait que la même électronique peut servir à la réalisation d'un certain nombre de dispositifs de décodage pour afficheur. Cela tient au fait que notre montage utilise une EPROM – composant qu'une grande majorité de nos lecteurs est en mesure de programmer ou de faire programmer; il en résulte des possibilités d'utilisation pour de multiples applications d'un affichage que l'on pourra manger à toutes les sauces.

Le circuit convertit un code d'entrée à 12 bits en un certain nombre de signaux nécessaires à la commande d'un affichage à 4 chiffres, réalisé à l'aide de 4 afficheurs 7 segments à LED. On notera qu'il

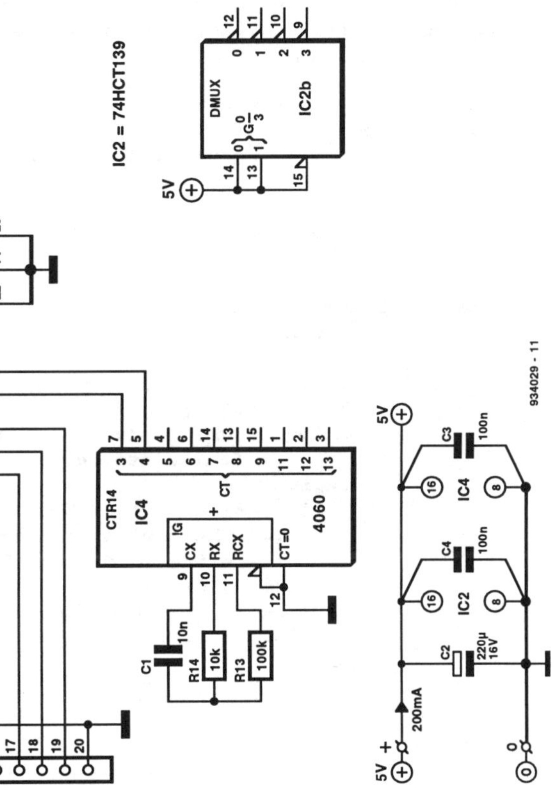

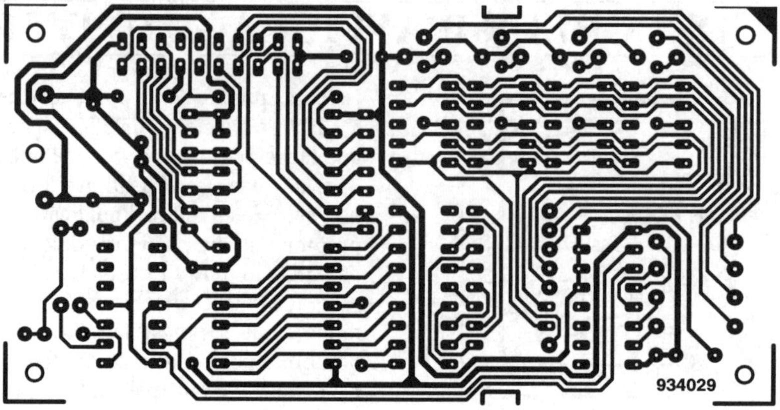


```
program IR_display_decoder;

uses dos,crt;

var
count : word;
i,j,k,l,m : integer;
g : file of byte;
displayandtoggle : array[0..9] of byte;

const
{The display array contains the databyte for each display value}
display : array[0..9] of byte = ($3f,$06,$5b,$4f,$66,$6d,$7d,$7f,$6f);

begin
  assign (g,'displat.dat');                            {Open the desired filename}
  rewrite (g);
  for i:=0 to 9 do displayandtoggle[i]:=display[i]+$80;     {Include toggle bit}

                                                              {Calculate readout}
for m:=1 downto 0 do                               {Toggle LED on and off addresses}

                                                         {Maximum count is 31 63}
  for i:=3 downto 0 do                        {i and j define the received IR address}
    for j:=9 downto 0 do
      begin
        if (i=3) and (j=9) then j:=1;
        for k:=6 downto 0 do                 {k and i define the received IR key code}
          for l:=9 downto 0 do
                    {calculate the four display bytes including the toggle bit}
            begin
              if (k=6) and (l=9) then l:=3;
              if m=1 then write (g,displayandtoggle[i])
                else write (g,display[i]);
              write (g,display[k]);
              write (g,displayandtoggle[j]);
              write (g,display[i]);
            end;
  end;
close(g);                                              {Close the destination file}
end.
```

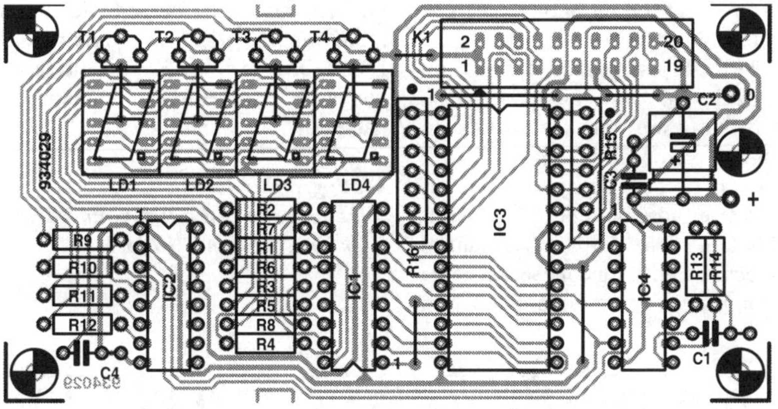

Liste des composants

Résistances :
R1 à R8 = 220 Ω
R9 à R12,R14 = 10 kΩ
R13 = 100 kΩ
R15,R16 = réseau résistif,
6 x 100 kΩ

Condensateurs :
C1 = 10 nF
C2 = 220 µF/16 V
C3,C4 = 100 nF

Semi-conducteurs :
T1 à T4 = BC557B
IC1 = ULN2804
IC2 = 74HCT139
IC3 = EPROM 27128
(programmée)
IC4 = 4060
LD1 à LD4 = afficheur
7 segments à LED, anode
commune,
Siemens HD1105O

Divers :
K1 = connecteur HE-10 encartable
à 2 x 10 contacts mâles
1 boîtier tel que, par exemple,
Heddic 222

s'agit ici d'afficheurs à anode commune. Les quatre chiffres (ou afficheurs si l'on veut) ont besoin de quatre octets dans l'EPROM. Si ces octets sont stockés à quatre adresses consécutives, il est possible de les lire par l'application aux lignes d'adresses de poids faible, A0 et A1, des codes binaires 00^2 à 11^2. Les afficheurs étant « multiplexés » il nous est possible, par la commande des lignes A0 et A1, d'extraire les codes de l'EPROM pour obtenir la visualisation correspondante à l'affichage. Les autres bits d'adresses de l'EPROM restent de ce fait libres pour l'application du code à convertir. Nous avons, à titre d'exemple, programmé une EPROM pour qu'elle effectue une traduction de code pour un récepteur de télécommande RC5 à infra-rouge. Le récepteur RC5 (cf. la bibliographie) peut être connecté directement (à l'aide d'un morceau de câble plat) au connecteur d'entrée, K1, du décodeur. Un code RC5 consiste de cinq bits d'adresse et un code touche à six bits. Dans notre exemple nous utilisons les deux chiffres de poids fort pour visualiser l'adresse et les deux autres pour le code touche. Les six bits de données, les cinq bits d'adresse et le bit de basculement (*toggle bit*) sont connectés aux lignes d'adresse de l'EPROM. Le bit de basculement sert à la commande du point décimal du chiffre le plus à droite. La seule fonction de ce

point décimal est de visualiser une action sur l'une des touches de la télécommande.
Le contenu de l'EPROM est produit à l'aide du programme en Pascal. Notez, si vous procédez à l'analyse de ce programme, que les sorties du récepteur IR sont actives au niveau bas.
Ceci signifie qu'il faudra compter à reculons – de 31 à 0 pour les adresses et de 63 à 0 pour les adresses – plutôt que dans l'ordre ascendant (0 à 31 et 0 à 63 respectivement). La conception de ce montage permet donc, par une simple adaptation du contenu de l'EPROM, de traiter un nombre relativement grand de variantes de décodage. L'EPROM nécessaire pour la visualisation des codes RC5 est disponible auprès des adresses habituelles.

Bibliographie :

télécommande IR pour mono-carte à 8032/8052, Elektor n°179, mai 1993

055 BOUTON DE SONNETTE ÉLECTRONIQUE

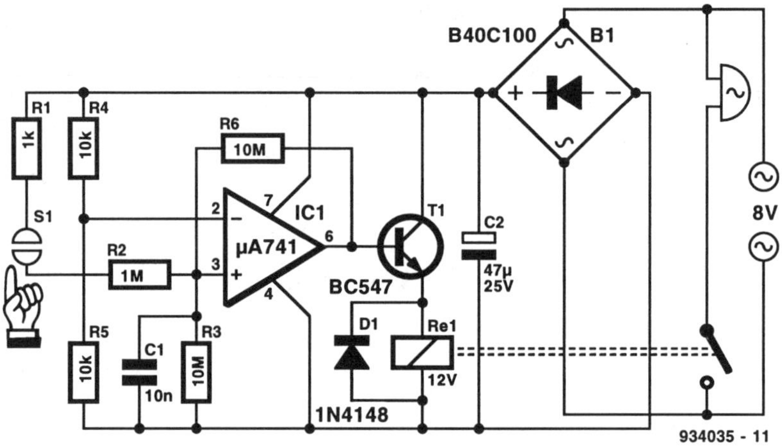

Si vous êtes las de votre bouton de sonnette mécanique, démodé et trop souvent objet sur lequel s'acharnent les vandales, en voici, pour vous dépanner, une version électronique : le bouton de sonnette à effleurement.
Le contact sensitif que nous utilisons dans ce montage prend la forme d'une embase cinch, pratiquement indestructible et présentant, entre ses contacts, une résistance d'isolation élevée. L'entrée inverseuse du 741 (ou d'un TLC271, le choix n'est pas critique) est connectée, via le diviseur de tension R4/R5, à la moitié de la tension d'alimentation. La résistance R3 relie l'entrée non-inverseuse de l'amplificateur opérationnel à la masse. Si l'on touche alors au contact – avec une résistance inférieure à 10 MΩ : un léger effleurement suffit déjà – la sortie de l'amplificateur opérationnel passe au niveau haut et le relais Re1 (en version 9 ou 12 V) est excité. Les contacts de ce relais ferment la boucle de courant dans laquelle est prise la sonnette existante. La résistance R2 et le condensateur C1 évitent une activation importune de la sonnette.
Nous faisons appel, pour l'alimentation du circuit, à un pont de redressement (B1) connecté au transformateur de sonnette existant ou à un second transformateur de sonnette. Pour des raisons de sécurité il ne faudra en aucun cas utiliser un autre type de transformateur. La consommation du circuit est relativement modeste : 5 mA avec un μA741, voire 0,5 mA avec un TLC271. Tout au long de l'excitation du relais, la consommation augmente de 30 mA environ. Un transformateur de sonnette étant, en règle générale, capable de fournir un courant maximal de 1 A, il ne devrait pas y avoir le moindre problème pour effectuer l'alimentation du circuit à partir du transformateur de sonnette existant.

J. Bosman

056 PENDULE RAPIDE POUR PARTIE D'ÉCHECS « BLITZ »

Pendant une partie d'échecs rapide, dite « blitz », la durée de réflexion se limite, en général, à 5 à 10 s par trait (mouvement aux échecs). Si l'un des joueurs n'arrive pas à déplacer l'une de ses pièces dans cette limite, il a perdu le match ou, au mieux, son tour de jouer (en fonction bien entendu de ce qu'il a été convenu au préalable).

Le montage proposé ici est en fait un arbitre d'échecs rapide, à l'impartialité totale, indiquant infailliblement quel joueur doit poser sa pièce et quel joueur a dépassé (éventuellement) sa durée de réflexion. On peut également utiliser ce montage pour jouer aux dames, au rummy-cube, au stratégo, au mastermind et autres trivial pursuit.

Le fonctionnement du circuit est relativement simple. Si le joueur A appuie sur le bouton S2, la LED D3 s'illumine pour indiquer que c'est le tour au joueur B. Celui-ci peut rendre le tour au joueur A par une action sur le bouton S1, action suivie par l'illumination de la LED D2. Si l'un des joueurs n'arrive pas, dans la limite de temps impartie, à pousser sur son bouton, le circuit produit, via le résonateur Bz1, un signal d'alarme sonore.

Un 556, la version double de l'archi-connu 555, constitue le coeur de l'électronique de notre pendule rapide pour jeux d'échecs. L'une de ses moitiés, IC1b, fonctionne comme bascule bistable, mémorisant lequel des interrupteurs a été le dernier à être activé et indiquant, par l'intermédiaire de deux LED, à qui c'est le tour de jouer. L'autre moitié du 556, IC1a, fait office de bascule monostable.

À condition que les joueurs appuient à temps sur leur bouton (redéclenchant la bascule), cette bascule monostable est maintenue à l'état déclenché (résonateur hors-fonction).

Nous faisons appel, pour pouvoir forcer au niveau bas l'entrée de déclenchement à l'aide du bouton S1, au transistor T1. Dans le cas du bouton S2, c'est la diode D1 qui se charge de cette opération. À chaque redéclenchement de IC1a, le condensateur C5 se décharge via la broche de décharge (DIS) de IC1a. À ce moment la durée de recharge, définie à l'aide de l'ajustable P1, recommence à zéro. Si le joueur en question n'appuie pas à temps sur son bouton, le niveau de la tension aux bornes du condensateur C5 devient si élevé que l'on aura remise à zéro de IC1a. Dans ces conditions la sortie de IC1a prend un niveau bas et le résonateur est mis en fonction. L'un des joueurs se voit alors confronté à un (*big*) problème ...

La consommation totale normale du circuit (c'est-à-dire en cas d'illumination de D2 ou de D3) est de 20 mA environ. Dans le cas de la génération d'un signal sonore (résonateur actif) la consommation grimpe à quelque 40 mA.

C.R. Suthikshn Kumar

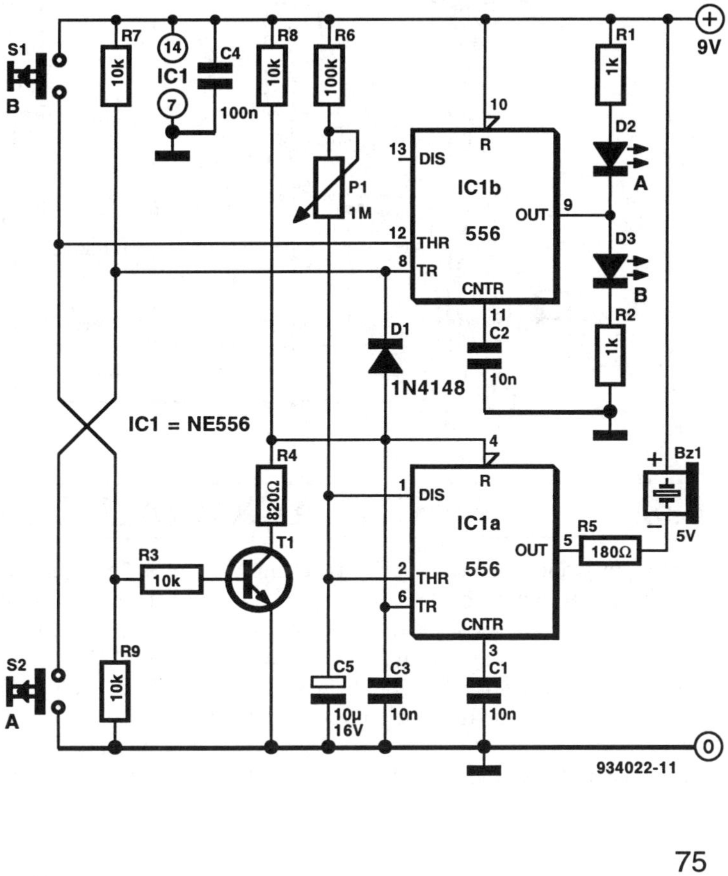

057 CLIGNOTEUR BI-CANAL

Il existe une multiplicité de schémas pour jeux de lumière et autres chenillards, mais rares sont ceux qui ne nécessitent qu'aussi peu de composants pour en produire le fameux effet. Le signal BF (audio) qui entre dans le circuit via un transformateur au rapport de conversion 1:1...1:4, détermine lequel des deux systèmes d'illumination (lampes ou autres ampoules) L1 ou L2 connectés respectivement aux borniers K1 et K2, sera mis en ou hors-fonction par les thyristors. En l'absence de signal de commande, les deux thyristors bloquent le «corps illuminant» connecté au bornier K1 est inactif. Au cours de la demi-période positive de la tension du secteur il arrive, via la résistance R2 et le diac Di1, une tension de commande sur la gâchette du thyristor Th3. Ceci produit l'amorçage de ce thyristor qui produit la mise sous tension du dispositif connecté au bornier K2. Si le signal audio atteint un certain niveau, les thyristors Th1 et Th2 deviennent eux aussi passants, produisant ainsi l'allumage de la lampe L1. Le thyristor Th2 supprime la tension d'amorçage du thyristor Th3, de sorte que ce thyristor bloque lors du passage par zéro suivant produisant l'extinction de l'ampoule L2. La tension du secteur est appliquée au bornier K3. Il est important d'être bien conscient que l'ensemble du montage se trouve en contact avec la tension de 230 V du secteur et de prendre les précautions nécessaires et suffisantes, classiques en pareil cas. Il est donc vital de veiller à une réalisation propre R2 doit être une résistance de puissance (10 W) ; il faudra, en ce qui concerne le condensateur C1, veiller à bien respecter sa tension de service minimale. Le choix du transformateur de transfert est laissé à votre convenance, l'essentiel était de veiller à ce qu'il assure le niveau d'isolation prévu.

U. Kunz

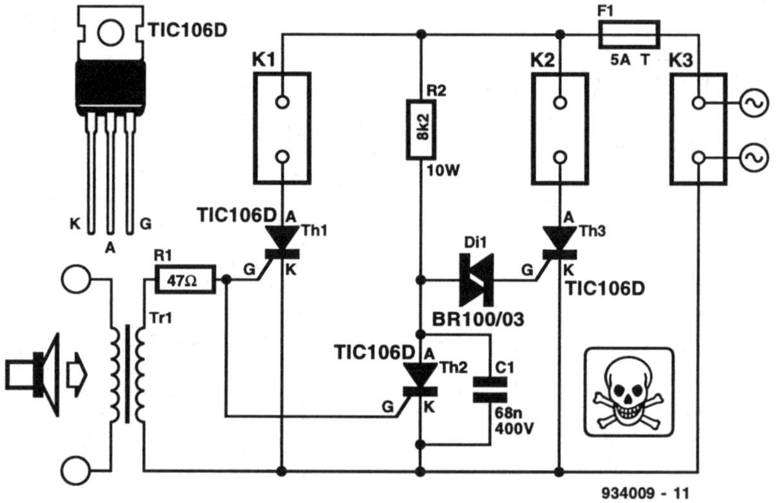

058 TENSION AUXILIAIRE DE PRÉCISION

Dans un grand nombre de circuits à amplificateurs opérationnels on ne dispose que d'une unique tension. Ceci signifie qu'il faudra créer, avec beaucoup d'ingéniosité, une tension auxiliaire (une masse virtuelle) dont le niveau est très souvent égal à la moitié de la tension d'alimentation.

Pour ce faire on utilisait, jusqu'à présent, une solution discrète qui faisait appel à un diviseur de tension à résistances et à un condensateur, le tout éventuellement suivi d'un amplificateur opérationnel. Vous pouvez, dès maintenant, faire appel au TLE2426 de Texas Instruments. Ce circuit intégré n'est pas seulement de dimensions faibles et d'emploi pratique; de par l'intégration d'un amplificateur opérationnel la tension fournie par ce composant est d'une qualité intrinsèque sensiblement meilleure que celle fournie par un simple diviseur de tension. Ceci est particulièrement sensible en présence de fréquences faibles qui, jusqu'à présent, posaient des problèmes entraînant une croissance de l'impédance du condensateur électrochimique pris en parallèle sur le diviseur de tension. Le TLE2426 comportant un amplificateur opérationnel (suiveur de tension), pris en aval du diviseur de tension, l'impédance reste, même aux fréquences basses, étonnamment faible (0,0075 Ω typique). La consommation à l'état de repos est très faible elle aussi : 170 µA seulement. Le courant de sortie maximal que puisse fournir le TLE2426 peut atteindre jusqu'à 20 mA. Le circuit intégré existe en deux versions. Le modèle au boîtier de type « transistor » (TLE2426-LP) est le composant idéal pour remplacer, sur des circuits imprimés existants, le diviseur de tension (le cas échéant avec le condensateur et l'amplificateur opérationnel). Le composant est disponible également en boîtier DIL à 8 broches (TLE2426-D, -P ou -JG). Ce boîtier a l'avantage de disposer d'une broche supplémentaire (la broche 8) permettant de connecter (à nouveau) un condensateur électrolytique. La présence de ce condensateur est souvent requise pour éviter que la tension de sortie ne soit purement et simplement la moitié de la tension d'alimentation avec tous les parasites dont on se serait bien passé. Le circuit intégré correspondant, le TLE2425, fournit cependant une tension de sortie fixe de 2,5 V (la broche 8 de ce circuit n'est pas connectée).

source : Texas Instruments

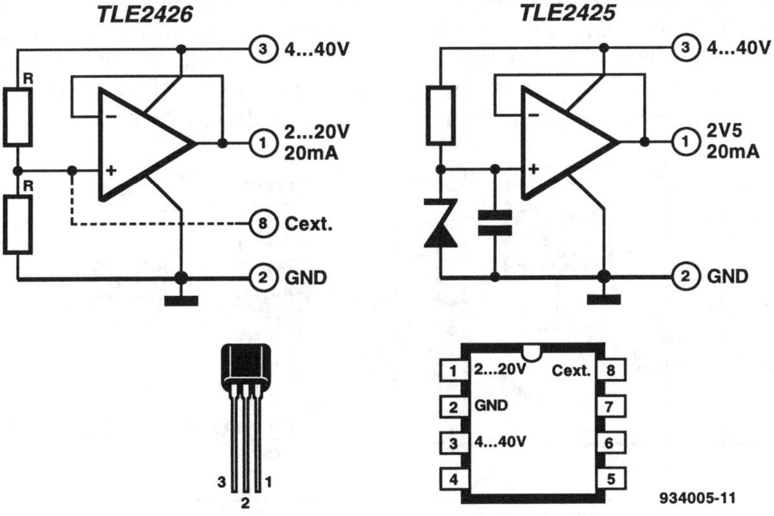

059 RÉGULATEUR SHUNT POUR PANNEAU SOLAIRE

L'inconvénient d'un système de production d'énergie à base de panneaux solaires et d'accus est le manque de soleil en hiver et l'excès de soleil en été. Vous ne trouverez pas ici de solution au manque de soleil. Nous pouvons vous aider en revanche à compenser l'excès estival qui se traduit par un courant de charge d'accu trop élevé. Si l'on poursuit la charge d'un accu chargé à 100%, non seulement cela lui fera perdre une bonne quantité d'eau (ce qui n'est pas encore catastrophique) mais réduira aussi sensiblement sa durée de vie.

Dès lors qu'il s'agit, en électronique, de réguler et de stabiliser une tension, nous faisons appel, à des régulateurs-série : l'élément de régulation en série sur la charge. L'inconvénient d'un tel système est la création d'une perte constante tout au long de la recharge de l'accu. Comme l'électronique d'une installation solaire comporte inévitablement une diode Schottky et que la charge connectée aux panneaux solaires, même par ensoleillement faible, peut rester maximale, il est préférable de faire appel à un régulateur-shunt. Si l'on opte pour un régulateur de ce type, on limite les pertes aux périodes où il n'y a pas recharge de l'accu. Un autre avantage de ce système est sa capacité de dissipation, par l'intermédiaire d'une résistance « ordinaire », de toute l'énergie excédentaire. Cette méthode est donc sensiblement moins coûteuse que l'utilisation de semi-conducteurs de puissance montés sur des radiateurs monstrueux (en taille et en prix). Le principe est le suivant : le panneau solaire est relié à l'entrée du circuit proposé ici, l'accu de stockage d'énergie l'étant entre la masse et le point « ++ ». L'accu stocke ainsi le courant que lui fournit, via la diode Schottky D2, le panneau solaire. Dans certaines circonstances décrites plus loin, une résistance de dissipation R est mise en circuit. Intéressons-nous au schéma de notre régulateur-shunt. Par l'intermédiaire du transistor FET T1, un BUZ10, nous effectuons une mise en ou hors-fonction totale de la charge externe. La dissipation dans ce FET est donc (théoriquement) nulle (la tension ou le courant à travers le FET étant nuls eux aussi). Il est recommandé néanmoins de doter ce composant d'un radiateur de quelque 5 K/W. Si le transistor FET bloque, le panneau solaire fournit la totalité de son énergie à l'accu. Si la tension de l'accu dépasse une certaine valeur, le FET entre en conduction. Si la résistance a été dimensionnée de façon à pouvoir dissiper toute l'énergie fournie par le panneau solaire, la tension aux bornes du panneau solaire diminue d'une façon telle que l'accu n'est plus rechargé. La diode Schottky empêche la décharge de l'accu via le shunt. Le panneau solaire supporte très bien une telle charge ; il est cependant impératif de toujours faire appel à une résistance : le fait de court-circuiter purement et simplement le panneau solaire n'est pas une bonne solution. Les ajustables P1 et P2 permettent de définir les niveaux de tension auxquels le shunt entre en action ou est mis hors-fonction. 14,1 V est une bonne valeur pour la mise en fonction du shunt, 12 V pour sa mise hors-fonction. Du fait que le diviseur de tension R1/R2 effectue une division de 1 : 4, il est possible d'effectuer ces réglages à l'aide d'un voltmètre numé-

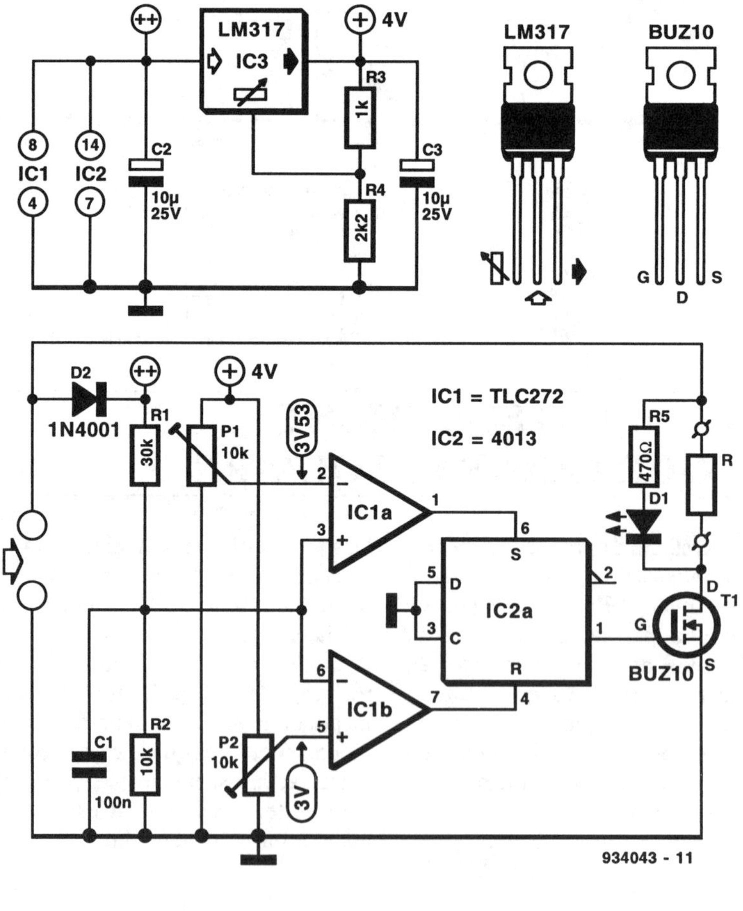

rique standard, connecté au curseur de P1 et de P2 (3 V pour le point de commutation de 12 V et 3,53 V pour celui de 14,1 V). La consommation de l'électronique de réglage est très faible : moins de 4 mA. Le BUZ10 peut commuter 20 A. Il faudra, pour déterminer la valeur de la résistance de shunt « R », s'armer de la loi d'Ohm et connaître les caractéristiques électriques du panneau solaire utilisé, fournies normalement par son fabricant. En règle générale les fabricants indiquent l'énergie que l'on peut envisager de tirer du panneau solaire en donnant une tension et un courant : on aura, par exemple, 14,4 V sous 8 A. Dans ces conditions il vous faudra une résistance de 1,8 Ω/115 W. Il est recommandé, par mesure de sécurité, d'opter ensuite pour une valeur de résistance légèrement inférieure, telle que 1,5 Ω par exemple. En ce qui concerne la puissance de la résistance à utiliser il vaut mieux choisir un exemplaire dont la valeur soit le double de la valeur calculée, précaution qui permet d'éviter un échauffement excessif de cette résistance.

060 COMMANDE INTELLIGENTE POUR PHARES ANTIBROUILLARD

Si l'on envisage de doter sa voiture de phares antibrouillard et si tant est que la voiture en question ne soit pas dotée à l'origine de tous les câbles requis, on se trouve confronté, comme diraient certains, à un « big » problème.

Le strict minimum à prévoir dans ces conditions est la mise en place d'un interrupteur dans le tableau de bord ainsi que la pose d'un nombre impressionnant de câbles.

La solution à ce problème, proposée dans cet article, est basée sur le fait que l'on ne roule pratiquement jamais avec les feux de stationnement comme seul éclairage – dans certains pays européens cela est même formellement interdit. Comme l'indique leur nom, les feux de stationnement sont destinés uniquement à l'éclairage d'une automobile stationnée.

Et pourtant, en dépit de ces considérations, la quasi-totalité des voitures peuvent allumer les feux de stationnement tout seuls, même en roulant. Si tant est que nous n'utilisons les feux de stationnement qu'en cas de stationnement, rien nous empêche de faire appel à cette position de l'interrupteur (présent dans toutes les voitures) pour commander les phares antibrouillard. Il se présente alors un autre problème : il faudra absolument éviter que les phares antibrouillard ne soient allumées simultanément aux codes ou aux phares. La résolution à ce problème demande rien de plus que deux relais et deux diodes.

Si l'on applique, par l'intermédiaire de l'interrupteur présent dans le tableau de bord, la tension de bord aux feux de stationnement, le relais Re2 est excité et les phares antibrouillard s'allument. La

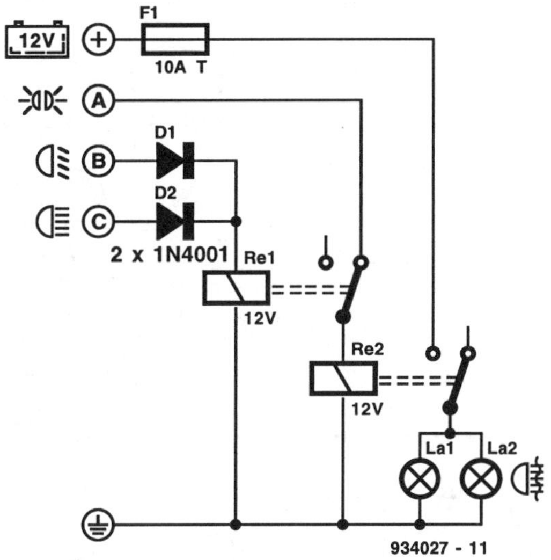

mise en fonction des codes ou des phares se traduit par l'activation du relais Re1 via l'une des diodes D1 et D2. Dans cette situation la tension d'alimentation du relais Re2 est coupée et les phares antibrouillard s'éteignent.

On peut utiliser pour Re1 n'importe quel relais 12 V, à condition qu'il soit doté d'un contact repos. Quant à Re2 il faudra faire appel à un vrai relais automobile, capable de commuter le courant relativement important des phares antibrouillard.

En général, les relais automobiles peuvent commuter quelque 10 A en courant continu.

J. Bosman

061 TACHYMÈTRE POUR PC

Pour une raison ou pour une autre, allez donc savoir pourquoi, la fréquence d'horloge à laquelle fonctionne le processeur central d'un ordinateur semble être la caractéristique la plus importante d'une telle machine.

Ceci explique pourquoi un grand nombre d'utilisateurs de PC ont la mauvaise habitude de n'apprécier un ordinateur qu'en fonction des indications visualisées par le petit affichage à deux chiffres dont est dotée, de nos jours, la quasi-totalité des IBM-PC & compatibles. Pour ces « connaisseurs » du monde de la micro-informatique une machine caractérisée par l'affichage d'une valeur inférieure à « 33 » (= 33 MHz), pire encore, une machine sans visualisation de « vitesse » n'entre même pas en ligne de compte pour être prise en considération. Si votre machine n'est pas suffisamment rapide, vous êtes sûr de tomber en disgrâce. Voici donc un circuit relativement simple destiné à « tranquilliser » tous ceux qui souffrent de « PC-tachyphobie ». Le montage sert à faire croire à l'existence d'une fréquence d'horloge sensiblement plus élevée que celle que le système connaît en réalité. L'utilisation de ce circuit vous permettra par exemple de doter un « vieux » PC-AT, qui ahane à 12 MHz, d'une fréquence d'horloge de 66 MHz, voire de 99 MHz ! Après tout, vous êtes le seul à connaître la vraie fréquence d'horloge de votre ordinateur. Les résistances R1 à R14 limitent le courant traversant les segments des afficheurs à LED LD1 et LD2. On peut modifier leur valeur pour jouer sur la luminosité des afficheurs. La

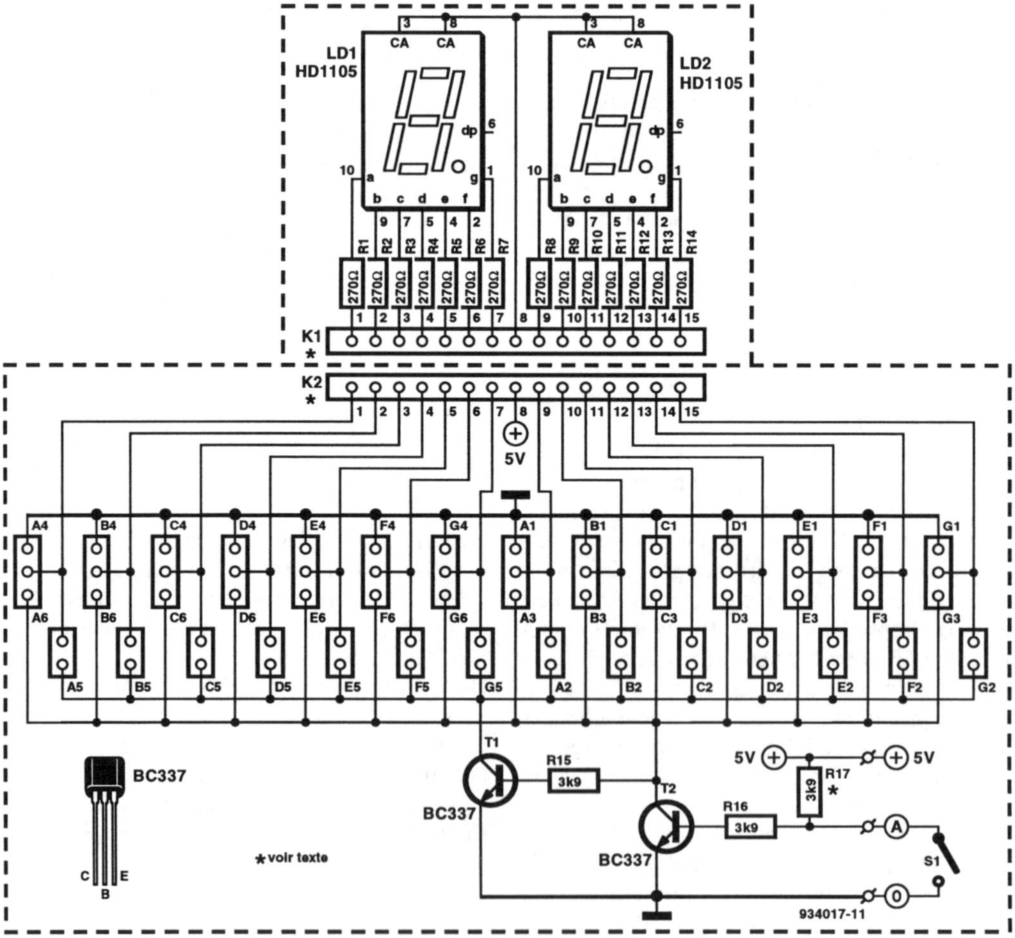

Liste des composants

Résistances :
R1 à R14 = 270 Ω
R15 à R17 = 3K9

Semi-conducteurs :
T1,T2 = BC337
LD1,LD2 = HD1105O, aff. 7 seg. à LED

Divers :
14 cavaliers à 2 contacts
14 cavaliers à 3 contacts
K1 = connecteur SIL femelle à 15 contacts
K2 = connecteur SIL mâle à 15 contacts
S1 = commutateur simple (commutateur « turbo » déjà présent dans le PC)

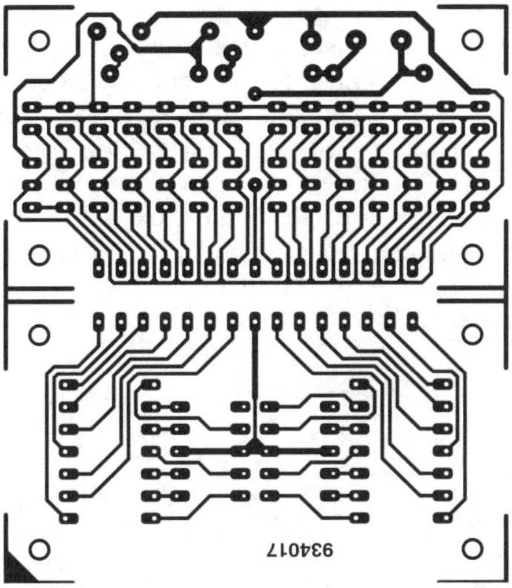

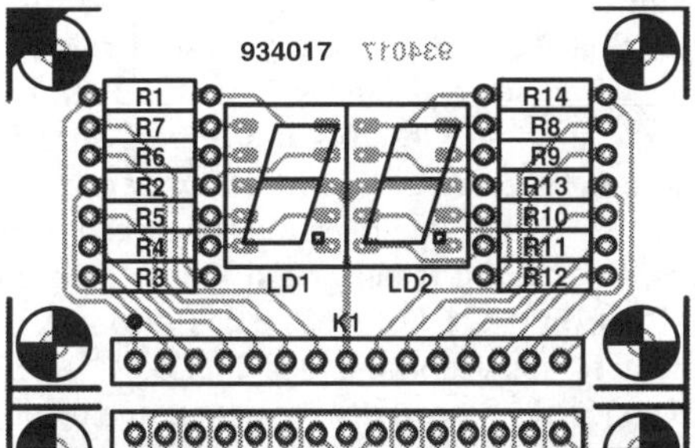

commande de l'indication de vitesse « turbo » se fait par l'intermédiaire du transistor T2. L'application d'une tension de +5 V sur la base de T2 se traduit par le blocage du transistor T1. La situation inverse -T2 bloque et T1 conduit- sera de vigueur si le commutateur « turbo » se trouve en position « normale ». D'un PC à l'autre, les niveaux logiques utilisés pour la commutation entre les vitesses « normale » et « turbo » ne sont pas les mêmes. En général cette commutation (mise en mode « turbo ») se fait à l'aide d'un interrupteur simple réalisant une mise à la masse. Le **tableau** part de cette situation; il reste valide dans le cas où le commutateur « turbo » établit, en position « normale », une liaison au +5 V. Notons qu'il faudra, dans ce dernier cas, supprimer la résistance R17. Si, à l'inverse, le passage à la vitesse « turbo » se fait par une mise au +5 V du commutateur en question, il s'avère nécessaire d'adapter le tableau et de supprimer la résistance R17. Ces

Tableau des connexions à réaliser avec les cavaliers de codage.				
Vitesse		Connexions permanentes	Affichage	
Normale	Turbo		Normal	Turbo
8	12	A1;B1;D1;E1;G1	C3;F3	B5;C5
8	16	A1;C1;D1;E1;F1;G1	B3	B5;C5
8	25	A1;C1;D1;F1;G1	B3;E3	A5;B5;D5;E5;G5
8	33	A1;B1;C1;D1;G1	E3;F3	A5;B5;C5;D5;G5
8	66	A1;C1;D1;E1;F1;G1	B3	A5;C5;D5;E5;F5;G5
8	99	A1;B1;C1;D1;F1;G1	E3	A5;B5;C5;D5;F5;G5

mêmes modifications sont également requises - exception faite de la suppression de R17- lorsque la sélection de la vitesse « normale » se fait par la mise à la masse du commutateur. Les modifications à apporter au tableau sont :

- dans la 4e colonne (« affichage normal ») il faut remplacer toutes les connexions *X*3 par *X*2 et
- dans la 5e colonne (« affichage turbo ») il faut remplacer toutes les connexions *X*5 par *X*6 (« X » représentant ici les différentes lettres A à G).

La réalisation pratique de ce montage ne devrait pas poser de problème particulier (pour vous faciliter la réalisation personnelle d'un circuit imprimé vous trouverez, dans les pages SERVICE, une représentation du dessin des pistes cuivrées). La platine se subdivise en deux parties : l'une pour la réalisation de la section destinée aux cavaliers de codage, l'autre l'étant à la mise en place des afficheurs et des résistances R1 à R14. Les deux sections du montage sont interconnectées à l'aide de deux connecteurs SIL à 15 contacts (un connecteur mâle et (un connecteur femelle bien entendu). Finalement il ne faudra en aucun cas oublier de mettre en place l'unique pont de câblage (entre les cavaliers de codage). L'absence de cette liaison se traduirait par la présence de deux afficheurs qui s'obstineraient, pour toujours, à s'illuminer (il s'agit en effet de la ligne d'alimentation des afficheurs).

062 CONVERTISSEUR A/N À 4 BITS COMPACT

À quoi bon construire soi-même un convertisseur A/N en technologie discrète, sachant qu'il existe de bons convertisseurs intégrés à des prix abordables ? Réaliser soi-même, au moins une fois dans sa vie, un convertisseur à l'aide de composants discrets est éminemment instructif. Nous vous proposons ici un convertisseur A/N discret d'une largeur de 4 bits, aisément réalisable à l'aide de composants bon marché. Le cœur de ce circuit est un quarteron de comparateurs, IC1a à IC1d, dont les sorties constituent en même temps les sorties du convertisseur. La difficulté est d'obtenir la bonne tension de référence en fonction du comparateur concerné. En fait il nous faut pour chacun des bits un mini-convertisseur N/A pour fournir la tension de référence nécessaire. Le comparateur du bit de poids fort (MSB = ***Most Significant Bit***) peut se satisfaire de la demi-tension d'alimentation comme tension de référence, niveau de tension produit par l'intermédiaire du diviseur de tension constitué par les résistances R1 et R2. Pour chacun des bits suivants, les bits précédents sont inclus dans le niveau de la tension de référence. Il nous faut pour ce faire quelques résistances supplémentaires. Pour le bit B cela signifie que l'on intègre aussi les bits C et D, dans le cas du bit A il faut également tenir compte des bits B, C et D. La conversion du niveau de ces bits en une tension de référence est possible grâce à IC2 et aux résistances R1 à R14. La base de notre tension de référence est une tension d'alimentation de 5 V fournie par le régulateur intégré IC3. Les niveaux de tension présentés par les sorties de tampons sont, dans le cas idéal, de 5 V (« 1 » logique) ou de 0 V (« 0 » logique). Il faut, pour garantir une très bonne linéarité, que les résistances du diviseur de tension aient

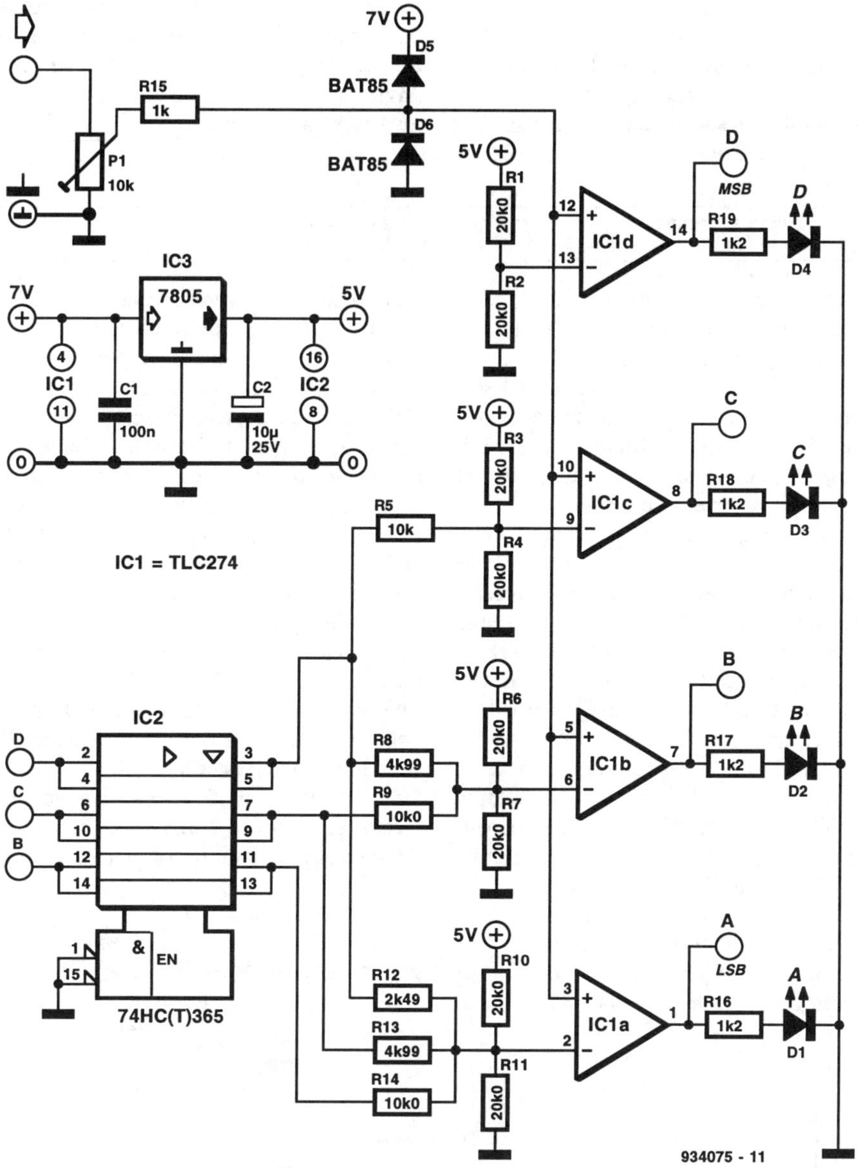

exactement la valeur requise. Nous avons fait appel à des résistances de tolérance de 1%. Plus la résolution (plus le nombre de bits est grand) du convertisseur A/N doit être élevée, plus la tolérance des résistances doit être faible. Lors du choix des résistances nous avons également tenu compte du fait que le niveau de la tension de sortie des tampons intégrés dans IC2 dérive de plus en plus de la valeur idéale lorsque le courant à fournir augmente. Il faut donc opter pour des valeurs de résistances relativement élevées. Pour limiter du mieux possible les conséquences du comportement non idéal des sorties nous avons à chaque fois pris deux portes non-inverseuses en parallèle de manière à augmenter la sortance (*fan-out*). Avec les valeurs de composants choisies, il s'avéra que la chute de tension dans le cas du tampon de sortie MSB –le tampon fournissant le courant le plus important– était de 6 mV. Comparé à la valeur du bit de poids faible (LSB = ***L****east* ***S****ignificant* ***B****it*), 312,5 mV, cela représente un niveau négligeable. La vitesse de conversion dépend uniquement des temps de propagation des comparateurs et tampons utilisés. Le TLC274 mis en œuvre ici mérite le qualificatif d'utilisable ; pour de meilleurs résultats il faudra faire appel à de vrais comparateurs. La résistance ajustable P1 sert à régler la sensibilité d'entrée du circuit. Les diodes D5 et D6 protègent les entrées des amplificateurs opérationnels contre des tensions d'entrée trop élevées. La consommation de courant, toutes LED éteintes est de 7 mA environ; elle passe à quelque 20 mA lorsque toutes les LED sont allumées.

063 TESTEUR « TAPAGEUR »

Voici un montage ultra-simple permettant de tester confortablement n'importe quel circuit audio, CMOS ou TTL. Nous avons, à l'aide de IC1a, réalisé un oscillateur simple. Le potentiomètre P1 sert à régler entre 0,5 et 1,5 kHz la valeur de la fréquence générée par le dit oscillateur. IC1b fait office de tampon pour le signal avant qu'il soit appliqué au circuit à tester. Le commutateur S2 permet d'adapter le signal de test au circuit à vérifier. En cas de fermeture du contact supérieur de ce commutateur, le condensateur C4 est pris en série sur la sortie, permettant d'attaquer des circuits audio (tension de sortie 9 V_{cc}). Si S2 se trouve en position médiane, le circuit peut commander directement des circuits CMOS. La mise en position inférieure du commutateur S2 se traduit par la prise dans le circuit de la résistance R2 et de la diode zener D2. Le signal de sortie est ainsi adapté aux circuits TTL (niveau de 5 V). On notera cependant que le testeur ne peut vérifier que des circuits TTL du type HC ou HCT. Il ne faudra en aucun cas le connecter à un circuit de logique TTL standard ou autre type LS. Si tant est que vous envisagez de tester des circuits du type LS il faudra remplacer la résistance R2 par un exemplaire de 1 kΩ. La sortie du 4093 n'est pourtant pas capable de fournir un courant suffisamment élevé pour pouvoir attaquer des entrées TTL standard. La seconde partie de l'électronique du testeur sert à la détection d'un signal dans le circuit à tester. À l'aide d'une pointe de touche on connecte à cet effet l'entrée de IC1c à un point donné du circuit à tester. On a, en cas de présence d'un signal à ce point de test, allumage de la LED D3 et génération, par le résonateur Bz1, d'un signal sonore.

Le circuit peut être alimenté à l'aide d'une pile 9 V mais il est également possible de faire appel ici à un petit module d'alimentation secteur fournissant une tension de 9 V. La solution la plus élégante consiste pourtant à dériver la tension d'alimentation du circuit à tester.

La consommation de la partie « générateur » du circuit se limite à 1 mA seulement; le récepteur demande un courant de 10 mA au maximum.

A.B. Tiwana

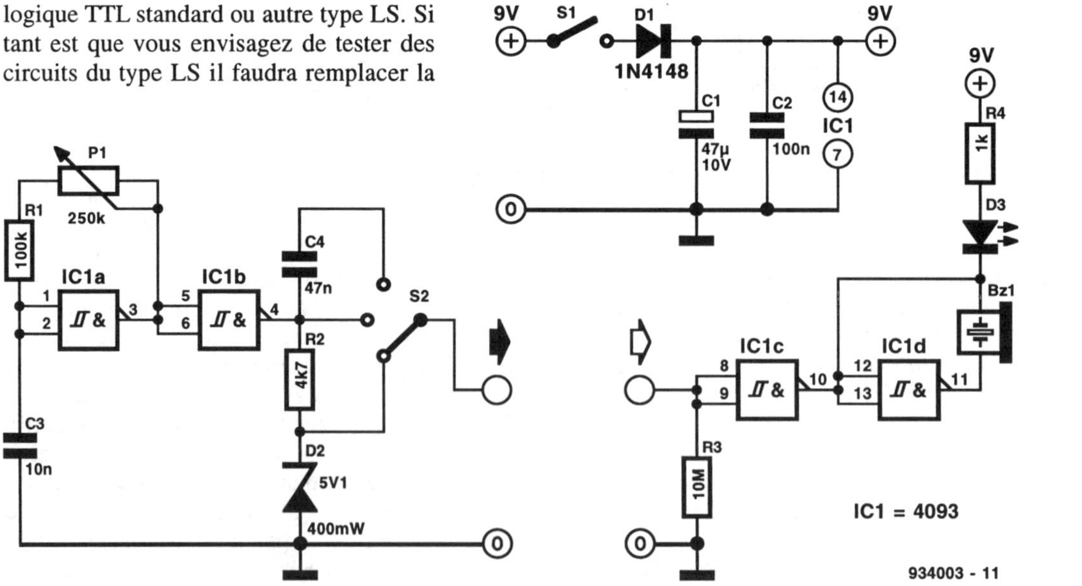

064 PONT « ZENER »

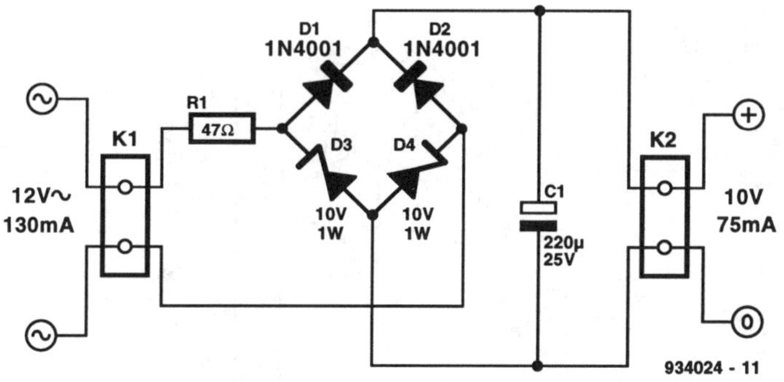

En substitution des quatre diodes classiques, le cas échéant associées à une unique diode zener, l'alimentation, décrite dans cet article, fait appel, pour le redressement et la stabilisation de la tension, à deux diodes zener et à deux diodes standard seulement.

Pour faciliter la description du fonctionnement de ce circuit nous allons supposer que la tension au point nodal des diodes D1 et D3 est positive par rapport à celle présente au point nodal D2/D4 et supérieure de + 0,6 V à la tension zener. La diode zener D3 limite de ce fait la tension à une valeur de 10 V. Le courant fourni à travers D1 au condensateur électrolytique et à la charge connectée, retourne vers le transformateur (la tension aux bornes de C1 a de ce fait la valeur de la tension zener + 0,6 V). La tension présente aux bornes de D3 (ne pas ajouter ici les 0,6 V supplémentaires) est transmise, via D1, au condensateur C1 qui (théoriquement) peut être chargé à une valeur inférieure de 0,6 V à celle de la tension zener (dans la pratique cette valeur est, hors-charge, légèrement plus importante). Si la tension d'entrée du pont zener présente une polarité inverse, il se passe exactement la même chose, à ceci près, que c'est maintenant la diode zener D4 qui limite la tension à 10 V, et que ce sont les diodes D2 et D3 qui sont passantes.

La résistance R1 définit le courant de zener. On notera cependant que les diodes zener ne limitent la tension que pendant la moitié du temps. Le courant moyen à travers les diodes zener est de ce fait égal à la moitié du courant de crête seulement. Ce même principe s'applique à la puissance. Avec la valeur indiquée dans le schéma, R1 définit le courant de zener moyen à une valeur de 90 mA environ de sorte que les diodes zener dissipent quelque 0,45 W, la puissance de crête étant elle pourtant de près de 1 W. Il est de ce fait impossible de réduire la valeur de R1. Puisque le courant à travers les diodes zener n'est pas constant (tension alternative à l'entrée !), le courant maximal de sortie du circuit est légèrement inférieur à deux fois le courant zener moyen. Dans la configuration du schéma le courant maximal de sortie est de 75 mA environ. Avec ce courant, la tension de sortie a chuté à quelque 9,4 V. Hors-charge, cette tension présente une valeur de 10,4 V environ. À l'image d'un circuit à zener classique, le montage proposé ici présente l'inconvénient de voir, en cas de destruction de l'une des diodes zener, la tension de sortie hors-charge grimper à la valeur de crête de la tension d'entrée (quelque 18 V dans le cas de notre circuit !).

On notera également que le circuit ne limite que la valeur supérieure de la tension de sortie. Dès que la tension d'entrée descend à une valeur incapable de garantir le bon fonctionnement des diodes zener, la tension de sortie ne dépend plus que de la charge du condensateur électrolytique. Sachant que toute charge connectée au circuit produit une chute de la charge de ce condensateur, la tension de sortie baissera elle aussi. Ce circuit est destiné de ce fait à l'alimentation de montages qui, soit, ne souffrent pas d'éventuelles ondulations, soit, se caractérisent par une consommation très modeste.

La connexion, à notre circuit doté de son condensateur électrolytique de 220 µF, d'une charge de 75 mA se traduit déjà par une ondulation de 7 V environ !

Pour réduire cette ondulation de la tension de sortie, il faudra utiliser soit un condensateur de capacité plus importante soit réduire le courant (à une valeur inférieure à 1 mA par exemple).

065 TRIGGER DE SCHMITT UNIVERSEL

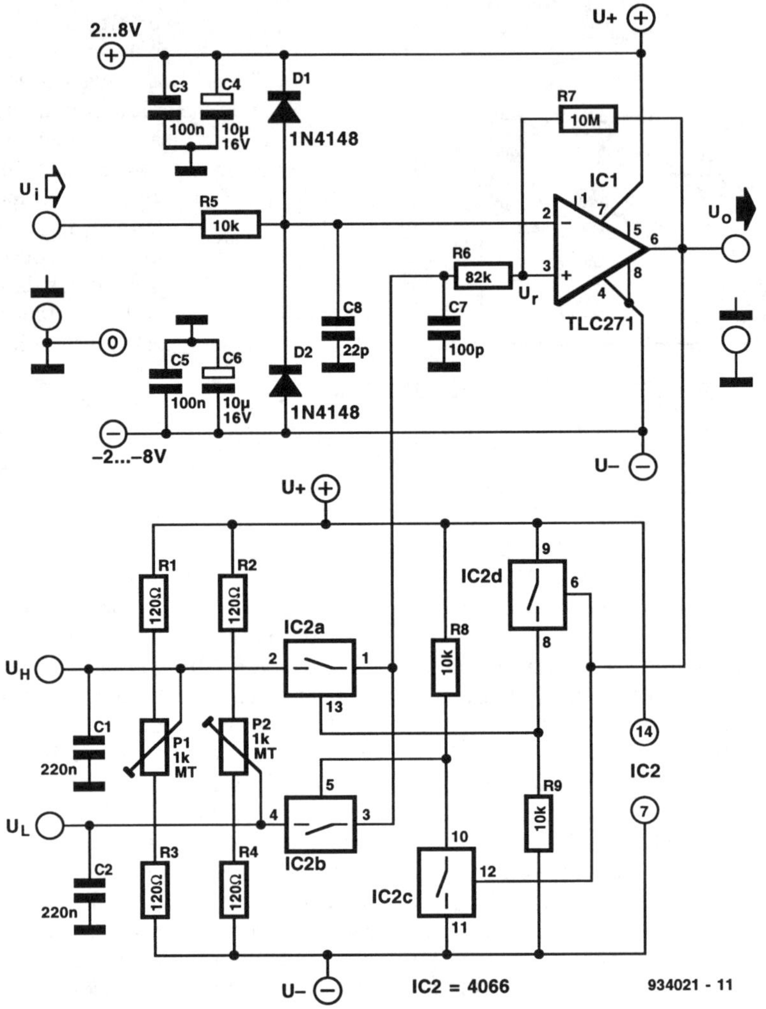

$U_i < U_r \rightarrow U_o = H \rightarrow U_r = U_H$

$U_i < U_r \rightarrow U_o = L \rightarrow U_r = U_L$.

Ce circuit de trigger de Schmitt se caractérise par deux tensions de seuil, réglables indépendamment l'une de l'autre, et possède donc ... une hystérésis réglable. Le circuit convient de ce fait très bien aux montages d'interface, pour, par exemple, la détection d'impulsions.

Le coeur du circuit est un amplificateur opérationnel, configuré comme trigger de Schmitt « inverseur ». Les deux tensions auxquelles la sortie du circuit change de niveau sont réglables à l'aide de deux résistances ajustables. P1 sert à la définition du seuil supérieur (U_H) et P2 à la définition du seuil inférieur (U_L). Si tant est, condition *sine qua non*, que U_H est supérieure à U_L, on a :

Le graphique de la figure 2 montre que, si la sortie présente un niveau haut, cette sortie ne passe au niveau bas que dans le cas où la tension d'entrée dépasse tout juste U_H. Pour passer de nouveau à un niveau haut, il faudra que la tension d'entrée descende jusqu'en-deçà de U_L. Une commutation de la sortie a également pour résultat un changement de la tension de référence présente sur l'entrée non-inverseuse de l'amplificateur opérationnel. Le couplage réactif, léger mais rapide, introduit par les résistances R6 et R7 est la cause initiale de ce

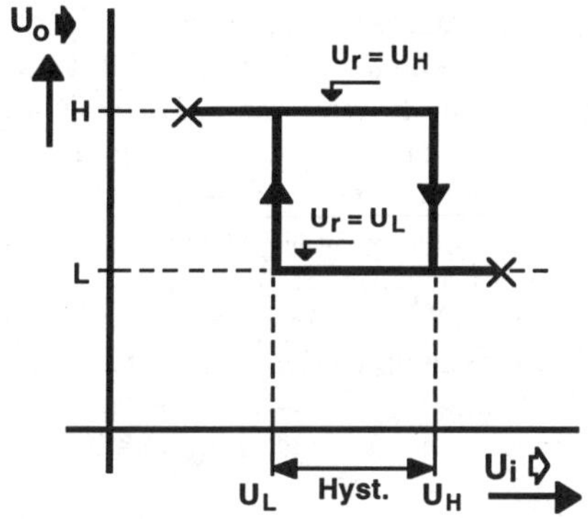

processus. L'hystérésis résultant de ce réseau se limite à quelques dizaines de millivolts mais suffit cependant à garantir un bon comportement de commutation de l'amplificateur opérationnel.

Une fois que la commutation de l'amplificateur opérationnel s'est faite, U_r change une nouvelle fois mais brutalement cette fois, vu que les interrupteurs électroniques IC2a à IC2d produisent une commutation du point nodal de R6 et C7, du niveau U_H vers le niveau U_L (ou inversement).

Avec la résistance « R_{on}» des interrupteurs analogiques, le condensateur C7 atténue la transition : la tension de référence passe progressivement, en 250 ns (5 x 500 Ω x 100 pF) environ, d'une valeur à l'autre. Ceci a pourtant comme corollaire que la vitesse de changement du signal d'entrée ne doit pas être trop élevée. L'entrée du circuit est dotée, pour pouvoir traiter des signaux aux flancs relativement raides, d'un filtre passe-bas (R5, C8). Le réglage des tensions de seuil se fait à l'aide d'un voltmètre que l'on connecte successivement aux points U_H et U_L. Il est recommandé d'utiliser pour P1 et P2 des ajustables du type multitour qui permettent d'ajuster les différents niveaux à un millivolt près. Le circuit convient pour des tensions d'entrée unipolaires et bipolaires. Si le traitement se limite à des tensions d'entrée uniquement positives, l'alimentation du trigger de Schmitt peut être asymétrique. Pour ce faire on connecte tout simplement les connexions « 0 » et « – ». L'alimentation est reliée ensuite aux points « + » et « 0 ». La consommation du montage ne dépasse pas, à la tension d'alimentation maximale, quelque 30 mA. Dans notre laboratoire nous avons testé le comportement de commutation du circuit en utilisant, comme signal d'entrée, un signal triangulaire (0 à 5 V). Le circuit suivait correctement les seuils de commutations prédéfinis (2 et 4 V) et ceci jusqu'à une fréquence maximale de 5 kHz.

066 AUTOMATE DE COUPURE

Un circuit « anti-oubli » tel que celui-ci se charge, dans un environnement à alimentation par accu, de la coupure d'une charge quelconque. Il évitera ainsi que l'on se retrouve un matin d'hiver en présence d'une batterie de voiture à plat pour avoir bêtement oublié de couper le coussin chauffant placé sur le siège du conducteur avant de quitter, le soir précédent, son véhicule. Cet automate de coupure convient également, vu l'absence de courant de repos, aux montages à pile sur lesquels chaque mA/heure est compté.

Le seul organe de commande est un inverseur à position médiane remplissant une fonction de bouton-poussoir. Si l'on appuie sur la touche S1 de manière à ce que la résistance R1 soit reliée à la ligne positive de l'alimentation, il arrive au transistor T1 une tension de base suffisante pour le mettre en conduction. Le relais colle reliant le pôle négatif de borne de sortie à la masse, mettant ainsi la charge en fonction. Simultanément on a, via cette résistance R1, mise en charge d'un condensateur électrochimique de forte capacité, C1, qui, associé à la résistance R3 définit la constante de temps du circuit. Si l'on

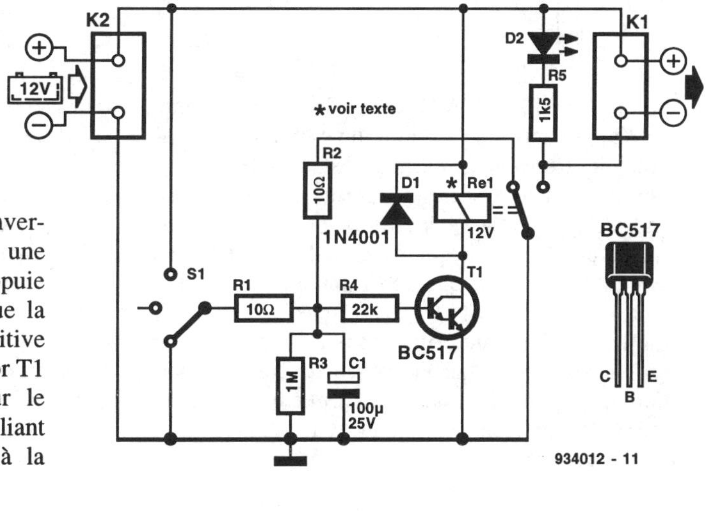

rebascule S1 en position médiane le condensateur C1 se décharge lentement via la résistance R3, processus prenant 10 mn. Une fois que la tension appliquée à la base de T1 est tombée en-deçà de 1,2 V le transistor bloque, et le relais met le condensateur à la masse via la résistance de faible valeur R2. C1 se décharge alors rapidement complètement. Le courant de repos est de 0 µA. Si l'on bascule S1 dans la position inférieure du schéma, on a interruption instantanée de la charge. La LED D2 visualise l'état du circuit. On veillera à ne pas donner à R5 une valeur trop faible pour éviter que la LED ne soit trop éblouissante dans l'obscurité. On peut donner à C1 une capacité allant jusqu'à 4 700 µF, la durée de décharge passant alors à 0,5 h. Il faudra bien entendu utiliser des condensateurs à courant de fuite faible. Le relais à utiliser sera du type 9 ou 6 V, pour éviter qu'à la mise en route du moteur ou à la mise en fonction de charges fortes consommatrices de courant,le relais ne se mette à battre. Il est impératif de ne pas oublier la diode de protection D1. Comme il n'est pas prévu ici de protection contre une inversion de polarité il faudra bien faire attention à la polarité du circuit lors de son implantation dans le véhicule.

W. Zeiller

067 THERMOSTAT MONOPUCE

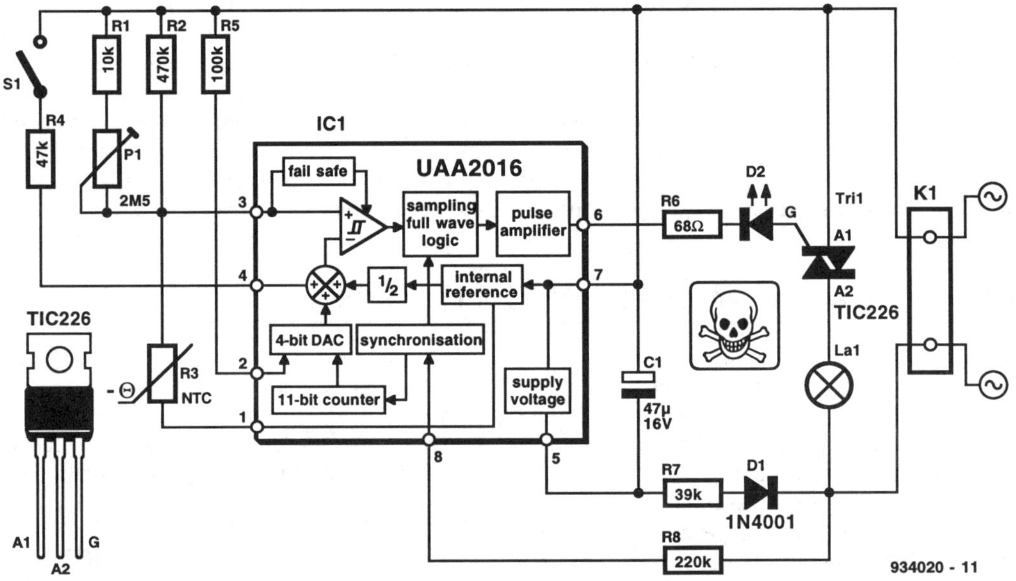

Le circuit intégré UAA2016 de Motorola permet de réaliser une régulation de température proportionnelle très précise alimentée depuis le secteur. Le capteur à utiliser prend la forme d'une résistance NTC (*Negative Temperature Coefficient* c'est-à-dire une à coefficient de température négatif) ayant une valeur de quelque 100 kΩ à une température ambiante de 25°C (R_{25}= 100 kΩ).
L'élément chauffant utilisé dans cette application est une ampoule à incandescence qui convient parfaitement pour le chauffage d'une poussinière, voire d'un quelconque autre local de séchage (pour le test de circuits électroniques par exemple). Le triac Tri1 est capable de « commuter » un courant de 3 A au maximum de sorte qu'il faudra le monter sur un radiateur de dimensions adéquates.
Quelques résistances, connectées aux broches 1 à 4 de IC1, déterminent les caractéristiques principales de la régulation. Outre le capteur, R3, déjà évoqué, les résistances R1 et R2 définissent les limites de la plage de régulation à l'intérieur de laquelle l'utilisateur peut, à l'aide de l'ajustable P1, choisir la température requise. Avec les valeurs indiquées dans le schéma la régulation couvre une plage de 0 à 70°C. Par la fermeture des contacts de l'interrupteur S1 on abaisse la température de 2°C environ,

la valeur de la résistance R4 déterminant en fait l'importance de cette chute de température. Une valeur de 100 kΩ produit une diminution de 1,5°C environ, une résistance de 10 kΩ faisant descendre la température de quelque 5°C. La résistance R5 définit l'hystérésis de la régulation (150 mV environ). La correspondance de cette valeur exprimée en degrés centigrades est fonction **et** de la résistance NTC **et** de la température ambiante. Ceci est dû au fait qu'une résistance NTC – est-il bien nécessaire de le répéter – ne possède pas une caractéristique linéaire. Soulignons qu'il existe une liaison galvanique entre l'ensemble du circuit et le secteur. Il est de ce fait **impératif** de monter l'électronique dans un coffret bien isolé, doté de liaisons, voire de prises secteur, adéquates.

068 LED « PILES ÉPUISÉES »

De nombreux appareils alimentés par pile(s) ont une LED pour indiquer le niveau de la tension d'alimentation. Si les piles sont pratiquement épuisées, cette LED clignote ou s'éteint. Le circuit décrit dans cet article sert à doter n'importe quel appareil à alimentation par piles de ce dispositif pratique. La tension (U_{LED}) aux bornes de la LED D1 dépend du type de LED utilisée et est de l'ordre de 2 V. La tension de la LED est appliquée à l'entrée d'un amplificateur différentiel discret réalisé à l'aide des transistors T1 et T2. Si la tension présente sur la base de T1 est inférieure à la tension de la LED, T1 devient conducteur et le condensateur C1 se charge via la résistance R1. Ce condensateur produit ensuite le blocage du transistor T3 qui, à son tour, rend passant le transistor T4. Le transistor T4 étant conducteur, la LED D1 s'éteint. La LED reste éteinte jusqu'au moment où le condensateur C1 aura perdu sa charge. Si la tension d'alimentation est toujours trop basse, le cycle recommence et la LED clignote donc. Si par contre la tension d'alimentation est suffisamment élevée, seuls les transistors T2 et T3 sont conducteurs, T4 bloque et la LED D1 restera « allumée » continûment. Le potentiomètre P1 sert à définir le niveau de tension à laquelle la LED doit se mettre à clignoter. La fréquence du clignotement dépend de la tension d'alimentation et de la capacité du condensateur C1. Il vous suffira, si la fréquence du clignotement ne vous convient pas, d'adapter la capacité de C1. La valeur de la résistance Rv définit l'intensité du courant traversant la LED et donc sa luminosité. En pratique, la résistance Rv et la LED D1 sont déjà, très souvent, présentes sur l'appareil que l'on veut doter de ce petit circuit accessoire.

F. Rimatzki

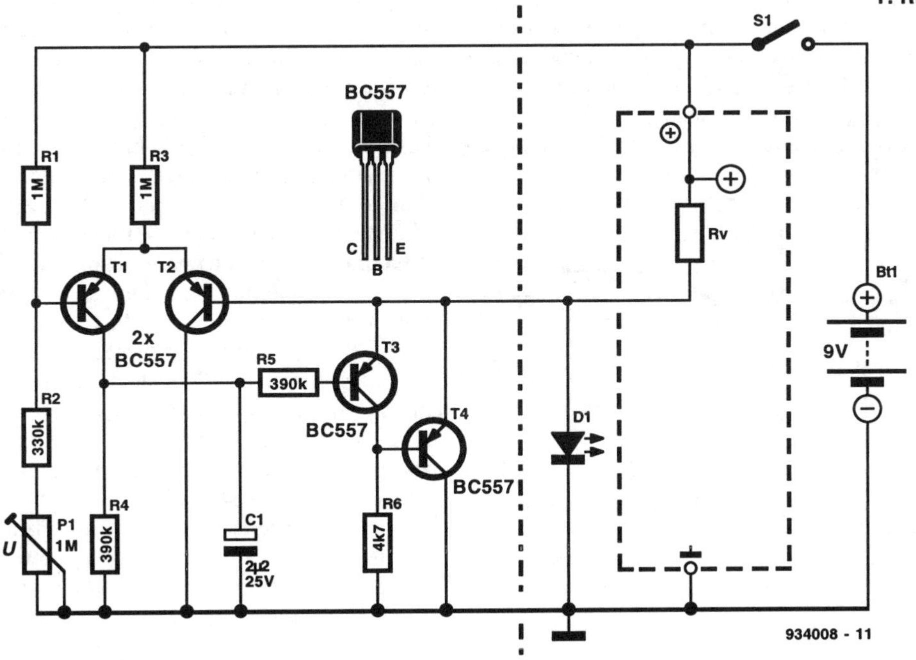

069 INTERRUPTEUR DOUX POUR AMPOULES HALOGÈNES

Comme, d'une part, elles « brillent » de façon très agréable et que, de l'autre, elles ont un rendement élevé, les ampoules halogènes jouissent d'une popularité sans cesse croissante. Tout n'est pourtant pas rose dans le monde de ces ampoules ! L'achat d'une ampoule halogène est une dépense relativement coûteuse. Une ampoule halogène pour bicyclette (6 V/2,4 W) coûte quelque 15 francs, les ampoules 12 V de 20 ou 50 W sont encore sensiblement plus chères. L'expérience vous aura sans doute appris que c'est au moment de sa mise en fonction qu'une telle ampoule rend bien souvent l'âme. Le courant qui traverse le filament (froid !!) à ce moment peut atteindre une valeur dix fois supérieure au courant nominal (notons en passant qu'un courant dix fois plus important entraîne une puissance cent fois supérieure elle !). Si tant est qu'il s'agisse d'un système alimenté en tension continue et dans ce cas-là uniquement, il suffit d'un circuit passif très simple pour remédier à cette situation. Il est également possible d'utiliser ce montage dans un système à tension alternative : il faudra prendre un pont de redressement en amont de l'électronique décrite dans les paragraphes à suivre. On notera cependant que, pour une tension de 6 ou de 12 V, l'adjonction au circuit d'un pont de redressement se traduit inévitablement par des pertes relativement importantes. L'idée de base, mise en oeuvre dans ce montage, est qu'un transistor FET de puissance laisse passer un courant dont l'intensité dépend du

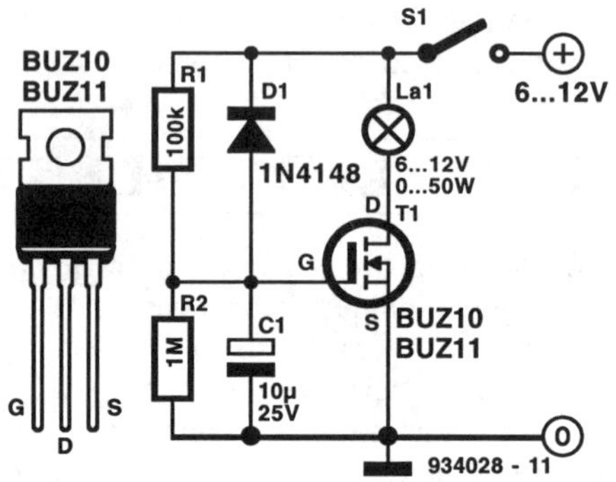

niveau de la tension appliquée à sa grille. Si l'on augmente donc progressivement la tension de grille, le courant à travers le FET augmentera de la même façon, à savoir progressivement. La tension de grille est définie par le condensateur C1, chargé tout doucement via la résistance R1.

« Tout doucement » veut dire ici en quelques dizaines de millisecondes, durée qui suffit amplement pour permettre un échauffement « progressif » du filament de l'ampoule.

La plupart de nos lecteurs sait sans doute qu'un FET de type BUZ10 ou BUZ11 a besoin d'une tension de grille de 6 V au minimum pour passer à l'état conducteur. La tension de grille maximale est de quelque 15 V. Le circuit convient de ce fait également pour des ampoules alimentées en 12 V. Si la tension d'alimentation des ampoules est 6 V il faudra attribuer à la résistance R1 une valeur de 100 kΩ environ, dans le cas d'une tension de 12 V il faudra faire appel à une résistance de 470 kΩ. Il n'y a pas le moindre problème si vous envisagez d'expérimenter un peu avec la valeur de la résistance R1 ou celle du condensateur C1.

La recopie d'écran d'oscilloscope montre nettement l'effet pratique du montage. La courbe inférieure montre le courant traversant l'ampoule en absence du circuit de limitation. La crête atteint une valeur qui est 4,5 fois la valeur nominale du courant qui traverse normalement le filament. La courbe supérieure montre qu'avec notre petit circuit de limitation, la crête de courant n'atteint plus une valeur aussi extrême.

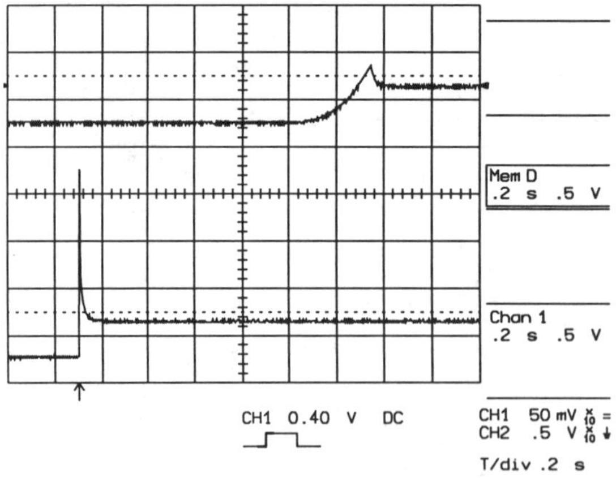

Il est possible de faire appel dans ce circuit à n'importe quel transistor MOSFET de caractéristiques convenables Le BUZ10 supporte un courant maximale de quelque 20 A et convient donc parfaitement pour une ampoule de 12 V/20 W. Du fait que les courants d'intensité très importante ne circulent que très brièvement, on pourra, dans la pratique, même envisager d'attaquer, avec ce transistor, une ampoule de 12 V/50 W. Un BUZ11 supporte même un courant de 30 A environ.

Les pertes introduites par ce circuit sont relativement faibles. Un BUZ10 a, à l'état passant, une résistance de 0,08 Ω, valeur qui résulte, en présence d'un courant de 1,67 A en une perte de 0,23 W seulement. À condition d'avoir disposé ce transistor « librement », cette dissipation se traduit en fait par une augmentation de sa température de 17°C seulement. Cela veut dire qu'en général il est superflu de doter le FET d'un radiateur.

070 VOLTMÈTRE DE BORD

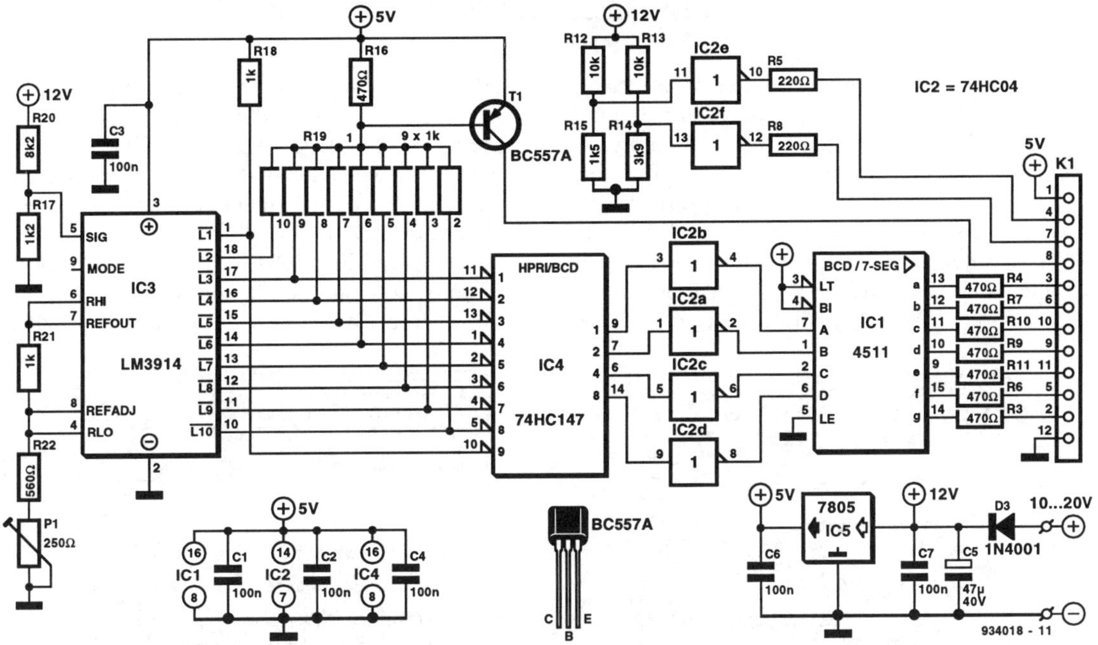

Ce montage qui ne manquera pas d'intéresser de nombreux possesseurs d'automobiles utilise 2 afficheurs à 7 segments à LED pour visualiser la tension de la batterie de bord du véhicule. Outre cette simple fonction d'affichage, le circuit en remplit aussi une autre, comportant des indicateurs signalant une tension trop faible ou trop élevée. La plage d'affichage du circuit s'étend de 9 à 18 V.

La tension de bord commence par subir une atténuation d'un facteur 7,83, introduite par les résistances R17 et R20. Ceci signifie, qu'en règle générale, la tension appliquée à l'entrée SIG de IC3 est comprise entre 1,14 et 2,29 V (pour des tensions de batterie allant de 9 à 18 V). Le LM3914 (IC3) possède une tension de référence interne qui maintient, entre ses broches 7 et 8, une différence de tension de 1,25 V. Chacune des résistances du réseau en échelle R19 voit donc à ses broches une tension de 0,125 V. La différence de tension pour chaque pas entre 9 V et 18 V est de (2,29 –1,14)/9, soit 0,1278 V. Cette valeur est assez proche de la tension de référence de 0,125 V pour obtenir la résolution requise dans cette application. Dans ce montage, le LM3914 est utilisé en mode « point ». Les sorties à collecteur ouvert du LM3914, $\overline{L1}$ à $\overline{L10}$, sont connectées chacune à une résistance de forçage de 1 kΩ, neuf d'entre elles étant intégrées dans le réseau résistif R19. La présence de ces résistances se traduit également par l'apparition d'un « 1 » sur l'afficheur de poids fort (LD1) pour toute tension d'entrée supérieure à 9 V. La base du transistor T1 ne restera au niveau haut —empê-

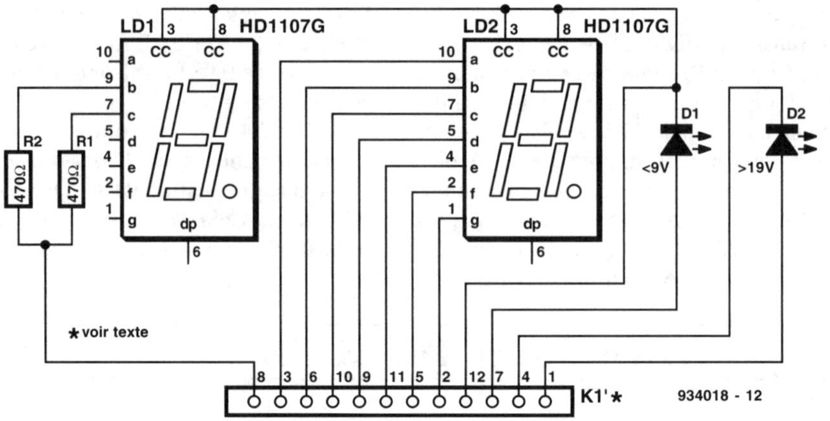

chant tout affichage sur LD1— que si la tension d'entrée est de 9 V. Une tension d'entrée supérieure à 9 V se traduit par la présence d'un niveau bas sur la base de T1 et, par conséquent, l'illumination des segments **b** et **c** de LD1, qui représentent ainsi un « 1 ». Comme l'encodeur de priorité IC4 transmet systématiquement un « 0 » tant qu'aucune de ses entrées ne se trouve au niveau bas, la sortie L2 du LM3914 n'est pas connectée. Associé à l'affichage du « 1 » sur l'afficheur de poids fort LD1, ceci se traduit par la visualisation du chiffre « 10 ». Les inverseurs IC2a à IC2d garantissent l'application des niveaux d'entrée corrects aux entrées de IC1, un circuit de commande d'afficheur du type 4511.

Les inverseurs IC2e et IC2f font office, d'une part de circuits de contrôle de tension trop faible (8,7 V) et trop élevée (18,7 V), et de circuits de

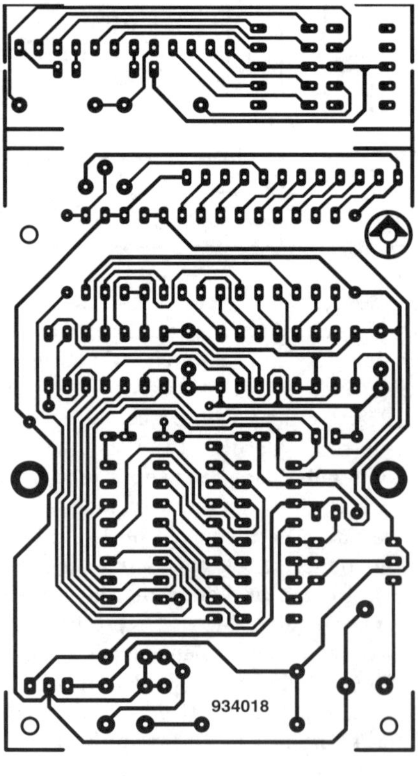

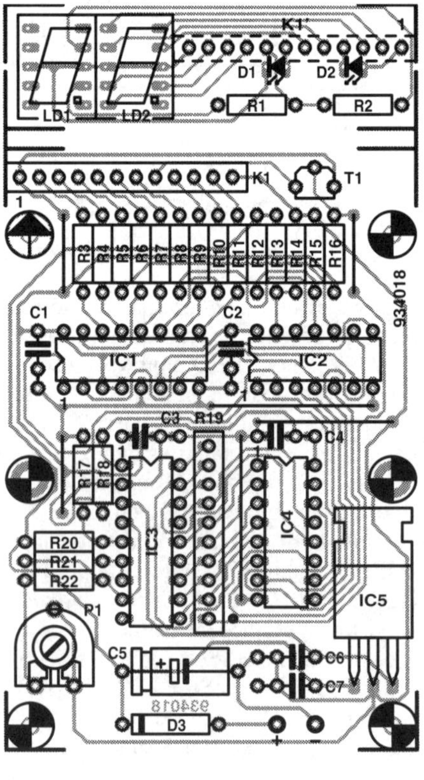

commande pour les LED D1 et D2, chargées de visualiser la situation d'erreur de l'autre. Les seuils de commutation réels dépendent du circuit intégré utilisé. Il peut être nécessaire d'expérimenter quelque peu avec les valeurs des résistances R15 (tension trop élevée) et R14 (tension trop faible). La LED indiquant une tension trop faible doit s'illuminer en présence d'une tension d'entrée comprise entre 5 V et 8,5 V. Il n'est pas possible de visualiser la présence d'une tension inférieure à 5 V pour la simple et bonne raison qu'avec une tension inférieure à 5 V on ne verra plus l'illumination de la LED. La LED indiquant une tension trop élevée doit s'illuminer à une tension supérieure à 19 V. Si tant est que l'on dispose d'un voltmètre numérique précis et d'une alimentation réglable, l'étalonnage du circuit ne posera pas de problème. Si l'on ne dispose pas de ces appareils il faudra se contenter de mettre l'ajustable P1 en position médiane, réglage qui s'avérera, en règle générale, suffisamment précis. Les perfectionnistes entre nos lecteurs peuvent connecter au circuit une alimentation, réglée de façon à fournir une tension de sortie de 12 V. Il faudra jouer ensuite sur l'ajustable P1 jusqu'à ce que notre voltmètre de bord affiche le chiffre « 12 ». Ce chiffre ne devrait pas changer pour des tensions d'entrée comprises entre 11,5 et 12,5 V. Ce cela n'est pas le cas il faudra, à nouveau, ajuster la position du curseur de P1. On continue par un abaissement à 8 V de la tension d'entrée. La LED D1 (« **<9V**») devrait, maintenant, s'illuminer et l'on devrait voir apparaître le chiffre « 0 » à l'affichage. En augmentant progressivement le niveau de la tension d'entrée il faudra avoir, à 8,5 V environ, affichage du chiffre « 9 ». Le niveau exact de la tension entraînant ce changement n'est pas très important. On continue le processus d'étalonnage par l'application d'une tension de 17 V au circuit, qui, bien entendu, doit afficher le chiffre « 17 ». Une augmentation progressive de cette tension jusqu'à une valeur de 18 V devrait se traduire par l'affichage du chiffre « 18 » à un point donné situé entre 17,2 V et 17,8 V. Si cela n'est pas le cas, c'est que la valeur de la résistance R21 présente une tolérance trop importante, entraînant une valeur de pas incorrecte pour le réseau à échelle. Le remède est très simple : il faudra remplacer la résistance R21 (ainsi que R17 et R20 si nécessaire) par des exemplaires ayant une tolérance de 1%.

La consommation du circuit est relativement importante ce qui se traduit par un échauffement non négligeable du régulateur de tension IC5. Il est donc requis de monter ce composant sur un petit radiateur.

Le circuit imprimé pour ce montage comporte deux sections distinctes —celle de l'affichage et celle de l'électronique de surveillance— qu'il faudra séparer l'une de l'autre avant de commencer la mise en place des composants. La connexion entre ces deux parties est assurée par un connecteur SIL à douze contacts mâles, K1, sur le circuit principal et un connecteur SIL à douze contacts femelles, K1', sur la platine des afficheurs. L'unité d'affichage peut être montée, après avoir surmonté les afficheurs d'une plaquette de plastique transparent, à un endroit convenable dans le tableau de bord.

K.M. Reddy

Liste des composants

Résistances :
R1 à R4,R6,R7,R9 à R11,R16 = 470 Ω
R5,R8 = 220 Ω
R12,R13 = 10 kΩ
R14 = 3kΩ9
R15 = 1kΩ5
R17 = 1kΩ2
R18,R21 = 1 kΩ
R19 = réseau résistif 9 x 10 kΩ
R20 = 8kΩ2
R22 = 560 Ω
P1 = ajustable 250 Ω

Condensateurs :
C1 à C4,C6,C7 = 100 nF
C5 = 47 µF/40 V

Semi-conducteurs :
D1 = LED jaune 3 mm
D2 = LED rouge 3 mm
D3 = 1N4001
T1 = BC557A
IC1 = 4511
IC2 = 74HC04
IC3 = LM3914
IC4 = 74HC147
IC5 = 7805
LD1,LD2 = HD1107G, afficheur 7 segments à LED (Siemens)

Divers :
K1 = connecteur SIL à 12 contacts mâles coudés
K1' = connecteur SIL à 12 contacts femelles
éventuellement boîtier 61 x 97 x 23 mm (par exemple HM-Kit-6600-902 de Pactec)

071 COUPURE AUTOMATIQUE

POUR CHARGEUR DE BATTERIES - V2.0

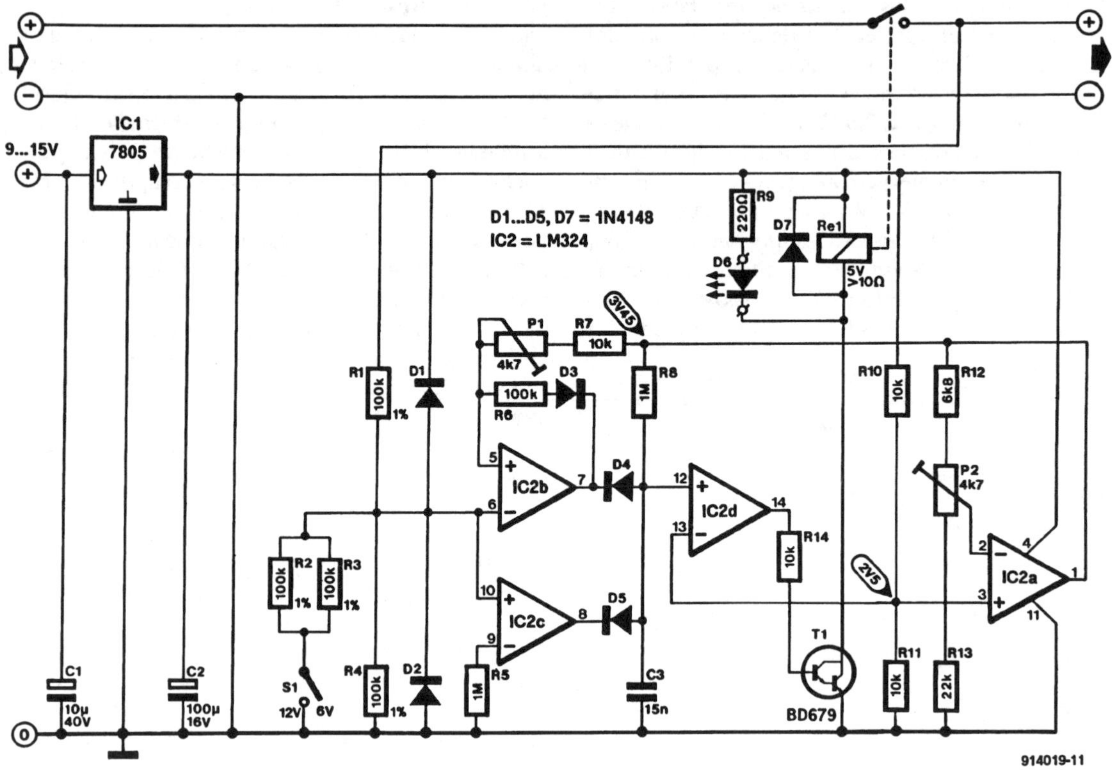

Dans le numéro 133/134 d'Elektor (page 95), nous avons décrit un circuit destiné à doter un chargeur pour accus d'un automatisme de recharge à deux fonctions : coupure lorsque la tension de fin de recharge est atteinte et remise en fonction lorsque la tension de l'accu descend en-dessous d'une certaine valeur. Grande pourtant fut la déception d'un nombre important de nos lecteurs conducteurs de 2 CV, modélistes de tout acabit. Le circuit n'était en effet utilisable qu'avec des accus de 12 V ! La solution à ce problème, et l'objet de cet article, est relativement simple : pour peu que l'on adapte le diviseur de tension à l'entrée inverseuse de IC2b, le circuit peut également servir avec des accus de 6 V. L'interrupteur S1 permet de faire passer de 100 kΩ à 33 kΩ la valeur de la résistance entre le point nodal des résistances R1 et R4 et la masse. Reprenons son principe de fonctionnement: IC2b compare la tension de l'accu, disponible au point nodal du diviseur de tension constitué par les résistances R1 et R2 à R4, à une tension de référence. Tant que la tension de l'accu est de 0 V, le courant d'entrée de l'amplificateur opérationnel produit une tension faible aux bornes de la résistance R5, de sorte que IC2c bascule à "0". Les contacts du relais Re1 restent de ce fait ouverts. Pendant ce temps, la sortie de IC2b présente une tension positive qui, de par la présence de la porte AND constituée par les diodes D4 et D5, reste pourtant sans influence. Ce n'est qu'après la connexion d'un accu que sa tension résiduelle, aussi faible soit-elle, entraîne la commutation de IC2c, le blocage des diodes D4 et D5, l'application de tension de référence à l'entrée positive de IC2d et l'excitation du relais Re1. L'accu est rechargé maintenant jusqu'à atteindre sa tension de fin de recharge. La tension présente à l'entrée inverseuse de IC2b est alors supérieure à 3,45 V (grâce au diviseur de tension mentionné plus haut). La sortie de IC2b devient haute et entraîne de ce fait la coupure de la ligne de connexion entre l'accu et son chargeur. L'ajustable P2 sert à régler la tension de référence de 3,45 V présente à la sortie de IC2a. Le diviseur de tension réalisé à l'aide de la diode D3, des résistances R6 et R7 et de l'ajustable P1 donne une certaine hystérésis au comparateur IC2b. Si la tension de l'accu devient inférieure à la valeur fixée à l'aide de P1, IC2b commute et garantit de ce fait le maintien de charge. L'étalonnage du circuit se fait à l'aide d'un voltmètre branché à la sortie de IC2a; il suffit alors de jouer sur P2 pour obtenir une tension de 3,45 V. On règle ensuite P1 à sa résistance maximale. Au lieu de connecter un accu au circuit, on y connecte un module d'alimentation réglable fournissant une tension comprise entre 6,2 et 6,4 V (S1 sur 6 V) ou entre 12,4 et 12,8 V (S1 sur 12 V), tension à laquelle le processus de maintien de charge doit débuter. Il suffit alors de jouer sur P1 jusqu'à ce que le relais Re1 soit excité. Les plus férus d'entre nos lecteurs pourraient envisager d'utiliser le dessin de circuit imprimé proposé dans le numéro 133/134 d'Elektor page 73 et de procéder ensuite aux modifications nécessaires: une tâche ardue. Faites sinon votre propre dessin de circuit imprimé à l'aide d'OrCAD et de Layo1 Plus, d'Eagle, d'EZ-PC ou de Boardmaker II ...

072 FEU ARRIÈRE AUTOMATIQUE POUR VÉLO

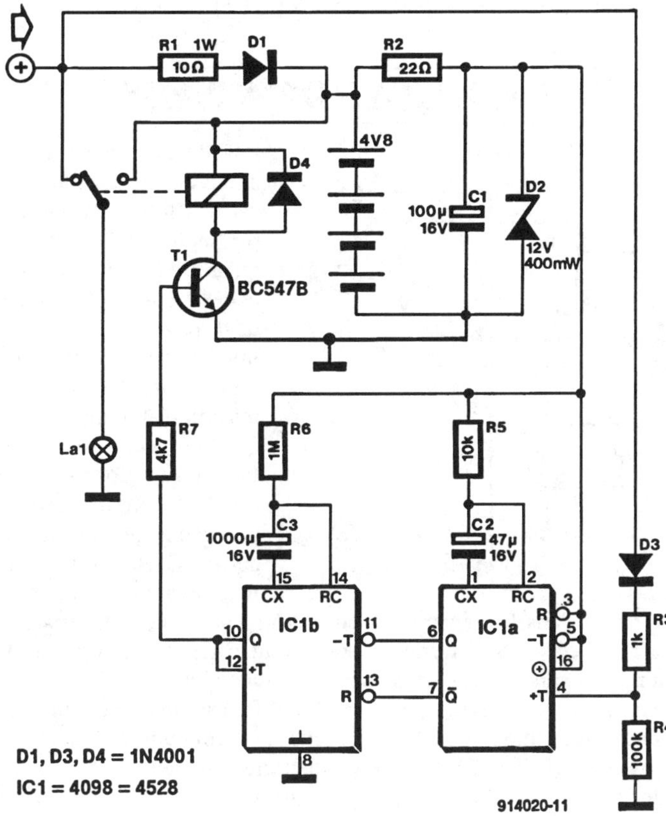

Rouler à bicyclette, surtout la nuit, est risqué. Dès qu'il s'arrête, à un feu rouge ou devant un passage clouté par exemple, un vélo voit ses feux s'éteindre et les autres usagers de la route n'aperçoivent la bicyclette et son "conducteur" qu'à grand peine. Un tout petit montage électronique suffit à mettre fin à ce genre de situations dangereuses. Comme le montre le schéma du circuit, nous faisons appel ici à quatre cellules au cadmium-nickel (CdNi) de capacité comprise entre 0,25 et 1,25 Ah. Lorsque la bicyclette roule, sa dynamo fournit une tension qui, à travers la résistance R1 et la diode D1, recharge les cellules CdNi. De par la tension d'accu de quelque 4,8 V choisie, la tension générée par la dynamo suffit largement pour les recharger. Elle ne suffit cependant pas, à l'arrêt, pour faire fonctionner l'ampoule du feu arrière à sa puissance maximale. Dans la pratique, ceci ne constitue pourtant pas d'inconvénient majeur. Le circuit comporte deux multivibrateurs monostables. Le premier, IC1a, possède une constante RC de une seconde environ, définie par la résistance R5 et le condensateur C2. Ce multivibrateur sert à détecter si la dynamo génère bien une tension alternative. Pour cette détection, le circuit fait appel à la diode D3 et aux résistances R3 et R4. Tant que la tension alternative est présente, IC1a force une remise à zéro de IC1b. Dans ces conditions, le relais n'est pas excité et l'éclairage est alimentée directement par la dynamo. Si la tension fournie par la dynamo devient trop faible, IC1a n'est plus déclenché et ses sorties changent de niveau. Ceci libère le forçage de l'entrée de remise à zéro de IC1b et son entrée –T est activée. IC1b reste actif pendant deux minutes; au cours de cet intervalle, le feu arrière est alimenté par l'accu CdNi. IC1b n'est pas strictement indispensable au fonctionnement du circuit. Il introduit cependant une mise hors-fonction automatique de l'éclairage, ce qui évite que l'accu ne soit déchargé complètement si l'on oublie de couper l'éclairage manuellement. Le relais que l'on utilise dans ce circuit doit être excité par une tension de 4,8 V. Un relais ayant une tension de bobine de 5 V convient donc parfaitement. Pour peu que vous arriviez à enfermer ce petit circuit dans un boîtier parfaitement étanche, il contribuera certainement des années durant à votre sécurité lors de vos randonnées nocturnes à bicyclette.

U. Kunz

073 "LIGNE DE RETARD" À NE555

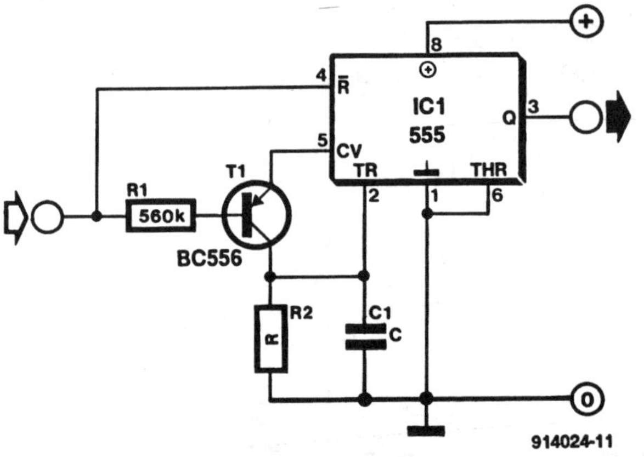

L'introduction d'un léger retard dans la transmission d'une impulsion numérique constitue l'une des opérations les plus fréquemment rencontrées dans nombre de circuits électroniques. Pensez, par exemple, à une liaison entre deux modems. Peu après l'activation de la ligne RTS (***Ready To Send*** = prêt à émettre), il faudra fournir un signal CTS (***Clear To Send*** = autorisation d'émission). Pendant l'intervalle séparant ces deux signaux, le modem côté récepteur a le temps de se configurer pour la réception des données. Cette ligne de retard universelle basé sur un temporisateur classique NE555 permet de réaliser aisément un circuit introduisant un certain retard. Grâce à la structure peu usuelle de ce circuit, il nous est possible d'introduire un retard compris entre 100 µs et 100 s. On avouera qu'une telle plage conviendra à la majorité des applications. La sortie Q du 555 ne peut passer au niveau haut que si le niveau de la tension présente à la broche 2 tombe en-dessous du tiers de la tension d'alimentation. Il faut cependant que la broche 4 se trouve au niveau haut. Puisqu'au repos la tension présente à la broche 4 est faible et que le condensateur C1 est chargé à travers le transistor T1, la sortie, Q, se trouve au niveau bas. Si maintenant on fait passer l'entrée du circuit au niveau haut, le transistor T1 bloque et le condensateur C1 se décharge à travers la résistance R1. Comme la condition de remise à zéro a disparu lors de l'application d'un niveau haut à la broche 4, la diminution de la tension aux bornes du condensateur mènera, après un certain temps, au passage au niveau haut de la sortie du NE555. Le calcul du temps nécessaire à la décharge du condensateur C1, répond à la formule suivante,

$t = 0{,}69 \cdot R1 \cdot C1$,

dans laquelle t est exprimé en secondes et $R1 \geq 10\,k\Omega$.

S. Bolt

074 ANTI-REBONDS « GARANTI »

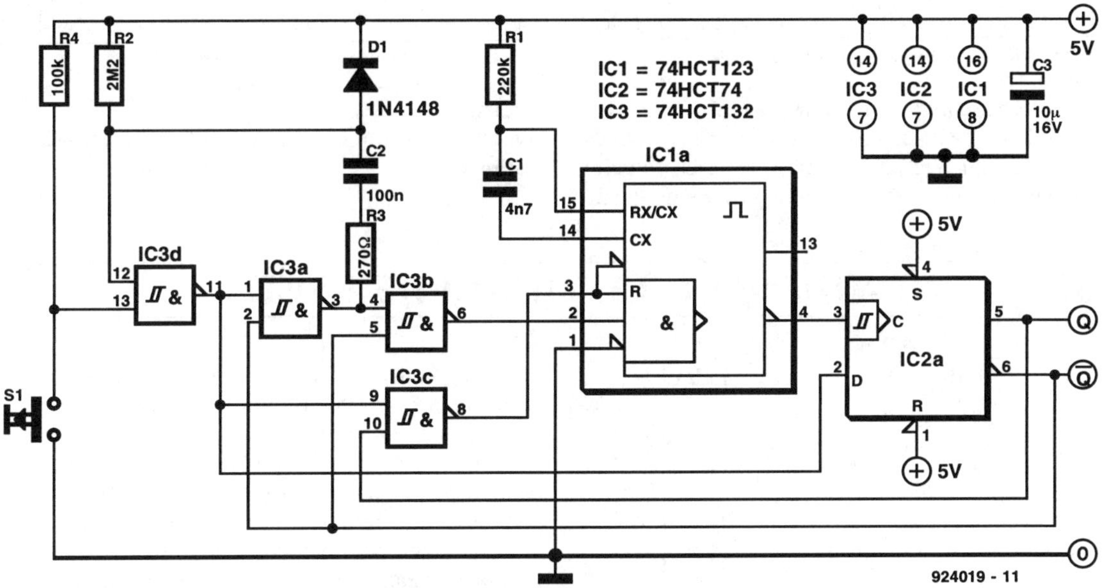

Le dispositif anti-rebonds pour touches décrit dans cet article possède les caractéristiques intéressantes suivantes :

- l'impulsion de sortie et la période d'activation de la touche ont toujours une durée identique,
- le circuit convient tout particulièrement pour les applications faisant appel à des capteurs de rotation angulaire mécaniques et pour des mesures de durée et de vitesse,
- les rebonds sont admissibles pendant toute la durée de l'activation de la touche,
- lors des rebonds, il n'y a pas d'inconvénient à ce que le rapport cyclique soit beaucoup plus petit que 50% et
- absence totale d'étalonnage.

Tous les circuits « anti-rebond » connus ont une caractéristique commune : ils raccourcissent, ou au contraire prolongent, la durée d'activation de la touche.

Le circuit présenté ici est lui sans la moindre influence sur cette durée. L'impulsion fournie par cette électronique est d'une durée qui correspond exactement à la durée de l'activation de la touche, de la première fermeture de ses contacts jusqu'au relâchement définitif. Le « temps mort » nécessaire à la fonction anti-rebond ne se traduit que par un délai très faible. Intéressons-nous maintenant au schéma : la fermeture des contacts de la touche S1 se traduit par un déclenchement de la bascule monostable IC1a via les portes IC3d, IC3a et IC3b. La réinjection réalisée par l'intermédiaire du condensateur C2 interdit tout redéclenchement de la bascule monostable au cours de sa période d'activité. Après écoulement de la pseudo-période de la bascule monostable, la bascule bistable IC2a est « positionnée ». Ceci se traduit par le verrouillage des portes IC3a et IC3b, désactivant la réinjection et l'entrée B de la bascule monostable. Via les portes IC3d et IC3c, la touche S1 est reliée maintenant à l'entrée de remise à zéro de la bascule monostable. Tant que les contacts de la touche S1 restent fermés, la bascule monostable demeure dans son état non-déclenché. Si au contraire les contacts s'ouvrent (volontairement ou à la suite de rebonds), la bascule monostable est déclenchée. Au cas où les contacts de S1 restent ouverts jusqu'à la fin de la pseudo-période de la bascule monostable, la bascule bistable IC2a sera repositionnée à l'état non-déclenché. Si les contacts de S1 se referment pendant la pseudo-période, la bascule monostable sera repositionnée. Lors de cette phase, définie par les durées de fonctionnement de la porte IC3c et de la bascule monostable, la bascule bistable demeure dans son état positionné.

L'adjonction au circuit d'une seconde porte permettra de mettre aussi à profit les moitiés inutilisées de IC1 et IC2 pour réaliser un second circuit anti-rebonds, pouvant servir, par exemple, à la réalisation d'un circuit d'anti-rebonds pour un capteur angulaire de rotation mécanique. Il faut que la pseudo-période de la bascule monostable ait une durée supérieure à la durée la plus longue pendant laquelle les contacts sont ouverts lors des rebonds. Pour garantir que la réinjection reste en fonction pendant la totalité de la pseudo-période de la bascule monostable, la constante de temps, définie par l'intermédiaire de la résistance R2 et du condensateur C2 doit être sensiblement plus longue que la dite pseudo-période de la bascule monostable. Il est recommandé de donner une valeur aussi faible que possible à la résistance de forçage R4, si l'on veut obtenir une élimination efficace de la distorsion.

Avec le dimensionnement du schéma, la consommation du circuit se limite à 1 mA environ.

B. Zschocke

075 INDICATEUR D'OUBLI DES FEUX

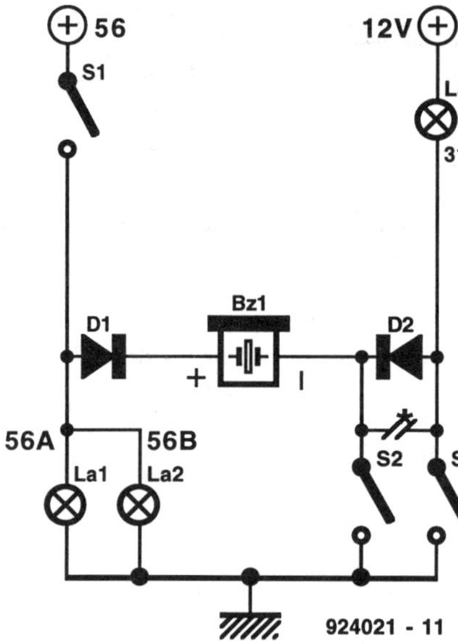

Il existe encore, en ces temps d'automobiles ultrasophistiquées, des voitures qui ne disposent pas d'une signalisation acoustique indiquant au conducteur qu'il n'a pas pensé à couper tous les feux du véhicule lorsqu'il se décide à le quitter. Peut-être êtes-vous l'un de ces conducteurs s'étant un jour retrouvé devant une voiture à la batterie vide parce qu'il avait oublié de couper les feux de code. « Ah si seulement j'avais eu un indicateur d'oubli des feux » aura peut-être été votre soupir. Nous vous proposons ici la version la plus simple que l'on puisse imaginer d'un tel dispositif de signalisation, système dont le montage est à la portée de tout lecteur d'Elektor, même s'il n'est pas garagiste ou mécanicien diplômé. Les composants nécessaires à cette réalisation sont une diode et un résonateur. L'anode de la diode D1 est reliée à l'une de bornes fournissant la tension servant à l'éclairage du véhicule, sa cathode étant reliée elle résonateur. L'autre borne du résonateur est connectée à la ligne du contact de feuillure de porte, comme dit si joliment le guide technique de la R18 de Renault, à la borne (31B, la dénomination varie d'une notice technique à l'autre) du plafonnier par exemple. Et voilà, il vous aura fallu moins de temps pour implanter l'électronique sur votre véhicule qu'il ne vous en aura fallu pour lire et comprendre ce paragraphe. « À partir de dorénavant » on aura émission d'un signal sonore dès l'ouverture d'une porte sans avoir pris la précaution auparavant de couper l'éclairage de la voiture. La fermeture de la porte arrête le signal d'avertissement. Cette solution a malheureusement l'inconvénient de produire un signal acoustique lorsque l'on ouvre la portière côté passager. Si l'on se « fend » d'une seconde diode, D2, on pourra remédier à cette situation et l'on aura ainsi installé la version de luxe faisant l'objet du schéma joint. Le circuit ne fonctionne bien évidemment qu'avec des voitures sur lesquelles le contact de feuillure de porte relie, comme l'illustre le schéma, le plafonnier à la masse. Rassurez-vous, il s'agit de la très grande majorité des véhicules sous nos latitude (exception faite, évidemment direz-vous, d'un certain nombre de véhicules d'outre-Manche, mais là-bas aussi les temps changent).

On utilisera, pour D1, une diode de 1 A (1N4001 par exemple), D2 devant elle être du type 3 A (1N5401 par exemple).

E. Tienken

076 ÉTAGE DE MESURE SUR LE SECTEUR AVEC OSCILLOSCOPE

Il peut, dans certains cas, être intéressant de savoir – ne serait-ce que pour déterminer la consommation ou regarder la forme d'onde – quels tensions et courants sont présents sur les lignes d'alimentation d'un appareil connecté au secteur.

Bien que certaines ampoules modernes (des types PL aux tubes luminescents par exemple) aient une consommation très faible, elles constituent également (et malheureusement) une source de rayonnement parasitaire important, parce que le courant consommé n'a pas une forme sinusoïdale franche. On fait appel, pour déterminer la forme d'onde de ce courant, à un oscilloscope. En règle générale le boîtier de cet instrument de mesure est connecté **et** à la ligne de terre du secteur **et** à la masse de la sonde de mesure utilisée.

Lors d'une mesure effectuée sur les lignes du secteur, cette caractéristique peut avoir comme conséquence une situation potentiellement très dangereuse et/ou entraîner un court-circuit (pas moins dangereux lui non plus d'ailleurs !).

Comme il existe donc une connexion entre la ligne de terre du secteur et la masse il faudra toujours relier la pince de masse de la sonde au zéro. Si, par erreur, on connecte la ligne de phase à la masse de l'oscilloscope, le boîtier de ce dernier est mis immédiatement sous tension (secteur !). Le résultat de cette manoeuvre est soit un fusible grillé soit une activation du disjoncteur. Bien que la situation dangereuse soit éliminée quasi-immédiatement, il faudra noter que le courant de court-circuit, aussi bref soit-il, est susceptible de causer de graves dommages à l'oscilloscope, la sonde utilisée ou le circuit sur lequel on avait l'intention effectuer les mesures.

Si la situation évoquée ci-dessus se passe avec un oscilloscope connecté à une prise secteur sans terre de protection, il n'est plus question de recevoir « d'avertissement » sous la forme d'un fusible grillé ou de l'activation d'un disjoncteur. Dans de telles conditions le plus léger effleurement du boîtier de l'oscilloscope (connecté au secteur) peut constituer un danger (mortel le cas échéant).

On se retrouve avec des conditions identiques si l'on néglige de connecter la ligne de terre de l'oscilloscope à la ligne de terre du secteur (pour, par

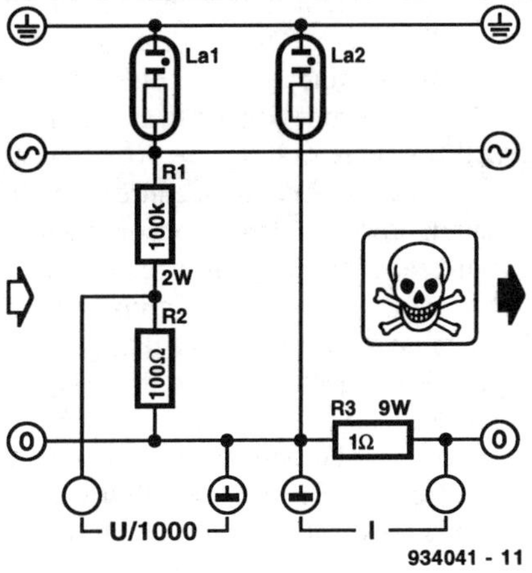

exemple, éviter qu'une boucle de masse ne gêne les mesures). La protection que constitue la présence d'un fusible est sans le moindre effet dans cette situation. En général, on recommande de ne pas effectuer de telles mesures dans de pareilles circonstances.

S'il est impératif d'effectuer des mesures sur le secteur, il faudra utiliser un petit circuit auxiliaire, tel que le montage décrit dans cet article. Nous avons doté une double prise secteur femelle de deux ampoules néon à résistance-série. Il est recommandé de faire appel ici à une ampoule verte et une ampoule rouge. Si l'on se trompe lors de la connexion de la ligne de phase, l'ampoule rouge (La2) s'illumine pour indiquer qu'il faudra rebrancher la fiche, après lui avoir fait subir une rotation de 180° bien entendu. Si tout va bien l'ampoule verte s'illumine. Il n'est pas question (pour des raisons d'économie mal placées par exemple) de se limiter uniquement au montage de l'ampoule rouge. Le fait que cette petite ampoule reste éteinte est loin de garantir que la connexion établie est correcte. Il serait possible, n'est-ce pas, que cette petite ampoule soit hors d'état de fonctionner, que la prise secteur se trouve (momentanément) hors-tension, voire encore que la ligne de terre ne soit pas connectée correctement (il est possible, dans cette dernière situation, que les deux ampoules s'illuminent faiblement). On notera donc qu'il faudra absolument brancher la fiche de la double prise

secteur femelle dotée de ses ampoules sur une prise secteur dotée d'un contact de terre. Après l'illumination de l'ampoule verte on peut brancher la sonde de l'oscilloscope soit aux bornes « U / 1 000 », soit aux bornes « I ». Les embases « U / 1 000 » présentent la tension secteur divisée par 1 000 et l'impédance élevée de cette connexion au secteur garantit une sécurité bien plus élevée (même si l'on se trompe lors de la connexion de la sonde aux différentes embases de l'oscilloscope !). La connexion « I » permet de mesurer (en V/A) le flux de courant vers l'appareil consommateur (que l'on devrait brancher sur l'autre prise secteur). Il faudra éviter que le courant « consommé » par l'oscilloscope ne traverse la résistance R3. Pour ce faire il suffit de connecter la première prise secteur en amont de R3.
Si l'on veut pousser la sécurité plus loin encore, en vue de mettre l'oscilloscope à l'abri de toute connexion à la terre par exemple, il est possible de supprimer les contacts de terre de la prise sur laquelle on branche l'oscilloscope. Si l'on envisage d'effectuer des mesures sur l'appareil « consommateur », il faudra commencer par identifier avec soin les connexions aux lignes de phase et de neutre pour, le cas échéant, intervertir la polarité de la prise de l'appareil concerné.
Le courant maximal que ce montage soit capable de « traiter » est de 3 A. Une telle consommation se traduit inévitablement par un échauffement important de la résistance R3. Il vaut mieux, dans le cas de la connexion d'une charge pour une durée longue, se limiter à un courant maximal de 1 A. La résistance R1 est obligatoirement du type 1 voire (c'est encore mieux) 2 W. Les résistances « standard » de 1 / 4 W ne supportent pas la tension de crête du secteur. Il est possible pourtant, si tant est que l'on ne dispose pas de résistance de 1 W, de prendre en série deux résistances de 50 kΩ, ou, de faire appel à quatre résistances de 100 kΩ mises deux à deux en série puis en parallèle.

W. Küster

077 RALLONGE POUR LED DE LECTEUR DE DISQUETTES

Les PC dont l'électronique et les lecteurs de disquettes et autres disques durs se trouvent dans un coffret du type « tour » (*tower*) sont souvent disposés derrière, à côté ou sous le bureau. Il est alors difficile de voir les LED des lecteurs de disquettes et des disques durs. Tant que tout fonctionne bien on ne s'y intéresse jamais. Si au contraire on se trouve confronté à des problèmes, il est nécessaire de « lire » ces LED de visualisation. Nous vous proposons donc un circuit d'extension de dimensions extrêmement compactes permettant de connecter une, voire plusieurs, LED additionnelles que l'on pourrait implanter dans un boîtier placé, par exemple, à côté du moniteur. Il suffit en fait de très peu d'électronique pour relayer l'information fournie par une LED et pour la visualiser ailleurs.
Le circuit total nécessaire ne comporte rien de plus qu'un unique transistor, deux résistances et une LED. Le transistor et les résistances peuvent être mis dans le coffret du PC.
Le schéma montre deux variantes du circuit : l'une basée sur un transistor PNP, l'autre sur un exemplaire NPN. La variante à utiliser dépend des caractéristiques de votre lecteur de disquettes ou de celles de vos disques durs. Il est archisimple de monter l'électronique sur un petit morceau de platine d'expérimentation doté d'un connecteur sub-D que l'on installe dans face arrière du PC. Un morceau de câble suffit ensuite pour connecter l'électronique aux LED supplémentaires.

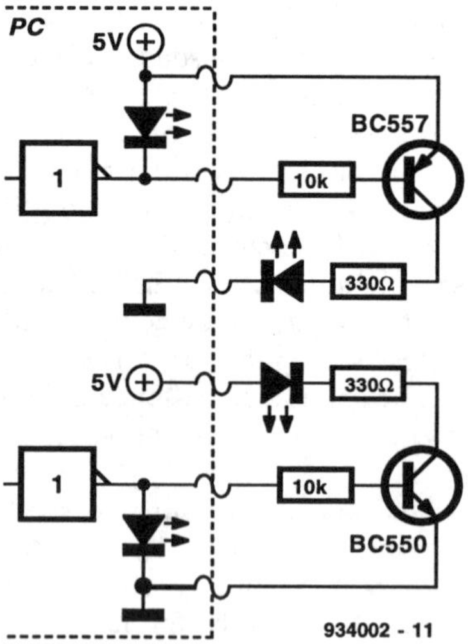

078 TEMPORISATEUR UNIVERSEL

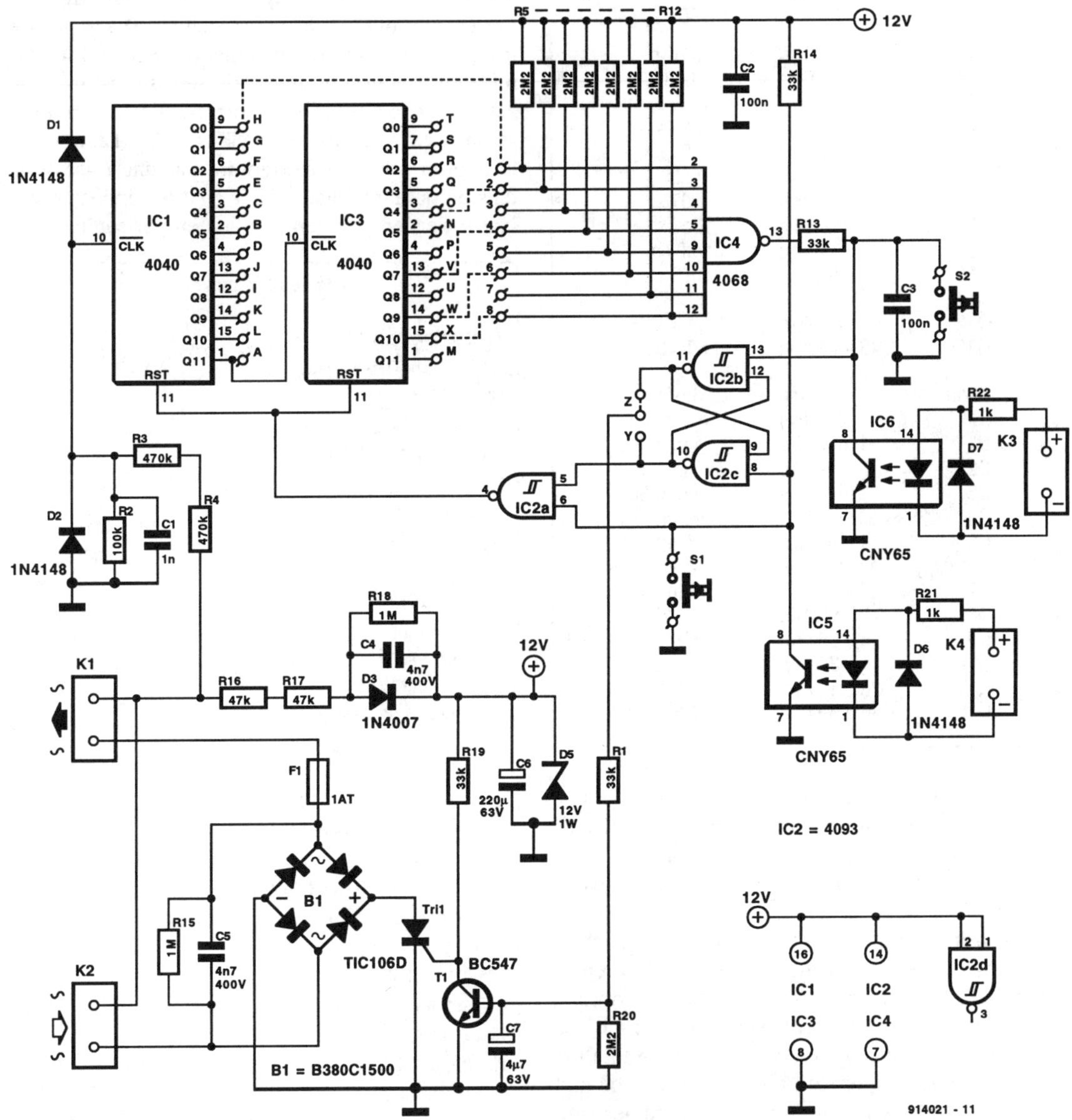

Ce temporisateur est simple, universel et bon marché. Il est doté d'une plage de réglage de moins d'une seconde à quelques dizaines d'heures ; il est de plus pourvu d'une interface secteur à thyristor, capable d'attaquer des charges inductives. Le circuit se compose d'un sous-ensemble de temporisation et d'une partie commutation. La précision du temporisateur dépend de la fréquence du secteur (50 Hz). Les résistances R2 à R4, le condensateur C1 et les diodes D1 et D2, convertissent la tension du secteur en un signal d'horloge pour le compteur d'ondulation binaire IC1, un 4040. Les compteurs IC1, IC3 et la porte AND à huit entrées, IC4, constituent un diviseur programmable. Si la période de temporisation, fixée par les ponts de câblage reliés aux sorties de IC2 et de IC3, s'est écoulée, la sortie de IC4 passe au niveau bas et entraîne le changement d'état de la bascule bistable IC2b/c. Il n'y a plus de ce fait de signal de commande de la gâchette du thyristor Th1 et la charge reliée au bor-

Tableau 1. Valeurs de temporisation

sortie IC2	durée (50 Hz)	durée (60 Hz)
Q1	0,02 s	0,02 s
Q2	0,04 s	0,03 s
Q3	0,08 s	0,07 s
Q4	0,16 s	0,13 s
Q5	0,32 s	0,27 s
Q6	0,64 s	0,53 s
Q7	1,28 s	1,07 s
Q8	2,56 s	2,13 s
Q9	5,12 s	4,27 s
Q10	10,24 s	8,53 s
Q11	20,48 s	17,07 s
Q12	40,96 s	34,13 s
Q12	46 h 36 min	38 h 50 min

sortie IC3	durée (50 Hz)	durée (60 Hz)
Q1	1 min 22 s	1 min 8 s
Q2	2 min 44 s	2 min 16 s
Q3	5 min 28 s	4 min 33 s
Q4	10 min 55 s	9 min 6 s
Q5	21 min 50 s	18 min 12 s
Q6	43 min 41 s	36 min 24 s
Q7	87 min 23 s	72 min 49 s
Q8	2 h 55 min	2 h 25 min
Q9	5 h 50 min	4 h 51 min
Q10	11 h 39 min	9 h 43 min
Q11	23 h 18 min	19 h 18 min
Q12	46 h 36 min	38 h 50 min

nier K2 est déconnectée du secteur. Pour éviter une pollution de la tension secteur et des bruits de commutation, la mise en ou hors-fonction de la charge se fait lors du passage par zéro de la tension secteur. Il est également de possible d'utiliser ce temporisateur pour la mise en fonction d'une charge après écoulement d'une certaine durée préprogrammée. Il suffit, pour disposer de cette option, de mettre en place le cavalier de codage "Y" en remplacement du cavalier "Z". La programmation de la durée de temporisation se fait à l'aide de huit ponts de câblage (au maximum) reliant les huit entrées de la porte AND et les sorties des compteurs. La durée de temporisation réelle se calcule en totalisant toutes les durées choisies dans le **tableau 1**. La tension d'alimentation de 12 V que nécessite le circuit est dérivée du secteur par l'intermédiaire d'un redresseur mono-alternance, la diode D3. La tension d'alimentation est régulée et lissée à l'aide de la diode zener D5 et du condensateur C6. Il ne saurait être question de remplacer les deux résistances-série, R16 et R17, prises dans le circuit de redressement par un seul exemplaire de 100 kΩ ! La chute de tension totale aux bornes de R16 et R17 est beaucoup trop forte pour être supportée par une seule résistance de 0,5 W. Cette remarque s'applique également à R3 et R4 ! La mise en fonction du temporisateur se fait par une action sur le bouton-poussoir, S2. On notera que, selon le cavalier implanté, "Y" ou "Z", l'action sur le bouton-poussoir se traduira par une mise sous tension ou hors-tension de la charge connectée. En cours de fonctionnement, le temporisateur peut

Liste des composants

Résistances :
R1,R13,R14,R19 = 33 kΩ
R2 = 100 kΩ
R3,R4 = 470 kΩ
R5 à R12,R20 = 2MΩ2
R15,R18 = 1 MΩ
R16,R17 = 47 kΩ
R21,R22 = 1 kΩ

Condensateurs :
C1 = 1 nF
C2,C3 = 100 nF
C4,C5 = 4nF7/400 V
C6 = 220 µF/63 V radial
C7 = 4µF7/63 V radial

Semi-conducteurs :
D1,D2,D6,D7 = 1N4148
D3 = 1N4007
B1 = B380C1500R, pont de redressement
D5 = diode zener 12 V/1 W
T1 = BC547B
IC1,IC3 = 4040
IC2 = 4093
IC4 = 4068
IC5,IC6 = CNY65 (Telefunken)
Th1 = TIC106D

NB.: la diode D4 ne figure ni sur le schéma, ni dans la liste des composants

Divers :
K1 à K4 = bornier encartable, 2 contacts au pas de 7,5 mm
S1,S2 = bouton-poussoir, contact travail, 250VAC
F1 = fusible 1 A retardé, avec porte-fusible encartable
1 coffret plastique convenable (Bopla E430 par exemple)

être remis à zéro par une nouvelle action sur S2. Cette action se traduit par un redémarrage du cycle de temporisation, quel que soit l'instant où a eu lieu cette action. Le bouton-poussoir S1 permet d'arrêter le cycle de temporisation. Il est également possible de commander électroniquement les fonctions de marche/arrêt mentionnées ci-dessus. Pour ce faire on fait appel à deux opto-coupleurs, IC5 et IC6. Les entrées de la commande électronique, K3 et K4, sont isolées galvaniquement du reste du circuit et permettent d'être commandées par une tension de 5 V. La réalisation pratique de ce temporisateur ne devrait pas poser de problème particulier. Le câblage se limite au strict minimum grâce au circuit imprimé dessiné pour ce montage. Sachant que S1 et S2 sont reliés au secteur, il faudra donc

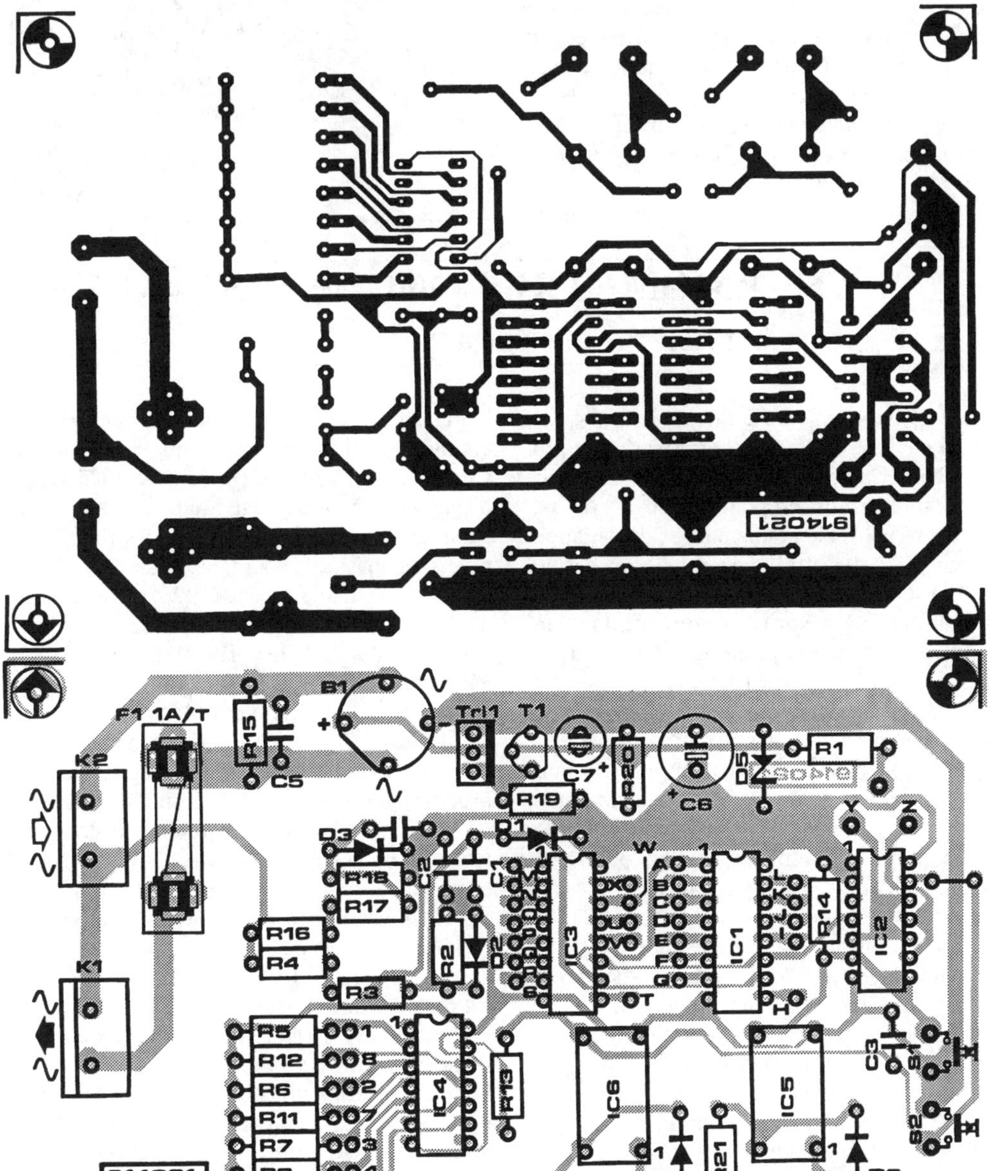

utiliser des boutons-poussoirs prévus pour une tension de 250 V. Il est recommandé de placer le circuit dans un coffret plastique, de faire appel à des brides anti-arrachement et de garantir une isolation convenable des différents câbles d'entrée et de sortie. **ATTENTION :** comme la tension du secteur est présente en divers points du circuit, il est vital d'effectuer une isolation parfaite. Il ne saurait être question d'effectuer la moindre intervention sur ce circuit tant qu'il est connecté au secteur. Il est essentiel, pour finir, de mettre le montage dans un boîtier de façon à ce qu'il soit impossible de toucher au circuit tant qu'il est relié au secteur ; on respectera les précautions d'usage lors de son réglage.

R. Lucassen

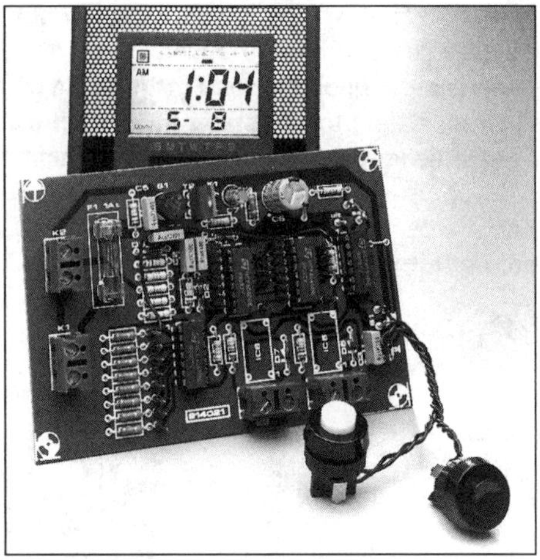

079 THERMOMÈTRE LONGUE DISTANCE

POUR MULTIMÈTRE NUMÉRIQUE

Le LM334Z de National Semiconductor est une source de courant ajustable, thermovariable, proposée en boîtier plastique TO-92. Ici, la résistance de 226 Ω, R1, est utilisée pour définir à 1 µA par degré Kelvin (µA/K) le gradient (taux de variation) du courant. IC1, R1 et C1 constituent le thermomètre LD (**L**ongue **D**istance) proprement dit. Comme il fournit à sa sortie un **courant** dont l'intensité varie en fonction de la température, il est parfaitement possible de connecter ce thermomètre à la seconde partie du montage, une interface pour multimètre numérique, par l'intermédiaire d'un simple câble bifilaire. L'option "courant constant" élimine les problèmes de chutes de tension et ne nécessite pas l'utilisation de câblage à faibles pertes en tension extrêmement cher, problèmes inévitables lorsque l'on choisit d'utiliser une **tension** constante pour la commande du circuit. On notera en outre que la chute de tension produite par un câble relativement long est fonction de la température, ce qui impose l'utilisation d'un circuit de compensation complexe. Si au contraire, le capteur est une source de courant constant, la longueur et la résistance totale du câble entre ce capteur et son interface (vers un multimètre numérique) sont quasiment sans influence sur le signal de sortie de celui-ci. Fini le besoin d'un circuit de compensation compliqué; on peut disposer le capteur à des dizaines de mètres de son interface tout en utilisant du câble ordinaire et donc ... bon marché. L'ajustable P1 et la résistance R2 convertissent le courant fourni par le capteur en une tension d'une valeur de 10 mV/K. Le condensateur C5 supprime d'éventuels parasites HF que pourrait capter le câble de liaison. Afin d'éviter des problèmes de niveau de masse, la source de courant sera alimentée à l'aide d'une pile de 9 V, comme l'illustre d'ailleurs le schéma. Le régulateur ajustable à haute stabilité, le REF-02 de Precision Monolithics, (IC2) sert à soustraire de la tension de sortie du convertisseur une tension fixe de 2 731,5 mV. Cette opération est nécessaire pour obtenir un gradient exprimé en degrés Celsius. Le processus consiste en fait en un "relèvement" de 2 731,5 mV (la tension de référence de sortie du REF-02) de la masse du convertisseur lorsque l'interrupteur S2 est ouvert. En cas de fermeture de S2, l'affichage de la température se fait en degrés Kelvin et sera donc exprimé par rapport au zéro absolu (–273,15°C).

La mise en et hors-fonction du circuit se fait par l'intermédiaire de l'interrupteur S1. Le circuit permet également de vérifier l'état de la pile. Il faudra, pour ce faire, mettre l'inverseur bipolaire S3a en position "a" et S3b en position "d". Il faudra changer la pile si le multimètre numérique affiche alors une valeur inférieure à 7,1 V.

L'étalonnage du convertisseur est relativement simple. On commence par jouer sur l'ajustable multitour P2 jusqu'à ce que la tension aux bornes

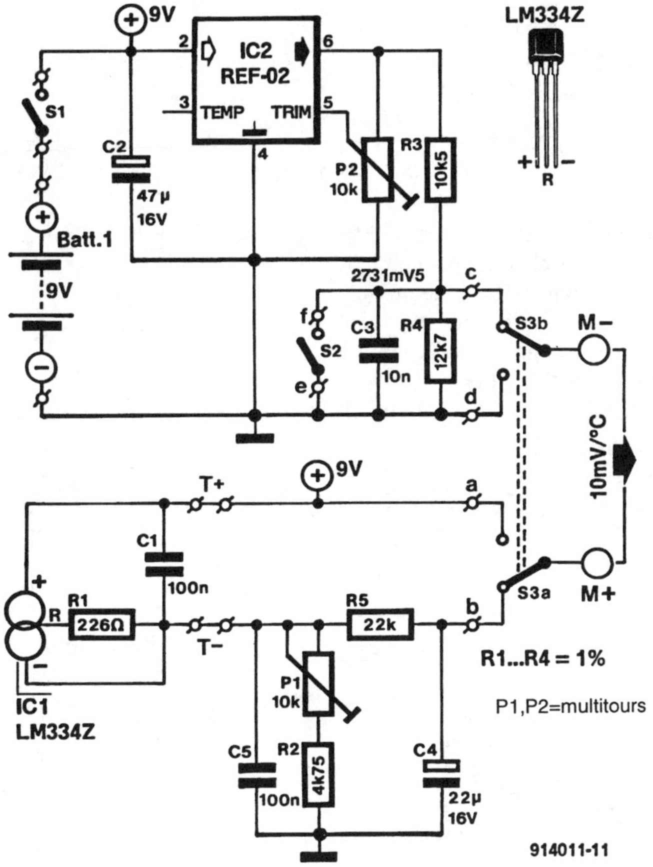

914011-11

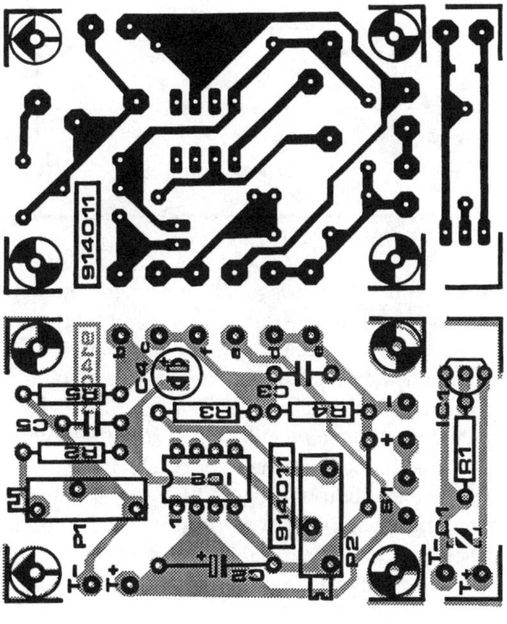

Liste des composants

Résistances :
(résistances 1% - série E96)
R1 = 226 Ω, 1%
R2 = 4kΩ75, 1%
R3 = 10kΩ5, 1%
R4 = 12kΩ7, 1%
R5 = 22 kΩ
P1,P2 = 10 kΩ, ajust. multitour

Condensateurs :
C1 = 100 nF CMS
C2 = 47 µF/16 V axial
C3 = 10 nF
C4 = 22 µF/16 V radial
C5 = 100 nF

Semi-conducteurs :
IC1 = LM334Z (National Semiconductor)
IC2 = REF-02 (PMI)

Divers :
S1,S2 = interrupteur miniature simple
S3 = inverseur bipolaire
1 pile 9 V avec son clip de connexion

de la résistance R4 soit de 2 731,5 mV très exacte (l'interrupteur S2 étant ouvert !). Il faudra ensuite régler le gradient de température à l'aide de l'ajustable multitour P1. Pour ce faire on compare la valeur affichée par le multimètre à celle d'un thermomètre de référence. Votre thermomètre LD est maintenant prêt à l'emploi. En cas d'utilisation d'un multimètre comme thermomètre, on le choisira son calibre 2 V. Une indication de 0,217 V –sur un affichage à trois chiffres – correspond à une température mesurée de 21,7 °C. Bien étalonné, le module de température fournit les températures avec une résolution de 0,1 K. La consommation de courant du circuit est de quelque 2 mA à peine.

J. Ruffell

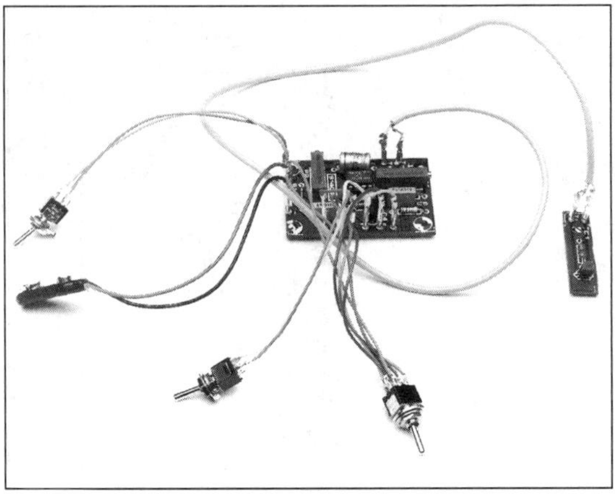

080 DÉCLENCHEUR DE FLASH-ESCLAVE

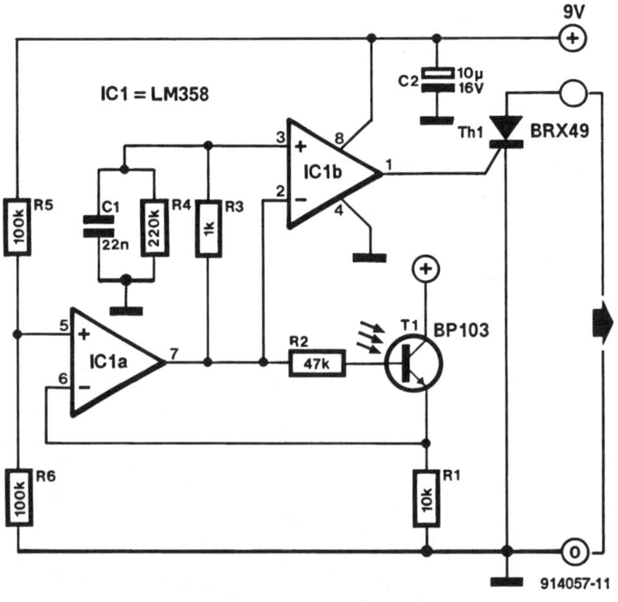

Nous vous proposons ici un adaptateur pour flashes électroniques utilisés en photographie ; il permet, suite au déclenchement du flash-maître, le déclenchement synchrone télécommandé d'un (ou plusieurs) flash-esclave, ceci en vue de l'obtention d'un meilleur éclairage de l'objet à photographier.

Le fonctionnement de notre électronique est simple : le phototransistor T1 capte l'impulsion lumineuse produite par le flash-maître, et devient de ce fait conducteur. La tension appliquée à l'entrée inverseuse du comparateur IC1a augmente alors, de sorte que le comparateur bascule et, que, pendant une courte durée définie par le condensateur C1, la tension présente à l'entrée inverseuse de IC1b est inférieure à celle appliquée à son entrée non-inverseuse. Cette situation produit un basculement de courte durée de IC1b, ce qui déclenche le thyristor Th1. Le contact du flash électronique se ferme. On peut utiliser ce circuit tant en studio (ou en intérieur) qu'en plein air; dans ce dernier cas, il faudra veiller à ce que le phototransistor soit monté "à l'envers", c'est-à-dire sa face sensible tournée vers la surface de la platine et positionnée à une distance comprise entre 5 et 10 mm de celle-ci. En fonction des caractéristiques du flash-maître utilisé, la portée de ce montage varie entre 5 et 15 m. La sensibilité du circuit dépend en fait de la valeur (adaptable) de la résistance prise dans la ligne de base du phototransistor. La majeure partie des impulsions parasites est filtrée efficacement; d'éventuelles tendances à l'entrée en oscillation seront étouffées dans l'oeuf par la mise en parallèle sur R2 d'un petit condensateur de 100 pF. L'alimentation se fait à l'aide d'une pile compacte de 9 V.

H. Döpfner

081 «PIED DE BICHE» ÉLECTRONIQUE

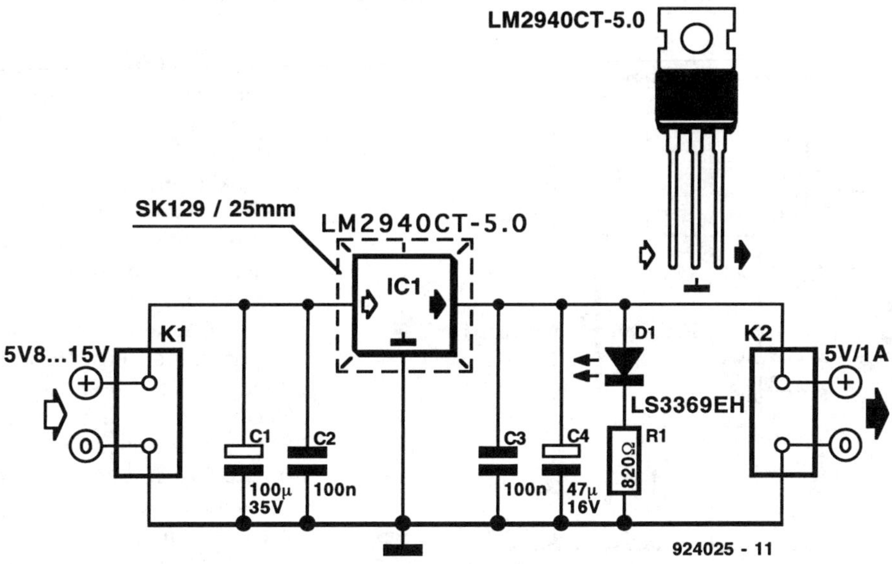

De très nombreux composants, les composants actifs en particulier, n'apprécient pas du tout les surtensions. Si l'on veut éviter que des circuits coûteux ne meurent d'une mort trop précoce à la suite d'une tension d'alimentation devenue trop élevée, il n'est pas inutile de prévoir une protection parasurtension. Cette protection se doit d'être très rapide si l'on ne veut pas la voir entrer en action après que le mal soit déjà fait. Il ne saurait donc être question de faire appel à un relais pour couper (trop tardivement) la tension d'alimentation sachant que ce type de composant a un temps de réponse bien trop long. Le schéma proposé ici est celui d'un «pied de biche» électronique –traduction littérale du terme anglais de «*crowbar*», traduction parfaitement justifiée comme on le verra un peut plus loin– constitué par un certain nombre de composants très rapides. Le dispositif de protection vient s'intercaler entre l'alimentation et le circuit à protéger. La technique de protection est on ne peut plus brutale: lorsque la tension d'alimentation dépasse la valeur prévue, un thyristor la court-circuite purement et simplement. La première conséquence de cette situation est que la tension d'alimentation du circuit à protéger ne saurait en aucun cas devenir trop élevée, la seconde étant la destruction du fusible F1 que comporte notre «pied de biche». On a ainsi une coupure rapide et brutale de la liaison entre l'alimentation et le circuit, du «pied de biche» dans toute sa splendeur! La résistance ajustable P1 permet d'ajuster la tension à laquelle notre «pied de biche» entre en fonction à toute valeur comprise entre 5 et 25 V. Voici comment effectuer ce réglage: on met P1 à sa valeur de résistance maximale (= tension de réponse maximale). On remplace momentanément le fusible par un pont de câblage et on connecte le «pied de biche» électronique à la sortie d'une alimentation de laboratoire pouvant fournir une tension ajustable. On fixe à 1 A environ la valeur maximale du courant, c'est-à-dire le courant auquel le dispositif de limitation de l'alimentation entre en fonction, avant de régler à la valeur de réponse de la protection requise la tension de sortie de l'alimentation. On diminue progressivement la résistance de P1 en jouant sur sa position jusqu'à ce que le thyristor devienne conducteur (on verra l'alimentation de labo manifester son grand déplaisir par l'entrée en fonction du dispositif de limitation de courant, ce qui est d'ailleurs le but de la manoeuvre). Notre «pied de biche» est maintenant prêt à remplir le rôle pour lequel il a été conçu, après que l'on ait remplacé le pont de câblage par un fusible de 5 A au maximum. Notons qu'au repos, ce circuit ne protection ne consomme pas plus de 1 mA.

082 CONVERTISSEUR DE TEMPÉRATURE NUMÉRIQUE

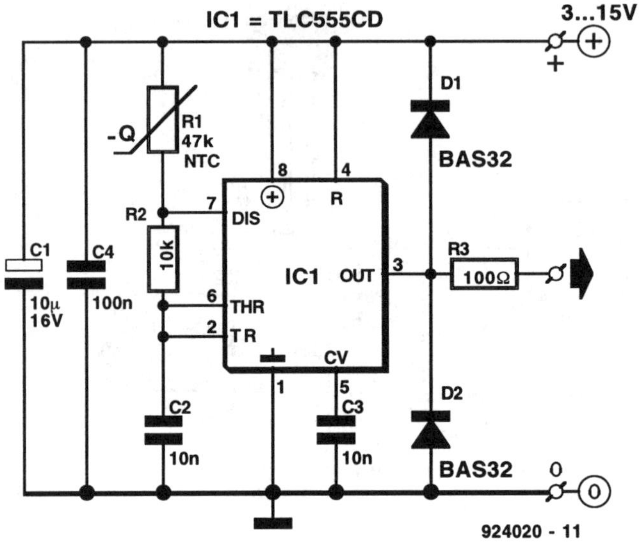

924020 - 11

Ce petit circuit convertit la température mesurée par une résistance NTC (= *Negative Temperature Coefficient* = coefficient de température négatif) en un signal numérique. La résistance de la NTC, qui est une fonction inverse de la température ambiante, détermine la fréquence d'un oscillateur basé sur le temporisateur classique, un TLC555. Le circuit du multivibrateur astable est dimensionné de manière à ce que la fréquence de l'oscillateur soit de 250 Hz environ à une température de 25°C et qu'elle augmente avec la température. La non-linéarité de la relation entre la température et la fréquence de l'oscillateur ne pose pas de problème ici, sachant qu'il est très facile de la corriger par l'introduction d'un facteur de correction lors des opérations mathématiques effectuées par l'ordinateur ou un système à microcontrôleur. En principe, on procède à la mesure de trois températures, les fréquences correspondantes de l'oscillateur étant stockées comme points de référence, servant à interpoler les valeurs situées entre deux points. Le convertisseur est réalisé en composants pour montage en surface (CMS) implantés (un bien grand mot lorsqu'en fait ils sont tout simplement posés dessus) sur le circuit imprimé proposé ici. Il est possible d'utiliser pour R1 une NTC de taille « normale ». Nous avons implanté l'ensemble du montage dans un tube de métal de manière à lui donner une réponse rapide aux variations de température. La diamètre de ce tube sera de 13 mm, voire plus; on prendra grand soin, lors de cette mise en place, à ce que le circuit imprimé et les composants soient parfaitement isolés des parois du tube; on pourra fort bien utiliser de la gaine en plastique thermorétractable pour envelopper le circuit ! Une fois l'implantation dans le tube effectuée, on fermera le tube à l'aide d'un matériau lui assurant une étanchéité parfaite : résine à deux composantes par exemple. trois fils traversent le matériau isolant : la ligne d'alimentation positive, le signal et la masse. La consommation du convertisseur n'atteint pas même 1 mA. La **carte de**

Liste des composants

Résistances:
R1 = NTC 47 kΩ
R2 = 10 kΩ
R3 = 100 Ω

Condensateurs:
C1 = 10 µF/16 V
C2,C3 = 10 nF
C4 = 100 nF

Semi-conducteurs:
D1, D2 = BAS32 (Philips Composants)
IC1 = TLC555CD (Texas Instruments)

mesure universelle pour PC (cf. référence [1]) décrite il y a quelque temps dans Elektor est très exactement ce qu'il vous faut pour un traitement efficace du signal. On utilise pour ce faire l'entrée du fréquencemètre et les modules de programme disponibles dans la bibliothèque en Turbo Pascal « **PMEASURE.PAS** » fournis sur la disquette **ESS 1754**, et dans le logiciel « Numerical Toolbox » de Borland qui propose un certain nombre de routines d'interpolation fort pratiques.

Bibliographie :

[1] Carte de mesure multi-fonction pour PC, Elektor n°150 et 151, décembre 1990 et janvier 1991

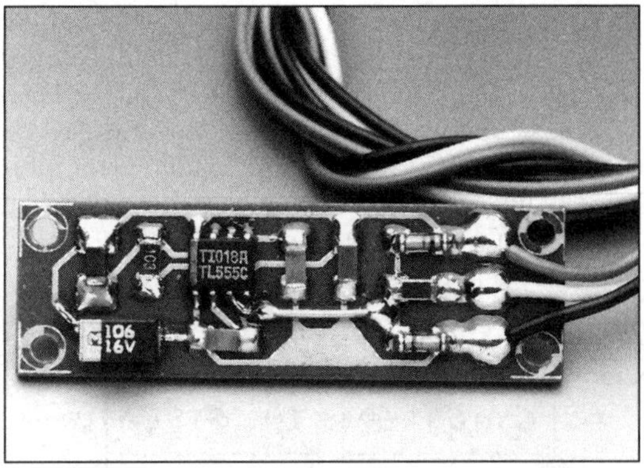

083 COMMANDE DE POMPE À EAU POUR CHAUFFAGE À ÉNERGIE SOLAIRE

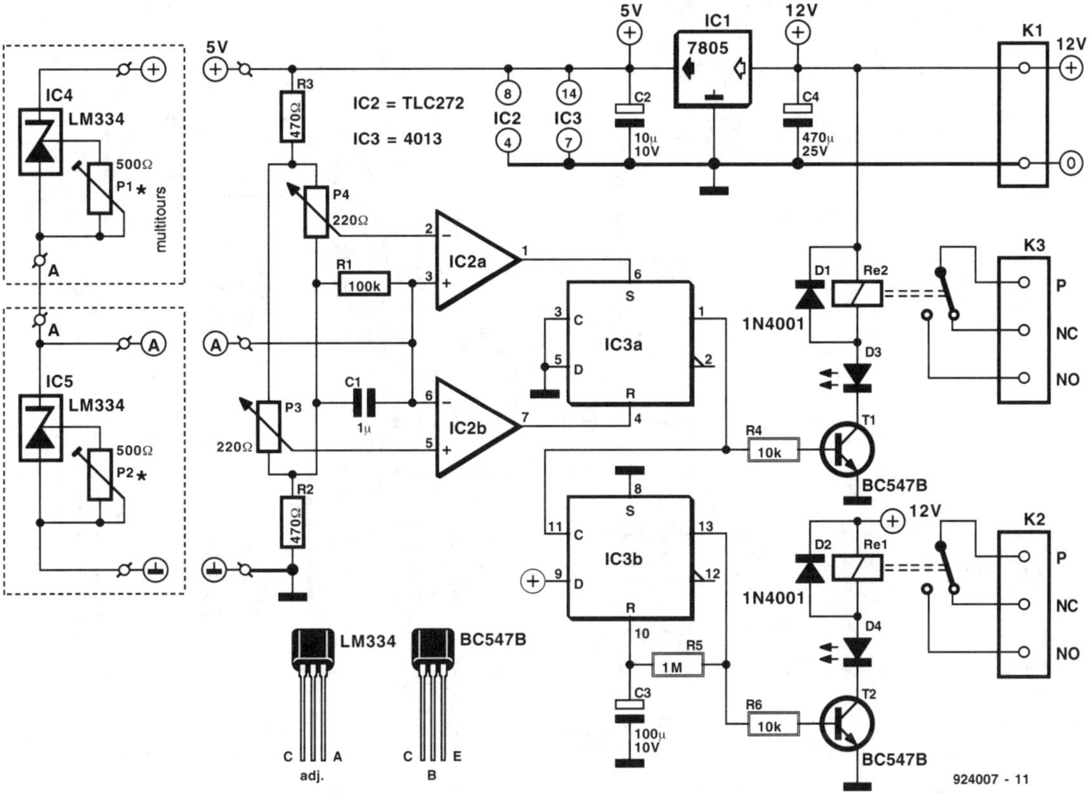

Sur la majorité des systèmes à énergie solaire utilisant un chauffe-eau, il ne faut pas mettre en fonction la pompe de circulation d'eau tant que la température du collecteur (le panneau solaire) n'a pas dépassé la température du ballon de réserve d'eau. Le moniteur à deux capteurs décrit ici permet de remplir cette condition. L'un des capteurs prend place sur le collecteur, l'autre sur le réservoir d'eau chaude. Le dispositif de commande possède deux possibilités de réglage : la première pour la différence de température à laquelle la pompe doit se mettre en fonction, la seconde pour la différence de température à laquelle elle doit se couper. Bien que ces deux réglages soient indépendants l'un de l'autre, il faut que le niveau de coupure soit inférieur au niveau de mise en fonction. La calibration en degrés Celsius est très simple, sachant que le gradient de la tension présente sur le curseur des potentiomètres (ou des résistances ajustables) définissant les températures de mise en et hors-fonction est de 0,1 V/°C très exactement. Les deux capteurs de température, des LM334 de National Semiconductor, sont ajustés de manière à fournir un gradient de température de 1 µA/°C (si si, c'est bien ça). Des températures de capteurs différentes produisent une circulation de courant à leur point

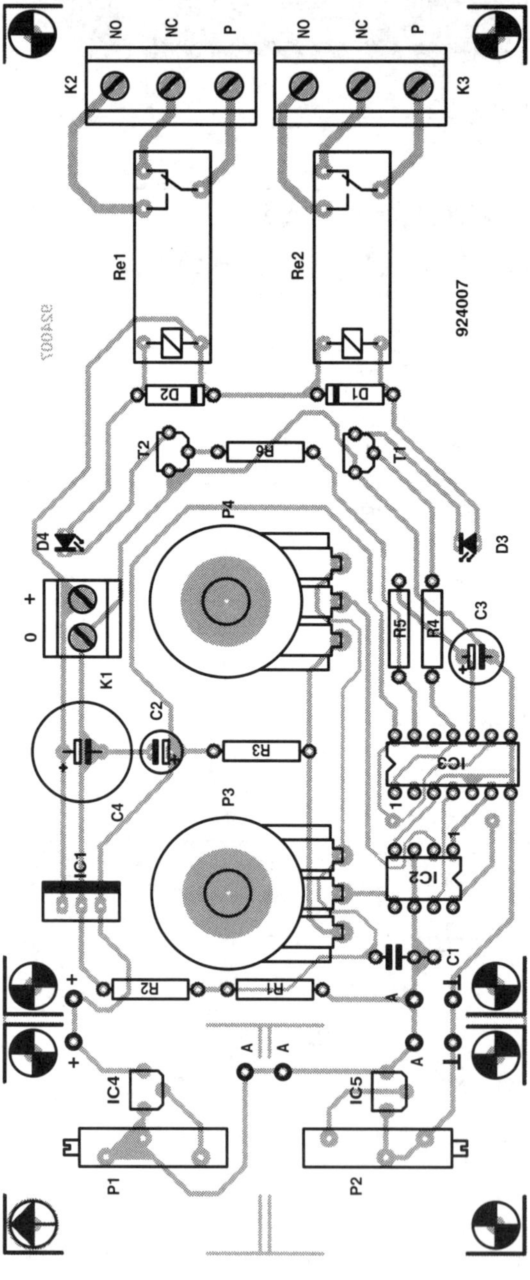

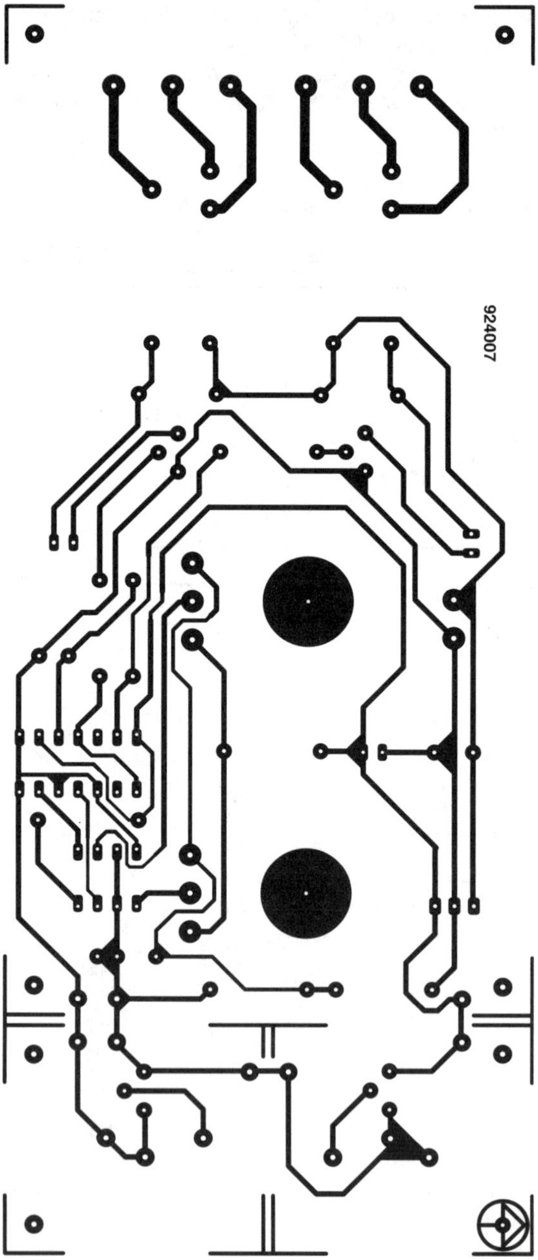

de jonction. La tension présente aux bornes de la résistance R1 est directement proportionnelle à la différence de température mesurée. Ceci permet de fixer les seuils de commutation de la commande de mise en et hors-fonction à l'aide de deux résistances ajustables : l'ajustable « Marche », P4, est réglé à, disons, 3°C et l'ajustable « Arrêt » réglé lui à 1°C. La plage de température battue par chacun des ajustables est de l'ordre de 5°C. Les capteurs mis en œuvre ici fournissent un courant plutôt qu'une tension. Ceci élimine tout effet de thermocouple dû à des variations de température que pourraient induire les câbles reliant les capteurs au circuit. Si l'on avait choisi d'utiliser des capteurs produisant des tensions, tels que des résistances PTC (***P**ositive **T**emperature **C**oefficient*) ou NTC (***N**egative **T**emperature **C**oefficient*) le circuit aurait été notablement plus complexe en raison de l'électronique de compensation qu'il aurait nécessité. On pourrait remplacer le LM334 par un AD590 (Analog Devices), sachant cependant que ce second type de capteur ne nécessite pas de résistance (ajustable ou non) de réglage (ce qui est le cas du LM334). Le relais Re2 met la pompe en et hors-fonction. Un second relais, Re1, entre en fonction après le premier. Il est optionnel et pourrait être utilisé pour faire passer la pompe, un court instant, à un régime plus élevé, exigé sur certains systèmes de chauffage solaire pour augmenter la circulation d'eau initiale ou pour le remplissage de l'installation. La calibration du circuit se fait par la définition de courants identiques dans les capteurs lorsqu'ils se trouvent à la même température. Le courant par le capteur, exprimé en microampères répond à la formule suivante :

C = (273 + température ambiante [°C]) [µA].

Un exemple : à une température ambiante de 20°C on joue sur les ajustables P1 et P2 jusqu'à ce que le courant traversant chacun de capteur soit de 295 µA. 1 ou 2 µA en plus ou en moins n'ont pas de grande importance, tant que les courants circulant par chacun des capteurs sont égaux. On commencera, de préférence, par régler l'un des capteurs seulement. Pour ce faire on connecte un multimètre mis en calibre ampèremètre entre le point « **A** » et la masse et on joue sur P1. On joue ensuite sur la position du second ajustable jusqu'à ce que la tension aux bornes de R1 soit nulle. Est-il nécessaire de préciser que cet étalonnage initial demande d'être effectué lorsque les deux LM334 se trouvent à la même température ? La consommation de courant du système de commande « Marche/Arrêt » est de 11 mA environ, à laquelle il faut ajouter quelque 35 mA par relais. La taille du circuit imprimé est prévu pour sa mise dans un boîtier aux dimensions indiquées dans la liste des composants. Les potentiomètres sont montés de manière à ce que leur axe se trouve côté pistes.

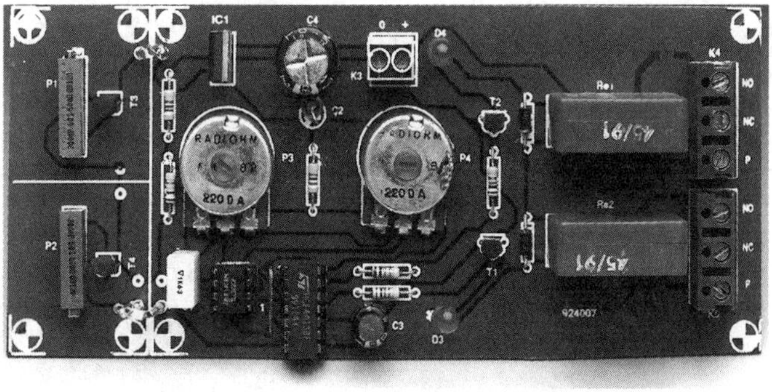

Liste des composants

Résistances :
R1 = 100 kΩ
R2,R3 = 470 Ω
R4,R6 = 10 kΩ
R5 = 1 MΩ
P1,P2 = ajust. 500 Ω multitour
P3,P4 = 220 Ω lin

Condensateurs :
C1 = 1 µF MKT
C2 = 10 µF/10 V radial
C3 = 100 µF/10 V radial
C4 = 470 µF/25 V radial

Divers :
K1 = bornier encartable à 2 contacts au pas de 5 mm
K2,K3 = bornier encartable à 3 contacts au pas de 7,5 mm
Re1,Re2 = relais 12 V contact 250 V/8A (GBR 10.2-11.12)
boîtier de 155x61x90 mm environ (Retex Gibox type RG3)

Semi-conducteurs :
D1,D2 = 1N4001
D3,D4 = LED
D5,D6 = LM334 (National Semiconductor)
T1,T2 = BC547B
IC1 = 7805
IC2 = TLC272 (Texas Instruments)
IC3 = 4013

084 TESTEUR DE NIVEAU LOGIQUE

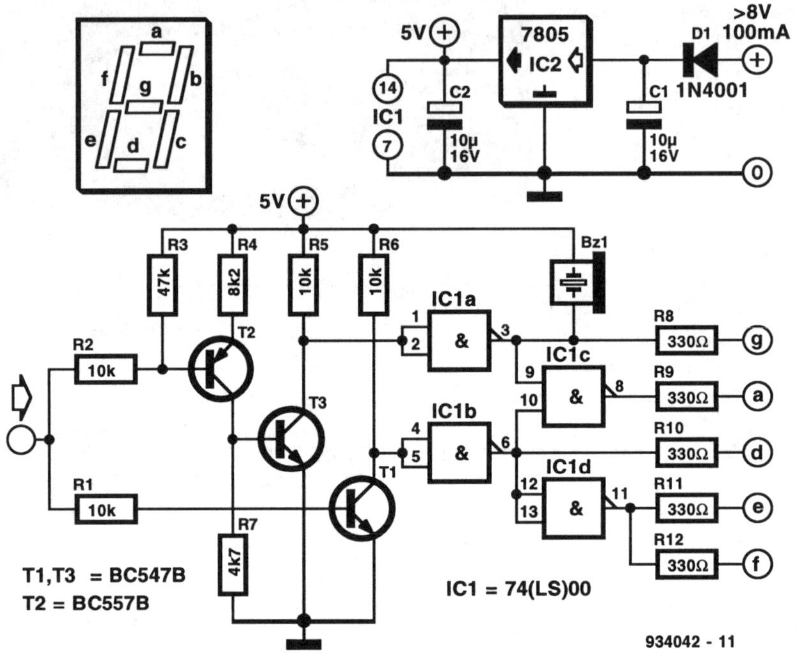

Ce testeur de niveau logique indique, par l'intermédiaire d'un afficheur 7 segments à LED, si son entrée présente un niveau logique haut -affichage du caractère « H » (*High*)- ou un niveau bas -affichage du caractère « L » (*Low*). La présence d'un niveau non défini (se trouvant donc entre « haut » et « bas ») se traduit par l'affichage du caractère « n » (*none*).

En présence d'un niveau bas sur l'entrée du circuit, le transistor T1 bloque et les transistors T2 et T3 sont passants. La sortie de IC1a se trouve de ce fait au niveau haut, celle de IC1b au niveau bas. Ceci résulte en l'illumination du segment **d** de l'afficheur. Avec les segments **e** et **f** qui sont illuminés en permanence, on aura donc affichage du caractère « L ». Notons en passant que l'afficheur utilisé est impérativement du type à cathode commune.

Si l'on applique maintenant un niveau haut à l'entrée du circuit, T1 est conducteur et T2 et T3 bloquent. Dans ces conditions la sortie de IC1a est au niveau bas, celle de IC1b au niveau haut. Outre les segments **e** et **f** on a maintenant également illumination des segments **b**, **c** et **g**, ce qui se traduit par l'affichage du caractère « H ». Les résistances R1, R2 et R3 font de sorte que la présence sur l'entrée du circuit d'un niveau non défini, voire l'absence totale de niveau (entrée « en l'air ») même, se traduise par la mise à l'état passant de tous les transistors. Dans ces conditions on a un niveau haut sur les sorties de IC1a et IC1b. L'illumination des segments **a**, **b** et **c** de pair avec celle des segments **e** et **f** donne alors une sorte de grand « n » minuscule, traduisant la présence d'un niveau non défini.

Le schéma montre qu'il est possible de doter le circuit d'un résonateur 5 V, qui produirait un signal sonore en présence d'un niveau haut à l'entrée du circuit. On notera qu'il faudra utiliser ici un résonateur actif (à oscillateur intégré donc).

IC2 se charge de fournir une tension d'alimentation stabilisée au reste du circuit. La tension appliquée à l'entrée du régulateur de tension doit être de quelque 8 V au minimum.

Le choix des composants utilisé n'est pas critique. N'importe quel afficheur à cathode commune convient. Pour IC1 on peut utiliser un 7400 standard ou de type LS (il est même possible de faire appel à la version 7401 à collecteur ouvert). Il ne faudra cependant pas faire appel, dans ce montage, à des types HC ou HCT plus modernes qui ne sont pas capables de fournir un courant de sortie suffisamment élevé. Les seuils de commutation du testeur se situent à 1 et 3 V environ. Bien que ces valeurs ne correspondent pas tout à fait aux normes, le circuit fonctionne très bien dans la pratique. Une légère augmentation de la valeur de la résistance R4 permet même de définir un seuil de commutation supérieur à 3 V.

L'impédance d'entrée du circuit est de 5 kΩ. Le testeur n'exerce donc pas d'influence sur l'appareil sur lequel sont faits les tests.

La consommation, qui dépend surtout des caractéristiques de l'afficheur utilisé, se situe aux environs de 60 mA.

I.M. Nagarajan

085 ALLUMAGE AUTOMATIQUE DE CODES POUR MOTO

Sur les routes européennes on voit apparaître de plus en plus des motos de type américain, importées directement des États-Unis ou du Canada. L'utilisation de ces motos n'a rien d'extraordinaire à un seul inconvénient près : dès que l'on tourne la clé de contact, les codes s'allument ! Ceci n'a rien d'anormal, puisque c'est ce que prescrivent les législations américaine et canadienne.

Il serait préférable pourtant que les codes s'allument à l'instant où la moto se met à rouler. Ainsi lors du démarrage du moteur, la batterie déjà fortement sollicitée, n'aurait pas en plus à alimenter les feux allumés. L'électronique simple du montage décrit dans cet article permet de modifier l'allumage automatique d'une moto « américaine » de façon à ce que l'allumage des codes n'ait lieu que lorsque l'on commence à rouler.

Le cœur du circuit est un opto-coupleur qui détecte si l'ampoule *Neutral* (La1 = boîte de vitesses au point mort) sur le tableau de bord est allumée. Tant que cette ampoule est allumée, la boîte de vitesses se trouve au point mort : la moto ne roule pas.

Lors du démarrage du moteur (boîte de vitesses au point mort) l'ampoule La1 est allumée. Par conséquent, la LED D1 s'illumine aussi et le photo-transistor intégré dans IC1 devient conducteur. La grille du thyristor est reliée de ce fait à la masse et le relais Re1 n'est pas encore excité. De ce fait, le filament de code et le feu arrière de la moto (La2 et La3 respectivement) ne sont pas encore allumés. Si l'on passe la première vitesse, l'ampoule La1 s'éteint et le photo-transistor dans IC1 bloque. La grille du thyristor reçoit, via les résistances R2 et R3, un courant de grille et le relais Re1 est excité. Les codes de la moto s'allument et le motocycliste roule en toute sécurité. Tant que la tension de bord est présente, le thyristor restera conducteur. Si le motard s'arrête (à un feu rouge par exemple) et s'il met la boîte de vitesses au point mort, les codes resteront quand même allumés.

M. Weber

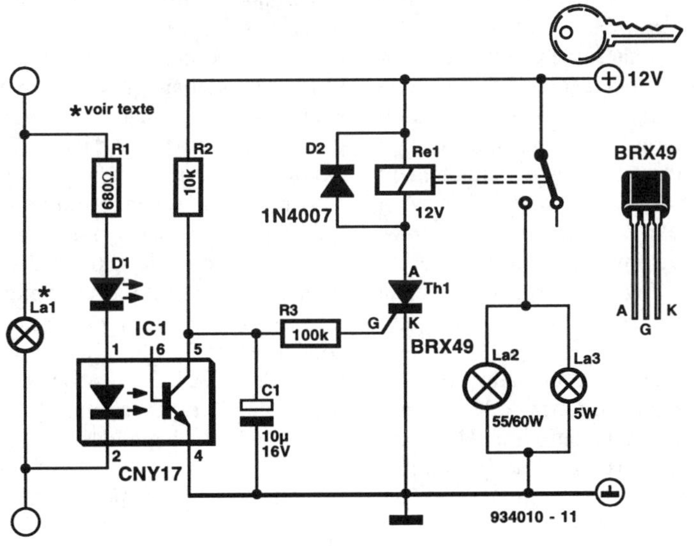

086 INTERRUPTEUR SANS REBOND

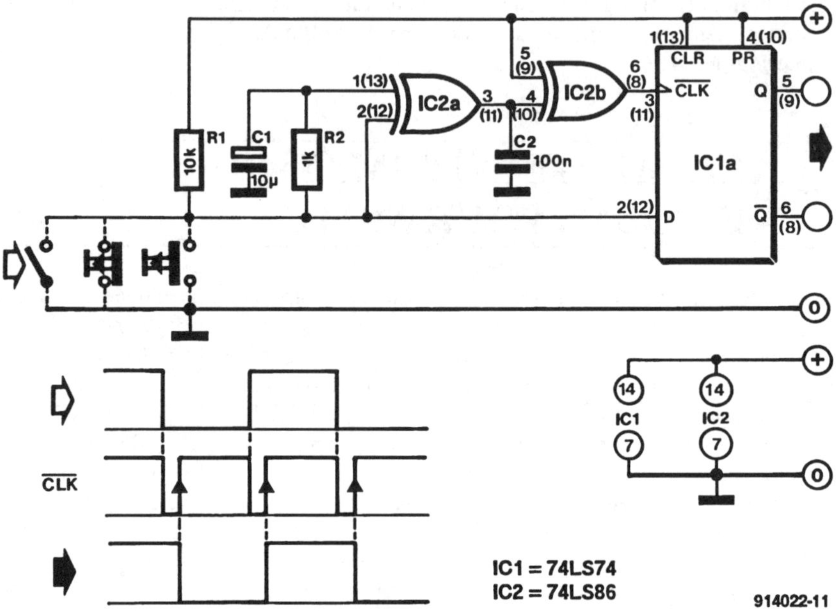

L'interrupteur anti-rebonds que nous présentons dans cet article utilise un contact travail ou un contact repos. En fait, peu importe lequel de ces deux contacts est utilisé sachant que l'on a le choix entre l'utilisation de la sortie Q ou de la sortie $\overline{Q}$; il vous devient même possible d'inverser le fonctionnement d'un interrupteur. En d'autres termes: peu importe le type d'interrupteur disponible; il fait toujours l'affaire ! Le niveau logique présent à l'entrée est défini par la résistance de forçage R1 et la position de l'interrupteur S1 (qui, nous l'avons dit plus haut, peut comporter n'importe quel type de contact). Le signal d'entrée attaque directement l'entrée D (de données) de la bascule IC1a où il sera pris en compte dès la fin des rebonds (après 0,5 à 10 ms environ). L'impulsion d'horloge nécessaire est générée par l'électronique centrée sur la porte EXOR (OU exclusif), IC2a. Chaque changement de niveau à l'entrée se traduit par la production d'une impulsion de synchronisation dont la durée est définie par l'intermédiaire de la résistance R2 et du condensateur C1. Cette impulsion présente cependant des rebonds qu'il faut filtrer à l'aide d'un réseau RC constitué par le condensateur C2 associé à la résistance de sortie de IC2a. La tension aux bornes du condensateur C2 est "nettoyée" et inversée par IC2b avant l'application de l'impulsion à l'entrée d'horloge de la bascule. Le résultat de tout ce processus est l'apparition –avec un retard de quelques millisecondes– d'un signal de commutation très propre. Le circuit est réalisé à l'aide de deux circuits intégrés utilisés à moitié seulement. Cependant sachant qu'il est rare que l'on ait affaire à un seul interrupteur, cette demi-utilisation ne devrait pas constituer d'inconvénient. Le schéma comporte également (entre parenthèses) la numérotation de la "seconde moitié" des circuits intégrés. Dans ce montage on utilise la résistance interne de IC2a pour le filtrage des rebonds. Si l'on remplace ce circuit par un composant d'une autre famille, il sera nécessaire d'adapter la valeur du condensateur C2 et/ou de prendre en série sur la sortie de IC2a une résistance additionnelle. La consommation du circuit est minime sachant qu'elle se limite à quelque 3 mA.

d'après une idée de S. Jeukendrup

087 INJECTEUR DE SIGNAL

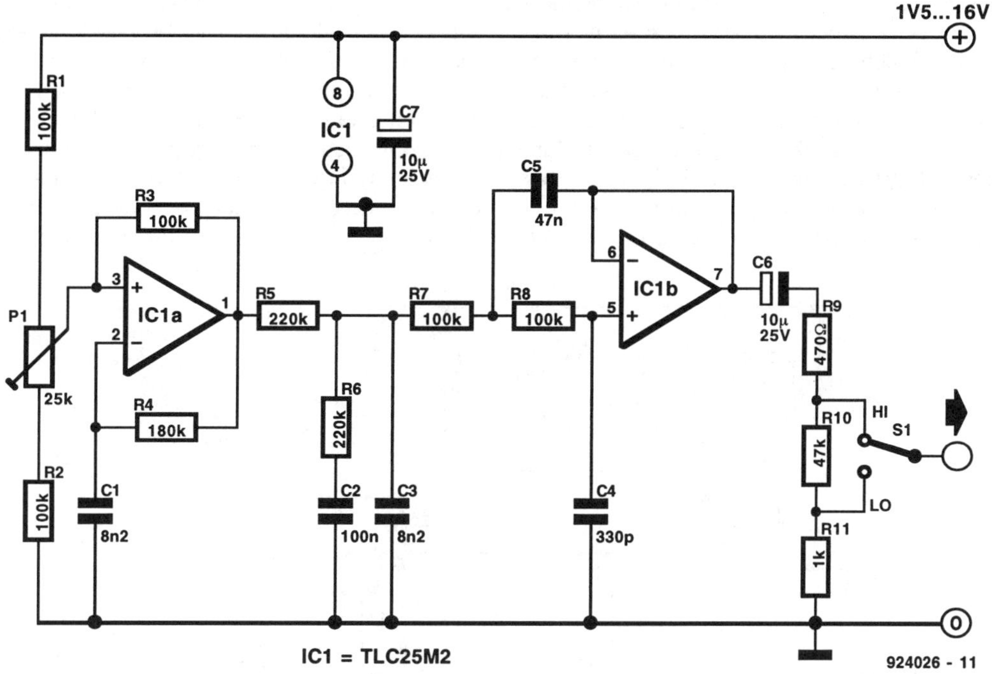

L'injecteur de signal rudimentaire de cet article fournit un signal sinusoïdal d'une fréquence de l'ordre de 440 Hz à deux tensions de sortie différentes. La tension d'alimentation peut prendre n'importe quelle valeur comprise entre 1,5 et 16 V, de sorte qu'il est théoriquement possible d'alimenter ce montage à l'aide d'une unique pile-bâton de 1,5 V. L'amplificateur opérationnel IC1a sert ici de générateur de signal rectangulaire. La valeur attribuée au condensateur C1 et à la résistance R4 détermine la fréquence de basculement de la sortie de l'amplificateur opérationnel. L'ajustable P1 permet de régler la symétrie du signal rectangulaire produit par le circuit ; on fera en sorte que la distorsion soit la plus faible possible opération qui peut fort bien se faire à l'oreille. Le petit réseau constitué par R5, R6 et C2 pris en aval de IC1a réduit l'amplitude de la tension rectangulaire à la moitié de sa valeur d'origine et superpose ce signal sur la demi-tension d'alimentation (dérivée via C2 de la valeur moyennée du signal rectangulaire). Cette tension est nécessaire pour le réglage en tension continue de l'amplificateur opérationnel IC1b. Ce second amplificateur opérationnel constitue le coeur d'un filtre de Tchébytchev du troisième ordre dont la fréquence de coupure se situe aux alentours de 400 Hz. Ce filtre à la pente raide débarrasse le signal rectangulaire de la majorité de ses harmoniques, de sorte que l'on dispose en sortie d'un signal sinusoïdal relativement propre. Le diviseur de tension que constituent les résistances R9 à R11 permet le choix entre deux amplitudes de signal, le signal désiré étant alors appliqué au circuit à tester. Le circuit intégré utilisé ne consomme que 300 µA à une tension d'alimentation de 16 V ; cette consommation chute à 80 µA à une tension d'alimentation de 1,5 V. La tension de sortie nominale atteint 1,5 V_{eff} à une tension d'alimentation de 16 V pour tomber à 0,15 V_{eff} si la tension d'alimentation est de 1,5 V. La sortie de signal atténuée fournit une tension égale au 1/48e de la dite tension. La fréquence du signal dépend dans une certaine mesure de la tension d'alimentation, allant de 440 Hz à 16 V à quelque 370 Hz à 1,5 V.

C. Sanjay

088 SONDE DE TEST MULTI-FONCTION

Bien que le circuit de cette sonde de test ne comporte que deux circuits intégrés, il n'en met pas moins trois fonctions de test à la disposition de son utilisateur. Le commutateur S1 sert à la sélection de l'une de ces options. Le coeur du circuit est un générateur d'horloge fournissant un signal d'une fréquence de 3 Hz réalisé à l'aide des portes IC1a à IC1c, de la résistance R1 et du condensateur C1.

Si le commutateur S1 se trouve en position « **A**», toutes les sorties du circuit sous test, constitue, en fait, un « remède de cheval ». En règle générale, les fabricants de semi-conducteurs recommandent de limiter une telle mise en court-circuit à une sortie par circuit intégré seulement, en évitant donc de procéder à une mise en court-circuit simultanée de toutes les sorties. En position « **B** » on peut utiliser la sonde pour la détection de niveaux. Au repos, si donc la pointe de touche se trouve en

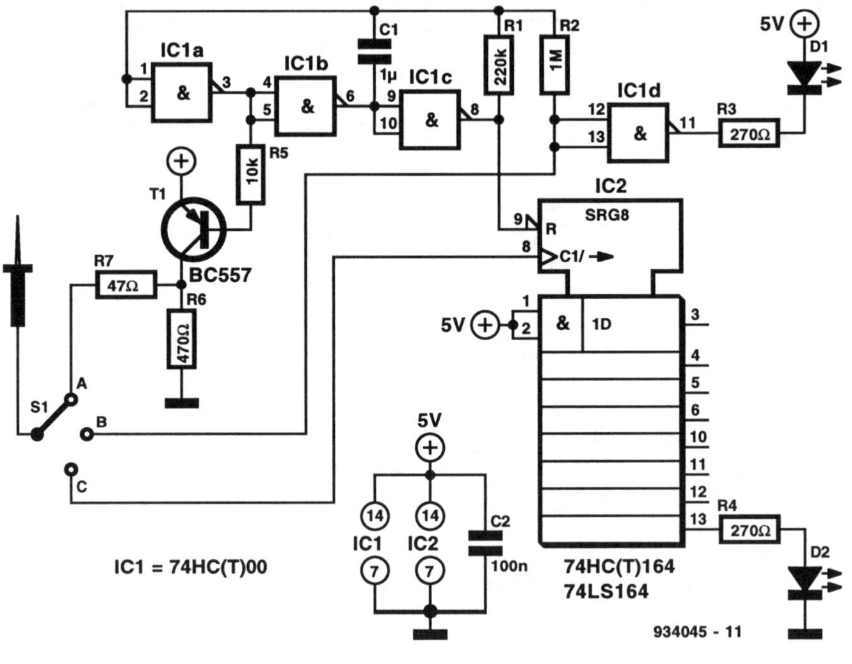

l'étage tampon centré sur le transistor T1 applique une tension rectangulaire « tamponnée » d'une fréquence de 3 Hz à la pointe de touche. De par la présence de l'étage tampon, le circuit est capable de fournir, via la résistance de limitation R7 (47 Ω), un courant de signal de 100 mA au maximum. Dans la pratique ceci signifie que l'on peut « injecter » ce signal dans n'importe quel circuit numérique, « outrepassant » toutes les sorties logiques. Il ne reste donc que les vrais court-circuits, à être capables de faire disparaître le signal de test. Cette option permet de ce fait de « tracer » rapidement un court-circuit dans un circuit numérique. Ce processus de recherche, qui se traduit par une mise en court-circuit de l'air, le signal d'oscillateur (de haute impédance grâce à R2) est présent sur l'entrée de IC1d et la LED D1 clignote de ce fait à une fréquence de 3 Hz. L'application sur la sonde d'un niveau logique se traduit par l'élimination du signal 3 Hz. En présence d'un niveau logique bas sur la pointe de touche la LED s'éteint, en présence d'un niveau logique haut elle reste illuminée en permanence.

Les seuils de commutation du 74HC00 utilisé se trouvent à 1/3 et 2/3 environ de la tension d'alimentation. Ces valeurs sont idéales pour des circuits de la série CMOS-4000 et de la famille-HC. Bien que ces valeurs ne soient pas les meilleures dans le cas des circuits intégrés TTL, LS et HCT, on pourrait fort bien utiliser la sonde avec ce genre

de semi-conducteur. Si l'on envisage de tester fréquemment des circuits TTL, LS ou HCT il est recommandé de remplacer IC1 par un 74HCT00. La fréquence de mesure maximale de la sonde de test est de l'ordre de 30 à 40 MHz.
La mise en position « C» du commutateur S1 active la 3e option de mesure de la sonde de test multi-fonction. Le signal d'entrée (appliqué à la pointe de touche n'est-ce pas) arrive maintenant sur l'entrée d'horloge de IC2, un registre à décalage du type LS164. Après huit impulsions d'horloge sur la pointe de touche, le niveau haut, présent en permanence sur les entrées A et B du registre à décalage, sera arrivé sur la sortie $\overline{Q}_H$ la LED D2 s'illuminera. Comme le signal de 3 Hz effectue continûment une remise à zéro du circuit intégré, la LED clignote tant qu'il y a présence d'un signal d'horloge sur la pointe de touche. À condition que la fréquence d'horloge du signal d'entrée soit supérieure à 25 Hz au minimum, cette approche permet de se faire une bonne idée du signal d'horloge présent dans le circuit sous test.
La consommation de la sonde de test est relativement modeste : quelque 10 mA en cas de clignotement des LED. Il est recommandé, pour garantir le bon fonctionnement du circuit, de faire appel à une alimentation capable de fournir un courant de 100 mA au minimum.

S. Mitra

089 PRIVÉPHONE

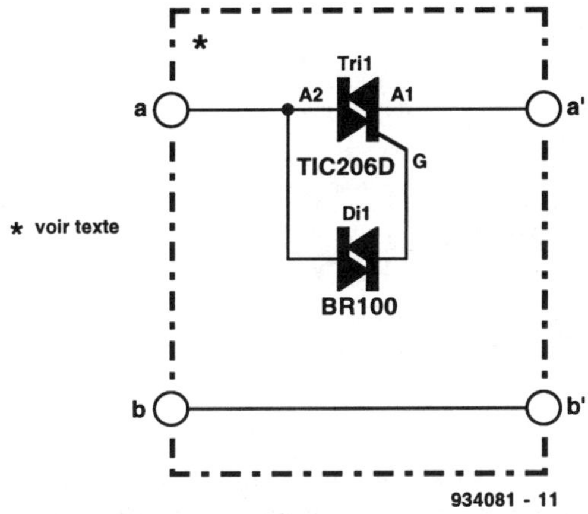

Rien n'est plus désagréable que les écoutes téléphoniques indiscrètes. Si votre installation téléphonique privée se compose de plusieurs appareils connectés en parallèle, rien de plus simple pourtant pour écouter les conversations : il suffit de décrocher le combiné de l'un des appareils pour pouvoir suivre la conversation en cours sur un autre téléphone de l'installation. Heureusement deux composants peu coûteux à monter sur chaque appareil suffiront pour mettre fin à cette situation.
Cette protection consiste en fait en un triac, en série dans la ligne **a** (ligne L1) de chaque téléphone et d'un diac connecté entre l'anode et la grille du triac. La tension de seuil du diac est de 25 V environ. Cette valeur est sensiblement plus faible que celle de la tension de ligne de 60 V environ fournie par le central téléphonique et sensiblement plus élevée que la tension aux bornes d'un appareil en service (5 à 12 V). Le triac n'est donc passant que si le combiné de tous les appareils de l'installation est reposé sur la fourch. Dès que l'on décroche l'un des combinés, la tension aux bornes des appareils descend de 60 à 12 V environ et tous les diacs bloquent. Si, après avoir décroché l'un des combinés, la tension de ligne change de polarité, ce fait n'aura pas de conséquences pour l'état passant du triac. À l'arrivée d'un signal d'appel, tous les triacs deviennent conducteurs et la sonnerie de chaque appareil se fait entendre. Un autre avantage de ce montage est le fait qu'il supprime, si l'on est connecté à un central téléphonique à commande par impulsions, le tintement de la sonnerie sur tous les appareils connectés lorsque l'on compose un numéro sur l'un des téléphones. Il n'est pas bien sorcier d'intégrer les deux composants dans la fiche de connexion de chaque appareil. Attention ! Le réseau téléphonique européen est loin d'être standardisé. Si de nombreux pays d'Europe travaillent sous 60 V, la France est sous 48 V continus avec superposition d'une tension alternative de 80 V_{eff} lors de l'appel. Nous ne pouvons donc garantir le fonctionnement de ce petit circuit sur tous les téléphones de France, de Navarre et d'ailleurs.

090 COMMANDE DE VITESSE

POUR POMPE DE CHAUFFAGE CENTRAL

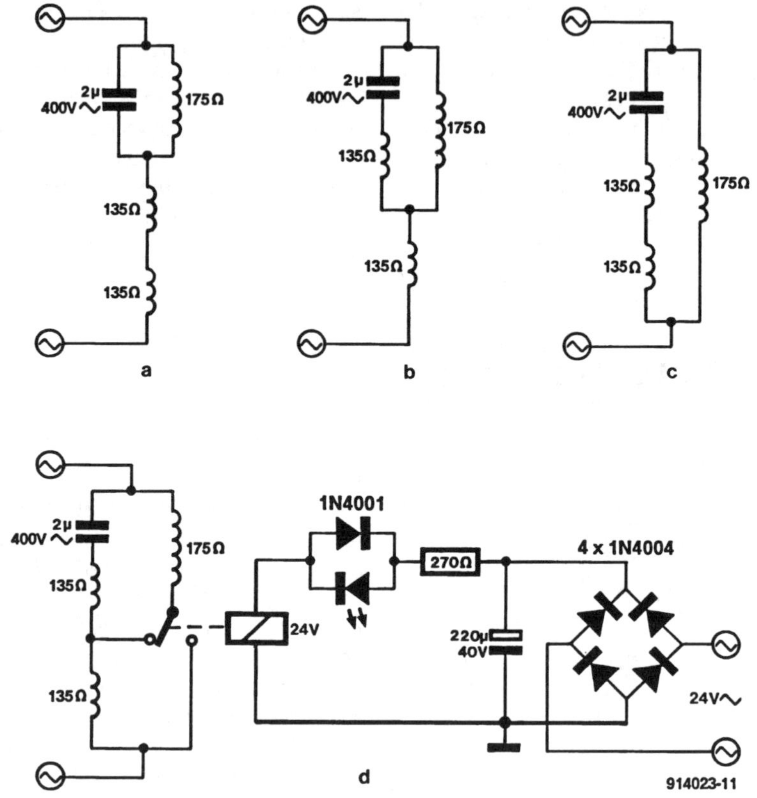

La plupart des pompes électriques pour chauffage central connaissent deux, voire pour certaines, trois vitesses de rotation. Le régime le plus lent non seulement économise de l'énergie, mais constitue également le mode de fonctionnement le plus silencieux. Il présente cependant un inconvénient important: le transport de la chaleur fournie par la chaudière se fait mal. Cette situation peut se traduire par une entrée en fonction du thermostat de protection de la chaudière à intervalles trop rapprochés et une inertie thermique importante de l'habitation de sorte que la température dans l'appartement ou la maison n'atteint pas (ou très difficilement) le niveau requis. La **commande de vitesse automatique pour pompe de chauffage central** (quelle dénomination pédante pour un circuit aussi compact) mettra fin, une fois pour toutes, à ce problème. La partie supérieure du schéma montre la structure électrique interne d'une pompe électrique standard. Les valeurs de résistance des différents enroulements peuvent varier d'une pompe à l'autre et être différentes selon la marque et le type. Le moteur comporte, en règle générale, un enroulement principal (de 175 Ω dans notre exemple) et deux enroulements auxiliaires, chacun de 135 Ω environ. Le condensateur, pris en série sur ces enroulements, introduit le déphasage requis pour assurer le démarrage du moteur. Les modes a et b mettent en oeuvre une impédance plus élevée (135, voire 270 Ω supplémentaires) d'où un champ plus faible et de ce fait une vitesse plus faible du moteur. Le volume d'eau déplacé est de ce fait moins grand. Le petit circuit, objet de cet article, assure une commutation automatique entre deux modes : soit entre a et b, soit encore entre b et c. L'entrée 24 V du circuit est prise en parallèle sur la commande du brûleur au gaz. Tant que la soupape est excitée, la pompe tourne à la vitesse élevée éliminant ainsi tout risque d'échauffement prématuré de la chaudière. Si le brûleur de votre chaudière fonctionne à une tension de 220 V, il faudra faire appel à un petit transformateur pour rabaisser cette tension à un niveau de 24 V. La présence d'une commande automatique de pompe de chauffage central –arrêtant la pompe au bout d'un certain temps– est sans la moindre influence sur le fonctionnement de ce circuit. Il est donc possible d'utiliser concurremment ces deux dispositifs (simultanément tous les deux). Lors du montage de ce circuit il faut être conscient du fait qu'il est primordial de réaliser une séparation galvanique entre la tension secteur présente sur les enroulements du moteur et les lignes de 24 V qui, en général, sont reliées également au thermostat dans la salle de séjour. La séparation galvanique dans notre circuit prend la forme du relais Siemens du type V23037. Ce composant garantit une isolation convenable, à condition du moins de prévoir, lors de son câblage, une distance minimale de 6 mm entre les différents points de connexion. Une solution meilleure consiste à opter pour un relais Siemens de la série V23057 (type CO ou DO) dont l'écart galvanique interne est de 8 mm. Il ne saurait être question d'utiliser un relais miniature : ce type de relais ne répond pas, mais alors pas du tout, aux exigences électriques mentionnées ci-dessus.

091 SOURCE DE COURANT À COMPENSATION THERMIQUE

Le LM334Z de National Semiconductor est une source de courant à trois broches dont le courant peut être réglé sur une plage s'étendant de 1 µA à 10 mA (rapport 1 : 10 000). Ce composant fonctionne sous une tension comprise entre 1 et 30 V et peut d'être monté "en flottant" dans un circuit électronique. En principe, le réglage du courant ne fait appel qu'à une seule résistance. Dans ces conditions l'intensité du courant dépend fortement de la température (+0,33%/°C environ). On notera que cette caractéristique permet d'utiliser aussi le LM334Z comme capteur de température. En faire une source de courant stable, nécessite l'adjonction d'une résistance et d'une diode supplémentaires. Le schéma ci-contre montre comment interconnecter ces trois composants. L'obtention d'une stabilité parfaite nécessite un couplage thermique de la diode et du LM334Z; on compense ainsi l'auto-échauffement de la source de courant. Pour ce faire on peut coupler le circuit intégré et la diode à l'aide d'un peu de pâte thermo-conductrice et d'un morceau de gaine thermo-rétractable (cf croquis ci-contre). La résistance R_s sert à régler l'intensité du courant à n'importe quelle valeur comprise entre 1 µA et 10 mA. Ce réglage est le plus précis dans le domaine allant de 10 µA à 1 mA. Le courant fourni par la source se calcule à l'aide de la formule :
$I_s = 2/(15R_s)$.
Pour R_k il est recommandé de prendre une résistance d'une valeur égale à 10 fois celle de R_s.

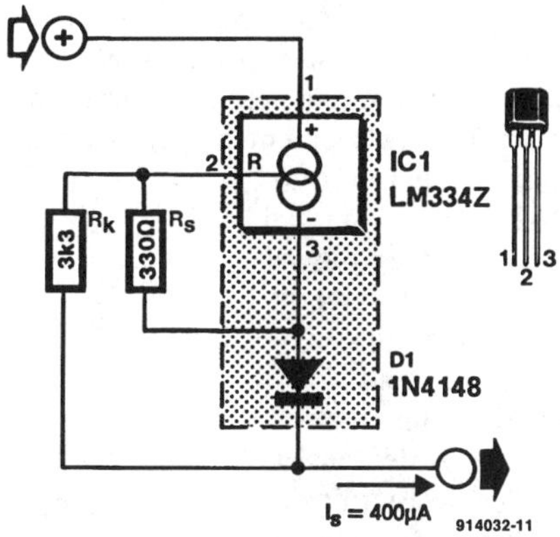

Si l'on règle le circuit de la manière décrite ci-dessus et que l'on assure un couplage thermique adéquat de la diode et du LM334Z, la dérive de la tension en fonction de la température ne devrait pas dépasser 0,02%/°C. Dans le cas de notre prototype, cette dérive prenait sa valeur maximale de 0,08%/°C à un courant I_s de 5 mA. Toutes les mesures sur notre prototype ont été effectuées à une tension d'alimentation de 9 V.

092 ALIMENTATION SIMPLE

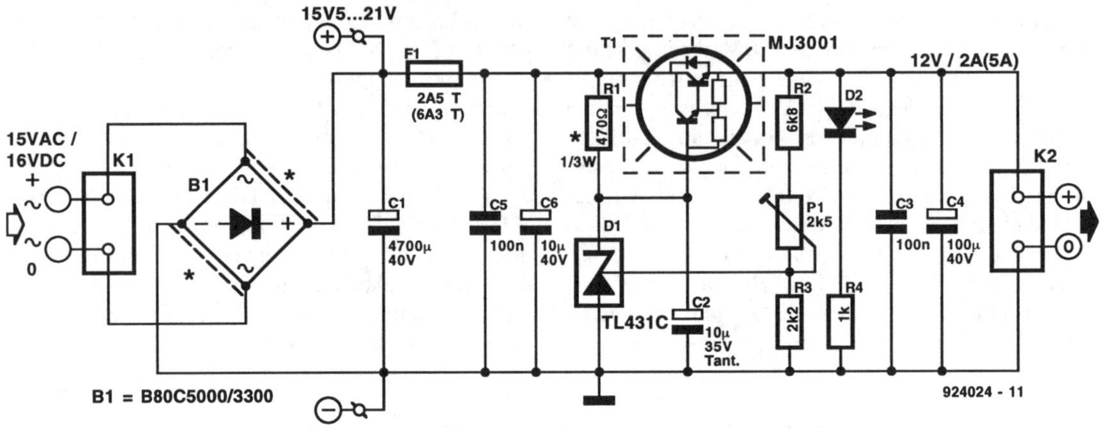

Les alternatives les plus connues à une alimentation « vite fait, (moins) bien fait » sont le régulateur de tension intégré tripode et la combinaison diode zener + transistor. Ces circuits conviennent à un très grand nombre d'applications, mais ils ont leurs limites qui peuvent, dans certains cas, être frustrantes. Tout le monde sait, par exemple, que les régulateurs de tension fixe peuvent fournir un courant de sortie d'1 A seulement. S'il en faut plus, on ajoute bien souvent un transistor-série. Cependant, si cette approche a bien l'avantage d'augmenter le courant, elle a également l'inconvénient de faire souffrir la régulation de l'alimentation. Les régulateurs de tension fixe capables de fournir des courants de plus forte intensité (disons 5 A) ne constituent pas une alternative non plus, étant donné leur prix élevé. La seconde alternative évoquée plus haut, celle du circuit diode zener + transistor est d'emploi limité elle aussi vu sa médiocre réjection de la tension de ronflement résiduel et la stabilité insuffisante de la tension de sortie en cas de variation de la charge présente à la sortie. L'alimentation proposée ici ne souffre d'aucun des inconvénients évoqués plus haut, et son concept est facile à mémoriser. C'est l'alimentation simple et bon marché pour une ribambelle d'applications. À première vue, ce circuit rappelle beaucoup la combinaison diode zener + transistor classique. L'une des différences essentielles est une réjection du ronflement de 100 Hz de plus de 55 dB, résultat de loin supérieur à ce que permet un simple régulateur à diode zener + transistor. La référence de ten-

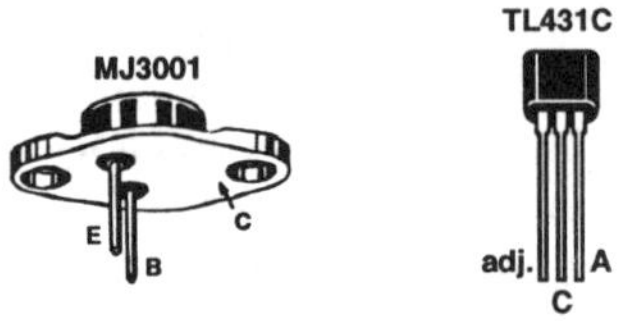

TL431C

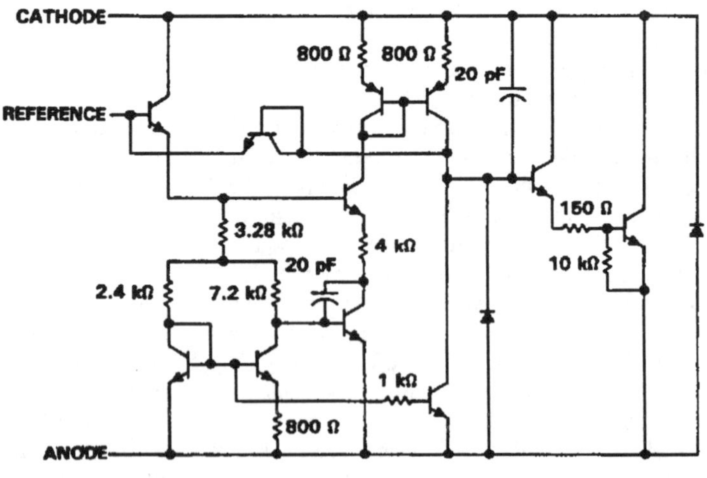

924024 - 12

Liste des composants

Résistances :
R1 = 470 Ω/0,33 W
(voir texte)
R2 = 6kΩ8
R3 = 2kΩ2
R4 = 1 kΩ
P1 = ajust. 2kΩ2 horizontal
B1 = B80C5000/3300

Condensateurs :
C1 = 4 700 µF/40 V
C2 = 10 µF/35 V tantale
C3,C5 = 100 nF
C4 = 100 µF/40 V
C6 = 10 µF/40 V

Semi-conducteurs :
D1 = TL431C
(Texas Instruments)
D2 = LED 3 mm verte
T1 = MJ3001

Divers :
K1,K2 = bornier encartable
à 2 contacts
au pas de 5 mm
F1 = fusible rapide 2,5 A (6,3 A*)
avec porte-fusible encartable
radiateur tel que SK201 (6K/W) ou SK71/75 mm (1,25 K/W)
2 cosses « automobile » pour fixation par vis
* pour version 5 A seule

-sion prend ici la forme de D1, un TL431C de Texas Instruments. La **figure 2** donne la structure interne du TL431C. Dans le cas présent, D1 fournit un courant de base au transistor T1 qui se traduit par la présence d'une tension de 2,5 V aux bornes de la résistance R3. Cette valeur nous permet de calculer la tension de sortie de l'alimentation, U_{sor} à l'aide de la formule suivante :
$U_{sor} = 2,5[1+(P2+R2)/R3]$ [V].
Avec les valeurs de composants du schéma, la tension de sortie atteint 12 V. Il suffit, pour obtenir d'autres tensions de sortie, d'adapter le diviseur de tension de sortie, en veillant à ce que le courant dans P1, R2 et R3 soit au moins de 1 mA. Il faut cette valeur de courant minimum, pour être certain

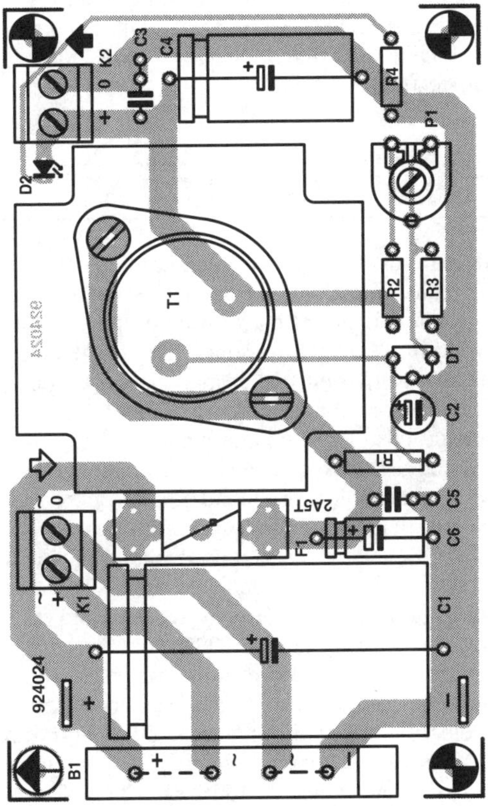

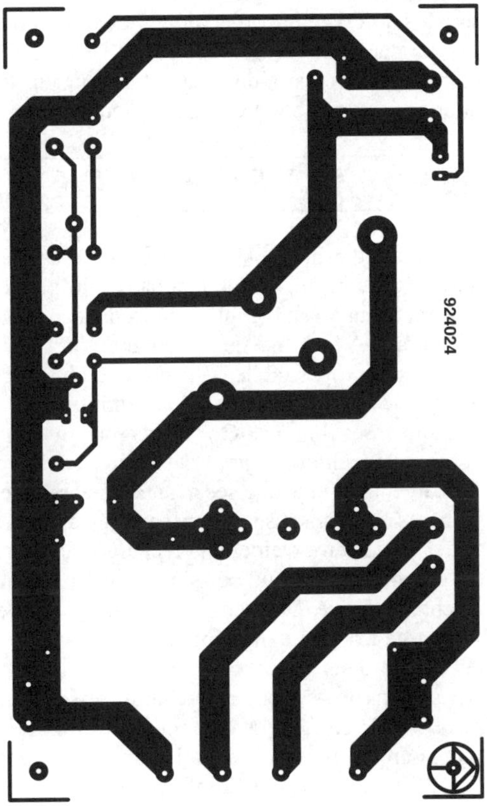

que le courant drainé par l'entrée de référence du TL431C soit négligeable (2 µA environ). Le transistor de puissance est un darlington ayant un gain en courant garanti de 1 000, voire plus, à un courant d'émetteur de 5 A. Ceci signifie qu'un courant de base de 5 mA seulement fait déjà parfaitement l'affaire. Bien que cela ne soit pas beaucoup, il faut en tenir compte lorsque l'on veut modifier la valeur de R1. D1 pour sa part exige un courant cathode/anode minimum de 0,5 mA, ce qui nous donne un courant minimum total de 5,5 mA à travers R1. Cette information de concept, associée à la tension d'entrée U_{ent} la plus faible possible, mesurée aux bornes de C6, et à la chute sur la jonction base-émetteur de T1 (2 V environ) donne une valeur théorique de la résistance de limitation de courant de :

$R1 = (U_{ent}-U_{be}-U_{sor})/R1.$

Sachant que le gain en courant d'un darlington peut être de deux à trois fois supérieur à la valeur garantie indiquée, il peut dans bien des cas être possible de donner à R1 une valeur plus importante que celle trouvée par calcul. Comme une valeur de résistance se traduit par une dissipation moindre de R1 et de D1, quelques essais expérimentaux ne seront sans doute pas à dédaigner. Le circuit imprimé dessiné pour ce montage reçoit l'ensemble de redressement, c'est-à-dire le pont, le condensateur-tampon et un fusible. Le condensateur-tampon, C1 et le radiateur sur lequel est monté T1 permettent des courants de sortie pouvant aller jusqu'à 2 A. Comme nous le disions plus haut, il s'agit ici d'un concept d'alimentation. Ceux d'entre vous qui n'auraient que faire de la partie redressement peuvent fort bien la supprimer et connecter une tension continue de 16 V au bornier K1. On remarquera que cette approche implique l'implantation de deux ponts de câblage aux emplacements du pont marqués par deux lignes pointillées. S'il vous faut un courant plus important en sortie (disons jusqu'à 5 A) il suffira de mettre le transistor T1 sur un radiateur de dimensions plus importantes fixé ailleurs que sur la platine (voir la liste des composants). Il faudra également faire passer à 10 000 µF la capacité du condensateur-tampon. Comme un tel condensateur (ou la série de condensateurs le remplaçant) ne peut pas trouver place sur la platine il faudra l'y connecter à l'aide de morceaux de câbles de bonne section aux cosses « automobile » montées aux points marqués (+) et (–) de la sérigraphie de l'implantation des composants. Un courant de sortie de 5 A nécessite également un certain refroidissement du pont de redressement. La solution la plus simple consiste à laisser le pont sur la platine et à le coincer contre l'un des côtés du boîtier métallique dans lequel sera montée l'alimentation.

093 PESON DE CHARGE POUR ACCU Cd-Ni

Les «cadmium-nickel» sont des accus à la mise en œuvre facile; ils ne demandent pas d'entretien et se laissent charger sans problème à l'aide d'une source de courant. À l'inverse de son concurrent, l'accu au plomb, il n'est pas facile de déduire la charge réelle d'un accu CdNi en se référant uniquement à la tension à ses bornes. On a imaginé un certain nombre de techniques pour déterminer la durée de la charge, avec chacune ses avantages et ses inconvénients. Le consensus est cependant qu'une cellule doit bien être pleinement rechargée après avoir été chargée pendant un certain temps à un courant de charge donné. Dans ces conditions, le risque de surcharge n'a rien d'imaginaire. On engrange tant de charge dans l'accu qu'à la fin « il se casse ». Nous avons développé une technique inédite, tellement simple en fait que l'on peut se poser la question pourquoi personne n'y a jamais pensé auparavant : l'état de charge est rendu par la différence de poids entre une cellule vide et une cellule parfaitement rechargée. Comme vous n'êtes pas sans le savoir, une charge est en fait rien de plus qu'une association d'électrons (porteurs de charge négatifs) et d'ions (porteurs de charge négatifs ou positifs). On pourra connecter l'accu CdNi à tester au circuit proposé ici, par l'intermédiaire d'un relais de caractéristiques convenables éventuellement. Le processus de charge prend fin lorsque l'accu CdNi est plein. Le poids d'un électron est infiniment petit, à une échelle telle d'ailleurs qu'il est pratiquement impossible de le mesurer; il en va de même pour les ions d'hydroxyde de cadmium et de nickel. Un accu rechargé à 100% contient cependant un nombre tel d'ions qu'il est, sans doute, possible de déterminer, à l'aide d'un capteur de pression électronique la différence de poids entre un accu vide et le même accu plein. Prenons l'exemple d'une cellule de 400 mAh. Une telle cel-

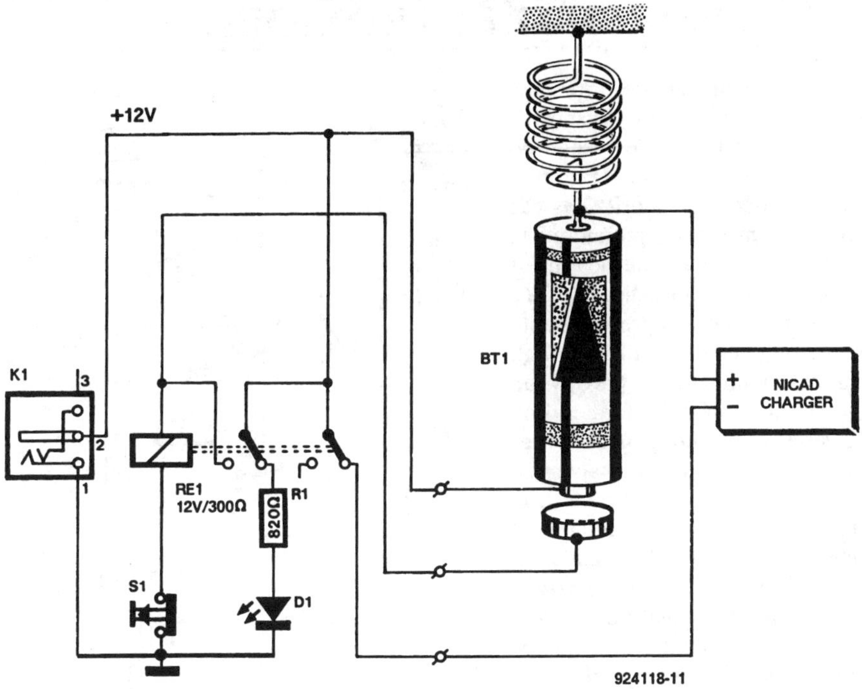

lule contient une charge de 0,4 A × 3 600 s = 1 440 C, le A en question étant des ampères, le s des secondes et le C des coulombs. Comme nous le disions plus haut, dans le cas d'un accu CdNi, cette charge prend la forme d'une certaine quantité de gel d'ions d'hydroxyde de cadmium et de nickel. Chacun de ces deux ions possède une charge égale à celle d'un électron, sachant qu'en fait ces ions sont des molécules ayant soit un surplus, soit un déficit d'un électron. La charge d'un électron est de $1,6 \cdot 10^{-19}$C. Au total un accu CdNi plein contient donc $1\,440 : 1,6 \cdot 10^{-19} = 9 \cdot 10^{21}$ ions.

Le poids moléculaire relatif (très proche de celui d'un ion d'ailleurs) de l'hydroxyde de nickel, $Ni(OH)_2$ est de 92,7, celui de l'hydroxyde de cadmium $Cd(OH)_2$ de 146. Nous pouvons, en nous basant sur ces deux poids moléculaires qui, comme vous le savez ont été déterminés par rapport à l'isotope de carbone, calculer le poids absolu des deux ions grâce à la célèbre constante d'Avogadro (il y a $6,022 \cdot 10^{23}$ molécules d'un corps donné dans une quantité de ce corps égale à son poids moléculaire exprimé en grammes).

Dans le cas de l'hydroxyde de nickel nous avons :

$92,7\,g : 6,022 \cdot 10^{23} = 15,4 \cdot 10^{-23}$ g,

chaque ion d'hydroxyde de cadmium pèse :

$146\,g : 6,022 \cdot 10^{23} = 24,2 \cdot 10^{-23}$ g.

Le poids total de la charge d'un accu bien rechargé est donc de :

$4,5 \cdot 10^{21} \times 15,4 \cdot 10^{-23} + 4,5 \cdot 10^{21} \times 24,2 \cdot 10^{-23} = 1,782\,g$,

poids que le montage que nous vous proposons doit être en mesure de déterminer avec une certaine précision. Le principe est simple. La cellule à recharger est fixée à un petit peson à ressort. La borne positive de l'accu se trouve, comme l'illustre le dessin, à une très faible distance d'une surface de contact. Il faudra choisir l'écartement entre la surface de contact et le pôle plus de telle façon à ce que l'on ait contact entre les deux dès que la cellule a retrouvé sa pleine charge. L'établissement de ce contact se traduit par l'activation du relais et la mise hors-fonction du chargeur d'accus CdNi. La LED D1 s'éteint pour signaler la fin du processus de charge. Le relais reste excité lorsque l'on enlève la cellule, en raison de l'action du contact de transfert. Une action sur le bouton-poussoir à contact travail S1 démarre le cycle de charge suivant. L'alimentation du circuit pourra se faire à l'aide d'un module d'alimentation secteur (12 V). L'adaptateur doit pouvoir fournir le courant nécessaire à l'activation du relais (50 mA pour les relais les plus courant) utilisé.

094 FUSIBLE ÉLECTRONIQUE

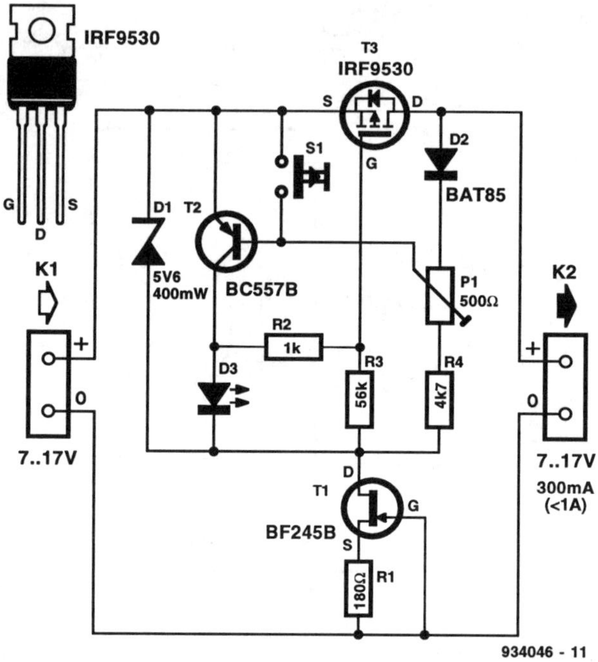

La plupart des régulateurs de tension modernes sont dotés d'un dispositif interne de limitation de courant. Malheureusement, ces circuits de protection comportent dans la majorité des cas un « fusible » thermique, ce qui fait que le premier élément à être « contrôlé » n'est pas le courant, mais la puissance dissipée due au dit courant. Vu l'impressionnante lenteur de ce type de « sécurité », il faut, dans bien des applications, prévoir un fusible additionnel sous la forme d'un fusible de verre si l'on veut pouvoir protéger certains composants délicats contre des surcharges dues à des courants trop importants en cas d'erreur de montage.
De très nombreux modules d'alimentation secteur « made in Hongkong » ne possèdent pas non plus de dispositif de protection contre les courts-circuits. Cette absence de protection peut avoir des conséquences dramatiques. Un fusible électronique très rapide constitue un « frein de secours » idéal. On intercale tout simplement le fusible entre l'alimentation et l'appareil à tester ; une simple action sur un bouton-poussoir permet de la réarmer. Un transistor MOSFET à canal p, T3, remplit la fonction la plus importante, à savoir l'interruption de la liaison entre l'alimentation et le montage à protéger. Simultanément, sa résistance de commutation de 0Ω35 fait office de capteur de courant de charge. Le transistor T1 associé à la résistance R1 constitue une source de courant de 6 mA qui, avec la diode zener D1, définit une tension constante de 5,6 V par rapport à la ligne du plus. Dans ces conditions la grille de T3 se voit appliquer une tension négative suffisante pour que ce transistor devienne passant. Lorsqu'il circule un courant de 1 A, la chute de tension aux bornes de la combinaison T3, D2 et en partie P1 atteint le seuil de T2 de sorte que ce transistor court-circuite la jonction grille-source du FET T3. La LED D3 s'illumine signalant ainsi l'activation du fusible. Il apparaît d'ailleurs, en pratique, que cette LED s'illumine déjà faiblement à l'entrée de la zone critique avant que n'ait lieu l'activation proprement dite du fusible. Si l'on donne aux composants la valeur du schéma, le courant d'activation du fusible est de l'ordre de 290 à 300 mA. La chute de tension aux bornes de T3 est, dans ce cas-là, de 110 mV seulement. Pour obtenir des courants admissibles avant activation du fusible plus élevés il suffit de prendre d'autres IRF9530 en parallèle sur T3. Il n'est pas nécessaire de prévoir de radiateur pour T3 – et d'éventuels comparses – vu que la puissance dissipée n'est que de 40 mW. Une action sur le bouton-poussoir S1 suffit pour réarmer le fusible. La LED à utiliser pour T3 doit être du type à haut rendement vu que l'on ne dispose que d'un courant de 6 mA, insuffisant pour une LED « normale ». Le temps de réponse est celui d'un fusible ultra-rapide. Le réglage du montage est empirique : on fait passer le courant de consigne prévu par T3 et l'on joue sur l'ajustable P1 jusqu'à ce que le fusible entre en fonction. Ce fusible électronique est prévu pour des courants inférieurs ou égaux à 300 mA. Il est possible, avec d'autres FETMOS à canal p – on peut pratiquement utiliser n'importe lequel d'entre eux – de travailler à des courants plus élevés. Plus la résistance de fonctionnement (R_{on}) de ce FETMOS est faible, plus l'imprécision de fonctionnement de ce circuit augmente.

J. Schäper

095 OSCILLATEUR TRIANGULAIRE PARFAIT

Les modulation en largeur d'impulsion (PWM = ***Pulse Width Modulation***) exigent une tension triangulaire parfaite. Il faut que le dit signal soit exactement symétrique et présente un flanc d'une raideur verticale. Toute dérive par rapport à la forme idéale se traduit par une distorsion dont on se serait bien passé. Le concept de ce circuit est basé sur le principe d'un oscillateur carré-triangulaire. Un trigger de Schmitt convertit un signal triangulaire en une tension rectangulaire idéale qui, à son tour, par l'intermédiaire d'une source de courant, charge et décharge un condensateur sans discontinuer. On fait appel à une source de courant constant positive (centrée sur le transistor T1) pour la charge, la décharge se faisant par l'intermédiaire d'une source de courant constant négative, basée elle sur T2. Le trigger de Schmitt prend la forme de deux portes OU EXclusif (EXOR) du type 4030 montées en inverseurs. Les deux autres portes ne sont pas utilisées et restent à disposition pour une utilisation potentielle telle qu'un modulateur de durée d'impulsion. Les résistances R1 et R2 permettent d'ajuster l'hystérésis du convertisseur. IC1b constitue la sortie du trigger de Schmitt. Cette sortie attaque, alternativement, le transistor T1 ou T2. Si la sortie de IC1b est au niveau bas, c'est T1 qui devient passant; si elle se trouve au niveau logique haut ce sera le cas du transistor T2. Les résistances R3 et R4 ont pour tâche de faire en sorte que la tension sur la base de T1 et de ce fait aussi celle présente aux bornes de la résistance d'émetteur R7, reste constante lorsque la sortie de IC1b est au niveau bas. On assure ainsi la charge du condensateur C1 via le transistor T1 à un courant constant. La diode D1 accentue la vitesse de commutation du transistor de sorte qu'il bloque rapidement. Le transistor T2 est piloté selon le même principe, à la différence près qu'il devient conducteur lorsque la sortie de IC1b est haute. Lors du choix de la valeur des composants il faudra tenir compte du fait que l'amplitude de la tension triangulaire ne doit pas dépasser la tension de base des transistors T1 et T2. Il nous semble bon de prévoir une marge de 1 V aux deux extrémités de la plage d'excursion. On a, dans le cas d'une tension d'alimentation de 10 V une tension triangulaire de l'ordre de 2,5 V_{cc}. L'amplificateur opérationnel IC2, un AD847 (Analog Devices) est très rapide (vitesse de montée de 200 V/µs) faisant office de tampon entre la sortie et l'entrée du trigger de Schmitt. Le choix d'un amplificateur de cette qualité fait qu'il n'a que peu d'influence (néfaste) sur la qualité de la forme du signal triangulaire. On pourra, si nécessaire, procéder à une correction de la symétrie du triangle par la prise en série avec R3 ou R6 d'une petite résistance ajustable (de 1 kΩ par exemple). Il faudra dans ce cas-là diminuer la valeur de la résistance correspondante, R3 ou R6, de la moitié de la valeur de la résistance ajustable. Ce montage convient pour des fréquences allant jusqu'à 300 kHz. On pourra jouer quelque peu sur la fréquence par modification de la valeur du condensateur au polystyrène C1. Avec les valeurs du schéma la fréquence se situe aux alentours de 38 kHz, fréquence qui est celle du **modulateur de durée d'impulsion** décrit dans un autre article de ce livre.

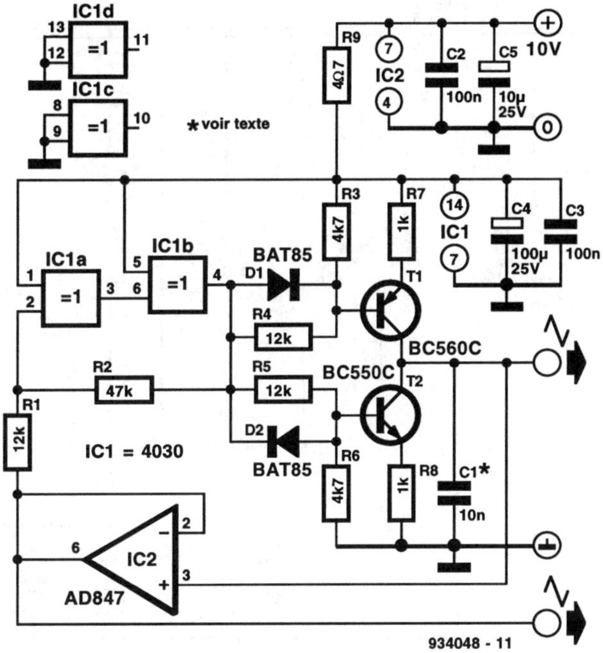

La consommation de courant est de 8 mA pour l'ensemble du montage, intensité dont l'AD847 consomme lui-même un peu plus de 60% (5 mA).

096 TEMPORISATEUR LONGUES DURÉES

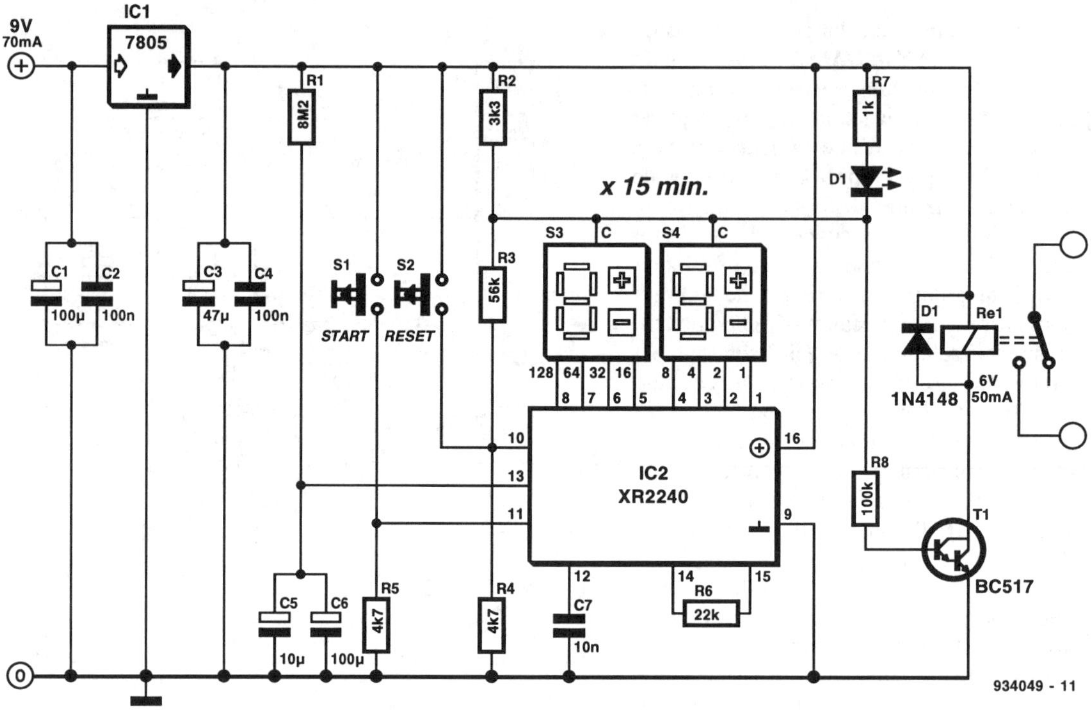

Ce temporisateur longues durées réalisé autour d'un XR2240 (Exar) pourra rendre d'éminents services comme temporisateur d'exposition dans un laboratoire de développement photographique ou d'insolation de platines, comme automate d'extinction pour téléviseur ou chaîne audio, ou comme surveillant de temps de recharge, et tant d'autres applications potentielles. La programmation de la durée à décompter fait appel à une paire de commutateurs BCD (roues codeuses) grâce auxquelles il est possible de définir des durées de 15 mn à 24,75 h, par pas d'1/4 h. La définition de la période se fait par l'intermédiaire des composants R1, C5 et C6. La durée répond à la formule suivante :

$T = R1 \cdot (C5 + C6)$.

Ceci explique qu'avec les valeurs adoptées dans le schéma nous ayons une durée de base de :

$T = 8M\Omega 2 \cdot 110\,\mu F = 902\,s = 15\,mn\ 2\,s$,

que nous avons arrondie à 15 mn. Les commutateurs BCD permettent d'obtenir une temporisation égale à 255 durées de période, ou moins. Supposons que nous voulions une temporisation de 10 h 30 mn, soit 10,5 h. Il nous faudra donc choisir mettre les commutateurs BCD en position :

10,5 x 4 = 42.

La commande des fonctions de temporisation se fait par l'intermédiaire d'une bascule bistable interne et des touches S1 (START) et S2 (RESET). Si l'on veut avoir une durée de base parfaitement définie, il est impératif de mesurer précisément la valeur des condensateurs C5 et C6. La LED s'illumine lorsque le temporisateur est actif. À l'intérieur de cet intervalle de temporisation la tension au point nodal de la diode D1 et des résistances R2, R3 et R8 est tellement faible que T1 ne peut devenir conducteur. Une fois écoulée la durée choisie, la broche 10 de IC2 passe au niveau haut, de sorte que l'on trouve au point nodal le potentiel de la tension d'alimentation. La LED D1 s'éteint, T1 devient passant entraînant l'activation du relais. L'électronique du temporisateur reçoit d'un régulateur intégré, IC1, sa tension d'alimentation, tension filtrée et lissée par les condensateurs C1 à C4 de manière à éviter des déclenchements intempestifs du temporisateur.

G. Geißler

097 LES BUS DE COMMUNICATION

Au jour d'aujourd'hui le nombre de standards différents que connaissent bus et réseaux est si grand qu'il est pratiquement impossible d'en avoir un aperçu global. Sans vouloir prétendre énumérer toutes les informations disponibles, nous vous proposons un résumé des caractéristiques techniques des bus les plus courants. Les deux critères auxquels nous nous sommes intéressés sont les domaines d'utilisation et la technique mise en oeuvre pour le transfert des données. Il faudra noter en outre que, lorsqu'il s'agit de transférer des données, chaque bus implique de faire appel à un logiciel. L'un des systèmes pour réseau fréquemment utilisé dans les bureaux est *Ethernet*. Le logiciel rendant opérationnel ce protocole de transfert de données est disponible sous le nom de **Novell** et de **Lantastic**, pour n'en citer que deux:

Les différents bus (réseaux):

Les bus **Ethernet** et **Thin-Ethernet** sont prédestinés à la communication entre un nombre (plus ou moins élevé) d'ordinateurs individuels et entre les ordinateurs et autres périphériques tels qu'imprimantes et autres tables traçantes. Le nom anglais d'un tel réseau est *LAN* (*Local Area Network* = réseau local). Leur domaine d'application le plus important est l'automatisation des bureaux. Le bus **IST** (*Integrated Service Terminal* = terminal de service intégré) est un réseau local pour bureaux et habitations qui fonctionne selon la nouvelle norme ISDN. Cette norme sera utilisée dans le futur pour la distribution de toute communication et le transfert de données de maison à maison. Ce bus est destiné à la communication entre téléphones, vidéophones, ordinateurs, systèmes d'alarme et autres relevés de compteurs de gaz, d'eau et d'électricité. Le bus **D2B** (*Domestic Digital Bus* = bus numérique domestique) sert à interconnecter les différents appareils audio et vidéo. Depuis très peu de temps de nombreux systèmes haut de gamme sont dotés de ce bus. Le bus **CAN** (*Controller Area Network* = réseau à commandes) convient tout particulièrement à une utilisation dans un environnement très pollué; on y fera donc appel pour les systèmes de commande industriels et pour les véhicules (le bus **CAN** est utilisé dans les nouveaux modèles-S de Mercedes par exemple). Ce système ne nécessite que deux conducteurs, assurant **et** l'application de la tension d'alimentation **et** la distribution d'information. Le bus **Future+** constitue le nouveau standard pour le traitement parallèle de données à l'intérieur d'un ordinateur personnel. Il s'agit ici de bus ayant une largeur comprise entre 32 et 256 bits. Ce nouveau genre de canaux permet aux différents processeurs d'échanger des données à des vitesses très élevées. Le bus **I2S** (*Inter IC Sound*) a été conçu pour l'échange de signaux audio numériques (16 bits stéréo) entre les différents circuits intégrés dans un système audio. Pour réduire les dimensions des circuits imprimés au strict minimum, l'échange se fait de façon sérielle et non pas parallèle. Les distances maximales que ce système peut couvrir sont relativement petites. Son application se limite de ce fait à un seul appareil à la fois. Le bus **I²C** (*Inter IC*) est également destiné à la communication entre différents ordinateurs personnels. Ce bus permet, outre le transfert de données, également celui de commandes. Contrairement au bus I²S, mentionné plus haut, ce bus-ci est relativement lent et n'est pas capable de transférer des masses importantes de données.

(source: Philips Components Kompas)

nom du réseau	longueur max. en mètres	type d'informations	format des données	câblage
Ethernet	2500	données	sériel	1 câble coaxial
Thin Ethernet	925	données	sériel	1 câble coaxial
IST	300	données	sériel	2 conducteurs
D2B	150	commandes	sériel	3 conducteurs
CAN	100	commandes	sériel	2 conducteurs
Future+	niveau système	données	parallèle	
I2S	circuits imprimés	données	sériel	
I2C	circuits imprimés	données/ commandes	sériel	2 conducteurs

098 GÉNÉRATEUR D'IMPULSIONS À 4066

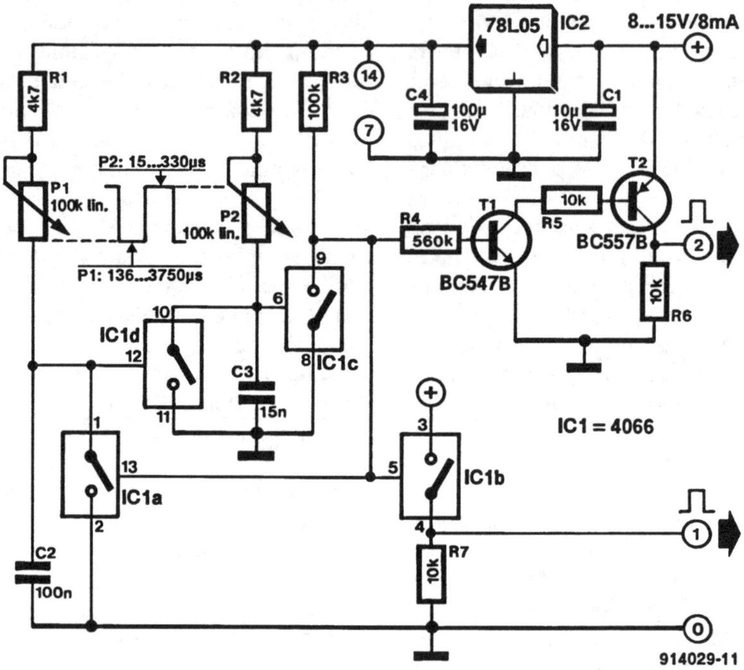

Le circuit de cet article montre comment utiliser un unique commutateur électronique quadruple du type 4066, disponible partout à des prix dérisoires, pour la réalisation d'un générateur d'impulsions avec réglage indépendant des durées au niveau haut et bas du signal rectangulaire de sortie. Si l'interrupteur IC1a est ouvert, l'entrée de commande de IC1b est haute et cet interrupteur est fermé. Les entrées de commande des IC1c et IC1d se trouvent de ce fait au niveau logique bas. Le condensateur C2 peut être chargé à travers l'ajustable P1, C3 l'étant à travers l'ajustable P2. Lorsque la tension aux bornes du condensateur C2 atteint un niveau donné, IC1a se ferme et force la commande d'entrée de IC1b au niveau bas. Dans ces conditions les sorties du circuit, (1) et (2) se trouvent au niveau logique haut. L'amplitude du signal de la sortie (1) est de 5 V. Celle de la sortie (2) peut presque atteindre le niveau de la tension d'alimentation (15 V max). Entre-temps, le commutateur IC1c est fermé, entraînant la décharge du condensateur C2. IC1a s'ouvre permettant ainsi la charge du condensateur C3 à travers l'ajustable P2. Si maintenant le niveau de la tension aux bornes de C3 atteint le niveau requis, IC1b se ferme et les sorties du circuit prennent un niveau logique bas. Les durées pendant lesquelles le signal de sortie rectangulaire présente un niveau haut ou un niveau bas peuvent être réglées par l'intermédiaire des ajustables P1 et P2 respectivement. Si l'on opte pour le dimensionnement proposé dans le schéma, il est possible d'ajuster la durée au niveau bas sur une plage comprise entre 136 µs et 3,75 ms et celle au niveau haut sur une plage comprise entre 15 µs et 330 µs. Pour obtenir d'autres valeurs de ces durées il faudra modifier en conséquence la capacité des condensateurs C2 et C3. La consommation du circuit sous une tension de 10 V est de 8 mA environ. On notera pour finir que la forme rectangulaire du signal de sortie disponible à la sortie (1) n'est pas parfaite et que sa sortance (*fan out*) est plutôt limitée. La seconde sortie, (2), est dotée d'un tampon; ce sera donc elle que l'on utilisera pour la plupart des applications.

P. Sicherman

099 CARTE D'EXTENSION DE BUS POUR PC

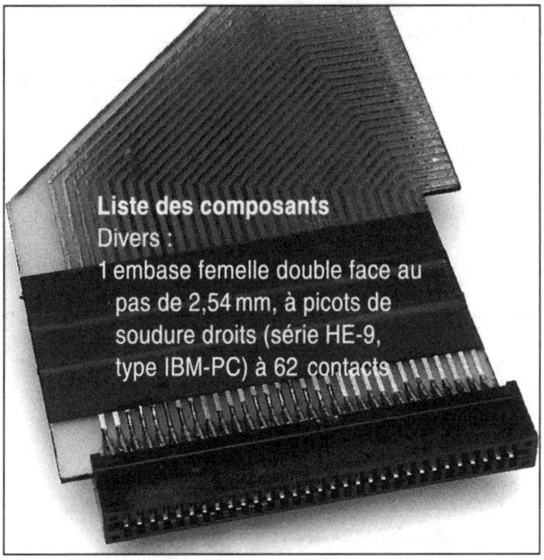

Le but avoué de cette carte d'extension de bus à 8 bits pour ordinateurs du type IBM-PC et Compatibles est de vous permettre l'insertion et le test de n'importe quelle carte d'extension et cela sans qu'il ne soit nécessaire d'ouvrir l'ordinateur.

Le circuit imprimé que montre la photo est coudé de 90° et comporte une embase femelle double face à 62 contacts (2 x 31) dans laquelle viendront s'insérer des cartes d'extension de tout acabit. Les broches du connecteur femelle sont soudées directement aux pistes cuivrées correspondantes présentes sur le bord (recto-verso) de la platine. Comme les pistes cuivrées que comporte la platine doivent passer dans l'un des orifices percés dans le boîtier (métallique, en règle générale) de l'ordinateur, il est recommandé de les doter à cet endroit d'une protection anti-court-circuit prenant la forme de quelques tours de ruban isolant. Il faudra ensuite, pour des raisons de stabilité mécanique, fixer la platine au châssis de l'ordinateur à l'aide d'un support convenable. Lors de l'utilisation de ce bus d'extension additionnel, il est vital pour le matériel que l'on veille à l'insertion correcte –dans le bon sens– de la carte à tester. On pourra, si nécessaire, placer l'ordinateur sur quelques volumes d'encyclopédie pour disposer d'un peu plus de place lors des tests.

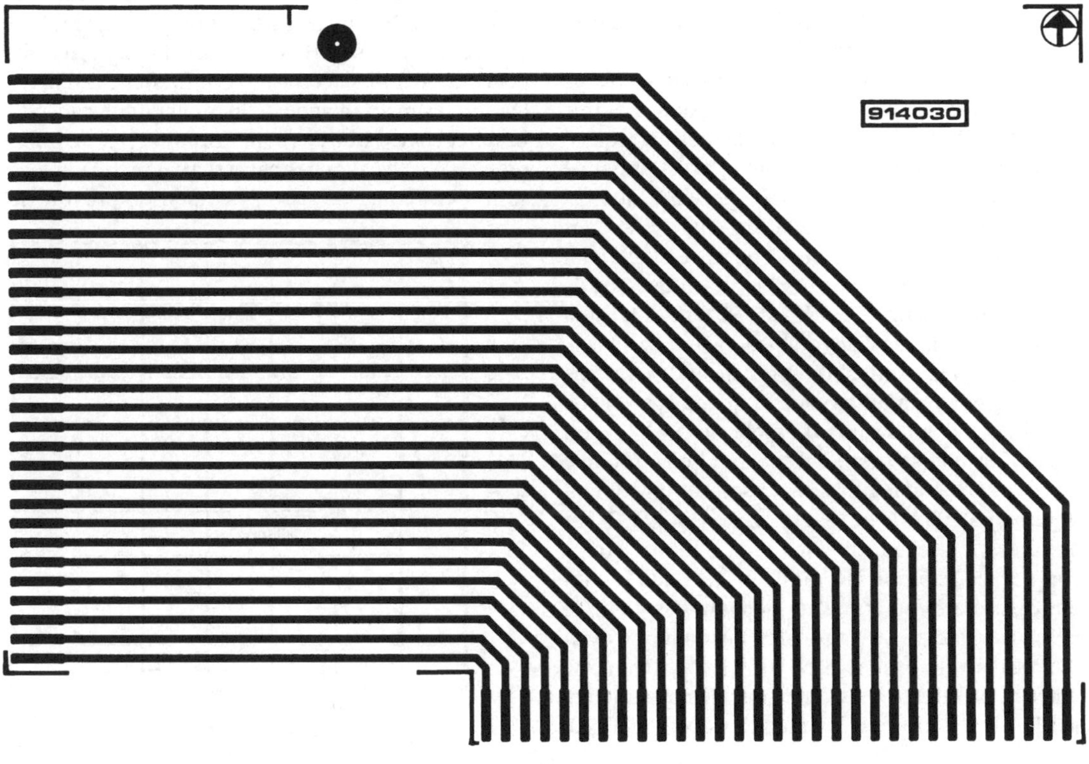

100 RÉGULATEUR 5 V/1 A À FAIBLES PERTES

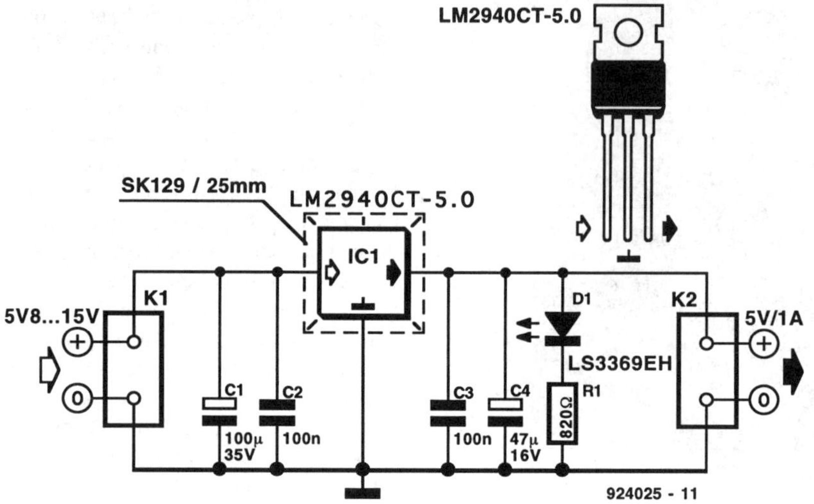

Dès lors qu'il faut obtenir une tension continue régulée de 5 V bien stable à partir d'une tension d'alimentation faible, le 4805 de SGS-THOMSON constitue sans doute le régulateur intégré le plus adapté. L'archi-connu 7805 a vite fait d'avoir des difficultés dès que la tension d'entrée tombe en-deçà de quelque 8 V. La solution la plus immédiate consiste bien évidemment à faire appel à un régulateur à faible chute de tension, sachant que ce type de composant se contente d'une tension d'entrée supérieure de 0,5 V seulement à la tension requise en sortie, c'est-à-dire la tension qu'il est prévu de fournir par construction. Le 4805 présente lui aussi cette caractéristique, sa fiche de caractéristiques signalant que la tension de sortie reste stable tant que la tension d'entrée ne tombe pas en-dessous de 5,7 V. Cette valeur de 5,7 V est, en fait, la tension « dans le cas le plus défavorable » (*worst case*) correspondant à un courant de sortie de 400 mA. Dans la pratique il apparaît qu'il reste même possible de travailler à des tensions d'entrée de 5,4 V et au-delà. Mais que se passe-t-il lorsque l'électronique placée en aval du régulateur consomme un courant supérieur à 400 mA ? C'est là que le LM2940T fait son entrée en scène, constituant la solution la plus simple à notre problème, du moins tant que le courant nécessaire en sortie ne dépasse pas 1 A. Ce régulateur intégré de National Semiconductor existe en trois versions : 5, 8 et 10 V. La variante 5 V, qui sera sans doute celle qui risque de nous intéresser le plus, porte la dénomination LM2940T-5.0.

Les régulateurs de National Semiconductor sont compatibles broche à broche avec le 7805 (et donc aussi avec le 4805), de sorte qu'il reste toujours possible d'améliorer sans difficulté une régulation à faible chute de tension. Pour éviter tout malentendu nous vous proposons le schéma d'une alimentation 5 V tout ce qu'il y a de plus simple. Le seul élément important ici est la capacité du condensateur de découplage C4. La fiche de caractéristiques recommande de lui donner une capacité minimale de 22 µF (pour garantir la stabilité requise !). Il ne sera pas nécessaire, tant que la tension d'entrée ne dépasse pas 7,5 V, de prévoir de

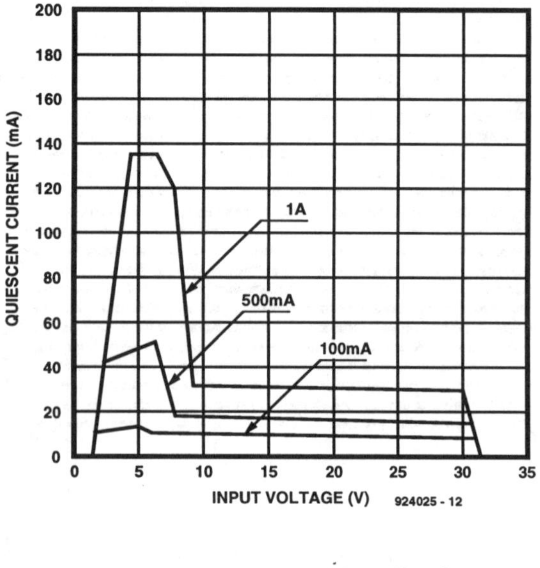

radiateur. Si l'on tient cependant à que le régulateur fournisse le courant de sortie maximal même à des tensions d'entrée plus élevées, il faudra inévitablement le doter d'un radiateur. Un refroidisseur ayant une résistance thermique de 6,5°C/W permet au régulateur concerné de travailler sans trop souffrir avec des tensions d'entrée allant jusqu'à 15 V au maximum (voire 25 V pour un courant de sortie de 500 mA). La tension d'entrée minimale, qui dépend entre autres facteurs du courant requis en sortie est, dans le cas le plus défavorable, de 5,8 V. Tout comme son homologue le 7805, le LM2940T est protégé contre les courts-circuits; il connaît cependant un courant de repos (*QUIESCENT CURRENT*) relativement élevé (comme l'illustre le graphique).

101 INDICATEUR SYMÉTRIQUE «PILE FAIBLE»

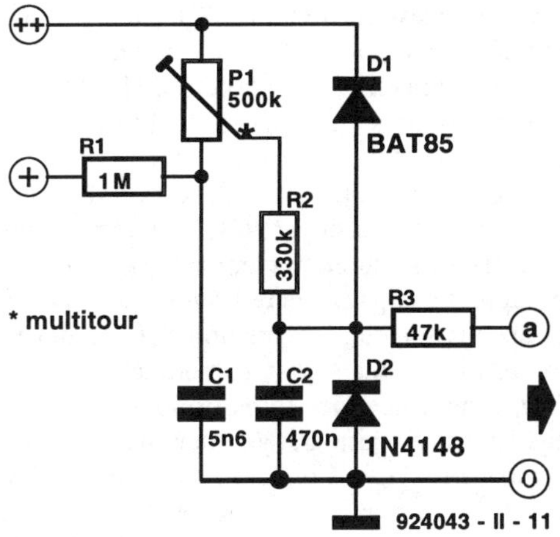

Cet petit montage additionnel permet l'utilisation de l'entrée d'alarme de l'indicateur universel de «pile faible» décrit ailleurs dans ce livre, mais pour la surveillance d'une tension de pile **négative** cette fois. Ceci explique qu'il tombe à pic lorsque l'on se trouve en présence d'alimentations symétriques à piles : l'entrée de détection d'origine, U_{s+}, surveille la tension de pile positive, tandis que l'entrée U_{s-} –l'entrée d'alarme dotée de cette extension– garde à l'œil la tension de pile négative. Lorsque la pile commence à s'épuiser, la LED de signalisation se met à clignoter. La fréquence de clignotement permet de savoir quelle est la pile en difficulté. On aura, lorsque c'est la pile positive, un clignotement à une fréquence de 0,5 Hz, alors que la fréquence de clignotement sera de 10 Hz lorsqu'il s'agira de la pile «négative». Si les deux piles sont proches de leur fin, on constatera un clignotement intermittent. Comme nous le disions, la sortie de montage d'extension –dont la seule fonction est en fait de relever la tension de pile négative au-dessus du potentiel de masse– est connectée à l'entrée d'alarme de l'indicateur «pile faible» universel. Attention : il faudra, en raison de la charge applicable à la sortie, supprimer la résistance R6 à l'entrée «a» de l'indicateur universel !

Les autres points de connexion sont interconnectés deux à deux en respectant leur dénomination : on relie U_i (= tension de référence) à U_i de l'indicateur, le point «0» avec l'autre point «0» et pour finir on connecte le point U_{s-} au pôle négatif de l'alimentation par pile symétrique. Pour peu que le montage soit branché correctement, la consommation totale ne devrait pas augmenter de plus de 10 µA (en supposant que l'on dispose de deux piles de 9 V montées en série). On ajuste le seuil de commutation négatif par action sur P1. le processus de réglage est le même que celui décrit pour le réglage de P1 de l'indicateur «pile faible» universel. Nous vous renvoyons, en ce qui concerne ce point du réglage, à l'article en question. Plus la pile reliée au point U_{s-} s'épuise, plus la tension au curseur de P1 croît. Il arrive un moment où ce potentiel devient même positif, sachant que l'une des extrémités de P1 est reliée à la tension de référence (positive). Une fois que le seuil de commutation supérieur du trigger de Schmitt IC1 est dépassé, la porte entre en oscillation et on aura clignotement de la LED D2. Le condensateur C2 fournit une impulsion de remise à zéro à la mise sous tension (*power up reset*), ce qui, dans le cas présent, revient à mettre la sortie «a» à un «0» logique. Ce faisant, le circuit de décharge de C2 se ferme via la diode D1 et la ligne d'alimentation. La diode D2 protège IC1c contre des tensions d'entrée négatives et le condensateur C1 évite que le circuit ne déclenche en présence de courtes crêtes parasites véhiculées par la tension de la pile.

102 ÉMETTEUR AUDIO À INFRAROUGE

Il arrive que l'un d'entre nous ait envie de suivre une émission à la télévision sans pour autant déranger le reste de la famille. L'utilisation d'un casque d'écoute semble être la solution. Quand on est assis à trois ou quatre mètres du poste de télévision, il faut donc disposer d'un casque doté d'un câble long. Ne serait-il pas préférable et sensiblement plus confortable de disposer d'un casque d'écoute sans fil ? L'émetteur audio à infrarouge, montage auquel nous allons nous intéresser constitue la moitié d'une réalisation permettant de suivre le son à la télévision sans liaison « filaire ». Avec le récepteur, décrit ailleurs dans ce livre, on pourra couvrir une distance de 5 m environ. Cette distance dépend aussi du niveau de la lumière ambiante. Ce système peut fonctionner à des distances encore plus grandes. Il faudra, dans ces conditions, faire appel à un courant de LED sensiblement plus élevé voire à un nombre de LED IR plus élevé. Si l'on opte pour cette dernière approche, il suffit de prendre en parallèle plusieurs séries de trois LED IR. Il va sans dire que cette option demande de remplacer le transistor T1 par un transistor de type différent, capable de commuter un courant plus fort. Le BS170 utilisé dans notre prototype est capable, en régime permanent, de supporter un courant de quelque 500 mA. Cette intensité varie aussi d'un fabricant de ce transistor à l'autre ; ainsi, les BS170 d'ITT par exemple ne supportent-ils qu'un courant de 300 mA !

Le principe de fonctionnement de l'émetteur est relativement simple. Nous avons opté pour une technique de modulation de durée d'impulsion. Le signal de modulation de durée d'impulsion est obtenu en comparant le signal BF à un signal HF triangulaire pur. La description du générateur triangulaire utilisé se trouve ailleurs dans les pages de ce livre. Il est possible, bien entendu, de faire appel à un générateur triangulaire existant, à condition que le décalage du triangle soit égal à la moitié de la tension d'alimentation (5 V) et que son amplitude soit de 2,5 V_{cc}. Il est nécessaire, pour obtenir une portée aussi grande que possible, de faire appel à un courant à travers les LED IR aussi élevé que possible. Tout le monde sait pourtant qu'il n'est pas question d'exposer une LED à un flux continu de courant d'intensité trop élevée. Afin de pouvoir augmenter au maximum le courant de crête il est donc nécessaire de limiter au strict minimum la durée des impulsions. Dans le cas d'un signal à modulation de durée d'impulsion pure, tel celui fourni par IC1, la durée des impulsions est variable et souvent relativement longue par rapport à la pause entre les impulsions. Comme la transmission de l'information se fait uniquement par les flancs du signal à modulation de durée d'impulsion, nous les transformons de ce fait en impulsions de courte durée. Pour chaque flanc, peu importe s'il s'agit d'un flanc montant ou descendant, on a transmission d'une brève impulsion. La porte OU EXclusif (EXOR), IC2d, génère les impulsions en comparant le signal à modulation de durée d'impulsion d'origine au même signal, retardé légèrement par R5, C3 et IC2c. Le résultat de cette technique est une impulsion très courte pour chaque variation de niveau. La constante RC

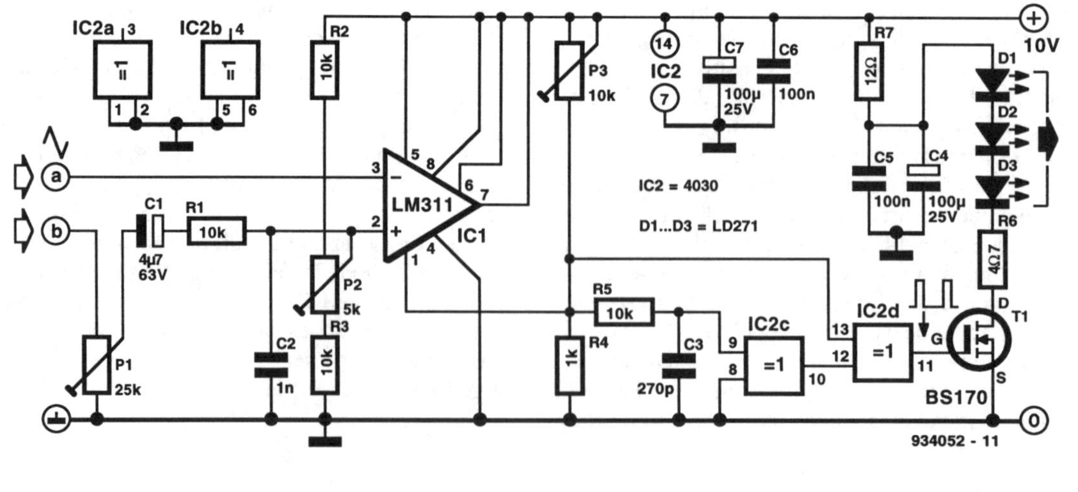

du réseau R5/C3 détermine la longueur de l'impulsion. Le signal de sortie de IC2d commande le transistor T1. En présence d'une tension d'alimentation de 10 V, la résistance R6 limite à 400 mA_c le courant à travers les LED IR D1 à D3. Dans ces conditions la consommation moyenne du circuit est de 90 mA environ. Les deux portes EXOR (IC2a et IC2b) inutilisées peuvent rendre d'excellents services pour la réalisation du générateur triangulaire décrit ailleurs dans ce livre. Pour le réglage des ajustables P2 et P3, il est recommandé de faire appel à un oscilloscope. Ces deux ajustables servent à éliminer les différences entre une impulsion produite par un flanc montant et une autre produite par un flanc descendant du signal à modulation de durée d'impulsion. Il faudra régler P3 de façon à ce que, en absence d'un signal d'entrée, toutes les impulsions du signal de sortie aient la même durée. On joue ensuite sur P2 (toujours en absence d'un signal d'entrée) pour obtenir des impulsions et des pauses de même longueur. La sortie de IC1 présente alors un signal rectangulaire symétrique. Récepteur en fonction et en présence d'un signal d'entrée maximal, on joue sur l'ajustable P1 pour obtenir une modulation et une transmission sans distorsion.

103 DIODE ZENER RAPIDE DE FORTE PUISSANCE

Ce circuit a été conçu pour un régulateur de tension rapide, ayant à fournir des courants de forte intensité. Le composant essentiel est un transistor SIPMOS, capable de « digérer » des courants forts et de dissiper des puissances élevées. Il suffit d'une poignée de composants standard pour transformer le transistor SIPMOS en diode zener. Le prix de revient de ce montage se situe bien en-deçà de celui d'une diode zener de caractéristiques comparables. À partir d'une source de tension supérieure de 2 V à la tension de sortie requise, la mise en parallèle du condensateur C1, de la diode D1 et de l'ajustable P1, produit une tension stabilisée comprise entre 0 et 6,8 V. Cette tension fait passer à l'état conducteur le transistor T1, un BS250, qui, à son tour, rend passant le transistor SIPMOS T2, un BUZ10. Si la valeur de U_Z diminue, T1 « se ferme » quelque peu et la tension présente sur la grille de T2 chute, elle aussi. Le transistor SIPMOS augmente de ce fait sa résistance de passage et la tension de sortie croît. La vitesse de régulation du circuit dépend en majeure partie de la résistance R4. Si l'on respecte le dimensionnement du schéma et à une tension d'alimentation U_b de 15 V, la diode zener artificielle fournit une tension de sortie comprise entre 3,9 et 9,6 V. Dans notre laboratoire nous avons pu régler une tension de 6 V (courant à travers le SIPMOS de 409 mA) qui, chargée avec quelque 15 Ω (la résistance de charge minimale), descendait à une valeur de 5,94 V. Dans ces conditions le courant de drain était de 13 mA. Le comportement dynamique du circuit est excellent : la durée de régulation après application d'un signal rectangulaire d'entrée ayant une fréquence de 10 kHz, ne dépassait pas 1 µs !

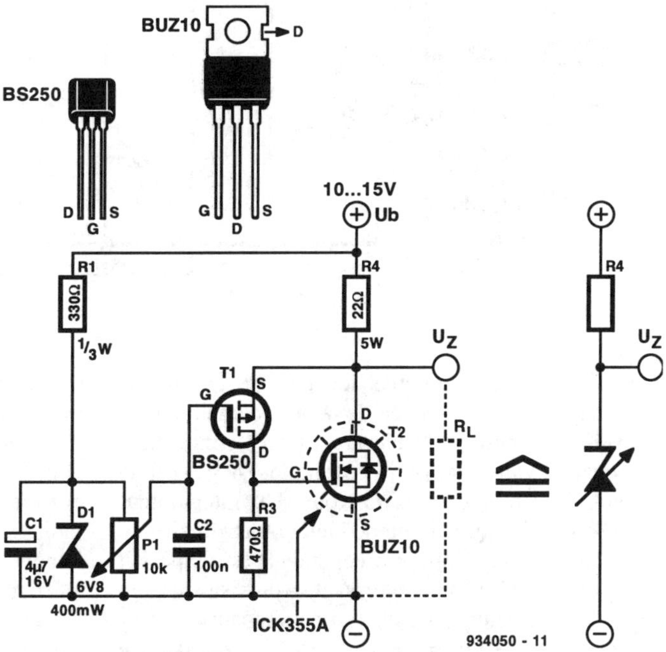

B.C. Zschocke

104 INTERRUPTEUR CRÉPUSCULAIRE

AVEC TEMPORISATION

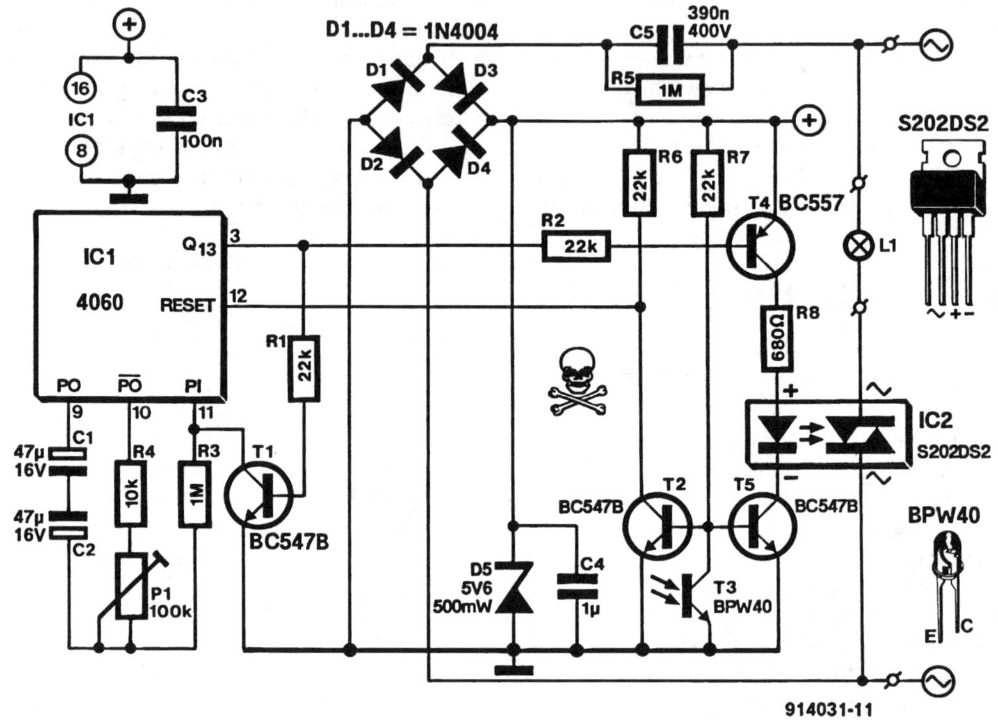

L'électronique présentée ici permet l'allumage automatique, à la tombée de la nuit, d'un éclairage extérieur, celui de l'allée aux chênes centenaires menant à votre maison par exemple. Qu'y a-t-il de neuf dans tout ceci, direz-vous. Un interrupteur crépusculaire, ça n'a rien de bien extraordinaire.

Ce montage-ci comporte cependant un dispositif supplémentaire fort intéressant. Après sa mise en fonction, l'éclairage reste allumé pendant une certaine durée. Après son extinction, il ne pourra être rallumé qu'après qu'il ait refait jour ! L'interrupteur électronique utilisé dans ce circuit prend l'aspect physique d'un relais à semi-conducteur (non-mécanique donc). Dès que les transistors T4 et T5 sont conducteurs, la LED intégrée dans ce type de relais s'illumine et l'éclairage branché au système est mis en fonction. Dès que l'un des transistors bloque, les lampes connectées s'éteignent aussitôt. Un phototransistor (T3) du type BPW40 détermine si le transistor T5 est conducteur ou s'il bloque. Si T3 est éclairé –par la lumière du jour– il est conducteur et le transistor T5 est privé de courant de base. T5 ne peut alors être conducteur que lorsqu'il fait noir. La jonction base-émetteur du transistor T2 est également prise en parallèle sur T3. Lorsqu'il fait jour, le transistor T2 bloque lui aussi. Le circuit intégré IC1, tout à la fois compteur binaire à 14 étages et oscillateur, subit de ce fait une remise à zéro continue et ses sorties de comptage se trouvent au niveau bas. La nuit tombante, le transistor T2 reçoit son courant de base à travers la résistance R7 et devient conducteur. IC1 commence maintenant à compter les impulsions fournies par son oscillateur interne tandis que l'éclairage reste toujours allumé. Si, au bout d'une certaine durée, la sortie Q13 passe au niveau haut, le transistor T4 bloque. La LED intégrée dans le relais s'éteint, il en va de même pour l'éclairage connecté. Comme l'oscillateur interne du 4060 est arrêté par le transistor T1, la sortie Q13 restera au niveau haut. Le circuit conserve cet état jusqu'à ce qu'il fasse jour et que IC1 puisse être remis à zéro. Ce n'est qu'à partir de ce moment-là qu'un nouveau cycle peut recommencer. La durée pendant laquelle l'éclairage reste allumé est comprise entre 1 et 5 heures ; elle peut être ajustée à l'aide de la résistance ajustable P1. L'alimentation du circuit ne nécessite pas de transformateur. La tension requise est dérivée directement du secteur. Les diodes D1 à D5 se chargent du redressement et le condensateur C4 assure le lissage de la tension d'alimentation. Le condensateur C5 fait office de "résistance" capacitive et il est essentiel d'en utiliser une version ayant une tension de service de 400 V au minimum (630 V de préférence). Comme l'ensemble du circuit est relié au secteur, il faudra absolument respecter toutes les règles de sécurité et enfermer le circuit dans un boîtier isolé parfaitement étanche.

105 CHARGEUR D'ACCUS RUDIMENTAIRE

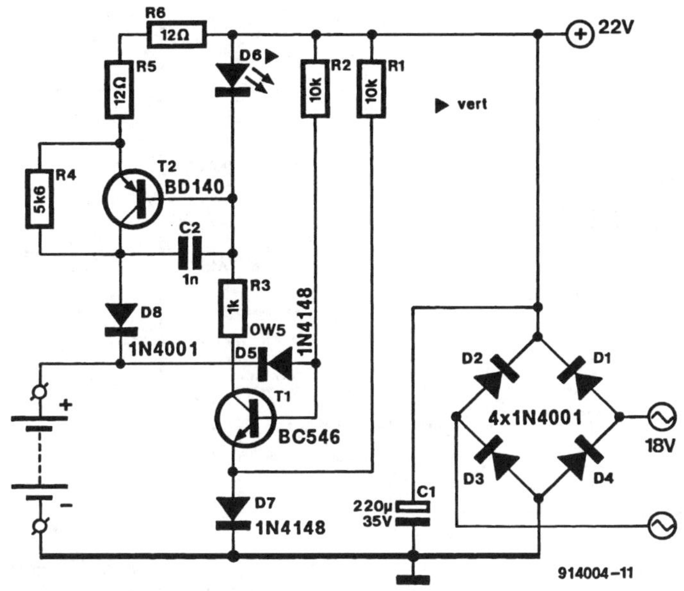

Le circuit d'un chargeur pour accus de tension nominale inférieure ou égale à 12 V (10 cellules CdNi ou 6 cellules Pb au maximum) peut être relativement simple. Malgré cette simplicité il peut intégrer plusieurs dispositifs qui en augmenteront le confort d'utilisation, comme l'illustre d'ailleurs l'électronique du schéma. Le circuit est si petit qu'il peut facilement trouver place dans un boîtier à fiche secteur mâle incorporée, du type de ceux que l'on utilise en règle générale pour les modules d'alimentation secteur. Il est pratiquement impossible qu'il se produise une erreur lors de l'emploi de ce montage. Polarité d'accu inversée, court-circuit des connecteurs ou autre disparition de la tension d'alimentation n'auront pas d'influence néfaste sur l'accu ou sur le chargeur. On fait appel, pour alimenter le circuit, à une tension alternative de 18 V. Cette tension est redressée par l'intermédiaire du pont constitué par les diodes D1 à D4 et lissée par le condensateur C1. On dispose de ce fait d'une tension continue de 22 V. Un accu complètement "à plat" commencera par être rechargé à un courant de 6 mA environ, qui traverse d'une part la résistance R2 et la diode D5 et, de l'autre, les résistances R4 à R6 et la diode D8. Si pourtant, on connecte un, voire plusieurs, accus, disposant encore d'une tension résiduelle minimale comprise entre 0,3 et 0,5 V, la tension base/émetteur du transistor T1 est suffisamment élevée pour le rendre conducteur. La LED D6, faisant office d'indicateur de recharge, s'illumine et le transistor T2 devient également passant. Le courant de charge qui traverse maintenant les résistances R5 et R6 voit son intensité passer à 60 mA. Dans le cas d'accus CdNi de 500 mAh de capacité, ce courant se traduit par une durée de recharge de 12 heures. Si l'on procède soit à une inversion de polarité des bornes de l'accu, soit à un court-circuit des bornes de connexion du chargeur, le transistor de puissance reste bloqué de sorte que le courant circulant reste limité à une intensité comprise entre 6 et 12 mA. L'ensemble du circuit consomme de l'ordre de 80 mA.

H. Döpfner

106 ASTUCE D'UTILISATION DU MAX134

Calibre	Facteur de multiplication
400 mV	———
4 V	1,100000
40 V	1,010000
400 V	1,001000
4 000 V	1,000100
400 Ω	0,999900
4 kΩ	0,999001
40 kΩ	0,990099
400 kΩ	0,909090
4 MΩ	———
40 MΩ	———

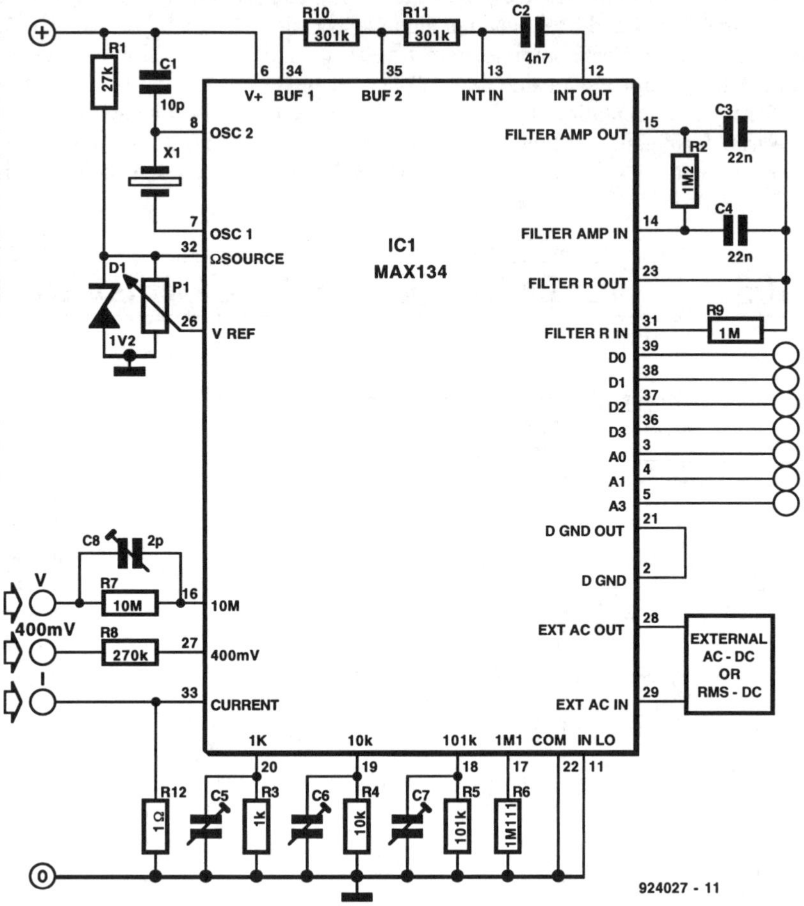

La raison d'être du MAX134 de Maxim est de servir d'entrée analogique pour des instruments de mesure pilotés par microprocesseur. Il permet, en ne faisant appel qu'à un nombre relativement faible de composants, de réaliser un multimètre précis. La structure du sélecteur de calibre intégré nécessite l'utilisation, pour la réalisation de l'atténuateur d'entrée (R5 et R6), de résistances aux valeurs pour le moins « biscornues » difficiles à trouver à la tolérance élevée requise. Voici l'alternative que nous vous proposons : nous allons utiliser, pour les résistances de l'atténuateur, des résistances de valeur ronde, séparées par un facteur de 10, 100 kΩ pour R5 et 1 MΩ pour R6, et procéderons à une correction par logiciel des valeurs de mesure numériques obtenues. Le tableau joint indique le facteur de correction à appliquer pour chacun de calibres. Il faudra effectuer cette correction **après** redressement de la dérive en tension (l'offset) et le traitement du signe (de polarité). Les plus expérimentés d'entre vous auront vu au premier coup d'œil que ce calcul se limite à de simples décalages, additions ou soustractions. Même un Z80 doté d'une horloge de 2 MHz aura besoin de moins d'1 ms pour une telle opération (l'intervalle séparant deux mesures étant lui de 50 ms). Si tant est que l'instrument de mesure soit doté d'un étalonnage (calibration) numérique, on devrait disposer indubitablement d'une routine de multiplication. Il est préférable d'effectuer les opérations avec un chiffre de plus pour n'arrondir que juste avant la visualisation. Le passage de 5 à 6 chiffres BCD, n'entraîne pas, en arithmétique compilée, de code additionnel et fournit en tout état de cause des résultats exacts.

W. Neff

107 SILENCIEUX À COMMANDE OPTIQUE

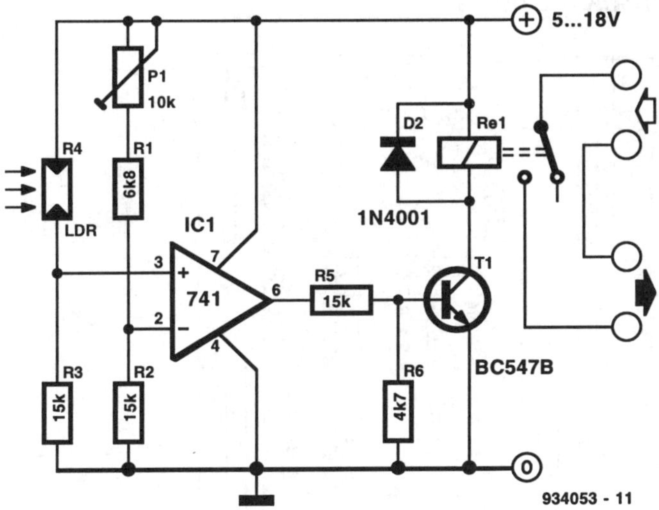

Il existe de nombreux de récepteurs O.C. (ondes courtes) bon marché dépourvus de silencieux (*squelch*), ce circuit qui coupe le son en l'absence de signal de réception, en particulier entre les stations. Bien que primitifs, ces appareils sont néanmoins souvent dotés d'une LED qui signale la réception d'un signal suffisamment puissant.

L'illumination de cette LED peut être détectée par une photorésistance, dont la résistance varie en fonction de l'intensité de la lumière qui la frappe (LDR = *Light Dependent Resistor*). Voici donc un montage qui, selon l'état de la LED, coupe le haut-parleur du récepteur ou le met en fonction. Si c'est la sortie pour casque d'écoute du récepteur que le montage commande, il n'est même pas nécessaire d'opérer à l'intérieur de l'appareil. On peut y connecter un haut-parleur externe de 8 Ω mis lui-même en fonction, via les contacts d'un relais, par le circuit de silencieux. En règle générale, le branchement d'une fiche à l'embase du casque d'écoute coupe le HP interne du récepteur.

Un amplificateur opérationnel du type 741 est utilisé ici comme comparateur. L'ajustable P1 et les résistances R1 et R2 appliquent, à son entrée inverseuse, la tension de référence qui, au repos (la LDR ne voit pas de lumière et présente donc une résistance élevée), doit être supérieure à la tension présente sur l'entrée non-inverseuse. Si la LDR capte de la lumière émise par la LED, sa résistance diminue, la tension sur l'entrée non-inverseuse devient alors supérieure à celle présente à l'entrée inverseuse, le comparateur « bascule », le transistor devient passant et le relais est excité. Les contacts du relais se ferment mettant de ce fait le haut-parleur externe additionnel en fonction. (Le haut-parleur interne reste muet tant que l'on n'aura pas sorti le jack de l'embase pour casque d'écoute).

Il faudra veiller, lors du montage de la LDR, qu'elle ne capte pas (ou le moins possible) de lumière ambiante. Pour notre prototype nous avons monté la LDR sur une sorte de pince qui vient se positionner sur la LED du récepteur. Cette technique évite que la lumière ambiante, venant des côtés, ne puisse atteindre la LDR. Pour le réglage du silencieux il suffit de jouer sur l'ajustable P1 de façon à ce que le relais ne soit pas excité si la LED du récepteur est éteinte. Dès que cette LED s'allume, il faut que les contacts du relais se ferment. Si on n'arrive pas à obtenir ce réglage (le circuit ne réagit pas ou le relais reste excité) c'est la LDR utilisée qui est probablement en cause. Le dimensionnement des résistances R1 et R2 et celui de l'ajustable P1 a été fait pour la LDR 07, qui, illuminée par une LED, a une résistance de quelque 6 kΩ. Si l'on utilise une LDR différente, il faudra commencer par mesurer sa résistance (à l'aide d'un multimètre), lorsqu'elle est illuminée par une LED. On utilise ensuite pour R1 une résistance de cette même valeur et pour l'ajustable P1 une résistance ajustable de valeur double. On choisira, pour R2 et R3, une résistance de valeur correspondant, à peu de choses près, à la somme des valeurs de R1 et P1. On pourra alimenter le silencieux à l'aide d'un petit module d'alimentation secteur. Il est cependant beaucoup plus simple (et élégant) de faire appel à l'alimentation du récepteur. La valeur de la tension d'alimentation n'est pas très importante, à condition cependant d'avoir choisi un relais dont la tension de service corresponde à la tension d'alimentation du circuit. La consommation du silencieux à commande optique se limite à quelque 5 mA auxquels il faut cependant ajouter le courant d'excitation du relais.

A. Klausen

108 ADAPTATEUR 1 Mbit

POUR PROGRAMMATEUR D'EPROM

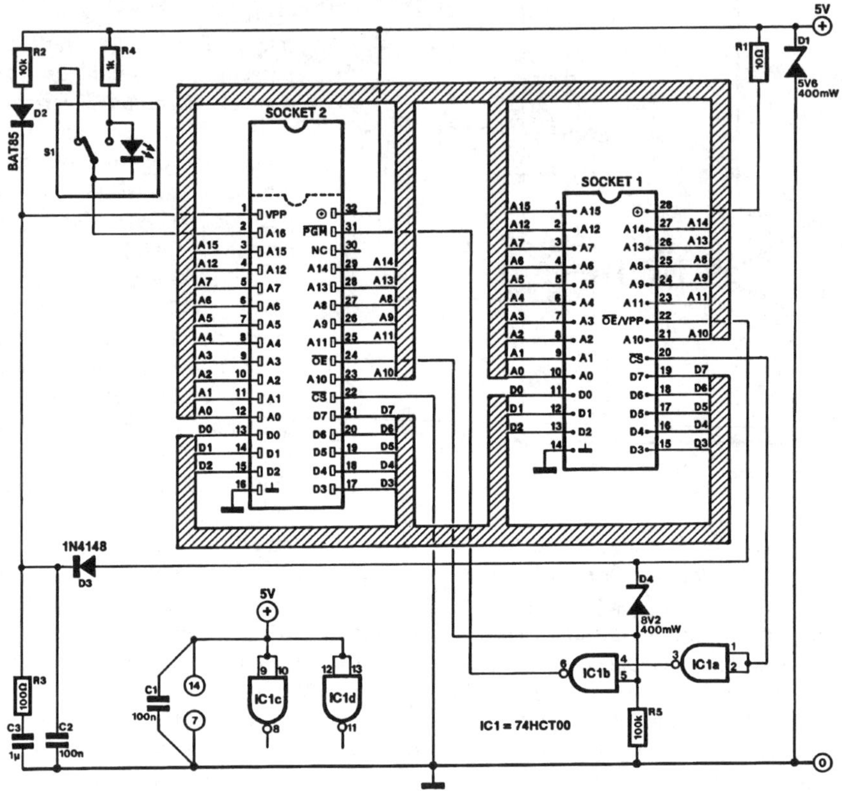

La taille et la simplicité de ce circuit sont inversement proportionnelles à son utilité. Il vous permettra de programmer une EPROM du type 27C1001, d'une capacité de 1 Mbit organisée en 128 Koctets (131 072 mots de 8 bits) à l'aide d'un programmateur d'EPROM standard. Pour pouvoir utiliser un tel programmateur d'EPROM, il faut que le dit appareil soit capable de programmer des EPROM de 512 Kbits telles que la 27512 ou la 27C512 (64 Koctets organisés en 65 536 mots de 8 bits) par exemple. L'adaptateur proposé ici procède à une programmation de la 27C1001 en deux blocs de 64 Koctets chacun; il s'implante tout simplement dans le support à force d'insertion nulle (à 32 ou 40 broches) présent sur votre programmateur d'EPROM. La sélection du bloc de 64 Koctets à programmer se fait manuellement par l'intermédiaire du bouton-poussoir, S1. Le circuit de l'adaptateur ne comporte que très peu de surprises techniques. Le support SOCKET 1 connecte l'adaptateur au programmateur d'EPROM; le support SOCKET 2 sert à insérer la 27C1001 à programmer. L'entrée $\overline{PGM}$ de la 27C1001 est activée (c'est-à-dire qu'elle passe au niveau logique bas) si la tension de programmation, Vpp, présente sur le support SOCKET 1 devient supérieure à la tension zener de D4 et si la broche $\overline{CS}$ (***Chip Select*** = validation circuit) de ce support est forcé au niveau bas par le programmateur. De par la présence de la diode zener, la tension de programmation, de 12,5 V, est capable de forcer au niveau haut la broche $\overline{OE}$ (***Ouput Enable***) de la 27C1001, permettant ainsi sa programmation. L'entrée Vpp de la 27C1001 présente une tension, soit de +5 V lors d'une opération de lecture, soit de +12 V lors d'une opération d'écriture (ou de programmation). Pour assurer une tension d'alimentation suffisamment élevée (de 5 V efficace) à l'EPROM, nous avons utilisé pour D2 une diode Schottky du type BAT85. Cette diode se caractérise par une chute de tension de 0,2 V seulement. Le bouton-poussoir S1 sert à forcer au niveau haut ou bas l'entrée de

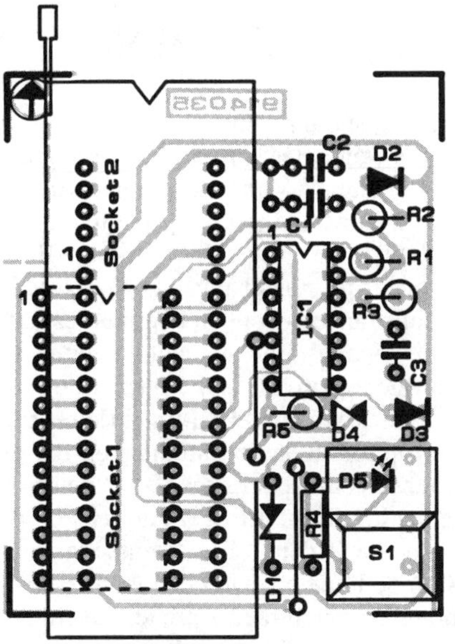

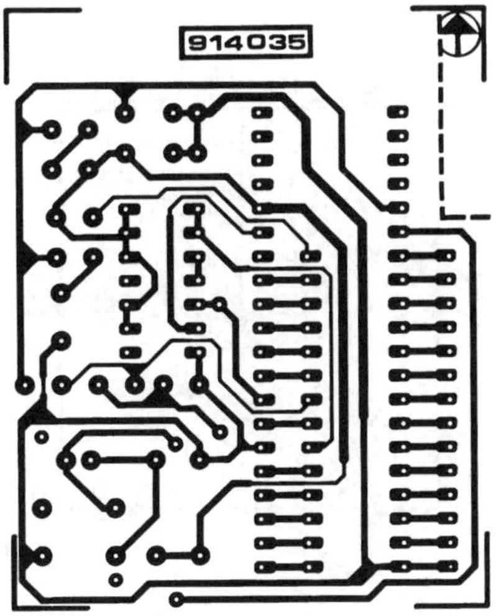

Liste des composants

Résistances :
R1 = 10 Ω
R2 = 10 kΩ
R3 = 100 Ω
R4 = 1 kΩ
R5 = 100 kΩ

Condensateurs :
C1,C2 = 100 nF
C3 = 1 µF

Semi-conducteurs :
D1 = diode zener 5V6/400 mW
D2 = BAT85
D3 = 1N4148
D4 = diode zener 8V2/400 mW
D5 = LED 3 mm
IC1 = 74HCT00

Divers :
S1 = bouton-poussoir bipolaire à verrouillage avec LED témoin (ITW 61-2030401 par exemple)
Socket 1 = 2 barrettes autosécables à 14 contacts dotées, sur un côté, de broches longues
Socket 2 = support FIN à 32 ou 40 broches

l'adresse la plus élevée (A16) de la 27C1001, pour sélectionner, dans ce composant, le bloc de 64 Koctets inférieur ou supérieur (A16 respectivement au niveau bas ou haut). La LED D5 s'allume lorsque c'est le bloc inférieur qui est adressé.
Rien de tel qu'une photo pour montrer clairement comment s'y prendre pour réaliser ce petit montage. On commencera par la mise en place du seul et unique pont de câblage que comporte ce circuit. Le support SOCKET 1 est fixé du côté pistes et consiste en deux barrettes autosécables à quatorze contacts, dotées, d'un côté, de broches longues. L'inverseur S1 est un bouton-poussoir bipolaire à verrouillage doté d'une LED témoin. Le circuit imprimé dessiné pour ce montage accepte les supports à force d'insertion nulle (FIN) de 32 **et** de 40 contacts.

G. Rubel

109 LED « OCCUPÉ » POUR TÉLÉPHONE

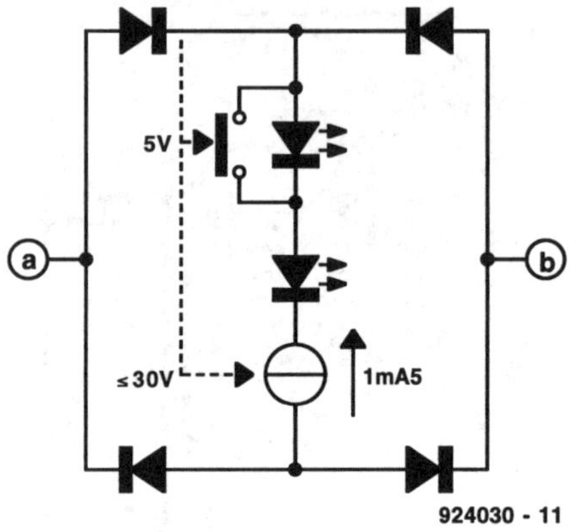

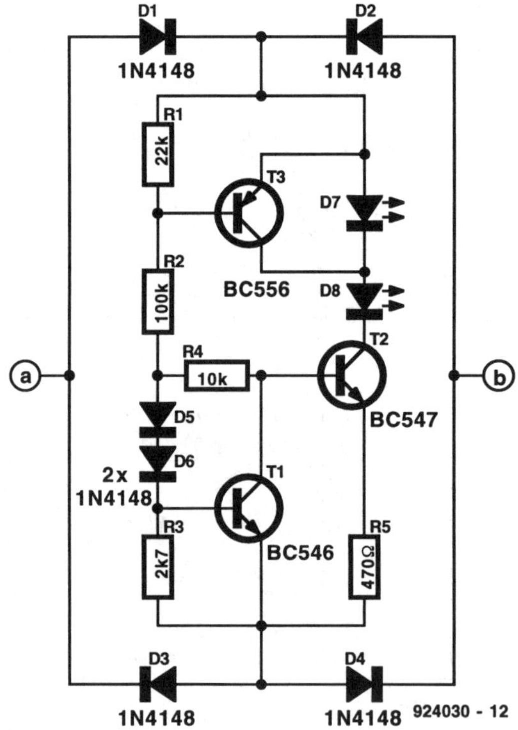

Les téléphones modernes permettent la mise en parallèle de plusieurs appareils sur une même ligne. Il serait intéressant de pouvoir voir, sur chaque téléphone, si la ligne est occupée ailleurs dans la maison par un autre téléphone. Aussitôt dit, aussitôt fait. Des mesures effectuées sur une ligne téléphonique ont permis de constater que la tension continue véhiculée chute d'une cinquantaine de volts à quelque 8 V lorsqu'un téléphone est décroché. Si l'on décroche un second téléphone la tension chute même jusqu'à 5 V environ. Il apparut en outre que la tension changeait de polarité lorsqu'un téléphone ou deux sont en communication. Un circuit de visualisation tel celui évoqué plus haut devrait donc pouvoir, aux niveaux de tension élevés, drainer un courant minimal (le central détecte l'interruption de la communication par la mesure du courant) ; à une tension de 8 V on devrait avoir illumination d'une LED, à une tension de l'ordre de 5 V, celle de deux LED. Comme la polarité de la tension de ligne change dès l'établissement d'une communication, il faudra prendre le circuit dans un pont. Si l'on veut faire en sorte que le courant drainé reste relativement faible et cela quelle que soit la tension, il va nous falloir une source de courant pour les LED. Toutes ces considérations nous donnent un synoptique du type de celui représenté en **figure 1**. À 50 V, tout est hors-circuit. On a, lorsque la tension de ligne est tombée à 8 V, mise en circuit de la source de courant, à une tension de 5 V l'« interrupteur » pris sur la seconde est ouvert, entraînant l'illumination de cette dernière. Le schéma de la **figure 2** vous propose un circuit pratique. Les diodes D1 à D4 constituent un pont de redressement, l'interrupteur 50 V prenant la forme du transistor T1. Lorsque la tension est supérieure à 30 V, ce transistor conduit, mettant la source de courant T2 hors-circuit. Dans cet état, l'ensemble du circuit consomme moins de 0,5 mA. Dès que la tension chute aux alentours de 8 V (1 téléphone décroché) T1 bloque entraînant la mise en conduction de T2. Ce dernier transistor, associé aux diodes D5 et D6 et aux résistances R3 et R5, constitue une source de courant relativement stable; il circule, si l'on respecte pour R5 la valeur indiquée sur le schéma, un courant de 1,5 mA environ. Dans ces conditions le transistor T3 est encore conducteur (dimensionnement des résistances R1 et R2) de sorte que la LED D7 est court-circuitée. Dès qu'un second téléphone est décroché, la tension de ligne chute un peu plus entraînant le blocage de T3, processus qui se traduit par l'illumination de la seconde LED. Si l'on a décroché plus de deux téléphones simultanément, la tension chute à une valeur si faible que les deux LED restent à peine visibles. Nous avons veillé à ce que le courant circulant par les LED soit relativement faible, ceci pour ne pas donner à penser au central que le téléphone est encore décroché alors que cela fait longtemps qu'il a retrouvé sa place sur le combiné. Il faudra veiller à ce que la consommation de courant totale reste inférieure à 5 mA. Cela implique, dans le cas d'une installation à deux téléphones, de donner à R5 une valeur de l'ordre de 270 à 330 Ω, et avec trois téléphones une valeur comprise entre 390 et 470 Ω. Il va sans dire que pour ce circuit il faudra impérativement faire appel à des LED à haute luminosité. Il peut se faire qu'il faille vérifier expérimentalement les différents seuils du circuit, mais en règle générale les valeurs proposées dans le schéma devraient donner de bons résultats.

N.B. : Il s'agit bien entendu là d'une réalisation réservée aux installations de téléphone domestiques. N'allez pas toucher au réseau France Télécom.

P. Holmes

110 ROTACTEUR DE GAIN POUR AMPLIFICATEUR

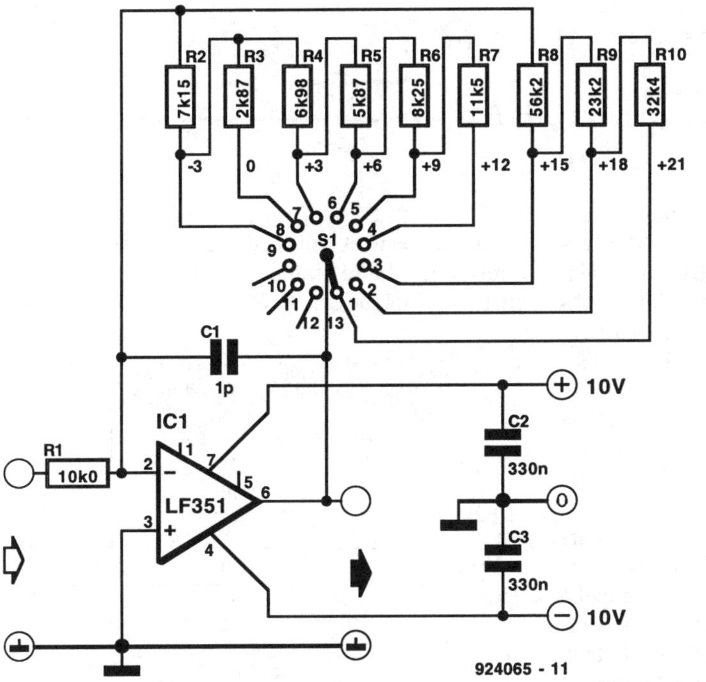

L'idée à la base de ce circuit n'a rien de révolutionnaire. Il existe mille et une manières de réaliser un amplificateur réglable par pas. Il est fait appel ici à un commutateur à neuf positions ; sachant cependant que le commutateur rotatif classique en compte douze, on a la possibilité de calculer trois facteurs d'amplification supplémentaires. Sur les circuits de ce genre, les facteurs d'amplification sont bien souvent créés par l'utilisation de prises intermédiaires positionnées sur une chaîne de résistances-séries intercalées dans la ligne de contre-réaction. Il en est également ainsi ici. Les résistances utilisées font partie de la série E-96, de sorte que le gain requis peut être approché avec une très bonne précision. On pourra, si l'on veut des pas de gain encore plus précis, réaliser les résistances nécessaires par la mise en parallèle de deux résistances de la valeur requise. L'inconvénient de cette approche est de nécessiter l'utilisation d'un commutateur à contacts « *make before brake* » c'est-à-dire établissant le contact suivant, dans un sens ou dans l'autre, avant d'interrompre le précédent, ceci de manière à éviter que la sortie ne vienne à chaque fois osciller par rapport aux lignes d'alimentation. La bande passante de l'amplificateur est déterminée par le facteur d'amplification (gain) choisi et le produit gain/bande passante de l'amplificateur opérationnel utilisé. Il est relativement facile, à partir de ces éléments, de calculer la bande passante disponible. Le produit gain/bande passante de l'amplificateur opérationnel choisi ici est de 4 MHz, le taux de montée (*slew rate*) atteint 13 V/µs. La consommation de courant est très faible, n'atteignant pas même 2 mA (typique). Le condensateur C1 contribue très sensiblement à la stabilité du circuit aux facteurs de gain importants.

Amrit Bir Tiwana

111 CHARGEUR POUR ACCUS-BOUTONS

Caractéristiques électriques :

Tension d'alimentation : 9 V

Consommation

en mode de recharge : 10 mA
en mode de maintien de charge : 2,5 mA
Durée de recharge (variable) : 14 h
Courant de recharge : 5 mA
Courant de maintien de charge : 0,5 mA

Caractéristiques générales :

- Intensité du courant de recharge et de maintien de charge fixée à l'aide de résistances fixes,
- Durée de recharge à définir librement de 1 à 20 h,
- Mode de maintien de charge activé automatiquement à la fin de la durée de recharge,
- Prix de revient extrêmement bas (20 FF environ) et
- Dimensions modestes (15 x 35 mm environ).

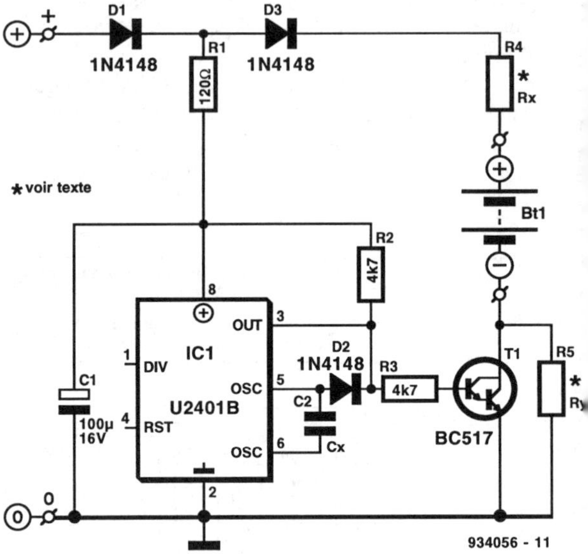

On constate, dans le monde de l'électronique – qui lui non plus n'est certainement pas insensible aux différentes considérations écologiques – une baisse sensible de l'utilisation, pour les réalisations devant être compactes, des piles miniatures (très chères) en faveur de celle d'accus CdNi miniatures. L'emploi et la maintenance de ce genre d'accu sont relativement simples. On peut se contenter de recharger ces accus pendant une certaine durée (14 à 16 h en général) à l'aide d'un courant de charge constant.
Vu que le courant de charge minimal des chargeurs d'accus CdNi standard est trop élevé pour ces accus miniatures, il est impensable de faire appel à un tel appareil. Le montage décrit dans ces paragraphes peut être intégré dans un chargeur existant. Il est également possible de le faire fonctionner de façon autonome (permettant de recharger simultanément jusqu'à cinq accus miniatures), en l'alimentant à partir d'un petit module d'alimentation secteur, fournissant une tension de 9 V.
La diode D1 sert de protection contre une erreur de polarité de l'application de la tension d'alimentation. La résistance R1 et le condensateur C1 introduisent un découplage de la tension d'alimentation pour le processeur de recharge IC1, un U2401B (une version « économe » du U2400B très connu dans le monde de l'électronique). La diode D3 protège le circuit contre une erreur de polarité de l'accu connecté et empêche une décharge de l'accu à recharger. La résistance R4 limite le courant de charge à quelque 5 mA. Si le circuit se trouve en

C2 [nF]	Durée de recharge [h:m]
15	0:58
18	1:10
22	1:26
27	1:46
33	2:09
39	2:33
47	3:04
56	3:40
68	4:27
82	5:22
100	6:33
120	7:51
150	9:49
180	11:47
220	14:25
270	17:41

mode de maintien de charge, un courant de 0,5 mA traverse les résistances R4 et R5. Le condensateur C2 définit la durée de recharge. Si l'on dimensionne les composants comme l'indique le schéma accompagnant cet article on a, après l'application de la tension d'alimentation, une durée de recharge de 14 h environ (T1 conducteur), suivie de l'activation du mode de maintien de charge (T1 bloque). Les tableaux donnent le dimensionnement des différents composants pour une recharge de 1 à 4 cellules de capacités diverses pour une durée de recharge de 16 h. L'intensité du courant de maintien de charge est invariablement 1/10 de celle du courant de recharge.

Capacité [mAh]	Courant de recharge [mA]	R4 [kΩ] pour			
		1	2	3	4 cellules
8	0,5	15	12	8,2	4,7
15	1	6,8	5,6	3,9	2,7
18	1,5	4,7	3,9	2,7	1,8
36	2	3,6	2,7	2,2	1,2
75	2,5	2,7	2,2	1,8	1
120	5	1,5	1,2	0,82	0,47
190	10	0,68	0,56	0,39	0,27
230	15	0,47	0,39	0,27	0,18
310	25	0,36	0,27	0,22	0,12
*R5 = 0,1 x R4					

La durée de recharge peut être modifiée en utilisant pour C2 un condensateur de capacité différente.

J. Heine

112 INDICATEUR DE POLARITÉ

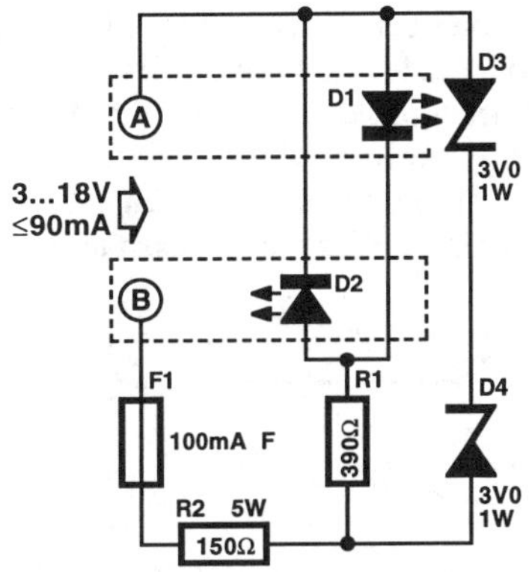

D1,D2 = LS3369EH
934062-11

Face aux modules d'alimentation secteur et plus particulièrement ceux dotés de fiches interchangeables, on en est réduit à deviner la polarité de la fiche. Ceci peut avoir des conséquences désastreuses pour l'appareil à alimenter. Il suffit du circuit décrit ici pour éliminer le moindre doute quant à la polarité de la fiche d'alimentation. On connecte le câble, venant du module d'alimentation, aux connecteurs A et B, le pôle positif est alors identifié par l'illumination d'une LED. Si l'on réalise ce petit circuit de test sur une platine d'expérimentation et que l'on utilise, pour les connecteurs A et B, des cosses mâles coudées encartables de type « automobile », disposées perpendiculairement l'une par rapport à l'autre avec un écart faible, il est possible de tester la quasi-totalité des fiches utilisées avec les modules d'alimentation secteur extrême-orientaux. Les deux diodes zener, montées tête-bêche, limitent et stabilisent la tension à tester à une valeur de 3,6 V. Du fait que la plage de tension à tester s'étend de 3 à 18 V et que la puissance à dissiper correspondante peut atteindre une valeur de :

$$I^2 \times R = (0{,}09\ A)^2 \times 150\ \Omega = 1{,}2\ W,$$

il n'est pas étonnant que la résistance de limitation de courant, R2, puisse chauffer considérablement. Il est recommandé de ce fait de monter cette résistance à une certaine distance du circuit imprimé. Le fusible F1 protège la résistance R2 et les diodes zener D3 et D4 contre des courants trop importants. Le dimensionnement de la résistance R1 assure le passage d'un courant de 6,7 mA à travers l'une des LED à faible consommation D1 ou D2. Cette intensité se trouve quelque 0,8 mA en-deçà de l'intensité maximale admissible pour ce type de LED. Même à la tension la plus faible, 3 V, l'intensité du courant est encore de 2 mA, valeur suffisante pour assurer une illumination franche de la LED.

113 INTERRUPTEUR D'ALIMENTATION ÉCONOMIQUE

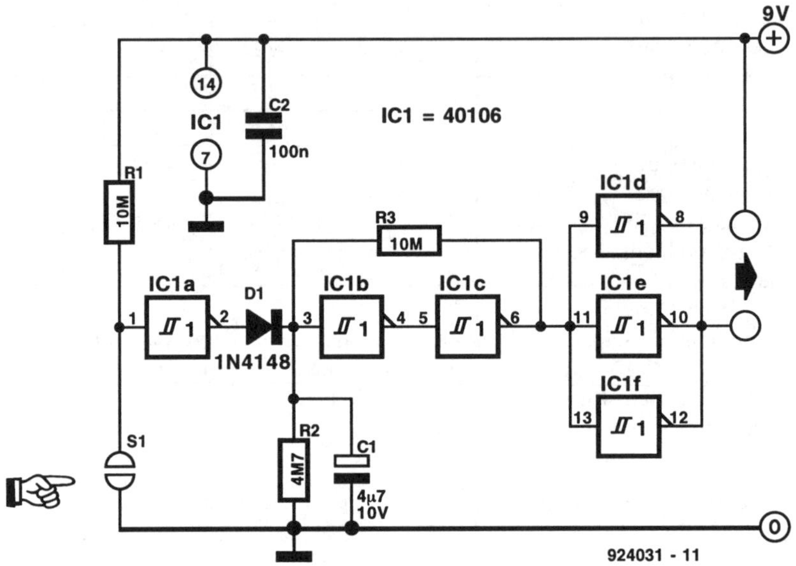

Ce circuit est destiné aux appareils alimentés par pile. Il travaille comme interrupteur de mise sous tension commandé par touche sensitive et comme interrupteur de mise hors-fonction temporisé. La **figure 1** donne le schéma de l'électronique à utiliser avec des appareils consommant un courant de quelques milliampères seulement. L'électronique active prend ici la forme de six inverseurs à trigger de Schmitt intégrés dans un unique 40106. La touche sensitive est constituée de deux surfaces conductrices qu'un simple effleurement du doigt met, par l'intermédiaire de la résistance épider-

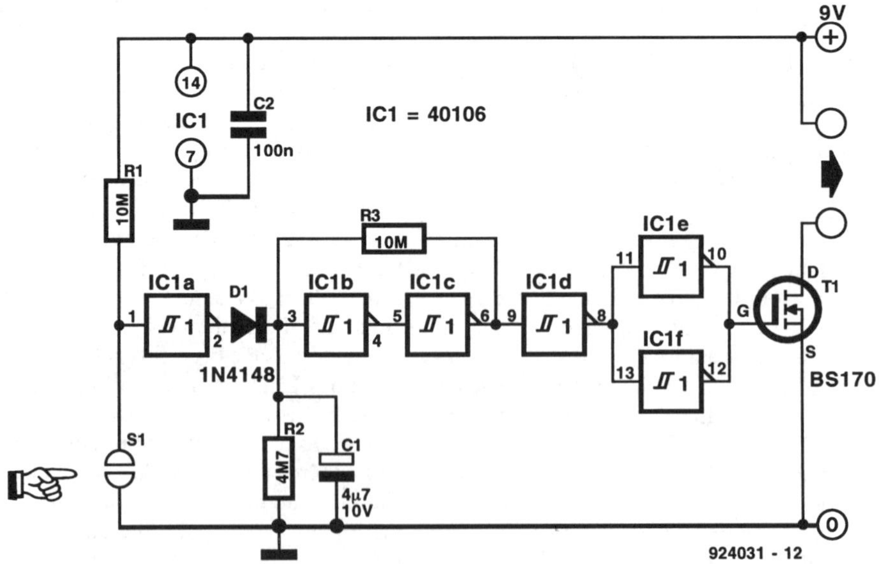

mique, en contact. La résistance R1 force l'entrée de IC1a au niveau logique haut tant qu'il n'y a pas eu effleurement de la touche S1. La diode prise en aval de IC1a, D1, sert à faire en sorte que le condensateur C1 ne puisse se charger que lorsque la sortie de cet inverseur est « haute ». Un toucher de S1 entraîne une charge rapide de C1. La décharge de ce condensateur peut se faire par l'intermédiaire de la résistance de valeur élevée, R2. Les deux inverseurs IC1b, IC1c et la résistance R3 gardent à l'œil l'état de charge de C1. La présence de la résistance prise en parallèle sur ces deux inverseurs montés en série augmente très sensiblement l'hystérésis de l'entrée de IC1b, ce qui signifie que la sortie de IC1c ne passe au niveau haut que lorsque C1 a pratiquement atteint sa charge maximale et qu'elle ne retombe au niveau bas que lorsque le dit condensateur est pratiquement totalement déchargé. Les trois inverseurs restants sont montés en parallèle, faisant office de tampon de sortie. Dans ces conditions, l'instrument connecté à la sortie du circuit, son « + » au pôle positif de la pile, son « – » à la sortie commune de IC1d à IC1f, sera, en raison de la rapidité de la charge de C1, alimenté dès l'effleurement de la touche sensitive. À l'inverse, la décharge de C1 prend elle un certain temps, dont la durée est fonction de la valeur de R2 et de la résistance de fuite du condensateur. Une fois cette temporisation écoulée, la sortie est mise hors-fonction, coupant du même coup l'alimentation de l'appareil. Dans cet état, l'électronique ne consomme que de l'ordre de 300 µA. On pourra modifier à son goût la durée de la mise en fonction de l'appareil en jouant sur la valeur de R2 et/ou C1, en veillant cependant à ne pas donner à ce condensateur une valeur trop grande sous peine de ne plus arriver à mettre l'appareil sous tension par un « rapide » effleurement de la touche sensitive. La **figure 2** vous propose le même circuit, doté cette fois d'un FET en sortie et permettant la commutation d'appareils consommant un courant de 300 mA au maximum.

R. Evans

114 SONDE DE « FRÉQUENCE »

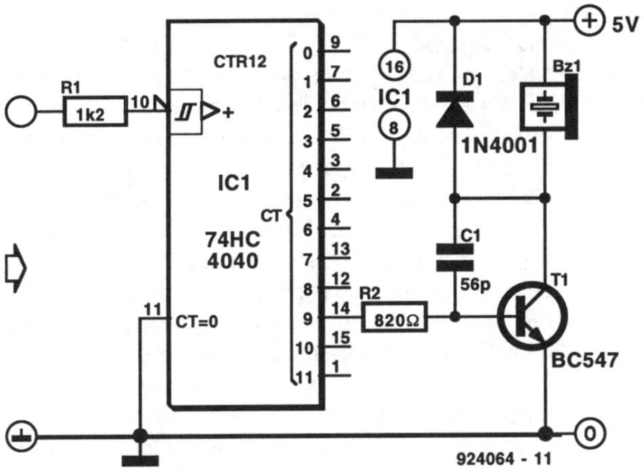

Notre sonde de « fréquence » permet d'« écouter » la vitesse de fonctionnement d'un ordinateur. Cet instrument de test ultra-simple, capable de rendre audible des fréquences très élevées, peut servir également pour le test d'autres circuits numériques. Il sert tout simplement à suivre certains signaux de fréquence très élevée. Le circuit complet ne comporte que sept composants. Un circuit intégré du type 74HC4040, un compteur à 12 bits, fait office ici de « détecteur de fréquence ». Après une division par 1 024, le signal capté à un endroit adéquat d'un ordinateur ou de tout autre circuit numérique, est présent à la sortie CT9 (broche 14) de IC1. Ce signal attaque un transistor qui, à son tour, commande un haut-parleur ou un résonateur du type piézo-électrique. Il ne faudra en aucun cas faire appel ici à un résonateur à tension continue. Le facteur de division a été choisi de façon à ce que les MHz se transforment en kHz. La fréquence d'horloge de 8 MHz d'un ordinateur du type XT se traduira donc par un son strident de près de 8 kHz. Si l'on envisage de « tracer » des signaux d'une fréquence supérieure à 10 MHz, il faudra relier la broche 15 (sortie CT10), voire même la broche 1 (sortie CT11), à la résistance R2. Cette modification se traduit par la division de la fréquence d'entrée par 2 048 voire par 4 096 dans le second cas. Pour la « mesure » de fréquences inférieures à 4 MHz on peut utiliser un 4040 « ordinaire ». Il n'est pas absolument nécessaire alors que la tension d'alimentation soit de 5 V très exactement (valeur qu'il **faut** impérativement respecter si l'on utilise un 4040 du type HC).

A.B. Tiwana

115 ÉCONOMISEUR D'AMPOULES DE PROJECTEUR

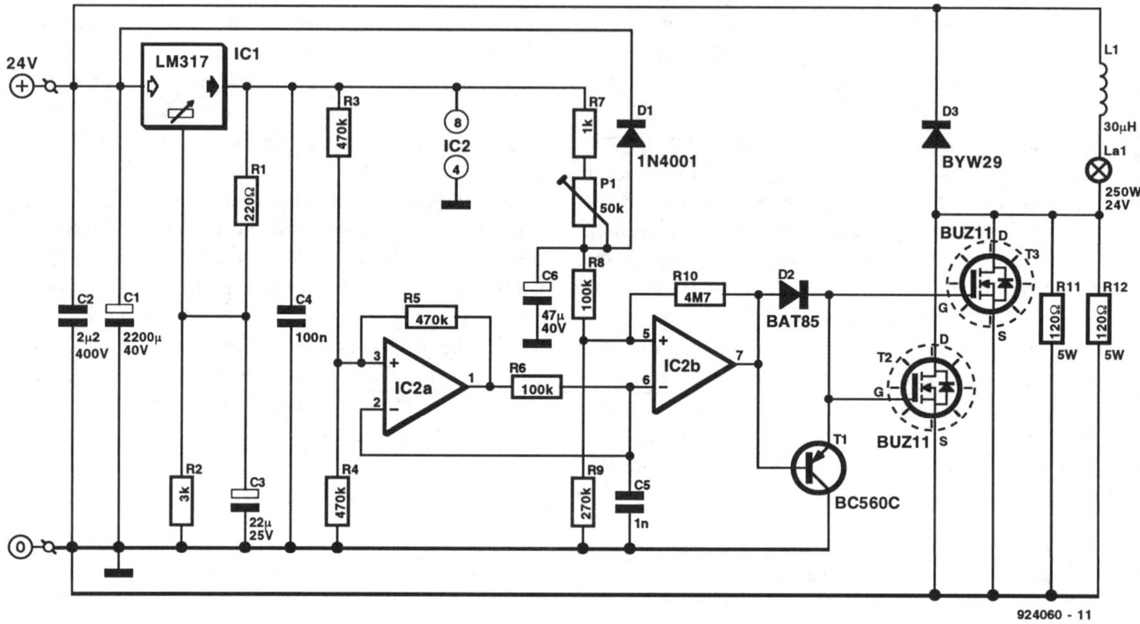

Lors de l'utilisation d'ampoules halogènes (sur les bateaux entre autres) avec des batteries de bonne capacité, des problèmes se posent. Les batteries sont de sources de tension pratiquement idéales, mais les ampoules halogènes (250 W/24 V par exemple) présentent, lorsqu'elles sont froides, une résistance de moins de 0Ω1. On l'aura compris, la mise en fonction de l'ampoule se traduit donc par un courant de crête de 240 A. Dans la pratique, la durée de vie utile de l'ampoule est bien souvent plus courte qu'il ne faudrait. Quelques allumages de l'ampoule peuvent suffire pour la détruire. Elektor ne serait pas Elektor si l'un de nous n'avait pas trouvé de remède électronique à ce problème. Comme on travaille ici en tension continue, la seule solution pour réaliser une application progressive de la puissance à l'ampoule est de faire appel à la modulation de largeur d'impulsion (*pulse width modulation*). La commutation à partir de 0 de la tension d'alimentation de l'ampoule par augmentation progressive de la largeur d'impulsion et le lissage, à l'aide d'une self, du courant la traversant, permettent une augmentation en douceur du courant moyen à travers l'ampoule. La commutation, le découpage, se fait à l'aide de deux MOSFET du type BUZ11, T2 et T3. L'une des caractéristiques intéressantes de ce type de transistor est sa très faible résistance de canal qui n'est que de 0,03 Ω (valeur typique) à une tension grille-source de 15 V. Ils ont bien évidemment également été choisis pour le courant de forte intensité qu'ils peuvent supporter (30 A, 120 $A_{crête}$). La mise en parallèle de ces deux transistors permet de répartir le courant (en pratique le partage ne sera pas parfaitement symétrique, mais suffisant pour que l'on reste dans les limites des spécifications des MOSFET). Il ne suffit pas, dans le cas présent, d'augmenter la tension de l'ampoule par modulation de largeur d'impulsion. En raison de la résistance faible du circuit batterie-ampoule-MOSFET, le courant de mise en fonction pourrait, même alors, être trop fort. C'est la raison du montage en série, avec l'ampoule, d'une self, L1, qui limitera le courant à la mise sous tension du système. L'électronique de commande des MOSFET ne présente pas de particularité. Un régulateur intégré, IC1, fait en sorte que la tension d'alimentation du circuit soit stable et qu'elle ne puisse pas prendre une valeur trop élevée. IC1 est ajusté à une tension de sortie de 18,5 V environ. Il n'est pas possible d'utiliser directement la tension fournie par la batterie sachant que la tension grille-source limite des MOSFET est de 20 V. On génère, à l'aide de IC2a, une tension plus ou moins triangulaire de façon à disposer de la tension de commande pour la modulation de largeur d'impulsion des MOSFET. Les résistances R3 et R4 mettent l'entrée non-inverseuse de l'amplificateur opérationnel à la moitié de la tension d'alimentation et, associées à R5, font de IC2a un trigger de Schmitt. La réinjection, via un réseau RC, du signal de sortie dans l'entrée inverseuse convertit IC2 en un générateur de signal rectangulaire. Ceci signifie que l'on a, à la sortie, un signal rectangulaire, qui ne nous intéresse d'ailleurs pas. La tension aux bornes de C5 est bien plus intéressante. Elle présente en effet l'évolution caractéristique de la courbe charge/décharge d'un condensateur. Cette onde évoluant exponentiellement dans les deux sens a une forme suffisamment triangulaire pour l'application envisagée. Le comparateur IC2b compare la tension aux bornes de C5 avec celle qui règne aux bornes de C6 qui, après la mise sous tension, croît lentement. Si la tension sur C5 est inférieure à celle de l'entrée non-inverseuse de IC2b, la sortie de IC2b bascule au niveau haut. Dès que la tension sur C5 dépasse l'autre, la sortie de IC2b devient basse. La présence d'une petite réaction, sous la forme de R10, permet une commutation plus rapide de IC2b. Plus la tension aux bornes de C6 augmente, plus la sortie de IC2b restera haute longtemps. Lorsqu'enfin, cette tension aura atteint un niveau tel qu'elle dépasse la tension maximale de C5, la sortie de IC2b reste haute en permanence. L'ampoule n'est plus commutée mais reste allumée continûment. L'amplificateur opérationnel choisi pour IC2, un CA3240, a l'avantage de permettre la descente de sa sortie à 0 V pratiquement, mais il n'est pas en mesure de drainer vers la masse des courants forts. Ceci explique la présence en aval de la sortie de IC2b d'un petit étage auxiliaire à l'aspect un peu curieux. Le transistor T1 permet une décharge suffisamment rapide de la capacité de grille des transistors T2 et T3 (de 2 à 10 nF ! à elles deux). La sortie de IC2b peut, via la diode D2, mettre en conduction T2 et T3 (charger leur capacité de grille). Il n'est pas nécessaire pour ce faire de circuit de commande additionnel sachant que le CA3240 peut fournir suffisamment de courant à un niveau haut. Lorsque les FET sont passants, la tension de grille est de l'ordre de 16 V. Après mise hors-fonction de la lampe, opération qui ne demande pas de manipulation particulière puisqu'il suffit de couper l'alimentation, le condensateur C6 se décharge immédiatement via la diode D1. Ceci permet de remettre le montage en état de redémarrer un nouveau processus. Pour éviter que, lors de la mise hors-fonction, la tension inductive aux bornes de la self L1 ne dépasse la tension drain-source maximale admissible du FET (50 V max), l'énergie naissant de la coupure est évacuée via la diode D3. Il nous faut pour remplir cette fonction une diode non seulement rapide mais encore capable de supporter des courants de crête de 30 A. Il est apparu, lors d'essais, qu'une diode à temps de commutation de 150 ns est trop lente, ce qui explique que nous ayons fait appel à une BYW29 (25 ns) qui a l'avantage additionnel de pouvoir supporter des courants encore plus forts. Les résistances R11 et R12 introduisent un léger préchauffage de l'ampoule avant que les MOSFET ne soient mis en fonction. L'ajustable P1 permet de jouer sur la vitesse à laquelle le circuit établit l'allumage de l'ampoule. Il suffira, dans la plupart des cas, de mettre P1 à mi-course. On montera, de préférence, les deux MOSFET sur un radiateur commun bien que leur dissipation totale ne soit pas très importante (à peine 1,6 W). Les condensateurs C1 et C2 à l'entrée de IC1 doivent être capables de supporter des impulsions de courant à haute fréquence de 30 A. Ceci explique le montage en parallèle d'un condensateur électrochimique et d'un condensateur MKT de capacité respectable. Il faudra choisir les caractéristiques de la self L1 de manière à ce que le courant à travers l'ampoule ne dépasse pas une valeur définie. Plus la self est importante, moins la valeur maximale du courant de mise en fonction sera élevée. Il faut cependant que les dimensions physiques de la self restent acceptables. Nous avons défini à 30 A le courant maximal de mise en fonction. On pourra donc se contenter, à une fréquence de commutation de 7 kHz, d'une self ayant une inductance de 30 µH. Pour éviter tous les problèmes de saturation du matériau du noyau nous avons choisi une self à air. que l'on réalisera sur un bâton de ferrite de 24 mm de section : 45 spires de fil de cuivre émaillé de 1,5 mm de section, superposées en trois couches fixées chacune à l'aide de quelques gouttes de colle. La consommation du circuit est, pour une grande part, fonction du type d'ampoule utilisé. Dans le cas d'une ampoule de 250 W et d'une alimentation de 24 V, elle atteint largement 10 A.

J.J. Paauwe

116 MISE EN FONCTION AUTOMATIQUE POUR ONDULEUR

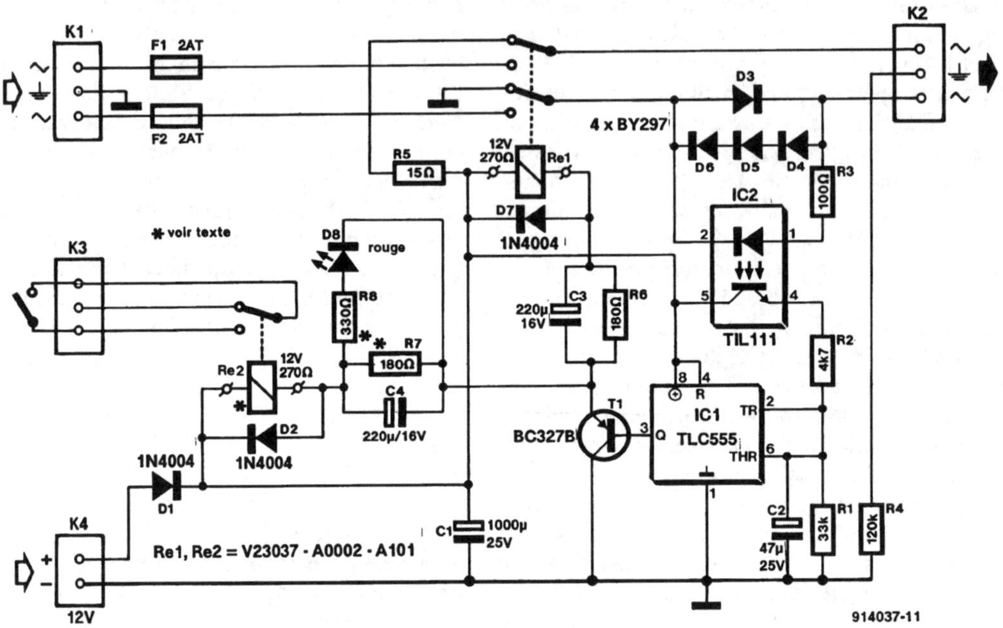

Les onduleurs ont l'inconvénient caractéristique de constituer une charge importante pour la source de courant continu, même si l'appareil connecté ne draine pas de courant de sortie. Afin de pouvoir mettre à profit la capacité totale de l'accu-tampon, il nous faudrait un circuit qui mette l'onduleur en fonction uniquement lorsque le besoin d'un courant de charge se fait sentir. Il a semblé, à l'un de nos lecteurs, Mr. Resch, que l'**Interrupteur différentiel automatique**, décrit dans le numéro 142 d'Elektor, était prédestiné pour remplir cette tâche. En regardant le schéma, on remarque que la partie droite de l'électronique est, en effet, occupée par cet interrupteur différentiel automatique. Au repos, en absence de connexion d'appareil consommateur donc, la tension de batterie de 12 V –diminuée des 0,7 V dûs à la chute de tension introduite par la diode de protection contre des erreurs de polarité, D1– est présente aux bornes du condensateur C1. A travers la résistance R5 et les contacts repos du relais Re1, la tension continue de 12 V est appliquée au bornier secteur côté charge, K2. Cependant, comme l'appareil consommateur est hors-fonction, il ne circule pas de courant. Dès l'instant de connexion d'une charge, un courant traverse la résistance R5, la charge et la diode D3 vers la masse. Il se produit, aux bornes des diodes D4 à D6, une chute de tension de quelque 2,4 V. Cette tension suffit à activer la LED intégrée dans l'opto-coupleur, IC2, processus rendant conducteur son transistor. Le condensateur C2 peut se charger à une tension de 2/3 UB environ.

Le temporisateur CMOS, IC1, est de ce fait déclenché et, par l'intermédiaire de l'émetteur-suiveur T1, fait basculer le relais Re1. Le réseau RC constitué par la résistance R6 et le condensateur C3 est un circuit d'"économie d'énergie", fournissant d'abord le courant élevé nécessaire à l'excitation du relais avant de réduire ensuite l'intensité du courant traversant la bobine du relais. Le signal de sortie du temporisateur active, par l'intermédiaire d'un réseau RC identique, le relais Re2. Ce relais dont les contacts sont reliés au bornier K3, commande l'onduleur. Le temporisateur reste actif jusqu'à ce que l'onduleur ait atteint son régime de croisière et fournisse la tension et le courant suffisants. A partir de cet instant, le courant de charge produit une chute de tension aux bornes des diodes D4 à D6 montées en série et, de ce fait, entretient l'activation du temporisateur TLC555. La diode D3 permet en outre aux demi-ondes négatives de passer elles aussi. La LED D8 indique, par son illumination, l'activation du circuit. Si l'on met l'appareil consommateur hors-fonction, il ne circule plus de courant à travers les diodes D4 à D6 et, après un court instant, le temporisateur relâche le relais Re1. Le circuit se trouve maintenant à nouveau en veille (attente). Le courant de repos du circuit est de 250 µA environ. Sa consommation de courant à l'état actif, 48 mA environ, est sensiblement plus élevé, mais peut toujours encore être qualifiée de relativement modeste. Si l'on veut disposer d'une commande de mise en fonction manuelle de l'onduleur, il faudra prendre un interrupteur simple en parallèle sur le bornier K3.

G. Resch

117 MINUTEUR POUR SOINS DENTAIRES

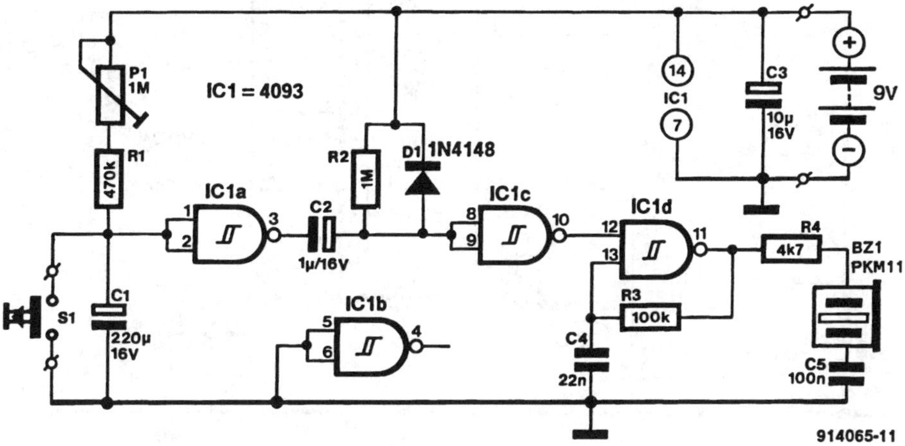

Le brossage des dents est une occupation à laquelle nous devrions nous adonner plusieurs fois par jour, et ce pendant une certaine durée. Des recherches scientifiques ont prouvé que la durée optimale de cette opération est de trois minutes. Faire durer ce traitement plus longtemps peut se traduire par une irritation de la gencive, un brossage plus court ne permet pas un massage suffisant de la gencive et une élimination efficace du tartre. Certains des fabricants de brosses à dent électriques dotent aujourd'hui leur produit d'un minuteur ; cet accessoire se manifeste au bout de 3 mn par un signal acoustique, indiquant que l'on peut maintenant passer à une autre occupation. Si vous faites encore partie des quelques millions de Français à continuer de se brosser les dents avec une brosse à dent classique, lire mécanique, vous ne disposez pas du soutien moral apporté par un tel dispositif, raison pour laquelle nous vous le proposons ici. Notre minuteur pour soins dentaires produit un signal sonore 3 minutes après le début de l'opération de brossage. Une action sur le bouton-poussoir S1 fait passer au niveau logique bas le signal présent aux entrées de la porte NAND à trigger de Schmitt IC1a. Une fois le bouton-poussoir relâché, le condensateur C1 peut se recharger lentement via la résistance ajustable P1 et la résistance R1, de sorte que la tension aux broches 1 et 2 de IC1a augmente progressivement. Dès que la tension aux bornes du condensateur a retrouvé une certaine valeur, la sortie de IC1a bascule, passant d'un niveau haut vers un niveau bas. Le flanc descendant ainsi produit fait entrer brièvement en fonction l'oscillateur basé sur la porte IC1d. Pendant une durée dont la longueur est définie par les valeurs des composants de la combinaison RC, R2/C2, il retentit un signal sonore indiquant l'écoulement de la durée recommandée pour l'opération de brossage des dents. La résistance ajustable P1 permet d'ajuster à trois minutes très précisément cette durée de soins. Vu la faible consommation de ce circuit basé sur un circuit intégré CMOS, il n'est pas nécessaire de prévoir d'interrupteur marche/arrêt.

118 GÉNÉRATEUR UNIVERSEL DE SÉRIES DE BITS

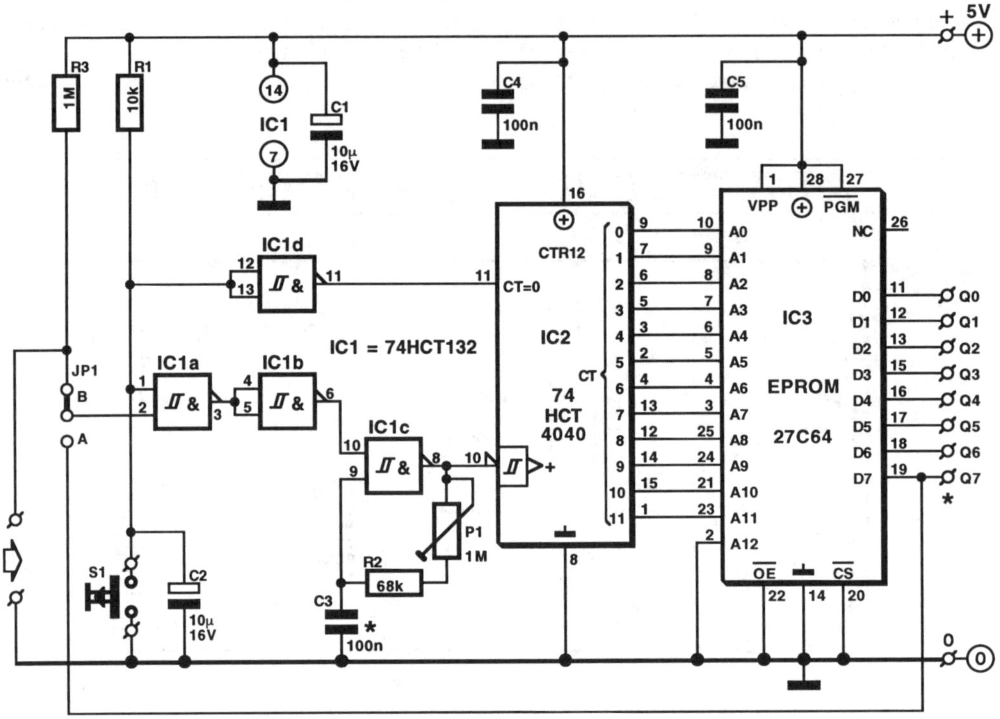

924033 - 11

Il peut se faire que l'on ait besoin, au cours du développement d'un montage électronique, de lui fournir une série ou une séquence de bits parfaitement définie. Dans le circuit décrit ici, c'est une EPROM qui sert au stockage de la série de bits requise, mot envoyé vers la sortie, une unique fois, lors d'une action sur le bouton-poussoir S1. Le générateur de séquences de bits est en mesure de produire des séries de mots parallèles pouvant comporter jusqu'à 7 bits. Le 8e bit est utilisé pour indiquer la fin du processus d'émission. Après une action sur S1, la porte NAND à trigger de Schmitt IC1d génère l'impulsion de remise à zéro pour le compteur d'adresses IC2. La porte IC1c prise à l'entrée d'horloge du compteur et attaquée par les deux portes NAND restantes est montée en oscillateur marche/arrêt. L'interconnexion de ces portes est telle que l'on a pour commencer, blocage de l'oscillateur jusqu'à la fin de l'impulsion de remise à zéro. L'oscillateur fournit ensuite un signal d'horloge au compteur d'adresses qui compte, à un rythme défini par la valeur donnée au condensateur et à la résistance de l'oscillateur. Cette vitesse d'incrémentation sera bien évidemment fonction de l'application envisagée. L'ajustable P1 permet de faire varier la fréquence de l'oscillateur entre 15 Hz et 150 kHz. Il faudra, pour disposer d'un domaine de réglage différent, modifier la valeur de C3. Tout au long de l'écoulement de la séquence en cours, la ligne de données D7 doit, en permanence, être programmée avec un « 1 » (+5 V). À la fin de la séquence, D7 doit être mise à « 0 » (0 V), situation qui se traduit par le blocage de l'oscillateur marche/arrêt. La longueur maximale d'une séquence est de 8 191 impulsions d'horloge pour une EPROM de 8 Koctets (plus uneimpulsion pour l'arrêt de l'oscillateur). On pourra, en cas de mise du cavalier JP1 en position « **B** », comme c'est le cas ici, utiliser une impulsion d'arrêt de provenance externe. La consommation du circuit est de l'ordre de 7 à 9 mA.

G. Kleine

119 FILTRE DU 4e ORDRE À UN SEUL AMPLIFICATEUR OPÉRATIONNEL

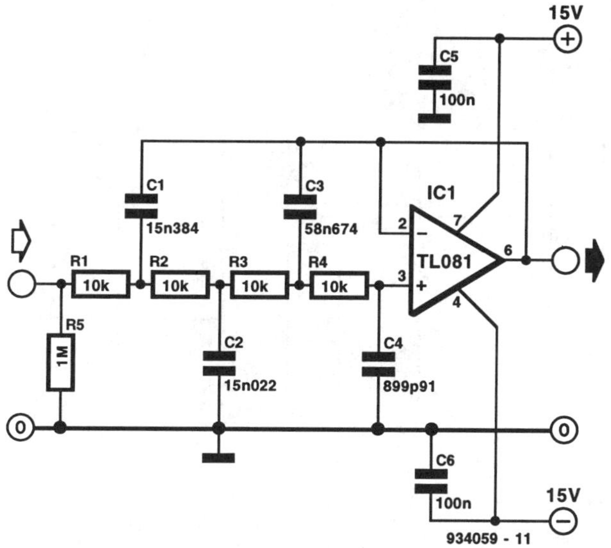

En régle générale, on fait appel, lorsqu'il faut réaliser un filtre d'ordre élevé – 4e ordre et au-delà –, à plusieurs sections de 2e ordre, mises en série. S'il s'agit d'un filtre d'ordre impair, on ajoute un petit réseau passif ou une section de 3eordre. Ceci signifie qu'il nous faut, pour un filtre de 4e ordre, au moins deux amplificateurs opérationnels. Le montage décrit ci-après ne fait appel, pour un transfert de 4e ordre, qu'à un unique amplificateur opérationnel. Cette approche a pour résultat une diminution des non-linéarités (telle que distorsions en tous genres et autres intermodulations). Elle se caractérise en outre par l'absence des oscillations pendulaires qui caractérisent, bien souvent, la réalisation d'un tel filtre à l'aide de sections du 2e ordre. Avec ce circuit on ne risque plus rien, même si l'amplitude du signal d'entrée est égale à l'amplitude maximale que peut fournir la sortie de l'amplificateur opérationnel (il faudra cependant tenir compte de la plage en mode commun de l'entrée). Les inconvénients présentés par ce montage sont un rapport C3/C4 relativement grand et la valeur minimale à donner aux résistances. Cette dernière valeur est fonction de la charge maximale de la sortie de l'amplificateur opérationnel choisi. Ceci s'explique par le fait que le réseau constitue une charge pour cette sortie. Si l'on fait appel à un TL081, une valeur de 2 kΩ constitue la charge maximale (pour des « grands » signaux). L'ensemble des résistances R1 à R4 constitue une impédance de quelque 2,5 kΩ, ce qui nous laisse une petite marge pour la charge externe (de 10 kΩ au minimum). La consommation du TL081 se limite à 1,5 mA. Dans le cas d'un amplificateur opérationnel capable de « traiter » 600 Ω environ il est recommandé de respecter une valeur minimale de 2,5 kΩ pour les résistances R1 à R4. Ceci réduit le bruit intrinsèque (dû pour sa quasi-totalité aux résistances) produit par le filtre. Nous avons opté intentionnellement pour une caractéristique de filtre selon un polynôme de Bessel du 4e ordre. Une caractéristique de Butterworth est difficile à réaliser avec ce circuit (le rapport C3/C4 deviendrait, dans ces conditions, extrêmement grand). Ceci vient du fait que l'ampli op n'introduit qu'un gain unitaire. Avec les valeurs données (nous avons indiqué les valeurs calculées pour les condensateurs) la fréquence de coupure est de 1 kHz. Pour obtenir une fréquence de coupure différente, calculez les nouvelles valeurs à donner aux composants. Il suffit de diminuer ou d'augmenter, proportionnellement à la fréquence de coupure, la valeur des composants. Pour recalculer ce filtre, nous donnons ci-après les polynômes de Bessel et de Butterworth de 4e ordre ainsi que le transfert du circuit :

Bessel : $1 + s + (3/7)\cdot s^2 + (2/21)\cdot s^3 + (1/105)\cdot s^4$

Butterworth : $1 + 2{,}6131\cdot s + 3{,}4142\cdot s^2 + 2{,}6131\cdot s^3 + s^4$

$$\mathbf{A(j\omega)} = 1 + (2\cdot C2 + 4\cdot C4)(j\omega) + (C1\cdot C2 + 3\cdot C1\cdot C4 + 4\cdot C2\cdot C4 + 3\cdot C3\cdot C4)(j\omega)^2 + (2\cdot C1\cdot C2\cdot C4 + 2\cdot C1\cdot C3\cdot C4 + 2\cdot C2\cdot C3\cdot C4 + 2\cdot C2\cdot C3\cdot C4)(j\omega)^3 + (C1\cdot C2\cdot C3\cdot C4)(j\omega)^4$$

120 CONVERTISSEUR 220 VERS 110 V

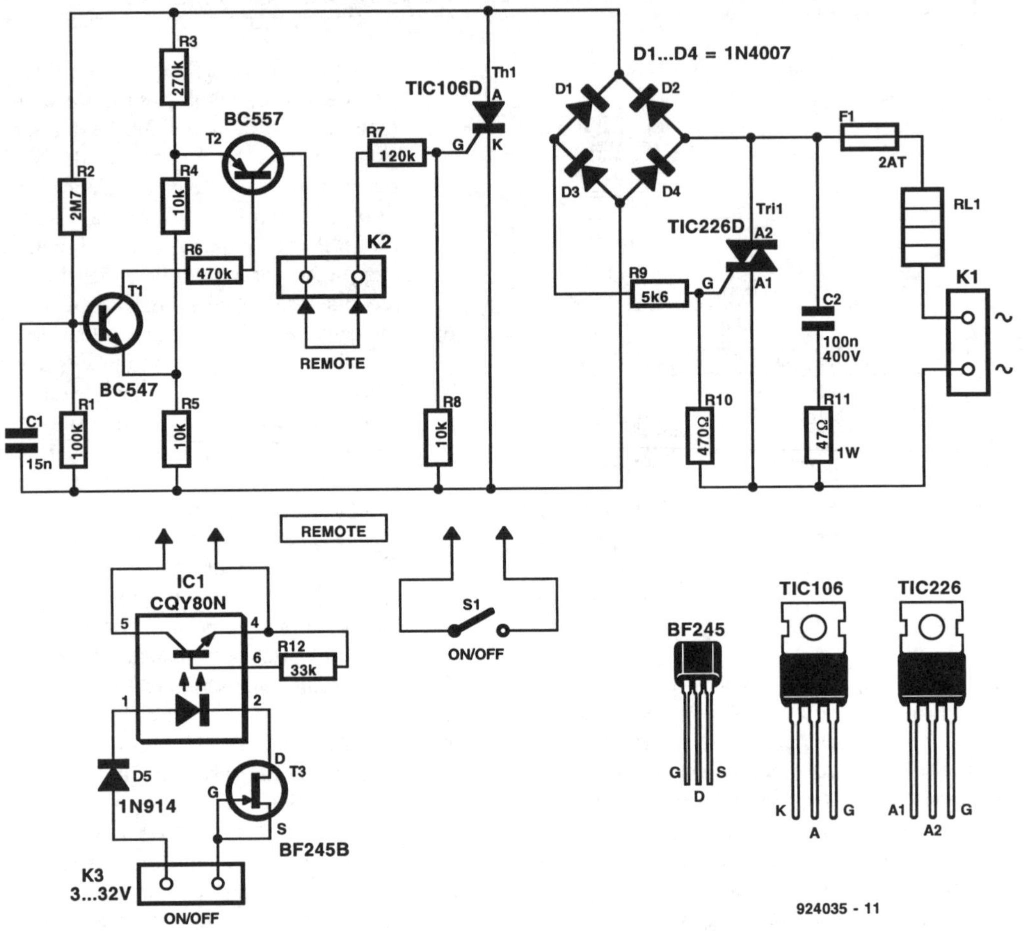

C'est dans les magasins de surplus en particulier que l'on découvre de temps à autre des appareils conçus pour une tension secteur de 110 V (50 ou 60 Hz) et donc inutilisables sur notre réseau secteur de 220 V. Si tant est que l'appareil en question constitue une charge purement ohmique (une chaufferette électrique, un fer à souder, un four à émail, etc), le **convertisseur 220 vers 110 V** décrit dans cet article pourra remédier à la situation. Il s'agit en fait d'un gradateur réglé de telle façon que sa tension de sortie ait une valeur efficace de 110 V. On pourra bien entendu adopter une valeur de tension de sortie différente ; il suffira pour cela de modifier la valeur d'une petite résistance. Si l'on veut obtenir une tension ayant une valeur efficace de 110 V aux bornes de la charge, il faut que l'angle de phase auquel se fait l'amorçage du triac soit de 110° environ. Il n'est pas certain, si l'on respecte le dimensionnement du schéma, que cette valeur soit atteinte, sachant en effet que la tolérance des composants utilisés peut avoir une influence sur l'angle de phase, ce qui se traduira par une tension efficace inférieure ou supérieure aux 110 V recherchés. On vérifiera donc la valeur de la tension efficace régnant aux bornes de la charge.

Il ne faudra pas oublier, à ce moment-là, que le montage est en contact direct avec la tension du secteur et être conscient des précautions à prendre. Il n'est pas possible, de ce fait, de vérifier, sans autre prédisposition, l'angle de phase à l'aide d'un oscilloscope et cela en toute sécurité. La solution la plus sûre et la plus précise consiste à faire appel à un multimètre placé sur son calibre de voltmètre de valeur efficace vraie (*true RMS*) pour mesurer la valeur de la tension aux bornes de la charge. Ce type d'instrument est capable de fournir la valeur efficace d'une tension même si elle n'est pas sinusoïdale. Si la tension mesurée est différente de la valeur requise, on modifiera en conséquence la valeur de la résistance R2. Il existe, si l'on ne peut pas disposer de l'instrument évoqué tout juste, une autre technique, plus primitive il est vrai, pour procéder à l'étalonnage requis. On utilisera comme charge une ampoule à incandescence de 5 W/220 V que l'on positionnera à proximité d'un thermomètre. On branche le convertisseur et on lit la valeur affichée par le thermomètre lorsque la température se sera stabilisée (on augmentera quelque peu, en cas de risque de dépassement du domaine du thermomètre, la distance entre l'ampoule et cet instrument). On fera bien attention à ne pas modifier la position de ces deux éléments lorsque l'on mettra, en série avec la première ampoule, une seconde ampoule 5 W/220 V. Après avoir laissé le temps à la première ampoule de retrouver la température de l'air ambiant –les deux ampoules se trouvent donc à la même température– on connectera ensuite cette paire d'ampoules montées en série au secteur. Chacune des deux ampoules fonctionne alors sous 110 V (tension sinusoïdale dont on pourra vérifier la valeur à l'aide d'un voltmètre alternatif standard). Si, au bout d'un certain temps, le thermomètre indique la même valeur que celle relevée auparavant c'est que la tension efficace fournie par le convertisseur est bien de 110 V. On pourra, le cas échéant, réaliser une télécommande « marche/arrêt » de ce convertisseur. Cette télécommande prend la forme d'un interrupteur prévu pour le secteur que l'on connecte directement aux points « REMOTE », auquel cas le pont de câblage sur K2 disparaît. On peut également envisager la mise en, et hors, fonction du circuit, et éventuellement à distance également, à l'aide d'une tension comprise entre 3 et 32 V. C'est la solution représentée par le petit appendice de schéma en bas à gauche. Cette approche garantit une isolation galvanique entre le convertisseur et la tension de commutation assurant la fonction « marche/arrêt ». Le triac du schéma, un TIC226, permet au convertisseur de fournir un courant de 2 A ; si l'on prend la précaution de le doter d'un radiateur il pourra supporter jusqu'à 4 A. La tension du secteur sera appliquée au bornier K1, la charge RL1 étant elle prise, comme l'illustre le schéma, entre l'un des contacts de K1 et le fusible F1.

J. v.d. Berghe

121 COMMANDE DE TUBES LUMINESCENTS

Nous voulions réaliser un chenillard à huit sorties numériques (marche/arrêt, sans gradation) pouvant, par programmation, afficher plusieurs motifs lumineux. Rien de bien nouveau penseront, à raison, certains d'entre vous, ce qui explique que nous ayons opté pour l'utilisation de tubes luminescents (TL) de 1,20 m de long et de 28 mm de section. Les rares circuits capables de remplir la fonction requise ne marchent malheureusement qu'avec les gros tubes de technologie plus ancienne, sachant qu'avec ses quelque 1 200 V, la tension d'allumage des tubes TL plus récents se situe à un niveau sensiblement plus élevé. Après moult essais infructueux (et autant de trépas brutaux de thyristors, triacs et autres transistors) nous avons trouvé une solution, qui associe l'inconvénient d'être plus complexe à l'avantage d'être dûment testée pendant de longues durées. Le starter du tube fait place au commutateur électronique proposé ici. Lorsque le tube est allumé, le commutateur est ouvert, de sorte qu'il n'est exercé aucune influence sur la tension du tube. Si le tube devait s'éteindre, le commutateur se ferme. La tension du tube est nulle ; les filaments de chauffage chauffent. Lorsque le tube doit s'allumer le commutateur s'ouvre au premier passage par zéro de la tension du secteur. À cet instant le courant traversant le circuit de précommande atteint son maximum en raison de la dominance de l'inductivité de ce circuit qui traîne quelque 90° derrière le courant. La tension inductive naissant à l'interruption de ce courant produit un allumage fiable du tube. On peut penser qu'un chauffage permanent ne constitue pas une solution très raisonnable. Après de longs jours de chauffage nous n'avons pas pu détecter le moindre changement de comportement de l'allumage ou de tension de service. Il est fort probable que dans les conditions évoquées les tubes n'atteignent pas la fin de leur durée de vie nominale de 5 000 heures, mais après 200 heures

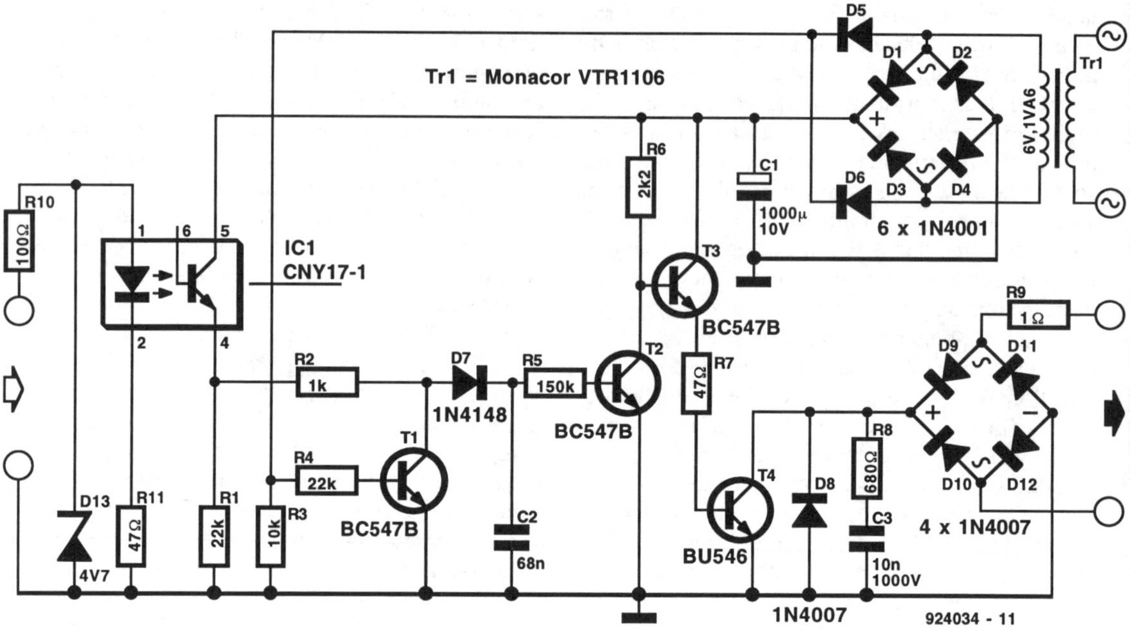

de fonctionnement et de commutations intensives (plus de 100 000 allumages), aucun tube ne nous a encore lâché. Il semblerait à première vue qu'un chauffage permanent soit moins néfaste qu'une mise en fonction à froid, situation fort courante en utilisation normale. Le fonctionnement du circuit est relativement simple. Tant qu'il ne circule pas de courant de commande à travers la LED de l'opto-coupleur, le transistor T2 bloque, T3 fournissant un courant de base de quelque 100 mA à T4. Ce courant est important pour atteindre une tension de saturation à T4 de niveau suffisamment faible de manière à limiter au strict nécessaire la dissipation et partant les dimensions du radiateur.

T4 court-circuite donc le tube et en produit le préchauffage. Il faut, lorsque le tube doit être allumé, qu'il circule de l'ordre de 10 mA dans la LED de l'opto-coupleur, ce qui implique qu'il faut quelque 3,5 V à l'entrée du montage. La tension de service que laisse passer l'opto-coupleur activé entraînerait la charge, via la résistance R2 et la diode D7, du condensateur C2, s'il n'y avait pas là T1. Ce transistor est attaqué par les demi-périodes de 100 Hz dérivées de la tension du secondaire via les diodes D5 et D6. Ce n'est que lors du passage par zéro de la tension du secteur que T1 est passant, permettant à C2 de se charger. Ce faisant, T2 devient passant, coupant ainsi le courant de base de T3. Ceci entraîne le blocage de T4 (au maximum du courant environ) le tube reçoit sa tension d'allumage... et s'allume. T4 doit être un transistor ayant une tension de service de 1 200 V au minimum. On pourrait penser à utiliser des transistors de déviation horizontale, mais la plupart d'entre

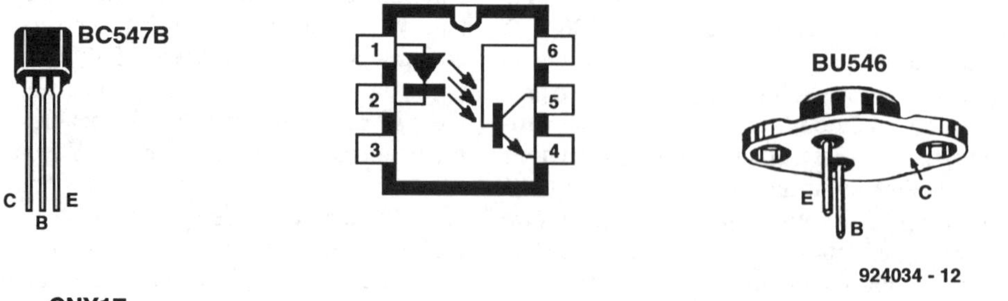

CNY17

eux possèdent un gain en courant trop faible (ne dépassant pas 10 bien souvent). Le facteur de transfert de l'opto-coupleur doit être de 50% au minimum. T1, T2 et T3 pourront être des transistors courants, sachant que T3 doit pouvoir supporter 100 mA. D9 à D12 seront des diodes rapides; on pourra, éventuellement, se contenter de 1N4007. Le montage réalisé sur un morceau de platine d'expérimentation à pastilles développé en longueur trouvera place dans le coffret d'un tube TL de 120 cm ordinaire. Il faudra, lors de la conception et de la réalisation de la platine, veiller à garder un écart suffisant entre les composants et le coffret métallique (donc conducteur).

Il n'est pas interdit, bien au contraire, d'envisager d'intercaler un film de plastique entre le montage et le boîtier. La présence de l'opto-coupleur est, pour des raisons de sécurité, indispensable. Il ne saurait être question de ne pas mettre en place ce composant assurant l'isolation galvanique.

Groupe d'Aix-la-Chapelle

122 RÉGULATEUR DE TENSION AMÉLIORÉ

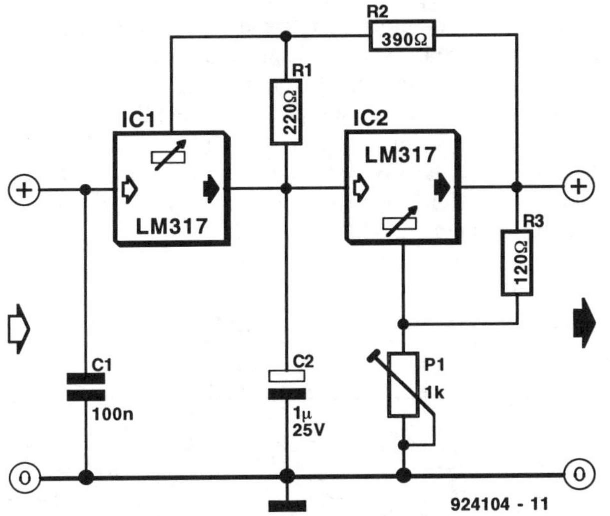

Si l'on veut améliorer encore les caractéristiques (déjà fort excellentes au demeurant) d'un LM317, il suffit d'ajouter... un second LM317. Le schéma illustre clairement la technique de connexion du second régulateur de tension (IC1) au régulateur principal (IC2), pour obtenir un dispositif de prérégulation dont la tension de sortie est toujours supérieure, d'une valeur constante, à la tension de sortie du régulateur principal. L'application de cette technique résulte en une différence de tension constante entre l'entrée et la sortie de IC2.

La régulation face aux variations de la charge connectée de ce circuit intégré est de ce fait sensiblement amélioré. Une autre conséquence (importante) consiste en une limitation importante de la dissipation dans IC2, ce qui a comme effet une stabilité plus élevée de la tension de sortie par rapport à la température. Les autres caractéristiques du LM317, telles que son courant de sortie maximal de 1,5 A, ne sont pas modifiées par la mise en place du prérégulateur. La tension de sortie, qui dépend de la valeur de l'ajustable P1 et de la résistance R3, se calcule de la façon classique :

$U_{sortie} = 1{,}25\,V \cdot (1 + R3/P1)$.

En respectant pour P1 et R3 les valeurs indiquées dans le schéma, on pourra régler la tension de sortie à une valeur comprise entre 1,25 V et 11,5 V. La différence en tension entre l'entrée et la sortie de IC2 (générée à l'aide de IC1 donc) peut être déterminé de la même manière :

$U_{diff} = 1{,}25\,V \cdot (1 + R2/R1)$.

Dans le cas de notre prototype –réalisé selon le schéma– cette différence était de quelque 3,5 V. Lorsque vous envisagez de vous lancer dans des expérimentations avec ce petit circuit, il faudra veiller à un certain nombre de points :

- U_{diff} ne doit jamais être inférieure à 3 V,
- la valeur de R1 doit toujours être le double de celle de R3 et
- la différence en tension minimale entre l'entrée et la sortie du montage doit être de U_{diff} + 3 V.

Avec le dimensionnement proposé dans le schéma on peut réaliser donc un module d'alimentation à tension de sortie fixe de 5 V avec d'excellentes caractéristiques. On notera que, pour obtenir une tension de sortie de 5 V, il faudra appliquer une tension de 12 V à l'entrée du circuit, supérieure aux 9 V dont se contente une alimentation à un LM317 classique.

123 LED ARC-EN-CIEL

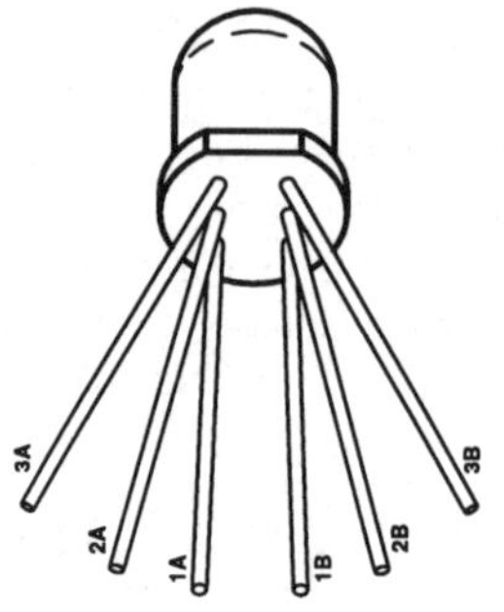

Il existe une LED capable de produire toutes les couleurs visibles. On a implanté trois LED (quatre en fait) dans un même boîtier : une de couleur rouge, une autre de couleur verte et deux de couleur bleue. La commande à intensités différenciées de ces différentes LED permet de produite toutes les couleurs de l'arc-en-ciel, et même le blanc L'électronique décrite ici produit une séquence d'illuminations de la LED à une couleur aléatoire, qui, au bout d'un certain temps, aura passé en revue toutes les couleurs possibles. On pourra s'en servir pour donner un certain lustre à des circonstances romantiques. Le circuit consiste en un intégrateur suivi par un trigger de Schmitt. Ces deux sous-ensembles constituent un oscillateur sur lequel on trouve en broche 1 une tension triangulaire ayant une amplitude de 1,5 V_{cc} environ. Ce signal triangulaire est appliqué, via un transistor, T1, et une résistance de limitation, R5, à l'une des LED. Il va donc nous falloir réaliser cette électronique en trois exemplaires, un pour chacune des couleurs. On donnera à chacun des C1 une valeur différente, 470, 330 et 220 nF. Les LED bleues sont attaquées par le même oscillateur et dotées chacune de sa résistance de limitation de courant. La résistance ajustable P1 permet de décaler le niveau de tension continue du triangle. On commencera par mettre le curseur à la masse. On joue ensuite, doucement, sur P1 jusqu'à voir la LED commencer à s'illuminer. La position optimale de P1 est atteinte lorsque l'on a un rapport cyclique de 2:1 c'est-à-dire que la LED est illuminé 2/3 du temps et éteinte le reste (1/3). Nous avons opté pour une valeur de résistance de limitation relativement faible en raison de la sensibilité encore quelque peu limitée des LED de couleur bleue. Évitez de tourner P1 trop loin. Veillez à ce que le courant à travers les LED de couleur verte et rouge reste inférieur à 30 mA, les LED de couleur bleue pouvant supporter jusqu'à 40 mA. La consommation de courant de l'ensemble du circuit est de 70 mA environ. Avant de vous lancer dans la réalisation de l'électronique de commande il est judicieux de vérifier que vous pouvez mettre la main sur ce composant exotique. Il a été baptisé LED-RGB (pour ***Red Green Blue*** bien évidemment) ou LED tricolore. De marque Everlight il est connu sous le numéro 339-1 VRKGBBW.

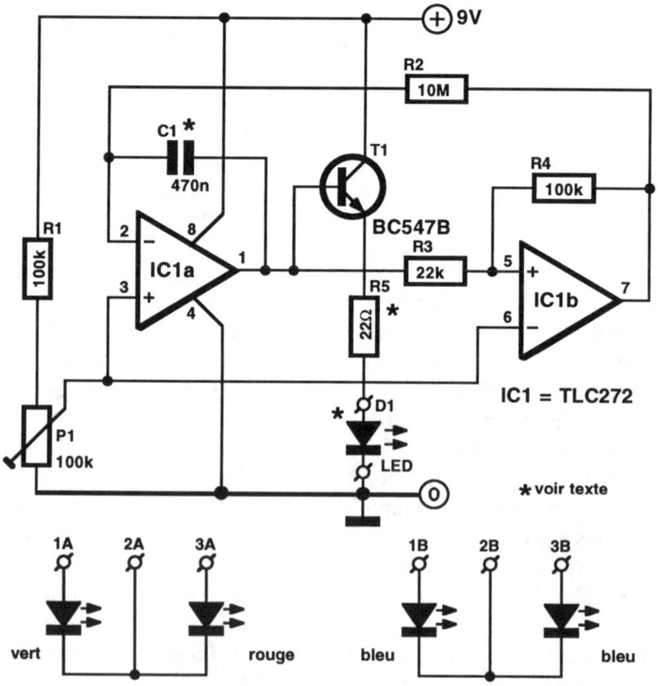

124 RELAIS TÉLÉPHONIQUE

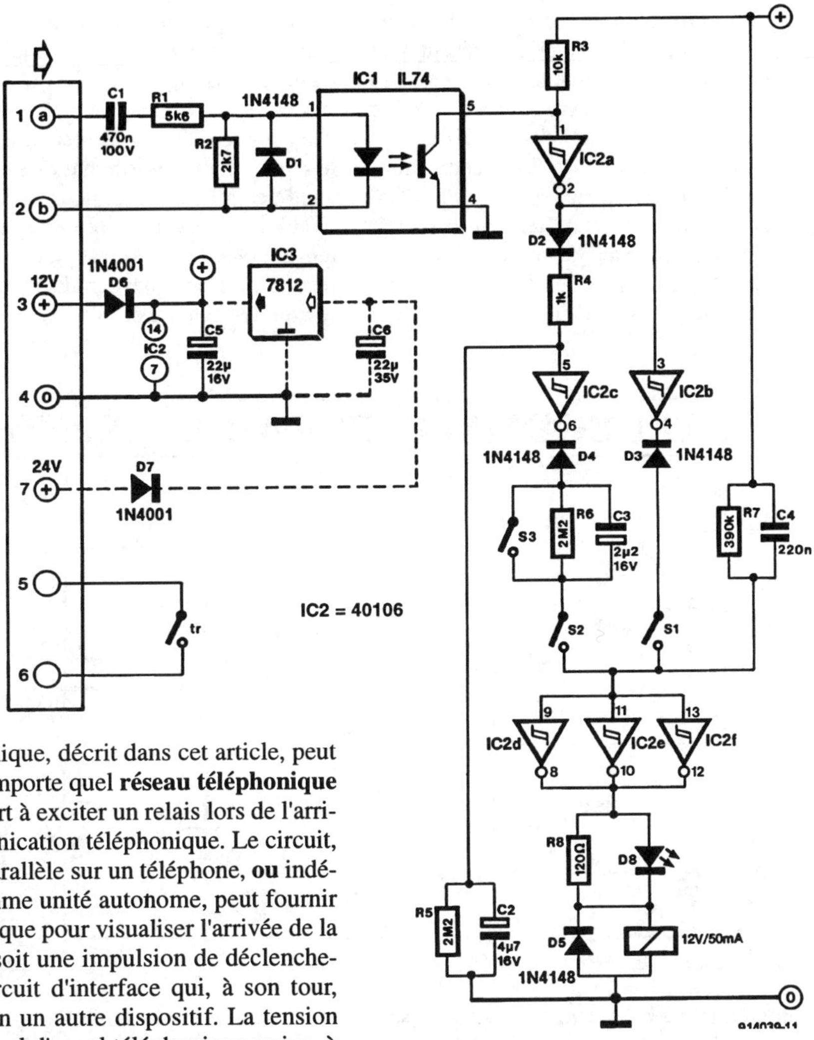

Le relais téléphonique, décrit dans cet article, peut être utilisé sur n'importe quel **réseau téléphonique domestique**. Il sert à exciter un relais lors de l'arrivée d'une communication téléphonique. Le circuit, connecté **ou** en parallèle sur un téléphone, **ou** indépendamment comme unité autonome, peut fournir soit un signal optique pour visualiser l'arrivée de la communication, soit une impulsion de déclenchement pour un circuit d'interface qui, à son tour, mettra en fonction un autre dispositif. La tension alternative du signal d'appel téléphonique arrive, à travers les bornes a et b et le condensateur de couplage C1, à l'opto-coupleur IC1. Les demi-ondes négatives de cette tension traversent la diode D1, les demi-ondes positives la LED intégrée dans l'opto-coupleur. Le photo-transistor, présent lui aussi dans l'opto-coupleur, c'est d'ailleurs la raison du nom de ce composant, devient passant à une fréquence comprise entre 25 et 50 Hz. Une tension continue impulsionnelle est de ce fait présente à l'entrée de l'inverseur IC2a. Le signal d'appel arrive, à travers la diode D2, aux résistances R4 et R5 et au condensateur C2 où elle subit un lissage, de manière à ce que la tension continue reste présente à l'entrée de IC2c même pendant les pauses dans le signal d'appel. La broche 6 de IC2 présente maintenant un potentiel bas, qui, sous forme d'une impulsion brève et au travers la diode D4, du condensateur C3 et de l'interrupteur S2, arrive aux trois inverseurs IC2d à IC2f montés en parallèle et qui font office de circuit de commande de puissance, excitant le relais Re1. Il est recommandé de faire appel à un relais dont la bobine présente une impédance relativement élevée. La LED D8 visualise l'état du relais. Dans les conditions mentionnées ci-dessus, le circuit fonctionne en bascule monostable dont la constante de temps est déterminée par le réseau RC constitué par la résistance R7 et le condensateur C3. Si et l'interrupteur S2 est fermé et S3 aussi, le condensateur C3 ne produit pas, à partir de la tension continue de sortie de IC2c, d'impulsion. Le potentiel bas reste présent aux entrées des inverseurs de commande, tant que dure le signal d'appel, de sorte que le relais est activé pendant cette durée. Au lieu de fermer l'interrupteur S2, on peut aussi fermer S1. Dans cette situation, le relais n'est excité qu'au rythme du signal (tension) d'appel. Dès que cette tension disparaît (pauses), le relais est relâché. Ce mode d'opération tombe à pic pour un système de signalisation optique. Si l'on utilise un module d'alimentation secteur standard, fournissant une tension de 12 V, la diode D6 fait office de protection contre une erreur de polarité de la tension d'alimentation. Une tension d'alimentation plus élevée, jusqu'à une valeur maximale de 24 V, implique (obligatoirement) la mise en place d'un régulateur de tension (IC3), d'un condensateur électrolytique (C6) et d'une diode (D7) supplémentaires (en pointillés sur le schéma). La consommation du circuit se limite à quelques mA. Notons, pour finir, que, bien que ce circuit soit doté d'un opto-coupleur présentant une tension d'isolation élevée le découplant du réseau, il ne saurait être question de connecter ce circuit au réseau de France Télécom. **M. Haas**

125 TÉLÉCOMMANDE PAR TÉLÉPHONE

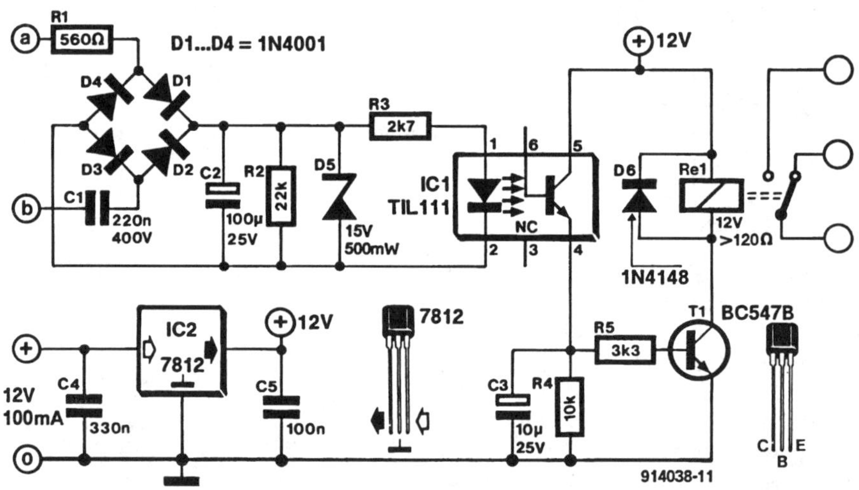

L'électronique relativement simple décrite ici, sert à mettre en fonction un (ou plusieurs) appareil(s) à l'arrivée d'un appel téléphonique. Ce sera par exemple une lampe de forte intensité qui indiquera, pour un mal-entendant, l'arrivée d'une communication téléphonique. Il faudra, pour ce faire, connecter le circuit en parallèle sur l'un des appareils de votre **système téléphonique domestique**. Il est interdit, vous le savez, de relier quelque circuit de fabrication personnelle que ce soit au réseau téléphonique ! Les diodes D1 à D4 font subir un redressement à la tension alternative d'appel ; elle est lissée par le condensateur C2 et la résistance R2 et ramenée à une valeur de 15 V par la diode zener D5. Dès que cette tension est présente, la LED dans l'opto-coupleur s'illumine faisant passer à l'état conducteur le photo-transistor, intégré lui aussi, dans ce même composant. De ce fait, le transistor T1 devient conducteur et le relais Re1 est excité. Pour éviter que les contacts du relais ne soient relâchés lors des coupures présentées par le signal d'appel, le condensateur C3 se charge et maintient la tension de base du transistor T1. Un petit module secteur de 12 V/100 mA suffit largement pour fournir au circuit sa tension continue d'alimentation. Comme nous faisons appel à un régulateur de tension du type 7805, la valeur de 12 V donnée sur le schéma à la tension d'entrée constitue la limite supérieure admissible par ce régulateur.

126 COMPTEUR DE BANDE RUDIMENTAIRE

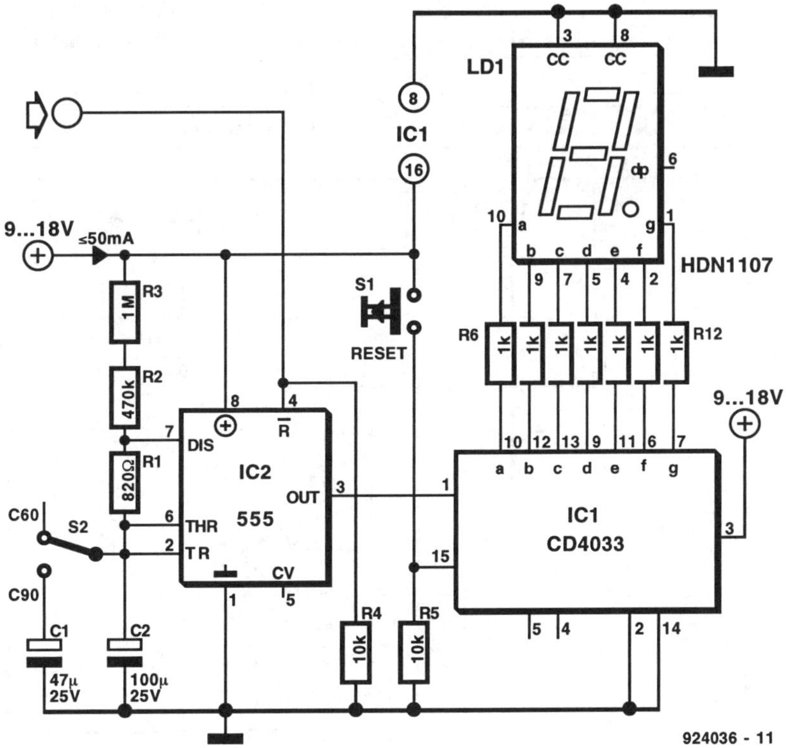

924036 - 11

On peut, en faisant appel à deux circuits intégrés et un afficheur à 7 segments seulement, réaliser un compteur de bande fournissant une indication visuelle en 10 pas. L'avantage principal de ce montage est le fait qu'il peut être connecté très facilement à n'importe quel magnétophone. Le circuit prend en compte la durée de fonctionnement du moteur du mécanisme de transport de la bande. L'entrée de remise à zéro d'un circuit temporisateur du type 555 et la masse du circuit sont connectées de ce fait aux bornes du moteur du mécanisme de transport de bande d'un magnétophone à cassettes par exemple. Il faudra faire attention, si l'on veut garantir que le compteur compte correctement, à ce que ce moteur ne tourne que dans le cas d'un déplacement réel de la bande. Il existe des magnétophones à cassettes, dotés de deux, voire trois moteurs dans lesquels le moteur d'avancement de bande (de cabestan) tourne sans arrêt, ce qui implique qu'il faudra vérifier que l'on connecte bien ce montage à un moteur ne tournant que lors du transport de la bande. Dès l'instant où l'entrée de remise à zéro du 555 présente un niveau haut, ce circuit commence à fournir, à une fréquence relativement basse, des impulsions au circuit intégré IC1, un compteur décadique/commande d'afficheur du type 4033 : une impulsion toutes les trois minutes lorsque le commutateur S2 se trouve en position C60 et une impulsion toutes les 4 mn 30 s lorsque S2 est mis en position C90. À l'apparition d'une impulsion, IC1 incrémente la valeur affichée, de façon à ce que, en fonction de la position de S2, l'afficheur ait parcouru toutes les valeurs de 0 à 9 lorsque l'on arrive à la fin de l'une des faces d'une cassette C60 ou C90. Le bouton-poussoir S1 sert à remettre à zéro l'affichage de notre compteur rustique. Il se peut qu'il faille, en raison de l'existence de courants de fuite des condensateurs électrolytiques utilisés dans le réseau de définition de la durée entre les impulsions et des tolérances qui les caractérisent, adapter la valeur de la résistance R2. Sachant que la première période d'un 555 est légèrement plus longue que les suivantes, plusieurs arrêts et remises en marche du moteur de transport de bande risquent de se traduire par une dérive importante de la valeur visualisée par l'afficheur. Il faudra en outre faire attention à ce que la tension d'entrée ne comporte pas d'impulsions parasites risquant de remettre à zéro le 555 à un moment importun. La consommation du compteur de bande rustique est à l'image de ses performances, relativement modeste : l'ensemble ne demande que quelque 50 mA.

d'après une idée de A.B. Tiwana

127 CONTRÔLE DE Θ° pour accus en cours de charge

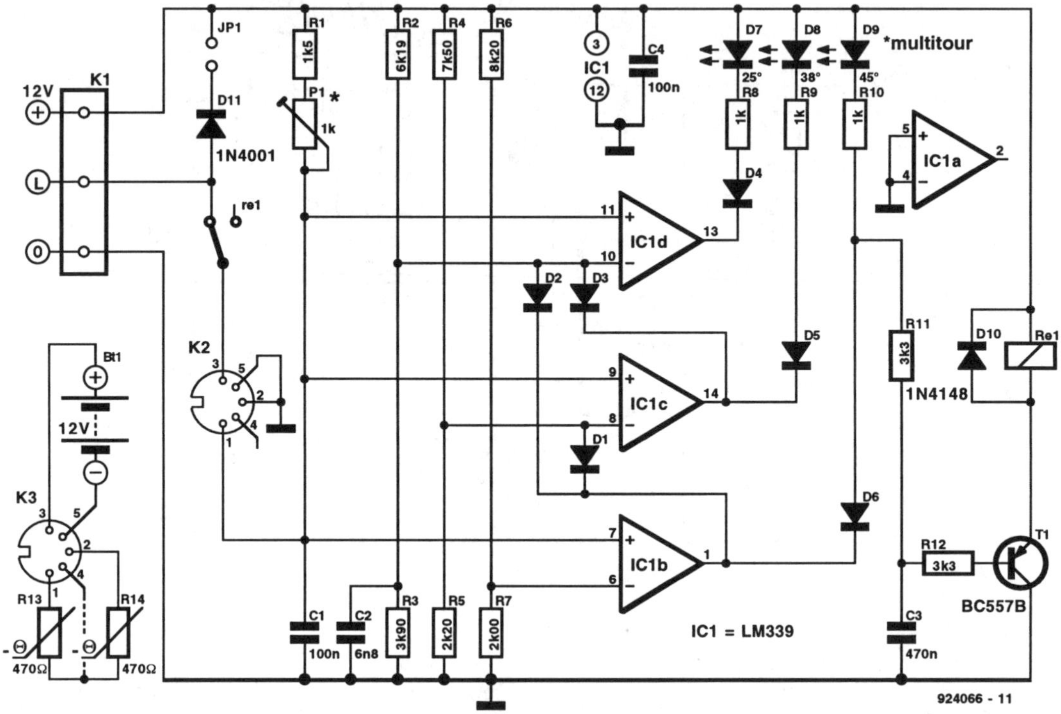

Ce montage intéressera tous les possesseurs d'accus CdNi rechargeables, modélistes, plongeurs sous-marins et autres amateurs de passe-temps grands consommateurs de piles. Bien souvent les chargeurs du commerce ne possèdent pas de contrôle de température bien qu'il s'agisse là d'un élément important lors de la charge rapide d'accus CdNi, car c'est bien là, la charge rapide, que le bât blesse. Des informations obtenues auprès de fabricants nous ont appris que l'on peut, en gros, admettre trois valeurs de référence en ce qui concerne la température : charge 50% = 30°C, charge 100% = 37°C et surcharge 120% = 48°C.

Ce circuit se connecte en série dans le circuit de charge et permet le suivi de la température au moyen de trois comparateurs : le premier pour une température basse de 25 °C attaquant une LED verte que l'on pourrait baptiser « OK », le second pour une température tiède de 38 °C commandant une LED jaune « ATTENTION » et le dernier pour une température chaude de 45 °C pilotant une LED rouge « ALARME » et qui commute lui le relais. Examinons le schéma. On voit qu'il comporte un petit appendice pris en bas à droite. Il s'agit de la double sonde de température et de la mise hors-circuit de l'accu. Son utilisation demande quelques légères modifications de l'appareil équipé des accus que l'on veut ainsi surveiller : adjonction de deux résistances CTN (thermistance à Coefficient de Température Négatif) qui voient leur résistance diminuer lorsque leur température augmente, voire changement de la prise et de la fiche d'alimentation des accus. Le circuit proprement dit se résume, en pratique à un LM339, un quadruple comparateur dont trois seulement des comparateurs sont utilisés ici. Le connecteur K1 est relié à la sortie du char-

128 PORT I²C VIA LE PORT CENTRONICS

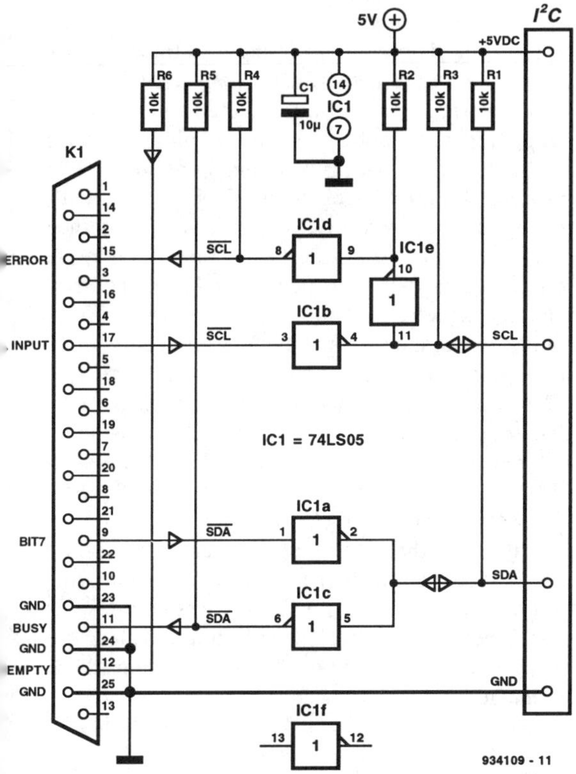

Dans l'article cité en référence [1], nous vous avons proposé une interface I²C encartable pour PC, capable de travailler de façon transparente. Il existe d'autres approches plus simples. L'une d'entre elles consiste à utiliser la sortie Centronics d'un PC, combinée à un circuit tampon, pour en faire un port I²C. Le tampon en question possède des sorties à collecteur ouvert de manière à permettre une commutation parallèle des applications I²C sur le bus. L'inconvénient de cette solution est qu'il n'existe pas le moindre support matériel de sorte que c'est au logiciel de surveiller en permanence le bus I²C et de trouver une solution à tous les problèmes. L'avantage de cette approche, car elle présente bien évidemment un avantage, est que l'utilisateur contrôle totalement les événements sur le bus. Certains langages de programmation (Visual Basic entre autres) ne permettent pas une écriture directe aux adresses d'Entrée/Sortie (E/S), mais les langages de programmation plus classiques devraient vous permettre d'écrire le programme nécessaire. Le montage décrit ici est utilisé par Philips dans les kits de démonstration pour des applications I²C. La tension de +5 V nécessaire ne peut pas être fournie par le port Centronics (la ligne 5 V de l'interface Centronics est une tension d'alimentation de l'imprimante absente dans le cas présent ; on utilisera une alimentation distincte capable de fournir quelques dizaines de milliampères. Les adresses de base des ports pour imprimante LPT1 et LPT2 sont respectivement 378_H et 278_H. Le **tableau** donne la correspondance entre les adresses, les bits, les numéros de broche du connecteur sub D à 25 contacts et des signaux du bus I²C. On gardera de préférence à « 0 » le bit 4 de l'octet présent à l'adresse de base + 2, sachant que l'on risque sinon la génération d'interruptions aléatoires aux conséquences imprévisibles.

Application Philips

Bibliographie

[1] interface I²C encartable pour PC

Tableau 1.

Adresse de base (lecture et écriture)							
(Attention : il s'agit de sorties ! Ne pas les connecter directement à 0 ou +5 V depuis l'extérieur.							
bit 7	bit 6	bit 5	bit 4	bit 3	bit 2	bit 1	bit 0
broche n° 9 SDA out	broche n° 8	broche n° 7	broche n° 6	broche n° 5	broche n° 4	broche n° 3	broche n° 2
Adresse de base + 1 (lecture)							
bit 7	bit 6	bit 5	bit 4	bit 3	bit 2	bit 1	bit 0
broche n° 11 SDA in	broche n° 10	broche n° 12 paper empty	broche n° 13	broche n° 15 SCL in	broche n° 4	broche n° 3	broche n° 2
Adresse de base + 2 (écriture)							
(Attention : il s'agit de sorties ! Ne pas les connecter directement à 0 ou +5 V depuis l'extérieur.							
			bit 4	bit 3	bit 2	bit 1	bit 0
			IRQ enable	broche n° 17 SCL out	broche n° 16	broche n° 14	broche n° 1

geur. Le pont JP1 permet d'opter ou non pour la possibilité d'alimenter le circuit directement à partir du chargeur. L'ajustable P1 permet d'ajuster précisément le seuil de température sa plage de débattement étant de l'ordre de ±5 °C. Chacune des entrées inverseuses des comparateurs IC1b, IC1c et IC1d est reliée à un diviseur de tension de caractéristiques différentes. Une fois défini le seuil de basculement du premier comparateur, IC1d, on aura basculement de sa sortie, ce qui se traduit par l'illumination de la LED verte D7 : tout va bien. Lorsque la tension à l'entrée du second comparateur, IC1c, devient plus importante que celle appliquée à son entrée non-inverseuse ce comparateur bascule : la LED jaune D8 s'illumine signifiant : attention les choses se gâtent. Ce même processus prend place dans le cas du 3e comparateur, IC1b, dont la sortie bascule lorsque les thermistances atteignent une température de l'ordre de 48 °C. La LED rouge D9 s'illumine indiquant qu'il commence vraiment à faire très chaud. Simultanément on a application d'un courant de base au transistor T1 qui devient passant entraînant l'activation du relais Re1 et partant son ouverture. La tension de charge en provenance du chargeur n'arrive plus aux accus CdNi. Le choix d'un relais pour la coupure et la prise de diodes dans les lignes de sortie des comparateurs pour n'avoir qu'une seule LED illuminée à la fois permet de limiter la consommation totale du circuit à une quinzaine de mA. On pourrait encore gagner 1 à 2 mA en utilisant des LED à faible consommation, mais la consommation reste négligeable face aux centaines de mA de la charge. C'est à dessein qu'il n'a pas été fait appel à un régulateur de tension intégré sachant que la tension de référence et la tension aux bornes des NTC varient dans les mêmes proportions que la tension de charge et que le rapport reste le même. Notons que si l'on désire utiliser ce montage avec des accus de 6 V il suffit de changer un seul composant, Re1, qui deviendra un relais 6 V, les autres composants concernés, à savoir R10 à R14 ont une valeur qui en permet l'utilisation pour les deux versions de ce montage.

C. Millasson

Liste des composants

Résistances :
R1 = 1kΩ5
R2 = 6kΩ19
R3 = 3kΩ9
R4 = 7kΩ50
R5 = 2kΩ20
R6 = 8kΩ20
R7 = 2kΩ00
R8 à R10 = 1 kΩ
R11,R12 = 3kΩ3
R13,R14 = NTC 470 Ω
P1 = ajust. 1 kΩ multitour

Condensateurs :
C1,C4 = 100 nF
C2 = 6nF8
C3 = 470 nF

Semi-conducteurs :
D1 à D6,D10 = 1N4148
D7 = LED verte 3 mm
D8 = LED jaune 3 mm
D9 = LED rouge 3 mm
D11 = 1N4001
T1 = BC557B
IC1 = LM339 (National Semiconductor)

Divers :
K1 = bornier encartable à 3 contacts au pas de 5 mm
K2 = embase DIN femelle encartable à 5 contacts 1
Re1 = relais 12 V à montage vertical (Siemens)

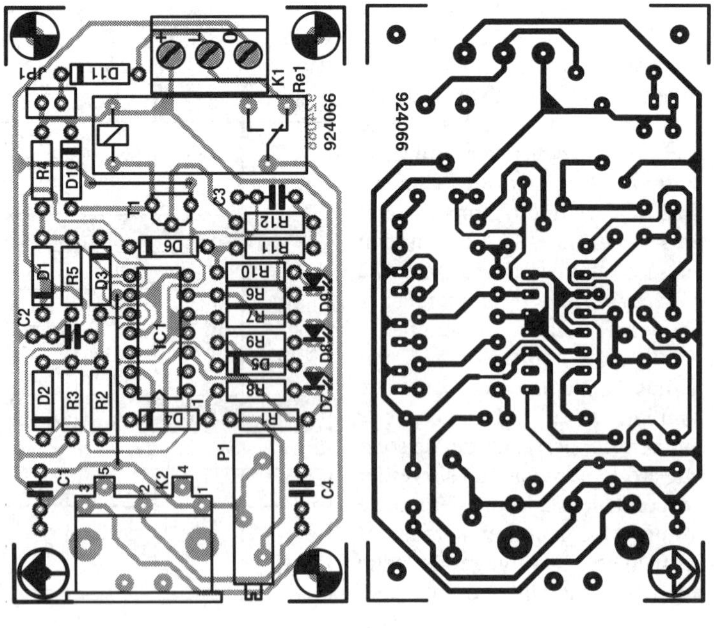

129 RÉGULATION DE VENTILATEUR POUR PC

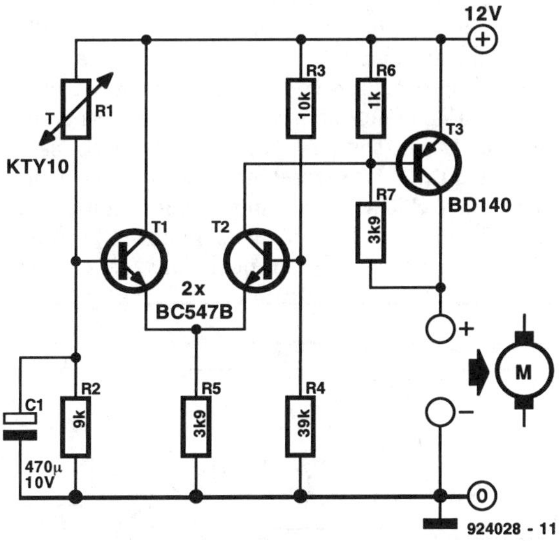

La plupart du temps, le ventilateur d'un PC refroidit plus qu'il n'est strictement nécessaire. Une régulation du régime du ventilateur réagissant à la température ambiante recentre le rapport entre le refroidissement nécessaire et le bruit de fonctionnement du ventilateur. Le schéma associé à cet article décrit une telle régulation « intelligente ». Celle-ci a cependant l'avantage de ne faire appel qu'à quelques composants discrets. Elle ne concerne cependant que les ventilateurs 12 V intégrés dans les alimentations de PC et ne consommant pas plus de 200 mA. Il faut, si l'on veut être certain que le ventilateur démarre à chaque mise sous tension quelles que soient les conditions climatiques, que la tension de sortie du montage (c'est-à-dire la tension du ventilateur) ne tombe jamais en-dessous de la tension nécessaire au démarrage de celui-ci. Cette tension est déterminée par la tension d'alimentation de 12 V diminuée de la tension aux bornes de la simili-diode zener constituée par le transistor T3 associé aux résistances R6/R7. Si l'on respecte les valeurs du schéma, la tension du ventilateur sera ici de quelque 7 V au minimum. Il vous faudra éventuellement adapter cette valeur de tension aux caractéristiques du ventilateur présent dans votre ordinateur. S'il ne veut pas démarrer (après mise du capteur de température R1 à une température ambiante de 25°C environ, capteur que l'on pourra le cas échéant remplacer par une résistance de 1kΩ8) il vous faudra diminuer la valeur de la résistance R7. S'il ventile trop, augmentez quelque peu la valeur de cette résistance. Les transistors T1 et T2 procèdent à la comparaison d'une tension fixe (point nodal R3/R4) à une tension variant en fonction de la température (point nodal R1/R2). La résistance R2 possède une valeur quelque peu bizarre (2 résistances de 18 kΩ montées en parallèle); rien ne vous interdit d'expérimenter à ce niveau-là. La solution la plus pratique consiste à remplacer, lors des premiers essais, R2 par un ajustable (de 25 kΩ par exemple), de rechercher ensuite la valeur de résistance convenable pour cet ajustable avant de le remplacer pour finir par une résistance (combinée) de la bonne valeur. On placera le capteur de température dans le flux d'air (chaud) du ventilateur. Après mise en fonction de l'ordinateur on verra le ventilateur commencer par tourner vite en raison de la présence du condensateur C1, ce qui ne peut que mieux garantir un bon démarrage, pour le voir ensuite diminuer progressivement son régime, jusqu'à atteindre une vitesse de rotation minimale. On mesurera, à l'aide d'un thermomètre placé à proximité immédiate du capteur de température la température de l'air en mouvement vers la sortie. Une fois que la température de l'air a atteint de l'ordre de 35°C la régulation devrait entrer en fonction, situation que l'on remarque par l'augmentation du régime du ventilateur (due bien évidemment à l'augmentation de la tension du ventilateur). Si tel n'était pas le cas, il faudra adapter en conséquence la valeur de R2 (voire modifier la position de l'ajustable qui la remplace). Plus la température augmente, plus le régime croît lui. Le régime maximal d'un ventilateur commandé par la régulation décrite ici n'est que très peu inférieur à celui qu'il aurait pu atteindre en l'absence de cette adjonction, et ceci grâce au fait qu'il est possible d'amener le transistor T3 à saturation de sorte que la perte de tension ne dépasse pas quelques dixièmes de volt.

130 ÉLIMINATEUR DE ZÉROS NON-SIGNIFICATIFS

Sur un affichage à cristaux liquides, les zéros inutiles énervent : « 1 » parle plus que « 001 ». Il suffit en effet de quelques composants courants, avec l'ICL 7106, pour résoudre ce petit problème. Tant l'arrière-plan (BP = *backplane*) que les segments sont pilotés par un signal rectangulaire. En cas d'activation d'un segment, les signaux de commande présentent un déphasage de 180°; si le segment est inactif, l'affichage reste noir car les signaux présentent la même phase. Pour éliminer des zéros non-significatifs, on recherche les zéros à éliminer et l'on inverse le signal de commande du segment concerné. Un affichage à 3 chiffres 1/2 possède trois chiffres complets numérotés 1, 2 et 3. Le quatrième, notre fameux 1/2 chiffre, est commandé par la sortie AB de l'ICL 7106; le seul chiffre qu'il puisse représenter est un « 1 ». Pour savoir si le chiffre n° 3 est un zéro non-significatif, il suffit de voir si le chiffre 4 est inutilisé (la sortie AB n'est pas active) et que, dans ce cas, le

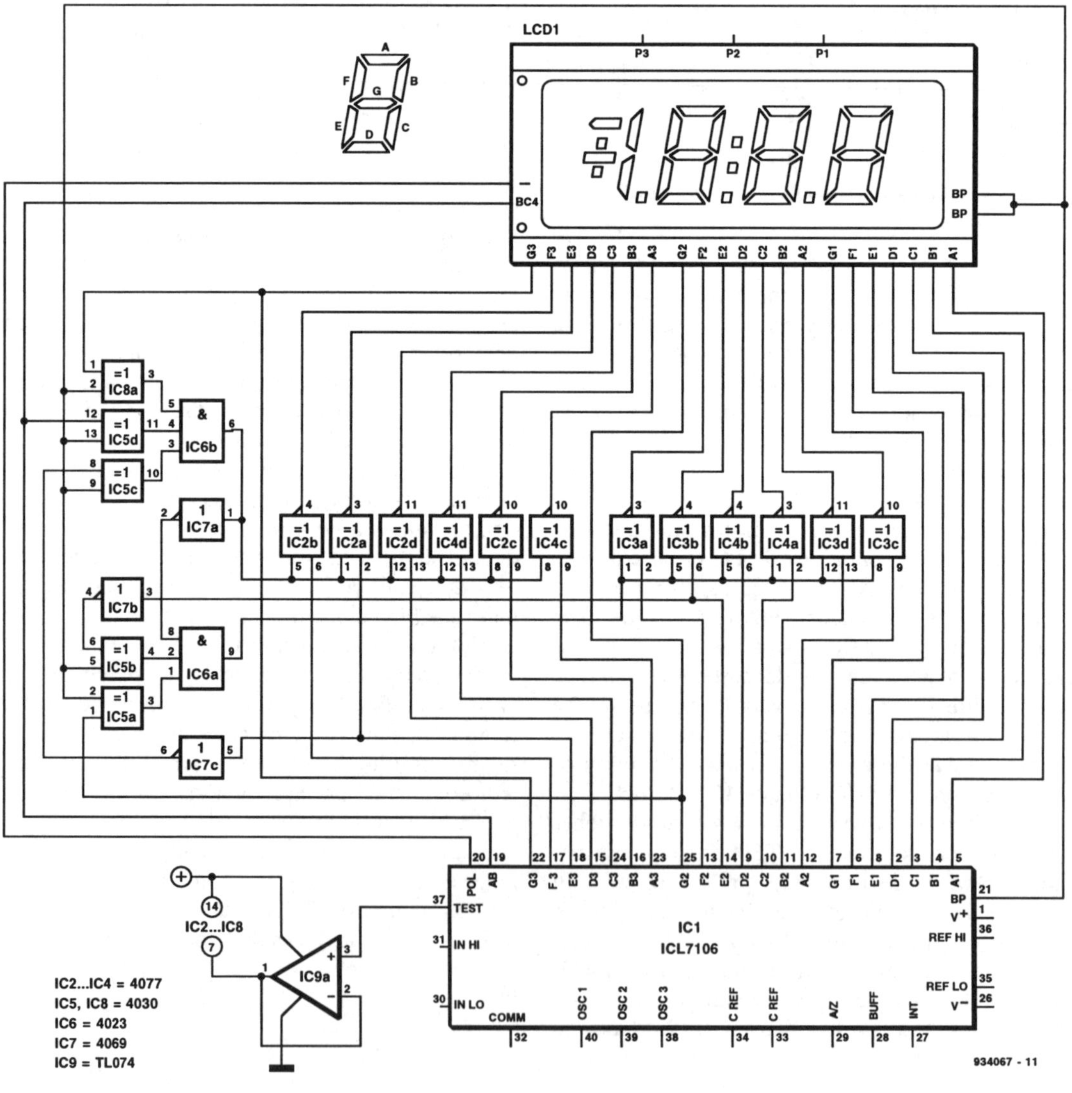

segment **G** du chiffre n° 3 est éteint alors que le segment **E** est allumé. On peut ainsi à l'aide d'une porte NI EXclusif (EXNOR) procéder à une inversion du signal de commande des segments du chiffre 3, ce qui se traduit par l'extinction de ce chiffre. On notera que tous les segments G de l'affichage sont connectés directement au ICL 7106. Il faut, en ce qui concerne le chiffre n° 2, faire de même et vérifier, après s'être assuré que le chiffre 3 est éteint, si l'on se trouve là aussi en présence d'un zéro non-significatif : dans ce cas, le segment **E** est allumé et segment **G** éteint. Si tel est le cas, on inverse les signaux de commande du chiffre 2, en les mettant en phase avec le signal BP. Il nous reste à signaler que IC9a sert à tamponner le niveau de la sortie de test, de sorte que cette sortie puisse servir de ligne de masse à l'ensemble de la logique additionnelle.

F. Schmelzenbart

131 INTERRUPTEUR SENSITIF

Le cœur de ce circuit est un trigger de Schmitt non inverseur à « contact de maintien » réalisé à l'aide des deux portes NON-ET (NAND) à trigger de Schmitt IC1a et IC1b associées à la résistance R3. Le niveau de sortie de IC1b est réinjecté, via R3, à l'entrée de IC1a, ce qui a pour conséquence un maintien stable de l'état de ces deux portes. Tant que le circuit est au repos, c'est-à-dire que l'anode de la diode D1 est basse et la cathode de D2 haute, les portes peuvent garder l'état dans lequel elles sont. Supposons que la sortie A soit basse. Une fermeture de la touche sensitive par un doigt produit une augmentation de la tension aux bornes de la résistance R8. Le réseau RC constitué par le condensateur C1 et la résistance R1 convertit cette croissance de la tension en une brève impulsion de niveau logique haut, qui fait passer, via la diode D1, l'entrée de IC1a au niveau haut. La sortie de IC1b prend à son compte cet état, maintenu par réinjection via la résistance R3. La sortie A n'est pas seule à passer au niveau haut ; bien que ce changement d'état se fasse avec un certain retard, le condensateur C2 voit aussi la tension à ses bornes augmenter progressivement jusqu'à atteindre un niveau haut. Dès lors, le circuit est prêt à rebasculer, à l'arrivée de l'impulsion suivante via la résistance R1. Cette impulsion met en effet la sortie de IC1c au niveau bas, de sorte que l'entrée de IC1a passe elle aussi au niveau bas, suivie par la sortie et quelque temps plus tard par la tension aux bornes de C2. Nous nous retrouvons au début du processus. Au repos, la consommation de courant du circuit est négligeable.

P. Sicherman

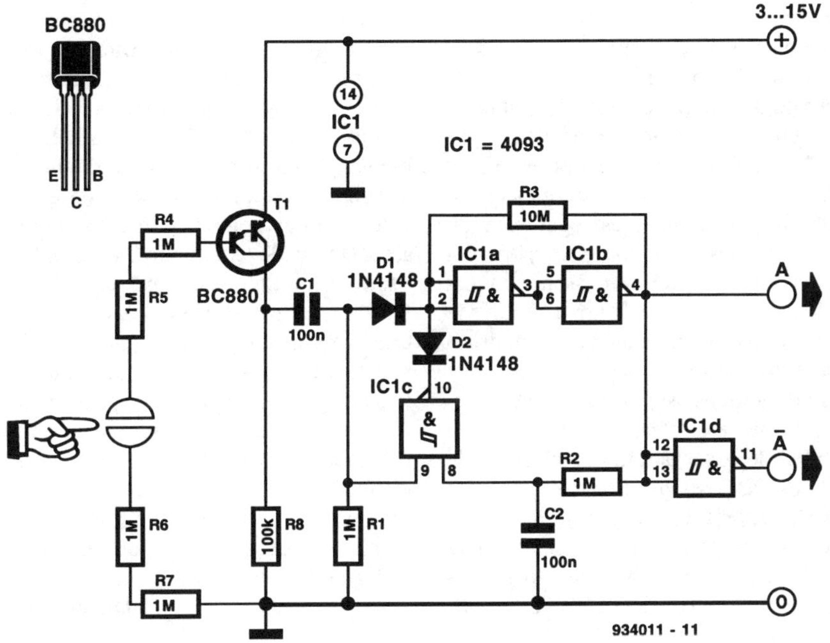

132 GRADATEUR POUR TUBES LUMINESCENTS

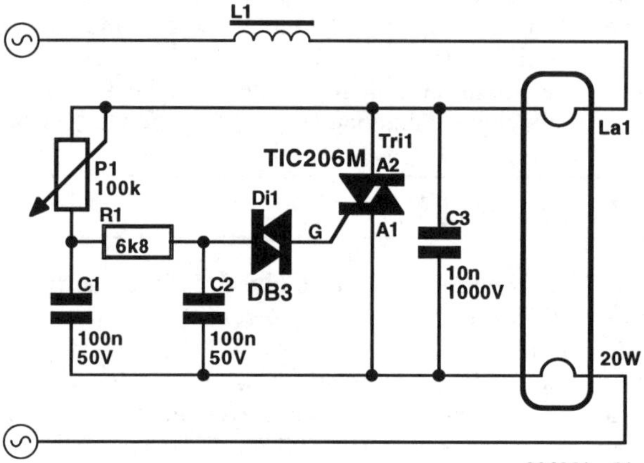

924041 - 11

Il existe bien des circuits surprenants, en particulier lorsqu'on songe à leur simplicité. Le gradateur pour tubes luminescents (TL) de cet article est sans aucun doute un montage de ce genre. Comparé au processus de gradation d'une ampoule à incandescence classique, celui de la gradation de la lumière émise par un tube luminescent est sensiblement plus difficile à obtenir. La raison de cette situation ennuyeuse est qu'il faut une tension élevée (sensiblement plus élevée que la valeur de crête de la tension secteur) pour amorcer le tube (froid) qui, ensuite, fonctionne sous une tension beaucoup plus faible. La tension d'amorçage et la tension de fonctionnement du tube dépendent largement de la température. La tension d'amorçage résulte de l'interruption du flux de courant à travers la self de choc L1. En règle générale c'est le « starter » qui se charge de cette interruption. C'est également le starter qui, lors du processus d'amorçage, permet à un courant relativement élevé de passer à travers les filaments du tube. Ce flux de courant chauffe le tube, abaissant ainsi le niveau de la tension d'amorçage et facilitant de ce fait le « démarrage » du tube. Dans ce montage, sept composants électroniques remplacent le starter et introduisent en outre la possibilité de doser la lumière émise par le tube TL. Lors des passages par zéro de la tension secteur, le triac Tri1, pris dans le circuit du gradateur, passera brusquement de l'état passant à l'état bloquant. À cet instant la valeur momentanée de la tension, déphasée par rapport au courant, est appliquée aux bornes du tube en raison de la charge rapide du condensateur C3. Associé à la self L1, le condensateur C3 constitue une boucle de résonance qui fait, en un rien de temps, grimper la chute de tension aux bornes du tube à une valeur sensiblement plus élevée que la tension de crête du secteur, résultant en l'amorçage du tube luminescent. Plus l'angle de conduction du triac est grand, plus le courant qui coule à travers les filaments sera grand lui aussi. Le résultat de ce processus est une température plus élevée des filaments et donc une tension d'allumage et de fonctionnement plus faible du tube luminescent. C'est très exactement ce qu'il nous faut: un angle de conduction plus important du triac affaiblit la lumière produite (puisqu'une partie de plus en plus importante du courant est court-circuitée par le triac) mais, en revanche, fait augmenter la température des filaments, garantissant un allumage permanent du tube. Ce circuit relativement simple présente pourtant un petit inconvénient, celui de ne pas permettre l'allumage de tous les tubes luminescents (nous avons eu, par exemple, des problèmes avec certains tubes de 40 et de 60 W). Nous n'avons pas rencontré le moindre problème à une température ambiante « normale » (18 °C environ). Si l'on utilise des tubes luminescents du type « TLM » –dotés d'un fil résistif longitudinal– le comportement d'amorçage s'améliore très sensiblement. Peu importe le type de tube luminescent utilisé, il faudra toujours « démarrer » avec le gradateur en position « maximale » (équivalente donc à un angle de conduction minimal). Dans cette position le tube fournira, une fois amorcé, sa lumière maximale. Il faudra, en ce qui concerne le triac, utiliser un type avec une valeur $\delta u/\delta t$ élevée, sinon, les flancs très raides de la tension naissant lors des passages par zéro et présents de ce fait aux bornes du triac, pourraient maintenir celui-ci à l'état conducteur. Nous avons eu de très bons résultats avec le type de tube mentionné dans le schéma. Si, pourtant, vous rencontrez des problèmes de réglage, vous pourrez adapter la valeur de l'ajustable P1.

application SGS-Thomson

133 CHIEN DE GARDE POUR ALIMENTATION DE µP

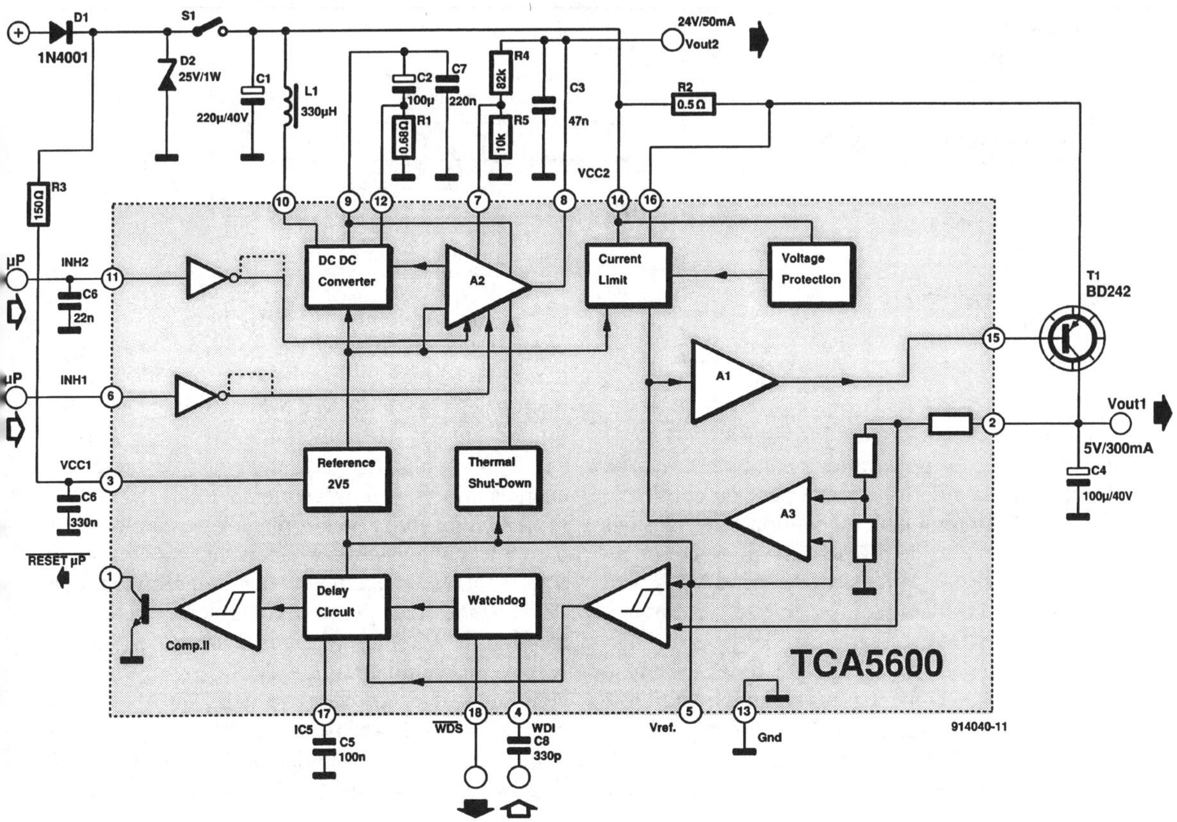

Le TCA5600 de Motorola est un circuit intégré d'une flexibilité remarquable destiné à être utilisé dans l'alimentation d'un système (auto)mobile à microprocesseur (alimenté par pile ou batterie). Ce composant intègre les dispositifs donnés ci-après et assure les fonctions suivantes:

- une tension de référence de 2,5 V,
- un convertisseur CC/CC,
- un régulateur de tension ajustable à commande externe,
- un régulateur de tension 5 V dont il faut doter les sorties d'un transistor de puissance externe,
- un circuit de détection de sous-tension,
- une remise à zéro automatique lors de la mise en fonction (*Power On Reset*) et
- un circuit temporisateur de surveillance baptisé "*watchdog*" (chien de garde).

La diode D1 protège le circuit contre une erreur de polarité lors de l'application de la tension d'alimentation, la diode D2 elle, contre d'éventuelles crêtes de tension. Le sous-ensemble de la tension de référence est doté de sa propre connexion d'alimentation ce qui permet de laisser en fonction la tension de référence alors que le reste du circuit est hors-fonction (en mode d'attente). Cette option est très intéressante lorsqu'on veut réaliser, par exemple, un système d'alimentation de secours.

Le convertisseur CC/CC et le régulateur de tension ajustable (A2) constituent une unité. Le convertisseur fait en sorte que la tension présente à la broche 9 du circuit intégré (l'entrée du régulateur A2) ait toujours une valeur telle que ce régulateur puisse fonctionner sans problème. La valeur exacte de cette tension dépend des signaux de commande, appliqués aux entrées INH1 (***INHibit1***) et INH2 (***INHibit2***) utilisées pour la commande du régulateur A2. Il existe au total une demi-douzaine de modes d'opération, énumérés dans le **tableau 1**.

Tableau 2. Dimensionnement et temporisation régulateur de tension ajustable :
$R4 = (V_{out2} - 2{,}5) \cdot R5/2{,}5$,
$R5 = 10\,k\Omega$.

limitation de courant :
$R2 = 0{,}25/I_{out1}$.

circuit de délai et *watchdog* :
remise à zéro lors d'une mise en fonction :
$t_d = C5 \cdot 10^6$ [s]

temps mort du *watchdog* :
$t_{WD} = t_d/5$ [s]

remise à zéro par *watchdog* :
$tr = t_d/50$ [s]

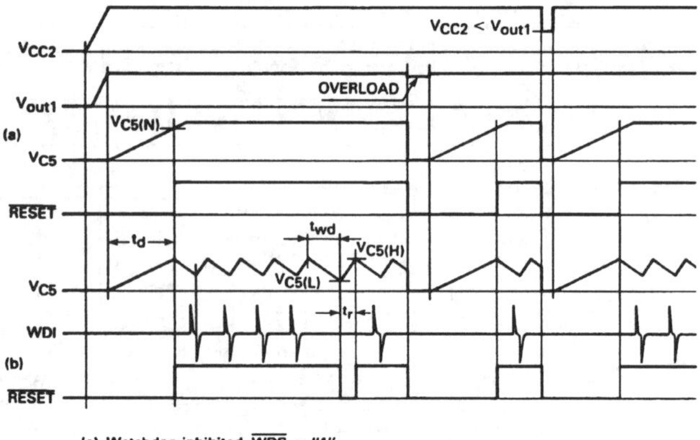

(a) Watchdog inhibited, $\overline{WDS}$ = "1"
(b) Watchdog operational, $\overline{WDS}$ = "0"

914040-13

L'utilisateur a le choix entre trois tensions de sortie (0 V, 5 V et V_{out2}), possibilités à combiner avec l'un des deux modes de fonctionnement du convertisseur CC/CC (intermittent ou continu). Les tensions de sortie de 0 V et de 5 V se passent de commentaire. La valeur de la tension de sortie V_{out2} peut être réglée, à la valeur requise, pour la programmation d'une EPROM par exemple, par l'intermédiaire des résistances R4 et R5. Un fonctionnement "intermittent" du convertisseur signifie qu'il n'entre en fonction que lorsque la tension d'entrée du convertisseur (V_{CC2}) est inférieure à la somme de la tension de sortie du régulateur A2 et de la chute de tension sur celui-ci (2,5 V environ). En mode continu, le convertisseur reste actif jusqu'à ce que la tension à sa sortie (broche 9) ait atteint sa valeur maximale, à savoir 33 V. Ce dernier mode de fonctionnement est particulièrement pratique dans le cas d'une application accompagnée de crêtes de charges brèves, ou encore lorsqu'il faut augmenter la tension de sortie de A2, d'une valeur de base de 0 ou 5 V, à une valeur sensiblement plus élevée. S'agissant, par exemple, de programmer une (E)EPROM, il est possible d'augmenter la tension d'entrée de A2, bien avant l'émission de l'impulsion de programmation. Le chronogramme montre clairement que, de cette manière, on obtient un passage de 5 V à la tension supérieure requise sans le moindre délai. Le régulateur de tension fixe est de conception classique. Un amplificateur de diffé-

Tableau 1. Table de vérité des entrées de commande INH1 et INH2

Le convertisseur CC/CC et/ou le régulateur de tension V_{out2} peuvent être "télécommandés" par l'intermédiaire des entrées d'inhibition, INH1 et INH2, compatibles TTL et CMOS. L'entrée INH2 est du type "3-états", c'est-à-dire qu'elle peut prendre un niveau logique haut ("1"), un niveau logique bas ("0") ou se mettre à haute impédance.

Mode	INH1	INH2	V_{out2}	CC/CC
1	0	0	hors-fonction	INT.
2	0	haute imp	V_{out2}	CONT.
3	0	1	V_{out2}	INT.
4	1	0	hors-fonction	INT.
5	1	haute imp	5,0 V	CONT.
6	1	1	5,0 V	INT.

INT: Fonctionnement intermittent du convertisseur signifie que le convertisseur ne fonctionne que si $V_{CC2} < V_{out2} + 2{,}5\,V$.
CONT: Le convertisseur charge le condensateur-tampon C2 à sa capacité maximale (U = 33 V), permettant une réponse rapide du régulateur V_{out2} lorsqu'il est mis à contribution par le logiciel.
hors-fonction: Impédance élevée (résistance interne de 10 kΩ vers la masse).

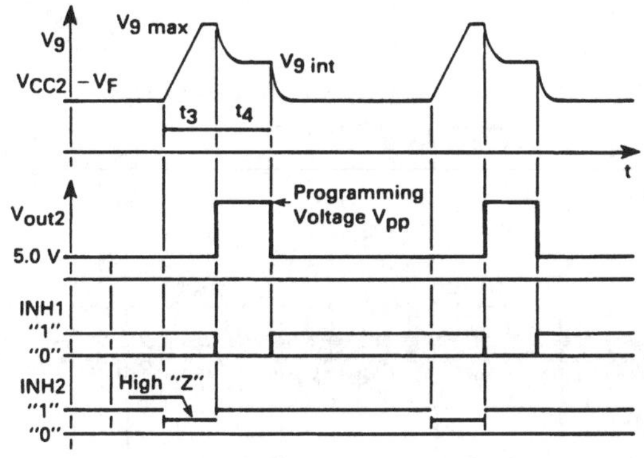

914040-12

rentiation compare la tension de sortie à la tension de référence à l'aide d'un diviseur de tension. Le résultat de cette comparaison sert à commander un transistor de puissance. Une résistance-série prise dans la ligne de l'émetteur du transistor de puissance introduit une limitation de courant. La tension de sortie du régulateur est appliquée également à un trigger de Schmitt qui vérifie qu'elle ne faiblit pas trop. Un niveau trop faible de la tension de sortie est signalé à un circuit de temporisation qui, à son tour, fait passer au niveau bas la sortie de remise à zéro du circuit intégré. Cette astuce évite par exemple qu'un microprocesseur ne se comporte de façon bizarre suite à une tension d'alimentation anémique. Ce circuit de retard, n'est pas le seul à empêcher un comportement bizarre du microprocesseur; il est secondé par le «*watchdog*». Si l'on veut tirer profit des possibilités de ce circuit «chien de garde», il faudra programmer le processeur de façon à ce qu'il envoie, à intervalle régulier, une impulsion vers l'entrée WDI (***WatchDog Input*** = entrée du circuit *watchdog*, broche 4). Tant que le «chien de garde» reçoit ces impulsions, il «sait» que le programme se déroule correctement. Lorsqu'il n'arrive plus, dans le délai prévu, d'impulsion à l'entrée WDI –le programme s'est enfermé dans une boucle infernale par exemple– le circuit *watchdog* procède à une remise à zéro du processeur par l'intermédiaire du circuit de délai. Le niveau logique présent à la broche 18 ($\overline{\text{WDS}}$ = ***WatchDog Select***) du circuit intégré détermine si notre «chien de garde» est actif ou s'il dort sur ses deux oreilles.

L'application d'un niveau logique bas à cette broche se traduit par l'entrée en fonction du circuit «*watchdog*». Il nous reste, pour terminer, à mentionner que le circuit de temporisation se charge également d'une remise à zéro automatique lors de la mise en fonction du circuit, processus dont le résultat est que, lors d'une mise en service du circuit, le processeur démarre toujours son programme à l'endroit prévu.

134 VOLTMÈTRE NUMÉRIQUE À LED

Le voltmètre numérique décrit dans cet article se caractérise par un affichage peu courant. La tension appliquée à son entrée est numérisée par un convertisseur A/N avant d'être visualisée sous la forme de 3 chiffres décimaux. On notera cependant que cette visualisation ne s'effectue pas, comme d'habitude, à l'aide d'un afficheur à 7 segments à LED, mais par l'illumination d'une LED dans chacune des trois barres (à une LED) que comporte notre dispositif d'affichage. Après une certaine accoutumance, la lecture de cet afficheur sera aussi facile que celle d'un affichage numérique ou celle d'un dispositif à aiguille. Le fait que l'affichage utilisé permette de suivre très exactement des fluctuations de la tension mesurée constitue un atout supplémentaire important. Le convertisseur A/N prend la forme d'un CA 3162, circuit intégré qui, sans circuiterie additionnelle, permet de mesurer des tensions continues jusqu'à 999 mV (débattement pleine échelle à 1 V). L'adjonction du diviseur de tension constitué par les résistances R1 à R3, permet de faire passer à 10 V le débattement pleine échelle de notre voltmètre. L'affichage de la valeur mesurée se fait, comme mentionné plus haut, à l'aide de trois barres à 10 LED chacune: la première barre, LED D1 à D10, représente les entiers, la seconde, LED D11 à D20, donne les dixièmes et la troisième, LED D21 à D30, affiche les centièmes de la tension mesurée. Une modification du rapport du diviseur de tension permet, est-il nécessaire de le préciser, de définir d'autres plages de mesure. La mise à zéro du circuit se fait par l'intermédiaire de l'ajustable P1, l'entrée étant ouverte (en l'air). L'affichage de 0 V se traduit par l'illumination des LED D1, D11 et D21. Les LED qui se trouvent à la fin de chaque barre (de poids fort) représentent le chiffre 9 (et non pas 10 !). La seconde et dernière étape de l'étalonnage se fera par

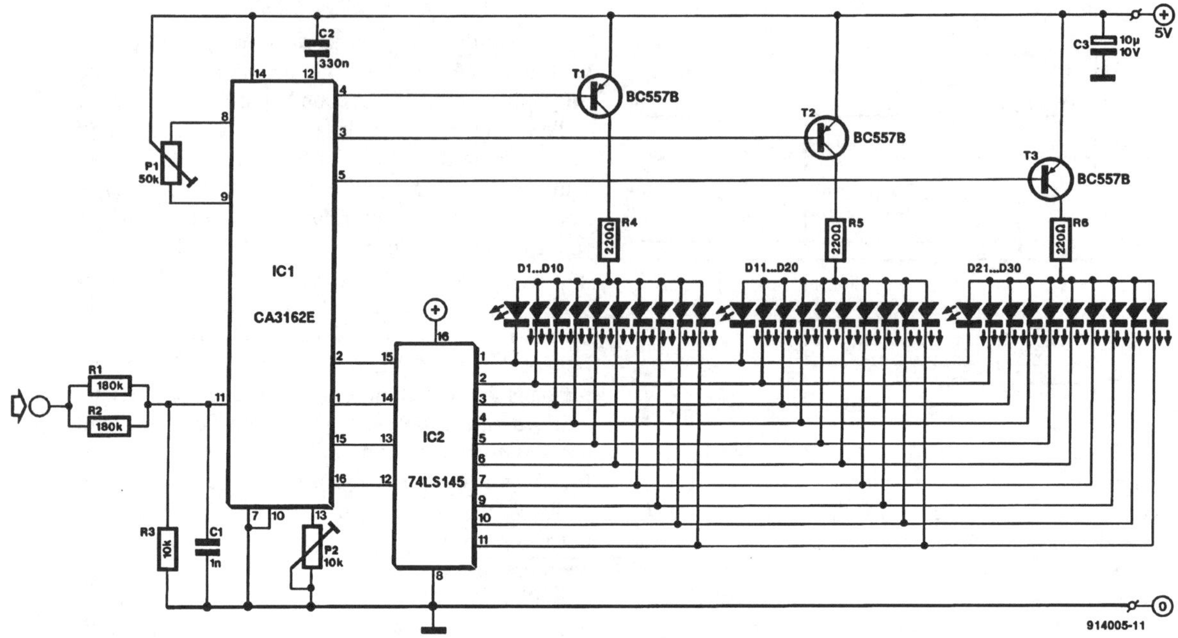

application d'une tension connue à l'entrée du circuit. On jouera ensuite sur l'ajustable P2 pour obtenir l'affichage correspondant à cette valeur de tension. Il est recommandé d'utiliser, pour chacune des barres, des LED de couleur différente. On remarquera que l'application d'une tension trop élevée se traduit par l'extinction de toutes les LED. La présence d'une tension d'entrée négative se traduit

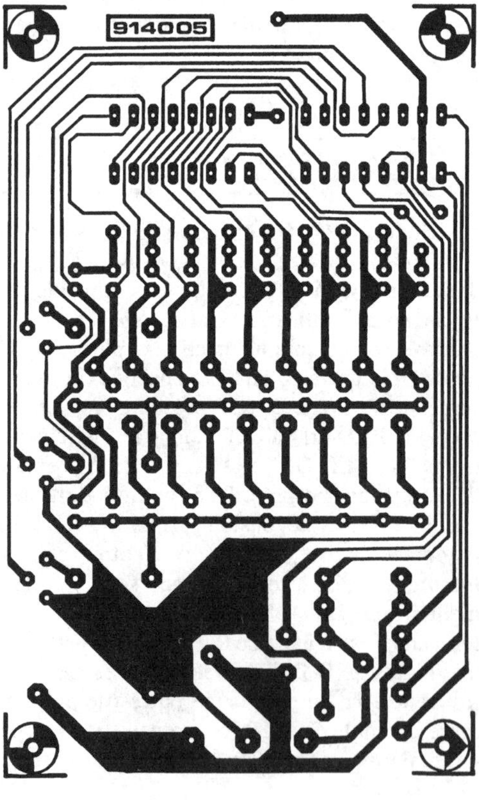

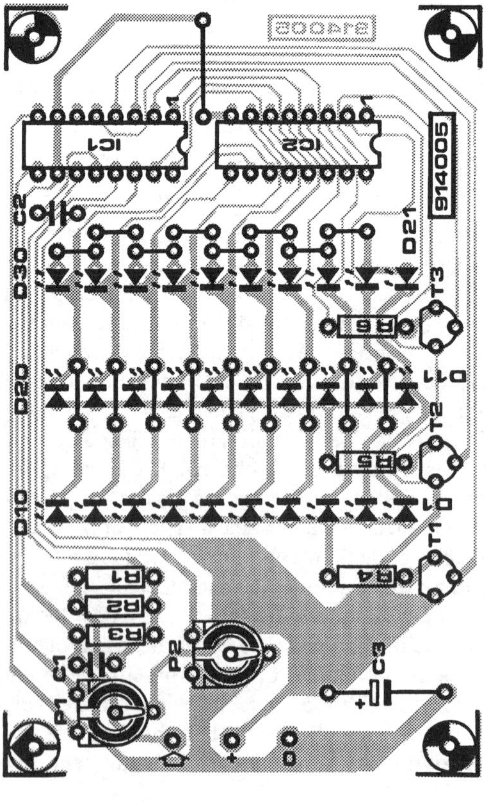

Liste des composants			
Résistances :	Condensateurs :	Semi-conducteurs :	Divers :
R1,R2 = 180 kΩ	C1 = 1 nF	D1 à D10 = LED rouge	éventuellement boîtier
R3 = 10 kΩ	C2 = 330 nF	D11 à D20 = LED jaune	70 x 125 48 mm
R4 à R6 = 220 Ω	C3 = 10 µF/10 V	D21 à D30 = LED verte	
P1 = 50 kΩ ajust.		T1 à T3 = BC557B	
P2 = 10 kΩ ajust.		IC1 = CA 3162E	
		IC2 = 74LS145	

par la non-illumination de la LED correspondant aux chiffres entiers. Les variations de la tension d'alimentation ont une influence néfaste sur la précision de l'affichage. Il est de ce fait recommandé d'utiliser uniquement une alimentation à régulation très stable. Comme le nombre de LED illuminées simultanément ne dépasse pas 3, la consommation n'est que de 30 mA environ. Ceci permet donc d'utiliser une pile 9 V, associée à un régulateur de tension du type 7805, pour assurer l'alimentation du circuit.

A. Matthiese

135 COMMANDE DE "LAVE & ESSUIE-GLACE"

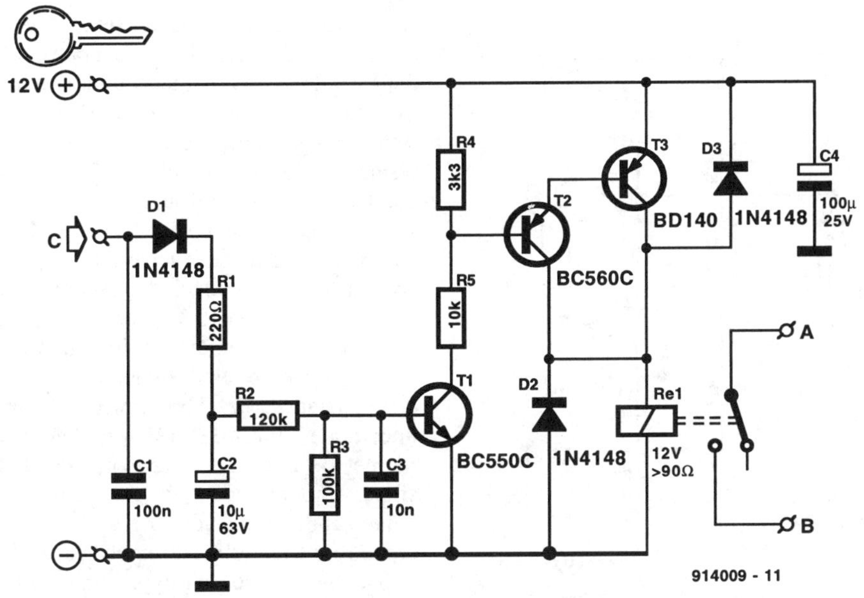

De nombreuses voitures d'un certain âge, ne possèdent pas de commande automatique d'essuie-glace lorsque l'on se sert du lave-glace. Un tel circuit met en fonction le moteur de l'essuie-glace chaque fois que la pompe du lave-glace est activée. Après l'arrêt du lave-glace, l'essuie-glace continue son balayage pendant une certaine durée. L'anode de la diode D1 est, normalement, connectée à la masse, à travers le moteur de la pompe du lave-glace. Dès que ce moteur est mis en fonction, le condensateur C2 se charge rapidement à travers la diode D1 et la résistance R1. La cascade de transistors T1 à T3 devient passante et le relais Re1 est excité. Le condensateur C2 garde sa charge tant que le moteur du lave-glace tourne et que l'essuie-glace fonctionne. Si l'on relâche le bouton de commande du lave-glace, le moteur de la pompe s'arrête (bien entendu). L'essuie-glace quant à lui continue son va-et-vient pendant une durée définie par la constante de temps introduite par R2/C2. La diode D1 évite une décharge du condensateur C2 à travers le moteur de la pompe. Les diodes D2 et D3 protègent le circuit contre la force contre-électromotrice (F.C.E.M) produite par la bobine du relais. Vu le nombre modeste de connexions à faire, l'installation du circuit dans la voiture ne devrait pas poser de grand problème. Outre la connexion à l'alimentation (points + et –), il reste à effectuer trois connexions.Une petite remarque cependant: ce circuit ne fonctionne qu'avec des moteurs (de pompe de lave-glace) dont l'un des contacts est relié en permanence à la masse, le pôle positif de ce moteur étant relié à l'interrupteur de commande du lave-glace. Le relais utilisé est capable de commuter des courants de 10 à 20 A. Les contacts de celui-ci sont connectés en parallèle, à travers les points A et B et en faisant appel à du fil de câblage de 2,5 mm2 de section, au commutateur de commande de l'essuie-glace. Toutes les connexions utilisent des cosses femelles du type automobile à sertir, le circuit lui-même étant doté de cosses mâles à fixation par vis (cf. la photographie). Les cosses mâles sont vissées contre le circuit imprimé et soudées ensuite, afin de réduire au minimum la résistance de contact. Si vous avez de la peine à vous procurer le relais Omron mentionné dans la liste des composants, vous pouvez le remplacer par un relais Bosch du type 0 332 016 101, disponible dans tous les magasins pour accessoires automobiles. On notera cependant que ce relais ne peut pas être monté à l'emplacement prévu sur le circuit imprimé dessiné pour ce montage.

R. Lalic

136 GÉNÉRATEUR DE SALVES D'IMPULSIONS

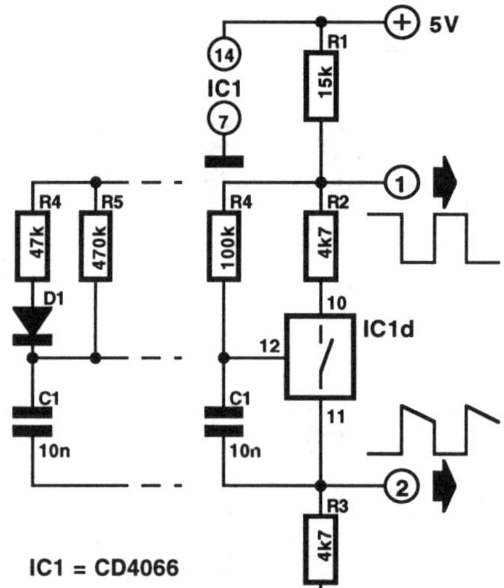

Le circuit décrit ici, une sorte de multivibrateur astable en fait, n'utilise que l'un des quatre interrupteurs électroniques intégrés dans un circuit du type CD4066. Outre la forme misérable de son signal de sortie, le circuit se caractérise aussi par un second inconvénient important : une amplitude du signal de sortie que l'on ne peut pas qualifier d'utilisable en électronique numérique (*numeric compatible*). Il suffit heureusement de prendre un tampon en série avec la sortie, pour que tout rentre dans l'ordre. Si les contacts du commutateur électronique sont fermés, le courant à travers la « chaîne » produit une tension aux bornes de la résistance du bas, ce qui se traduit par un relèvement de 1 V environ du niveau de la tension de seuil au point de déclenchement. De la même façon, la résistance du haut rabaisse la tension appliquée aux bornes de la résistance de charge à un niveau inférieur à celui correspondant à la tension de « relâchement ». Une modification très simple, illustrée sur le schéma et faisant appel à des résistances de charge mises en parallèle et à une diode-série –de préférence au germanium– permet de modifier le rapport signal/absence de signal (rapport cyclique) du signal de sortie du générateur d'impulsions. Le dimensionnement des composants tel qu'il est représenté sur le schéma a donné, avec notre prototype alimenté par une tension de 5 V exactement, un signal de sortie ayant une fréquence de 957 Hz et un rapport cyclique de 0,4 environ. Après la mise en place du réseau RD (résistance-diode), illustré lui aussi sur la gauche du schéma, le rapport cyclique et la fréquence de sortie ont vu leurs valeurs passer à 0,06 et à 317 Hz respectivement. La consommation de ce petit circuit expérimental est ridicule, se situant entre 0,12 et 0,39 mA.

M.I. Mitchell

137 CIRCUIT BIFILAIRE D'ASSERVISSEMENT

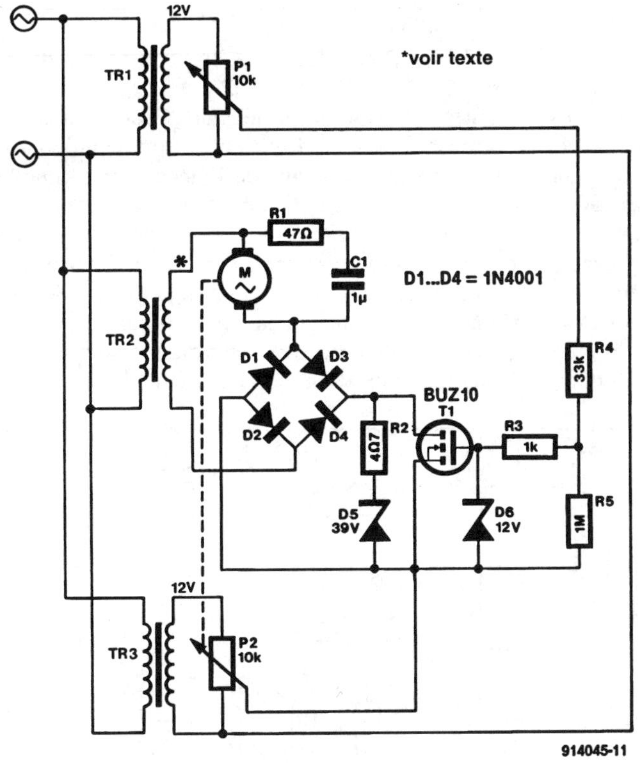

Les systèmes d'asservissement sont utilisés partout où l'on a besoin d'une télécommande continue et parfaitement définie d'un dispositif mécanique de réglage, telle qu'une antenne rotative ou autres vannes. Le circuit décrit ici permet une précision de positionnement de 2,5% environ et ceci avec un nombre «ridicule» de composants.

Le moteur est pris en série sur un pont de redressement, D1 à D4, connecté lui, à l'enroulement secondaire du transformateur Tr2, qui a été dimensionné pour répondre aux exigences posées par les caractéristiques électriques du moteur. Nous voyons de plus deux petits transformateurs de 12 V, Tr1 et Tr3, dont on peut, à l'aide des potentiomètres P1 et P2 respectivement, dériver une partie de la tension alternative qu'ils fournissent. A travers un réseau constitué par les résistances R3 à R5 et la diode zener D6, le curseur de P1 est relié à la source du transistor VMOS, T1, du type BUZ10. Ici, la jonction source-grille de T1 sert d'indicateur de "zéro". A l'état étalonné, la tension entre les curseurs de P1 et P2 est de 0 V, de sorte que T1 bloque. Comme la boucle de courant à travers le pont de redressement est interrompue à chaque demi-onde, il n'existe pas de courant traversant le moteur M. Si l'on change maintenant la position du curseur de l'un des potentiomètres, le pont des potentiomètres est déséquilibré. Le sens de rotation du potentiomètre détermine alors pendant laquelle des deux demi-ondes le transistor T1 devient conducteur. Le courant traverse de ce fait **ou** D4, T1, D1 et le moteur, **ou** le moteur, D3, T1 et D2. Ceci permet de faire tourner le moteur dans les deux sens. Si l'on réalise un couplage mécanique entre le curseur du potentiomètre P2 et l'axe du moteur, on a la possibilité de «télécommander» le moteur à l'aide du potentiomètre P1. Il est essentiel, pour ce faire, que les transformateurs et les potentiomètres soient connectés correctement au secteur: en phase, n'est-ce pas. Le schéma donne la version de sécurité du circuit à connexion bifilaire, doté d'une séparation galvanique, «isolant» le circuit du secteur. Si cependant, on connecte les points de contacts inférieurs des potentiomètres au point PC2, la connexion entre le potentiomètre P1 et le circuit de commande du moteur devient unifilaire, se résumant à une seule ligne. Dans ces conditions, il est essentiel pourtant de bien isoler l'ensemble du circuit puisqu'il existe maintenant une connexion directe au secteur ! Le circuit tel que nous le proposons a été dimensionné pour un moteur d'essuie-glace 12 V. Si l'on envisage d'utiliser un autre moteur il faudra noter, en ce qui concerne le dimensionnement du transformateur Tr2, que le moteur fonctionne sous un courant continu à demi-périodes. Le transformateur doit, de ce fait, fournir une tension de valeur égale à 1,5 à deux fois celle de la tension nominale du moteur. Pour le fil utilisé pour l'enroulement secondaire du transformateur on pourra se contenter d'une section permettant le passage d'un courant égal à la valeur du courant nominal du moteur.

G. Peltz

138 PRÉAMPLIFICATEUR DISCRET DE CLASSE A

Lorsqu'il s'agit de concevoir l'un ou l'autre préamplificateur, il arrive souvent que l'on penche pour une solution à base de modules tout faits alors que l'on préfère, pour l'amplificateur de puissance, pour une approche discrète. Raison suffisante pour que nous vous proposions ici un préamplificateur réalisé en technologie discrète. Le concept de ce préamplificateur est tiré de notre « The Discret », réalisation décrite voici quelques années déjà. Bien que nous l'ayons sensiblement dépouillé ici et là, cette simplification n'a pratiquement pas d'effet sur la qualité finale du montage. Le circuit est symétrique, mais les gains en courant très différents des MAT02 et MAT03 posent quelques problèmes à la résolution délicate. Ceci explique la présence à l'entrée d'une correction de prépolarisation prenant la forme de l'électronique centrée sur le transistor T12. L'existence d'une source de tension de référence, D2, a permis de réduire cette correction à sa plus simple expression. La résistance ajustable P2 permet d'ajuster, la tension de sortie à 0 V très exactement. Le corollaire de la présence de cette correction active est la nécessité de l'implantation d'un condensateur de couplage.

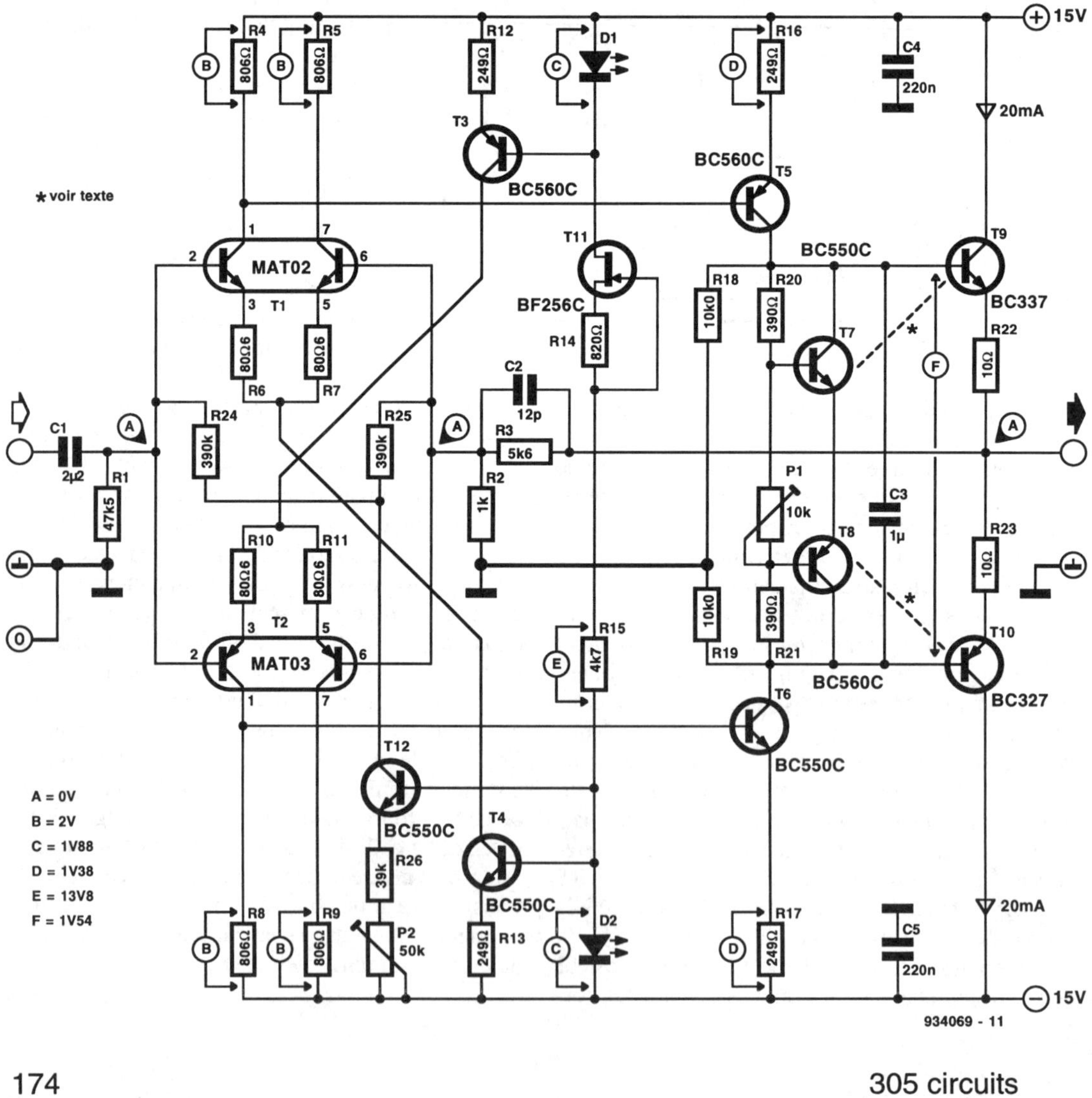

Voici quelques résultats de mesures effectuées sur ce préamplificateur :

(U_b = ±15 V, 1 V_{eff} en sortie, charge de 1 kΩ)

sensibilité d'entrée :	150 mV
taux de montée (*slew rate*) :	> 200 V/µs
rapport signal/bruit :	> 100 dB (non pondéré)
DHT (20 Hz à 20 kHz) :	< 0,00025%

(DHT = Distorsion Harmonique Totale)

Avec les valeurs attribuées ici aux composants le point de coupure se situe à 1,5 Hz ce qui, en pratique, ne devrait pas poser de problème. Le reste du montage n'est en fait rien de plus qu'un étage d'amplification parfaitement symétrique. On trouve à l'entrée deux étages différentiels constitués respectivement des transistors T1a/T1b et T2a/T2b. Ces étages attaquent un circuit push-pull constitué des transistors T5 et T6. Les résistances R18 et R19 limitent le gain en tension du circuit de sorte que ce dernier reste stable même en l'absence de charge. L'étage de sortie est un émetteur-suiveur standard faisant appel aux transistors T9 et T10. Il a été prévu, en vue de garantir la constance du courant de repos à travers l'émetteur-suiveur, une source de référence à deux transistors, T7 et T8. On a ainsi une compensation individuelle des transistors de l'émetteur-suiveur. Pour l'obtention du meilleur résultat possible il faudra placer les transistors T7/T9 et T8/T10 deux à deux « dos à dos » (leur surface plane l'une contre l'autre). On enduira les surfaces concernées d'un rien de pâte thermoconductrice avant de les fixer définitivement les transistors l'un à l'autre à l'aide d'une pince métallique ou d'un morceau de fil de câblage entortillé. On règle, par action sur l'ajustable P1, le courant de repos des transistors T9 et T10 à 20 mA. La valeur de ce courant est à déduire de la chute de tension mesurée aux bornes des résistances R22 et R23. Le condensateur C2 a pour fonction d'améliorer la réponse aux signaux rectangulaires et éviter les dépassements (*overshoot*). Ceci a pour conséquence de ramener la bande passante efficace à 2,4 MHz environ, valeur plus que suffisante pour les applications audio. Tous les transistors travaillent en classe A de manière à obtenir le résultat optimal. La conséquence de ce choix est un courant de repos relativement important, de l'ordre de 40 mA. Si l'on veut obtenir la contre-réaction la meilleure il faut que les masses de l'entrée et de la sortie, les résistances R1, R2, R18 et R19, ainsi que le zéro de l'alimentation constitue un point en étoile.

139 CORRECTION DE GRAVES ACTIVE

Le principe des enceintes actives permet d'obtenir une bonne reproduction des graves même avec des enceintes bon marché et de petites dimensions. Le circuit décrit ici ne fait pas appel à de grosses enceintes pour obtenir un bon rendu des graves, mais à une contre-réaction acoustique. Un microphone placé à proximité immédiate du cône du haut-parleur de graves enregistre les mouvements du haut-parleur (il est important ici de tenir compte du débattement maximal du cône). Le signal capté par le microphone est utilisé par l'amplificateur pour la contre-réaction et permet une comparaison entre le signal d'entrée de l'amplificateur avec le signal acoustique produit par le haut-parleur. Dans la pratique, cette technique ne fonctionne correctement que pour des signaux de fréquence faible, c'est-à-dire ceux du haut-parleur de grave (*woofer*). De nombreux essais ont montré qu'un micro placé à 1 cm du cône permet une contre-réaction fiable de signaux de fréquence inférieure ou égale à 500 Hz. Pour éliminer tout risque, nous nous sommes limités ici aux signaux de fréquence inférieure ou égale à 300 Hz, fréquence au-delà de laquelle l'effet correcteur diminue rapidement. Il reste important cependant de procéder à une correction du comportement de phase du haut-parleur pour les signaux supérieurs à la dite fréquence. Il est préférable, si le point de convergence du filtre d'aiguillage du haut-parleur se trouve à 300 Hz, d'opter, pour le système de contre-réaction, pour un point de coupure situé à une fréquence légèrement moindre. La position de ce point de coupure est définie par la valeur des composants du réseau RC R6/C8. Le gain en ten-

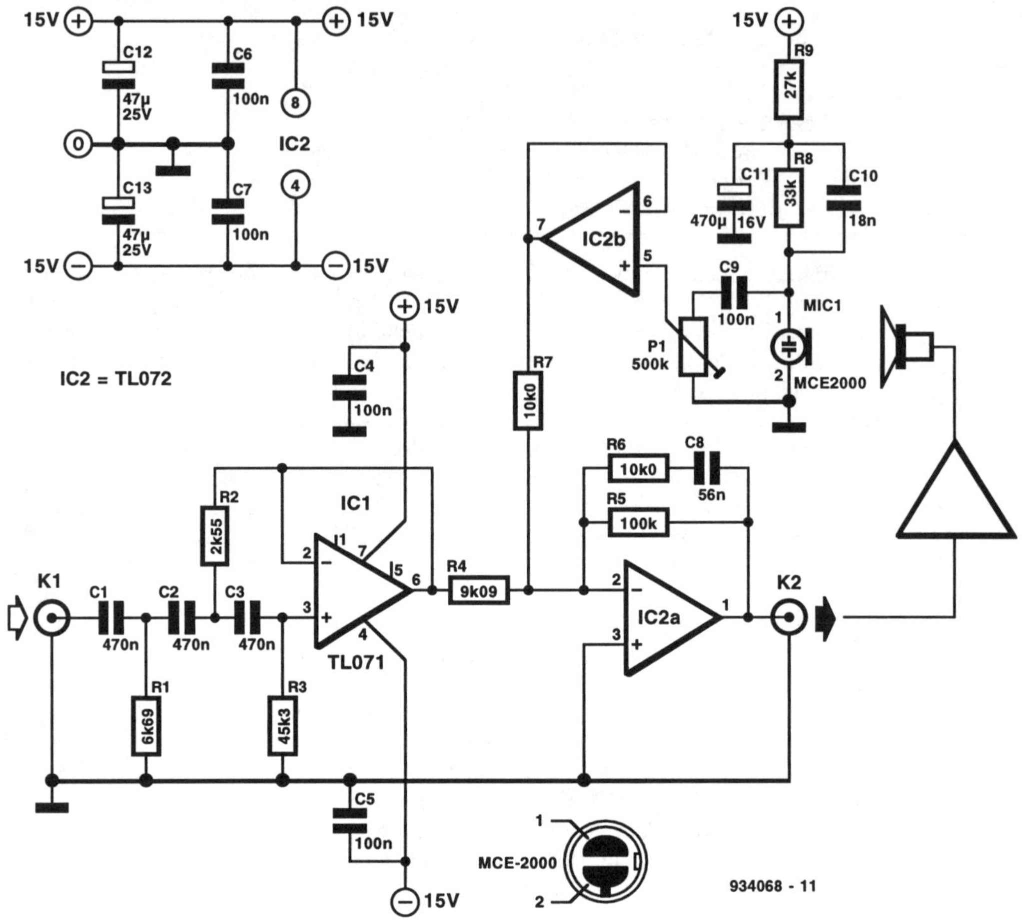

sion de IC2 est de 20 dB pour la plage de service normale, et baisse ensuite progressivement jusqu'à 0 dB pour les fréquences supérieures à 300 Hz. IC2b est chargé de la correction jusqu'au point où la paire R6/C8 se met à limiter le gain. Cet amplificateur opérationnel sert de tampon pour le signal capté par le micro. La résistance ajustable P1 sert à régler le niveau de signal correct vu qu'il est fonction et de la puissance de l'amplificateur de sortie et du rendement du microphone. Si l'on règle la compensation introduite par P1 à un niveau trop important, on aura entrée en effet de la correction au-delà du point de coupure. Si l'on règle P1 à un niveau trop faible (on n'a alors pratiquement pas de compensation) le niveau du signal de fréquence comprise entre 20 et 300 Hz augmentera selon une caractéristique du 1er ordre normale. Le choix du micro est, aux puissances élevées en particulier, une affaire d'expériences. Le type de micro mentionné dans le schéma semble s'acquitter très honorablement de sa fonction avec des systèmes de puissance plus modeste au rendement relativement faible. Si l'on utilise ce circuit dans d'autres conditions, il faudra s'assurer que la définition de la tension d'alimentation est correcte; on devrait disposer aux bornes du micro d'une tension de l'ordre de la moitié de la tension d'alimentation. Les résistances R8 et R9 permettent d'ajuster le niveau de cette tension. Il faut veiller en outre à ce que le point de coupure de la paire C9/P1 soit sensiblement inférieur à 20 Hz, l'absence de signal sur P1 signifie en effet augmentation du gain final. Le positionnement du point jusqu'auquel on a une compensation du signal du micro est fonction du point de coupure défini par les résistances R8 et P1 prises en parallèle associées au condensateur C10. La constante RC introduite par ces composants doit être identique à celle de R6/C8. Ce circuit n'a pas de problème pour amplifier jusqu'à 20 dB les fréquences allant jusqu'à 20 Hz. Vu que la grande majorité des haut-parleurs ne descendent pas aussi bas, nous avons prévu en limite inférieure de domaine un filtre Butterworth du 3ème ordre ayant un point de coupure de 37 Hz. Il suffit d'attribuer une valeur différente aux condensateurs C1 à C3 pour déplacer ce point de coupure. On évite ainsi l'application au haut-parleur de signaux qu'il est incapable de reproduire. Le domaine d'application de ce montage est celui des enceintes actives. Il ne faudra pas oublier de déphaser le haut-parleur de 180° pour éviter tout risque de réaction. On pourra, dans le cas de systèmes existants, ajouter un étage tampon inverseur en amont de l'embase K2. La consommation de courant de l'ensemble du montage est de l'ordre de 6 mA, le microphone (MCE2000) n'en consommant lui que 0,25.

140 FILTRE COUPE-BANDE PASSE-HAUT OU PASSE-BAS

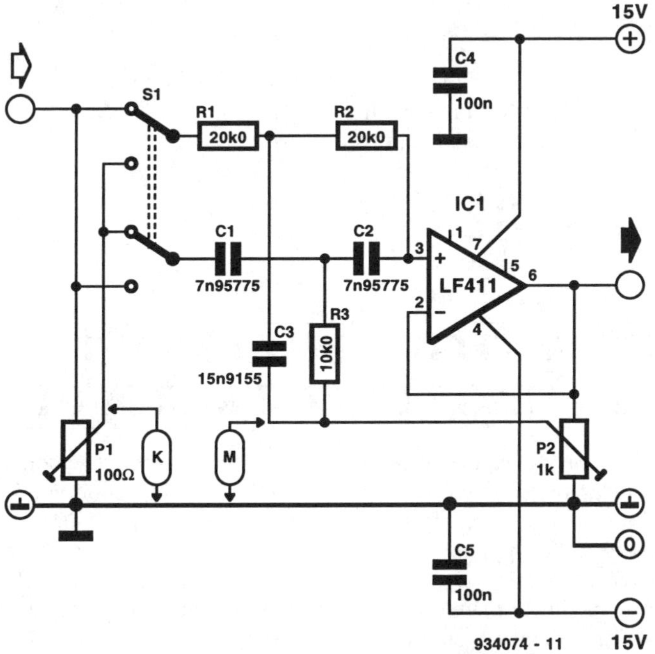

On retrouve les filtres en double T dans de très nombreux circuits. Un tel filtre permet, théoriquement, la réalisation d'un filtre coupe-bande idéal. Le réseau en double T est, dans le cas présent, mis en oeuvre d'une façon telle qu'il est possible soit de lui faire adopter les caractéristiques d'une association de filtre coupe-bande et de filtre passe-haut soit de lui faire prendre celles d'une combinaison de filtre coupe-bande et de filtre passe-bas. Les deux graphiques illustrant cet article montrent bien de quoi il retourne. Le premier des graphiques donne le comportement correspondant à l'association filtre passe-bas + filtre coupe-bande; dans ce cas-là le double inverseur S1 se trouve dans la position illustrée par le schéma. Si l'on bascule S1 dans la position inverse, on a les caractéristiques d'une combinaison de filtre passe-bas + filtre coupe-bande. La variable K des graphiques dépend de la position de l'ajustable P1. De même, la variable M dépend elle de celle de l'ajustable P2, sachant que c'est de cette dernière résistance ajustable que dépend le facteur Q. L'inconvénient de cette approche est qu'elle a un effet sur la valeur maximale de l'atténuation. Pour M=0,75, l'atténuation maximale atteint, d'après les calculs, encore 50 dB. Avec les valeurs du schéma, la fréquence à laquelle est obtenue l'atténuation maximale est de 1 kHz environ. Il est relativement facile de cal-

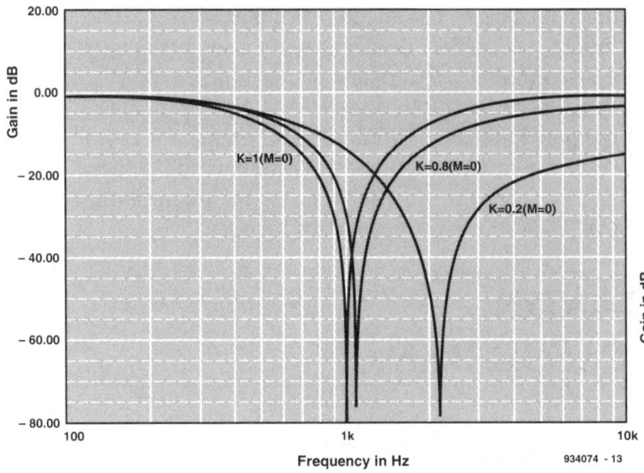

culer les autres fréquences. Avec S1 mis dans la position du schéma, la fréquence de coupure atteint :

$$f_{coup} = 1 / (2\pi RC\sqrt{k})\ [Hz].$$

Dans l'autre position de S1 on a :

$$f_{coup} = \sqrt{k} / (2\pi RC)\ [Hz].$$

Quel que soit le cas de figure, il faut que $0 \leq k \leq 1$; C est exprimé en F (farad), et R en Ω. IC1 pourra être d'un autre type que celui proposé ici. Le choix vous est laissé. Le LF411 du schéma consomme un courant de l'ordre de 2 mA.

A. v.d.Veene

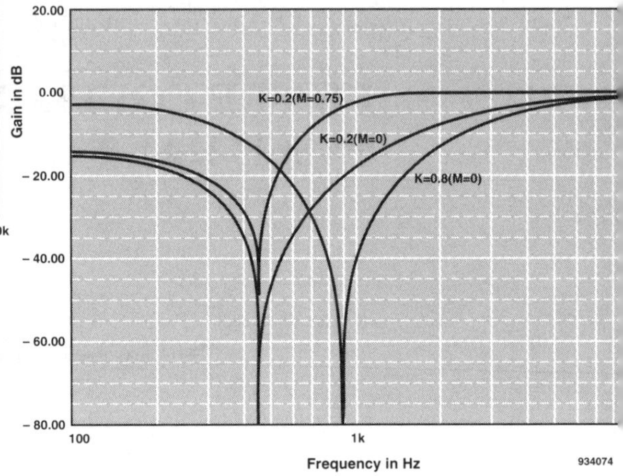

141 AUTOMATISME DE COMMUTATION À PILOTAGE PAR INFRAROUGE

Le circuit proposé ici permet par exemple de commander à distance des appareils audio ou des instruments de mesure. L'infrarouge paraît le technique de choix pour une telle application. Un certain nombre de fabricants proposent aujourd'hui des composants intégrés (modules) comportant la LED de réception associée à l'étage d'amplification et le démodulateur. Le (ou faudrait-il dire la) SFH505A de Siemens est l'un de ces composants complexes. Il comporte de plus un filtre passe-bande destiné à limiter le plus possible le risque d'intrusion de parasites en tous genres. Nous avons conçu un **émetteur IR** (cf. ailleurs dans ce livre) travaillant à la même fréquence que le dit filtre passe-bande, à savoir 30 kHz, émetteur que l'on pourra utiliser pour la commande de cet automatisme de commutation par IR. L'association de ces deux systèmes garantit la portée la meilleure. La sortie du SFH505H connaît une durée d'impulsion maximale. L'émetteur évoqué met optimalement à profit cette caractéristique de durée d'impulsion de manière à obtenir la portée la plus grande possible. La plupart des télécommandes du commerce font appel, pour le transfert de données par modulation, à une durée d'impulsion plus courte que celle que le SFH505H est en mesure de traiter. Il est facile de faire la différence en s'aidant d'un intégrateur (R2/C2) et un trigger de Schmitt. Le trigger de Schmitt en question prend la forme de l'entrée de déclenchement d'un multivibrateur monostable (IC2a). La constante RC est tout juste assez courte pour faire en sorte que, à la longueur d'impulsion maximale de IC1, la tension aux bornes de C2 reste tout juste en-deçà du seuil de déclenchement du 4538 – le SFH505H possède une sortie active au niveau bas, ce qui explique que celle-ci soit reliée à l'entrée de déclenchement inverseuse de IC2a). Les télécommandes de Sony ou Philips par exemple n'ont pas d'effet sur cette télécommande. Le multivibrateur monostable est redéclenchable de sorte qu'un éventuel rebond côté émetteur est sans influence sur l'état requis pour le circuit. Nous avons défini la pseudo-période de IC1a à légèrement plus d'une demie seconde. Nous évitons ainsi que le circuit ne se mette à effectuer des commutations rapides. En cas d'arrivée de plu

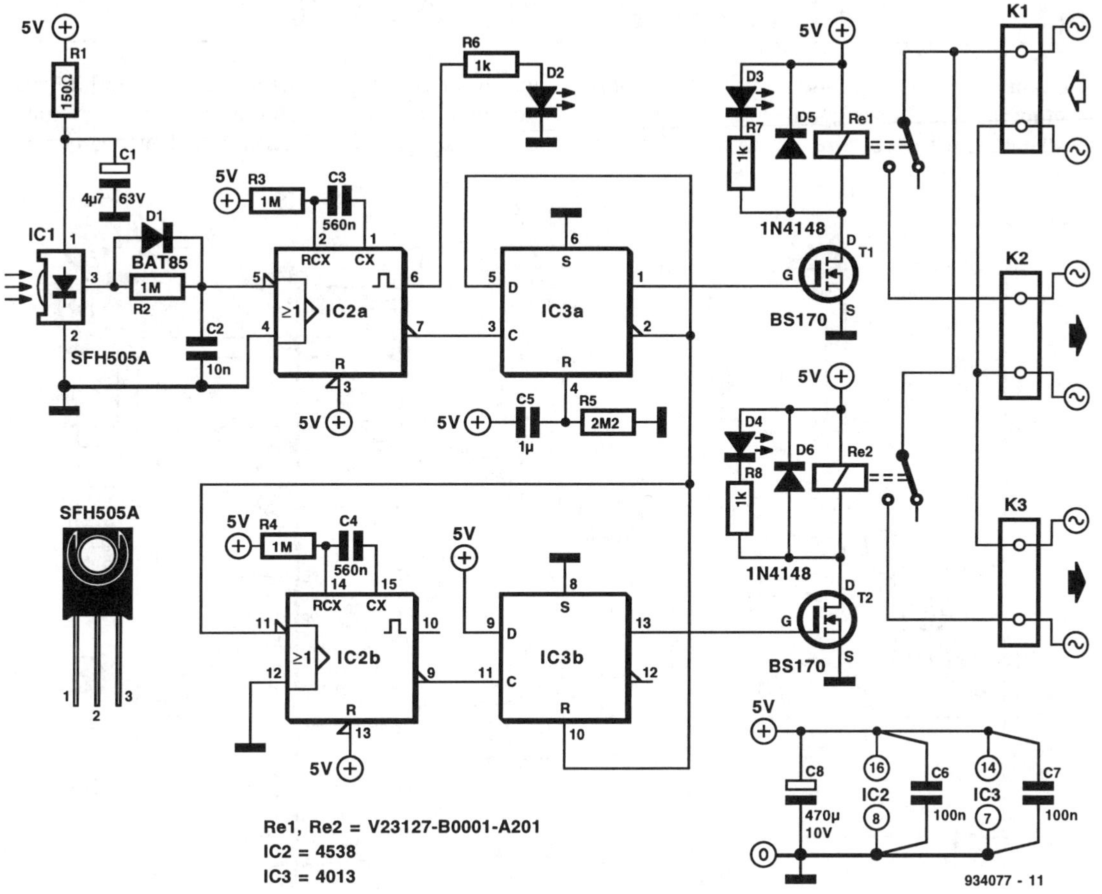

sieurs impulsions différentes ou d'impulsions répétitives à l'entrée de déclenchement cela se traduit par un allongement de l'impulsion de sortie et l'on n'a qu'un basculement de l'état du circuit. La sortie $\overline{Q}$ de IC2a fournit un signal d'horloge à une bascule bistableD, IC3a, montée en diviseur par 2, processus ayant lieu sur le flanc arrière de l'impulsion. On peut ainsi, par émissions successives, mettre le circuit en et hors-fonction. La LED D2 signale la réception, par IC2a, d'une impulsion de déclenchement. Cette LED visualise aussi éloquemment tout problème induit par d'autres télécommandes, se traduisant pour des commutations intempestives du circuit.

La sortie de IC3a attaque, par l'intermédiaire du FET T1, un relais, pour la mise en et hors-fonction. Le type de relais mentionné dans le schéma permet l'activation de 2 000 VA (8 A). L'activation de IC3a produit en outre le déclenchement du monostable IC2b qui à son tour, via IC3b et T2, active un second relais. Ce second relais est activé un peu plus d'une demie seconde après que IC3b soit luimême activé. Il est possible de cette façon de réaliser une mise en fonction différenciée (en deux étapes) de plusieurs appareils. Les LED D3 et D4 visualisent l'activation de fait des relais (la LED correspondante s'illuminant alors). On peut envisager l'utilisation de ce circuit pour réaliser une limitation du courant de mise en fonction par l'activation d'un premier relais appliquant la tension du secteur via une résistance de limitation, résistance que le second relais ponte lors de sa propre activation. La consommation de courant du circuit sans relais (et partant sans LED d'illuminée) est de 0,6 mA environ. L'activation des relais et l'illumination des LED D2 et D3 fait passer ce courant à quelque 125 mA.

MINUTERIE ÉLECTRONIQUE

Cette minuterie électronique universelle, notablement moins compliquée que ne laisserait supposer le schéma, permet de faire fonctionner l'appareil qui lui est connecté pendant une durée définie au préalable. Les applications d'un tel circuit sont trop nombreuses pour être énumérées exhaustivement :

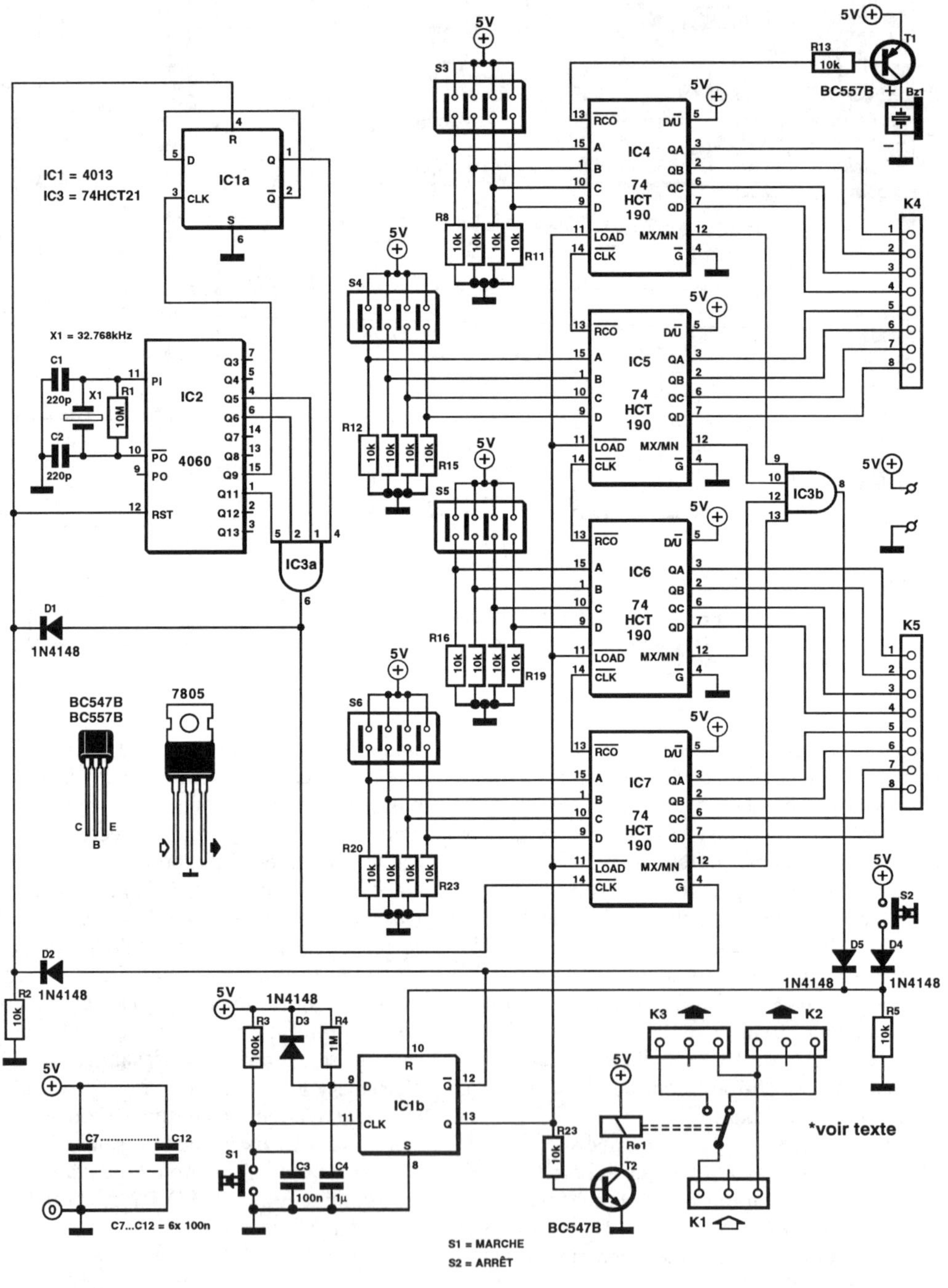

solariums, châssis à insoler et autres agrandisseurs. Le circuit, conçu pour une réalisation très compacte, comporte quatre décades. Il est possible ainsi de régler une période d'activation de durée comprise entre 0,1 et 999,9 secondes. Le réglage de la durée de la période d'activation se fait à l'aide de quatre roues codeuses, S3 à S6. Cette valeur est ensuite stockée dans 4 circuits compteurs du type 74HCT190 (IC4 à IC7). Pour faciliter le réglage, la durée choisie par l'utilisateur est visualisée instantanément par l'intermédiaire de quatre afficheurs à 7 segments à LED, LD1 à LD4. Après une action sur le bouton-poussoir START (MARCHE), S1, les compteurs sont bloqués, le décomptage commence et le relais Re1 est excité. Au repos, les contacts des borniers K1 et K2 sont interconnectés et la charge reliée au bornier K3 reste hors-tension. L'excitation du relais entraîne elle, au contraire, une commutation, de sorte que K1 est maintenant relié à K3. Lors de la période d'activation, l'appareil connecté au bornier K3 est relié de ce fait au secteur (si tant est que K1 soit relié au secteur bien sûr). A la fin de la période d'activation, le résonateur Bz1, pris en série dans la ligne du collecteur du transistor T1, se manifeste brièvement. Le bouton-poussoir STOP (ARRET), S2, permet de terminer une période d'activation. Après écoulement de la durée définie, l'oscillateur (IC2) cesse de fonctionner et le relais est relâché. La durée d'activation définie préalablement est alors visualisée à nouveau par les afficheurs.

Nous avons doté l'oscillateur de son propre quartz, ceci pour garantir une précision suffisante. Certains d'entre nos lecteurs fidèles auront sans doute reconnu les quatre modules d'affichage utilisés. Il s'agit en effet d'un circuit existant, décrit, dans le numéro 132 (juin '89) d'Elektor, sous le nom **EDiTS: module d'affichage de l'adresse**. Comme ce montage est réalisé en partie avec des composants pour montage en surface (CMS), l'unité d'affichage de notre minuterie électronique reste relativement compacte. Pour alimenter ce circuit, on peut utiliser un module d'alimentation secteur de 300 mA et un régulateur de tension du type 7805.

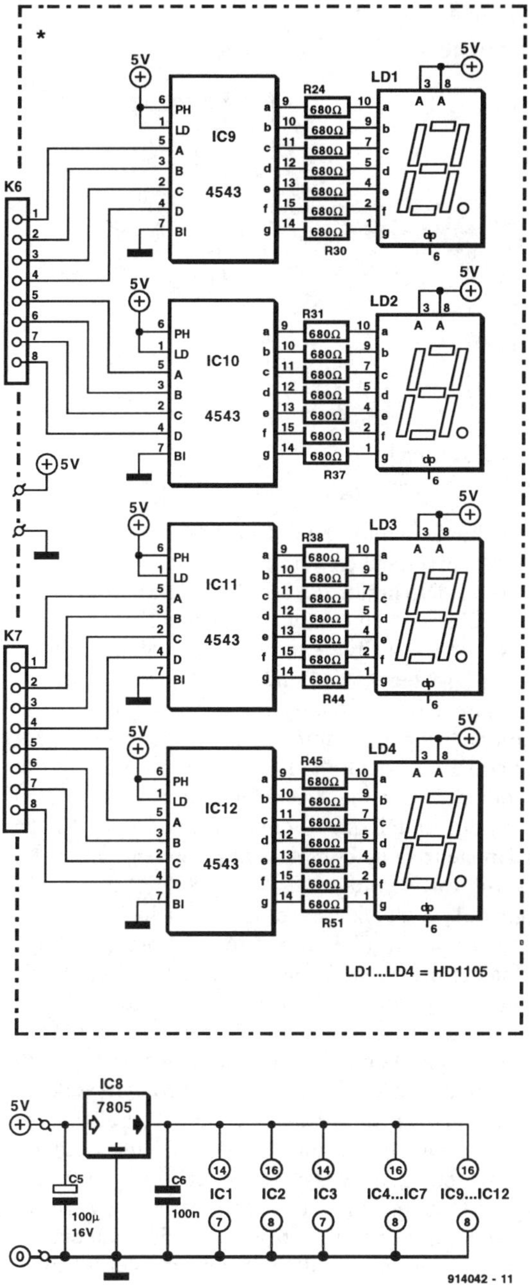

143 ADAPTATEUR POUR L'UTILISATION D'UN COMPTE-TOURS CONVENTIONNEL

AVEC UN MOTEUR DIESEL

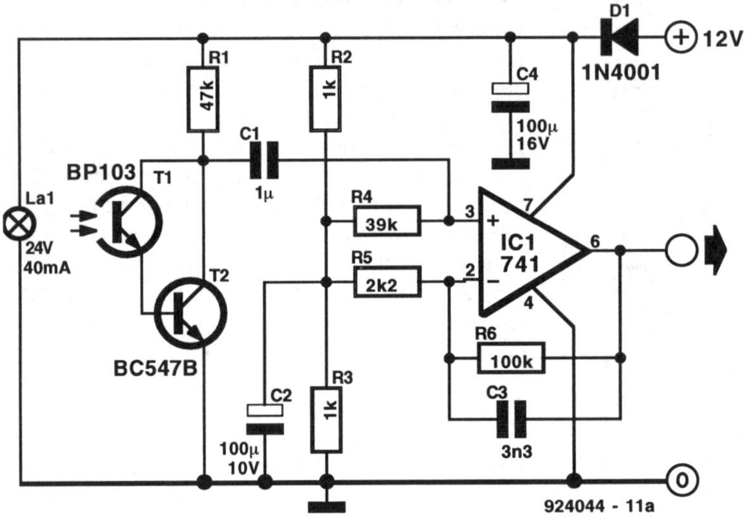

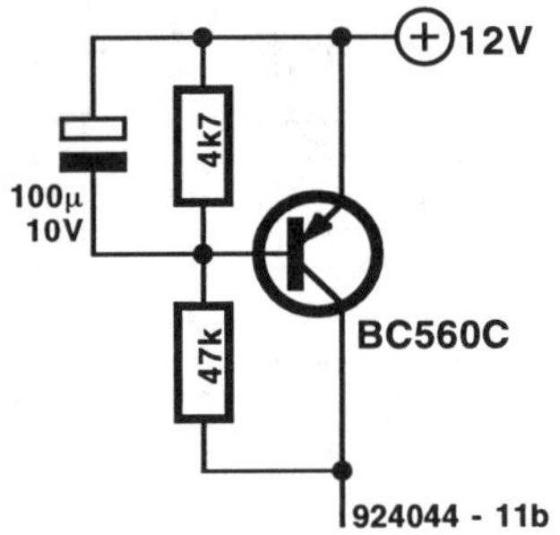

Tous les possesseurs d'une voiture dotée d'un compte-tours vous le diront : cet instrument est pratiquement indispensable. Et pourtant de très nombreuses voitures à moteur diesel n'en comportent pas. La raison de cette carence est simple : il est loin d'être aisé de trouver, sur un moteur diesel, un signal proportionnel au régime –ce type de moteur ne possède pas de vis platinées. Si l'on tient cependant à doter, *a posteriori*, un diesel d'un compte-tours, il existe trois approches possibles :

- La solution la plus simple est d'utiliser la tension alternative sur le contact W de l'alternateur. L'inconvénient de cette approche est que le régime de l'alternateur est différent de celui du moteur, ce qui nécessite une opération de conversion. Il faut remarquer que les alternateurs modernes (à régulateur intégré) ne mettent plus ce contact W à la disposition des « bricoleurs ».
- La mise en place d'un ou de plusieurs petits aimants sur la poulie fixée sur le vilebrequin et la prise en compte des impulsions induites par ces aimants dans une bobine fixée à demeure sur le moteur à proximité du plan de passage des aimants est une autre solution envisageable. Le problème viendra alors de la fixation des aimants.
- La troisième solution, celle que nous utilisons ici, est une variante optique de la précédente : la poulie du vilebrequin est découpée en secteurs peints alternativement en noir et en blanc.

Une barrière lumineuse à réflexion (artisanale) servira à la prise en compte des différences de luminosité. Si l'on divise la poulie du vilebrequin en quatre secteurs, on aura exactement le même nombre d'impulsions que celui nécessaire à un compte-tours du commerce prévu pour un moteur quatre temps quatre cylindres, peu importe que le moteur diesel ait lui-même, 4, 6 ou 8 cylindres. On peut dire en fait que ce circuit est une sorte d'étage adaptateur pour compte-tours conventionnel. La poulie du vilebrequin est éclairée par une petite ampoule à incandescence 12 V. La lumière réfléchie frappe le phototransistor T1, premier étage d'un darlington qu'il constitue avec T2. Le type de phototransistor à utiliser n'est pas critique, il n'est donc pas impératif, une fois n'est pas coutume, d'opter pour le type de phototransistor indiqué sur le schéma. Le signal présent sur le collecteur de T2 subit un gain de 50 introduit par l'amplificateur opérationnel IC1 avant d'être écrêté à une amplitude de quelque 10 V_{cc} devenant ainsi un signal quasi-rectangulaire. Les caractéristiques de ce signal lui permettent d'attaquer directement un compte-tours standard. On pourra monter le circuit (y compris l'ampoule) sur un morceau de platine d'expérimentation à pastilles que l'on collera ensuite dans un morceau de tube PVC de diamètre convenable. L'ouverture avant du tube sera dotée d'un disque de plexiglas transparent assurant l'étanchéité de l'ensemble. Il faudra intercaler un écran entre le phototransistor et l'ampoule de manière à ce qu'il n'y ait pas couplage optique direct entre ces deux composants. La liaison du module de conversion au compte-tours se fera à l'aide d'un morceau de câble trifilaire (signal, +12 V et masse). Il faudra bien entendu veiller à ce que le passage du câble du module au compte-tours ne compromette pas l'étanchéité du module. L'ensemble du montage est très sensible à la lumière. La simple présence de lumière diurne suffit à le mettre hors-fonction. Normalement le capot de la voiture est fermé, de sorte que cela ne devrait pas poser de problème. On pourra, pour s'assurer du fonctionnement du montage, vérifier la tension au collecteur de T2. On devrait trouver entre 1 et 5 V lors de l'illumination d'un secteur blanc. En cas de luminosité trop importante de l'ampoule on pourra intercaler une résistance de limitation de courant dans la ligne d'alimentation de l'ampoule, ce qui ne pourra qu'augmenter sa durée de vie. On pourra aussi modifier expérimentalement la valeur de R1. S'il devait se faire qu'en dépit de tous ces efforts on n'arrive pas à des résultats convenables, on pourra essayer de remplacer la résistance R1 par le circuit de la **figure b**. Elle maintient la tension au collecteur de T2 à quelque 5 V sur une plage de luminosité notablement plus large. La taille des secteurs peints sur la poulie du vilebrequin n'est pas critique; tant que le nombre de secteurs est bien celui requis, le compte-tours recevra la fréquence d'impulsions prévue. La consommation du circuit proprement dit est de 10 mA, courant auquel il faut ajouter la consommation de l'ampoule. **N. Sauer**

144 INDICATEUR À LED POUR LE MODULE THERMOMÈTRE DE LA CARTE MULTIFONCTION POUR PC

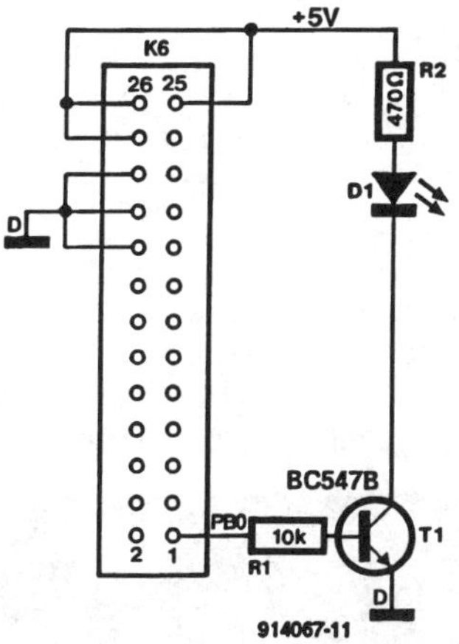

Dans le numéro 154 d'Elektor (avril 1991), nous avons décrit un circuit périphérique, qui, associé à la **carte multifonction pour PC**, montage publié lui dans les numéros 150 et 151 (décembre 1990 et janvier 1991) permettait de mesurer des températures. Il est très facile, au cri de "puisque nous sommes en train de doter la carte multifonction d'extensions, autant y aller de bon cœur", d'y ajouter un indicateur à LED supplémentaire, qui nous servira à vérifier le bon fonctionnement du logiciel. Tous les 15 secondes, le programme pilote résidant (*driver*), **TLOGGER.EXE**, place une impulsion sur la ligne PB0, reliée à la broche 1 du connecteur K6 de la carte. Les changements de niveau de cette ligne n'ont rien d'aléatoires: ils n'ont lieu que lorsque le logiciel **TLOGGER** constate qu'il y a bien mesure de température. Si tel est bien le cas, la ligne passe au niveau haut pendant une seconde environ (cette durée dépend de la vitesse, c'est-à-dire de la fréquence d'horloge, de l'ordinateur concerné). En absence de mesure de température, la ligne ne reste au niveau haut que pendant 80 ms. Le programme pilote résidant se sert également de cette ligne pour signaler une éventuelle erreur. S'il ne peut pas trouver les fichiers **TTRANS.CFG** ou **TLOGGER.CFG**, ou si le disque est plein par exemple, il applique sur cette ligne des impulsions ayant une fréquence de 10 Hz. Le schéma montre comment connecter la LED –à l'aide d'un morceau de câble en nappe– au connecteur K6. Il n'est pas nécessaire de prévoir d'alimentation distincte pour cette petite extension : le bloc d'alimentation à découpage assurant l'alimentation de l'ordinateur n'aura pas la moindre peine à fournir la tension d'alimentation nécessaire à ce mini-montage de visualisation, vu les quelques milliampères qu'il consomme.

145 AMPLIFICATEUR PWM STÉRÉO 3 W

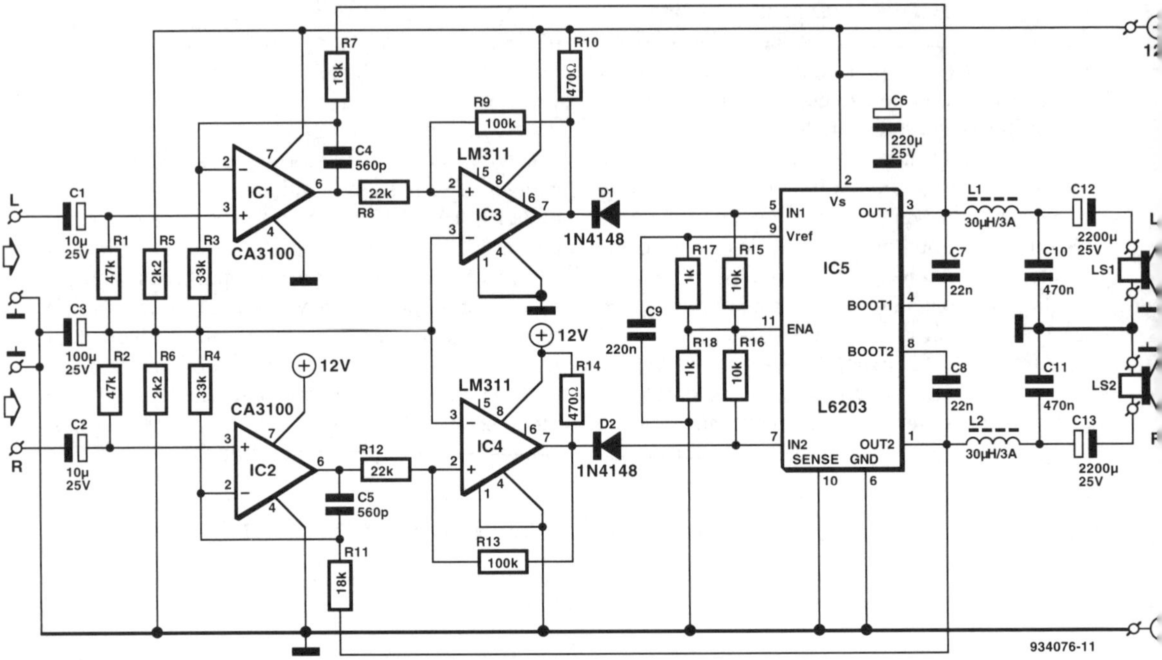

La caractéristique la plus remarquable du petit amplificateur stéréo décrit ici est l'utilisation, comme étage de puissance stéréo, d'un circuit de commande de moteur pas à pas en pont (*stepper motor bridge driver*). L'examen du schéma nous montre que nous sommes en présence, pour chacune des voies, d'un amplificateur/convertisseur à MLI (modulation en largeur d'impulsion = PWM, ***P****ulse* ***W****idth* ***M****odulation*) à trois étages. Les signaux audio d'entrée gauche (L = *Left*) et droite (R = *Right*) commencent par subir une conversion en signaux triangulaires effectuée par les amplificateurs opérationnels IC1 et IC2 câblés en intégrateurs, la ligne de réinjection de la sortie de l'étage de puissance passant par les résistances R7 et R11. Les amplificateurs opérationnels IC3 et IC4 convertissent ensuite ces ondes triangulaires en signaux rectangulaires à largeur d'impulsion variable qui attaquent les entrées numériques de l'amplificateur de puissance en pont, IC5. Le L6203 de SGS-THOMSON Microelectronics est en réalité un circuit de commande en pont conçu pour les applications de moteurs pas à pas. Les transistors de sortie de technologie DMOS ont une résistance $R_{D\text{-}S(on)}$ de 0Ω3 seulement, ce qui se traduit par une dissipation faible et un rendement important. Chaque canal (demi-pont) du circuit est commandé par une entrée logique distincte, alors que l'on dispose d'une entrée de validation (*Enable*, broche 11) pour la commutation marche/arrêt des deux voies. Dans la présente application les deux canaux sont validés par une tension de 5,1 V dérivée de la sortie de tension de référence du circuit intégré. Bien que le L6203 comporte un circuit en pont, les haut-parleurs sont branchés en terminaison unique de manière à obte-

nir une disposition stéréophonique. Les résultats obtenus lors des tests de l'un des prototypes de l'amplificateur ne sont pas spectaculaires, mais valent cependant la peine d'être mentionnés. À une tension d'alimentation de 12 V et avec un signal d'entrée présentant une fréquence de 1 kHz nous disposions d'une puissance maximale de 2 W dans une charge de 4 Ω. Le niveau d'entrée nominal nécessaire à l'obtention de cette puissance était de 2 V_{eff}. Nous avons mesuré un facteur d'atténuation de 20, la distorsion étant alors de 1,5%. Ces chiffres croissent quelque peu lorsque l'on fait passer la tension d'alimentation à 14,4 V. La

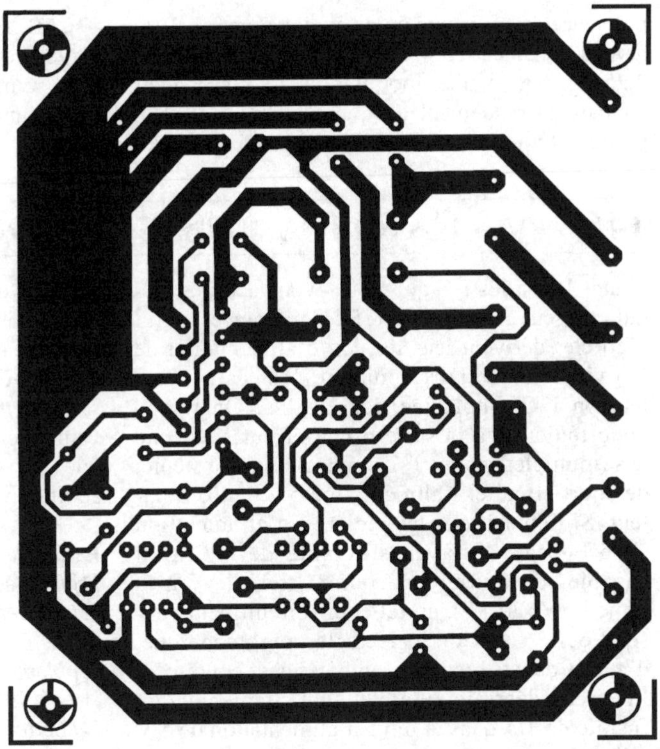

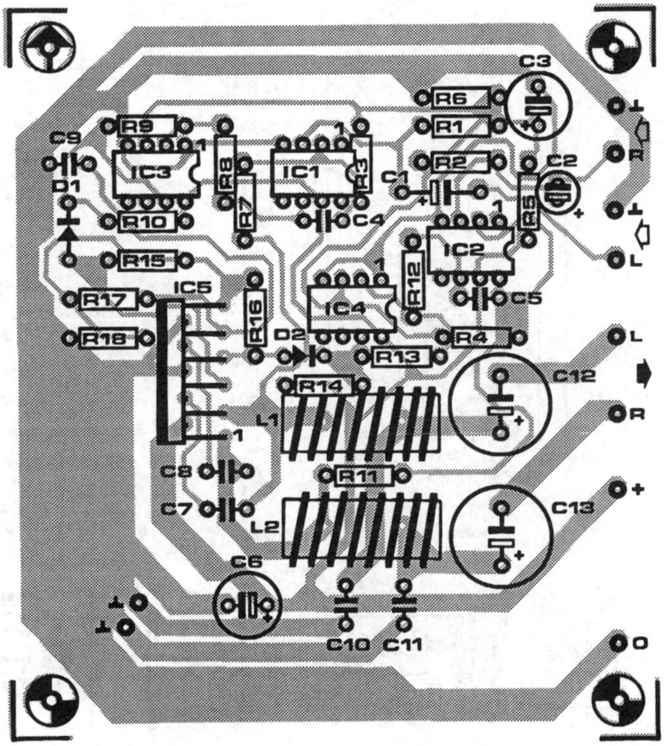

Liste des composants

Résistances :
R1,R2 = 47 kΩ
R3,R4 = 33 kΩ
R5,R6 = 2kΩ2
R7,R11 = 18 kΩ
R8,R12 = 22 kΩ
R9,R13 = 100 kΩ
R10,R14 = 470 Ω
R15,R16 = 10 kΩ
R17,R18 = 1 kΩ

Condensateurs :
C1 = 10 µF/25 V
C2 = 10 µF/25 V radial
C3 = 100 µF/25 V radial
C4,C5 = 560 pF polystyrène
C6 = 220 µF/25 V radial
C7,C8 = 22 nF
C9 = 220 nF
C10,C11 = 470 nF
C12,C13 = 2 200 µF/25 V radial

Semi-conducteurs :
D1,D2 = 1N4148
IC1, IC2 = CA3100 (Harris Semiconductor)
IC3, IC4 = LM311N
IC5 = L6203 (SGS-THOMSON Microelectronics)

Selfs :
L1,L2 = torique 30 µH/3

puissance de sortie maximale atteint alors 2,8 W, le niveau demandé au signal d'entrée étant alors de 2,25 V_{eff}. À pleine modulation l'amplificateur connaît un rendement de quelque 73%, avec un produit d'intermodulation d'horloge MLI situé à –40 dB. À des niveaux de signaux d'entrée moins élevés la distorsion de l'amplificateur baissera pour se maintenir à 0,3% environ, et le niveau de bruit chute lui jusqu'à –80 dB.

(Application SGS-Thomson)

146 CARTE À FUSIBLE POUR BUS I^{2}C

Toutes les cartes I^{2}C que nous avons décrites jusqu'à présent dans Elektor (cf. les références en fin d'article) dérivent leur tension d'alimentation de 5 V via l'embase DIN miniature de la carte d'extension I2C, implantée dans le PC. On risque donc toujours, à la suite d'une erreur sur l'une des (multiples) cartes I^{2}C connectées au système, de court-circuiter l'alimentation 5 V de l'ordinateur. Si l'on sait que les modules d'alimentation à découpage de la quasi-totalité des PC sont capables de fournir un courant très élevé à la ligne +5 V (20 A !), un tel court-circuit peut causer, outre un joli spectacle pyrotechnique, d'autres dégâts bien plus embêtants et coûteux.
Le circuit décrit ici intercale tout simplement un fusible de 1 A dans la ligne d'alimentation de 5 V reliant la carte I^{2}C dans l'ordinateur à la première carte I^{2}C d'extension, et vous met à l'abri d'inconvénients de ce genre. Rien ne vous empêche, pour plus de sécurité encore, de prendre une petite carte à fusible de ce type dans chaque ligne reliant deux cartes I^{2}C. Les deux LED sur la carte à fusible visualisent la présence de la tension +5 V, respectivement en aval et en amont du fusible. On notera que ces LED occasionnent une consommation additionnelle de quelque 20 mA.

Références:

[1] Interface I^{2}C pour PC, Elektor n°163, janvier 1992;
[2] Convertisseur A/N-N/A et E/S pour I^{2}C, Elektor n°164, février 1992;
[3] Module à afficheurs 7 segments à LED, Elektor n°165, mars 1992;
[4] Carte à relais et/ou opto-coupleurs pour I^{2}C, Elektor n°177, mars 1993.

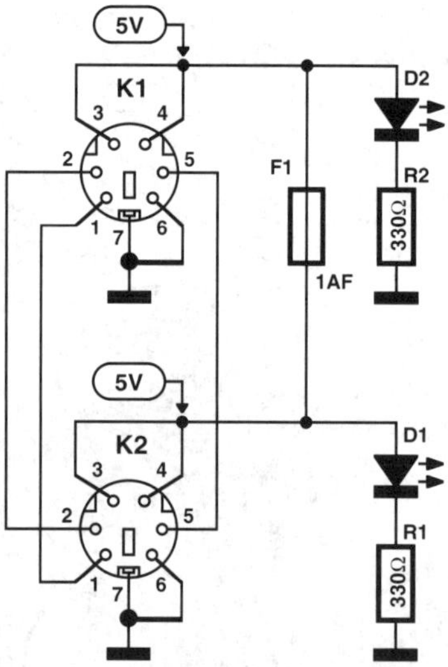

934016 - 11

Liste des composants

Résistances :
R1,R2 = 330 Ω

Semi-conducteurs :
D1,D2 = LED 3 mm rouge

Divers :
K1,K2 = embase DIN miniature encartable, 6 contacts
F1 = porte-fusible avec fusible 1 A (rapide)

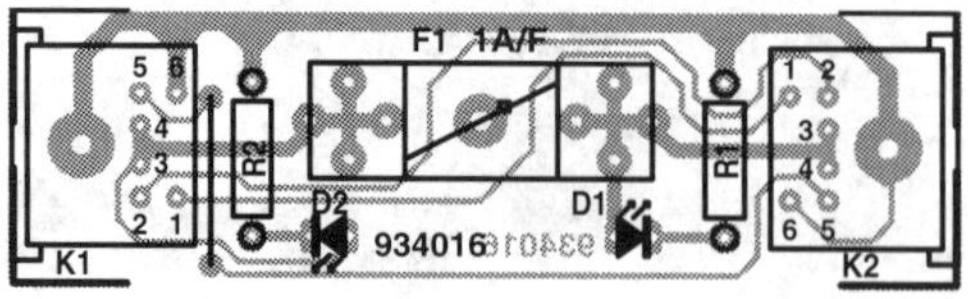

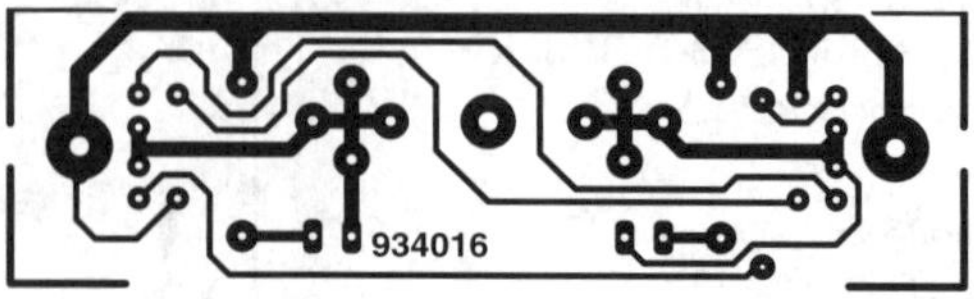

147 AMPLIFICATEUR MODULAIRE DE 40 W

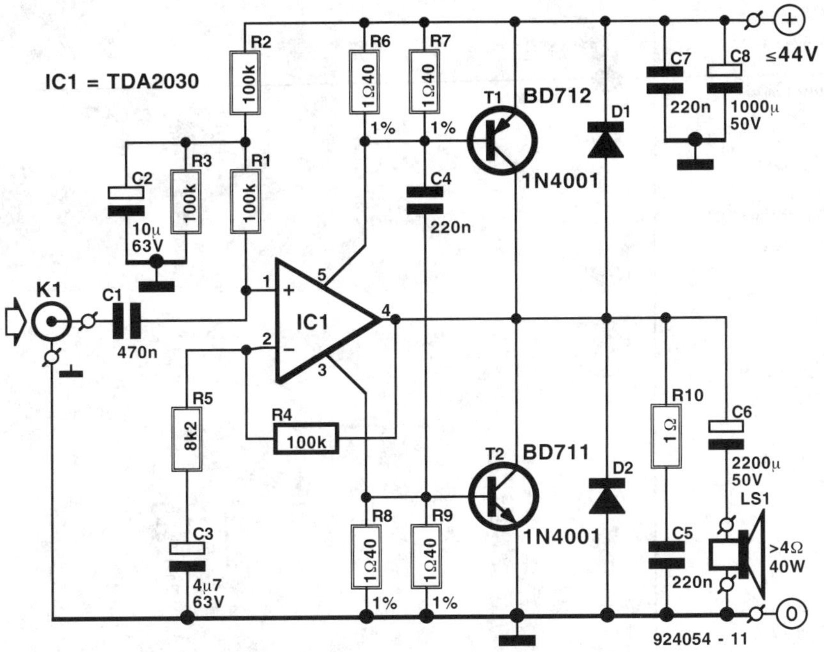

Si l'on a besoin de petits amplificateurs de sortie compacts, fournissant une puissance moyenne –pour une utilisation dans une enceinte active par exemple– on peut toujours porter son choix sur un module hybride dont il existe des dizaines d'exemplaires (tels que ceux de la série STK de Sanyo, Sanken, etc). Bien qu'ils soient d'une qualité irréprochable et qu'il en existe de très nombreux modèles, ces modules ont cependant l'inconvénient d'être relativement chers, caractéristique qui ne manquera pas de refroidir l'enthousiasme tout neuf d'un amateur potentiel d'une telle réalisation. Il existe, pour celui qui veut à tout prix fabriquer lui-même son amplificateur, une alternative fort acceptable, tant du point de vue de sa compacité, que de ceux de son prix et de ses caractéristiques techniques (récapitulées dans le **tableau** joint). Après ces propos élogieux, venons-en au circuit.

En présence d'un signal audio à l'entrée de l'amplificateur de puissance IC1, on aura, selon la demi-période concernée, circulation entre la sortie de IC1, sa broche 4, et la masse, d'un courant, passant par le haut-parleur d'une part et par les résistances R6/R7 ou R8/R9 de l'autre. Tant que l'intensité du courant est faible, c'est-à-dire inférieure à 1 A, la chute de tension aux bornes de ces résistances est si faible que la tension présente sur les jonctions base-émetteur des transistors T1 et T2, pris respectivement en parallèle sur les dites paires de résistances, est insuffisante pour faire entrer ces transistors en conduction. Dans ce domaine, qui correspond à une tension de crête de 4 V dans 4 Ω, soit 2 W – valeurs efficaces– c'est donc l'amplificateur intégré qui effectue tout le travail. Dès que le

Liste des composants

Résistances :
R1 à R4 = 100 kΩ
R5 = 8kΩ2
R6 à R9 = 1Ω40 1%
R10 = 1 Ω

Condensateurs :
C1 = 470 nF
C2 = 10 µF/63 V radial
C3 = 4µF7/63 V radial
C4,C5,C7 = 220 nF
C6 = 2 200 µF/50 V radial
C8 = 1 000 µF/50 V radial

Semi-conducteurs :
D1,D2 = 1N4001
T1 = BD712
T2 = BD711
IC1 = TDA2030

Divers :
K1 = embase cinch
radiateur R_{th} < 2 K/W
matériel d'isolation (céram.) pour IC1, T1 et T2

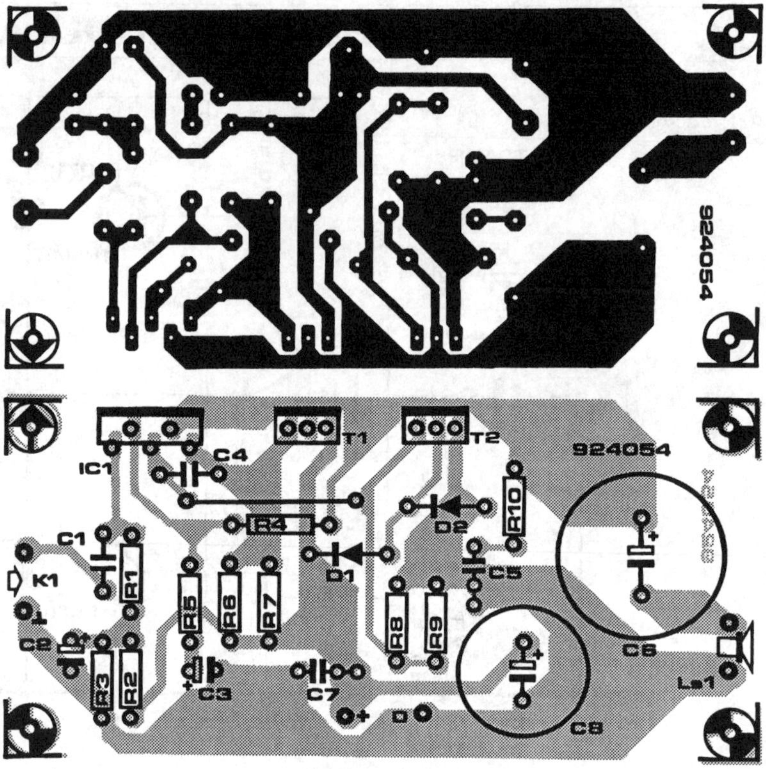

courant de charge dépasse 1 A, les transistors entrent en conduction fournissant le courant additionnel que l'amplificateur n'est plus lui-même à même de produire. Il ne circule pas, lorsque le niveau du signal appliqué à l'entrée de l'amplificateur est faible, de courant de repos à travers les transistors. Sachant cependant que l'amplificateur comporte une source de courant de repos interne, il n'y a pas de risque de distorsion d'intermodulation même lorsque le courant de collecteur se met à augmenter. Comme on a, de plus, un suivi en température du réglage du courant de repos interne, il n'y a aucune raison de se faire du soucis quant au réglage de ce courant de repos et à sa stabilité. Ceci ne peut que faciliter la réalisation du montage et garantir une bonne reproductibilité des caractéristiques observées. Les composants dont nous n'avons pas encore parlé remplissent des fonctions classiques de découplage ou de stabilisation. Le circuit se caractérise par une plage de tensions d'alimentation remarquablement étendue, allant de 12 à 44 V –il ne saurait cependant être question de

Caractéristiques techniques :
(Toutes valeurs mesurées à une tension d'alimentation de 44 V)
Puissance de sortie maximale : (à 0,1% de DHT)
22 W dans 8 Ω   40 W dans 4 Ω
Distorsion harmonique et bruit :

1 kHz, 8 Ω, 11 W	0,012 %
1 kHz, 4 Ω, 20 W	0,032 %
20 kHz, 8 Ω, 11 W	0,074 %
20 kHz, 4 Ω, 20 W	0,2 %
1 kHz, 8 Ω, 1 W	0,038 %
1 kHz, 4 Ω, 1 W	0,044 %

Courant de repos : 38 mA environ
Rendement à pleine modulation :
sous 8 Ω   62,5 %   sous 4 Ω   64,0 %

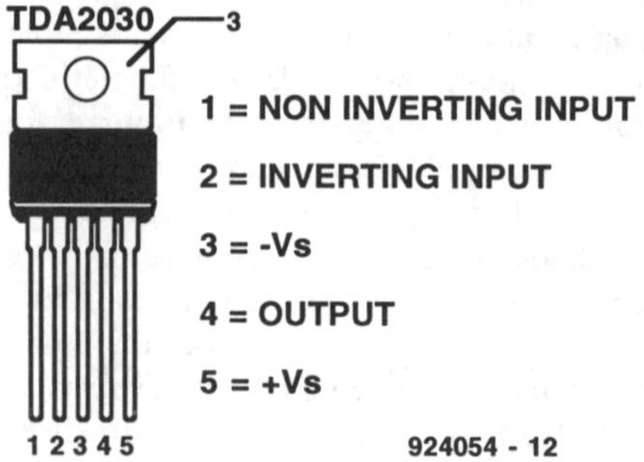

dépasser cette valeur limite de 44 V. Il va sans dire que la puissance de sortie varie proportionnellement à la valeur de la tension d'alimentation. La mise en place des composants sur le circuit imprimé n'appelle pas de remarque spéciale. Le circuit intégré et les transistors seront montés sur un radiateur ayant une résistance thermique R_{th} de 2 K/W au maximum en veillant à leur isolation ; on utilisera de préférence des plaquettes de céramique dotées de pâte thermoconductrice. La protection du module se fera à l'aide d'un fusible de 3,15 A pris dans la ligne d'alimentation.

application SGS-Thomson

148 CHENILLARD COMMANDÉ PAR LE VOLUME

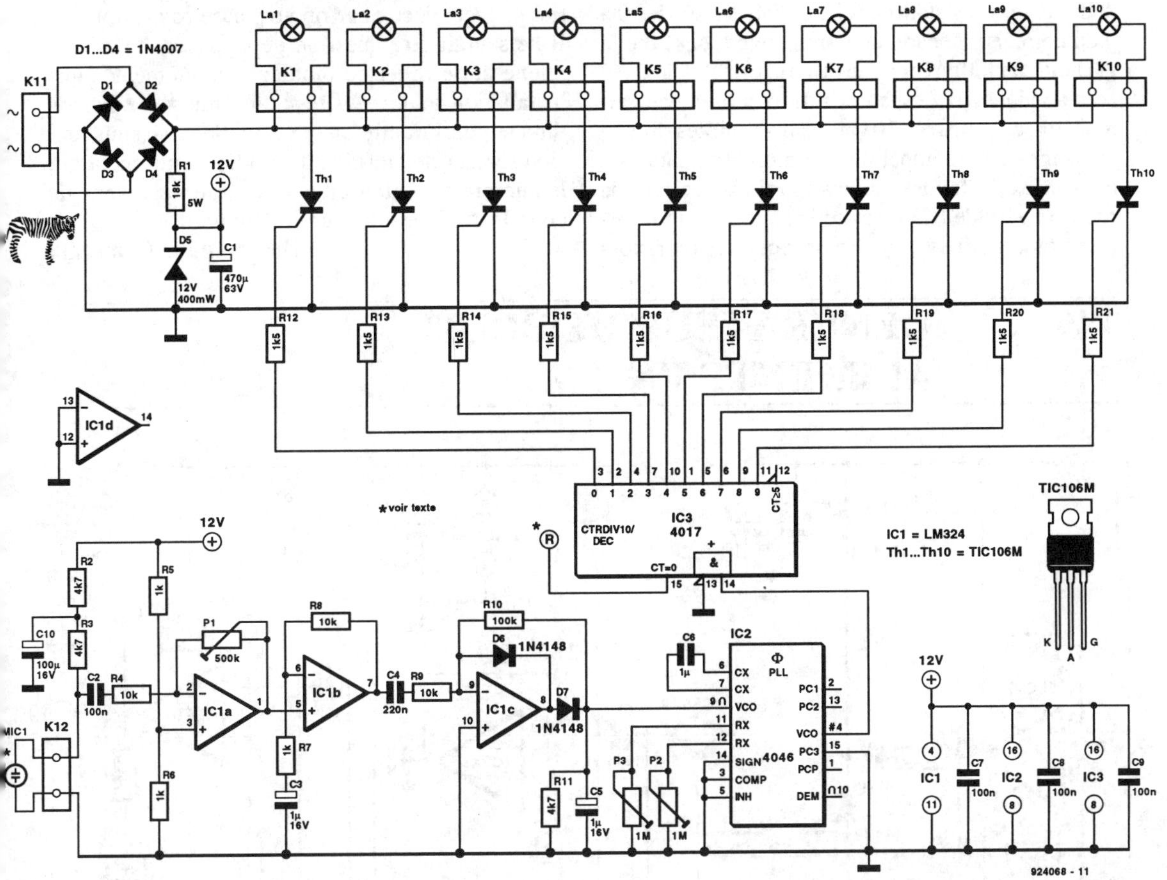

Le chenillard décrit dans cet article se caractérise par une vitesse d'illumination des lampes qui varie en fonction du volume sonore environnant. Le montage est doté à cet effet d'un petit microphone de type électret qui capte les signaux musicaux. Le microphone reçoit,à travers les résistances R2 et R3, la tension requise pour l'alimentation du transistor FET dont il est doté. Le signal du micro subit ensuite un gain très important introduit par les deux amplificateurs opérationnels, IC1a et IC1b. La résistance ajustable P1 permet de régler ce gain sur une plage relativement étendue, allant de 10 à 500. La tension alternative résultante est ensuite redressée par IC1c associé aux diodes D6 et D7. On dispose de ce fait, aux bornes du condensateur C5, d'une tension continue qui varie en fonction du volume du signal sonore capté par le microphone. Cette tension est appliquée à l'entrée VCO

(*Voltage Controlled Oscillator* = oscillateur commandé en tension) d'une PLL (*Phase Locked Loop* = boucle à verrouillage de phase) intégrée dans IC2, un 4066. Le VCO produit alors une fréquence qui varie en fonction de la tension appliquée à son entrée, de la position des ajustables P2 et P3 et de la capacité du condensateur C6. La broche 4 du 4066, présentant le signal de sortie du VCO, est reliée à l'entrée d'horloge du compteur décadique IC3. Les sorties de ce compteur passeront donc successivement, et au rythme de la fréquence du signal appliqué à l'entrée d'horloge, au niveau haut. À travers les résistances R12 à R21, les sorties 0 à 9 du compteur décadique commandent chacune la gâchette d'un thyristor. Les thyristors Th1 à Th10 commandent eux des lampes. Il n'est pas nécessaire d'utiliser toutes les 10 sorties disponibles. Si l'on envisage de faire appel à un nombre plus modeste de sorties il faudra pourtant relier l'entrée de remise à zéro de IC3 (broche 15) à la première sortie restant inutilisée. Pour éviter que les thyristors ne commandent la lampe connectée que pendant une demi-période de la tension secteur, cette tension est redressée par l'intermédiaire des diodes D1 à D4. Un petit circuit de stabilisation, réalisé à l'aide de la résistance R1, de la diode D5 et du condensateur C1 produit la tension continue de 12 V, requise pour l'alimentation des circuits intégrés. On notera que l'ensemble de ce montage est relié au secteur. Il faudra donc le mettre dans un coffret plastique doté d'une série d'embases secteur pour la connexion des lampes à commander. Il est primordial de disposer le microphone dans le boîtier de façon à ce que l'on ne puisse pas le toucher. Il ne saurait être question de se passer de microphone et de relier ce montage directement à une installation audio. Le résultat d'une telle liaison directe pourrait être une éventuelle mise sous tension secteur de l'installation audio ! Autrement dit, le microphone introduit une séparation galvanique entre le système audio et le chenillard.

H.Hoekstra & K. Deelstra

149 GÉNÉRATEUR DE BRUIT ALIMENTÉ EN 9 V

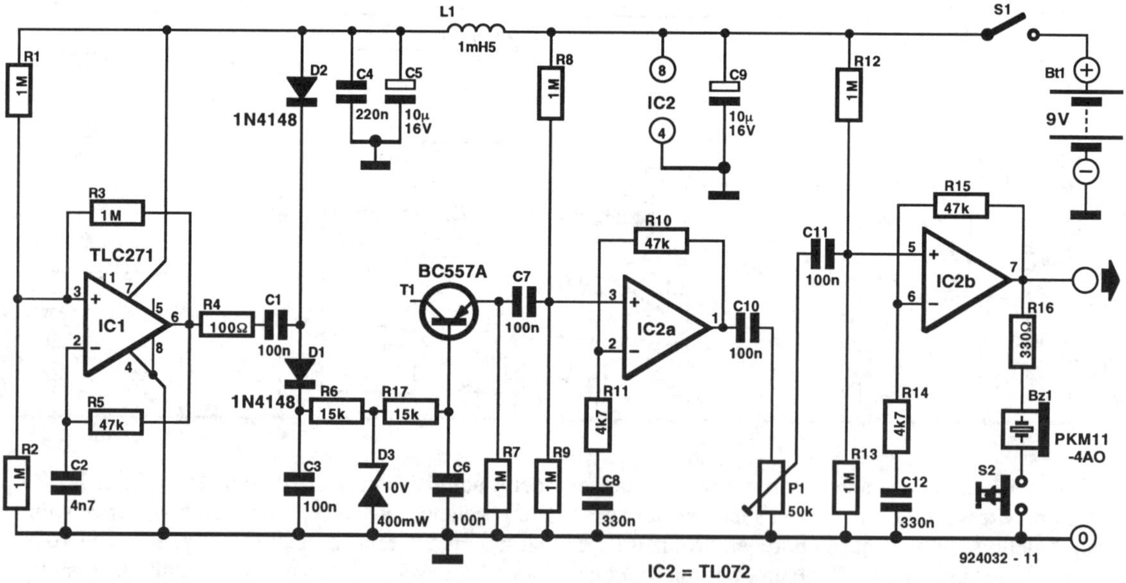

On fait appel à un générateur de bruit pour la mesure du bruit propre d'amplificateurs ou de récepteurs en tous genres, ou encore lors de certaines mesures acoustiques. Le bruit de générateurs de bruit BF classique est basé sur les caractéristiques stochastiques d'un flux d'ions résultant d'une décharge de gaz. Il est cependant possible de fabriquer un générateur de bruit rudimentaire sans avoir besoin de tube spécial : une jonction base-émetteur d'un transistor bipolaire montée en sens inverse constitue une alternative tout à la fois compacte et bon marché ! Sur le schéma, la tension de bruit est prise sur l'émetteur de T1. La jonction base-émetteur de ce transistor PNP se met à travailler en zener à une tension inverse de quelque 9 V, mais ne commence réellement à « faire du bruit » qu'à partir de 10 V environ. Si l'on veut pouvoir alimenter le circuit à l'aide d'une pile de 9 V ordinaire, il va falloir ajouter un petit générateur de soutien qui prend ici la forme de IC1 et des composants connexes. Le TLC271 fournit à sa sortie une tension rectangulaire ayant une fréquence de l'ordre de 2 750 Hz. Un circuit de pompe à diode constitué des condensateurs C1 et C3 associés aux diodes D1 et D2, double la tension fournie par la pile de sorte que l'on dispose aux bornes de la diode zener D3 d'une tension continue stable de 10 V. Le filtre passe-bas formé par la résistance R17 et le condensateur C6 évite que l'on ne retrouve dans le spectre de bruit des composantes de fréquence en provenance du générateur rectangulaire. Les amplificateurs opérationnels intégrés dans IC2 amplifient la tension de bruit dix fois chacun, pour la plage de fréquences comprises entre 0,1 et 300 kHz. Grâce à l'ajustable P1 il est possible de jouer sur l'amplitude de la tension disponible en sortie; le bouton-poussoir S2 permet quant à lui la transmission, un court instant, à titre de vérification, du signal de bruit à un résonateur travaillant en tension alternative. Avec une pile de 9 V neuve, la consommation de courant du circuit ne dépasse guère 5 à 6 mA.

150 INTERRUPTEUR ESCLAVE 220 V
VERSION 2.0

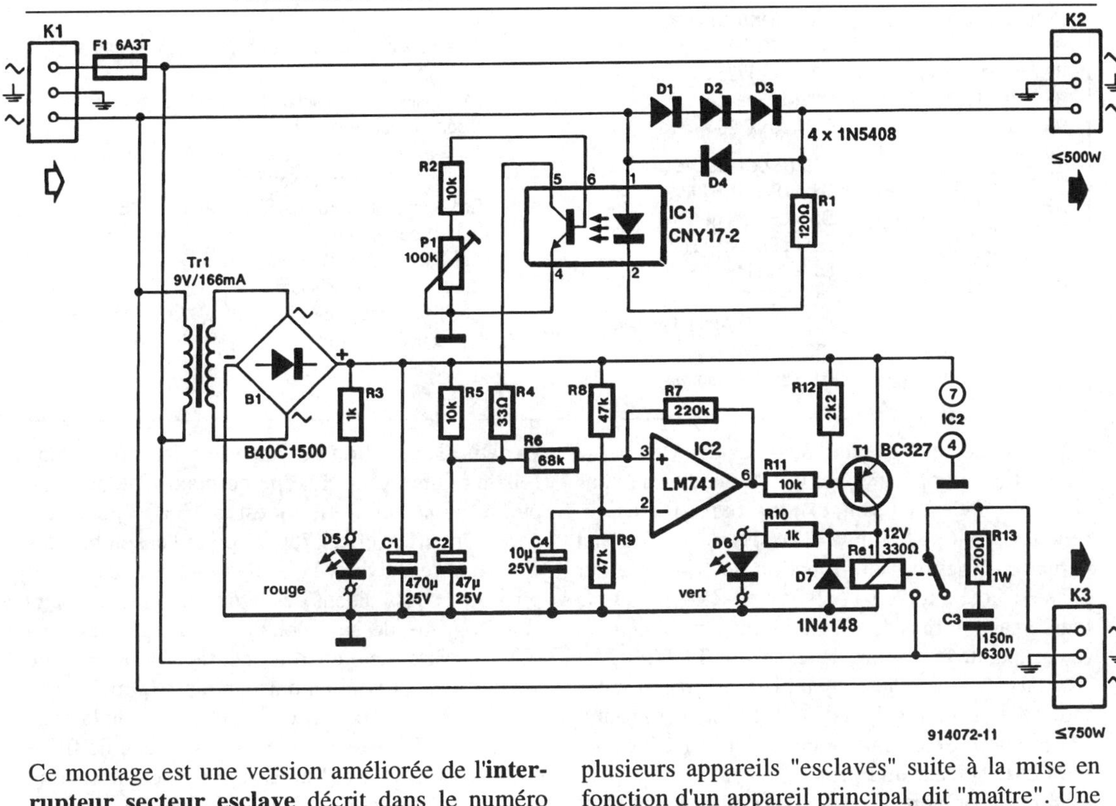

Ce montage est une version améliorée de l'**interrupteur secteur esclave** décrit dans le numéro 145/146 d'Elektor. Le circuit a subi d'importantes modifications, qui améliorent sensiblement son comportement face aux charges inductives. Le circuit permet d'enclencher automatiquement un ou plusieurs appareils "esclaves" suite à la mise en fonction d'un appareil principal, dit "maître". Une application typique et très pratique de ce montage est, par exemple, la commande d'un "rack" complet d'appareils audio, assurant la mise en fonction simultanée de toutes les sources de signaux audio (magnétophone, lecteur de disques ou de disques audio-numérique et autre tuner synthétiseur) "simultanément" à celle de l'amplificateur de puissance. Le circuit surveille la consommation de courant de l'appareil "maître" (relié au connecteur K2) par l'intermédiaire de l'opto-coupleur IC1. Si l'ajustable P1 est réglé à sa sensibilité maximale –qui correspond à sa résistance maximale–, un courant de quelques milliampères suffit à activer le circuit de commande qui, applique lui la tension secteur aux appareils "esclaves", connectés au connecteur K3. Comme le "maître" présente pratiquement toujours certains courants de fuite et de repos, on ne réglera qu'exceptionnellement le circuit à sa sensibilité maximale. Dès que la consommation en courant de l'appareil "maître" dépasse le niveau de déclenchement défini au préalable, le transistor intégré dans IC1 devient conducteur

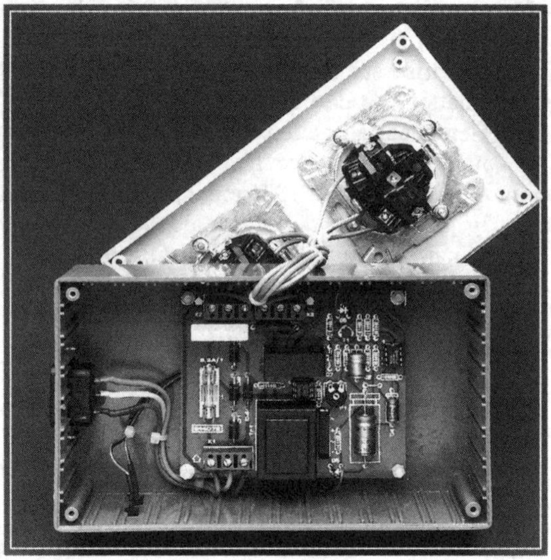

Liste des composants

Résistances :
R1 = 120 Ω
R2,R5,R11 = 10 kΩ
R3,R10 = 1 kΩ
R4 = 33 Ω
R6 = 68 kΩ
R7 = 220 kΩ
R8,R9 = 47 kΩ
R12 = 2kΩ2
R13 = 220 Ω/1 W
P1 = 100 kΩ ajustable

Condensateurs :
C1 = 470 µF/25 V
C2 = 47 µF/25 V
C3 = 150 nF/630 V
C4 = 10 µF/25 V

Semi-conducteurs :
D1 à D4 = 1N5408
D5 = LED rouge 3 mm
D6 = LED verte 3 mm
D7 = 1N4148
T1 = BC327
IC1 = CNY17-2 (Telefunken)
IC2 = LM741
B1 = pont de redressement B40C1500

Divers :
K1 à K3 = bornier encartable, 3 contacts au pas de 7,5 mm
F1 = fusible 6,3 A à action temporisée avec son porte-fusible encartable
Tr1 = transformateur secteur 9 V/166 mA (Monacor VTR-1109 par exemple)
Re1 = relais 12 V/330 Ω (Siemens V23127-B2-A201 par exemple)
1 embase secteur CEE mâle
2 prises secteur femelles
1 boîtier plastique de 190 x 110 x 74 mm environ (Retex Gibox RG4 par exemple)

entraînant le passage au niveau bas de la sortie de l'amplificateur opérationnel IC2. De ce fait, le transistor T1 devient passant, excitant le relais Re1 qui relie les appareils "esclaves" au secteur. Si l'on met l'appareil "maître" hors-fonction, le condensateur C2 se charge à travers la résistance R5. Lorsque la tension aux bornes de C2 atteint un certain niveau, le comparateur bascule, le transistor T1 bloque et le relais Re1 décolle, coupant la tension d'alimentation des appareils "esclaves". Le délai introduit par le temps de charge du condensateur C2 est de l'ordre de 500 ms environ.

Le circuit comporte deux LED qui visualisent l'état dans lequel se trouve l'interrupteur 220 V esclave. La connexion du circuit au secteur –à travers le connecteur K1 et le fusible F1– se traduit par l'illumination de la LED D5. La seconde LED, D6, visualise l'activation des appareils "esclaves", une fois le relais excité. La charge maximale que l'on puisse connecter au circuit est, de 500 W pour l'appareil "maître" et de 750 W pour l'ensemble des appareils "esclaves". Il est recommandé d'utiliser, pour toutes les liaisons des lignes du secteur au circuit imprimé dessiné pour ce montage, des borniers encartables à trois contacts (au pas de 7,5 mm). Il est vital en outre, pour de simples raisons de sécurité, de renforcer sur la platine la piste de la ligne de terre à l'aide d'un morceau de fil de câblage de cuivre (dénudé bien sûr) d'une section égale ou supérieure à 2,5 mm^2. On enfermera le circuit dans un boîtier plastique doté d'une embase mâle CEE et de deux embases femelles secteur. L'embase mâle CEE doit être reliée au connecteur K1, les embases femelles secteur aux connecteurs

K2 et K3 respectivement. **ATTENTION :** Comme l'ensemble du circuit véhicule la tension secteur, il est vital de veiller à une isolation parfaite. Il ne saurait être question d'effectuer la moindre intervention sur le circuit tant qu'il est connecté au secteur. Il faudra également enfermer le circuit dans un boîtier plastique de façon à ce qu'il devienne impossible de toucher au circuit lors de l'utilisation du montage.

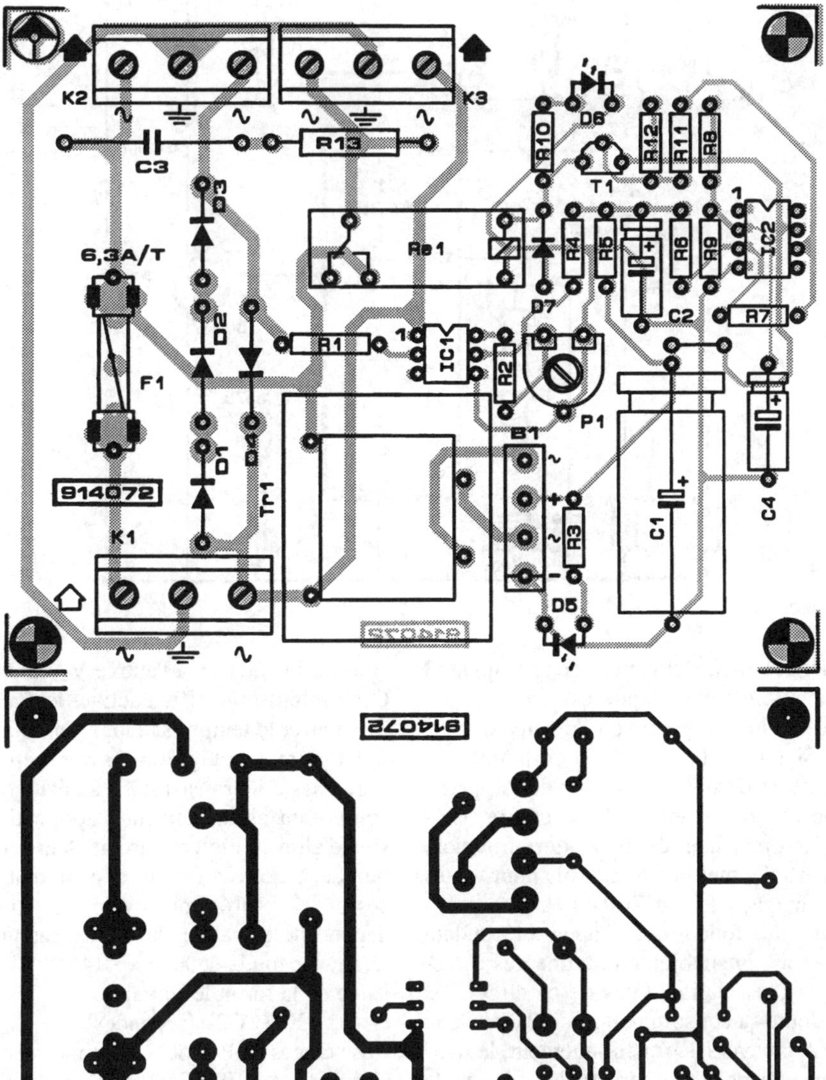

151 AUTOMATISME DE COUPURE

POUR ALIMENTATION À PILE

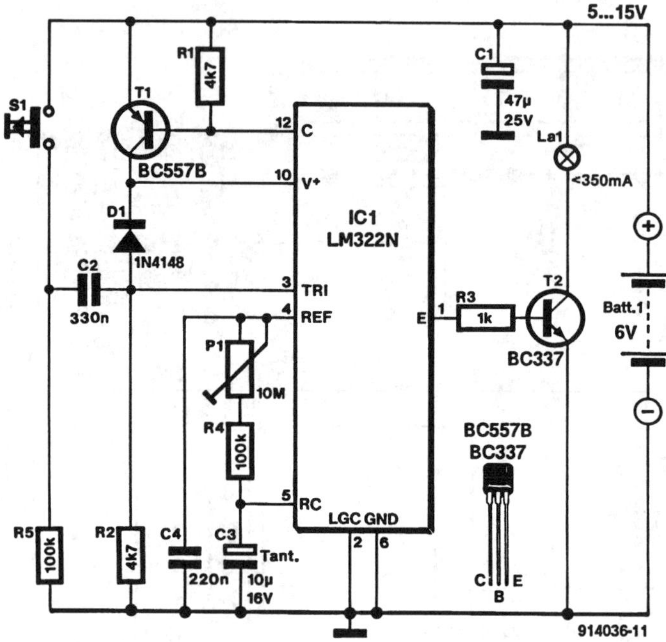

L'inconvénient classique et majeur de tout appareil alimenté par pile est que la pile est presque toujours épuisée à l'instant précis où l'on envisage de s'en servir. Si tel est le cas, il est fort probable cependant que le dernier utilisateur de l'appareil (suivez mon regard) a oublié de le mettre hors-fonction. L'automatisme de mise hors-fonction, objet de cet article, mettra fin une fois pour toutes à ce problème agaçant.Il suffit d'une action sur le bouton pour faire fonctionner l'appareil pendant une durée définie préalablement. L'une des caractéristiques les plus intéressantes de ce circuit est sans aucun doute sa consommation de 0,00 mA au repos. A la fin du cycle de fonctionnement, le transistor T1 coupe, sans la moindre arrière-pensée, la tension d'alimentation de la totalité du circuit de l'automatisme. La (re)mise en fonction du circuit se fait à l'aide de l'énergie disponible dans l'impulsion de mise en fonction. Si l'on appuie sur le bouton-poussoir S1, la tension d'alimentation est appliquée directement aux bornes du condensateur C2. Grâce à l'effet de différentiation du réseau RC réalisé à l'aide de la résistance R2 et du condensateur C2, la diode D1 peut appliquer brièvement la tension d'alimentation à l'entrée V_+ du circuit intégré. Cette impulsion suffit à activer le circuit intégré et à démarrer le temporisateur. La première chose que fait le circuit intégré après son activation est de faire passer le transistor T1 à l'état conducteur. Ce composant assure ensuite l'application de la tension d'alimentation au circuit. A la fin du cycle, T1 bloque à nouveau et la consommation d'énergie cesse. La durée du cycle de fonctionnement dépend de la valeur du condensateur C3 et de la résistance totale de la paire R4/P1. Elle se calcule à l'aide de la formule suivante:

$t = (P1 + R4) \times C3$ [secondes],

(résistances de P et de R exprimées en KΩ et capacité de C en µF). L'intensité maximale du courant traversant le transistor T2 est de 350 mA. La tension d'alimentation du circuit doit être comprise entre 5 et 15 V et l'amplitude d'enclenchement minimale est de 5 V. Avec le dimensionnement de notre prototype (cf. schéma) on dispose d'une durée de cycle de fonctionnement comprise entre 1 et 100 secondes. Au cours du cycle, la consommation de courant est de 4 mA environ (sous une tension d'alimentation de 6 V).

152 TEMPORISATEUR D'ÉCLAIRAGE

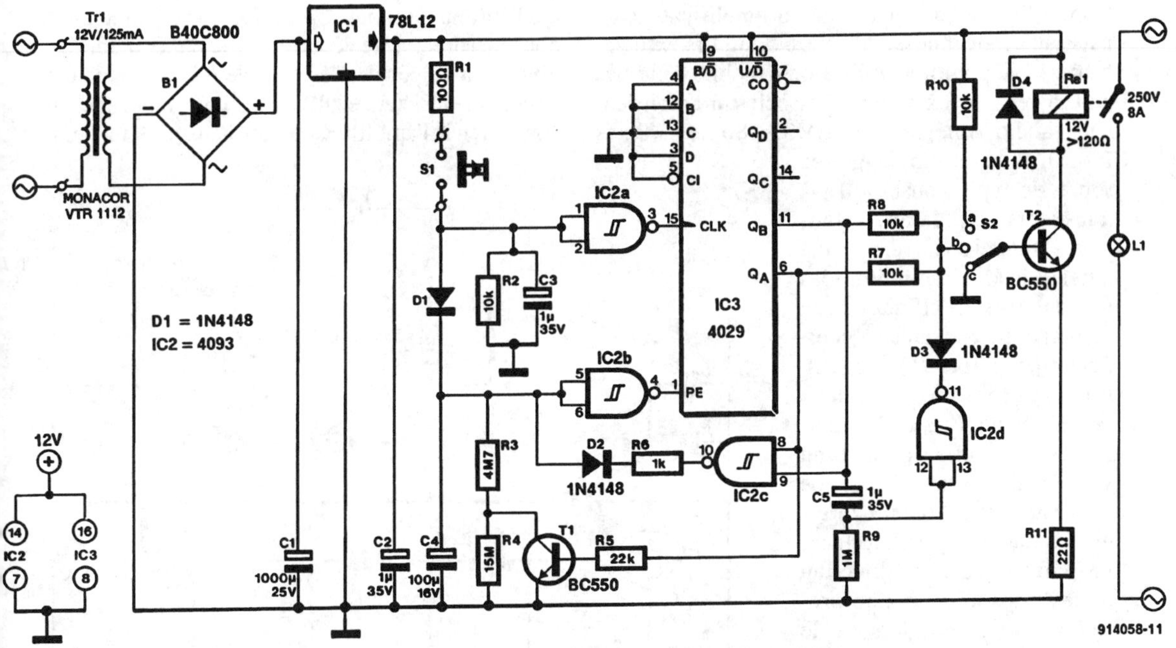

L'automate décrit ici possède deux durées de temporisation, que l'utilisateur peut choisir par action sur un bouton-poussoir. Sur notre prototype nous avons opté pour des durées de 5 et 20 mn. L'adaptation à d'autres durées de temporisation est un exercice à la portée de tous nos lecteurs. Il est de plus possible, par une action **triple** sur le bouton-poussoir, de couper l'éclairage concerné. Une pression sur le bouton-poussoir S1 libère le compteur IC3, via la diode D1 et la porte NAND à trigger de Schmitt IC2b. Cette même action entraîne la charge des condensateurs C3 et C4. Le relâchement de S1 produit l'application à l'entrée d'horloge de IC3 d'une impulsion fournie, via la résistance R2 et le trigger de Schmitt IC2a, par le condensateur C3; résultat, la sortie QA passe au niveau logique haut, de sorte que le relais Re1 connecté au système est activé par l'intermédiaire du transistor T2 et que l'éclairage –à une (ou plusieurs) ampoule– relié à cette électronique est mis en fonction. Simultanément, cette même sortie QA rend passant le transistor T1 qui ponte ainsi la résistance de 15 MΩ (R4). Dans ces conditions, le condensateur C4 se décharge via C3. Une fois que la tension aux bornes ce condensateur est tombée en-dessous du seuil de déclenchement inférieur de IC2b –après 5 mn environ–, IC3 est réinitialisé et le relais coupe l'éclairage. Une action répétée (**double**) sur S1 produit l'application au compteur de deux impulsions d'horloge, de sorte que c'est la sortie QB qui passe au niveau haut. Dans ces conditions, le transistor T1 reste bloqué, et C4 doit alors se décharger via les résistances R3 et R4 –ce qui lui prend quelque 20 mn. L'éclairage s'éteint brièvement après la seconde action sur S1 pour signaler le choix de la durée de temporisation la plus longue. Ce dernier processus est déclenché par le trigger de Schmitt IC2d qui reçoit, lors du passage au niveau haut de la sortie QB, une impulsion fournie par le réseau RC de différentiation, C5/R9. Une action **triple** sur S1 entraîne le passage au niveau haut tant de la sortie QA que de la sortie QB, ce qui se traduit par la mise à zéro de la sortie de IC2b, de sorte que le condensateur C4 peut se décharger instantanément, en conséquence de quoi la lumière s'éteint immédiatement. Le commutateur rotatif S2 permet, selon la position choisie, soit une mise en fonction continue (position **a**), soit un arrêt permanent (position **c**) de l'éclairage. Lorsqu'il est placé en position médiane, **b**, le sous-ensemble basé sur le relais réagit au circuit de temporisation.

C. Mieslinger

153 AMPLIFICATEUR « MUSIQUE » DE 60 W

L'amplificateur décrit ici est un amplificateur de puissance moyenne, solide et sans additifs extravagants, idéal pour une utilisation « mobile » par des guitaristes, par exemple. Il associe un amplificateur audio intégré, le LM391-80 de Texas Instruments, et un étage de sortie de type « push-pull » à transistors bipolaires. Nous nous limiterons, dans cet article, à la description des particularités spécifiques de ce montage. La résistance à coefficient de température négatif, NTC, qui se trouve en contact thermique direct avec les transistors de sortie, permet au LM391 de mettre l'étage de sortie hors-fonction si ce dernier se met à trop « chauffer ». Le point d'entrée en fonction de ce dispositif de thermo-protection est atteint lorsque le courant traversant la NTC est de l'ordre de 200 µA. Le condensateur électrolytique, en parallèle sur la NTC, garantit une mise en fonction « douce », sans « cloc » ni « ploc », à la mise sous tension de l'amplificateur. Si l'électronique de la protection thermique avait une sensibilité excessive, il faudra adapter empiriquement la valeur de R4 ou celle de la NTC. Il est relativement facile de doter l'amplificateur d'une réinjection de signal. Il suffit, pour ce faire, de connecter la borne supérieure de la résistance R23 au réseau série C5/R7 (* sur le schéma). C'est en fait ce réseau qui, en combinaison avec R10, détermine la réponse en fréquence, que l'on pourra donc, si nécessaire, adapter à ses goûts personnels. Tel qu'il est, le schéma conviendra sans doute à la plupart des applications pratiques. Il suffira tout simplement, pour mesurer, voire écouter, l'effet d'une modification de la valeur de C5 et/ou de R7, de court-circuiter la résistance R23. Si l'on envisage de connecter à l'amplificateur un haut-parleur d'une

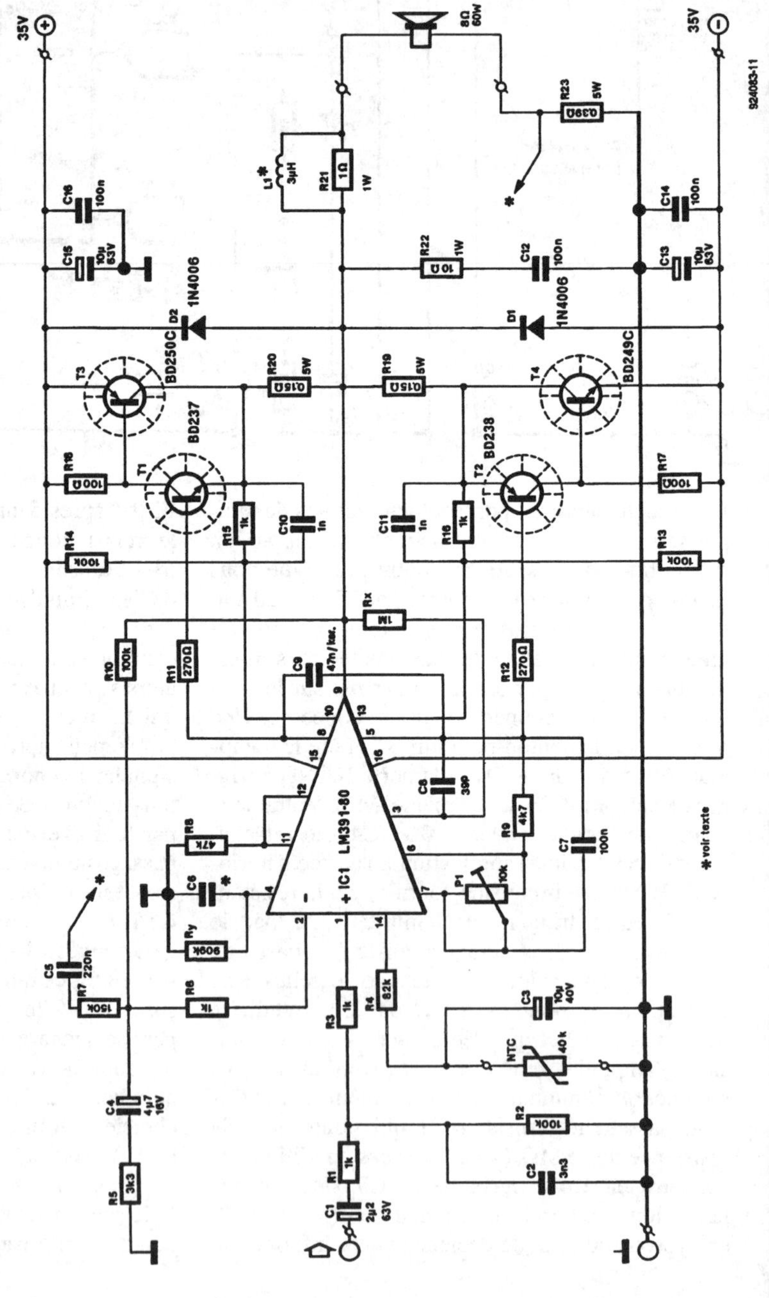

impédance de **4 Ω**, il faudra impérativement faire passer à **0Ω18** la résistance de **R23**. Le LM391-80 a une forte tendance à osciller, phénomène parfaitement contré à l'aide de Rx, C6, C8 et C9 (on pourra, en règle générale se passer de C6). La résistance Rx sert, spécifiquement, à limiter le gain en boucle ouverte. Si vous implantez cette résistance il est indispensable de mettre en place également la résistance R_y qui compensera la tension de décalage résultant de la mise en place de R_x. Le réseau de Boucherot R22 et C12 stabilise l'amplificateur aux fréquences élevées. Les sources de signal utilisées auront une impédance faible et seront capables de fournir des signaux audio de niveau « ligne » (0 dB). Le réseau R1/C1 atténue les signaux de fréquence supérieure à 50 kHz environ. L'ajustable P1 sert au réglage du courant de repos de l'amplificateur. On débutera le processus

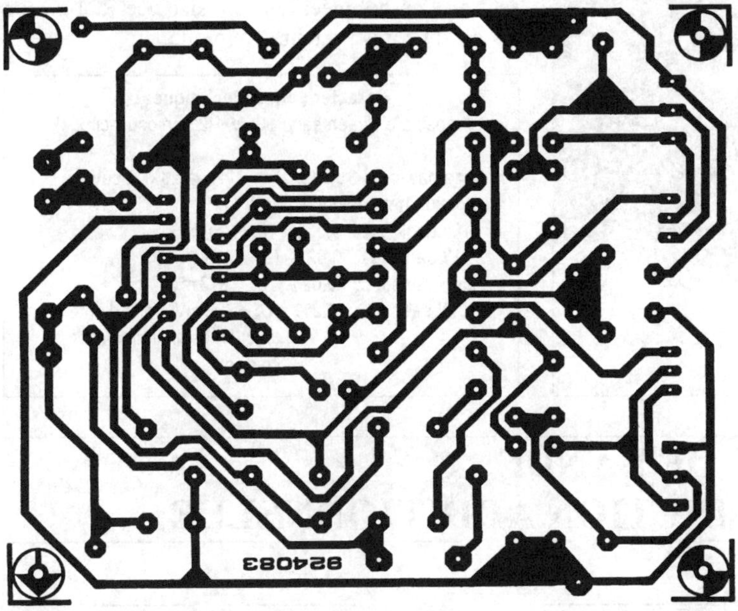

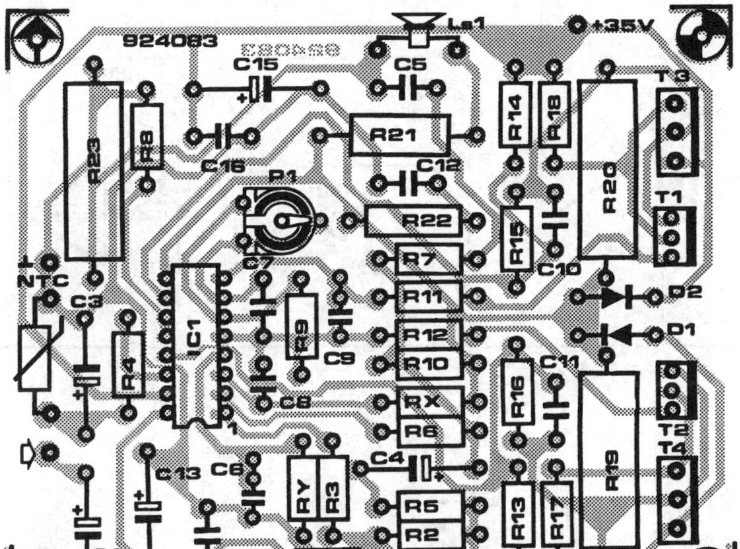

Liste des composants

Résistances :
R1,R3,R6,R15,R16 = 1 kΩ
R2,R10,R13,R14 = 100 kΩ
R4 = 82 kΩ
R5 = 3kΩ3
R7 = 150 kΩ
R8 = 47 kΩ
R9 = 4kΩ7
R11,R12 = 270 Ω
R17,R18 = 100 Ω
R19,R20 = 0Ω15/5 W
R21 = 1 Ω/1 W
R22 = 10 Ω/1 W
R23 = 0Ω39/5 W
Rx = 1 MΩ (voir texte)
Ry = 909 kΩ (voir texte)
P1 = ajust. 10 kΩ horizontal

Condensateurs :
C1 = 2µF2/63 V
C2 = 3nF3
C3 = 10 µF/40 V
C4 = 4µF7/16 V
C5 = 220 nF
C6 = voir texte
C7,C12,C14,C16 = 100 nF
C8 = 39 pF
C9 = 47 nF céramique
C10,C11 = 1 nF
C13,C15 = 10 µF/63 V

Semi-conducteurs :
D1,D2 = 1N4006
T1 = BD237
T2 = BD238
T3 = BD250C
T4 = BD249C
IC1 = LM391-80 (Texas Instruments)

Divers :
L1 = voir texte
NTC = 40 kΩ (fixation par vis)
radiateur (voir texte)

de réglage en donnant à P1 une résistance de 0 Ω (curseur en butée dans le sens anti-horaire) ; on tourne ensuite progressivement le curseur de cet ajustable dans l'autre sens jusqu'à obtenir un courant de repos de 50 mA. Les perfectionnistes, qui mettent un point d'honneur à réduire le plus possible la distorsion, pourront augmenter la valeur du courant de repos jusqu'à 400 mA. Les transistors de puissance ont tous été placés du même côté de la platine, de sorte que l'on pourra les monter, avec la NTC, sur le même radiateur, de taille relativement importante, puisqu'il doit avoir une résistance thermique de 1 K/W ou mieux. Il ne nous reste plus qu'à signaler que la bobine L1 consiste en 20 spires de fil de cuivre émaillé (de 0,8 mm de section), embobinées sur la résistance R21 et que C9 est un condensateur céramique.

Caractéristiques techniques :
(tension d'alimentation ±35 V, R23 en court-circuit)

- bande passante 3 dB (8 Ω) : 11 Hz à 20 kHz environ
- distorsion harmonique totale à 1 kHz :
  - 1 W dans 8 Ω : 0,006% ($I_r \approx 400$ mA)
  - 1 W dans 8 Ω : 0,02% ($I_r \approx 50$ mA)
  - 65 W dans 8 Ω : 0,02% ($U_e = 873$ mV)
  - 80 W dans 4 Ω : 0,2% ($U_e = 700$ mV; point d'entrée en fonction de limitation de courant)

154 FILTRE DE BANDE À RÉINJECTION ADDITIONNELLE

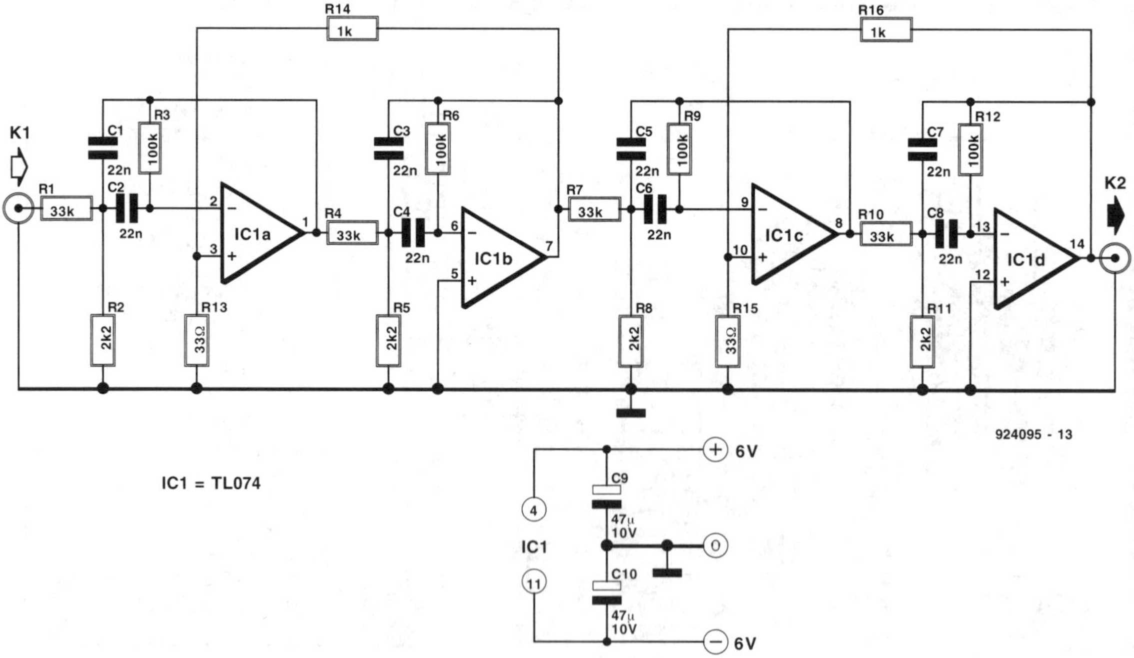

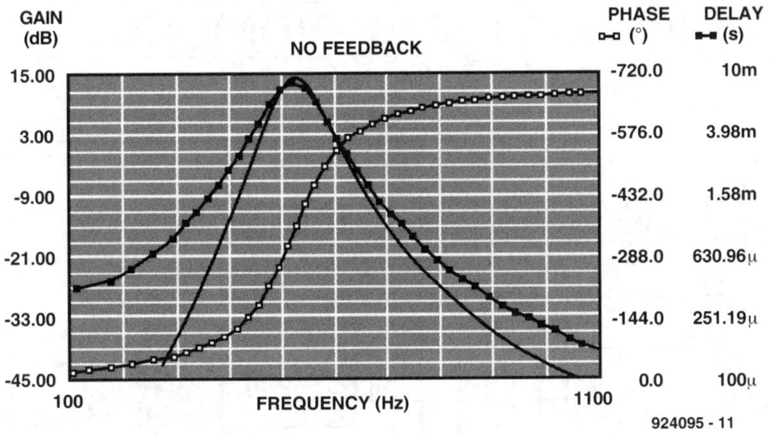

Une caractéristique importante d'un filtre de bande est le facteur de forme. Cette grandeur indique le rapport entre la bande passante du filtre et la bande passante à une atténuation minimale souhaitée. Dans le cas d'un filtre de fréquences pour le médium, le facteur de forme, FF, répond, en règle générale, à la formule suivante :

$$FF = \frac{B_{p(-60dB)}}{B_{p(-6dB)}}$$

Pour les filtres des graves on utilise souvent l'équation suivante :

$$FF = \frac{B_{p(-40dB)}}{B_{p(-3dB)}}$$

Le délai de groupe, qui détermine les caractéristiques du traitement des signaux impulsionnels et les salves de sinusoïdes, est une autre grandeur très importante. Il faut, pour garantir un transfert sans le moindre problème de ces signaux, que le délai de groupe soit constant à l'intérieur de la bande passante. Le filtre actif, avec contre-réaction locale pour chaque section de second ordre (*multiple feedback filter*), ne répond pas toujours aux exigences mentionnées plus haut. L'une des astuces les plus utilisées dans le monde de l'électronique est sans doute la « réinjection ». Il est facile, avec ce circuit, de remarquer quel est le résultat de cette réinjection. Le diagramme « *NO FEEDBACK* » montre la réponse en fréquence du circuit en l'absence des résistances R14 et R16 (c'est-à-dire sans réinjection donc). On obtient alors une bande passante de 50 Hz à –3 dB et de 450 Hz à –40 dB, résultant en un facteur de forme de 9. Avec réinjection (diagramme « *FEEDBACK* ») le filtre a une bande passante de 200 Hz à –3 dB et de 660 Hz à –40 dB. Dans ces conditions le facteur de forme est de 3,3 ! À l'intérieur de la bande passante le délai de groupe est constant dans des limites tout à fait acceptables. Un filtre de bande avec réinjection supplémentaire est donc capable de fournir des résultats qui sont meilleurs que ceux obtenus à l'aide d'un filtre de bande de conception classique.

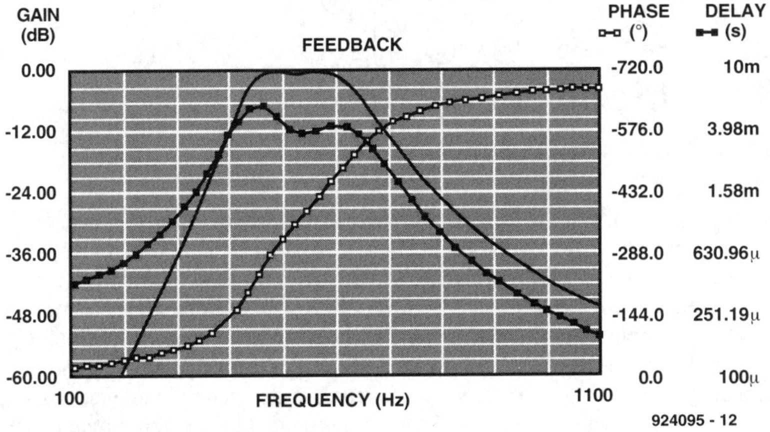

155 GIROUETTE ÉLECTRONIQUE

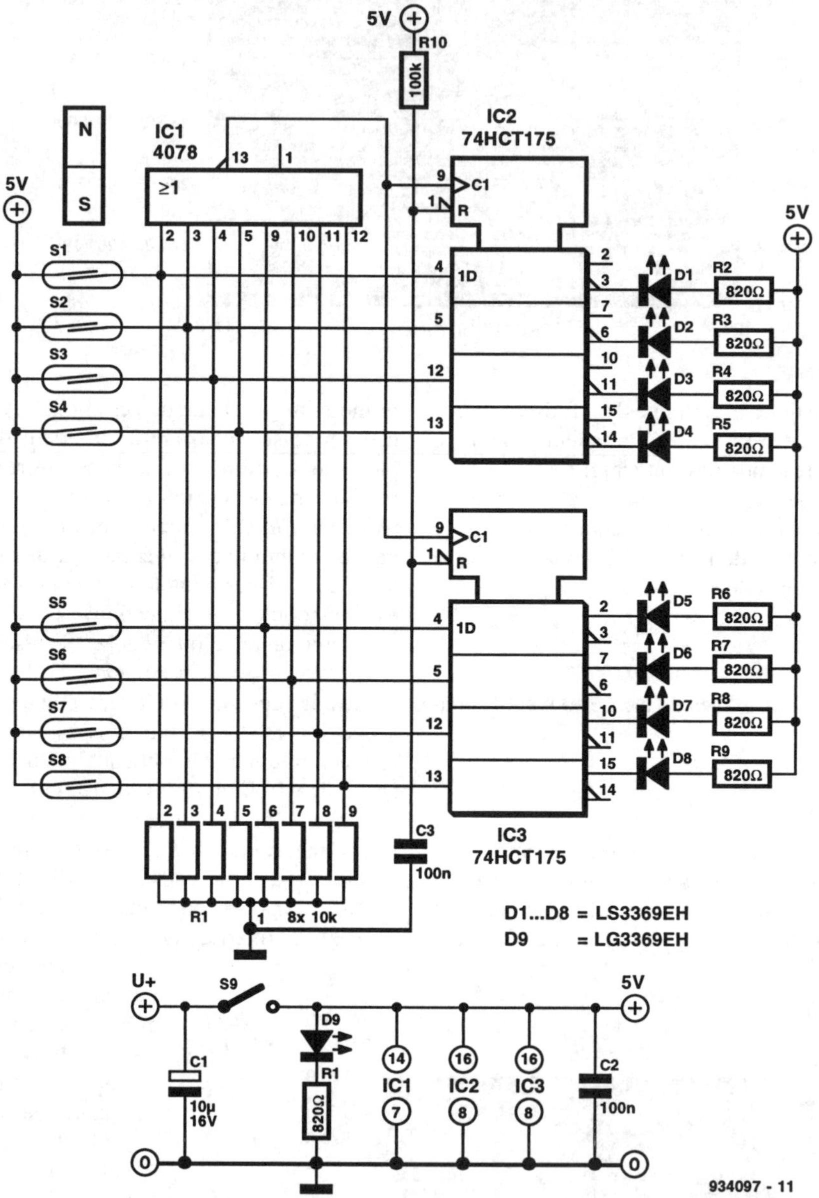

Une girouette indique la direction du vent. Ici l'indication est donnée par huit LED, la direction du vent est détectée par l'intermédiaire de contacts-reed (on dit aussi contacts ILS = interrupteur à lame souple) activés par un aimant permanent. Il faudra veiller, lors de la réalisation mécanique de cet instrument de mesure météorologique, à ce qu'il ne puisse jamais y avoir plus d'un ILS fermé à la fois. Lors de la fermeture d'un contact, les entrées d'horloge des bascules D se voient appliquer, via la porte OU IC1, un flanc montant. De ce fait les bascules D IC2 et IC3 prennent en compte les états présents aux entrées, de sorte qu'une seule LED s'illumine, celle qui correspond au contact fermé. Si, par la suite, la girouette change de position suite à une variation de la direction du vent, et que le contact concerné s'ouvre, la LED en question reste illuminée, en raison de la présence de ces bascules bistables. Une autre LED ne s'allume que si la direction du vent a suffisamment changé pour produire la fermeture d'un autre ILS. À la mise sous tension du circuit par action sur l'interrupteur S1, seule la LED D9 s'allume, grâce au dispositif d'initialisation (*Power Up Reset*) constitué par la résistance R10 associée au condensateur C3. Ainsi D9 signale la présence de la tension d'alimentation. Une des LED de direction du vent ne s'allumera qu'après que l'un des contacts aura produit un flanc montant pour les entrées d'horloge. Ce n'est en fait pas tant l'application proprement dite qui fait l'intérêt de ce circuit que la multiplicité de ses domaines d'utilisation, le modélisme en particulier, qu'il soit ferroviaire, ou routier. L'alimentation du montage fait appel à une tension régulée de 5 V. La consommation de courant ne dépasse pas 10 mA, vu que les LED utilisées sont d'un modèle à faible consommation de chez Siemens.

156 « DOUBLEUR » DE TENSION

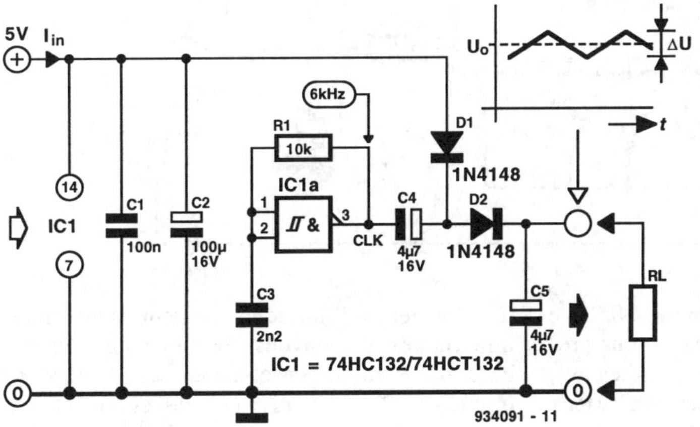

Lors de la conception de nouveaux montages il est inutile de réinventer la roue à chaque fois. Aussi arrive-t-il que l'on fasse appel, pour une réalisation électronique inédite, non seulement à des composants standard mais encore à des sous-ensembles entiers, à la fiabilité et au fonctionnement éprouvés. Il n'y a rien de mal à cela; n'est-ce pas ? Ce circuit très connu est un doubleur de tension dont nous vous proposons ici une variante. La raison de l'intérêt que nous portons à ce doubleur de tension est que la plupart des montages numériques disposent déjà d'un signal d'horloge (CLK) (tamponné) voire d'une porte à trigger de Schmitt inutilisée. Vu qu'il n'est pas nécessaire dans ce cas-là de faire appel à un circuit intégré additionnel, cette solution est notablement meilleur marché que s'il faut ajouter un doubleur de tension intégré distinct. Il suffit, si tant est que l'on dispose d'un signal CLK tamponné, de quatre composants discrets, C4,C5, D1 et D2, pour générer, à partir de la tension d'alimentation de 5 V, une tension de 10 V. S'il faut en outre réaliser un oscillateur à l'aide d'une porte inutilisée il faut en rajouter une paire supplémentaire : R1 et C3. Il est toujours pratique, naturellement, de disposer, tout comme dans le cas d'un composant standard, des paramètres les plus importants concernant un tel sous-ensemble. Nous vous proposons, un **tableau** permettant de voir d'un coup d'œil si ce circuit est utilisable pour vos montages. N'oubliez pas cependant qu'en raison de certaines dérives des caractéristiques de la sortie fournissant le signal d'horloge, les valeurs indiquées peuvent être quelque peu différentes.

Tableau 1. Correspondance entre la valeur de la charge en sortie R_L, de la tension de sortie U_{sor}, de la tension de ronflement résiduel U_r, du courant d'entrée I_{ent} et du rendement (η)

R_L	U_{sor}	U_r	I_{ent}	η
[Ω]	[V]	[mV_{cc}]	[mA]	[%]
–	9,4	0	2,4	–
2kΩ2	8,0	15	20,0	29
780 Ω	7,0	40	28,3	45
460 Ω	6,0	80	37,6	41

157 TEMPORISATEUR SECTEUR "LONGUE DURÉE"

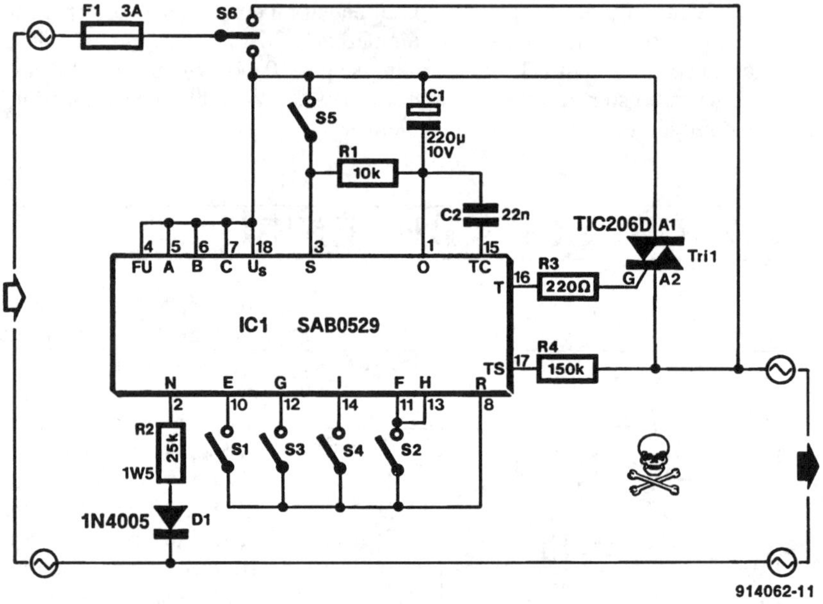

Il y a bien longtemps, dans le numéro 49/50 de 1982 pour être plus précis, nous vous avons proposé un temporisateur pour **L**ongues **D**urées, alimenté par le secteur: c'était le **temporisateur mono-circuit avec commande par triac**. Dans ce circuit-là nous faisions appel à un UAA3000, composant que l'on ne trouve que très difficilement aujourd'hui. Il existe heureusement une alternative fort acceptable: le circuit intégré SAB 0529 de Siemens qui nous offre la possibilité d'une programmation de nombreuses durées comprises entre 1 s et 31,5 h. Ce circuit intégré a un domaine d'applications très étendu, puisqu'elles vont de la commande de ventilateur de toilette ou de salle de bains à la programmation d'un chargeur pour accus. La programmation du SAB 0529 se fait par l'intermédiaire de ses broches D à I (9 à 16). On notera que la broche 9 (D) n'est pas utilisée ici et reste en l'air. Le SAB 0529 fait appel à la fréquence de 50 Hz du secteur pour la définition d'une durée de base (**tableau 1**). L'obtention de la durée de temporisation requise se limite, à partir de là, à la connexion à la broche R (8) (Reset, cf. **tableau 2**) de l'une, ou de plusieurs, des broches repérées D à I (9 à 16). Comme que nous nous étions mis en tête de réaliser un temporisateur pour durées importantes, nous avons opté pour une durée de base de 30 minutes –obtenue par la mise des broches A, B et C au niveau haut– et une durée de temporisation minimale de 1 heure (broche D en l'air). Si l'on ferme alors l'interrupteur S1, la durée de temporisation est de 1 heure, la fermeture de S2 résulte en une durée de 4 h, la fermeture de S3 donne une durée de 10 h et la fermeture de S4 16 h. Il est également possible de choisir une combinaison de plusieurs des quatre interrupteurs disponibles. Dans ce cas-là, il faudra additionner la durée de temporisation de chacun des interrupteurs fermés. Ainsi, si l'on ferme tous les interrupteurs, on obtient de ce fait une durée de temporisation de 1 + 4 + 10 + 16 = 31 heures. Le bouton-poussoir S5, reliant la broche 3 à la tension de service Us, fournit l'impulsion de déclenchement pour le processus de la temporisation. S6, un inverseur unipolaire à trois positions à position centrale, permet de choisir le mode de fonctionnement du circuit: **mode continu** (S6 relié au contact supérieur: connexion directe de la charge au secteur, le circuit de temporisation est mis hors-service), **mode temporisateur** (S6 en position inférieure: circuit de tempori-

Tableau 1. Définition de la durée de base.

A	B	C	Durée de base	Durée de temporisation maximale	
L	L	L	1 s	63 s	(± 1 min)
L	L	H	3 s	189 s	(± 3 min)
L	H	L	10 s	630 s	(10,5 min)
L	H	H	30 s	1 890 s	(31,5 min)
H	L	L	1 min	63 min	(± 1 h)
H	L	H	3 min	189 min	(± 3 h)
H	H	L	10 min	630 min	(10,5 h)
H	H	H	30 min	1 890 min	(31,5 h)

H = High = Haut, L = Low = Bas

Tableau 2. Programmation de la durée de temporisation.

Broche reliée à R	× durée de base
D	1
E	2
F	4
G	8
H	16
I	32

sation en fonction) et **arrêt** (S6 en position centrale). Le SAB 0529 commande un triac, le TIC206D, capable de commander le passage d'un courant allant jusqu'à 4 A. Une telle valeur permet d'attaquer des charges ayant une consommation relativement importante. Il est possible de doter le circuit d'une touche de remise à zéro. Pour ce faire, il faudra prendre un bouton-poussoir en série dans la ligne reliant les contacts communs des interrupteurs S1 à S4 à la broche R (8). L'ensemble du montage est relié directement au secteur. Il est de ce fait vital de prendre toutes les précautions nécessaires, tant pour votre sécurité personnelle et que pour celle des éventuels utilisateurs. La mise en coffret de ce montage exige impérativement l'utilisation d'un boîtier plastique; il faudra faire en sorte qu'il soit impossible d'entrer en contact avec une partie métallique quelconque du circuit et des interrupteurs, qui ne soit pas parfaitement isolée du secteur.

R. Kambach

158 CONVERTISSEUR DÉCIMAL/BCD DISCRET

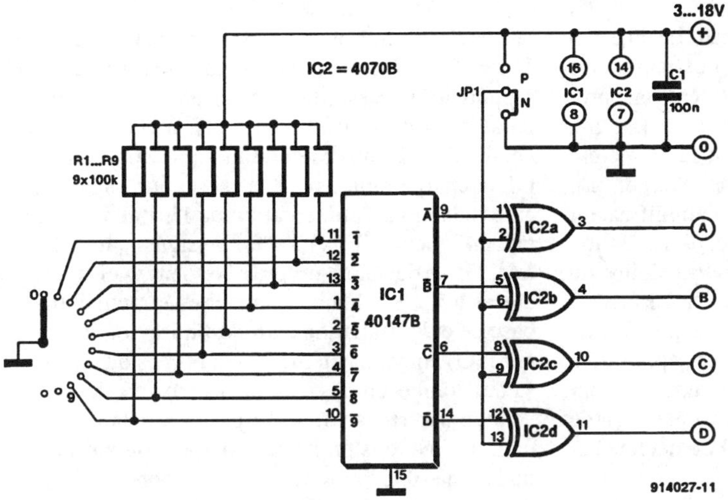

10 états décimaux différents sont sélectés à l'aide d'un commutateur rotatif standard. Le 40147 de décodage, IC1, fournit alors les niveaux logiques corrects aux sorties A à D. Selon le positionnement du cavalier de codage JP1 le circuit fonctionne soit en logique positive (position "P") ou soit en logique négative (position "N"). Comme on se trouve en présence de technologie CMOS, toute tension d'alimentation comprise entre 3 et 18 V fait l'affaire. Ceci permet également, en choisissant une tension d'alimentation de 5 V bien sûr, d'attaquer des entrées LS-TTL, HC et HCT. La consommation du circuit, 0,2 mA, est très modeste, c'est le moins que l'on puisse dire.

Il n'est pas toujours facile de trouver un convertisseur décimal/BCD* prêt à l'emploi. Sept composants standards au maximum suffisent pourtant pour réaliser de façon discrète un tel convertisseur. Dans le cas du convertisseur de cet article, les

* *BCD* = ***B**inary **C**oded **D**ecimal* = décimal codé binaire

159 ARRÊT AUTOMATIQUE POUR INSTALLATION AUDIO

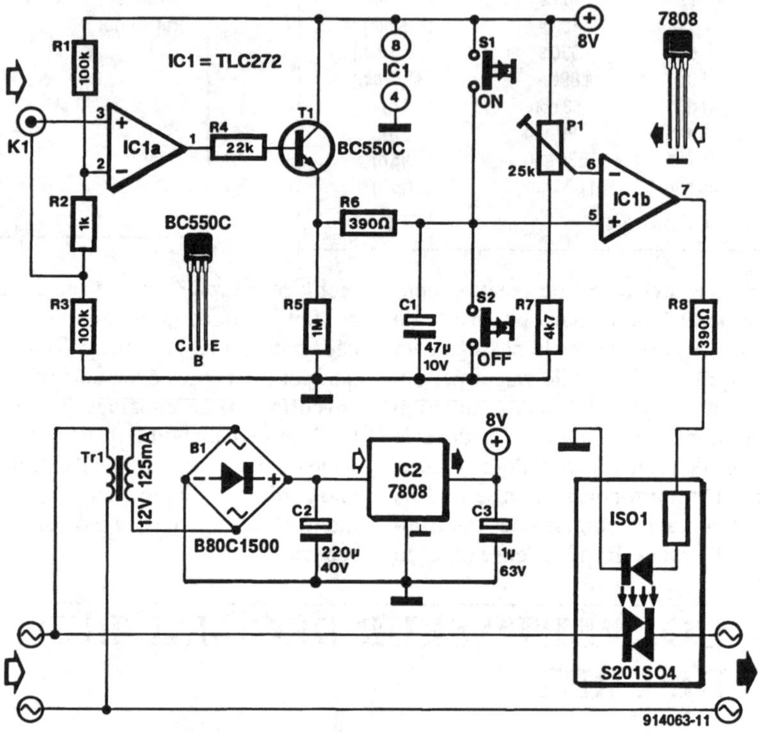

Ce circuit est capable de mettre votre installation audio à l'arrêt lorsqu'il s'est passé un certain temps depuis l'instant où elle a, pour la dernière fois, produit un son. L'activation du circuit se fait par action sur S1, bouton-poussoir dont la fermeture permet au condensateur C1 de se charger. En conséquence de quoi, la sortie de l'amplificateur opérationnel IC1b devient haute et l'installation audio est reliée au secteur par l'intermédiaire du relais à semi-conducteur ISO1 dont la LED s'est illuminée. Le signal de sortie Ligne (*Line Out*) de l'amplificateur de puissance audio est appliqué à l'entrée du circuit via l'embase K1. L'amplificateur opérationnel IC1a est monté ici en détecteur de signal à haute sensibilité ; son seuil de déclenchement est fixé à quelque 50 mV. On notera que le potentiel de masse de l'amplificateur audio est relevé à quelque +4,5 V dans le circuit de coupure automatique en raison de la présence des résistances R1 à R3. Lorsque le signal d'entrée dépasse 50 mV (c'est-à-dire 4,05V* approximativement par rapport à la masse du circuit), la sortie de IC1a passe au niveau haut et le transistor T1 entre en conduction. Dans ces conditions, le condensateur C1 se charge rapidement, de sorte que ISO1 reste en conduction, l'alimentation de l'installation restant en fonction. En l'absence de signal audio d'entrée, C1 se décharge progressivement via les résistances R5 et R6. L'amplificateur opérationnel IC1b bascule et l'installation audio est mise hors-tension par ISO1 lorsque la tension aux bornes du condensateur tombe en-dessous de la tension définie à l'entrée inverseuse de IC1b par la résistance ajustable P1. Notons en passant que le courant maximal admissible par le relais à semi-conducteur utilisé ici est de 1,5 A. Si l'on envisage de commuter des intensités plus importantes, il est préférable de faire appel à un relais conventionnel. Comme les

* Nous sommes en effet en présence d'un diviseur de tension constitué par les résistances R1 à R3. le point nodal R2/R3 se trouve à un potentiel de : R3/R1+R2+R3 . Ub = 100/201 . 8 V = 3,98 V par rapport à la masse.
De même, le point nodal R1/R2 présente un potentiel de : R3+R2/R1+R2+R3 . Ub = 101/201 . 8 V = 4,02 V par rapport à la masse.

sorties du relais et le primaire du transformateur sont reliés au secteur, on portera une attention particulière à l'isolation électrique du circuit. L'approche garantissant la meilleure sécurité consiste à utiliser un boîtier en plastique doté d'une prise et d'une fiche secteur moulées. Les connexions au secteur seront effectuées à l'aide de câble de section convenable fixé correctement à l'aide de vis. La temporisation avant mise hors-tension de l'installation que choisira l'utilisateur dépend des caractéristiques de sa chaîne Hi-Fi - temps de rembobinage de la bande magnétique, temps nécessaire au changement de D.A.N. ou de disque vinyle et autres manipulations similaires. Pour ajuster la temporisation à la valeur requise, on placera une résistance de 100 kΩ en parallèle sur R5 (ce qui divise par 10 la temporisation obtenue en définitive).

On tourne l'ajustable P1 en butée vers R7 avant d'actionner le bouton-poussoir S1 (ON) et d'attendre que le délai requis (divisé par 10) se soit écoulé; on affine la position de P1 jusqu'à obtenir le passage au niveau haut de la sortie de IC1b. Lorsque l'on est satisfait des résultats on pourra enlever la résistance de 100 kΩ, appuyer sur la touche "ON" et chronométrer la durée effective de la temporisation. Tant que l'on n'est pas parfaitement satisfait du résultat, il faudra réajuster la position de P1. **d'après une idée de T.P. Thomas**

160 REDRESSEUR DE PRÉCISION POUR MULTIMÈTRES NUMÉRIQUES

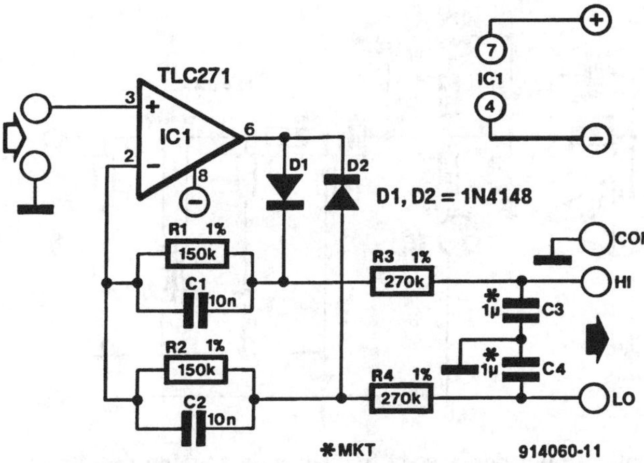

Ce circuit simple, basé sur un unique amplificateur opérationnel travaillant en mode non-inverseur, est une extension de redressement de précision pour voltmètres numériques. Le circuit peut être connecté à un diviseur de tension à haute impédance sans qu'il ne soit nécessaire de faire appel à un étage tampon additionnel, dont l'utilisation connaît deux inconvénients majeurs, à savoir une augmentation du coût et celle de la consommation de courant. Autre avantage de ce circuit : la précision n'est pas affectée par la tension de dérive de l'amplificateur opérationnel. Le redressement est doté d'une sortie différentielle de manière à permettre sa connexion directe aux entrées IN-LO et IN-HI de circuits conçus spécialement pour la mesure de tension tels que le 7106 et autres circuits aux fonctions équivalentes. IC1 est un amplificateur opérationnel de type LinCMOS travaillant en mode tension de polarisation élevée (*high bias*). Le TLC271 possède une bonne réponse aux fréquences et ce à une consommation de courant faible, de 1 mA environ. Pour toutes les applications pratiques, le gain de l'amplificateur opérationnel est égal à 2R1/R3, où R1 = R2 et R3 = R4. Aux valeurs du schéma, le gain est très proche de 1,1107, valeur qui correspond au facteur de forme de la racine carrée moyenne (rms = ***root mean** square*) pour les ondes sinusoïdales. Bien qu'optionnels, les condensateurs C1 et C2 améliorent, aux fréquences élevées, la réponse et la stabilité du redresseur. Toute composante continue présente à l'entrée, de même que la tension de dérive de IC1, prennent l'aspect d'une tension en mode commun aux bornes de C3 et C4 et sont donc supprimées. La constante de temps R3C3 (ou R4C4) détermine la réponse du redresseur aux fréquences basses. La bande passante délimitée par une précision inférieure ou égale à 1% s'étend 25 Hz à 20 kHz. Le circuit tire son alimentation de la pile de 9 V présente dans le multimètre numérique. La masse du redresseur est reliée à la borne COM du module dont le potentiel se situe à quelque 2,8 V en-dessous de celui de la tension d'alimentation positive. On choisira pour le multimètre numérique le calibre correspondant à un débattement à pleine échelle de 200 mV.

R. Shankar

161 TAMPON DE LIGNE AUDIO AVEC FILTRE

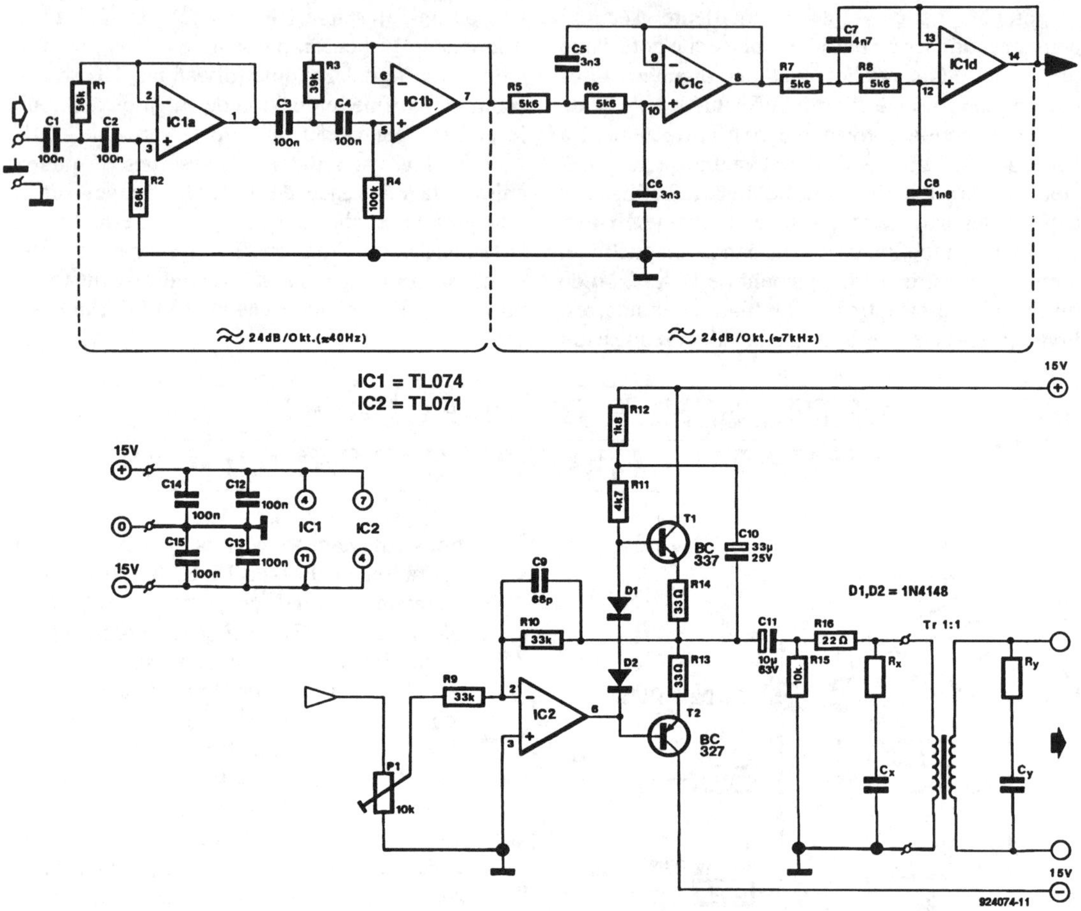

On pourra utiliser ce circuit pour toutes les applications audio. On peut subdiviser ce schéma en trois sous-ensembles : un filtre passe-haut du quatrième ordre (IC1a, IC1b), un filtre passe-bas du quatrième ordre (IC1c, IC1d) et un étage de commande (driver), IC2, T1 et T2. On peut éventuellement monter, en aval de ce dernier étage, un transformateur d'isolement. Comme ces divers sous-ensembles fonctionnent indépendamment l'un de l'autre, on pourra, en fonction de l'application envisagée, ne réaliser que les sous-ensembles nécessaires. La caractéristique des filtres se situe à mi-chemin entre celle d'un Bessel et celle d'un Butterworth. Le filtre passe-haut a pour fonction d'éliminer tous les « accidents acoustiques » basse fréquence tels que changement de jacks ou ronflement d'un microphone tenu à la main. Il suffit, pour déplacer la fréquence de coupure des 40 Hz qu'elle a à l'origine vers une autre fréquence, de modifier la valeur des condensateurs C1 à C4, proportionnellement, mais dans le sens inverse, à la variation recherchée, ce qui signifie donc qu'augmenter la valeur de ces condensateurs se traduit par un abaissement de la fréquence de coupure et inversement. Un exemple : en optant pour une fréquence de coupure de 80 Hz (fréquence deux fois plus élevée, donc division par deux de la valeur de C1 à C4), on pourra utiliser le dit filtre pour faire de la réduction de bruit. La modification de la fréquence de coupure pour le filtre passe-bas (f_c = 7 kHz) est, elle aussi, extrêmement simple. Il suffit, cette fois, de modifier, proportionnellement et dans le sens inverse, les résistances R5 à R8. Le dernier sous-ensemble est un étage de commande

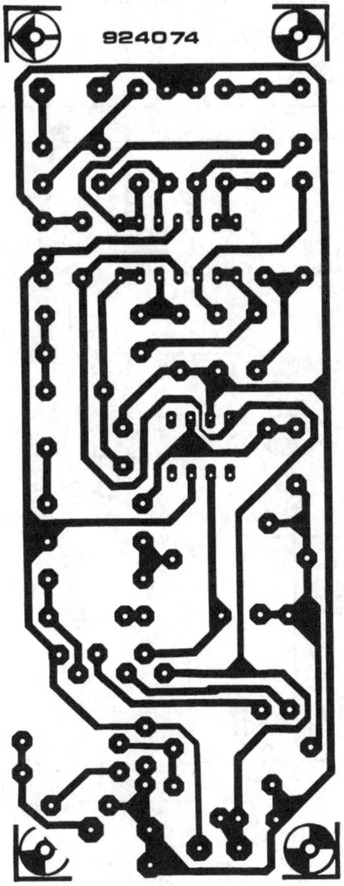

Liste des composants

Résistances :
R1,R2 = 56 kΩ
R3 = 39 kΩ
R4 = 100 kΩ
R5 à R8 = 5kΩ6
R9,R10 = 33 kΩ
R11 = 4kΩ7
R12 = 1kΩ8
R13,R14 = 33 Ω
R15 = 10 kΩ
R16 = 22 Ω
P1 = ajust. 10 kΩ

Condensateurs :
C1 à C4,C12 à C15 = 100 nF
C4,C6 = 3nF3
C7 = 4nf7
C8 = 1nF8m
C9 = 68 pF
C10 = 33 µF/25 V
C11 = 10 µF/25 V

Semi-conducteurs :
D1,D2 = 1N4148
T1 = BC337
T2 = BC327
IC1 = TL074
IC2 = TL071

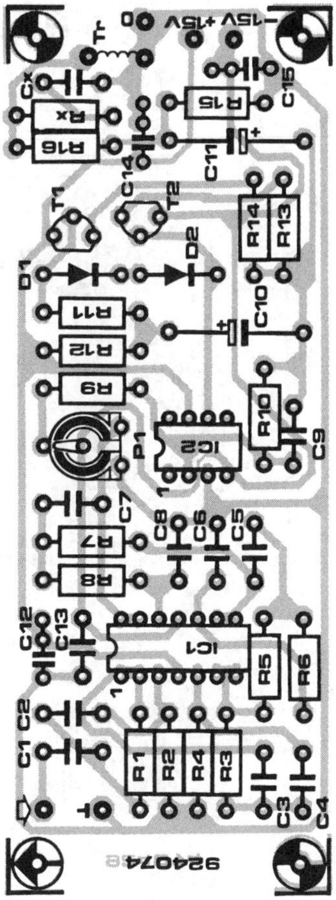

doté d'une sortie à faible impédance. On peut même envisager l'utilisation de cet étage comme sortie pour casque d'écoute. On peut également, nous l'évoquions plus haut, y placer un transformateur d'isolement. On pourra, connaissant les facteurs R_x/C_x et R_y/C_y et en utilisant un signal rectangulaire comme signal de mesure, optimiser la caractéristique de transfert du transformateur. Il faudra donner aux résistances et aux condensateurs les valeurs gardant au signal rectangulaire disponible à la sortie du transformateur sa forme la meilleure. La consommation de l'ensemble du circuit reste très faible, étant de l'ordre de 10 mA.

W. Teder

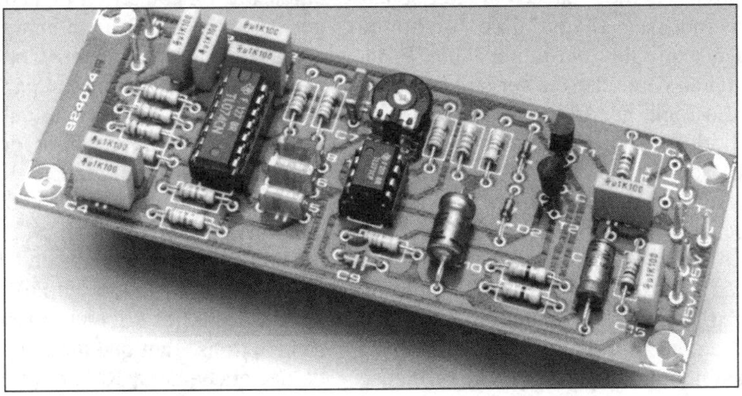

162 GÉNÉRATEUR DE DENTS DE SCIE DÉCLENCHABLE

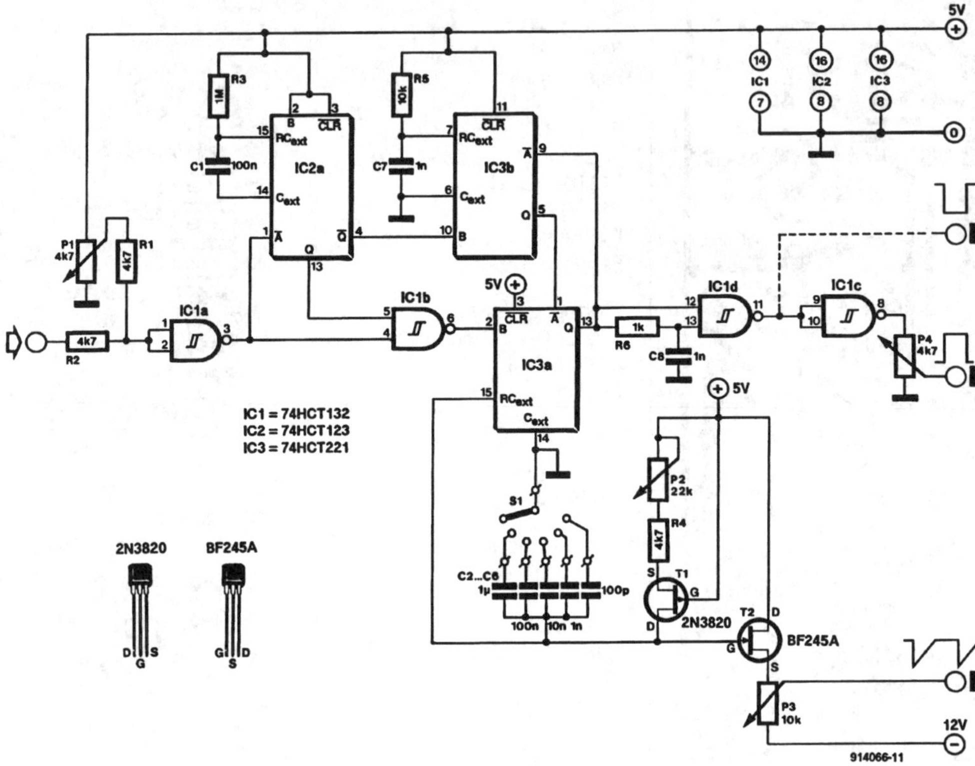

La rédaction reçoit, à intervalle plus ou moins régulier, des courriers demandant la description d'un générateur de dents de scie à utiliser avec un oscilloscope. Leurs exigences sont limitées et concises : une bonne linéarité, être redéclenchable et comporter un automatisme qui, en l'absence de signal de déclenchement, assure l'entrée en fonction du générateur. Ce montage se caractérise par ses dimensions modestes et son faible nombre de composants. Un multivibrateur monostable, IC3a, génère un signal en dents de scie servant à la synchronisation. En règle générale, l'utilisation d'un réseau RC se traduit par une certaine non-linéarité de ce signal. La solution de ce problème consiste à remplacer la résistance de ce réseau par une source de courant, prenant ici la forme du transistor T1 et des résistances R4 et P2. Lorsqu'une impulsion positive se présente à l'entrée B de IC3a, celui-ci génère une dent de scie dont la durée de période est fonction de la position du commutateur rotatif S1 et de l'ajustable P2. Pour éviter toute influence néfaste sur la qualité de cette dent de scie, on la tamponne à l'aide du transistor FET T2. Le niveau de la tension présente sur la grille de ce FET est compris entre 0 et 3,5 V ; la tension présente sur la source est légèrement moindre. Le signal rectangulaire présent à la sortie Q de IC3a peut être utilisé pour la suppression du faisceau d'électrons de l'oscilloscope lors du retour de la dent de scie. Le trigger de Schmitt, IC1a, se charge du traitement du signal de déclenchement. Cette solution est à la fois simple, peu coûteuse et parfaitement adéquate. Cette technique ne présente qu'un seul petit inconvénient : le signal d'entrée doit impérativement avoir une valeur minimale de 1 V_{eff}. L'ajustable P1 peut servir à la compensation du niveau de tension continue présent à l'entrée. Si l'on envisage d'adapter la plage de régulation de P1 à une application personnelle, il faudra modifier les valeurs des résistances R1 et R2, en s'aidant de quelques expérimentations. Tant que dure la présence de signaux de déclenchement, IC3a continue de produire des dents de scie. Comme IC2a reçoit les mêmes signaux de déclenchement, il est, lui aussi, sujet à un mode de fonctionnement répétitif. Il existe pourtant une différence bien nette entre un 74HCT123 (IC2) et un 74HCT221 (IC3). Le premier de ces circuits intégrés peut être **re**déclenché et subit de ce fait un redéclenchement en permanence. Un 74HCT221 n'est redéclenché qu'une fois écoulée la période en cours: il ignore dédaigneusement toutes les impulsions de déclenchement se présentant à l'intérieur de sa pseudo-période. Dans la pratique, la sortie Q du 74HCT123 présente un niveau haut ("1") tant que durent les impulsions de déclenchement. La disparition de ces impulsions fait passer, après un certain temps, cette sortie au niveau bas ("0") et IC3b est déclenché par l'intermédiaire de la sortie $\overline{Q}$ de IC2a. À ce moment, l'entrée B de IC3a présente un niveau logique haut. À la fin de sa pseudo-période, IC3b déclenche le générateur de dents de scie, qui, à son tour, déclenche IC3b. Ceci explique pourquoi, même en l'absence d'impulsions de déclenchement, le générateur de dents de scie continue, après un délai de 0,1 s, de fonctionner. IC3a se charge également de la suppression du faisceau d'électrons lors de son retour. Un réseau RC (R6/C8) retarde légèrement ce signal pour que la suppression du faisceau se fasse au bon moment. Comme ce réseau RC possède une valeur fixe, il peut se faire que la suppression d'un signal en dents de scie de fréquence très basse ne soit pas complète. L'utilisation, pour S1, d'un commutateur rotatif à deux circuits et l'addition d'un second condensateur C8 (de capacité convenable bien sûr) permet de mettre fin à cette situation gênante. L'adjonction dans la base de temps du circuit de condensateurs représentant un rapport de 1-2-5, permet d'affiner la plage de fonctionnement de l'oscillateur. Les condensateurs C2 à C6 du schéma présentent, entre deux condensateurs adjacents, un rapport réciproque de 10 (1 µF, 100 nF, 10 nF, 1 nF et 100 pF). Dans le présent circuit, l'ajustable P2 permet de régler à une valeur comprise entre 1 et 6 µs la durée de période de la dent de scie. Il est impossible, techniquement, de réduire cette durée à une valeur inférieure à 1 µs. L'utilisation de circuits intégrés de la famille HCT donne une consommation de 7,5 mA environ à une tension d'alimentation de 5 V. Le niveau de la tension négative d'alimentation n'est pas le moins du monde critique ; elle pourra être comprise entre –5 V et –12 V.

d'après une idée de G.J. Knopper

163 MODULE DE COMPTAGE NUMÉRIQUE À 4 CHIFFRES

Ce module numérique de comptage à 4 chiffres compact trouvera de nombreuses applications telles qu'horloges numériques, fréquencemètres, voltmètres numériques, compte-tours, chronomètres, tableaux d'affichage, etc. Le module de comptage comporte un poussoir de remise à zéro et fournit un signal de retenue. Le nombre maximal que puisse compter le module est fonction du type de circuit intégré de comptage utilisé :

- le MM74C926 fait passer sa sortie de retenue au niveau logique haut lorsque le compteur est arrivé à 6 000. Le circuit intégré compte jusqu'à 9 999.
- le MM74C927 est identique au MM74C926, à ceci près que le compteur du second chiffre de poids le plus fort divise par 6 et non pas par 10. Si donc la fréquence d'horloge appliquée à l'entrée est de 10 Hz, le module affichera les minutes, secondes et dixièmes de seconde, jusqu'à 9:59.9.
- le MM74C928 travaille comme le MM74C926, à ceci près à nouveau que le compteur du chiffre de poids fort divise par 2 et non pas par 10. En outre, le signal de retenue est un indicateur de dépassement qui passe au niveau haut lorsque le compteur passe par 2 000 et ne repasse au niveau bas que lors de la remise à zéro du compteur. Il s'agit donc d'un compteur à 3 chiffres.

Les trois circuits intégrés évoqués ici sont des CMOS ; ils comportent chacun un multiplexeur d'affichage intégré qui se contente, comme composants externes, d'un transistor de commutation

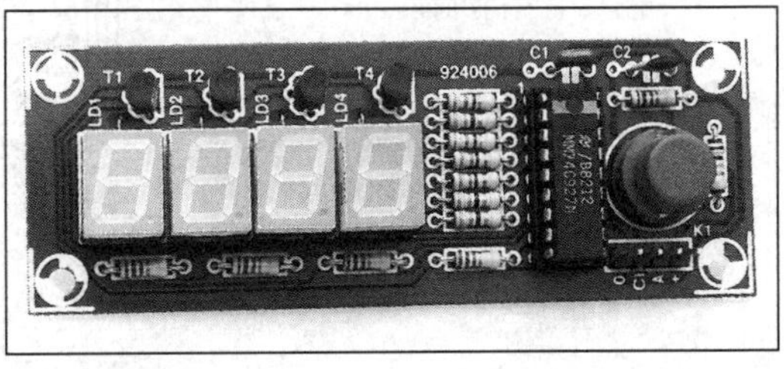

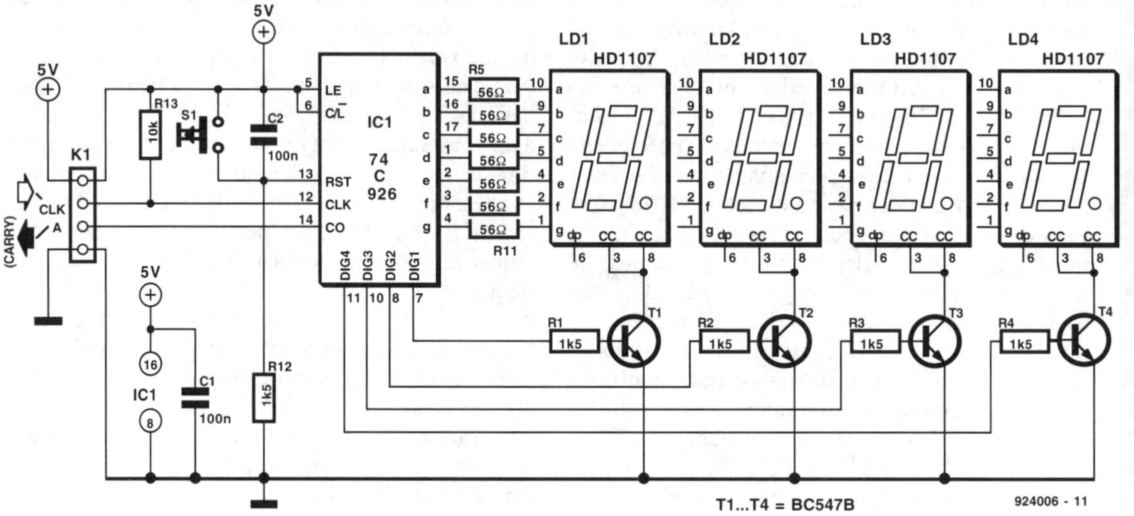

pris dans la ligne de la cathode commune des afficheurs à 7 segments à LED. La fréquence de multiplexage est de 1 kHz environ. La broche de retenue (CO = ***Carry Out***) pourra servir lors de la mise en cascade de plusieurs modules de comptage.

La consommation de courant d'un module est de l'ordre de 100 mA. Notons pour finir que les signaux d'horloge appliqués à l'entrée et ayant un niveau supérieur à la tension d'alimentation du module ne subissent pas d'écrêtage, de sorte qu'il ne saurait être question d'accepter un niveau dépassant 15 V. La plage des tensions d'alimentation admissibles par les 3 MM74C92X utilisables va de 3 à 6 V (données fournies par les fiches de caractéristiques de National Semiconductor).

Amrit Bir Tiwana

Liste des composants

Résistances :
R1 à R4,R12 = 1kΩ5
R5 à R11 = 56 Ω
R13 = 10 kΩ

Condensateurs :
C1,C2 = 100 nF

Semi-conducteurs :
T1 à T4 = BC547B
IC1 = 74C926/927/928 (voir texte)
LD1 à LD4 = HD1107 (Siemens)

Divers :
S1 = bouton-poussoir à contact travail
K1 = embase à 4 contacts en barrette autosécable

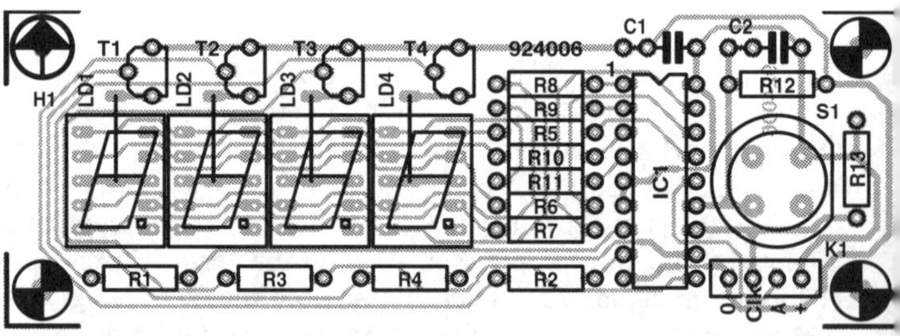

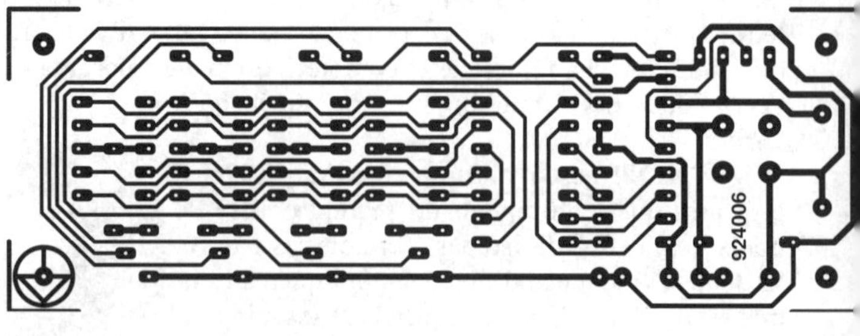

164 CHARGEUR RAPIDE POUR ACCUS NICKEL/MÉTAL

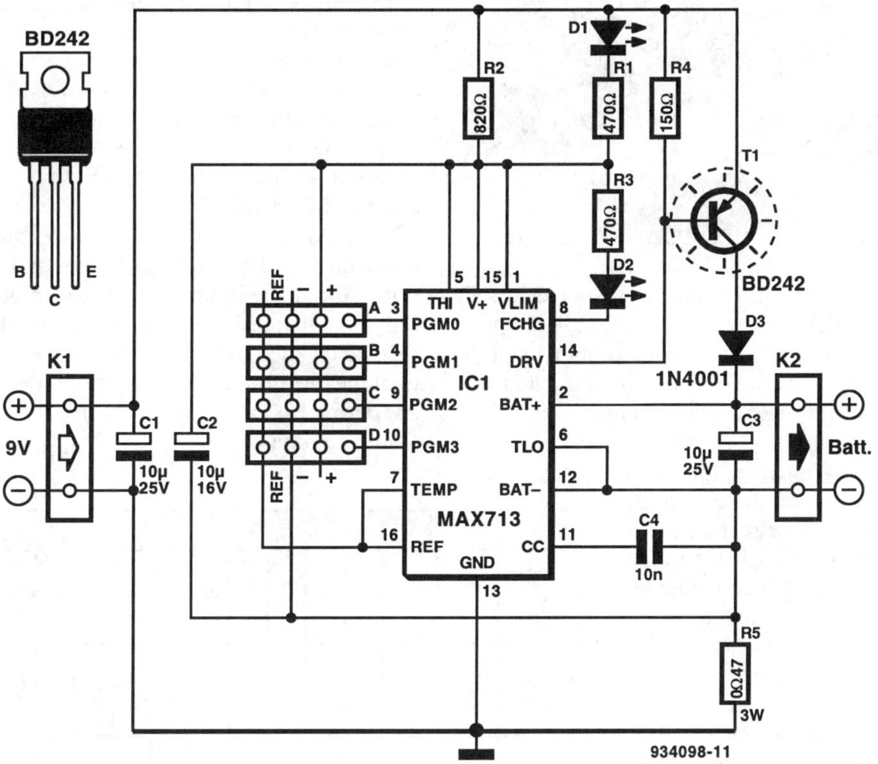

Le MAX712 de Maxim Integrated Products est un circuit intégré de technologie avancée conçu pour permettre un chargement rapide, totalement automatique, de jusqu'à seize accus NiMH (*Nickel Metal Hybride* = hybride nickel métal). Le MAX713, compatible broche à broche remplit une fonction identique pour les accus CdNi (cadmium-nickel).

La différence majeure entre ces deux circuits intégrés est que le MAX712 interrompt le processus de chargement lorsque dV/dt = 0 (détection d'une pente de tension nulle), c'est-à-dire avant que le MAX713 ne le fasse. En pratique, on peut utiliser ces deux circuits pour la charge rapide d'accus NiMH à des taux de (re)charge compris entre 0,5 et 4C, où C représente la capacité nominale de l'accu exprimée en Ah (ampère/heure). Pour des taux de charge plus courts que 0,5C il faudra utiliser le MAX712 pour les accus NiMH et le MAX713 pour les accus CdNi. Le MAX712/713 effectue une charge rapide des accus NiMH ou CdNi par pompage d'un courant constant dans l'accu. Ils connaissent deux niveaux de courant de sortie : élevé (charge rapide) et faible (charge d'entretien). Une fois que le système à détecté une (re)charge complète, il réduit le courant au niveau du courant d'entretien (*trickle charge*). Le MAX712/713 suit l'évolution de trois paramètres pour déterminer quand l'accu a atteint sa pleine charge : la pente de variation de la tension, la température de l'accu et le temps de charge. Le chargeur décrit ici est alimenté à l'aide d'un adaptateur secteur fournissant une tension continue de 9 V et un courant d'1 ampère au minimum. De telles caractéristiques permettent la charge d'accus NiMH « mignon » (*penlight*) à un courant de 0,5C, les accus CdNi l'étant à un taux de 1C. La tension de charge maximale est limitée à 1,65 V par accu.

Le processus de charge rapide est arrêté lors de l'atteinte de l'une de ces deux limites : le temps de charge préprogrammé est écoulé ou la tension de l'accu chute (méthode dV/dt). La valeur à donner à la résistance R5 répond à la formule suivante :

$R5 = 0{,}25/I_{RAPI}$,

formule dans laquelle I_{RAPI} représente le courant de charge requis. Un exemple : pour recharger un accu NiMH de 1,2 Ah à un taux de 0,5C (2 heures) il nous faut un courant de charge de 1,2 x 0,5 = 0,6 A. Ceci signifie que R5 prend une valeur de 0,25/0,6 ≈ 0,42 Ω. On utilisera une résistance de cette valeur pour R5 dans le cas d'une charge d'un accu CdNi de 500 mA à un taux de 1C (1 heure). En pratique, la résistance de 0Ω47 implantée sur le schéma à la position de R5 convient aux deux types d'applications, vu qu'il n'est pas nécessaire de définir très précisément le courant de charge, le MAX712/713 suivant individuellement chaque cellule. Le MAX712/713 intègre un temporisateur que l'on peut programmer pour des durées de charge très diverses. Le taux de charge théorique de 1C (1 heure) est approché de très près par la mise sur « 66 mn». De même, le taux de 0,5C correspond à 132 mn. Une fois la durée de charge rapide programmée écoulée, la LED D2 s'éteint automatiquement et le MAX712/713 passe de lui-même en mode charge d'entretien. La taille du courant de charge d'entretien dépend du temps de charge qui aura été programmé (cf. **tableau 2**). On peut recommander, en règle générale, de faire subir une charge d'entretien de 14 h à ses accus tous les quatre à cinq cycles de charge rapide. La réalisation de ce montage n'appelle pas de commentaire particulier de par l'existence d'un circuit imprimé spécialement dessiné à son intention. Le nombre de cellules et la durée de charge sont définis par l'implantation de cavaliers de court-circuit dans la matrice de contacts présente au centre du circuit imprimé en respectant le positionnement indiqué par les **tableaux 1** et **2**. Le transistor de puissance T1 prend place sur un radiateur disposé sur la droite de la platine. La résistance de puissance R5 sera montée à quelques millimètres de la platine de manière à en permettre un meilleur refroidissement par convection naturelle.

Tableau 1

Nombre de cellules	1	2	3	4	5	6	7	8	9	10	11	12	13	14	15	16
Connexion PGM0	V+	V+	V+	V+	ouvert	ouvert	ouvert	ouvert	REF	REF	REF	REF	BATT–	BATT–	BATT–	BATT–
Connexion PGM1	V+	ouvert	REF	BATT–	V+	ouvert	REF	BATT–	V+	ouvert	REF	BATT–	V+	ouvert	REF	BATT–

Tableau 2.

Durée de charge [mn]	Intervalle d'échantillonnage A/D (t_A)[s]	Connexion PGM2	Connexion PGM3	Courant d'entretien
22	21	REF	V+	I/64
33	21	BATT–	V+	
45	42	REF	ouvert	I/32
66	42	BATT–	ouvert	
90	84	REF	REF	I/16
132	84	BATT–	REF	
180	168	REF	BATT–	I/8
264	186	BATT–	BATT–	

Liste des composants :

Résistances :
R1,R3 = 470 Ω
R2 = 820 Ω
R4 = 150 Ω
R5 = 0Ω47 Ω/3 W

Semi-conducteurs :
D1 = LED rouge
D2 = LED vert
D3 = 1N4001
IC1 = MAX713 ou MAX712 (Maxim)
T1 = BD242C

Condensateurs :
C1,C3 = 10 µF/25 V
C2 = 10 µF/16 V
C4 = 10 nF

Divers :
K1,K2 = bornier encartable à 2 contacts au pas de 5 mm
petit boîtier modèle HM 6600-902 (PacTec)
radiateur type SK59 pour T

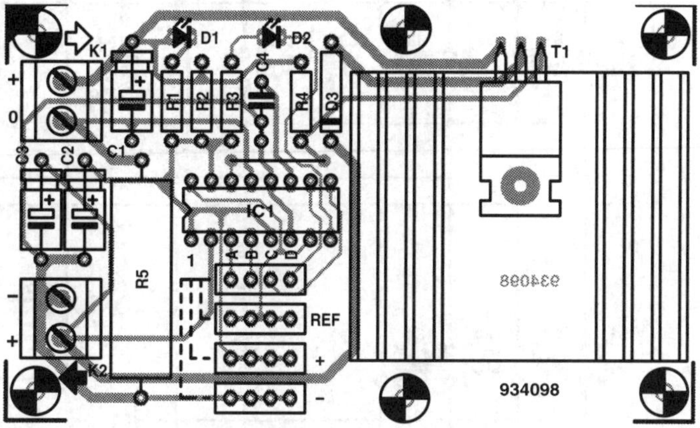

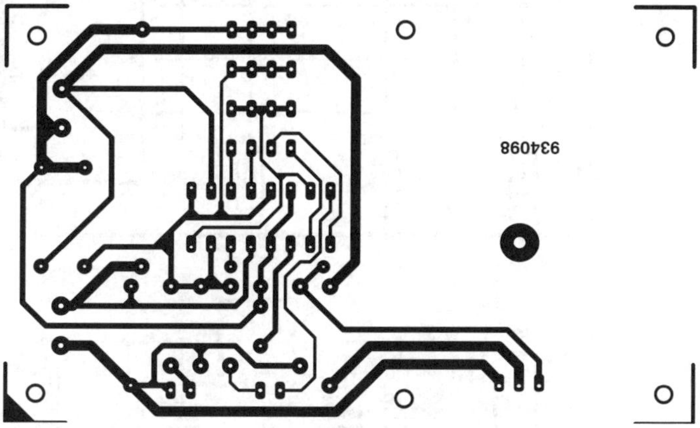

165 SERRURE CODÉE À REMISE À ZÉRO AUTOMATIQUE

Le montage de cette serrure codée comporte un petit clavier à 10 touches pour un code à quatre chiffres. Le code peut servir à commander une serrure électromagnétique, pour ouvrir une porte. Après une courte temporisation le circuit se remet automatiquement à zéro. Nous utilisons, pour la réalisation de ce montage fort pratique, un clavier dont toutes les connexions de touches sont disponibles (et accessibles). Il ne s'agit donc pas d'un clavier à matrice de touches ! Les touches S1 à S4 du schéma sont celles du code. Les autres touches sont identifiées par les numéros S5 à S10. Chacune des touches de code est reliée à l'entrée de l'une des bascules bistables à positionnement/remise à zéro intégrées dans IC1. Les différentes connexions sont établies de façon à ce qu'une action sur la touche S1 produise un niveau haut (« 1 » logique) à l'entrée de positionnement (broche 4) de la première bascule. La sortie Q correspondante (broche 2) présente de ce fait elle aussi un niveau haut. Ce n'est que dans ces conditions qu'une action sur la touche S2 se traduit par un niveau haut sur la sortie Q (broche 9) de la seconde bascule. Le processus se répète pour les touches S3 et S4. Ceci signifie que l'on n'aura de niveau haut sur la sortie Q (broche 1) de la dernière bascule bistable, qu'après l'activation, dans le bon ordre, des touches S1 à S4. Si l'on appuie, lors de la saisie du code, sur l'une des autres touches, les bascules reliées aux touches S2 à S4 sont immédiatement remises à zéro. Cette condition rend donc extrêmement difficile – pour un

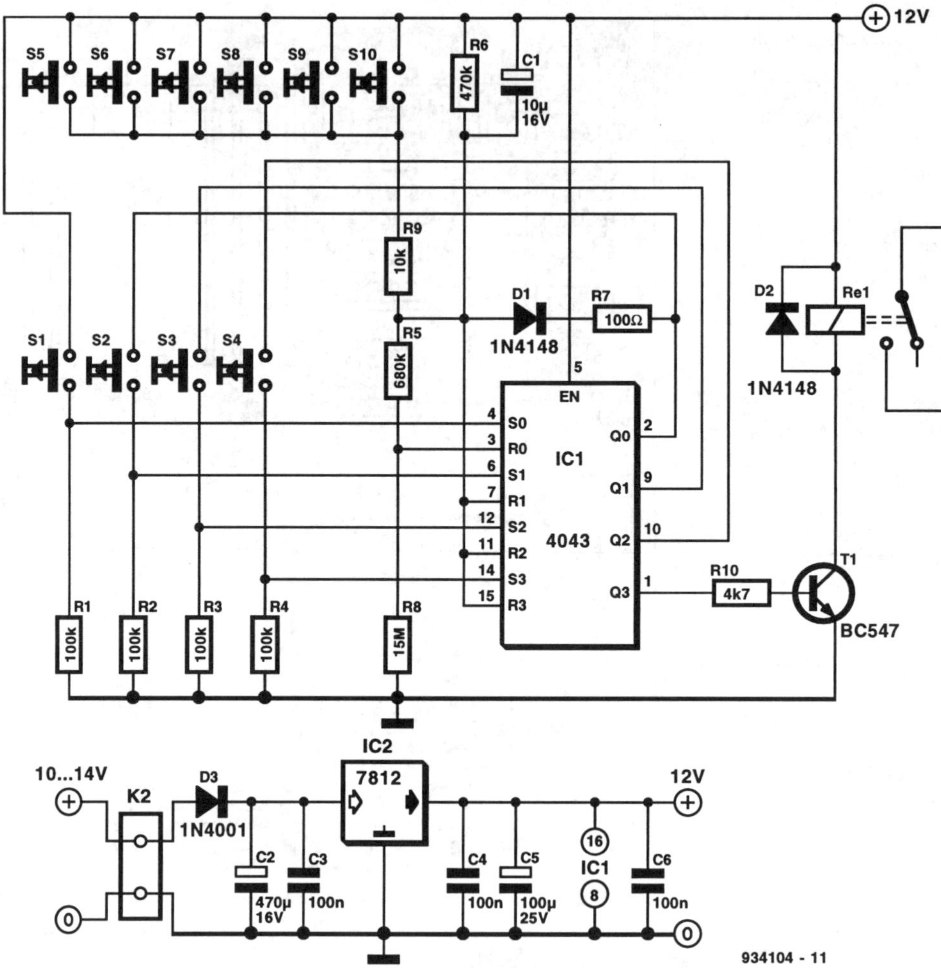

cambrioleur – de déterminer expérimentalement le code correct. L'entrée du code correct entraîne le passage à l'état conducteur du transistor T1 qui, à son tour, excite le relais de commande de la serrure électromagnétique. Le circuit comporte de plus une limitation de durée. Dans la situation de départ, au repos donc, la sortie Q de la première bascule bistable est au niveau bas. Via les résistances R1 et R5 et la diode D1, l'entrée de remise à zéro de cette bascule est donc forcée à zéro. Les bornes du condensateur C1 se trouvent de ce fait quasiment au niveau de la tension d'alimentation. Après une action sur S1, la broche 2 passe au niveau haut. De par la présence de la diode D1, le condensateur électrolytique peut se décharger lentement via les résistances R5 et R8. Au bout de 7 secondes environ la tension aux entrées de remise à zéro des quatre bascules bistables est devenue si élevée que ces bascules la considèrent comme un « 1 » logique. Si, à ce moment, le relais est excité, il est relâché aussitôt. Si par contre on n'avait pas encore terminé la saisie du code, il faudra recommencer à nouveau ! Il est possible d'utiliser un clavier comportant un nombre plus ou moins grand de touches. Il est recommandé cependant – pour éviter que les choses ne deviennent trop simples pour un éventuel malfaiteur – de faire appel à un minimum de six touches. Si l'on envisage de construire un clavier avec plus de 10 touches il faudra connecter les touches excédentaires en parallèle sur les touches S5 à S10. On peut augmenter la durée disponible avant entrée en fonction de la limitation chronologique en augmentant tout simplement la capacité du condensateur C1. Il est également possible de faire appel à un code à huit chiffres. Pour ce faire il faudra prendre en série sur IC1 un second circuit intégré du type 4043. Dans ces conditions on relie la sortie Q3 (broche 1) du premier 4043 à la 5e touche de code. La connexion des touches de code S6 à S8 se fait alors à l'exemple des touches S1 à S4 de IC1. Le circuit se caractérise par un seul petit inconvénient. Une action **simultanée** des touches S1 à S4 a elle aussi pour résultat l'activation de la serrure électromagnétique. Cette « option » pourrait inciter un malfaiteur à appuyer simultanément sur un certain nombre de touches. Dès l'instant où l'une de ces touches est une touche de remise à zéro, cette technique échouera. Il vous faudra donc faire en sorte de choisir une disposition des touches de code évitant, sur le clavier, leur juxtaposition. La consommation du circuit est, au repos, de 10 mA. Il faudra utiliser un relais du type 12 V ayant un courant d'excitation inférieur à 100 mA.

E. Bosman

166 ÉCLAIRAGE DE BICYCLETTE À POST-« COMBUSTION »

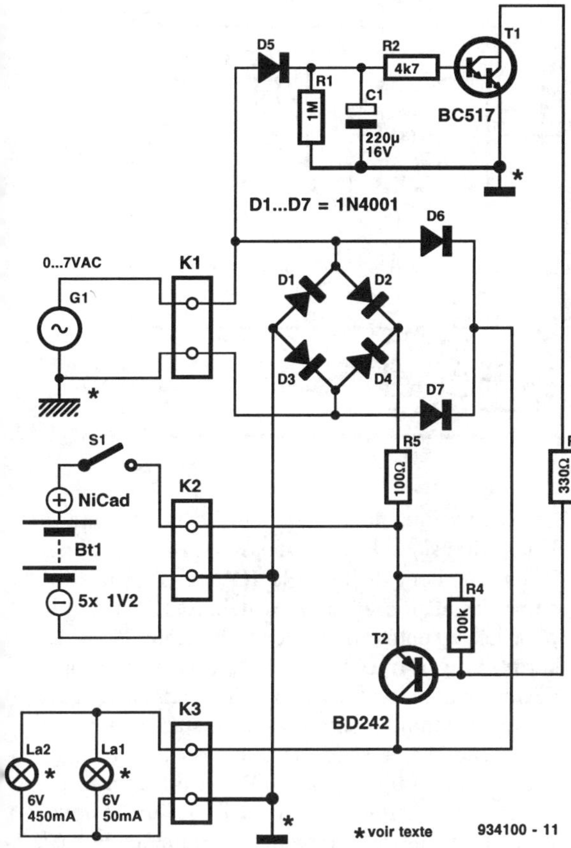

Le circuit proposé ici sert à faire en sorte que l'éclairage de votre bicyclette continue de fonctionner à l'arrêt, après que la dynamo ait cessé de produire de l'énergie. Ce circuit présente cependant un petit inconvénient : il faut faire en sorte que soit la dynamo, soit les ampoules, ne soi(en)t pas reliée(s) au châssis de la bicyclette mais alimentée(s) par un conducteur de masse séparé. Cela tient au fait que nous utilisons un pont pour procéder à un redressement double alternance de la tension fournie par la dynamo. Il faut pour cela que la tension alternative soit flottante par rapport à la tension continue, et inversement. Le circuit comporte en fait deux ponts de redressement ayant une de leur moitié en commun. Les diodes D1 à D4 constituent le pont de redressement via lequel (par R5) se fait la recharge de l'accu CdNi pendant le déplacement de la bicyclette. Les diodes D1, D3, D6 et D7 constituent le second pont via lequel – si tant est que la tension fournie par la dynamo soit encore suffisante – l'éclairage de la bicyclette reçoit directement son alimentation. Pendant que la bicyclette se déplace et que la tête de la dynamo tourne, le condensateur C1 se charge via la diode D5. Ceci permet à T1 de conduire. Une fois que T1 est passant, T2 peut également se mettre à conduire lorsque la tension de la dynamo devient trop faible, et alimente l'éclairage à partir de l'accu CdNi. En cas d'arrêt de la bicyclette, la recharge du condensateur C1 cesse. Dans ces conditions, le transistor T1 cesse, au bout d'une bonne trentaine de secondes, d'être passant, entraînant dans son blocage le transistor T2. L'éclairage de la bicyclette s'éteint doucement. En soi, l'interrupteur S1 pourrait paraître superflu, s'il n'y avait pas le risque qu'un courant de fuite vide progressivement l'accu. L'ouverture de S1 à la fin de la promenade évite ce problème. Vous pouvez, s'il vous semble que la durée de post-« combustion » de l'éclairage est insuffisante, augmenter sa durée en donnant au condensateur C1 une valeur plus élevée.

167 MINUTERIE ÉLECTRONIQUE POUR LAMPE DE CHEVET

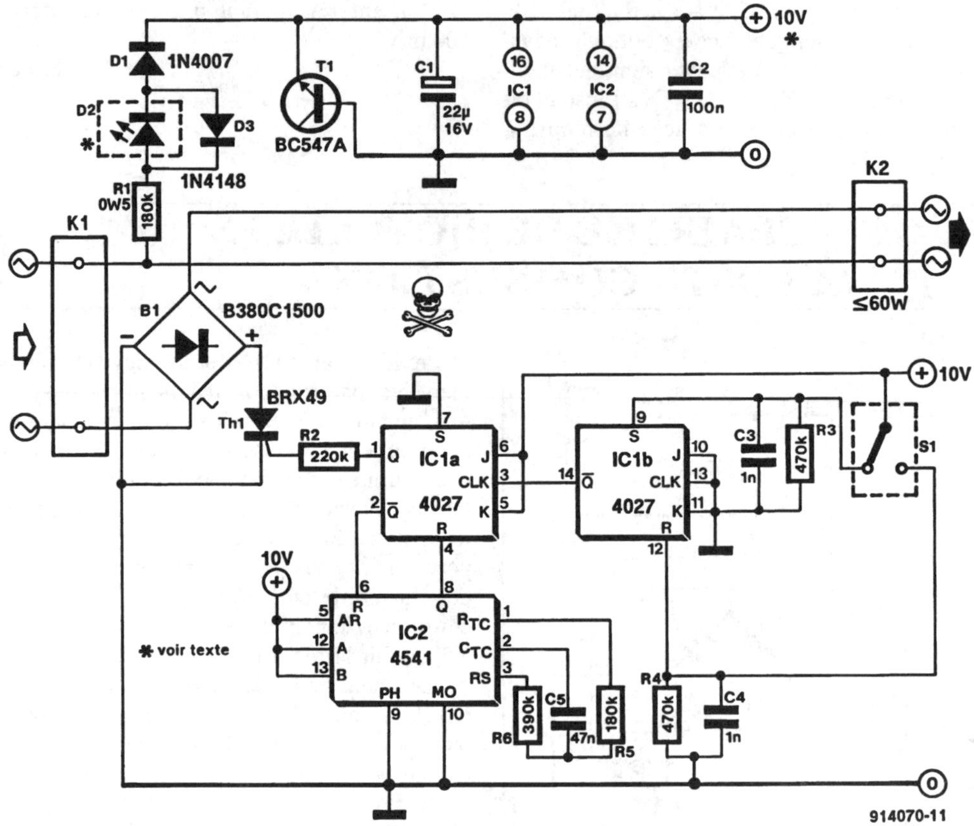

Après que leur maman (ou papa) ait refermé le livre de contes et qu'elle (il) ait quitté la chambre, de nombreux jeunes enfants tiennent à tout prix à ce que leur lampe de chevet reste allumée pendant quelques minutes, le temps de s'endormir disent-ils. L'inconvénient de cette situation est que la plupart de ces enfants s'endorment en oubliant –rien de plus normal direz-vous– d'éteindre la lampe. Non seulement ceci constitue un (petit) gaspillage d'énergie, mais, en outre, cela complique la tâche des parents lorsqu'il s'agit d'entrer dans la chambre pour éteindre la lampe sans réveiller leur rejeton. Le temporisateur proposé ici constitue une solution élégante à ce petit problème domestique. Le circuit, facile à réaliser, fait appel à des composants standard, donc peu coûteux, et vous permet de définir la durée pendant laquelle la lampe de chevet reste allumée une fois le lit bordé et la "minuterie électronique pour lampe de chevet" actionnée. Une action sur le bouton-poussoir S1 se traduit par le basculement du bistable IC1b et l'application d'une impulsion d'horloge, débarrassée de tout parasite, à l'entrée d'un second bistable, IC1a. La sortie Q de IC1a passe de ce fait au niveau haut, déclenchant ainsi le thyristor faible puissance, Th1. La sortie complémentaire de ce bistable, $\overline{Q}$, passe au niveau bas et valide le temporisateur IC2. La charge, une ampoule de 60 W au maximum, est alors mise en service et reste active (allumée donc) jusqu'à ce que le compteur IC2 remette IC1a à zéro. Le compteur, un circuit intégré du type CD4541, est doté d'un oscillateur fonctionnant à une fréquence, f, résultant du calcul suivant :

$f = 1/2{,}3\,R_{TC}C_{TC}$ [Hz],

formule dans laquelle R_{TC} est la résistance reliée à la broche 1 et C_{TC} le condensateur relié à la broche 2. La résistance connectée à l'entrée RS de IC2 a une valeur de 2 x R_{TC} environ.

Dans ce circuit, le facteur d'échelle du 4541 a été défini à 65 536 (216) en reliant ses broches de commande A et B à la ligne de la tension positive d'alimentation. Ceci signifie que le niveau présent sur la sortie (broche 8) change au bout de 32 768 impulsions d'horloge. Les niveaux logiques présents aux broches 5, 10 et 9 entraînent un passage au niveau bas de la broche 8 lorsque la broche de remise à zéro (6) se trouve au niveau logique haut. Il est possible, de ce fait, de calculer le temps de temporisation, t, introduit par le circuit, à l'aide de la formule suivante :

$t = 2{,}3 \times 32768 \times R5 \times C5 \qquad [s].$

Le circuit dérive sa tension d'alimentation directement du secteur. Le transistor T1 sert en fait de diode zener de 10 V. La LED, D2, constitue un point de référence lumineux pour l'enfant (ou un autre utilisateur). Cette LED est intégrée dans le bouton-poussoir S1 (une Digitast de ITW par exemple). On notera que la tension d'alimentation réelle du circuit peut être, en fonction des caractéristiques du transistor T1, comprise entre 6 et 12 V. Tant que IC1a est capable de fournir au thyristor un courant de déclenchement de quelque 200 mA, la valeur effective de la tension d'alimentation est sans importance pourtant. En raison de la présence de la tension secteur un peu partout sur le circuit, il est recommandé d'utiliser, pour sa réalisation, le circuit imprimé dont on retrouve en **figure 2** la sérigraphie de l'implantation des composants. Pour des raisons de sécurité il est également impératif de placer ce circuit dans un boîtier en plastique, de limiter au strict indispensable l'orifice destiné au bouton-poussoir et de doter les cordons secteur d'entrée et de sortie d'une bride anti-arrachement.

ATTENTION : Sachant que l'ensemble du circuit véhicule la tension du secteur, il ne saurait être question d'effectuer la moindre intervention sur le circuit **tant qu'il est connecté au secteur**.

H. Moser

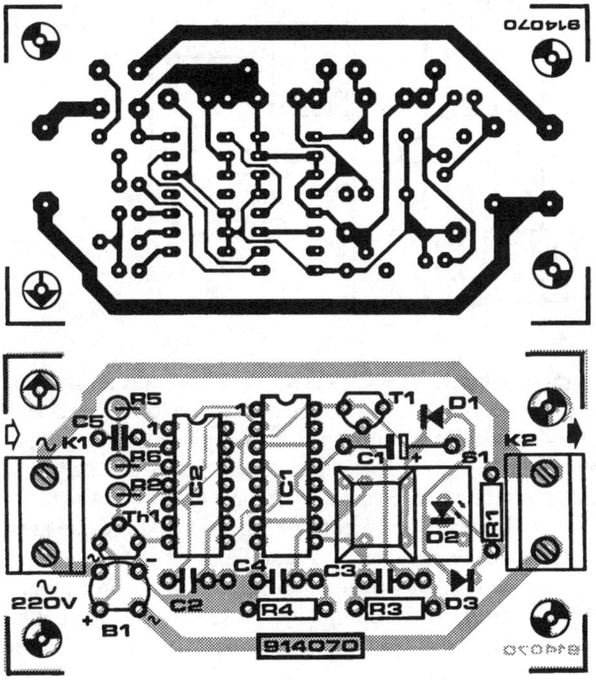

Liste des composants

Résistances :
R1 = 180 kΩ/0,5 W
R2 = 220 kΩ
R3,R4 = 470 kΩ
R5 = 180 kΩ
R6 = 390 kΩ

Condensateurs :
C1 = 22 µF/16 V
C2 = 100 nF
C3,C4 = 1 nF
C5 = 47 nF

Semi-conducteurs :
D1 = 1N4007
D2 = LED 3 mm à haute luminosité
D3 = 1N4148
T1 = BC547A
Th1 = BRX49
B1 = B380C1500
IC1 = 4027
IC2 = 4541

Divers :
S1 = bouton-poussoir avec capot pour LED 3 mm (DIGITAST de ITW)
K1,K2 = bornier encartable, 2 contacts au pas de 10 mm
éventuellement boîtier plastique de 100 x 50 x 25 mm environ

GÉNÉRATEUR DE DONNÉES SÉRIELLES

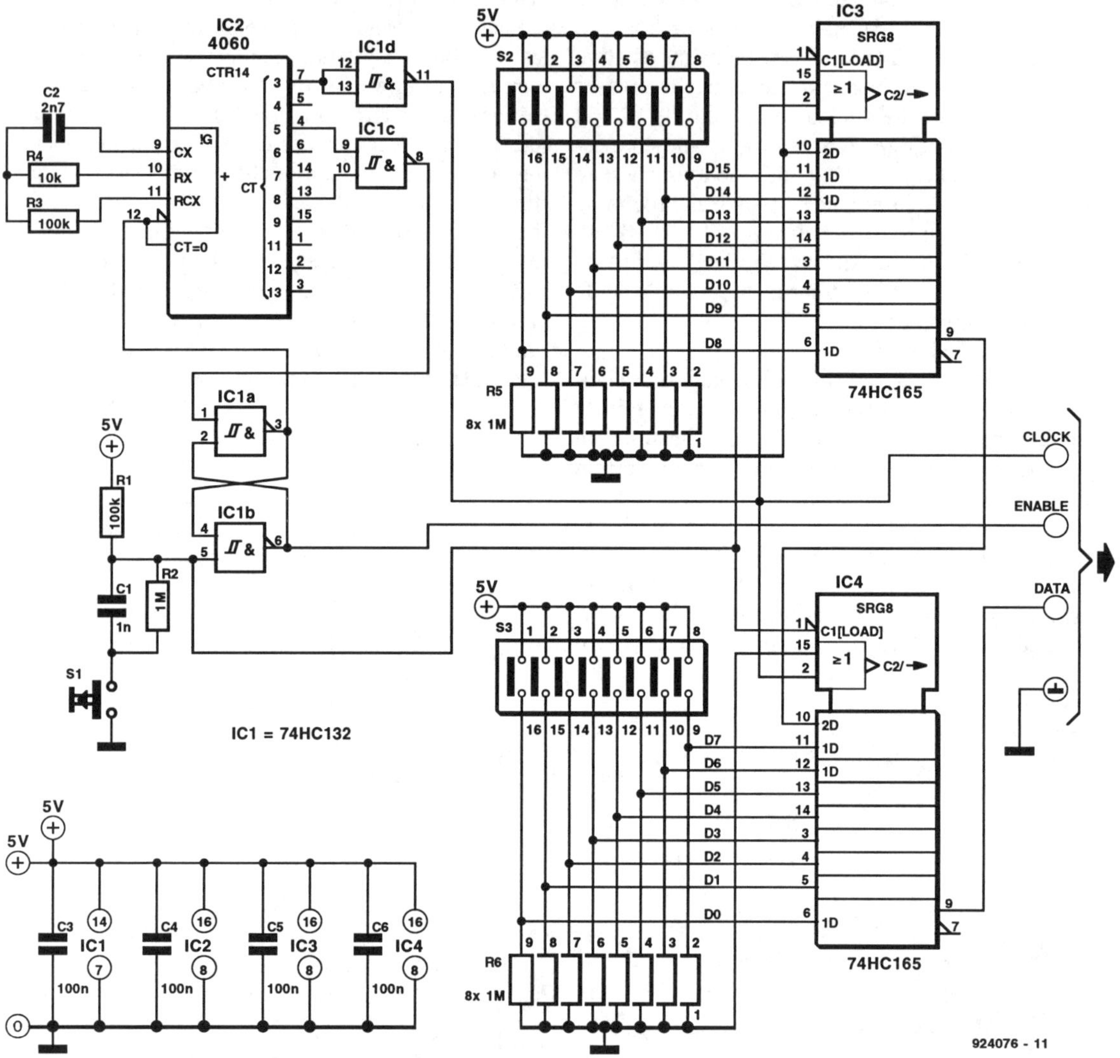

Il existe bon nombre de circuits intégrés à commande sérielle. Nous faisons appel ici à une simple liaison trifilaire, avec comme fil d'Ariane, le chronogramme du SDA3002, un générateur de données spécialisé. Pour tester un circuit, on l'associe à quelques composants. En effet, cette approche présente un double avantage : il n'est pas nécessaire, d'une part, d'écrire de programme pour l'un ou l'autre microprocesseur et de l'autre il est possible de réaliser un circuit à l'aide de composants logiques standard disponibles « partout ». Si l'on se contente d'envoyer, à répétition, un mot de donnée unique, on pourra supprimer les octuples interrupteurs DIL S2 et S3, de même que les résistances de forçage au niveau bas (octuples réseaux résistifs R5 et R6); les entrées des registres à décalage sur 8 bits à chargement parallèle IC3 et IC4 sont forcées aux niveaux fixes requis. Les deux registres à décalage à entrées parallèles évoqués quelques lignes plus haut, montés en série, constituent le coeur du circuit. Nous les utilisons ici comme convertisseur parallèle-série sur 16 bits. Il nous faut, pour garantir un fonctionnement correct de l'ensemble, quelques circuits additionnels. Le

4060, un compteur binaire à 14 étages et oscillateur intégré, fournit le signal d'horloge. Le démarrage de cet oscillateur/compteur est obtenu par l'intermédiaire d'une bascule, IC1a/IC1b, positionnée par action sur le poussoir S1. La sortie de IC1b fournit alors le signal de validation (*Enable*) pour le circuit à tester. Une action sur S1 se traduit par l'application, à l'entrée de positionnement de la bascule, d'une courte impulsion de 0,1 ms (via le petit réseau RC différentiateur constitué par R1 et C1, la résistance R2 étant elle nécessaire au déchargement de C1). Le maintien de l'action sur S1 n'a pas la moindre influence sur la longueur de l'impulsion produite. Il faut en effet que la longueur de cette impulsion ne dépasse jamais la moitié d'une impulsion d'horloge si l'on veut éviter que la chronologie des impulsions ne soit irrémédiablement perturbée. L'impulsion de départ sert également au chargement dans les registres à décalage des niveaux logiques définis à l'aides des interrupteurs DIL. Les registres internes engrangent les données parallèles tant que le signal appliqué aux broches 1 des circuits IC3 et IC4 (SH/$\overline{\text{LD}}$) reste au niveau bas. Pour cette même raison, il est indispensable que l'impulsion de départ soit aussi brève que possible. Cette impulsion constitue également le début de l'ensemble du cycle (voir à ce sujet le chronodiagramme de la **figure 2**). Le signal fourni par la sortie Q3 (CT3) du 4060 subit une inversion introduite par la porte NAND à trigger de Schmitt montée en inverseur IC1d, fournissant ainsi le signal d'horloge aux registres à décalage. C'est de cette façon que l'on garantit la présence à la sortie, pendant une pleine période d'horloge (1,25 ms), du signal de données D0. Après que la sortie Q3 soit passée 18 fois au niveau haut, la bascule est remise à zéro et la ligne de validation revient au niveau logique bas, processus induit par la porte NAND à trigger de Schmitt IC1c connectée aux sorties Q5 (CT5) et Q8 (CT8). Un cycle complet est ainsi terminé. Nous avons donc, dans notre exemple, transfert de 18 bits. Les deux bits de poids le plus fort (MSB = ***Most Significant Bit***) sont définis par l'entrée sérielle de IC3 (sa broche 10). La mise au niveau logique haut de cette entrée attribue aux deux bits de donnée D16 et D17 la valeur « 1 ». Si l'on veut pouvoir choisir la valeur de ces deux bits, il faut ajouter une paire de bascules D, montées en registre à décalage. La consommation du circuit est extrêmement faible; elle est principalement due aux résistances de rappel au niveau bas. Lorsque tous les bits sont à « 1 », il circule un courant de 80 µA. Après action sur le poussoir S1 on a fonctionnement, pendant un court instant, de l'oscillateur, situation qui se traduit par un doublement de la consommation de courant.

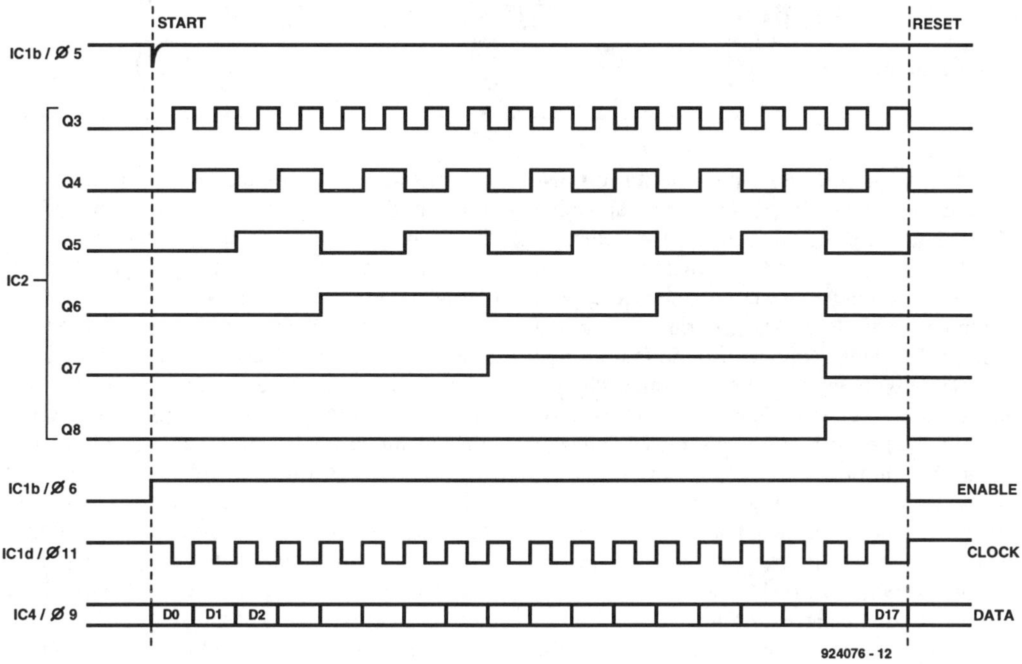

169 RÉSEAU EN ÉCHELLE LOGARITHMIQUE BINAIRE

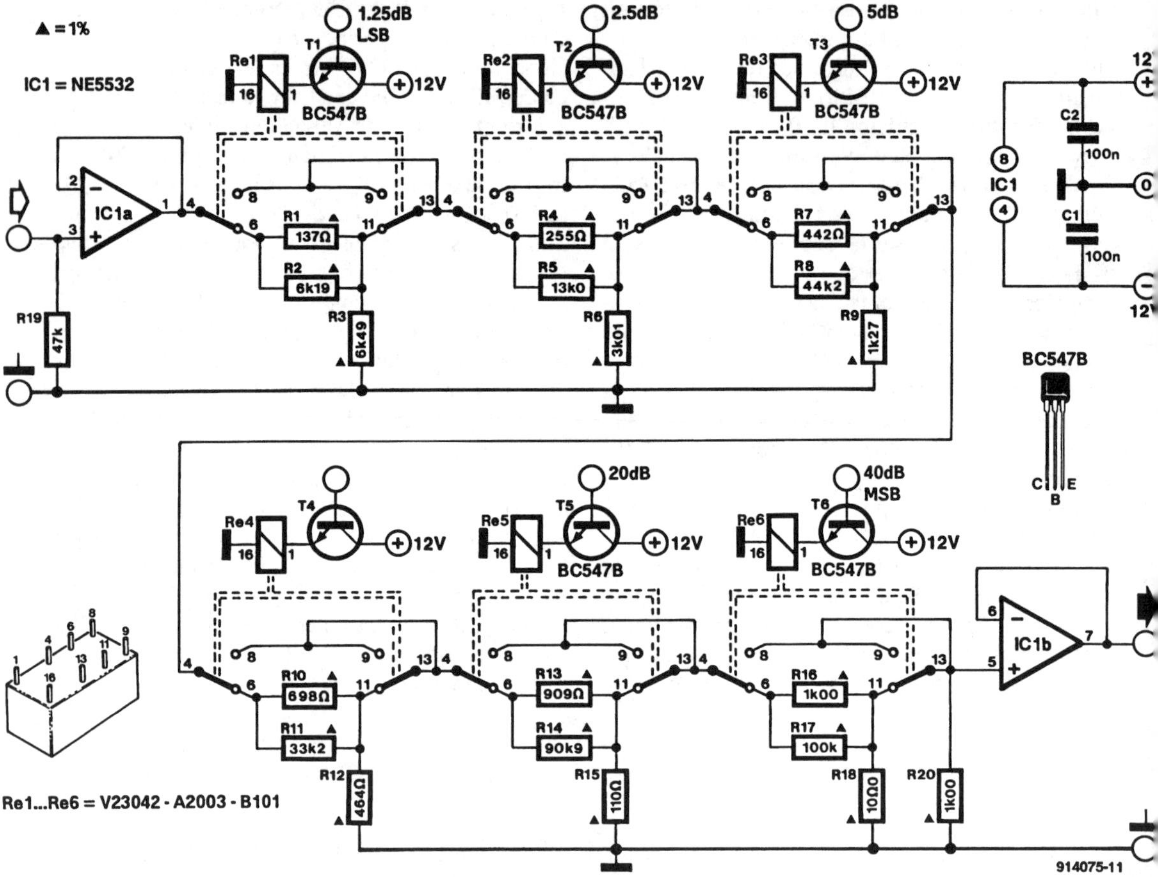

Avec l'atténuateur en échelle proposé ici, on dispose d'une atténuation de 0 à 78,75 dB, ajustable en 64 pas grâce à un code de 6 bits. La structure de l'atténuateur est, on le voit à l'examen du schéma, répétitive. Six atténuateurs commandés indépendamment par relais sont, pris ou non, en fonction du code choisi, dans l'échelle et donc mis ou non en série les uns avec les autres. Comme chaque section présente la même impédance caractéristique de 1 kΩ, elles restent sans influence l'une sur l'autre et peuvent donc être interverties sans problème. Il reste bien entendu à opter en fin de chaîne pour la bonne impédance terminale. C'est d'ailleurs la raison de la présence de la résistance R20. Nous lui avons attribué la valeur relativement faible de 1 kΩ de manière à limiter au strict minimum la composante de bruit intrinsèque introduite par l'atténuateur. L'atténuateur proprement dit est pris entre deux tampons, intégrés dans un NE5532, circuit intégré qui se comporte "comme un chef" avec une impédance de 1 kΩ appliquée à l'entrée. L'utilisation de relais pour la commande des différentes sections a l'avantage d'éviter l'introduction de la moindre non-linéarité due aux dispositifs de commutation. La présence de ces relais présente un second avantage, celui de permettre une isolation galvanique entre le circuit de commande et l'atténuateur. Les différents relais sont chacun attaqués par un transistor, de sorte qu'il suffit d'un signal de commande relativement faible pour les activer. N'importe quel circuit logique (TTL ou CMOS) peut ainsi commander un relais. Le rapport signal/bruit de l'atténuateur est, avec les valeurs attribuées ici aux composants, supérieur à

92 dB (atteignant 107 dB même en cas de pondération-A). Ces valeurs s'entendent à un niveau de signal de 1 V_{eff} au moins. La valeur maximale de la tension d'entrée est de 7 V_{eff}. La distorsion harmonique totale est, aux fréquences inférieures à 20 kHz, inférieure à 0,003%. La consommation totale de courant dépend du type de relais utilisé et devrait se situer aux environs de 120 mA.

170 SONDE DE TEST UNIVERSELLE

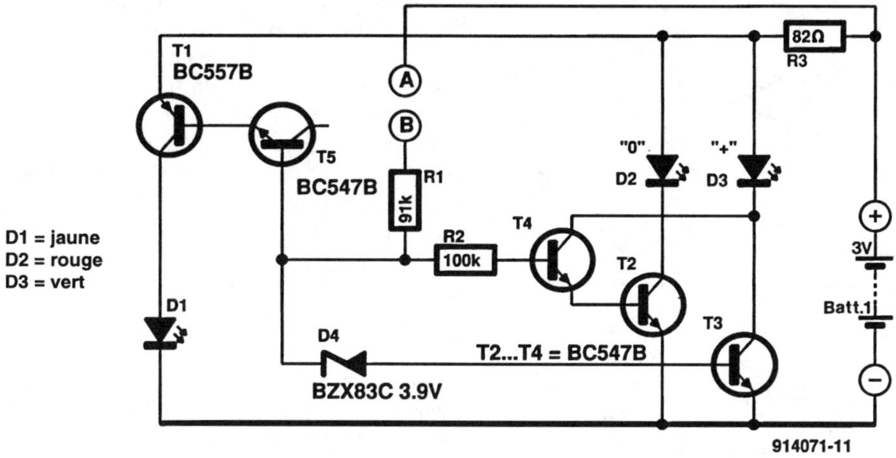

Bien que de réalisation purement discrète, le montage présenté ici est sans doute l'un des plus compacts décrits dans ce livre. À l'aide de cinq transistors, trois LED, une diode zener et trois résistances, il devient possible de "mesurer" aisément le niveau de la tension présente sur les broches d'un circuit logique, aux bornes de fusibles, de diodes ou autres piles. Le résultat d'une mesure effectuée à l'aide de cette sonde ne peut pas prétendre représenter une valeur bien définie ; il s'agit plutôt d'une indication **globale** qui, dans certains conditions, est aussi pratique que le résultat d'une technique de mesure très élaborée. Sachant que tout laboratoire d'électronique possède sa boîte de "bric-à-brac" –où se blottit un nombre souvent impressionnant de composants "rescapés"– à laquelle le circuit proposé ici pourra s'approvisionner, on peut affirmer tout haut que ce montage ne coûte (presque) rien. La mesure s'effectue à l'aide de deux pointes de touche, reliées aux points **A** et **B** du circuit. Si la différence en tension entre A (point de référence) et B est comprise entre –1,9 V et +2,0 V, la LED rouge (D2) s'illumine. La LED verte (D3) s'illumine si la tension présente au point B est égale ou supérieure à +1,4 V. La LED jaune (D1) est allumée lorsque le point B présente une tension de –1 V ou encore plus négative. Un simple croquis vous aura appris qu'il existe un domaine "blanc" compris entre –1,9 et –11 V où toutes les LED sont éteintes. Dans ce circuit, le transistor T5 remplit la fonction de diode zener. Comme l'effet zener apparaît chez un transistor de manière relativement stable et ce à un courant beaucoup plus faible qu'avec une diode zener, son utilisation comme ersatz de diode zener se traduit par une consommation de courant plus faible. Il est aussi possible de mesurer des tensions alternatives avec cette sonde (d'où le qualificatif universelle). La tension d'entrée maximale dépend largement de la dissipation maximale de la résistance R1. Si l'on utilise pour cette résistance un exemplaire d'une puissance de 0,5 W, la tension maximale admissible entre les bornes A et B est de 200 Veff. La consommation du circuit est fonction du nombre de LED allumées simultanément. Sous une tension d'alimentation de 3 V, le courant maximal qui circule à travers le circuit est de 10 mA. Au repos, la consommation est si faible (5 µA environ) qu'il est parfaitement superflu de doter le circuit d'un interrupteur marche/arrêt.

A. Chanturiya

171 ALIMENTATION SYMÉTRIQUE RÉGLABLE

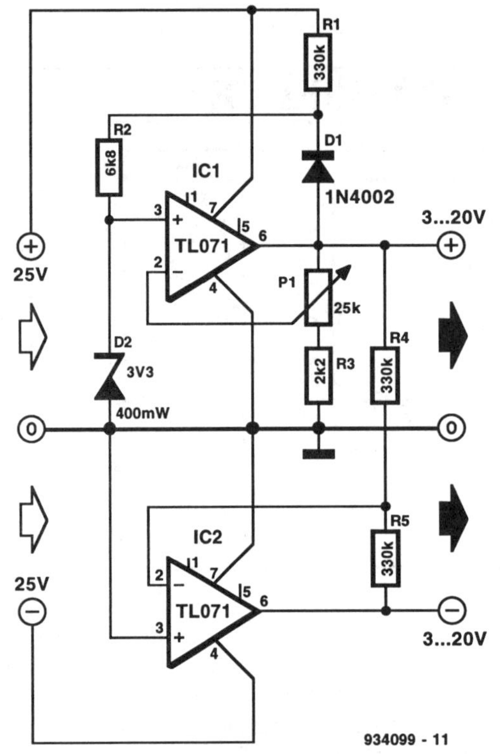

Une alimentation symétrique n'est pas forcément un circuit complexe. Comme le prouve le schéma proposé ici, il est fort possible de s'en sortir avec deux amplificateurs opérationnels courants. Il ne faut cependant pas oublier qu'une telle alimentation ne peut fournir qu'un nombre de milliampères relativement faible. La moitié supérieure du schéma fournit, comme on peut s'y attendre, la tension positive. Une diode zener de 3,3 V sert de référence. Cette diode est reliée à l'entrée non inverseuse (+) de l'amplificateur opérationnel IC1. De manière à garantir un bon fonctionnement du circuit, celui-ci commence par être alimenté via la résistance R1, puis lorsque le niveau de tension de sortie a atteint une valeur suffisante, via la diode D1. On réinjecte, par l'intermédiaire du potentiomètre P1, une partie de la tension de sortie vers l'entrée inverseuse de IC1. Plus le niveau de réinjection diminue, plus la tension de sortie augmente. Sachant que la tension d'alimentation maximale du TL071 est de 36 V, la tension de sortie peut atteindre jusqu'à de l'ordre de 30 V. Il n'est bien évidemment pas interdit, bien au contraire, d'opter pour une tension d'alimentation de l'amplificateur opérationnel plus faible, ce qui se traduira bien entendu par une tension de sortie moindre. La moitié inférieure du schéma est l'image en miroir de la moitié supérieure, et fournit la tension de sortie négative. Ce second amplificateur opérationnel, IC2, nécessite une seconde tension d'alimentation (négative cette fois). La prise dans les lignes de sortie d'une paire de condensateurs électrolytiques (10 µF) améliorera la stabilité des tensions de sortie.

A.B.Tiwana

172 REHAUSSEUR DE SIGNAL VIDÉO TRÈS BON MARCHÉ

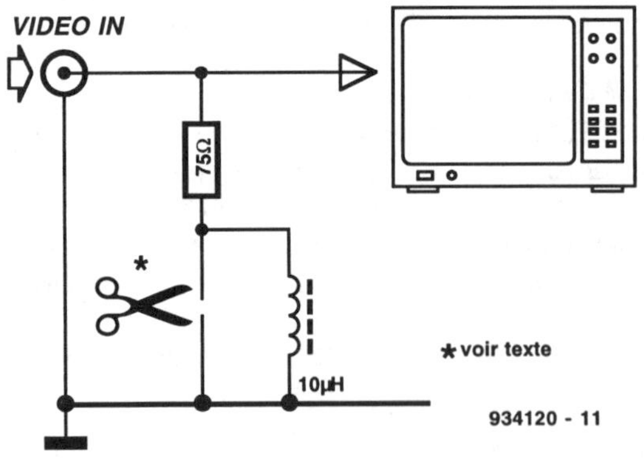

Il s'agit sans doute ici de l'un des circuits les plus simples décrits dans ce livre. Sa fonction est d'améliorer la netteté d'une image vidéo sur l'écran de télévision. Lors de la reproduction d'un signal vidéo qui transite par l'entrée Péritel ou l'entrée vidéo standard d'un téléviseur, l'image est très légèrement moins nette que lorsqu'il y entre par l'entrée d'antenne. Il existe sur le marché un certain nombre d'appareils destinés à remédier à ce problème, mais leur coût est difficilement justifiable par l'amélioration qu'ils permettent. Il existe

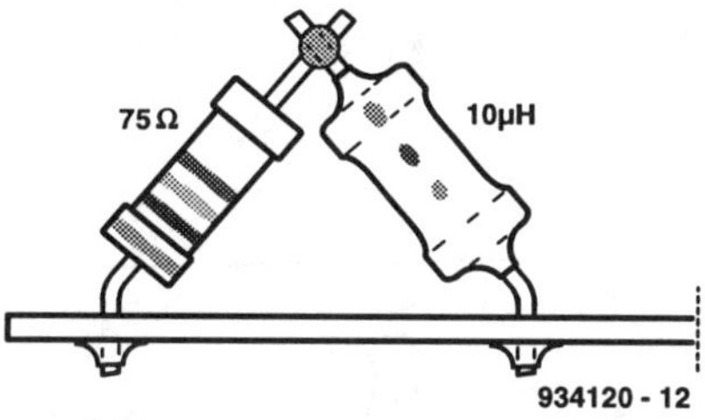

aussi une solution à une douzaine de francs qui donne des résultats satisfaisants : une self de 8,2 ou 10 µH en série avec la résistance d'entrée de l'entrée Péritel ou vidéo (c'est-à-dire dans le circuit d'entrée du téléviseur ; dans la majorité des cas il s'agit d'une résistance de 75 ou de 82 Ω). De ce fait l'impédance d'entrée augmente aux fréquences élevées, de sorte que celles-ci subissent une atténuation moindre lors de leur transfert via le câble coaxial que celle subie par les fréquences plus basses. Ce sont en particulier les signaux à bande passante limitée – tels ceux en provenance de magnétoscopes – que l'on améliore ainsi sensiblement : l'image est plus nette et les couleurs plus franches. Il peut se faire qu'en présence d'un signal de bonne texture, le rehausseur de signal vidéo exagère quelque peu. Cet inconvénient peut être éliminé par la présence d'un interrupteur pour court-circuiter la self lorsque le besoin s'en fait sentir.

J. Bodewes

173 TEMPORISATEUR À LED

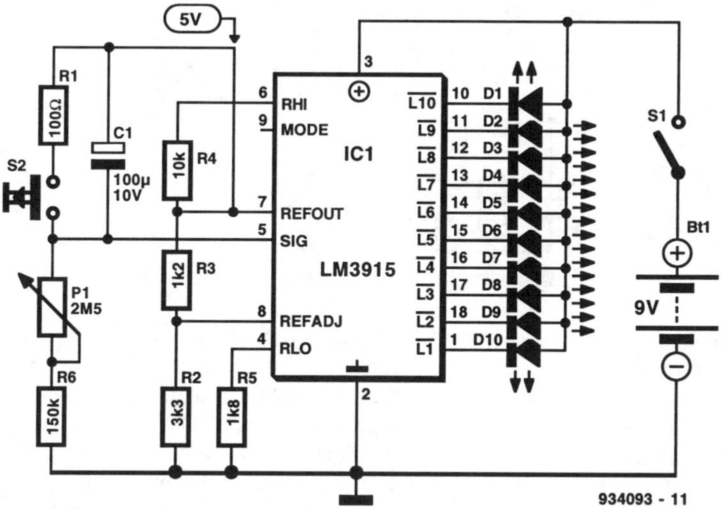

Ce montage est un circuit de National Semiconductor, un circuit de commande d'afficheur sept segments à LED, fameux s'il en est, le LM3915, caractérisé par une échelle logarithmique. On pourra trouver étrange d'utiliser une échelle logarithmique pour la réalisation d'un temporisateur, mais dans le cas présent cela ne l'est pas. Cela tient au fait que nous utilisons un simple réseau RC pour la mesure du temps. La tension aux bornes de la tension de ce réseau (P1 + R6) présente en effet, lors de la charge du condensateur C1, une évolution exponentielle [$U = U_{ref} \cdot e^{(-t/RC)}$]. Si nous appliquons cette tension à IC1, qui en extrait le logarithme, nous avons une visualisation linéaire du temps sur l'affichage. Les valeurs attribuées au potentiomètre P1 et à la résistance R6 sont telles que notre mini-temporisateur mesure des durées allant de 1 à 15 mn. La remise à zéro du temporisateur –ce qui revient à effectuer la décharge du condensateur C1– se fait par action sur le bouton-poussoir S2. La résistance R1 limite la valeur de crête du courant de décharge à une intensité acceptable par les contacts de S2. La résistance R5 sert à la compensation du courant de fuite du condensateur ; en l'absence de cette précaution on risquerait de voir la LED D10 rester allumée. Si on laisse la broche 9 de ce circuit intégré en l'air on fait travailler IC1 en mode point (*dot mode*). La durée écoulée est alors rendue par l'illumination d'une unique LED. Après la remise à zéro on aura tout d'abord l'illumination de la LED D1, suivie successivement de celle des LED suivantes. La consommation de courant totale du circuit est de l'ordre de 20 mA, de sorte que l'on peut envisager une alimentation par pile. Si l'on met la broche 9 de IC1 à V+ (broche 3) on passe en mode barregraphe (*bar mode*); dans ce mode on aura, après une remise à zéro, illumination de toutes les LED et on les verra s'éteindre l'une après l'autre. Ce mode n'est bien entendu pas à recommander en cas d'alimentation par pile.

174 SÉPARATEUR DE SIGNAUX DE SYNCHRONISATION

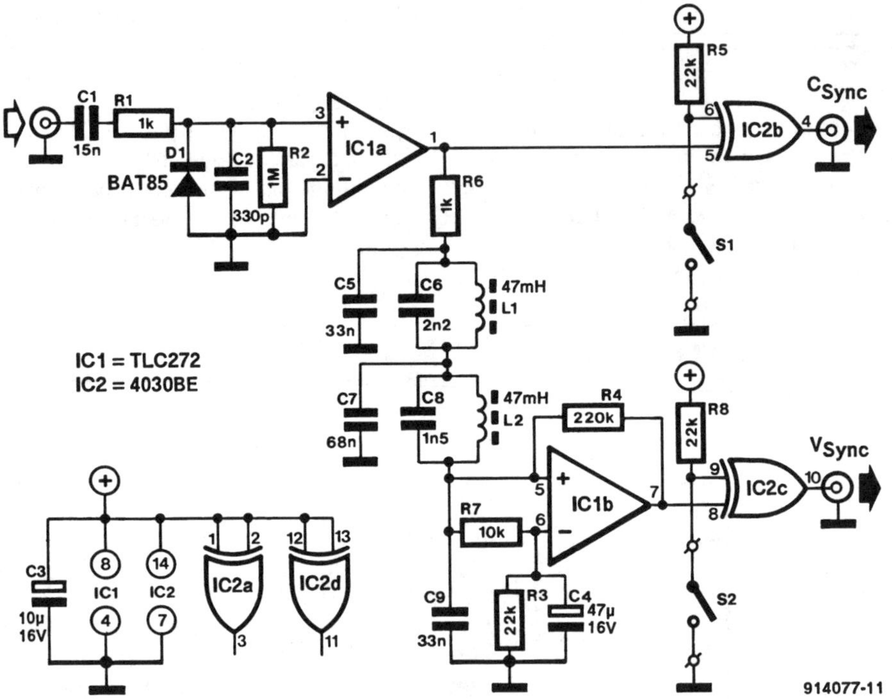

Ce circuit constitue le maillon manquant entre une source vidéo quelconque et un moniteur de type "multisync" par exemple. Réalisé entièrement en technologie discrète, ce montage extrait d'un signal vidéo composite les signaux de synchronisation composite (c'est-à-dire un mélange des composantes horizontale et verticale de ces signaux) et les signaux de synchronisation verticale, et ceci avec une amplitude de 1 V_{cc} environ. De manière à permettre l'utilisation de n'importe quel moniteur, les signaux de synchronisation de sortie sont disponibles sous forme *normale* **et** sous forme *inversée*. Pour extraire les composantes de synchronisation du signal vidéo composite positif, le signal composite commence par subir un filtrage effectué par la résistance R1 associée au condensateur C2; on a ensuite un écrêtage (limitation) introduit par la diode Schottky, D1. Le signal *CSYNC* est appliqué à la porte XOR (OU exclusif), IC2b, qui fait office d'inverseur lorsque l'interrupteur S1 est fermé. Le signal *CSYNC* est appliqué également à un filtre L-C à deux étages, qui, après avoir éliminé la composante de synchronisation de ligne, applique le signal de synchronisation de trame, *VSYNC*, aux entrées de l'amplificateur opérationnel IC1b. À l'image du signal *CSYNC*, le signal *VSYNC* est disponible sous forme *normale* **et** sous forme *inversée*. La consommation du circuit, alimenté en 5 V, est de 200 µA environ. Les signaux de sortie sont compatibles TTL.

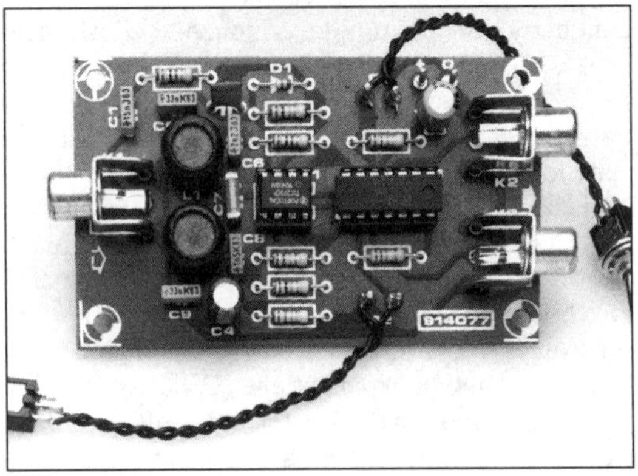

Liste des composants

Résistances :
R1,R6 = 1 kΩ
R2 = 1 MΩ
R3,R5,R8 = 22 kΩ
R4 = 220 kΩ
R7 = 10 kΩ

Condensateurs :
C1 = 15 nF
C2 = 330 pF
C3 = 10 µF/16 V radial
C4 = 47 µF/16 V radial
C5 = 33 nF
C6 = 2nF2
C7 = 68 nF
C8 = 1nF5
C9 = 33 nF

Semi-conducteurs :
D1 = BAT85
IC1 = TLC272
IC2 = 4030BE

Divers :
L1,L2 = self de choc, 47 mH, radial
K1 à K3 = embase Cinch encartable
S1,S2 = interrupteur simple miniature

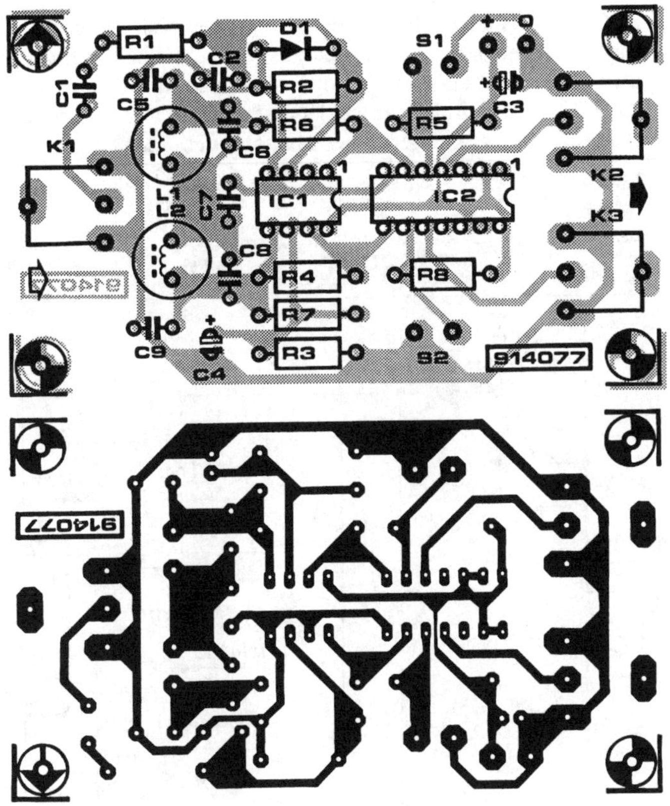

175 CONVERTISSEUR SINUSOïDAL À OTA

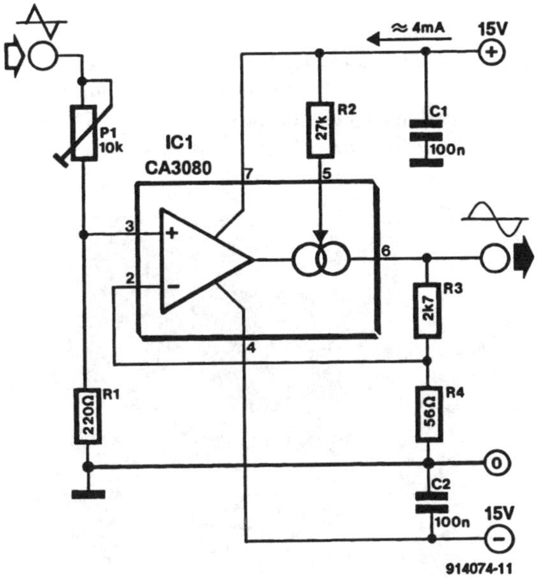

L'électronique simple proposée ici permet la conversion d'une tension triangulaire alternative appliquée à l'entrée du circuit en une tension de sortie sinusoïdale caractérisée par un facteur de distorsion faible. Le coeur du circuit est un OTA (amplificateur opérationnel à transconductance) du type CA3080 ; la caractéristique de ce type de composant est la présence d'une source de courant, de sorte que, dans le cas présent, le gain de IC1 est déterminé par l'intensité du courant de réglage (ou de commande). La consommation de courant ne dépasse en aucun cas 3,7 mA. Le réglage du circuit est relativement délicat. Il exige une tension d'alimentation parfaitement symétrique et stable, sachant que le courant de commande de l'AOT est tiré directement de la tension d'alimentation. Il faut en outre disposer d'une tension d'entrée symétrique de forme triangulaire à appliquer à l'entrée, c'est-à-dire la broche 3 de IC1, et présentant une amplitude de 350 mV_{cc}. On dispose alors à la sortie d'une tension sinusoïdale efficace de 2,85 V. Si la réalisation est faite dans les règles et que l'on a procédé à un réglage précis à l'aide de la résistance ajustable P1, le facteur de bruit ne dépassera pas 1,2%. Il ne faudra pas oublier cependant que des tolérances de fabrication de l'AOT, la moindre asymétrie de la tension d'alimentation, voire sa plus légère variation, peuvent exercer une influence néfaste sur cette caractéristique.

Si les circonstances l'exigent, on pourra modifier, serait dans une plage relativement serrée, le dimensionnement du circuit.

H. Kühne

176 TESTEUR D'ALIMENTATION

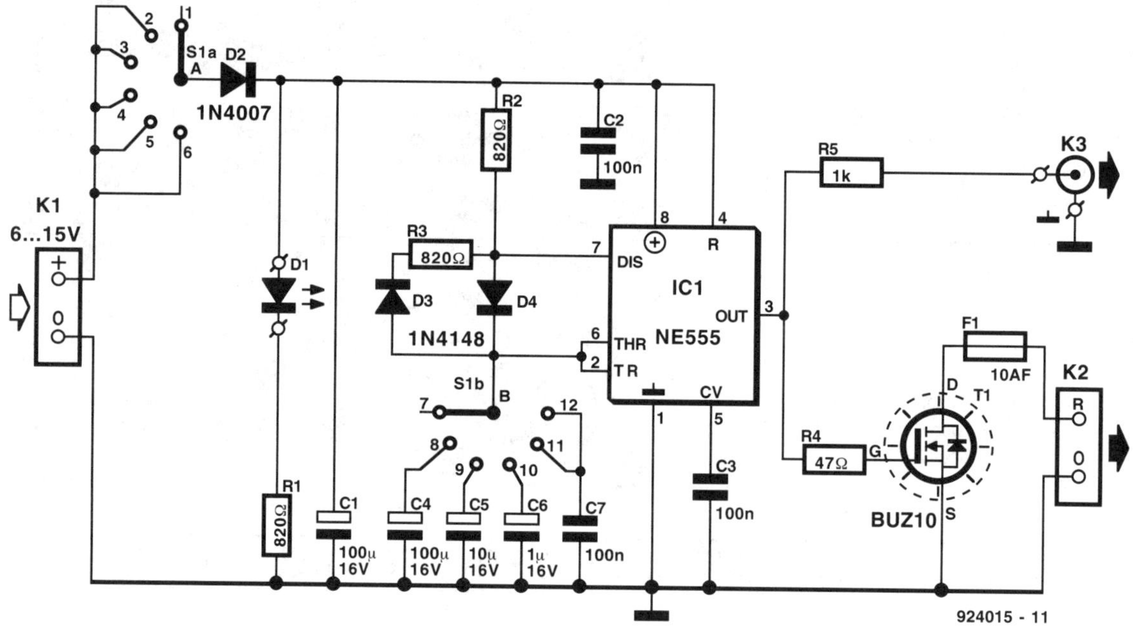

Ce circuit très simple permet de mesurer ce que l'on appelle la « réponse dynamique » d'une alimentation continue. On fait appel à un transistor MOSFET de puissance, T1, pour la mise en et hors-circuit de la charge, à une fréquence de commutation choisie par l'utilisateur. La réponse de l'alimentation à ces variations de charge rapides est visualisée sur l'écran d'un oscilloscope. On utilise le commutateur rotatif S1 pour choisir le taux de commutation requis, sachant que ce même rotacteur fait également office d'interrupteur marche/arrêt. Les fréquences de commutation disponibles sont de : 10 et 100 Hz, 1 et 10 kHz. La commutation du signal est l'affaire d'un temporisateur archi-connu, un 555. Les diodes D3 et D4 forcent le multivibrateur astable à produire un signal de sortie dont le rapport cyclique est de 0,5 environ. Il a été prévu une protection du transistor de commutation T1 contre des courants trop élevés, protection prenant la forme d'un fusible rapide de 10 A pris dans la ligne de drain. L'alimentation du testeur pourra se faire à l'aide de n'importe quelle alimentation régulée fournissant en sortie une tension comprise entre 6 et 15 V. *Il va sans dire que cette alimentation ne sera pas celle que l'on veut mettre au supplice !*

Liste des composants

Résistances :
R1 à R3 = 820 Ω
R4 = 47 Ω
R5 = 1 kΩ

Condensateurs :
C1,C4 = 100 µF/16 V radial
C2,C3,C7 = 100 nF
C5 = 10 µF/16 V radial
C6 = 1 µF/16 V radial

Semi-conducteurs :
D1 = LED 5 mm rouge
D2 = 1N4007
D3,D4 = 1N4148
T1 = BUZ10
IC1 = NE555

Divers :
K1,K2 = bornier encartable à 2 contacts au pas de 5 mm
K3 = embase BNC encartable
S1 = commutateur rotatif 2 circuits/6 positions
F1 = fusible 10 A rapide encartable avec porte-fusible et capot
radiateur 5K/W tel que SK129/38,1 mm

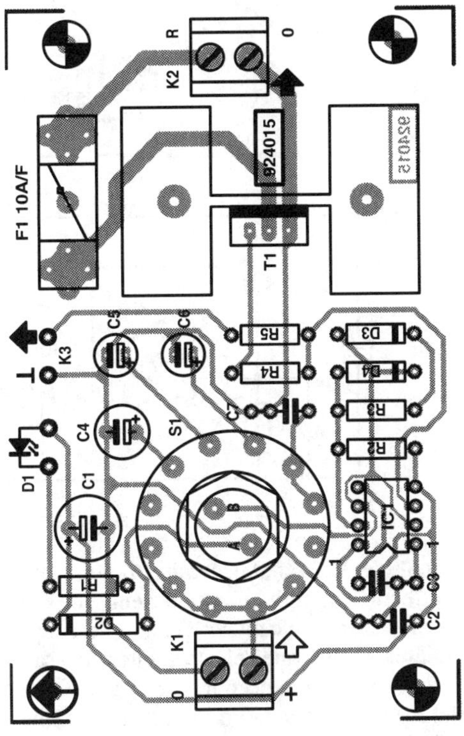

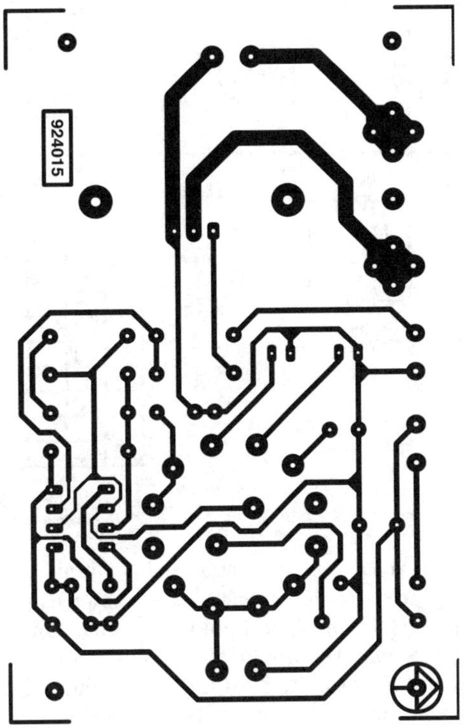

Étant donnée la faible consommation du circuit, 40 mA au pire, une pile compacte de 9 V constitue l'alimentation rêvée. La mise en oeuvre du testeur est extrêmement simple. On commence par choisir la résistance de charge de l'alimentation que l'on veut tester : 12 Ω/15 W disons pour une alimentation 12 V/1 A. On place la dite résistance entre la sortie « **R** » du connecteur K2 du testeur et la sortie « **+** » de l'alimentation. La sortie « **0** » du testeur est reliée à la borne « **–** » (ou « **0** ») de l'alimentation. On connecte ensuite la sonde d'entrée de l'oscilloscope (signal et masse) à la sortie de l'alimentation et l'entrée de déclenchement (*trigger*) au bornier K3 du testeur. On met l'oscilloscope en marche, puis l'alimentation et pour finir le testeur (en l'alimentant). L'oscilloscope visualise alors la caractéristique de régulation dynamique de l'alimentation au courant de sortie indiqué (1 A) et cela au taux de commutation choisi (10 Hz pour commencer). La réalisation du testeur n'appelle pas de commentaire particulier si tant est que l'on utilise le dessin de circuit imprimé proposé ici. Le transistor MOSFET de puissance sera vissé sur un petit radiateur encartable sachant qu'il ne devrait pas devenir trop chaud, même lorsque l'on approche du courant de drain maximal admissible (10 A environ).

177 CAPTEUR COMBINÉ DE TEMPÉRATURE & D'HUMIDITÉ

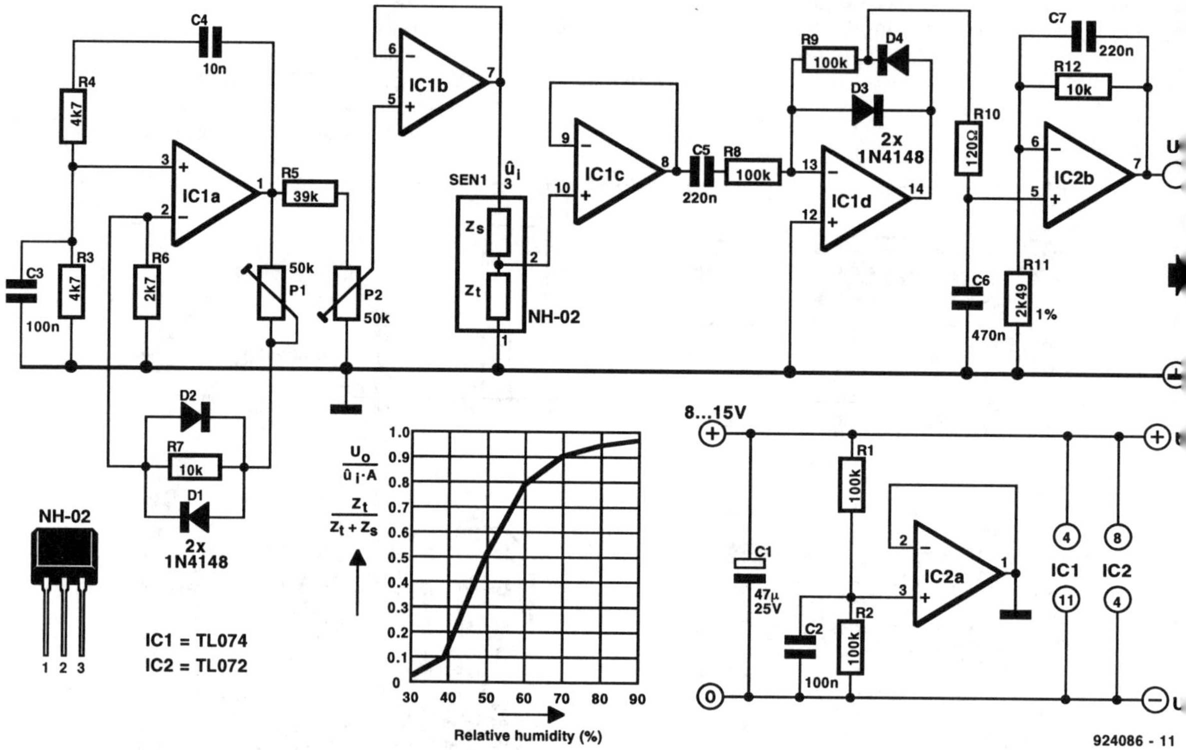

924086 - 11

Le nouveau capteur d'humidité «Humiceram», NH02, de la société Figaro est un composant électronique fabriqué en technologie hybride. On a pris en série, sur un substrat d'aluminium, **et** un capteur d'humidité capacitif, Z_s, **et** une thermistance, Z_t. La courbe caractéristique de la thermistance a été choisie de façon à compenser presque totalement la forte thermo-sensibilité du diélectrique du capteur d'humidité aux variations de la température ambiante. Il est mentionné dans la fiche des caractéristiques techniques de ce composant que la dérive de la mesure de l'humidité relative, exprimée en %, n'est au maximum que de 0,3% et ceci sur une plage de températures allant de 15 à 35°C. La courbe caractéristique de transfert du NH02 n'est pas linéaire. Si l'on veut uniquement réaliser un simple circuit de mise en ou hors-fonction, cette non-linéarité ne posera pas de problème. Si, au contraire, on envisage de réaliser un instrument de mesure de l'humidité relative précis il faudra introduire dans le circuit un dispositif de linéarisation électronique. Le signal nécessite, si l'on veut pouvoir effectuer un traitement ultérieur, une mise en forme à la sortie du capteur. Un simple coup d'œil au schéma montre que l'électronique nécessaire n'a vraiment pas de quoi décourager un lecteur aguerri d'Elektor qui en a déjà vu bien d'autres. Une tension alternative, d'amplitude maximale de 5 V, est appliquée aux broches 1 et 3 du capteur. La plage des fréquences utilisables pour l'alimentation du capteur va de 50 Hz à 1 kHz, conditions dans lesquelles l'impédance du capteur varie, en fonction de l'humidité, entre 10 kΩ et 1 MΩ. Un oscillateur à pont de Wien, réalisé autour de IC1a, génère la tension d'alimentation sinusoïdale, nécessaire à l'alimentation du capteur. Les réseaux R3/C3 et R4/C4 fixent à quelque 1 kHz la fréquence de l'oscillateur, les diodes D1 et D2 se chargeant de garder au signal une amplitude constante. La tension de sortie de l'oscillateur est disponible sur l'ajustable P2. Le convertisseur d'impédance, monté en aval de P2, se charge du découplage entre l'oscillateur et le capteur. IC1c sert de tampon pour la tension de sortie du capteur qui est appliquée ensuite au redresseur de valeur de crête, IC1d. Ce redresseur actif effectue une compensation quasi-totale de la tension directe de la diode de redressement D4. Grâce à la fréquence relativement élevée de l'oscillateur, l'ondulation résiduelle aux bornes du condensateur de sortie C6 est très faible. La tension présente aux bornes de ce condensateur subit un gain selon un facteur $A = (1 + R12/R11)$ avant d'être disponible à la sortie (broche 7) de IC2b. Le diagramme, intégré au schéma, montre l'évolution de la tension de sortie en fonction de l'humidité relative. On utilisera, pour l'alimentation de ce montage, un module fournissant une tension continue stabilisée comprise entre 8 et 15 V. IC2a y fera appel pour générer la tension d'alimentation symétrique requise. L'étalonnage du circuit demande d'utiliser un oscilloscope. On commencera, par action sur l'ajustable P1, par le réglage à 2 V de l'amplitude de l'oscillateur. On prendra, lors de ce réglage, l'oscilloscope entre la broche 1 de IC1 et la masse. On jouera ensuite sur l'ajustable P2 pour régler la tension du capteur, $\hat{u}_i$, à la valeur requise. Il est recommandé de la régler à une valeur de crête de 1 V. Après avoir effectué ce réglage, la tension de sortie du montage variera, en fonction de l'humidité, entre 5 V ($A \cdot \hat{u}_i$) et 0 V.

178 PEAUFINEUR DE SIGNAL DOUBLEUR DE FRÉQUENCE

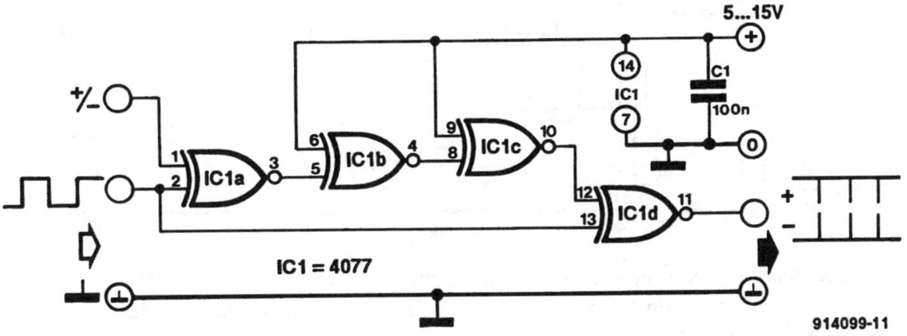

Ce schéma électronique d'un doubleur de fréquence montre comment utiliser les quatre portes d'un circuit intégré du type 4077, pour obtenir, à partir d'un signal donné, un nouveau signal de fréquence deux fois plus élevée. Autrement dit, le circuit engendre une impulsion lors du passage de **chacun** des flancs du signal d'entrée. La largeur de l'impulsion est fonction du temps de transfert (retard interne) introduit par les portes IC1a à IC1c. Le circuit compare le signal d'entrée original, présent sur la broche 13 de IC1d, avec le signal "retardé" par son passage à travers les portes IC1a à IC1c, appliqué lui, à la broche 12 de cette même porte. Comme IC1d remplit une fonction EXNOR puisqu'il s'agit d'une porte EXNOR, chaque différence de niveau entre ces deux signaux se traduit par un changement du niveau du signal de sortie de cette porte. La définition du niveau de base du signal de sortie de IC1d se fait par la connexion de l'entrée +/– de IC1a soit à la ligne de la tension d'alimentation, soit à la ligne de masse. Si l'on connecte cette entrée à la masse, IC1d fournit un niveau bas avec une impulsion positive pour chaque flanc du signal d'entrée. Dans l'autre cas –connexion de l'entrée +/– de IC1a à la tension d'alimentation positive– on dispose à la sortie de IC1d d'un niveau haut présentant des impulsions négatives. Au lieu d'utiliser des portes EXNOR, il est possible aussi de faire appel à des portes EXOR. Dans ces conditions, le fonctionnement du circuit ne change pas. Si l'on remplace le 4077 par un 4030 ou un 4070, c'est uniquement la largeur d'impulsion qui change et ceci en raison du temps de transfert (vitesse de propagation des signaux) différent des portes de ces circuits intégrés. La consommation du générateur d'impulsions dépend largement de la fréquence du signal d'entrée. Si l'on applique un signal de basse fréquence, la consommation est pratiquement nulle.

179 PHASEMÈTRE POUR 220 V

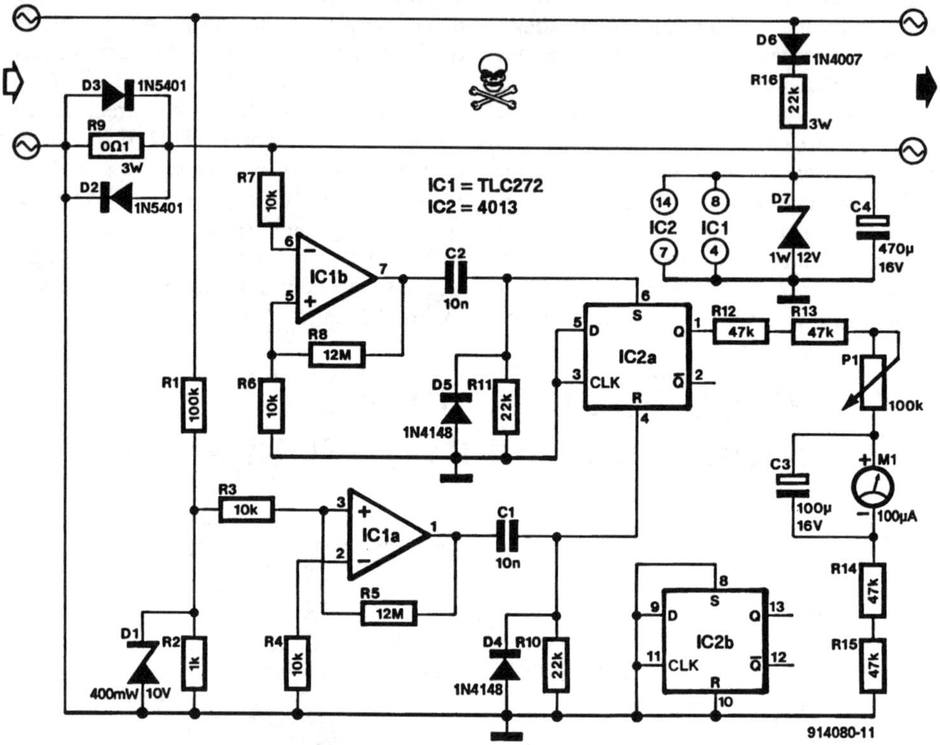

Dans le cas de tensions et de courants alternatifs, la mesure d'un déphasage ne pose, en principe, pas de problème. Il suffit d'un circuit à couplage en tension continue pour détecter très exactement chaque passage par zéro du signal ondulant. L'intervalle entre les passages par zéro de deux signaux fournit alors une indication fiable et précise de leur déphasage. Intéressons-nous maintenant au fonctionnement du circuit. Le niveau de la tension secteur, de 220 V en règle générale, est ramené à une valeur plus sûre par l'intermédiaire du diviseur de tension constitué par les résistances R1 et R2. La seconde grandeur à mesurer est le courant qui circule dans la charge. La résistance R9 transforme ce courant en une tension. Les diodes D1 à D3 protègent le circuit contre d'éventuelles crêtes de tension. En vue d'obtenir des commutations propres et des flancs relativement raides, les deux comparateurs qui détectent les passages par zéro ont été dotés à dessein d'une faible hystérésis de 10 mV environ. Par l'intermédiaire des réseaux RC C1/R10 et C2/R11, les impulsions fournies par IC1a et IC1b subissent une différentiation avant d'être appliquées aux entrées S (Set) et R (Reset) de la bascule IC2a. Le rapport cyclique du signal de sortie de cette bascule dépend alors du déphasage entre la tension et le courant mesuré. Ce déphasage est appliqué, au travers de quelques résistances-série et d'un condensateur, au galvanomètre à bobine mobile, M1. Le dimensionnement des composants du circuit fait que l'aiguille du galvanomètre se trouve en position médiane si le déphasage est de 0°. Si le déphasage est de –180°, elle vient à zéro et va en butée (débattement pleine échelle) pour un déphasage de +180°. Cette approche facilite la lecture de l'instrument et évite qu'un déphasage faible proche de 0° ne se traduise par un va-et-vient incessant de l'aiguille entre 0° et 360°. Si l'on veut obtenir une mesure fiable, il est indispensable que l'appareil connecté consomme suffisamment de courant. Si la consommation est nulle ou très faible le galvanomètre reste dans sa position (mécanique) de repos (–180°). Il est possible de doter le galvanomètre d'une échelle additionnelle permettant de mesurer des cos φ, ce qui vous permettra de vous assurer que la charge connectée au réseau électrique répond à toutes les exigences de l'EDF. L'alimentation du circuit est relativement simple. Par l'intermédiaire des diodes D6 et D7, de la résistance R16 et du condensateur C4, la tension d'alimentation requise est dérivée directement du secteur. On notera que, dans ces conditions (connexion directe du circuit au secteur !), il est impératif de respecter les règles de sécurité. Il faudra enfermer le circuit dans un boîtier plastique, équipé d'une fiche mâle secteur et d'une embase femelle secteur. Il existe pourtant un risque d'endommagement du galvanomètre de sorte qu'il se pourrait que l'on puisse entrer en contact avec des points véhiculant la tension du secteur. Pour réduire le plus possible un tel risque, le galvanomètre est pris entre quatre résistances de 47 kΩ (R12 à R15). La plage de mesure dépend largement de la valeur de la résistance R9. La chute de tension à ses bornes doit être de 0,6 V environ. Pour obtenir une plage de mesure de 1 A, la valeur à attribuer à R9 sera comprise entre 0Ω47 et 1 Ω.

180 TESTEUR DE DIODES UNIVERSEL

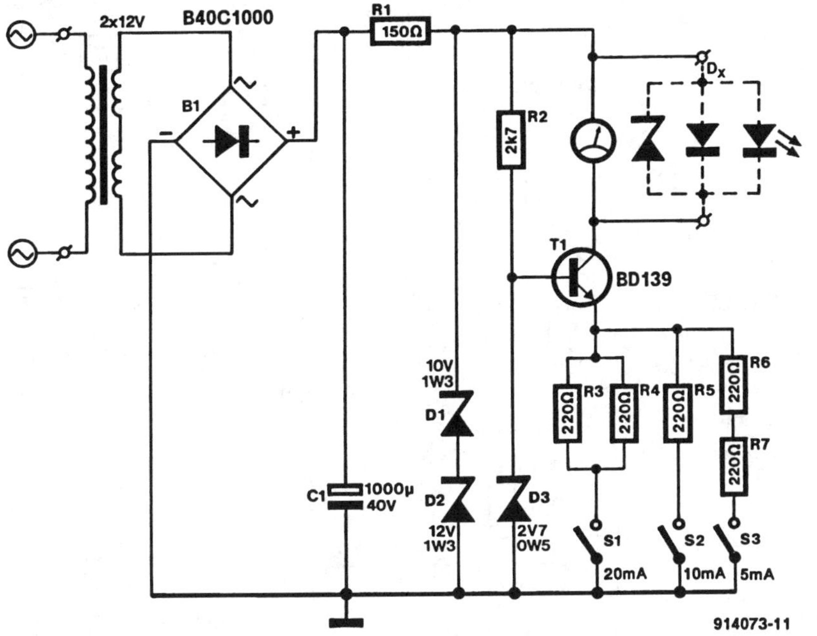

Notre testeur de diodes universel teste une quelconque diode, LED ou diode zener, et ce jusqu'à une tension de 20 V. Le composant à tester est soumis à un courant constant, la chute de tension qu'il produit étant visualisée sur l'afficheur d'un instrument de mesure. Cette source de courant prend ici la forme du transistor T1. La diode zener D3 met sa base à un niveau de tension de quelque 2,7 V. Si l'on soustrait à cette valeur la chute de tension introduite par la jonction base-émetteur de T1, il nous reste une tension de 2 V environ pour la résistance d'émetteur. En cas d'action sur le bouton-poussoir S1, cette résistance d'émetteur prend une valeur de 110 Ω, de sorte que le courant la traversant, elle et la diode à tester, sera pratiquement de 20 mA. Les deux autres boutons-poussoirs permettent de choisir un courant d'intensité plus faible, à savoir 10 et 5 mA respectivement. Par la combinaison de ces trois boutons-poussoirs l'utilisateur dispose de sept courants différents pouvant aller jusqu'à une valeur de 35 mA. Pour peu que l'on fasse appel à des résistances de valeur calibrée, ces différents courants permettent même de définir une courbe rudimentaire des caractéristiques de la diode en cours de test. L'alimentation du testeur de diodes prend la forme d'un transformateur de 2 x 12 V/1,6A associé à un pont redresseur (40 V/1 A) ; la tension pulsée obtenue à la sortie du pont est lissée par le condensateur C1 et stabilisé à 22 V environ à l'aide des deux diodes zener.

H. Schaefer

181 VARIATEUR BI-DIRECTIONNEL POUR MINI-PERCEUSE

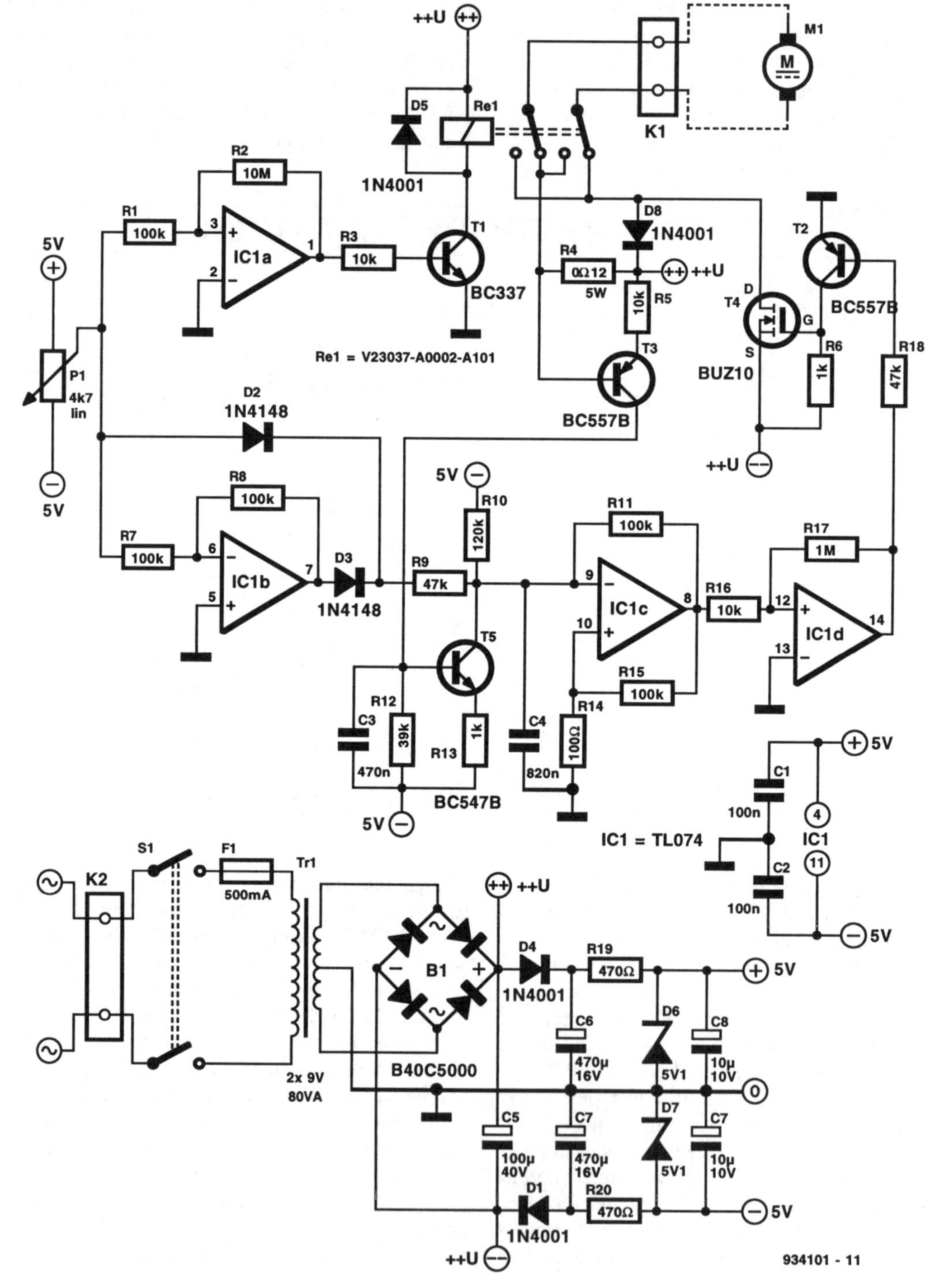

Le circuit de commande décrit dans cet article ne possède qu'un seul organe de réglage : et pourtant, son unique potentiomètre permet **et** de faire varier le régime de rotation de la mini-perceuse **et** de la faire tourner dans le sens horaire ou anti-horaire. Si le potentiomètre se trouve en position médiane la perceuse est... à l'arrêt. Commençons nos explications avec l'électronique de l'alimentation. Un gros transformateur d'une puissance de 80 VA fournit, au secondaire, une tension , après redressement, de 12 V. Deux couples résistance/diode zener (R19/D6 et R20/D7) dérivent de cette tension de 12 V une tension symétrique de ±5 V. Les condensateurs C6 et C7 se chargent d'un lissage additionnel de cette tension symétrique de ±5 V. Les diodes D4 et D5 évitent que l'énergie stockée dans les condensateurs C6 et C7 ne soit « consommée » par le moteur.

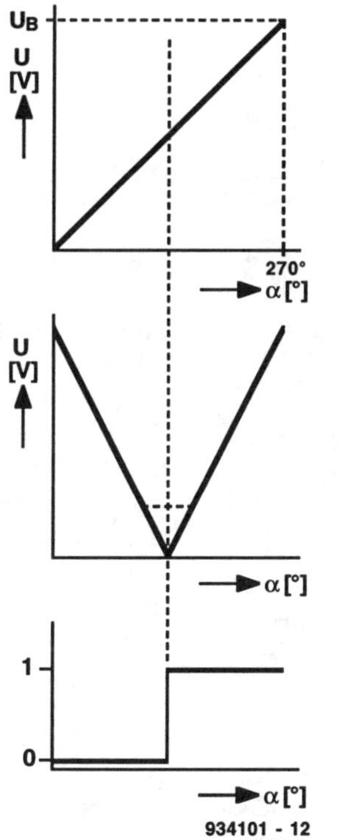

continue de régulation, définie à l'aide du potentiomètre P1, est transmise, via la diode D2, à la combinaison IC1b/D3. Cette combinaison fonctionne comme circuit de redressement. Peu importe que la tension dérivée du curseur de P1 soit positive ou négative, elle apparaît invariablement, au point nodal des diodes D2 et D3, comme une tension positive (diminuée des 0,6 V de la jonction de la diode). L'électronique de modulation est centrée sur IC1c. Cet amplificateur opérationnel fonctionne comme générateur rectangulaire assurant un processus de charge et de décharge cyclique, via la résistance R11, du condensateur C4. La position du curseur de P1 définit, par l'intermédiaire de la résistance R9 associée à la résistance R10, le niveau de la tension continue à ajouter à C4 et partant le rapport cyclique (impulsion-pause) de la tension rectangulaire présente à la sortie de IC1. L'inverseur IC1d se charge dz peaufiner les flancs du signal de sortie qui, via le transistor T1, commande le FET de puissance T4. La résistance R4, prise en série sur le moteur de la perceuse, mesure l'intensité moyenne du courant traversant le moteur. Si la tension aux bornes de R4 monte à une valeur légèrement supérieure à 0,6 V (qui correspond à un courant de quelque 5 A), le transistor T3 devient conducteur et le transistor T5 commence à réduire progressivement la largeur d'impulsion.

Le potentiomètre P1 fait office de dispositif de commande central. Le comparateur IC1a sert à déterminer le sens de rotation de la perceuse. Cet amplificateur opérationnel « regarde » si le potentiomètre a été tourné vers la gauche ou vers la droite. En fonction de la position du curseur de P1, le transistor T1 excite, ou non, le relais Re1 et le moteur de la perceuse tourne respectivement dans le sens anti-horaire ou horaire. Le circuit de variateur de vitesse fonctionne selon le principe de la modulation de largeur d'impulsion. La tension

182 TÉLÉ-ÉMETTEUR POUR CASQUE D'ÉCOUTE IR

La caractéristique la plus marquante de ce montage est le nombre ridiculement faible de composants mis en œuvre. Il s'agit en l'occurrence de l'émetteur servant à la constitution d'une liaison optique (par l'intermédiaire de lumière infrarouge) sans fil avec un casque d'écoute. Une triplette de LED IR reçoit son courant de repos via le transistor MOSFET T1, courant de repos dont l'intensité peut être ajustée par action sur la résistance ajustable P1. L'application directe d'un signal audio à la grille de T1 permet une modulation du courant circulant par ces LED. Ce faisant on module en amplitude la lumière émise par les LED. On a prévu, de façon à éviter qu'une surmodulation de la grille ne se traduise par un courant trop important dans les LED, un circuit de limitation de courant, incarné par les transistors T2 et T3. Ces deux transistors limitent à quelque 100 mA le courant maximal. La puissance maximale que puisse dissiper un BS170 –à une température ambiante T_{amb} de 25°C)– est de

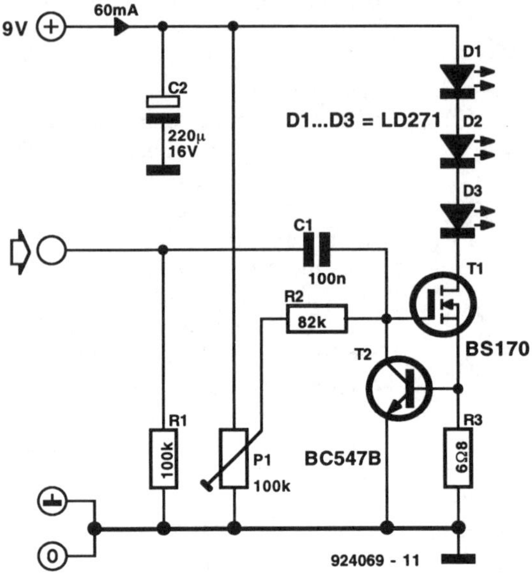

830 mW, le courant de drain maximal admissible étant lui de 500 mA, de sorte que même en cas de surmodulation il n'y a pas de risque de dépassement des valeurs limites. Le réglage optimal de l'émetteur (définition du courant de repos des LED) se fait en association avec le récepteur (voir à ce sujet l'article intitulé **télé-récepteur pour casque d'écoute IR** décrit ailleurs dans ce livre). Le but de la manœuvre est d'obtenir, côté récepteur, le taux de distorsion le plus faible possible.

Notre prototype consommait près de 60 mA à une tension d'alimentation de 9 V. La solution la plus simple consiste à utiliser, pour l'alimentation, un module d'alimentation secteur, sachant que la consommation de courant est trop importante pour une alimentation par pile (un chiffre de moins d'une dizaine d'heures de fonctionnement nous semble trop faible, et partant trop coûteux, pour cette solution). Il faudra bien veiller, comme l'illustre clairement le schéma, à séparer le pôle négatif (0) de l'alimentation de la masse du signal audio pour éviter un retour vers l'entrée du courant des LED. La tension grille-source admissible par un BS170 est de l'ordre de 15 V. Si votre source de signal peut fournir un niveau de tension plus élevé, il est judicieux de prévoir un dispositif de protection simple (sous la forme par exemple d'une diode zener de 10 V prise en parallèle sur l'entrée et la prise d'une résistance dans la ligne d'entrée du signal). La pratique de cette combinaison émetteur-récepteur nous a appris qu'elle était relativement sensible à un bon alignement des deux composantes de la liaison. Il est bien évidemment possible d'éliminer cette contrainte en donnant aux différentes LED de l'émetteur une disposition quelque peu divergente. On pourra augmenter sensiblement le rayon d'action du système en dotant chacune des LED de l'émetteur d'un réflecteur. En pratique, il apparaît que le niveau d'entrée optimal du circuit est compris entre 100 et 200 mV à une distance de quelques mètres.

Amrit Bir Tiwana

183 PROTECTION CC POUR HAUT-PARLEURS

Les amplificateurs symétriques ont un inconvénient. En cas de panne, il peut se faire que l'une des tensions d'alimentation parvienne directement jusqu'à l'une des enceintes et détruise un ou plusieurs des haut-parleurs. Les mises en et hors-fonction de l'amplificateur sont aussi des instants critiques où il naît des tensions continues dangereuses pour les haut-parleurs. La protection CC pour haut-parleurs et autres enceintes protège le haut-parleur contre les risques mentionnés plus haut. Le montage est alimenté à l'aide d'un module d'alimentation-secteur, ce qui vous évitera d'avoir à bricoler à l'intérieur de l'amplificateur. Lors de la mise en fonction du circuit de protection, C3 se charge, progressivement, à travers la résistance R3, jusqu'au moment où T1 devient conducteur et active, par l'intermédiaire de T4, le relais Re1. L'avantage de ce mode d'opération, visualisé par l'illumination de la LED D4, est que les haut-parleurs ne sont reliés aux sorties de l'amplificateur de puissance qu'une fois que les tensions d'alimentation de ce dernier se soient stabilisées. Lorsque la protection est en fonction, la tension en provenance de l'amplificateur est appliquée au circuit à travers l'entrée **b**. De par la présence des condensateurs C1 et C2, les tensions alternatives n'ont aucune influence. Une tension continue, au contraire, charge le condensateur «bipolaire». C'est en effet la polarité de la tension continue d'entrée (+1,5 V à –0,7 V) qui détermine lequel des transistors T2 et T3 devient passant pour enlever au darlington T4 sa tension de base. Résultat : le relais Re1 décolle, interrompant la ligne de reliant le haut-parleur à l'amplificateur. En l'absence de tension continue, et après un certain retard défini par l'intermédiaire de la résistance R1 et des condensateurs C1 et C2, le relais est réexcité. On notera que la tension d'alimentation pour le montage ne doit être stabilisée que grossièrement. Il ne faut pas doter le module d'alimentation-secteur de gros condensateurs électrolytiques. Cette régulation «brute» sert en effet à faire en sorte que le relais décolle avant que la tension d'alimentation de l'amplificateur ne puisse s'effondrer. Si le relais est relâché à temps, on n'entendra pas non plus, dans les haut-parleurs, le ploc de mise hors-fonction.

La consommation typique du montage se situe, en fonction du relais utilisé, aux alentours de 50 mA.

W. Teder

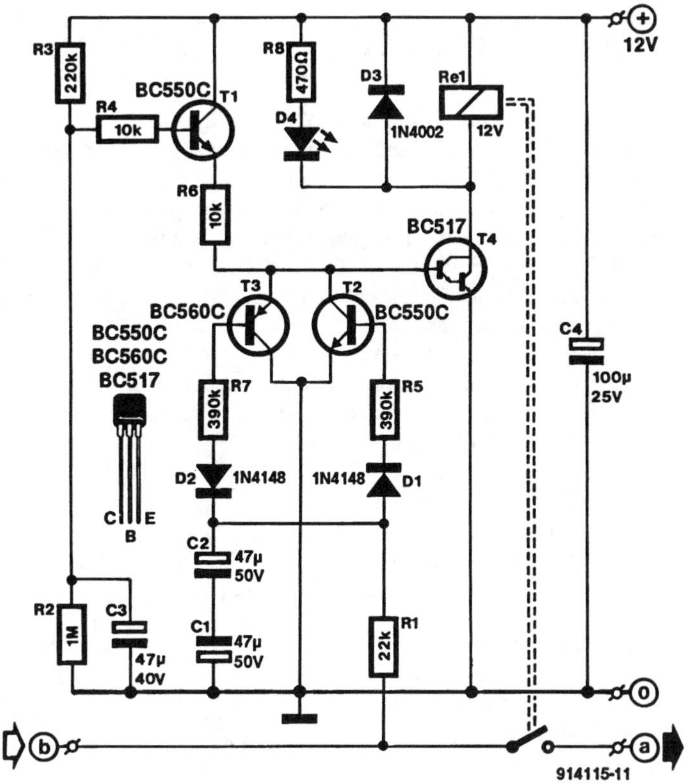

Liste des composants

Résistances :
R1 = 22 kΩ
R2 = 1 MΩ
R3 = 220 kΩ
R4,R6 = 10 kΩ
R5,R7 = 390 kΩ
R8 = 470 Ω

Condensateurs :
C1,C2 = 47 µF/50 V
C3 = 47 µF/40 V
C4 = 100 µF/25 V

Semi-conducteurs :
D1,D2 = 1N4148
D3 = 1N4001
D4 = LED
T1,T2 = BC550C
T3 = BC560C
T4 = BC517

Divers :
relais 12 V, contact travail

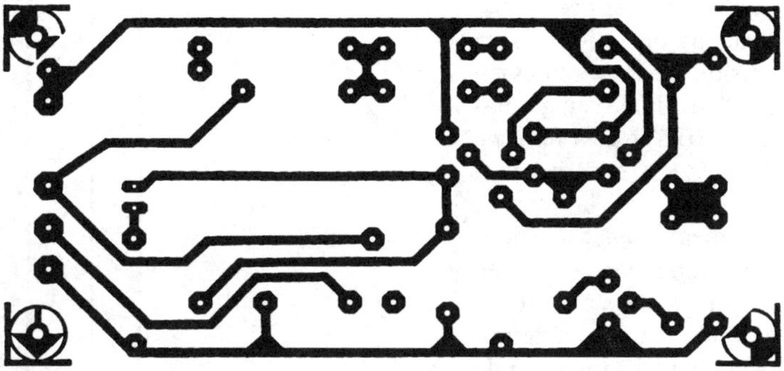

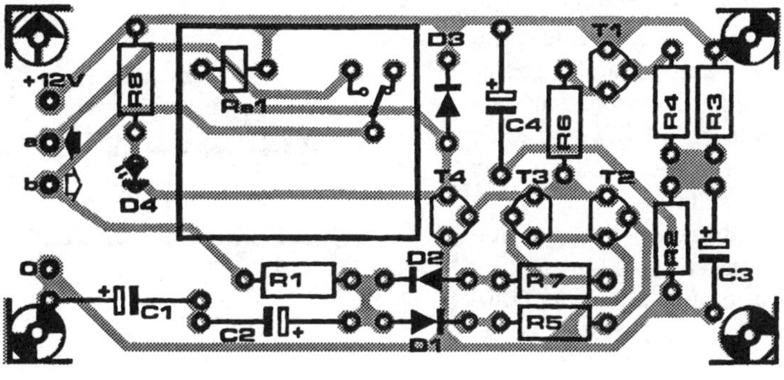

184 VU-MÈTRE À LED DU PAUVRE

Il existe nombre de circuits intégrés permettant la réalisation d'un VU-mètre. D'un point de vue "électronique", il est intéressant cependant de réaliser le VU-mètre de cet article, à l'aide d'une poignée de composants discrets peu coûteux. Les huit amplificateurs opérationnels, IC1a à IC1d et IC2a à IC2d, du schéma remplissent ici une fonction de comparateur. Une tension de référence est appliquée à l'entrée inverseuse de chacun des amplificateurs opérationnels. Le niveau de cette tension de référence est défini par la mise en série des résistances R3 à R10. Les valeurs de ces résistances ont été choisies de manière à obtenir une différence de 5 dB entre deux niveaux de référence consécutifs. Les résistances R1 et R12 font en sorte que le réseau des résistances R3 à R10 génère des tensions de référence étagées à partir de la moitié de la tension d'alimentation. À l'entrée non-inverseuse des amplificateurs opérationnels, la tension d'entrée redressée par deux diodes au germanium (D1 et D2) du type AA119, est superposée à la moitié de la tension d'alimentation. Si la tension appliquée à l'entrée non-inverseuse de l'un des amplificateurs opérationnels dépasse la tension de référence présente à son entrée inverseuse, la sortie de l'amplificateur opérationnel correspondant bascule et la LED connectée à la sortie à travers une résistance-série de 560 Ω s'allume. Une tension d'entrée en augmentation se traduit alors par l'illumination d'un nombre de LED de plus en plus grand. En prenant pour D3 et D4 des LED de couleur rouge, on obtient un indicateur de crête simple qui signalera le dépassement par la tension d'entrée d'une valeur donnée. La tension d'alimentation du circuit doit être comprise entre 10 et 15 V. La consommation dépend pour une grande part du nombre de LED allumées (100 mA max. sous 10 V et 160 mA sous une tension d'alimentation de 15 V).

M. Stehouwer

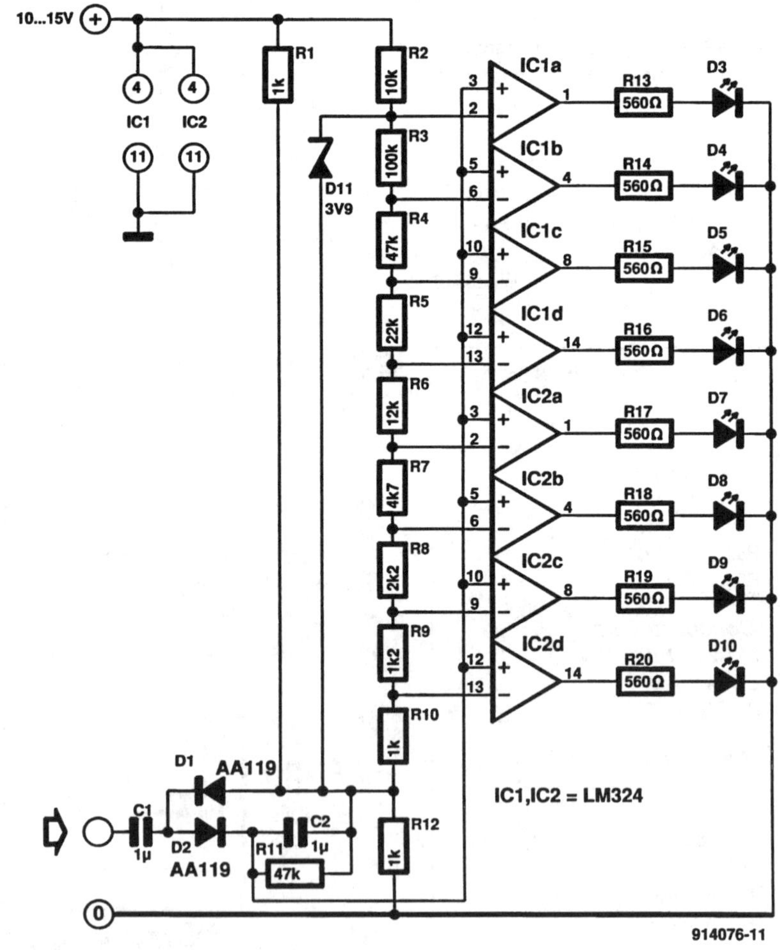

185 CIRCUIT DE TEST RUDIMENTAIRE POUR SEMI-CONDUCTEURS

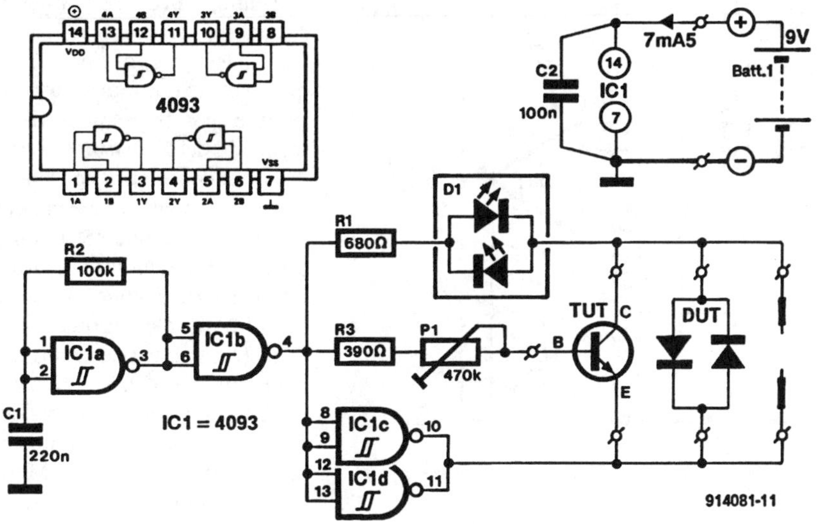

Le circuit décrit dans cet article permet virtuellement de soumettre tout semi-conducteur à un test, depuis la diode de commutation jusqu'au transistor de puissance. Il fournit de plus une indication approximative du gain d'un transistor bipolaire et peut servir en général à découvrir dans un "tas" de semi-conducteurs les composants fonctionnels, ceux en court-circuit ou grillés (connexion interne détruite). Le circuit se résume en fait à un unique circuit intégré CMOS associé à une LED bicolore, le dispositif de visualisation. La porte IC1a constitue un oscillateur RC. Les trois autres portes du CD4093 servent au tamponnage du signal de l'oscillateur qui est disponible ensuite sous forme normale et inversée. La LED bicolore (rouge/verte) visualise le sens de circulation du courant entre les pointes de touche ou à travers le composant à tester. La résistance R1 sert à la limitation de l'intensité du courant. Les signaux d'entrée et de sortie de la paire de portes montées en parallèle, IC1c et IC1d, sont appliqués **et** aux deux pointes de touche **et** aux deux points de connexion du testeur de diode (DUT = ***Diode Under Test***) **et** aux trois points de connexion destinés à recevoir un éventuel transistor à tester (TUT = ***Transistor Under Test***). La résistance ajustable P1 permet de régler l'intensité du courant passant par la base du TUT. Pour obtenir une échelle de gain à la graduation approximative, l'ajustable P1 pourra être calibré à l'aide de quelques transistors **n-p-n** et **p-n-p** de caractéristiques connues et dont on sait qu'ils sont en bon état. Le bon état du semi-conducteur sous test traduit par une illumination monocolore (rouge ou verte) de la LED. La couleur que prend la LED dépend de la polarité du semi-conducteur (n-p-n ou p-n-p, anode ou cathode). Si le composant en cours de test est détruit (coupure interne), la LED reste éteinte. Un composant court-circuité se trahit par une illumination bicolore (rouge **et** verte) de la LED, les deux couleurs ayant la même intensité. Est-il nécessaire d'insister sur le fait qu'il faudra connecter broches (base, collecteur et émetteur) d'un transistor aux points (B, C et E) correspondant du testeur. On vérifiera donc le brochage du transistor à tester avant de l'implanter dans le support à trois broches le reliant à l'électronique du testeur.

Il n'y aura pas, si le courant de base est trop faible, d'illumination de la LED. L'intensité du courant de base nécessaire à l'illumination de la LED est inversement proportionnel au gain du transistor sous test. Il est également possible d'utiliser le circuit comme testeur de continuité. En absence de transistor ou de diode à tester, la consommation du circuit est de 300 µA environ. Si les pointes de touches sont interconnectées –court-circuitées par la piste ou la connexion testée– cette consommation monte à quelque 7,5 mA.

A.B. Tiwana

186 FILTRE PASSE-HAUT AJUSTABLE

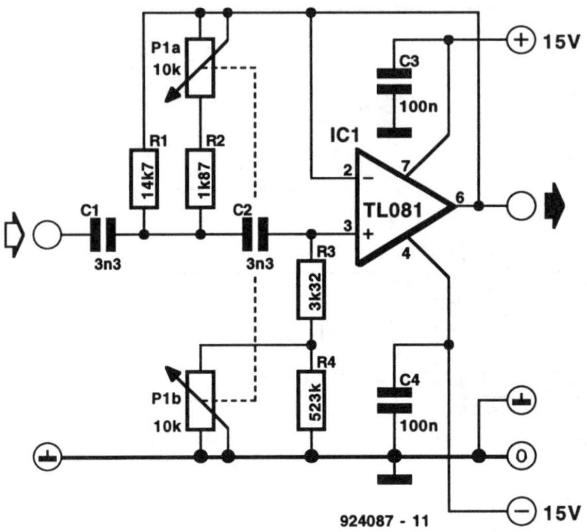

En règle générale, le calcul d'un filtre se fait à l'aide de tableaux. Chaque circuit de base est toujours associé à un certain nombre de tableaux (un pour chaque caractéristique de filtrage) donnant les valeurs requises. Il existe, pour le circuit de filtrage que montre schéma, une variante « passe-haut » et une variante « passe-bas »; la disposition de quelques résistances et condensateurs font passer de l'une à l'autre. Si cependant, on envisage de doter le filtre d'une fréquence de coupure ajustable, on est inévitablement confronté à certains problèmes. Dans le cas d'un filtre passe-bas, ces problèmes sont pratiquement insignifiants : les composants de filtrage passifs prennent dans ce cas-là la forme de deux résistances identiques et de deux condensateurs de capacité différente. Si l'on remplace donc les deux résistances par un potentiomètre stéréo, on aura une possibilité de variation progressive de la fréquence de coupure. Intéressons-nous au cas plus problématique d'un filtre passe-haut. Dans ce cas-là on utilise, en général, deux condensateurs de capacité identique et deux résistance de valeur différente. Dans ces conditions, un potentiomètre stéréo ne sert donc à rien. Même un double condensateur variable, qui n'existe qu'en un nombre limité de valeurs, ne nous sortira pas de la panade. Le schéma propose cependant une solution, qui fait appel à ... un potentiomètre stéréo, qui permettra –à peu de choses près– d'ajuster la fréquence de coupure à la valeur requise. Il faudra, pour pouvoir utiliser ici un potentiomètre stéréo, donner à chacune de ses moitiés la résistance requise, ce que l'on réalise dans ce montage par une mise de quelques résistances fixes d'une part

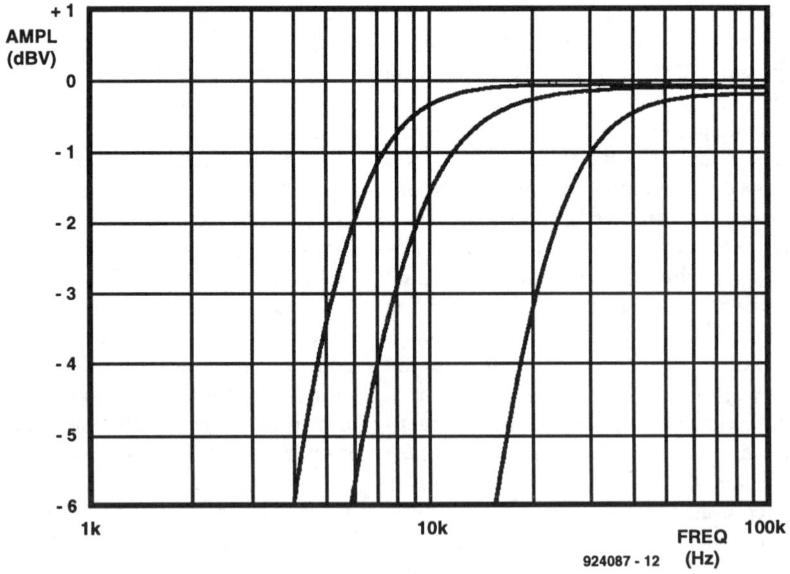

en série et de l'autre en parallèle sur le potentiomètre. Pour éviter que le filtre ne dérive de la caractéristique prévue, il est recommandé de limiter sa plage de régulation. Dans notre prototype les valeurs des résistances R1 à R4 ont été choisies de façon à obtenir une caractéristique exacte de Butterworth si le potentiomètre est tourné à fond soit dans le sens horaire, soit dans le sens anti-horaire. Le diagramme montre trois courbes, illustrant la réponse en fréquence avec (de gauche à droite) le potentiomètre tourné à fond dans le sens anti-horaire, en position médiane et tourné complètement dans le sens horaire. Ces courbes illustrent également qu'il n'existe pas de rapport linéaire entre la position du curseur du potentiomètre et la réponse en fréquence. On pourra expérimenter éventuellement avec un potentiomètre logarithmique (attention cependant à ne pas faire d'erreur dans les connexions à effectuer). L'addition du signal d'entrée et du signal de sortie du circuit, avec ses fréquences de coupure de 5,4 à 21 kHz, permettra, par exemple, de réaliser un amplificateur d'aigus ajustable (*trebble booster*). Il existe, nous n'en doutons pas le moins du monde, un nombre important d'applications pratiques pour ce petit filtre réglable, avec ou sans modification de sa plage de régulation. La consommation du circuit dépend de l'amplificateur opérationnel utilisé. Si l'on fait appel à un TL081, la consommation se limite à 2 mA environ.

187 DISPOSITIF D'AJUSTAGE DE POLARITÉ

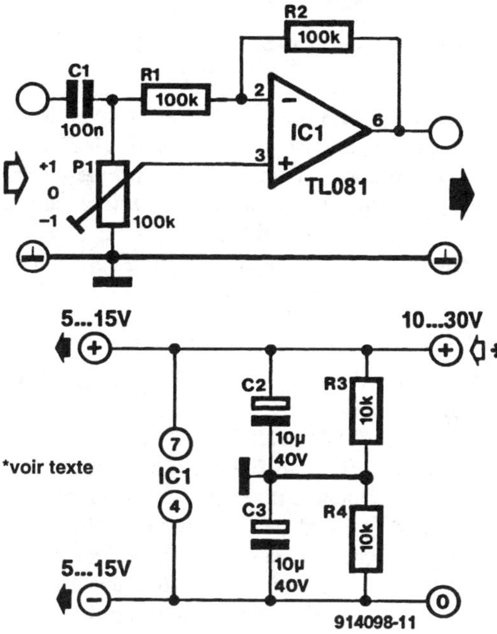

Un amplificateur opérationnel, deux résistances, un condensateur et un potentiomètre, il n'en faut pas plus pour créer un amplificateur dont le gain varie, par une simple action sur le potentiomètre, sur une plage allant d'un gain unitaire positif à un gain unitaire négatif. Le signal d'entrée est appliqué aux deux entrées de l'amplificateur opérationnel, un TL081. Le signal arrive à l'entrée inverseuse à travers le condensateur de couplage C1 et la résistance R1. Les deux résistances R1 et R2 ayant la même valeur, elles donnent à l'amplificateur opérationnel un gain égal à 1, donc unitaire. Le signal destiné à l'entrée non-inverseuse du TL081, y arrive à travers le potentiomètre P1. Il est évident que le niveau du signal présent à cette entrée est fonction de la position du curseur de P1. Si le curseur du potentiomètre se trouve à mi-chemin, les deux signaux se neutralisent, ce qui se traduit par l'absence de signal en sortie. Si l'on tourne le curseur vers C1/R1, le signal sur l'entrée non-inverseuse domine et se présente, après avoir subi un gain unitaire, à la sortie. Le fait de tourner le curseur de P1 vers la masse transforme le circuit en un amplificateur inverseur à gain unitaire classique. L'impédance de sortie du circuit est de 50 kΩ environ. La valeur de C1 (100 nF) permet au montage de traiter des signaux ayant une fréquence minimale de 30 Hz. La tension d'alimentation du dispositif d'ajustage de polarité peut être comprise entre ±5 et ±15 V. Si vous ne disposez pas d'un module d'alimentation fournissant une tension symétrique, vous pourrez faire appel au petit circuit de secours proposé ci-contre et dans lequel les résistances R3 et R4 avec les condensateurs C2 et C3 génèrent, à partir d'une unique tension d'alimentation, une tension pseudo-symétrique.

application National Semiconductor

188 INDICATEUR DE COURT-CIRCUIT POUR RÉGULATEUR INTÉGRÉ

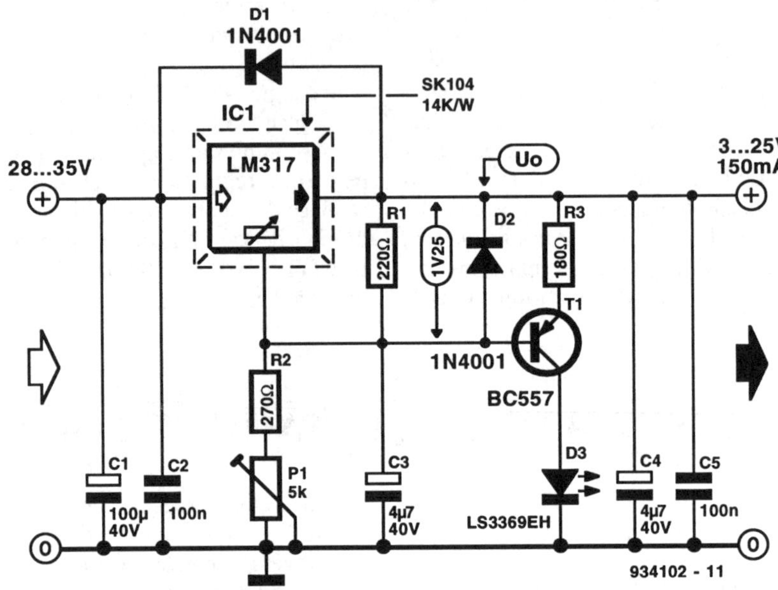

Les régulateurs de tension modernes disposent d'une protection contre les courts-circuits de sortie. Il est facile, dans le cas de régulateurs intégrés à tension de sortie fixe (78XX), de signaler ce court-circuit avec une LED et sa résistance-talon entre la sortie du régulateur et la masse. Cette LED ne s'illumine que si tout est normal, c'est-à-dire présence d'une tension à l'entrée et absence de court-circuit. Si l'on a affaire à un régulateur à tension de sortie variable tel que le LM317, l'intensité lumineuse de la LED varie en fonction de la tension de sortie, ce dispositif de visualisation perdant ainsi une bonne partie de son intérêt aux tensions de sortie faibles. Si l'on veut garder à la LED une luminosité constante, il faut faire en sorte que le courant qui la traverse reste lui aussi constant, quelle que soit la tension de sortie. Il faut dans ce cas-là que le courant ne soit pas limité par une résistance-talon mais par l'intermédiaire d'une source de courant. Le schéma montre comment réaliser une telle source de courant à l'aide d'un unique composant additionnel, T1, dans le cas d'un régulateur à tension de sortie ajustable du type LM317. Le concept de la source de courant met à profit l'existence d'une tension de référence disponible aux bornes de la résistance R1. Cette tension de 1,25 V est définie par le LM317 lui-même et sert en principe, de concert avec R1, R2 et la résistance ajustable P1, à la régulation de la tension de sortie. Comme le montre le schéma, nous utilisons ici cette tension de référence pour, en outre, garder à la tension aux bornes de R3 une valeur constante répondant à la formule suivante :

$$U_{R3} = 1,25 - U_{eb}$$
$$= +1,25 - 0,65 = 0,6\ [V].$$

Dans ces conditions le courant à travers la LED D3 prend une intensité de :

$$0,6\ V / 180\ \Omega = 3,3\ mA.$$

Ce courant suffit amplement à permettre à la LED à haut rendement utilisée ici, une LS3369EH de Siemens de s'illuminer brillamment. Nous avons déterminé expérimentalement que le courant à travers ; la LED reste constant jusqu'à une tension de sortie minimale de 2,65 V. Cela signifie que la LED garde une luminosité constante à toute tension comprise entre 3 et 25 V, obtenue par action sur l'ajustable P1. Vu que le courant de base de T1 n'est que de 15 µA, le fait de le drainer sur la tension de référence n'a pas la moindre influence sur le fonctionnement du régulateur. Il n'y a pas de risque de voir le transistor chauffer trop sachant que même si la tension collecteur-émetteur atteint 25 V, il n'a pas même 100 mW à dissiper – la puissance maximale admissible est de 500 mW, valeur qui implique la présence d'un radiateur. Il n'est pas question d'atteindre la valeur maximale de la tension collecteur-émetteur admissible, à savoir 45 V ; il ne faudra cependant pas perdre de vue cette valeur maximale si l'on envisage d'utiliser ce dispositif de visualisation pour des tensions de sortie plus élevées. Outre les classiques condensateurs d'entrée et de sortie on constate ici la présence « extraordinaire » du condensateur C3. Cet électrochimique améliore sensiblement l'ondulation résiduelle. La présence de C3 explique également celle de la diode D2 : cette diode de 1 A protège IC1 contre un courant de décharge trop intense et protège T1 contre des tensions base-émetteur inverses trop élevées au cas où la sortie du régulateur serait mise en court-circuit ($U_{be(max)}$= 5 V). La diode D1 protège le régulateur contre des courants de décharge en provenance des capacités de sortie (C4 plus un éventuel condensateur-tampon présent dans le circuit à alimenter). En l'absence de cette diode on aurait, en cas de mise en court-circuit du régulateur ou commutation vers une tension moindre (enroulement de transformateur différent), décharge des condensateurs de sortie à travers ce dernier. La consommation de courant au repos est de l'ordre de 10 mA, la courant de crête pouvant atteindre lui jusqu'à 1,5 A. À la tension d'entrée maximale, 35 V et à la tension de sortie minimale, à savoir 3 V, le circuit peut fournir un courant continu de 150 mA.

189 COMPORTEMENT DES JEUX D'ACCUS CdNi EN SERVICE

Lors de la décharge d'un accu CdNi (comportant plusieurs cellules en série) la cellule à la capacité la plus faible voit la première sa tension tomber à 0 V. Si l'on poursuit alors la décharge, cette cellule subit une charge « inversée » et donc à polarité erronée. La tension aux bornes de l'accu chute donc plus rapidement et la durée d'utilisation de l'accu se réduit elle aussi très sensiblement. Les fabricants essaient de ralentir les effets négatifs de cette inversion de polarité en dotant les cellules d'une électrode positive plus massive. On notera cependant que « ralentir » signifie tout autre chose qu'« éviter ». On risque donc, à la longue, d'endommager une cellule, surtout si le courant de décharge est supérieur à 1/10 de la capacité nominale de l'accu. La cellule « critique » vieillit plus rapidement et la capacité effective des autres cellules est réduite par le fameux « effet de mémoire ». Lors de la recharge la tension aux bornes de l'accu atteint déjà sa valeur de fin de recharge sans que la cellule endommagée ne soit en fait complètement rechargée. Ceci est l'une des causes principales de la « mort prématurée » de nombreux accus CdNi au prix pourtant relativement élevé. L'un de nos lecteurs a trouvé une solution à ce problème. Il a doté chacune des cellules de l'accu d'une diode Schottky (faible tension de passage), capable, bien entendu, de traiter le courant de charge requis. Dans le cas d'une cellule, sujette à une inversion de polarité, la diode en question devient passante et évite de ce fait (grâce à sa tension de passage très faible de 0,3 à 0,4 V) une production de gaz et donc une augmentation de la pression dans la cellule. Du fait que les autres cellules « saines » ne peuvent plus établir une tension inverse, la perte de puissance de l'accu n'est plus si importante. Il n'y a plus de risque non plus à soumettre, de temps à autre, un accu, doté de cette protection, à une « cure de jouvence » pour ne pas dire de «reviviscence » (cycle de décharge/recharge complet). Même une décharge « totale » de l'accu perd alors son aspect effrayant. À l'inverse de ce qui est le cas avec un accu au plomb, c'est très précisément ce type de décharge complète d'un accu CdNi qui, en raison de l'inversion de polarité d'une, voire de plusieurs cellules qu'elle entraîne, est la cause de leur destruction.

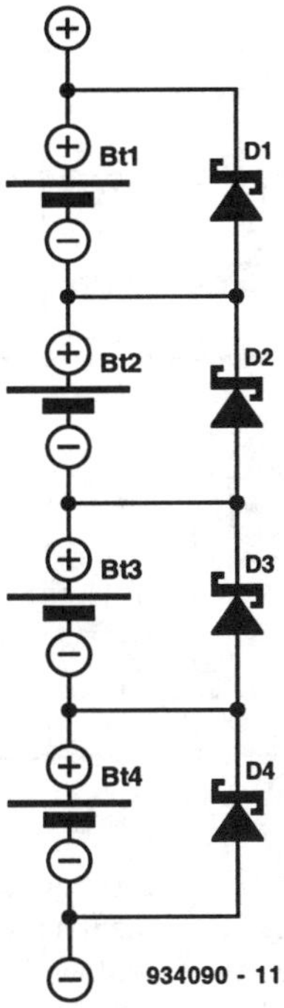

934090 - 11

H.J. Junge

190 COMMANDE DE MOTEUR

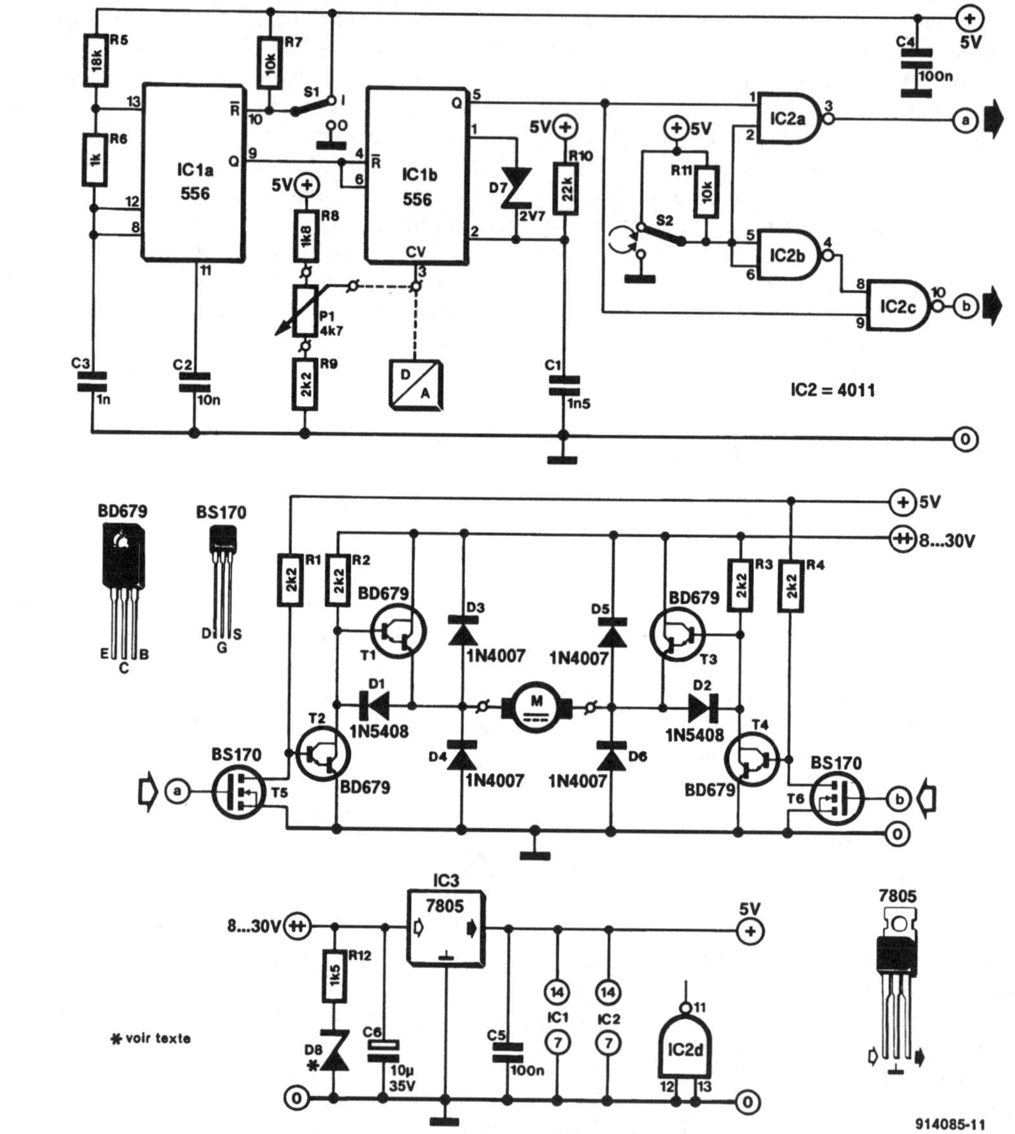

L'étage de puissance de cette commande de moteur est dérivée de la **commande bidirectionnelle de moteur** (montage n°9) décrite dans le Hors-Gabarit Elektor 1990. Nous l'avons doté de deux FET servant d'étages de commande et de quelques diodes d'arrêt (dites "*freewheel*" = roue libre) additionnelles. Ces diodes n'assurent pas uniquement une fonction de protection des transistors de puissance contre les crêtes inductives; sachant que l'énergie produite est évacuée, elles servent également à produire une sorte de freinage électrique du moteur. Il devient possible, avec cet étage de puissance, de travailler en mode quatre quadrants (rotation à gauche, rotation à droite, freinage à gauche, freinage à droite). La commande de l'étage de puissance se fait par l'intermédiaire d'un régulateur de largeur d'impulsion, de sorte que le régime du moteur est réglable lui aussi. Le régulateur de largeur d'impulsion peut être commandé soit manuellement soit à l'aide d'un système à microprocesseur (dans ce cas-là, les inverseurs et le potentiomètre sont remplacés respectivement par les lignes d'Entrées/Sorties et un convertisseur N/A). Le coeur du régulateur de largeur d'impulsion est un double temporisateur, IC1, un 556. IC1a est monté en multivibrateur astable et sert à définir le rythme de travail du régulateur de largeur d'impulsion. La mise à la masse de l'entrée de remise à zéro de IC1a –soit par S1, soit à l'aide d'un ordinateur– permet l'arrêt du moteur. Le signal de sortie de IC1a sert et à remettre IC1b à zéro (broche 4) et à déclencher ce temporisateur (broche 6). La durée de l'impulsion produite par le monostable IC1b dépend de la tension présente à la broche 3. Cette tension va nous servir à commander le régime du moteur. Le signal de sortie de IC1b attaque ensuite les portes NAND IC2a à IC2c utilisées pour déterminer le sens de rotation du moteur (S2). La tension d'alimentation du montage est fonction du type de moteur utilisé, sachant, qu'en raison du type de régulateur intégré utilisé, elle doit impérativement se trouver entre 8 et 30 V. La diode zener D8 prendra une valeur qui se situe légèrement en-dessous de la valeur de la tension que l'on applique au régulateur intégré. Cette diode permet l'évacuation de l'énergie produite lors du freinage, si tant est qu'elle ne soit pas utilisée par le régulateur de tension. Le montage pourra se voir connecter des moteurs consommant un courant inférieur ou égal à 3 A. La commande proprement dite ne draine qu'un courant de 20 mA.

B. Agater

191 «INDIC» POUR FUSIBLE

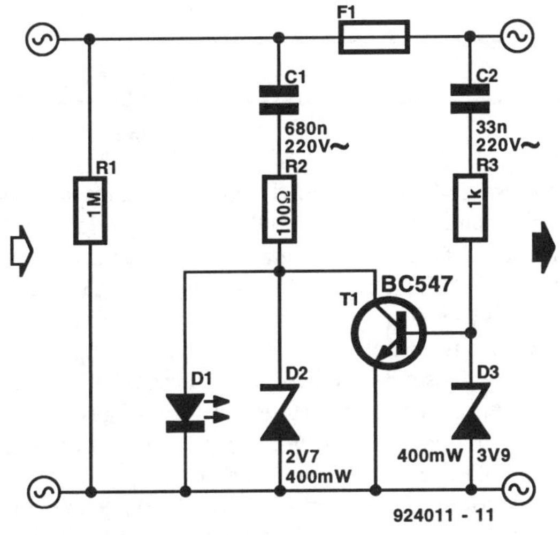

Le non-fonctionnement d'un appareil, quel qu'il soit, peut être dû à plusieurs causes. L'une des plus courantes est la destruction du fusible dans l'alimentation-secteur (230 V). Le petit circuit proposé ici visualise, à l'aide d'une LED, la défectuosité du fusible de l'appareil. Il convient pour tout fusible, qu'il ait un courant-limite de quelques milliampères ou de l'ordre de l'ampère peu importe. En cas de panne du fusible, c'est-à-dire de sa destruction, la LED s'illumine en signalant ainsi la défectuosité. Voyons comment fonctionne le circuit. Normalement, c'est-à-dire tant que le fusible est intact, on trouve, entre la broche supérieure du condensateur C2 et l'anode de D3, la totalité de la tension du secteur. Ce condensateur associé à la résistance sert à limiter le courant de base du transistor T1. La diode D3 évite la décharge de C2 ce qui se traduirait par l'arrêt rapide de la circulation de courant. Le condensateur C1 et la résistance R2 servent également à la limitation du courant, du courant à travers la LED cette fois. La diode zener garantit que la tension aux bornes de la LED ne dépasse en aucun cas 2,7 V. Elle remplit une seconde fonction, empêchant la charge du condensateur C1. Tant que la tension du secteur reste présente en aval du fusible, le transistor T1 est passant, court-circuitant ainsi la LED D1 et la diode D2. Le courant passe alors par le collecteur de T1. En cas de destruction du fusible on aura disparition du courant de base et, partant, blocage du transistor. Dans ces conditions le courant défini par C1 et R2 circule à travers la diode zener D2 et la LED D1 produisant l'illumination de cette dernière. La résistance R1 répond à certaines réglementations européennes, permettant la décharge des condensateur C1 et C2 dans le laps de temps prévu, sachant que les condensateurs restant chargés après la coupure de l'appareil et accessibles de l'extérieur, via le cordon secteur par exemple, doivent se décharger automatiquement.

Il est important, lors de la réalisation de ce montage, d'être bien conscient qu'il est en contact direct avec les 230 V du secteur.

I. Fietz

192 ALARME POUR MOTO

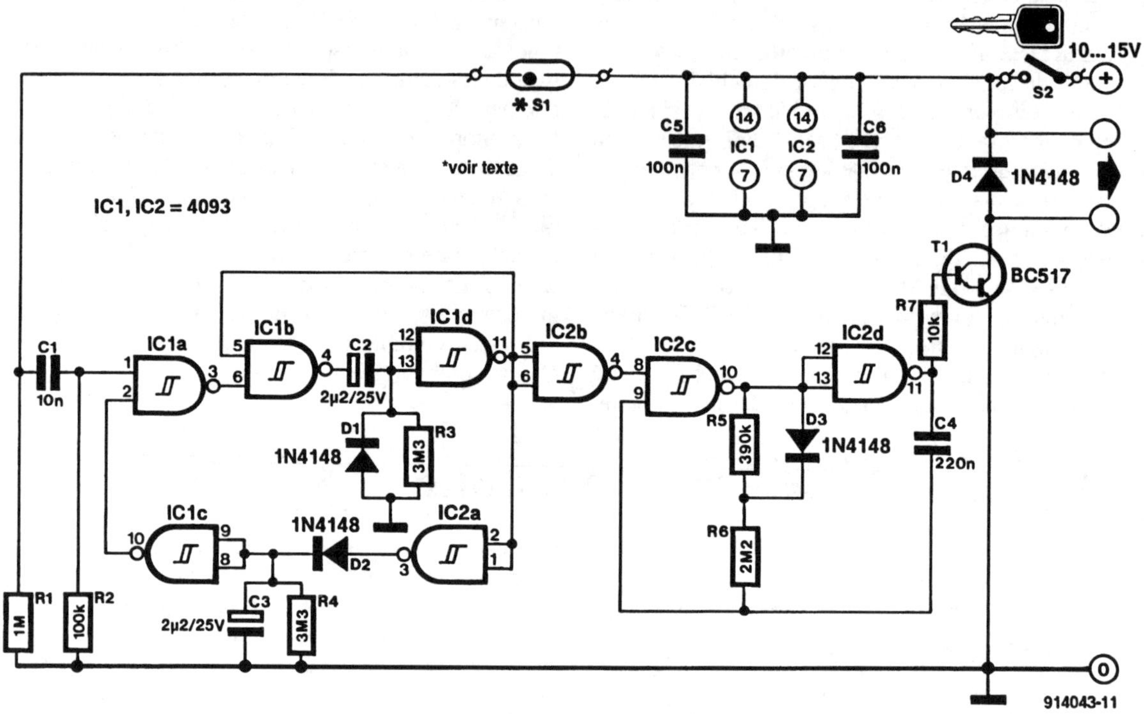

Les voleurs sont des gens pratiques, une fourgonnette, trois individus louches, il n'en faut pas plus pour que votre belle Yamaha Virago, Suzuki Intruder, Honda Shadow Chopper prenne, à contre-coeur, la poudre d'escampette. On gare en effet la camionnette à côté de la moto, on soulève celle-ci (sans se soucier de l'antivol fixé à la roue), on dépose le tout à l'intérieur et ... ni vu ni connu...
«Pauvre» petit motard, alors qu'il aurait suffi d'un klaxon, d'une sirène ou de tout autre dispositif attirant l'attention, pour que notre trio s'en aille les mains dans le dos en sifflotant. L'alarme pour moto décrite ici apporte une solution simple à ce problème latent de criminalité grandissante. Nous avons ici fait appel à un interrupteur à contact de mercure dont l'état commande l'ensemble du montage. Le réseau R1/C1/R2 sert à faire en sorte que seuls des changements de situation soient pris en compte et que le circuit ne soit pas armé en permanence.
Tant que l'interrupteur à mercure reste ouvert, l'alarme se trouve au repos, la broche 1 de IC1a se trouvant à la masse via la résistance R2. La situation a changé. Supposons qu'un individu louche soit en train de redresser votre «bécane». Une fermeture de l'interrupteur S1 produit une impulsion qui attaque la porte NAND IC1a dont la sortie passe à zéro. Le temporisateur constitué par les portes NAND à trigger de Schmitt IC1b et IC1d, et dont la pseudo-période est définie par le réseau RC R3/C2, transmet l'impulsion. Cette impulsion attaque l'ensemble IC2c/Ic2d qui associé aux composants connexes constitue un astable TBF (très basse fréquence) destiné à augmenter l'agressivité du klaxon par des coupures brèves.
Un second temporisateur IC1c/IC2a, déclenché lui aussi, empêchera le redéclenchement de l'alarme, pendant une certaine temporisation dont la durée est égale à la précédente (R4/C3), ceci pour éviter le hurlement de la sirène au cas où la moto serait couchée. Une fois la temporisation écoulée, le dispositif se retrouve dans l'état de départ. Le transistor T1, protégé par la diode D4, sert à commander tout système mettant en fonction n'importe quel dispositif «bruyant ou fortement lumineux».
Quelques remarques intéressantes...
Attention au positionnement de l'interrupteur à mercure. Il faudra faire en sorte qu'il soit ouvert lorsque la moto est posée sur sa béquille, simple

ou double, et qu'il se referme lorsque la moto est, pour quelque raison que ce soit, redressée.
La consommation de courant dépend pour une grande part des caractéristiques du dispositif commuté par le transistor T1, relais pour phares ou autre sirène, sachant que le reste du circuit consomme moins d'1 mA; c'est du même coup le courant de repos lorsque T1 n'est pas conducteur.
Attention, si l'on utilise un relais, à sa tension de service, car dans le cas d'un relais de 12 V, il ne se passe plus rien dès que la tension de la batterie tombe en-dessous de 9 V. La mise en fonction de l'alarme se fait à l'aide d'un interrupteur à clé distinct, voire de tout autre type d'interrupteur à condition qu'il soit parfaitement dissimulé. Il faudra bien évidemment ne pas oublier de la mettre hors-fonction avant de redresser la moto...

F. Nadale

193 INTERFACE RS-232 MONO-ALIMENTATION

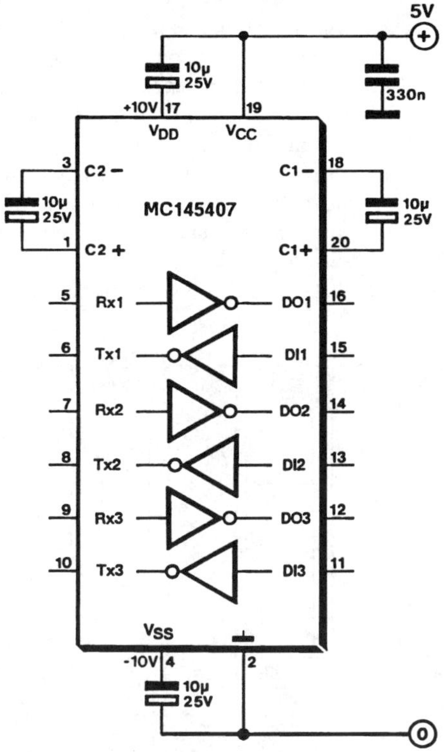

Sur les ordinateurs de conception relativement ancienne tels que les IBM-PC et compatibles, l'alimentation fournissait, outre le +5 V également le + et −12 V. La tension de +12 V sert non seulement à l'alimentation des lecteurs de disquettes et du disque dur, mais aussi, de concert avec le −12 V, à celle de l'interface RS-232. Plus tard sont arrivés un certain nombre de circuits intégrés spécialisés tels que le MAX232 capables de commander des canaux sériels sous + et −12 V en ne faisant appel qu'à une seule tension d'alimentation, à savoir 5 V.

Nous avons «l'honneur et l'avantage» de vous présenter ici le MC145407 de Motorola qui se contente de quatre condensateurs de 25 μF pour produire une tension symétrique de + et −10 V, on notera, que dans le cas d'une liaison aux normes RS-232, les tensions peuvent évoluer dans une plage comprise entre 5 et 15 V. Le circuit dispose en outre de trois tampons d'entrée et d'autant de tampons de sortie (le MAX232 n'en a que deux). Au cas où vous auriez besoin d'un nombre plus grand de tampons, ce circuit est capable, depuis ses broches V_{DD} et V_{SS}, d'alimenter un 145406 additionnel, de sorte que vous disposez cette fois d'une demi-douzaine de tampons d'entrée et d'un nombre identique de tampons de sortie. Les deux tensions de 10 V sont produites à l'aide d'un oscillateur interne travaillant à 20 kHz associé à deux doubleurs de tension. Dès que le courant drainé atteint une certaine valeur, lors de la connexion d'une charge donc, les tensions chutent quelque peu, mais restent toujours largement à l'intérieur des normes RS-232. Au repos, le courant drainé par ce circuit n'est que de 1,5 mA. Dès que les tampons doivent fournir du courant, la valeur du courant drainé augmente bien évidemment pour être, en raison de la présence des doubleurs de tension, au moins deux fois supérieure au courant drainé par la charge. Lors de la réalisation, il est souhaitable de maintenir les condensateurs le plus près possible des broches du MC145407 auxquelles ils doivent être connectés. Le condensateur de découplage de 330 nF sera monté aussi près que possible des broches 2 et 19 (éventuellement côté pistes). Si vous utilisez un support pour le MC145407, prenez-en un de bonne qualité (mieux encore n'en prenez pas) car lors de la charge des condensateurs il circule des courants de crête non négligeables.

194 ADAPTATEURS MULTI-FONCTION POUR CONNECTEURS AUTO-DÉNUDANTS

Ceux d'entre nos lecteurs habitués à utiliser du câble plat savent que les connecteurs auto-dénudants (IDC = ***I**nsulation **D**isplacement **C**onnector*) sont d'une mise en œuvre extrêmement simplement et garantissent des liaisons fiables. Ce type de connecteur, qui existe en versions embase et connecteur, est très fréquemment utilisé pour la connexion de câble en nappe à des embases ouvertes ou fermées à deux rangées de contacts qui équipent de nombreux systèmes à microprocesseur ou microcontrôleur, permettant à leurs interfaces de communiquer avec le monde extérieur (si vous désirez un exemple marquant de ce type d'utilisation nous vous renvoyons au montage mentionné en [1] dans la bibliographie donnée en fin d'article). Les adaptateurs proposés ici sont en fait de petits circuits imprimés (chaque platine n'en comporte pas moins de 6 !) que l'on pourra utiliser pour changer le « genre » d'un connecteur donné, le transformant, par exemple, de connecteur auto-dénudant qu'il était en connecteur à éjecteurs lorsque l'on se trouve confronté à un câble plat reliant un circuit imprimé à une sortie sur la face arrière d'un boîtier. Bien souvent également, un circuit adaptateur proposé ici doté d'une embase à éjecteurs sera plus flexible et reviendra, dans cer

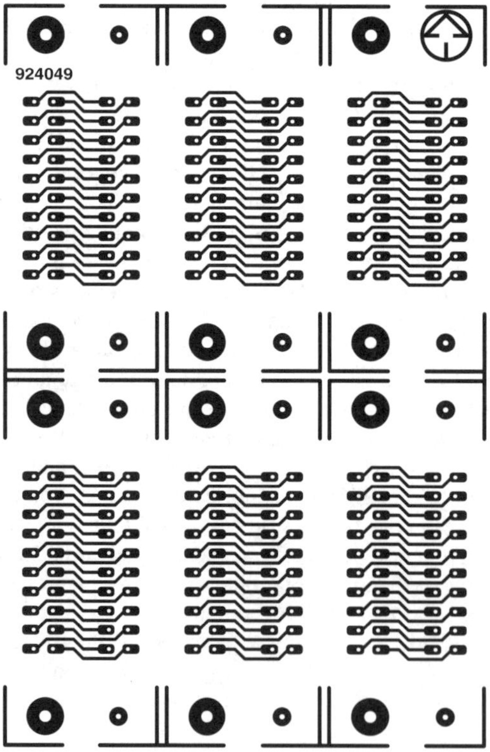

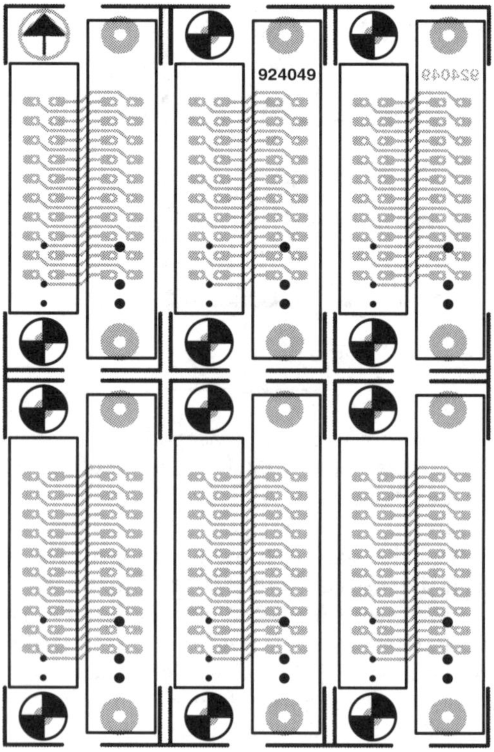

tains cas, moins cher qu'une embase ou connecteur auto-dénudant de type sub D, dès qu'il faudra connecter et déconnecter souvent le câble plat. Les points marqués sur la sérigraphie de l'implantation des composants indiquent la position des trous à percer si l'on utilise des versions d'embases à éjecteurs ayant un nombre de contacts plus faible. On pourra implanter sur ces petites platines d'adaptation des embases droites de 10, 14, 16, 18 ou 20 broches. Si vous implantez deux embases sur un circuit d'adaptation, vous pourrez vous en servir pour le couplage de deux morceaux de câble plat dotés de connecteurs auto-dénudants. On peut réaliser de cette façon des câbles d'extension à connecteurs auto-dénudants particulièrement utiles lorsque vous serez amenés, en vue d'une inspection ou d'une réparation, à sortir de son boîtier un montage comportant de nombreuses connexions à base de câble en nappe.

Bibliographie :

[1]. Ultima, la dernière des cartes à Z80 d'Elektor ?, n°167 et 168, mai et juin 1992

195 CIRCUIT DE COMMANDE AUTOMATIQUE

POUR VENTILATEUR DE VOITURE

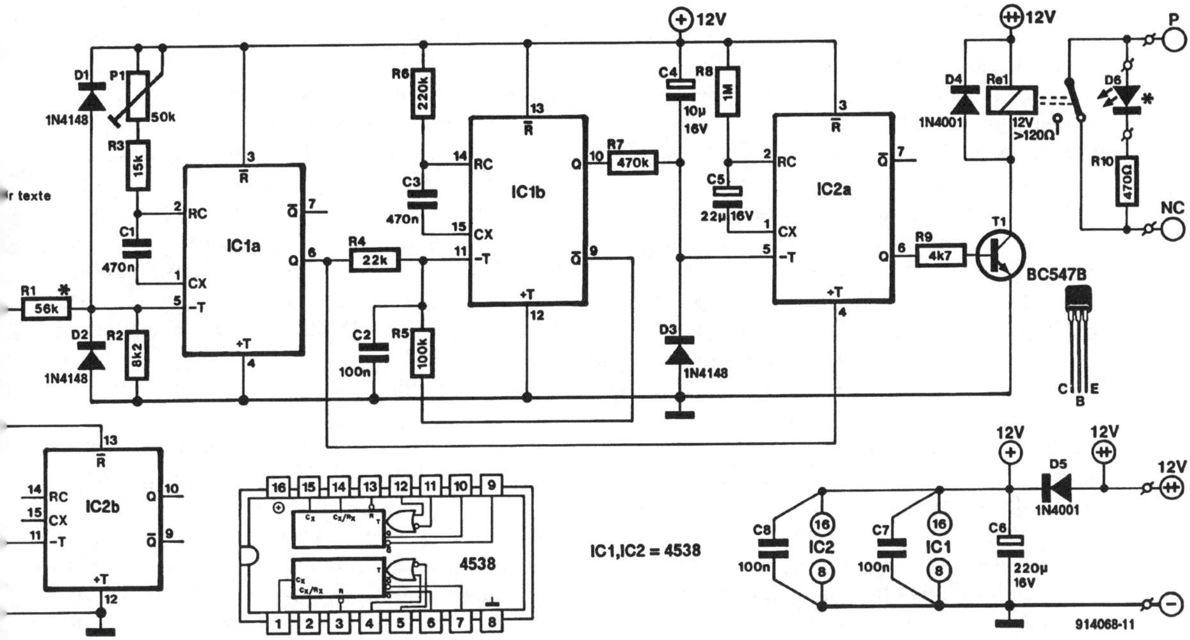

Les habitants des grandes agglomérations savent que leur santé ne s'améliore pas lorsqu'ils se déplacent dans leur voiture aux heures de pointe. Coincé dans un embouteillage dantesque ou au pas sur le périphérique, on en est souvent réduit à arrêter le ventilateur si l'on veut éviter d'être asphyxié par les gaz d'échappement des autres véhicules. Il est très ennuyeux de devoir couper le ventilateur pour le remettre en marche quelques secondes plus tard lorsque "ça bouge" à nouveau. Il faut à cette situation un remède électronique : un circuit pour arrêter ou démarrer le système de ventilation de la voiture, et ceci en fonction du régime du moteur. Ce genre de commutateur automatique existe bien évidemment déjà. Le seul inconvénient est que seules certaines autos "haut de gamme" et hautes de prix en sont équipées. Pour trois fois rien, le circuit proposé ici vous placera, du moins en ce qui concerne la ventilation, au niveau des conducteurs de grosse berlines. Le circuit de commande arrête automatiquement le moteur du ventilateur lorsque le moteur tourne à faible régime. Dès que vous roulez plus vite, à la sortie de l'embouteillage, et après un court délai, le ventilateur se remet en marche.

L'électronique se subdivise en trois parties principales :

- un circuit de surveillance du régime du moteur entre en fonction à partir de 1 800 tours/mn,
- un intégrateur évite l'oscillation du relais lorsque le régime se maintien autour de 1 800 tr/mn et
- une constante de temps introduit un certain retard avant la remise en fonction du ventilateur.

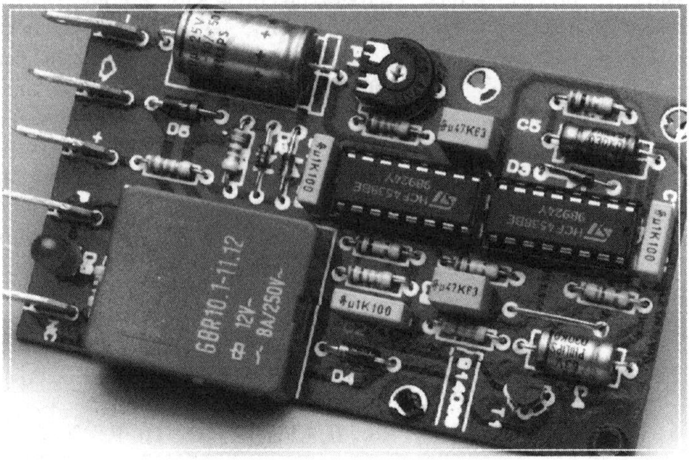

Le circuit de surveillance de régime sert à détecter si le véhicule roule ou non. Il se contente en effet de détecter si le moteur tourne au ralenti, ce qui signifie, dans la plupart des cas, que l'on ne roule pas.

Ce circuit comporte deux multivibrateurs monostables, IC1a et IC1b. Le premier des multivibrateurs reçoit des impulsions en provenance des vis platinées. Les résistances R1 et R2 et les diodes D1 et D2 abaissent le niveau de ces impulsions à celui de la tension maximale d'alimentation du circuit intégré. Cette réduction de niveau est indispensable sachant que les impulsions sur les vis platinées dans certaines voitures ont une valeur de crête pouvant atteindre 200 V. Tant que la période du signal d'entrée est supérieure à la constante de temps définie par le réseau RC constitué par P1, R3 et C1, le monostable IC1a fournit des impulsions d'une longueur fixe. Si les impulsions d'entrée sont plus courtes, la sortie Q de IC1a reste au niveau haut ("1"). La constante de temps, $\tau 1$, dépend du nombre de cylindres, N, du moteur :

$\tau 1 = 120 / (\text{régime} \times N)$.

Dans le cas d'un moteur à quatre cylindres et d'un seuil d'entrée en fonction du circuit de commande de 1 800 tr/mn, cette constante de temps est de :

$\tau 1 = 120 / (1\,800 \times 4) = 16{,}67$ ms.

Si l'on fait les calculs nécessaires on obtient les valeurs suivantes pour $\tau 1$:

- 5 cylindres : 13,32 ms,
- 6 cylindres : 11,11 ms et
- 8 cylindres : 8,32 ms.

Tant que le second multivibrateur monostable, IC1b, reçoit des impulsions d'entrée en provenance de IC1a, il peut être déclenché. Si le régime du moteur tombe à moins de 1 800 tr/mn, la broche 10 (Q) de IC1b passe au niveau haut. Pour doter la réaction du circuit de surveillance de régime d'une certaine inertie, il nous faut une petite hystérésis introduite par la résistance R5 et le condensateur C2. Il est nécessaire que la pseudo-période de IC1b, $\tau 2$, soit supérieure à la valeur maximale de $\tau 1$. Ici, la valeur de $\tau 2$ est fixée à 100 ms environ.

L'intégrateur est réalisé à l'aide d'un réseau RC, R7 et C4, dont la constante de temps, $\tau 3$, est fixée à 3 s environ. En aval de ce réseau, on trouve un troisième monostable, IC2a, qui définit à 20 s environ la durée de la période de fonctionnement, $\tau 4$. Un circuit de commande à transistor, réalisé autour de T1, sert d'interface de commande pour le relais, Re1. On notera que le ventilateur s'arrête lorsque le relais est excité. La raison de cette approche est de garder la possibilité de mettre en fonction le ventilateur lorsque, pour une raison quelconque, le circuit de commande est hors-service. Pour éviter que IC2 ne soit redéclenché à chaque fois que le régime du moteur tombe en-dessous de 1 800 tr/mn, le troisième multivibrateur monostable est relié au premier à travers l'entrée de déclenchement positive. Pour la réalisation, on pourra utiliser le circuit imprimé conçu spécialement pour ce montage et dont nous vous proposons la sérigraphie en **figure 2**. Il faudra en outre tenir compte du courant maximal drainé par le moteur du ventilateur qui circule sur certaines des pistes et passe par les contacts du relais Re1. Il est pour cette raison impératif d'utiliser, pour les connexions, P et NC (*Normally Closed* = Normalement Fermé) reliant le ventilateur à la platine, des cosses, des fiches et du câble du type de ceux que l'on utilise dans les voitures, c'est-à-dire capables de supporter un courant relativement important. Avant de prendre le circuit dans le système électrique de voiture, il est recommandé de le tester. Pour ce faire on connecte un générateur de fonctions à la broche 5 de IC1.

Liste des composants

Résistances :
R1 = 56 kΩ*
R2 = 8kΩ2
R3 = 15 kΩ
R4 = 22 kΩ
R5 = 100 kΩ
R6 = 220 kΩ
R7 = 470 kΩ
R8 = 1 MΩ
R9 = 4kΩ7
R10 = 470 Ω
P1 = 50 kΩ, ajust.

Condensateurs :
C1,C3 = 470 nF
C2,C7,C8 = 100 nF
C4 = 10 µF/16 V
C5 = 22 µF/16 V
C6 = 220 µF/16 V

Semi-conducteurs :
D1 à D3 = 1N4148
D4,D5 = 1N4001
D6 = LED
T1 = BC547B
IC1,IC2 = 4538

Divers :
Re1 = relais 12 V/330 Ω encartable, contacts 8 A (tel que Siemens V23127 A0002-A201 par exemple)
5 cosses mâles coudées encartables

* voir texte

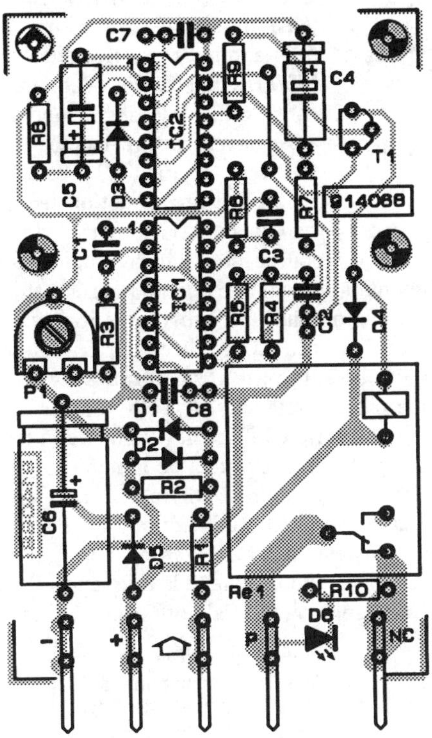

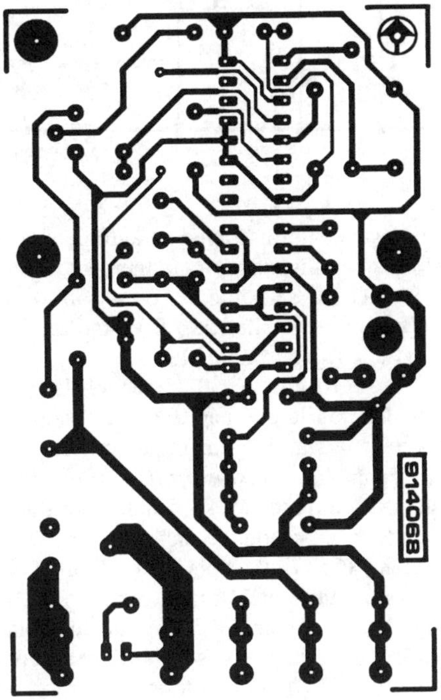

On règle le générateur de fonctions à une fréquence qui corresponde au régime auquel le circuit de commande doit entrer en fonction. La fréquence du générateur est de 1/τ1. Il faudra ensuite, à l'aide de l'ajustable P1, régler la durée de τ1 de façon à obtenir un basculement du signal en broche 10. Si l'on diminue la fréquence, le relais est activé. Si, ensuite, on augmente la fréquence, le relais décolle après un délai de 20 s environ. Si tout fonctionne bien sur la "table d'opération", on peut installer le circuit dans la voiture-cobaye. Notons, en guise de conclusion à cet article, qu'il peut être nécessaire de modifier le diviseur de tension d'entrée, en fonction de la valeur de la tension de crête des impulsions en provenance des vis platinées. Au repos, le circuit consomme 1 mA environ. Cette consommation "grimpe" à une valeur de 38 mA lorsque le relais est excité.

J. Riecker

ÉMETTEUR IR RUDIMENTAIRE

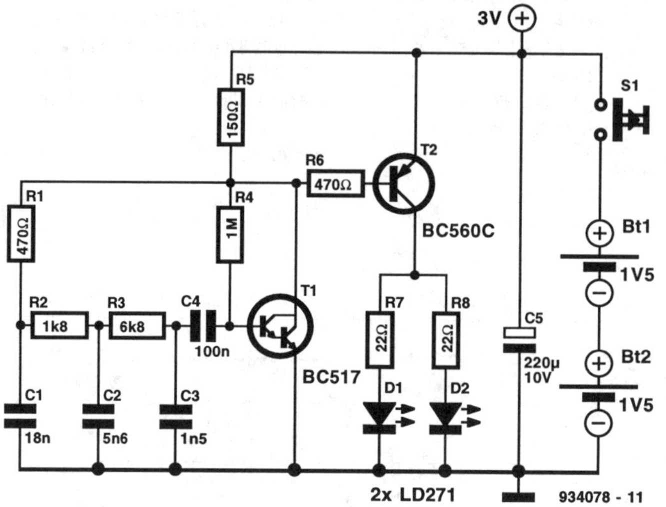

Ce montage sera utilisé avec un automate de commutation à commande par rayonnement infrarouge (IR). L'émetteur se contente, pour son alimentation, d'une paire de piles de 1,5 V ou d'une pile au lithium de 3 V. Nous avons fait appel à un oscillateur à un seul transistor, T1, en vue de garder à cette réalisation la compacité requise sans perdre pour autant la stabilité en fréquence. Cet oscillateur à déphasage (*phase-shift oscillator*) présente une stabilité en fréquence suffisante pour l'application envisagée. Si nous avons utilisé pour T1 un darlington (BC517) c'est pour garantir un gain suffisant de ce transistor à la faible tension d'alimentation prévue, à savoir 3 V. Le réseau de déphasage constitué par les résistances R1 à R3 et les condensateurs C1 à C3 comporte en fait trois réseaux RC interconnectés avec pratiquement la même constante de temps. Pour éviter des interférences entre les différents réseaux RC, nous avons choisi pour les résistances concernées des valeurs croissant selon un facteur 3,8 d'une résistance à la suivante. Il faut, en raison de cette influence mutuelle, augmenter le gain de l'étage à transistor au-delà de la valeur théorique de huit fois. La valeur de R5 est un compromis acceptable. Il est impératif d'avoir une valeur faible pour éviter d'influencer le réseau de déphasage (l'impédance de sortie de T1 entraîne une modification de la fréquence d'oscillation). Il ne faut pas non plus que R5 ne prenne une valeur trop faible sous peine de se retrouver confronté à une augmentation trop forte de la consommation de courant et à une diminution trop importante du gain. De même, c'est pour réduire le plus possible l'influence de l'impédance base-émetteur du tampon monté en aval (T2), on a opté pour une commande de ce transistor, via sa propre résistance, R6, depuis T1. La présence de T2 se justifie par la nécessité de disposer d'un courant suffisant à travers les LED. La faible tension d'alimentation ne permet pas la mise en série de ces deux LED IR, raison pour laquelle elles sont commandées chacune depuis T2 à travers leur résistance de limitation de courant (R7 et R8). La mise en et hors-fonction se fait tout simplement par application ou coupure, par l'intermédiaire du bouton-poussoir S1, de la tension d'alimentation. Tant que dure la pression sur S1, il circule un courant. Une brève pression sur S1 est suffisante pour mettre le récepteur correspondant (cf l'article **automate de commutation à commande par IR**, ailleurs dans ce livre). La consommation de courant du circuit dépend de la taille de la tension d'alimentation et de la durée de la pression sur S1. Le tableau donne la correspondance entre la consommation de courant et la fréquence et ce à plusieurs tensions d'alimentation entre 2 et 3,2 V. Nous y avons indiqué la fréquence d'oscillation correspondante. La portée de cet émetteur

Tableau 1. Consommation de courant et fréquence à diverses tensions d'alimentation.

$U_{alimentation}$ [V]	f [kHz]	$I_{crête}$ par LED [mA]	$I_{alimentation}$ [mA]
2	29, 3	24	27
2,5	30		
3	30, 3		
3,2	30, 4	64	63

dépassait, avec des piles neuves, les 13 m. Ajoutons une remarque pour la réduction de la consommation d'énergie. Si l'on prend en série avec S1 un réseau RC constitué d'un condensateur de 1 000 µF/6V3 en parallèle avec une résistance de 10 kΩ, chaque action sur S1 se traduira par la une brève impulsion de courant. Si l'on maintient la pression sur S1, le courant aura rapidement chuté à une valeur de l'ordre de 300 µA.

197 MINUTEUR DE CUISINE

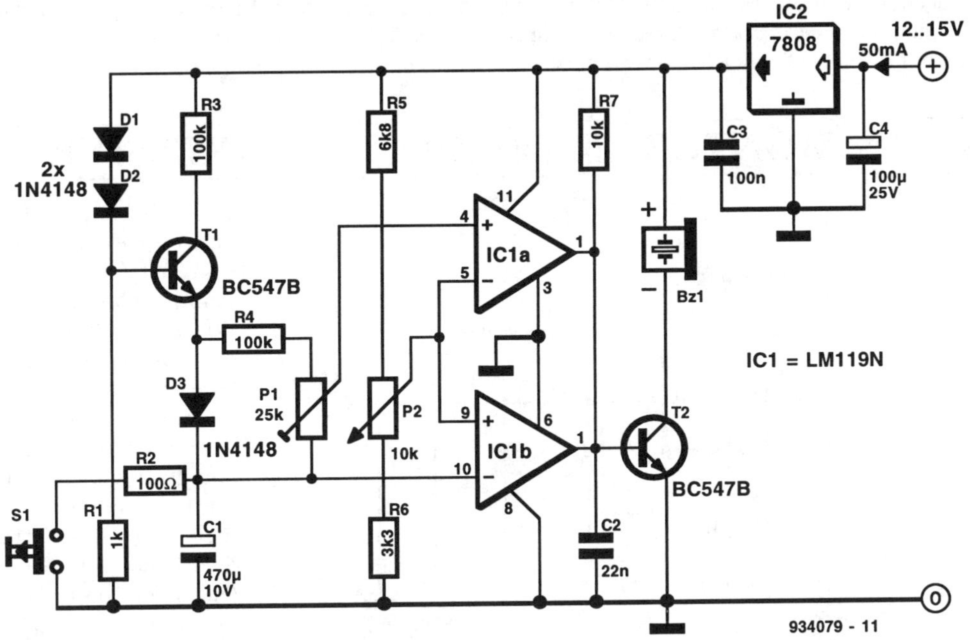

Ce minuteur de cuisine fait appel à des composants standard et économiques. L'élément responsable de la « chronométrie » est un condensateur, C1, que charge une source de courant basée sur le transistor T1, et qui voit de ce fait la tension à ses bornes croître linéairement. Si l'on procède à une comparaison de cette tension avec un niveau de tension réglable, il en résulte, avec une fiabilité acceptable, une certaine durée. Avec la valeur attribuée aux différents composants, cette durée va de 1 à 10 mn. Intéressant en cuisine, n'est-ce pas ? La comparaison entre les deux niveaux de tension est l'affaire de IC1a et IC1b, deux comparateurs dotés d'une sortie dite à collecteur ouvert. Si nous faisons momentanément abstraction de IC1a, le transistor de sortie du comparateur IC1b restera bloqué tant que la tension de référence définie par l'utilisateur est supérieure à la tension présente aux bornes de C1. Dès que cette dernière dépasse le niveau de tension défini, le transistor de sortie de IC1b devient conducteur et entraîne le blocage de T2. Le résonateur Bz1 produit son signal sonore jusqu'au dépassement de la valeur de tension choisie, solution que l'on ne peut pas qualifier d'idéale, dans le cas de la cuisson d'œufs durs en particulier. Qui d'entre vous supportera 10 mn de bips incessants ? Le but de la manœuvre est de faire en sorte que le résonateur signale brièvement l'écoulement de la durée définie, raison pour laquelle nous faisons appel à l'amplificateur opérationnel IC1a, qui compare la tension définie à une tension légèrement supérieure à celle présente aux bornes de C1 ; cette différence de tension (*offset*) est introduite par la diode D3 associée aux résistances R4 et P1. Dans ces conditions, ce second comparateur, IC1a, réagit à l'inverse du premier, IC1b. Le transistor de sortie de ce comparateur est passant lorsque la tension aux bornes de C1 additionnée de celle présente au curseur de P1 est inférieure au niveau défini ; le dit transistor bloque dès dépassement de ce niveau de tension. Ce comparateur met le résonateur en fonction pour une durée indéterminée juste avant que la durée définie ne soit écoulée. L'astuce de ce circuit de minuteur est la combinaison de deux fonctions de commutation. L'une des entrées met le résonateur en fonction à la fin d'une durée déterminée, l'autre le bâillonne après écoulement d'une durée à peine plus longue. Tout est relatif. En effet le point de repère chronologique dépend de l'endroit où l'on se place. Ces deux fonctions combinées se traduisent par un signal sonore pendant la courte durée de recoupement entre les deux actions. P1 permet d'ajuster la longueur de la durée pendant laquelle résonne le signal acoustique. Le graphique de la **figure 2** illustre l'ensemble de ces phénomènes. On ajuste à l'aide du potentiomètre P2 le délai avant l'activation du résonateur, la durée d'activation effective étant elle ajustée par la résistance ajustable P1. Le démarrage du minuteur se fait par pression sur le bouton-poussoir S1. L'alimentation du montage pourra se faire à l'aide d'un petit adaptateur secteur.

198 MONTÉE EN TENSION PROGRESSIVE

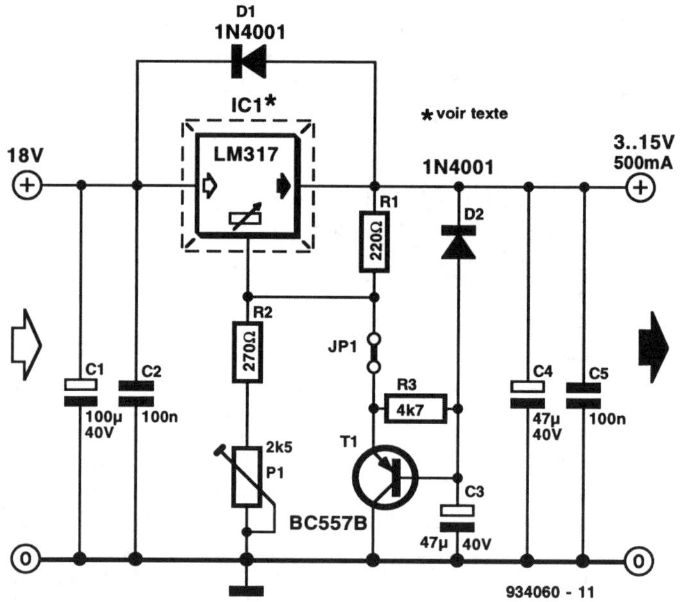

Ce régulateur de tension ajustable comporte un dispositif qui, une fois la tension d'alimentation appliquée, produit une augmentation progressive (*soft start*) de la tension de sortie jusqu'à ce qu'elle atteigne le niveau défini à l'aide de l'ajustable P1. Si l'on opte pour une tension de sortie de 15 V, cette valeur sera atteinte au bout de 5 s environ. Si l'on a défini, à l'aide de P1, une tension de sortie de 7,5 V, la durée de montée n'est plus que de 2,5 s. Il est donc évident que la durée de montée est proportionnelle à la valeur finale de tension de sortie. Une modification de la valeur de la résistance R3 et/ou du condensateur C3 permet de faire fonctionner ce circuit avec d'autres durées d'établissement de la tension de sortie (une valeur plus élevée pour R3 et/ou C3 résulte en une durée de montée plus longue). Si l'on enlève le cavalier de court-circuit **JP1**, la circuiterie responsable de la montée progressive de la tension de sortie est mise hors-fonction. Cette option est très pratique lors du réglage, par l'intermédiaire de P1, de la valeur de la tension de sortie. La diode D2 protège la jonction base-émetteur du transistor T1 contre une tension inverse trop élevée. En absence de cette diode, le condensateur chargé C3 pourrait, dans le cas d'un court-circuit du régulateur, entraîner une tension base-émetteur dont la valeur serait sensiblement supérieure au maximum admissible, à savoir 5 à 6 V. La diode D1 fait office de protection pour le régulateur dans le cas où la tension d'entrée dégringole plus vite que la tension de sortie. Le courant de repos n'atteint que quelques milliampères, le courant de crête peut monter à 1,5 A. Pour éviter que la protection thermique intégrée du LM317 n'entre en fonction, il faudra monter ce composant sur un radiateur de résistance thermique de 14 K/W (tel que SK104 de Fischer par exemple) et limiter le courant de sortie **continu** à une valeur maximale de 500 mA.

199 CHARGEUR D'ENTRETIEN POUR BATTERIES

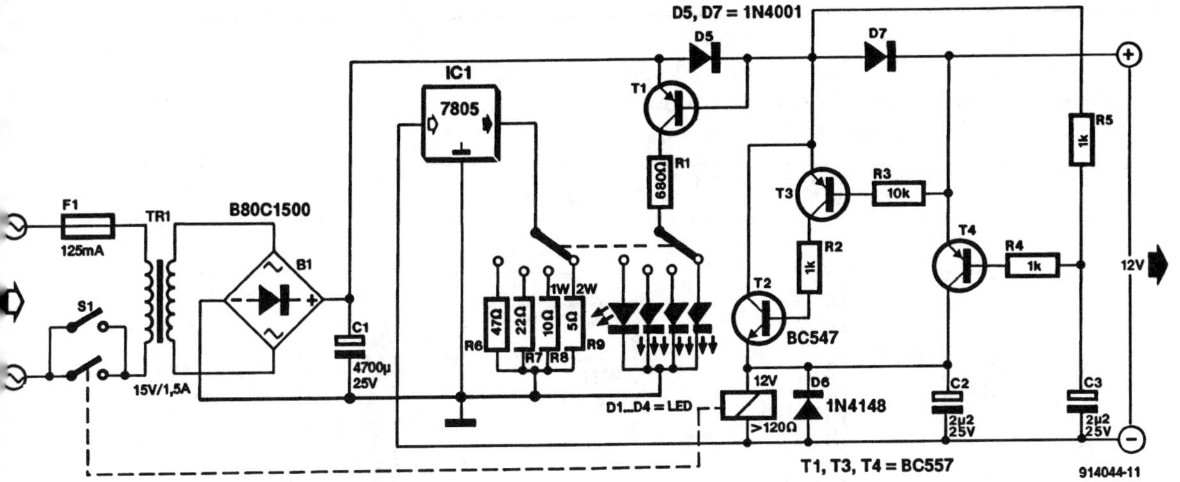

Si l'on applique, lors d'une période d'inactivité d'une voiture (pendant la nuit par exemple), une charge d'entretien à sa batterie, cette sollicitude se traduira par un allongement considérable de sa durée de vie utile (intéressant n'est-ce pas?).

Le circuit de cet article, offre un grand confort, tout en fournissant un courant de (re)charge constant après avoir été connecté à la batterie, par l'intermédiaire d'une fiche de caractéristiques convenables, à insérer dans l'allumecigare par exemple. La source de courant constant se compose d'un module d'alimentation-secteur réalisé à l'aide d'un transformateur, Tr1, d'un pont de redressement, B1, et d'un condensateur (électrolytique) de charge, C1. Le courant constant, traversant le régulateur de tension IC1 et l'une des résistances-série, R6 à R9, prend, en fonction de la valeur de R, l'une des intensités suivantes:

R	I
47 Ω	107 mA
22 Ω	230 mA
10 Ω	500 mA
5 Ω	1 000 mA.

Les LED D1 à D4 visualisent la position du commutateur d'intensité de courant de (re)charge, S2a. La résistance R1, le transistor T1 et la diode D5 servent uniquement à garantir que la LED choisie à l'aide du commutateur S2b s'illumine à une luminosité convenable (indépendante de l'intensité du courant de service vers la batterie). Tant que le circuit n'est pas connecté à une batterie, il ne se passe rien. Le circuit se trouve «en l'air», le relais est relâché et le module d'alimentation-secteur est hors-fonction. Dès que l'on connecte une batterie au circuit, le condensateur C3 se charge, entraînant ainsi le passage à l'état conducteur du transistor T4. Ceci se traduit par l'activation du relais, l'entrée en fonction du module d'alimentation et l'application de la charge d'entretien à la batterie, à travers la diode D7. En raison de la chute de tension se produisant aux bornes de D7, les transistors T2 et T3 deviennent conducteurs eux aussi. Ils assurent le maintien à l'état actif du relais, bien que le potentiel au collecteur de T4 soit positif et que ce transistor bloque. La résistance R5 garde sa charge au condensateur C1 qui garantit, quant à lui, le blocage de T4. L'interrupteur S1 sert à activer le circuit lorsque l'on y connecte une batterie complètement à plat. Cet interrupteur est pris en parallèle sur les contacts, permettant ainsi une mise en service manuelle du chargeur. En dépit des caractéristiques fort intéressantes de ce montage, nous tenons à terminer cet article sur un **avertissement** à son sujet. Lors de la (re)charge d'une batterie au plomb à un courant constant, il existe, en raison de la longueur des recharges répétées, un risque d'électrolyse: le courant traversant la batterie entraîne une transformation de l'eau contenue dans le liquide de la batterie, en ses deux éléments de base, l'oxygène et l'hydrogène. Outre le fait que le mélange de ces deux gaz est très explosif, cette chimie produit une diminution du niveau du liquide à l'intérieur de la batterie ce qui peut se traduire par une capacité réduite de la batterie ou autres dégâts plus sérieux. Dans le cas d'une batterie à plomb sans entretien, donc scellée, il est impossible de «refaire le plein» avec de l'eau distillée. Il faudra donc vous déconseiller d'utiliser de circuit avec les batteries au plomb sans entretien. Comme il s'agit ici d'un chargeur d'entretien, il est recommandé en outre de choisir, en général, un courant de (re)charge de 100 mA environ. Les courants d'intensité plus importante conviennent mieux aux gros accus CdNi.

R. Kambach

200 TESTEUR DE PILES

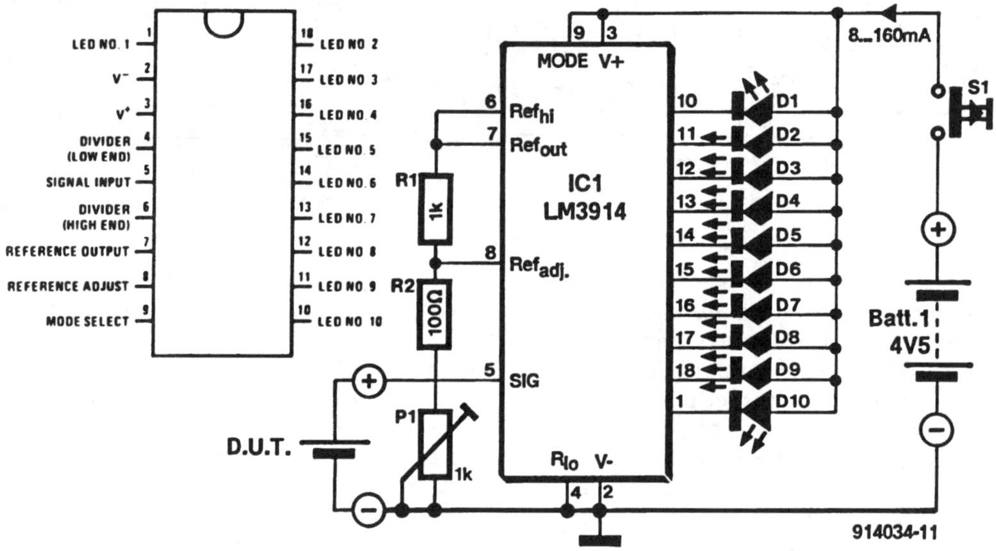

Ce circuit se caractérise, non seulement par son faible prix de revient, mais également, et surtout, par son domaine d'application très étendu puisqu'il permet de tester n'importe quelle pile, ou accu, ayant une tension de cellule inférieure ou égale à 2,7 V. L'unique circuit intégré de ce montage, le circuit de commande d'afficheur à LED, un LM 3914 de National Semiconductor, compare la tension de la batterie à tester à une tension de référence interne, définie, par l'intermédiaire des résistances R1, R2 et P1, à une valeur comprise entre 1,5 et 2,7 V. La tension de référence appliquée à la broche 8 est égale à la tension maximale affichée, c'est-à-dire celle visualisée par l'illumination de toutes les LED (D1 à D10). S'il s'agit de tester des accus au cadmium-nickel (CdNi), il faudra ajuster P1 de manière à ce que la tension de référence ait une valeur de 1,5 V (150 mV par LED). Dans le cas de piles classiques (dites sèches) un débattement pleine échelle doit se produire à une tension de 2 V (200 mV par LED). La résistance R1 fixe, quant à elle, à une valeur de 12,5 mA, l'intensité du courant de LED. Sachant que les piles classiques épuisées présentent toujours, hors charge, leur tension de cellule nominale, il est recommandé de tester une telle pile sous charge. La courbe représentant la capacité d'un accu CdNi est beaucoup plus raide: il garde toute sa tension de cellule, même s'il est pratiquement épuisé. Ce n'est que dans le cas d'une décharge complète, que la tension de cellule de ce genre d'accus s'effondre rapidement.

L'utilité pratique d'une vérification de la capacité d'un accu CdNi est de ce fait illusoire. Il existe pourtant une certitude : dès l'instant où une cellule CdNi présente une tension faible c'est qu'elle est vraiment épuisée.

A.B. Tiwana

201 FEUX DE STOP « HORS-SÉRIE »

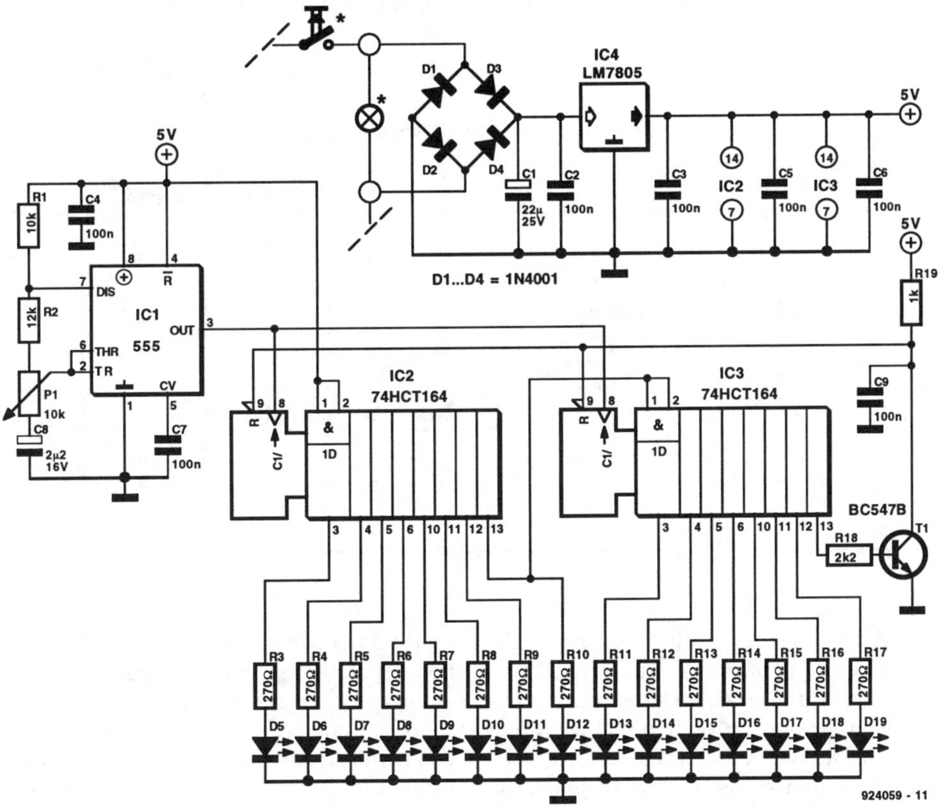

Le but de ce circuit est de doter votre véhicule de feux de stop additionnels dont le comportement à l'allumage est différent de celui des feux de stop d'origine. On utilise pour ce faire une rangée de LED qui se comporte en chenillard. On voit à l'examen du schéma qu'il ne faut à cette réalisation qu'un très faible nombre de semi-conducteurs. L'alimentation du circuit est prise sur l'une des bornes de connexion de l'un des feux de stop. Il n'est pas nécessaire, de par la présence d'un redresseur en pont constitué par les diodes D1 à D4, de se soucier de la polarité de la tension disponible. IC4 se charge ensuite de la régulation à 5 V de la dite tension. Les autres circuits tirent de ce régulateur intégré leur tension d'alimentation. IC1, un temporisateur du type 555, constitue le coeur d'un oscillateur qui, tant que dure l'action sur les freins, fournit des impulsions d'horloge aux registres à décalage IC2 et IC3. L'ajustable P1 permet de définir la fréquence du signal fourni par le 555. Les sorties des registres à décalage attaquent chacune une LED, via une résistance de limitation. Comme les entrées A et B de IC2, ses broches 1 et 2, sont forcées en permanence au niveau de la tension d'alimentation positive, on a, à chaque impulsion d'horloge fournie par IC1, application d'un « 1 » dans le registre à décalage de sorte que le nombre de LED illuminées ne cesse d'augmenter. La dernière sortie de IC2 étant reliée aux entrées A et B du registre à décalage suivant, on a transmission de « 1 » à IC3 dès l'instant où la dernière sortie de IC2, sa broche 13, passe à « 1 ». Enfin, lorsque la dernière sortie de IC3 passe elle au niveau haut, nos fameux « 1 », le transistor T1 devient conducteur entraînant une remise à zéro des registres à décalage et partant l'extinction de toutes les LED. Si l'action sur la pédale de frein n'a toujours pas cessé, les LED recommencent à s'illuminer l'une après l'autre. Le réseau RC R19/C9 sert à la remise à zéro des registres à décalage à l'instant de l'application de la tension d'alimentation de sorte que toutes les LED sont alors éteintes.

S. Mitra

202 TEMPORISATEUR DE MISE SOUS TENSION SECTEUR

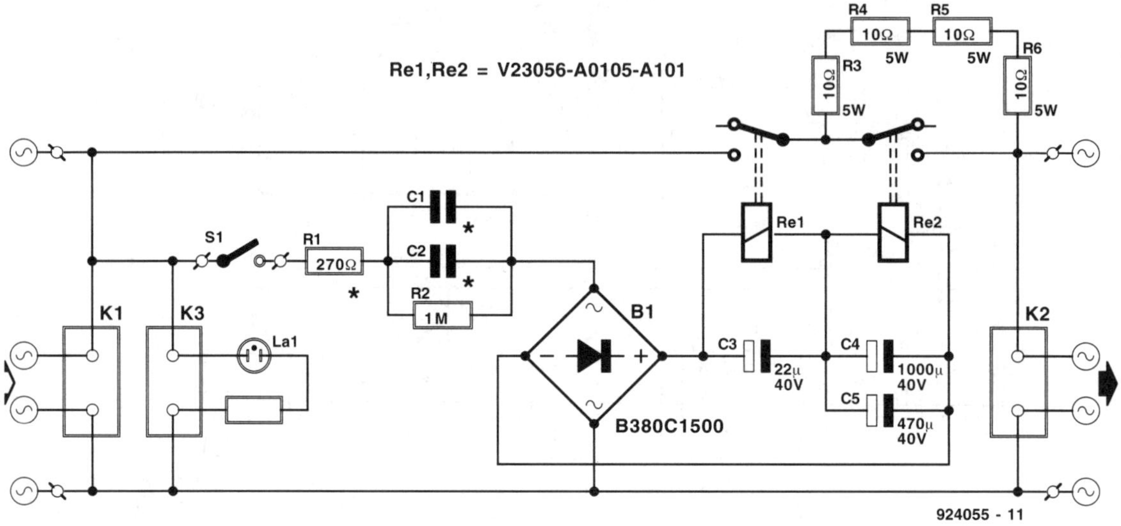

Ce montage constitue un moyen simple mais efficace de réaliser un système de mise en fonction progressive (*soft start*) de charges importantes alimentées par le secteur. Le principe de ce circuit repose sur une série de résistances de forte puissance associées à un relais. Le circuit permet la mise en fonction de la charge par l'intermédiaire d'un interrupteur de faible taille classique. On fait ici appel à deux relais pour mettre en circuit ou ponter une série de résistances de puissance prises entre la ligne du secteur « active » et la charge. La mise en fonction en douceur est obtenue par la prise d'une résistance entre le secteur et la charge suivie une peu plus tard par son pontage (court-circuit de la résistance) de manière à ce que la totalité de la tension du secteur soit appliquée à la charge (l'appareil concerné). Le but d'un démarrage en douceur est d'éviter la destruction des fusibles suite à une augmentation subite du courant de crête. Les bobines des relais sont prises en série et alimentées par la tension du secteur. La réactance des condensateurs-série C1 et C2 est telle que le courant dans la bobine est de l'ordre de 27 mA, et la tension directe totale à ses bornes de 48 V. Lorsque l'on a mis en fonction le temporisateur par basculement de l'interrupteur S1, le relais Re2 est activé quelque temps après le relais Re1 en raison de la présence d'une paire de condensateurs électrolytiques de bonne capacité pris en parallèle sur sa bobine; il faut à ces condensateurs un certain temps pour se charger par l'intermédiaire de la source de courant que constituent le secteur et les condensateurs-série. La simplicité du circuit n'a qu'un seul inconvénient, mineur au demeurant : il ne faut pas couper l'interrupteur pour le remettre aussitôt en fonction. Il faut laisser s'écouler un certain temps entre deux manœuvres (arrêt/marche seulement bien entendu) de l'interrupteur pour laisser le temps aux condensateurs C4 et C5 de se décharger. On pourra, en fonction de la temporisation de mise en fonction requise, augmenter quelque peu la capacité des condensateurs C4 et C5. Il faudra noter cependant que le courant instantané est limité à 5 A environ (à une tension sec

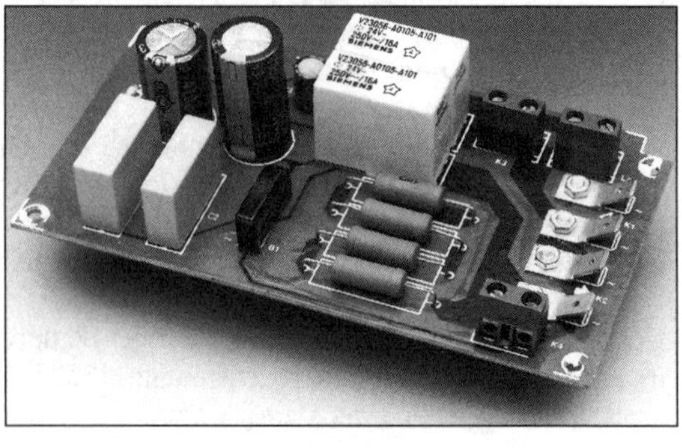

Liste des composants

Résistances :
R1 = 270 Ω
R2 = 1 MΩ
R3 à R6 = 10 Ω/5 W

Condensateurs :
C1 = voir texte
C2 = voir texte
C3 = 22 µF/40 V radial
C4 = 1 000 µF/40 V radial
C5 = 470 µF/40 V radial

Divers :
B1 = B380C1500 (380 V tci*, 1,5 A)
K1 à K3 = bornier encartable à 2 contacts au pas de 7,5 mm
S1 = interrupteur secteur pour courant de 1 A
Re1,Re2 = relais tels que V23056-A0105-A101 (Siemens)
La1 = ampoule au néon à résistance intégrée pour montage châssis
4 cosses « automobile » à fixation par vis encartables
* tci = tension de crête inverse

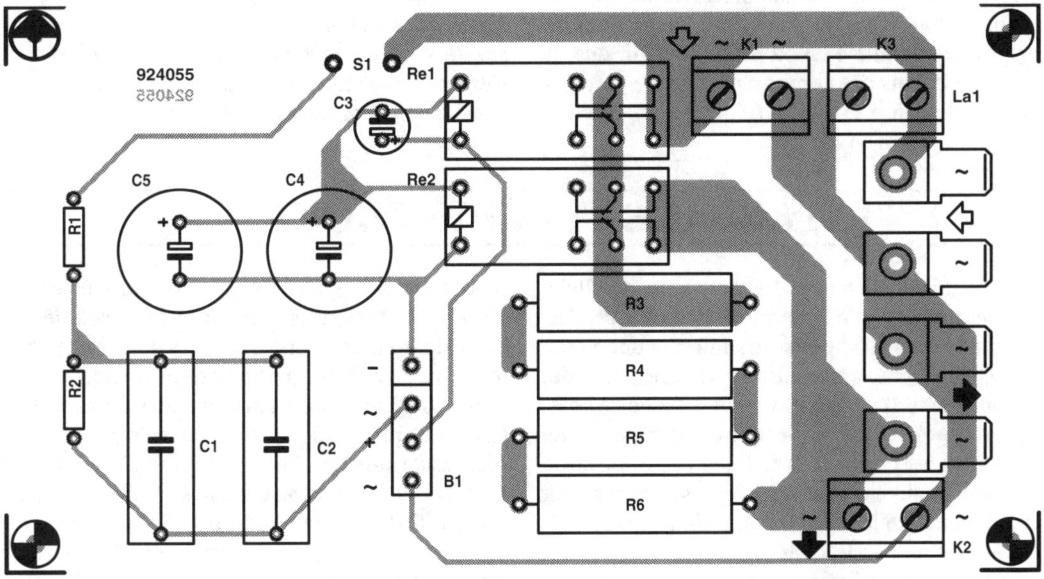

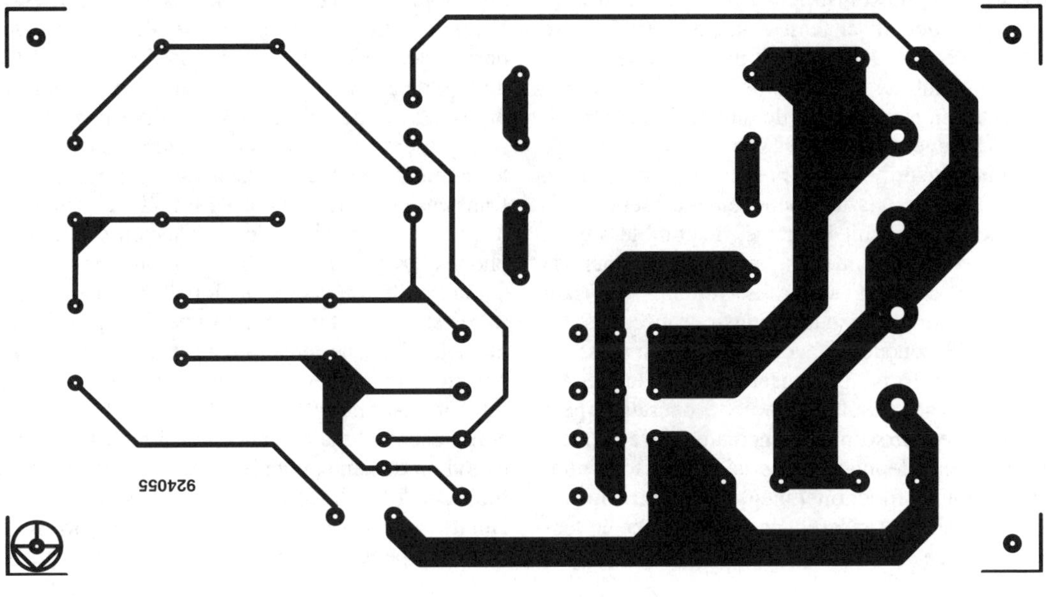

teur de 220 V) par les résistances R3 à R6, ce qui se traduit par une dissipation de près de 1 200 W dans quatre résistances de 5 W ! Si donc on veut augmenter la durée de la temporisation il faudra utiliser des résistances de puissance (wattage) plus importante, implantées verticalement. La consommation du montage est pratiquement celle des deux bobines de relais en série, c'est-à-dire de quelque 27 mA. La consommation de l'ampoule au néon est négligeable. Les contacts des relais mentionnés dans la liste des composants peuvent supporter 16 A. Si craignez que les picots sur la platine ne soient pas en mesure de supporter le courant de charge, on pourra utiliser des cosses « automobile » montées en parallèle. Notons pour finir que la valeur de certains des composants change en fonction de la tension et de la fréquence du secteur (pour nos lecteurs d'Outremer) :

220 V/50 Hz : C1 = 330 nF ; C2 = 220 nF.
230 V/50 Hz : C1 = 470 nF ; C2 = supprimé
240 V/50 Hz : C1 = 470 nF ; C2 = supprimé
(tension de service du condensateur :
630 VCC/250 VCA)

110 V/60 Hz : C1 = 680 nF ; C2 = 470 nF ;
et R1 = 120 Ω
(tension de service du condensateur :
400 VCC/130 VCA)

Avertissement

Ce circuit est relié directement au secteur. Il y règne des tensions mortelles. Ne jamais travailler sur le circuit pendant qu'il est relié au secteur. Respectez les règles de sécurité relatives aux équipements ou composants reliés au secteur.

203 INTERFACE TÉLÉPHONIQUE

Si l'on connecte plusieurs téléphones, en parallèle, à l'un des branchements du réseau domestique, l'arrivée d'un signal d'appel se traduit par une cacophonie, tous ces appareils se faisant entendre simultanément. Il n'y a pas de problème de ce côté-là, puisque c'est bien là le but de la manœuvre. Plus gênant est pourtant le fait que la composition d'un numéro sur l'un des appareils se trahisse par une activation de la sonnerie au rythme des impulsions générées par le cadran et cela sur tous les autres postes. Il est insupportable de pouvoir imaginer que tout un chacun a la possibilité de se mettre à l'écoute –il lui suffit pour cela de décrocher le combiné de l'un des autres appareils connectés en parallèle– et de plus sans que l'on ne s'en aperçoive. La prise en série dans la ligne de l'**interface téléphonique** présentée ici mettra fin une fois pour toutes aux inconvénients mentionnés plus haut. Le circuit imprimé, disponible auprès des adresses habituelles, est prévu pour la connexion de trois appareils, nombre suffisant pour la majorité des habitations européennes. La platine a été conçue de façon à ce que l'on puisse la découper en trois sous-ensembles. Chacune des petites platines résultant de cette opération peut être montée à proximité immédiate, voire même à l'intérieur du téléphone concerné. Intéressons-nous maintenant au fonctionnement du circuit. Si tous les combinés sont raccrochés, la résistance en tension continue entre les lignes **a** et **b** est très élevée. Il n'existe de ce fait presque pas de tension aux bornes des thyristors. De par la présence des circuits de sonnerie, pris entre les lignes **a** et **b**, la résistance en tension alternative est relativement faible. Après l'application d'une tension alternative (signal d'appel) celle-ci est redressée par les ponts réalisés à l'aide des diodes D1 à D4, D5 à D8 et D9 à D12. La tension aux bornes des diodes zener (D13 à D15) est de ce fait de 25 V environ. Ces diodes zener de 24 V deviennent conductrices, les thyristors Th1 à Th3 sont amorcés et les LED (D16 à D18) s'illuminent. La chute de tension aux bornes des LED est, en fonction du type de LED utilisé, de 1,5 V environ ; la chute aux bornes des thyristors est de près de 1 V. Le niveau de la tension présente aux bornes des diodes zener tombe: le courant chute au niveau du courant inverse. Dans ces conditions, la quasi-totalité de la tension d'appel est présente aux connecteurs des téléphones (K2 à K4) et leurs sonneries se font entendre. Si l'on décroche alors l'un des appareils, sa résistance en tension continue devient relativement faible. Une tension continue est, de ce fait, présent aux bornes du pont de redressement, le thyristor est amorcé et le reste (actif). Les lignes **a** et **b** présentent maintenant la tension de communication ou d'attente, dont le niveau est sensiblement inférieur à 25 V. Comme, lors du décrochage de l'un des autres combinés, la diode zener correspondante ne peut plus conduire, les autres appareils

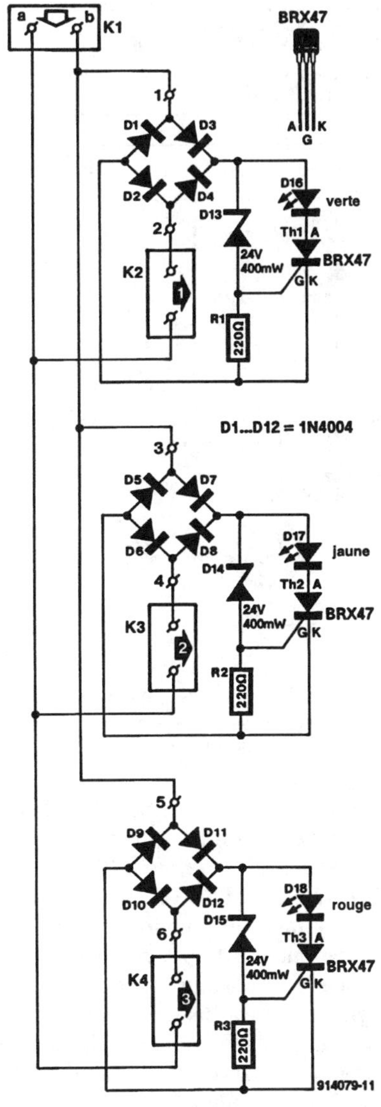

restent "hors-circuit". Si votre central télédomestique fournit une tension d'appel trop faible, les diodes zener ne peuvent pas amorcer les thyristors. Dans ces conditions, on peut utiliser un type de diode zener ayant une tension zener moins élevée. Dans le cas des thyristors, on n'a pas le choix ! Le BRX47 est le seul thyristor capable de fournir les faibles courants d'amorçage et de maintien requis. On notera –faut-il vraiment insister– qu'il ne saurait être question de connecter ce circuit au réseau **public** de France Télécom !

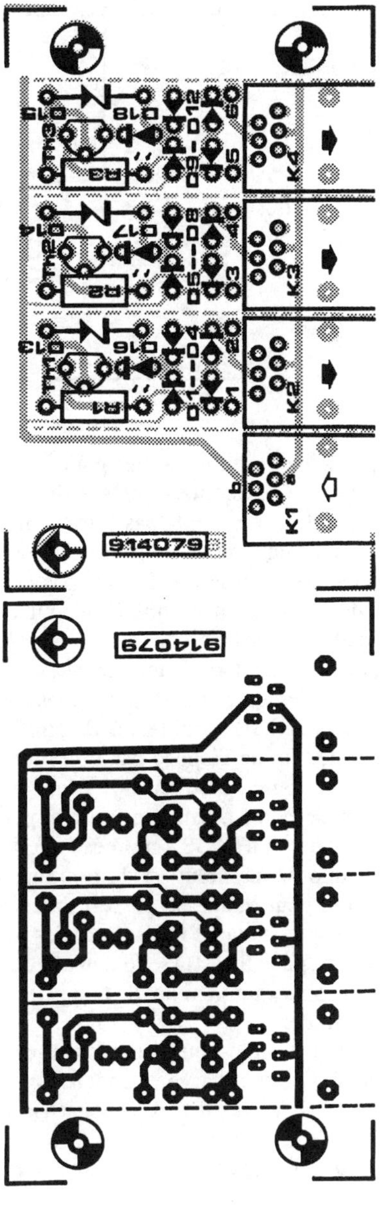

Liste des composants

Résistances :
R1 à R3 = 220 Ω

Semi-conducteurs :
D1 à D12 = 1N4004
D13 à D15 = diode zener 24 V/0,4 W*
D16 à D18 = LED 5 mm (rouge, verte et jaune par exemple)
Th1 à Th3 = BRX47

Divers :
K1 à K4 = embase PTC coudée, encartable, 6 contacts

204 INTERRUPTEUR ÉLECTRONIQUE POUR LAMPES HALOGÈNES

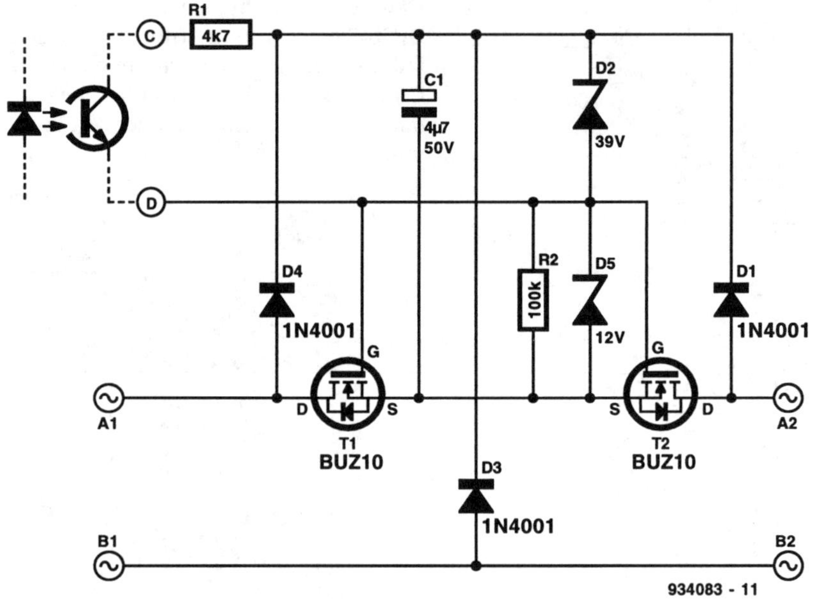

Le relais, avec son inertie, sa dissipation de puissance, l'usure de ses contacts et ses dimensions non négligeables, ne peut pas être considéré comme le composant idéal lorsqu'il s'agit de commuter une tension alternative. Il n'est pas possible non plus de réaliser un circuit à découpage de phase avec un relais. Si l'on fait appel, pour la réalisation d'un commutateur de tension alternative, à un circuit électronique avec un triac, on se voit souvent confronté à des problèmes de chute de la tension directe. On ne dispose pas non plus de la possibilité de faire bloquer le triac à tout moment – et ce même à l'intérieur d'une période. Deux transistors SIPMOS, montés tête-bêche, constituent une bonne solution de remplacement d'un triac. On peut même se passer, grâce à une petite astuce, à savoir l'utilisation des diodes inverses internes des SIPMOS, de tension de commutation isolée galvaniquement de la tension alternative à commuter.

À l'état de repos, opto-coupleur bloqué donc, le condensateur C1 se charge, pendant la demi-période négative (A positif et B négatif), via la diode D3 et l'une des deux diodes inverses. En présence d'une charge connectée à la sortie, le condensateur est chargé également lors de la demi-période positive : selon le sens de courant soit à travers D4 et la diode inverse de T2 (charge prise entre A2 et B2) soit celle de T1 (charge prise entre A1 et B1). La mise en fonction du circuit se fait par l'application, via l'opto-coupleur et la résistance R1, de la tension aux bornes du condensateur aux grilles des transistors T1 et T2. La diode zener D5 évite que la tension de grille ne devienne trop élevée. À l'état actif, le condensateur se charge à travers la diode D3 et l'un des SIPMOS, pendant chaque demi-période négative. La diode zener D2, associée aux diodes D4 et D1, élimine les crêtes de courant, qui naissent suite à une mise hors-fonction d'inductances. La tension alternative maximale à commuter est de 45 V. Les SIPMOS sont en mesure de commuter un courant pouvant aller jusqu'à 3 A sans nécessiter de dispositif de refroidissement (radiateur). On pourra, en fonction des exigences spécifiques de l'application envisagée (courant plus élevé ou commutation fréquente d'inductances élevées), doter les transistors d'un petit radiateur.

B.C. Zschocke

205 ÉMETTEUR POUR TÉLÉCOMMANDE UHF

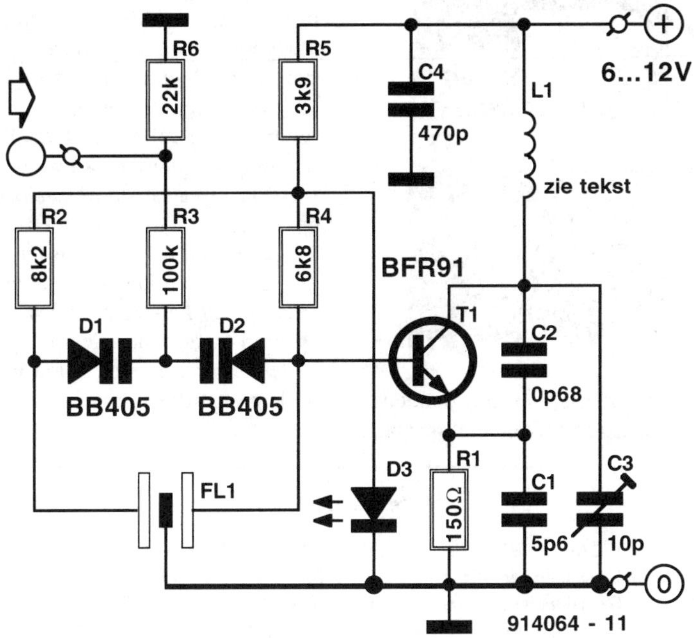

Nous vous proposons ici un émetteur FM UHF pour applications de télécommande telles que portes de garage et systèmes d'alarme sans fil. L'émetteur ne fait appel qu'à un unique transistor qui travaille à une fréquence réservée aux applications de télécommande à faible puissance. La fréquence de travail est définie par un résonateur céramique, Fl1. On choisira cette fréquence et partant les caractéristiques du résonateur en fonction du pays où il sera utilisé :

France : type R2523 pour 224,5 MHz ;

Belgique, Pays-Bas, RFA : type R2554 pour 433,92 MHz :

Grande-Bretagne : type R2528 pour 418 MHz ;

USA : type R1530 pour 315 MHz.

On a modulation en fréquence de l'émetteur par un signal audio (ou numérique) appliqué, via la résistance R3, à la jonction d'une paire de diodes varicap, D1 et D2. Les varicaps produisent une variation de la capacitance de shunt du résonateur en fonction du signal de modulation ce qui nous met en présence de FM (modulation de fréquence). On peut faire travailler le circuit en AM (modulation d'amplitude) par suppression des composants D1, D2, R2, R3 et R6 et par interconnexion des points « A » et « B ». Comme l'indique la ligne pointillée sur la représentation de la sérigraphie de l'implantation des composants, le transistor T1 doit prendre place côté pistes du circuit. Du même côté du circuit on positionnera un morceau de fil de cuivre argenté reliant l'inductance gravée (*strip line*) L1 à la piste d'alimentation positive qui court parallèlement à elle. La position à donner à ce morceau de fil de cuivre argenté dépend de la fréquence de transmission. Plus cette fréquence est basse, plus le fil devra présenter une inductance importante, ce qui en pratique signifie plus il faudra rapprocher la liaison du bord du circuit imprimé. Il vous faudra sans doute expérimenter pour trouver la position la

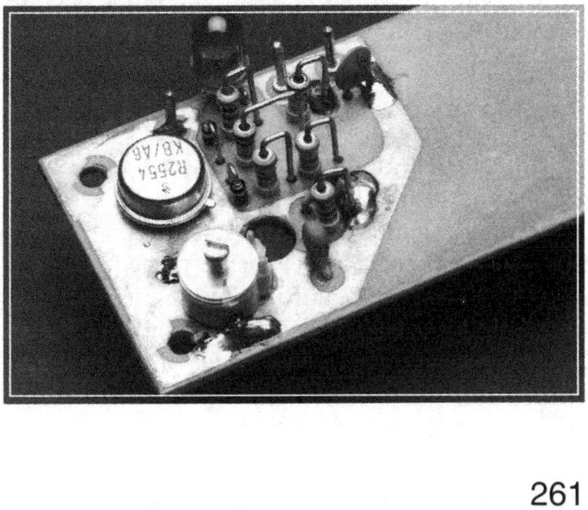

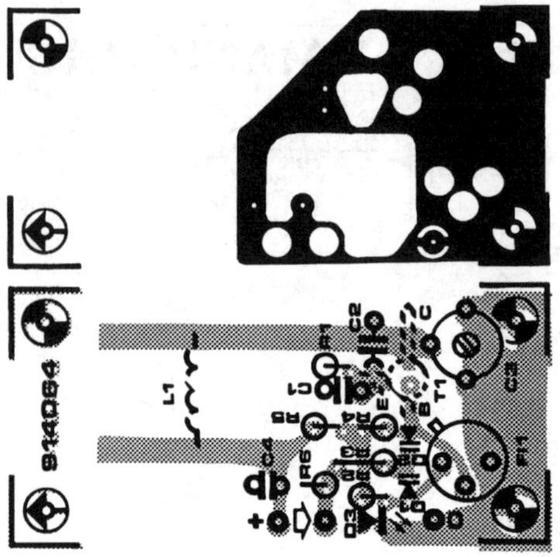

meilleure. On commencera par mettre le condensateur ajustable C3 en position médiane et par positionner L1 à mi-chemin de la ligne d'inductance gravée. On suit le signal côté réception et l'on joue sur C3 jusqu'à trouver un maximum. S'il est impossible de découvrir un tel maximum, on essayera de déplacer L1 vers le transistor (diminution de l'inductance) ou vers le bord de la platine (augmentation de l'inductance). La position la plus favorable est celle dans laquelle le « pic » de C3 se trouve pratiquement à mi-chemin de sa plage de rotation. Il va sans dire, sachant que nous sommes en présence d'un circuit HF, qu'il faut limiter la longueur des connexions au strict nécessaire et qu'il faudra implanter l'émetteur dans un boîtier en plastique si l'on veut qu'il puisse rayonner, ce qui est bien évidemment le but de la manœuvre.

Note : il peut exister, selon le pays concerné, des réglementations régissant la mise en œuvre d'un tel émetteur.

Liste des composants

Résistances:
R1 = 150 Ω
R2 = 8kΩ2
R3 = 100 kΩ
R4 = 6kΩ8
R5 = 3kΩ9
R6 = 22 kΩ

Condensateurs:
C1 = 5pF6 céramique
C2 = 0pF68 céramique
C3 = ajust. 10 pF
C4 = 470 pF céramique

Semi-conducteurs:
T1 = BFR91
D1,D2 = BB405
D3 = LED 5 mm rouge

Divers:
Fl1 = résonateur céramique (voir texte)
petit morceau fil de cuivre argenté de 0,8 mm de section

206 COUPLEUR D'ESSUIE-GLACES AVANT ET ARRIÈRE

Normalement, l'essuie-glace arrière de véhicules est à commande manuelle. Il ne serait pas désagréable, par fortes pluies ou en circulation urbaine, de voir l'essuie-glace arrière travailler simultanément et surtout, automatiquement, avec l'essuie-glace avant. Il suffirait peut-être de relier le commutateur de l'essuie-glace arrière à celui de l'essuie-glace avant à l'aide d'un petit morceau de fil et l'affaire serait réglée. Or c'est là que le bât blesse : l'essuie-glace arrière n'est pas conçu pour travailler tout le temps. Il serait plus intéressant que l'on ait activation de l'essuie-glace arrière à intervalles réguliers en fonction du nombre de balayages effectués par l'essuie-glace avant. Et c'est très exactement la fonction du circuit décrit ici. Après adjonction de l'électronique proposée ici, l'essuie-glace arrière effectue un balayage à chaque fois que l'essuie-glace avant a lui-même

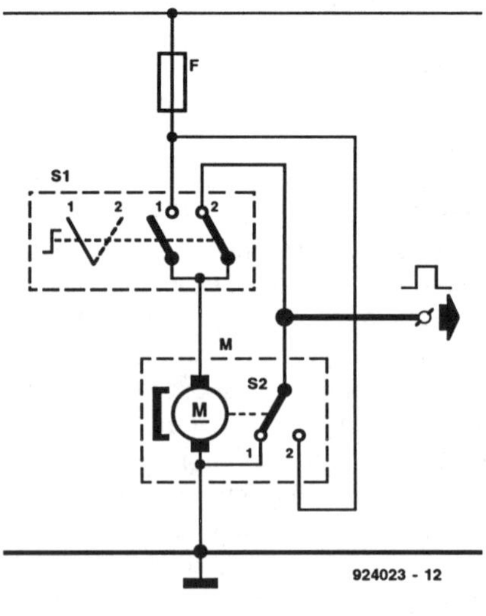

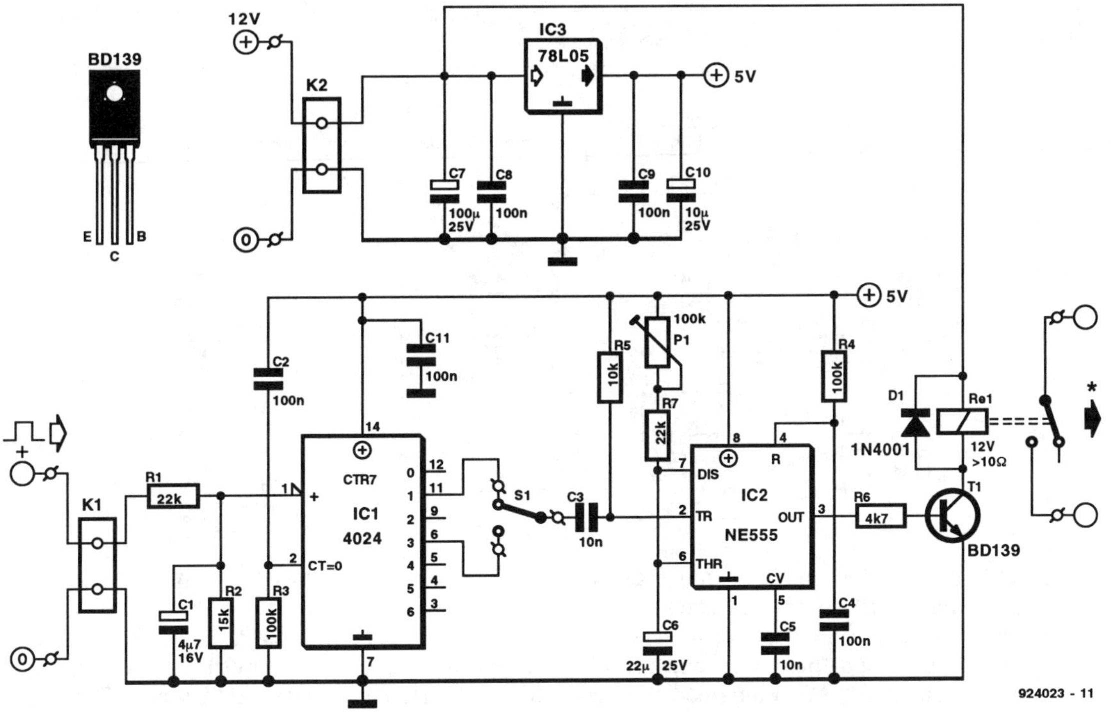

effectué un nombre donné de balayages, nombre que permet de fixer S1. Il nous faut, pour la commande de ce circuit, un signal en provenance de l'essuie-glace. Chaque moteur d'essuie-glace comporte une sorte de contact de fin de course grâce auquel il se fournit le courant nécessaire à l'accomplissement d'un cycle de balayage complet, après qu'il ait été activé (voir **figure 2**). C'est à cet endroit que l'on a une impulsion par cycle de balayage. Sur un certain nombre de véhicules ce contact est ramené jusqu'à la commande d'essuie-glace, sur d'autres il faudra le chercher sur le moteur. Les impulsions en provenance du moteur d'essuie-glace avant arrivent au bornier K1. Les résistances R1 et R2 abaissent le niveau du signal jusqu'à 5 V au maximum de manière à éviter tout risque de destruction du circuit intégré IC1. Le condensateur C1 bloque d'éventuelles crêtes parasites présentes sur le réseau de bord du véhicule, produites par exemple par son allumage. La paire C2/R3 effectue une remise à zéro à la mise sous tension (*Power on reset*). IC1 est un compteur binaire. Selon la position de S1, c'est le flanc descendant présent soit à la sortie Q1 (broche 11) soit à Q3 (broche 6) du compteur IC1 qui sert de signal de déclenchement pour IC2, un temporisateur de type 555 monté le plus classiquement du monde en multivibrateur monostable. Après division, le signal est transmis, via S1, au condensateur C3 et à la résistance R5. On dispose donc en sortie, à l'arrivée du flanc descendant du signal d'entrée faisant office de signal d'horloge, d'une impulsion dont la longueur est définie par R7, P1 et C6 et dont la plage de durée va de 0,5 à 2,5 s environ. On ajustera la durée de cette pseudo-période à 1 s environ. Ceci laisse le temps à l'essuie-glace arrière de se mettre en mouvement; une fois le balayage lancé, le contact interne du moteur d'essuie-glace permet à l'essuie-glace de terminer son mouvement jusqu'à ce qu'il retrouve sa position de départ. Le NE555 attaque un transistor, et par l'intermédiaire de ce dernier, un relais automobile capable de supporter sans problème le courant de commutation important d'un moteur d'essuie-glace. On pourra, pour ce relais, utiliser un modèle 25 ou 35 A. Pour assurer la commande de l'essuie-glace arrière, on mettra les contacts du relais en parallèle sur le contact de l'essuie-glace. IC3, un 78L05, assure, pour finir, l'alimentation du circuit. Il sert à abaisser à 5 V les 12 V du réseau de bord et à éliminer les crêtes de tension dues par exemple à la bobine avant qu'elles ne puissent arriver aux circuits à la santé si fragile.

I. Fietz

207 CONVERTISSEUR Θ°/I

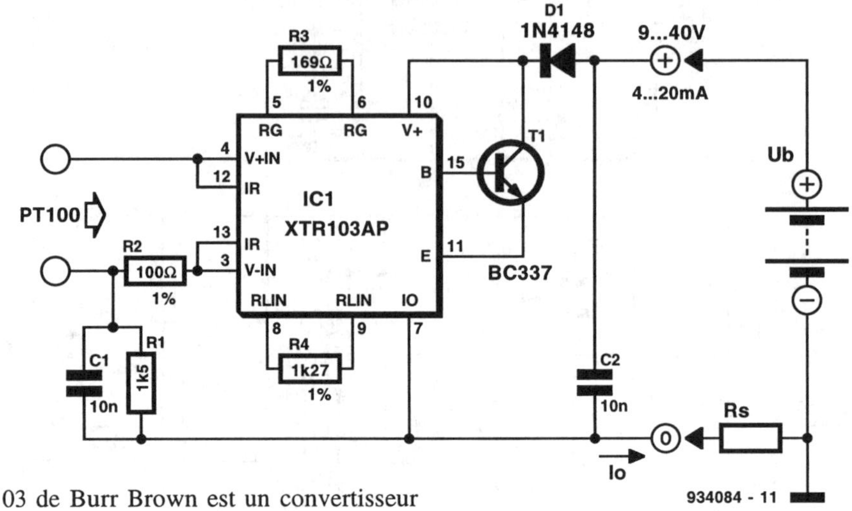

Le XTR103 de Burr Brown est un convertisseur température/courant doté d'un circuit de linéarisation intégré calculé pour les capteurs de température PT100. Le courant de mesure est mis à la disposition de l'utilisateur par l'intermédiaire des lignes d'alimentation – procédé courant dans l'industrie. La valeur attribuée aux résistances R2 à R4 est telle que le courant de mesure, I_o, croît de 4 à 20 mA lorsque l'on fait subir à la PT100 une augmentation de température de 0 à 200°C. La valeur de la résistance d'un capteur PT100 se déduit de la formule suivante :

$R_p=$
$100 \cdot (1 + 3{,}90802 \cdot 10^{-3} \cdot T - 0{,}580195 \cdot 10^{-6} \cdot T^2)$
[Ω]

À 200°, R_p prend une valeur de 175,8 Ω. L'application de cette valeur de résistance, sous la forme d'un potentiomètre, à l'entrée PT100 du montage permet une vérification extrêmement simple du courant de mesure maximal (±20 mA). Nous avons procédé de la même manière pour la mesure du courant à d'autres valeurs de résistance (lire « température ») de la PT100, et vous en proposons les résultats dans le **tableau 1**. La tension d'alimentation (U_b) minimale nécessaire au convertisseur pour fonctionner correctement est, selon sa fiche de caractéristiques, de 9 V. Nous ne pouvons cependant que recommander une tension d'alimentation légèrement plus élevée, vu que le circuit d'alimentation présente toujours une certaine résistance. La résis-

Tableau 2. Valeurs des résistances R2 à R4 en fonction de la plage de températures requise.

	Domaine ΔT [°C]				
T_{MIN} [°C]	200	400	600	800	1 000
–200	19/184 838	19/392 1 083	19/637 1 152	19/927 1 159	19/1 280 1 140
0	100/167 1 258	100/358 1 201	100/581 1 145	100/844 1 089	
200	176/158 1 110	176/334 1 058	176/539 1 003		
400	247/146 971	247/311 921		R2/R3 R4	
600	314/136 841				

Tableau 1. Valeurs de la résistance R_p et du courant de sortie à différentes températures.

Θ [°C]	R_{pt100} [Ω]	Io [mA]
200	175,8	19,36
100	138,5	11,57
50	119,4	7,69
0	100,0	3,80
à U_b = 15 V		

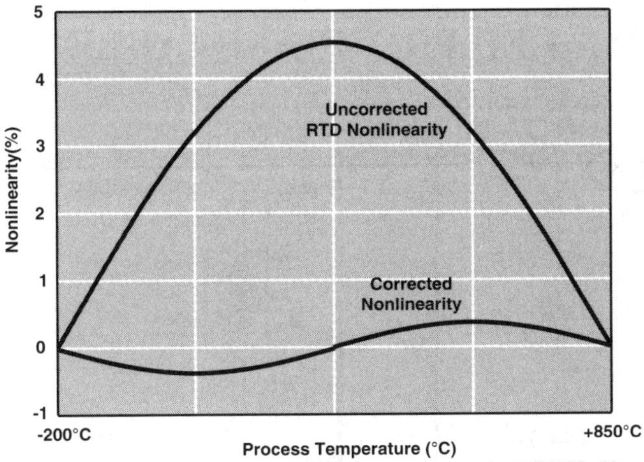

934084 - 12

tance R_s que l'on retrouve dans la partie inférieure droite du schéma représente de ce fait la résistance des lignes d'alimentation, celle de la résistance de précision éventuellement utilisée pour la conversion du courant en une tension et la résistance interne d'un éventuel ampèremètre. Notre prototype nous a permis de constater qu'il fallait éviter, dans le cas d'une tension d'alimentation de 15 V, que cette résistance R_s ne dépasse 400 Ω. Comme nous le signalions plus haut, la valeur des résistances R2 à R4 convient à la mesure de températures comprises entre 0 et 200°C. Si vous êtes intéressés par des plages de température différentes il vous faudra consulter les informations fournies par le **tableau 2** qui indique les valeurs à donner aux dites résistances. Notons que ce fabricant propose un logiciel permettant de calculer toutes les valeurs et courbes imaginables concernant ce produit et bien d'autres. Vous savez à qui vous adresser...

208 AMPLIFICATEUR DIFFÉRENTIEL AJUSTABLE

Sur un amplificateur différentiel classique à contre-réaction et à diviseur de tension sur l'entrée non-inverseuse, il n'est pas facile d'obtenir un gain ajustable. Le réseau de contre-réaction et le diviseur de tension doivent en effet être le « miroir » l'un de l'autre si l'on veut avoir un bon taux de réjection en mode commun (CMRR = ***C****ommon* ***M****ode* ***R****ejection* ***R****atio* = TRMC). En fait, il faut prévoir deux résistances ajustables et, de plus, faire en sorte qu'elles soient à tout moment de la même valeur. Notre circuit permet de définir le gain à l'aide d'un potentiomètre sans influencer le TRMC. Après quelques calculs on peut déduire le transfert suivant pour le circuit :

$$U_u = 2 \cdot R2/R1 \cdot (1+ R2/P1) \cdot (U_2 - U_1).$$

La formule montre que l'ajustable de transfert de signal P1 n'a d'influence que sur le signal différentiel ($U_2 - U_1$). Plus fort encore, le signal en mode commun ($U_2 + U_1$) n'apparaît pas même dans cette formule. Cela vient du fait d'une part que P1 n'a pas d'effet sur lui et de l'autre que les résistances de même dénomination sur le schéma possèdent une valeur identique. En théorie, cette approche garantit une réjection totale du signal de mode commun. Dans la pratique ce sera la tolérance des composants utilisés qui déterminera la taille réelle du TRMC (il faut une formule notablement plus complexe pour pouvoir espérer le calculer alors).

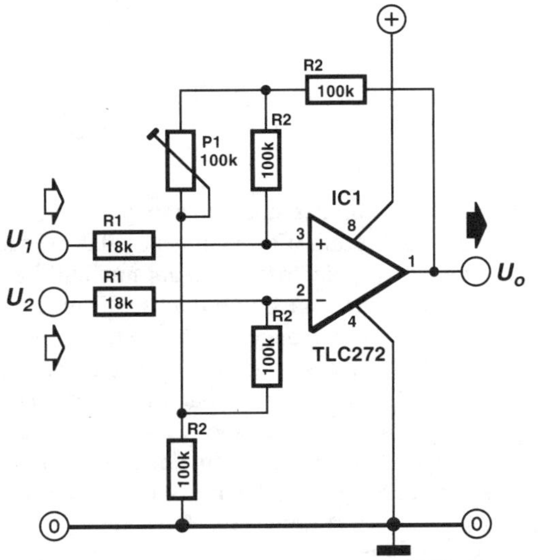

934073 - 11

209 INDICATEUR A LED PROGRAMMABLE

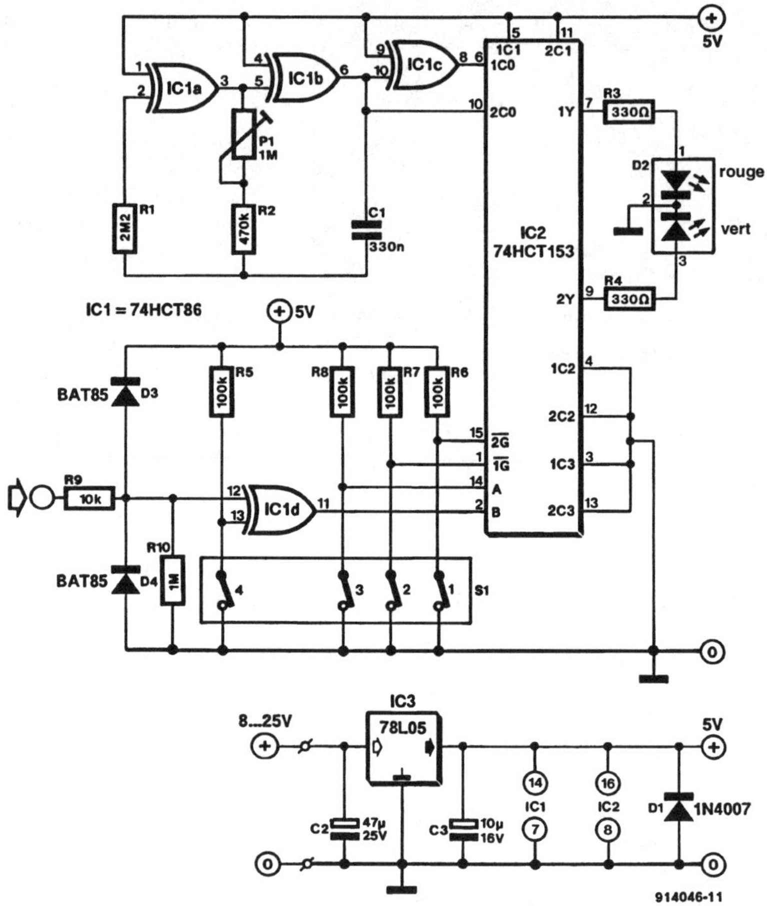

La diode électroluminescente, en abrégé, LED, est le dispositif de visualisation le plus populaire dans le petit monde de l'électronique d'aujourd'hui. Les différentes versions de ce composant se distinguent **et** par leur couleur (rouge, verte, jaune, bleue, bicolore), d'autres caractéristiques physiques de forme (ronde, rectangulaire, triangulaire) **et** électriques (clignotante par exemple). Dans la pratique, ces petits "points lumineux" sont souvent maltraités. Les marques visibles les plus communes des mauvais traitements que l'on fait subir à ces pauvres composants sont nombreuses: broches raccourcies en dépit du bon sens, application d'un courant trop important et autres contacts destructeurs avec une pointe de fer à souder vengeresse. Dans la quasi-totalité des laboratoires d'électronique professionnelle on trouve, caché quelque part, un petit tiroir ou autre boîtier contenant les cadavres des LED maltraitées. Le circuit proposé dans cet article mettra fin à ce gaspillage, bien souvent inévitable au cours des étapes de développement; il permettra en outre d'adapter le type de la visualisation par LED aux besoins du montage en cours de réalisation –clignotement ou non, couleur rouge, verte, etc. Mentionner que notre circuit est basé sur la LED bicolore D2 est presque une Lapalissade. Le mode d'illumination de cette LED à l'activation de l'entrée du circuit, dépend de la position des interrupteurs de programmation S1-1 à S1-3. L'interrupteur S1-4 permet de définir le niveau du signal d'entrée auquel réagira le circuit: niveau haut ou niveau bas. La résistance R9 et les diodes D3 et D4, protègent l'entrée contre des tensions trop élevées. À condition que les interrupteurs de programmation S1-1 à S1-3 se trouvent dans la position requise, l'oscillateur réalisé à l'aide

Tableau des positions des interrupteurs de programmation

S1-1	S1-2	S1-2	mode de fonctionnement de la LED
fermé	fermé	fermé	clignotante rouge/verte
fermé	fermé	ouvert	rouge/verte
fermé	ouvert	fermé	clignotante verte
fermé	ouvert	ouvert	verte
ouvert	fermé	fermé	clignotante rouge
ouvert	fermé	ouvert	rouge
ouvert	ouvert	fermé	éteinte
ouvert	ouvert	ouvert	éteinte

S1-4	niveau de l'entrée	LED
ouvert	bas	hors-service
ouvert	haut	active
fermé	bas	active
fermé	haut	hors-service

de IC1a et IC1b fournit la fréquence, ajustable par l'intermédiaire de P1, appliquée à la LED à travers le multiplexeur IC2. Le tableau fournit une vue générale de toutes les possibilités de programmation et les positions à donner aux interrupteurs de programmation. La tension d'alimentation du circuit doit être comprise entre 8 et 25 V. Dans le cas d'une tension d'alimentation de 25 V sa consommation est de 30 mA environ.

210 TÉLÉCOMMANDE PHOTO-ÉLECTRIQUE

À CONTACT FUGITIF

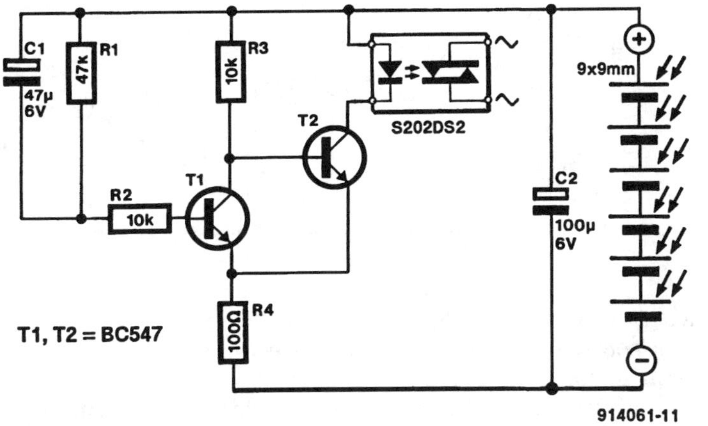

Le circuit proposé ici est une sorte de télécommande par lumière capable d'attaquer tout appareil destiné à être commandé ou commuté par une impulsion de déclenchement. L'auteur l'utilise pour allumer l'éclairage de son garage par l'intermédiaire d'un appel des phares de sa voiture. Lorsque les six cellules solaires, montées en série, captent de la lumière, le transistor T1 devient conducteur et bloque, de ce fait, T2. Le condensateur C2 est alors chargé. En absence d'une lumière d'intensité suffisante frappant les cellules solaires, le transistor T1 bloque et T2 devient conducteur. Dans ces conditions, le condensateur C2 peut se décharger à travers la LED du relais à semi-conducteur (un S202DS2 de Sharp, capable d'attaquer une charge de 8 A à une tension de 250 V). Cette technique permet de générer une impulsion de déclenchement destiné à mettre en service un autre circuit, séparé galvaniquement du circuit de commande. Il est même superflu de doter ce circuit d'une alimentation: ce sont les cellules solaires qui fournissent l'énergie nécessaire. Le condensateur C1 et les résistances R1 et R2 garantissent une commutation fiable. Si l'on utilise six cellules photovoltaïques de 9 x 9 mm chacune (comme sur le schéma), la portée du circuit est de 2 à 3 mètres environ. On notera que ce circuit remplace un bouton-poussoir à contact travail mais pas un interrupteur. Il est de ce fait essentiel d'y connecter un télérupteur ou autre circuit à commande par contact fugitif.

C. Mieslinger

211 MINI-CAPACIMÈTRE

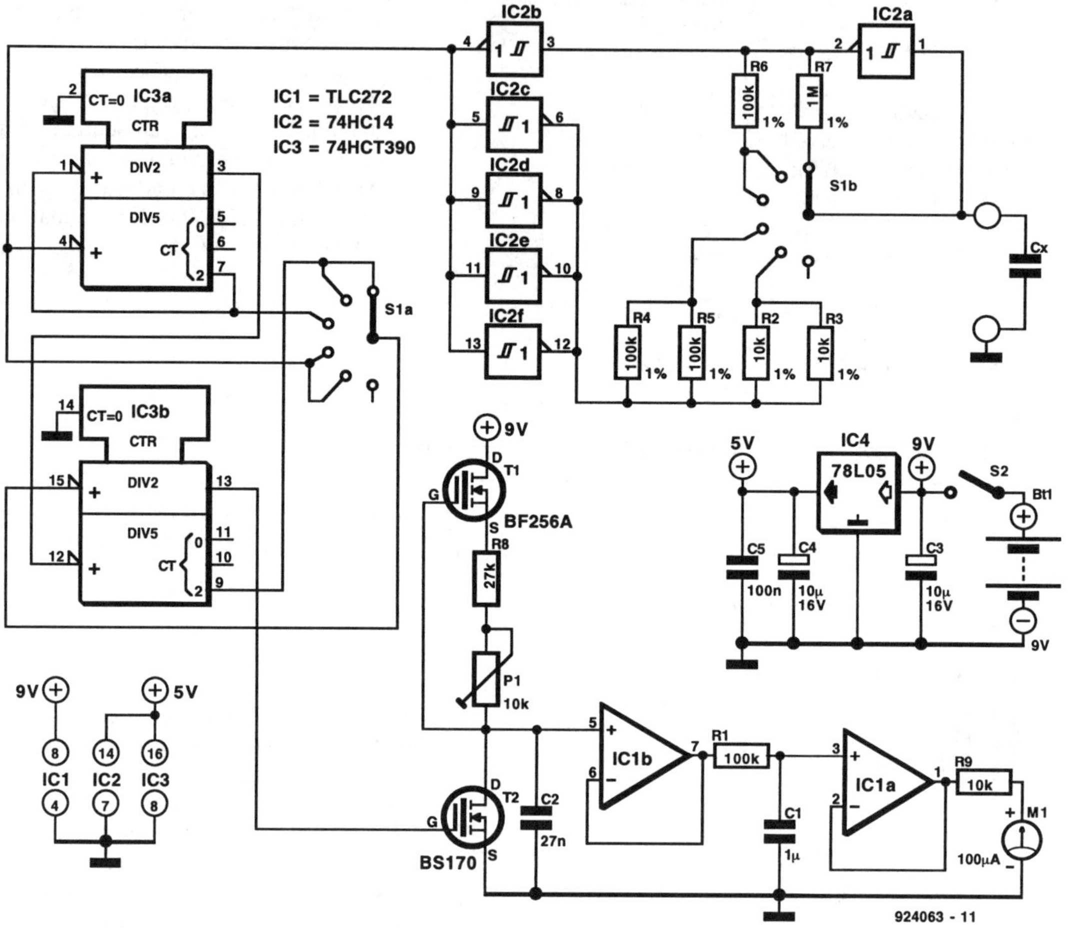

Quelques composants suffisent à la réalisation d'un capacimètre aux performances plus qu'honorables. Les cinq calibres définis permettent la mesure de capacités comprises entre 100 pF et 1 µF. Le schéma peut se décomposer en trois sous-ensembles : un oscillateur variable, un diviseur et un circuit de mesure. L'oscillateur est basé sur l'un des inverseurs intégrés dans un 74HC14. Il fournit une fréquence inversement proportionnelle à la capacité du condensateur Cx pris entre les bornes de test. La fréquence de l'oscillateur répond approximativement à la formule suivante :

$f = 1{,}2/(R \cdot Cx)$.

Dans ces conditions, la fréquence variera donc entre 240 Hz (Cx = 1 µF) et 12 kHz (Cx = 100 pF). Le diviseur pris en aval de l'oscillateur, IC3, un 74HCT390, divise la fréquence de sortie de l'oscillateur de telle manière à ce que sa valeur maximale soit de 120 Hz, et ce quel que soit le calibre. L'étage de commande du petit galvanomètre prend la forme d'une source de courant centrée sur le FET T1, un BF256A. Le condensateur C2 se charge, via le transistor T1, pendant une demi-période du signal d'entrée de IC3. Pendant l'autre demi-période le FET T2, un BS170, est mis en conduction par le signal, produisant ainsi la mise en court-circuit du condensateur C2. Dans ces conditions, la tension maximale présente aux bornes du condensateur dépend de la fréquence appliquée en amont. Un amplificateur opérationnel tamponne la tension présente aux bornes du condensateur avant que la paire R1/C1 n'en effectue l'intégration. La tension continue ainsi obtenue est utilisée pour la commande du débattement de l'aiguille d'un galvanomètre à bobine mobile, M1. L'étalonnage du circuit ne devrait pas poser de problème. On prend entre les bornes de test un condensateur de capacité connue (de l'ordre de 100 nF) et l'on ajuste la position de l'ajustable P1 jusqu'à ce que la valeur affichée par l'instrument corresponde à la valeur du condensateur connecté à l'entrée. L'alimentation du circuit pourra faire appel à une pile compacte de 9 V, sachant qu'il est fort peu probable que l'on utilise l'instrument pendant de longues périodes d'affilée.

R. Shankar

212 COMMUTATEUR ANTI-REBONDS À UN SEUL CIRCUIT

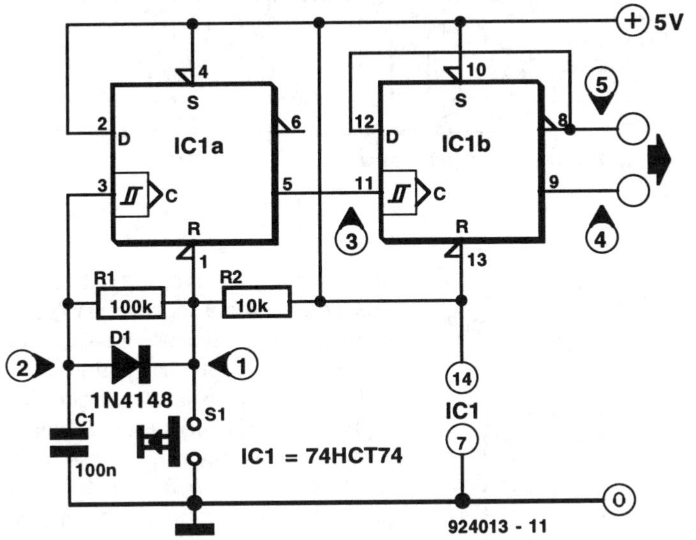

On peut réaliser, en faisant appel aux deux bascules D d'un 74HCT74 et à cinq autres composants externes, un commutateur sans rebonds. IC1b constitue ici l'élément de commutation. La sortie $\overline{Q}$ de cette bascule est reliée à son entrée D, ce qui fait que les sorties Q et $\overline{Q}$ changent de niveau chaque fois qu'un flanc montant arrive à l'entrée d'horloge. Dans ce montage, IC1a fait office et de générateur d'impulsions et de dispositif anti-rebonds. La touche S1 est prise directement entre l'entrée de remise à zéro de cette bascule et la masse. De par la présence de la résistance R2, la sortie $\overline{R}$ se trouve en général au niveau haut. Si l'on appuie sur la touche S1, la bascule est remise à zéro. L'entrée d'horloge de IC1a est reliée, elle aussi, à travers un petit réseau RC (R1/C1), à la touche S1. Si les contacts de S1 se ferment, le condensateur C1 se décharge rapidement à travers la diode D1. Après un relâchement des contacts, le rétablissement de la tension aux bornes de C1 prend, jusqu'à ce qu'elle atteigne le niveau «haut», un certain temps. Dans la situation de départ, la sortie Q de IC1b se trouve au niveau bas et la sortie $\overline{Q}$ au niveau haut. La sortie Q de IC1a présente également un niveau haut. Si l'on appuie maintenant sur la touche S1, la bascule IC1a est remise immédiatement à zéro et sa sortie Q passe au niveau bas. Simultanément l'entrée d'horloge de IC1a passe au niveau bas. Après le relâchement de S1, l'état de remise à zéro de IC1a est instantanément annulé. Sachant que le condensateur C1 se recharge maintenant à travers la résistance R1, il faut patienter un court instant avant que la tension à ses bornes n'ait retrouvé une valeur de quelques volts. Ce n'est qu'alors que l'entrée d'horloge de IC1a considérera cette tension comme un flanc montant et que le « 1 », présent sur sa sortie D sera décalé vers sa sortie Q. IC1b réagit ensuite par le changement des niveaux logiques présents à ses sorties.

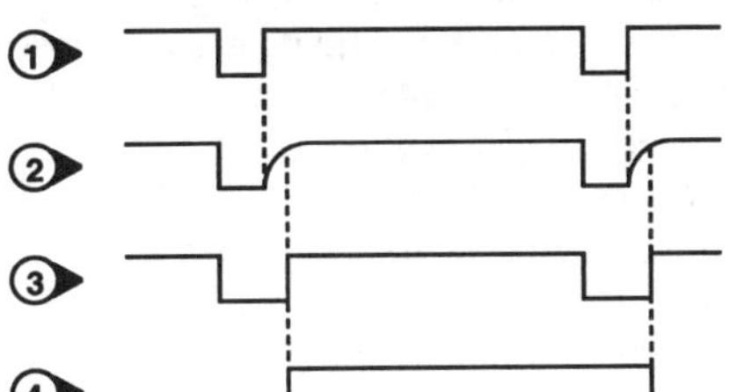

213 CAPTEUR « NAMUR »

Dès qu'il faut déterminer une vitesse de rotation, compter un nombre de pièces (métalliques) voire identifier leur position, et ceci sans qu'il faille établir de contact physique quelconque, on fait appel à une technique optique ou magnétique. Le capteur « Namur » de cet article compte parmi les capteurs inductifs qui se caractérisent par l'absence totale d'usure mécanique et de tout risque de production d'étincelles de commutation. Ce n'est pas pour rien que ce type de commutateur est souvent utilisé dans des pièces stockant des matières explosives. Un capteur « Namur », et la quasi-totalité des autres commutateurs inductifs d'ailleurs, intègre dans son boîtier (de dimensions étonnamment faibles) un certain nombre de sous-ensembles électroniques : un oscillateur HF, une self à tore de ferrite, un trigger de Schmitt et un amplificateur de sortie. Dans le cas d'un commutateur inductif –on notera qu'il existe également des versions optiques– le capteur est en fait un oscillateur HF émettant un champ électromagnétique. Si l'on place un objet métallique dans ce champ magnétique, il en résulte une réaction dans l'oscillateur. Dans le cas de IC1 (voir schéma), la proximité d'un objet métallique se traduit (en gros) par une diminution du courant d'alimentation. En présence d'un objet métallique (distance maximale entre l'objet et le capteur = 4 mm) le courant consommé par le capteur est de 1 mA. En absence d'objet métallique, ce courant atteint facilement le quadruple de cette valeur. L'amplificateur opérationnel IC2 fait office de tampon et travaille en trigger de Schmitt. En fonction de l'importance du courant à travers le capteur –courant converti d'ailleurs en une tension proportionnelle par l'intermédiaire de la résistance R1– la sortie présente soit un niveau logique haut (« 1 ») soit un niveau logique bas (« 0 »). Les résistances R4 et R5 introduisent une certaine hystérésis et le diviseur de tension R2/R3 définit le point de commutation. Bien que le niveau de commutation dépende de la tension d'alimentation, la distance maximale de détection (±5 mm) reste pratiquement constante. Alimenté en 12 V la consommation du capteur à trigger de Schmitt reste inférieure à quelque 10 mA. Le petit capteur cylindrique, référence IFR10-82-01 (5 mm de long, 10 mm de section) que nous avons mis à l'épreuve dans notre laboratoire est fabriqué par :

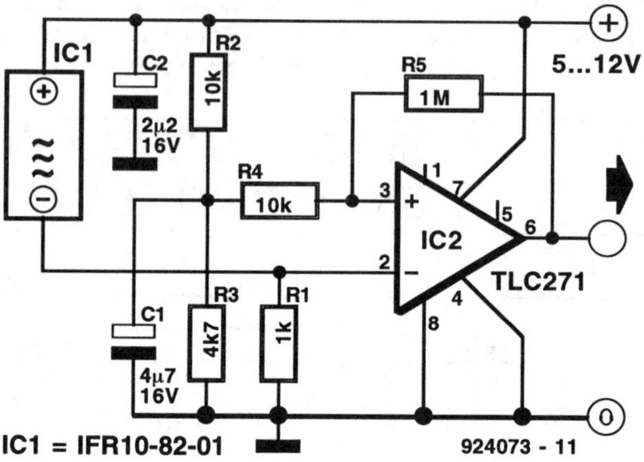

924073 - 11

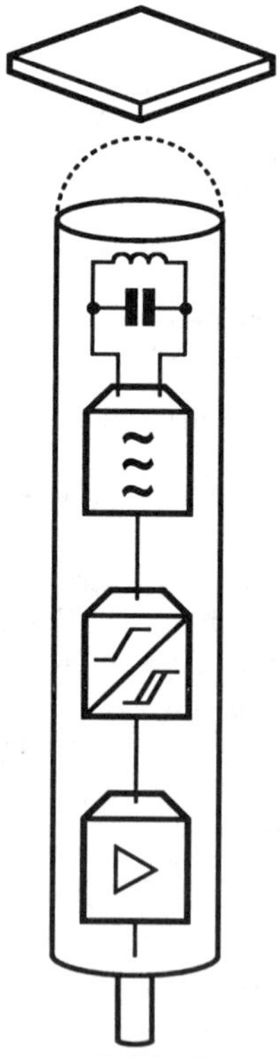

924073 - 12

Baumer Elektrik
et est distribué en France par :
Elesta Électronique
94134 Fontenay-sous-Bois Cédex
tél. : (1).48.76.19.19)
au prix unitaire de l'ordre de 150 FF H.T.

K.Moosbauer

214 CAPACIMÈTRE POUR ACCUS CdNi

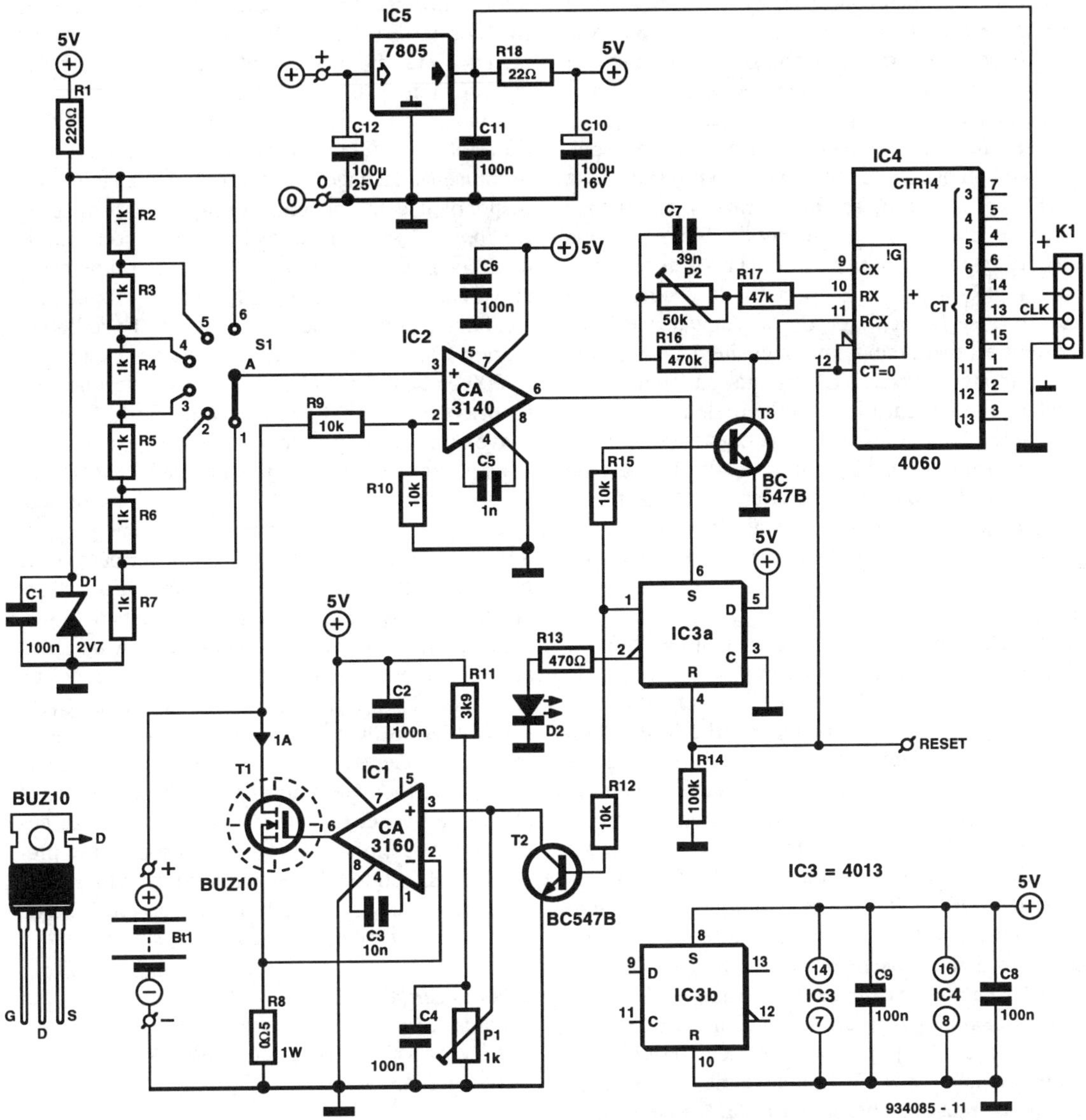

L'instrument de test présenté ici donne à son utilisateur une indication fiable de la capacité d'un jeu d'accus au cadmium-nickel (CdNi) pouvant comporter de 1 à 6 accus montés en série (dès l'instant où il y en a plus de deux bien entendu). Ce testeur convient tout particulièrement au suivi du processus de vieillissement d'accus CdNi et à l'identification d'accus défectueux, qui constituent toujours une source d'ennuis dans le cas d'appareils alimentés par accus. Avant de pouvoir procéder à la mesure de la capacité d'un accu CdNi il faudra commencer par en effectuer une charge totale à l'aide de votre chargeur d'accus habituel. Ceci fait, on connecte l'accu au capacimètre décrit ici, appareil qui draine un courant de décharge constant. Une fois l'accu branché et le circuit remis à zéro, un compteur démarre. Il s'arrête dès que la décharge de l'accu atteint le niveau défini. Le compteur compte au rythme d'une fréquence d'horloge fournie par l'oscillateur et le nombre de « tics » pris en compte correspond à la capacité de l'accu exprimée en mAh (milliampère/heure).

Cette méthode de décharge suppose que l'on connaisse le niveau de tension correspondant, pour chaque type d'accu concerné, à l'état « déchargé » et que ce niveau serve de seuil de commutation pour le capacimètre. La décharge de l'accu se fait par l'intermédiaire d'un circuit de drainage de courant constant, sous la forme du transistor T1 associé au circuit intégré IC1. Nous avons fait appel, pour cette fonction de régulateur de puissance, à un FETMOS (*Field Effect Transistor* = transistor à effet de champ de technologie MOS) du type BUZ10 en raison de sa très faible résistance drain-source ($R_{D\text{-}S(on)}$). La mesure du courant de décharge se fait à l'aide de la résistance R8 ; ce courant est maintenu à une intensité d'1 A à l'aide du comparateur IC1. L'ajustage du courant de décharge se fait par l'intermédiaire de la résistance ajustable P1. Le transistor T2 permet la commande marche/arrêt, sous le contrôle de la bascule bistable IC3a, du drain de courant. Cette partie du circuit est hors-fonction lorsque ce bistable est positionné (*set*). Le lancement du cycle de décharge se fait par mise au niveau logique bas de l'entrée de remise à zéro (*Reset*) de IC3a. La commande de l'entrée de positionnement est l'affaire d'un comparateur IC2, qui compare la tension de l'accu à la tension présente sur le contact du commutateur rotatif S1. Ce rotacteur sert à la sélection du nombre d'accus connectés au système. Il est possible de connecter entre 1 et 6 accus au capacimètre. Le contact de S1 fournit une tension nominale de 0,5 V par accu. La tension de l'accu subit une division par 2 introduite par le diviseur de tension R9-R10 avant d'être appliquée à l'entrée inverseuse (–) de IC2. Lorsque la tension d'accu chute en-dessous de 1 V (par accu bien sûr) la tension à l'entrée inverseuse de IC2 passe elle aussi en-dessous de la référence définie par S1, en conséquence de quoi le comparateur bascule. Sa sortie monte à +5 V, positionne le bistable et interrompt le drain de courant de l'accu. On a en outre, via le transistor T3, arrêt de l'oscillateur/compteur IC4, de sorte que les impulsions de comptage disparaissent du connecteur K1. Bien qu'à ce point du processus T1 soit bloqué, la décharge des accus se poursuit à un taux de quelque 50 mA. Ceci signifie qu'il faudra les déconnecter aussi rapidement que possible après le test. Les impulsions fournies par IC4 peuvent être appliquées à tout compteur capable de traiter un signal d'entrée numérique présentant une excursion de 5 V. Le prototype de notre capacimètre a été connecté au module de comptage à 4 chiffres décrit dans l'article cité en référence [1]. Outre les lignes d'alimentation et la ligne d'horloge on relie également directement la ligne de remise à zéro. Cela permet une remise à zéro de l'ensemble du circuit -c'est-à-dire du capacimètre et du dispositif d'affichage- par une simple action sur un unique bouton-poussoir. On donne à l'ajustable P2 une position telle qu'un accu neuf produise l'affichage d'une valeur de capacité correspondant à la capacité nominale, exprimée en mA/h, de l'accu en question, soit par exemple « 1200 » pour un accu de 1,2 Ah. Vu qu'une capacité d'accu de 1 Ah doit produire 1 000 impulsions par heure, la fréquence d'horloge de l'oscillateur répond à la formule suivante et sera donc de :
$(1\,000/3\,600) \cdot 2^9 = 142{,}2$ Hz, fréquence que l'on pourra mesurer à la broche 9 de IC4. Si vous n'avez pas de fréquencemètre à votre disposition vous pourrez jouer sur la position de P2 jusqu'à ce vous ayez un affichage de 100 impulsions au bout de 6 minutes. Le dessin de circuit imprimé proposé ici vous permet de réaliser et le capacimètre et le module d'affichage à quatre chiffres d'un coup. Nous avons repris la liste des composants de l'affichage pour vous éviter de devoir revenir un an en arrière et aller la chercher dans le numéro donné en référence [1]. L'affichage est monté en sandwich sur la platine du capacimètre à l'aide de quatre entretoises. Cette approche permet une soudure de l'embase SIL mâle autosécable côté pistes de la platine de l'affichage de sorte que l'on pourra l'enficher dans l'embase femelle correspondante présente sur la platine du capacimètre. Il vous faudra relier les deux points de la remise à zéro à l'aide d'un petit morceau de fil de câblage souple.

Bibliographie

[1] module de comptage numérique à 4 chiffres, Elektor n°169/170, juillet août 1992, page 31 et suivante.

Liste des composants du capacimètre

Résistances :

R1 = 220 Ω	R2 à R7 = 1 kΩ
R8 = 0Ω5/1 W	R9,R10,R12,R15 = 10 kΩ
R11 = 3kΩ9	R13 = 470 Ω
R14 = 100 kΩ	R16 = 470 kΩ
R17 = 47 kΩ	R18 = 22 Ω
P1 = 1 kΩ ajustable	P2 = 50 kΩ aj.

Condensateurs :
C1,C2,C4,C6,C8,C9,C11 = 100 nF
C3 = 10 nF
C5 = 1 nF
C7 = 39 nF
C10 = 100 µF/16 V
C12 = 100 µF/25 V

Semi-conducteurs :
D1 = diode zener 2V7/500 mW
D2 = LED 3 mm
T1 = BUZ10 + radiateur ICK35/SA
T2,T3 = BC547B
IC1 = CA3160
IC2 = CA3140
IC3 = 4013
IC4 = 4060
IC5 = 7805

Divers :
K1 = embase autosécable femelle à 4 contacts (SIL)
S1 = commutateur rotatif 1 circuit/12 positions

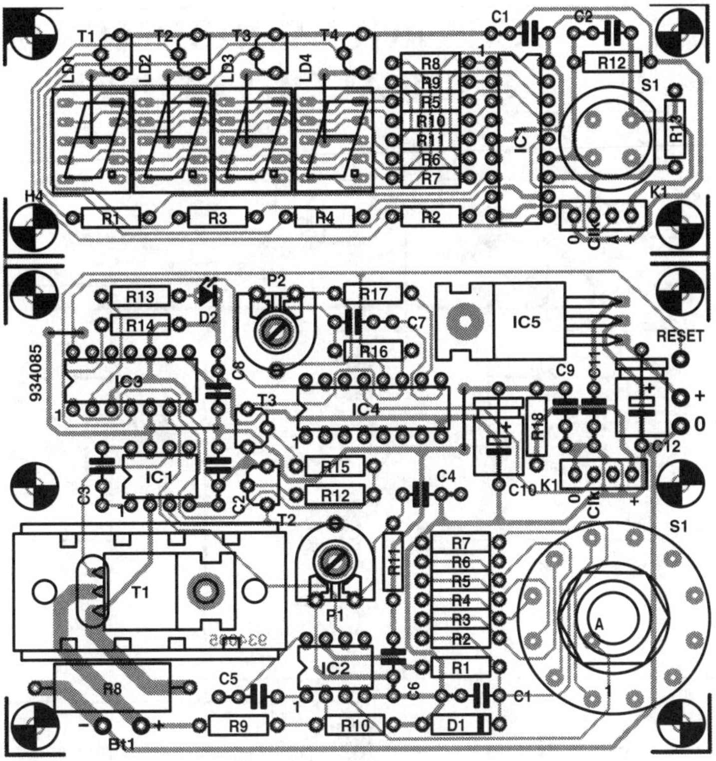

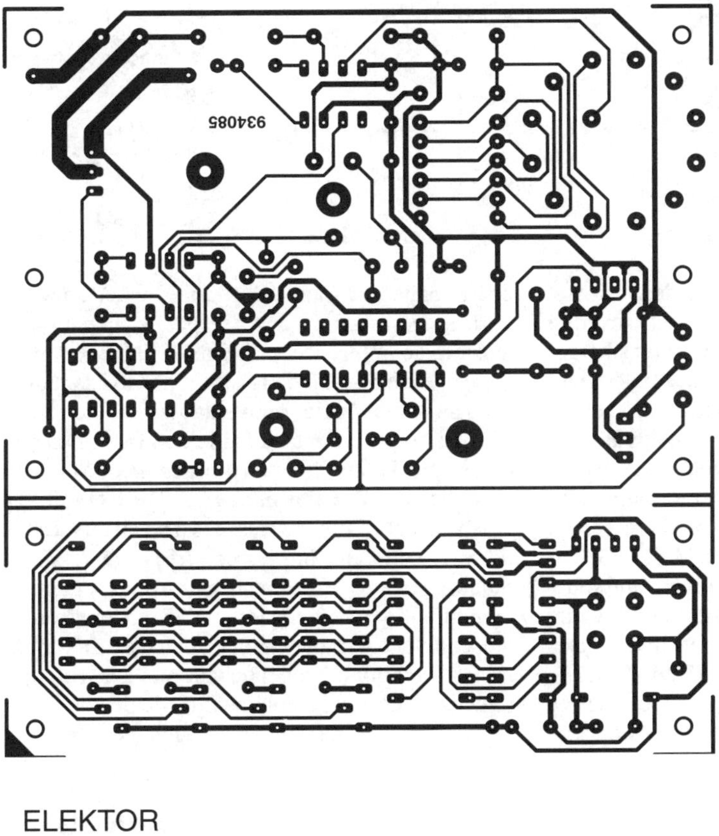

Liste des composants de l'affichage

Résistances :
R1 à R4,R12 = 1kΩ5
R5 à R11 = 56 Ω
R13 = 10 kΩ

Condensateurs :
C1,C2 = 100 nF

Semi-conducteurs :
T1 à T4 = BC547B
IC1 = 74C926

Divers :
LD1 à LD4 = afficheur HD1107
K1 = embase autosécable mâle à 4 contacts (SIL)
S1 = bouton-poussoir encartable

215 CHARGEUR RUDIMENTAIRE POUR ACCUS CDNI 9 V

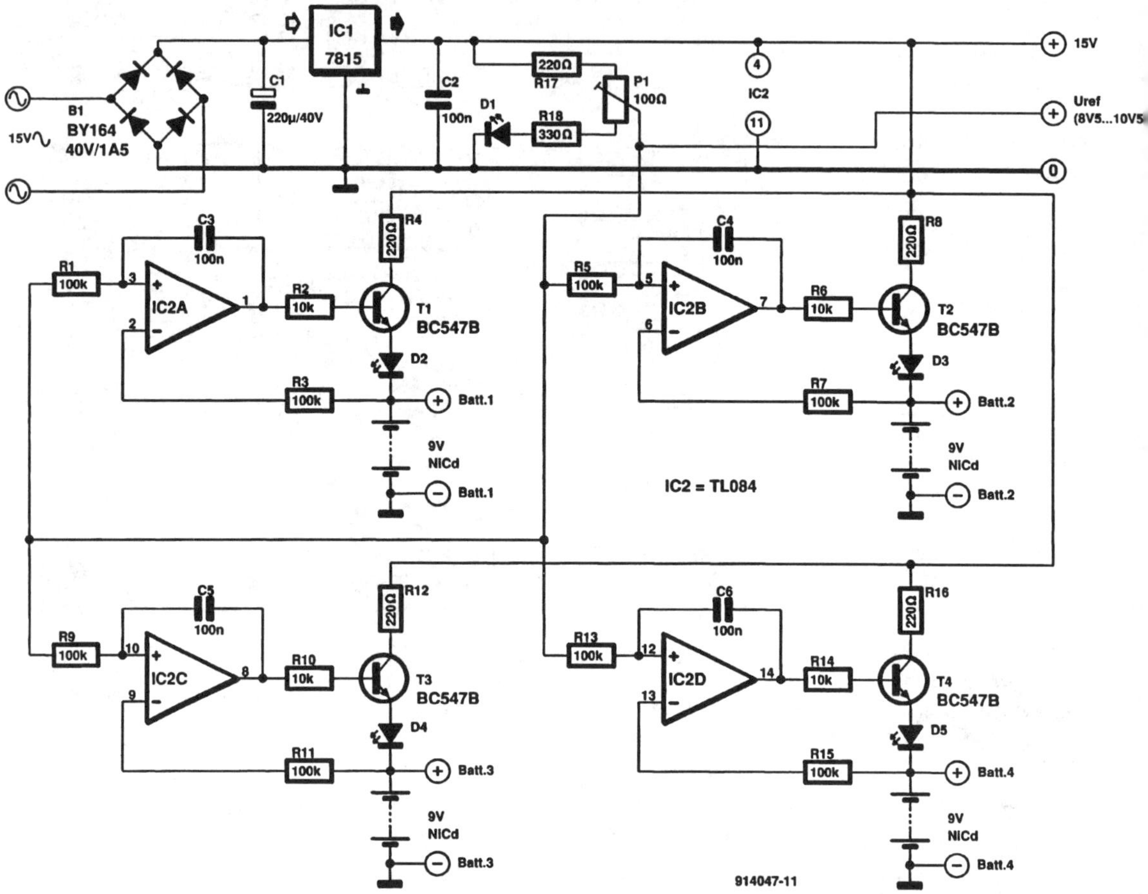

Ce chargeur se compose d'une source de tension et de quatre sources de courant identiques ; avec le dimensionnement proposé, il permet de (re)charger simultanément quatre accus CdNi 9 V à un courant compris entre 10 et 20 mA. La source de tension réalisée à l'aide du pont de redressement B1, du régulateur de tension IC1 et des condensateurs C1 et C2, fournit, non seulement la tension d'alimentation de 15 V, mais encore une tension de référence ajustable comprise entre 8,5 et 10,5 V, dérivée par l'intermédiaire du diviseur de tension constitué par les résistances R17 et R18 et l'ajustable P1. Cette tension est appliquée aux entrées non-inverseuses des amplificateurs opérationnels IC2A à IC2D, intégrés dans le TL084, à travers quatre résistances de 100 kΩ (R1, R5, R9 et R13). Les amplificateurs opérationnels garantissent que la tension aux bornes des accus ne dépasse pas le niveau de la tension de référence. L'intensité du courant de charge est le résultat de la différence existant entre la tension du module d'alimentation et celle de l'accu; elle est déterminée à l'aide de la résistance du collecteur. La tension aux bornes des résistances de collecteur des transistors T1 à T4 est de 3 V environ, celle aux bornes des transistors est de 0,6 V et celle aux bornes des LED 1,5 V. Si l'on réduit la valeur des résistances à 100 Ω, l'intensité du courant de charge grimpe à 35 mA environ, ce qui convient très bien à une recharge rapide des accus. Il faudra noter cependant que des recharges rapides réduisent sensiblement la vie de vos accus ! Le condensateur pris dans la boucle de la réaction positive de l'amplificateur opérationnel mérite que l'on s'y intéresse. Si la tension présente au pôle positif de l'accu est inférieure à la tension de référence, la sortie passe au niveau haut. Le condensateur se charge et la tension de l'accu augmente. Si elle devient supérieure à la tension de référence, la sortie de l'amplificateur opérationnel bascule et la tension présente à son entrée non-inverseuse diminue à cause du condensateur (C3 à C6) jusqu'au moment où l'amplificateur opérationnel bascule à nouveau. La LED (D2 à D5) clignote à cette même fréquence (10 Hz environ). Si l'accu est totalement déchargé, sa tension n'atteint jamais le niveau de la tension de référence et la LED est illuminée continûment. Lorsque l'accu est presque rechargé, les oscillations de l'amplificateur opérationnel se produisent à une fréquence sensiblement moindre. Une fréquence de 1 Hz indique que la charge est terminée et que l'accu a fait le « plein d'énergie ». Pour assurer au circuit une tension adéquate à un courant convenable, il faudra faire appel à un transformateur fournissant une tension comprise entre 15 et 18 V au secondaire et ce à un courant de 150 mA. Si vous envisagez d'utiliser le circuit comme chargeur rapide il est recommandé de faire appel à un transformateur de 200 mA et de doter le régulateur de tension d'un petit radiateur. Cette mesure de refroidissement s'impose également lors de l'utilisation d'un transformateur fournissant une tension dépassant 18 V.

H. Moser

216 LED MULTICOLORE

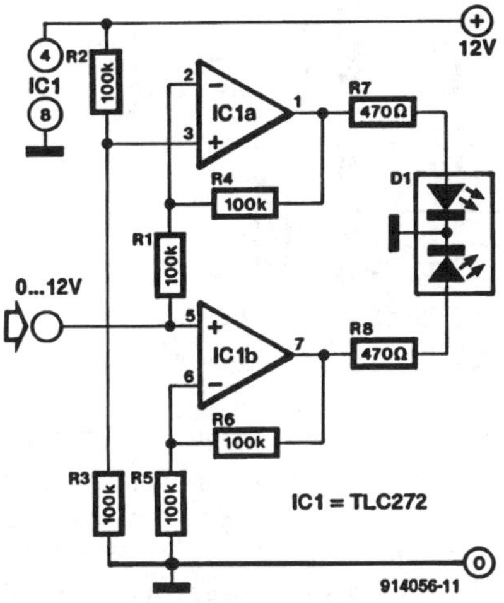

La commande de LED décrite ici permet un réglage continu de la couleur d'une LED bicolore. En l'absence de tension de commande à l'entrée du circuit, la LED prend la couleur vert-pomme : lorsque la tension appliquée à l'entrée, U_{in}, est égale à la tension d'alimentation U_b (+12 V), la LED est rouge. Sur toute l'excursion de la tension entre ces deux valeurs extrêmes, la LED prend successivement toutes les couleurs de l'arc-en-ciel, en passant bien entendu également par l'orange et le jaune. Les LED rouge et verte intégrées dans la LED bicolore sont attaquées chacune par leur propre étage de commande. L'amplificateur opérationnel IC1a commande la LED verte via la résistance R7, l'amplificateur opérationnel IC1b se chargeant de la LED rouge, via R8. IC1b est un amplificateur de tension donnant un gain de deux au signal d'entrée. Dans ces conditions la LED rouge commence à s'illuminer à une tension d'entrée de quelque 0,5 V pour atteindre son intensité maximale dès que la tension d'entrée Uin est supérieure à la moitié de la tension d'alimentation : mathématiquement, $U_{in} > U_b/2$.
IC1a est un amplificateur inverseur dont le gain est de –2. On notera en outre que l'entrée non-inverseuse de cet amplificateur se trouve à un niveau de référence relevé (moitié de la tension d'alimentation). Aux tensions d'entrée inférieures à 6 V ($U_{in} < U_b/2$) la sortie de l'amplificateur se trouve au niveau haut. Dès que le niveau d'entrée dépasse Ub/2, la LED verte voit son intensité diminuer progressivement jusqu'à ce qu'elle s'éteigne totalement lorsque la tension d'entrée se situe pratiquement au niveau de la tension d'alimentation. La valeur de la tension d'alimentation Ub du montage n'est pas critique, tant qu'elle reste inférieure à 30 V cependant. Il est important, aux tensions élevées, c'est-à-dire supérieures à +12 V, mais inférieures à la limite de 30 V, d'adapter la valeur des résistances R7 et R8. La consommation de courant totale dépend pour une large part du courant circulant à travers les LED ; elle est ici de 25 mA environ. Lors de la conception de ce montage il n'a pas été tenu compte des tensions de seuil de chaque LED. Aux tensions d'alimentation suffisamment importantes en particulier, ce facteur est négligeable. La mise en place, au-dessus des LED, d'un petit morceau de verre opalin (ou de plastique mat transparent) diffusant la lumière qu'elles produisent est du plus bel effet.

R. Kuhn

217 AFFICHAGE LCD POUR LE BUS UNIVERSEL

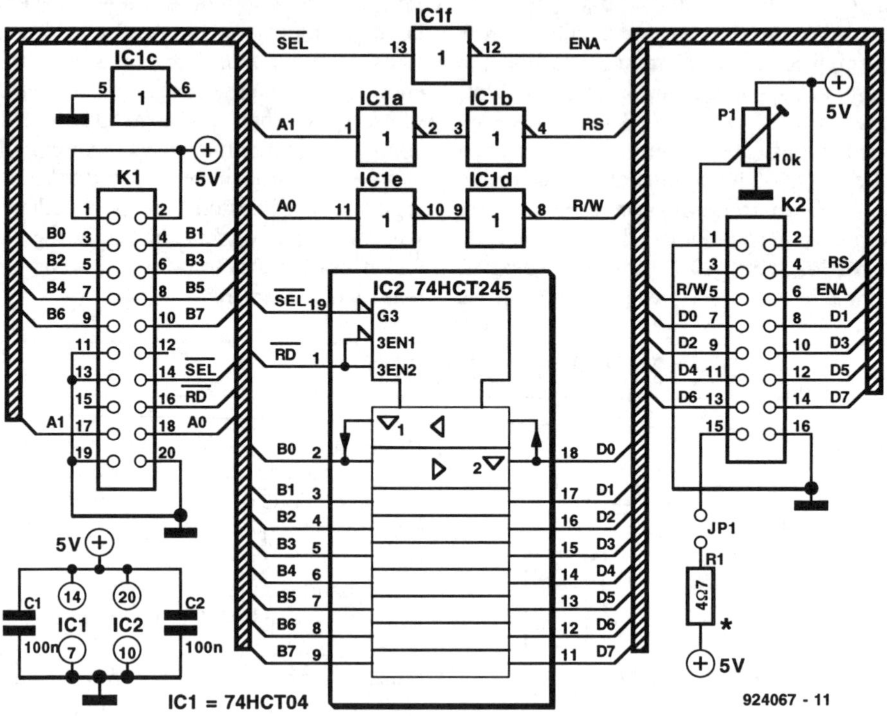

L'électronique décrite ici permet la connexion d'un affichage à cristaux liquides intelligent, doté le cas échéant d'un rétro-éclairage, à l'**interface de bus universel pour PC** (Elektor n°155, mai 1991). On pourra utiliser des affichages ayant de 1 à 4 lignes tant que le nombre total de caractères ne dépasse pas 80. La grande majorité des affichages intelligents utilisent comme contrôleur le HD44780 de Hitachi, de sorte que le brochage des différents affichages concernés est (pour une part importante) identique. On pourra connecter l'affichage LCD au connecteur K2, l'ajustable P1 permettant de régler le contraste. On pourra, pour les applications en conditions d'éclairage ambiant faible, utiliser un affichage à rétro-éclairage. Si l'on utilise l'affichage LM092LN de Hitachi, on peut le connecter directement à K2. On réalise pour ce faire un petit câble de liaison à seize conducteurs doté à l'une de ses extrémités d'un connecteur auto-dénudant HE10 à 2x8 contacts et à l'autre d'une embase encartable auto-dénudante que l'on soudera directement sur l'affichage. Le premier connecteur nommé vient s'enficher sur l'embase K2. On remplacera la résistance R1 par un pont de câblage. Si l'on fait appel à un autre type d'affichage à rétro-éclairage il faudra qu'il s'agisse de rétro-éclairage à LED. Il existe des affichages qui demandent le branchement au +5 V du rétro-éclairage (remplacer R1 par un pont de câblage) et d'autres exigeant une certaine intensité de courant (adapter la valeur de R1 en conséquence). Le cavalier de court-circuit (*jumper*) **JP1** permet une commande simple du rétro-éclairage de l'affichage. Il faudra, en fonction du type de commande, en tension ou en courant, adapter la valeur de R1, voire le cas échéant la remplacer par un pont de câblage. Lorsque l'éclairage n'est pas effectué directement par le connecteur mais par l'intermédiaire de deux lignes distinctes, on pourra couper les conducteurs n°15 et n°16 (15 = BL : connexion de l'anode, 16 = masse : connexion de la cathode). Pour éviter toute erreur de connexion nous vous proposons le brochage dans le **tableau 1**. Une fois l'affichage relié au bus universel via l'électronique proposée ici, il restera, après avoir mis le PC en marche, à l'initialiser. On devrait, pour le moment, voir une ligne de caractères vierge et une ligne de caractères pleins, ce qui signifie que l'affichage est bien connecté. Si l'on ne voit rien sur l'affichage il peut y avoir un problème de contraste. On jouera sur l'ajustable P1 pour voir si les choses s'arrangent. S'il n'apparaît toujours rien sur l'affichage il faudra vérifier son branchement. On pourra, si l'on utilise un affichage à rétro-éclairage, utiliser un multimètre pour vérifier, aux bornes du cavalier JP1 le courant consommé par les LED du rétro-éclairage. Ce courant devrait être compris entre 100 et 150 mA. Si la commande du rétro-éclairage se fait en courant, on adaptera la valeur de R1 de manière à ce qu'il circule le courant convenable à travers les LED. On implantera le cavalier JP1 lorsqu'il faudra alimenter le rétro-éclairage en permanence. Nous vous proposons, en **tableau 2**, un petit programme montrant comment initialiser l'affichage. Une fois l'initialisation effectuée, on a émission une ligne de test de 80 caractères, processus dont le résultat est l'apparition de caractères à partir de la position 0 de l'affichage.

Tableau 1

Broche	K2	Affichage
1	GND	V_{SS}
2	+5V	V_{DD}
3	Contraste	V_o
4	A1	RS
5	A0	$R/\overline{W}$
6	DISP	E
7	D0	DB0
8	D1	DB1
9	D2	DB2
10	D3	DB3
11	D4	DB4
12	D5	DB5
13	D6	DB6
14	D7	DB7
15	BL	A(node)
16	GND	C(athode)

Tableau 2

```
10 DISP =&H300: REM LES ADRESSES PEUVENT ETRE &H300+(4*X), 0≤X≥7
20 REM DÉFINITION DES ADRESSES DE L'AFFICHAGE
30 DISPREAD=DISP+3
40 DISPWRITE=DISP+2
50 DISPBUSY=DISP+1
60 DISPCTL=DISP+0
70 REM INITIALISATION DE L'AFFICHAGE
80 OUT (DISPCTL),&H30
90 FOR I=0 TO 10: NEXT
100 OUT (DISPCTL),&H30
110 GOSUB 290
120 OUT (DISPCTL),&H30
130 GOSUB 290
140 OUT (DISPCTL),&H38: REM DÉFINIR 2 LIGNES SUR L'AFFICHAGE
150 GOSUB 290
160 OUT (DISPCTL),&HE: REM AFFICHAGE ON, CURSOR ON
170 GOSUB 290
180 OUT (DISPCTL),&H1: REM EFFACER L'AFFICHAGE
190 GOSUB 290
200 OUT (DISPCTL),&H6: REM DÉFINIR MOUVEMENT DU CURSEUR
210 REM ---------------------------------------------------------
220 REM AFFICHER UNE CHAINE DE TEST DE 80 CARACTÈRES À L'ÉCRAN
230 REM ---------------------------------------------------------
240 FOR I=32 TO 32+79
250 GOSUB 290
260 OUT (DISPWRITE),(I)
270 NEXT
280 END
290 REM ---------------------------------------------------------
300 REM ---------- VOIR SI L'AFFICHAGE EST «BUSY»--------------
310 A=INP(DISPBUSY) : IF (A AND 128) <>0 THEN 310
320 RETURN
```

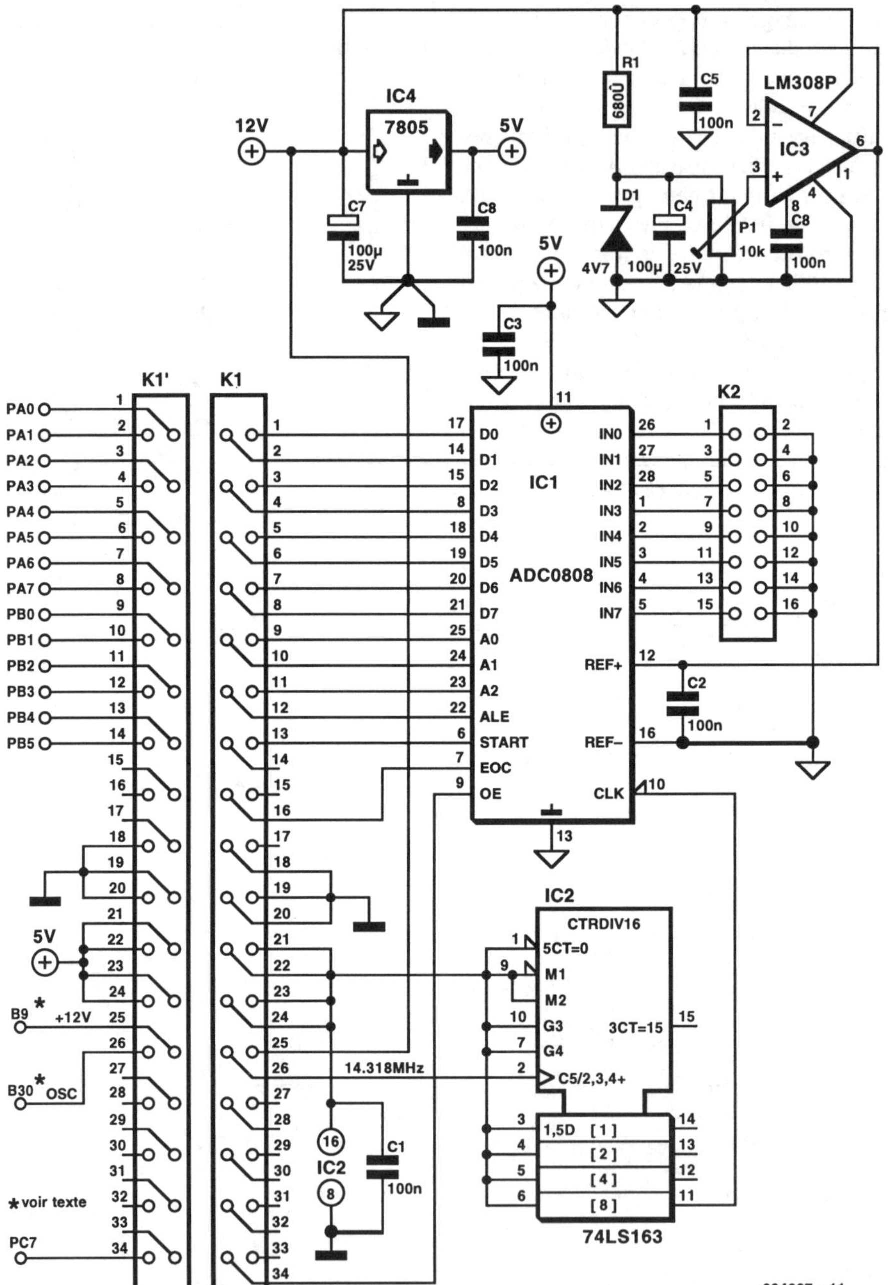

934087 - 11

Ce convertisseur A/N peut être commandé à l'aide de la **mini-carte d'E/S pour IBM-PC** (du numéro Hors-Gabarit de 1989). Ceci n'a pourtant rien d'une obligation. N'importe quel circuit d'E/S, disposant d'un nombre suffisant d'entrées et de sorties, peut servir à la commande du convertisseur. On pourra réaliser le circuit soit sur un morceau de platine d'expérimentation à pastilles pour

```
10 CLS
20 CTRLWRD = &H99:        'Port A is input, B is output, C is input
30 BASEADDR = &H300:      'base address of 8255
40 PORTA = BASEADDR
50 PORTB = BASEADDR + 1
60 PORTC = BASEADDR + 2
70 CTRLADDR = BASEADDR + 3
80 CHANNEL = 0
90 '
100 OUT CTRLADDR, CTRLWRD:  'initialize 8255
110 '
120 OUT PORTB, CHANNEL:                    'set input channel address
130 OUT PORTB, (CHANNEL  OR &H8):          'B3 HIGH enable address latch
140 OUT PORTB, (CHANNEL AND &HF7):         'B3 LOW
150 '
160 OUT PORTB, (CHANNEL  OR &H10):         'B4 HIGH start conversion
170 OUT PORTB, (CHANNEL AND &HEF):         'B4 LOW
180 '
190 EOC = 0:                               'wait for End Of Conversion
200 WHILE EOC<> &H80 : EOC = INP(PORTC) AND &H80: WEND
210 '
220 OUT PORTB, (CHANNEL  OR &H27):         'B5 HIGH enable ADC outputs
230 LOCATE 1,1:PRINT "Channel ";CHANNEL;" : ";INP (PORTA);"    "
240 OUT PORTB, (CHANNEL AND &HDF):         'B5 LOW disable ADC outputs
250 '
260 PRINT : PRINT "Press N for next channel or S to stop"
270 A$=INKEY$
280 IF (A$="N" OR A$="n") THEN GOTO 310
290 IF (A$="s" OR A$="S") THEN END
300 GOTO 150
310 '
320 CHANNEL = CHANNEL + 1
330 IF CHANNEL = 8 THEN CHANNEL = 0
340 GOTO 110
```

le connecter ensuite, via K1, à la carte d'E/S, soit sur la partie d'expérimentation, réservée à cet effet sur la mini-carte d'E/S pour IBM-PC. Il faudra, dans le cas de l'utilisation de cette carte, dériver deux signaux directement du connecteur de bus pour PC et les relier au connecteur d'E/S (K1'). Il s'agit de la ligne +12 V à partir de laquelle est obtenue une tension d'alimentation propre pour les composants analogiques du convertisseur, et de la ligne OSC, qui véhicule un signal de 14,318 MHz qui (après division par 16) servira d'horloge. Le signal OSC ne dépend pas – contrairement au signal CLK, présent lui aussi sur le bus du PC – du type d'ordinateur (fréquence d'horloge) utilisé. Le listing en BASIC permet de se faire une idée de la commande du convertisseur. Il reste un problème à résoudre : la sortie EOC (*End Of Conversion*), qui adopte un niveau haut à la fin d'une conversion, a besoin, pour passer au niveau bas, d'un minimum de 0 cycle d'horloge et d'un maximum de 8 cycles d'horloge **plus** 2 µs après le flanc montant de l'impulsion de démarrage (début de conversion). Il faudra attendre de ce fait que la sortie EOC passe au niveau bas, avant de regarder, dans la ligne 200 du programme, si cette sortie présente un niveau haut. Nous admettons cependant que le déroulement du programme est si « lent » qu'il n'est pas nécessaire d'attendre que la sortie EOC passe au niveau bas. Si l'on envisage de faire travailler le convertisseur avec un programme compilé ou avec des routines écrites en « langage machine » il est impératif d'effectuer une vérification de l'état de la sortie EOC.

S. Mitra

219 COMMANDE DE CONNEXION PANNEAU SOLAIRE → ACCU

Lorsqu'un accu est rechargé par un panneau solaire et que le soleil disparaît, ce même panneau solaire... décharge l'accu ! Dans bien des cas on fait appel à une diode pour éviter ce phénomène gênant, ce qui a pour inconvénient d'introduire une chute de tension de 0,7 V (ramenée à 0,4 V dans le cas d'une diode Schottky). De très nombreuses applications ne supportent pas une telle perte. Le circuit décrit ici remplace la diode et met le panneau solaire à l'accu par l'intermédiaire des contacts d'un relais. L'électronique est alimentée directement par le panneau solaire. Tant que la tension produite par ce dernier est trop faible, le relais reste décollé et l'accu n'est pas relié au panneau solaire. Dès que la tension fournie par le panneau est suffisamment élevée pour produire l'excitation du relais, et qu'il tombe assez de lumière sur la photorésistance (LDR) R2 pour produire l'entrée en conduction du transistor T1, le relais est activé, permettant la recharge de l'accu. Vu qu'un relais a besoin de moins de courant pour rester collé qu'il ne lui en faut pour être activé, il ne décollera pas instantanément dès que la tension fournie par le panneau solaire chute quelque peu (dans le cas d'un accu déchargé par exemple). Nous avons ajouté la photorésistance, qui, via le transistor T1, provoque le décollement du relais lorsqu'il ne tombe plus suffisamment de lumière sur la LDR, pour éviter qu'un accu chargé n'active le relais dans le noir. La résistance ajustable P1 permet de définir le seuil d'entrée en action de ce dispositif. Comme la majeure partie de la puissance consommée par le montage l'est par le relais, il s'agira d'utiliser un relais miniature à faible consommation propre ayant une bobine de la résistance la plus forte possible (un V23037-A0001-A101 de Siemens par exemple, relais capable de commuter un courant de 10 A).

220 CAPTEUR DE TEMPÉRATURE ACTIF BIFILAIRE

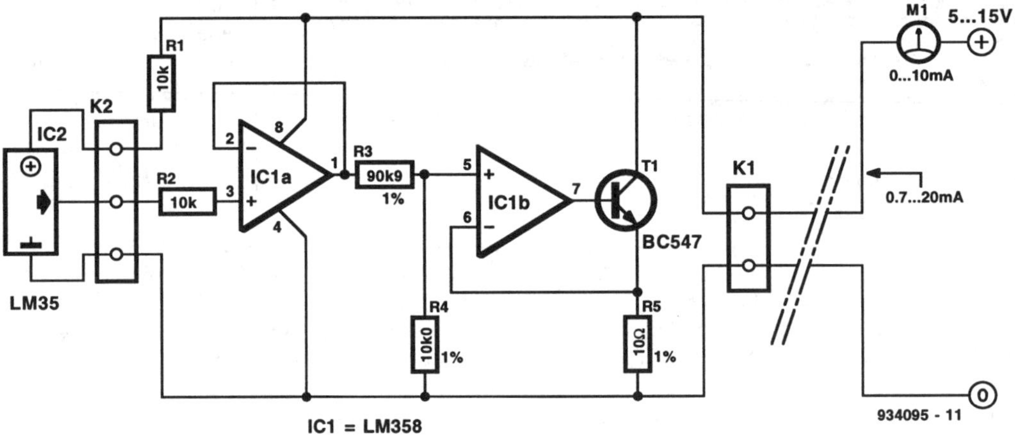

Quand il s'agit de mesurer, à une grande distance de l'appareil de mesure, il est parfois nécessaire de doter le capteur d'un amplificateur propre. Il faut, pour l'ensemble capteur/amplificateur, une tension d'alimentation, ce qui implique de faire appel à un 3e fil de connexion. Le capteur de température actif, décrit dans cet article, se contente d'une liaison bifilaire pour le transfert des données de mesure **et** de la tension d'alimentation. Pour ce faire, la tension de mesure, tamponnée par IC1a, est transformée, par la source de courant IC1b, en un courant d'alimentation **drainé en plus** du courant normal. Autrement dit : l'intensité du courant tiré de l'alimentation nous permet de mesurer la valeur de la tension d'entrée. Il va sans dire que l'amplificateur opérationnel et (éventuellement) le capteur consomment aussi une partie du courant. Si l'on utilise l'amplificateur opérationnel et le capteur indiqués dans le schéma, leur consommation se situe à une moyenne de l'ordre de 0,7 mA (0,65 mA à une tension d'alimentation de 5 V, 0,7 mA à 10 V et 0,77 mA à 15 V). Dans le cas d'une valeur « de débattement pleine échelle » de 10 mA cette valeur représente une erreur de 7% environ, erreur heureusement relativement facile à compenser. Le circuit a été dimensionné de façon à ce qu'avec un capteur de température du type LM35 (IC2) le courant varie de 0,7 à 10,7 mA lorsque la température mesurée varie elle de 0 à 100°C. Un galvanomètre à bobine mobile, pris dans la ligne d'alimentation, permet ainsi d'afficher aisément la valeur de la température mesurée. Le courant drainé par l'amplificateur opérationnel (et le capteur) peut être compensé facilement à l'aide de la petite vis du réglage du point zéro du galvanomètre. Il n'est pas superflu de compenser la chute de tension aux bornes du galvanomètre et dans les (longues) lignes de connexion, en adoptant une tension d'alimentation légèrement plus élevée. Il faudra veiller à donner une alimentation adéquate (5 V au minimum) aux circuits intégrés IC1 et IC2.

POTENTIOMÈTRE NUMÉRIQUE STÉRÉO

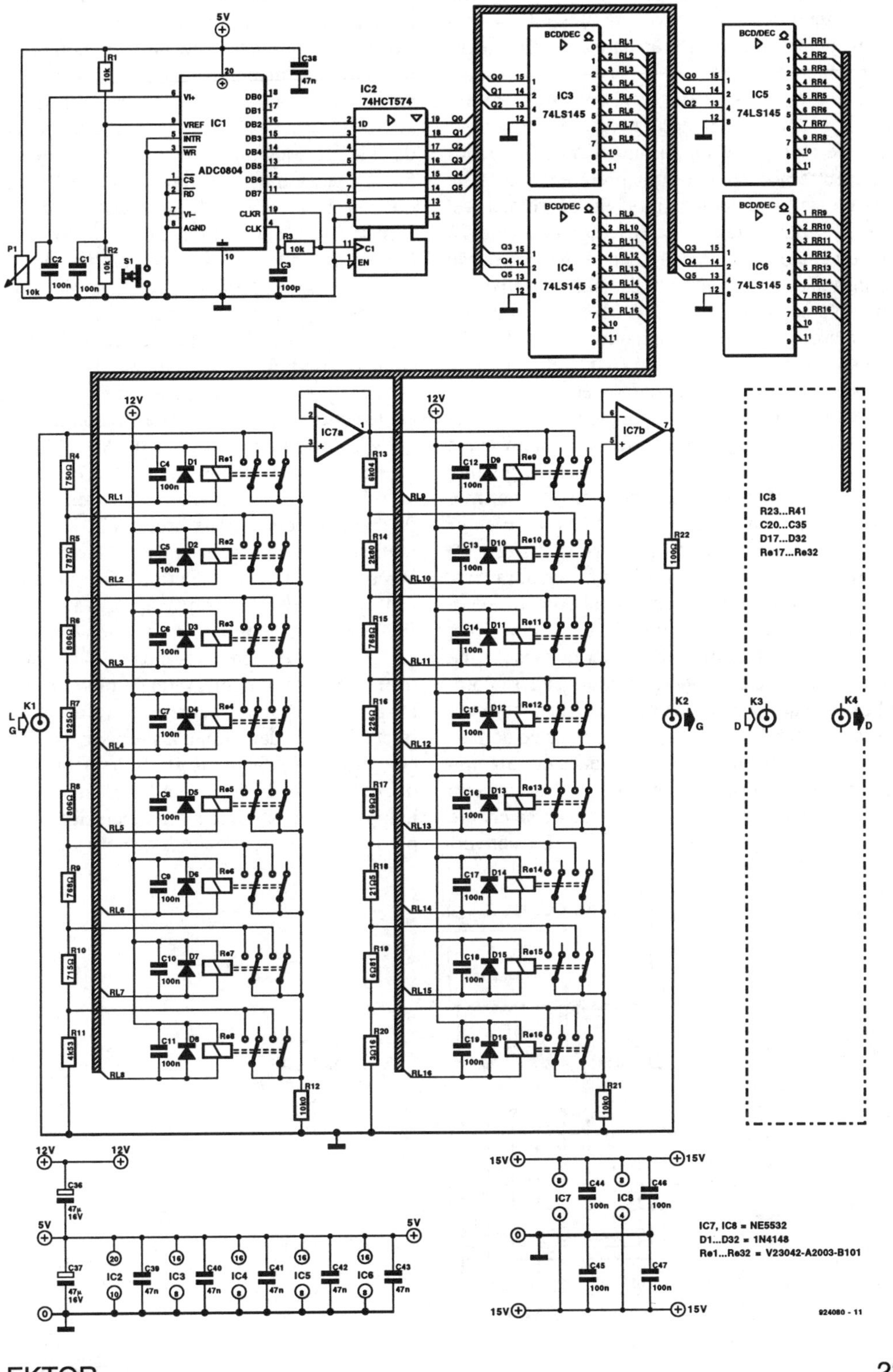

Il existe de nombreux professionnels de la Hi-Fi qui prétendent que le potentiomètre est de loin le composant le plus important d'un amplificateur. Compte tenu des prix astronomiques atteints par certains potentiomètres stéréo haut de la gamme ils ont certainement raison.
Dans notre **central de commutation audio** (Elektor n°137 & 138) nous avons résolu ce problème de réglage de façon numérique. Pour tous ceux d'entre nos lecteurs qui préfèrent plutôt un joli bouton à « tripoter », le montage décrit dans cet article constitue une alternative attrayante (mais ô combien coûteuse !!). Voici donc la recette pour la préparation de cette gourmandise haute fidélité : on prend un potentiomètre « standard », on y ajoute un convertisseur A/N et on saupoudre le tout d'une pincée de tampons intermédiaires. On étale ensuite la masse onctueuse sur quelques étages de commande attaquant une bonne poignée de relais et le tour est joué. Un regard sur le schéma électronique de ce montage confirme l'exactitude et l'originalité de la recette. Après avoir doté son « **Preamp** » (Elektor n°101 & 102), son « **Link** » (Elektor n°123) ou son « **Complet** » (Elektor n°151 & 152) de ce réglage de volume « *high end* », on aura l'impression d'avoir remplacé son vieux potentiomètre stéréo par un exemplaire tout neuf. Il est vrai, en effet, que le potentiomètre numérique est d'une qualité excellente et peut être comparé à n'importe quel exemplaire analogique de chez Alps, fabricant dont la renommée n'est plus à faire dans ce domaine. 32 relais à contacts doubles plaqués or garantissent une séparation absolue entre les canaux. L'électronique numérique de commande se charge d'introduire un synchronisme parfait. La conversion analogique/numérique est le domaine du circuit intégré ADC0804 (IC1) qui est très abordable et ne se laisse pas influencer par des bruits introduits par le potentiomètre linéaire P1. Le condensateur C2 fait office de tampon pour « ponter » d'éventuelles disparitions momentanées de la tension lorsque l'on tourne le curseur de P1. Le ADC0804 est doté d'une entrée analogique allant de 0 à 5 V sous une alimentation asymétrique de 5 V. La tension dérivée du curseur de P1 est appliquée à l'entrée VI+ de IC1. Le résultat de la conversion est une information binaire de 8 bits. On n'utilise ici que les 64 valeurs les plus élevées (DB2 à DB7) des 256 valeurs de sorties possibles. Comme le passage d'un niveau à un autre n'est pratiquement pas audible et qu'il n'est pas question de changer continûment de volume, il n'est pas nécessaire, en pratique, de disposer d'une résolution plus élevée encore. Le diviseur de tension R1/R2 fixe à 2,5 V la tension de référence du ADC0804. La fréquence de son oscillateur interne est de 1 MHz, définie elle par la connexion de la résistance R3 et du condensateur C3 aux broches CLK et CLKR. Il faut, pour lancer le processus de la conversion A/N après la mise en fonction du circuit, relier l'entrée $\overline{WR}$ brièvement à la masse par une sur le bouton-poussoir S1 (ou bien par l'intermédiaire de l'un des contacts d'un relais faisant partie d'un circuit de temporisation de mise en fonction). La broche $\overline{INTR}$ se charge ensuite de fournir les impulsions de démarrage à suivre. L'oscillateur du convertisseur A/N fournit également le signal d'horloge pour la bascule à haute impédance IC2. L'apparition d'un flanc montant du signal se traduit par le transfert des données actuelles vers les tam-

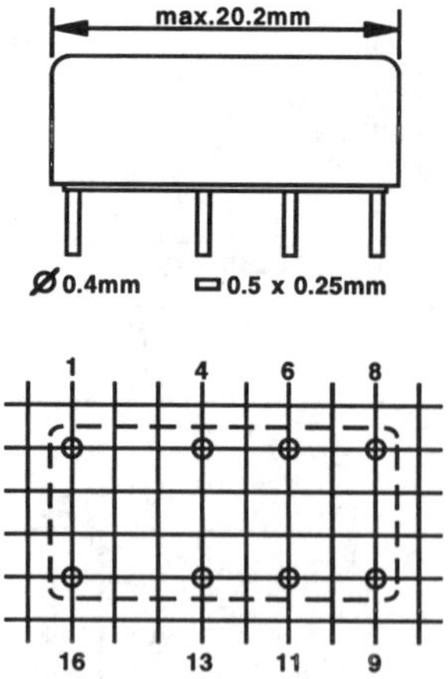

924080 - 12a

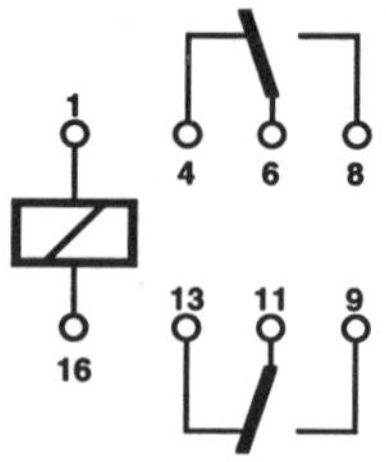

924080 - 12b

pons intermédiaires et les lignes de sorties Q1 à Q5. Deux paires de décodeurs BCD–décimal (BCD=*Binary Coded Decimal*, nombre décimal codé binaire) pris en parallèle, se chargent ensuite du décodage de l'information binaire nécessaire à la commande du diviseur de tension à commande par relais. Les sorties à collecteur ouvert des circuits intégrés du type 74LS145 supportent une tension de 15 V et conviennent de ce fait à la commande de n'importe quel relais ayant une tension de bobine de 12 V. Dans notre prototype nous avons utilisé des relais Siemens du type V23042-A2003-B101, dotés de contacts mobiles à argent-palladium garantissant une longue durée de vie. Les contacts statiques de ce type de relais sont recouverts d'une fine couche d'or. Le schéma montre en outre que les contacts doubles des relais ont été pris en parallèle, ce qui ne manque pas d'améliorer encore la fiabilité du circuit. Il s'agit de plus de relais polarisés, d'où une efficacité encore plus élevée. Les relais utilisent le courant de commande de quelque 20 mA pour la commutation uniquement; la force nécessaire au maintien des contacts dans leur position est fournie ici par des aimants permanents (absence quasi-totale de rebonds et haute fiabilité de contact). Chaque relais est doté de plus d'une diode et d'un condensateur, pris en parallèle sur sa bobine, réduisant sensiblement les impulsions parasites. Les sorties de décodage (IC3 à IC6) sont reliées directement aux 32 relais. Le signal audio stéréo arrive, à travers les embases K1 et K3, au potentiomètre numérique. Le signal du canal gauche est appliqué au diviseur de tension réalisé à l'aide des résistances R4 à R11. Il s'agit ici de huit étages de division à une atténuation (théorique) de 1,25 dB par pas (réglage fin).

Via les contacts des relais et l'amplificateur-tampon IC7a, le signal arrive ensuite au second diviseur de tension (R13 à R20) introduisant une atténuation de 10 dB par pas (réglage grossier). Cette approche résulte donc en une atténuation totale de 78,75 dB en 64 pas. Chacun des deux diviseurs de tension est chargé continûment avec une résistance de 10 kΩ (R12 et R21) pour éviter que, lors d'une commutation, les deux amplificateurs-tampons (IC7a et IC7b) ne se trouvent « en l'air » (c'est-à-dire sans courant).

L'impédance d'entrée varie entre 5 et 10 kΩ. Les deux tampons évitent que le facteur de division des diviseurs de tension ne subisse l'influence de la charge de sortie. Rien ne vous interdit –il est presqu'inutile de le mentionner– de calculer des facteurs de division « personnels », destinés à l'une ou l'autre application de fabrication-maison. Pour ce faire on pourra utiliser le petit programme, écrit en BASIC, suivant:

```
5  REM  CALCUL DES DIVISEURS DE TENSION
10 CLS:LOCATE 5,25:INPUT "Pas en [dB] : ",Y:PRINT
15 Y=-ABS(Y)
20 R(0)=10: REM résistance permanente totale de 10kΩ
25 N=1
30 FOR K=Y TO 7*Y STEP Y
35 X=10/(10^(K/20))
40 R(N)=(10-X+((X-10)^2+400)^.5)/2
45 PRINT TAB(25);"R";N;" = ";
50 PRINT USING "####.##";(R(N-1)-R(N))*1000;
55 PRINT TAB(42);"ohm"
60 IF N=7 THEN PRINT TAB(25);"R 8  = ";R(N)*1000;TAB(42);"ohm"
65 N=N+1:NEXT K
70 PRINT:PRINT TAB(15);" Il faudra adapter les valeurs trouvées"
75 PRINT TAB(15);"à celles des résistances de la série E-96."
```

Tous ceux d'entre nos lecteurs qui s'intéressent à la théorie concernant le calcul des diviseurs de tension peuvent (re)lire l'article concernant la deuxième partie de la réalisation du **central de commutation audio** (Elektor n° 138, page 48).

Les circuits intégrés 74LS145 consomment la quasi-totalité du courant de 18 mA nécessaire au circuit alimenté en 5 V. L'alimentation en 12 V des relais se caractérise par une consommation de quelque 80 mA (quatre relais activés). Les deux amplificateurs-tampons réclament un courant de 16 mA à une tension symétrique de 15 V.

Chr. Prade

222 CAPACIMÈTRE POUR PETITS CONDENSATEURS

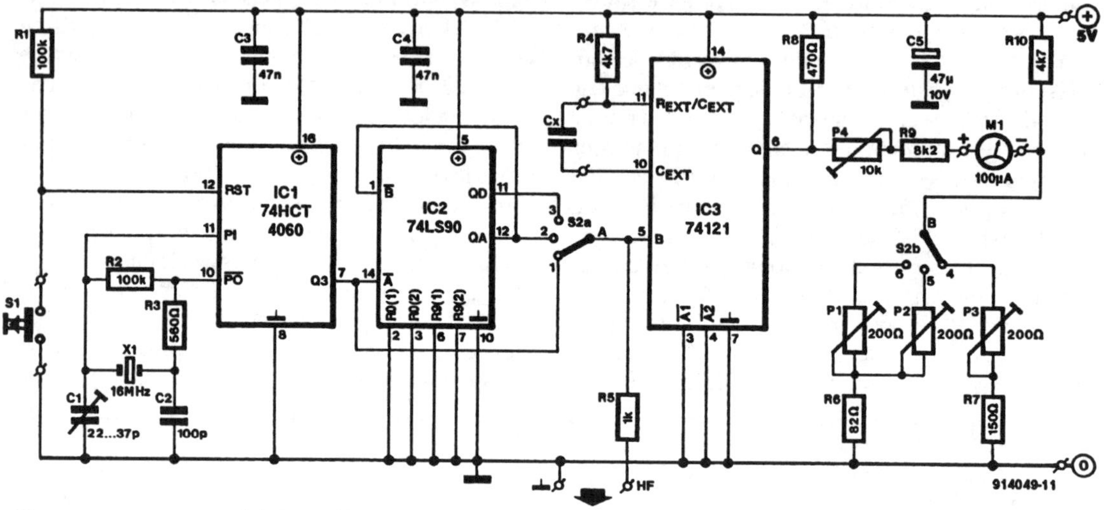

Nous vous proposons ici de réaliser un instrument de mesure simple et peu coûteux comportant trois calibres : 0 à 100 pF, 0 à 200 pF et 0 à 1 000 pF. Il permettra de déterminer la capacité de petits condensateurs inconnus. Nous allons, pour une fois, prendre le circuit à rebrousse-poil, de la sortie vers l'entrée. IC3, un multivibrateur monostable, est déclenché par les impulsions d'horloge appliquées à son entrée à trigger de Schmitt –sa broche 5. La largeur du signal de sortie est déterminée, pour une grande part, par la constante de temps du réseau RC (R4/Cx) pris entre les broches 10 et 11. On notera que ce signal n'est que très peu sensible aux variations de température ou de niveau de la tension d'alimentation. L'instrument de mesure connecté à la sortie intègre, de par son inertie, les impulsions de sortie, le résultat de cette opération mathématique présentant une relation linéaire avec la valeur de Cx, le condensateur inconnu. Pour éviter que les capacités introduites par le commutateur et les câbles de mesure n'aient une influence trop grande sur le résultat visualisé sur l'affichage, l'instrument a été pris dans un pont, à ajuster, par l'intermédiaire du rotacteur S2b et de l'une des résistances ajustables P1 à P3, au calibre utilisé; ce pont relève quelque peu le potentiel de la connexion négative de l'instrument d'affichage. C'est un oscillateur à quartz à diviseur intégré, IC1, qui fournit le signal d'horloge. L'oscillateur ne travaille que lorsque le bouton-poussoir S1 est enfoncé, action qui inhibe ainsi l'entrée de remise à zéro (active au niveau haut et mise à la masse lors de la fermeture de S1). On dispose à la sortie Q3 du signal d'horloge ramené à 1 MHz. Un second diviseur décadique, IC2, monté en aval de IC1, fournit à ses sorties un signal d'horloge abaissé à 500 et 100 kHz, de sorte que l'on dispose aux contacts du commutateur de calibre S2a de ces trois signaux d'horloge. Ces signaux, de fréquence très précise, sont transmis du contact-mère de S2a à l'entrée de déclenchement du multivibrateur. L'instrument mérite d'être alimenté par une alimentation régulée correctement fournissant une tension de 5 V et un courant d'au moins 50 mA. Les composants prennent place sur une petite platine dont on retrouve ci-contre la représentation de la sérigraphie de l'implantation des composants, circuit imprimé qui prendra place le plus près possible derrière la face avant. Il est important que, lors du montage, les bornes de mesure soient bien isolées par rapport à la face avant et que le câblage vers la platine soit le plus court possible. On pourra envisager l'utilisation, pour les bornes d'entrée, de deux rangées de contacts à ressort dans lesquels on enfichera les condensateurs aux pas les plus divers. Il existe, pour avoir accès aux quatre résistances ajustables implantées sur le bord de la platine, deux solutions: soit les doter d'un axe sortant sur la face avant, soit percer dans celle-ci quatre orifices aux endroits adéquats pour pouvoir accéder à P1 à P4 à

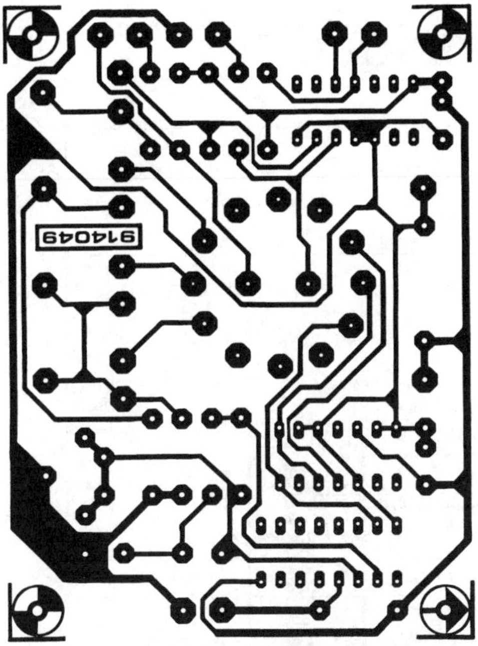

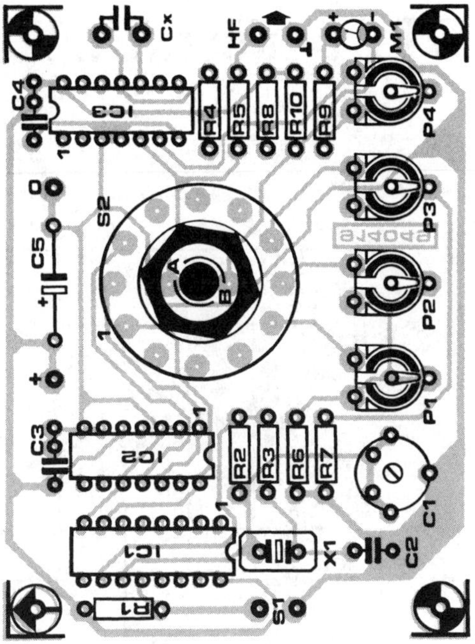

Liste des composants

Résistances :
R1,R2 = 100 kΩ
R3 = 560 Ω
R4, R10 = 4kΩ7
R5 = 1 kΩ
R6 = 82 Ω
R7 = 150 Ω
R8 = 470 Ω
R9 = 8kΩ2
P1 à P3 = ajust. 200 Ω (250 Ω)
P4 = ajust. 10 kΩ

Condensateurs :
C1 = ajust. 22 à 37 pF
C2 = 100 pF
C3, C4 = 47 nF
C5 = 47 µF/10 V

Semi-conducteurs :
IC1 = 74HCT4060
IC2 = 74LS90
IC3 = 74121

Divers :
S1 = bouton-poussoir à contact travail
S2 = commutateur rotatif 2 circuits/3 positions
X1 = quartz 16 MHz
M1 = galvanomètre 100 µA

l'aide d'un tournevis une fois la platine et la face avant montées en sandwich. On peut également utiliser une 3e option : y accéder par le dos de la platine. L'étalonnage se fera le bouton-poussoir S1 court-circuité en permanence, de manière à avoir les deux mains libres pour l'effectuer. On commence, en s'aidant d'un fréquencemètre, par ajuster à la bonne fréquence le signal fourni par l'oscillateur, par action sur le condensateur variable C1. Ceci fait, on positionne les ajustables P1 à P3 de manière à ce que l'aiguille du galvanomètre soit exactement à zéro, dans chacune des positions correspondantes du commutateur de calibre S2. On place ensuite un condensateur de précision de valeur parfaitement connue (condensateur styroflex de valeur comprise entre 60 et 90 pF ayant une tolérance de 1% par exemple) entre les bornes de mesure et, par action sur P4, on fait en sorte que l'affichage visualise la valeur correspondante. La précision de mesure de l'instrument est en grande partie fonction du galvanomètre utilisé pour l'affichage : elle devrait se situer en règle générale entre 1 et 2,5%. De par le montage en pont adopté, l'aiguille commencera toujours, lors d'une mesure, par se déplacer vers la gauche; on dispose ainsi, avant chaque mesure, d'un moyen de contrôle du bon fonctionnement de l'instrument.

F. Hüber

223 ARBITRE ÉLECTRONIQUE

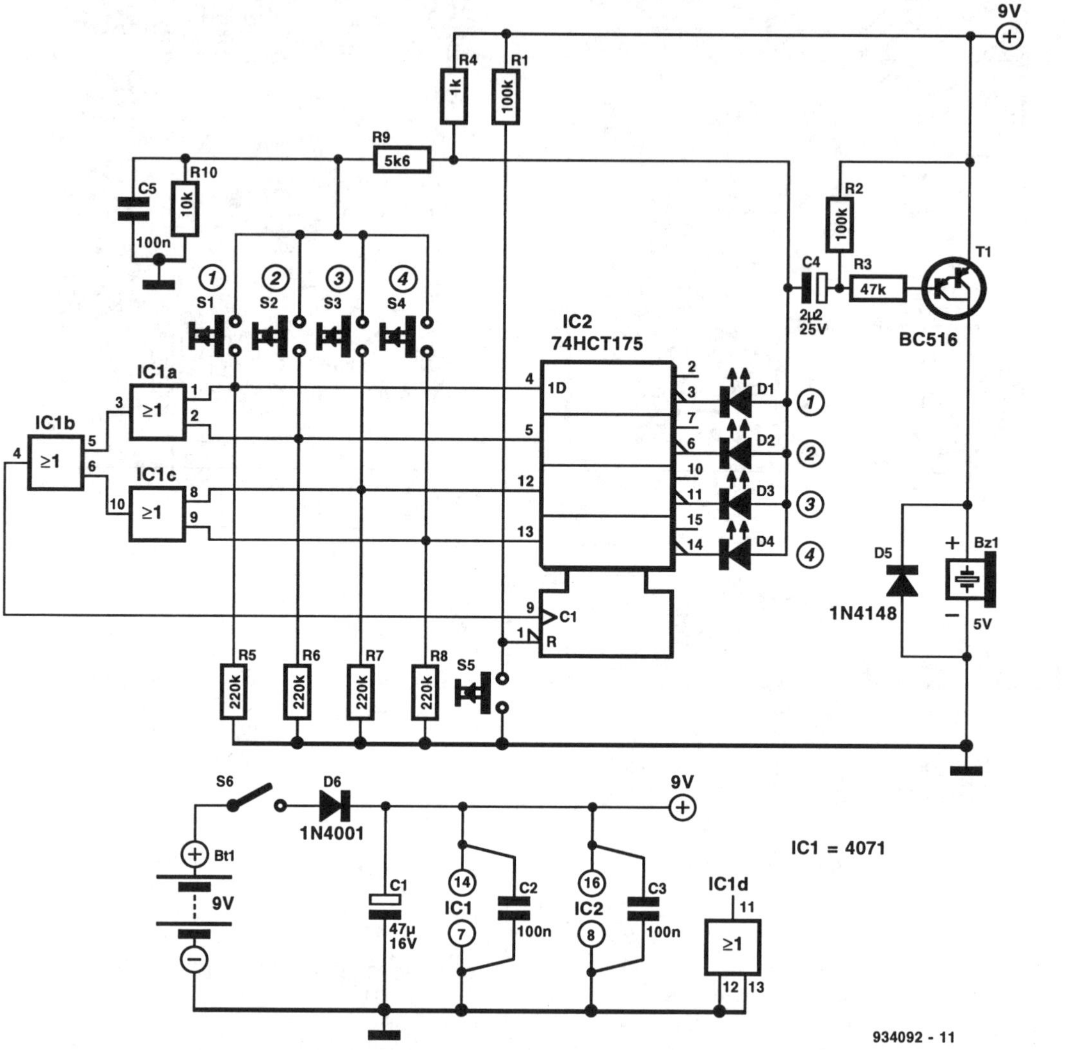

Voilà un montage qui rendra d'excellents services lorsque l'on s'amuse, en famille ou avec des copains, à des « jeux de développement de l'activité cérébrale ». Le circuit identifie, parmi les quatre possibles, le joueur à avoir le premier trouvé (pense-t-il) la bonne réponse et à avoir, de ce fait, appuyé sur le bouton du boîtier de réponse se trouvant en face de lui. Un résonateur fournit une indication sonore de l'action sur le bouton-poussoir et une LED indique quel est le joueur à avoir appuyé sur son bouton. L'animateur du jeu peut ensuite appuyer sur le bouton de remise à zéro et le jeu continue. Le circuit se caractérise par une conception très simple : il ne comporte, comme composants actifs, que deux circuits intégrés et un transistor. Le schéma montre quatre boutons, S1 à S4. Ils sont reliés aux entrées D de quatre bascules bistables intégrées dans IC2. Via une fonction OU (réalisée à l'aide des portes IC1a, IC1b et IC1d), les quatres touches sont également connectées à l'entrée d'horloge (broche 9) de IC2. Les sorties $\overline{Q}$ des bascules (broches 3, 6, 11 et 14) commandent les LED D1 à D4. Après une remise à zéro des bascules par une action sur le bouton S5 (qui se traduit par un bref passage au niveau bas de l'entrée R, pour **R**eset, broche 1) les sorties $\overline{Q}$ présentent un niveau haut et toutes les LED sont hors-fonction. Après une action sur l'une des touches S1 à S4 on aura déroulement du processus suivant : supposons que S1 a été le premier bouton à avoir été activé. L'entrée D correspondante passe de ce fait au niveau haut. Ce « 1 » logique est transmis aussi, via IC1a et IC1b, à l'entrée d'horloge des autres bascules. Ceci aura comme résultat une « lecture » des niveaux logiques actuels présents sur les entrées D des bascules et le transfert de ces niveaux vers les sorties. La LED associée au bouton activé s'illumine. Les touches et les LED étant connectées à la tension d'alimentation via une résistance commune de 1 kΩ (R4), l'illumination de l'une des LED se traduit par une chute à 2 V environ (tension de LED) de la tension en aval de R4. On trouve, en amont des touches, un diviseur de tension dont la fonction est de faire en sorte, qu'après une action sur l'une des touches, la tension aux bornes des touches ne soit plus que 1 V environ. Si l'on appuie maintenant sur une ou plusieurs autres touches, la tension aux entrées D et l'entrée d'horloge est trop faible pour obtenir une réaction du circuit. Ceci explique comment le circuit est bloqué après une première action sur l'un des boutons. Il faudra ensuite remettre à zéro l'arbitre électronique par une action sur le bouton S5. Le Darlington T1 commande le résonateur à courant continu Bz1. Via la résistance R3 et le condensateur C4, la base de T1 est connectée aux anodes des LED. Au moment de l'illumination de l'une des LED, C1 transmet ce niveau bas à T1 qui, à son tour, active le résonateur. Après une durée de 0,5 s environ, le condensateur C4 s'est rechargé via les résistances R2 et R3 et le transistor T1 bloque. La consommation totale du circuit en veille (LED hors-fonction) est de 5 mA environ. Cette consommation grimpe à une valeur de 50 mA lorsque l'une des LED s'illumine et que le résonateur se manifeste.

D. Ibrahim

224 SONNETTE À ÉCHO

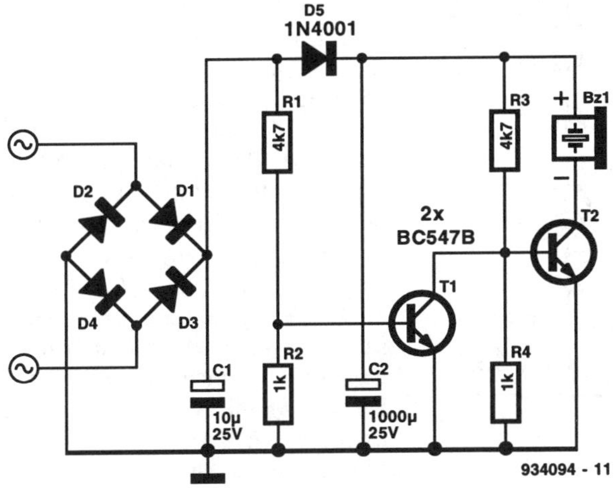

Trop souvent il est impossible de brancher une deuxième sonnette de porte en parallèle sur la sonnette existante, car le transformateur de sonnette est déjà chargé à 100% de ses capacités. Dans ces conditions il reste la possibilité de monter un résonateur en parallèle. Le son strident produit par ce genre de composant ne va malheureusement pas de pair avec le beau timbre du gong existant. Une poignée de composants standard permet de donner une solution élégante à ce problème. Le circuit du schéma active brièvement un résonateur à la fin de l'action sur le bouton de la sonnette. L'énergie, nécessaire à l'alimentation du résonateur est stockée, lors de l'activation du bouton de la sonnette, dans le condensateur C2. Le transformateur de sonnette ne voit donc qu'une très faible charge supplémentaire, connectée pendant un court moment seulement. Lors de l'activation de la sonnette existante (bouton enfoncé) le transistor T1 assure que T2 bloque. Après le relâchement du bouton, T1 bloque et T2 devient conducteur. Tant que les réserves d'énergie dans C2 sont suffisamment élevées, le résonateur continue de se manifester. La durée de l'activation du résonateur peut être modifiée en adaptant la valeur de C2 (plus la capacité de C2 est grande, plus la durée d'activation du résonateur sera longue). Vu que toute énergie nécessaire au fonctionnement du résonateur provient de C2, il n'est pas possible de remplacer ce résonateur par une sonnette ou un autre gong – leur consommation est trop forte.

225 S-MÈTRE POUR RÉCEPTEUR OC

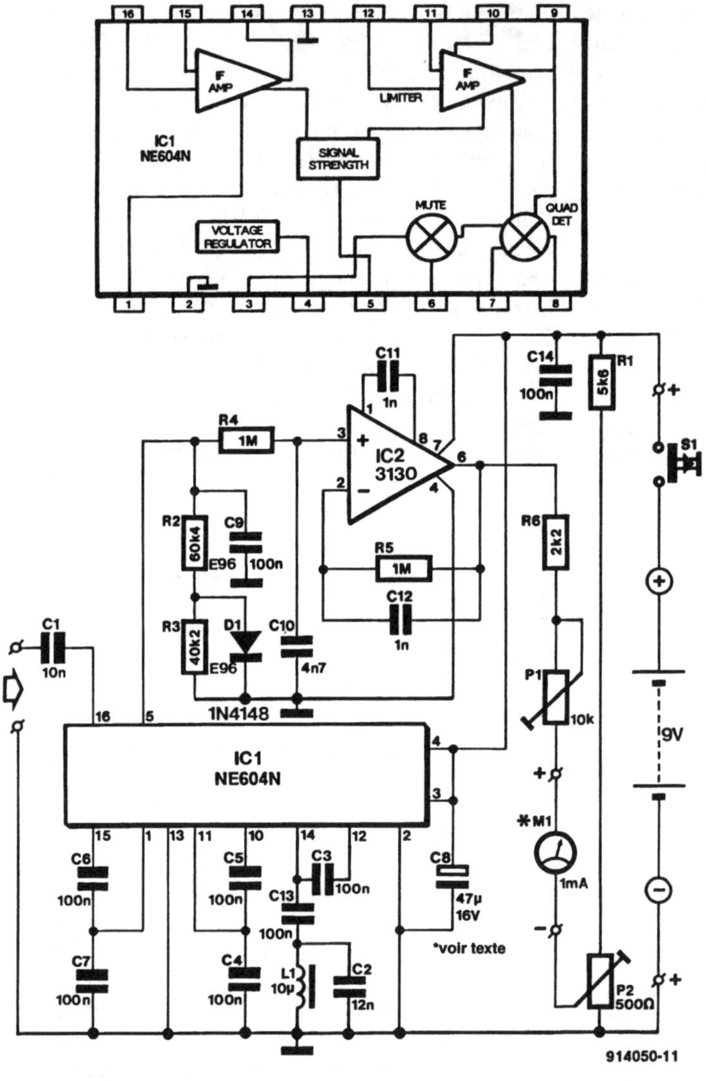

La grande majorité des radio-amateurs met un point d'honneur à remplir son carnet de trafic de la façon la plus précise possible, même s'il s'agit de reports en RS ou RST (***Readability, Strength and Tone*** c'est-à-dire lisibilité, force et tonalité). Cependant, certains autres, les mordus des fréquences VHF/UHF en particulier, ne regardent que rarement leur S-mètre : ils sont dans les nuages tant qu'ils entendent l'autre station. Il est donc évident que le circuit proposé dans cet article est destiné plus spécifiquement à la première catégorie de radio-amateurs évoquée. D'habitude, un point-S correspond à une augmentation de la force du signal de 6 dB, tandis que l'indication "S9" est définie électriquement comme une tension de 50 µV appliquée à une charge de 50 Ω. Actuellement il n'existe que peu de récepteurs dotés d'un S-mètre étalonné. Ceci explique un peu les imprécisions d'interprétation de la force du signal apparaissant à l'échange de cartes-QSL. Le convertisseur logarithmique/analogique intégré dans le NE604 de Valvo (Philips Composants) est mis ici à contribution pour la réalisation d'un S-mètre (instrument de mesure de la force de signal) pour récepteurs à ondes courtes. L'amplificateur intégré dans le NE604 est accordé, à l'aide de la self L1 et du condensateur C2, à la fréquence intermédiaire (IF en anglais = ***Intermediate Frequency***) du récepteur. Sur le prototype, le circuit est dimensionné pour une fréquence intermédiaire de 455 kHz, appliquée au condensateur d'entrée C1. La sortie du détecteur de force de champ du NE604 (broche 5) fournit un courant de 0 à 50 µA. Une résistance de 100 kΩ convertit ce courant en une tension comprise entre 0 et 5 V. On notera que la résistance de 100 kΩ, nécessaire à ce processus prend la forme de deux résistances de précision de la série E96 mises en série, R2 et R3, associées en outre à la diode D1. Cette technique quelque peu élaborée est mise en oeuvre pour compenser la dérive en température de cette résistance de conversion, facteur qui peut influencer la tension linéaire de sortie. En cas d'impossibilité de se procurer les résistances E96 requises, on pourra remplacer R2 par une mise en parallèle de deux résistances de 120 kΩ ayant une tolérance maximale de 1% et R3 par une mise en série d'une résistance de 39 kΩ et d'une résistance de 1 kΩ, toutes deux à tolérance de 1%. Il faudra noter que le domaine de conversion logarithmique/linéaire utilisable du NE604 est compris, en gros, entre 5 et 40 µA. Ce courant de sortie correspond à 70 dB environ, soit à une tension comprise entre 0,5 et 4 V à la broche 6 de IC2. Le niveau inférieur est fonction du bruit de fond intrinsèque de l'amplificateur IF du NE604 ; le niveau supérieur de ce domaine dépend des effets de limitation et de saturation. Sachant qu'il est rare d'obtenir, sur un S-mètre, une indication inférieure à S3, qui, de plus, est sans importance dans le monde des radio-amateurs, le domaine efficace du convertisseur, est suffisamment étendu pour l'application envisagée. La résistance R4 et les condensateurs C9 et C10 éliminent les ondulations résiduelles et bloquent le bruit. L'amplificateur opérationnel IC2 est réglé pour fournir un gain unitaire: sa tension de sortie est de ce fait comprise entre 0 et 5 V. Le galvanomètre à bobine mobile, M1, est pris entre deux ajustables. On procède ensuite à l'étalonnage; on joue sur P1 afin d'obtenir un débattement pleine échelle à une tension de 4,5 V mesurée à la broche 6 de IC2. On applique ensuite un signal HF de test de 50 µV à l'entrée du récepteur et l'on modifie la position du curseur de P1 jusqu'à ce que l'aiguille du galvanomètre indique "S9". Comme tous les S-mètres, dignes de ce nom, notre exemplaire se voit appliquer un courant de compensation le paralysant tant que la force du signal est inférieure à "S3". Dans notre circuit, c'est l'ajustable P2 qui sert à régler l'intensité de ce courant de compensation. Nous avons renoncé à l'utilisation de l'amplificateur opérationnel-tampon, IC2, pour remplir cette fonction pour la simple et bonne raison que nous tenions à limiter la complexité du circuit au strict nécessaire. La mise en place du poussoir fugitif S1 est optionnelle et sert à économiser les piles des récepteurs portatifs.

A. Heinrich

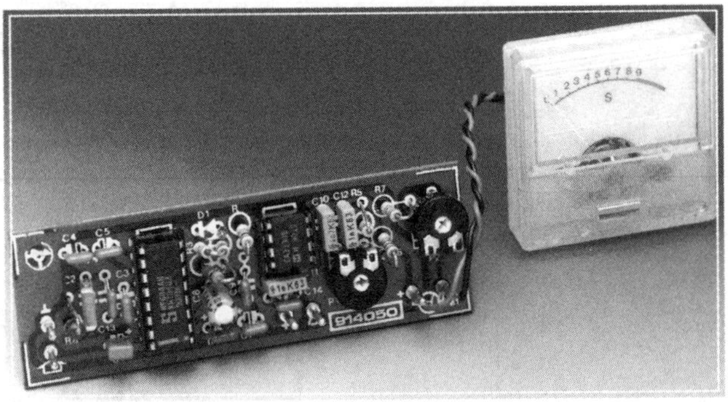

Liste des composants

Résistances :
R1 = 5kΩ6
R2 = 60kΩ4 (E96, voir texte)
R3 = 40kΩ2 (E96, voir texte)
R4,R5 = 1 MΩ
R6 = 2kΩ2
P1 = 10 kΩ ajust.
P2 = 500 Ω ajust.

Condensateurs :
C1 = 10 nF
C2 = 12 nF
C3 à C7,C9,C13,C14 = 100 nF
C8 = 47 µF/16 V radial
C10 = 4nF7
C11,C12 = 1 nF

Semi-conducteurs :
D1 = 1N4148
IC1 = NE604A
IC2 = CA3130E

Divers :
L1 = self de choc 10 µH, axiale
M1 = galvanomètre
à bobine mobile, 1 mA
S1 = bouton-poussoir à contact travail

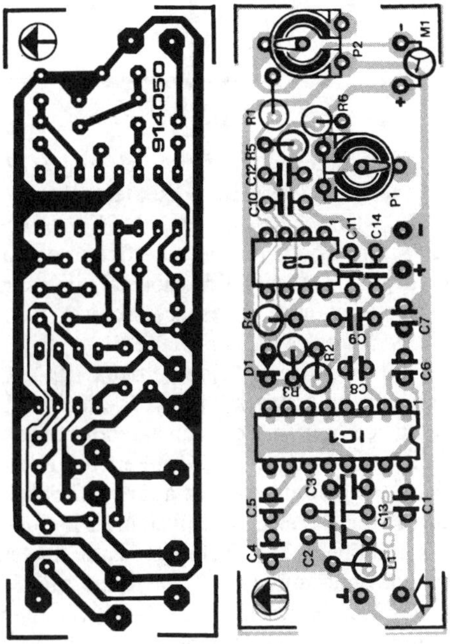

226 THERMO-INDICATEUR DIFFÉRENTIEL

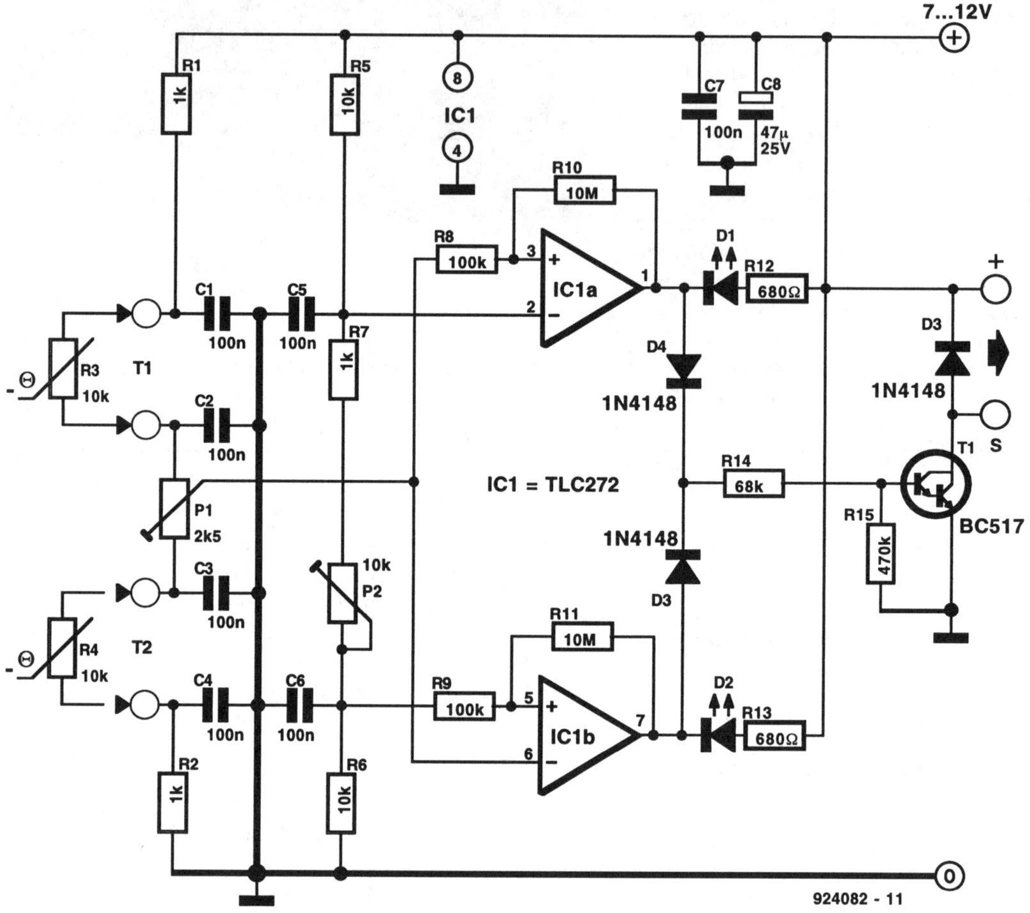

Le thermo-indicateur différentiel, objet de cet article, permet de surveiller deux températures, T1 et T2. deux résistances NTC (*Negative Temperature Coefficient* = à coefficient de température négatif) servent ici de capteurs ; ils pourront, le cas échéant, être reliés au circuit à l'aide de quelques mètres de câble bifilaire.

Le circuit visualise, à l'aide de deux LED, D1 et D2, si les températures T1 et T2 sont identiques (avec une certaine marge bien entendu) ou si elles sont différentes. En cas de différence faible entre les deux températures –c'est-à-dire inférieure à la valeur définie à l'aide de l'ajustable P2– les deux LED s'illuminent. Si la différence entre les températures devient supérieure à la limite prédéfinie, l'une des LED s'éteint. La LED D1 s'éteindra en cas d'augmentation de la température T1 augmente alors que ce sera D2 qui s'éteindra lors d'une augmentation de la température T2. On pourra disposer, outre de l'indication visuelle donnée par les LED, d'une indication acoustique par la connexion d'un résonateur à courant continu à la sortie de commutation S. Il est également possible de connecter à cette sortie un relais dont la tension de service sera fonction de la tension d'alimentation utilisée (comprise entre 7 et 12 V) et dont le courant d'activation ne dépassera pas les 400 mA. Dans ces conditions la diode D5 protège le transistor T1 contre des tensions inductives potentiellement destructives. La consommation de ce montage alimenté en 12 V est de 35 mA environ. Notons que ce sont les LED qui consomment la majeure partie de ce courant. L'ajustable P1 peut servir à la définition d'une température de décalage. En règle générale, le curseur de P1 se trouve en position médiane. Si dans ces conditions la différence entre les températures est de 0°C, la borne du curseur de P1 se trouve à un potentiel égal à la moitié de la tension d'alimentation. Dans le cas d'une tension d'alimentation stabilisée et d'une température T1 de 25°C, l'ajustable P2 permettra de régler le domaine de surveillance de température entre 1 et 25°C.

d'après une idée de A.B. Tiwana

227 TÉLÉ-RÉCEPTEUR POUR CASQUE D'ÉCOUTE IR

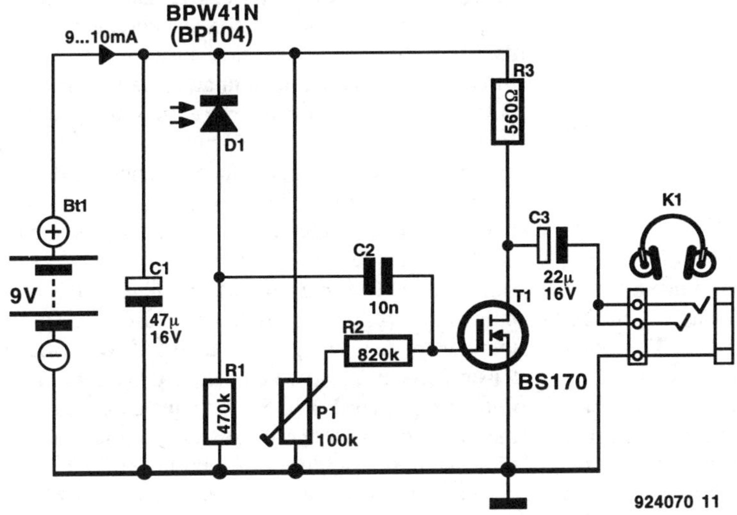

Ce récepteur est le pendant du **télé-émetteur pour casque d'écoute IR** décrit ailleurs dans ce livre. Le cœur de ce récepteur ultra-simple est un unique transistor à effet de champ (FET). Cette approche présente un avantage et un inconvénient. L'avantage est la simplicité du circuit, l'inconvénient est qu'il faut opter pour une résistance de drain, R3, de valeur relativement faible si l'on veut disposer d'une impédance de sortie suffisamment basse. Ceci entraîne, pour un réglage correct du FET T1, une consommation de courant relativement forte (en particulier dans le cas d'une alimentation par pile). L'adoption pour R3 d'une valeur de 560 Ω, qui permet ainsi la commande d'un casque d'écoute ayant une impédance de 600 Ω, modèle courant, constitue un compromis acceptable. La charge pour T1 est alors de 300 Ω ! La diode de réception utilisée ici est une BPW41N (Telefunken), mais on pourrait également envisager l'utilisation d'une BP104. Ces diodes comportent un filtre de lumière diurne et présentent la meilleure sensibilité à la longueur d'onde des diodes IR utilisées dans l'émetteur (LD271 : 950 nm à 25 °C). Il est possible, à condition de bien viser, d'obtenir à quelques mètres de distance, une tension de sortie (hors-charge) de 200 à 300 mV, niveau plus que suffisant pour la plupart des casques d'écoute. La consommation de courant atteint alors de 9 à 10 mA. Le réglage du circuit est relativement critique, mais il reste possible, en intercalant une résistance de part et d'autre de l'ajustable P1, d'en limiter le domaine de réglage. On recherchera la position de P1 dans laquelle on obtient la distorsion minimale. La solution la plus simple pour effectuer ce réglage consiste à fournir, côté émetteur, un signal de 1 kHz ayant une amplitude de 150 mV et d'ajuster les deux circuits de façon à avoir la distorsion la plus faible possible. Ce réglage se fera en l'absence de lumière électrique. En effet, la technique proposée ici ne module pas le signal BF (audio) sur une porteuse, ce qui fait que les ampoules à incandescence en général, et les tubes luminescents en particulier (qui émettent une bonne dose de lumière infrarouge ayant une longueur d'onde de 950 nm, modulée de plus à 100 Hz) sont une source non négligeable de ronflement. La simple présence de lumière ambiante semble déjà produire une détérioration du rapport signal/bruit du signal. Confrontée à une luminosité ambiante minimale, la distorsion paraît se maintenir entre 1 à 2% pour des distances de l'ordre de 3 à 4 mètres, performances fort honorables pour un nombre aussi faible de composants.

Amrit Bir Tiwana

228 AMPLIFICATEUR DE PUISSANCE POUR PROJECTEURS DE DIAPOSITIVES

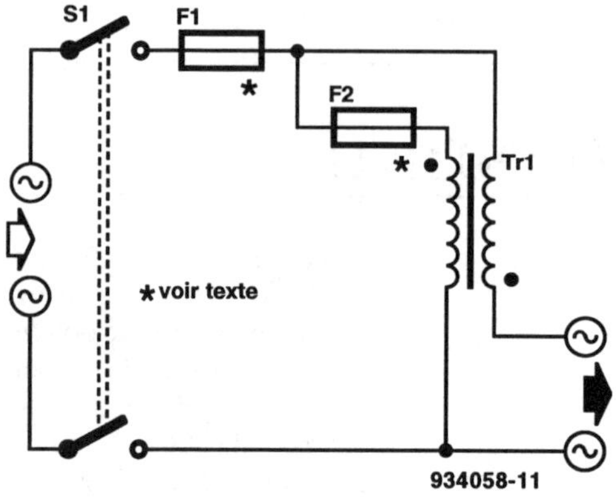

La gradation de l'ampoule halogène d'un projecteur de diapositives, utilisée dans la quasi-totalité des circuits de fondu-enchaîné, fait appel, en règle générale, à un triac, pris en série avec l'ampoule. Comme il se produit, aux bornes du triac, une chute de tension de 1,5 V environ, l'intensité maximale que peut fournir l'ampoule est donc quelque peu limitée. Si on la compare à la valeur de la tension nominale de l'ampoule, à savoir 24 V, une chute de tension de 1,5 V représente une grandeur que l'on ne peut pas négliger. Il faudra donc, pour compenser cette perte de luminosité, alimenter le projecteur avec une tension (secteur) rehaussée de 6% environ.

Attention : vu que la tension secteur actuelle est proche de 230 V, ceci ne s'applique pas aux projecteurs un peu plus « anciens », dimensionnés eux à l'origine pour une tension secteur de 220 V (on a dans ce cas-là une augmentation de fait de 4,5% déjà).

Le projecteur n'aura pas le moindre problème pour « digérer » cette tension surélevée. N'importe quel appareil électrique doit être conçu avec une certaine marge lui permettant de supporter des variations de la tension du secteur. Pour le transformateur et le ventilateur cette tension plus élevée ne constitue jamais de problème sérieux. Si le projecteur comporte de l'électronique, il est fort probable qu'elle soit dotée de 1, voire plusieurs, régulateurs de tension.

Mais comment faire pour obtenir une tension secteur rehaussée ? La solution la plus simple est en fait de prendre, dans l'une des lignes véhiculant la tension du secteur vers l'électronique du projecteur, en série dans la dite ligne l'enroulement secondaire d'un transformateur secteur classique. Si tant est que l'on ait connecté correctement (en ce qui concerne la « phase ») les enroulements primaire et secondaire de ce transformateur additionnel, la tension fournie par son enroulement secondaire s'additionne à la tension du secteur !

Intéressons-nous maintenant au dimensionnement du transformateur à utiliser. Le courant que doit fournir le transformateur dépend en fait du nombre de projecteurs utilisés et de la puissance qu'ils dissipent. Prenons donc, à titre d'exemple, une installation de fondu-enchaîné comportant 4 projecteurs de 250 W (avec une puissance dissipée totale de l'ordre de 300 W par projecteur). La totalité de la puissance dissipée (dans le cas d'un fonctionnement « nor-mal ») est donc de 1 200 W. Avec la tension secteur standard on a donc un courant légèrement supérieur à 5 A. Sachant que dans un système de fondu-enchaîné il est très rare que tous les projecteurs soient illuminés simultanément à 100% de leur luminosité, un transformateur capable de fournir au secondaire un courant de 6 A devrait être suffisant.

Il ne nous reste donc qu'à calculer le niveau de la tension « supplémentaire » que doit fournir le transformateur. Cette tension est en fait le résultat du rapport entre la tension d'ampoule nominale (24 V) et la chute de tension aux bornes du triac (1,5 V) :

$$U_{extra} = 1{,}5 / 24 \times 230 = 14{,}3 \text{ V.}$$

Une tension de 14 V aux bornes de l'enroulement secondaire du transformateur fournit donc une compensation suffisante pour la perte causée par le triac.Il faudra utiliser pour le fusible F1 un exemplaire à action temporisée dont la valeur est égale à 1,25 fois le courant total dissipé par tous les projecteurs connectés (dans le cas de notre exemple : 1,25 x 1 200 / 230 = 6,52 A, soit, arrondi, 6,3 A).

Pour calculer ensuite la valeur du fusible F2 on peut faire appel à la formule suivante :

$$I_{fusible} = 1{,}25 \times U_{sec} \times I_{sec} / 230.$$

Dans notre système à fondu-enchaîné on utilisera donc (après avoir arrondi à la valeur standard la plus proche) un fusible de 500 mA à action

temporisée. Pour éviter toute situation dangereuse, il est requis, lors de la mise en boîtier du « circuit », de réaliser un câblage très soigné. Il faudra utiliser de préférence des embases secteur CEE. Si les projecteurs sont dotés de prises avec ligne de terre, il est impératif d'établir également la connexion de terre de toutes les embases secteur utilisées. Après la réalisation du câblage on peut vérifier le bon fonctionnement de l'amplificateur de puissance en mesurant tout simplement la tension à sa sortie. Si cette tension est effectivement plus élevée que la tension secteur c'est que tout fonctionne correctement.
Dans le cas contraire (tension de sortie **inférieure** à la tension secteur) il suffit d'intervertir les câbles de l'enroulement du primaire **ou** du secondaire.

229 REDRESSEUR ACTIF ULTRA-RAPIDE

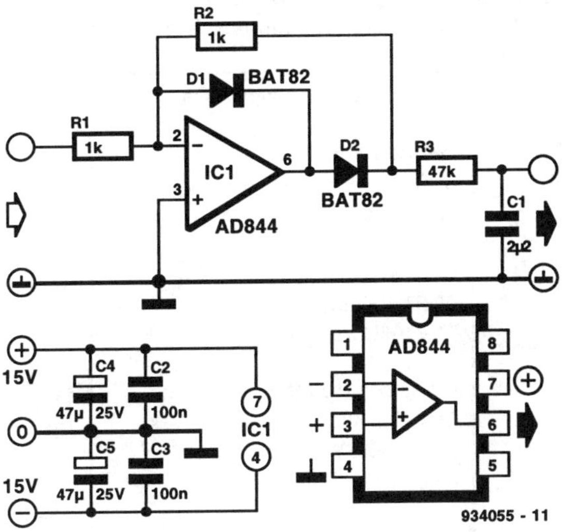

Voici un petit étage à monter à l'entrée d'un multimètre numérique. Ce type d'appareil ne possède, en général, qu'une bande passante étroite lorsqu'il s'agit de mesurer des tensions alternatives. Un redresseur mono-alternance classique constitue le point de départ de cette réalisation. La diode D2 est prise en série sur la sortie de l'amplificateur opérationnel. Du fait que le couplage à réaction – réalisé à l'aide des résistances R1 et R2 – est connecté en aval de la diode D2, les demi-périodes négatives du signal présentes sur l'entrée du circuit apparaîtront, avec la même valeur, sur la cathode de D2. En présence des demi-périodes positives du signal sur l'entrée, la tension de sortie de l'amplificateur opérationnel sera pratiquement réduite à zéro par la diode D1. Le réseau R3/C1 à la sortie du circuit se charge de l'intégration de la tension à redressement mono-alternance. La tension continue aux bornes du condensateur correspond de ce fait à la valeur moyenne des demi-périodes négatives du signal d'entrée. Dans le cas d'un signal d'entrée de forme sinusoïdale pure, cette tension est une fois la valeur de crête du signal d'entrée. L'amplificateur opérationnel utilisé, un AD844, est du type à réinjection de courant (*current feedback opamp*). La bande passante de cet amplificateur opérationnel dépend des résistances prises dans le couplage à réaction. Il faudra, pour obtenir une large bande passante, faire appel à des résistances ayant une valeur aussi faible que possible. Afin d'obtenir une impédance d'entrée acceptable (1 kΩ dans le cas de notre prototype) nous avons utilisé pour R1 et R2 des résistances de 1 kΩ. Dans ces conditions la bande passante de l'amplificateur opérationnel est de 30 MHz (l'utilisation de résistances de 500 Ω permet même d'obtenir une bande passante de 60 MHz !). Outre la bande passante, le taux de montée détermine, lui aussi la précision du redresseur. Le taux de montée minimal du AD844 est de 1 200 V/µs (2 000 V/µs typique). La capacité et la tension de seuil des diodes D1 et D2 jouent aussi un rôle important. Une BAT82, avec sa capacité de 1pF6 et sa chute de tension de 0,5 V sous un courant de diode de 4 mA, constitue ici un choix excellent. Dans le cas de notre prototype nous avons mesuré des fréquences avec lesquelles la tension de sortie avait diminué de 1% (ce qui correspond à 0,1 dB). En présence d'une tension de sortie de 1 V, le point – 1% se trouvait à 1,7 MHz, avec une tension de sortie de 100 mV à 400 kHz et avec 10 mV à 45 kHz. La consommation du circuit est de 6,5 mA sous une tension d'alimentation symétrique de 15 V environ. La tension d'alimentation du AD844 doit se situer dans une plage comprise entre ±4,5 V et ±18 V.

230 INDICATEUR DE CRÊTE

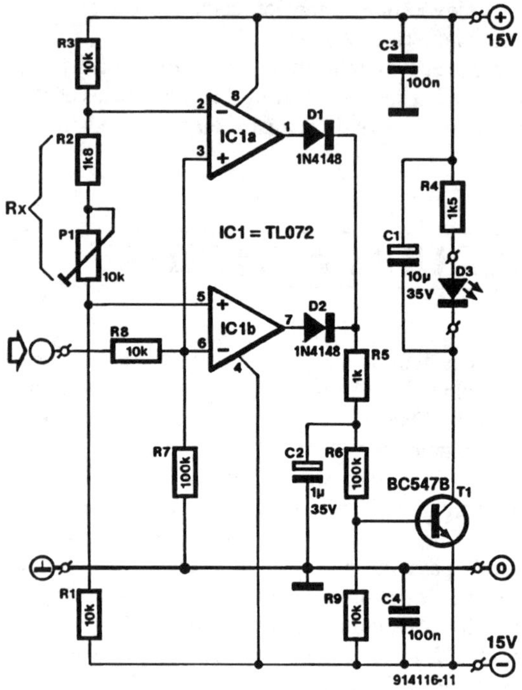

L'indicateur de crête de cet article consiste en un comparateur à fenêtre «mesurant» l'importance d'un signal BF. Les deux amplificateurs opérationnels, intégrés dans le TL072, sont reliés à un diviseur de tension (R3, R2, P1 et D2) qui fournit les tensions de référence nécessaires. À travers deux diodes (D1 et D2), faisant office de redresseur mono-alternance, les sorties des amplificateurs opérationnels commandent T1 qui commande lui la LED D3. Le réseau réalisé à l'aide de R5 et R6 et de C2 sert à faire en sorte que la LED reste allumée pendant une durée suffisante, même en cas de crêtes très brèves. Le condensateur C2 se charge très rapidement à travers la diode D1 (ou D2) pour se décharger lentement à travers les résistances R6 et R9 et la jonction base-émetteur de T1. Le condensateur C1 attribue également à maintenir la LED D3 en activité. Si le signal appliqué à l'entrée du circuit est suffisamment puissant, sa moitié positive provoque le basculement de IC1a. Le demi-signal négatif entraîne le basculement de IC1b. Grâce à cette technique, il est possible de

Liste des composants

Résistances :
R1,R3,R8,R9 = 10 kΩ
R2 = 1kΩ8
R4 = 1kΩ5
R5 = 1 kΩ
R6,R7 = 100 kΩ
P1 = 10 kΩ ajustable

Condensateurs :
C1 = 10 µF/35 V
C2 = 1 µF/35 V
C3,C4 = 100 nF

Semi-conducteurs :
D1,D2 = 1N4148
D3 = LED rouge
T1 = BC547B
IC1 = TL072 (ou TL082)

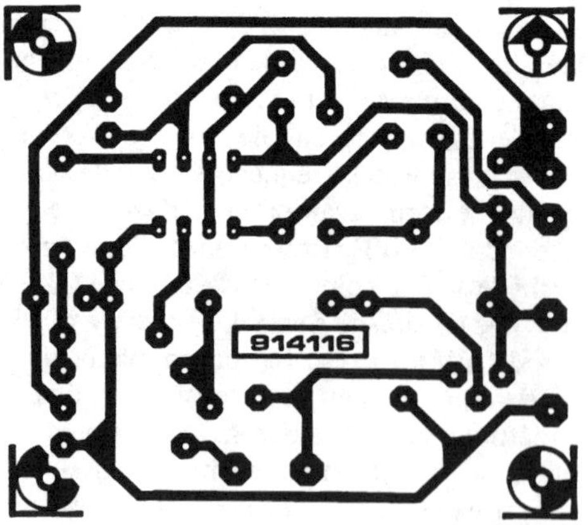

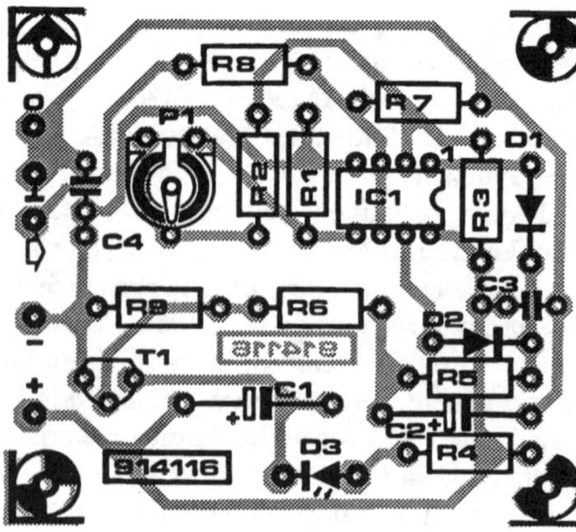

contrôler si, en présence d'un signal asymétrique, il se produit une crête, dépassant la valeur maximale admissible. Comme l'on fait appel à une tension d'alimentation symétrique et en raison de la présence d'un diviseur de tension symétrique, un seul potentiomètre suffit à régler le niveau de la tension de référence pour chacun des deux amplificateurs opérationnels. Si la LED est éteinte, la consommation du circuit est de 5 à 6 mA. La détection d'une tension trop élevée se traduit par la circulation d'un courant à travers la LED faisant monter la consommation à quelque 25 mA. Le dimensionnement des composants, tel que donné sur le schéma, permet de régler le niveau de la tension de référence à une valeur comprise entre 0,9 et 5,5 V. Si l'on envisage de connecter le circuit directement à l'une des sorties d'un amplificateur de puissance, il est nécessaire d'adapter le diviseur de tension des résistances R7 et R8 et de le doter de deux diodes de protection reliées aux lignes de la tension d'alimentation.

d'après une idée de W. Teder

231 RÉGULATEUR DE TENSION VLP

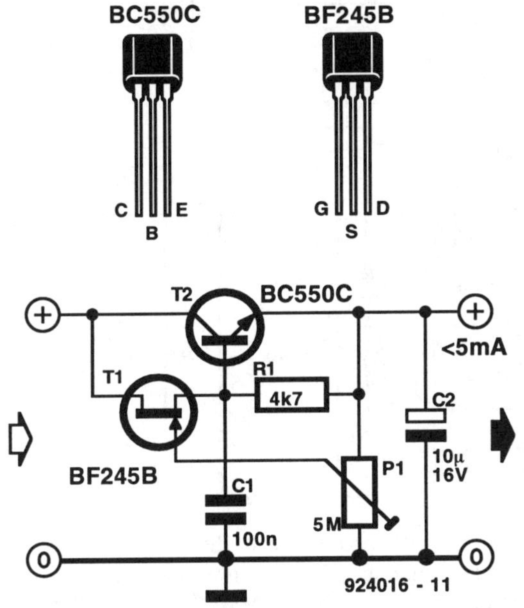

Ce régulateur à très faible consommation (VLP = *Very Low Power*) à deux transistors convient bien aux appareils alimentés par pile et ne consommant que peu, en raison du niveau extrêmement faible de sa consommation propre. En principe il est utilisable comme n'importe quel régulateur intégré tripode. Il présente, outre un courant transverse faible, deux autres caractéristiques fort intéressantes : un minium de différence entre les tensions d'entrée et de sortie, et une tension de sortie ajustable. La différence minimum entre les niveaux des tensions d'entrée et de sortie se situe, en fonction du courant de charge, entre 0,5 et 1,4 V. Le FET T1 se charge tout seul de la régulation de la tension.

Le transistor T2 sert uniquement d'amplificateur de courant, ce qui permet l'extraction de la tension de référence ou de la tension de grille aux bornes d'un ajustable de résistance très élevée. Le courant transverse ne dépend ainsi pratiquement que de la tension requise en sortie et de la résistance de l'ajustable, se situant, dans le cas d'une tension de sortie de 5 V, à une valeur négligeable de 1 μA. Il est en outre possible d'ajuster, entre 1,8 et 8 V, la tension de sortie. On pourra utiliser ce régulateur de tension pour des courants de sortie compris entre 0,2 et 50 mA. Il faudra tenir compte de la dissipation de T2. Si on dote ce transistor d'un radiateur efficace il pourra dissiper une puissance de 100 mW. Il suffit, pour déterminer la puissance à dissiper, de faire le produit de la différence entre les tensions d'entrée et de sortie par le courant de sortie. Ainsi, dans le cas d'un régulateur de 5 V alimenté par une pile de 9 V, il ne saurait être question de dépasser un courant de 25 mA ($(9-4)\,V \cdot 25\,mA = 100\,mW$). Il va sans dire qu'un régulateur maison du genre de celui proposé ici et dont le coût n'a d'égal que la simplicité, ne saurait effectuer une régulation aussi bonne que ses homologues intégrés ; il faut noter en outre qu'il n'est pas protégé contre les courts-circuits. La régulation face aux variations de la charge et la résistance interne de notre régulateur-maison dépendent directement du gain en courant du transistor T2. Ces caractéristiques n'ont, dans le cas d'une alimentation par pile, qu'une importance secondaire. Dans des conditions normales, la réponse de la tension de sortie aux variations de la charge devrait se situer aux alentours de 9 mV/mA, valeur fort tolérable.

B. Zschocke

232 GÉNÉRATEUR D'IMPULSIONS DE COMPTAGE

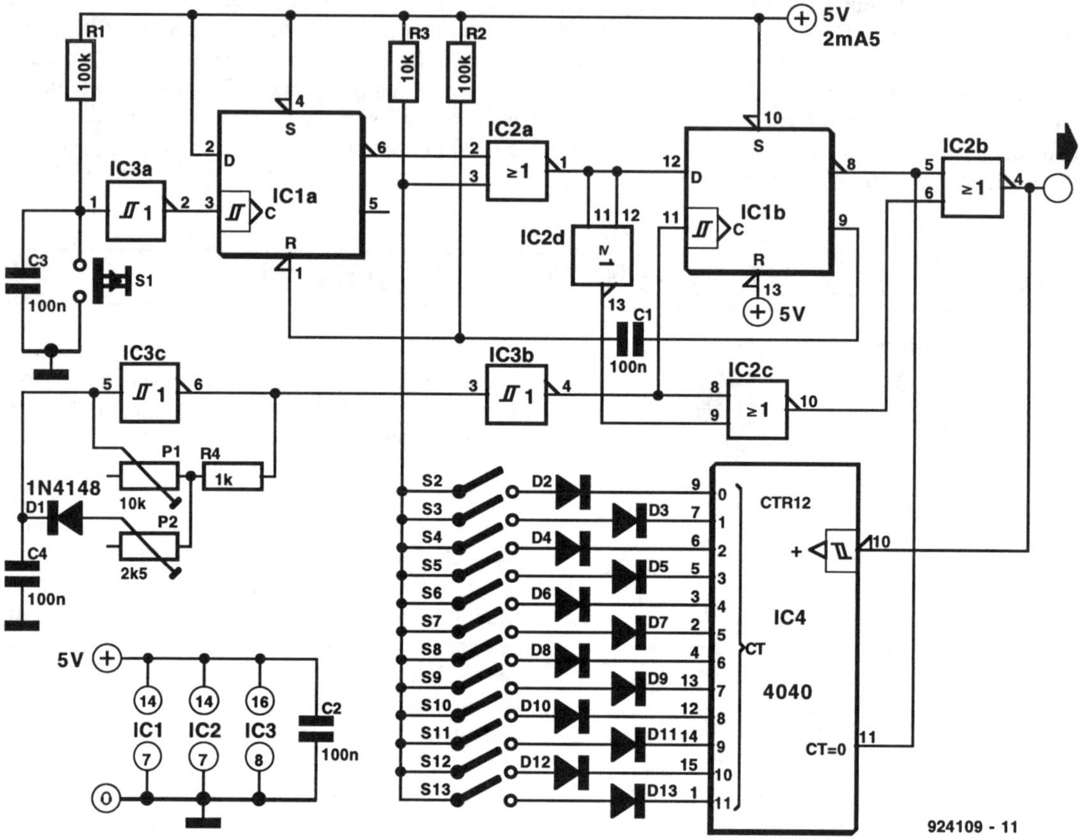

924109 - 11

Ce circuit fournit un nombre d'impulsions déterminé, programmé en hexadécimal à l'aide d'une douzaine d'interrupteurs DIL (voire à l'aide de ponts de câblage s'il s'agit d'un nombre fixe). La production des impulsions est la tâche du générateur de signal rectangulaire IC3c. Aux valeurs du schéma, la fréquence de ce signal est de quelques kilohertz. Le signal de sortie va ensuite, via le tampon-inverseur IC3b, vers l'une des entrées de la porte NOR IC2c et vers l'entrée d'horloge de la bascule D IC1b. Une action sur le bouton-poussoir S1 se traduit par l'émission d'une impulsion d'horloge vers la bascule IC1a de sorte que l'on trouve, via IC2a, un « 1 » sur l'entrée D de IC1b (l'autre entrée de IC2a est à ce moment-là encore au niveau bas, sachant que le compteur IC3 est bloqué par l'intermédiaire de son entrée de remise à zéro). Le flanc montant de la première impulsion d'horloge suivante positionne la dite bascule, de sorte que le compteur, IC3, ainsi que, via IC2b, la sortie d'impulsion, sont libérés. Après le nombre d'impulsions de sortie programmé à l'aide des interrupteurs DIL, le point nodal R3/S2 à S13 passe au niveau logique haut, ce qui a pour résultat le passage au niveau bas de la sortie de IC2a et le transfert, au flanc montant de la première impulsion suivante, d'un « 0 » de l'entrée D vers sa sortie Q (broche 9). IC1a est remis à zéro via C1 (de sorte que l'on peut à nouveau agir sur le bouton-poussoir) et le compteur est lui aussi remis à zéro via la sortie Q de IC1b (broche 8). Cette sortie Q produit en outre le blocage de la porte IC2b, de sorte qu'il n'y a plus d'impulsion à la sortie. La consommation de courant de l'ensemble du circuit est extrêmement faible puisqu'elle ne dépasse pas 2,5 mA.

233 CONVERTISSEUR DE TENSION POUR EPROM FLASH

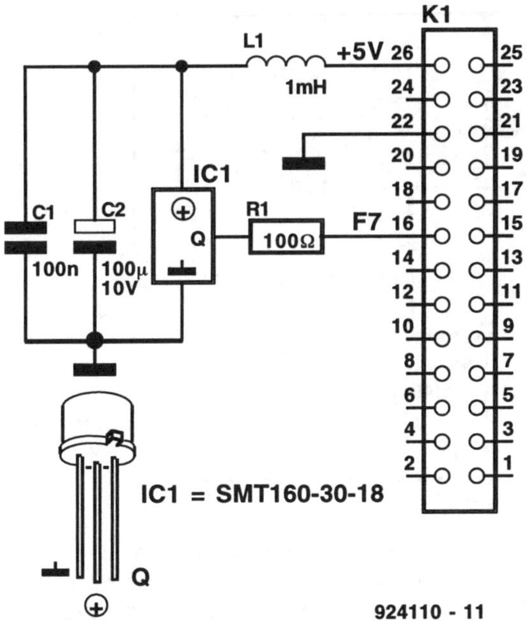

Les EPROM Flash voient leur popularité grandir. Bien qu'elles soient plus difficiles à reprogrammer que les EEPROM (***Electricaly Erasable Programmable Read Only Memory***) elles ont les avantages d'être moins chères, de posséder une densité mémoire plus importante et de se caractériser par une vitesse de programmation plus grande. La programmation des EPROM Flash nécessite une tension de 12 V et un courant de l'ordre de 50 mA. Maxim a pris dans son programme un circuit intégré spécialement conçu pour ce type d'application. Cette société ne cesse de lancer sur le marché de nouveaux convertisseurs destinés à des applications spécifiques.

Nous nous trouvons en fait ici à une sorte d'alimentation à découpage. Le cœur de ce circuit est un MAX732 qui a la caractéristique de se contenter d'une tension d'entrée V_{IN} de 5 V pour fournir en sortie les 12 V nécessaires. Le circuit intègre tous les composants requis. Il reste à lui connecter quelques composants externes pour disposer d'un convertisseur de tension efficace. Le problème dans le cas des alimentations à découpage n'est pas tant de mettre la main sur le circuit intégré que de trouver le reste des composants, en particulier la (ou les) self(s), les condensateurs convenables –c'est-à-dire capables de supporter les courants importants requis– et les diodes de commutation rapides. Le reste du schéma n'appelle guère de remarque : il fournit un courant maximal de 200 mA, ce qui signifie que l'on peut théoriquement programmer quatre EPROM Flash simultanément, bien qu'en pratique il soit préférable de ne programmer qu'un circuit à la fois. Pour nous faciliter la vie Maxim fournit les dits composants avec certains de ses composants comme le MAX743 par exemple. Il n'en va malheureusement pas de même en ce qui concerne le MAX732, utilisé ici. Maxim mentionne dans son schéma le type SUMIDA CD54-470KC (autre dénomination chez Maxim, MAX L001) mais il n'est pas évident que vous puissiez mettre la main dessus. On peut envisager de la remplacer par une bobine à noyau de ferrite, ou comme il nous arrive souvent de le faire, une self de choc pour triac standard. Il est certain que dans ce cas-là il ne saurait être question d'obtenir le rendement optimal, mais les dites selfs sont bon marché et relativement faciles à trouver. En cas de problèmes pour arriver à la bonne valeur de self-induction il vous restera à modifier le nombre de spires effectuées sur le tore de ferrite ou le corps de plastique. Il ne faudra pas oublier alors que la self-induction est directement proportionnelle au carré du nombre de spires. On veillera, lors de la réalisation du circuit, à créer un point de masse unique et à effectuer un découplage efficace du circuit intégré en prenant le condensateur directement entre les broches d'alimentation du MAX732. La présence d'une entrée de mise en sommeil (SHUTDOWN CONTROL) s'explique par le fait que la tension de 12 V en sortie est uniquement nécessaire en cours de programmation. En ce qui concerne la diode de commutation il ne saurait être question d'utiliser une 1N4001 ou autre diode standard, il faut impérativement faire appel à une diode de commutation rapide capable de supporter un courant de 1 A environ. On notera que le courant d'entrée drainé par se montage sera d'environ 2,4 fois le courant nécessaire en sortie.

application Maxim

234 EEPROM POUR BUS I²C

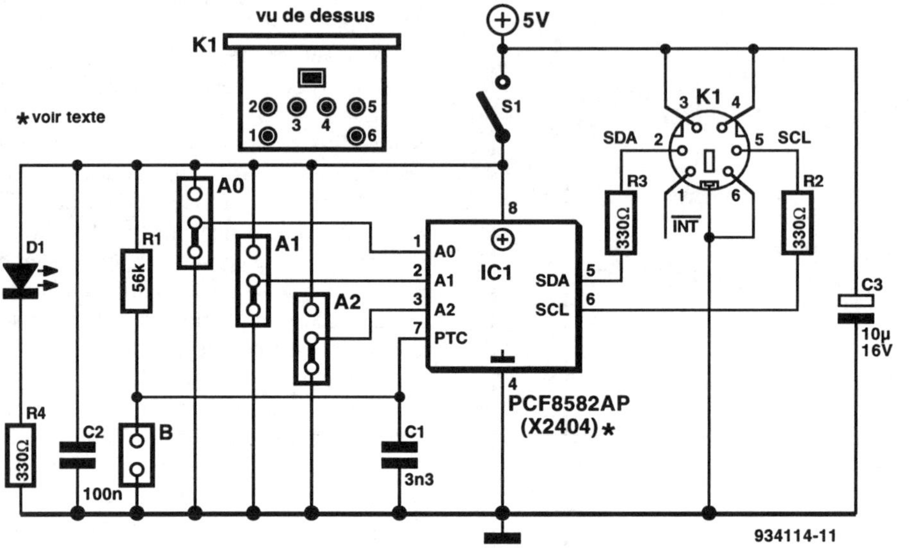

Le PCF8582 de Philips est un circuit fort intéressant. Il s'agit d'une EEPROM (***E**lectricaly **E**rasable **P**rogrammable **R**ead **O**nly **M**emory* = mémoire effaçable électriquement à programmation seule) de 256 octets dotée d'une interface I²C intégrée. Ceci explique qu'il soit possible de connecter directement ce type d'EEPROM à notre **interface I²C encartable pour PC**. Le schéma montre comment relier l'EEPROM au bus I²C en faisant appel à un connecteur du type mini-DIN à 6 contacts (K1) : c'est d'ailleurs ce type-même de connecteur que comporte la dite carte. Les cavaliers de court-circuit A0 à A2 permettent une définition de l'adresse du PCF8582 sur le bus. L'adresse binaire complète prend la dénomination suivante : 1 0 1 0 A2 A1 A0 R/$\overline{W}$.

Si l'on donne aux cavaliers la position du schéma, l'adresse correspondante est $A0_{HEX}$ dans le cas d'un processus d'écriture. Pour pouvoir envoyer de nouvelles données dans l'EEPROM il faut avoir mis l'oscillateur interne en fonction, ce que l'on obtient par la connexion d'un réseau RC, R1/C1, à l'entrée PTC (***P**rogramming **T**iming **C**ontrol* = commande du temps de programmation) de l'EEPROM. Avec la valeur attribuée ici aux deux composants concernés la durée d'effacement/d'écriture est de 30 ms environ. Dans le petit programme en Turbo-Pascal (*Unit*) proposé ci-contre cette durée d'accès est prise en compte par l'intermédiaire de la constante Tew. La consommation de courant du PCF8582 peut grimper jusqu'à 2 mA pendant les opérations d'effacement/d'écriture. En mode de veille (*standby*) et pendant les processus de lecture la consommation est sensiblement moindre de sorte que celle de l'ensemble du circuit est très proche de la consommation propre de la LED D1, à savoir 10 mA. L'unité en Pascal PCF8582.PAS comporte des procédures pour la programmation et la lecture de l'EEPROM. WriteByteProm permet le stockage de données, octet par octet. Cette procédure permet, via le paramètre PromDataAddr, un accès direct à chacune des adresses. Cette remarque est également vraie pour la procédure de lecture ReadByteProm. Pour pouvoir utiliser cette Unité il vous faudra, dans le code-source de votre programme d'application entrer, littéralement après l'instruction USES le nom suivant : PCF8582. Le programme de copie d'EEPROM proposé ailleurs dans ce livre illustre la technique d'utilisation de cette Unité. Le schéma et l'Unité en Pascal sont également utilisables avec l'EEPROM X2404 de Xicor. La X2404 est compatible broche à broche avec la PCF8582; elle possède cependant une capacité de mémoire double : deux pages de 256 octets chacune. La sélection de page se fait par logiciel via le bit P de l'adresse I²C :

1 0 1 0 A2 A1 P R/$\overline{W}$.

```
{I²C bus.
{Wait until erase/write cycle     }  delay(Tew)
{time elapsed.              }
{----------------------------     }end;   (*WriteByteProm*)
{
     -ReadByteProm-
     Read the contents of the EEPROM at address PromDataAddr.
     The result is returned via Prom Data.
}
procedure RedaByteProm(PromDataAddr:byte; var PromData:byte);
{----------------------------     }begin;   (*ReadByteProm*)
{Generate startcondition          }  if Start(Bus)<>0
{on I² C bus.             }     then
{                         }       begin
{                            }        writeln ('I²C error
(start).');
{                            }        halt;
{                            }      end;
{Address I²C EEPROM       }  if Address(PromAddr)<>0
{                            }    then
{                            }      begin
{                            }        writeln('I²C error
(start).');
{                            }        halt;
{                            }      end;
{Set EEPROM location to read.     }  write(Bus,PromDataAddr);
{Read data byte from EEPROM.      }  read(Bus,PromData);
{Generate stop condition on}  close(Bus);
{I²C bus.                 }
{----------------------------     }end;    (*ReadByteProm*)
{----------------------------     }begin   (*PCF8582*)
{----------------------------     }end.    (*PCF8582*)
```

Il est impératif, pour garantir un bon fonctionnement de la X2404, que le cavalier A0 soit toujours à la masse. Dans le cas des positions du schéma (A0 à A2) l'adresse de la première page est toujours $A0_{HEX}$, celle de la seconde $A2_{HEX}$. La différence la plus évidente entre la X2404 de Xicor et la PCF8582 de Philips est que la première n'a pas besoin de réseau RC externe. De ce fait, il faut que la broche 7 de la X2404 soit reliée en permanence à la masse (implanter le cavalier B). La durée d'effacement/d'écriture de la Xicor est de 10 ms au maximum (5 ms typique); sa consommation de courant peut atteindre jusqu'à 30 mA.

235 DISPOSITIF DE VISUALISATION D'ALARME SIMPLE

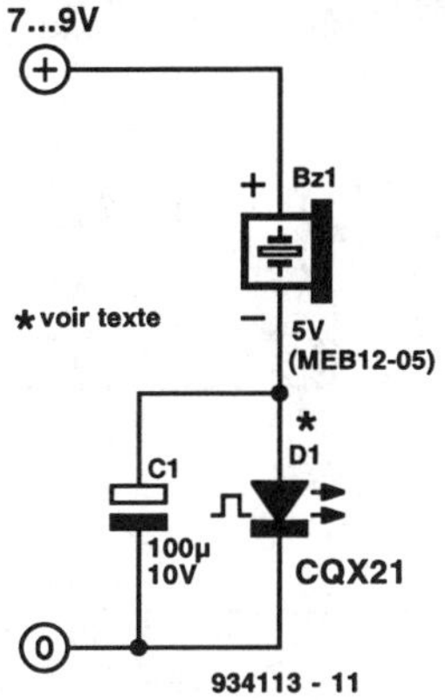

Le mode de signalisation d'alarme le plus utilisé est sans aucun doute le clignotant. Ce type de signalisation peut, dans certaines conditions d'éclairage, lorsqu'il est éclairé par le soleil par exemple, être difficile à percevoir. C'est alors qu'un dispositif de signalisation sonore pourrait se révéler intéressant. La caractéristique la plus marquante de ce « circuit » est sa simplicité. En effet, trois composants seulement, il n'en faut pas plus pour fournir et une indication visuelle **et** une indication sonore. Le cœur de ce montage est une LED clignotante, dans laquelle est intégrés l'électronique nécessaire qui produit le signal périodique. Lorsque s'allume, la LED consomme sensiblement plus, et c'est précisément cette caractéristique que nous mettons à profit ici. Quand la LED est éteinte, il ne circule pratiquement aucun courant et le potentiel aux bornes du ronfleur Bz1 est négligeable. Dès que la LED s'allume, le ronfleur est alimenté et l'oscillateur qui est incorporé produit un signal sonore. Le condensateur en parallèle sur la LED fait office de tampon, assurant un découplage de la tension aux bornes de la LED clignotante. La consommation de courant totale est de l'ordre de 10 mA. Dès que l'on applique une tension continue comprise entre 7 et 9 V au circuit, on verra la LED se mettre à clignoter et le ronfleur produire par intermittence un signale sonore.

REF200 : SOURCE DE COURANT DOUBLE

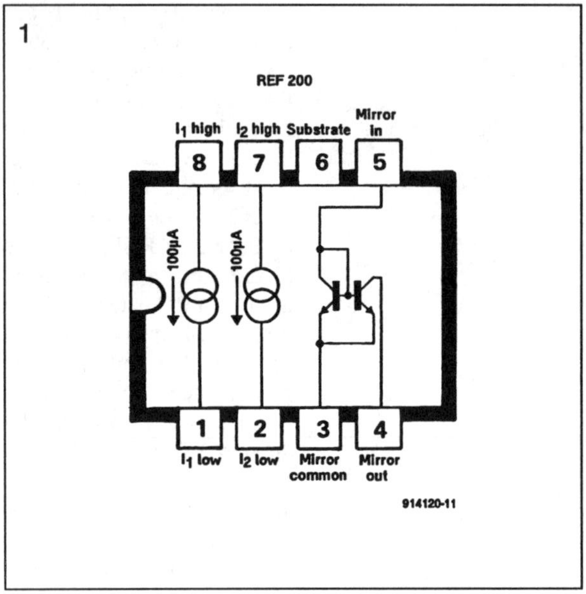

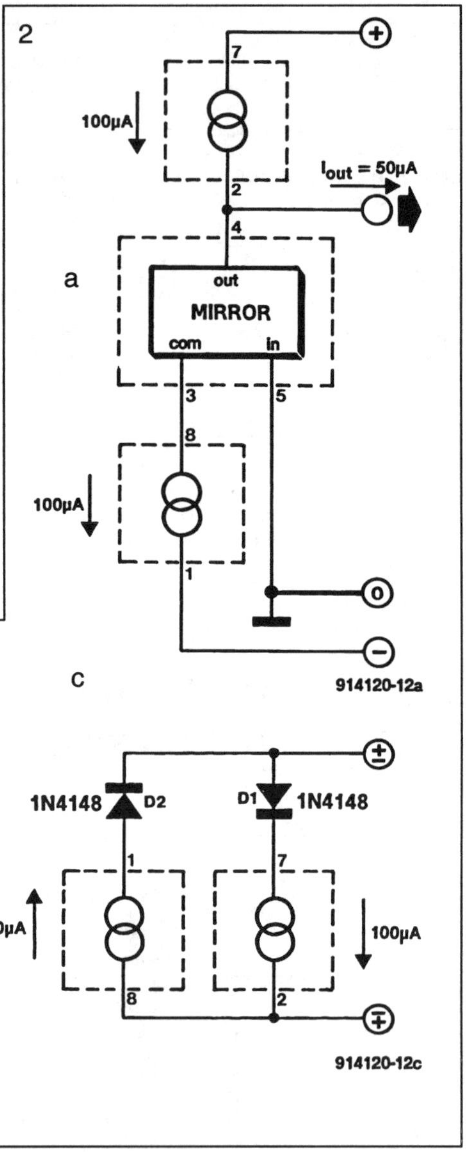

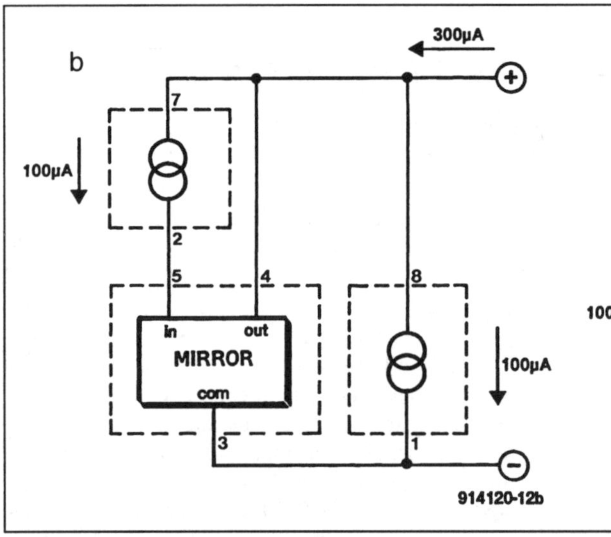

Le REF200 de Burr-Brown, un circuit intégré monolithique DIL à 8 broches, comporte deux sources de courant de 100 µA et un miroir de courant. La **figure 1** montre comment ces trois sous-ensembles sont logés dans ce circuit intégré polyvalent et ... peu coûteux. Ce composant se caractérise par l'absence de broches destinées à la tension d'alimentation. Le fabricant garantit un fonctionnement correct dès que la tension aux bornes de chacune des sources de courant est de 2,5 V ou plus. La dérive moyenne en température est de 25 ppm/K seulement et l'impédance de sortie typique de 100 MΩ. La tension de fonctionnement doit être comprise entre 2,5 et 40 V. La présence dans ce composant de deux sources de courant et d'un miroir de courant permet de réaliser de nombreux circuits. La **figure 2** montre deux applications typiques. La figure 2a donne le schéma d'une source de courant qui fournit 50 µA. Sa tension de sortie peut varier entre 0 V et la valeur de la tension d'alimentation positive **moins** 2,5 V. Les différentes parties du schéma de la figure 2b constituent une source de courant flottante de 300 µA. La figure 2c comporte une source de courant bidirectionnelle fournissant 100 µA.

237 TESTEUR DE CONTINUITÉ

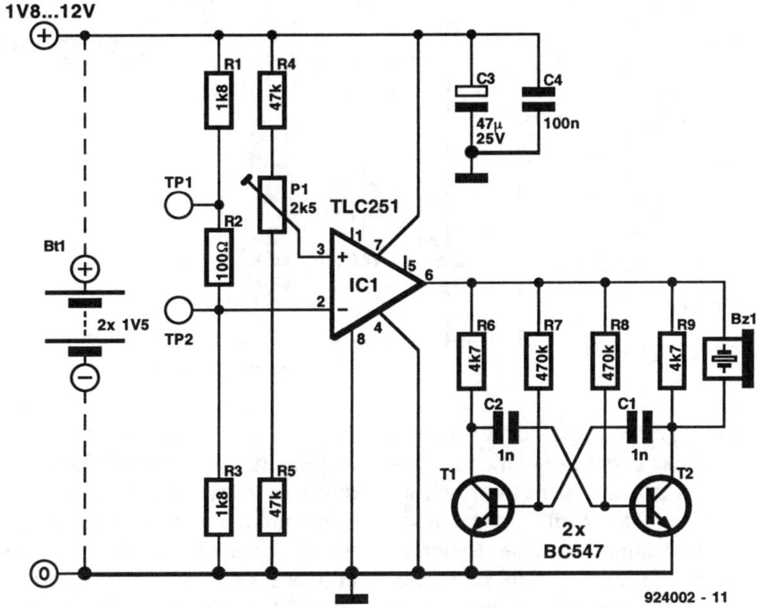

Ce testeur de continuité pourra rendre d'éminents services lorsque l'on voudra vérifier les pistes et les connexions d'un circuit imprimé. Un signal acoustique indique qu'une connexion dont on touche les deux extrémités est bonne ; l'absence de signal sonore signifie qu'il n'y a pas de continuité électrique entre les points que « désignent » les deux pointes de touche. Il n'est plus nécessaire de regarder l'affichage numérique ou le galvanomètre de son multimètre positionné sur le calibre ohmmètre pour vérifier que les points testés sont bien en contact l'un avec l'autre. Il suffit en effet d'écouter sans avoir à quitter des yeux le circuit imprimé en cours d'examen. La tension utilisée, présente entre les pointes de touche, est de 80 mV environ. S'il est vrai que cette valeur très faible ne vous permettra pas de tester des diodes, elle a du moins l'avantage de ne pas faire courir de risque aux composants lors du test. Le circuit se compose d'un comparateur, réalisé à l'aide du circuit intégré IC1, et d'un multivibrateur astable, centré lui sur les deux transistors T1 et T2. À une tension d'alimentation de 3 V, la fréquence d'oscillation du multivibrateur se situe à 1 250 Hz environ. Un résonateur piézo-électrique (modèle pour tension alternative) se charge de la génération d'un signal sonore parfaitement audible. Le multivibrateur entre en action si la sortie (broche 6) de IC1 prend un niveau haut, ce qui est le cas dès que l'impédance de la liaison entre les pointes de touches TP1 et TP2 devient inférieure à la valeur de référence, définie à l'aide de l'ajustable P1. Il est recommandé d'alimenter le testeur de continuité à l'aide de deux piles de 1,5 V montées en série, de sorte que l'on dispose d'une tension d'alimentation de 3 V. La valeur maximale admissible de la tension d'alimentation est de 12 V. Il se peut qu'avec une tension aussi forte, la fréquence du signal appliqué au résonateur soit trop élevée. Il faudra, si cela est le cas, remplacer C1 et C2 par deux condensateurs de capacité plus importante. Si l'on envisage d'utiliser pour IC1 un TLC271C (au lieu du TLC251 prévu) la tension d'alimentation minimale est de 3 V. Alimenté en 3 V, le testeur de continuité consomme quelque 1,4 mA.

C. Sanjay

238 OSCILLATEUR À UN SEUL INVERSEUR

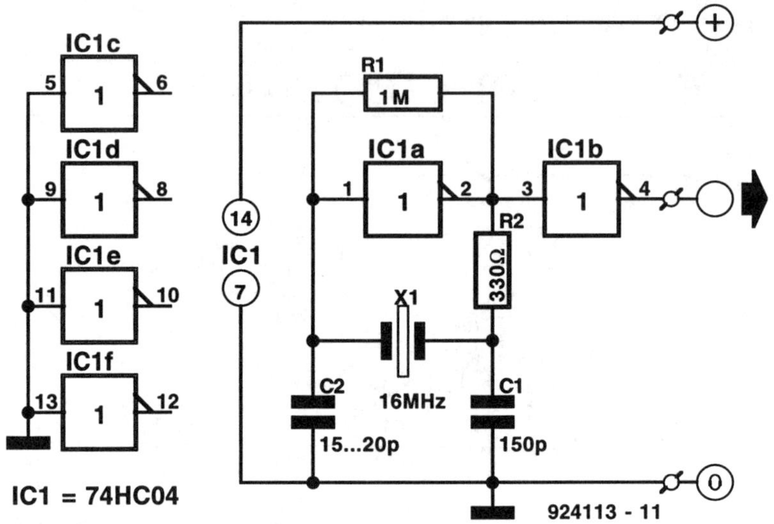

La miniaturisation ne cesse de gagner du terrain. Si, voici encore quelques années seulement, il fallait encore se réserver, sur un circuit imprimé, un coin d'au moins 3 cm de côté (9 cm^2) pour réaliser un oscillateur, on peut aujourd'hui se contenter d'un peu plus de deux centimètres carré grâce aux composants ultra-miniaturisés disponibles sur le marché. Statek, l'un des spécialistes des quartz, vient de commercialiser des quartz CMS de 8 x 4 x 1 mm auxquels il ne faut plus, pour constituer un oscillateur très fiable travaillant sous 5 V, qu'un inverseur faisant office d'amplificateur et quatre composants CMS, à savoir deux condensateurs et deux résistances. On optera bien évidemment pour la version CMS du 74HC04. Comme on le voit, le schéma (**figure 1**) est presque tout ce qu'il y a de plus classique : un quartz, deux condensateurs de découplage vers la masse, deux résistances et une paire d'inverseurs. Mais c'est bien là que se situe la différence sachant qu'en règle générale l'oscillateur a lui-même déjà besoin de deux inverseurs en plus du tampon de sortie. Autre aspect intéressant de cette réalisation: le circuit imprimé dont on retrouve, en **figure 2**, la représentation de la sérigraphie de l'implantation des composants et ceci à une échelle 1,5:1. On pourra, à l'aide d'un programme de dessin de circuit imprimé capable de travailler avec des CMS (Layo1, Eagle et autres), reproduire le dessin des pistes visible en grisé ici. Pour garantir un bon fonctionnement de cet oscillateur il faut quand même respecter un certain nombre de recommandations : il faudra, sachant qu'on se trouve en HF, veiller à réduire au strict minimum la longueur des pistes, à éviter de dessiner des pistes parallèles trop longues et penser à utiliser les pistes de masse pour isoler la sortie de l'oscillateur d'autres fréquences proches. Ce circuit fonctionne très bien jusqu'à 16 MHz pour des niveaux HC (seuil différentiateur entre un niveau haut et un niveau bas égal à la moitié de la tension d'alimentation, soit 2,5 V) et avec un circuit HCT –seuils de 0,7 et 2 V respectivement– jusqu'à 8 MHz pour des niveaux TTL. Avec la meilleure volonté du monde, il n'y a rien à ajouter à ce laius. Rien ne vous interdit bien entendu de réaliser ce circuit en utilisant des composants standard pour IC1, le quartz, les résistances et les condensateurs, mais cela enlève son charme à cette réalisation.

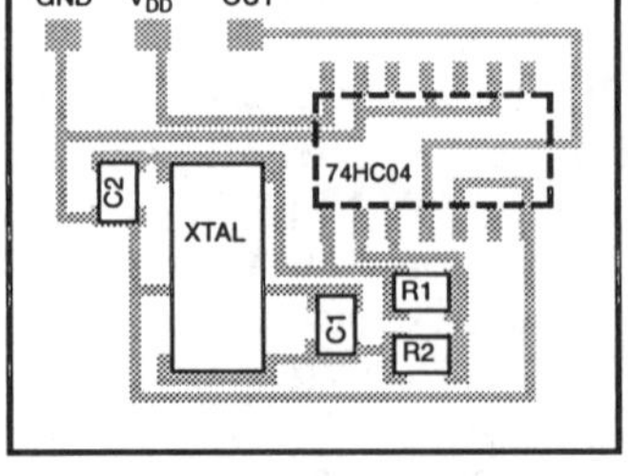

239 ALIMENTATION SYMÉTRIQUE AJUSTABLE SUPER SIMPLE

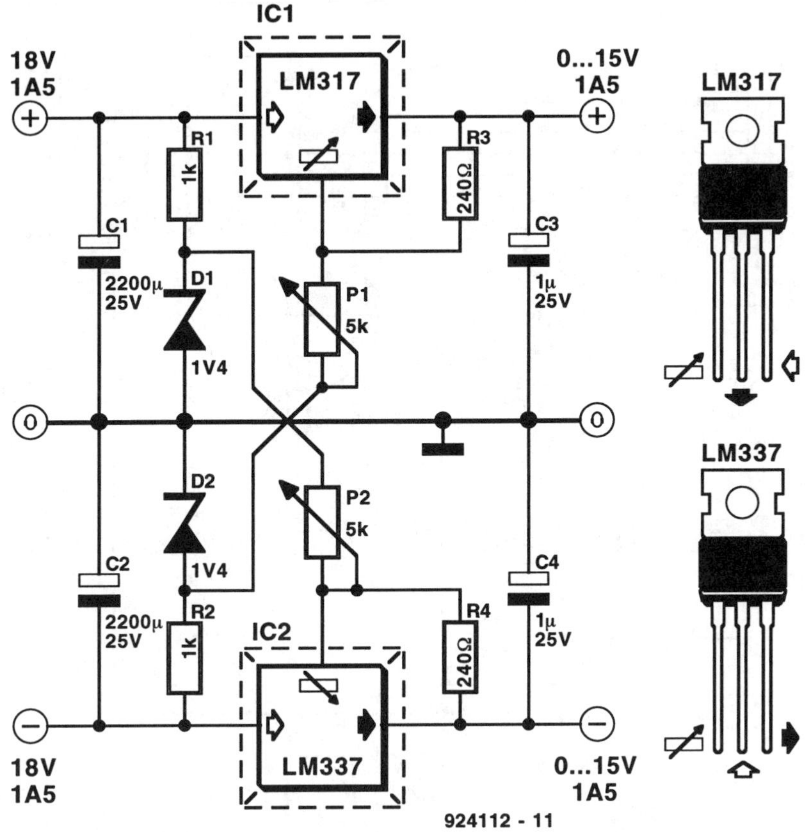

Comme l'illustre le schéma de ce montage, les régulateurs de tension intégrés LM317 et LM337 permettent de réaliser, le plus facilement du monde, un module d'alimentation symétrique régulée, réglable de 0 à ±15 V et fournissant un courant maximal de 1,5 A.

Cette alimentation est en outre protégée contre des courts-circuits et dotée d'une protection thermique. Les régulateurs de tension utilisés disposent d'une limitation interne de dissipation qui garantit que ces circuits intégrés n'auront jamais, quel que soit le refroidissement dont ils sont dotés, à dissiper plus de 20 W. Il a été fait appel, de manière à pouvoir abaisser la tension de sortie jusqu'à 0 V, à deux diodes zener pour créer des tensions auxiliaires de ±1,4 V. Le fait que les caractéristiques techniques du montage aient quelque peu à souffrir de cette approche est malheureusement le prix à payer si l'on veut obtenir une réalisation aussi simple. Il faudra doter les régulateurs d'un radiateur ayant une résistance thermique de 1,75 K/W ou mieux. Le module peut uniquement fournir son courant de sortie maximal de 1,5 A tant que la dissipation maximale de 20 W dans le régulateur n'est pas encore atteinte. Si l'on utilise la tension d'entrée de 18 V du schéma, le courant de sortie maximal de 1,5 A ne pourra être fourni que pour des tensions de sortie supérieures à 5 V. En-dessous de cette valeur de tension de sortie, le courant de sortie tombe progressivement pour atteindre 1,1 A (à une tension de sortie très proche de 0 V).

240 RETARDATEUR UNIVERSEL DE MISE EN MARCHE

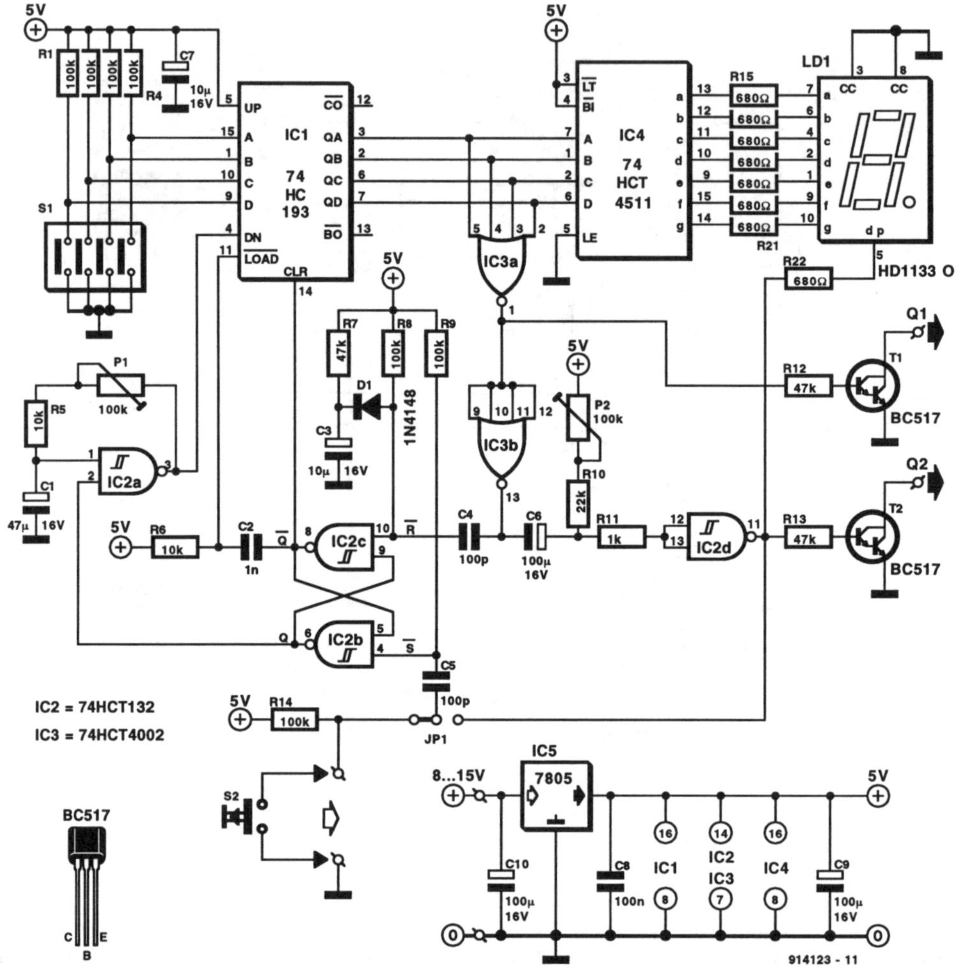

On ne peut pas ouvrir le moindre recueil de schémas sans trouver une bonne demi-douzaine de circuits destinés à mettre l'un ou l'autre appareil en fonction, une fois écoulé un certain délai. Le circuit décrit ici est universel, raison pour laquelle il est doté de deux sorties différentes. La sortie **Q1** devient active après l'écoulement de la durée de délai définie et le reste jusqu'au démarrage du cycle suivant. La sortie **Q2** possède, en outre, une fonction de temporisation : une fois que la pseudo-période est écoulée, la sortie Q2 redevient automatiquement inactive. L'ajustable P2 sert à régler la pseudo-période à une durée comprise entre 1 et quatre secondes. L'ajustable P1 et le quadruple interrupteur de programmation, S1, permettent de définir très précisément la durée avant la mise en fonction à toute valeur comprise entre 1 et six secondes. Le circuit est également doté d'une visualisation de décomptage. Le chiffre visualisé par l'afficheur à 7 segments à LED, LD1, donne continûment le temps de décomptage restant. Cet afficheur est commandé par IC4, un circuit décodeur, visualisant uniquement les chiffres ordinaires (0 à 9, pas d'hexadécimal donc). La fin de durée de retard atteinte, le compteur (IC1) est arrivé à zéro. La sortie de IC3a passe de ce fait au niveau haut, commandant ainsi l'ouverture du transistor T1. Puisque, simultanément, la sortie de IC3b bascule du niveau haut vers le niveau bas, la bascule monostable, réalisée à l'aide de IC2d, C6, R10 et P2, est déclenchée. La sortie de IC2d devient haute et fait passer le transistor T2 à l'état conducteur. Ceci résulte en l'illumination du point décimal de l'afficheur LD1. De plus, une impulsion de remise à zéro est appliquée à la bascule-marche/arrêt, IC2b et IC2c, bloquant ainsi le compteur et l'oscillateur. Afin de démarrer le cycle de «*time-out*» (pause) suivant, il faudra repositionner la bascule bistable réalisée à l'aide des portes NAND à trigger de Schmitt, IC2b et IC2c. Si le cavalier de codage, JP1, se trouve dans la position du schéma, il faut, pour cela, l'application d'un flanc descendant à l'entrée de IC2b. La solution la plus simple pour la produire de cette impulsion consiste à faire appel au bouton-poussoir S2. Il existe bien entendu des techniques plus sophistiquées. L'impulsion peut être fournie par un autre circuit ou un capteur par exemple. Si l'on met JP1 dans l'autre position, la sortie de la bascule monostable est reliée à l'entrée de la bascule marche/arrêt. La durée de retard (le cycle de «*time-out*») est **re**démarrée automatiquement à la fin de la pseudo-période. Le circuit fonctionne de ce fait comme oscillateur ! L'ensemble sera alimenté par une tension continue comprise entre 8 et 15 V. En ce qui concerne la consommation, c'est l'afficheur LD1 qui est le plus gourmand et pourtant la consommation totale reste à une valeur acceptable de quelque 40 mA. Les transistors T1 et T2 permettent de commander une charge de quelque 400 mA.

241 CONVERTISSEUR *f*/U DISCRET

Il existe actuellement de très nombreux circuits intégrés permettant la conversion d'une fréquence en une tension proportionnelle. Ce circuit prouve que ceci peut également être réalisé à l'aide de quelques composants discrets. Un circuit aussi simple connaît bien évidemment quelques limitations. Il faut que le signal d'entrée ait une forme rectangulaire et présente une amplitude constante, et il doit provenir d'une source à basse impédance (50 Ω ou moins). Il s'agit ici d'un circuit dit « pompe à transistor » qui rappelle beaucoup les « pompes de charge » utilisées dans les doubleurs ou les inverseurs de tension. Dans ce petit circuit, le transistor « rajouté » garantit une charge très rapide du condensateur C1 lorsque le côté gauche de ce composant est tiré vers 0 par le signal d'entrée U_i. Le coté droit de C1 est de ce fait connecté brusquement au potentiel représenté par $C2 - U_{BE}$ (la tension aux bornes du condensateur C2 diminuée de la tension de jonction de T1). Le circuit n'est de ce fait pas influencé par la largeur d'impulsion de la tension d'entrée. La tension, stockée

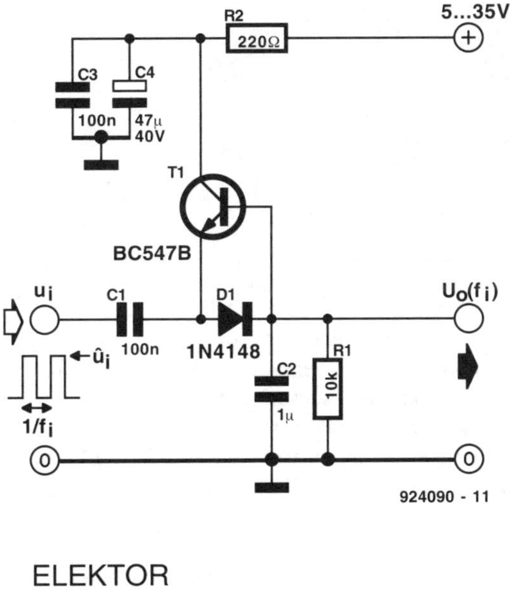

dans C1, est transférée vers C2 qui, quant à lui, est déchargé par une résistance connue (R1). Le fonctionnement de transfert du circuit peut être déduit de l'état d'équilibre dans lequel l'augmentation de U_o (tension de sortie) doit être équivalente à la chute de tension (entraînée par R1) pendant une période. Ceci nous donne la formule suivante :
$U_0(f_i) = (\hat{u}_i - 0{,}7) \cdot R1 \cdot C1 \cdot f_i$.
En respectant les valeurs des composants indiquées dans le schéma, la tension de sortie augmente de 4,3 mV par hertz et ceci à une amplitude d'entrée de 5 V. La vitesse à laquelle réagit la tension de sortie dépend de la constante de temps du circuit ($\tau = R1 \cdot (C1 + C2)$).
Les condensateurs C1 et C2 ayant des capacités relativement fortes, la vitesse de réaction ne sera pas très élevée. Il existe pourtant de nombreuses applications pour lesquelles cette relative lenteur ne joue pas de rôle important. Pour le calcul de l'ondulation résiduelle de la tension de sortie on peut utiliser la formule suivante :
$\hat{u}_r = (\hat{u}_i - 0{,}7) \cdot C1/(C1 + C2)$.
Dans le cas de notre prototype, réalisé d'après le schéma, l'ondulation était de 0,4 V environ.
Il faudra alimenter le circuit à l'aide d'une tension qui soit supérieure d'au moins 2 V à la tension de sortie produite par la fréquence d'entrée maximale à mesurer. La consommation du circuit se limite à quelques milliampères. L'alimentation du circuit comporte un filtre R/C (R2, C3, C4) qui élimine les crêtes de courant lors de la charge de C1. Ce réseau réduit à un niveau acceptable la distorsion HF produite par le circuit. Il faudra « terminer » la sortie du circuit à haute impédance (à l'aide d'un voltmètre numérique ou d'un tampon par exemple). En cas d'impossibilité, on calculera la valeur de la résistance terminale en tenant compte de la valeur de R1, prise en parallèle sur la dite résistance terminale.

A. de Zwaluw

242 CONVERTISSEUR–ABAISSEUR DE TENSION

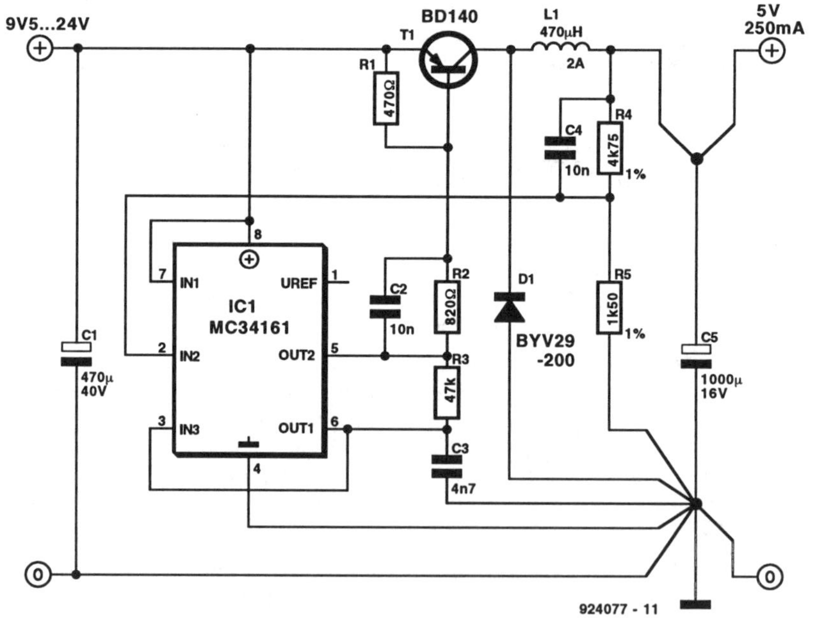

Le convertisseur–abaisseur de tension, décrit dans cet article, transforme une tension continue de 9,5 à 24 V en une tension de 5 V, continue elle aussi. On pourrait fort bien pour arriver au même résultat, utiliser un régulateur de tension tripode « standard ». L'avantage du circuit intégré proposé ici est le fait qu'il travaille en « découpage », ce qui signifie, entre autres bonnes choses, sans gaspillage (lire dissipation) excessif d'énergie. Le convertisseur–abaisseur peut fournir un courant maximal permanent de 250 mA et des pointes de courant pouvant aller jusqu'à 750 mA. Le circuit est centré sur un circuit intégré, conçu spécialement pour des applications à alimentation à découpage, le MC34161 de Motorola. Nous trouvons, en aval de la sortie de ce composant spécialisé, un étage de sortie réalisé à l'aide du transistor T1. La self L1, prise en série sur T1, se charge, avec le condensateur C5 et la diode D1, du lissage de la tension. Le MC34161 possède deux entrées de comparateur. L'une de ces entrées (broche 2) sert à mesurer la tension de sortie. Pour ce faire l'entrée est reliée, à travers le diviseur de tension R4/R5, à la sortie du circuit. La seconde entrée de comparateur trouve une application dans l'oscillateur; elle est reliée elle, par l'intermédiaire du réseau RC R3/C3, à la sortie de découpage (broche 5). Après application de la tension d'alimentation, la tension de sortie du convertisseur (et de ce fait aussi la broche 2) est de 0 V et l'oscillateur fonctionnera normalement. Le transistor T1 charge le condensateur à travers la self L1. Aux instants de blocage du transistor T1, la self L1 « transmettra » au condensateur, à travers la diode de commutation D1, l'énergie qu'elle aura stockée. Dès que la tension aux bornes de ce condensateur est suffisamment élevée, le comparateur de la broche 2 « bascule ». Dans ces conditions l'oscillateur est verrouillé par l'intermédiaire de la broche 6 et le transistor bloque pendant une certaine durée. Dès que le condensateur a perdu une énergie suffisante pour que la tension à ses bornes soit tombée en-dessous de la valeur nominale, l'oscillateur est débloqué et le transistor reprend le processus de charge du condensateur. Le dimensionnement de la self et la capacité du condensateur de sortie définissent la fréquence de commutation. En respectant le dimensionnement donné dans le schéma, cette fréquence est de 18 kHz à une tension d'entrée de 12 V et sous une charge de 250 mA. Si l'on prend une self de valeur plus importante et une tension d'entrée plus élevée, cette fréquence diminue. Nous tenons à terminer cet article avec quelques recommandations pratiques concernant ce circuit.

Il est impératif de réaliser un point de masse central en étoile. L'emplacement du condensateur de sortie détermine automatiquement l'endroit où il faut positionner ce point de masse. Il faut ensuite souder la borne de masse de la résistance R5 à ce point de masse et surtout pas à la broche 4 de IC1. Nous avons utilisé, pour L1, sur notre prototype une self de choc « standard », du type celle que l'on utilise avec des triacs. Si l'on a des difficultés à obtenir une self de 470 µH, il faudra en fabriquer une en modifiant un exemplaire disponible. Si l'auto-induction de la self disponible est « **L** » et son nombre de spires « **n** », le nombre de spires total à utiliser répond à la formule :

$n \times \sqrt{470\ \mu H / L}.$

application Motorola

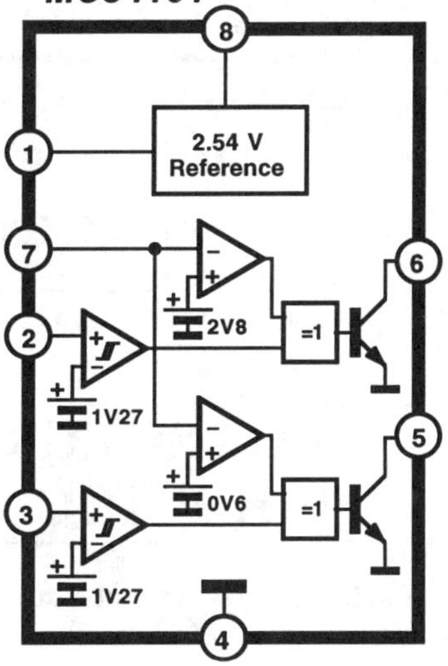

924077 - 12

243 AMPLIFICATEUR À BRUIT ULTRA-FAIBLE

Le SSM2017, un amplificateur opérationnel d'Analog Devices, a des caractéristiques fort intéressantes et permet de réaliser un pré-amplificateur pour microphone « mono-circuit » au taux de bruit extrêmement faible. D'après la fiche des caractéristiques techniques fournie par le fabricant, son bruit d'entrée n'est que de 750 pV/√Hz ! Il suffit d'une seule résistance (R1) pour régler le gain à une valeur comprise entre 1 et 1 000 (A = 1 + 10 kΩ/R1).

Le circuit intégré est doté d'une compensation interne qui garantit sa stabilité même à gain unitaire. Le SSM2017 est de plus si rapide que la bande passante à un gain de 1 000 est encore de 300 kHz.

Le schéma montre un pré-amplificateur pour microphone de très bonne qualité –le préampli pas le microphone–, doté d'entrées symétriques et possédant une impédance de sortie de 600 Ω. Si l'on envisage de connecter un câble relativement long à la sortie de ce circuit –connexion constituant donc une charge capacitive– il peut être nécessaire, pour contrer toute tendance à la mise en oscillation du circuit, de prendre une résistance de 47 à 100 Ω en série sur la sortie. Dans le cas d'un gain élevé, il se produira inévitablement une tension continue de décalage (*offset*) à la sortie. Si cette tension devient gênante, il suffit de prendre un condensateur en série sur la sortie. L'amplitude maximale de sortie du SSM2017 (à une tension de ±15 V) est de 9 V_{eff}. À une fréquence de 1 kHz et une tension de sortie de 1 V_{eff} la distorsion harmonique reste inférieure à 0,005%. Même si la tension de sortie grimpe à une valeur de 9 V_{eff} –situation parfaitement anormale !– la distorsion harmonique ne dépasse pas 0,01%. Le taux de bruit mesuré sur notre prototype (avec le bruit intrinsèque de la résistance R1 donc) était de 1 nV/√Hz à froid et de 1,2 nV/√Hz après une certaine durée de service (à chaud donc). La consommation de cette application fort intéressante se limite à quelque 11 mA.

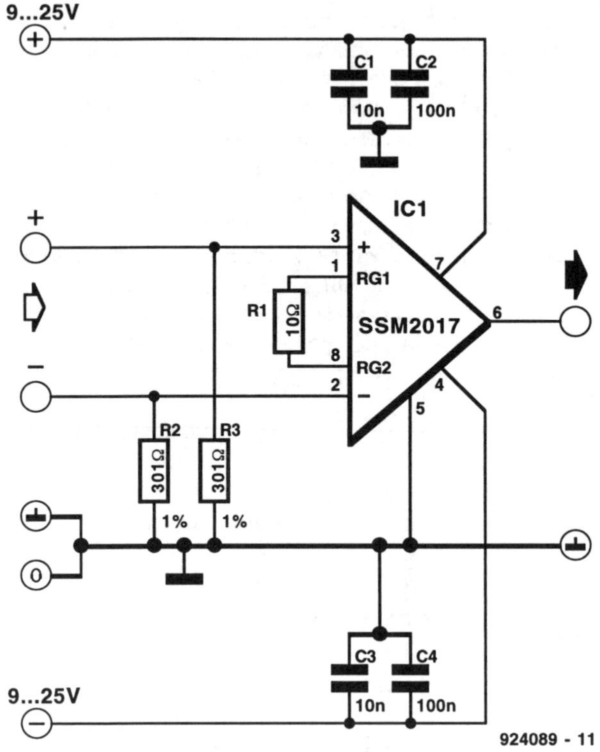

244 CHARGEUR ULTRA-RAPIDE POUR ACCUMULATEURS Cd-Ni

Il existe un nombre infini de variantes sur le thème « chargeur CdNi ». Au fil des ans, nous avons décrit dans Elektor, un nombre « imposant » de ce genre de montage, pratique il faut le reconnaître. Les fabricants de composants électroniques s'efforcent également à trouver des méthodes encore plus rapides et plus fiables pour recharger, sans le moindre risque, les accumulateurs CdNi. Le problème majeur auquel on se trouve confronté avec ce type d'accumulateurs est la difficulté de déterminer à quel moment une cellule est « pleine », c'est-à-dire savoir à quel moment il faudra cesser le processus de recharge. Nous vous proposons ici un circuit **expérimental** (!) basé sur les développements les plus récents, publiés (avec parcimonie) par les fabricants et utilisés par eux. Nous ne pouvons garantir que ce circuit fonctionne de façon fiable quelles que soient les circonstances ; les premiers résultats dans nos laboratoires furent satisfaisants. Nous ne sommes bien évidemment pas en mesure d'effectuer, dans nos laboratoires, des test d'accus CdNi « à échelle industrielle ». Le principe utilisé dans ce montage est cependant si intéressant que nous ne voulons pas vous priver de cette « invitation à l'expérimentation ». L'idée à la base du concept de ce circuit est la suivante : s'agissant d'un chargeur rapide, on travaille ici avec un courant de recharge (exprimé en mA), égal à dix fois (!) la capacité de la cellule (exprimée elle en mAh). Cela signifie que dans le cas d'un accumulateur CdNi du format LR06 le courant de recharge atteint 5 A. Cette intensité est cent fois supérieure à

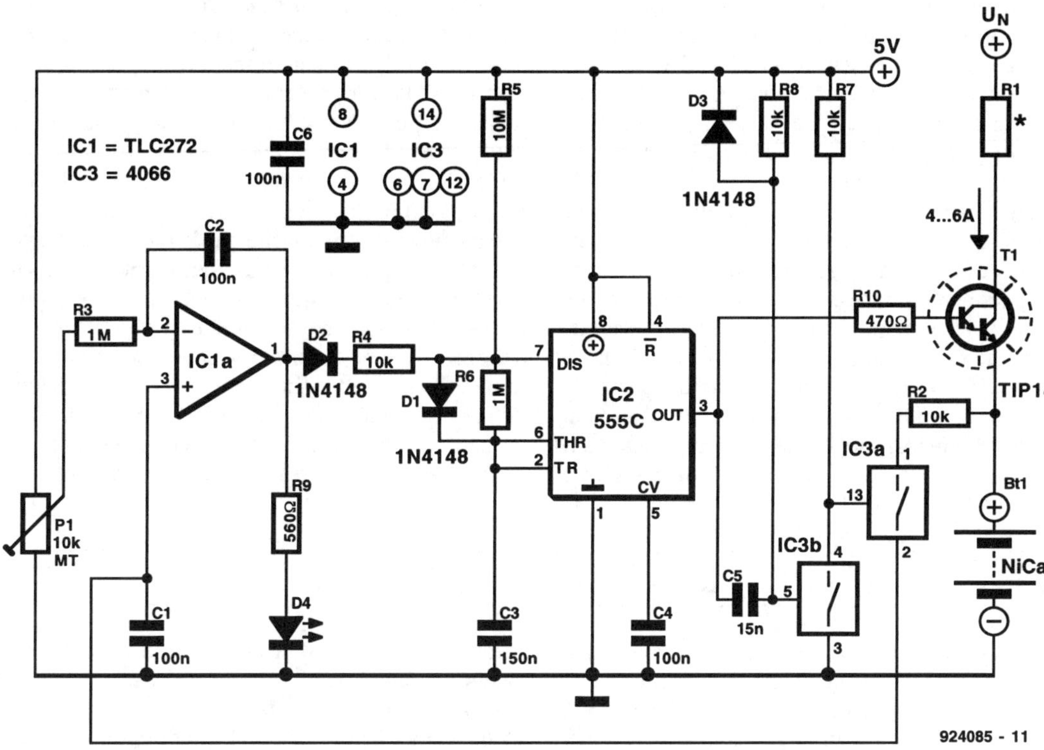

celle du courant utilisé avec les méthodes de recharge classiques. Un circuit temporisateur du type 555, monté ici en multivibrateur astable, se charge de commander le cycle de recharge. Si la sortie de ce multivibrateur présente un niveau logique haut (« 1 »), on a recharge de l'accumulateur connecté au système. Il existe cependant une durée, définie par R6 et C3, pendant laquelle il n'y a pas de recharge. Dès que le processus de recharge s'arrête, l'interrupteur électronique IC3a applique la tension de l'accumulateur aux bornes du condensateur C1. Le circuit compare cette tension à la tension maximale de cellule, définie elle par l'intermédiaire de l'ajustable P1. Après intégration avec R3 et C2, cette valeur sert à la commande de la durée de la pseudo-période du temporisateur. Si la tension maximale de cellule n'est pas encore atteinte, il s'ensuit une recharge pendant 90% de la durée. Si au contraire, la cellule présente sa tension maximale admissible, le circuit procède à une recharge pendant 1% de la durée ; c'est-à-dire il maintient la charge au niveau requis. Il est cependant recommandé de déconnecter l'accumulateur du circuit le plus rapidement possible : si la LED D4 s'illumine, l'accumulateur est « plein ». Il ne faudra en outre n'utiliser que des accumulateurs capables de supporter (dixit le fabricant) une recharge très rapide. On se réfère, dans le cas de ce rechargeur expérimental, après une recharge très brève mais très puissante, à la tension de cellule comme référence pour déterminer si la cellule est « pleine ». De par la présence d'un nombre de résistance ohmiques (dans les lignes d'alimentation et de connexion), la tension de la cellule ne constitue pas une référence très fiable lorsque le processus de recharge est en cours. Une fois ce processus arrêté, on peut déterminer exactement la valeur de la tension de cellule, y compris les tensions aux électrodes, nées en cours de recharge suite à certains processus chimiques. Le problème le plus important est de déterminer la valeur à laquelle il faudra fixer –à l'aide de l'ajustable P1– la tension de cellule maximale. Les experts ne sont pas tous du même avis quant à cette valeur. Nous avons obtenu de bons résultats avec une valeur de 1,42 V à une température ambiante de 21°C. Le circuit que montre le schéma a été conçu pour une recharge ultra-rapide d'une cellule en 8 à 10 minutes. La source de tension 5 V n'a qu'à fournir un courant de 10 à 15 mA. On pourra donc utiliser un module d'alimentation réalisé à l'aide d'un régulateur de tension du type 7805. Le courant de recharge pour un accumulateur CdNi du type LR06 (ayant une capacité de 500 mA) doit être de 5 A environ. Un ampère de plus ou de moins est sans effet : le circuit est capable de compenser une légère différence par une adaptation de la durée de recharge. Il n'est pas nécessaire non plus que ce courant de 5 A soit parfaitement stabilisé ; il est limité par la résistance-série R1. La valeur à donner à cette résistance se calcule à l'aide du loi d'Ohm. Si le courant de recharge est fourni par une source de tension de 8 V par exemple, la chute de tension de 2 V produite par l'accumulateur et le transistor se traduisent par la présence d'une tension de 6 V environ aux bornes de la résistance R1. Dans ces conditions la valeur de cette résistance sera de : 6 V / 5 A = 1,2 Ω.

On notera que la puissance dissipée dans cette résistance est relativement élevée (6 V x 5 A = 30 W). Il est donc impératif de prendre plusieurs résistances en parallèle. Si l'on envisage de recharger plusieurs série, on pourra augmenter (à l'aide de P1) la tension maximale de cellule totale (la tension individuelle reste de 1,42 V par cellule). Il faudra limiter une telle opération à des accumulateurs appariés en capacité par le fabricant et procéder à une recharge « classique » (ou d'égalisation) de 14 heures après cinq recharges rapides du paquet d'accumulateurs. On notera que la tension d'alimentation du circuit (5 V dans le schéma) doit impérativement être supérieure de 2 V à la valeur de la tension maximale de cellule, définie par l'intermédiaire de P1. Il faudra donc, si nécessaire, augmenter la tension d'alimentation du circuit.

245 AMPLIFICATEUR À FAIBLE BRUIT

L'une des techniques les plus efficaces pour réaliser un amplificateur à faible bruit consiste à prendre plusieurs étages d'entrée –sous-ensembles relativement critiques en ce qui concerne la génération de bruit– et à les monter en parallèle en tension alternative. Grâce à cette astuce électronique, le bruit total des étages d'entrée sera sensiblement moins important que le bruit produit par un seul étage d'entrée. La réduction du bruit se calcule à l'aide de la formule suivante :

$U_n = U_1 / \sqrt{n}$.

Dans cette équation « **n** » représente le nombre d'étages d'entrée pris en parallèle. U_n est donc le bruit total, produit par « **n** » étages d'entrée et U_1 le bruit produit par 1 étage d'entrée. La raison pour laquelle cette approche astucieuse donne de si bons résultats est que l'addition de différentes tensions provenant de sources de bruit indépendantes, se traduit par une neutralisation partielle de ces tensions. Dans le circuit du schéma, trois amplificateurs opérationnels à très faible bruit, du type LT1028, sont pris en parallèle. D'après la fiche de caractéristiques techniques de ce composant, le bruit produit par un seul amplificateur opérationnel est de 0,9 nV/√Hz. On notera qu'il faudra ajouter à cette valeur le bruit dû aux résistances R2 à R11. IC4 fait ici office d'additionneur. Les mesures effectuées dans notre laboratoire ont donné un bruit total de 0,67 nV/√Hz. Si l'on applique la formule mentionnée ci-dessus et que l'on ne tient pas compte du bruit produit par les résistances, cette valeur devrait être de :

$0{,}9\,nV / \sqrt{3} = 0{,}52\,nV/\sqrt{Hz}$.

La différence de 0,15 nV/√Hz est de ce fait le bruit introduit par les résistances. Sachant que cette valeur est pratiquement équivalente au bruit produit par une seule résistance de 1 Ω, le résultat est surprenant.

Le gain total du circuit peut être déterminé à l'aide de la formule suivante :

$A = -1 \cdot n \cdot (1 + R3/R2) \cdot R11/R8$. Dans cette application il est très important que les trois résistances de chacune des triplettes R2/R4/R6, R3/R5/R7 et R8/R9/R10 soient de valeur identique. Si l'on respecte le dimensionnement des composants indiqué dans le schéma, le gain total de l'amplificateur est de 600 environ. Les amplificateurs opérationnels utilisés dans ce montage ne se caractérisent pas seulement par un faible bruit ; leur taux de monté de 15 V/s et leur bande passante de 75 MHz (A = –1) les classent également parmi les circuits les plus rapides de leur type. Le LT1028 utilisé ici possède de ce fait une bande passante de 1,2 MHz (sans C17 et R12) et ceci en dépit du gain élevé de 63 des circuits intégrés IC1 à IC3. Pour éviter un « *overshoot* » (dépassement), la bande passante réelle est limitée à quelque 500 kHz par le condensateur C17 et la résistance R12. Le taux de bruit et de distorsion totale du montage se limite toujours, à une amplitude de sortie de 1 V à 1 kHz, à la

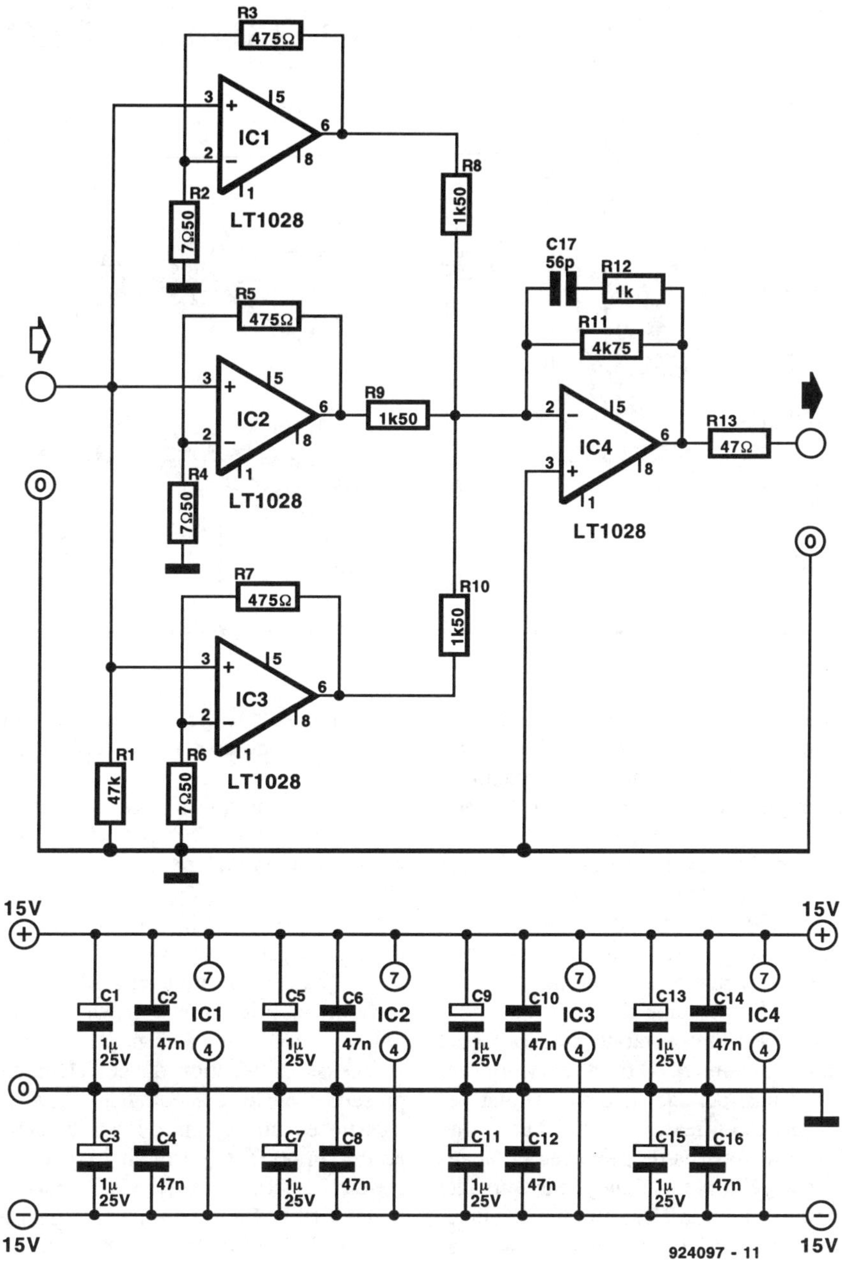

valeur plus que respectable de 0,008%. Il est bon de savoir, si vous envisagez de vous lancer dans les expérimentations avec les amplificateurs opérationnels du type LT1028, que ces circuits sont dotés d'une compensation interne qui interdit un gain inférieur à deux. Les résistances déterminantes en ce qui concerne la génération de bruit sont: R2, R4 et R6. Il faudra de ce fait limiter leuor valeur au strict indispensable. Il va sans dire que, dans le cas d'une application audio à faible bruit, il est requis de faire appel à des résistances à couche métallique. La consommation du circuit est de quelque 7,5 mA par amplificateur opérationnel.

246 DÉTECTEUR DE VARIATIONS VIDÉO

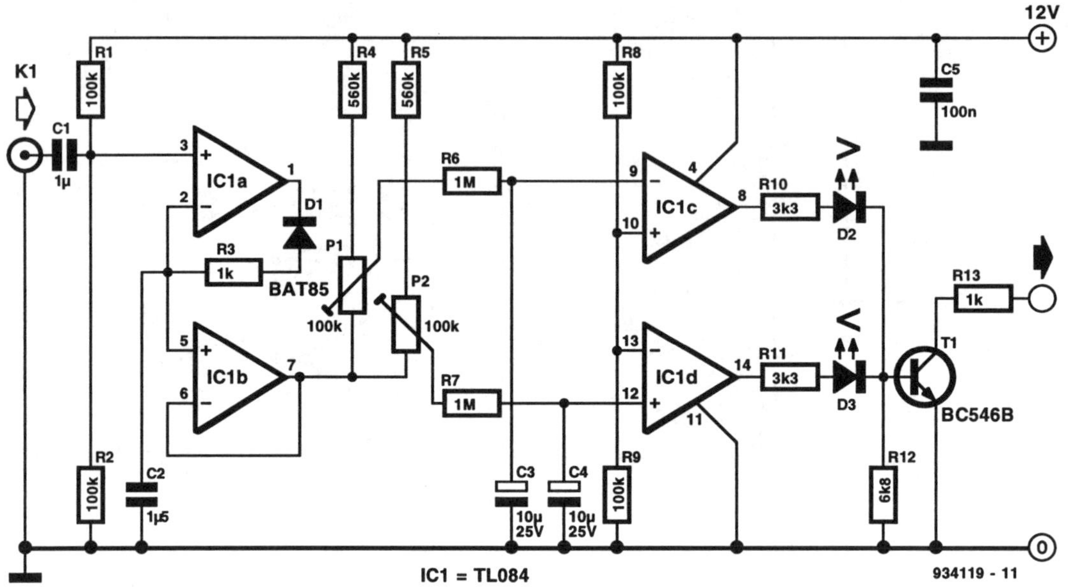

L'idée sur laquelle repose le montage proposé ici est la détection d'un changement dans l'information vidéo et son utilisation pour, par exemple, démarrer un processus d'enregistrement à l'aide d'un magnétoscope. Ce principe est particulièrement intéressant pour ceux d'entre nos lecteurs qui adorent regarder les informations diffusées par les canaux satellites SNG (***Satellite News Gathering***). Le même principe peut être utilisé avec des systèmes de surveillance en circuit fermé faisant appel à des téléviseurs. Le principe de fonctionnement du circuit repose sur la constatation du fait que, dans le cas des émissions SNG ou de surveillance, l'image ne subit pas, pendant une durée relativement longue, de modification. Le début d'une émission d'informations va de pair avec un changement du niveau de luminosité moyen de l'image, variation décelable par une électronique adéquate. Dans ce montage nous faisons appel à un comparateur à fenêtre pour la détection de ce changement de niveau de luminosité. Pour garantir l'indépendance du circuit face à un éventuel décalage en courant continu que pourrait présenter le signal vidéo, le condensateur C1 bloque toute composante en courant continu à l'entrée du circuit. IC1a écrête le signal vidéo et IC1b fait office de tampon pour la tension aux bornes du condensateur C2. La tension de sortie de cet amplificateur opérationnel est appliquée ensuite, via les potentiomètres P1 et P2, au comparateur à fenêtre réalisé à l'aide de IC1c et IC1d. La tension sur le diviseur R1/R2 est, en moyenne, toujours égale à la moitié de la tension d'alimentation. Ceci explique pourquoi nous utilisons la moitié de la tension d'alimentation (R8/R9) comme référence pour le comparateur à fenêtre. La tension présente sur le curseur de P1 est de ce fait définie à une valeur légèrement supérieure à $1/2U_b$ et celle sur le curseur de P2 à une valeur légèrement inférieure à $1/2U_b$. La largeur de la fenêtre ainsi définie détermine la marge d'erreur et la vitesse de réaction du détecteur. Les tensions présentes sur les curseurs des potentiomètres sont transmises au circuit du comparateur, avec un retard important introduit par les réseaux RC concernés (R6/C3 et R7/C4, constante RC supérieure à 10 s). Plus on limite la largeur de la fenêtre (P1 et P2) plus le comparateur « basculera » rapidement. Une augmentation du signal d'entrée se traduit par une diminution de la tension aux bornes du condensateur C2. Les niveaux de tension sur les curseurs de P1 et P2 seront de ce fait aussi moins élevés. Si la tension sur la broche 9 de IC1c devient inférieure à la moitié de la tension d'alimentation, sa sortie bascule et présente un niveau haut. La LED D2 s'illumine pour indiquer l'augmentation de la tension d'entrée et la sortie à collecteur ouvert de T1 permet de fournir une impulsion de déclenchement ou de démarrage (65 V au maximum) à un appareil connecté. R13 fait office ici de résistance de limitation de courant. Dans le cas d'une diminution du signal d'entrée, on assiste pratiquement à un processus identique. Dans ces conditions, la sortie de IC1d bascule, la LED D3 s'illumine et le transistor devient conducteur. Le signal de sortie du détecteur peut servir pour la transmission du code d'enregistrement à un magnétoscope par exemple. On notera cependant que le détecteur ne réagit qu'à des variations dans son signal d'entrée. Le transistor T1 ne devient donc conducteur que si l'image passe d'une mire (ou autre image immobile) à une autre image. Si l'on envisage de ce fait de commander un magnétoscope à l'aide du détecteur, il faudra le programmer de façon à ce qu'il enregistre pendant une certaine durée (30 mn par exemple) pour s'arrêter ensuite. La consommation de l'ensemble du circuit ne dépasse pas de l'ordre de 12 mA.

247 RÉDUCTEUR DE FACTURES D'ÉLECTRICITÉ

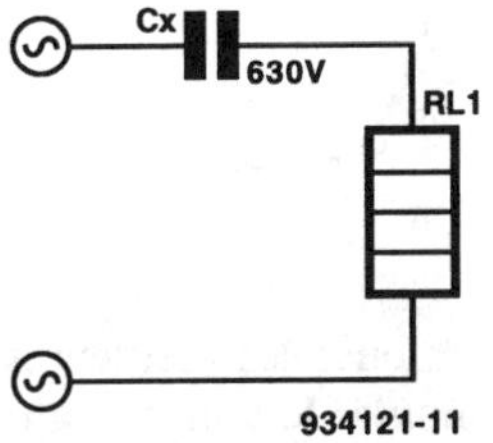

Plus nous faisons d'économies d'énergie, plus le prix de l'énergie (tel qu'il nous faut le payer au fournisseur) augmente. Ce mécanisme économique n'incite donc pas à limiter la quantité d'énergie consommée. Si l'on y réfléchit trop, on finit même par se sentir puni de se soucier de l'environnement et de la précarité de nos réserves d'énergie. Il semblerait donc, qu'à long terme, économiser de l'énergie à fin de limitation des coûts est totalement erroné! Il n'y aurait donc, pour justifier les économies d'énergie, que la conservation de notre environnement ? Vous avouerez cependant que cette dernière considération est loin de suffire à nous convaincre des conséquences négatives de l'utilisation d'appareils électroménagers souvent gros consommateurs d'énergie. Après avoir constaté que nous sommes esclaves d'un monde dans lequel tout tourne autour de l'argent, plus sensibles aux factures du moment qu'aux comptes à moyen et long terme que nous (ou, plus probablement, nos descendants) auront à rendre plus tard, l'équipe d'Elektor a conçu ce réducteur de facture d'électricité, véritable économiseur de frais d'énergie, pour se faire mettre en boîte. Tous ceux d'entre nos lecteurs, habitués des règles arithmétiques de base utilisées pour déterminer la quantité d'énergie tirée d'une prise secteur par exemple, savent pertinemment que l'on ne paie en fait que la puissance **réelle** consommée. Le facteur cosinus-φ, souvent mentionné sur la plaquette d'identification des gros appareils électriques, fournit quelques éléments de réponse à la question de savoir quelle partie de la puissance dissipée totale sera facturée. Si ce facteur est 1 (valeur maximale), la facture de l'EDF sera salée. Un facteur cosinus-p de 0 est plus favorable. Cette valeur se produit si le courant fourni par le secteur est déphasé de 90° très exactement par rapport à la tension secteur. Il n'est pas sorcier de s'approcher de cette valeur idéale. Il suffit en fait de mettre en série, avec la charge, une capacité de caractéristiques adéquates. Chaque électronicien, digne de ce nom, sait qu'un condensateur introduit un déphasage de 90° du courant par rapport à la tension. C'est cette caractéristique des condensateurs que nous exploitons dans ce montage. Quelques expérimentations avec différentes valeurs de capacité résultent rapidement en une économie d'énergie – ou plutôt économie d'argent ! La vitesse à laquelle tourne votre compteur de kWh vous indique aussitôt si le choix de la capacité mise en oeuvre est bon. Il va sans dire qu'il faudra faire appel à des condensateurs capables de tenir sous une tension alternative de service de 300 V minimum (voire des exemplaires pour tension continue de 630 V). Attention, la tension du secteur est potentiellement dangereuse.

248 Q.I.-MÈTRE

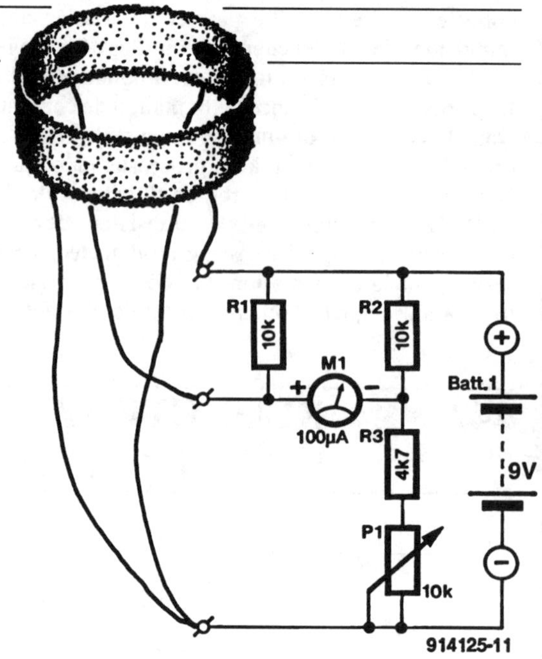

Des recherches scientifiques concernant l'intelligence humaine ont prouvé qu'il existe une relation pratiquement linéaire entre l'activité cérébrale d'un sujet et son Q.I. (Quotient Intellectuel). À l'image de la plupart des découvertes importantes, cette relation semble presque «aller de soi». Il est sûr et certain que si l'on ne pense pratiquement pas... il ne se passe pas grand-chose (c'est très exactement ce qu'aurait dit Mr. de Lapalisse s'il avait été au courant!). Il est heureusement plus facile de mesurer l'activité du cerveau que les courants telluriques. Cela fait de nombreuses années que l'on sait mesurer les ondes et ß produites par le cerveau. Elektor a déjà publié un certain nombre de schémas permettant la détection des dites ondes. Cependant, sachant que nous ne sommes pas intéressés, pour déterminer le niveau de l'intelligence d'une personne –car, c'est paraît-il de cela qu'il s'agit lorsque l'on mesure le Q.I.– par un type d'onde particulier, nous pouvons faire appel à un montage beaucoup plus simple pour mesurer l'activité cérébrale en général. Nous sommes en présence d'un montage en pont qu'il faudra équilibrer (mise à zéro) à un moment d'activité cérébrale la plus faible possible. Une fois cet étalonnage effectué, le débattement de l'instrument indique, lors d'une période d'activité cérébrale intense, quel est le quotient intellectuel (relatif) du sujet. Comme le montre l'examen du schéma, le Q.I.-mètre se résume à quelques résistances, un galvanomètre et quatre électrodes –dont deux sont interconnectées. La sécurité impose impérativement une alimentation par pile. Les quatre électrodes (plaquettes métalliques) prennent place dans un bandeau porté sur la tête, ornement du type de ceux qui parent le front de nombreux sportifs occasionnels. Mettez le bandeau sur la tête et assurez-vous que les électrodes sont bien en contact avec la peau. Il faudra écarter les cheveux de dessous les électrodes. On peut bien entendu aussi utiliser une technique de contact plus radicale en se rasant les cheveux aux endroits concernés. (Un truc pour les super-têtes: se raser la tête complètement, car comme dit le proverbe: «pierre qui roule n'amasse pas mousse». Il faudra commencer par mettre à zéro l'aiguille du galvanomètre. Demandez à quelqu'un de le faire à votre place pendant que vous vous détendez du mieux possible. Il paraît que l'une des techniques les meilleures pour ce faire, consiste à remonter le temps et à penser à sa jeunesse, quitte à réciter une ritournelle enfantine, encore que les berceuses sont, paraît-il, d'une efficacité redoutable. Ce réglage terminé, il est temps maintenant de passer à la mesure proprement dite. À nouveau, demandez à «un(e) assistant(e)» de lire le résultat donné par le galvanomètre. Il s'agit en effet de faire travailler votre matière grise aux limites de ses possibilités, ce que ne permet pas la simple fixation d'un cadran... Vous pourrez, par exemple, prendre un livre de mathématiques et tenter de résoudre une équation dont la difficulté est tout juste encore à votre portée, soit encore, pour les plus forts d'entre nos lecteurs, essayer de comprendre le détail des équations illustrant le traité d'Einstein sur la relativité.L'interprétation des mouvements de l'aiguille n'est pas toujours aussi simple qu'il pourrait y paraître à première vue; il arrive en effet que l'on observe, au cours de la période de réflexion, des débattements à pleine échelle et certains mouvements désordonnés. Le grand hic de cette interprétation est que les scientifiques n'ont pas encore pu se mettre d'accord pour une interprétation sans équivoque de ces débattements. On peut admettre que la plage balayée par l'aiguille pendant votre séance de *«brainstorming»* donne la différence entre votre niveau intellectuel moyen et le niveau d'intelligence maximal que vous puissiez atteindre. En tout état de cause, le Q.I.-mètre permet d'effectuer une bonne comparaison entre différents sujets. Avec de l'entraînement –trouver la solution d'équations de plus en plus difficiles par exemple– il est même possible avec cet instrument, d'augmenter progressivement son Q.I. Attention cependant à ne pas faire d'excès sous peine de vous retrouver avec une «grosse tête».

249 DÉTECTEUR DE MÉTAUX

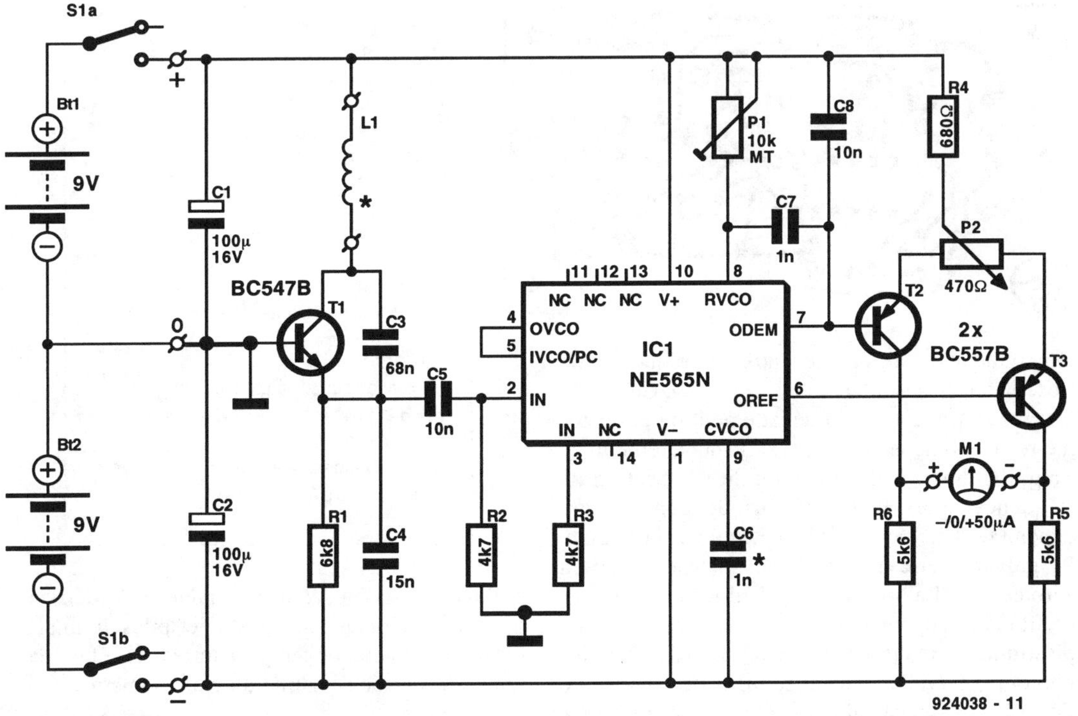

Ce détecteur vous aidera à trouver des objets d'assez bonne taille constitués de matériau à perméabilité relativement élevée. Il indique également si l'objet magnétique se trouvant dans la zone couverte par la bobine de détection possède de bonnes ou de mauvaises propriétés de conductivité. Les ferrites à base d'oxydes métalliques sont un exemple de matériau associant de bonnes propriétés magnétiques à une isolation électrique relativement élevée. Ce détecteur n'est pas destiné à la chasse aux pièces, fonction pour laquelle il manque de sensibilité. D'autres objets plus « exotiques » tels que (gros morceaux de) bombes et autres trésors oubliés par les pirates... sont eux localisables avec une bonne fiabilité. Le détecteur de métaux possède une alimentation symétrique faisant appel à une paire de piles compactes de 9 V dont il draine un courant de l'ordre de 15 mA. La bobine de détection, L1, fait partie d'un oscillateur sinusoïdal centré sur le transistor T1. Normalement, la fréquence centrale du VCO (*Voltage Controlled Oscillator* = oscillateur commandé en tension) faisant partie de la PLL (*Phase Locked Loop* = boucle à verrouillage de phase) intégrée dans IC1 est égale à la fréquence d'oscillation de T1. La situation change lorsqu'un objet métallique (ferro-métallique ou non-ferro-métallique) entre dans le champ induit par la bobine L1. L'oscillateur sinusoïdal est alors désaccordé et la différence de tension entre les broches 6 et 7 de

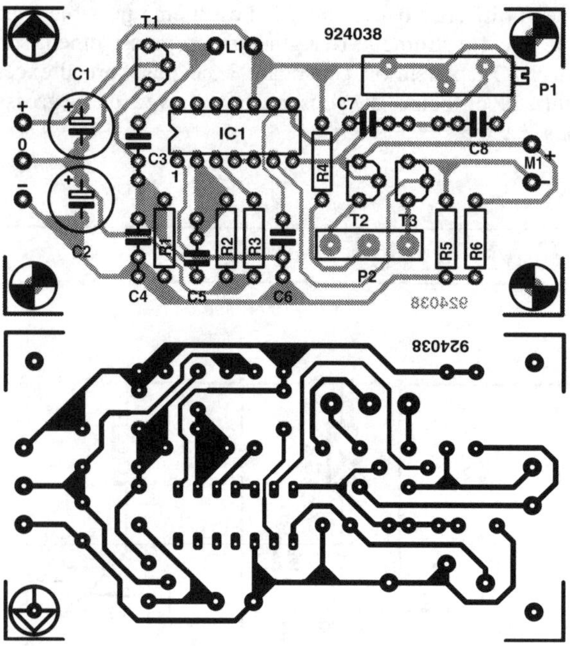

Liste des composants

Résistances :
R1 = 6kΩ8
R2,R3 = 4kΩ7
R4 = 680 Ω
R5,R6 = 5kΩ6
P1 = ajus. 10 kΩ multitour
P2 = 470 Ω lin

Condensateurs :
C1,C2 = 100 µF/16 V radial
C3 = 68 nF
C4 = 15 nF
C5,C8 = 10 nF
C6,C7 = 1 nF

Semi-conducteurs :
T1 = BC547B
T2,T3 = BC557B
IC1 = NE565N

Bobines :
L1 = voir texte pour le détail

Divers :
S1 = inverseur miniature bipolaire
Bt1,Bt2 = pile compacte 9 V avec clip de connexion
M1 = galvanomètre à bobine mobile à zéro central ±50 µA

IC1 indique la différence entre la fréquence de l'oscillateur sinusoïdal et celle du VCO. Cette différence se traduit par un débattement du galvanomètre à bobine mobile, M1. Le débattement de l'aiguille donne une indication de la variation de fréquence, alors que son sens de déplacement dépend du type de matériau détecté par la bobine. Le galvanomètre utilisé ici est du type 100 µA à zéro central. La bobine est constituée de 40 spires de fil de cuivre émaillé montées sur une forme de plastique de 10 cm de diamètre environ (voir les photographies). L'inductance ainsi obtenue force l'oscillateur sinusoïdal à travailler à une fréquence pratiquement égale à celle du VCO de la PLL. On utilisera un oscilloscope pour vérifier que la broche 2 de IC1 fournit bien un signal sinusoïdal ayant une fréquence de l'ordre de 75 kHz. On joue ensuite sur la position de l'ajustable P1 jusqu'à ce que les flancs du signal rectangulaire présent à la broche 4 coïncident avec les crêtes positives du signal sinusoïdal de la broche 2. Il reste à jouer sur le potentiomètre P2 pour amener l'aiguille du galvanomètre face au repère central. Comme le réglage du point zéro a tendance à dériver quelque peu lorsque la tension des piles diminue, il sera nécessaire, de temps à autres, de refaire la remise à zéro de l'aiguille du galvanomètre.

K. Kraus

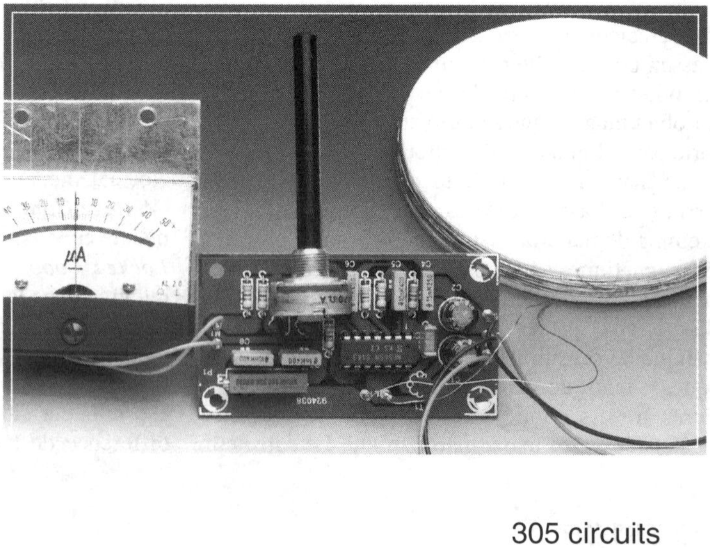

250 STARTER À FLUORACTOR POUR TUBE LUMINESCENT

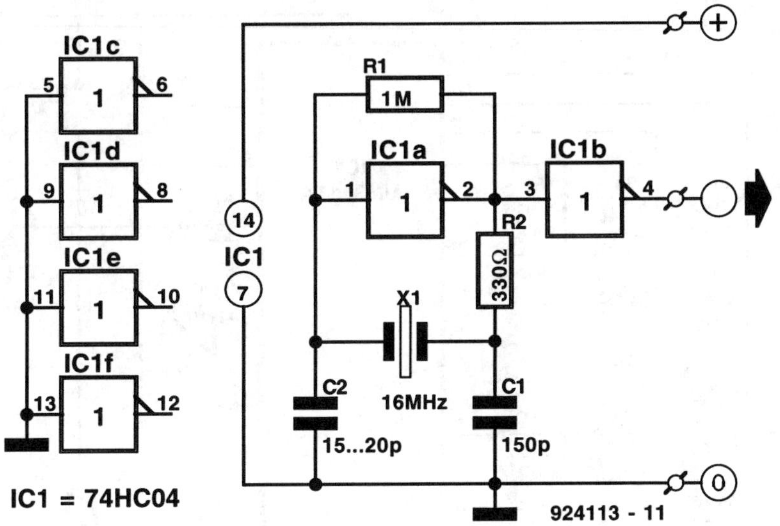

Il existe un nombre important de variantes électroniques pour remplacer le starter électro-mécanique d'un tube luminescent. La variante décrite dans cet article fait appel à un thyristor, développé spécialement à cet effet par Texas Instruments : le Y1112 fluoractor™.

La différence principale entre le Y1112 et un thyristor « ordinaire » est sans doute son courant de maintien sensiblement plus important. Le fluoractor est de plus capable de mieux faire face à des tensions anode/cathode grimpant rapidement à des valeurs très élevées (valeur du δt importante); il possède en outre une limitation interne de surtension. Ces caractéristiques prédestinent ce composant à une utilisation comme variante électronique pour le starter archi-rustique utilisé jusqu'à présent dans l'éclairage à tubes luminescents. Voilà, enfin, un starter qui garantit un démarrage sans le moindre scintillement et ceci pendant une durée de vie économique importante. Les fonctions du starter électro-mécanique, décrites en détail dans les articles **amorçage à SIDAC pour tube luminescent** et **amorçage à thyristor pour T.L.** (voir ailleurs dans ce livre), à savoir la génération d'une tension très élevée pour amorcer le tube et le préchauffement du tube à l'aide d'un courant important, sont remplies ici par le fluoractor et son électronique auxiliaire. Après l'application de la tension du secteur au circuit, le fluoractor Th2 devient, via les résistances R1 et R2, conducteur. Il circule maintenant un courant relativement important à travers les filaments du tube, qui en produit l'échauffement. À la suite de la chute de tension aux bornes des diodes D7 et D8, le condensateur C1 se charge à travers les résistances R4 et R5. Au bout de quelques millisecondes (le courant à travers Th2 sera donc certainement plus important que son courant de maintien), quand le condensateur C1 est chargé, le thyristor Th1 devient conducteur. À ce moment le courant de gâchette de Th2 est interrompu. Ce thyristor ne bloque pourtant que lorsque son courant (équivalent à la quasitotalité du courant de secteur) a diminué à quelque 200 mA (le courant de maintien). L'interruption brusque de ce courant relativement important se traduit par la génération d'une tension d'induction très élevée dans la self L1. cette tension est suffisamment élevée pour amorcer le tube luminescent. Si pour une raison ou une autre, la première tentative d'amorçage échoue, le tube démarrera lors de l'une des demi-périodes du secteur suivantes. Ce processus se déroule si vite que l'on a l'impression que le tube s'allume instantanément.

application Texas Instruments

251 ORGUE ÉLECTRONIQUE COMPACT

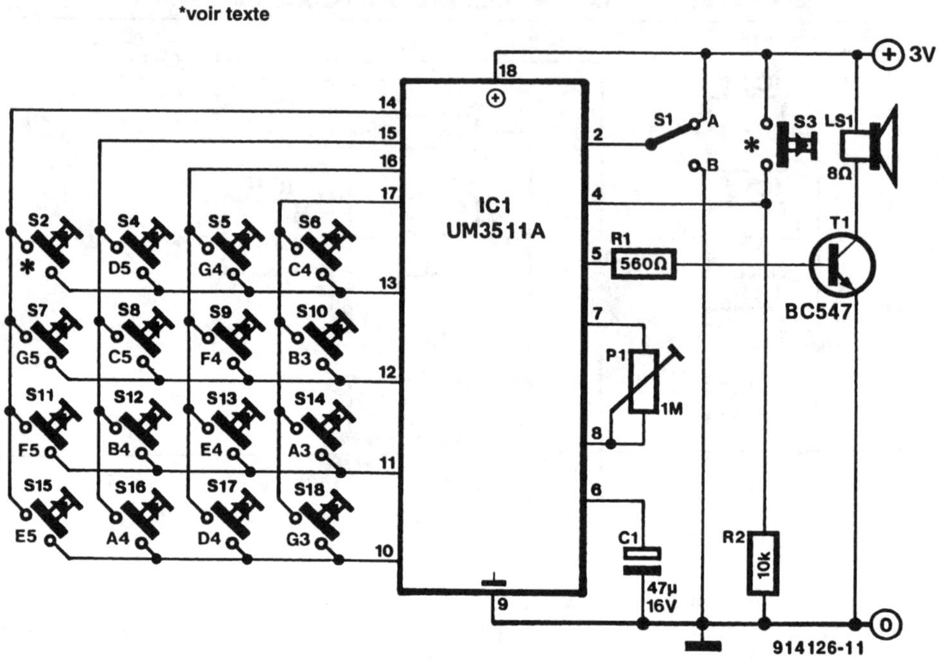

Il serait peut-être plus exact de parler de boîte à musique programmable. Grâce à la technologie moderne, qui ne cesse de repousser la miniaturisation au-delà de ses limites, il est devenu possible d'intégrer de nombreuses fonctions dans un seul circuit intégré peu coûteux et de dimensions très faibles. Cette remarque s'applique sans le moindre doute au UM3511A, un circuit permettant de réaliser un petit orgue électronique. Sa mémoire interne peut même stocker une mélodie comportant jusqu'à 47 notes pour la reproduire ensuite. On a aussi, outre la possibilité de composer une mélodie soi-même, la possibilité de choisir l'une des 15 mélodies préprogrammées présentes dans le UM3511A (**tableau 1**). Le schéma de l'orgue compact est relativement simple. Les 16 touches que comporte la clavier sont montées sous forme de matrice 4 x 4. Le circuit intégré scrute cette matrice en permanence; lors d'une action sur une touche celle-ci est décodée par le circuit intégré et produit, par l'intermédiaire d'un étage à transistor et d'un haut-parleur, la note correspondante. Les fréquences exactes des notes dépendent de la fréquence d'horloge, qui, est ici de 64 kHz. La résistance ajustable prise entre les broches 7 et 8 du UM3511A sert à ajuster la fréquence, permettant ainsi d'accorder l'orgue avec un autre instrument –il est préférable d'éviter les cacophonies. Tant que le niveau logique présent à la broche 2 du cir-

Tableau 1. Mélodies préprogrammées du UM3511A.

1. Hush little baby
2. Twinkle twinkle little star
3. London bridge is falling down
4. Dream of home and mother
5. Christmas carol
6. Are you sleeping
7. The farmer in the dell
8. In a Persian market
9. Mary had a little lamb
10. Long long ago
11. Santa Lucia
12. Little brown jug
13. Butterfly
14. The train is running fast
15. Close encounter of the third kind

cuit est bas –l'inverseur S1 a été basculé sur la position B–, il est possible de stocker une mélodie dans la mémoire. Une action sur le bouton S2 (*Replay*) se traduit par la reproduction de la mélodie stockée en mémoire. Le bouton-poussoir S3 sert à appliquer un niveau haut à la broche 4, ce qui se traduit par la remise à zéro du circuit et l'effacement de la mémoire. Si l'on veut écouter l'une des mélodies préprogrammées, il faudra mettre l'inverseur S1 en position A et appuyer sur l'une des touches S4 à S18.

A.B. Tiwana

Tableau 2. Correspondance entre les notations anglo-saxonne et française.

A_3 = la_3 = 220 Hz	A_4 = la_4 = 440 Hz
B_3 = si_3 = 246,9 Hz	B_4 = si_4 = 494 Hz
C_4 = do_4 = 261,6 Hz	C_5 = do_5 = 523,2 Hz
D_4 = $ré_4$ = 293,6 Hz	D_5 = $ré_5$ = 587,3 Hz
E_4 = mi_4 = 329,6 Hz	E_5 = mi_5 = 659,2 Hz
F_4 = fa_4 = 349,2 Hz	F_5 = fa_5 = 698,5 Hz
G_3 = sol_3 = 196 Hz	G_4 = sol_4 = 392 Hz
G_5 = sol_5 = 784 Hz	

Certaines fréquences sont arrondies.

252 SONNETTE TÉLÉPHONIQUE

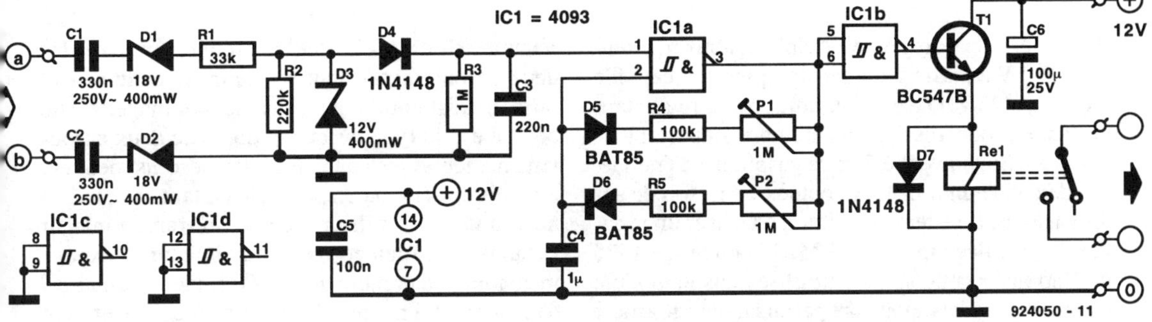

On fait appel, dans ce circuit, au signal produit par la sonnerie d'un téléphone pour activer un oscillateur à durées de niveaux logiques haut et bas variables, oscillateur qui à son tour commande un relais relié à la sonnette de la porte. Le circuit de l'oscillateur est basé sur un trigger de Schmitt du type 4093. Cet oscillateur RC est classique, à ceci près que les temps de charge et de décharge du condensateur C4 sont tous deux modifiables par l'intermédiaire d'une paire d'ajustables reliés au condensateur à travers une diode. On trouve, en aval de l'oscillateur, une porte qui fait office de tampon et qui commande le relais à travers le transistor T1. La détection du signal de la sonnerie du téléphone exige un certain nombre de composants passifs. Les deux condensateurs pris à l'entrée ont pour fonction d'assurer une bonne séparation entre le circuit et le réseau téléphonique et aussi d'éviter que des tensions continues en provenance du réseau téléphonique ne puissent arriver jusqu'au circuit. Les diodes zener D1 et D2 définissent certains seuils pour éviter que le circuit ne réagisse aux signaux de parole au cours d'une conversation. La paire R1/D3 limite le niveau du signal de sonnerie du téléphone –qui atteint à l'origine entre 120 et 150 V_{cc}– à une valeur de 12 V. On dispose, après redressement par la diode D4 et le condensateur C3, d'une tension continue pour la commutation de IC1a. La résistance R3 assure une décharge rapide de C3 après disparition de la sonnerie (de téléphone). La résistance R2 évite que la tension de commande n'atteigne une valeur trop élevée lors d'une conversation. Le contact du relais est en parallèle sur la sonnette de porte existante. L'alimentation du circuit pourra être prise sur le transformateur de la sonnette, sachant que relais excité, le circuit ne consomme pas plus de 35 mA. La position à donner aux ajustables dépend des caractéristiques de la sonnette utilisée. Nous avons constaté que le meilleur résultat était obtenu par le choix d'une durée « ***on*** » courte suivie par une durée « ***off*** » quelque peu plus longue. Rien n'interdit de modifier, dans certaines limites bien évidemment, les valeurs de C4, P1 et P2.

253 ALIMENTATION À DÉCOUPAGE 5 V

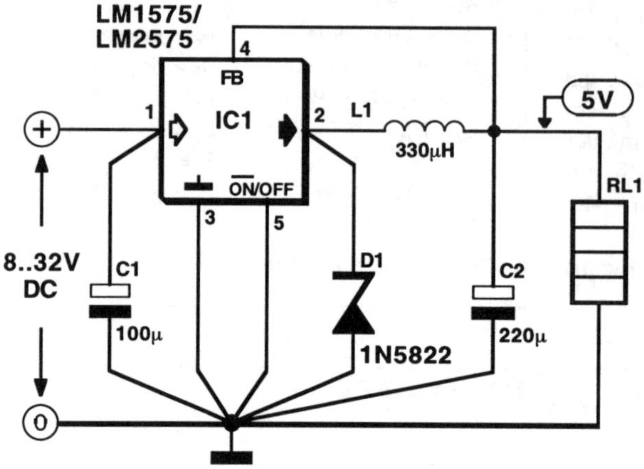

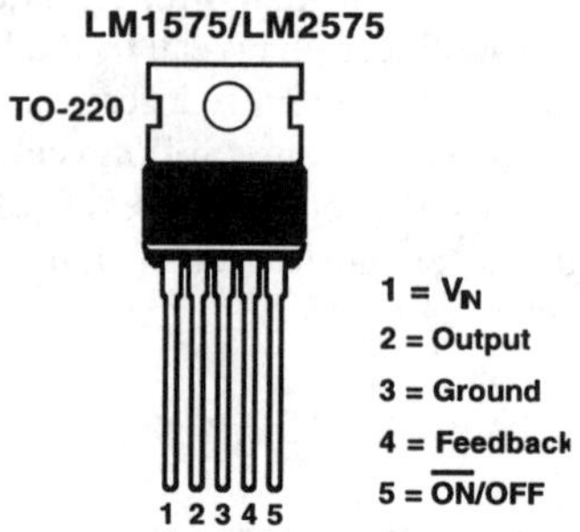

Il vous est déjà arrivé de vouloir obtenir une tension de 5 V à partir d'une tension plus élevée, telle que 15 ou 25 V. Dans ces conditions, le régulateur de tension doit dissiper un nombre important de « watts ». Si l'on veut éviter ce gaspillage d'énergie, qui demande un radiateur coûteux en raison de ses dimensions, il restera la solution d'utiliser un régulateur 5 V à découpage. Le LM2575 ou le LM1575 de National Semiconductor, utilisé dans le module d'alimentation que nous proposons dans cet article ne demande que quatre composants externes pour ce faire : une bobine, une diode et un condensateur électrolytique à l'entrée et à la sortie. L'apparition sur le marché de circuits intégrés tel que le régulateur utilisé ici est la preuve que les fabricants arrivent, peu à peu, à maîtriser les problèmes posés par les alimentations à découpage : le petit module ci-décrit –qui en fait est une application de chez National Semiconductor– fonctionne sans le moindre problème. On notera cependant que, si on la compare à celle d'une alimentation « standard » (linéaire), l'ondulation résiduelle (20 mV_{cc} environ) est légèrement plus importante ici. Nous avons, au laboratoire, mesuré un rendement de 75% environ (alors que la fiche de caractéristiques mentionne un rendement de 82%). Il faut cependant reconnaître que le rendement dépend pour une large part de la qualité des composants externes utilisés. Pour le prototype nous avons fait appel à une diode du type BYW29 de Philips (en fait, n'importe quelle diode rapide convient, mais il ne faudra en aucun cas utiliser une 1N4001 ou équivalente) et à une self de type ZKB616/100 de chez Vacuumschmelze. Il faudra prendre en série les deux enroulements dont se compose cette self et faire très attention au sens de bobinage. Cette bobine est du type torique et dotée de deux enroulements identiques qui, selon les besoins, peuvent être mis en série ou en parallèle (si tant est que l'on ne veuille pas l'utiliser comme un transformateur « standard »). Rien ne vous interdit, à titre d'expérimentation, de prendre une self torique « ordinaire » d'un autre fabricant. On notera que la self doit impérativement être capable de « digérer » un courant de 1 A au minimum. Il est impératif de réaliser ce circuit avec un point de masse central en forme d'étoile. La broche 3 du circuit intégré, les bornes négatives des condensateurs électrolytiques et l'anode de la diode constituent ce point de masse central. Il est recommandé de faire appel à des condensateurs d'excellente qualité, voire de prendre en parallèle deux exemplaires de la moitié de la capacité requise. Le bon fonctionnement du montage est en relation directe avec la compacité de la mise en place des composants sur la platine. Il faudra donc éviter des fils ou des pistes trop longs. La tension d'entrée du circuit doit être comprise entre 8 et 32 V; le courant maximal de sortie est de 1 A. La broche 4 du régulateur est son entrée de « *feedback* ». La broche 5 de ce composant peut servir à la mise hors-fonction du module d'alimentation. Pour ce faire il faut déconnecter cette broche du point de masse et la relier à une ligne présentant une tension comprise entre 2,4 et 15 V.

application National Semiconductor

254 CHRONOCOMMUTATEUR PROGRAMMABLE MONO-CIRCUIT

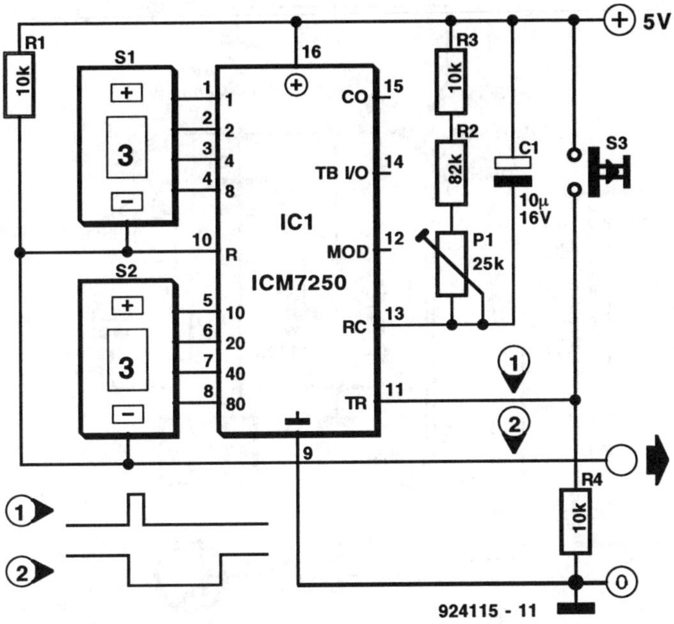

Le temporisateur universel ICM7250 de Maxim permet la réalisation, on ne peut plus simple, d'un chronocommutateur. Le circuit comporte huit entrées de programmation auxquelles on pourra, par exemple, connecter deux commutateurs à roues codeuses. Les quatre entrées du chiffre de poids faible, les broches 1 à 4, servent à la programmation en code BCD du chiffre des unités, les broches 5 à 8, celle du chiffre des dizaines. Il est possible, dans ces conditions, de programmer 99 nombres différents. Le réseau RC, constitué par le quarteron P1/R2/R3/C1, définit la longueur de l'unité de temps. Nous avons ici opté pour la seconde, mais rien n'interdit d'envisager une durée d'intervalle de 1 minute ou de 1 dixième de seconde. Le fabricant donne, dans sa fiche de caractéristiques, 22 MΩ comme étant la valeur maximale à donner à la résistance du réseau RC, la valeur minimale du condensateur étant elle de 10 pF. Il va sans dire qu'il faut veiller, si l'on veut obtenir des durées d'intervalles importantes, à utiliser des condensateurs ayant des courants de fuite très faibles, sinon on perd toute fiabilité quant à la précision de l'unité de temps. Une action sur le bouton-poussoir S3 positionne une bascule bistable S-R intégré dans le ICM7250 et démarre un compteur. La sortie, broche 10, change d'état, passant d'un niveau haut vers un niveau bas. Après écoulement du nombre d'unités de temps RC défini par les positions des roues codeuses, la sortie rebascule au niveau haut. Ce commutateur chronoprogrammable travaille à des tensions d'alimentation comprises entre 2 et 9 V. À des tensions d'alimentation comprises entre 9,5 et 16 V, la sortie reste en permanence au niveau haut, bien que la fiche de caractéristiques indique une domaine de tensions d'alimentation allant jusqu'à 16 V (!). Encore un rédacteur qui n'a pas bien fait son travail ! Nous avons prévu, pour la commande du relais, un BD680, un puissant darlington 4 A, de sorte que l'on pourra utiliser n'importe quel relais 5 V. La consommation du circuit proprement dit n'atteint pas même 1 mA, courant auquel il faudra ajouter celui drainé par la bobine du relais lorsqu'il est activé.

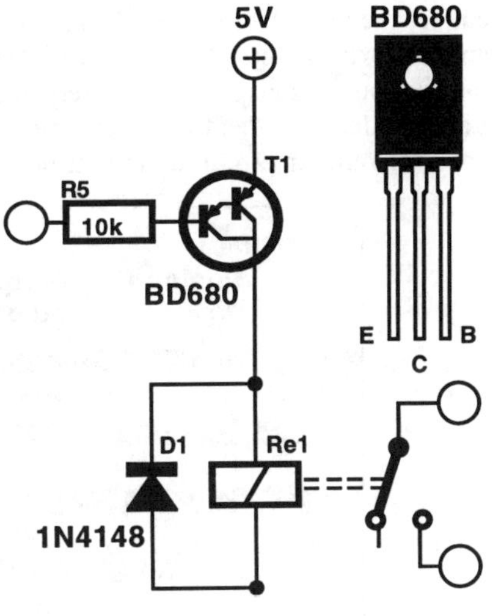

255 TESTEUR DE QUARTZ ACOUSTIQUE

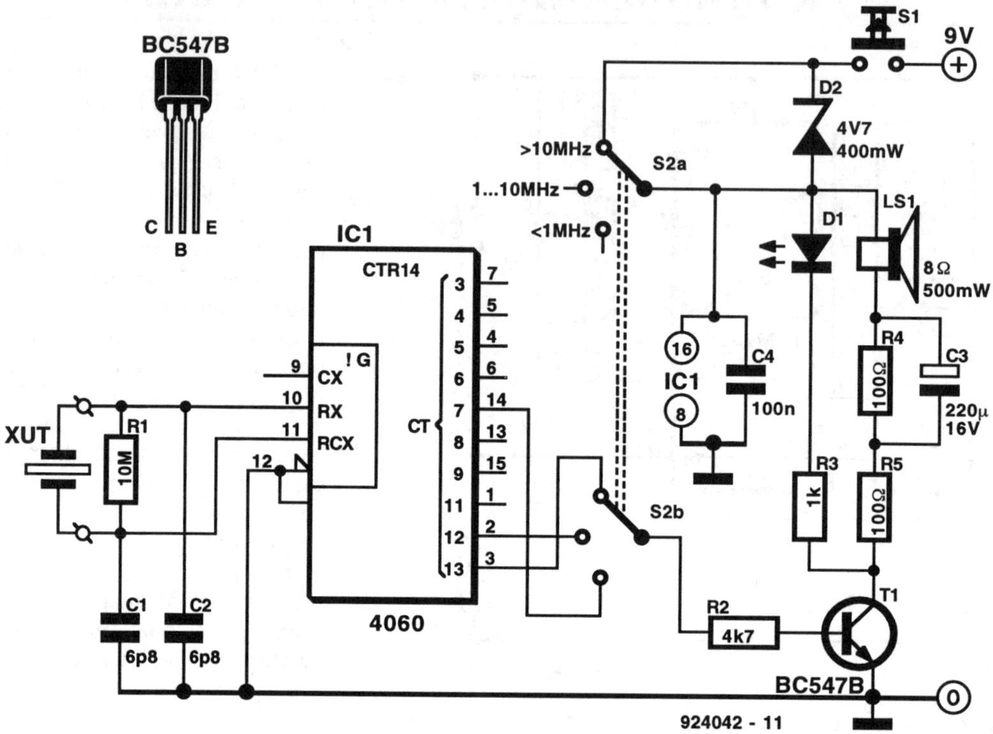

À qui viendrait-il l'idée de tester un quartz acoustiquement, si ce n'était... à ces hurluberlus d'Elektor ? Il n'est bien évidemment pas possible à l'ouïe de capter les « sons » produits par l'oscillation d'un quartz, pour la simple et bonne raison que leur fréquence est bien trop élevée. Il suffit pourtant de prévoir un diviseur de fréquence convenable pour « transposer » la fréquence du quartz dans le domaine des fréquences audibles. Il existe pour ce faire un circuit de la famille CMOS 4000 qui semble avoir été conçu tout spécialement à cet effet, le 4060, circuit qu'il n'est sans doute plus nécessaire de vous présenter, puisqu'il s'agit d'un compteur binaire à 14 étages et à oscillateur intégré. De par l'utilisation d'un circuit aussi complet, le schéma devient d'une simplicité enfantine. Le quartz à tester, XUT (***Xtal Under Test***) est pris entre les deux points de mesure shuntés par la résistance R1. On actionne ensuite le bouton-poussoir S1. Le 4060 divise la fréquence du quartz, et

Tableau

Position de S2	Fréquence du quartz		Fréquence d'oscillation		Fréquence du signal sonore
< 1 MHz	32,768	kHz	32,768	kHz	256 Hz
	100	kHz	100	kHz	781 Hz
	1	MHz	1	MHz	244 Hz
1 à 10 MHz	4	MHz	4	MHz	977 Hz
	10	MHz	10	MHz	2 441 Hz
	27,145	MHz	9,048	MHz	1 105 Hz
> 10 MHz	48	MHz	16	MHz	1 953 Hz
	100	MHz	20	MHz	2 441 Hz

l'une de ses sorties attaque, via la résistance R2, un transistor, T1, qui commande lui un petit haut-parleur. La résistance R5 limite la puissance sonore du haut-parleur à un niveau acceptable en milieu domestique. Sachant qu'il n'est pas intéressant, voire impossible même, d'utiliser un facteur de division unique pour toutes les fréquences de quartz possibles –les quartz pour basse fréquences ne produisent plus alors que des crépitements et autres craquements, alors que les quartz de fréquences élevées produiraient un signal ultrasonique inaudible– nous avons doté le testeur de quartz acoustique de trois calibres. Les quartz de fréquence supérieure à 10 MHz oscillent superbement lorsque l'on donne à l'oscillateur une tension d'alimentation légèrement supérieure. À l'inverse, l'oscillateur préfère une tension d'alimentation quelque peu plus faible lorsqu'il doit travailler avec des quartz de fréquence plus faible. L'un des circuits du double commutateur S2, associé à la diode zener D2, modifie la tension d'alimentation en fonction du calibre choisi. Sur le calibre < 1 MHz, le second circuit du commutateur, S2b, opte pour un facteur de division de 128 ; pour le domaine des fréquences comprises entre 1 et 10 MHz, c'est un facteur de 4 096 qui est utilisé. Les quartz générateurs de fréquences supérieures à 30 MHz sont en règle générale des quartz travaillant sur l'une de leurs harmoniques. Dans le circuit proposé ici au contraire, ils vont osciller à leur fréquence fondamentale (voir tableau). Il serait pratiquement impossible d'opter pour une solution différente sachant que les circuits CMOS sont incapables de travailler à des fréquences supérieures à quelque 20 MHz. On peut de ce fait se contenter, pour le calibre > 10 MHz d'un facteur de division de 8 192. Si l'on préfère alimenter le circuit à l'aide d'une alimentation secteur plutôt qu'avec une pile, on optera de préférence pour une alimentation fournissant une tension de 12 V à un courant de 50 mA au minimum. Il faudra dans ce cas-là remplacer la diode zener D2 par son homologue à tension zener de 6,8 volts (6V8).

K.H. Lorenz

256 NOUVEAU DÉMODULATEUR R.D.S. À TDA7330

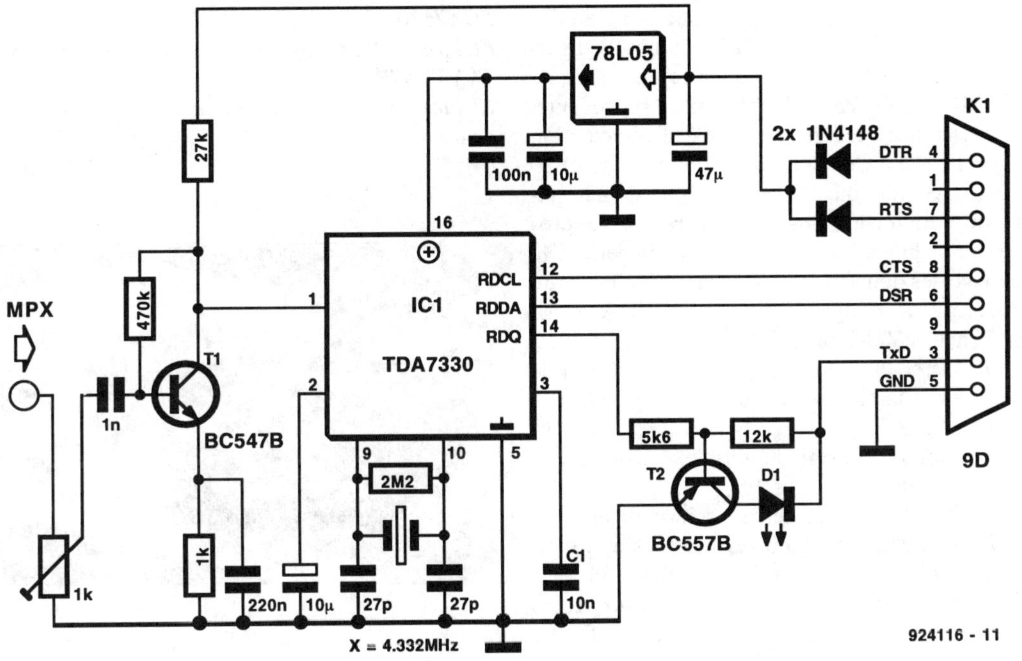

SGS-Thomson propose depuis peu un démodulateur R.D.S. intégré, le TDA7330, qui embarque en outre, sur la même puce, et le filtre et le démodulateur. Le filtre étant réalisé sous la forme d'un filtre à quartz à commutation de condensateurs, il n'est pas nécessaire de prévoir d'étalonnage, ce qui simplifie très notablement la réalisation d'un démodulateur complet. Tout ce dont on a besoin est une tension d'alimentation de 5 V. On dispose, comme signaux de sortie, des signaux classiques de la R.D.S., à savoir RDCL (***RDS CL****ock*), RDDA (***RDS-DA****ta*), RDQ (***RDS-Q****uality*) ainsi que du signal ARI et d'un signal d'horloge de 57 kHz de niveau TTL. Le TDA7330 peut tout aussi bien travailler avec un quartz de 4,332 MHz (broche 18 en l'air, comme c'est le cas ici) qu'avec un quartz de 8,664 MHz (fréquence double de la précédente, broche 18 reliée à la ligne positive de l'alimentation (V_{cc}) cette fois). Ce circuit existe en boîtier DIP20 ou SO20, ce qui vous laisse toute liberté de dessiner votre circuit imprimé. La **figure 1** vous propose le schéma de cette réalisation. Il permet le décodage des données R.D.S. à l'aide d'un PC et du **logiciel de décodage de données R.D.S.** décrit dans le n°138 d'Elektor (décembre 1989, **ESS 131**). L'astuce de ce circuit est que la consommation de courant est si faible que ce dernier peut être dérivé directement de l'interface V-24 (RS-232). Le transistor T1 amplifie le signal multiplexé disponible à la sortie du démodulateur FM du récepteur FM, sachant que la plupart de ces démodulateurs ne fournissent qu'un signal à niveau de tension relativement faible. Le transistor T2 est chargé lui de la commande de la LED D1 qui doit s'illuminer en cas d'erreurs à la réception du signal. Il faudra donc syntoniser le récepteur de manière à ce que la LED D1 (QUAL) s'illumine le **moins** possible. Les signaux de sortie du démodulateur arrivent directement à l'interface sérielle (embase sub D à 9 contacts) où ils sont pris en compte et traités à l'aide du logiciel mentionné plus haut. L'ensemble du circuit pourra prendre place sur un petit morceau de platine d'expérimentation à pastilles (65 x 45 mm), solution illustrée par la photographie de la **figure 2**, que l'on enfichera, comme un dongle, dans l'une des embases de l'interface sérielle. Que le décodage des données R.D.S. commence...

Bibliographie :

SGS-Thomson : Fiche de caractéristiques du TDA7330

Elektor : n°138 page 36 Démodulateur R.D.S. à SAA7579T

Elektor : n°138 page 68 Logiciel de démodulation de données R.D.S.

M. Oshmann

257 INDICATEUR DE PUISSANCE DE CHAMP

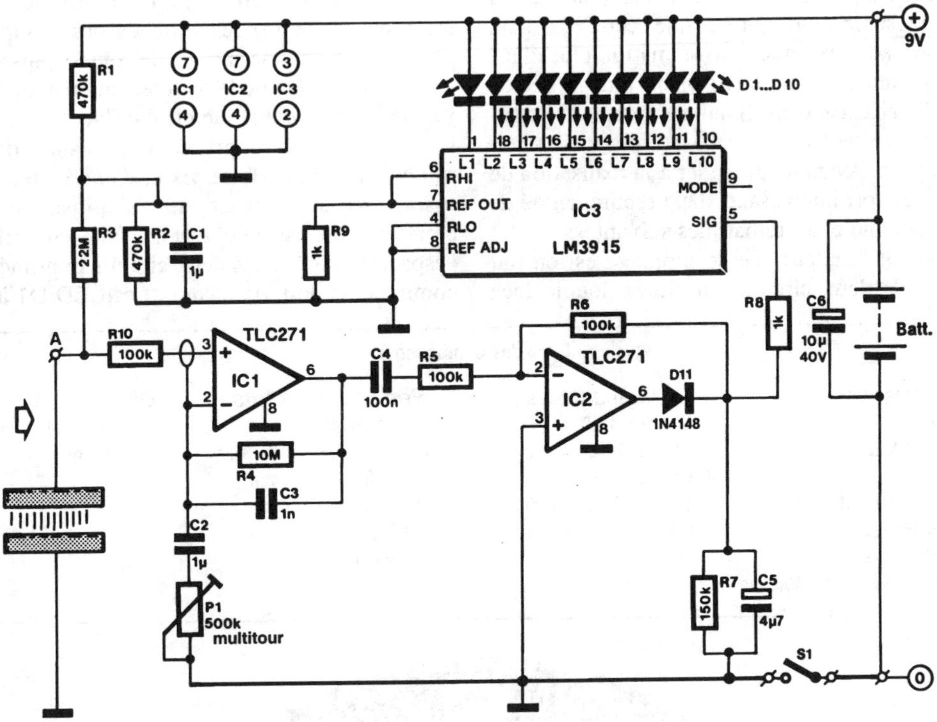

Cet instrument de mesure visualise par l'intermédiaire d'une série de LED constituant une échelle logarithmique, la puissance (force) d'un champ électrique quelconque dans lequel on le place. Le signal d'entrée est appliqué, à travers la plaquette de matériau conducteur connectée à l'appareil, à l'entrée du premier amplificateur opérationnel (IC1) dont le gain est égal au rapport de R4 sur P1. Sur notre prototype, le gain était de 50, la résistance définie par l'ajustable P1 étant de 210 kΩ environ. Le second amplificateur opérationnel fait office de redresseur. En présence d'une demi-onde négative du signal, sa sortie devient positive et la diode D1 fonctionne dans le sens direct (passant). Un signal positif au contraire traverse les résistances R5 et R6 pour arriver à la sortie. Sachant que dans ces conditions la diode D1 bloque, l'amplificateur opérationnel IC2 perd toute influence sur le circuit. Le niveau de la tension de sortie, présente aux bornes du condensateur C5 est visualisée, par le circuit intégré IC3 qui attaque l'**une** des LED constituant l'afficheur en

forme de barregraphe. Si l'on connecte la broche 9 de IC3 à la ligne positive de la tension d'alimentation, on obtient un affichage en barre de toute une série de LED, la dernière visualisant en fait la valeur mesurée. On notera que cette dernière option se traduit par une consommation plus élevé et, logiquement, par un épuisement plus rapide de la pile. En absence d'un signal d'entrée, la résistance R7 sert à effectuer une décharge progressive du condensateur. Avant de procéder à la réalisation de ce montage fort intéressant, il est recommandé de bien prendre note des remarques suivantes:
Le dispositif "capteur" de ce montage est en fait constitué de deux circuits imprimés double face avec un plan de masse. À l'inverse de ce que nous faisons d'habitude, les composants sont cette fois implantés côté pistes. Pour garantir un bon contact et une bonne soudure, il est recommandé de plier légèrement (2 mm) les broches des composants pour qu'ils aient une surface de contact plus importante. L'autre côté de la platine, entièrement recouvert de cuivre, constitue en fait l'un des capteurs. Les deux circuits imprimés sont ensuite fixés en sandwich à l'aide d'une vis et d'une entretoise en nylon (ou autre plastique). L'utilisation d'une entretoise est essentielle pour faire en sorte que l'espacement entre les deux circuits imprimés soit, comme il se doit, de 20 mm. Les LED D1 à D10,

Liste des composants

Résistances :	*Condensateurs :*	*Semi-conducteurs :*	*Divers :*
R1,R2 = 470 kΩ	C1,C2 = 1 µF	D1 = 1N4148	S1 = interrupteur simple miniature
R3 = 22 MΩ	C3 = 1 nF céramique	D2 à D5 = LED verte 3 mm	
R4 = 10 MΩ	C4 = 100 nF	D6 = LED jaune 3 mm	
R5,R6,R10 = 100 kΩ	C5 = 4µF7/25 V radial	D7 à D11 = LED rouge 3 mm	
R7 = 150 kΩ	C6 = 10 µF/40 V radial	IC1,IC2 = TLC271	
R8,R9 = 1 kΩ		IC3 = LM3915	
P1 = 500 kΩ ajust. multitour			

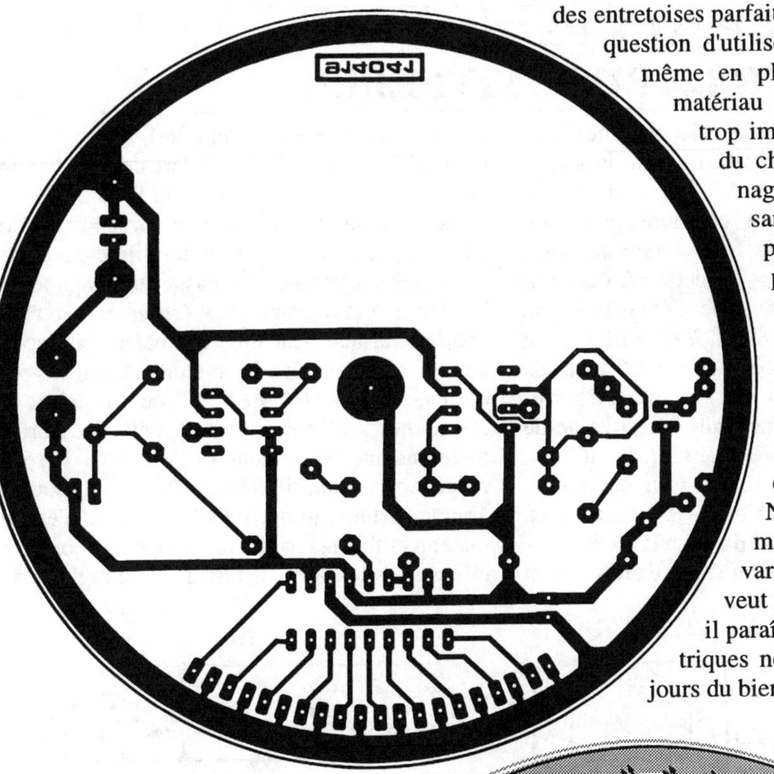

l'interrupteur S1, le condensateur C5 et l'ajustable multitour P1 sont couchés sur la platine, tous les autres composants sont montés verticalement, comme à l'accoutumée. Il faut ensuite, à l'aide d'un morceau de fil de câblage isolé, relier le point "**A**" du circuit imprimé à un point quelconque de l'autre platine. Il ne nous reste qu'à voir comment étalonner l'indicateur de puissance de champ. Il vous faudra, pour ce faire, vous procurer deux plaquettes en tôle. Chacune des ces plaquettes est connectée à l'une des bornes de l'enroulement secondaire d'un variateur (genre de transformateur réglable) fournissant une tension de 1 V. On dispose ensuite les plaquettes horizontalement à 10 cm l'une de l'autre. quatre morceaux de tubes en carton font des entretoises parfaites. Il absolument hors de question d'utiliser un objet en métal ou même en plastique, car ce type de matériau exercerait une influence trop importante sur la puissance du champ électrique d'étalonnage. L'indicateur de puissance de champ doit être placé **à mi-chemin** très précisément entre les deux plaquettes (sur un livre d'épaisseur convenable par exemple). Il s'agit maintenant de jouer sur l'ajustable P1 jusqu'à ce que la LED jaune indiquant 10 V/m s'illumine. Note finale : il est recommandé de débrancher le variateur chaque fois que l'on veut modifier la valeur de P1 ; il paraîtrait que les champs électriques ne nous veuillent pas toujours du bien !

H. Moser

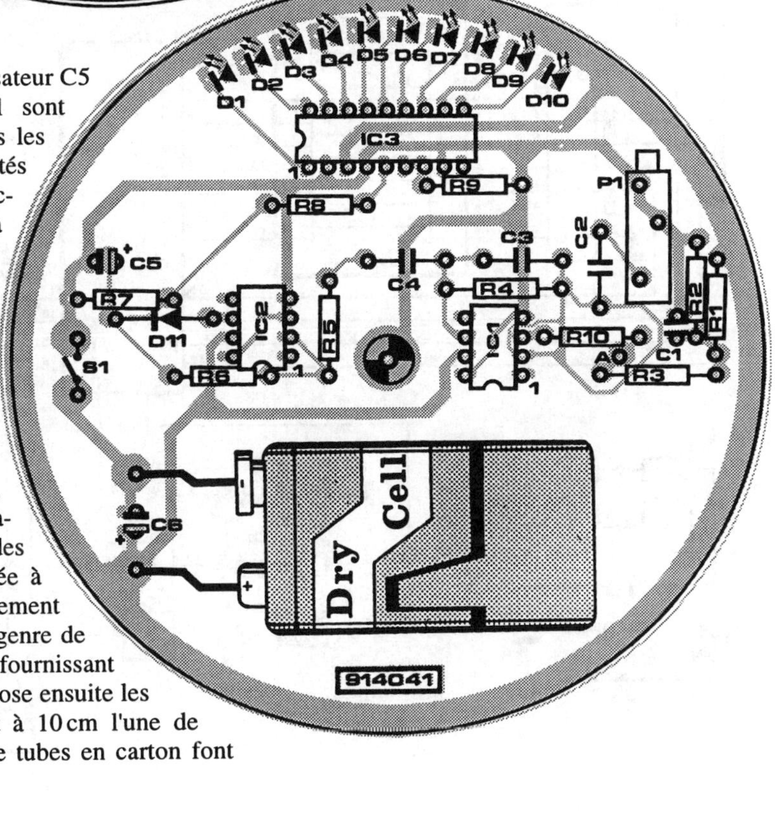

258 INTERFACE RS-232 POUR LE BUS UNIVERSEL

Le circuit décrit dans cet article est une carte d'extension RS-232 pour l'**interface de bus universelle** (pour IBM-PC-XT, AT, 386 et autres, cf. référence [1]). Le cœur de ce montage est un UART (*Universal Asynchronous Receiver/Transmitter* = Émetteur/Récepteur Asynchrone Universel) du type COM81C17 de SMC (*Standard Microsystem Corporation*). Ce composant performant intègre un générateur de taux de transmission qui dérive son signal d'horloge d'un oscillateur à quartz réalisé ici à l'aide de trois des inverseurs intégrés dans un 74HCT04. Sur le bus, le COM81C17 se comporte comme un dispositif de lecture/écriture à huit bits. L'acquittement RS-232 se limite ici à la paire RTS-CTS (*Request To Send* = Demande d'émission et *Clear to Send* = Prêt à émettre), approche largement suffisante pour la plupart des applications. deux LED, D2 et D3, visualisent l'état de ces deux lignes. La sortie $\overline{\text{INT}}$*errupt request* = demande d'interruption) du circuit fait ici office d'indicateur d'activité. La broche $\overline{\text{INT}}$ passe au niveau logique bas lorsque le registre d'état (*status register*) a été validé, état que peut lire l'ordinateur en accédant au registre via le bus. Il est étonnant, vu ses possibilités, que le COM81C17 ne comporte que 20 broches seulement. Le fait qu'il ait 20 broches de moins que l'archi-connu UART AY3-1015D (le précédent standard industriel) est dû pour une grande part au fait que tous les signaux d'état normalement fournis par un tel composant sont disponibles sous la forme de bits dans un registre d'état

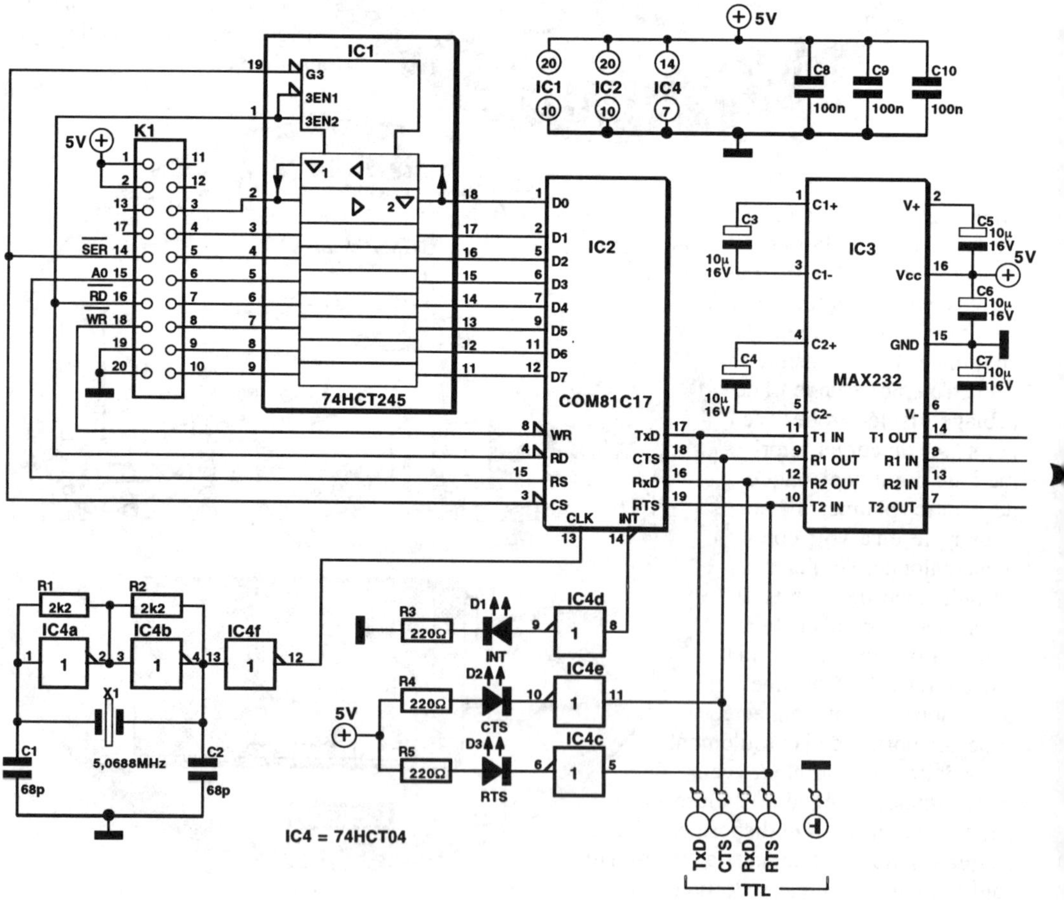

MODE REGISTER

Bit	Function	Description
D0	CP1	pin 18 (CP1): 0 = CTS (in); 1 = input
D1	I/O (CP2)	pin 19 (CP2): 0 = output; 1 = input
D2	CP2	pin 19 (CP2): 0 = RTS (ouput);1 = input
D3	CLK	0 = internal divider; 1 = divide by 16
D4	PE	0 = no parity; 1 = parity enabled
D5	ODD	0 = even parity; 1 = odd parity
D6	# of data bits	0 = 7 databits; 1 = 8 databits
D7	# of stop bits	0 = 1 stop bit; 1 = 2 stop bits

924048-13

plutôt que sous celle de niveaux logiques présents sur certaines broches. Ces signaux d'état incluent registre à décalage Tx vide (*Tx shift register empty*), erreur de dépassement (*overrun error*), erreur de parité (*parity error*), tampon Rx plein (*Rx buffer full*) et toute une ribambelle d'autres. On y a également remplacé les broches de sélection du taux de transmission par leur équivalent logiciel. Nous ne pouvons malheureusement pas, dans le cadre très restreint de cet article, entrer dans le détail de toutes les fonctions de programmation du COM81C17. Pour de plus amples informations nous vous renvoyons à la fiche de caractéristiques de SMC ou à l'ouvrage cité en référence [2].

Nous vous proposons cependant un minimum d'informations devant vous permettre de vous jeter à l'eau : l'ordinogramme de la procédure d'initialisation initiale, **figure 2**, une vue des registres d'état et de mode (*status & mode register*), **figures 3** et **4**, un tableau de sélection du taux de transmission (*baud rate*), **figure 5**, et un programme en BASIC, **figure 6**. Ce programme permet un test fiable du matériel par répétition (*echo*) des caractères transmis. Il faut, pour ce faire, relier entre elles, d'une part les broches 3 et 5 (Data) du connecteur K3 ou K2 et de l'autre les broches 4 et six (acquittement). Il suffit pour cela d'implanter un cavalier de court-circuit à l'endroit approprié sur le connecteur concerné. Notons en passant que le brochage adopté pour les embases K2 et K3 est tel qu'elles peuvent être reliées directement à des connecteurs auto-dénudants de type sub D à l'aide d'un morceau de câble plat, interconnectant ainsi une à une les broches de même numéro. Nous avons fait appel, pour interfacer le COM81C17 au périphérique RS-232 relié au connecteur K4 ou K5, à un MAX232 (à convertis-

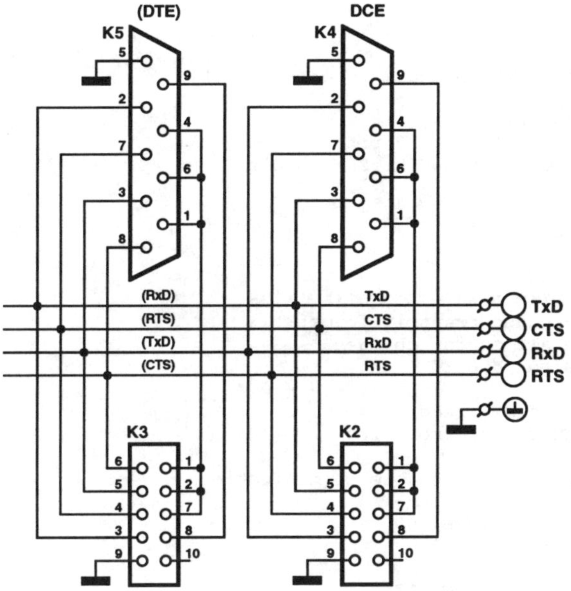

924048 - 11

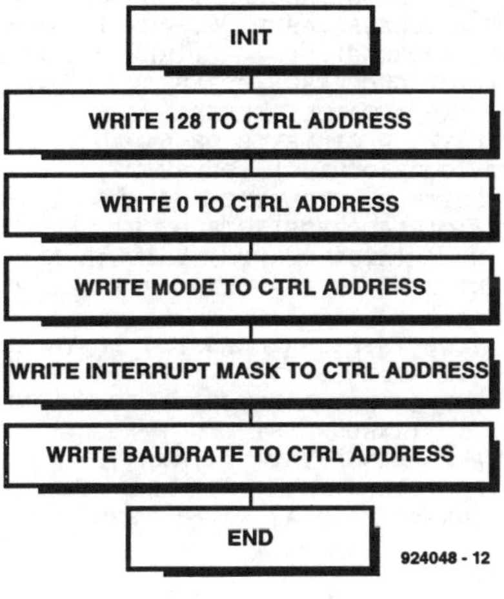

924048 - 12

seur de tension négative embarqué) utilisé dans une configuration classique. Comme le montre le schéma, il vous est possible de réaliser un câblage tant pour un DCE (***Data Communication Equipment***) que pour un DTE (***Data Terminal Equipment***). La dérivation d'un certain nombre de lignes entre le COM81C17 et le MAX232 permet la création d'une interface sérielle à niveaux TTL que l'on pourra utiliser pour les applications ne nécessitant pas de niveaux RS-232. Notons, pour finir, que l'adressage des cartes connectées au bus universel ainsi que les règles régissant

STATUS REGISTER

Bit	Function	Description
D0	pin 18	input pin 18 (inverted)
D1	pin 19	input pin 19 (inverted); 0 if CP2 is output
D2	TX Shift Empty	1 if the transmit shift register is empty
D3	Parity Error	1 if parity error detected
D4	Overrun Error	1 if a character is overwritten before it has been fetched
D5	Frame Error	1 indicates wrong format received
D6	TX Buffer Empty	1 if the transmit buffer is empty
D7	RX buffer full	1 if the receive buffer is full

```
10 ADDRESS = &H300
20 TXADDRESS = ADDRESS+0        : REM write transmit buffer
30 RXADDRESS = ADDRESS+0        : REM read receive buffer
40 CTRLADDRESS = ADDRESS + 1    : REM write only
50 STATUSADDRESS = ADDRESS +1   : REM read only
60 CTRLBYTE = 8+16+64
70                                REM reset tpuart
80 CTRLBYTE = CTRLBYTE OR 128
90 OUT (CTRLADDRESS),CTRLBYTE
100 CTRLBYTE = CTRLBYTE AND 127
110 OUT (CTRLADDRESS),CTRLBYTE
120 CTRLBYTE = CTRLBYTE OR 128
130 OUT (CTRLADDRESS),CTRLBYTE
140 CTRLBYTE = CTRLBYTE AND 127
150 OUT (CTRLADDRESS),CTRLBYTE
160                               REM set cts in rts out and internal clock
170 PARITY = 1 : REM 0: no parity
180 ODD = 0    : REM 0: even parity  1: odd parity
190 BITS = 1   : REM # bits per character 0: 7 bits  1: 8 bits
200 STOPBITS = 0 :  REM # of stop bits 0:1 stop bit and 1: 2 stop bits
210 CP1 = 0    : REM cp1 as cts input
220 CP2IO = 0  : REM cp2 as output
230 CP2 = 0    : REM cp2 functions as rts output
240 CLK = 0    : REM internal clock
250 MODE = CP1 * 1 + CP2IO * 2 + CP2 * 4 + CLK * 8
260 MODE = MODE + PARITY * 16 + ODD * 32 + BITS * 64 + STOPBITS * 128
270 OUT (ADDRESS),MODE   : REM define outputs and transmit format
280 OUT (ADDRESS),&HFF   : REM interrupt on all status changes
290 OUT (ADDRESS),5      : REM set baudrate to 2400 Bd
300 OUT (CTRLADDRESS),CTRLBYTE
310 A = INP (STATUSADDRESS)            : REM dummy read
320 CTRLBYTE = CTRLBYTE OR 64          : REM reset error bits
330 OUT (CTRLADDRESS),CTRLBYTE
340 CTRLBYTE = (CTRLBYTE AND (255-8-16)) OR 38 : REM enable communication
350 OUT (CTRLADDRESS),CTRLBYTE
360 A=INP (STATUSADDRESS) : IF (A AND 128) <>128 THEN 380
370 PRINT A; : A= INP (RXADDRESS) : PRINT A : GOTO 360
380 FOR I=0 TO 255
390 A = INP (STATUSADDRESS) : IF (A AND 64) <>64 THEN 390
400 OUT (TXADDRESS),I
410 A= INP (STATUSADDRESS) : IF (A AND 128) <>128 THEN 410
420 A= INP (RXADDRESS)
430 IF A=I THEN PRINT " ";A;" ";
440 IF A<>I THEN PRINT A;" ";I;" error ";
450 A$=INKEY$ : IF A$ <> "" THEN END
460 NEXT
470 GOTO 380
```

l'adjonction de fonctions de lecture/écriture à une seule adresse feront l'objet d'explications intéressantes dans l'article cité en référence [3].

BAUD RATE SELECTION

D3 - D0	Baud rate
0000	50
0001	110
0010	134.5
0011	150
0100	300
0101	600
0110	1200
0111	1800
1000	2000
1001	2400
1010	3600
1011	4800
1100	7200
1101	9600
1110	19200
1111	38400

924048-15

Bibliographie :

[1] Interface de bus universelle, Elektor n°155, mai 1991.

[2] Guide des circuits intégrés périphériques 2, pages 323 et suivantes, ISBN 2-86661-039-3, Publitronic (épuisé)

[3] Carte à opto-coupleurs pour l'interface de bus universelle,
Elektor n°171 – Septembre 1992.

Liste des composants

Résistances :
R1,R2 = 2kΩ2
R3 à R5 = 220 Ω

Condensateurs :
C1,C2 = 68 pF
C3 à C7 = 10 µF/16 V radial
C8 à C10 = 100 nF

Semi-conducteurs :
D1 à D3 = LED rouge 3 mm
IC1 = 74HCT245
IC2 = COM81C17*
IC3 = MAX232
IC4 = 74HCT04

Divers :
K1 = embase 2x10 broches HE10
K2,K3 = embase 2x5 broches HE10
K4,K5 = embase sub D à 9 broches coudée encartable mâle
X1 = quartz 5,0688 MHz

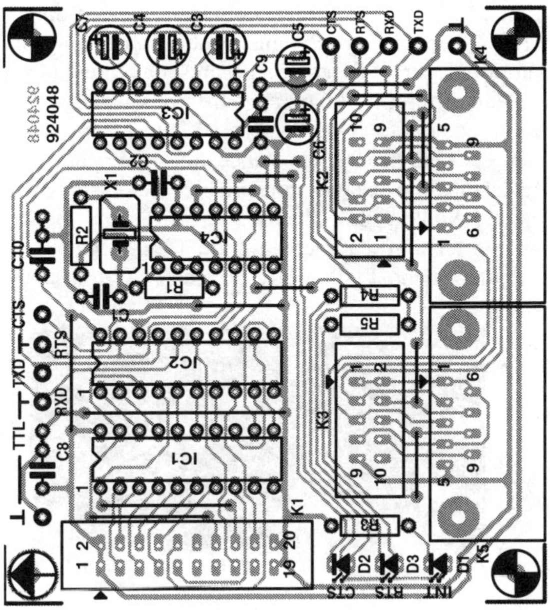

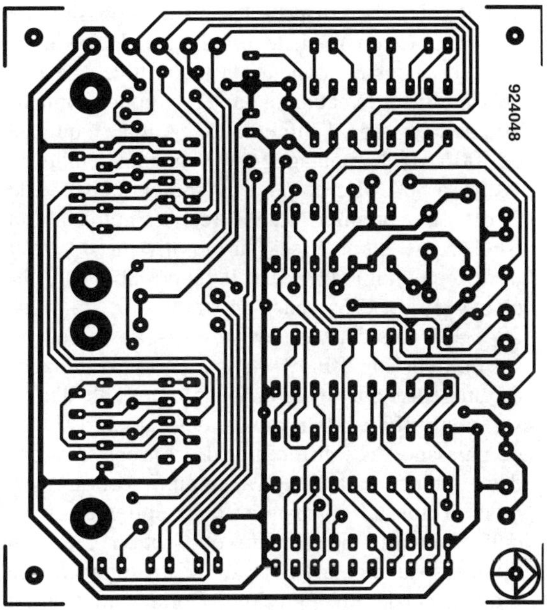

259 AMPLIFICATEUR UHF

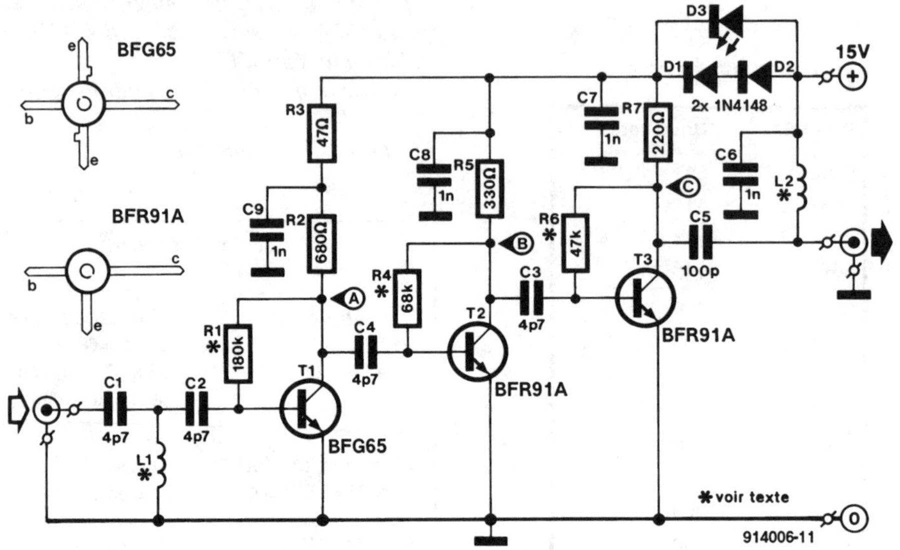

Si, bien que vous possédiez une antenne superbe haute comme la tour Montparnasse (et donc utilisant un câble coaxial d'une longueur extrême), la réception des émissions télévisées reste misérable, nous avons de quoi mettre fin à votre désespoir. L'amplificateur UHF, décrit ici, mettra fin à ce genre de situations problématiques. On notera que l'obtention de la meilleure efficacité exige que cet amplificateur soit disposé le plus près possible de l'antenne, à son pied de préférence. L'entrée de l'amplificateur est conçue de façon à ce que l'on puisse utiliser le câble de l'antenne pour l'application de la tension d'alimentation. À une fréquence de 400 MHz, le montage fournit un gain de plus de 40 dB; à 800 MHz ce gain est toujours encore de 20 dB. Le premier étage, réalisé autour d'un BFG 65, se caractérise par un niveau de bruit intrinsèque faible (1,8 dB). Il est possible de remplacer le BFG 65 par un transistor du type 2SC3358. Les deux étages suivants, basés chacun sur un transistor BFR 91A, sont en fait des étages de puissance. On notera qu'il est impossible d'utiliser ici un BFR 91B en raison, des caractéristiques de puissance très différentes de ce transistor. Les deux bobines à air, L1 et L2, ont une section interne de 3 mm. L1 consiste en deux spires de fil de cuivre émaillé de 0,5 mm de section ; L2 en 20 spires du même fil, ce qui correspond à une inductance de 1 µH environ. Comme le courant d'alimentation circulant dans ces bobines a une intensité de 50 mA environ, il ne saurait être question d'utiliser ici du fil de cuivre émaillé de section plus faible. Exception faite des condensateurs disque C6 à C9, tous les autres condensateurs de couplage (C1 à C5) utilisés sont en version **CMS** (Composant pour Montage en Surface).

Il faudra régler individuellement, par l'intermédiaire de leur résistance collecteur/base propre (R1, R4 et R6 respectivement) chacun des étages amplificateurs. Si, lors des mesures, on obtient une valeur différente, s'éloignant trop des valeurs de référence indiquées ci-dessous, il faudra impérativement remplacer la résistance concernée par une résistance de valeur convenable (selon le cas moindre ou plus importante).

À une tension d'alimentation de 15 V, le courant circulant dans T1 doit être de 7 mA environ, cor

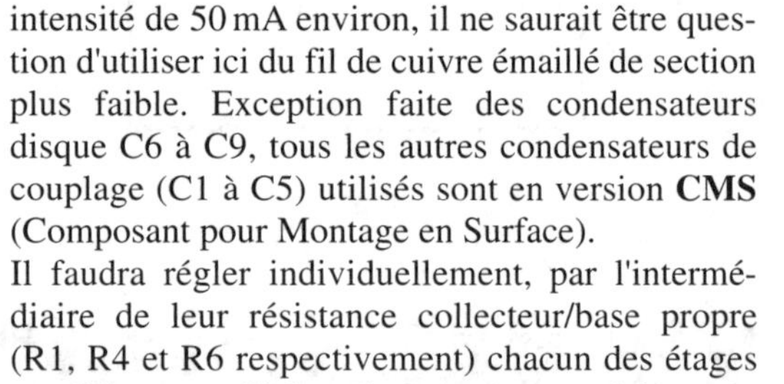

respondant à la présence d'une tension de 9,27 V sur le point de mesure **A**. Dans le cas du second et du troisième étage, le courant doit prendre une intensité comprise entre 20 et 25 mA, valeur qui se traduit par une tension de 8,58 V au point de mesure **B** et de 8,52 V au point de mesure **C**. On notera que le boîtier à utiliser pour "loger" ce montage doit empêcher toute infiltration **et** de hautes fréquences, **et**, si tant est qu'il soit installé "en plein air", d'eau (pluie, buée et autre rosée). L'utilisation d'un boîtier métallique de bonne qualité s'impose.

Liste des composants

Résistances :	*Condensateurs :*	*Semi-conducteurs :*	*Divers :*
R1 = 180 kΩ*	C1 à C4 = 4pF7 CMS	D1,D2 = 1N4148	L1 = bobine à air, section interne 3 mm, 2 spires de fil de cuivre émaillé de 0,5 mm de section
R2 = 680 Ω	C5 = 100 pF CMS	D3 = LED	L2 = bobine à air, section interne 3 mm, 20 spires de fil de cuivre émaillé de 0,5 mm de section
R3 = 47 Ω	C7 à C9 = 1 nF disque	T1 = BFG 65 (ou 2SC3358)	
R4 = 68 kΩ*		T2,T3 = BFR 91A*	
R5 = 330 Ω			
R6 = 47 kΩ*			
R7 = 220 Ω			

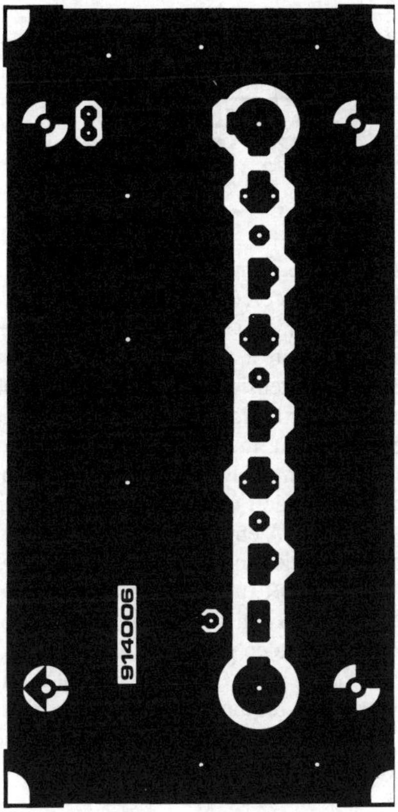

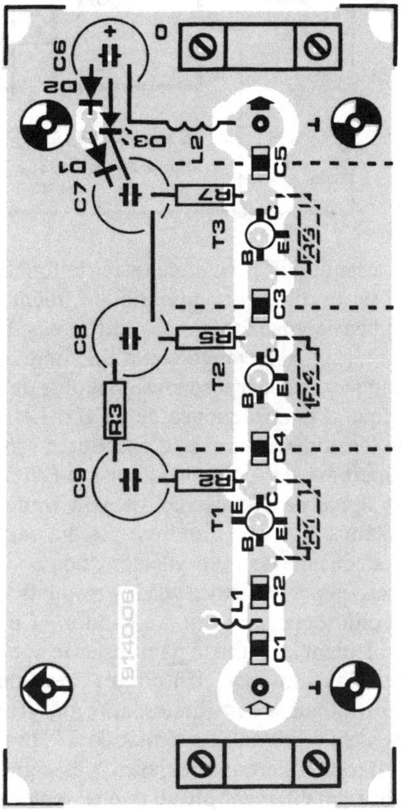

260 TESTEUR D'OSCILLOSCOPE COMPACT

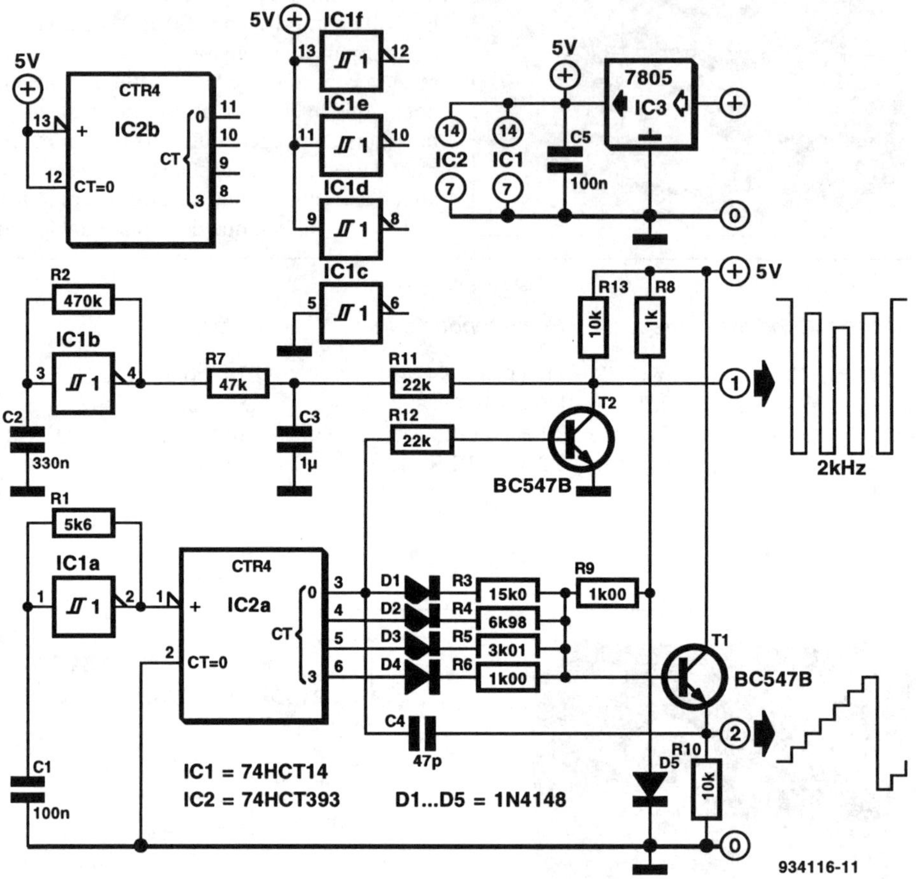

Ce modeste circuit permet de tester le fonctionnement d'un oscilloscope numérique à mémoire. Il produit deux signaux totalement différents. Le premier est un signal rectangulaire d'une fréquence de 2 kHz auquel se superpose un signal plus ou moins analogique d'une fréquence de 15 Hz. Le second est une tension en marches d'escalier sur laquelle on a superposé des pointes de tension (*glitch*). Ce second signal de test permet de voir immédiatement si l'oscilloscope élimine, lors du traitement du signal, ce type de crêtes aléatoires ou non. Si tel est le cas, on peut affirmer que les résultats fournis par l'oscilloscope sont sujets à caution. Ce signal peut également être utilisé pour tester le comportement de l'oscilloscope. Un circuit de déclenchement travaillant à ses limites aura de gros problèmes avec ce signal. Le signal de 2 kHz permet de vérifier si, à certains réglages, des signaux de fréquence notablement plus basse restent visibles. Un oscilloscope numérique à mémoire n'aura pas de difficulté de ce côté-là. Le principe du circuit est facile à saisir. Le signal de 2 kHz est obtenu par une commutation à une fréquence de 2 kHz du transistor T2, la tension de collecteur ainsi obtenue est trafiquée par le signal filtré fourni par l'oscillateur travaillant à 15 Hz centré sur l'inverseur à bascule de Schmitt, IC1a. La tension en marches d'escalier vient de l'oscillateur, IC1a associé à un convertisseur N/A en technologie discrète sous la forme d'IC2 et des composants connexes (D1 à D4 et R3 à R6 plus R9). T1 est un tampon. La diode D5 compense la tension de seuil de la jonction base-émetteur de ce transistor. C'est, pour terminer, au condensateur C4 de produire les crêtes de tension (*spike*) requises. Le circuit admet n'importe quelle tension d'alimentation comprise entre 9 et 15 V, sa consommation étant de l'ordre de 50 mA.

261 TAMPON DE COMMUTATION POUR LE CONVERTISSEUR A/N–N/A CENTRONICS

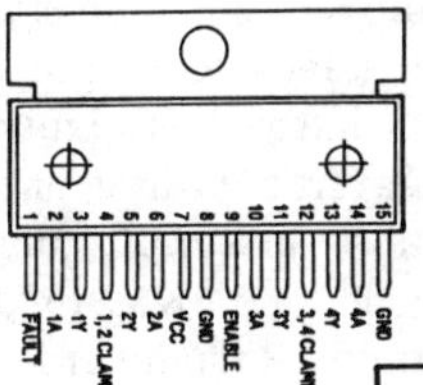

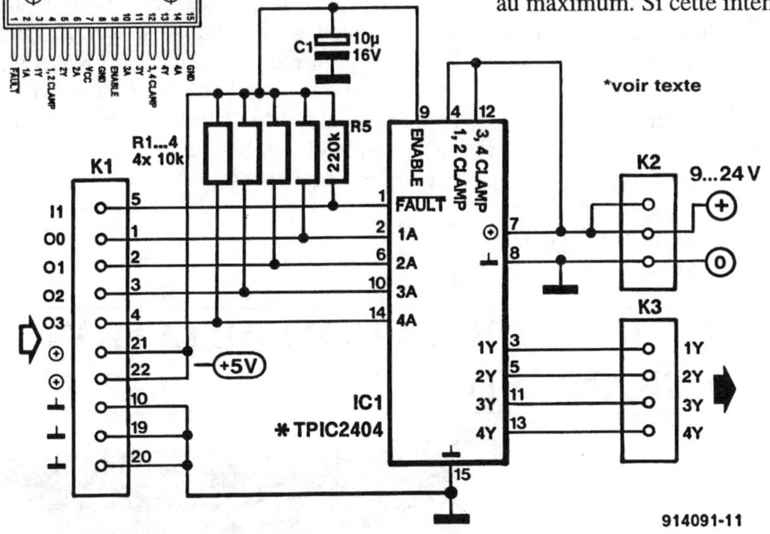

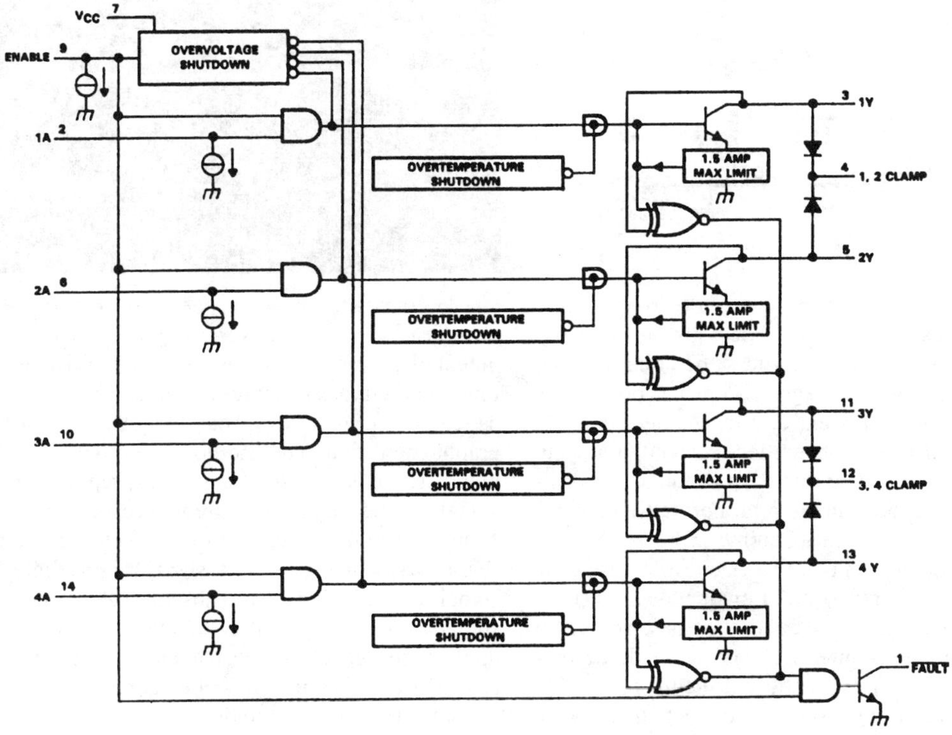

Les sorties numériques (00 à 03) du **convertisseur A/N–N/A pour Centronics** décrit dans le n°142 d'Elektor peuvent commuter un courant de 100 mA au maximum. Si cette intensité est insuffisante, utilisez le tampon de puissance proposé ici, autour d'IC1, le TPIC2404 de Texas Instruments, qui commute sans sourciller 1 A par canal. On pourra disposer d'un courant plus fott encore, par la mise en parallèle de plusieurs sorties (1Y à 4Y). Comme l'illustre le schéma de la **figure 2**, toutes les sorties sont du type à collecteur ouvert. Remarquons que la sortie d'indication d'erreur $\overline{\text{FAULT}}$ du circuit est reliée à l'entrée I1 du convertisseur sur le connecteur K2 de ce montage. De cette façon, le TPIC2404 signale les conditions d'erreur suivantes :

- une tension d'alimentation trop importante, c'est-à-dire supérieure à 25,5 V ;
- une surchauffe ;
- un court-circuit des sorties
- l'absence de charge en sortie (uniquement lorsque les sorties sont inactives).

Il suffira de donner au connecteur K1 de notre tampon la forme d'un 2 x 13 broches avec éjecteur (HE10) pour pouvoir ensuite le relier, à l'aide d'un morceau de câble plat terminé à ses deux extrémités par un connecteur femelle à 26 broches en deux rangées, au connecteur K2 du convertisseur A/N–N/A. Le logiciel est en mesure de "prendre le pouls" de I1 (examiner à intervalles réguliers le niveau de cette ligne) et d'avertir l'utilisateur en cas de détection d'une condition d'erreur. IC1 doit être doté d'un petit radiateur ; le type SK59 (37,5 mm de long) devrait faire l'affaire. Il faudra **enlever la résistance R31** de la platine du convertisseur A/N–N/A ! Sorties actives, la consommation de courant du circuit est de 100 mA environ.

262 ACCÉLÉRATEUR DE COMMUTATION POUR TRANSISTOR

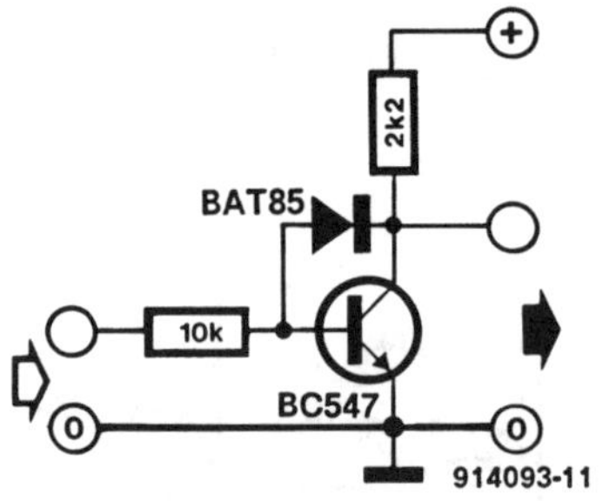

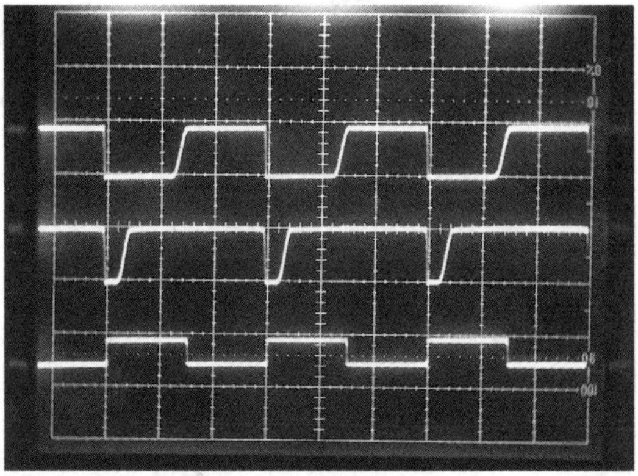

En règle générale, les transistors de commutation sont amenés à saturation, processus qui n'est pas sans effet néfaste sur leur vitesse de commutation. Du côté des circuits intégrés, on place souvent des diodes Schottky aux entrées, de manière précisément à contrer ce phénomène gênant. On peut aussi, dans le cas d'un transistor ordinaire, implanter une diode, de manière à lui permettre de commuter plus rapidement. Comme l'illustre le schéma, cette diode vient se placer entre la base et le collecteur du transistor. Lorsque le transistor devient conducteur, son courant de base sera, à un moment donné, limité, sachant que la diode présente une tension de jonction (de seuil) plus faible que celle de la jonction base-collecteur, de sorte que le courant de base excédentaire peut trouver une "issue de secours" vers le collecteur dont le potentiel est tiré vers le bas. Lors de la mise hors-fonction du transistor, il lui faudra de ce fait moins de temps pour repasser à l'état bloquant. La photographie de l'écran d'un oscilloscope montre clairement ce qui se passe. Le signal 1 représente le signal d'entrée ayant une fréquence de 166 kHz. Nous allons donc trouver sur le collecteur du transistor le signal inversé. Le signal 2 représente le signal de collecteur en l'absence de diode, le signal 3 nous montre la même tension, mais avec diode cette fois. On le constate clairement, lorsque la diode est présente, le collecteur retrouve son niveau haut bien plus rapidement.

263 CIRCUIT DE MAINTIEN DE CHARGE POUR ACCUMULATEURS

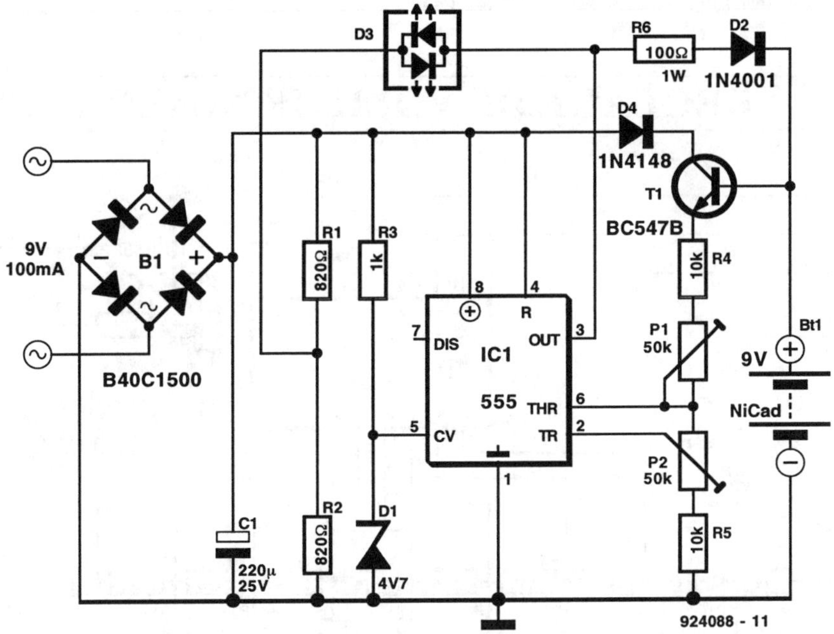

Le circuit de maintien de charge pour accumulateurs est une des applications à 555 faisant appel, d'une manière très astucieuse, aux possibilités offerte par ce « mille-pattes » d'entre les circuits intégrés. La diode D1 positionne le comparateur à fenêtre à une valeur de 4,7 V. Si la tension présente sur la broche 6 devient supérieure à cette valeur, la sortie (broche 3) du circuit passe au niveau bas. Si par contre la tension sur la broche 2 devient inférieure à la moitié de cette tension de référence, 2,35 V donc, la sortie passe au niveau haut. Si la sortie se trouve au niveau haut, l'accumulateur connecté est chargé à travers la résistance R6 et la diode D2 jusqu'au moment où est atteinte la tension de fin de charge –prédéfinie à l'aide de l'ajustable P1. Dès cet instant, le transistor T1 surveille la tension présente aux bornes de l'accumulateur. Si cette tension tombe en-dessous de la valeur de la tension de fin de décharge, définie elle par l'intermédiaire de l'ajustable P2 –peu importe que ce soit dû à une auto-décharge ou à une utilisation normale de l'accumulateur– un nouveau cycle de recharge démarre, indiqué par l'illumination en rouge de la LED D3. Lorsque l'on est en mode de maintien de charge, cette LED s'illumine en vert ; on l'aura compris que l'on se trouve en présence, pour D3, d'une LED bicolore. Sachant que le fonctionnement du circuit est totalement automatique, il n'y a aucun mal à laisser un accumulateur connecté au circuit pendant une durée importante, des mois même. Si l'on respecte le dimensionnement des composants indiqué dans le schéma, le circuit convient pour des accumulateurs de 6 ou de 9 V (tels que les accumulateurs à CdNi disponibles dans le commerce).

Il faudra recharger les accumulateurs CdNi de 9 V à six ou sept cellules à l'aide d'un courant de 20 mA environ. On jouera, après un cycle de charge de 14 heures, sur P1 pour définir la tension de fin de charge à la valeur de la tension présente aux bornes de l'accu à ce moment-là. La tension de fin de décharge –qui est donc elle à laquelle débutera le processus de recharge– est réglée à une valeur inférieure de 1 V à la tension de fin de charge. Ce réglage se fait, comme nous le mentionnions plus haut, par l'intermédiaire de l'ajustable P2. Les accumulateurs de 6 V à quatre ou cinq cellules sont chargés avec un courant de quelque 55 mA. Les tensions de fin de charge et de fin de décharge sont définies de la même façon que celle décrite ci-dessus. Dans ce cas-là, la différence entre le niveau de fin de charge et le niveau de fin de décharge sera ajustée à 0,8 V. L'auteur de ce circuit est d'avis qu'une charge effectuée en se basant sur la tension présentée par un accumulateur CdNi ne risque pas de l'endommager et ceci en dépit des recommandations faites par les fabricants qui préfèrent préconiser une charge temporisée, tenant éventuellement compte de la température des accumulateurs.

264 RÉGLAGE DE VOLUME NUMÉRIQUE

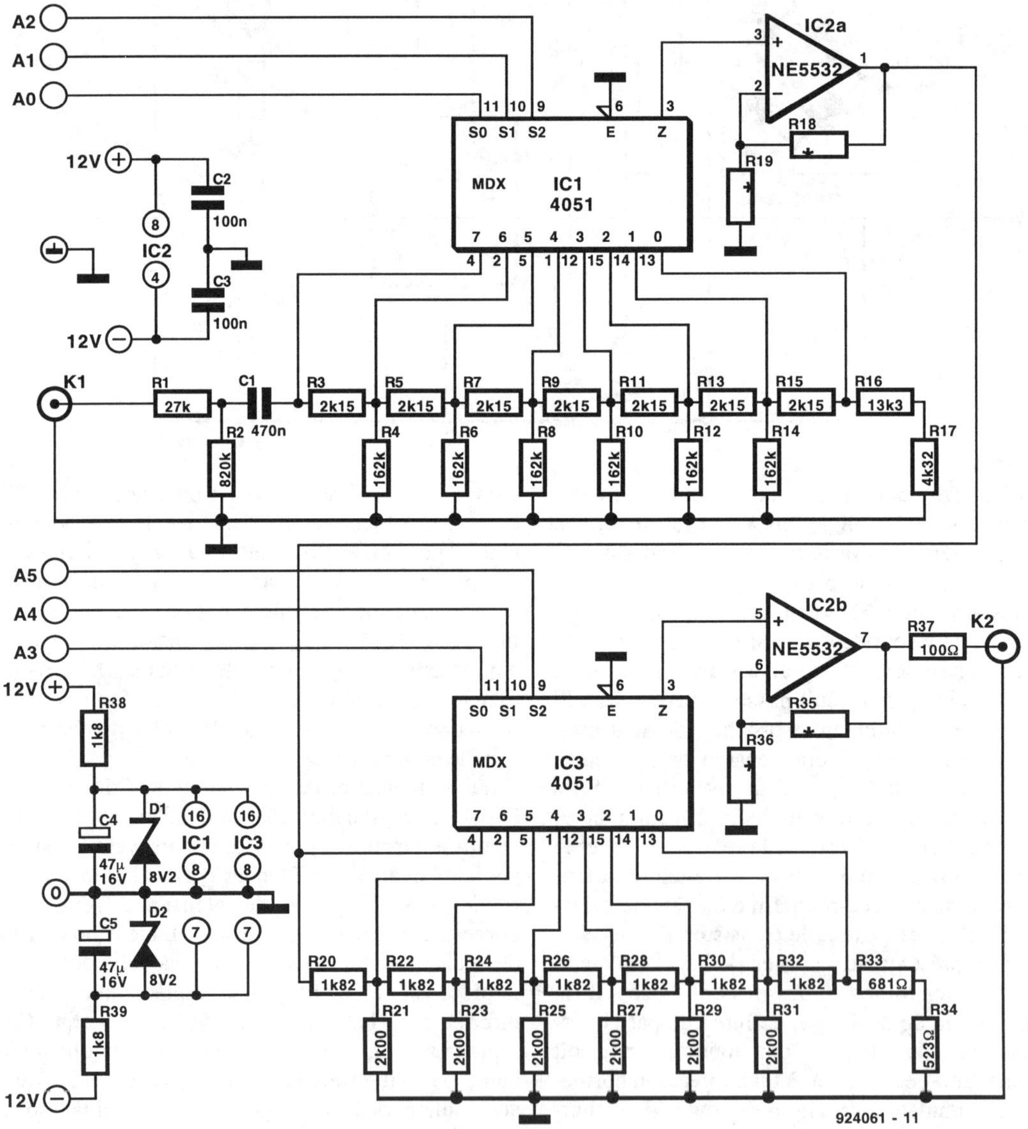

Le schéma du réglage numérique de volume, proposé dans cet article peut, à première vue, sembler relativement familier à ceux d'entre nos lecteurs ayant réalisé le **central de commutation audio**, décrit dans les n°137 et 138 (novembre et décembre 1989) d'Elektor. Ce circuit-ci comporte pourtant **deux** réseaux en échelle dotés chacun d'un tampon. L'électronique du **central de commutation audio** d'origine ne comportait elle qu'un seul réseau en échelle à un inverseur. Les réseaux que l'on voit dans le schéma ont été dimensionnés pour un réglage fin (résistances R3 à R17) et un réglage grossier (R20 à R34) ; le réglage fin est subdivisé en sept pas de 1 dB, le réglage grossier l'étant en sept pas de 8 dB. On dispose ainsi d'un réglage de volume couvrant une plage de 63 dB, plus que suffisante pour la quasi-totalité des applications audio. On utilise, pour le réglage de l'atténuation, deux multiplexeurs analogiques (IC1 et IC3), commandés chacun à l'aide de trois entrées numériques (A0 à A2 et A3 à A5 respectivement). Les réseaux en échelle ont été dimensionnés de façon à ce que les six entrées de commande numérique constituent, une fois réunies, une entrée de commande à 6 bits, présentant un code binaire correspondant à l'atténuation choisie. La résistance R2 permet la décharge du condensateur C1 même si plus rien n'est connecté à K1 (suite à une rupture de la liaison par exemple). La résistance R1 associée au premier réseau de l'échelle constitue une impédance d'entrée de 47 kΩ (46kΩ3 très exactement). Cette même résistance détermine en outre la valeur maximale admissible de la tension d'entrée du circuit. Cette tension est définie, pour commencer, par la tension d'alimentation des multiplexeurs IC1 et IC3 (±8,2 V). Pris entre l'embase K1 et la première entrée du multiplexeur, la résistance R1 et le premier réseau de l'échelle produisent une atténuation du signal de 2,4 (c'est-à-dire de 7,6 dB). Ceci nous donne une valeur maximale absolue pour la tension d'entrée de quelque 20 $V_{crête}$ (14 V_{eff} sinus). Ceci signifie que l'amplificateur opérationnel IC2a ne doit pas introduire de gain. Il faudra également veiller à ce que le second multiplexeur ne se voie pas appliquer une tension trop élevée à ses entrées. Une éventuelle amplification introduite par IC2a se traduit inévitablement par une diminution forcée de la tension maximale d'entrée. Il est préférable, si cela est indispensable, de charger IC2b d'une éventuelle amplification. Nous avons mentionné, un peu plus haut, que le code binaire présent sur les entrées de commande correspondait à l'atténuation adoptée. Cette affirmation n'est cependant vraie que pour l'atténuation des deux réseaux en échelle, puisque nous avons vu que la résistance R1 et le premier réseau en échelle introduisent une atténuation supplémentaire de 2,4. Nous avons en outre négligé de tenir compte du gain introduit par les amplificateurs opérationnels. Ce gain peut être défini à l'aide des résistances R18/R19 et R35/R36. Il est recommandé de faire en sorte que le gain de l'amplificateur opérationnel IC2a ne dépasse pas l'unité, ce que l'on obtient en attribuant à la résistance R18 une valeur de 0 Ω et en supprimant R19. Le circuit dispose ainsi d'une réserve optimale de modulation (bien que 14 V_{eff} semble beaucoup, cette valeur n'est supérieure à un niveau de ligne de 1 V que de 20 dB seulement). Si l'on donne aussi un gain unitaire à IC2b, la plage de régulation du circuit s'étend de –7,6 dB à –70,6 dB. Si, cependant, on opte pour une plage de régulation allant de 0 dB à –63 dB, il faudra régler le gain de IC2b à 2,4. Dans ces conditions le code binaire sur les entrées de commande représente effectivement l'atténuation définie. L'amplificateur opérationnel double NE5532 détermine pratiquement la consommation totale du circuit. Avec l'alimentation auxiliaire (R38/D1 et R39/D2) destinée aux multiplexeurs, la consommation totale est de 10 mA environ. Avec une tension d'entrée de 1 V, la distorsion introduite par le circuit reste inférieure à 0,003% sur une plage de fréquences allant de 20 Hz à 20 kHz. Le circuit n'a qu'un petit inconvénient : lorsque l'on modifie l'atténuation, il produit un bruit de commutation, pas trop fort rassurez-vous. Ceci est une caractéristique propre à tous les commutateurs « standard » de type CMOS. Cet inconvénient explique pourquoi ce circuit n'est pas à utiliser pour des applications audio « haut de gamme ». Il existe pourtant de nombreuses applications dans lesquelles ce faible bruit de commutation ne constituera pas un phénomène gênant. Vous n'êtes pas constamment en train de modifier le réglage du volume, n'est-ce pas ?.

P.C. Hogenkamp

265 CHENILLARD ALÉATOIRE

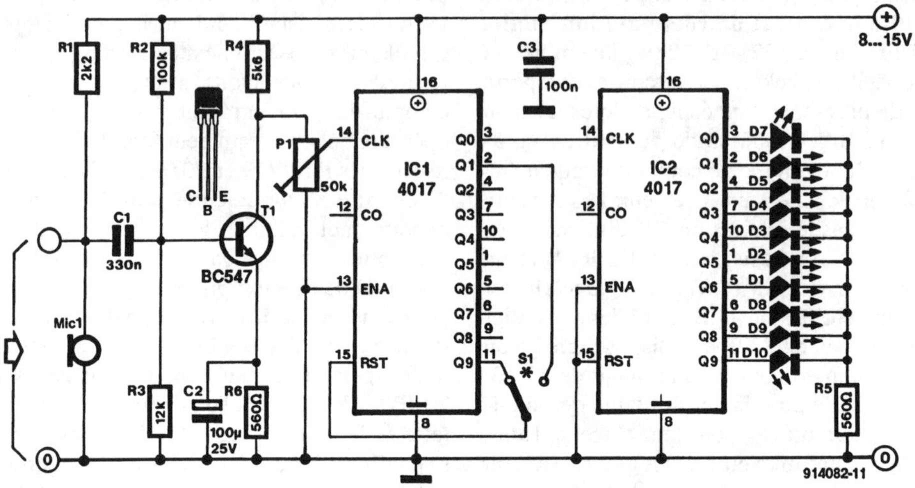

Musique pop(ulaire) et effets lumineux vont de pair. Le circuit de cet article est simple. Il s'agit d'un chenillard dont la vitesse dépend de la hauteur et du volume du son. Cet effet est obtenu par l'application du signal audio à l'entrée d'horloge d'un compteur. Il est donc essentiel que le signal soit suffisamment puissant pour franchir le seuil de commutation de cette entrée. La fréquence d'horloge est directement proportionnelle à la hauteur du son. Avant d'arriver à l'entrée d'horloge (CLK) de IC1, le signal audio traverse un étage amplificateur, construit autour du transistor T1. Il est possible d'appliquer, à l'entrée de ce petit amplificateur, un signal en provenance d'un (pré)amplificateur audio voire encore d'y connecter un microphone à électret. Cette dernière option, ne nécessitant pas de liaison fixe, est bien évidemment beaucoup plus "mobile". Le signal arrive, à travers l'ajustable P1 qui permet de régler la sensibilité du circuit, à l'entrée d'horloge de IC1. Sachant que les fréquences audio sont trop élevées pour permettre l'obtention d'un effet nettement perceptible, la fréquence du signal d'entrée est divisée par IC1 (à condition pourtant que l'interrupteur S1 relie la sortie Q9 à l'entrée de remise à zéro, RST, ce qui se traduit par une division par 9). Si l'entrée de remise à zéro est reliée à la sortie Q1, le 4017 transmet le signal vers l'entrée d'horloge de IC2 (divise par 1). Dans cette position l'effet produit par les LED D1 à D10 est complètement différent et ne ressemble plus à celui d'un chenillard, mais plutôt à une sorte de balayage très rapide. Après ce traitement préliminaire, le signal est appliqué au chenillard. IC2 est un compteur décimal (tout comme IC1) doté d'un décodeur "1 sur 10", ce qui fait que seulement une de ses dix sorties peut être active. Les sorties attaquent dix LED, dont la ligne de connexion commune ne comporte qu'une unique résistance-série de 560 Ω (R5). Cette simplification peut se faire impunément sachant qu'il n'y a toujours qu'une LED d'allumée. Si l'on a l'impression que plusieurs de ces diodes électroluminescentes sont illuminées simultanément, il s'agit tout simplement d'une illusion optique. Nous n'avons pas donné d'indication concernant la couleur des LED. Vous êtes totalement libres de composer une palette de LED selon vos goûts personnels. Il est possible d'ajouter une LED additionnelle que l'on relie d'une part à la broche 12 (*Carry Out* = retenue) de IC1 et de l'autre à la masse (0). Il faudra doter cette LED de sa propre résistance-série de 560 Ω. Ceux d'entre nos lecteurs qui veulent faire varier l'effet produit par ce montage peuvent remplacer S1 par un commutateur rotatif dont il faudra relier le contact commun à la broche 15 de IC1 et les contacts de commutation aux broches 1 et 2 et 4 à 11 de ce même composant respectivement. Dans ces conditions, il est possible de faire varier de façon quasi continue l'effet produit par le circuit. Le module d'alimentation pour le chenillard doit fournir une tension comprise entre 8 et 15 V à un courant de 100 mA environ. Plus la fréquence du signal d'entrée est basse, plus le consommation sera faible.

d'après une idée de A.B. Tiwana

266 BOOSTER POUR SIGNAUX IR

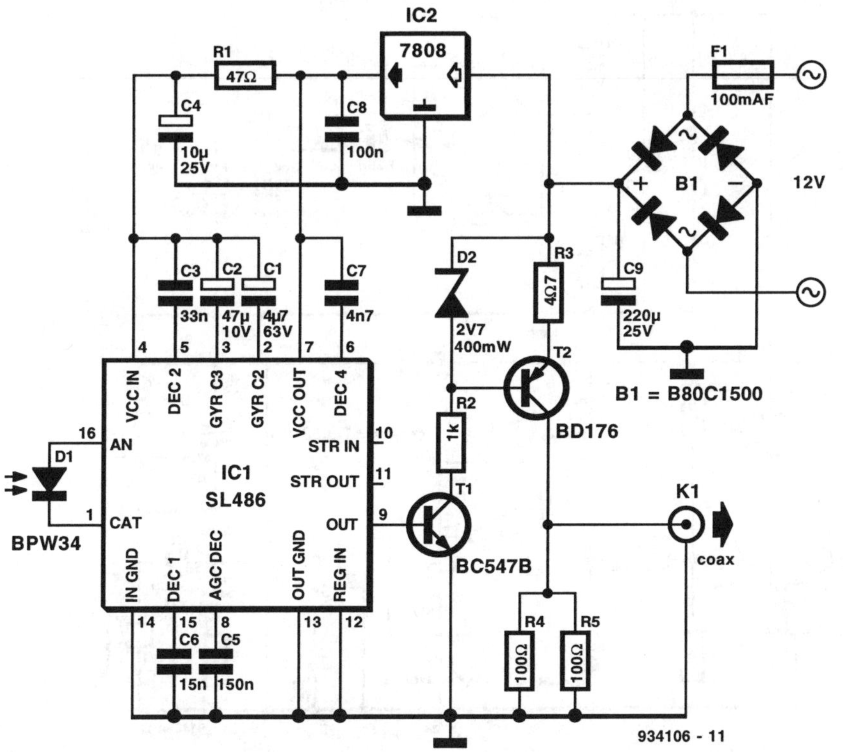

Cet amplificateur (*booster*) pour signaux infrarouges (IR) permet la capture et la remise en forme des signaux émis par une télécommande infrarouge, de sorte qu'après ce traitement on dispose d'un signal numérique presque parfait. Ce signal est ensuite transmis, via un câble coaxial de 50 Ω d'impédance, à un étage d'émission qui le reconvertit en un signal IR. Il est possible ainsi de commander à l'aide d'une télécommande IR des appareils se trouvant dans une autre pièce que celle dans laquelle on se trouve lors de la commande. Que diriez-vous de pouvoir commander votre magnétoscope depuis la chambre à coucher ? Bien que le schéma attribue à la diode IR la dénomination BPW34, il n'en est pas moins vrai que nous avons obtenu des résultats fort acceptables avec une « vieille » (dans le sens affectueux de connaissance de longue date) BP104. Il s'est avéré possible, avec cette BP104, de ponter des distances allant jusqu'à 10 mètres. Cette réalisation connaît un impératif : celui de respecter le dessin du circuit imprimé proposé par le fabricant du circuit intégré utilisé ici, le SL486 de Plessey. Nous avons appris à nos dépens que l'utilisation d'un petit morceau de platine d'expérimentation à pastilles donnait de très piètres résultats. La consommation de courant du récepteur dépend très fortement du code numérique utilisé par la télécommande; elle varie entre 30 et 100 mA. Il faudra veiller en outre à ce que le câblage entre l'alimentation et les transistors T1 et T2 soit aussi court que possible. La portée de l'émetteur IR dépend beaucoup des conditions régnant dans la pièce où il est utilisé; des portées de 10 mètres ne devraient pas, en « habitat standard », poser de problème. La fréquence du signal à émettre pourra se situer entre 5 et 200 kHz, vu l'existence d'un dispositif de réduction de ronflement efficace. Il faudra veiller, pour terminer, à disposer l'émetteur et le récepteur à une distance telle l'un de l'autre qu'il n'y ait pas de risque de réinjection optique de signal. Si tant est que ces deux dispositifs soient placés dans deux pièces différentes cela ne posera bien évidemment pas de problème.

S. Schmid

267 TRACEUR DE SIGNAL

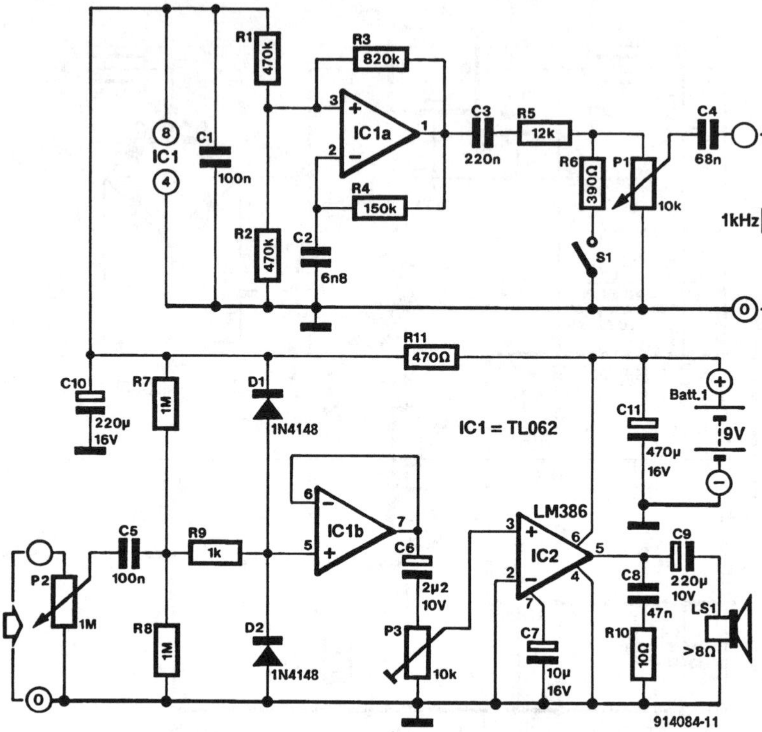

Un traceur de signal est un instrument très pratique dès lors qu'il s'agit de tester et vérifier le fonctionnement d'un circuit complet ou de certains de ses sous-ensembles électroniques. L'instrument décrit dans cet article comporte deux parties distinctes : un oscillateur qui donne le signal de test d'une fréquence de 1 kHz et un détecteur qui amplifie le signal capté pour le rendre audible par l'intermédiaire d'un étage de puissance terminé par un haut-parleur. L'ensemble a été conçu pour une consommation faible ce qui en permet l'alimentation à l'aide d'une pile 9 V. IC1a fonctionne comme générateur de signal rectangulaire; la fréquence du signal est déterminée par la valeur de la résistance R4 et de la capacité du condensateur C2. Les valeurs adoptées ici donnent un signal rectangulaire de 1 kHz environ, dont la fréquence n'est que très peu sensible aux variations de la tension d'alimentation. À travers la résistance R5, le potentiomètre P1 et les condensateurs C3 et C4, le signal de 1 kHz est appliqué au circuit à tester. L'utilisation d'une tension d'alimentation de 9 V se traduit par un niveau de sortie maximal de 3,5 V_{cc}, présent sur le curseur de P1. Si ce niveau de sortie ne convient pas, il faudra fermer l'interrupteur S1 pour réduire d'un facteur 14 le niveau du signal de sortie. Le signal capté dont on veut faire l'évaluation, est appliqué au circuit de mesure (partie inférieure du schéma) à travers un potentiomètre d'impédance élevée (P2) qui fait office de régulateur de sensibilité. La résistance R9 et les diodes D1 et D2 protègent le reste du circuit contre des tensions d'entrée trop élevées. Après avoir été stocké par IC1b, le signal arrive, à travers le condensateur C6 et l'ajustable P3, à l'entrée non-inverseuse de l'amplificateur audio de puissance IC2, un LM386. Dans ce composant, le signal est fortement amplifié en tension et en courant, pour commander ensuite un haut-parleur à 8 Ω. Dans le cas de notre prototype, la consommation au repos –sans signal de sortie audible– était de 7 mA environ. La consommation du circuit actif dépend en fait de la puissance du signal produit par le haut-parleur et peut grimper à quelque 200 mA. Pour limiter la consommation maximale du montage, il faudra se servir de l'ajustable P3 qui sert à régler la modulation maximale de l'étage de puissance basé sur le LM386.

d'après une idée de L. Roerade

268 RÉGULATION DE MOTEUR PAR MLI

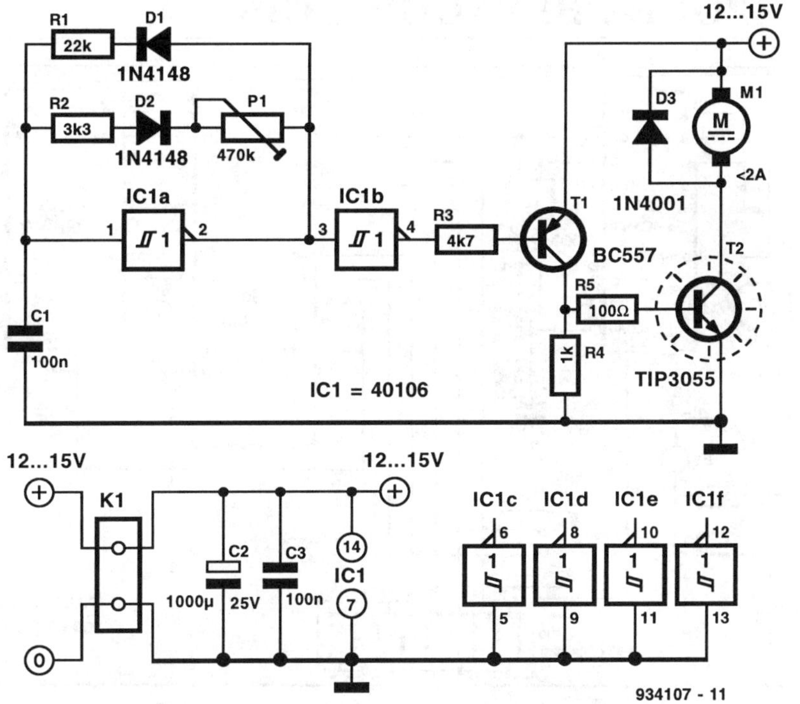

Le circuit de régulation par MLI (**M**odulation de **L**argeur d'**I**mpulsion = PWM = ***Pulse Width Modulation*** en anglais) convient à la commande de petites perceuses pour circuit imprimé dont le courant ne dépasse pas 2 A. On peut traiter des courants plus importants à condition de doter le transistor T2 d'un radiateur présentant une résistance thermique plus faible (donc en pratique de dimensions plus importantes) et de donner au condensateur C2 une capacité plus grande. Le principe de cette régulation de moteur par MLI repose sur le fait que ce type de perceuses de petite puissance travaille à un courant continu pour le moteur de faible intensité et que le régime d'un moteur à courant continu est en relation directe avec la tension continue appliquée aux bornes du dit moteur. Le fonctionnement du circuit, dont le coeur est un multivibrateur astable basé sur la porte NON-ET (NAND) à trigger de Schmitt IC1a, est relativement simple. La sortie du multivibrateur est maintenue au niveau bas pendant une durée fixe, la durée pendant laquelle elle se trouve au niveau haut étant, elle, variable. La durée au niveau bas est définie par la valeur de la résistance R1, celle de niveau haut l'étant par l'intermédiaire de la résistance fixe R2 associée à la résistance ajustable P1. Lorsque le condensateur C1 est déchargé, le niveau de la tension présente à l'entrée de IC1a se trouve en-deçà du seuil de déclenchement inférieur et la sortie de la dite porte se trouve au niveau haut. Ce condensateur se charge rapidement via la diode D1 et la résistance R1. Au bout de 1,5 ms environ le seuil de déclenchement supérieur de IC1a est atteint. La sortie de IC1a passe alors au niveau bas et le condensateur C1 se décharge via la diode D2, la résistance R2 et l'ajustable P1. Sur notre prototype la durée de ce processus de décharge pouvait varier, en fonction de la position de P1, entre 02 et 25 ms. Cela signifie qu'il est possible de faire varier le rapport cyclique (*duty cycle*) du signal de sortie entre 5 et 90%. La porte IC1b introduit une nouvelle inversion du signal avant qu'il n'atteigne la base du transistor T1. Pendant la période négative de l'impulsion présente à la sortie de IC1b les transistors T1 et T2 sont passant et le moteur reçoit du courant. La mise de P1 à sa résistance minimale correspond à la vitesse de rotation (régime) maximale du moteur.

Amrit Bit Tiwana

269 SIMULATEUR D'ALLURES POUR CHEVAL (DE BOIS)

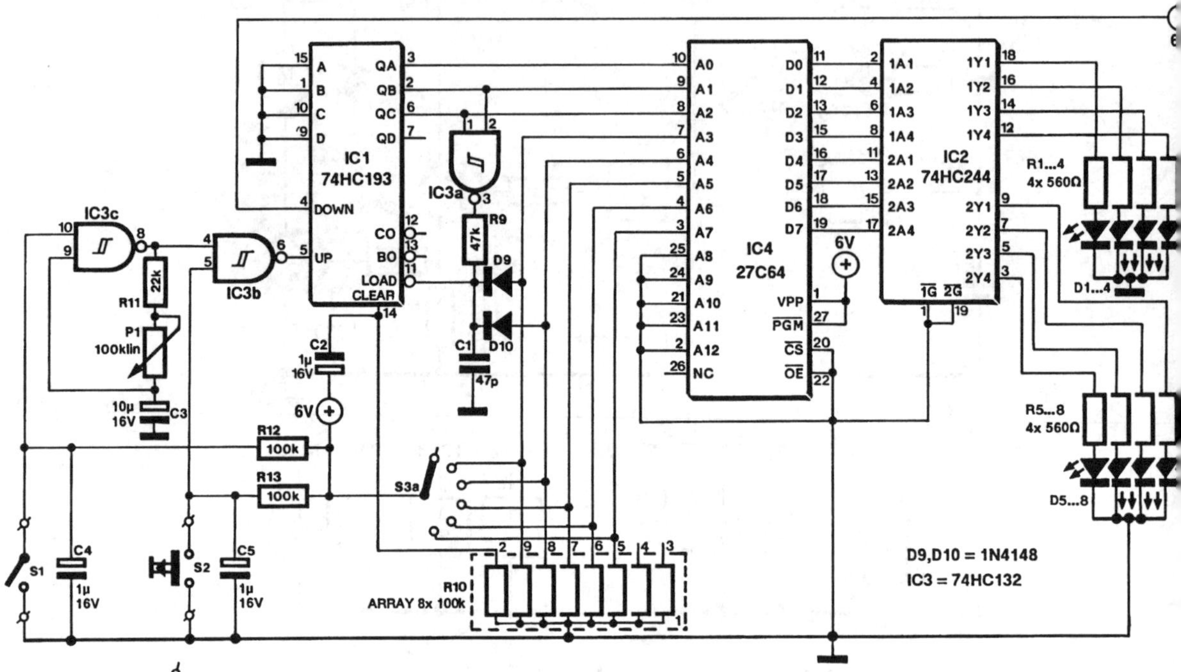

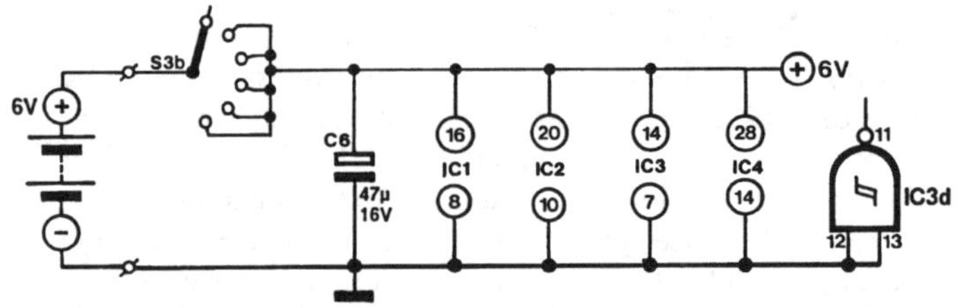

Comme le laisse supposer son nom, ce circuit simule, fidèlement, les différentes allures (normales) d'un cheval. Un commutateur rotatif, S3, permet de choisir l'allure à visualiser: pas, trot, galop à droite, galop à gauche et pas en arrière. Le circuit visualise alors, par l'intermédiaire de huit LED (D1 à D8), très nettement la position des sabots du cheval. Le simulateur est de ce fait un outil de démonstration parfait pour les instructeurs d'équitation et autres cavaliers en formation. IC4, une EPROM de 8 K octets, fournit les motifs stockés en mémoire nécessaires à la commande des LED. Le listing hexadécimal du **tableau** montre les adresses utilisées et les données correspondantes. Le commutateur S3 et le compteur IC1 servent à l'adressage. L'oscillateur réalisé autour de IC3c assure la prise en compte automatique des adresses successives. On peut, à l'aide du potentiomètre P1, ajuster la vitesse de déplacement du "cheval". Si les modèles se succèdent trop rapidement, lors d'une explication théorique par exemple, il suffit de fermer l'interrupteur S1, action qui bloque l'oscillateur. Dans ces condi-

Tableau Listing hexadécimal pour l'EPROM

00000:	00 00 00 00 00 00 00 00	85 84 92 90 A2 22 2A 09
00010:	84 00 21 00 84 00 21 00	00 00 00 00 00 00 00 00
00020:	01 45 44 54 10 00 00 00	00 00 00 00 00 00 00 00
00030:	00 00 00 00 00 00 00 00	00 00 00 00 00 00 00 00
00040:	80 A2 22 2A 08 00 00 00	00 00 00 00 00 00 00 00
00050:	00 00 00 00 00 00 00 00	00 00 00 00 00 00 00 00
00060:	00 00 00 00 00 00 00 00	00 00 00 00 00 00 00 00
00070:	00 00 00 00 00 00 00 00	00 00 00 00 00 00 00 00
00080:	5A 12 96 48 69 5A 00 00	00 00 00 00 00 00 00 00
00090:	00 00 00 00 00 00 00 00	00 00 00 00 00 00 00 00
000A0:	00 00 00 00 00 00 00 00	00 00 00 00 00 00 00 00
000B0:	00 00 00 00 00 00 00 00	00 00 00 00 00 00 00 00
000C0:	00 00 00 00 00 00 00 00	00 00 00 00 00 00 00 00
000D0:	00 00 00 00 00 00 00 00	00 00 00 00 00 00 00 00
000E0:	00 00 00 00 00 00 00 00	00 00 00 00 00 00 00 00
000F0:	00 00 00 00 00 00 00 00	00 00 00 00 00 00 00 00

tions, il faudra appuyer sur le bouton-poussoir S2 pour obtenir la visualisation par les LED du patron suivant. Le sous-ensemble basé sur IC3a, R9, D9 et D10, fournit au compteur, en présence des adresses correctes, une impulsion de remise à zéro. Lors de la mise en fonction du circuit, le condensateur C2 et l'une des résistances du réseau R10 fournissent l'impulsion de remise à zéro initiale. Le montage est prévu pour une alimentation à piles. quatre piles de 1,5 V, montées en série, fournissent la tension d'alimentation de 6 V nécessaire au circuit. Il est superflu de doter le circuit d'un interrupteur marche/arrêt distinct, sachant que le second circuit (S3**b**) du commutateur rotatif S3 assure cette fonction. Grâce à l'utilisation d'une version CMOS de la 2764, la consommation totale du simulateur ne dépasse pas 35 mA au maximum. Pour la réalisation du circuit on peut faire appel à une platine d'expérimentation à pastilles ou bien dessiner et fabriquer son propre circuit imprimé. Dans les deux cas, il est essentiel de disposer les LED comme indiqué sur le schéma. Il s'agit donc de deux rangées de quatre LED chacune, D1 se trouvant en haut à gauche et D8 en bas à droite. Si donc on regarde le schéma dans le bon sens, la tête du cheval se trouve à droite, sa queue à gauche (bien sûr).

d'après une idée de G. Lausches-Dreess

270 INDICATEUR UNIVERSEL «PILE FAIBLE»

L'un des problèmes majeurs posés par les appareils de mesure alimentés par pile, ou accu rechargeable, est que la fiabilité des résultats de mesure est souvent fonction de la condition de la pile. Les instruments de mesure les plus simples disposent en règle générale d'un bouton de test permettant de vérifier la tension de la pile avant d'effectuer une mesure. Il faudrait, en principe, s'il s'agit d'un instrument de mesure destiné à fonctionner continûment, vérifier en permanence l'état de la source d'alimentation. Un tel dispositif serait également fort apprécié sur un instrument de mesure simple. Le problème du suivi de la tension de la pile se corse encore plus lorsque l'instrument de mesure ne dispose pas d'un dispositif d'affichage propre, mais qu'il s'agit, par exemple d'une extension pour un voltmètre numérique. Ce montage, qui ne comporte qu'un unique circuit intégré, apporte une solution. La LED D2 visualise deux ou trois états différents. Si les cavaliers **JP1** et **JP2** sont implantés comme sur le schéma, la LED (à faible consommation) sert tout d'abord d'indicateur marche/arrêt. La LED est en effet illuminée en permanence, à condition que la tension fournie par la pile soit suffisante et que l'entrée d'alarme (**a**) ne soit pas active. Si la tension de la pile tombe en-dessous du seuil défini à l'aide de P1, l'oscillateur IC1b est mis en fonction. Ceci se traduit par le clignotement de la LED D2 à une fréquence de l'ordre de 0,5 Hz. Le second oscillateur centré sur IC1c n'est activé que lorsque l'on aura un niveau de tension haut à l'entrée d'alarme. Dans ce cas-là, la LED se met à clignoter à une fréquence de 10 Hz. Une indication de ce genre peut, dans bien des cas, être fort intéressante pour attirer l'attention sur une erreur de manipulation de l'utilisateur. Si l'on change les cavaliers de position (tant **JP1** que **JP2**), la fonction marche/arrêt disparaît, ce qui fait passer le courant de repos de 4 mA qu'il était auparavant de quelques µA. Il ne faudra pas oublier d'inverser la polarité de la LED D2 –ce qu'illustrent les lignes pointillées ! Le circuit fait appel à des portes NAND HC, et accepte toute tension d'alimentation comprise entre 2 et 6 V. Comme le point de commutation de l'indicateur «batterie faible» dépend de la tension d'alimentation –à connecter au point U_i–, il faut que cette tension soit régulée. Bien que l'on puisse définir U_i à l'aide d'une source de référence distincte, il semble aller de soi que l'on connecte l'indicateur à la tension d'alimentation stabilisée de l'appareil de mesure concerné. Nous avons supposé ici que l'on se trouvait en présence d'une tension d'alimentation de 5 V. Comme le régulateur utilisé ici est à faible chute de tension, la tension de la pile peut tomber jusqu'à 5,5 V avant que la stabilité de la tension de sortie ne devienne critique. Il suffit de remplacer IC1 par un 4093 pour que le circuit soit utilisable pour une tension d'entrée U_i de 18 V au maximum. Il faudra dans ce cas-là tenir compte du brochage différent des portes IC1b et IC1c et adapter la valeur de la résistance de limitation de la LED (prendre 3kΩ9 pour une tension U_i de 15 V par exemple). La tension de la pile arrive, via le

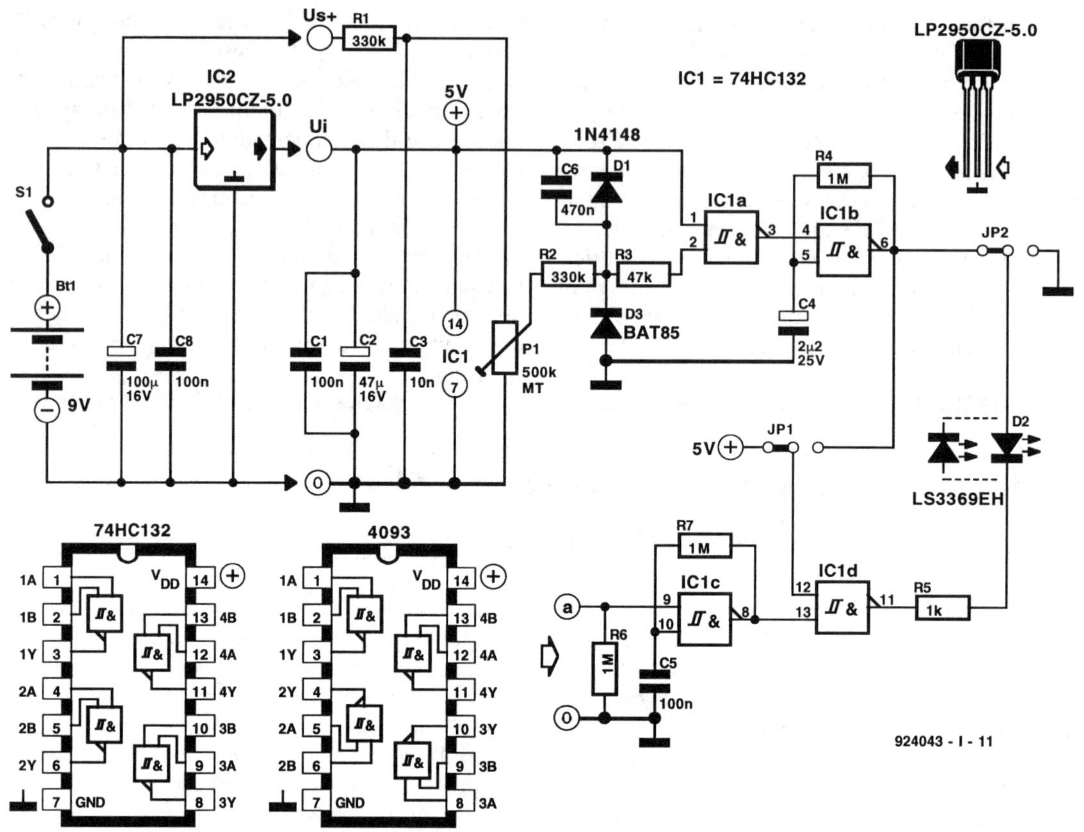

diviseur de tension R1/P1 à l'entrée de IC1a. La diode D1 protège la porte à trigger de Schmitt contre des tensions d'entrée trop élevées avec une pile chargée à bloc. Bien que la fonction de C6 ne soit pas évidente au premier coup d'oeil, ce composant est essentiel. Grâce à lui, lors de l'application de la tension d'alimentation, le seuil de commutation supérieur de IC1a (2,5 V environ) est brièvement dépassé. Ceci a pour effet de mettre hors-fonction (remise à zéro) l'oscillateur centré sur IC1b. Au bout d'une seconde environ, le point nodal de R2 et R3 adopte un potentiel qui rend parfaitement la condition de la pile. Si cette tension se situe en-dessous du seuil de commutation inférieur, 1,5 V environ, l'oscillateur est mis en fonction. En l'absence de C6, IC1a ne recevrait pas, pour des tensions de pile faibles, d'impulsion de remise à zéro ce qui se traduirait à tort par une indication de « pile faible ». Il faudra, pour trouver la bonne position de P1, connecter une alimentation réglable au point U_{s+}. On fixe le potentiel de U_{s+} à la valeur à laquelle on veut voir réagir l'indicateur (6 V par exemple). On tourne ensuite progressivement le curseur de P1 à partir du côté de R1 en direction de la masse jusqu'à faire, tout juste, clignoter la LED D2. On arrête immédiatement alors la rotation de P1.

271 VARIATEUR DE VITESSE POUR MINI-PERCEUSE

Ce circuit règle la vitesse de rotation de petits moteurs électriques sous 12 V si leur consommation est inférieure à 2 A, tels ceux des mini-perceuses utilisées par les électroniciens. Les variateurs de vitesse « standard » limitent le courant traversant le moteur, ce qui se traduit inévitablement par une perte de couple. Le montage proposé dans cet article n'a pas cet inconvénient. Il s'agit d'un

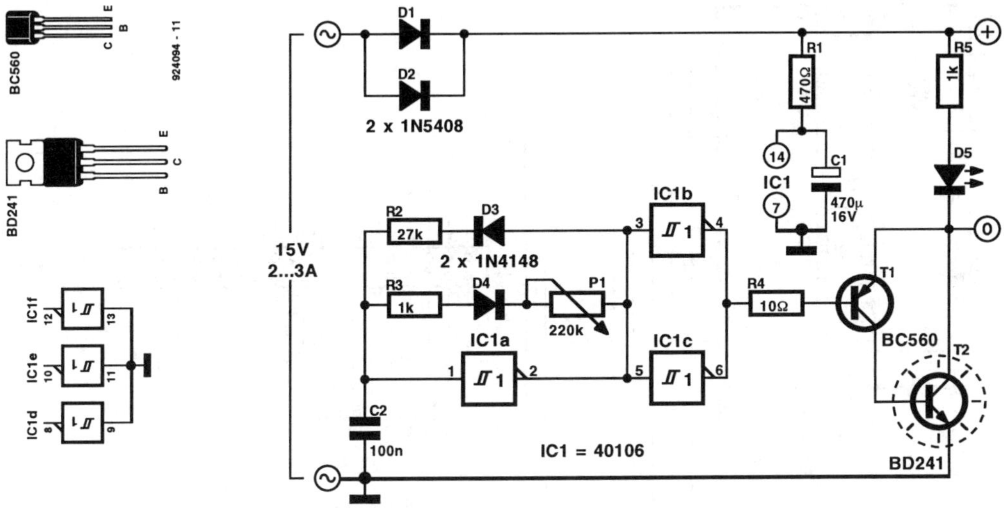

circuit, centré sur le sextuple inverseur CMOS 40106, qui fournit un signal rectangulaire ajustable. Le régime du moteur se règle donc par l'intermédiaire d'une modulation de la largeur d'impulsions. Le couple du moteur est de ce fait constant, sans dépendre en quoi que ce soit du régime. IC1a fait office d'oscillateur. La diode D2 et la résistance R2 fixent à une valeur constante la durée au niveau bas des impulsions. L'ensemble R3, D4 et P1 permet de faire varier la durée au niveau haut des impulsions (et de ce fait la vitesse à laquelle tournera le moteur). Deux inverseurs supplémentaires, IC1b et IC1c, fonctionnent comme circuit de commande pour l'étage darlington réalisé à l'aide de T1 et T2. Il est très important de bien refroidir T2. Le circuit peut être alimenté directement par une tension alternative de 15 V, prélevée sur l'enroulement secondaire d'un transformateur secteur. La LED D5 fait office dans ce circuit de témoin de mise sous tension.

A.B. Tiwana

272 COMMANDE D'AMPOULES SUR 64 BITS

Si vous faites partie de ceux qui détestent tout particulièrement laisser leur ordinateur amasser de la poussière à la cave ou au grenier, ce montage associé à une interface de commande à triacs, est très exactement ce qu'il vous faut pour réaliser un dispositif confortable à 64 canaux pour la commande d'ampoules. L'ordinateur, qui fournit 8 lignes de données et le signal d'horloge, sert également à la programmation. Les lignes en provenance du bus de données de l'ordinateur remplissent deux fonctions: elles permettent d'une part la sélection directe, à l'aide des lignes de données D0 à D2 et ce via le tampon IC18, de 8 verrous à 8 bits, IC9 à IC16 ; de l'autre, elles assurent, à l'aide des lignes de données D3 à D5 la commande d'un décodeur 3 parmi 8, IC17. Ce décodeur fait passer au niveau bas, via ses sorties Y0 à $\overline{Y7}$, l'entrée de validation ($\overline{WR}$) du verrou choisi et donc en mode réception de données. Le mode de prise en compte des informations est défini par la ligne D7. Cette ligne commence par être au niveau logique haut ("1"). Les verrous font alors office de démultiplexeur, car en fonction de l'état des lignes de données D0 à D3, on a, en cas de niveau logique haut de D6, un "1" à la sortie correspondante. Si au contraire D6 se trouve au niveau logique bas, on aura écriture d'un "0" dans le verrou adressé et l'emplacement de mémoire non adressé est remis à zéro. Lorsque D7 se trouve au niveau bas, seule la sortie adressée change. Il suf-

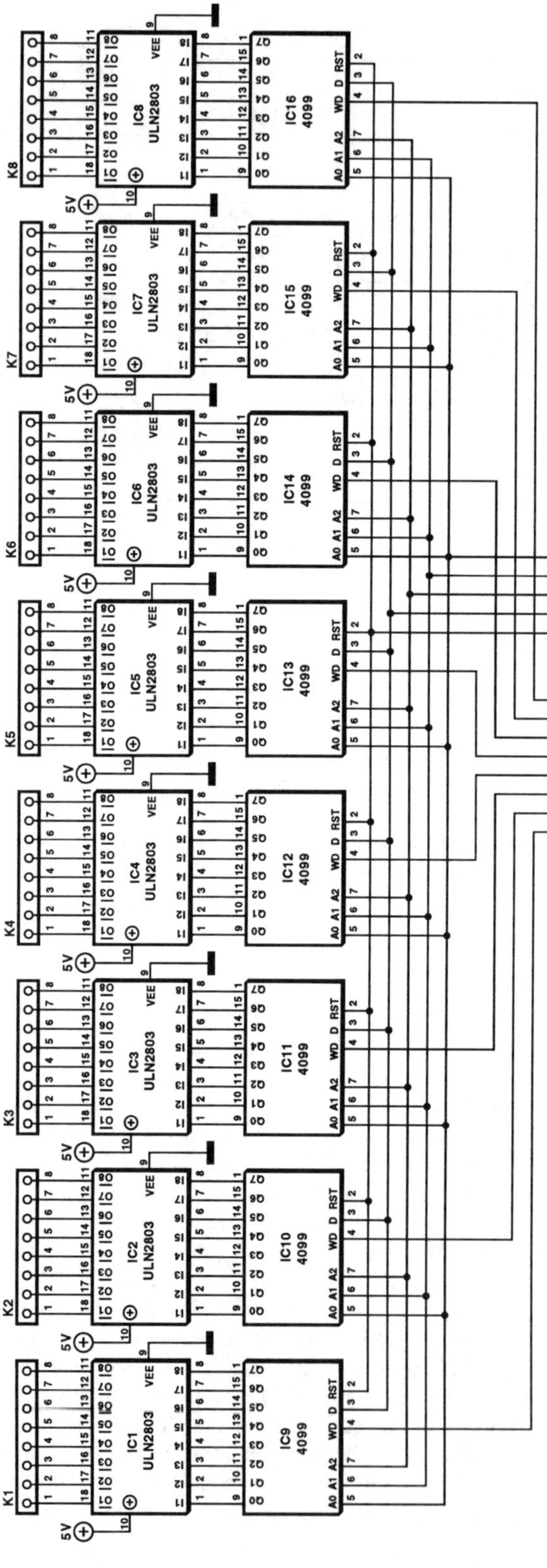
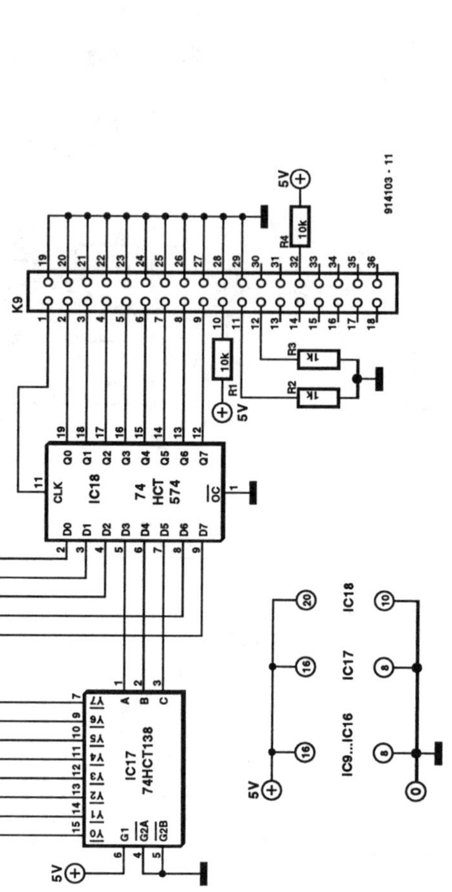

fit, pour avoir une remise à zéro de l'ensemble, de mettre la ligne D7 à "1".

Le tableau donne un exemple de comportement des verrous en fonction des données placées sur les lignes : En aval des verrous on trouve des réseaux de transistors, IC1 à IC8 (des ULN 2803), chargés d'assurer une commande directe des ampoules de 12 V, ce dont ils sont parfaitement capables. Ces circuits peuvent commuter jusqu'à 500 mA par sortie. La commande d'ampoules sous 230 V sera l'affaire du montage à triac évoqué plus haut. Les opto-coupleurs de l'interface à triac se contentent de 8 à 20 mA par LED ; le courant qui dépend de la valeur de la résistance de limitation correspondante, est facile à établir. L'alimentation se fera à l'aide d'une alimentation externe fournissant 5 V régulés; en fonction du courant circulant à travers les LED, il faudra qu'elle puisse fournir un courant compris entre 0,6 et 1,3 A. **D. Lorenz**

D7	D6	D5	D4	D3	D2	D1	D0	Mode
1	0	0	0	0	0	0	0	R. à z. de IC9
0	1	0	0	1	0	0	1	Q1 de IC10 "ON"
0	0	0	0	1	0	0	1	Q1 de IC10 "OFF"
0	1	1	1	0	0	1	1	Q3 de IC11 "ON"
1	1	1	0	0	1	0	1	Q4 de IC14 "ON"

273 CONVERTISSEUR CC/CC STATIQUE

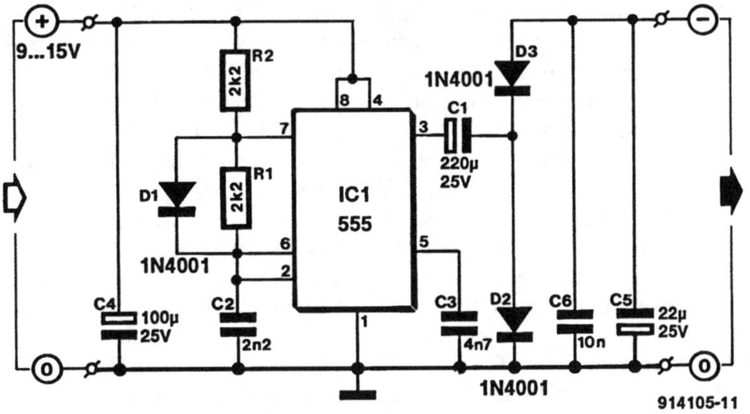

Un simple temporisateur 555 et une demi-douzaine de composants passifs permettent de réaliser un mini-convertisseur fournissant quelques milliampères sous une tension négative de 12 V. Le 555 est monté en multivibrateur astable à une fréquence de 125 kHz. Les condensateurs C1 et C5 associés aux diodes D2 et D3 forment en cascade d'où sort la tension continue négative. Du fait de l'absence (délibérée) d'un transformateur ou d'une bobine, le rendement n'atteint que 16% au maximum (à un courant de sortie de 20 mA). Cela peut suffire dans bien des cas. En l'absence de charge, la consommation du circuit est de 15 mA environ. La tension de sortie négative présente un ronflement résiduel de 0,6 V_{cc}, que l'on pourra éliminer à l'aide d'une combinaison résistance/diode zener ou d'un régulateur à faibles pertes (*Low Drop*) placé à la sortie de tension négative.

A. Bir Tiwana

Tableau 1.
Caractéristiques de la tension de sortie à U_{ent} = 15 V.

Charge [Ω]	$-U_{sor}$ [V]	I_{sor} [mA]	I_{alim} [mA]	Rendement [%]
–	14, 3	–	15	0
15 k	12, 7	0,85	17, 8	4
1 k	10, 5	10, 5	53, 8	14
680	10	14, 7	65, 5	15
400	9	22,5	75,4	16
330	7,5	22, 7	105	11

274 LE SCALP EN TESTEUR DE CAPACITÉ D'ACCU CdNi

Si vous faites partie de ceux qui utilisent souvent des accus au cadmium, vous n'êtes pas sans connaître ce problème: dès lors que l'on veut associer plusieurs cellules, il est important de connaître leur capacité et les conditions dans lesquelles elles doivent être (re)chargées. En cette époque de micro-ordinateurs mono-carte bon marché, il fallait bien que quelqu'un pense à utiliser une petite interface servant d'interconnexion entre un tel ordinateur (un SCALP en l'occurence ici) et la cellule CdNi à tester et qui effectuerait automatiquement, grâce à un "petit" programme en Basic, un cycle de charge de test de la cellule concernée et en donnerait ensuite les paramètres recherchés. Le matériel représenté en **figure 1** montre que nous nous trouvons en présence d'une source de courant de 50 mA (T2, R4 et D5) et d'un dispositif drainant du courant (T3, D1 et R5). La source et le drain de courant sont mis en et hors-fonction respectivement, soit par la paire de transistors T4/T5, soit par T1. Le suivi de la tension aux bornes de l'accu est effectué par un convertisseur A/N à 8 bits du type TLC548 qui fournit un signal de sortie sériel. On définit, par action sur l'ajustable P1, la valeur de la tension de référence à 2,55 V, de sorte qu'il suffit de diviser par 100 l'information disponible en sortie, si l'on veut avoir instantanément la tension de l'accu exprimée en volts. Les diodes D2 à D4 et la résistance R3 protègent le convertisseur contre des tensions d'entrée trop élevées (supérieures à 2 V environ). La connexion entre l'interface et le SCALP se fait par l'intermédiaire de 5 liaisons. La commande de l'interface est l'affaire du programme proposé dans le listing du **tableau 1**, écrit en "dialecte" du 8052-AH-BASIC V1.1, c'est-à-dire en Basic. L'affichage fait appel à un afficheur LCD très répandu de Sharp: le LM16251 que l'on pourra connecter directement à la sortie de l'adaptateur proposé en **figure 2**. On trouvera dans les **figure 3a**, **b** et **c** des informations de brochage concernant d'autres types d'afficheurs alphanumériques pouvant être utilisés avec ce montage. **Attention** cependant aux différences de brochage!!! Son utilisation permet de réaliser un système autonome. Si l'on ne dispose pas d'un tel afficheur, on peut toujours faire en sorte que les résultats apparaissent sur l'écran de son PC qui fait alors office de terminal, à condition d'utiliser le programme du **tableau 2**.

Voyons-en les grandes lignes :

Les lignes 100 à 200 définissent quelques constantes : LCDC représente l'adresse de l'afficheur LCD à laquelle sont envoyés les octets de commande ; LCDT remplit une fonction identique, mais pour le texte cette fois. UM représente la tension de décharge, UMAX la tension de fin de charge, HOURS la durée de charge maximale, CS et CLK indiquent lequel des bits du port 1 commande respectivement la ligne Chip select et l'entrée d'horloge du convertisseur A/N.

Les lignes 250 à 300 s'assurent de la présence d'un accu (U, la tension d'accu, mesurée en volts, doit être inférieure à 1,8). Ensuite, dans les lignes 310 à 380, on procède à une décharge de l'accu jusqu'à 1,1 V avant, par les lignes 390 à 470, d'en effectuer la recharge jusqu'à 1,6 V, et ceci pendant 12 h aux maximum. La variable CHG (44H: charge, 42H: décharge) définit si c'est la source de courant ou le drain de courant qui est en fonction. On laisse, pour finir, un certain temps à l'accu pour récupérer

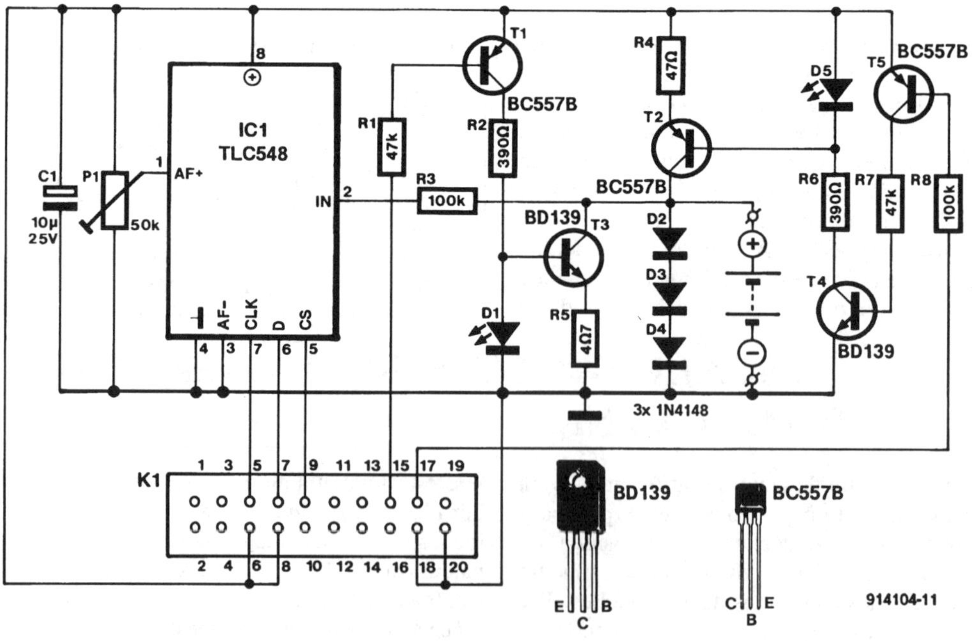

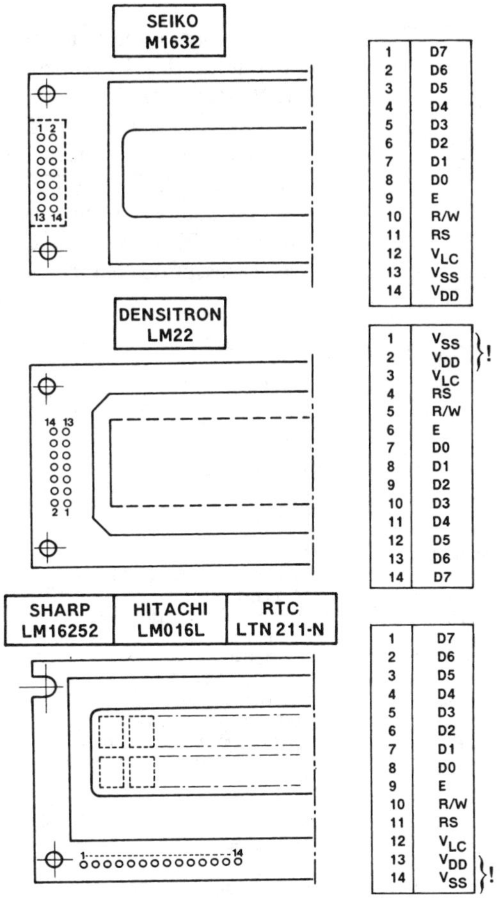

(lignes 480 à 530). C'est maintenant que commence le cycle de mesure proprement dit. On commence par redécharger l'accu jusqu'à 1,1 V (lignes 540 à 600), processus au cours duquel la routine de traitement d'interruption des lignes 1260 à 1310 se charge de fournir une fois par minute une valeur de mesure qu'elle stocke –pour économiser de l'espace mémoire– dans les chaînes de caractères $(1) et $(2). La variable SNR donne le nombre de valeurs de mesure mémorisées. Si le point UM = 1,1 V est atteint, le programme passe en mode de recharge (lignes 610 à 650). Une fois la durée de recharge maximale atteinte (T1) , le programme saute à la routine des lignes 1320 à 1340 et met la source de courant hors-fonction. Les lignes 660 à 920 se chargent de la communication avec l'ordinateur-hôte connecté au système. On ouvre tout d'abord, par action sur la combinaison <ALT F1> par ouvrir le fichier Log (de suivi de processus) d'un logiciel pour terminal tel que Procom ou Kermit avant de lancer le transfert par action sur la touche <S>. La routine des lignes 1140 à 1250 convertit les résultats de mesure d'une chaîne en un nombre décimal de format X.XX. Ces valeurs sont ensuite visualisées sur l'écran de l'ordinateur-hôte. On clôt le fichier Log par une action <ALT F1> avant de quitter le processus de transfert. Il est possible de transférer le fichier ainsi généré vers un programme de graphisme qui reproduira alors la courbe de décharge à l'écran ou sur une imprimante. Les informations d'état de la chaîne $(0) sont

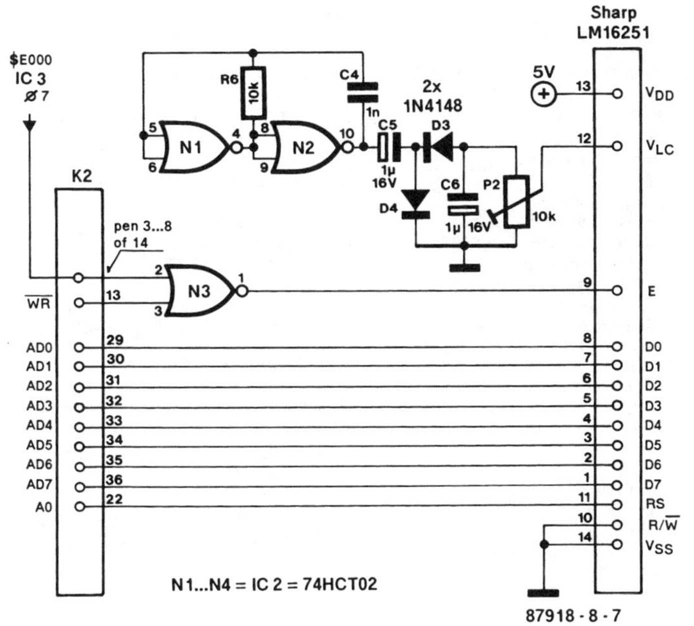

Liste des composants:

Résistances :
R1,R7 = 47 kΩ
R2, R6 = 390 kΩ
R3, R8 = 100 kΩ
R4 = 47 Ω
R5 = 4Ω7
P1 = ajust. 50 kΩ

Condensateurs :
C1 = 10 µF/25 V

Semi-conducteurs :
D1, D5 = LED 3 mm
D2 à D4 = 1N4148
T1, T2, T5 = BC557B
T3, T4 = BD139

Divers :
K1 = connecteur mâle 2x10 broches HE10 coudé encartable

écrites, par l'intermédiaire de la routine des lignes 960 à 1040, sur l'afficheur à cristaux liquides, soit, si X>0, dans la ligne du haut, soit, si X <0, dans la ligne inférieure. Le sous-programme des lignes 1350 à 1370 surveille le processus de charge et s'ar-

Tableau 1

```
100  STRING 600,160
110  PORT1=0FFH
120  CLOCK 1
130  TIME=0
140  UM=1.1
150  UMAX=1.6
160  HOURS=12
170  LCDC=0!H
180  LCDT=0!H
190  CS=60H
200  CLK=80H
210  XBY(LCDC)=38H
220  XBY(LCDC)=0CH
230  XBY(LCDC)=1H
240  ONERR 1350
250  CHG=44H
260  PORT1=CHG
270  GOSUB 1050
280  IF U<1.8 THEN GOTO 310
290  X=1 : $(0)="Placez l'accu" :
     GOSUB 960
300  GOTO 270
310  X=1 : $(0)="Décharge" : GOSUB
960
320  X=-1 : $(0)="U=      Volt." :
     GOSUB 960
330  CHG=42H
340  GOSUB 1050
350  DO
360  GOSUB 1050
370  PUSH U : GOSUB 1140 : X=-3 :
     GOSUB 960
380  UNTIL U<UM
390  CHG=44H
400  XBY(LCDC)=1H
410  X=1 : $(0)="Recharge     " :
     GOSUB 960
420  X=-1 : $(0)="U=      Volt." :
     GOSUB 960
430  TIME=0
440  DO
450  GOSUB 1050
460  PUSH U : GOSUB 1140 : X=-3 :
     GOSUB 960
470  UNTIL
     (U>UMAX)0!OR.(TIME>(HOURS*36
     00))
480  X=10 : $(0)="FIN" : GOSUB 960
490  T1=TIME
500  TIME=0
510  PORT1=0FFH
520  DO
530  UNTIL TIME>900
540  CHG=42H
550  SNR=1
560  TIME=0
570  ONTIME 60,1260
580  X=1 : $(0)="Mesure       " :
     GOSUB 960
590  DO
600  UNTIL U<UM
610  PORT1=44H
620  TIME=0
630  OK=0
640  ONTIME T1,1320
650  X=1 : $(0)="Terminé      " :
     GOSUB 960
660  X=-1 : $(0)="Se connecter au
     PC" : GOSUB 960
670  PRINT "Appuyez sur la touche
     <ESPACE> pour continuer."
680  DO
700  UNTIL GET=32
710  DO
720  PRINT "Faites <ALT F1> pour
     ouvrir le fichier Log:
     Résultats de mesure"
730  PRINT "Appuyez sur <S> quand
     processus terminé"
740  DO
745  I=GET
750  UNTIL (I=83)0!OR.(I=115)
760  SNR=SNR-1
770  IF SNR>150 THEN EW=150 ELSE
     EW=SNR
780  FOR I=1 TO EW
790  PRINT ASC($(2),I)
800  NEXT I
810  IF SNR <=150 THEN GOTO 850
820  FOR I=1 TO SNR-150
830  PRINT ASC($(2),I)
840  NEXT I
850  PRINT "Capacité          = ",
851  PRINT USING(##0##),snr/.6,
852  PRINT " mAh."
860  PRINT "Durée de charge = ",
861  PRINT USING(##0##),T1/60,
862  PRINT " minutes."
870  PRINT "Faites <ALT F1> pour
     fermer le fichier Log:
     Résultats de mesure"
880  PRINT "Fichier de log O.K. ?
     (O/N)"
890  DO
900  I=GET
910  UNTIL
     (I=79)0!OR.(I=111)0!OR.(I=78)
     0!OR.(I=110)
920  IF I=79!OR.I=111 THEN
     GOTO 930
930  PRINT "Recharge     "
935  X=1 : $(0)="Recharge     " :
     GOSUB 960
936  X=-1 : $(0)="
     " : GOSUB 960
939  DO
940  UNTIL OK=1
945  X=1 : $(0)="FIN.    " :
     GOSUB 960
950  END
960  I=(ABS(X)-1)+80H
970  IF X<0 THEN I=I+40H
980  XBY(LCDC)=I
990  I=1
1000 DO
1010 XBY(LCDT)=ASC($(0),I)
1020 I=I+1
1030 UNTIL ASC($(0),I)=13
1040 RETURN
1050 VALU=0
1060 PORT1=CHG
1070 FOR I=0 TO 7
1080 VALU=(VALU*2)0!OR.
     ((PORT1.AND.40H)/40H)
1090 PORT1=CHG+CLK : PORT1=CHG
1100 NEXT I
1110 PORT1=CS+CHG
1120 U=VALU/100
1130 RETURN
1140 POP A
1150 A=A*100
1160 X=1
1170 FOR I=2 TO 0 STEP -1
1180 J=INT(A/10**I)
1190 A=A-(J*10**I)
1200 ASC($(0),X)=J+48
1210 X=X+1
1220 IF X=2 THEN ASC($(0),X)=2!H
     : X=X+1
1230 NEXT I
1240 ASC($(0),X)=13
1250 RETURN
1260 ONTIME TIME+60,1260
1270 GOSUB 1050
1280 PUSH U : GOSUB 1140 : X=-3 :
     GOSUB 960
1290 IF SNR>150 THEN
     ASC($(0),SNR-150)=U*100 ELSE
     ASC($(1),SNR)=U*100
1300 SNR=SNR+1
1310 RETI
1320 PORT1=0FFH
1330 OK=1
1340 RETI
1350 PORT1=0FFH
1360 X=1 : $(0)="ERREUR" :
     GOSUB 960
1370 END
```

rête en cas d'erreur du programme, de sorte que l'accu ne puisse pas être surchargé. L'interface se contente d'un courant de quelque 50 mA de sorte qu'elle pourra, en règle générale, être alimentée directement par l'alimentation du SCALP.

R. Aarts

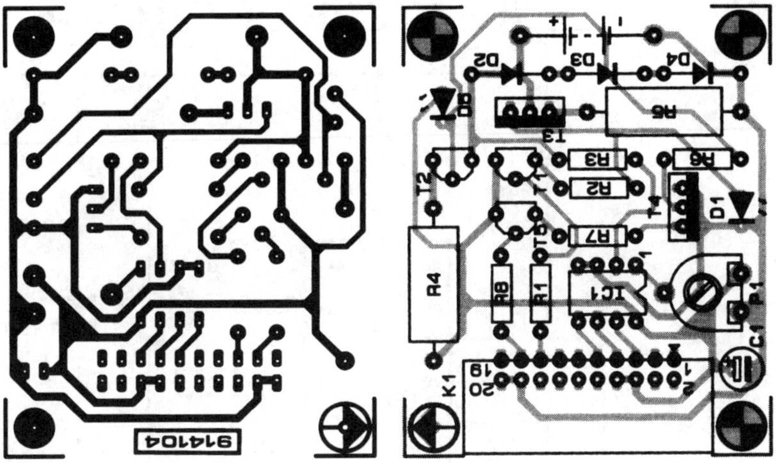

Tableau 2

```
100   STRING 600,160
110   PORT1=0FFH
120   CLOCK 1
130   TIME=0
140   UM=1.1
150   UMAX=1.6
160   HOURS=12
170   CS=60H
180   CLK=80H
190   ONERR 1070
200   CHG=44H
210   PORT1=CHG
220   GOSUB 880
230   IF U<1.8 THEN GOTO 260
240   PRINT "Placez l'accu"
250   GOTO 220
260   CHG=42H
270   DO
275   U OLD=0
280   GOSUB 880
290   IF U OLD<>U THEN PRINT
      "U Décharge",U," Volt"
295   U OLD=U
300   FOR I=1 TO 500 : NEXT
      I
310   UNTIL U<UM
320   CHG=44H
330   XBY(LCDC)=1H
340   TIME=0
350   DO
360   GOSUB 880
370   IF >U OLD<>U THEN
      PRINT "U Charge=",U,"
      Volt"
375   U OLD=U
380   FOR I=1 TO 500: NEXT I
390   UNTIL
      (U>UMAX)0!OR.(TIME>(HO
      URS*3600))
400   T1=TIME
410   TIME=0
420   PORT1=0FFH
430   PRINT "Refroidir !!"
440   DO
460   UNTIL TIME>60
470   CHG=42H
480   SNR=1
490   TIME=0
500   ONTIME 60,970
510   DO
520   UNTIL U<UM
530   PORT1=44H
540   TIME=0
550   OK=0
560   ONTIME T1,1040
570   PRINT "Mesure
      terminée, suite avec
      <Espace>"
580   DO
600   UNTIL GET=32
610   DO
620   PRINT "<ALT F1>, pour
      ouvrir fichier Log:
      Résultats de mesure"
630   PRINT "Appuyer <S>,
      quand processus est
      terminé"
640   DO
645   I=GET
650   UNTIL
      (I=83)0!OR.(I=115)
660   SNR=SNR-1
670   IF SNR>150 THEN EW=150
      ELSE EW=SNR
680   FOR I=1 TO EW
690   PRINT ASC($(1),I)
700   NEXT I
710   IF SNR<=150 THEN GOTO
750
720   FOR I=1 TO SNR-150
730   PRINT ASC($(2),I)
740   NEXT I
750   PRINT "
      Capacité=",SNR/.6,"mAh
      "
760   PRINT " Durée de
      charge=",T1/60,"
      minutes"
770   PRINT "Appuyer sur
      <ALT F1> pour fermer
      fichier Log: Résultats
      de mesure"
780   PRINT "Fichier Log OK
      ? (O/N)"
790   DO
800   I=GET
810   UNTIL
      (I=78)0!OR.(I=110)0!OR
      .(I=79)0!OR.(I=111)
812   UNTIL I=79!OR.I=111 :
DO
815   SNR=SNR+1
830   PRINT "Chargement !!"
840   DO
860   UNTIL OK=1
870   END
880   VALU=0
890   PORT1=CHG
900   FOR K=0 TO 7
910   VALU=(VALU*2)0!OR.
      ((PORT1.AND.40H)/40H)
920   PORT1=CHG+CLK :
      PORT1=CHG
930   NEXT K
940   PORT1=CS+CHG
950   U=VALU/100
960   RETURN
970   ONTIME TIME+60,970
980   GOSUB 880
1000  IF SNR>150 THEN
      ASC($(2),SNR-150)=U*10
      0 ELSE
      ASC($(1),SNR)=U*100
1010  SNR=SNR+1
1020  PRINT "Mesure u=",U,"
      volt"
1030  RETI
1040  PORT1=0FFH
1050  OK=1
1060  RETI
1070  PORT1=0FFH
1080  PRINT "Erreur"
1090  END
```

275 RÉGULATEUR DE CHARGE 12 V

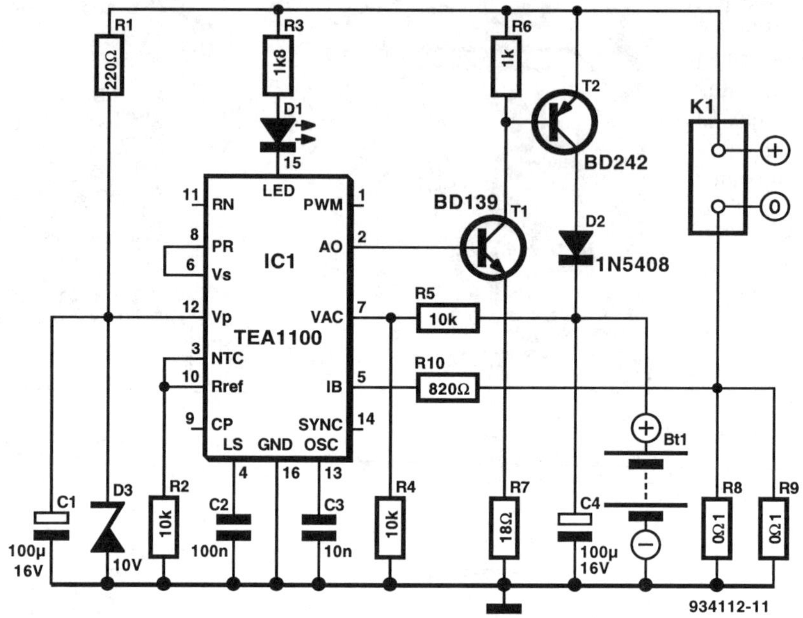

Un circuit intégré de Philips, le TEA1100, utilise le principe de crête δ (*Delta Peak*), c'est-à-dire de l'atteinte du sommet de la courbe différentielle de charge, pour procéder à une charge rapide et efficace des accus CdNi ou NiMH (hybride Nickel-Métal). Le principe est basé sur la constatation que la tension aux bornes de la cellule, référée à l'état de charge, présente un maximum évident à la fin de la charge, en particulier aux courants de charge importants. Tout ce que l'on demande à un chargeur travaillant selon le principe de crête δ est de détecter le changement de la tension de cellule et de le traiter. La chute de la tension appliquée à l'entrée VAC du circuit, à une valeur inférieure de 1% à la valeur maximale prévue, produit l'interruption du processus de charge. D'après la fiche de caractéristiques du circuit intégré la tension VAC doit se situer dans une plage comprise entre 0,385 et 3,85 V. Un diviseur de tension constitué par les résistances R4 et R5 fait en sorte que la tension de l'accu ou de la série d'accus ne puisse pas sortir de ce domaine. Le courant de charge est fonction des paramètres suivants :

- la résistance de shunt, R_{shunt}, représentée par la mise en parallèle des résistances R8 et R9,
- de la résistance de mesure, R_{sense}, R10 et
- de la résistance de référence, R_{ref}, R12.

La formule correspondante s'énonce :

Timeout

$$TO = 2^{26} \cdot 0,93 \cdot R_{ref} \cdot C_{osc}$$

Courant de charge

$$I_{charge} = \frac{R_{sense} \cdot 1,25}{R_{shunt} \cdot R_{ref}}$$

$$0,385 < VAC < 3,85$$

VAC_{MAX}

$$R4/(R4+R5) \cdot n \cdot 1,8 < 3,85$$

$$R4/(R4+R5) < 2,14/n$$

VAC_{MIN}

$$R4/(R4+R5) \cdot n \cdot 1,1 > 0,385$$

Timeout représente une bouée de sauvetage pour le circuit intégré. Si, pour une raison ou une autre –cellule défectueuse, mauvaise connexion– il s'avérait impossible de détecter un maximum, le TEA1100 interrompt, après un certain temps, le processus de charge. Notez que R2 exerce une influence **tant** sur Timeout **que** sur le courant de charge. Il faudra, de ce fait, lors du choix du courant de charge et de la constante de temps prendre comme grandeur fixe la résistance de référence et considérer le condensateur C3, qui détermine la fréquence de l'oscillateur interne, comme variable. Une fois l'accu (ou les accus) rechargé(s), le TEA1100 passe en mode d'entretien de charge. Dans ce mode, un courant d'intensité deux fois moindre est chargé, pendant 1/10 du temps du maintien de la charge des cellules (il circule donc un courant moyen de 1/20 du courant de charge nominal). On peut, par l'adjonction d'une résistance additionnelle à la broche 11 (RN), définir un courant d'entretien de charge différent, dont la valeur répond à la formule suivante :

$$I_{trickle} = \frac{1}{10} \cdot \frac{R_{sense} \cdot 1,25}{R_{shunt} \cdot R_N}$$

Le choix d'une résistance de valeur supérieure à quelque 20 kΩ se traduit par une diminution, par rapport au courant nominal relevé en l'absence d'une telle résistance à la broche 11, du courant d'entretien de charge, celui d'une résistance de valeur faible par son augmentation. La mesure du courant se fait sous la forme d'une mesure de la chute de tension aux bornes du shunt, son application à l(a série d)'accu(s) se faisant elle, sous les ordres de la broche 2 (A0) via les transistors T1 et T2. Le condensateur C2 a pour fonction de garantir la stabilité du circuit de charge. En l'absence de cellule entre les bornes du connecteur K1 ou en mode d'entretien de charge, on aura clignotement de la LED D1, sachant qu'elle restera fixe dans le cas d'une charge de type δV. La tension d'alimentation appliquée à la broche 12 (Vp) doit être comprise entre 5,65 et 11,5 V. Le courant de repos atteint, sorties hors-circuit, un bon 4 mA. Outre ce mode de fonctionnement de base, le TEA1100 met à la disposition de l'utilisateur un certain nombre d'autres fonctions bien documentées dans la fiche de caractéristiques (en anglais).

Source :
Fiche de caractéristiques TEA1100, TEA1100T (Philips)

276 MONITEUR POUR ACCUS ET PILES À TEA1041T

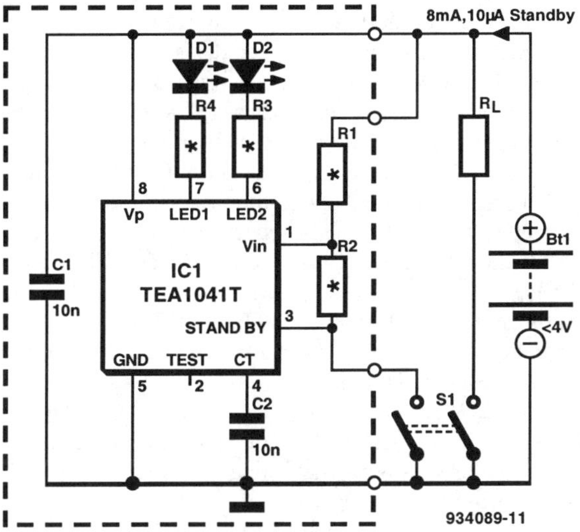

Le TEA1041T, un circuit intégré de Philips, a été conçu pour la surveillance de la tension fournie par des jeux d'accus ou de piles. Des logiques internes de déclenchement et de suivi chronologique évitent un réaction erronée de l'électronique montée en aval à des effondrements très brefs de la tension d'alimentation en cas de crêtes de charge. Une LED, voire deux, visualise le passage en-deçà d'un

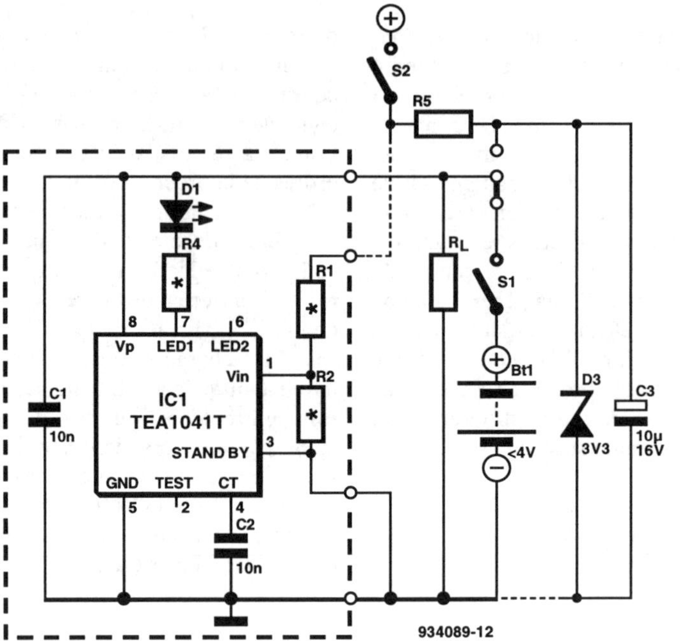

seuil de tension définissable par l'utilisateur. Le circuit est utilisable avec des accus ou des piles ayant une tension nominale comprise entre 1,8 et 4 V. Un circuit différent permet la surveillance de tensions nominales plus élevées. La **figure 1** vous propose le schéma complet d'un montage à deux LED basé sur le TEA1041T. Le diviseur de tension constitué par les résistances R1 et R2 définit le seuil de tension en-deçà duquel les LED invitent au remplacement de la (ou des) pile(s) ou de l'accu. La valeur attribuée à chacun de ces composants sera telle que la tension nominale se traduise par la présence d'une tension de 1,25 V très exactement à la broche 1 (V_{in}). On prendra pour R2 une résistance comprise entre 1 et 100 kΩ et l'on calculera la valeur de R1 à l'aide de la formule :

$$R1 = R2 \cdot ((U_{sor}/1{,}25\,V) - 1) \quad ,$$

où U_{sor} représente le seuil de commutation requis. Les résistances R3 et R4 prennent une valeur comprise entre 100 et 220 Ω en fonction de la tension de la pile ou de l'accu concerné. L'activation du TEA1041T se fait lors d'une mise à la masse de la broche de veille (*Stand-by*, broche 3). En cas de chute de la tension présente en broche 1 en-deçà de 1,25 V on a démarrage d'un compteur numérique pendant une durée de l'ordre de 2 s. Si la tension à la broche 1 reste en-deçà du seuil de tension, le circuit intégré déclenche une alarme, se traduisant par l'illumination de la LED D1, et ce même si la tension nominale a retrouvé le niveau requis. Si l'on déconnecte maintenant, par action sur le double inverseur S1, la charge du circuit de surveillance on verra les deux LED clignoter pendant 4 s. Le TEA1041T repasse ensuite en mode de veille, ne consommant alors que 10 µA environ, constituant ainsi une charge négligeable pour la pile. Le schéma de la *figure 2* montre comment intégrer ce circuit dans un appareil existant. On peut se passer de la LED D2, la broche 3 du circuit intégré est mise définitivement à la masse. Tant que la charge –le circuit alimenté par la pile– se trouve, l'interrupteur S1 étant fermé, en circuit, le circuit de surveillance est relié à la pile. Le comportement du circuit est le même que celui décrit plus haut, à ceci près qu'il n'y a pas de clignotement après une remise à zéro. Si l'on doit travailler avec des tensions nominales plus importantes on connectera le TEA1041T de la façon représentée en pointillés sur le schéma de la figure 2. La tension fournie par la pile est abaissée à 3,3 V par la diode zener avant de servir à l'alimentation du circuit intégré. Le diviseur de tension sera connecté à la totalité de la tension de la pile; il faudra bien évidemment interrompre la ligne servant à appliquer cette tension au circuit intégré.

G. Kleine

Bibliographie :

Philips, fiche de caractéristiques du TEA1041T - Battery Low-Level Indicator

277 GRADATEUR CMOS

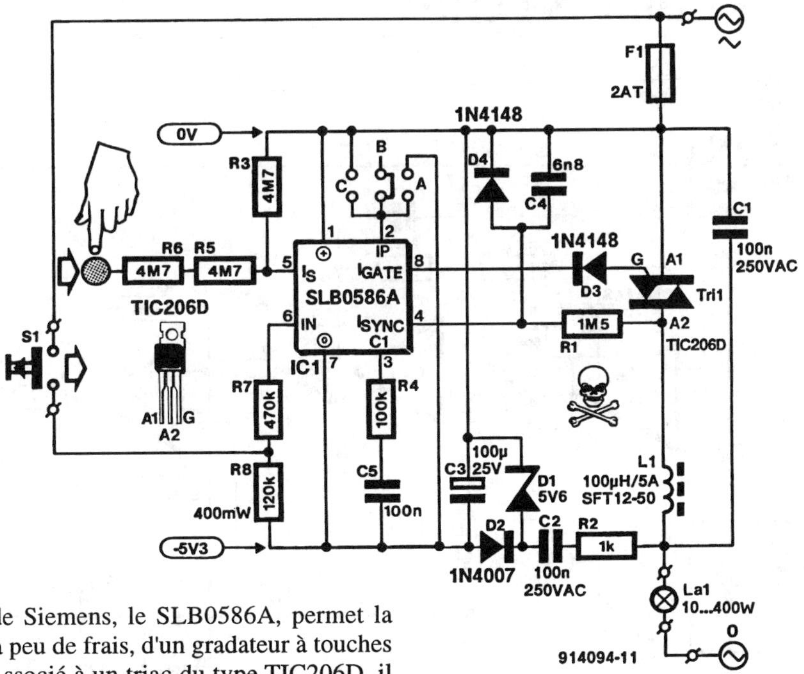

Un circuit de Siemens, le SLB0586A, permet la réalisation, à peu de frais, d'un gradateur à touches sensitives. Associé à un triac du type TIC206D, il permet sans difficulté une gradation continue de toute ampoule à incandescence de puissance comprise entre 10 et 400 W. Une self de 100 µH/5 A assure un antiparasitage efficace du montage. Le principe de fonctionnement du circuit de gradation est relativement simple. On extrait du secteur, à l'aide de la résistance R1, du condensateur C4 et de la diode D4, les impulsions de synchronisation, signal appliqué à la broche 4 du SLB0586A. La tension d'alimentation de IC1 est dérivée directement du secteur elle aussi, via la résistance R2, les condensateurs C2 et C3 et les diodes D2 et D3. La tension ainsi obtenue est de 5,3 V environ en-dessous de la tension du secteur. La touche sensitive servant à la commande du circuit intégré est reliée au circuit via une paire de deux résistances de 4MΩ7, disposition garantissant la sécurité de l'utilisateur. Comme il est fréquent que l'on implante un gradateur dans un réseau électrique existant, on appréciera d'autant plus la possibilité de le commander depuis deux points éloignés l'un de l'autre (montage en va-et-vient). Ceci explique qu'outre la touche sensitive proprement dite l'utilisateur ait également à sa disposition un bouton-poussoir à contact travail, S1. Ce interrupteur peut éventuellement être placé dans une autre pièce. Sa connexion est un classique en pareil cas: entre le conducteur de phase (brun) et le neutre (noir). Il n'est pas nécessaire de ce fait d'intervenir sur le câblage électrique d'origine. On notera la présence, sur le schéma, de trois cavaliers de court-circuit. Ils permettent la sélection de l'un des trois modes de fonctionnement que connaît le circuit. La mise en place du cavalier B se traduit par un allumage de l'ampoule à l'intensité qu'elle avait à l'instant de sa mise hors-fonction. Si c'est le cavalier A ou le cavalier C qui est implanté, on aura allumage de l'ampoule à son intensité lumineuse minimale. Dans les modes B et C, le sens de gradation est, contrairement à ce qui est le cas en mode A, inversé d'une action sur la touche sensitive à la suivante. Une action de durée comprise entre 50 et 400 ms se traduit par une mise en ou hors-fonction franche de l'éclairage relié à la touche sensitive ; si la durée de l'action est plus longue, on a cycle de gradation. Comme l'ensemble du circuit se trouve en contact avec le secteur, il est vital de respecter les règles de sécurité en vigueur : connexions mécaniquement stables, boîtier en plastique, vérification de l'absence de risque de court-circuit, etc...

Application Siemens

278 COMPRESSEUR/LIMITEUR RUDIMENTAIRE

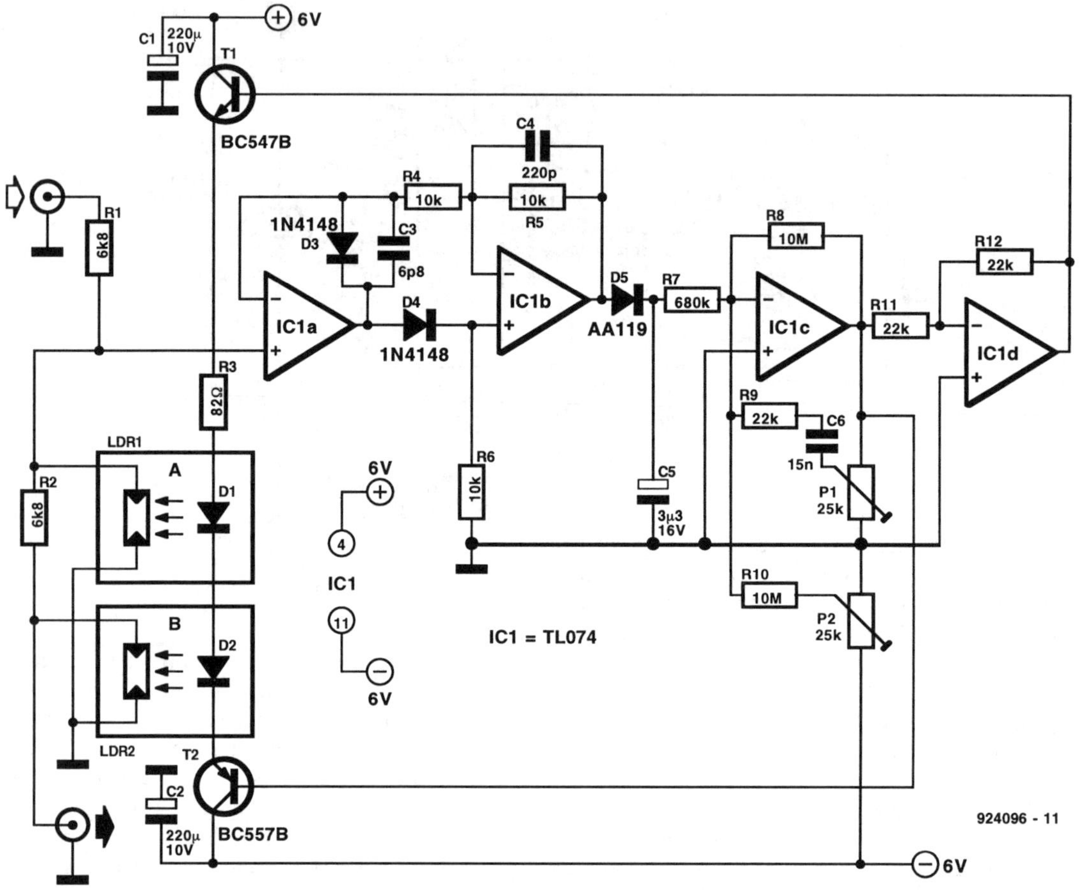

Nous utilisons, dans ce montage, deux réseaux atténuateurs en série, dans lesquels l'atténuation est introduite par deux LDR (***Light Dependent Resistor*** = photorésistance), illuminées par des diodes électroluminescentes (LED). En aval de la résistance R1, le signal d'entrée bifurque vers l'amplificateur opérationnel IC1a qui, associé aux diodes D3 et D4 et à l'amplificateur opérationnel IC1b effectue un redressement double alternance du signal. La tension continue ainsi produite sert à charger le condensateur C5 à travers la diode D5. Cette diode introduit une charge rapide du condensateur, une décharge n'étant possible qu'à travers la résistance R7. Le sous-ensemble centré sur IC1c se charge de la compression. En fonction de la position des ajustables P1 et P2, la tension de sortie de IC1c diminuera si la tension aux bornes de C5 devient supérieure à une certaine valeur. Dans ces conditions l'amplificateur opérationnel IC1c débutera la « commande » du transistor T2 et –à travers l'inverseur IC1d– de T1. Ceci se traduit par l'illumination des LED D1 et D2 et par une atténuation du signal d'entrée d'origine. Le temps « d'attaque » du circuit dépend de la vitesse des LDR et de la position de l'ajustable P2. Le gain introduit par IC1c et la position de l'ajustable P1 définissent le point d'entrée en fonction de la limitation de tension. Si l'on réalise ce montage selon les indications du schéma, il fonctionne comme limiteur : au-dessus d'une valeur donnée de la tension d'entrée, la tension de sortie sera maintenue à un niveau constant jusqu'à ce que le courant à travers les LED ait atteint sa valeur maximale (de 40 mA environ). Si l'on connecte l'entrée positive (+) de IC1a à la sortie du montage, il fonctionnera en compresseur « standard ». Ce montage permet de traiter des signaux d'entrée de niveau compris entre 10 mV$_{eff}$ et 2 V$_{eff}$. La plage de régulation peut être étendue par la mise en série de plusieurs sections d'atténuation ou par l'augmentation de la valeur des résistances R1 et R2. Il est recommandé de mettre chacune des LDR et la LED qui lui est associée dans un petit boîtier les mettant parfaitement à l'abri de la lumière. La consommation du circuit dépend pour la plus grande partie des LED utilisées. Dans notre prototype la consommation était de quelque 50 mA au pire.

279 INVERSEUR ÉLECTRONIQUE DE SENS DE CIRCULATION

POUR LOCOMOTIVES « TELEX »

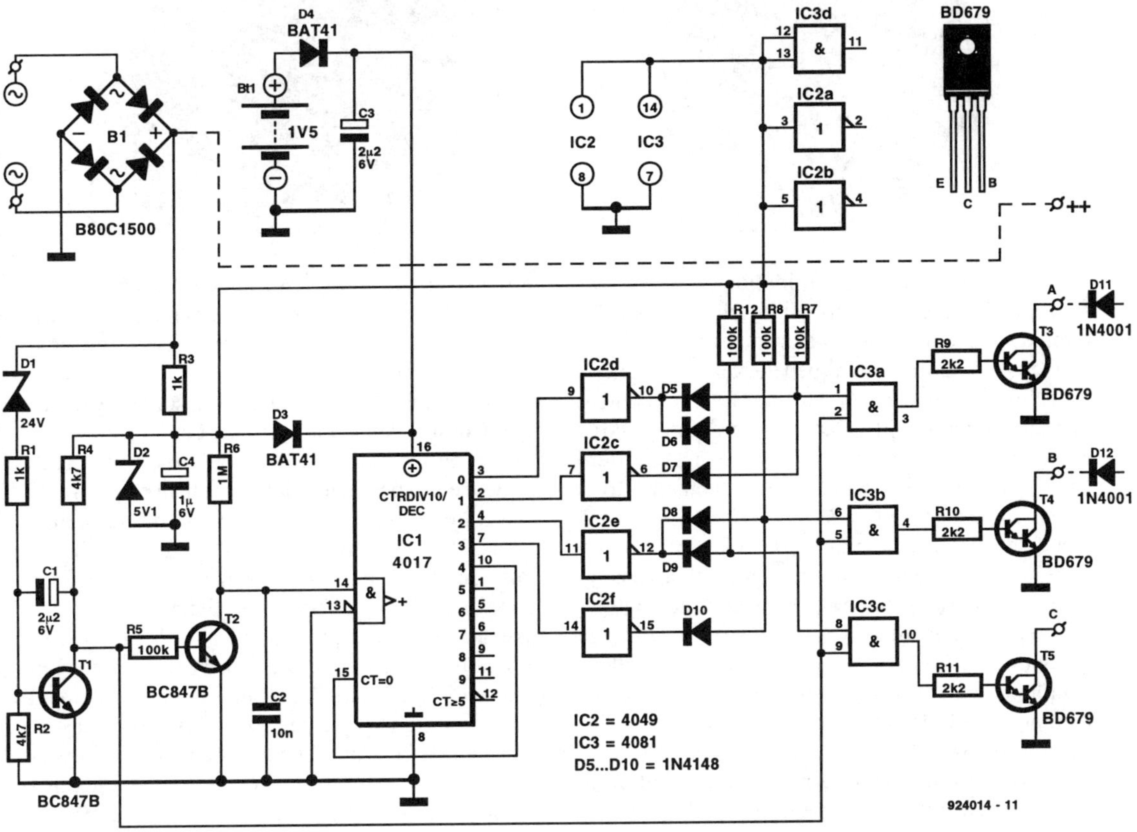

L'attelage (le couplage/découplage) des locomotives « Telex » de Märklin peut être commandé par l'intermédiaire du transformateur de commande servant au réglage de la vitesse. Outre les deux modes de fonctionnement « standard », c'est-à-dire **marche avant** et **arrière**, ces locomotives connaissent également deux modes de fonctionnement additionnels : **marche avant** et **arrière avec possibilité de dételer** le(s) **wagon**(s). La vitesse reste commandée, comme à l'origine, par l'intermédiaire du transformateur de circulation qui fournit pour ce faire des tensions comprises entre 4 et 16 V environ. On peut, pour obtenir l'inversion du sens de circulation, demander au transformateur de produire une impulsion de surtension. Le couplage (attelage) automatique de la locomotive « Telex »

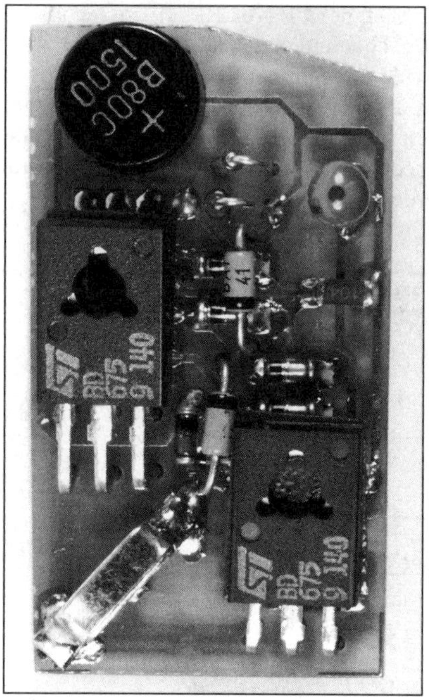

est activé par une seconde impulsion de surtension. Le circuit décrit dans cet article est destiné à remplacer la commande électromagnétique d'origine des locomotives de type HO, qui se caractérisent (malheureusement) par un fonctionnement occasionnellement peu fiable. Comme les électroaimants des dispositifs de couplage avant et arrière sont toujours commandés simultanément, trois étages de puissance (T3 à T5) suffisent à la commande de toutes les fonctions de la locomotive. Le pont de redressement B1 transforme la tension alternative motrice en une tension continue pulsée. L'ensemble constitué par la résistance R3, le condensateur C4 et la diode D2, stabilise cette tension à une valeur de quelque 5 V, destinée à l'alimentation de l'électronique.

La tension variable présente au point « **++** » est appliquée, d'une part à l'enroulement d'induit du moteur électrique de la locomotive et, de l'autre, à l'une des bornes de chacun des électro-aimants des dispositifs d'attelage. Le sous-ensemble D1/R1/C2 et C1/T1 se charge **et** de la conversion de l'impulsion de commutation en un niveau logique de 5 V **et** de son inversion. L'impulsion, inversée à nouveau par le transistor T2 arrive à l'entrée d'horloge (broche 14) de IC1, un compteur du type 4017, qui, à l'apparition de chaque flanc montant, fait passer successivement au niveau haut l'une de ses sorties 0 à 4. La 5e sortie de comptage, la broche 10, est reliée à l'entrée de remise à zéro. On dispose de ce fait de quatre états de sortie possibles. Les inverseurs IC2c à IC2f inversent la série ordonnée de bits présente à la sortie de comptage. Comme seule une sortie de comptage peut se trouver au niveau haut, on a toujours trois sorties d'inverseur à présenter un niveau haut et une seule à se trouver au niveau bas. Une entrée des trois portes ET, IC3a à IC3c est, par l'intermédiaire de l'une des résistances de forçage R7, R8 et R12, reliée à la ligne positive de l'alimentation. Un niveau logique bas présent sur une sortie d'inverseur se traduit à l'entrée des portes ET –reliée chacune par l'intermédiaire d'une diode– également par un niveau logique bas. Dans ces conditions, le transistor de puissance, en aval de la porte en question, bloque. Si le compteur se trouve en position 0, les transistors T3 et T5 bloquent et T4 est passant, le résultat étant un mode de fonctionnement en « marche avant ». En position 1, T3 bloque et T4 et T5 sont conducteurs (mode de fonctionnement « marche avant et dételage »). Les points **A** et **B** sont reliés à l'une des bornes de l'enroulement de champ du moteur électrique de la locomotive, le point **C** à la seconde borne de l'électro-aimant de chacun des dispositifs de couplage.

Comme les trois autres entrées des portes ET sont

reliées au collecteur du transistor T1, la commutation ne se fait que quelques millisecondes après l'apparition de l'impulsion de commutation. On a prévu, pour pouvoir « stocker » l'état actuel du compteur en absence de tension fournie par le transformateur de réglage de vitesse, une pile miniature, Bt1, qui sert d'alimentation de secours. En raison de la consommation extrêmement faible de ce montage cette petite pile est capable de conserver le contenu du compteur pendant plusieurs mois. La mise en place de cette alimentation de secours étant cependant optionnelle, on pourra supprimer la pile ainsi que la diode D4 et le condensateur C3. Nous avons dessiné un circuit imprimé à l'intention de cette réalisation. Il s'agit d'un double face doté, comme l'indique la liste des composants, d'un nombre important de composants CMS. Il demande une réalisation soignée. N'étant pas doté de trous métallisés, certaines broches de composants, l'une du transistor T4, de la diode D2 et du condensateur C1 par exemple, servent à la mise en place de l'intermétallisation entre les deux faces. Il faudra voir quelles sont les pastilles reliées à une piste de chaque côté de la platine et les interconnecter en conséquence, soit à l'aide d'une broche de composant, soit à l'aide d'un reste de « queue » de résistance. Il faudra veiller, lors de la mise en place de ce petit montage dans la locomotive, à ce que l'électronique soit parfaitement isolée du châssis de la locomotive.

C. Wolff

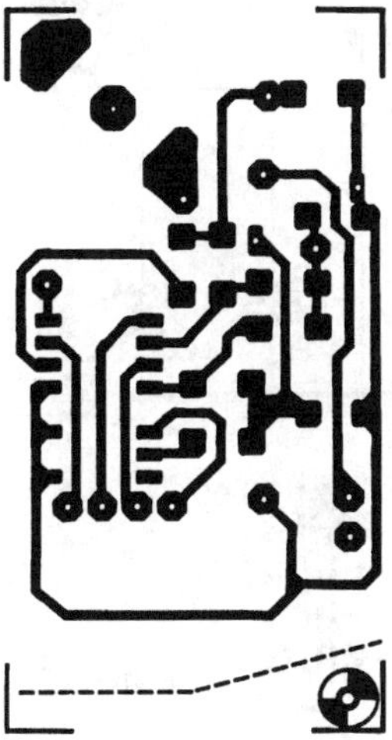

Liste des composants :

Résistances :
(toutes en version CMS)
R1,R3 = 1 kΩ
R2,R4 = 4kΩ7
R5,R7,R8,R12 = 100 kΩ
R6 = 1 MΩ
R9 à R11 = 2kΩ2

Condensateurs :
C1,C3 = 2µF2/6 V tantale
C2 = 10 nF (CMS)
C4 = 1 µF/16 V tantale

Semi-conducteurs :
D1 = diode zener 24 V/400 mW
D2 = diode zener 5V1/400 mW
D3,D4 = BAT41 (Philips)
D5 à D10 = 1N4148 (CMS)
D11,D12 = 1N4001
B1 = B40C1500
T1,T2 = BC847B (CMS)
T3 à T5 = BD679
IC1 = 4017 (CMS)
IC2 = 4049 (CMS)
IC3 = 4051 (CMS)

Divers :
Bt1 = pile miniature 1V5 (du type pour calculatrices et appareils photo, type 364, réf.CEI SR60 par exemple)

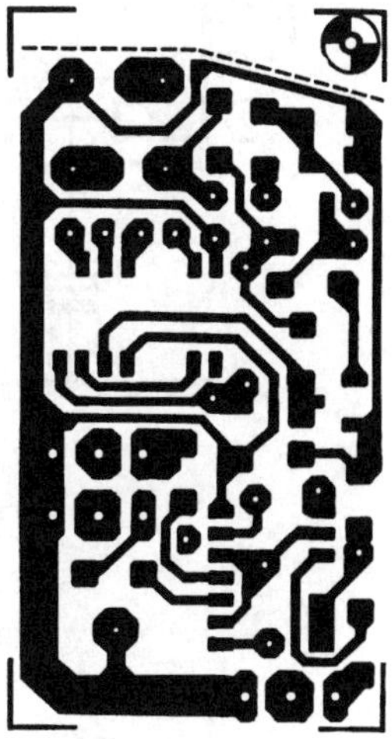

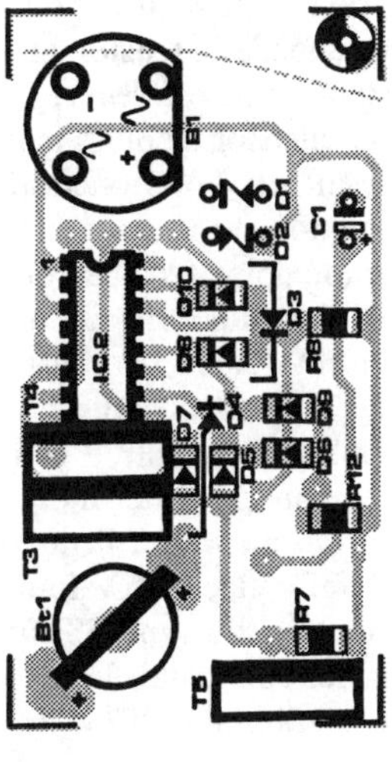

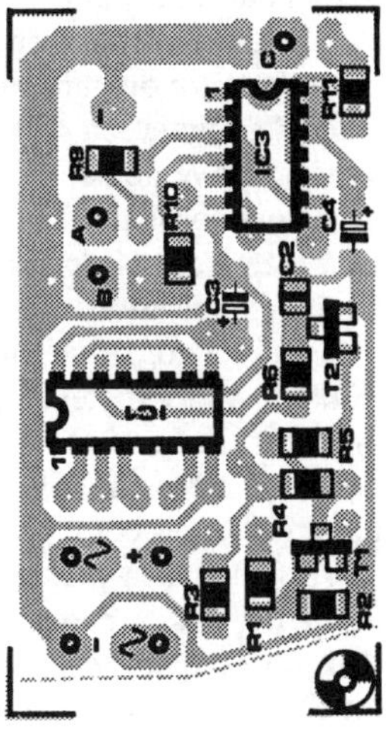

280 RÉGULATEUR DE TENSION POUR AUTO RÉTRO

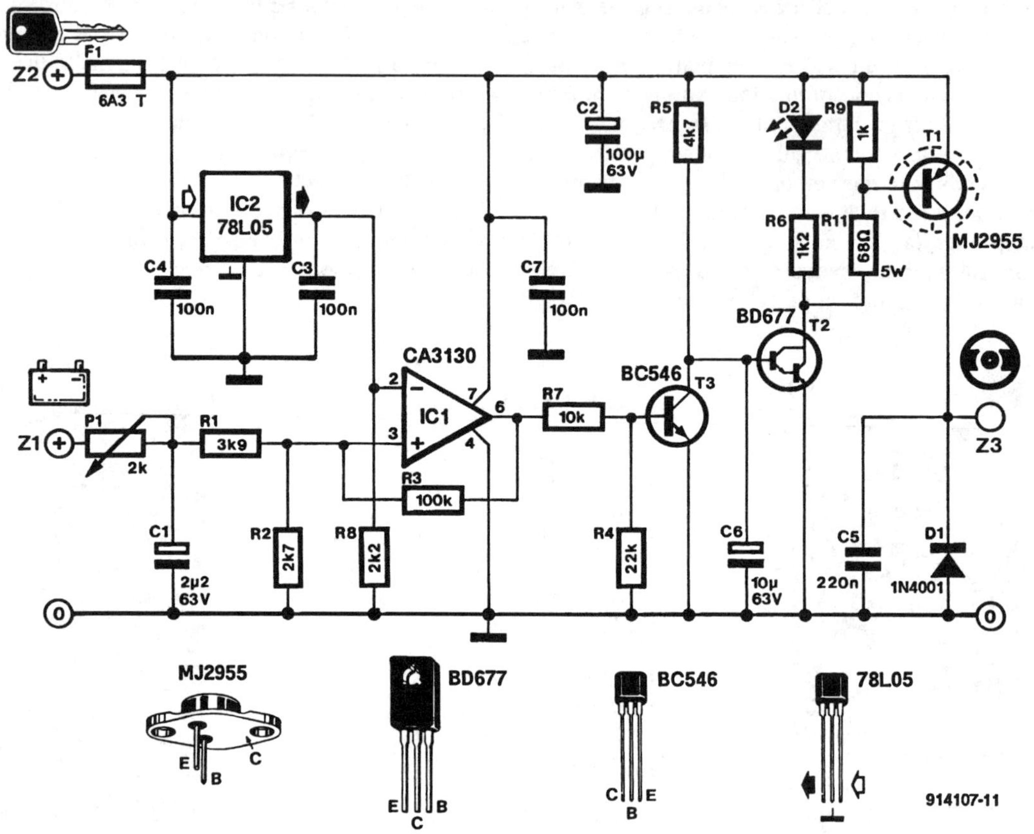

Sur certains modèles de voiture assez anciens, la tension de charge de la batterie fait appel à un régulateur mécanique qui prend la forme d'un circuit à relais mettant en et hors-circuit l'enroulement du stator du générateur de tension alternative. Une telle régulation présente bien évidemment certains inconvénients, tels que fatigue prématurée, avec pour corollaire, une destruction tout aussi précoce, régulation imprécise, sensibilité trop importante aux variations de la charge, etc. Le schéma présenté ici constitue une sorte d'alternative électronique au régulateur mécanique. Le fonctionnement est exactement le même, à ceci près qu'il n'y a plus de pièces mobiles et que les points de commutation sont bien plus précis. On dispose en outre, grâce à la présence d'une connexion additionnelle vers la batterie, d'une mesure de la tension de la batterie; ainsi, les pertes de tensions introduites par le câble allant à la batterie ne sont pas prises en compte ; la durée de vie de celle-ci en est fortement accrue. Le régulateur électronique n'est, à y regarder de près, rien de plus qu'un comparateur comparant en permanence la tension aux bornes de la batterie à une tension de référence. Le comparateur attaque lui un transistor de puissance qui met la génératrice en et hors-fonction. Intéressons-nous à la connexion du montage: le point **Z2** est relié au contact, le point **Z3** à l'enroulement du stator, le point **Z1** étant lui relié au pôle plus de la batterie. Un diviseur de tension constitué par P1/R1/R2 abaisse la tension à quelque 5 V; cette tension est ensuite appliquée à l'entrée non-inverseuse de l'amplificateur opérationnel monté en trigger de Schmitt, IC1. On dispose à l'entrée inverseuse d'une tension de référence de 5 V fournie par un régulateur de tension du type 78L05 (IC2). La sortie du comparateur commande le transistor de puissance T1, via les transistors T2 et T3.

La LED D2 sert uniquement à visualiser le fonctionnement du circuit, la diode d'arrêt D1 servant à la protection du circuit. Le condensateur C6 amortit les flancs raides qui naissent lors de la commutation de T1, ce qui diminue la production d'harmoniques et partant les parasites à la réception stations émettant sur ondes moyennes (P.O.). Le réglage est simple. On prend, entre la sortie **Z3** et la masse, soit une ampoule de 12 V, soit une résistance de puissance (15 Ω/10 W). On connecte à l'entrée **Z1** une alimentation réglable et un multimètre. On ajuste ensuite la tension appliquée à l'entrée **Z1** à 14,3 V et on joue sur le potentiomètre P1 jusqu'à obtenir l'extinction de l'ampoule. Si maintenant on abaisse très progressivement la tension appliquée à l'entrée, on devrait voir l'ampoule se rallumer à une tension de 13,9 V. On pourra fort bien envisager d'implanter ce montage dans un boîtier en aluminium ce qui permettra d'utiliser celui-ci comme radiateur pour le MJ2955. On pourra ensuite assurer l'étanchéité de l'ensemble à l'aide d'un joint de mastic aux silicones.

R. Lucassen

281 PROTECTEUR PARA-TENSIONS CONTINUES VERSION STÉRÉO

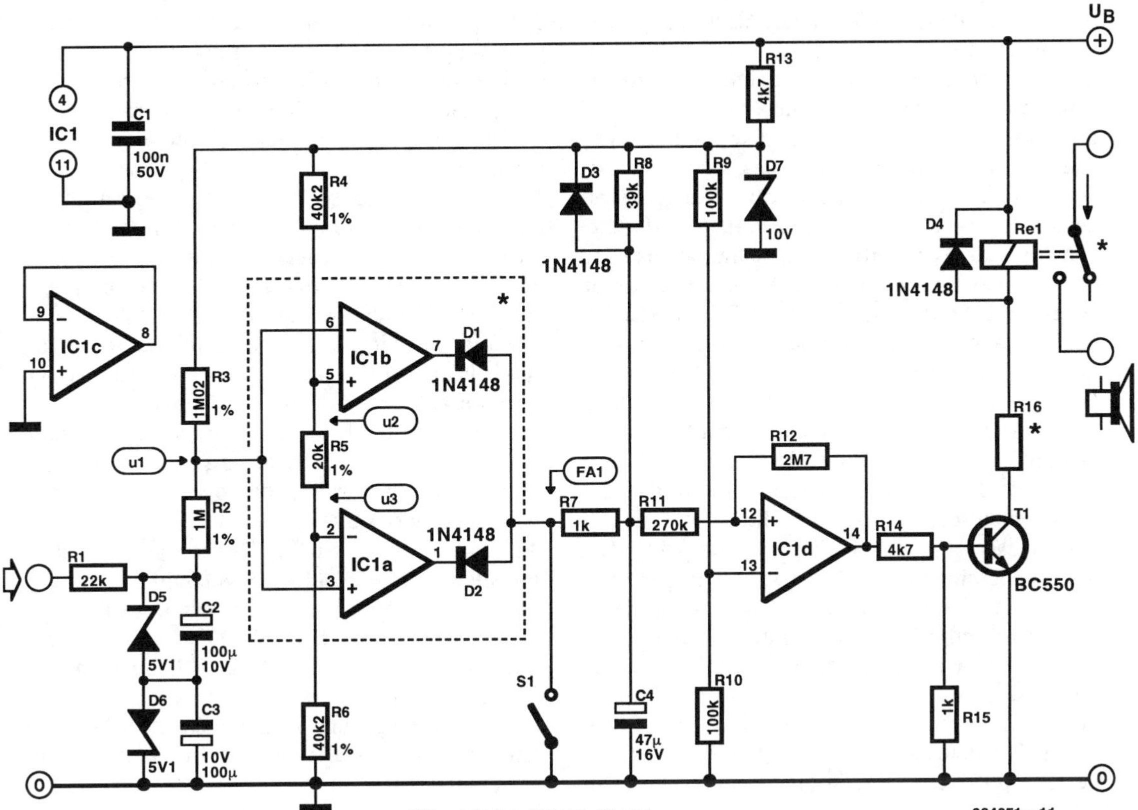

IC1 = TL064, TL074, TL084

924051 - 11

Si un amplificateur de puissance dont les sorties ne comportent pas de condensateur se « met en grève », les enceintes auxquelles il est relié courent un grave danger. C'est en particulier le haut-parleur de grave qui est le plus menacé sachant qu'il n'est pas protégé contre les tensions continues par les condensateurs du filtre (de séparation), à l'inverse de ce qui est le cas des haut-parleurs de médium ou d'aigu. Si c'est le transistor de puissance qui a lâché, le HP se verra alors appliquer la totalité de la tension fournie par l'alimentation de l'amplificateur. Si déjà on envisage de réaliser un circuit de protection, pourquoi ne pas penser aussi à un dispositif de temporisation de mise en fonction des enceintes (ce qui permet l'élimination des plocs et autres cracs à la mise sous tension du système) ? Le **protecteur para-tensions continues** décrit ici d'une part protège les enceintes contre les tensions continues et de l'autre élimine les bruits de mise en fonction. Les caractéristiques spécifiques de l'électronique décrite ici sont tout d'abord sa relative simplicité et ensuite le fait qu'elle se contente d'une tension d'alimentation asymétrique non-régulée, de telle sorte qu'il est possible, dans la plupart des cas, de l'alimenter directement à partir de l'alimentation de l'étage de puissance que l'on veut doter du dispositif de protection des enceintes connecté en parallèle sur l'étage de sortie. La résistance R1, associée aux deux condensateurs électrochimiques montés en tête-bêche C2 et C3, libère de sa composante de tension alternative le signal de sortie de l'amplificateur. On dispose ainsi, au point nodal des résistances R1 et R2, de la composante continue du signal destiné aux enceintes, signal qui arrive, via le diviseur de tension formé par les résistances R2 et R3, à un comparateur à fenêtre constitué par les amplificateurs opérationnels IC1a et IC1b. Comme, de par la présence de la diode zener D7 associée à la résistance R13, la tension d'alimentation de l'électronique est fixée à 10 V, la largeur de la fenêtre est elle fixée, par R2, à 2 V. Dans ces conditions U2 vaut 6 V et la tension U3 4 V. En l'absence de tension continue à la sortie de l'amplificateur de puissance la tension U1 a une valeur de 5 V. On dispose alors, aux sorties des deux amplificateurs que les diodes D1 et D2 connectent en une fonction logique OU, d'un niveau logique haut "1 ". La situation que nous venons de décrire est celle que l'on a lorsque tout se passe normalement. Si maintenant, la composante continue de la tension de sortie de l'étage de puissance sort d'un domaine défini par des tensions de ±2 V, la tension U1 dépasse, par le haut ou par le bas, la valeur de la tension U2 ou U3. L'un des deux amplificateurs opérationnels du comparateur à fenêtre fournit à sa sortie un niveau logique bas "0 ". On se trouve en situation de « crise ». Lors de la mise sous tension de l'étage de puissance pourvu de ce **protecteur para-tensions continues stéréophonique** on aura, si tant est que la tension U1 se trouve à l'intérieur des limites de la fenêtre, charge du condensateur C4 via la résistance R8. Au bout de 1,5 s environ, l'amplificateur opérationnel travaillant en trigger de Schmitt IC1d commute, fournissant à sa sortie un « 1 » logique. On a, dans ces conditions, activation du relais Re1 qui interconnecte l'enceinte à l'étage de sortie bien après le cloc qui pourrait naître de mise sous tension. En cas de défectuosité de l'étage de puissance, se traduisant par la présence d'une tension continue en sortie, on a décharge du condensateur C4 et ce, en quelque 50 ms, via la résistance R7. La sortie de IC1d passe au niveau bas, le relais décolle déconnectant l'enceinte de l'étage de puissance. Il faudra, en fonction de la tension d'alimentation utilisée, adapter la valeur de la résistance R13 et la tension de service du relais. Si l'on choisit pour R13 une résistance de 4kΩ7/1 W, le circuit peut travailler avec une tension d'alimentation comprise entre 20 et 40 V. Une R13 de 1 kΩ/0,25 W couvre une plage de tensions d'alimentation allant de 12 à 20 V. On adoptera pour la tension de service du relais la tension correspondant le mieux à la tension d'alimentation. À une tension d'alimentation de 36 V correspondra, par exemple, on optera pour un relais ayant une tension de service de 24 V. Les 12 V restants seront à éliminer à l'aide de la résistance de limitation, R16, résistance dont la valeur et la puissance seront fonction du courant drainé par le relais (avec un relais 24 V consommant 15 mA on prendra pour R16 une résistance de 820 Ω/0,25 W pour travailler à la tension d'alimentation de 36 V évoquée plus haut). On pourra, si l'on désire pouvoir inactiver la fonction de protection du circuit, ajouter l'interrupteur S1. La fermeture de cet interrupteur active le relais. Il suffit, si l'on veut protéger un étage de sortie stéréophonique, de « doubler » les composants suivants : R1 à R3, C2, C3, D1, D2, D5, D6, IC1a et IC1b. Ces composants additionnels sont tout simplement accouplés aux composants correspondants déjà implantés à l'endroit où se connecte S1, à savoir au point nodal des diodes D1/D2 et de la résistance R7. On a, en version stréréo et pour ce qui est du relais, deux possibilités : soit utiliser une version à deux contacts travail, soit faire appel à deux relais à un contact travail mis en série.

On peut également, pour se simplifier la vie, envisager la réalisation de deux montages monophoniques, un par canal, ce qui permet de savoir quel est l'étage de puissance qui a « rendu l'âme ».

Thomas Schaerer

282 RÉGULATION DE LARGEUR D'IMPULSION UNIVERSELLE

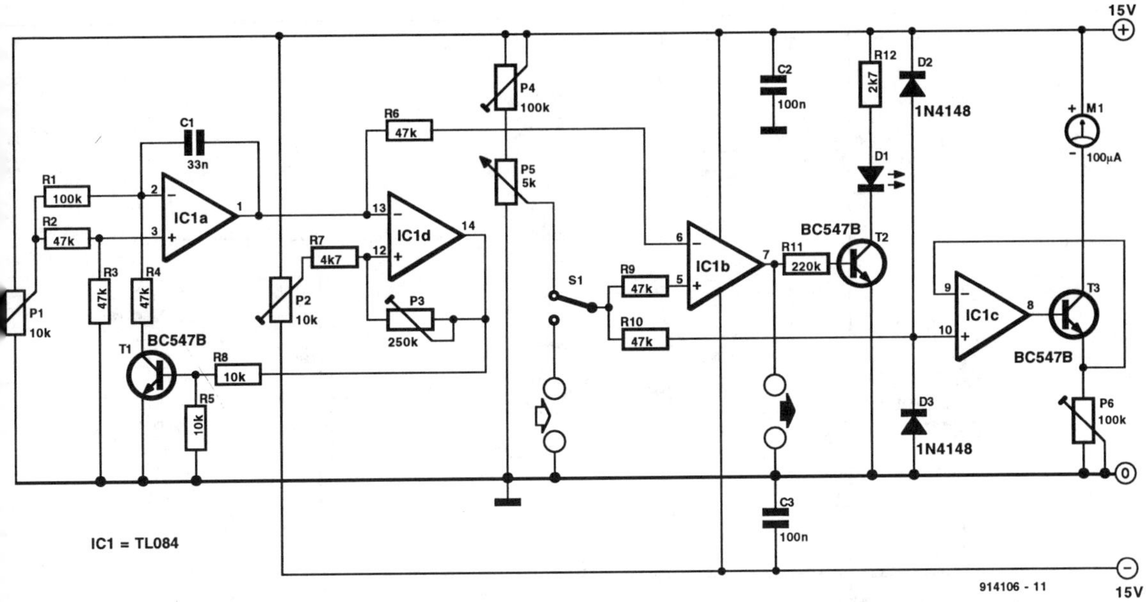

La régulation de largeur d'impulsion proposée ici peut être commandée, soit par un potentiomètre soit, par une tension externe. Le rapport cyclique (impulsion/pause) peut varier entre 0 et 100%. La largeur d'impulsion est définie selon la technique classique de comparaison entre une tension triangulaire et un niveau donné de tension continue. La tension triangulaire est obtenue à l'aide d'un intégrateur (IC1a/T1) et d'un trigger de Schmitt (IC1b). L'amplificateur opérationnel IC1c compare le signal triangulaire à une tension continue (soit définie par le potentiomètre P5 ou soit d'origine externe), processus qui se traduit par l'apparition à la sortie de IC1c d'une tension rectangulaire lorsque la largeur d'impulsion est proportionnelle au niveau de la tension continue. La sortie de IC1c constitue aussi la sortie de la régulation. On pourra, par exemple, y connecter un étage de puissance commandant la charge proprement dite. Cet étage pourra prendre une forme très simple, celle de l'électronique centrée sur le transistor T2 par exemple. La LED D1 permet de visualiser le fonctionnement de la régulation; D1 pourra fort bien être une LED intégrée dans un opto-coupleur ou un relais à semi-conducteur. Le quatrième amplificateur opérationnel intégré dans IC1 est utilisé ici comme étage de puissance attaquant un galvanomètre à bobine mobile visualisant le pourcentage de la largeur d'impulsion du signal de sortie. Le réglage du montage se fera de la manière suivante:

1) Ajustez, par action sur P1, la fréquence désirée (comprise entre 0 et 1 000 Hz). Tournez la résistance ajustable P2 à mi-chemin, mettez l'ajustable P6 à sa résistance maximale et donnez à S1 la position du schéma.
2) Branchez un oscilloscope à la broche 6 de IC1, et, par action sur P3, ajustez l'amplitude du signal à une valeur de 1 V_{cc}.
3) À l'aide de P4 on règle à 1 V la tension régnant aux bornes de P5.
4) Mettez le curseur de P5 à la masse et recherchez pour P2 la position dans laquelle on n'obtient plus d'impulsions (en aiguille) à la sortie de IC1c. On reprendra les réglages des points 2 et 4 jusqu'à ce qu'il ne soit plus nécessaire de peaufiner le réglage.
5) Mettez pour finir le curseur de P5 au niveau de tension maximal, 1 V, et jouez sur P6 jusqu'à obtenir un débattement à pleine échelle du galvanomètre.

La consommation du montage est inférieure à 20 mA.

U. Kunz

283 ANTI-REFLUX POUR SYSTÈME À ÉNERGIE SOLAIRE

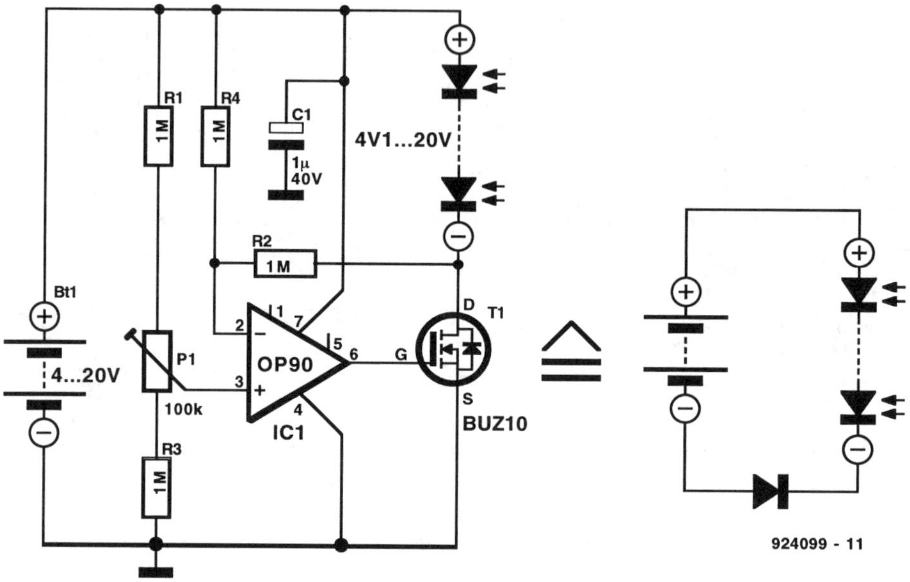

Un système classique simple de capteur d'énergie solaire consiste en un certain nombre de cellules solaires associées à un accumulateur protégé par une diode. La fonction principale de la diode est d'éviter, lors de périodes d'ensoleillement limité, que l'accumulateur ne puisse se décharger dans les cellules. On utilise ici, afin de limiter au strict minimum les pertes introduites par la diode, une diode du type Schottky, de sorte que la tension de seuil est comprise entre 0,3 à 0,4 V seulement. Il suffit pourtant d'un rien d'électronique pour arriver à abaisser à 0,1 V cette tension de seuil. On fera, pour cela, appel au circuit **diode à chute de tension ultra-faible**, décrit ailleurs dans ce livre, dimensionné spécialement pour une application dans un système à énergie solaire (voir schéma). L'obtention d'une tension de seuil aussi faible est due à la mise en oeuvre d'un transistor SIPMOS-FET du type BUZ10, utilisé ici comme interrupteur « piloté ». Un amplificateur opérationnel du type OP90 se charge du pilotage, c'est-à-dire en fait de la commande, du transistor. Cet amplificateur opérationnel se caractérise par une consommation extrêmement faible (20 mA environ) contribuant ainsi à l'efficacité remarquable de ce montage. Si la tension fournie par les cellules solaires tombe en-dessous de la tension de l'accumulateur, l'amplificateur opérationnel mettra hors-fonction le transistor FET et de ce fait l'accumulateur. Comme la tension de « grille » minimale du transistor doit impérativement être de 3 V pour garantir une commutation propre de T1, ce circuit ne peut être utilisé qu'avec une tension d'accumulateur (ou de batterie) supérieure à 4 V. Le réglage du circuit, à l'aide de l'ajustable P1, est très simple. On commencera par connecter au circuit un accumulateur bien chargé et on remplacera les cellules solaires par une alimentation dotée d'une limitation de courant et possédant une tension de sortie réglable. On règle cette alimentation au courant de charge typique de l'accumulateur utilisé. Si l'on ne dispose pas d'une alimentation à limitation de courant il faudra prendre une résistance de 100 Ω/1 W en série entre l'alimentation et le montage. La tension de sortie du module d'alimentation est réglée de façon à obtenir une tension de 0,1 V entre la source et le drain de T1. Il faudra ensuite jouer sur P1 de façon à obtenir le basculement (tout juste) de la sortie de l'amplificateur opérationnel IC1 d'une tension faible à une tension élevée. On remplace, pour vérifier le bon fonctionnement du circuit, l'alimentation par les cellules solaires et un ampèremètre, pris en série. En jouant sur l'éclairage des cellules, l'ensoleillement donc, il est très facile de vérifier si, par un éclairage faible, voire absent, il ne circule pas de courant de décharge.

B. Zschocke

284 CORRECTEUR VIDÉO POUR CONVERTISSEUR S-VIDÉO/RGB

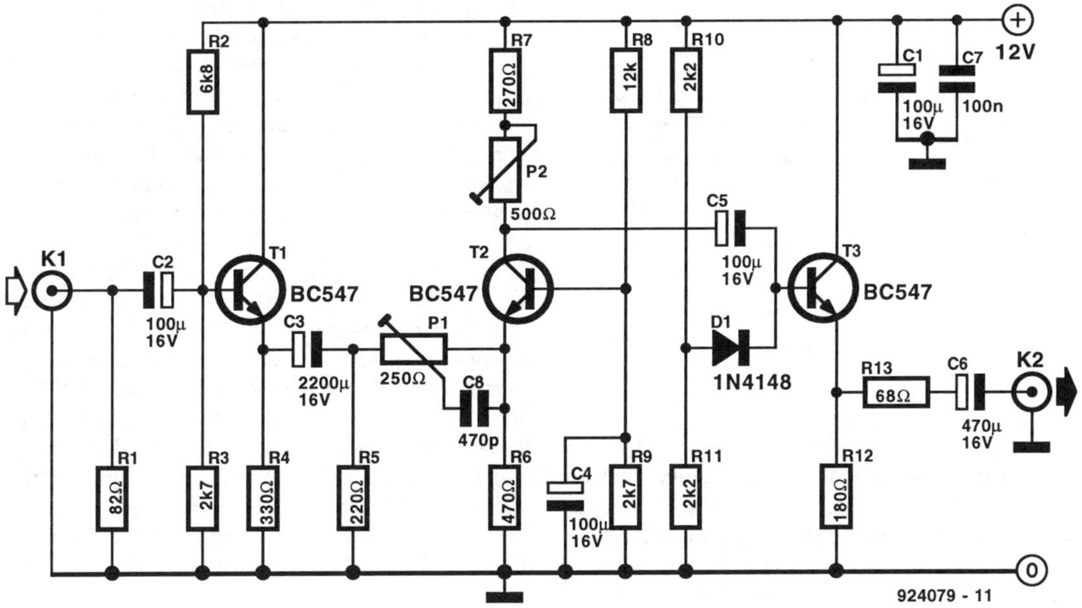

De plus en plus nombreux êtes vous à utiliser des téléviseurs multi-standards et autres caméscopes PAL. C'est à l'intention de tous ceux d'entre vous qui ne reculent plus devant ce genre de difficultés que nous proposons ce petit montage chargé d'amplifier les hautes fréquences dans un signal vidéo, amplification dont le résultat est une image sensiblement plus nette. Le circuit est pris en série entre la sortie d'un magnétoscope et l'entrée Péritel de la télévision. Le circuit est d'une simplicité renversante : il ne faut rien de plus que trois transistors et une petite poignée d'autres composants pour le réaliser. Le transistor T1 fait office de tampon. La résistance R1 fixe l'impédance d'entrée à quelque 75 Ω environ. En aval de T1 le signal vidéo arrive au sous-circuit en « base commune» centré sur T2 chargé, en ce qui le concerne, de produire le gain requis. L'ajustable P2 sert à régler le dit gain à la valeur optimale. La caractéristique de fréquence du signal appliqué à la base de T2 subit l'influence des composants P1, C6 et R6. L'ajustable P1 permettra de régler à son goût la netteté de l'image. Le dernier sous-ensemble du montage est un second étage tampon, centré sur le transistor T3. Ce transistor fournit un courant suffisamment important pour pouvoir « attaquer » correctement une charge de 75 Ω. Il faudra régler l'ajustable P2 de façon à ce que la tension nominale de sortie soit de 1 V_{cc} en présence d'une charge (s'il n'y a pas de charge, la sortie se trouvant donc en l'air, on pourra régler la tension nominale de sortie à 2 V_{cc}). La consommation du circuit est de 50 mA environ. On notera que la tension d'alimentation de 12 V doit impérativement être régulée !

J. Bodewes

285 DIODE À CHUTE DE TENSION ULTRA-FAIBLE

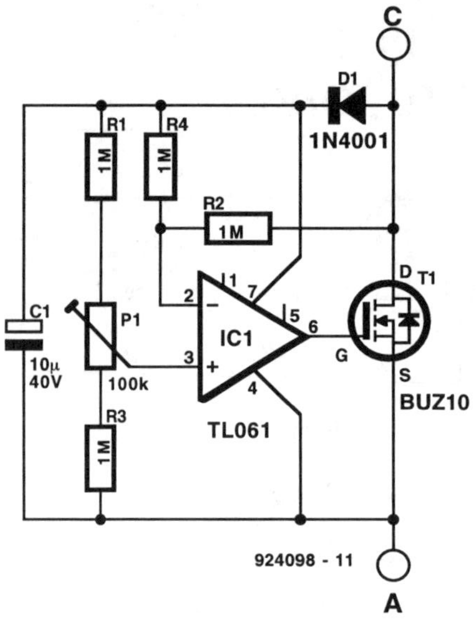

Bien qu'il existe des diodes ayant une tension directe de 0,5 à 0,6 V seulement, et cela à un courant pouvant aller jusqu'à plusieurs ampères, il peut arriver que cette perte reste, pour une application donnée, trop élevée. Nous vous proposons ici un circuit astucieux apportant une solution à ce problème. Afin de pouvoir expliquer plus facilement le fonctionnement de cette diode artificielle, nous allons supposer que la cathode (C) est connectée, via une résistance de limitation de courant, à une source de tension alternative sinusoïdale. L'anode (A) fait donc office de point de référence. Dans ces conditions le condensateur C1 est chargé via la diode D1 jusqu'à la valeur de crête de la sinusoïde et fournit simultanément la tension d'alimentation à l'amplificateur opérationnel lors des périodes négatives. L'entrée non-inverseuse de IC1 possède de plus un potentiel constant, équivalent à la moitié de l'amplitude de la sinusoïde. De par la présence du diviseur de tension réalisé à l'aide des résistances R2 et R4, le potentiel de l'entrée inverseuse ne sera supérieur à celui de l'entrée non-inverseuse que lors des périodes positives de la tension sinusoïdale. Autrement dit, le canal « drain-source » du transistor MOSFET T1 adopte une impédance faible (≈ 0,07 Ω) si le potentiel de la cathode risque de devenir inférieur au potentiel de l'anode. La tension directe de cette « diode » répond de ce fait au produit du courant de « drain » par la résistance à l'état passant, R_{on}, du MOSFET. La position du curseur de l'ajustable P1 détermine la tension anode/cathode à laquelle la tension de sortie de l'amplificateur opérationnel (au fonctionnement pratiquement linéaire) se met à croître. Il faudra disposer, pour effectuer un réglage optimal de P1, d'un oscilloscope, connecté aux connexions « drain » et « source » du transistor T1. On jouera ensuite sur P1 de façon à obtenir la tension directe la plus faible possible et ceci à la valeur nominale du courant direct. Nous avons mesuré, dans le cas de notre prototype, une tension de seuil de 0,5 V à un courant alternatif de 50 Hz et d'une intensité de crête de 10 A. Dans le cas d'un courant de 3,3 A la tension de seuil la plus faible possible est de 0,2 V; sous 300 mA cette valeur sera d'à peine 0,1 V. On notera que la tension de seuil reste constante dans le cas d'un courant direct inférieur à celui pour lequel P1 a été ajusté. Bien que l'amplificateur opérationnel IC1 puisse travailler jusqu'à une tension de 36 V, la tension de grille maximale admissible par T1, un BUZ10, à savoir 20 V, implique que la tension alternative à redresser ne devra jamais dépasser 15 V_{eff}. Un détail qui achèvera de dissiper vos doutes : dans ce circuit, le transistor T1 est utilisé « à rebours ». Il bloque lorsque le drain est positif par rapport à la source et il est conducteur dans le cas inverse. La consommation du circuit est pratiquement identique au courant d'alimentation de IC1, se limitant, dans le cas d'un TL061, à quelque 400 µA. **B. Zschocke**

286 ALLUMAGE EN DOUCEUR POUR AMPOULES À INCANDESCENCE

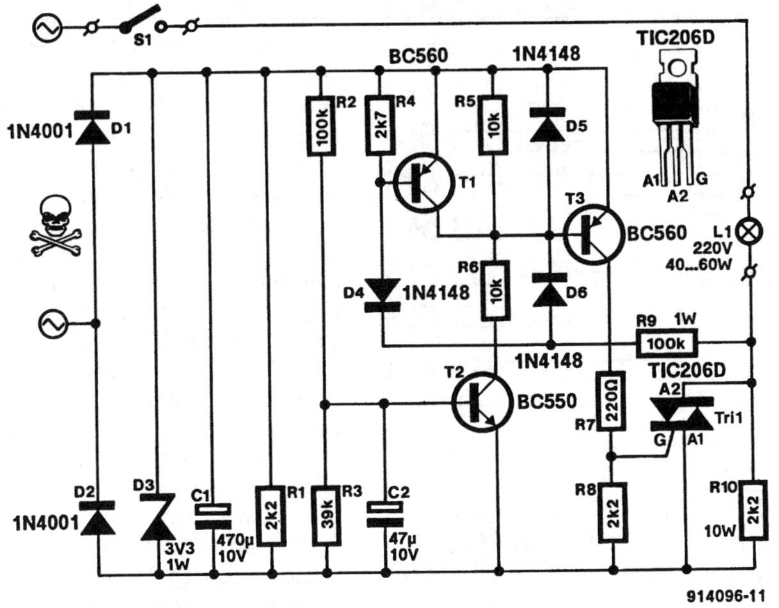

La durée de vie d'une ampoule à incandescence dépend non seulement du nombre d'heures de fonctionnement mais encore du nombre de mises en et hors-fonction. Ceci est dû au fait que, lors de sa mise en fonction, le filament de l'ampoule est froid et que donc sa résistance interne est faible (si, si, rappelez-vous les supraconducteurs) de sorte que le courant initial atteint des intensités importantes. Résultat : la durée de vie en est notablement réduite. L'option d'un allumage de l'ampoule lors du passage par zéro de la tension secteur apporte une amélioration certaine, mais ne constitue pas encore la solution idéale sachant que le filament n'a que 5 ms pour atteindre sa température. Une limitation du courant traversant l'ampoule à sa mise en fonction constitue une approche bien plus prométeuse. Tant que le courant garde une intensité se situant à l'intérieur de ce que l'on pourrait appeler le domaine de sécurité, le filament ne risque pas de surchauffe et sa durée de vie ne diminue pas de manière sensible. En vue de laisser le temps à l'ampoule de prendre graduellement sa température de service, nous avons pris ici une résistance de limitation en série avec elle, résistance qui sera, après un court instant, pontée par un triac. Le filament dispose ainsi du temps suffisant pour s'échauffer progressivement et prendre une résistance plus importante, situation dans laquelle il peut être relié à la totalité de la tension du secteur. Comme le montre le schéma, nous nous trouvons en présence d'un circuit 100% discret dont la réalisation ne devrait pas poser de problème.

En cas de fermeture de l'interrupteur S1, le triac bloque et la résistance R10 limite le courant à travers l'ampoule. Au bout de 700 ms environ, T2 se met à conduire, le condensateur C2 ayant eu le temps, via la résistance R2, de trouver un niveau de charge suffisant, situation qui se traduit par l'entrée en conduction du transistor T3. Celui-ci ne se met cependant à conduire que lorsque la tension aux bornes du triac est de l'ordre de 25 V, niveau de tension définie par le transistor T1 et les diodes D4 à D6. Une fois le triac déclenché, la chute de tension à ses bornes prend une valeur très faible. Tant que l'interrupteur reste fermé, le courant de gâchette continue de passer, de sorte que l'ampoule brille "dans toute sa splendeur". Ce circuit est utilisable avec une ampoule de puissance inférieure ou égale à 60 W. Avec une ampoule de puissance comprise entre 60 et 100 W il faudra adapter les caractéristiques de la diode D3 et de la résistance R10: D3 voit sa puissance passer à 2 W et R10 devient une 470 Ω/20 W. Immédiatement après la mise en fonction de l'ampoule, la dissipation de la résistance R10 dépasse largement la puissance nominale de ce composant. Cependant, comme la durée pendant laquelle la résistance est soumise à cette puissance est inférieure à 1 s, il n'y a pas d'inquiétude à avoir de ce côté-là. La totalité du montage prendra place dans un boîtier en plastique sachant que l'ensemble du circuit véhicule la tension du secteur.

R. Shankar

287 CHASSE-MOUSTIQUE

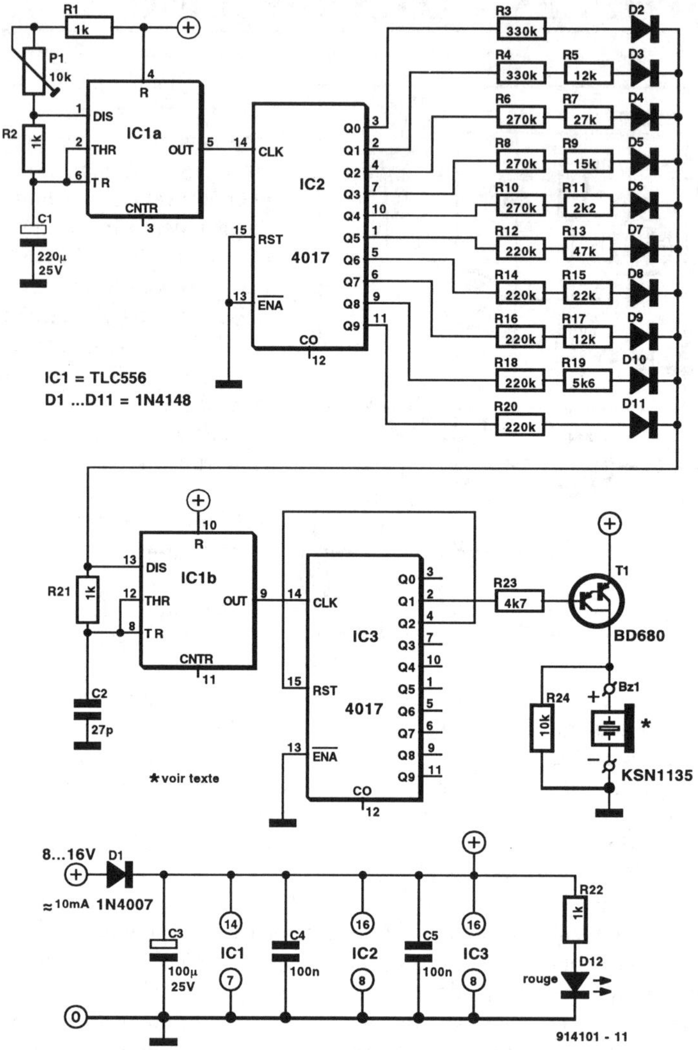

L'idée d'utiliser un puissant signal ultra-sonore pour la répulsion d'insectes et autres vermines ne date pas d'aujourd'hui. Ce à quoi l'on pense beaucoup moins, c'est que la plupart des animaux concernés s'habituent relativement vite à ce bruit (ils y deviennent sourds) si tant est que le signal produit garde une fréquence constante. C'est en raison de cette constation que notre chasse-moustique produit, au cours d'un intervalle de 1 à 2 secondes, une dizaine de signaux de hauteurs différentes de fréquence comprise entre 20 et 30 kHz. La source du signal prend la forme d'un composant connu: un *tweeter* piézo-électrique. On pourra utiliser, outre le modèle indiqué sur le schéma, tout autre *tweeter* piézo-électrique à condition qu'il soit capable de reproduire correctement les fréquences comprises entre 20 et 30 kHz. La résistance en parallèle sur le *tweeter* sert à réconcilier l'étage de puissance, qui prend ici la forme du transistor T1, et la charge bizarre, c'est le moins que l'on puisse dire, que constitue le quartz piézo-électrique du *tweeter*. L'attaque de l'étage de sortie T1 se fait par un 4017, IC3, monté en diviseur par deux, circuit intégré qui fournit un signal rectangulaire symétrique bien propre. IC3 est commandé lui par le temporisateur IC1b monté en multivibrateur astable. La fréquence fournie par IC1b dépend de la valeur de la résistance mise en circuit par IC2. Il suffit de savoir compter jusqu'à 10 pour se rendre compte que c'est très exactement le nombre de résistances mises successivement en circuit par ce 4017. Le changement de résistance se fait au rythme du signal d'horloge appliqué à l'entrée d'horloge du 4017 par un autre temporisateur, IC1a. La fréquence de travail de IC1a est de 8 Hz environ, mais on peut en choisir une autre par action sur l'ajustable P1. Pour pouvoir trouver la bonne position de P1 et vérifier le bon fonctionnement du montage on placera un condensateur de 10 nF en parallèle sur C2. Le tweeter devrait produire toute une gamme de sons audibles. On donnera à P1 une position telle que toute la gamme soit passée en revue en 1 à 2 secondes. Il ne faudra pas oublier d'enlever le condensateur de 10 nF avant d'utiliser ce chasse-moustique pour de bon. Les moustiques, les mouches, les lézards, les rats, les souris, qu'elles soient chauves ou non, les araignées et autres cafards ne sont pas les seuls à ne pas apprécier les signaux produits par cette électronique, il en va de même des chats et des chiens qui n'aiment pas, mais alors pas du tout ce type de "musique". Nous avons fait de notre mieux pour que cette réalisation reste sans effet sur les "rats de bibliothèque" et autres punaises pour tableaux d'affichage...

A. Bir Tiwana

288 STARTER À « SIDAC » POUR TUBES LUMINESCENTS

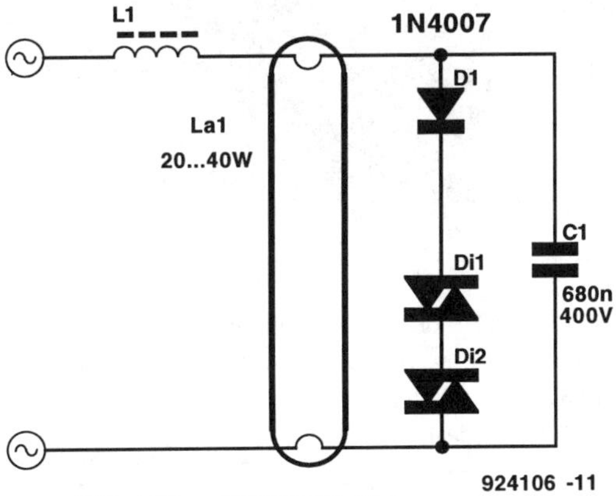

Di1, Di2 = MK1V135 Sidac

Voici un starter électronique pour tubes luminescents très simple grâce à l'utilisation d'un composant spécial : le « sidac » de Motorola.

On peut comparer le sidac à un triac sans gâchette. Lorsque la tension aux bornes d'un sidac dépasse une valeur donnée –qui varie en fonction du type de sidac utilisé– il devient conducteur. La polarité de la tension est sans importance ; à l'image du triac, le sidac s'accommode d'une tension, voire d'un courant alternatif. On peut pousser encore plus loin la comparaison entre un triac et un sidac. Dès que le sidac devient conducteur, il se comporte presque comme un court-circuit et demeure dans cet état jusqu'à ce que le courant qui le traverse tombe en-dessous d'une valeur donnée (celle du courant de maintien). C'est alors que le sidac bloque à nouveau. Si l'on prend un sidac en série entre une charge et le secteur, on obtient un genre de gradateur dont l'angle de conduction (fixe) est fonction de la tension d'amorçage du sidac. Il existe des sidac ayant différentes tensions d'amorçage de valeurs comprises entre 104 et 280 V. Intéressons-nous maintenant au starter électronique, objet de cet article. Un tube luminescent, tout électronicien digne de ce nom sait cela, ne s'allume pas « comme ça ». Ceci est dû au fait que le tube, à froid, a besoin, pour être amorcé, d'une tension très élevée (beaucoup plus élevée que la tension de crête du secteur). Une fois « allumé », le tube reste maintenu à l'état luminescent par une tension sensiblement moins élevée. La valeur **et** de la tension d'amorçage **et** de la tension de service dépendent largement de la température. La tension d'amorçage très élevée est générée par une interruption brusque du courant traversant la self de choc L1. Cette interruption est l'affaire du starter. Le starter se charge également de la circulation d'un courant à travers les filaments du tube ce qui se traduit par un échauffement du tube et donc par une diminution de la tension nécessaire à l'amorçage. Les différentes tâches du starter –électro-mécanique à l'origine– sont remplies ici par deux sidac de 135 V, pris en série. (Un seul sidac de 270 V, si vous pouvez mettre la main dessus, fera également l'affaire). La tension d'amorçage totale des sidac est donc de 270 V, valeur inférieure à la valeur de crête de la tension secteur (qui se situe, vous n'êtes pas sans le savoir, à quelque 310 V) et supérieure à la tension de service d'un tube luminescent de 20 à 40 W. Une fois le tube « allumé », les sidac n'entrent plus en fonction. Tant que le tube n'est pas encore « allumé » la quasi-totalité de la tension secteur est présente au bornes du starter électronique. Nous supposons, pour la suite de cette explication, que la polarité de la tension secteur se trouve dans le sens conducteur de la diode D1. Si la valeur momentanée de la tension secteur atteint celle de la tension d'amorçage des sidac, ces derniers procèdent quasiment à une mise en court-circuit du starter. Un courant assez important traverse alors les filaments du tube et la self. La self L1 établit de ce fait un champ magnétique. Si la polarité de la tension secteur change, le courant positif traversant la self diminue « doucement » (le champ magnétique interdit une diminution rapide). Dès que le courant est (pratiquement) retombé à zéro, les sidac bloquent ce qui se traduit une charge très rapide du condensateur C1 et donc par l'application brutale de la tension secteur instantanée négative aux bornes du tube. Le condensateur C1 et la self L1 constituent une boucle de résonance, faisant grimper la chute de tension aux bornes du tube à une valeur largement plus élevée que la tension secteur. Lors de la période positive suivante, les sidac sont à nouveau passants et le cycle se répète. Au bout de quelques périodes de la tension secteur (durée extrêmement courte) le tube a pris une telle température qu'il reste « allumé ». Dans ces conditions la tension aux bornes du tube ne devient lus supérieure à la tension d'amorçage des sidac et le starter est mis hors fonction automatiquement. Le condensateur fait maintenant office de dispositif d'anti-parasite pour la radio et diminue simultanément l'inductivité de la charge pour le réseau du secteur (amélioration du cosinus-φ). Avec un peu de dextérité, on arrivera à « coincer » les quatre composants dont se compose le circuit (C1, D1, Di1 et Di2) dans le boîtier d'un starter électro-mécanique classique (que l'on aura démonté avec soin). Dans notre laboratoire le starter à sidac n'avait pas aucun problème à « allumer » tant des tubes de 20 et de 40 W, que des tubes épais d'une génération antérieure, ni même les exemplaires plus modernes et sensiblement plus minces du type « TLD ». Notons cependant que l'amorçage d'un tube TLD de 65 W s'est avéré sensiblement plus difficile pour le starter électronique.

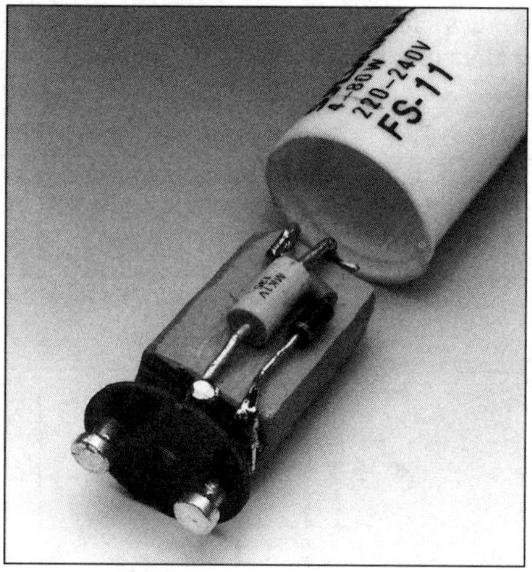

application Motorola

289 LIMITEUR DE TENSION

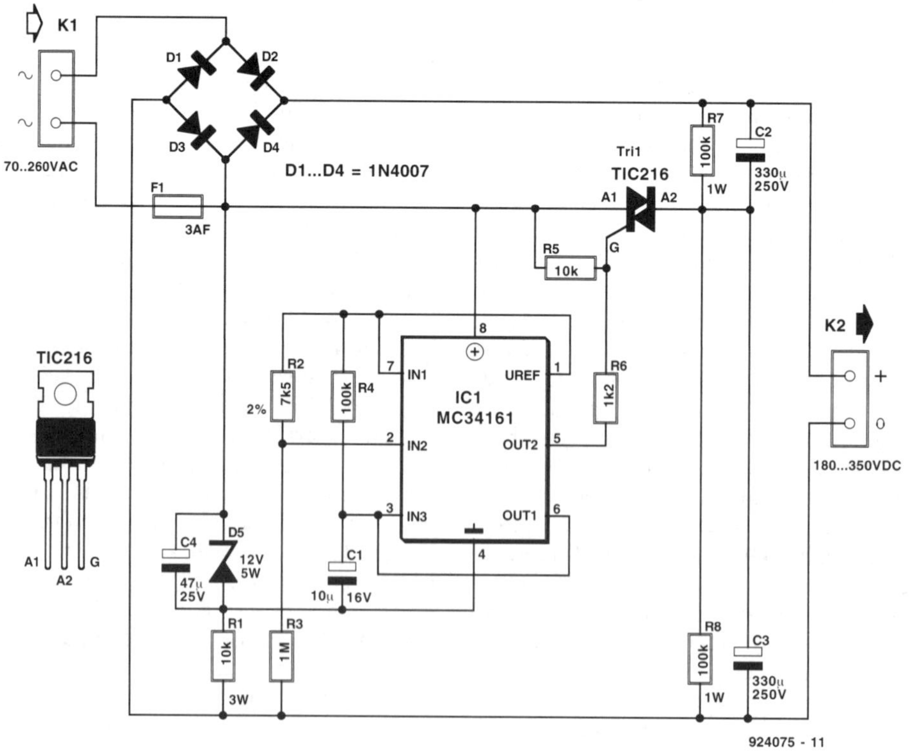

Ce circuit permet la conversion d'une tension alternative comprise entre 70 et 260 V_{eff} en une tension continue comprise entre 180 et 350 V. On fait ici appel à un redresseur double alternance travaillant, aux tensions d'entrée faibles, en doubleur de tension et, aux tensions d'entrée plus importantes, en redresseur classique. On arrive, de cette façon, à obtenir, comme l'illustre le **tableau 1**, que la variation de la tension de sortie soit au plus d'un facteur deux lorsque la tension d'entrée varie elle de près d'un facteur quatre. IC1 comporte une source de tension de référence interne qui fournit une tension de 2,54 V à sa broche 1. En amont de la broche 2, un comparateur compare la tension appliquée sur cette broche à une tension de 1,27 V. Le dimensionnement du diviseur de tension R2/R3 est choisi de telle façon à ce que le comparateur bascule lorsque la tension dépasse quelque 135 V (mesurés par rapport à la masse de IC1). Aux tensions de niveau plus faible, la tension sur la broche 2 reste supérieure à 1,27 V et le transistor de sortie OUT1 qui lui est relié (broche 3) ne conduit pas. On retrouve à l'entrée du comparateur IN3 (broche 3), de par la présence de la résistance R4, la tension de 2,54 V. Dans ces conditions le transistor de sortie de la sortie OUT2 (broche 5) entre en conduction et l'on a amorçage du triac via les résistances R5/R6. Le triac reste conducteur, l'ensemble constitué par les diodes D2 et D3 et les condensateurs C2 et C3 travaille alors en doubleur de tension. Lorsque la tension d'entrée dépasse 135 V, la tension à la broche 2 est inférieure à 1,27 V, de sorte que le comparateur interne bascule faisant passer la broche 5 au niveau haut. Le triac bloque alors de sorte qu'en l'absence de liaison médiane entre les condensateurs de sortie et les diodes de redressement il ne peut plus y avoir de doublement de la tension. Les diodes D1 à D4 travaillent en pont redresseur standard. La diode zener D5 associée à la résistance R1 et au condensateur C4 garantit à IC1 une source de tension continue d'alimentation stable de 12 V. Le temps de réaction du circuit pour le passage d'un mode de fonctionnement à l'autre est déterminé par les valeurs de la résistance R4 et du condensateur C1. Vous pouvez expérimenter à votre goût avec les valeurs de ces deux composants. Les condensateurs électrochimiques de sortie doivent avoir une tension de service de 250 V au minimum. Il ne faudra pas oublier qu'il existe en divers endroits du montage des tensions élevées et qu'il faudra donc le mettre dans un boîtier garantissant une isolation parfaite.

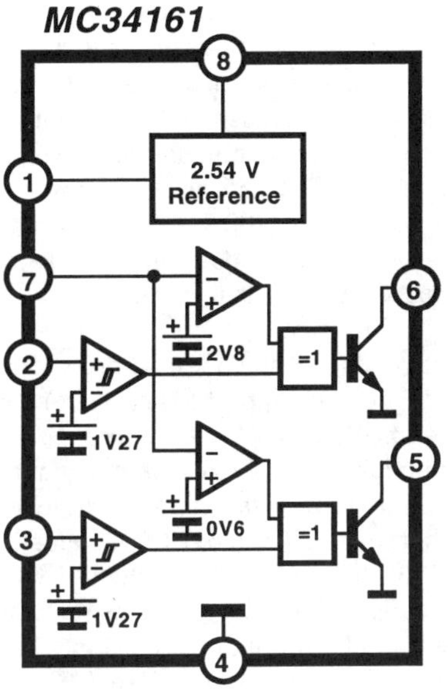

924075 - 12

Tableau 1.
Tensions mesurées en sortie.

Tension d'entrée [V_{AC}]	Tension de sortie [V_{DC}]
70	180
85	218
100	260
115	298
125	325
130	337
135	350
137	182
140	185
145	192
160	212
175	233
181	240
190	252
200	270
210	280
220	291
230	308
240	320
250	335
260	350

290 CONTRÔLEUR D'ACCUMULATEUR Cd-Ni

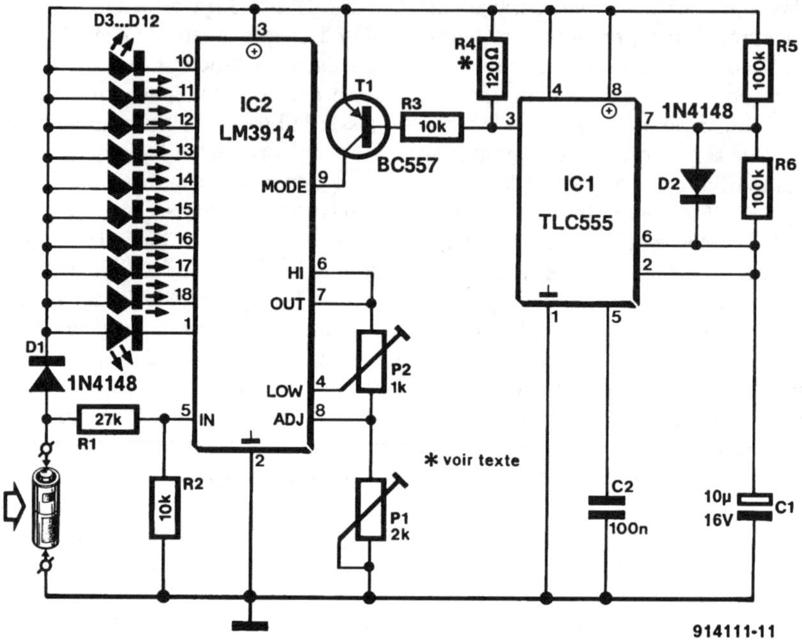

L'idée de départ est de pouvoir visualiser les deux états importants d'un accumulateur au cadmium-nickel, à savoir son état en charge (sous la forme d'une illumination d'une barre de LED) et son état hors-charge (sous l'apparence d'un point). Le type d'accu ayant servi de base à cette réalisation est l'accu de 4,8 V fort courant dans le monde du modélisme. IC1, une version récente (TLC) du temporisateur universel 555, produit un signal rectangulaire. Si sa sortie (broche 3) fournit un niveau haut, le circuit de commande de LED, qu'est le LM3914, se trouve, via le transistor T1 et sa broche de commande de mode (broche 9), en mode «point» (une seule LED illuminée à la fois). Si au contraire la sortie du 555 est basse, on a circulation de courant par la résistance R4 et l'accu est relié à la charge. Simultanément le transistor T1 devient passant, mettant la broche 9 de IC2 à la tension d'alimentation et faisant ainsi passer le LM3914 en mode «barre». Dans ce mode, le circuit prend à l'accu un courant de quelque 200 mA, courant dont la majeure partie sert à l'illumination des LED. De par le facteur de division choisi pour le diviseur de tension pris à l'entrée du circuit, constitué par les résistances R1 et R2 reliées aux bornes de l'accu, le circuit fonctionne sur une plage de tension très étendue allant de 4 à 15 V environ. Les réglages de la tension de référence et de la plage de visualisation font appel à deux résistances ajustables, P2 et P1 respectivement. Cette approche simplifie le réglage et élimine tout calcul préalable. La résistance R4 constitue la charge de l'accu. Un test fiable de ce dernier demande de donner à cette résistance la valeur la plus faible possible; cependant comme le TLC555 ne peut supporter qu'un courant de 100 mA (200 mA dans le cas d'un 555 «standard»), il faudra déterminer la valeur de la résistance R4 à l'aide la formule

$R4 = V_{accu}/100\,mA$.

Le réglage du montage est simple. On sort le (TLC)555 de son support avant de connecter une alimentation réglable (de laboratoire) aux points de connexion prévus pour l'accu. On demande à l'alimentation de fournir la tension à laquelle on veut voir s'illuminer la dernière LED. Jouer sur la position de l'ajustable P1 jusqu'à obtenir l'illumination de la dernière LED. On règle ensuite l'alimentation pour qu'elle fournisse la tension à laquelle on veut voir s'allumer la première LED. On joue ensuite sur la position de P2 jusqu'à obtenir l'illumination de cette LED. Reprendre l'ensemble de ce réglage une seconde fois.

Quelques remarques pratiques :
À une tension d'alimentation de 4,8 V, la plage de tension disponible va de 0,2 à 1,6 V. À partir d'une tension d'alimentation de 7 V cette plage s'étend de 0,2 à 4 V. Le courant qui circule à travers chaque LED est de l'ordre de 20 mA, intensité sur laquelle une éventuelle variation de la tension d'alimentation n'a que fort peu d'influence.

R. Vanclaire

291 INDICATEUR DE SURTENSION OU DE SOUS-TENSION

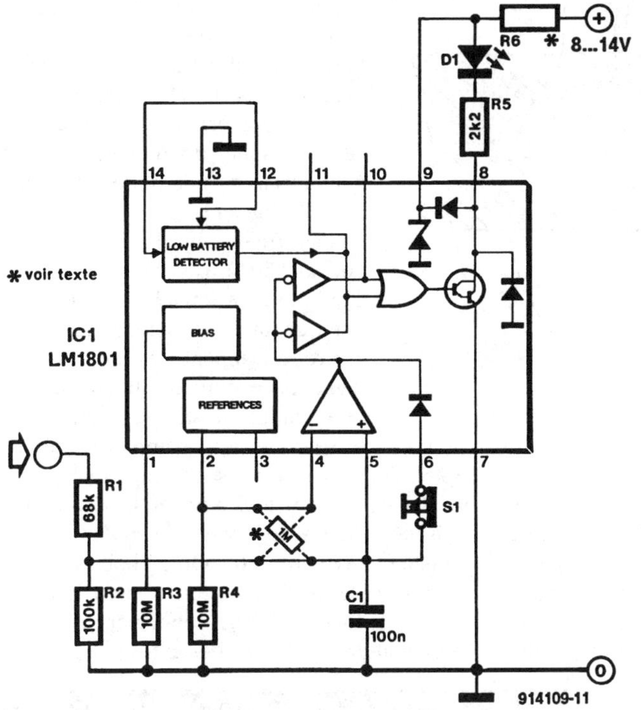

L'électronique proposée ici constitue un disposition universel de surveillance d'une tension dont l'application principale sera de garder à l'oeil une tension d'alimentation. Le circuit averti l'utilisateur, à l'aide d'un signal acoustique ou optique, que le niveau de la tension est, soit trop faible, soit trop élevé. C'est à l'utilisateur de définir le niveau auquel doit se produire l'alarme :

$U_{fonction} = 5{,}8 \cdot (R1 + R2) / R2$ (R1 + R2 = 10 MΩ).

Tant que la tension présente à la broche 5 est supérieure à celle qui existe sur la broche 4, le circuit intégré se trouve en veille (en état d'attente où sa consommation est extrêmement faible) et consomme un courant de quelque 7 µA. Si la sortie du comparateur passe au niveau bas (la tension en broche 4 dépasse celle présente en broche 5), la consommation passe à 3 mA environ. Le transistor darlington de sortie se met à conduire et la charge est activée. Il est extrêmement simple de transformer ce circuit de détection de sous-tension en détecteur de surtension: il suffit pour cela d'intervertir les lignes allant aux broches 4 et 5 et de rajouter une résistance de 1 MΩ à l'endroit prévu –c'est d'ailleurs ce qu'illustrent les lignes en pointillés– sans oublier de couper les connexions existant auparavant. Si l'entrée de mesure est reliée à la tension d'alimentation, la LED indique s'il y a eu une surtension (ou sous-tension) momentanée. La LED reste allumée jusqu'à ce que la tension d'alimentation ait retrouvé sa valeur normale et que l'on ait actionné le bouton-poussoir à contact repos S1. On pourra connecter à la sortie –tamponnée à l'aide d'un transistor darlington comme dit plus haut– ampoules, LED, résonnateurs piézo-électriques et autres relais. Le circuit intègre en outre un indicateur signalant un niveau trop faible de la tension de la pile qui produit, via le transistor, une courte impulsion de 60 ms de durée lorsque la tension d'alimentation du circuit intégré tombe en-dessous de 6 V. Lors de la réalisation, il est important de veiller à ce que la partie du circuit autour de l'entrée reste bien propre. En raison des valeurs de résistances importantes mises en jeu, des impédances parasites de 10 MΩ suffisent déjà à poser des problèmes.

Application National Semiconductor

292 PINCE AMPÈREMÉTRIQUE POUR CIRCUITS IMPRIMÉS

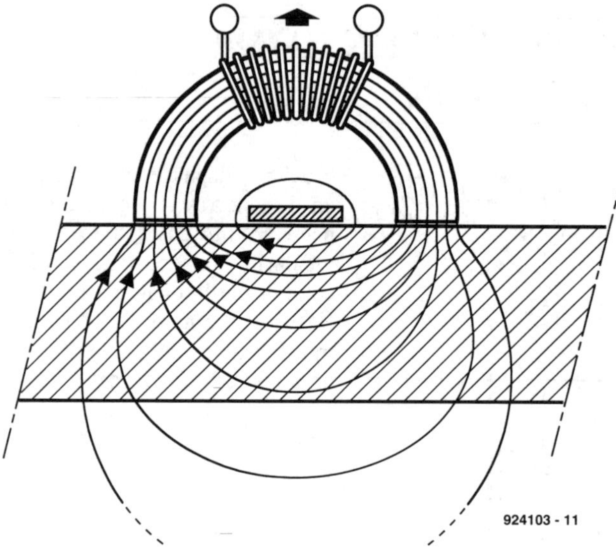

Une pince ampèremétrique est un instrument de mesure destiné à la mesure de courants alternatifs dans des câbles. L'avantage principal d'une pince ampèremétrique, si on la compare à un ampèremètre classique, est qu'elle ne nécessite plus l'interruption de la boucle de courant. Le principe de fonctionnement de ces instruments est très proche de celui des transformateurs. Une fois la pince (le noyau) disposée autour d'un ou de plusieurs conducteurs (l'enroulement primaire), on y a génération de champs magnétiques. En raison des composantes variables du champ magnétique, une tension est induite dans la bobine (enroulement secondaire), disposée autour du noyau. Conformément à la loi d'induction de Faraday, cette tension est proportionnelle à la somme vectorielle des courants (le courant en mode commun, *common mode current*) circulant à travers les conducteurs. Il arrive bien souvent qu'il soit nécessaire de mesurer le courant alternatif circulant par les pistes cuivrées d'un circuit imprimé. Les électroniciens s'intéressent beaucoup plus aux composantes spectrales du courant –c'est-à-dire à la forme d'onde– qu'à sa valeur efficace. Les pinces ampèremétriques classiques ne sont pas du tout faites pour ce genre de mesure. Il n'est pourtant pas sorcier de fabriquer soi-même une pince ampèremétrique, ou plutôt une sonde à courant, utilisable pour la mesure ou l'évaluation de courants de signal circulant par les pistes cuivrées d'une platine. Les seuls « composants » nécessaires pour ce faire sont : un morceau de ferrite, quelques mètres de fil de cuivre émaillé de section relativement fine, une embase BNC et 1 mètre de câble coaxial 50 Ω (du type RG58/U par exemple). La ferrite se caractérise par une très faible résistance magnétique et aspire quasiment les champs autour d'une piste cuivrée. Il est nécessaire, pour garantir un couplage efficace entre la sonde et les champs magnétiques à capter, de pouvoir disposer le capteur à proximité immédiate de la piste. Le noyau le plus pratique à utiliser est un tore de ferrite scié en deux, entourant la piste cuivrée sur 180°. On embobine, sur de ce demi-tore de ferrite, 40 spires de fil de cuivre émaillé. Il faudra ensuite connecter ce capteur de courant alternatif à l'une des extrémités du mor

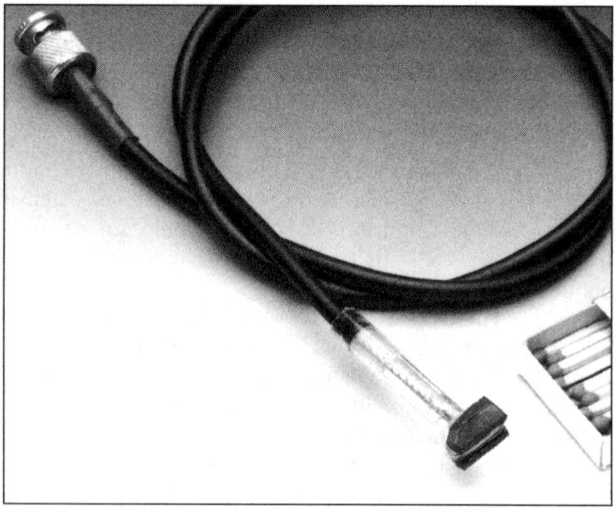

ceau de câble coaxial. Pour ce faire, on soudera l'une des bornes de la bobine au conducteur central (l'âme) du câble coaxial. Après avoir bien isolé cette connexion à l'aide d'un morceau de ruban adhésif, on repliera le blindage du câble coaxial autour de cette soudure isolé pour y souder la seconde borne de la bobine. Il va sans dire qu'une sonde doit posséder un minimum de rigidité mécanique. On pourra faire glisser alors un morceau de tube en plastique (le corps d'un Bic par exemple) autour du câble coaxial jusqu'au capteur que l'on fixera à l'aide de quelques gouttes de colle deux composants. La réalisation de la sonde ampèremétrique se termine par la fixation à l'autre extrémité du câble coaxial de l'embase BNC. L'auto-induction du capteur comportant quatre spires de fil de cuivre émaillé, est de quelques dizaines de µH (microhenry). L'impédance $(2 \cdot \pi \cdot f \cdot L)$ dans le domaine de fréquence requis dépasse de ce fait sensiblement la valeur de 50 Ω. La tension mesurée à l'aide d'un oscilloscope ou d'un analyseur de spectre est pour cette raison indépendante de la fréquence du signal et c'est tout juste ce qu'il nous faut, n'est-ce pas. Le noyau du prototype, fabriqué dans le laboratoire d'Elektor (voir **photo**), a une section de 4 mm et une longueur de 15 mm. Son auto-induction est de ce fait de 80 µH environ de sorte que la sonde convient des fréquences à partir de 500 kHz. Tant que le noyau n'entre pas en saturation, sa sensibilité est de 0,2 V/A environ.

source : B. Danker

293 LIMITATION DE COURANT POUR RÉGULATEUR DE TENSION

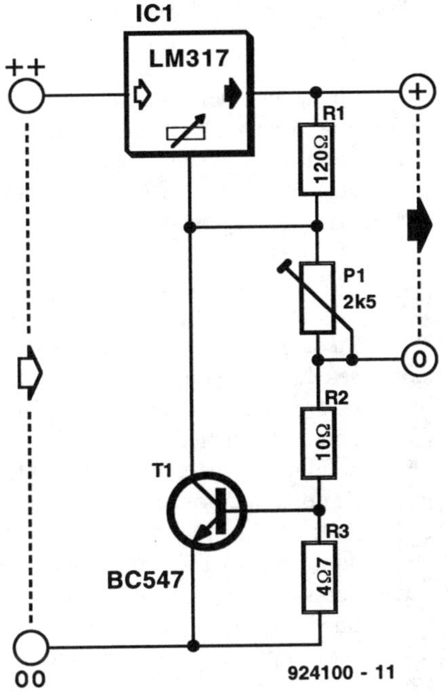

Il n'est pas sorcier, comme le montre le schéma de ce montage, de doter le régulateur de tension archiconnu LM317 d'une limitation de courant. Bien que ce régulateur populaire soit protégé contre des courts-circuits, il peut être souhaitable de le pourvoir d'une limitation de son courant de court-circuit qui (en fonction de son boîtier entre autres) peut grimper à des valeurs relativement importantes. Nous faisons appel ici au fait que la tension de sortie du LM317 dépend de la tension partielle de sortie réinjectée dans son entrée de régulation. Si la limitation de courant se trouve au repos on peut faire abstraction des résistances R2 et R3 et du transistor T1. Dans ces conditions la tension de sortie est de :

$U_{sortie} = 1{,}25\ V \cdot (1 + P1/R1) + I_{rég} \cdot P1$

En partant d'une valeur maximale de 0,1 mA pour le courant de régulation, $I_{rég}$, la formule montre que la tension de sortie peut être ajustée –par l'intermédiaire de l'ajustable P1– à une valeur comprise entre 1,25 et 27 V. Si maintenant le courant fourni par le régulateur fait naître une tension de 600 mV environ aux bornes de la résistance R3, le transistor T1 devient conducteur. Le potentiel présent à l'entrée de régulation du LM317 diminue et sa tension de sortie aussi. Si l'on respecte le dimensionnement des résistances R2 (2R3 environ) et R3, la limitation de courant entrera en fonction à 600 mV : 4,7 Ω ≈ 120 mA.

application National Semiconductor

294 PLATINE D'EXPÉRIMENTATION POUR RÉALISATIONS À CMS

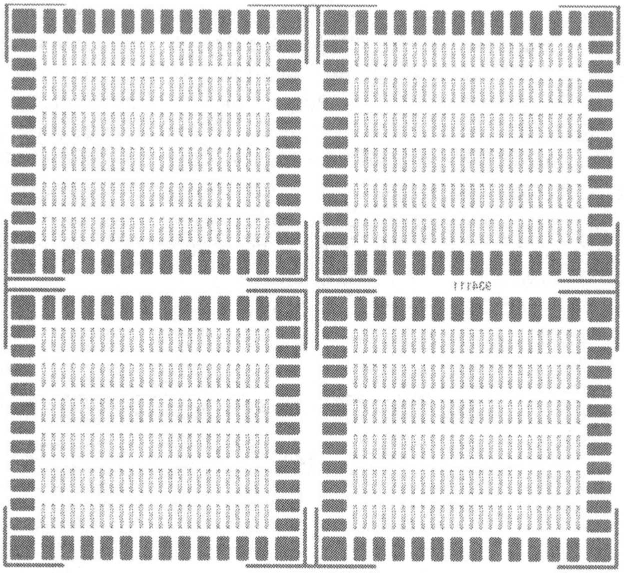

Les Composants destinés au Montage en Surface (CMS) ont l'inconvénient, comme les résistances, les diodes et les condensateurs, de ne pas disposer de connexions ou, dans le cas des transistors et des circuits intégrés, de broches si courtes qu'il faut une loupe pour les voir. Il n'est donc pas possible d'utiliser une platine d'expérimentation à pastilles ou à bande de type « Veroboard » pour la mise au point de ses réalisations personnelles. Et comme de plus en plus de circuits intégrés lancés sur le marché n'existent plus qu'en version CMS vous aurez vite fait de sentir où le bât blesse. Cette situation cornélienne nous a poussé à vous proposer une platine d'expérimentation pour la réalisation de montages à base de CMS. Le dessin de cette platine est subdivisé en quatre surfaces identiques, isolées les unes par rapport aux autres. Les séries d'îlots de faibles dimensions devraient permettre la mise en place de la grande majorité des composants CMS. Une bordure d'îlots de cuivre de dimensions plus importantes a pour fonction de faciliter l'interconnexion entre cette platine d'expérimentation pour réalisations CMS et le reste du montage. Vu la taille de ces derniers îlots, il n'est pas difficile d'y souder un morceau de fil de câblage souple de faible section.

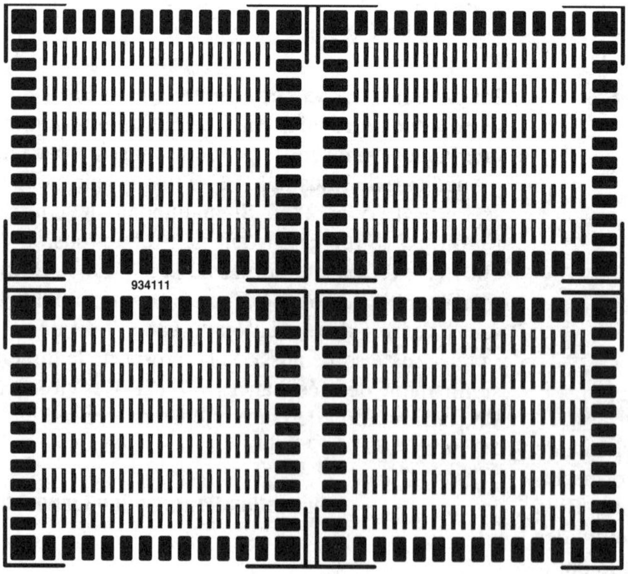

On pourrait imaginer de mettre dos à dos deux de ces platines pour réaliser un circuit imprimé pseudo-double face. Les quatre rectangles débarrassés de cuivre qui rayonnent à partir du centre de la platine pourront alors être percés d'orifices traversés par les conducteurs nécessaires pour effectuer l'interconnexion entre les deux côtés de la platine. Le travail sur une platine aux îlots aussi fins demande bien évidemment, outre une poigne ferme et une bonne dose de patience, de disposer d'un fer à souder à pointe très fine. Vous verrez qu'après y avoir pris goût, vous ne voudrez plus rien d'autre que des CMS...

295 GÉNÉRATEUR DE SIGNAL I^{2}C

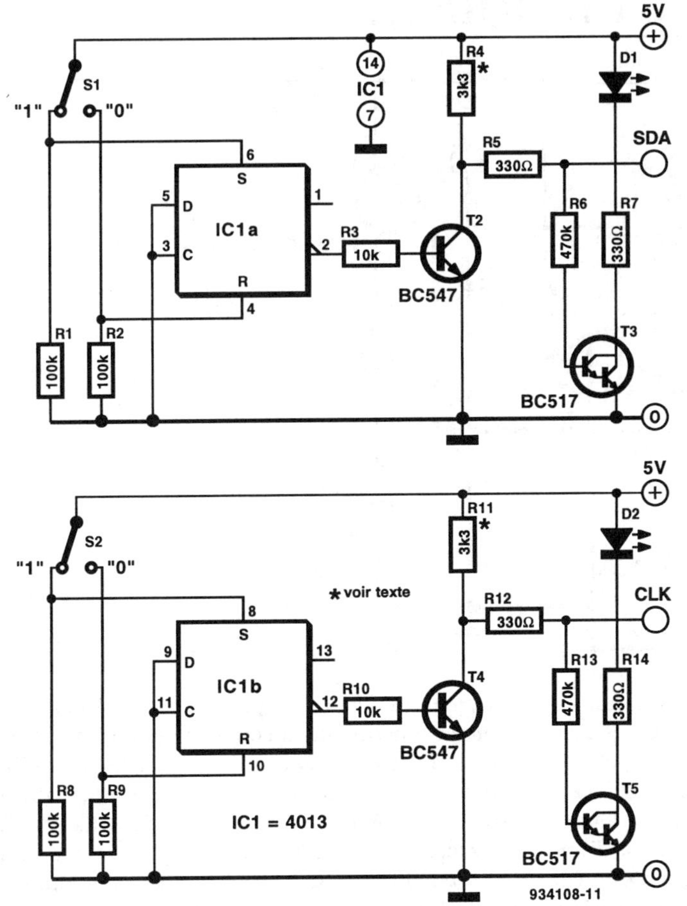

Il arrive, lors d'expériences avec des montages pour le bus I^{2}C, que l'on soit confronté à des problèmes de « plantage » sans qu'il soit bien clair quelle en est la raison. Qui dispose chez soi d'un analyseur logique, l'un des seuls instruments qui permette réellement de suivre ce qui se passe sur un bus... Dans certains cas, le circuit proposé ici pourra apporter une solution à vos problèmes. Il ne s'agit en fait de rien de plus que d'une sortie I^{2}C à commande manuelle. Une paire d'inverseurs, S1 et S2, permettent de définir manuellement le niveau ("0" ou "1") des lignes d'horloge (CLK = ***CLocK***) et de donnée (SDA = ***Serial DAta***). Une paire de LED visualise ensuite le **vrai** niveau présent sur le bus. Mettons les choses au point : si l'autre participant au bus I^{2}C a intégré un intervalle de retard (bien souvent de 1 ms) ce circuit ne présente que fort peu d'intérêt. Même si vous avec les réactions rapides, il vous sera en effet impossible de réagir aussi rapidement. L'autre parti communicant via le bus I^{2}C détectera dans ces conditions un bus sans réaction et cessera alors d'effectuer ses routines I^{2}C. Nous avons fait de notre mieux pour concevoir un montage aussi simple que possible. Il se compose de deux moitiés identiques, l'une pour la ligne de donnée (SDA) l'autre pour la ligne d'horloge (SCL ou CLK). On fabrique, à l'aide d'un inverseur (S1 ou S2) et d'une bascule bistable (IC1a et IC1b respectivement) un "1" ou un "0". Il est impératif de prévoir une bascule bistable à cet endroit de façon à éliminer les rebonds de l'inverseur. Sans cette précaution on aurait inévitablement un certain nombre de rebonds interprétés comme autant d'impulsions. La position de l'inverseur concerné permet de savoir si l'on essaie de placer un "1" ou un "0" sur le bus. Comme mentionné plus haut, le niveau **réel**(lement) présent sur le bus est visualisé par les LED D1 et D2. Il n'est pas nécessairement le même que celui que nous avons défini à l'aide des inverseurs, sachant que le bus possède une structure à collecteur ouvert. Ceci explique que les sorties des bascules ne soient pas reliées directement au bus mais qu'elles le soient via des transistors T2 et T4. Les résistances de forçage au niveau logique haut (*pull-up*) R4 et R11 ne sont à implanter que si le bus I^{2}C n'en possède pas. On pourra également utiliser ce montage comme moniteur de bus I^{2}C rudimentaire. Si l'on met les deux inverseurs en position "1" ce montage est neutre par rapport au bus de sorte que ses LED visualisent l'activité sur le bus. Il faut bien entendu qu'il se passe un certain nombre d'opération sous peine, vu la brièveté des signaux concernés, de ne rien voir du tout. La consommation de courant de l'ensemble du montage dépend en grande partie de celle des LED et est de ce fait de l'ordre de 20 mA.

296 SIGNALISATION ACOUSTIQUE DE NIVEAU DE LIQUIDE

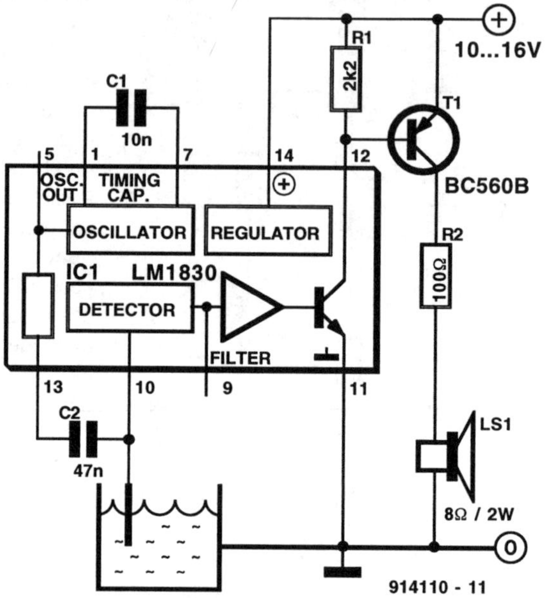

Le LM1830 de National Semiconductor ne compte pas parmi les circuits intégrés les plus récents. Nous avons déjà décrit un circuit faisant appel à ce composant, et nous indiquions que le LM1830 permet de commander directement un haut-parleur ... à condition qu'il s'agisse d'un haut-parleur d'impédance élevée (type de haut-parleur qui n'est malheureusement pas disponible partout). Le schéma de l'indicateur présenté ici montre qu'il suffit cependant de quelques composants supplémentaires pour adapter le circuit de façon à ce que l'on puisse utiliser un haut-parleur « standard ».

La mesure s'effectue à l'aide d'une tension alternative, générée par un oscillateur interne (2,4 V_{cc}, 600 Hz sur la broche 5). Ce signal est appliqué, à travers le condensateur de couplage C2, à la sonde, disposée elle au niveau du liquide auquel on veut avoir déclenchement de l'alarme. Grâce au condensateur C2, la sonde ne présente aucune composante en tension continue ce qui évite tout problème d'électrolyse. Tant que la sonde n'est pas en contact avec le liquide (qui doit être plus ou moins conducteur bien entendu), l'entrée du détecteur (broche 10) présente un signal qui est du même niveau que le signal de l'oscillateur. Dès l'instant où le liquide touche la sonde, l'entrée du détecteur est connectée (plus ou moins) à la masse (tout en fonction de la conductivité du liquide en question) et la tension présente sur la broche 10 diminue. Si cette chute de tension est supérieure à 0,6 V par rapport à la tension de l'oscillateur, le détecteur fait passer le transistor de sortie intégré à l'état conducteur. Comme le détecteur n'élimine pas la fréquence de l'oscillateur, le transistor de sortie oscille à la même fréquence. Il suffit maintenant de prendre en série, sur la sortie (broche 12) du transistor intégré, un étage de sortie rustique doté d'un haut-parleur. Si la sonde entre en contact avec un liquide –ayant une certaine conductivité– le haut-parleur se fera entendre à une fréquence de 600 Hz. Ce petit circuit se contente d'une alimentation très simple. La consommation de l'indicateur sonore est de quelque 3 mAa au repos et de 80 mA environ à l'état actif. Si l'on envisage de construire un appareil « de poche » on peut faire appel à une pile de 9 V pour alimenter l'indicateur. Bien que selon le schéma la tension d'alimentation doive être comprise entre 10 et 16 V, une tension de 9 V devrait être suffisante. On notera pourtant que 9 V est la tension minimale minimorum !

297 ENREGISTREUR VOCAL À SEMI-CONDUCTEURS

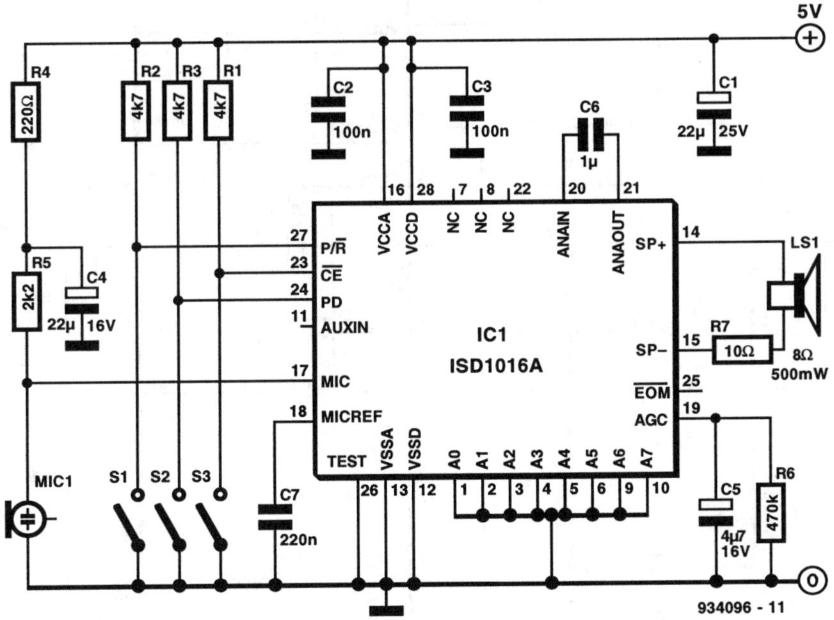

ISD (*Information Storage Devices*), un fabricant de semi-conducteurs spéciaux, a conçu des circuits intégrés pour l'enregistrement et la reproduction de sons en tous genres.(ISD1012, ISD1016 et ISD1020). Les deux derniers chiffres de ces dénominations donnent tout simplement la durée d'enregistrement (et de reproduction) disponible, exprimée en secondes. La différence de durée vient de la fréquence d'échantillonnage qui atteint, pour la durée la plus courte, 10,6 kHz. Les circuits intégrés comportent une mémoire analogique non volatile capable de conserver intactes pendant 10 ans les données enregistrées, même en l'absence de tension d'alimentation. La puce du circuit intégré comporte en outre un amplificateur pour micro et un amplificateur de sortie. Le schéma illustre la connexion la plus simple d'un circuit d'enregistrement vocal à semi-conducteurs (*solid-state*) : un microphone à électret, un haut-parleur miniature et trois interrupteurs. Le premier, S1, sert à définir le mode de fonctionnement, enregistrement (S1 fermé) ou reproduction (S1 ouvert). L'instant de début d'opération est défini par la fermeture de l'interrupteur S3. Durant l'enregistrement, S3 doit rester fermé. La meilleure solution consiste à prendre, pour S3, un bouton-poussoir. L'interrupteur S2 permet de faire passer le circuit en mode de faible consommation (*Power-down*). Si S2 est ouvert, une grande partie des sous-ensembles de IC1 est mise en veille, d'où une diminution sensible de la consommation de courant. Cette option sert également de dispositif de remise à zéro dans le cas d'un dépassement de mémoire lors de l'enregistrement (durée trop longue). Le circuit intégré signale cette situation, lors de l'enregistrement, par la mise au niveau logique bas de la sortie EOM (***End Of Message***). Dans cette version dépouillée du schéma, nous ne mettons pas à profit les fonctions plus complexes qui demandent également un processus de commande plus exigeant. Il est possible, par exemple, de prendre plusieurs de ces circuits en cascade pour le stockage et la reproduction de messages de durée supérieure à la durée nominale disponible par circuit. On peut ainsi mémoriser jusqu'à 160 messages différents. La bande passante des trois types de circuits est proche de celle du téléphone (ISD1012 : 4,5 kHz, ISD1016 : 3,4 kHz, ISD1020 : 2,7 kHz).

La consommation de courant est, en mode de reproduction, de l'ordre de 25 mA.

298 ISOLATEUR RS-232 À UN CIRCUIT

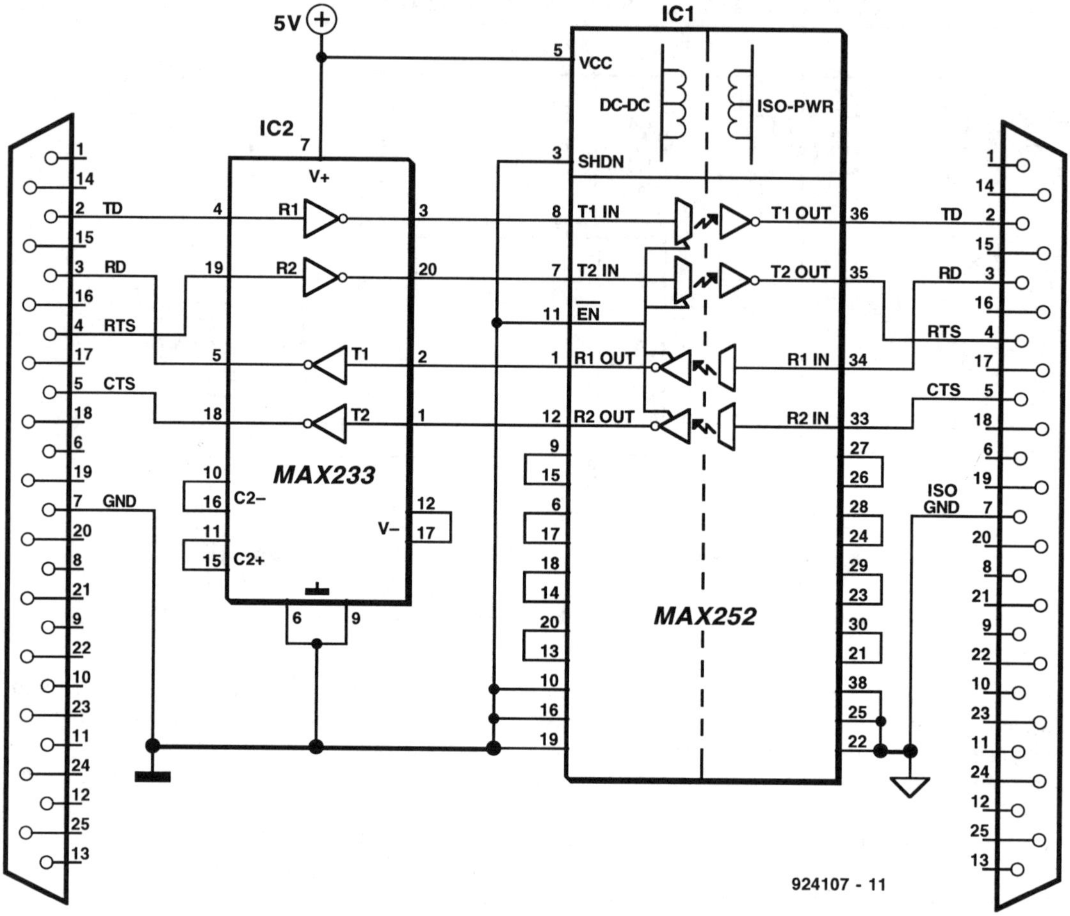

Maxim a ajouté un nouveau rejeton à sa série de circuits intégrés pour interfaces, le MAX252. Ce circuit permet une mise en place extrêmement simple d'une isolation galvanique dans le cas d'une liaison RS-232. L'intérêt d'une liaison de données « isolée » est d'une utilité évidente lorsqu'il s'agit de protéger des appareils coûteux et/ou sensibles contre d'éventuelles surtensions ou lorsqu'il faut interconnecter deux appareils présentant des potentiels de masse différents.

Il existe deux versions du MAX252, une version –A, la plus chère et une version –B, meilleur marché, car il est difficile de parler de bon marché pour un circuit coûtant plus de 390 FF HT. Les caractéristiques d'isolation données par le fabricant sont de 500 V au maximum et ce pendant 1 mn au plus pour la version –B. La version –A est elle capable de supporter une tension 2,5 fois plus élevée, pouvant supporter une différence de potentiel permanente de 130 V au maximum. Le taux de transmission le plus élevé que puissent atteindre les deux variantes de ce circuit est de 9 600 bauds.Un coup d'œil au schéma nous apprend que ce circuit à 40 broches intègre quatre opto-coupleurs et une sorte de transformateur chargé de l'alimentation de la partie isolée du circuit, sa moitié droite. Les niveaux des entrées et sorties de la moitié gauche sont compatibles TTL. Les entrées disposent en outre d'une hystérésis de 0,5 V environ et de sources de courant de 4 µA de forçage au niveau haut, dispositions destinées à une meilleure réjection des signaux parasites. Les entrées et sorties de la moitié isolée sont elles compatibles RS-232. Les sorties $T1_{OUT}$ et $T2_{OUT}$ fournissent, à une charge de 3 kΩ, une tension de l'ordre de ±7,5 V. La consommation du circuit est de 90 mA au maximum sous une tension de 5 V. L'examen du schéma de l'application standard du MAX252 proposée par Maxim permet aisément d'identifier les entrées et les sorties de données. On notera en outre que le circuit comporte une broche de validation du circuit, EN, active au niveau bas, sa broche 11, et une entrée de mise hors-fonction (SHDN = ***SH**ut **D**own**N***), sa broche 3, active elle au niveau haut. La mise de cette broche au niveau haut se traduit par l'arrêt de l'oscillateur 130 kHz intégré utilisé par le transformateur, la mise à l'état de haute impédance des sorties $T1_{OUT}$ et $T2_{OUT}$, la désactivation des sources de forçage au niveau haut de 4 µA, le tout se traduisant par une réduction à quelque 50 µW de la puissance consommée par le circuit. Si l'on a besoin, pour la moitié gauche du circuit aussi, de signaux compatibles TTL, on pourra, comme l'illustre le schéma, faire appel à un MAX233 comme convertisseur de niveau, ce circuit se chargeant du même coup de l'élimination de l'inversion des signaux introduite par le MAX252, procédant lui-même à une nouvelle inversion. Cette solution simple se contente ainsi de deux circuits intégrés.

299 INTERFACE THERMOCOUPLE —> MULTIMÈTRE NUMÉRIQUE à un seul circuit

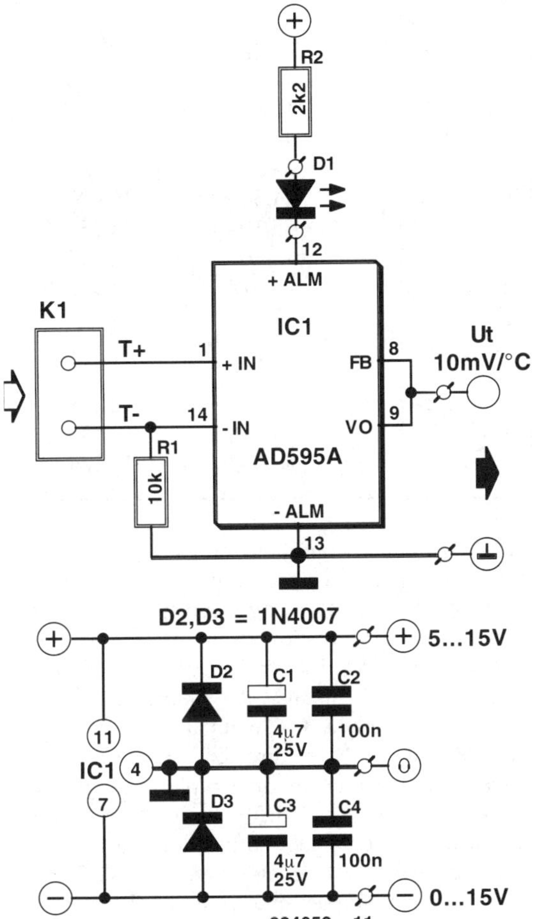

924052 - 11

Les thermocouples sont des dispositifs à la fois économiques et solides lorsqu'il faut effectuer une prise de température. Ils ont, de par leur petite taille, un temps de réponse court et conviennent donc à merveille lorsqu'il est important que la réponse à des variations de température se fasse rapidement. Les thermocouples de type K ont une plage de température étendue et leurs domaines d'utilisation vont de la cryogénie à l'analyse de températures à la sortie des tuyères d'avions à réaction. Le circuit proposé ici convertit les signaux fournis par un thermocouple en une tension continue ayant un gradient de 10 mV/°C, très exactement ce qu'il nous faut pour pouvoir utiliser un multimètre numérique comme dispositif d'affichage. Pour les plus entreprenants d'entre vous il est bien évidemment possible aussi d'envisager la transmission du signal de sortie de l'interface vers un système de traitement, qu'il s'agisse d'un ordina-

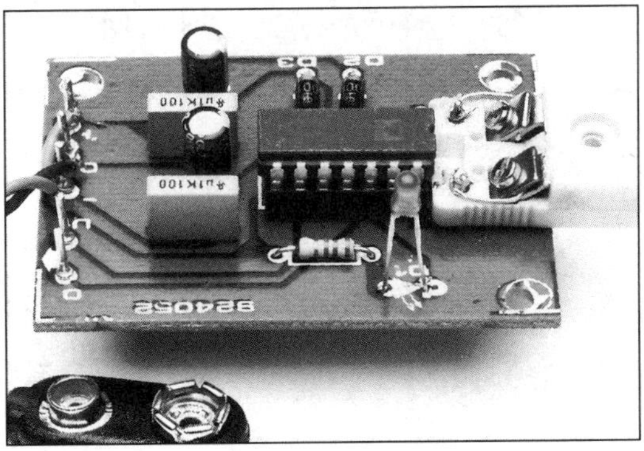

Température du thermocouple [°C]	Tension TC de type K [°C]	Sortie AD595A [mV]
–200	–5,891	–1 454
–180	–5,550	–1 370
–160	–5,141	–1 269
–140	–4,669	–1 152
–120	–4,138	–1 021
–100	–3,3553	–876
–80	–2,920	–719
–60	–2,243	–552
–40	–1,527	–375
–20	–0,777	–189
–10	–0,392	–94
0	0	2,7
10	0,397	101
20	0,798	200
25	1,000	250
30	1,203	300
40	1,611	401
50	2,022	503
60	2,436	605
80	3,266	810
100	4,095	1 015
120	4,919	1 219
140	5,733	1 420
160	6,539	1 620
180	7,338	1 817
200	8,137	2 015
220	8,938	2 213
240	9,745	2 413
260	10,560	2 614
280	11,381	2 817
300	12,207	3 022
320	13,039	3 327
340	13,874	3 434
360	14,712	3 641
380	15,552	3 849
400	16,395	4 057
420	17,241	4 266
440	18,088	4 476
460	18,938	4 686
480	19,788	4 896
500	20,640	5 107
520	21,493	5 318
540	22,346	5 529
560	23,198	5 740
580	24,050	5 950
600	24,902	6 161
620	25,751	6 371
640	26,599	6 581
660	27,445	6 790
680	27,288	6 998
700	26,128	7 206
720	26,965	7 413
740	30,799	7 619
750	31,214	7 722
760	31,629	7 825
780	32,455	8 029
800	32,777	8 232
820	34,095	8 434
840	34,909	8 636
860	35,718	8 836
880	36,524	9 035
900	37,325	9 233
920	38,122	9 430
940	38,915	9 626
960	39,703	9 821
980	40,488	10 015
1 000	41,269	10 209
1 020	42,045	10 400
1 040	42,817	10 591
1 060	43,585	10 781
1 080	44,349	10 970
1 100	45,108	11 158
1 120	45,863	11 345
1 140	46,612	11 530
1 160	47,356	11 714
1 180	48,095	11 897
1 200	48,828	12 078
1 220	49,555	12 258
1 240	50,276	12 436
1 250	50,633	12 524

teur ou d'un microcontrôleur, en vue d'applications de mémorisation de températures plus sophistiquées. L'AD595A d'Analog Devices est un amplificateur d'instrumentation et un système de compensation de jonction froide de thermocouple complet, intégré sur une même puce. Il combine un point de référence 0°C et un amplificateur précalibré pour produire, directement à partir d'un signal fourni par un thermocouple, un signal de sortie de 10 mV/°C. L'AD595A est ajusté au laser en usine pour une utilisation avec des thermocouples K (chromel-alumel). Il est difficile de faire plus simple que cette application du AD595A. Le thermocouple de type K est relié à

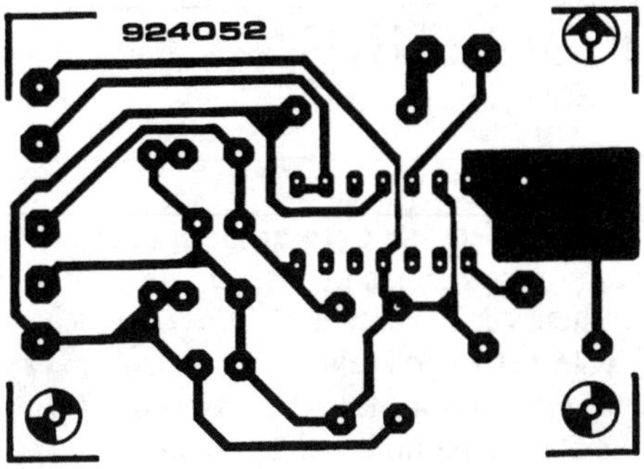

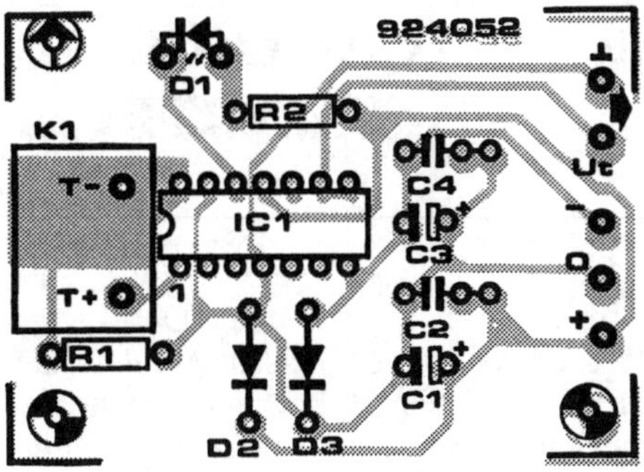

l'embase de caractéristiques spécifiques prévue pour lui, K1. La résistance R1 prise à l'entrée est destinée à éviter que les tensions en mode commun induites dans la boucle du thermocouple ne soient converties en mode normal. L'AD595A comporte une sortie d'alarme, +ALM (broche 12) utilisée pour la commande d'une LED à faible consommation. La sortie +ALM passe au niveau bas lorsque l'une des lignes (voire les deux) allant au thermocouple est interrompue. On notera que la compensation de jonction froide effectuée par l'AD595A sera affectée en cas d'activation du circuit d'alarme. Ceci signifie tout simplement que les valeurs de mesure effectuées, sortie d'alarme en fonction, ne sont plus valables. Sachant que la tension de sortie d'un thermocouple n'est pas une fonction linéaire de la température (voir le tableau ci-après), et que l'AD595A amplifie le signal après compensation, on fera appel, pour déterminer la tension de sortie réelle, à la fonction de transfert suivante :

$\text{Sortie}_{AD595A} = (\text{Tension de type K} + 11\,\mu V) \cdot 247{,}3.$

Comme les thermocouples ANSI de type K et NiCr-Ni DIN sont composés d'alliages identiques, on pourra utiliser indifféremment l'un ou l'autre de ces thermocouples.

Vu le faible nombre de composants nécessaires, la réalisation de ce montage devrait être une affaire rondement menée. On remarquera la présence d'une petite surface de cuivre entre l'embase du thermocouple et le circuit intégré, surface destinée à améliorer le contact thermique entre ces deux éléments. Il est important de veiller à une résistance thermique faible si l'on veut que la référence point zéro (*ice point*) intégrée sur le circuit intégré fonctionne correctement. L'alimentation de l'interface pourra se faire à l'aide d'une tension asymétrique ou symétrique. Dans le premier cas on interconnectera les broches « 0 » et ⊥ (masse) avant de les relier au pôle « – » de la pile. On notera cependant qu'il est impossible de mesurer des température négative (inférieures à 0°C) si l'on utilise une alimentation asymétrique. Si l'on opte pour une alimentation symétrique on dispose de la totalité de la plage de température. La solution la plus simple pour réaliser une alimentation symétrique consiste à faire appel à deux piles compactes de 9 V. La consommation de courant est, thermocouple connecté, de 1 mA, alors qu'elle passe à un peu moins de 10 mA thermocouple débranché (logique : la LED d'alarme est en fonction).

Bibliographie : « thermomètre à thermocouple, Elektor n°163, janvier 1992, page 30 et suivantes

Liste des composants

Résistances :
R1 = 10 kΩ
R2 = 2kΩ2

Condensateurs :
C1,C3 = 4µF7/25 V radial
C2,C4 = 100 nF

Semi-conducteurs :
D1 = LS3369EH (LED faible courant) rouge
D2,D3 = 1N4007
IC1 = AD595A (Analog Devices)

Divers :
K1 = embase pour thermocouple de type K
boîtier avec compartiment pour pile de 80x60x20 mm

300 CAPTEUR DE TEMPÉRATURE «SMARTEC»

Le SMT60-30-18 est un capteur de température doté à sortie numérique. L'électronique de ce capteur se trouve dans un boîtier TO-18, connu du célèbre BC107. Le composant est doté de trois broches; ses broches 1 et 3 sont destinées à la connexion de la tension d'alimentation. Lorsqu'il est alimenté en 5 V, la consommation se limite à quelque 200 µA. La broche deux, une sortie compatible TTL et protégée contre des courts-circuits, fournit une tension rectangulaire d'une fréquence de 3 kHz environ. Sachant que l'information concernant la température captée est comprise dans le rapport cyclique de cette tension, sa fréquence absolue n'a pas une importance capitale. Il existe un rapport linéaire entre la température T (exprimée en degrés Celsius) et le rapport cyclique : rapport cyclique = 0,32 + 0,0047 T. À une température de –45°C –la température la plus basse que permette de mesurer ce capteur– le rapport cyclique est de 10,9%. Le capteur est capable de mesurer une température maximale de 130°C. En cours de production, il est procédé à une calibration de manière à obtenir une précision de ±0,25°C. On peut, en principe, appliquer la tension de sortie rectangulaire à un galvanomètre à bobine mobile. Dans ces conditions le galvanomètre affichera une valeur, proportionnelle à la tension moyenne du signal rectangulaire et donc au rapport cyclique et à la température. Il est évident que dans la pratique on connectera le capteur au port d'entrée numérique d'une interface de périphérique ou de micro-contrôleur. L'échantillonnage du signal rectangulaire permet à l'ordinateur d'effectuer une mesure de température et ceci avec un minimum de composants externes. Nous avons, au labo, doté l'un des ordinateurs de la **carte multifonction** (décrite dans les n° 150 et 151 d'Elektor) et connecté le capteur à l'entrée F7 selon le schéma joint. K1 est un connecteur femelle à 2 x 13 contacts du type HE-10, doté d'un morceau de câble plat, que l'on introduit dans le connecteur K6 de la **carte multifonction**. À travers ce câble plat, la tension d'alimentation de 5 V est dérivée directement du module d'alimentation de l'ordinateur. La pratique

```
program SMARTEC;
(**************)

{ SMARTEC: V1.0/JR.      }
{ Turbo Pascal 5.5.      }

{$R-,S-,I-,F-,O-,A-,V+,B-,N-,E+,D-,L-}

uses
  crt,dos,PMEASURE;
const
  ErrStr1='Error: load sequence ADCF.CFG aborted!';
  ErrStr2='Error: multifunction PC card not found!';
  SmartChan=7;

procedure Measure;
(****************)
var
  PulseLevel:HighOrLow;
  DutyCycle:real;
  Time:record
    High,Low:Second;
  end;
  Dummy:Char;

function Temperature(DutyCycle:real):real;
(****************************************)
const
  a=0.32;
  b=0.0047;
begin (* Temperature *)
  Temperature:=(DutyCycle-a)/b;
end;  (* Temperature *)

begin (* Measure *)
  with Time do
    begin
      High:=0;
      Low:=0;
    end;
  PulseLevel:=Low;
```

```
    SelectFreqChannel(SmartChan);
    StartPulseTimeConversion(PulseLevel);
    repeat
      if PulseTime.Updated
        then
          begin
            if PulseLevel=High
              then
                begin
                  Time.High:=PulseTime.Value[SmartChan];
                  PulseLevel:=Low;
                end
              else
                begin
                  Time.Low:=PulseTime.Value[SmartChan];
                  PulseLevel:=High;
                end;
            with Time do
              begin
                if (Low>0.1E-6) and (High>0.1E-6)
                  then
                    begin
                      DutyCycle:=High/(High+Low);
                      write('Temperature: ',Temperature(DutyCycle):5:1,' °C ');
                      writeln('(',DutyCycle*100:4:1,' %)');
                      gotoxy(1,1);
                    end;
              end;
            delay(500);
            StartPulseTimeConversion(PulseLevel);
          end;
    until keypressed;
    Dummy:=readkey;
  end;  (* Measure *)

begin (* SMARTEC *)
  clrscr;
  if ConfigFileErrorCode<>0
    then
      begin
        writeln(ErrStr1);
        Beeps(2);
      end
    else
      if not HardwareFound
        then
          begin
            writeln(ErrStr2);
            Beeps(3);
          end
        else
          begin
            InstallTimeIntHandler;
            InstallHardwareInthandler;
            Measure;
            UnInstallHardwareIntHandler;
            UnInstallTimeIntHandler;
          end;
end.  (* SMARTEC *)
```

nous a appris qu'il faudra doter le capteur d'un découplage local. En l'absence du réseau LC, repris sur le schéma, le signal rectangulaire présente une distorsion si importante qu'à l'affichage de la température mesurée le chiffre après la virgule est relativement instable. Nous vous proposons en appendice de cet article le listing du programme qui commande la **carte multifonction** et qui se charge du calcul de la température mesurée. Ce logiciel, écrit en Turbo-Pascal 5.5 fait appel au sous-programme PMEASURE.PAS. Cette bibliothèque (**ESS 1754**, décrite dans le numéro 167 d'Elektor) comporte un nombre de routines de base pour la **carte multifonction** et est disponible auprès des adresses habituelles.

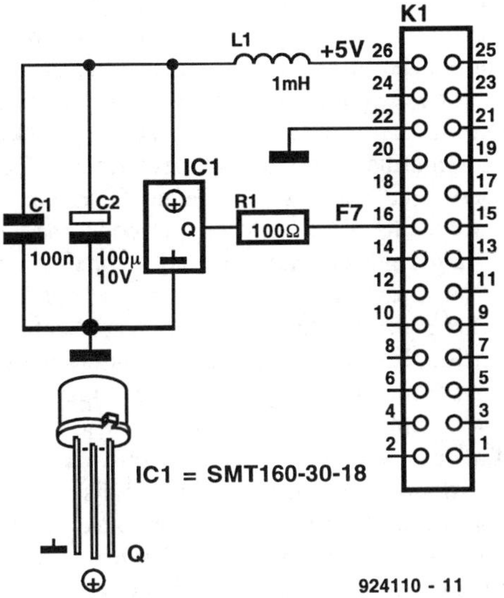

301 FUSIBLE ÉLECTRONIQUE À RELAIS

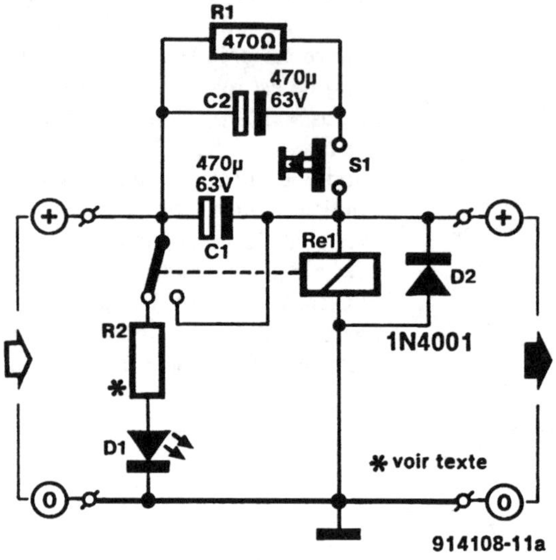

Un chargeur ordinaire, ou une alimentation standard, ne comporte qu'exceptionnellement un dispositif électronique de limitation du courant. Et pourtant, il serait bien souvent intéressant si un tel appareil était protégé contre les courts-circuits. Un simple relais, associé à quelques composants discrets, permet de réaliser un fusible électro-mécanique dont on pourra doter tout chargeur ou toute alimentation, sans pour cela devoir intervenir à l'intérieur du dit appareil. Notre fusible existe en deux variétés, selon qu'on le destine à une alimentation ou à un chargeur. La **figure 1a** propose la version à utiliser avec une alimentation, la **figure 1b** celle que l'on associera à un chargeur pour accus. Quelle que soit la version concernée, elle viendra se connecter aux sorties de l'appareil à protéger. Voyons-en le fonctionnement en nous aidant du schéma de la figure 1a. Lors de l'application de la tension, le relais reçoit, via le condensateur C1 une brève impulsion de courant provoquant le collage des contacts du relais qui, à partir de là, s'autoalimente. S'il se produit un court-circuit des bornes de sortie, la tension de bobine disparaît et la double liaison entre l'entrée et la sortie est interrompue. La réexcitation du relais pourra être obtenue par une brève action sur le bouton-poussoir S1 –à condition bien entendu que le court-circuit ait été supprimé. Le relais se voit appliquer une nouvelle impulsion de courant via le condensateur C2 dont la présence sert à éviter que, lors d'une action sur S1 et dans le cas d'un court-circuit des sorties, l'alimentation ne soit quand même surchargée. La résistance R1 permet au condensateur C2 de se décharger lorsque S1 est ouvert. Une LED, D1, associée à une résistance de limitation, R2, visualise la déconnexion de la sortie. Le schéma du fusible pour chargeurs d'accus diffère du précédent sur un point seulement: le relais n'est pas activé par le chargeur et via un condensateur –tel que C1 dans le cas du fusible pour alimentation– mais par la batterie ou l'accu branché à la sortie, et ce via la diode D4. L'utilisateur dispose d'une possibilité manuelle d'activation du relais, par l'intermédiaire du bouton-poussoir et des condensateurs C3/C4, au cas où la batterie serait si faible qu'elle ne pourrait plus fournir suffisamment de courant pour obtenir l'excitation du relais. La valeur de la résistance de limitation, R2 ou R3, dépend du type de LED utilisé et de la valeur de la tension d'alimentation. Il faudra bien entendu adopter un relais dont la tension de bobine soit adaptée à la valeur de cette tension.

R. Kuhn

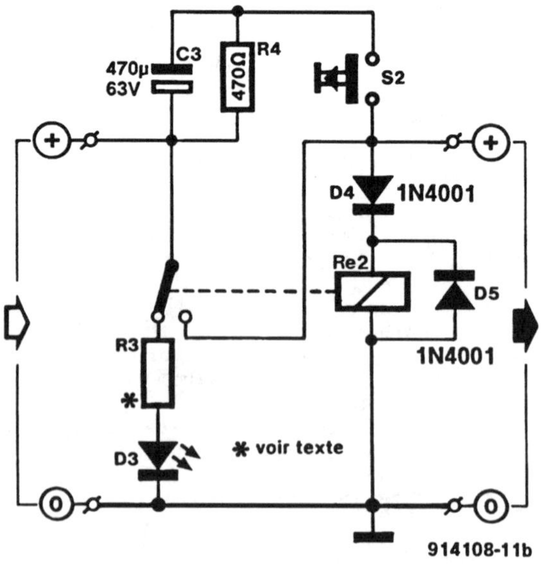

302 GÉNÉRATEUR ALÉATOIRE À 4 BITS

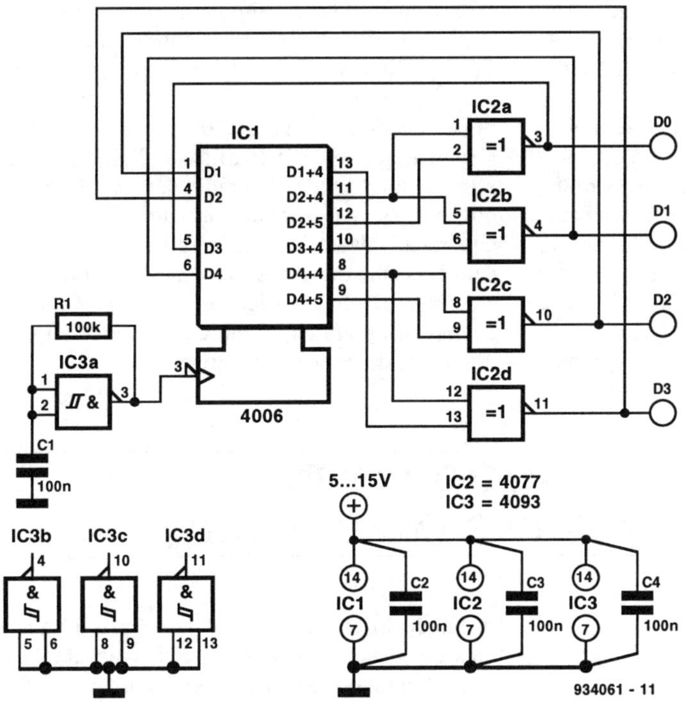

Le composant principal de ce circuit est un registre à décalage du type 4006. Ce circuit intégré ne comporte pas moins de quatre registres à décalage aux caractéristiques inusuelles, à savoir deux registres à quatre bits et deux registres à cinq bits; on dispose ainsi d'une longueur totale de 18 bits. La seule entrée commune aux différents registres à décalage est l'entrée d'horloge, les autres entrées et sorties sont accessibles individuellement. Dans le cas des registres à quatre bits seul le quatrième bit est disponible comme sortie; en ce qui concerne les registres à cinq bits ces sont les quatrième et cinquième bits qui sont accessibles. Le couplage, par l'intermédiaire de portes NI EXclusif (EXNOR), des sorties des quatre registres vers leurs entrées produit une sorte de générateur (pseudo-)aléatoire. Nous utilisons, comme sortie du générateur, les sorties des quatre portes EXNOR. L'avantage de cette approche est que non seulement les quatre

```
100 CLS : PRINT "Random Number Generator Using 4006 Shift Registers."
140 KEY OFF: MAX = 18: BITS = 4: BMAX = 2 ^ BITS
145 DIM A(MAX), B(BMAX): TIME = 0
150 FOR CNT = 0 TO MAX:  A(CNT) = 0: NEXT CNT: REM CLEAR ALL
155 FOR CNT = 0 TO BMAX: B(CNT) = 0: NEXT CNT
160 FOR CNT = 1 TO 390
170   TIME = TIME + 1: GOSUB 240: REM INCREASE TIME AND SHOW VARIABLES
180   FOR BIT = MAX TO 1 STEP -1: A(BIT) = A(BIT - 1): NEXT BIT: REM SHIFT
190   A(6) = 1 - (A(4) XOR A(5)): REM CALCULATE INPUT NEXT REGISTER (XNOR)
200   A(10) = 1 - (A(4) XOR A(9))
210   A(15) = 1 - (A(13) XOR A(14))
220   A(0) = 1 - (A(13) XOR A(18))
230 NEXT CNT
235 END
240 PRINT CHR$(11): PRINT : REM REPOSITION CURSOR
250 PRINT "DATA [  .  .  .  .  .  .  SHIFT  REGISTER  BITS  .  .  .  ]"
260 FOR BIT = 0 TO MAX: PRINT USING "###"; BIT; :     NEXT BIT: PRINT
270 FOR BIT = 0 TO MAX: PRINT USING "###"; A(BIT); : NEXT BIT: PRINT
280 PRINT "NUMBER OF SHIFT ACTIONS : "; TIME: PRINT
290 PRINT "RESULT, BINARY:  "; : PRINT USING "##"; A(0); A(6); A(10); A(15);
300 PRINT "        DECIMAL: "; : RESULT = 8 * A(0) + 4 * A(6) + 2 * A(10) + A(15): PRINT RESULT
310 B(RESULT) = B(RESULT) + 1: IF LAST = RESULT THEN B(BMAX) = B(BMAX) + 1
320 PRINT "RESULT  "; : FOR BIT = 0 TO BMAX - 1: PRINT USING "####"; BIT; :    NEXT BIT: PRINT
330 PRINT "QUANTITY"; : FOR BIT = 0 TO BMAX - 1: PRINT USING "####"; B(BIT); : NEXT BIT: PRINT
340 PRINT "NUMBER OF IDENTICAL FOLLOWING RESULTS", B(BMAX); : LAST = RESULT
350 FOR NUM = 0 TO 2 * TIME: PRINT CHR$(28); : IF NUM MOD 60 = 1 THEN PRINT
360 NEXT NUM: PRINT " "; CHR$(RESULT + 48 - 7 * (RESULT > 9));
370 RETURN
```

934061 - 12

bits constituent une série de nombres aléatoires mais encore qu'ils présentent individuellement un patron unique et différent. Il n'en va pas de même pour les sorties des registres à décalage elles-mêmes où le niveau de l'une de sorties est décalé vers l'autre. On pourra donc utiliser ce générateur pour obtenir un nombre aléatoire à quatre bits ou quatre signaux numériques parfaitement aléatoires sans le moindre rapport entre eux. Le petit programme de BASIC proposé ici permet une simulation du fonctionnement du registre à décalage. Dans la ligne 140 on définit la longueur du registre (MAX) ainsi que le nombre de bits de sortie (BMAX). Dans la ligne 150 on a remise à zéro de tous les bits du registre à décalage » (array A). Si vous préférez, comme dans la pratique, disposer d'un état aléatoire à la « mise en fonction » il vous faudra modifier cette ligne en conséquence. Les lignes 190 à 220 représentent la fonction NI EXclusif. Il est possible d'indiquer ici les éventuelles modifications de la connexion des portes. En cas d'intervention sur les dites lignes du programme il vous faudra également adapter les lignes de données 90 et 300. Le programme ne visualise que 390 pas (suffisants d'ailleurs à remplir la totalité de l'écran) des 2^{18} (262 144) possibilités. Nous avons ajouté au schéma du générateur aléatoire un générateur d'horloge prenant la forme du trigger de Schmitt à porte NON-ET (NAND) IC3a. Rien ne vous empêche bien entendu d'appliquer à l'entrée d'horloge un signal d'horloge de provenance quelconque.

303 RELAIS DE COMMUTATION À COMMANDE PAR IMPULSION

Au repos, lorsque le relais ne « colle » pas et que la base du transistor T1 est reliée à la ligne de la tension d'alimentation positive, le dit transistor bloque, l'émetteur de T2 se trouvant ainsi « en l'air ». La base du transistor T2 est également reliée à la tension d'alimentation positive de sorte que ce transistor est passant. Le condensateur électrolytique C1 se charge. Si l'on applique, par une action sur la touche S1, une impulsion très courte (de durée inférieure à 0,5 s) à la base de T1, ce transistor devient passant. Le relais colle et relie de ce fait l'émetteur de T2 à la bobine du relais. Bien que la base de T1 soit à nouveau reliée –et presqu'immédiatement– à la tension d'alimentation positive, le courant nécessaire au maintien du relais à l'état actif circule à travers le transistor T2. Il suffit, pour relâcher le relais, d'appliquer une impulsion plus longue à la base de T1. Cette action se traduit par la décharge de C1 à travers la résistance R3. Le transistor T2 bloque de ce fait et le relais est relâché dès que T1 bloque à nouveau (lorsque l'on relâche la touche S1). À l'état actif, le relais n'est pas gêné par des impulsions de courte durée ; de longues impulsions appliquées lorsqu'il est au repos ont comme résultat un fonctionnement « normal » du relais : les contacts du relais collent tant que la base de T1 est reliée à la masse. On peut faire appel à la touche S1 pour une commande manuelle ou à l'entrée de commande, c'est-à-dire par l'intermédiaire de la résistance R1, pour appliquer les impulsions d'activation ou de désactivation au circuit. Il faudra utiliser dans ce circuit un relais dont la tension de maintien soit de 50% environ de sa tension nominale. Plus la tension de maintien du relais est faible, plus la durée d'activation est courte.

K. Lorenz

304 SÉCURITÉ DOUBLE POUR AMPLI À TUBES

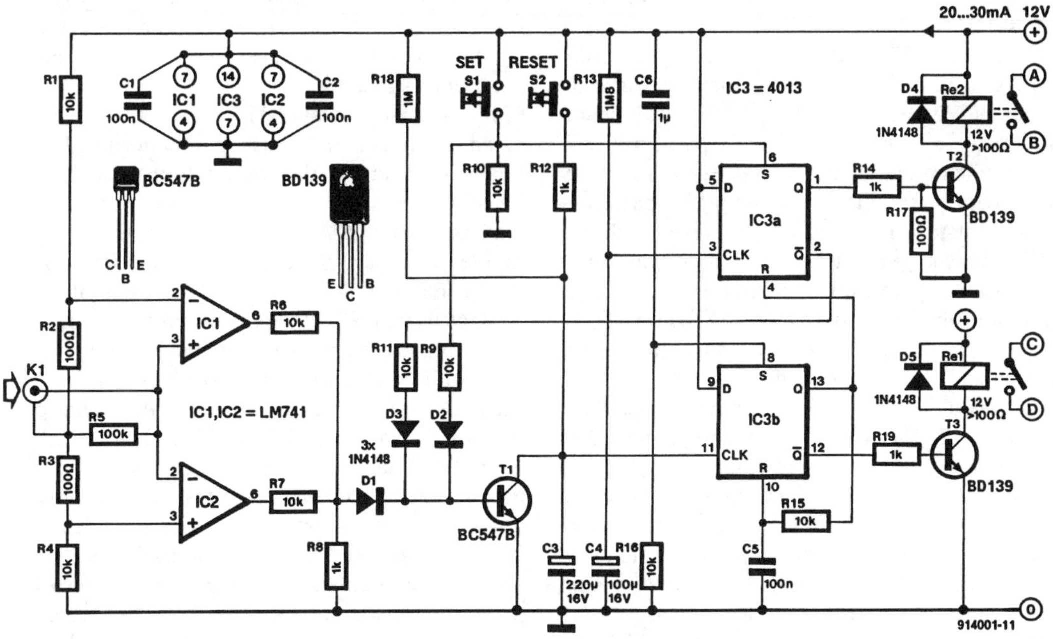

Retard à l'application de la Haute Tension + mise hors-fonction après une absence durable de modulation, voici en fait les deux fonctions remplies par ce montage. Mr Selac nous avait demandé, voici un certain temps déjà, si nous ne pouvions pas lui proposer le schéma d'une temporisation d'application de la HT pour un amplificateur à tubes, qui est, avec la réalisation d'enceintes haut de gamme, l'un de ses violons d'Ingres. La rédaction a transmis ce souhait à l'un de nos ingénieurs; voici le résultat de ses élucubrations.

Ce circuit remplit une double fonction: il introduit tout d'abord une temporisation avant mise en fonction d'un sous-ensemble donné d'un circuit: dans le cas présent, il s'agit de l'application de la HT aux tubes. La seconde fonction remplie par cette électronique est la mise hors-fonction de l'ensemble de l'appareil après écoulement d'une certaine durée sans signal.

Venons-en au schéma. Dès la mise sous tension du circuit, le relais Re1 est activé après une temporisation de quelques millisecondes introduite par la combinaison R15/C5. La tension de préchauffage de 6,3V est appliquée aux tubes.

Après une temporisation dont la durée est définie par la résistance R13 et le condensateur C4, c'est-à-dire quelque 2 à 3 mn environ, ce condensateur se sera chargé, en l'absence de toute action sur l'un des organes de commande, fournissant une impulsion d'horloge à l'une des moitiés d'une double bascule D, IC3a. La sortie Q de cette bascule est activée entraînant la mise en conduction du transistor T2 et l'activation du relais Re1. En se fermant, ce dernier met en contact les points A et B du circuit à activer, la haute tension de notre amplificateur à tubes dans l'exemple d'application choisi.

Nous en arrivons à la seconde fonction, celle de mise hors-fonction de l'appareil, temporisation assurée ici par la combinaison R18/C3 ; le temps RC est ici aussi compris entre 2 et 3 mn. Il faut cependant que cette temporisation soit assujettie à l'absence d'un signal audio. Ceci explique que nous trouvions, tout à gauche du schéma, K1, l'entrée du signal audio. Nous pouvons nous contenter d'une version monophonique du signal pour cette réalisation, nous prendrons donc l'un des canaux stéréophoniques, l'important étant pourtant que ce signal présente un niveau suffisant. On pourra le prendre, par exemple, à la sortie de l'amplificateur de puissance. Le diviseur de tension constitué par les paires R1/R2 et R3/R4 relève à quelque 6 V la masse du signal entrant, de sorte que les potentiels de la masse du signal et de la masse du montage sont différents. Les amplificateurs opérationnels IC1 et IC2, des 741 tout ce qu'il y a de plus prolétaires, sont montés en comparateurs, la sortie du premier passant au niveau de la tension d'alimentation lorsque le niveau du signal dépasse +60 mV. En ce qui le concerne, IC2 voit sa sortie passer au niveau haut lorsque le niveau de signal passe en-deçà de –60 mV. R18 permet en effet la recharge de C3. Lorsque ce condensateur a atteint une charge suffisante, il fournit une impulsion d'horloge (CLK) à IC3b qui transmet alors vers sa sortie Q le niveau logique haut présent à son entrée D. Ce signal attaque l'entrée de remise à zéro (R) de IC3a qui bloque alors T2, produisant ainsi le décollage du relais Re1. La diode D4 sert uniquement à la protection de T2. Après écoulement de la durée définie par la paire R15/C5, la sortie Q retombe au niveau bas. La sortie $\overline{Q}$ de IC3a attaque le transistor T1 de sorte qu'il n'est pas possible d'obtenir un "Reset" tant que l'on se trouve en présence d'un signal. Tant que T1 est passant, le condensateur C3 est en court-circuit. Le bouton-poussoir "SET" permet de réappliquer la Haute Tension sachant que la tension de 6,3V reste, elle, appliquée en permanence. Cette commande permet une remise en fonction immédiate de l'installation après une coupure automatique due à l'absence de modulation. Les diodes D1 à D3 constituent une sorte de fonction OU logique qui empêche toute réinitialisation (Reset) du circuit en bloquant le condensateur C3 tant qu'existe l'une des trois conditions suivantes :

- Présence d'un signal (D1),
- Activation d'un SET (mise en fonction), D2,
- Présence d'un signal de réinitialisation (D3).

Le bouton-poussoir S1 permet, comme nous le disions plus haut, un positionnement (SET) rapide –avant écoulement de la temporisation– de la bascule IC3a. Le bouton-poussoir à contact travail S2 (RESET) remplit une fonction similaire permettant lui une charge plus rapide du condensateur C3 pour une remise à zéro. Lorsque la durée d'absence de signal a dépassé la valeur définie à l'aide de R18/C3, IC3b reçoit une impulsion d'horloge, la sortie Q produisant, comme expliqué plus haut la remise à zéro de IC3a ; sa sortie $\overline{Q}$ provoquant le décollage du relais Re2, l'alimentation générale est coupée. L'alimentation de ce montage se fera à partir d'une tension (ramenée à 12 V) fournie par l'amplificateur à tubes et prise en aval de l'interrupteur principal.

305 RALLONGE POUR RÉSONATEUR

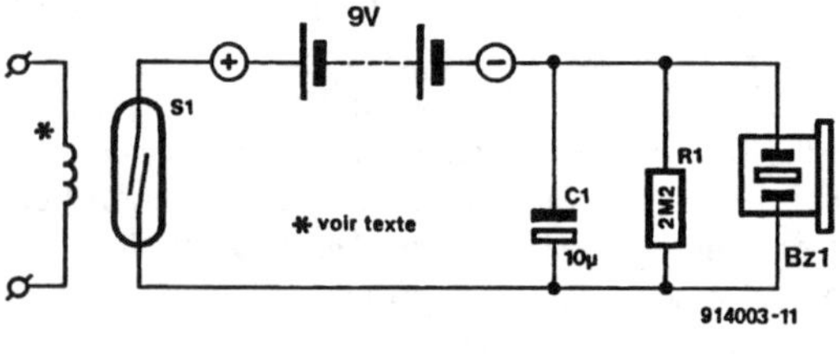

L'auteur de ce circuit, si tant est que l'on puisse encore parler de circuit, était las de devoir aller voir à tout bout de champ si l'essoreuse à tambour, installée dans la buanderie, était arrivée à la fin de son programme. Ce type de machine est souvent doté d'un résonateur électro-mécanique qui doit se manifester, une fois son travail terminé. Si pourtant, l'essoreuse se trouve à une certaine distance, il peut être difficile d'entendre le bruit relativement faible produit par le résonateur. Rien de plus facile que de remédier à cette situation peu satisfaisante. Il suffit de fixer un relais miniature à lame souple contre la bobine du résonateur électro-mécanique de l'essoreuse et de le relier, à l'aide d'un câble souple à deux conducteurs, à un résonateur piézo installé dans l'une des autres pièces de sa maison ou appartement. Le fonctionnement de ce petit circuit est clair comme de l'eau de roche(as). Lorsque le résonateur de l'essoreuse entre en fonction, les contacts du relais miniature à lames souples se ferment et le résonateur piézo, alimenté par une pile 9 V se signale. Le condensateur C1 de 10 µF sert à bloquer la fréquence de 50 Hz produite par le secteur. On notera, pour finir, qu'il est primordial de bien isoler le relais lorsqu'on le fixe contre la bobine du résonateur de l'essoreuse.

R. Kambach

Table des matières

Traité de l'électronique analogique & numérique

P. Horowitz & W. Hill

Ceci est la version française de l'ouvrage de référence anglais *The Art of Electronics* dans sa seconde édition entièrement revue et corrigée par les auteurs. L'édition française comporte deux volumes, consacrés l'un aux techniques analogiques et l'autre aux techniques numériques et aux circuits hautes-fréquences.

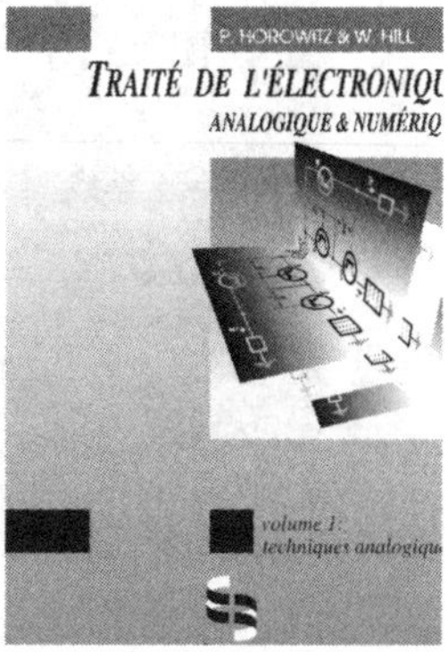

Volume 1 : Techniques analogiques

C'est un ouvrage à la fois exhaustif et facile d'accès grâce à sa conception hautement didactique. Ecrit non pas pour permettre à ses auteurs d'étaler leur science, mais pour garantir au lecteur un accès de plain-pied dans <u>tous</u> les circuits électroniques. Comme d'autres ouvrages, il couvre bien sûr le spectre entier de l'électronique moderne, mais il le fait avec une unité de style et une cohérence dans l'approche dont le bénéfice est tout entier pour le lecteur ; le texte regorge en plus d'astuces récoltées dans la pratique de la conception et de l'enseignement. Chaque explication est assortie d'exercices pour stimuler l'assimilation active des connaissances par le lecteur. Les préalables théoriques requis, notamment en mathématiques, sont étonnamment succincts compte tenu du niveau théorique somme toute élevé auquel les auteurs finissent par accoutumer leur lecteur. Leur approche intuitive («à l'américaine») est peu conventionnelle : elle fait merveille dans cet ouvrage, idéal pour l'auto-formation mais aussi pour le soutien d'une formation scolaire et universitaire. Un dernier détail qui ne gâche rien : la traduction française respecte avec bonheur le style vivant et la manière agréable du texte original.

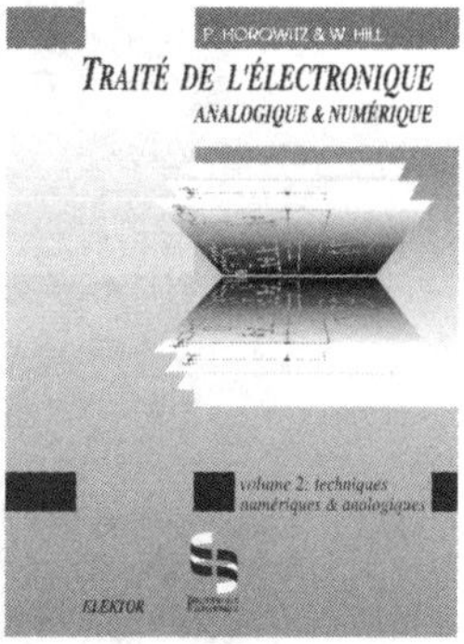

Volume 2 : Techniques numériques & analogiques

Le second traite des techniques numériques, depuis la logique combinatoire booléenne et la logique séquentielle jusqu'aux microprocesseurs, en passant par les convertisseurs numérique-analogique et analogique-numérique, les boucles à phase asservie et les générateurs aléatoires. Ces sujets sont abordés sous l'angle de la pratique, de ses aléas et de l'expérience qui en résulte ; les auteurs n'hésitent pas à aborder franchement la question du logiciel, fait assez rare dans les livres d'électronique. Quatre autres chapitres de ce volume sont consacrés l'un aux techniques HF et à la commutation rapide, l'autre aux circuits à très faible consommation, aussi bien analogiques que numériques, le troisième à la mise en coffret des circuits, et le dernier à la mesure et au traitement des signaux : température, luminosité, accélération, pression, vitesse, magnétisme... Les auteurs entraînent même leurs lecteurs électroniciens du côté des détecteurs de particules, de la bio-chimie et de l'astronomie. L'attention du lecteur est sans cesse relancée par des astuces récoltées dans la pratique de la conception et de l'enseignement. Chaque explication est assortie d'exercices pour stimuler l'assimilation active des connaissances. Les préalables théoriques requis sont succincts.
Paul Horowitz est professeur de physique à l'Université Harvard.
Winfried Hill, est chercheur et Directeur du Département d'Électronique du *Rowland Institute For Science.*

vol 1 : 538 pages • 17 x 24 cm • couverture cartonnée • 249 FF
vol 2 : 637 pages • 17 x 24 cm • couverture cartonnée • 249 FF

J'exploite les interfaces de mon PC

Mesurer, commander, réguler avec les ports standard de mon PC

169 FF • 155 pages illustrées • format 14 x 21 cm

L'informatique ? Pas de panique ! Tel aurait pu être le titre de ce livre. Pour tout savoir sur les ports standard de votre PC, sur leurs caractéristiques matérielles et sur la manière de les commander à l'aide de petits programmes simples et rapides. Même si vous débutez, ce livre vous donnera la matière à faire des expériences captivantes et instructives sous la forme de circuits de saisie, de comptage, de régulation, de mesure, de conversion, mais aussi un circuit de programmation d'EPROM, un oscilloscope à mémoire, et même des applications du bus I2C.

Je pilote l'interface parallèle de mon PC

Commander, réguler, simuler en BASIC avec le port d'imprimante de mon micro-ordinateur et un système d'interfaces polyvalent

155 FF • 170 pages illustrées • format 14 x 21 cm

Ce livre montre comment s'y prendre pour «faire autre chose» de votre PC, en utilisant l'interface parallèle (la sortie «imprimante») et commander des moteurs, des relais, des capteurs, c'est-à-dire des yeux, des oreilles, des bras et des jambes ; en somme, tout ce dont un cerveau a besoin pour agir sur le monde extérieur et communiquer avec lui. Le langage parlé par le cerveau, dans ce cas-là, est tout simplement le BASIC, que tout le monde connaît ou a envie de connaître. Prenez les commandes de votre PC et découvrez un univers passionnant et instructif, dans lequel vous donnerez la pleine mesure de votre imagination !

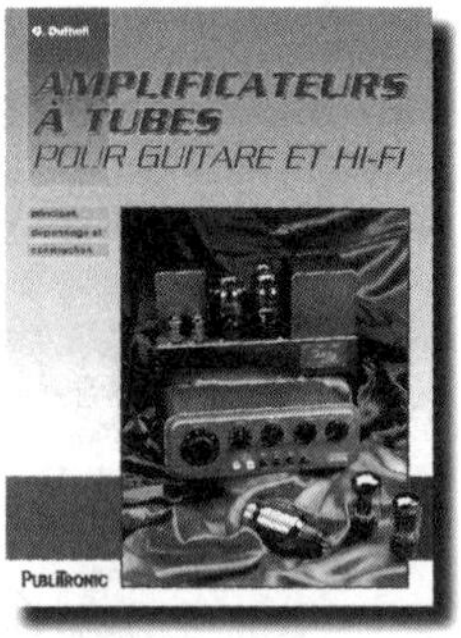

Amplificateurs à tubes pour guitare et HiFi

Principes, dépannage et construction

229 FF • 185 pages illustrées • format 17 x 23,5 cm
couverture cartonnée

Référence moderne (et en français !) pour tous les amateurs de tubes. L'auteur présente les composants et les techniques des amplificateurs à tubes pour instruments de musique : diode, triode, pentode, étages d'entrée, de correction de tonalité, déphasage, fonctionnement en classe A, push-pull, caractéristiques des tubes courants, etc. Il donne ensuite des conseils pour la réparation des amplificateurs à tubes, un recensement des pannes et leur suppression, étage par étage. Pour finir, le lecteur trouvera la description de trois appareils à construire soi-même : un amplificateur pour guitare de 6 W, un amplificateur pour guitare de puissance moyenne et un amplificateur hi-fi de puissance à tubes.

CD-ROM :

- **Datathèque CI • 229 FF**
- **L'électronique en quatre langues • 259 FF**

Utilisez le coupon-réponse à la fin de ce livre pour obtenir des informations sur les CD-ROM Publitronic - Elektor

3615 code **ELEKTOR** (1,01 F/mn)
pour une information complète et remise à jour périodiquement

cochez les cases correspondant à votre choix

PHOTOCOPIEZ CE BON SI VOUS NE VOULEZ PAS LE DÉCOUPER

POUR RECEVOIR GRATUITEMENT LE CATALOGUE
DE TOUTES NOS PUBLICATIONS

il suffit de nous retourner ce bon (après l'avoir rempli)

par télécopie au 01.44.72.28.44

ou par la poste en l'adressant à

PUBLITRONIC • BP11 564 • 75920 PARIS Cedex 19

En répondant aux quelques questions,
vous contribuez à l'amélioration de nos services. Merci.

Vous avez eu connaissance de l'existence de ce livre

❍ en librairie : Laquelle ?.. Ville : ....
❍ en bibliothèque .... Ville : ....
❍ par une annonce publicitaire ❒ Elektor ❒ Catalogue Publitronic
❒ Catalogue VPC .... ❒ ailleurs : ....
❍ chez un revendeur de composants ....
❍ liste scolaire : Ecole :................................... Classe : ....

Vous l'avez trouvé

❍ ibidem ❍ chez Publitronic
❍ en librairie : Laquelle ?................................ Ville : ....
❍ chez un revendeur : .... Ville : ....
❍ autres (veuillez préciser) ....

Vos domaines de prédilection en électronique sont

❍ l'initiation et les principes théoriques
❍ l'audio et la musique
❍ les hautes-fréquences
❍ les techniques numériques
❍ les microcontrôleurs
❍ les micro-ordinateurs et l'informatique
❍ le modélisme
❍ les applications domestiques
❍ autres (veuillez préciser ....)

Connaissez-vous le magazine Elektor ?

Oui ❍ je suis abonné ❍ je l'achète régulièrement
❍ je l'achète de temps en temps
Non ❍ je désire faire sa connaissance

Nom :

305

Prénom :

Adresse :

Code Postal : Localité :